文版

87time ◎ 编著

Cinema 4D 基础与商业实战

模技术 + 灯光技术 + 材质技术 + 渲染技术

报设计 + 包装设计 + 插画设计 + 角色设计 + 产品渲染

• AI与C4D相结合的教学视频 • 场景文件 • 实例文件 • 在线教学视频（1000多分钟）

人 民 邮 电 出 版 社
北 京

图书在版编目（CIP）数据

新印象 : 中文版Cinema 4D基础与商业实战 / 87
time编著. -- 北京 : 人民邮电出版社, 2024.1
ISBN 978-7-115-62659-2

Ⅰ. ①新… Ⅱ. ①8… Ⅲ. ①三维动画软件 Ⅳ.
①TP391.414

中国国家版本馆CIP数据核字(2023)第177392号

内 容 提 要

本书全面介绍了 Cinema 4D 各项核心技术及实战应用，共 12 章。第 1 章讲解 Cinema 4D 操作基础，第 2 章和第 3 章讲解多种建模技术，第 4 章至第 6 章讲解 Cinema 4D 的灯光、环境、摄像机、材质、纹理和渲染技术等，第 7 章讲解 Octane Render 的使用方法，第 8 章至第 12 章通过 16 个商业实战案例讲解海报设计、包装设计、插画设计、卡通角色与场景设计、产品渲染表现的技法。

本书内容全面、系统，适合平面设计师、电商设计师，以及使用 Octane Render 的设计师阅读。同时，本书也可以作为相关培训机构的教材。

◆ 编　　著　87time
　责任编辑　张玉兰
　责任印制　马振武

◆ 人民邮电出版社出版发行　　北京市丰台区成寿寺路 11 号
　邮编　100164　　电子邮件　315@ptpress.com.cn
　网址　https://www.ptpress.com.cn
　北京隆昌伟业印刷有限公司印刷

◆ 开本：775×1092　1/16　　彩插：2
　印张：23　　2024 年 1 月第 1 版
　字数：824 千字　　2024 年 1 月北京第 1 次印刷

定价：89.80 元

读者服务热线：(010)81055410　印装质量热线：(010)81055316
反盗版热线：(010)81055315
广告经营许可证：京东市监广登字 20170147 号

精彩实例展示

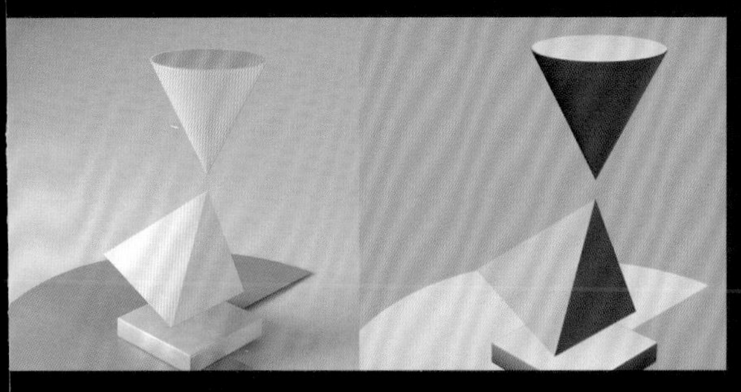

实战：制作悬浮几何体

- 教学视频　实战：制作悬浮几何体.mp4
- 学习目标　掌握圆锥体、圆盘、金字塔、立方体模型的创建方法

第030页

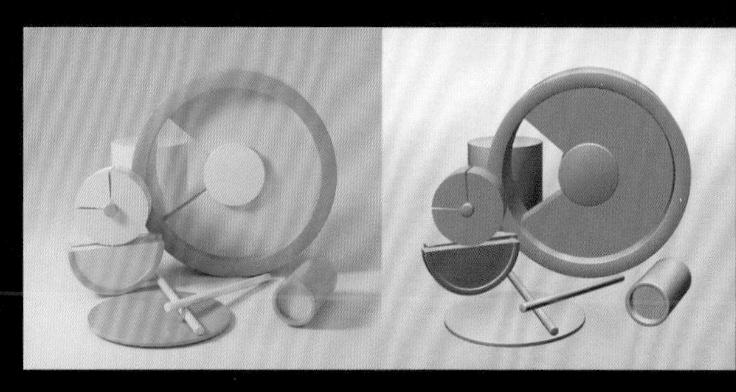

实战：制作圆形几何体

- 教学视频　实战：制作圆形几何体.mp4
- 学习目标　掌握圆柱体和管道模型的创建方法

第034页

实战：制作水槽与冰箱模型

- 教学视频　实战：制作水槽与冰箱模型.mp4
- 学习目标　掌握多边形建模的方法

第088页

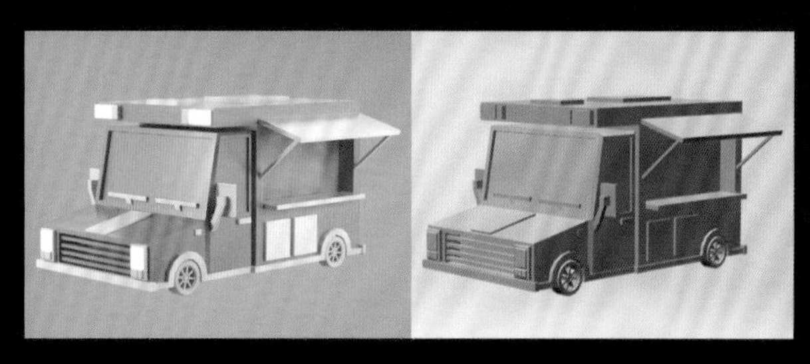

实战：制作汽车模型

- 教学视频　实战：制作汽车模型.mp4
- 学习目标　掌握多边形建模的方法

第091页

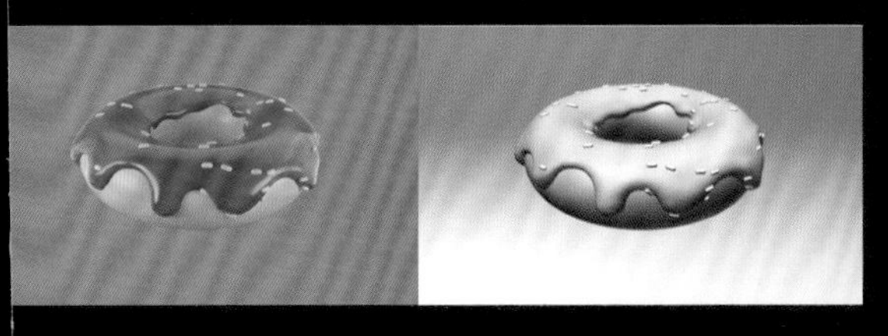

实战：制作甜甜圈模型

- 教学视频　实战：制作甜甜圈模型.mp4
- 学习目标　掌握流体模型的制作方法

第107页

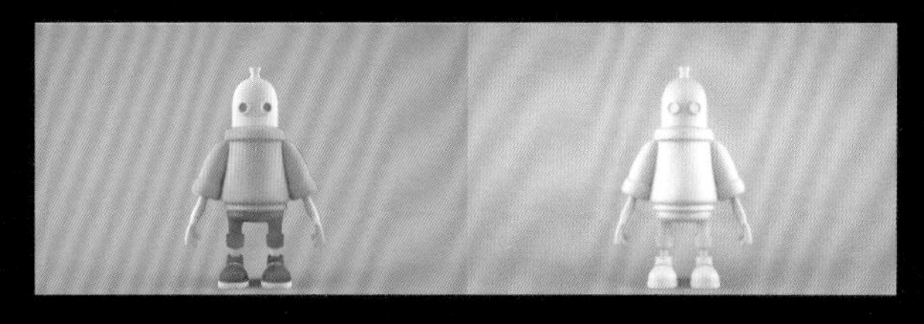

实战：为卡通角色布光

- 教学视频　实战：为卡通角色布光.mp4
- 学习目标　掌握区域光的用法

第123页

实战：渲染键盘效果图

- 教学视频　实战：渲染键盘效果图.mp4
- 学习目标　掌握渲染的方法

第157页

实战：使用Octane进行渲染

- 教学视频　实战：使用Octane进行渲染.mp4
- 学习目标　掌握Octane的工作流程

第164页

精彩实例展示

8.1 美食节海报

- 教学视频　美食节海报.mp4
- 学习目标　掌握文字类海报的制作方法

第212页

9.2 食品袋

- 教学视频　食品袋.mp4
- 学习目标　掌握食品袋的制作方法

第262页

9.3 乳品盒

- 教学视频　乳品盒.mp4
- 学习目标　掌握乳品盒的制作方法

第277页

10.3 低多边形写实风插画

- 教学视频　低多边形写实风插画.mp4
- 学习目标　掌握低多边形写实风插画的制作方法

第307页

11.3 萌宠聚会

- 教学视频　萌宠聚会.mp4
- 学习目标　掌握卡通角色的制作方法

第341页

12.1 洗手液

- 教学视频　洗手液.mp4
- 学习目标　掌握产品渲染的方法

第352页

前言

关于本书

Cinema 4D是一款强大的三维设计软件，广泛应用于平面设计、电商设计、网页设计、UI设计、产品设计、影视和游戏效果制作等领域。Cinema 4D适合新手使用，不仅易上手，还拥有很多内置模型，学习门槛较低。

本书内容丰富、结构清晰，从Cinema 4D的基础操作入手，介绍模型制作、摄像机创建、灯光与环境设置、材质制作和渲染输出等基础操作，并且详细讲解Octane Render的使用方法。知识点都结合实例进行讲解，让读者在实践中逐步掌握Cinema 4D的核心功能。同时，本书还提供大量的技巧提示、技术专题和疑难解答，帮助读者快速提高设计水平和制作效率。

本书内容

本书共12章，为了便于读者学习，本书的实例部分均提供了教学视频。

第1～6章：Cinema 4D核心功能。介绍Cinema 4D的操作基础和建模技术，以及灯光、环境、摄像机、材质、纹理和渲染技术。

第7章：Octane Render渲染技术。介绍Octane Render的使用方法，以及使用Octane Render制作灯光、环境和材质的方法。

第8～12章：商业实战案例。通过实例讲解Cinema 4D在海报设计、包装设计、插画设计、卡通角色与场景设计、产品渲染表现等不同领域的应用。

作者感言

亲爱的读者，非常荣幸向您介绍这本关于Cinema 4D的图书，愿本书能助您踏入创意世界，将想象转化成令人惊叹的三维作品。本书将带您踏上Cinema 4D创作的奇妙之旅，从界面和基础操作开始，带您快速了解软件的布局和工作流程，了解如何运用各种类型的灯光调整场景的环境，并通过“材质编辑器”和纹理贴图为模型增添细节和真实感等。无论您想制作有趣的卡通角色，还是想制作逼真的场景和产品图，本书都会为您提供必要的知识和技术。

感谢您选择本书，我相信本书能帮助您在三维设计领域进行探索和拓展技能，愿您在创作之旅中获得乐趣与成就！

87time
2023年10月

资源与支持

本书由“数艺设”出品，“数艺设”社区平台（www.shuyishe.com）为您提供后续服务。

配套资源

实例文件

场景文件

视频文件

AI与C4D相结合的教学视频

其他相关资源

资源获取请扫码

（提示：微信扫描二维码关注公众号后，输入51页左下角的5位数字，获得资源获取帮助。）

“数艺设”社区平台，为艺术设计从业者提供专业的教育产品。

与我们联系

我们的联系邮箱是 szys@ptpress.com.cn。如果您对本书有任何疑问或建议，请您发邮件给我们，并请在邮件标题中注明本书书名及ISBN，以便我们更高效地做出反馈。

如果您有兴趣出版图书、录制教学课程，或者参与技术审校等工作，可以发邮件给我们。如果学校、培训机构或企业想批量购买本书或“数艺设”出版的其他图书，也可以发邮件联系我们。

关于“数艺设”

人民邮电出版社有限公司旗下品牌“数艺设”，专注于专业艺术设计类图书出版，为艺术设计从业者提供专业的图书、视频电子书、课程等教育产品。出版领域涉及平面、三维、影视、摄影与后期等数字艺术门类，字体设计、品牌设计、色彩设计等设计理论与应用门类，UI设计、电商设计、新媒体设计、游戏设计、交互设计、原型设计等互联网设计门类，环艺设计手绘、插画设计手绘、工业设计手绘等设计手绘门类。更多服务请访问“数艺设”社区平台www.shuyishe.com。我们将提供及时、准确、专业的学习服务。

目录

第1章 Cinema 4D操作基础

■ 学习目的

Cinema 4D是一款功能强大且应用广泛的三维软件，常应用于平面设计、电商设计、网页设计、UI设计、产品设计、影视和游戏效果制作等领域。本章主要介绍Cinema 4D的界面、工作流程与相关设置等，以便读者为后续学习打下基础。

■ 主要内容

- Cinema 4D的界面
- 初始设置
- Cinema 4D的工作流程

1.1 Cinema 4D的界面

Cinema 4D启动后，默认界面主要包含标题栏、菜单栏、工具栏、模式工具栏、视图窗口、“对象”面板、“属性”面板、时间线、“材质”面板和“坐标”面板，如图1-1所示。

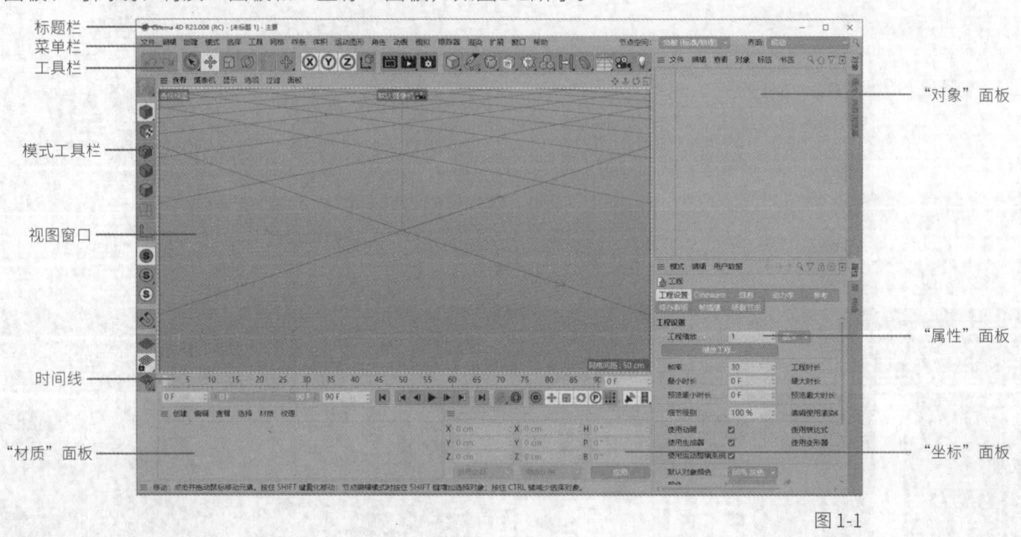

图 1-1

1.1.1 菜单栏

Cinema 4D的菜单栏与Photoshop的很相似，几乎包含了所有的工具与命令，如图1-2所示。菜单栏的上面是标题栏，显示着Cinema 4D的版本号（如R23.008）和当前工程文件的名称。

文件 编辑 创建 模式 选择 工具 网格 样条 体积 运动图形 角色 动画 模拟 跟踪器 渲染 扩展 窗口 帮助

图 1-2

文件：用于对当前工程文件进行新建、关闭和保存等操作。

编辑：用于进行撤销、复制和删除对象等操作，以及一些场景中通用参数的设置等。

创建：用于快速创建模型、样条、生成器、变形器、摄像机和灯光等对象。

模式：用于更改编辑模式，常用的模式也放置到了模式工具栏。

选择：用于更改选择对象的方式和方法。

工具：针对场景制作提供了辅助功能，如移动、缩放、旋转和排列等。

网格：提供了多边形相关的命令。

样条：提供了样条相关的命令。

体积：提供了体积相关的命令。

运动图形：提供了运动图形相关的命令。

角色：提供了角色骨骼系统调节的相关命令。

动画：提供了动画的相关命令。

模拟：提供了毛发、粒子和动力学等相关的命令。

跟踪器：提供了摄像机反求与追踪相关的命令。

渲染：提供了渲染相关的命令。

扩展：可以进行额外拓展或者运行外部插件。

窗口：可以调出软件的所有窗口。

帮助：可以显示软件相关帮助。

1.1.2 工具栏

Cinema 4D的工具栏集合了一些常用的工具和命令，如图1-3所示。

图 1-3

撤销：进行撤销操作，快捷键为Ctrl+Z。

重做：进行重做操作，快捷键为Ctrl+Y。

实时选择：单击此按钮，可以选择单个对象；长按此按钮，可以在弹出的面板中切换选择工具，快捷键为9，如图1-4所示。

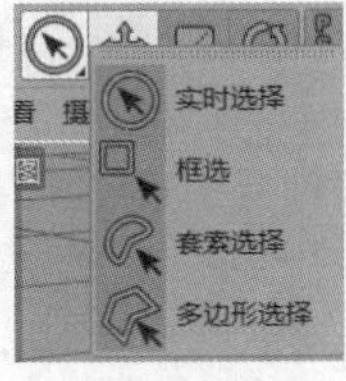

图 1-4

移动：可沿不同方向移动对象，快捷键为E。对象中心有一个坐标系统，当将鼠标指针置于某一个坐标轴上时，这个坐标轴就会变为白色（表示已被激活），此时可以沿着这个坐标轴移动对象。如果鼠标指针不靠近坐标轴，按住鼠标左键时整个坐标系统都会变为白色，然后拖曳鼠标，便可以沿各个方向自由移动对象，如图1-5所示。

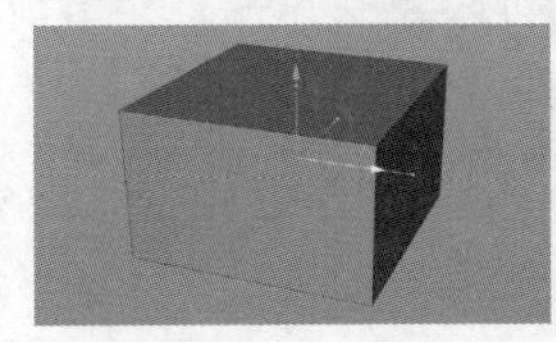

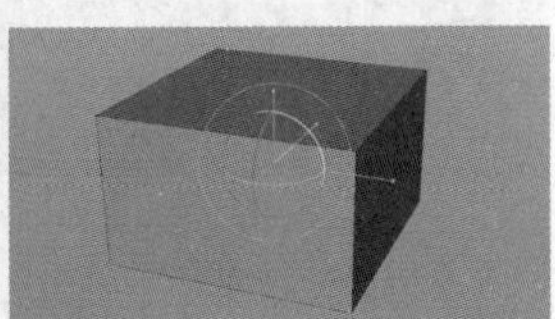

图 1-5

技巧提示 在移动（或旋转）对象时，尽量只沿（或绕）一个坐标轴进行移动（或旋转）。当需要向多个方向移动（或旋转）对象时，可以先沿（或绕）一个坐标轴进行移动（或旋转），然后沿（或绕）另一个坐标轴进行移动（或旋转）。当需要等比缩放对象时，不用选中坐标轴，直接缩放即可，这样可以减少误操作。

缩放：对物体进行缩放，快捷键为T。

旋转：对物体进行旋转，快捷键为R。

最近使用命令：默认显示正在使用的工具或命令；长按此按钮，可以在下拉菜单中看到最近使用的工具或命令，可以在常用工具中快速切换。

X-轴/Pitch：对x轴进行锁定或解锁，快捷键为X。

Y-轴/Heading：对y轴进行锁定或解锁，快捷键为Y。

Z-轴/Bank：对z轴进行锁定或解锁，快捷键为Z。

坐标系统：在"全局"坐标系统与"对象"坐标系统之间切换，快捷键为W。

渲染活动视图：对当前活动视图进行渲染，快捷键为Ctrl+R。

渲染到图像查看器：渲染的效果会在"图像查看器"中显示，快捷键为Shift+R。

编辑渲染设置：对渲染设置的参数进行编辑，快捷键为Ctrl+B。

立方体：单击此按钮，可以添加立方体对象；长按此按钮，可以在弹出的面板中选择系统自带的参数化几何体，如图1-6所示。

图 1-6

样条画笔：单击此按钮，可以绘制样条；长按此按钮，可以在弹出的面板中选择系统自带的样条、图案和相关的编辑工具，如图1-7所示。

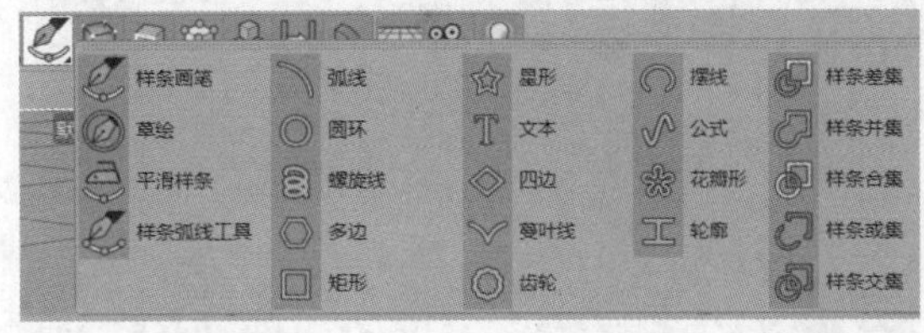

图 1-7

细分曲面：单击此按钮，可以添加细分曲面对象；长按此按钮，可以在弹出的面板中选择系统自带的模型生成器，如图1-8所示。

挤压：单击此按钮，可以添加挤压对象；长按此按钮，可以在弹出的面板中选择系统自带的样条生成器，如图1-9所示。

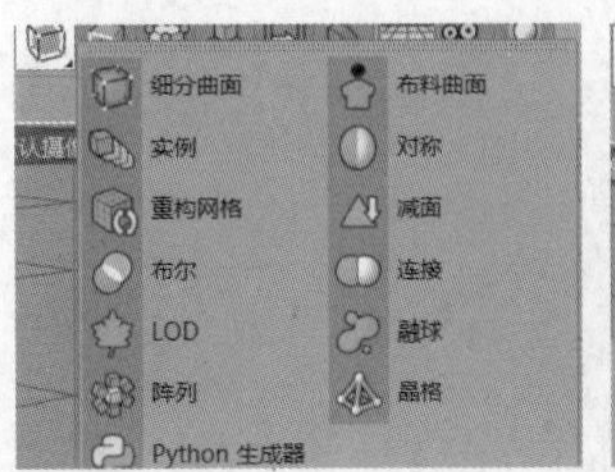

图 1-8

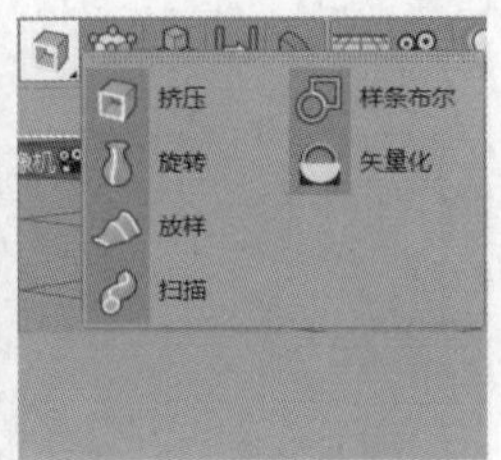

图 1-9

克隆：单击此按钮，可以添加克隆对象；长按此按钮，可以在弹出的面板中选择系统自带的运动图形工具，如图1-10所示。

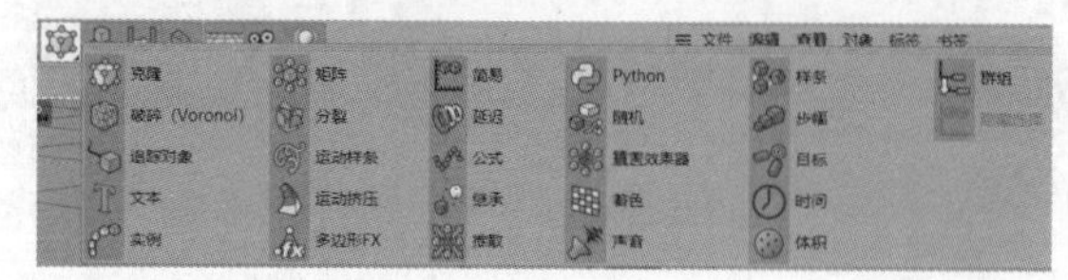

图 1-10

体积生成：单击此按钮，可以添加体积生成对象；长按此按钮，可以在弹出的面板中选择系统自带的体积工具，如图1-11所示。

线性域：单击此按钮，可以添加线性域对象；长按此按钮，可以在弹出的面板中选择系统自带的域工具，如图1-12所示。

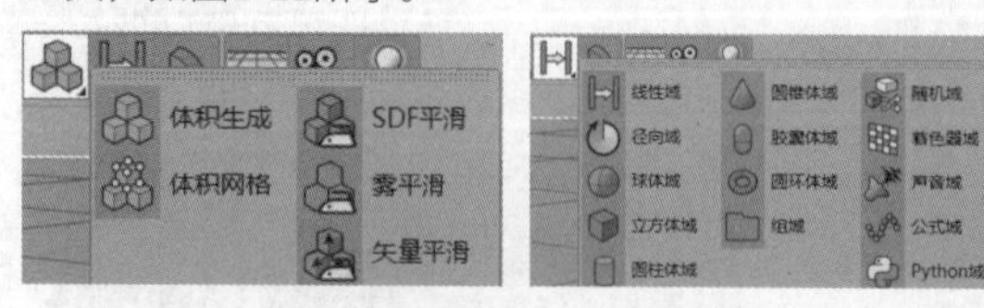

图 1-11　　图 1-12

弯曲：单击此按钮，可以添加弯曲对象；长按此按钮，可以在弹出的面板中选择系统自带的变形器工具，如图1-13所示。

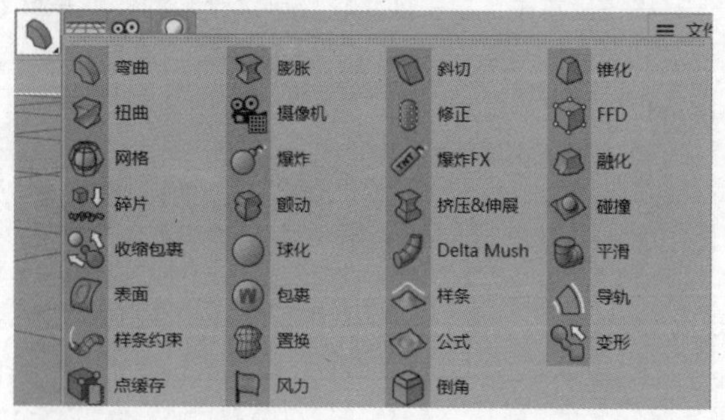

图 1-13

地板：单击此按钮，可以添加地板对象；长按此按钮，可以在弹出的面板中选择系统自带的多种场景，如图1-14所示。

摄像机：单击此按钮，可以添加摄像机对象；长按此按钮，可以在弹出的面板中选择系统自带的多种摄像机，如图1-15所示。

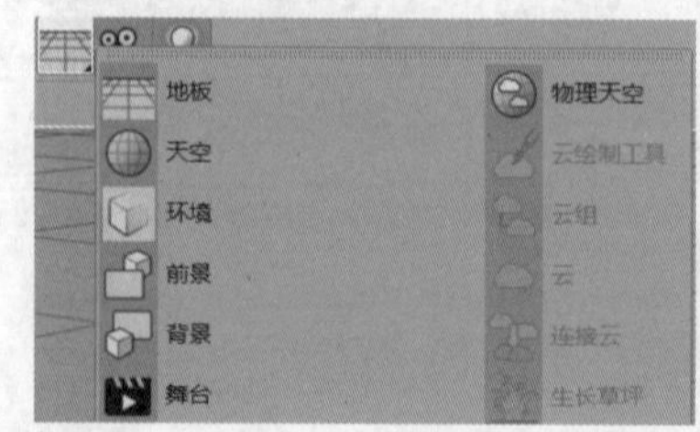

图 1-14

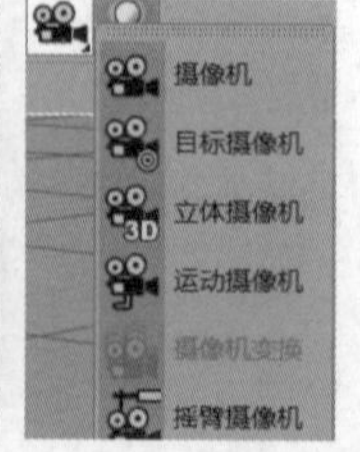

图 1-15

灯光：单击此按钮，可以添加灯光对象；长按此按钮，可以在弹出的面板中选择系统自带的多种灯光，如图1-16所示。

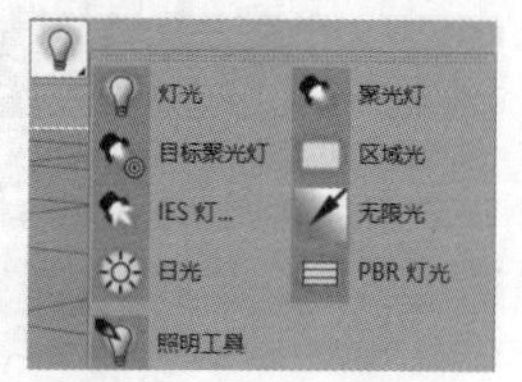

图 1-16

技巧提示 弹出的面板上方有两条虚线，如图1-17所示。单击此处可以让面板变为浮动面板，以便自由调节位置，如图1-18所示。

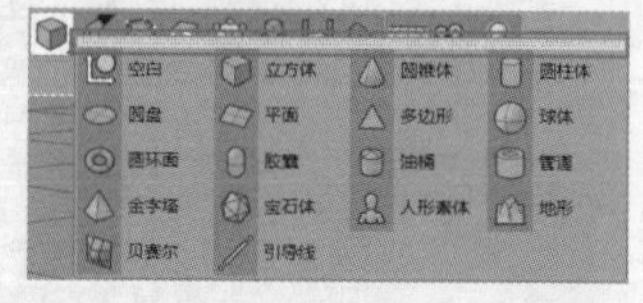

图 1-17

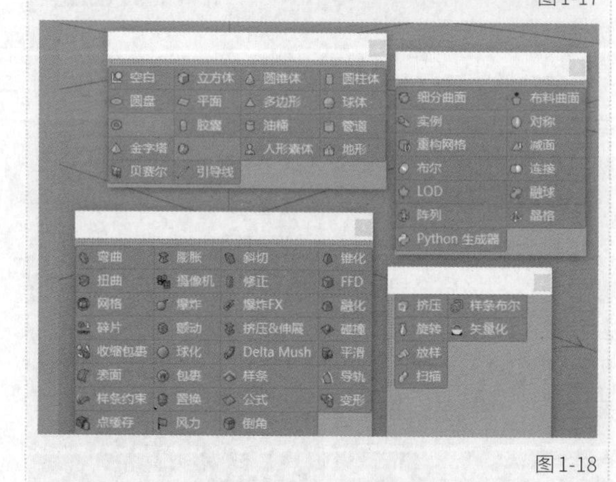

图 1-18

1.1.3 模式工具栏

通过模式工具栏可以切换对象的编辑模式，更改对象的显示方式，启用捕捉模式等。模式工具栏如图1-19所示。

转为可编辑对象：单击此按钮，可以将参数对象转换为可编辑对象，快捷键为C；长按此按钮，可以在弹出的下拉菜单中选择“当前状态转对象”工具和“体素网格”工具等。

模型：使用模型模式。

纹理：使用纹理模式。

点：使用点模式。

边：使用边模式。

面：使用面模式。

图 1-19

技巧提示 当鼠标指针悬停在“面”按钮上时，提示文字为“多边形”，而不是“面”，如图1-20所示。这是因为软件语言包存在漏洞，但这并不影响操作与学习。除此之外，还有一些因翻译不同而有差异的工具名称，如图1-21所示。学习过程中若发现此类问题，不必纠结，看图标即可。

图 1-20 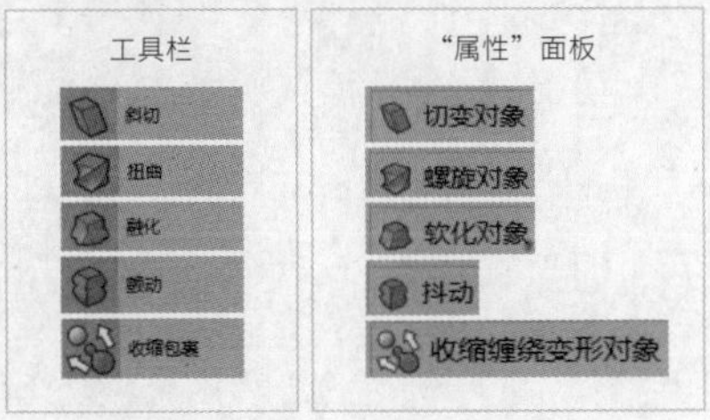　　图 1-21

UV模式：使用UV编辑模式。

启用轴心：启用轴心修改，快捷键为L。

关闭视窗独显：禁用视窗独显模式。

视窗单体独显：单独显示所选对象。

视窗独显选择：在“视窗单体独显”模式下，单击该按钮，可切换需要单独显示的对象。

启用捕捉：单击此按钮，可以开启或关闭捕捉，快捷键为Shift+S；长按此按钮，可以在弹出的下拉菜单中选择不同的捕捉模式，如图1-22所示。

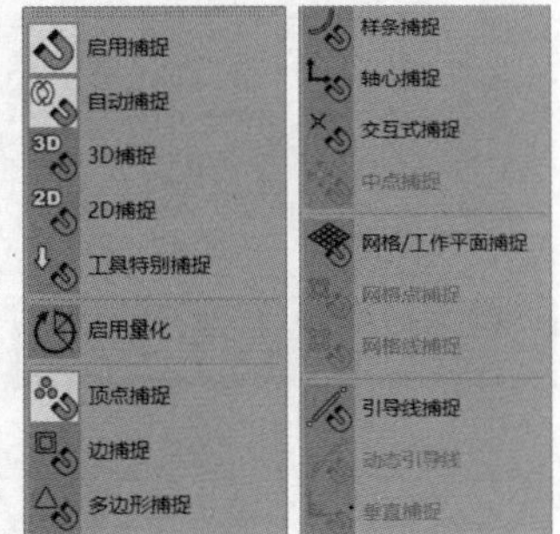

图 1-22

1.1.4 视图窗口

视图窗口是编辑与观察对象的主要区域，默认显示为透视视图。在视图窗口中，单击鼠标中键即可在不同的视图模式之间切换，如图1-23所示。切换4个视图的快捷键分别为F1、F2、F3和F4，显示全部视图的快捷键为F5。

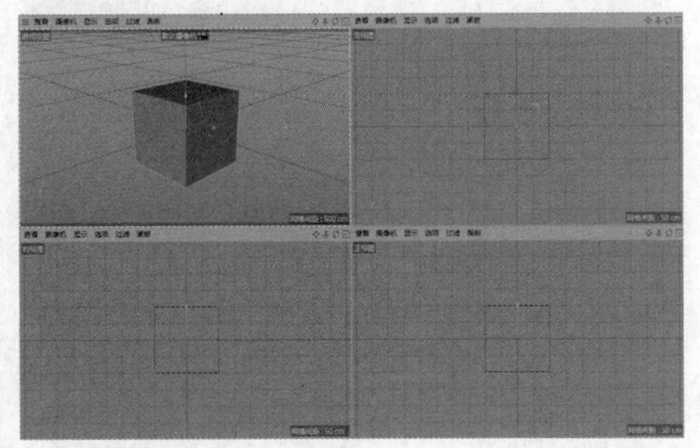

图 1-23

技巧提示 每个视图窗口的右上角都有“移动”按钮（按Alt键+鼠标中键）、“缩放”按钮（按Alt键+鼠标右键）、“旋转”按钮（按Alt键+鼠标左键）和“切换”按钮，如图1-24所示。

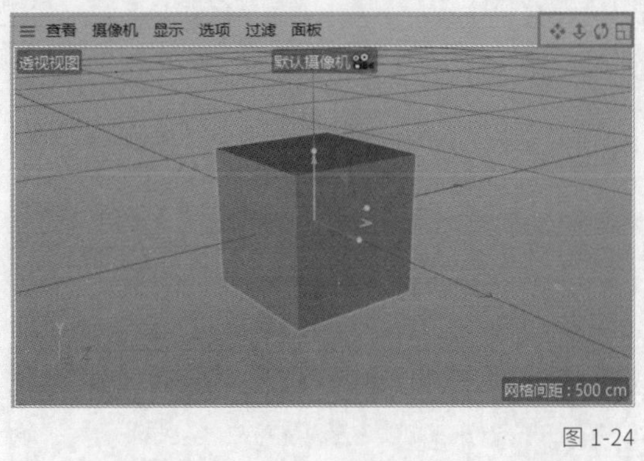

图 1-24

执行“面板>排列布局”菜单命令，在弹出的菜单中可以选择布局模式。每个视图窗口的视图方位可通过“摄像机”菜单中的命令进行更改，如图1-25所示。

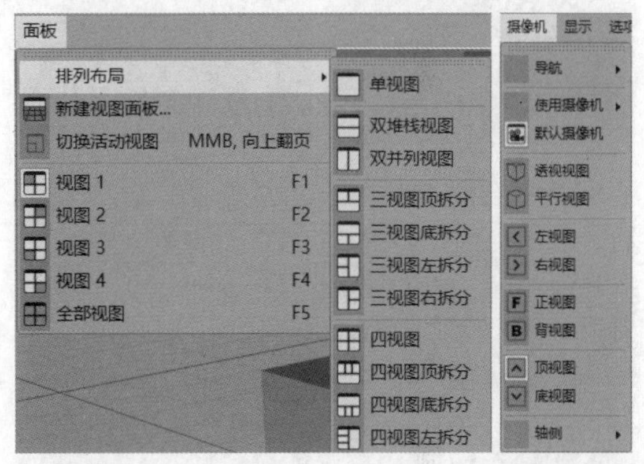

图 1-25

技巧提示 在视图操作过程中，可能会出现不知道物体去哪里了的情况。此时可以通过执行“查看>恢复默认场景”菜单命令恢复到最初的场景，如图1-26所示。

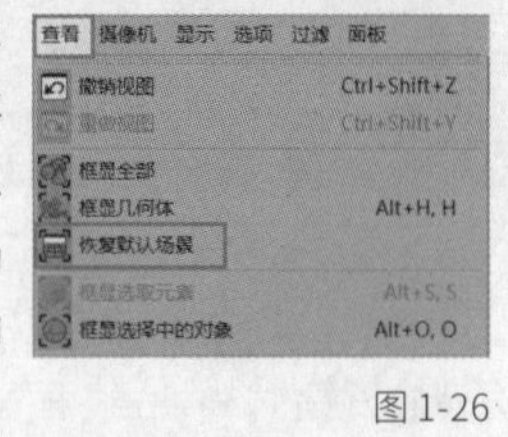

图 1-26

通过“显示”菜单中的命令可以切换对象的显示模式，如图1-27所示。常用的显示模式如图1-28至图1-35所示。

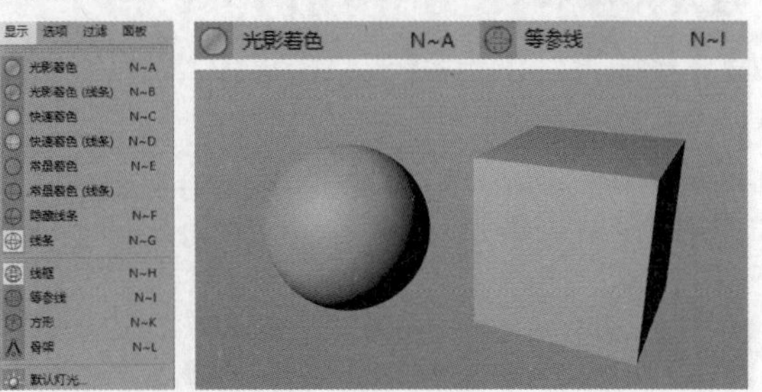

图1-27　　图 1-28

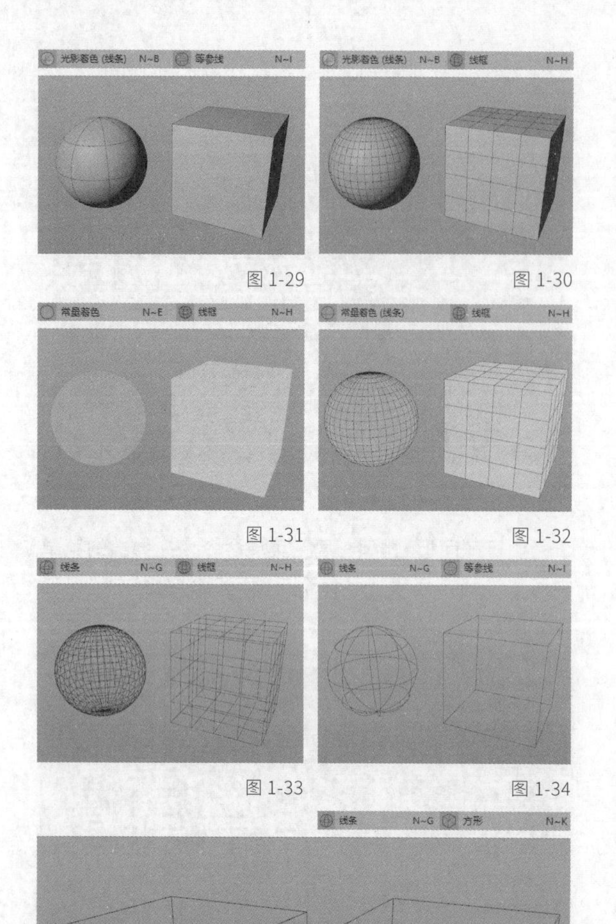

图 1-29

图 1-30

图 1-31

图 1-32

图 1-33

图 1-34

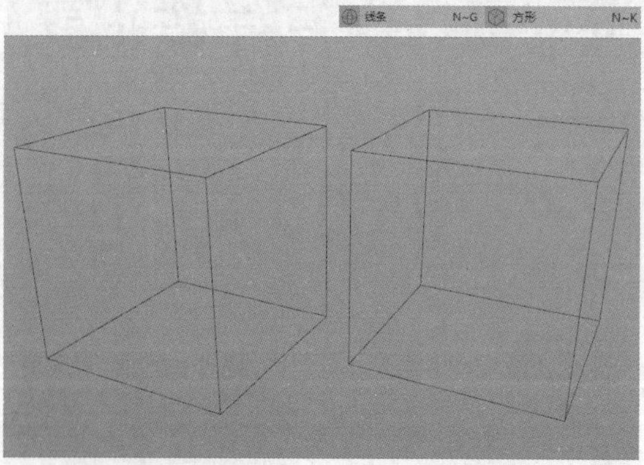

图 1-35

透视视图的显示模式是“光影着色”，其他视图的显示模式是“线条+线框”，如图1-36所示。通过“显示”菜单可以按需调节显示模式，如图1-37所示。

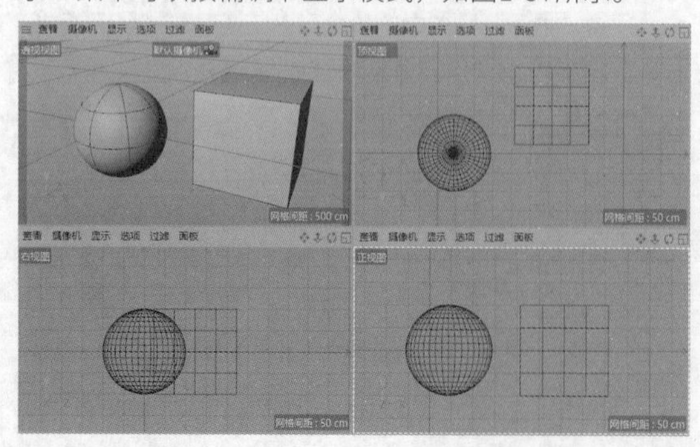

图 1-36

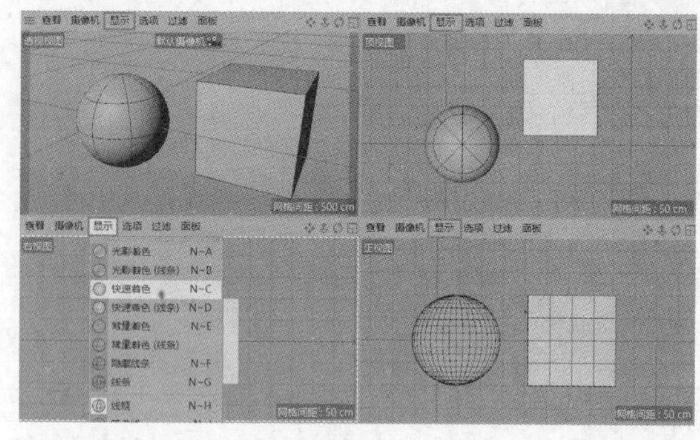

图 1-37

1.1.5 “对象”面板

“对象”面板显示所有对象，以及对象之间的层级关系，如图1-38所示。

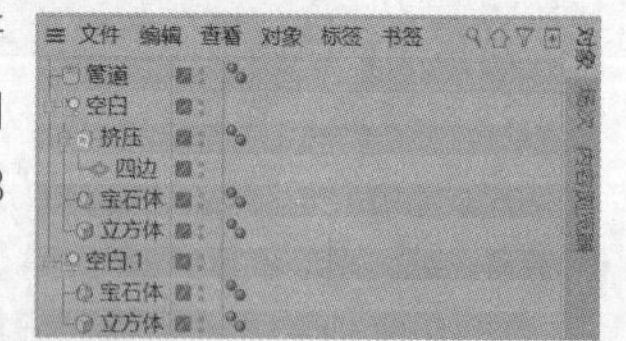

图 1-38

1.1.6 “属性”面板

“属性”面板显示所有对象、工具和命令的参数，如图1-39所示。

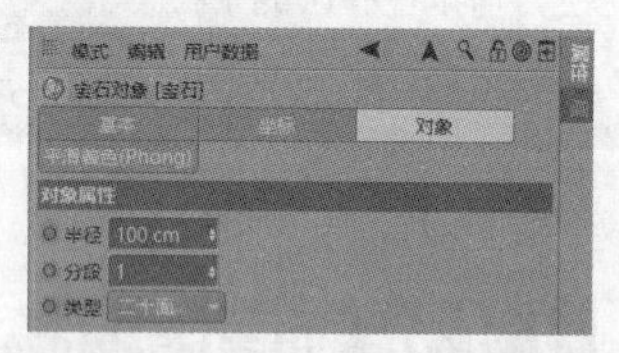

图 1-39

1.1.7 “材质”面板

“材质”面板是场景材质的管理面板，双击空白区域即可创建材质，如图1-40所示。

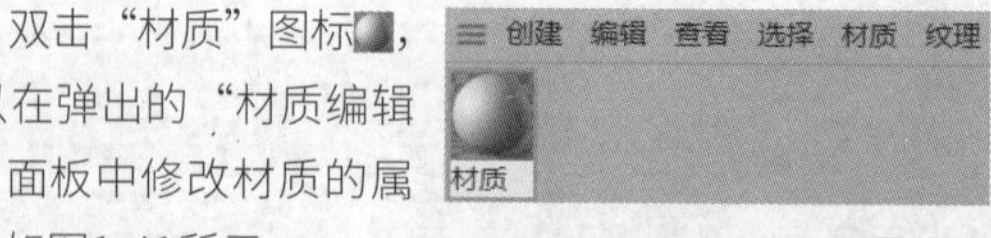

图 1-40

双击“材质”图标，可以在弹出的“材质编辑器”面板中修改材质的属性，如图1-41所示。

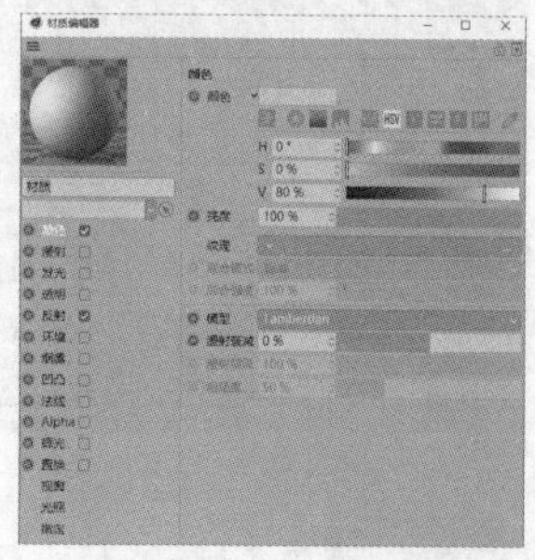

图 1-41

1.1.8 “坐标”面板

可以通过“坐标”面板修改对象在三维空间中的位置、尺寸和旋转角度等，如图1-42所示。

位置	尺寸	旋转
X 0 cm	X 200 cm	H 0 °
Y 0 cm	Y 200 cm	P 0 °
Z 0 cm	Z 200 cm	B 0 °
对象（相对）	绝对尺寸	应用

图 1-42

1.1.9 界面布局

Cinema 4D界面的右上角有一个“界面”选项，在其下拉菜单中可以快速更改界面布局，如图1-43所示。每个布局按工作需求对工具、命令、面板等进行了不同的排列，以便用户能够及时、快速地找到所需的工具、命令、面板等。通常保持默认的界面布局即可。

Standard
Animate
BP - 3D Paint
BP - UV Edit
Model
Motion Tracker
Nodes
Rigging
Script
Sculpt
Standard

Visualize
启动
Cinema 4D 菜单
BodyPaint 3D 菜单
用户菜单 1
用户菜单 2
用户菜单 3
用户菜单 4
用户菜单 5

图 1-43

BP - UV Edit：UV编辑界面布局，如图1-44所示。

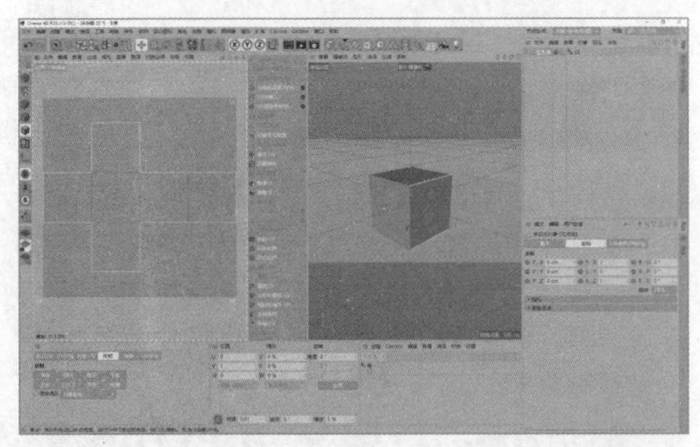

图 1-44

Model：模型界面布局，可以看到建模时常用的工具与命令都放置在了视图窗口下方，方便快速选择，如图1-45所示。

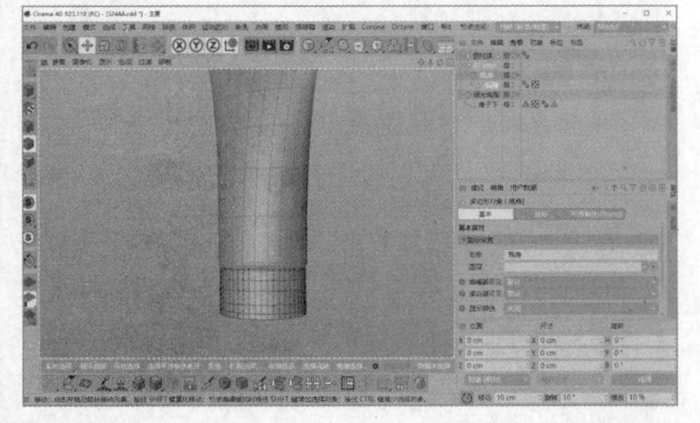

图 1-45

Sculpt：雕刻界面布局，可以看到雕刻时常用的命令都放置在了视图窗口右侧，方便快速选择，如图1-46所示。

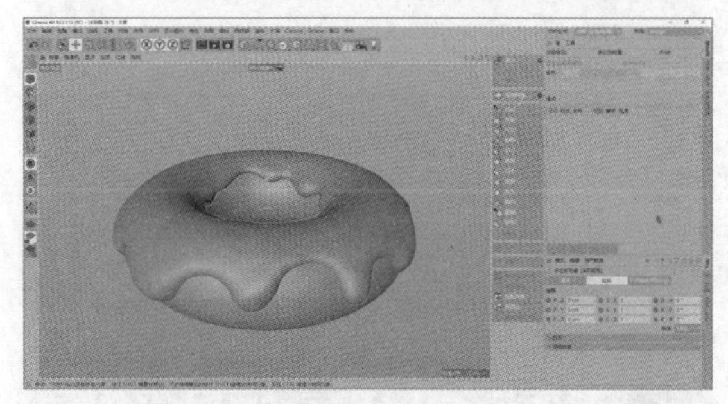

图 1-46

Standard：标准界面布局，如图1-47所示。

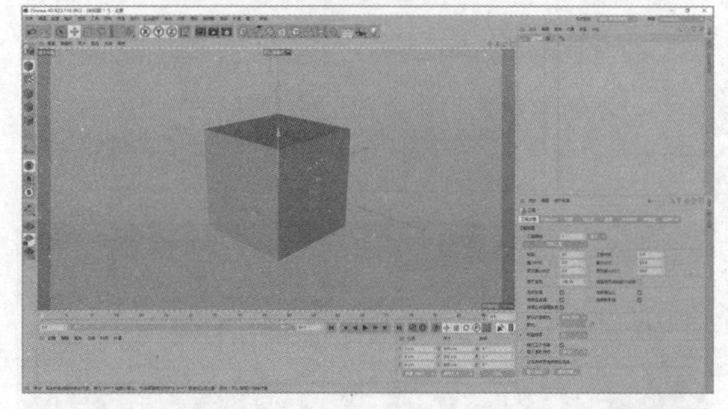

图 1-47

启动：Cinema 4D启动时的界面布局，如图1-48所示。这个布局为默认的界面布局，如果更改并保存过该界面布局，那么之后打开Cinema 4D就会显示更改后的界面布局。

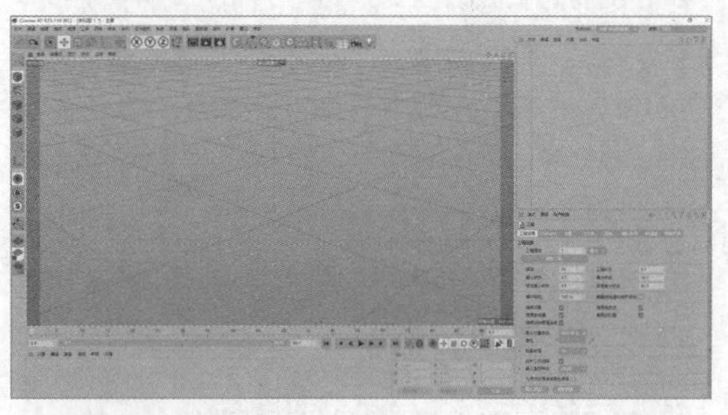

图 1-48

技巧提示 如果不小心把Cinema 4D的界面布局搞乱了，选择Standard选项即可恢复到默认的界面布局。

1.2 初始设置

执行“编辑>设置”菜单命令，在“设置”面板中可以更改Cinema 4D界面的语言和字体等。在“GUI字体”选项中可以更改软件界面的字体及字号，一般使用默认字体即可，字号设置为14～22比较合适，如图1-49所示，重启Cinema 4D生效。

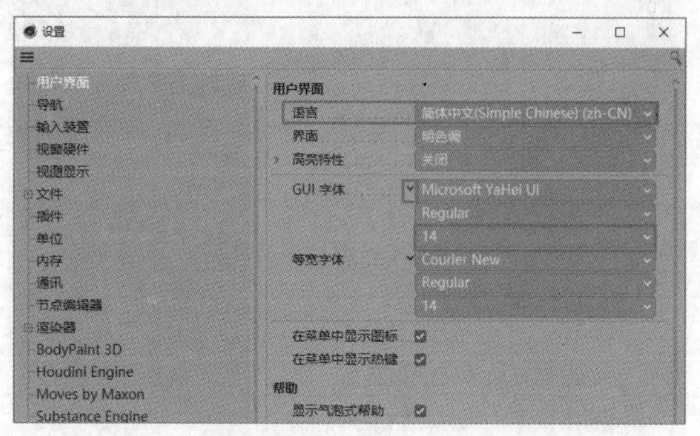

图 1-49

在“文件”选项卡中，可以开启“自动保存”功能，以防断电或死机等造成文件意外丢失，如图1-50所示。

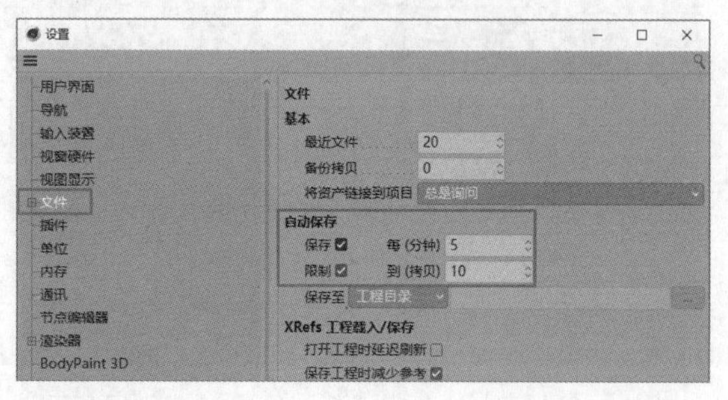

图 1-50

技巧提示 若想回到默认的设置，可以单击“设置”面板左下角的“打开配置文件夹”按钮，如图1-51所示。在打开的文件夹窗口中删除所有文件。再次打开Cinema 4D，就能回到软件安装时的原始状态，语言也会变成默认的英文。

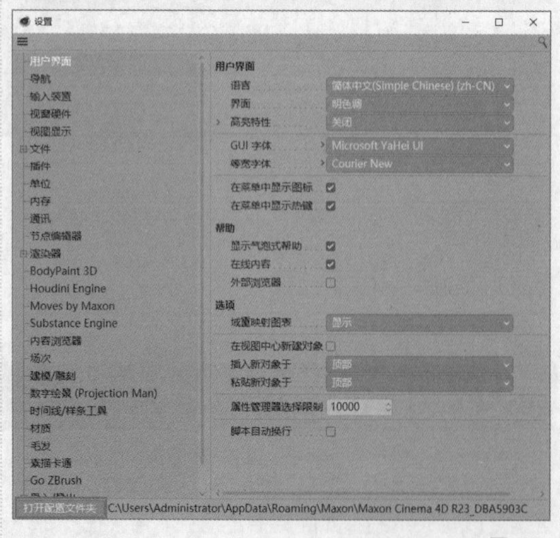

图 1-51

1.3 Cinema 4D的工作流程

◇ 场景位置	无
◇ 实例位置	实例文件 >CH01>Cinema 4D 的工作流程 .c4d
◇ 视频名称	Cinema 4D 的工作流程 .mp4
◇ 学习目标	了解 Cinema 4D 的工作流程，制作含有多个立方体模型的场景
◇ 操作重点	Cinema 4D 的基础操作

Cinema 4D的工作流程大致为“制作模型—创建摄像机—创建灯光与环境—制作材质—渲染输出”。本实例对刚接触Cinema 4D的学习者而言，最难的可能不是如何制作模型，而是如何摆放立方体才能使画面更好看，如图1-52所示。在没有构图想法的情况下，可以先跟着本实例的步骤来学习。

图 1-52

1.3.1 制作模型

01 选择“立方体”工具，在“属性”面板的“对象”选项卡中设置“尺寸.X”为50cm、“尺寸.Y”为2cm、“尺寸.Z”为50cm，并勾选“圆角”选项，然后设置“圆角半径”为0.5cm、“圆角细分”为3，创建一个较扁的立方体模型，如图1-53所示。

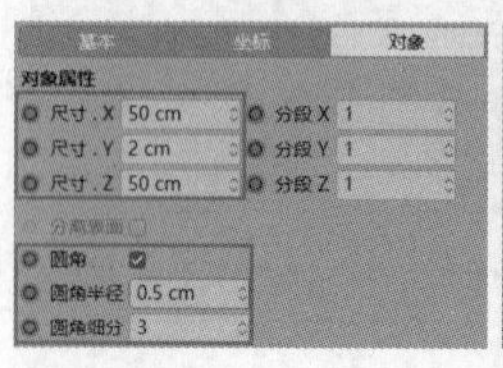

图 1-53

技巧提示 对象的各个尺寸是自带单位的，输入数值后会自动添加单位，输入单位可能会造成误操作，所以直接输入数值即可。

02 在“对象”面板中双击“立方体”这3个字可以修改名称，将其命名为“地砖”，如图1-54所示，便于和其他模型进行区分。在视图窗口中选中模型的z轴，此时按住Ctrl键并向右拖曳，就会复制出一个“地砖”模型，如图1-55所示。

图 1-54

图 1-55

技巧提示 在视图窗口中，按住Ctrl键并拖曳鼠标是一种较为常用的复制模型的方法。此外，可以在“对象”面板中选中模型，然后按住Ctrl键并向下拖曳，此时复制出的模型与原模型是重合在一起的。

03 选中复制出的“地砖.1”模型，在“属性”面板的“坐标”选项卡中设置“P.X”为-50cm、“P.Y”为0cm、“P.Z”为50cm，这样就可以得到图1-56所示的效果。虽然拖曳模型也可以完成这个操作，但是输入数值可以使模型的位置更加精确。

图 1-56

04 采用相同的方法再创建一个立方体模型，将其命名为“楼”，然后设置“尺寸.X”为20cm、“尺寸.Y”为17cm、“尺寸.Z”为20cm，并勾选“圆角”选项，接着设置“圆角半径”为0.5cm、“圆角细分”为3，如图1-57所示。

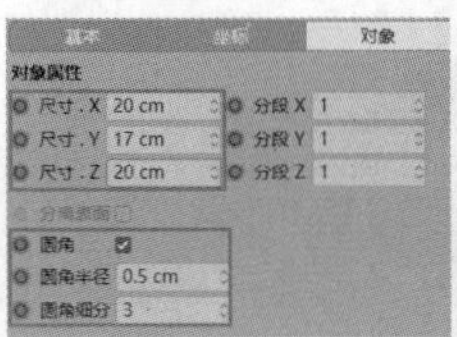

图 1-57

05 使用“移动”工具将“楼”模型拖曳至图1-58所示的位置，参考坐标为P.X(-55cm)、P.Y(0cm)、P.Z(41cm)。

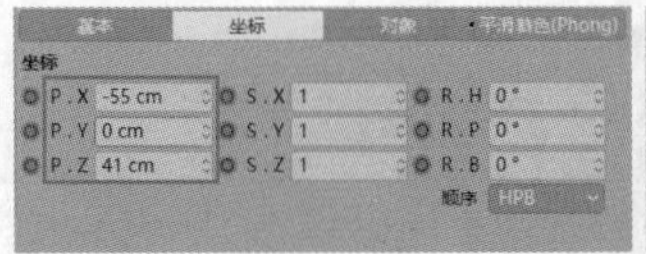

图 1-58

06 此时“楼”模型已经插到“地砖.1”模型中了，设置“P.Y”为9.6cm，使其位于“地砖.1”模型上方，如图1-59所示。

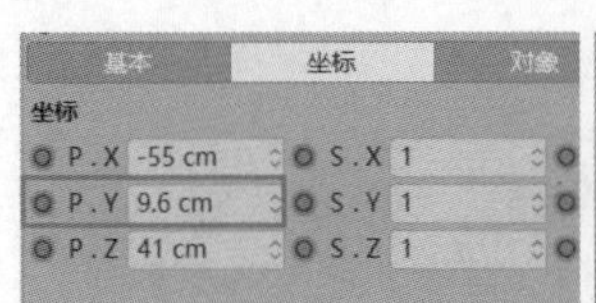

图 1-59

07 将“楼”模型沿着x轴进行复制，得到“楼.1”模型，设置“尺寸.Y”为35cm，其他参数不变，如图1-60所示。

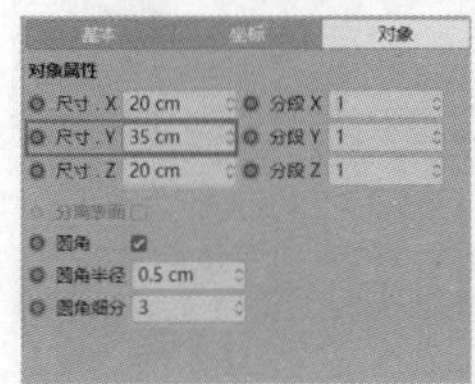

图 1-60

08 单击鼠标中键，切换到正视图，然后向上拖曳“楼.1”模型，使其底部与“地砖.1”模型对齐，这样画面就有了高低对比的效果，如图1-61所示。

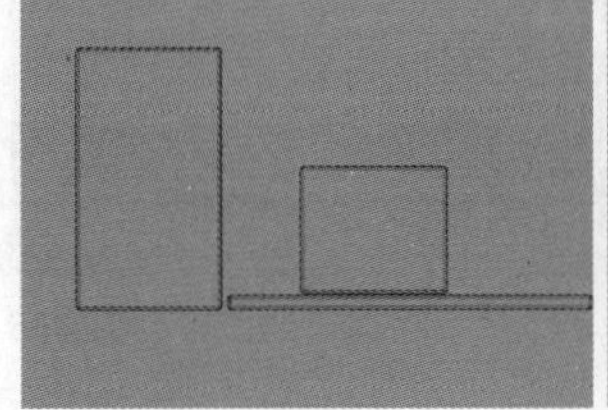

图 1-61

09 选择“地砖”模型，将其多次复制，如图1-62所示。接着选择“楼.1”模型，将其多次复制，如图1-63所示。

图 1-62

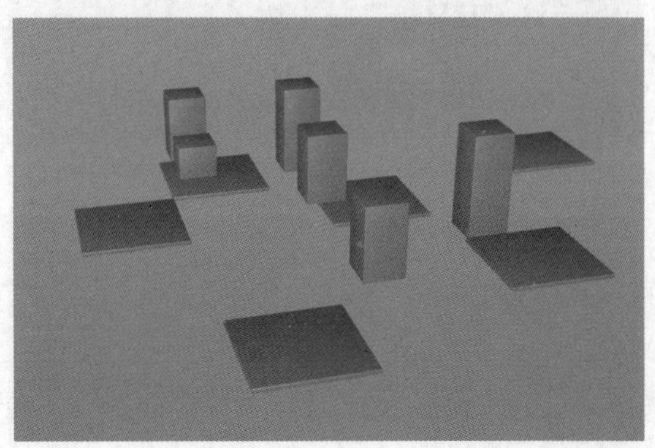

图 1-63

10 创建新的立方体模型，将其命名为“大厦”，设置“尺寸.X”为35cm、“尺寸.Y”为55cm、“尺寸.Z”为35cm，并勾选“圆角”选项，然后设置“圆角半径”为0.5cm、“圆角细分”为3，如图1-64所示。复制3个“大厦”模型，并将它们拖曳至图1-65所示的位置。

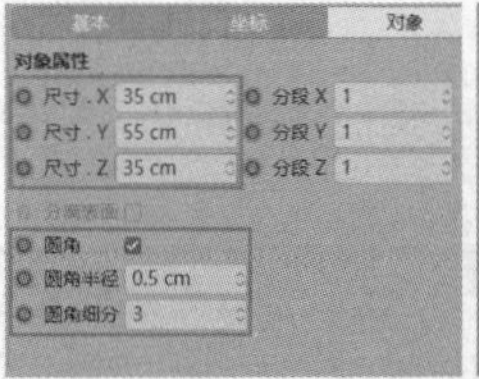

图 1-64

图 1-65

技巧提示 读者可以根据自己制作的画面调整或增减立方体模型，使其有大有小、有高有低，形成不同的对比效果。

11 长按“立方体”按钮，在弹出的面板中选择“平面”工具，创建一个“平面”模型作为场景中的地面，然后设置“宽度”和“高度”都为1600cm，如图1-66所示。此时“平面”模型与“地砖”模型产生了交叉，可以切换到正视图，然后向下拖曳“平面”模型，如图1-67所示。

图 1-66

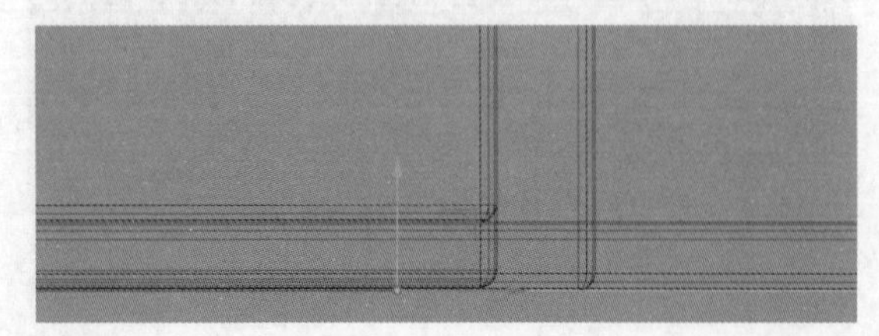

图 1-67

12 完成的模型如图1-68所示。制作时需要多思考画面中的对比关系，体现出大小、高低和远近的变化。

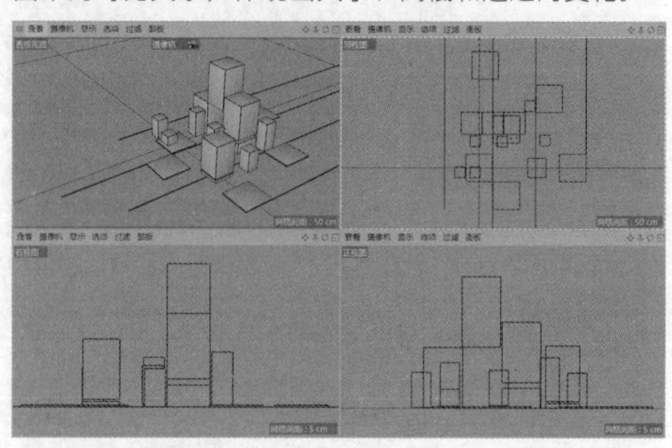

图 1-68

技巧提示 本实例想表现的主题与城市相关，通过大小不一的立方体来表现高低起伏的大楼，最终拼出了抽象化的城市画面。建议读者平时多观察，开动脑筋想想怎么摆放立方体才更好看，然后去拼出一个属于自己的小场景。这样有助于熟悉软件操作，以及提升对空间感的把握能力。

13 增添一些细节来丰富整个场景，如图1-69所示。参考尺寸为尺寸.X（1cm）、尺寸.Y（1cm）、尺寸.Z（1000cm）。

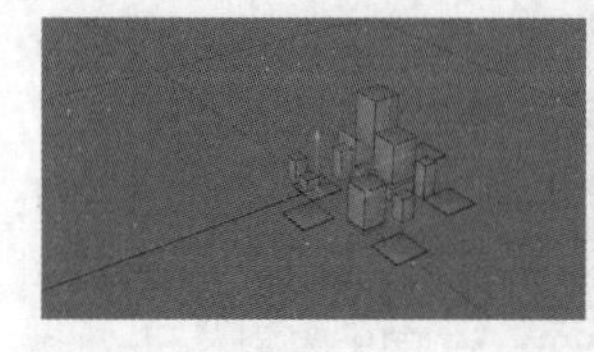
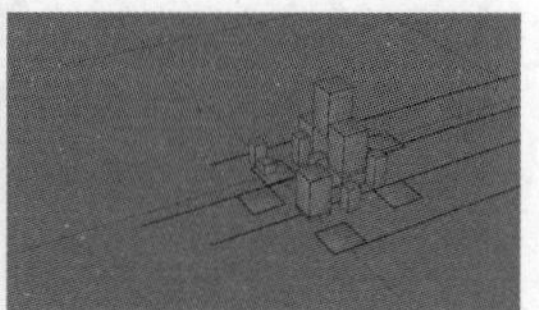

图 1-69

1.3.2 创建摄像机

01 单击“摄像机”按钮，创建一台摄像机，设置“焦距”为50mm，如图1-70所示。摄像机的位置和旋转角度可参考图1-71所示的数值。

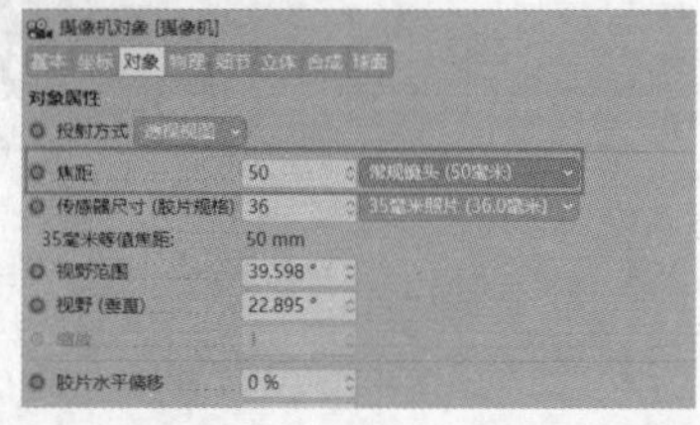

图 1-70

图 1-71

02 单击“摄像机”对象右侧的图标，当其变为图标时，表示已进入“摄像机”视图，如图1-72所示。

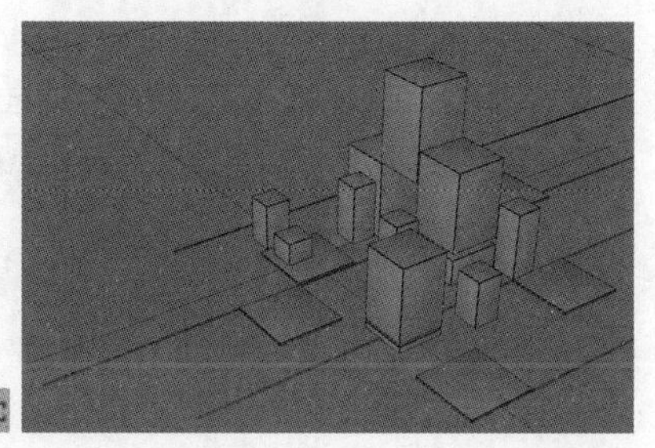

图 1-72

技巧提示 在构图时，建议提前构思好最终的效果，这样可以减少很多后期的工作量。如果实在把控不好构图与画面比例，可以后期到Photoshop中进行裁剪。

1.3.3 创建灯光与环境

01 长按“灯光”按钮，在弹出的面板中选择“目标聚光灯”工具，如图1-73所示。灯光效果将显示在界面中，如图1-74所示。

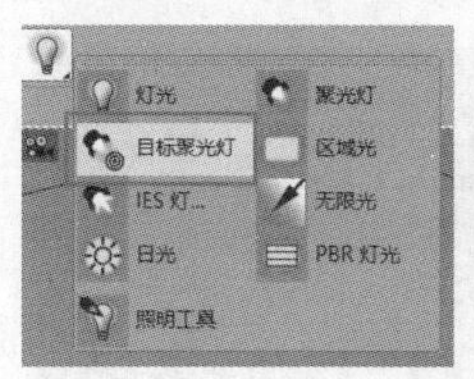

图 1-73

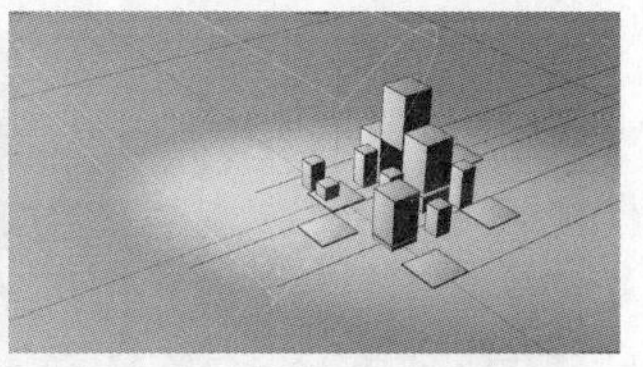

图 1-74

02 在“属性”面板的“常规”选项卡中设置“类型”为“区域光”、“投影”为“区域”，其他参数不需要调整。调节完成后，得到的渲染预览效果如图1-75所示。使用区域光与区域投影能做出较为真实的光影效果，具体原因将在后续章节详细讲解。

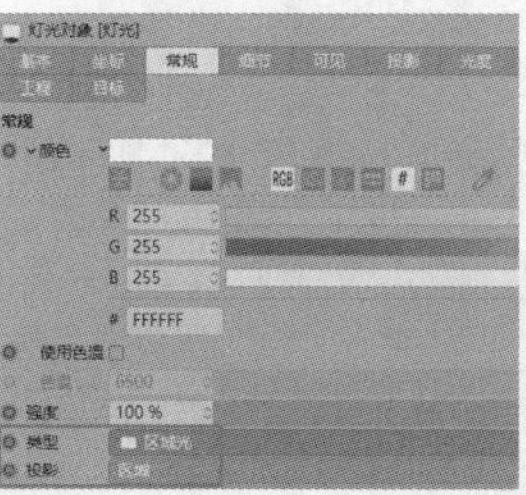

图 1-75

03 目前整个场景的光线较暗，长按“地板”按钮，在弹出的面板中选择“天空”工具，赋予场景一个天空环境。单击“编辑渲染设置”按钮，打开“渲染设置”面板。然后单击“效果”按钮 效果... ，在弹出的菜单中执行“全局光照”命令。设置“主算法”为“辐照缓存”，“次级算法”为“辐照缓存”，“漫射深度”为4，“采样”为“自定义采样数”。参数设置如图1-76所示。最终渲染得到的效果如图1-77所示，可以发现整个画面的光影效果好了很多。

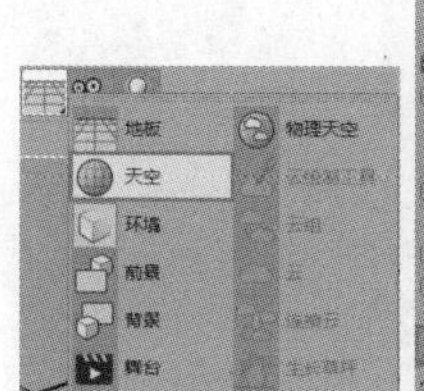

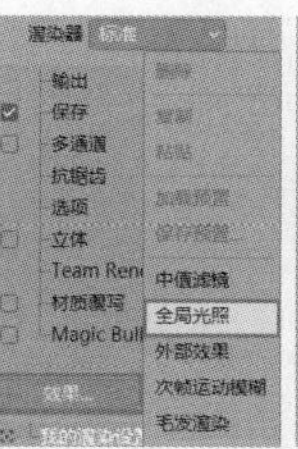

图 1-76

图 1-77

1.3.4 制作材质

01 在“材质”面板的空白处双击，即可新建材质，如图1-78所示。双击“材质”图标，在弹出的“材质编辑器”面板中设置“颜色”为黄色。将材质球拖曳至模型上，即可赋予模型材质，如图1-79所示。

图 1-78

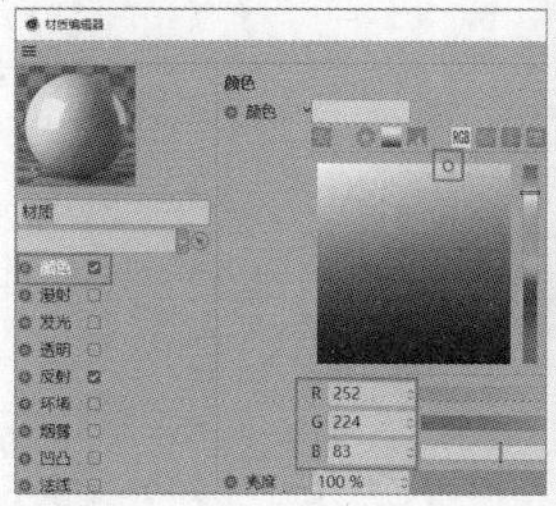

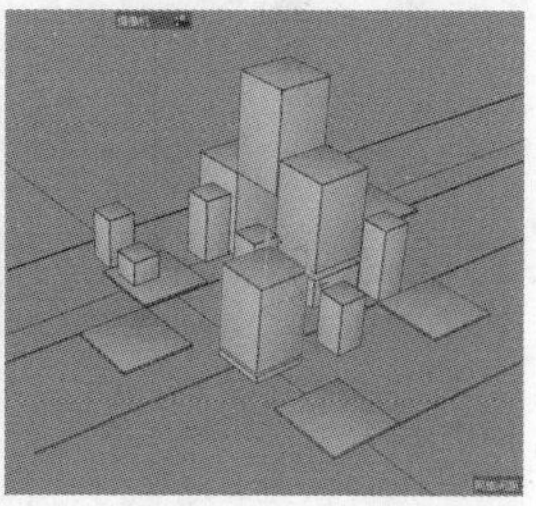

图 1-79

02 设置显示模式为“快速着色（线条）+等参线”，方便观察，得到的效果如图1-80所示。显示模式与最终的成图没有关系，想要看最终的效果需要先渲染，如图1-81所示。

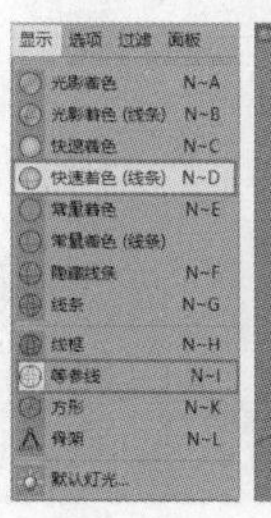

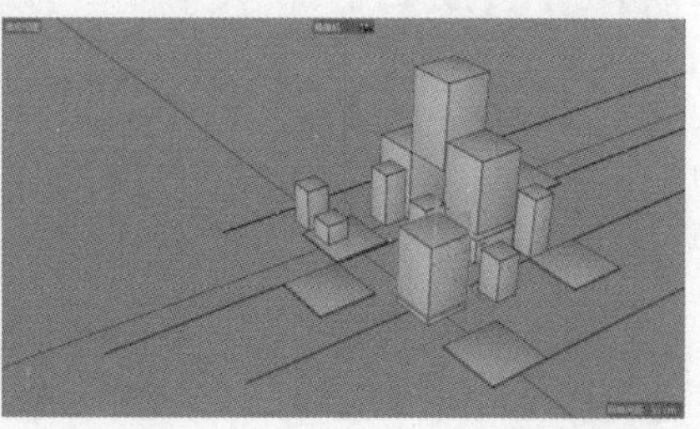

图 1-80

图 1-81

03 新建一个材质，将“颜色”调节为灰白色，RGB数值参考图1-82。赋予黄色以外的立方体灰白色的材质，得到的渲染效果如图1-83所示。

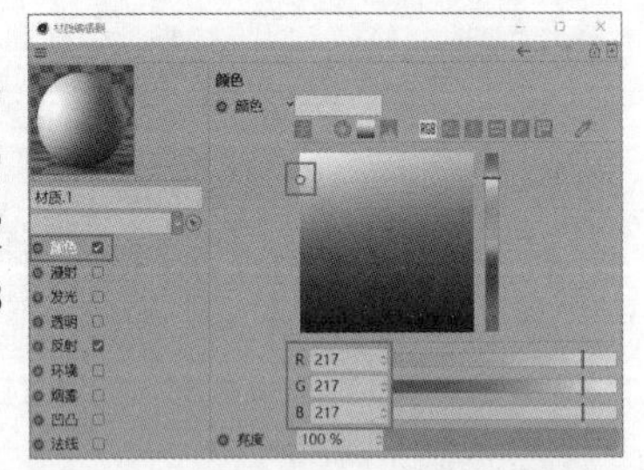

图 1-82

图 1-83

1.3.5 渲染输出

01 单击“编辑渲染设置”按钮，打开“渲染设置”面板，然后选择“输出”选项，设置“宽度”为1920像素、“高度”为1080像素，如图1-84所示。选择“保存”选项，设置“格式”为PNG，更改存储路径，如图1-85所示。

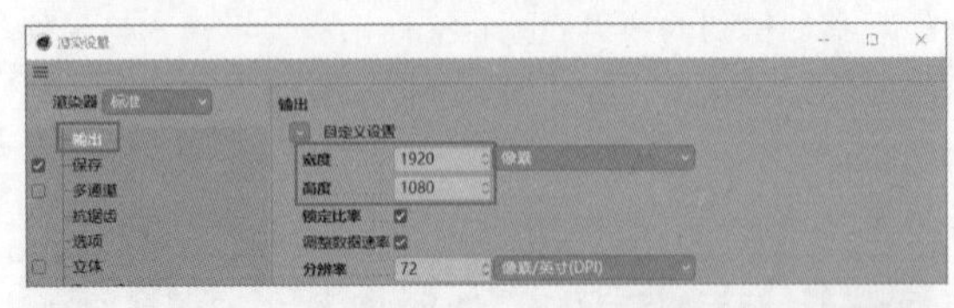

图 1-84

图 1-85

02 “抗锯齿”能防止渲染的模型出现锯齿。选择“抗锯齿”选项，设置“抗锯齿”为“最佳”、“最小级别”为1×1、“最大级别”为4×4，如图1-86所示。单击“渲染到图像查看器”按钮，最终效果如图1-87所示。

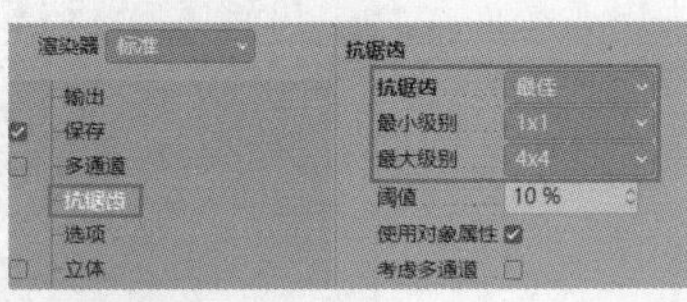

图 1-86

图 1-87

技巧提示 图1-88至图1-90所示为使用多个立方体制作出的创意效果，希望有助于读者开拓思维，提高创新能力。

图 1-88

图 1-89

图 1-90

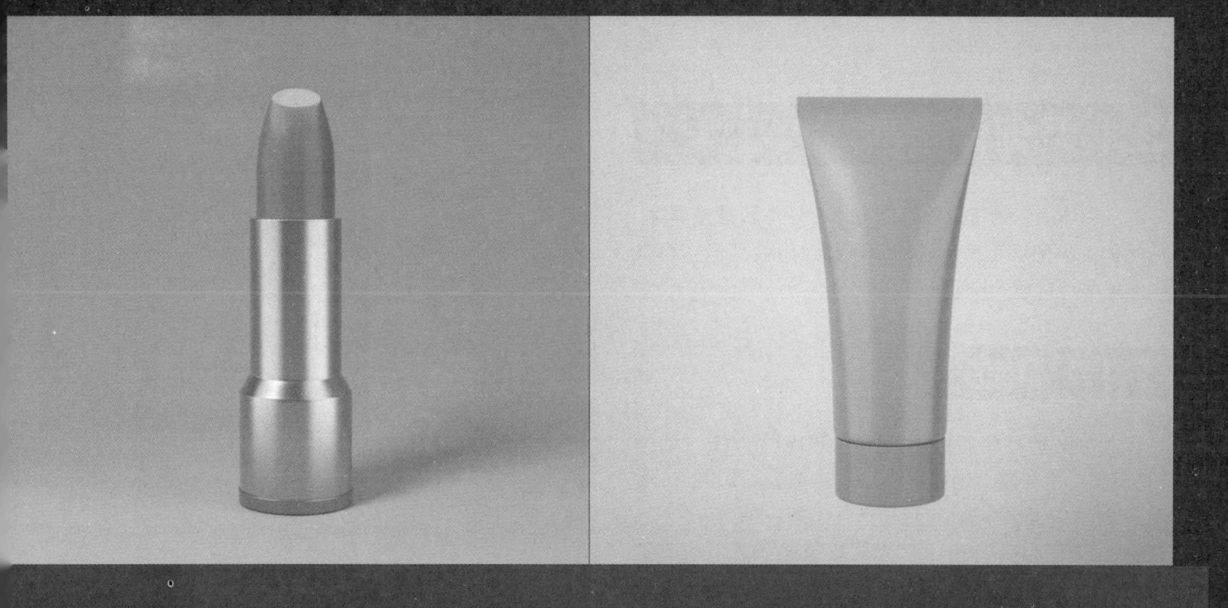

第2章 基础建模技术

■ 学习目的

建模技术在Cinema 4D应用过程中是必不可少的。本章主要介绍基础的建模技术。通过对本章的学习，读者可以制作出各种有趣、独特的模型，提升实践能力和创造力。

■ 主要内容

- 几何体与样条
- 样条生成器
- 模型生成器
- 模型变形器
- 体积建模

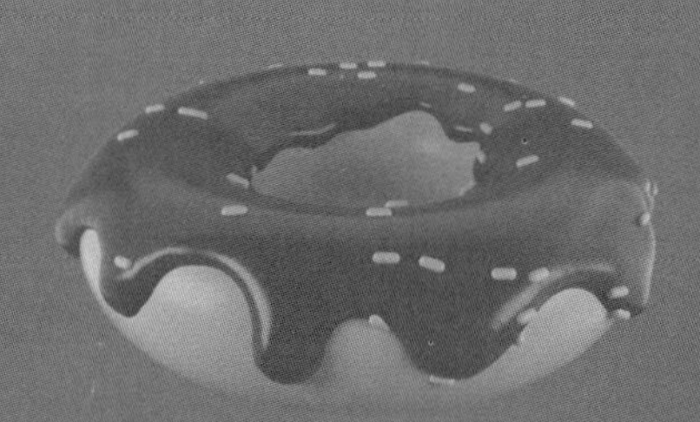

2.1 几何体

几何体中较为常见的有立方体、球体和圆柱体等。几何体工具使用起来比较简单，灵活组合几何体可以制作出多种有趣的模型。

2.1.1 属性

下面以立方体为例来介绍几何体的属性。选择“立方体”工具，创建一个立方体模型，如图2-1所示。“属性”面板中有4个选项卡，如图2-2所示。

图 2-1

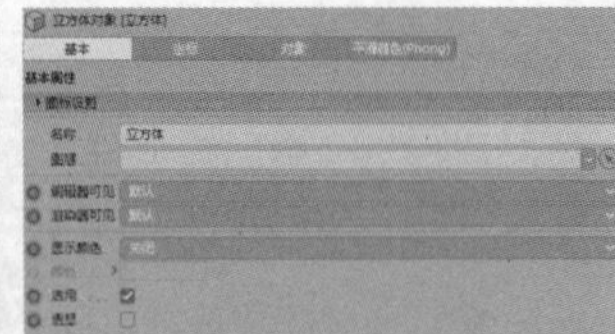

图 2-2

1.基本

“名称”即立方体的名称，建模时最好对其进行修改，以便识别。直接在“名称”右侧的输入框中输入新名称即可，如图2-3所示。此外，还可以在“对象”面板中双击“立方体”这3个字进行重命名，如图2-4所示。

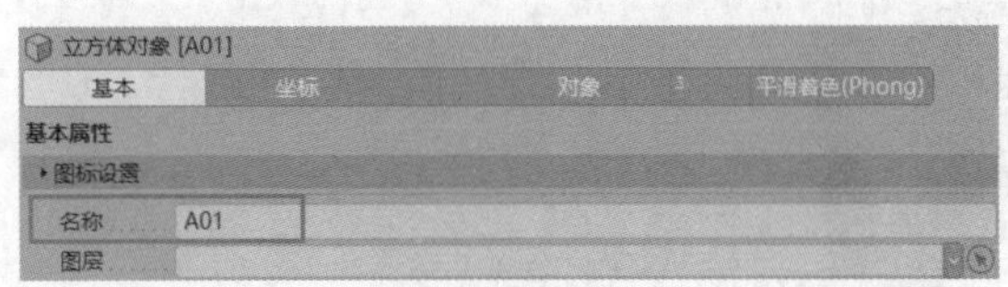

图 2-3

图 2-4

“编辑器可见”用于修改对象在视图窗口的可见性。设置“编辑器可见”为“关闭”，此时“对象”面板中A01右侧的两个圆点变成了，如图2-5所示。单击“渲染活动视图”按钮，渲染后能看到对象，如图2-6所示。

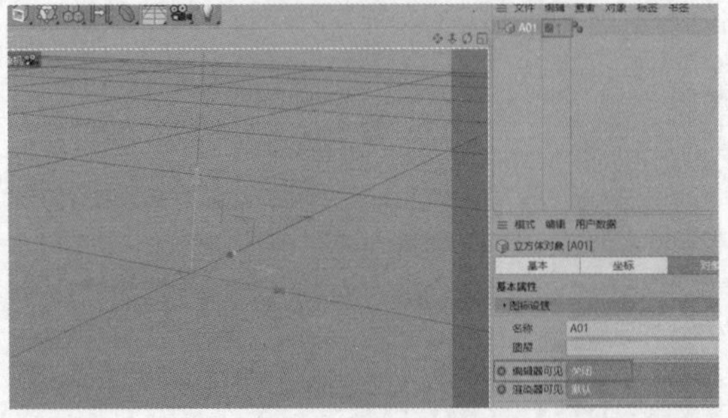

图 2-5

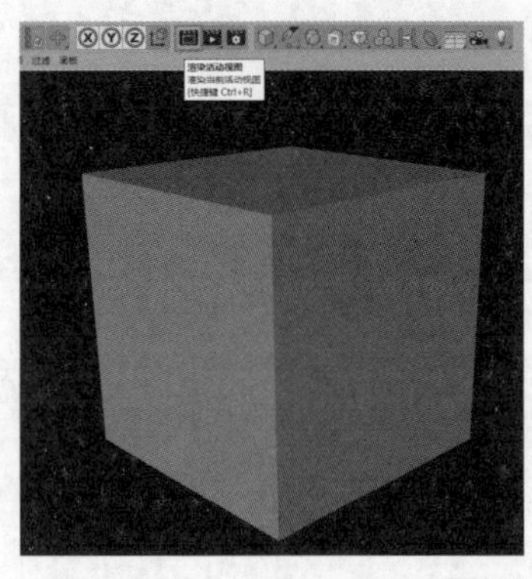

图 2-6

“渲染器可见”用于修改对象在渲染时的可见性。设置“渲染器可见”为“关闭”，此时“对象”面板中A01右侧的两个圆点变成了，如图2-7所示。单击“渲染活动视图”按钮，渲染后看不到对象，如图2-8所示。

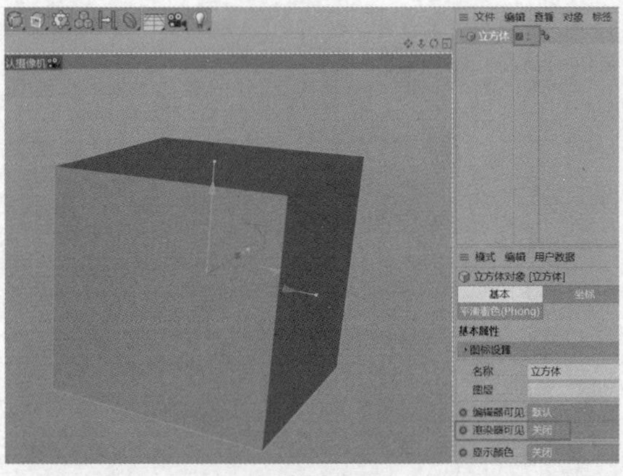

图 2-7

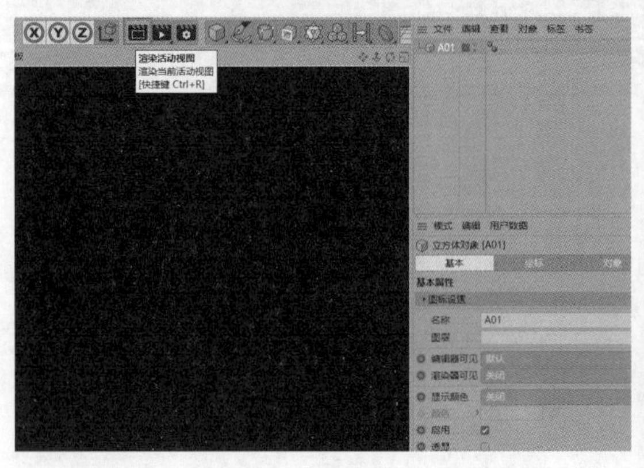

图 2-8

技巧提示 对象名称右侧的圆点就是“编辑器可见”与“渲染器可见”的开关。“默认”为灰色，“关闭”为红色，“开启”为绿色，“默认”与“开启”实际上是一样的。显示与渲染是独立的，不在视图窗口中显示的物体可以参与渲染，在视图窗口中显示的物体不一定会参与渲染。

默认灰色的圆点表示“开启”，那绿色的圆点有什么作用呢？在“对象”面板中，可以看到A01、A02两个对象都为“空白”对象的子层级，如图2-9所示。将父层级“空白”的“编辑器可见”与“渲染器可见”关闭，即将两个灰色圆点改为红色，可以发现，它的子层级A01和A02全都被关闭了，如图2-10所示。

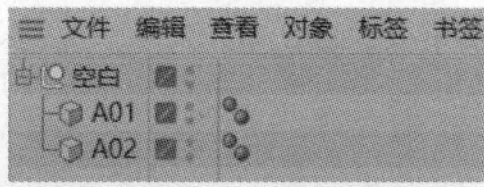

图 2-9

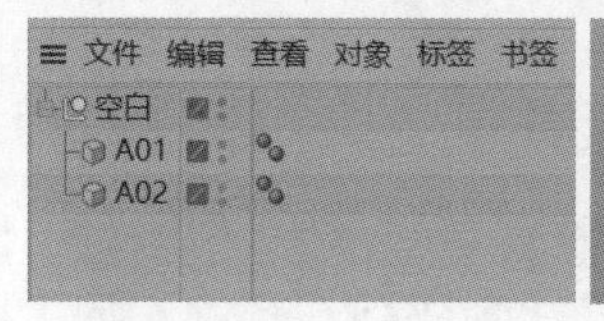

图 2-10

如果需要使A01是可见的并参与渲染，可以单独设置A01的“编辑器可见”和“渲染器可见”为“开启”。这时即便父层级被关闭,A01也可以独立显示，如图2-11所示。

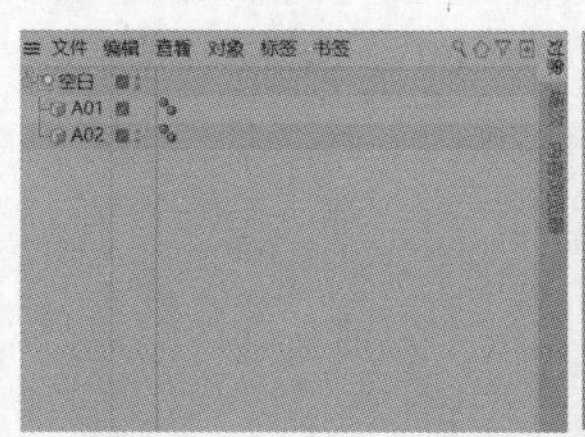

图 2-11

技术专题：“编辑器可见”与“渲染器可见”的快捷操作

按住Alt键并单击圆点，就可以快速同时编辑对象的“编辑器可见”与“渲染器可见”，如图2-12所示。

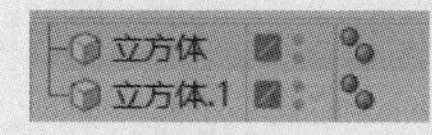

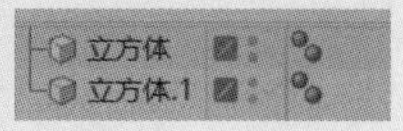

图 2-12

如果需要同时修改多个对象的“编辑器可见”与“渲染器可见”，可以在按住Alt键的同时按住鼠标左键，然后沿着圆点从上到下拖曳鼠标，效果如图2-13所示。

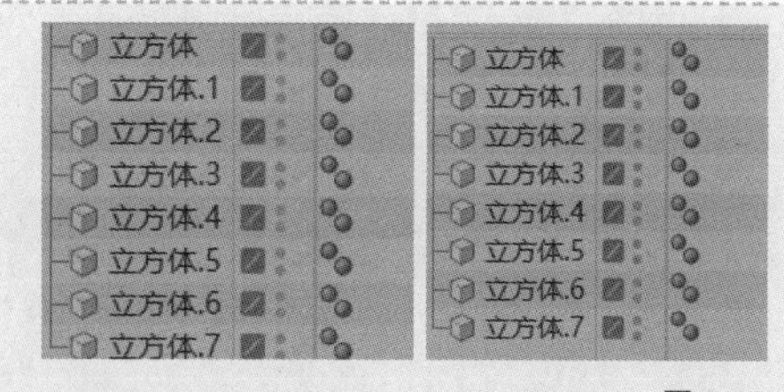

图 2-13

除此之外，还可以把这些对象放入一个“空白”对象作为子层级，快捷键为Alt+G。此时，只需要调整“空白”对象的“编辑器可见”与“渲染器可见”的开关，“空白”对象下的对象就会同时受影响。如果“空白”对象的“编辑器可见”与“渲染器可见”是关闭的，那么“空白”对象下的对象就会被关闭，如图2-14所示。

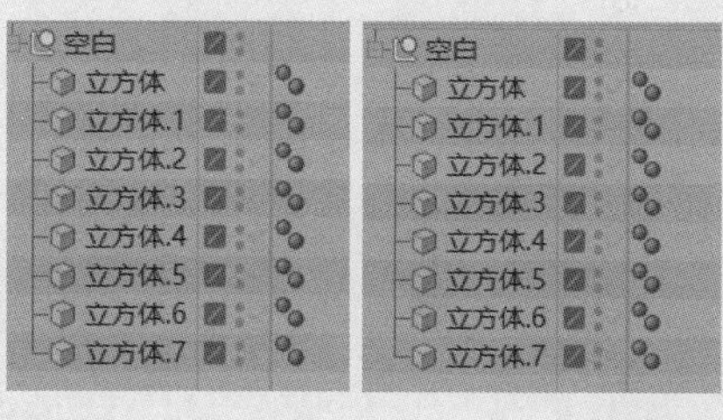

图 2-14

“显示颜色”用于修改模型的显示颜色，该显示颜色与渲染效果没有关系，通常不设置。如果需要让某个模型显示某种颜色，赋予其一个有颜色的材质更为方便，这是工作中常用的方法。“启用”用于设置模型是否开启（默认是开启）。如果取消勾选“启用”选项，那么模型就消失了，如图2-15所示。同时，“对象”面板中对象右侧绿色的对钩会变成红色的叉号，也就是说绿色对钩表示开启。

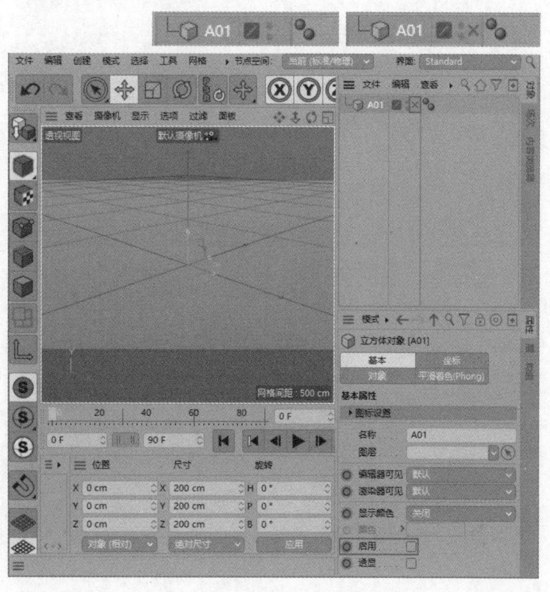

图 2-15

当勾选“透显”选项时，模型就变成透明的了，其内部或后面的模型就会显示出来，如图2-16所示。

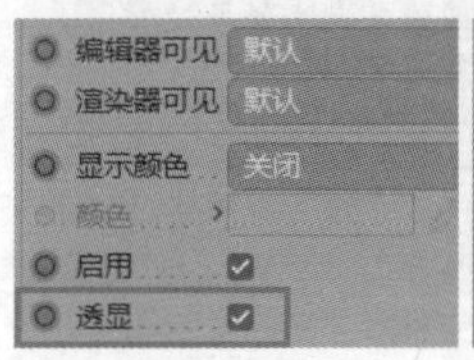

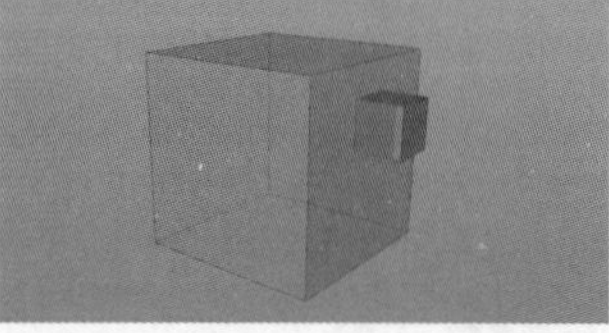

图 2-16

技巧提示 需要注意的是，“透显”选项与渲染没有关系。在渲染输出时，如果想要将模型变为透明的，那么需要用材质进行调整。

2.坐标

“坐标”选项卡中显示的是模型的坐标信息，其中P表示位置，S表示缩放，R表示旋转，如图2-17所示。

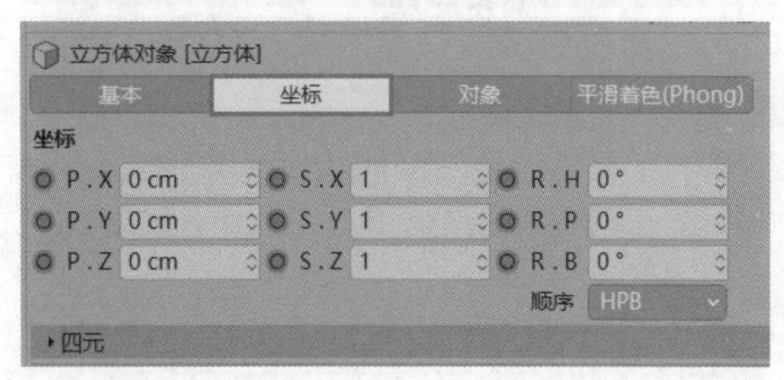

图 2-17

技巧提示 通常使用“移动”工具、“缩放”工具和“旋转”工具对模型的坐标进行调整。

3.对象

不同对象的“对象”属性是不同的，所以它们的参数不是通用的，如图2-18所示。

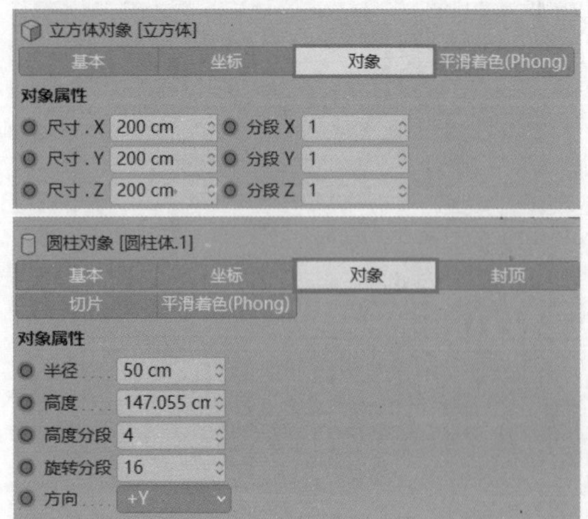

图 2-18

4.平滑着色（Phong）

几乎所有模型的“属性”面板中都有“平滑着色（Phong）”选项卡，通常保持默认设置即可。对象名称右侧的图标相当于“平滑着色”的标签，如图2-19所示。这个标签是可以删除的，删除后，“属性”面板中就没有“平滑着色（Phong）”选项卡了，如图2-20所示。

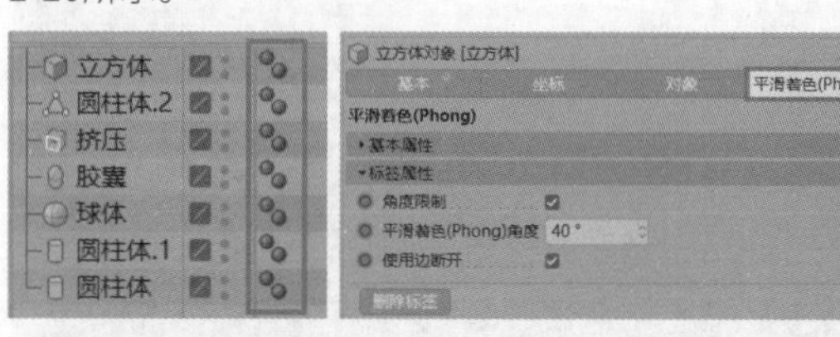

图 2-19

图 2-20

疑难解答 **“平滑着色”有什么作用?**

图2-21所示为两个圆柱体模型，其中左侧的模型是棱角分明的，右侧的模型是光滑的。

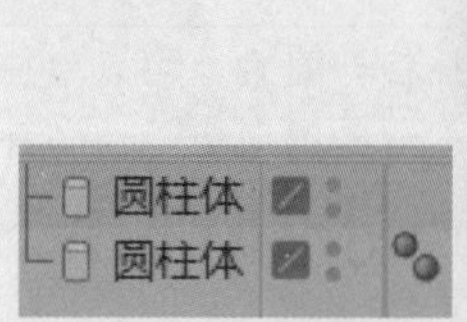

图 2-21

设置显示模式为“光影着色（线条）+线框”，两个模型的线是一样的，可以看出线并不影响模型的平滑度，如图2-22所示。

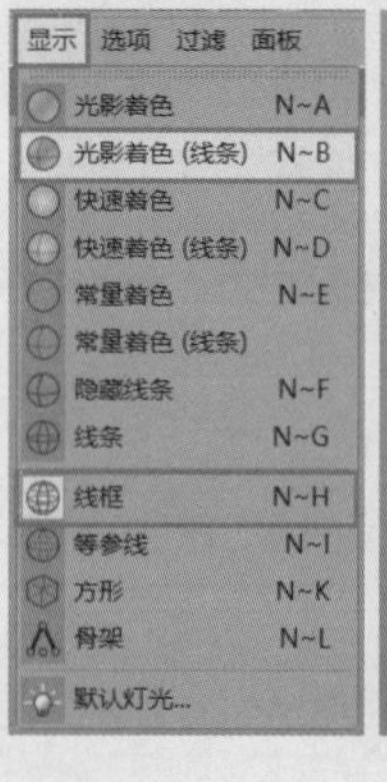

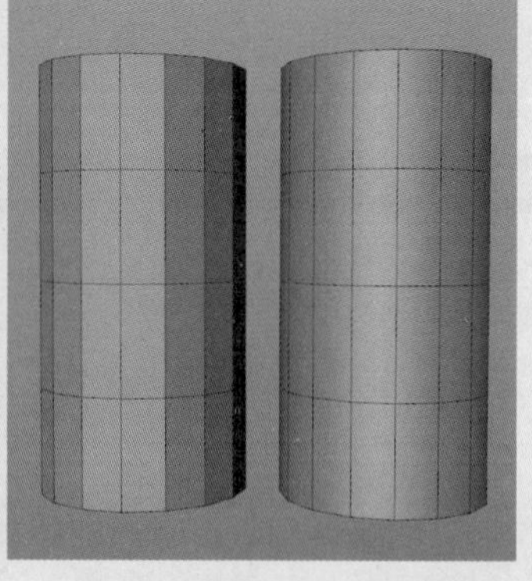

图 2-22

这两个圆柱体的区别就是，左侧的模型没有平滑着色，右侧的模型有平滑着色。平滑着色的作用就是把接近平滑的面以平滑曲面的方式计算，获得平滑曲面过渡的模型。可以将其理解为，把接近平滑的面变成了平滑的曲面。

2.1.2 立方体

使用“立方体”工具创建一个立方体模型。“属性”面板“对象”选项卡中的“尺寸.X”“尺寸.Y”“尺寸.Z”分别为立方体在x轴、y轴、z轴上的长度，如图2-23所示。

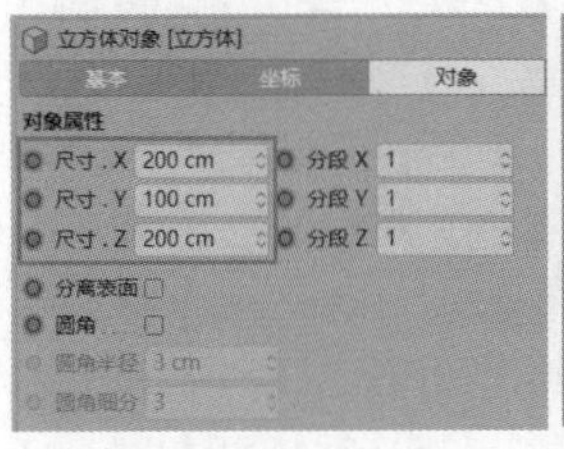

图2-23

模型各轴的正方向上有黄色的点。选择黄点后，可以通过拖曳鼠标调整模型的尺寸，如图2-24所示。用这个方法调整尺寸十分高效和便利。

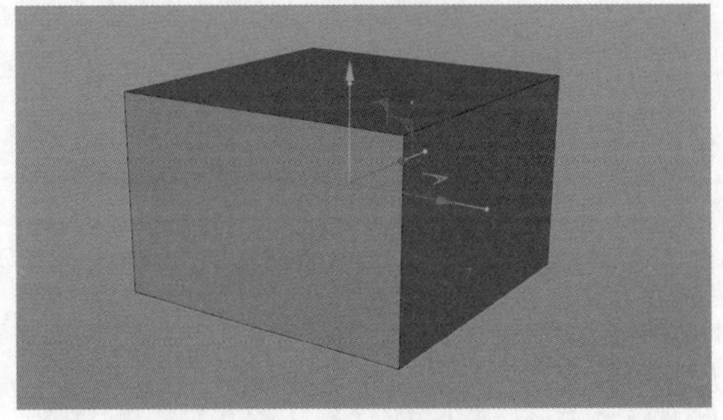

图2-24

“分段”用于调整模型的分段数量。分别设置“分段X”“分段Y”“分段Z”为3，模型的每个面都出现了线条，如图2-25所示。如果模型上面没有显示分段线条，那么可以将显示模式更改为“光影着色（线条）+线框”。

图2-25

技巧提示 分段就是给模型加线，一个模型要添加多少分段需要根据建模的具体需求来确定，平面上通常不需要添加过多分段，曲面上适当添加分段可以让模型的曲面更加平滑。

圆角指的是模型两个面的过渡面。生活中的绝大多数物体都有圆角，如果没有圆角就会像刀一样锋利。勾选“圆角”选项即可为模型添加圆角，如图2-26所示。分别设置模型的“圆角半径”为3cm、12cm、32cm和80cm，效果如图2-27所示。由此可以得出，圆角半径越小，圆角越细，模型越尖锐；圆角半径越大，圆角越粗，模型越柔和。

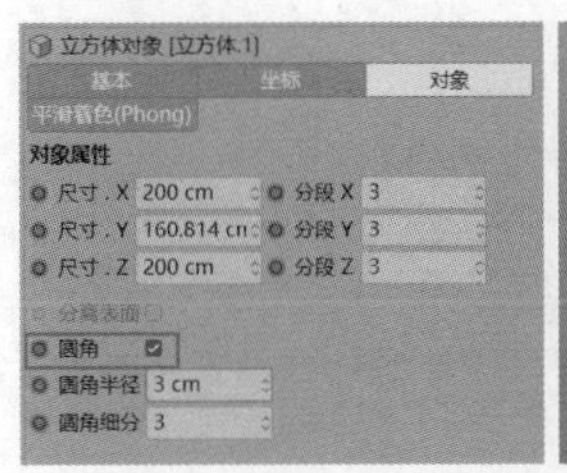

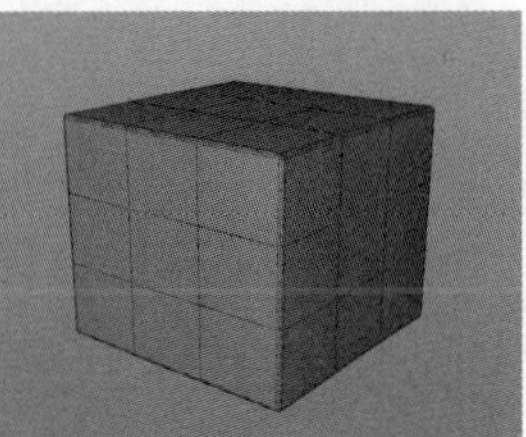

图2-26

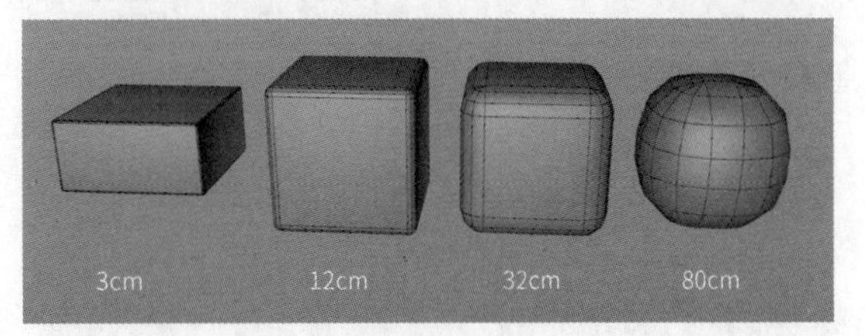

图2-27

分别设置模型的“圆角细分”为1、5和10，效果如图2-28所示。“圆角细分”用于控制圆角的平滑程度，其数值越大，圆角越圆；数值越小，圆角越尖锐。加入灯光渲染后，对比会更加明显，效果如图2-29所示。

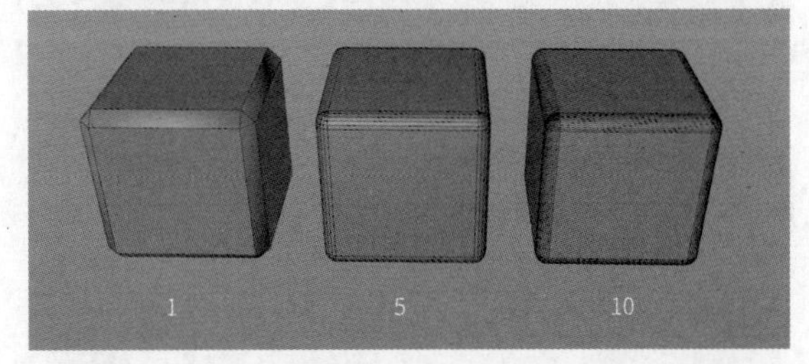

图2-28

图2-29

技巧提示 “圆角细分”的数值不是越大越好，通常设置为2～6即可满足大多数情况的渲染需求。该数值越大，模型的面数越多，就会占用越多的内存。

2.1.3 平面

使用“平面”工具创建一个平面模型。“对象”选项卡中的“宽度”和“高度”用于调整平面模型的尺寸，“宽度分段”和“高度分段”用于调整平面模型的分段数量，如图2-30所示。

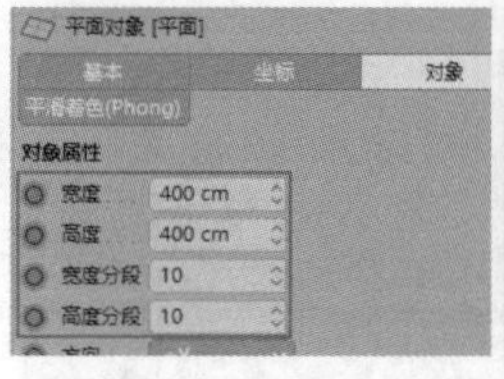

图 2-30

“方向”用于调整平面模型的方向，如图2-31所示。分别设置平面模型的“方向”为“+X”“+Y”“+Z”，效果如图2-32所示。

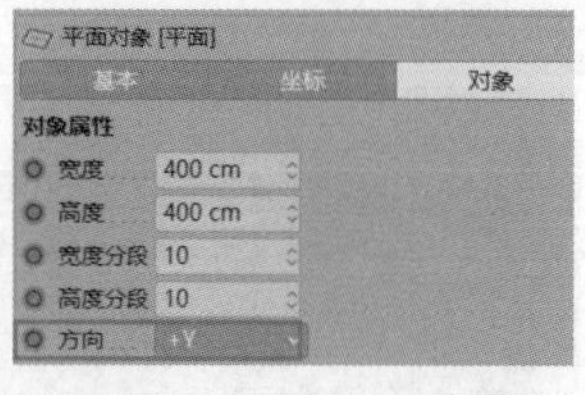

图 2-31

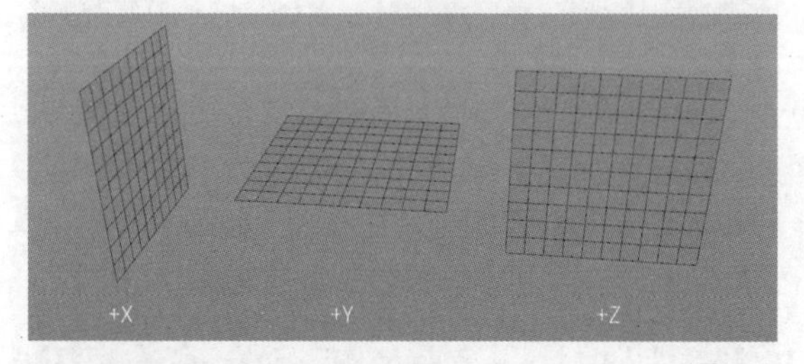

图 2-32

2.1.4 圆锥体

使用“圆锥体”工具创建一个圆锥体模型。在“对象”选项卡中可以调整模型的尺寸和方向等，如图2-33所示。

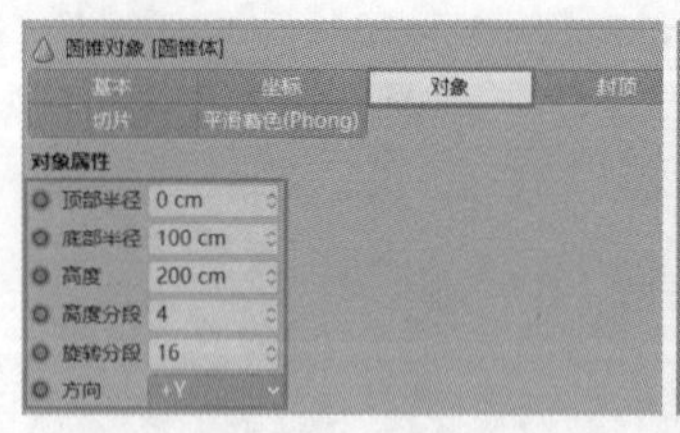

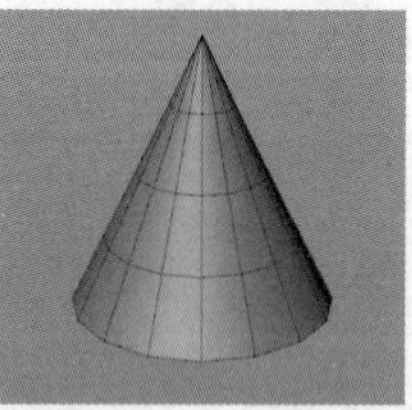

图 2-33

“顶部半径”为模型顶部的半径，新建的圆锥体模型的“顶部半径”默认为0cm。设置“顶部半径”为30cm，其顶部就变成了圆形，如图2-34所示。

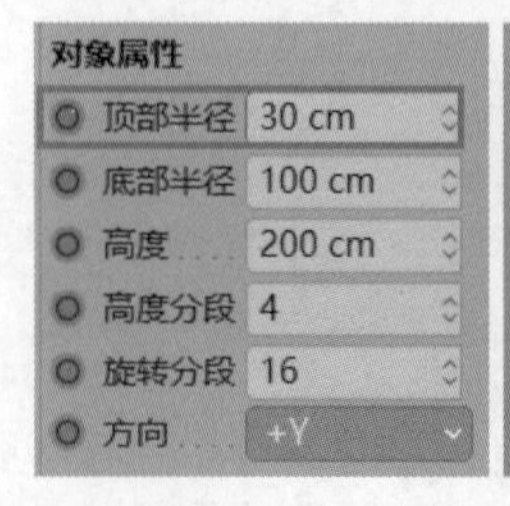

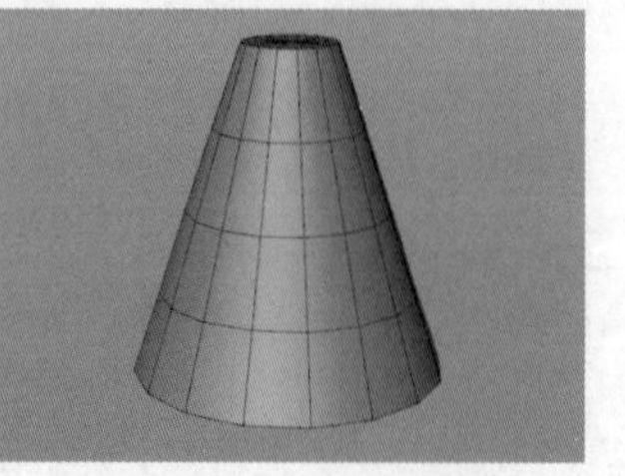

图 2-34

“底部半径”为模型底部的半径。设置“底部半径”为200cm，如图2-35所示。

对象属性
顶部半径 30 cm
底部半径 200 cm
高度 200 cm
高度分段 4
旋转分段 16
方向 +Y

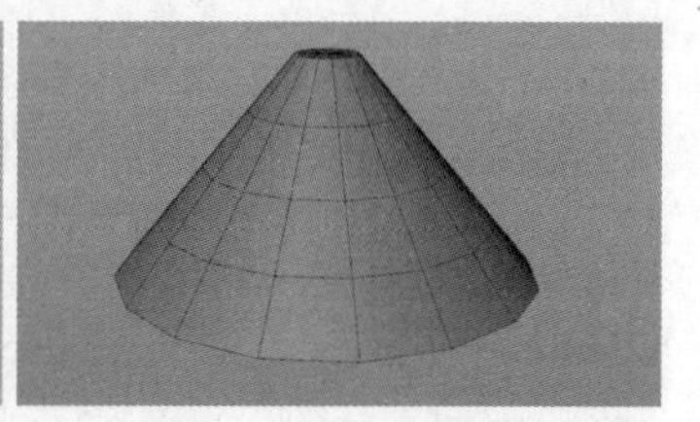

图 2-35

“旋转分段”用于调整围绕圆锥体模型顶部和底部的分段数，新建的圆锥体模型的“旋转分段”默认为16。设置“旋转分段”为30，如图2-36所示。分别设置模型的“旋转分段”为3、6、16和46，效果如图2-37所示。可见，“旋转分段”值越小，模型的边角越硬，转折越明显；“旋转分段”值越大，模型的边角越平滑。

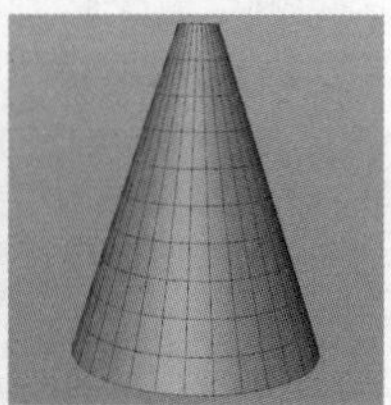

图 2-36

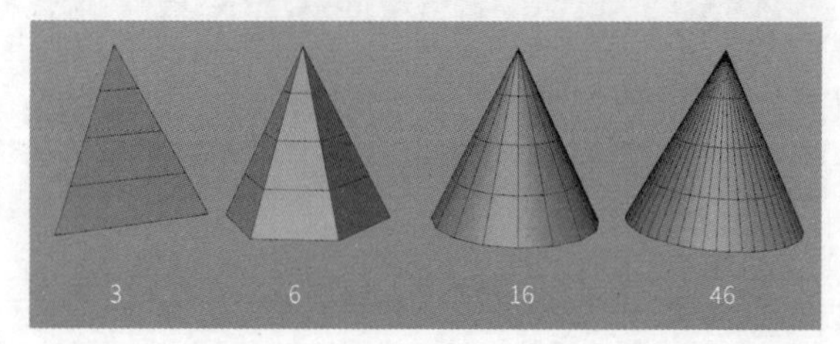

图 2-37

加入灯光渲染后，对比会更加明显。当“旋转分段”为16时，模型的底边还是不够平滑，渲染后的边还有一点硬。当“旋转分段”为46时，模型的底边较平滑，渲染后可以获得较好的效果，如图2-38所示。

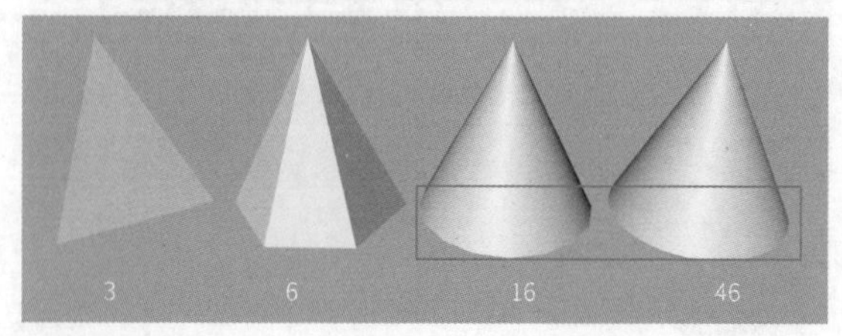

图 2-38

技巧提示 “立方体”对象属性中的“圆角细分”与这里的“旋转分段”是一样的。立方体的“圆角细分”为5时就可以获得平滑的效果，圆锥体的“旋转分段”为46时才可以获得平滑的效果，因此参数要依据具体的模型来设置。可根据渲染效果灵活调整。

“方向”用于改变模型的朝向。分别设置模型的“方向”为“+X”“+Y”“+Z”，如图2-39所示。也可以使用“旋转”工具调整模型的方向。

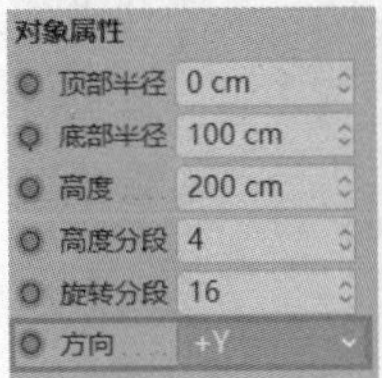

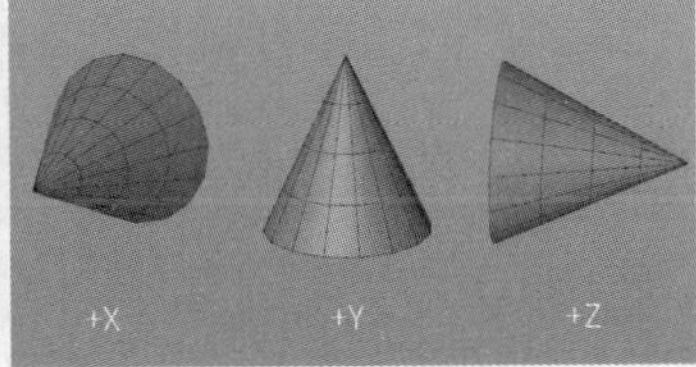

图 2-39

在“封顶”选项卡中，可以创建模型底部和顶部的封口。对圆锥体模型来说，可设置“方向”为“+Z”，以便观察模型底部。当取消勾选“封顶”选项时，模型底部就没有封口了，如图2-40所示。

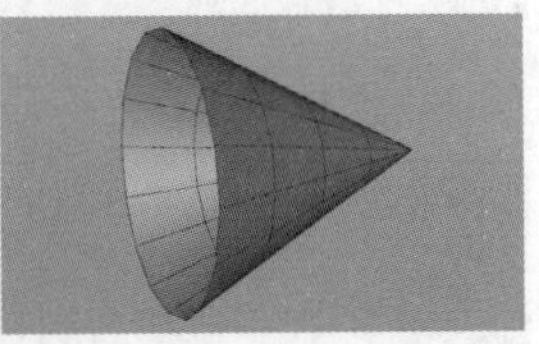

图 2-40

设置“顶部半径”为30cm，然后勾选“封顶”选项，再勾选“顶部”与“底部”选项，如图2-41所示。此时，“半径”“高度”“圆角分段”选项会被激活，可以通过它们控制圆锥体模型顶部和底部的圆角大小和平滑程度，如图2-42和图2-43所示。

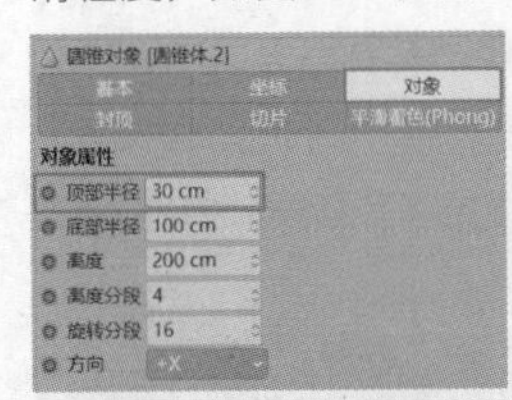

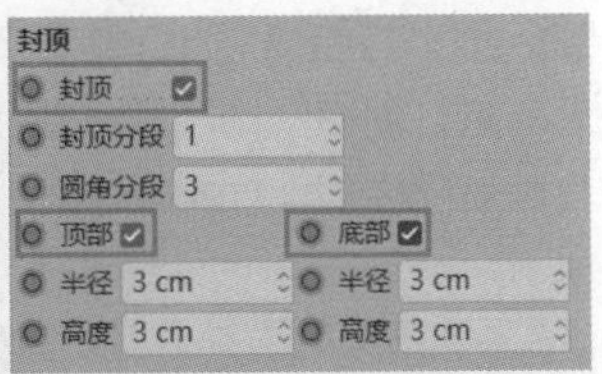

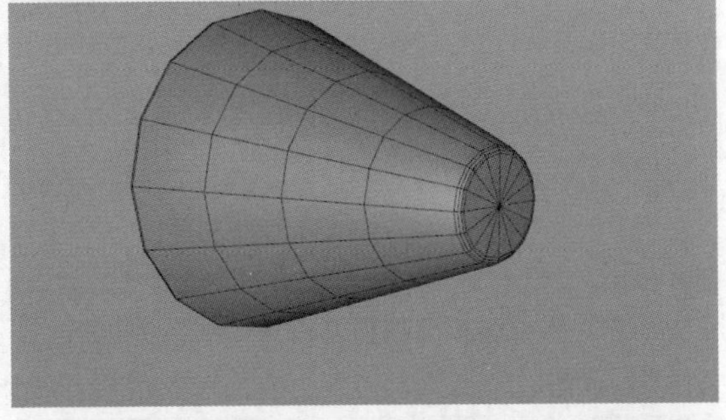

图 2-41

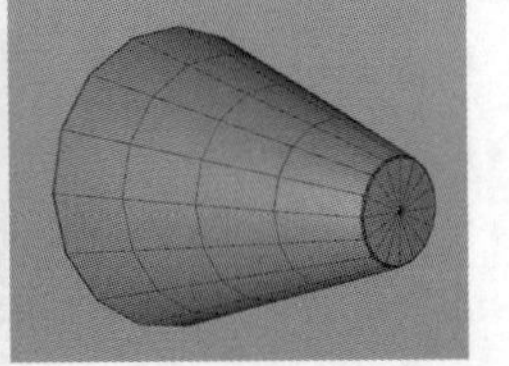

图 2-42

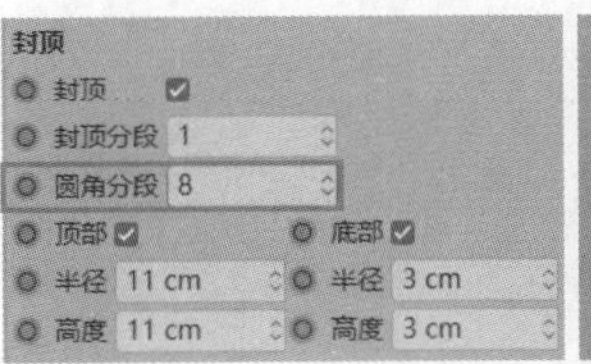

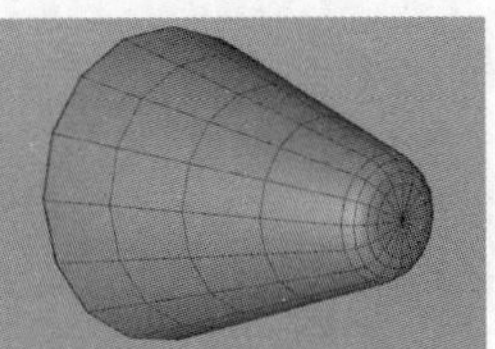

图 2-43

此时，模型底部的弧线并不平滑，可以通过调整“旋转分段”值使模型变得平滑一些，如图2-44所示。

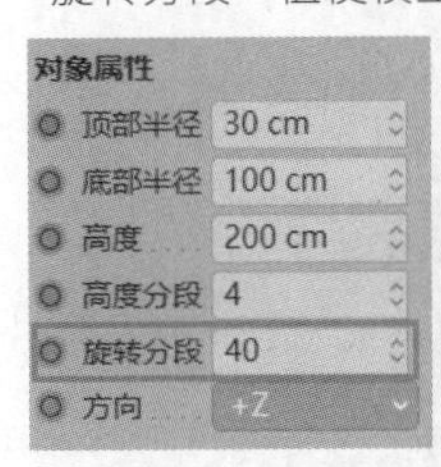

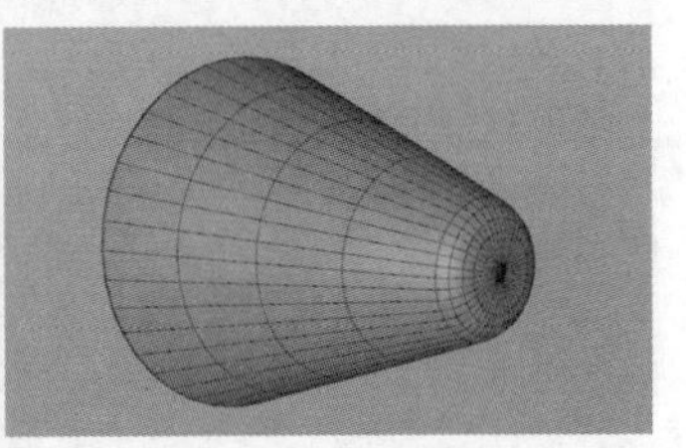

图 2-44

在“切片”选项卡中，勾选“切片”选项，如图2-45所示。当模型“起点”为0°时，分别设置“终点”为90°、220°和330°，效果如图2-46所示。

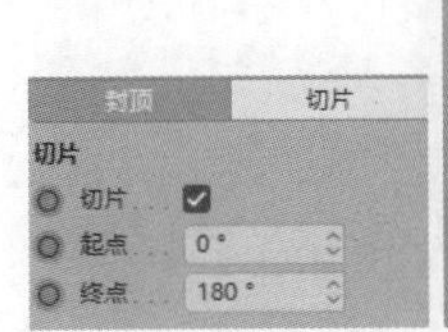

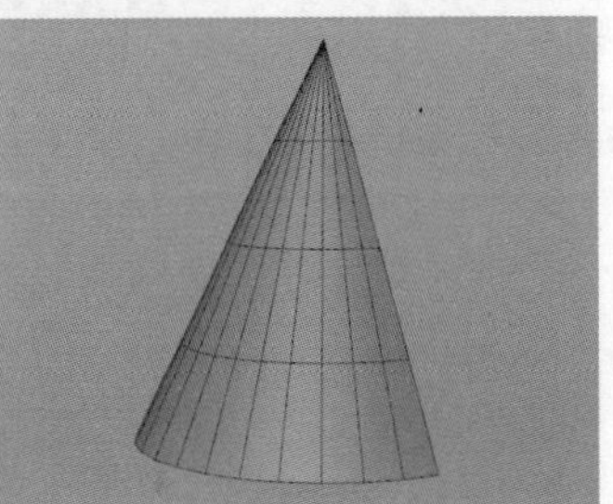

图 2-45

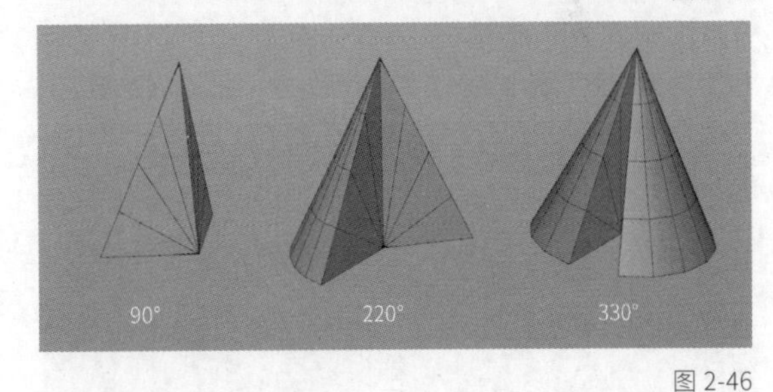

图 2-46

2.1.5 圆盘

使用“圆盘”工具创建一个圆盘模型，如图2-47所示。设置“内部半径”为30cm，模型的中间出现了一个半径为30cm的镂空的圆，如图2-48所示。

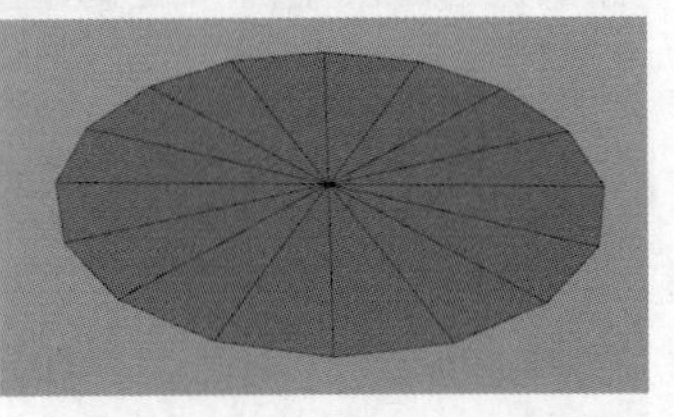

图 2-47

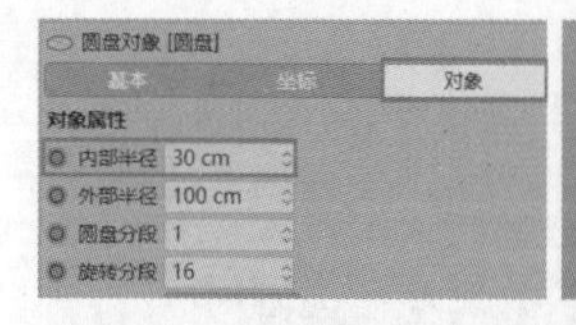
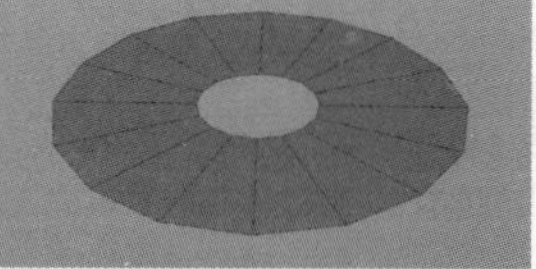

图 2-48

“圆盘分段”和“旋转分段”分别用于调整圆盘模型正面的分段数和圆盘侧边的分段数，如图2-49和图2-50所示。分别设置模型的“旋转分段”为3、6、12和33，效果如图2-51所示。可见，“旋转分段”值越小，模型的棱角越明显；“旋转分段”值越大，模型越接近圆。

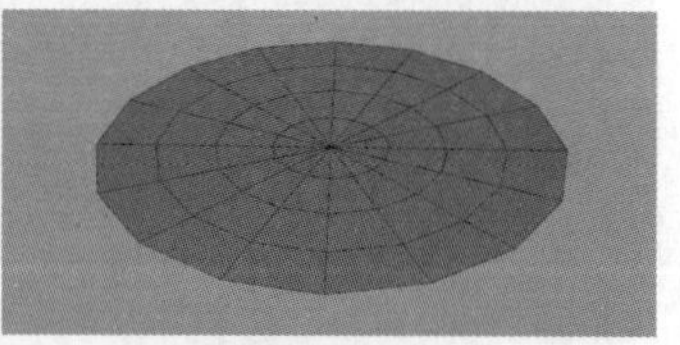

图 2-49

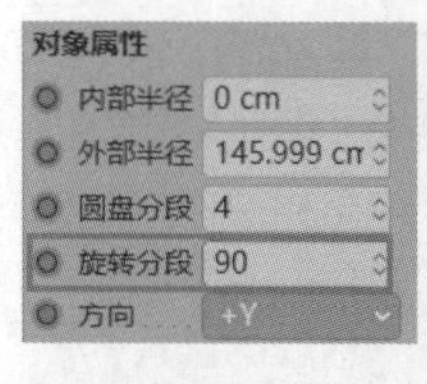

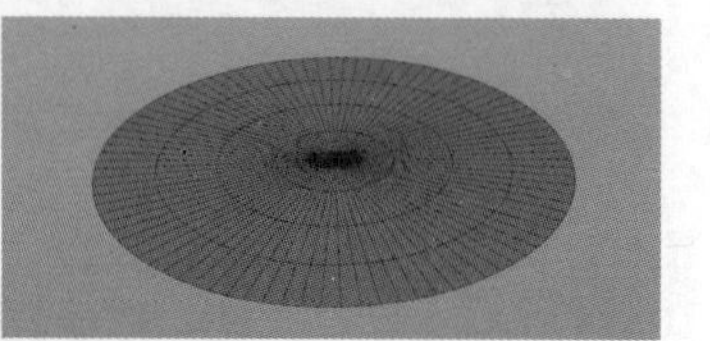

图 2-50

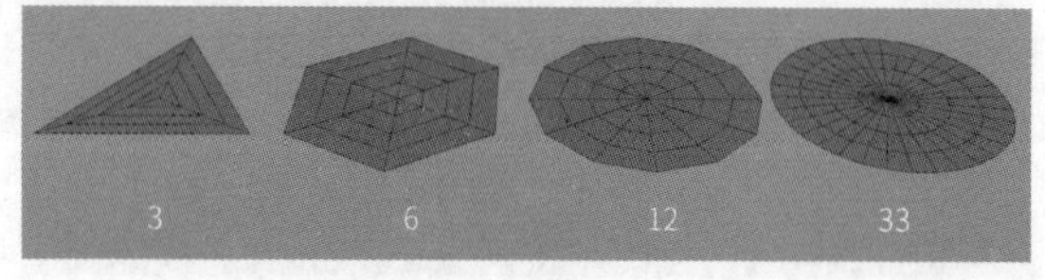

图 2-51

“方向”用于调整圆盘模型的方向。分别设置圆盘模型的“方向”为“+X”“+Y”“+Z”，效果如图2-52所示。

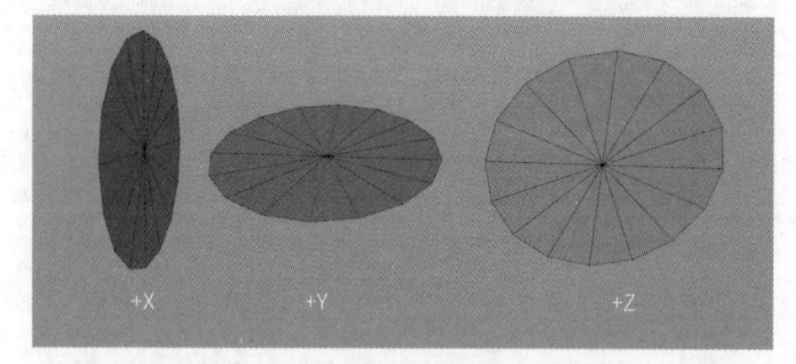

图 2-52

实战：制作悬浮几何体

◇ 场景位置	无
◇ 实例位置	实例文件 >CH02> 实战：制作悬浮几何体 .c4d
◇ 视频名称	实战：制作悬浮几何体 .mp4
◇ 学习目标	掌握圆锥体、圆盘、金字塔、立方体模型的创建方法
◇ 操作重点	多种几何体模型的基础操作

本实例将通过圆锥体、金字塔、立方体和圆盘模型的组合制作几何体悬浮效果，如图2-53所示。

图 2-53

01 使用“圆锥体”工具创建一个圆锥体模型。设置“底部半径”为25cm、“高度”为50cm、“旋转分段”为48、“方向”为“-Y”，如图2-54所示。

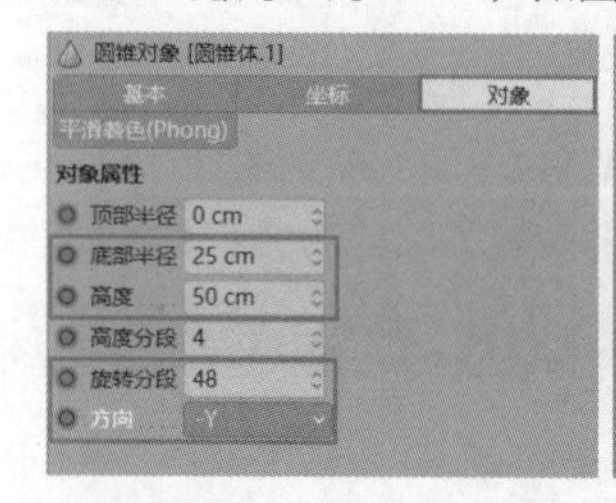
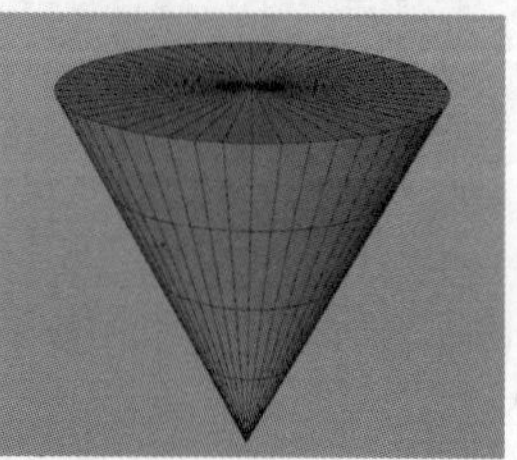

图 2-54

技巧提示 为了统一效果，书中的图片大多是没有显示网格的，建议读者保持默认即可。网格可以让新手更好地观察模型的大小与光线。

02 选择“封顶”选项卡，设置“圆角分段”为4，然后勾选“底部”选项，设置“半径”为1cm、“高度”为1cm，这样就对模型的底部进行了倒角，如图2-55所示。

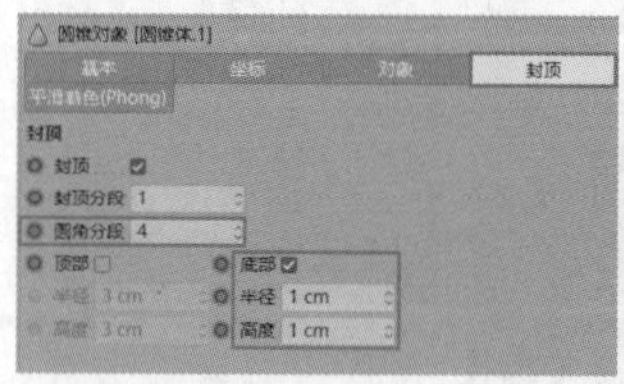
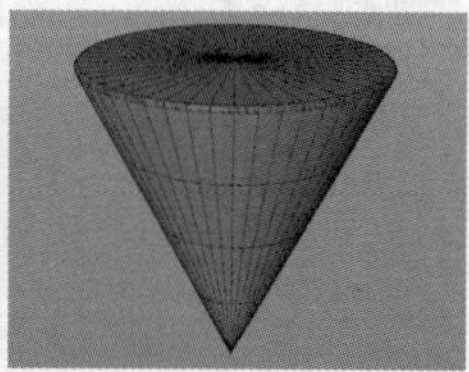

图 2-55

03 使用“圆盘”工具创建一个圆盘模型，如图2-56所示。选择圆锥体模型，设置“P.Y”为100cm，如图2-57所示。

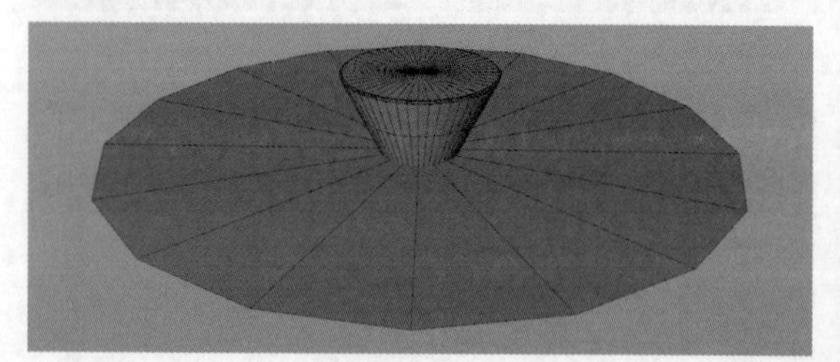

图 2-56

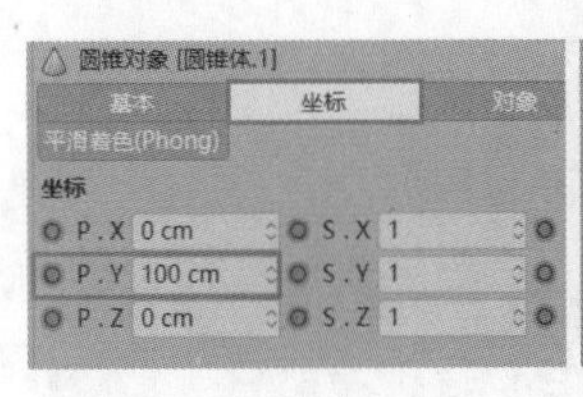

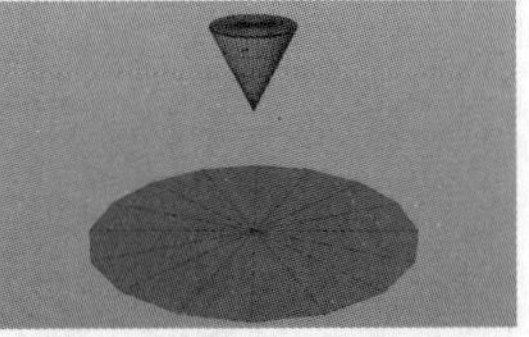

图 2-57

04 选择圆盘模型，设置“旋转分段”为90，这样其边缘就变平滑了，如图2-58所示。

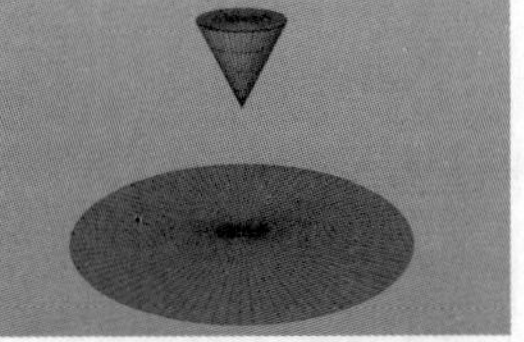

图 2-58

05 选择“切片”选项卡，勾选“切片”选项，设置“起点”为0°、“终点”为270°，将模型调整出一个切口，如图2-59所示。

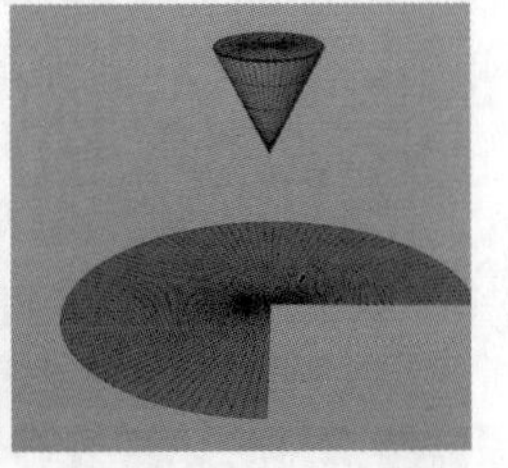

图 2-59

06 使用“金字塔”工具创建一个金字塔模型，然后将各个方向的“尺寸”设置为50cm，接着设置“P.Y”为45cm，如图2-60所示。

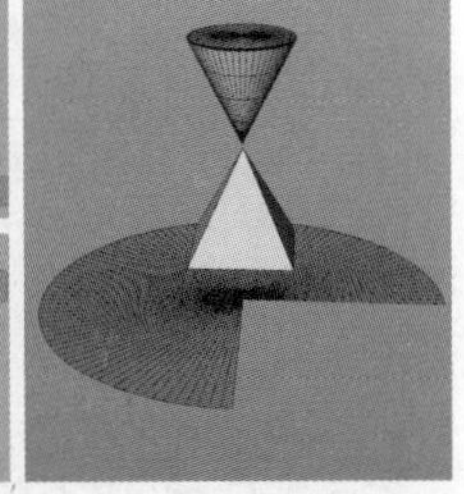

图 2-60

07 使用“立方体”工具创建一个立方体模型。设置“尺寸.X”为50cm、“尺寸.Y”为10cm、“尺寸.Z”为50cm，然后勾选“圆角”选项，再设置“圆角半径”为1cm、“圆角细分”为3，如图2-61所示。

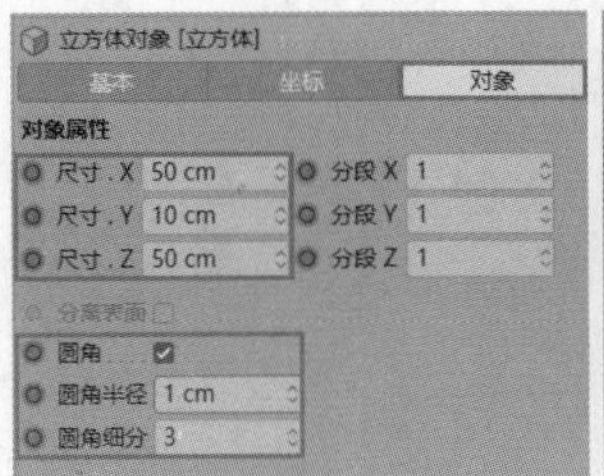

图 2-61

08 此时，圆盘模型和立方体模型是交叉的。选择圆盘模型，然后将其向下拖曳，拖曳时可以切换到正视图，也可以将圆盘模型的“P.Y”设置为-5cm，如图2-62和图2-63所示。

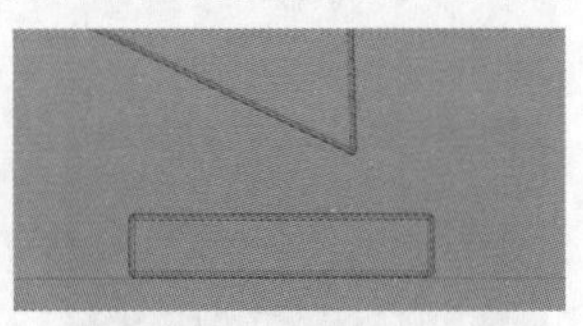

图 2-62

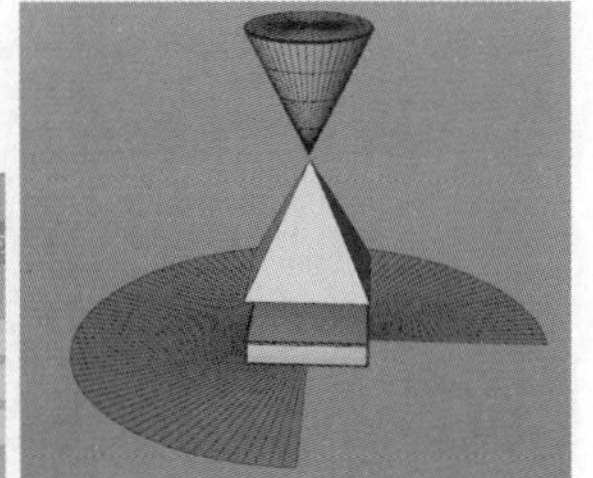

图 2-63

09 选择圆盘模型，设置“R.H”为90°，然后选择金字塔模型，设置“R.B”为24°，效果如图2-64所示。

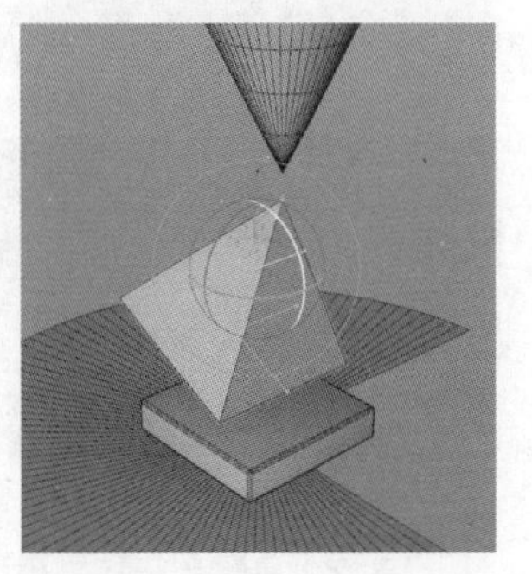

图 2-64

10 将圆锥体模型沿x轴方向拖曳，使其尖角与金字塔模型的尖角对齐，如图2-65所示。最终效果如图2-66所示。

图 2-65

图 2-66

技巧提示 作图时，如何把一个模型放置在适当的位置取决于构图，因此在制作之前，建议先根据自己的习惯在稿纸上进行草绘，或者在脑海里进行大概的构图。有了一个大概的想法和画面之后，才能知道具体该如何摆放模型。在学习阶段，要去更多地思考三维空间的构图，思考如何将简单的几何体模型摆放得好看。没有灵感时，可以多参考一些优秀的作品进行练习，多看、多想、多练，慢慢就会进步了。图2-67所示为使用多种几何体模型搭建出的创意作品，供读者参考。

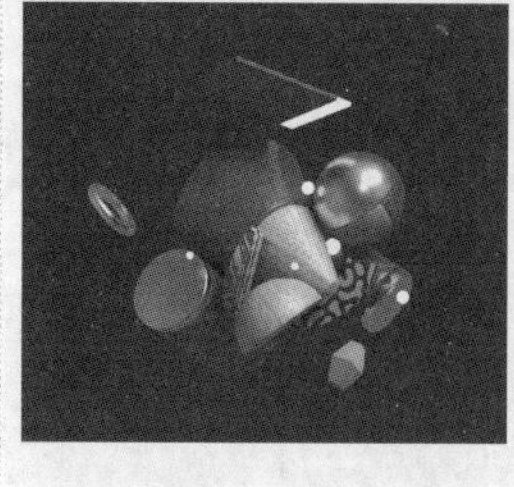

图2-67

2.1.6 圆柱体

使用“圆柱体”工具创建一个圆柱体模型。“对象”选项卡中的“半径”用于控制模型横截面的大小，“高度”用于控制模型的高度，如图2-68所示。

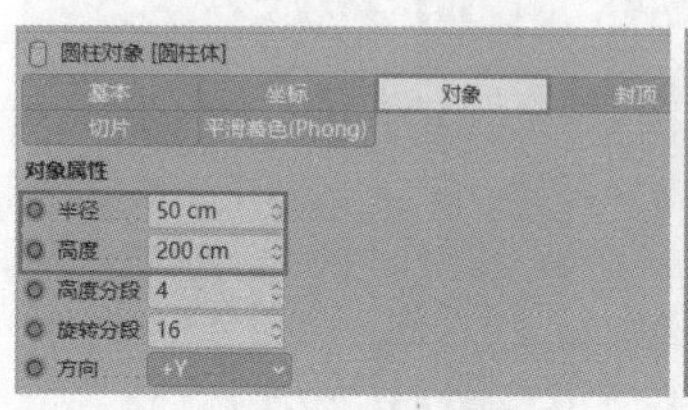

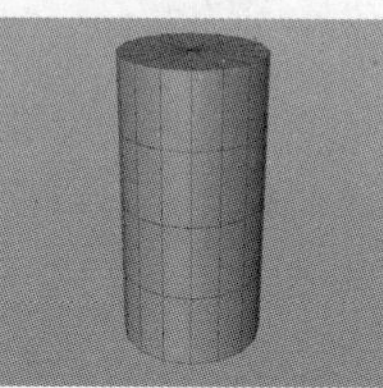

图2-68

“高度分段”用于控制模型高度轴的分段数量，默认数值为4。设置“高度分段”为12，如图2-69所示。

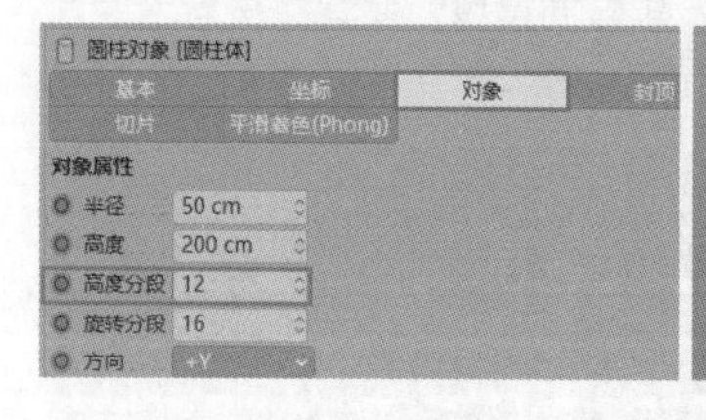

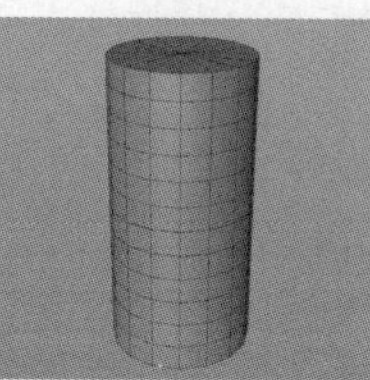

图2-69

“旋转分段”用于控制模型曲面的分段数量，分别设置模型的“旋转分段”为4、16和50，效果如图2-70所示。渲染后可以发现，“旋转分段”值越大，模型边缘越平滑，如图2-71所示。

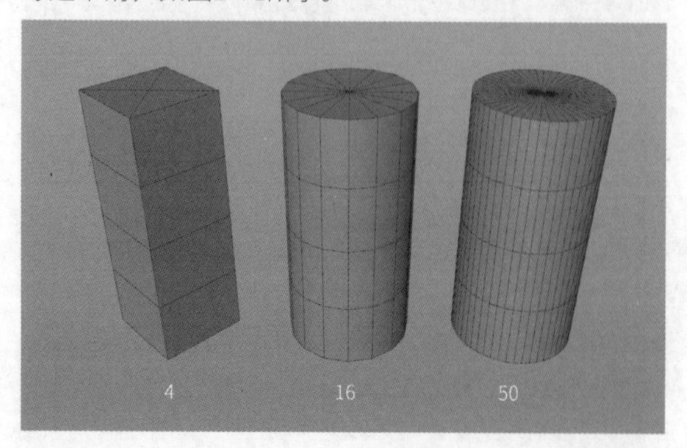

图2-70

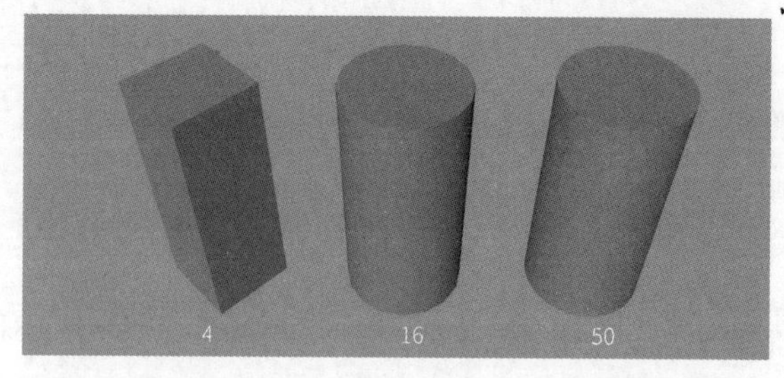

图2-71

在“封顶”选项卡中，可以创建模型的封口。当取消勾选“封顶”选项时，模型的两端就没有了封口，如图2-72所示。

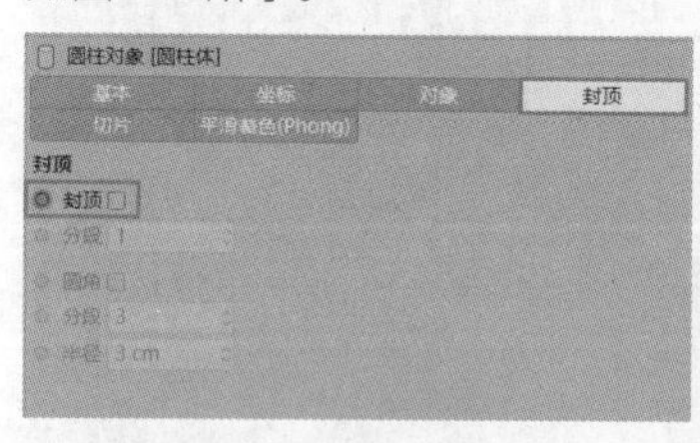

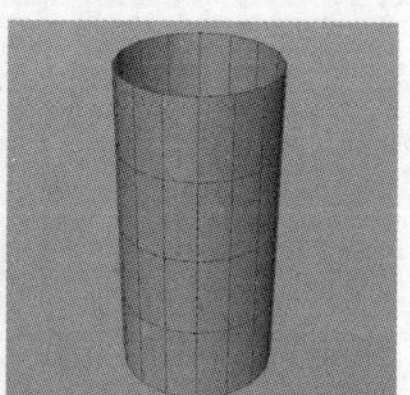

图2-72

“封顶”下的“分段”用于调整模型封顶的分段。勾选“封顶”选项，并设置“分段”为4，如图2-73所示。

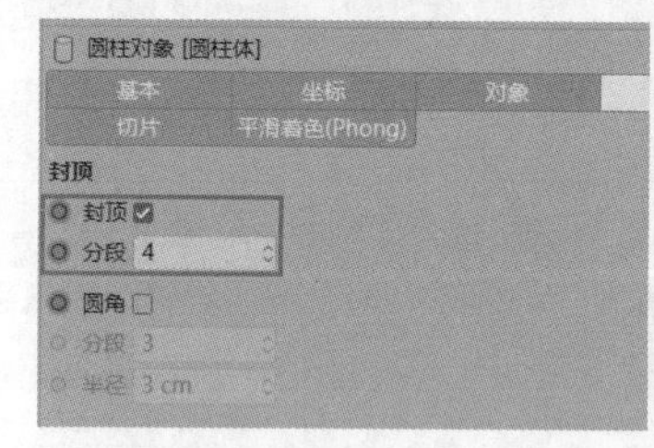

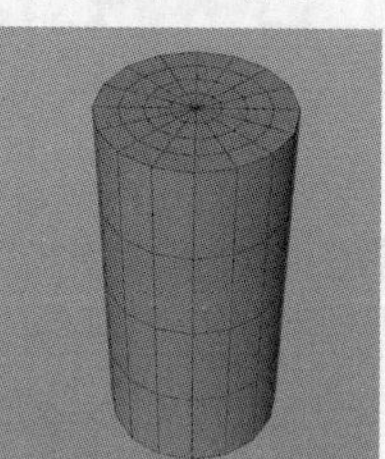

图2-73

勾选“圆角”选项，即可开启模型圆角，以此来增加模型的细节，如图2-74所示。分别设置模型的圆角“半径”为3cm、9cm和33cm，效果如图2-75所示。

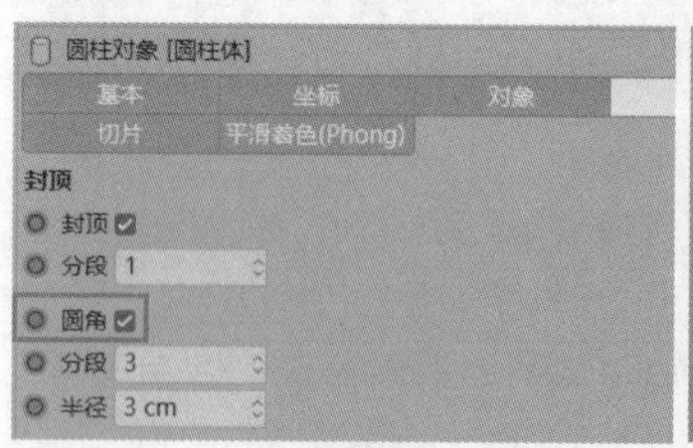

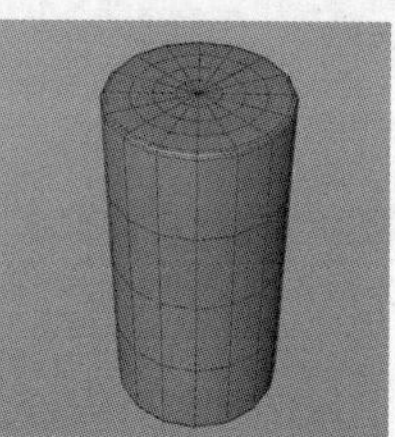

图2-74

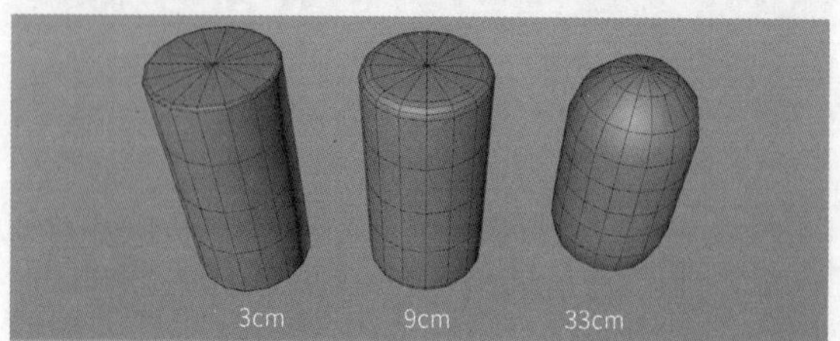

图2-75

设置模型圆角的“分段”为10，此时圆角的布线就增加了，如图2-76所示。

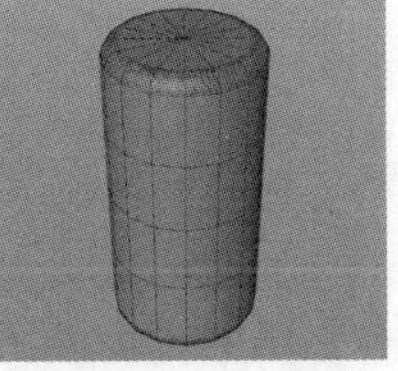

图 2-76

在“切片”选项卡中，勾选“切片”选项，默认情况下，模型会被切掉一半，如图2-77所示。“起点”和“终点”用于调整模型“切片”的起点和终点。当模型的“起点”为0°时，分别设置“终点”为72°、140°和260°，效果如图2-78所示。

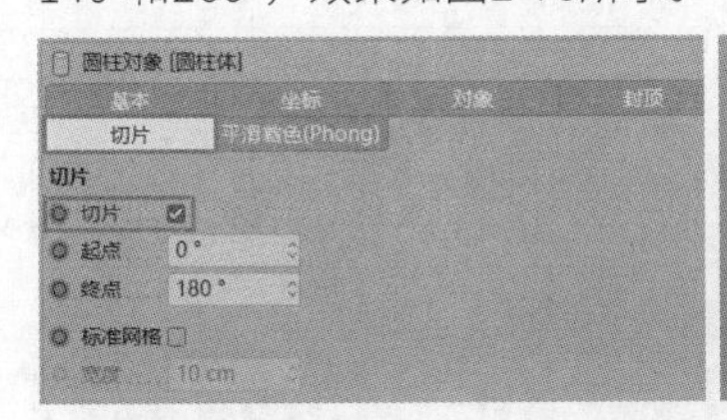

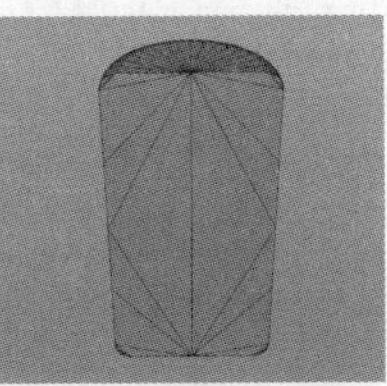

图 2-77

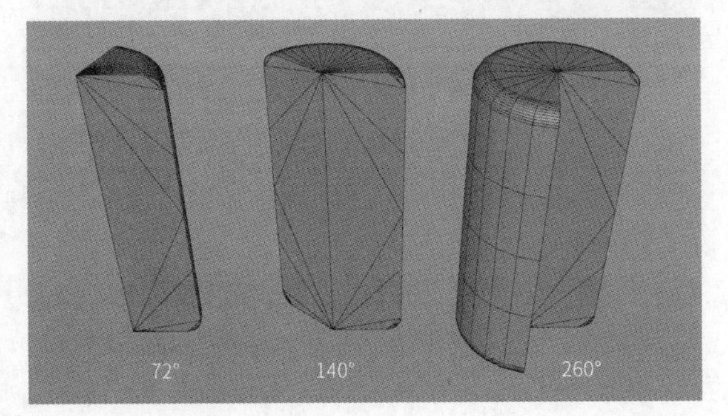

图 2-78

2.1.7 管道

使用“管道”工具创建一个管道模型，如图2-79所示。在“对象”选项卡中，“内部半径”用于控制管道内圆半径的大小。设置“内部半径”为20cm，如图2-80所示。

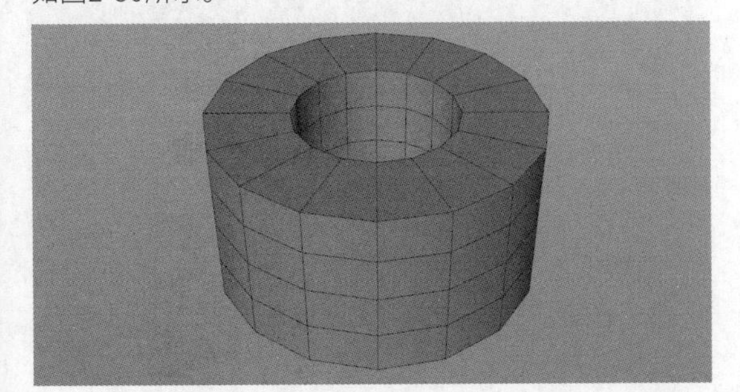

图 2-79

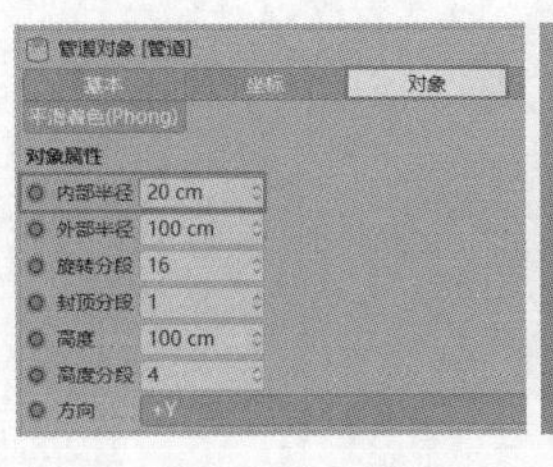

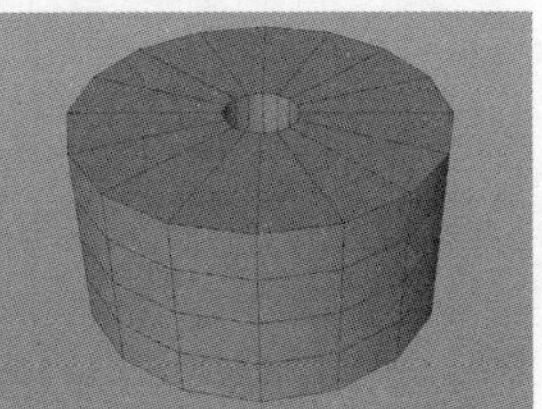

图 2-80

“外部半径”用于控制管道外圆半径的大小。设置“外部半径”为300cm，如图2-81所示。

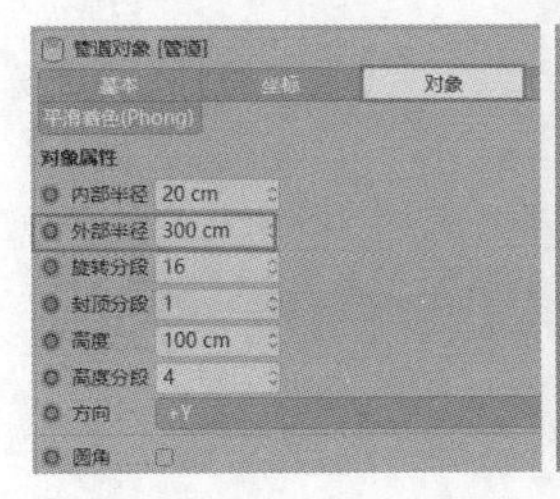

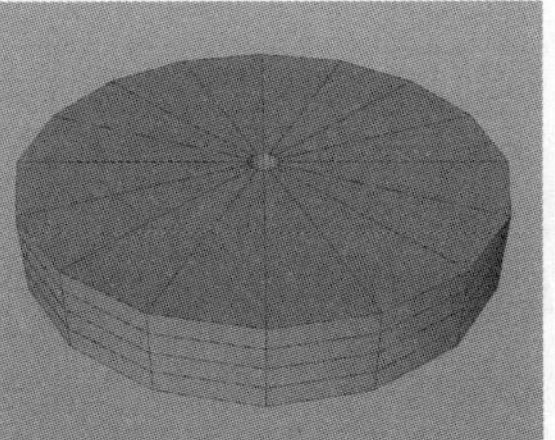

图 2-81

“旋转分段”用于控制模型曲面的分段数量，分别设置模型的“旋转分段”为6、16和50，如图2-82所示。可见，“旋转分段”值越大，模型边缘越平滑。

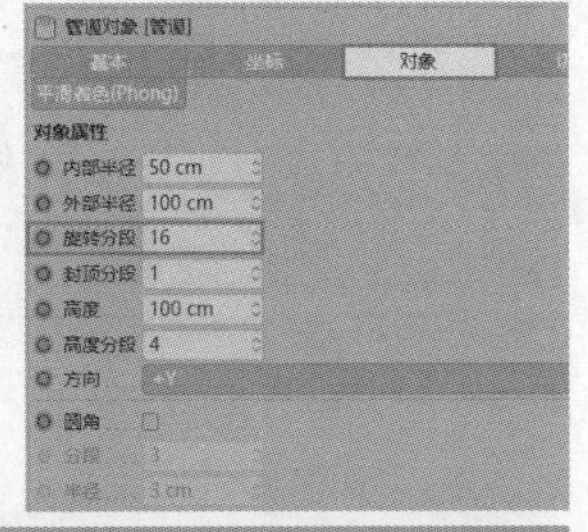

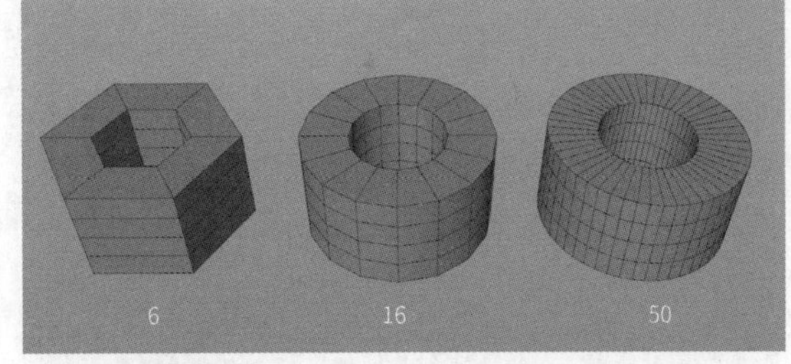

图 2-82

“封顶分段”用于控制模型封顶的分段。设置“封顶分段”为8，如图2-83所示。

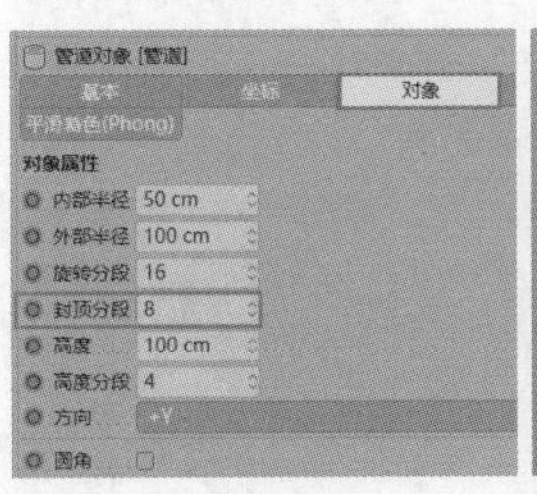

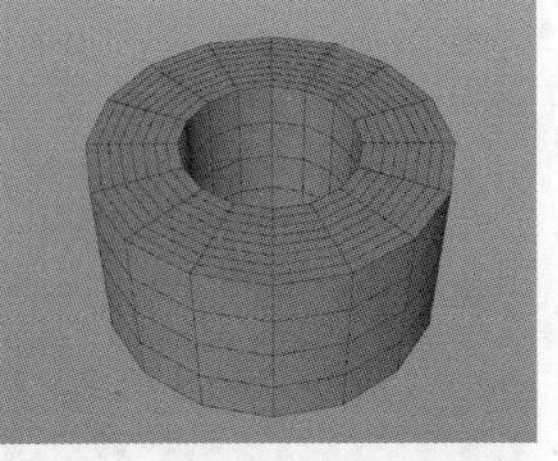

图 2-83

设置“高度分段”为8，如图2-84所示。

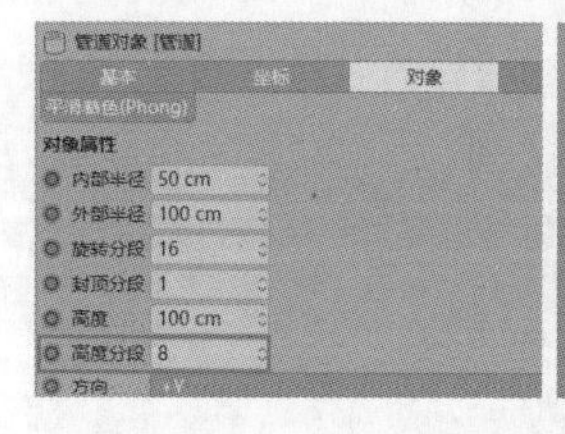

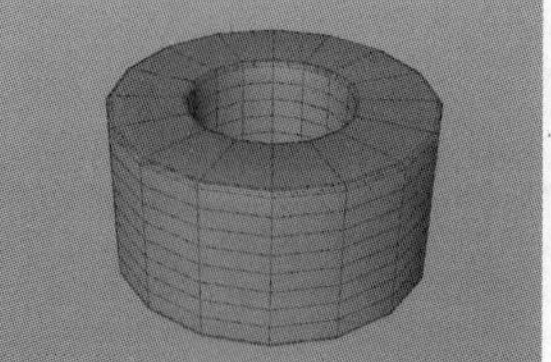

图 2-84

勾选“圆角”选项，开启模型圆角，如图2-85所示。分别设置模型圆角的“半径”为3cm、10cm和19cm，效果如图2-86所示。

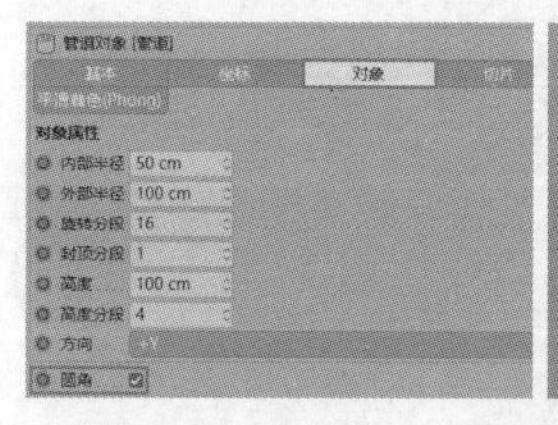

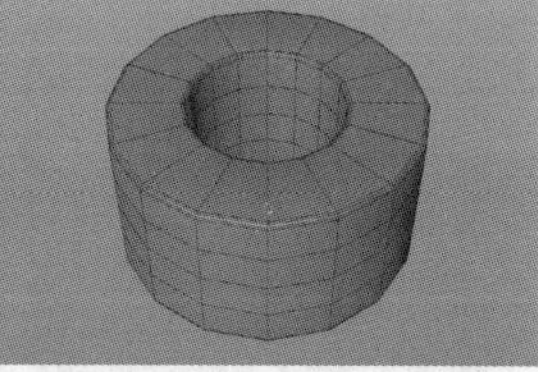

图 2-85

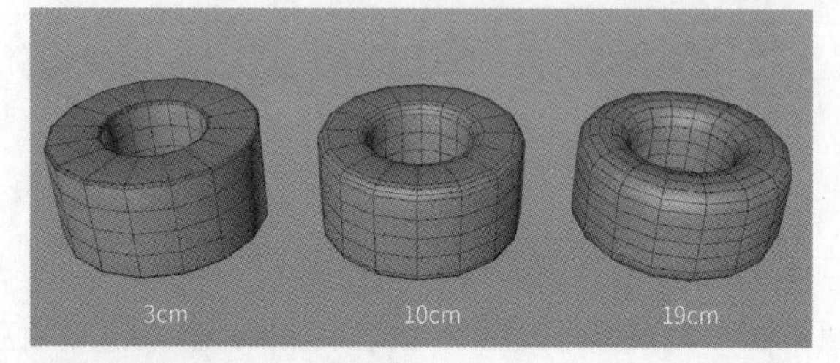

图 2-86

设置模型圆角的“分段”为8，此时其圆角的布线就增加了，如图2-87所示。

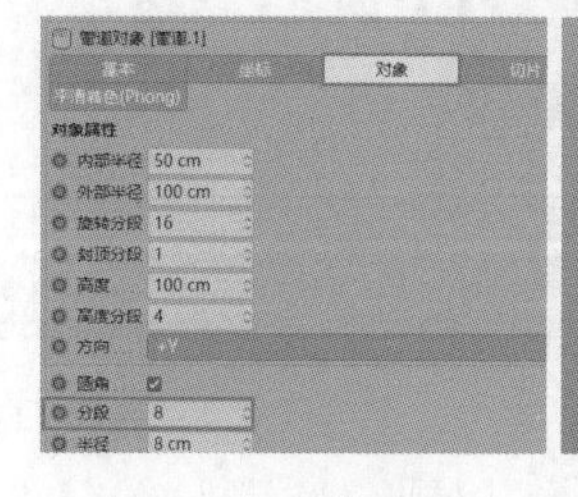

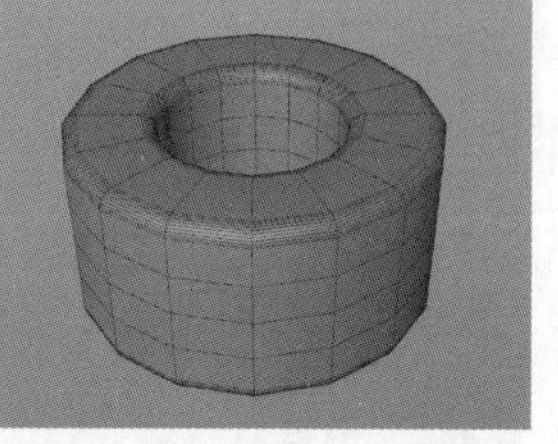

图 2-87

在“切片”选项卡中，勾选“切片”选项，如图2-88所示。当模型的“起点”为0°时，分别设置“终点”为70°、140°和260°，效果如图2-89所示。

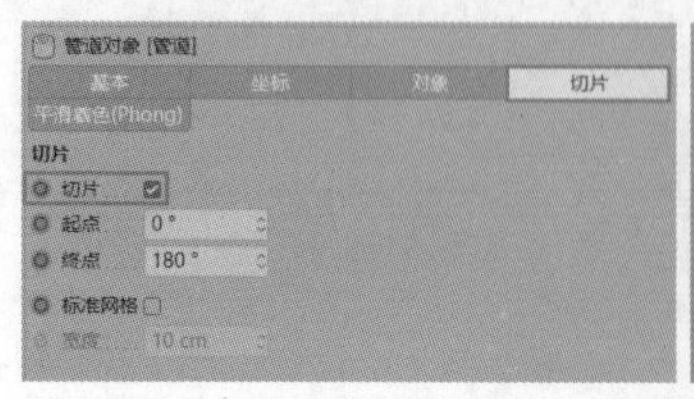

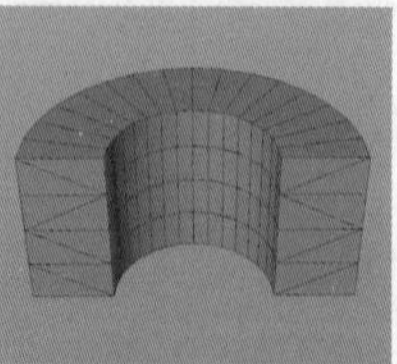

图 2-88

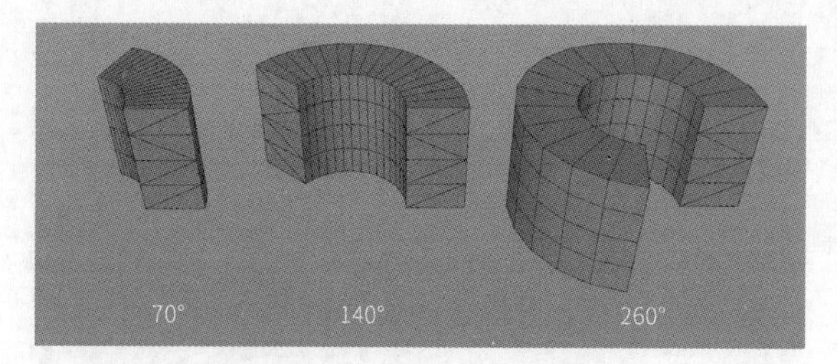

图 2-89

实战：制作圆形几何体

◇ 场景位置	无
◇ 实例位置	实例文件 >CH02> 实战：制作圆形几何体 .c4d
◇ 视频名称	实战：制作圆形几何体 .mp4
◇ 学习目标	掌握圆柱体和管道模型的创建方法
◇ 操作重点	多种几何体模型的基础操作

本实例将圆柱体模型和管道模型进行组合，效果如图2-90所示。

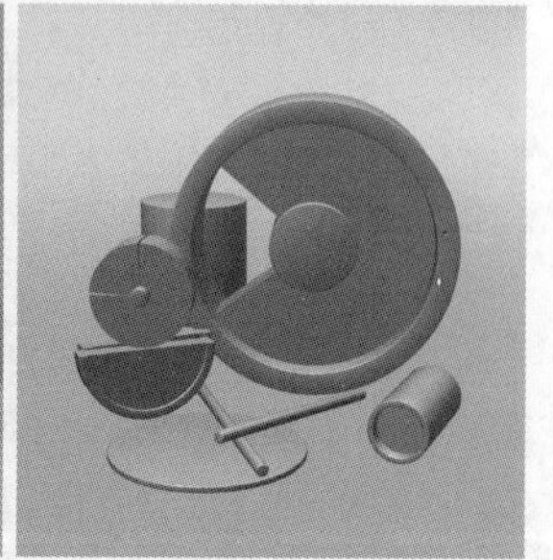

图 2-90

01 新建一个项目，使用“管道”工具创建一个管道模型。设置“内部半径”为110cm、“外部半径”为130cm、“旋转分段”为80、“高度”为100cm、“高度分段”为1、“方向”为“+Z”，勾选“圆角”选项，设置“分段”为3、“半径”为1cm，如图2-91所示。

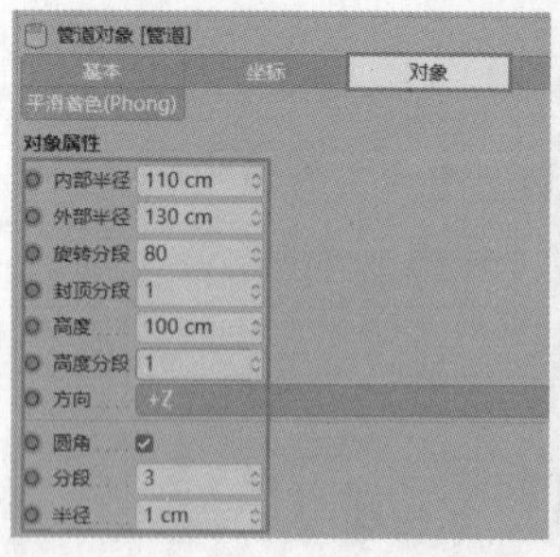

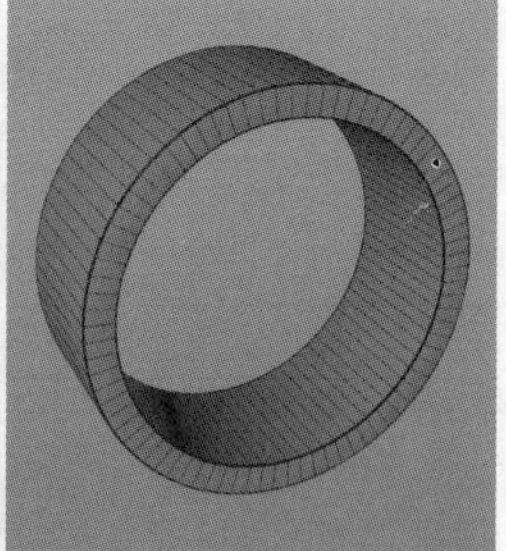

图 2-91

02 使用“圆柱体”工具创建一个圆柱体模型。设置“半径”为115cm、“高度”为30cm、“高度分段”为4、“旋转分段”为25、“方向”为“+Z”，勾选“切片”选项，设置“起点”为-140°、“终点”为145°，如图2-92所示。

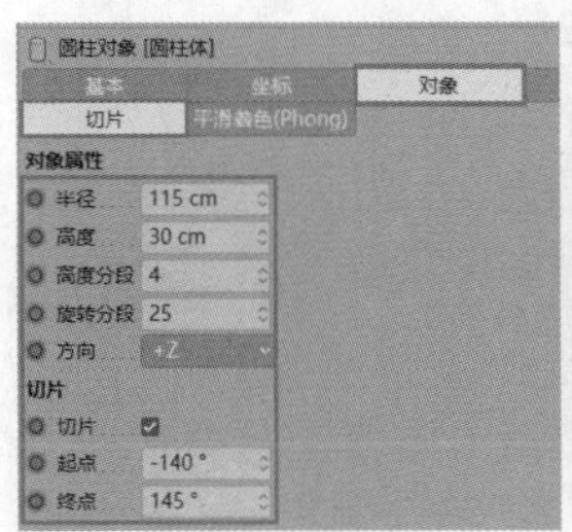

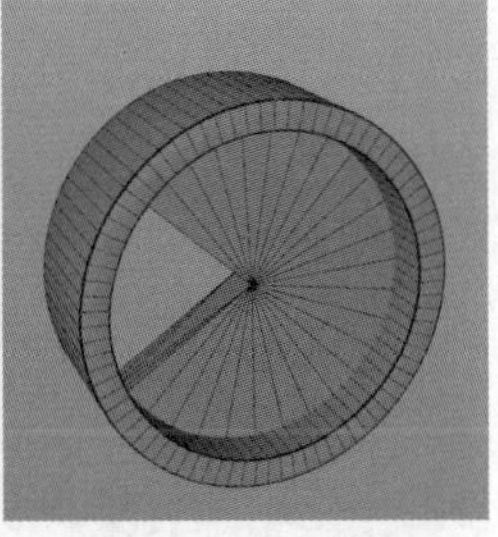

图 2-92

03 再创建一个圆柱体模型。设置“半径”为40cm、“高度”为70cm、“高度分段”为4、“旋转分段”为36、“方向”为“+Z”，勾选“圆角”选项，设置“分段”为3、“半径”为1cm，如图2-93所示。将制作完成的文件保存。

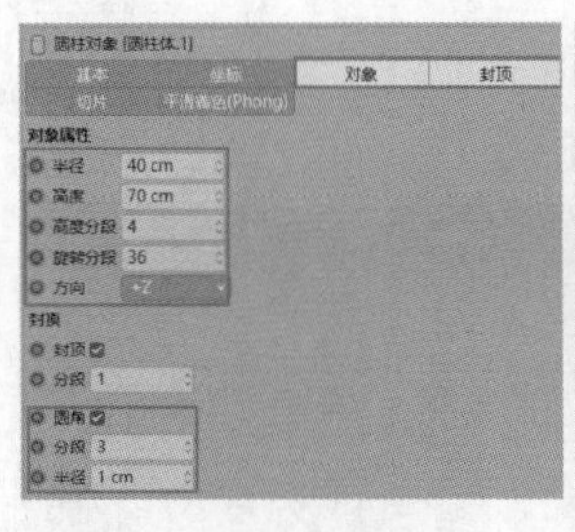

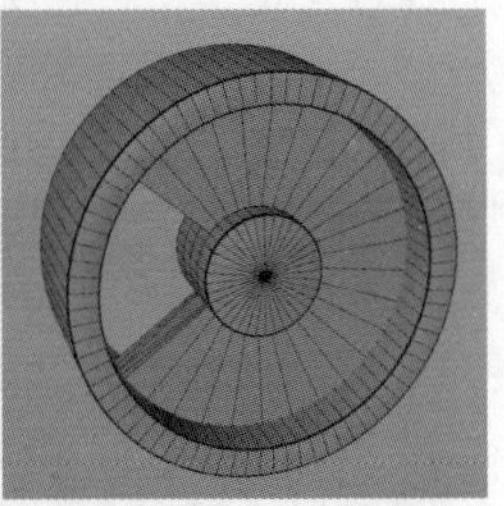

图 2-93

04 执行“文件>新建项目”菜单命令，新建一个项目，创建一个圆柱体模型。设置“半径”为52cm、“高度”为16cm、“高度分段”为4、“旋转分段”为50、“方向”为“+Z”，并勾选“切片”选项，如图2-94所示。

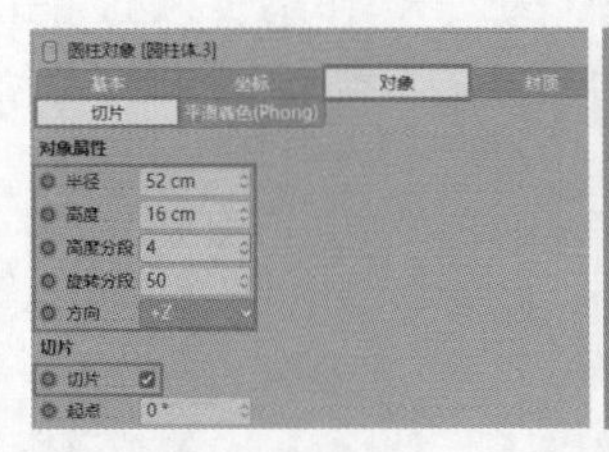

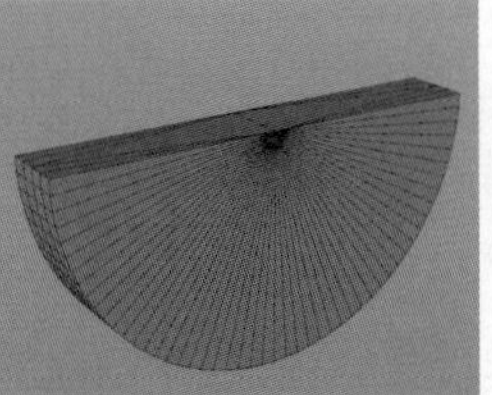

图 2-94

05 创建一个管道模型。设置“内部半径”为52cm、“外部半径”为60cm、“旋转分段”为50、“封顶分段”为1、“高度”为20cm、“高度分段”为4、“方向”为“+Z”，勾选“圆角”选项，设置“分段”为3、“半径”为1cm，并勾选“切片”选项，如图2-95所示。

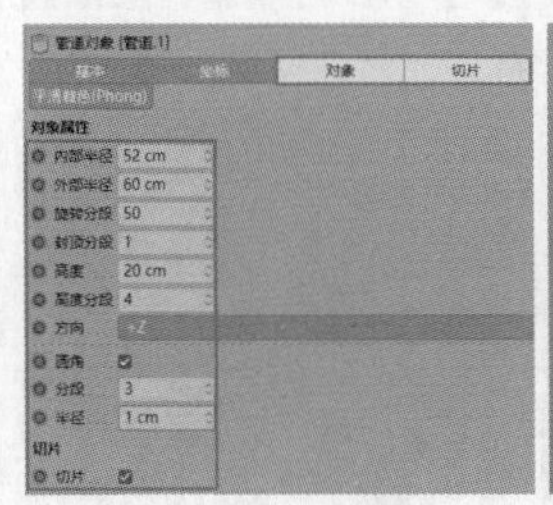

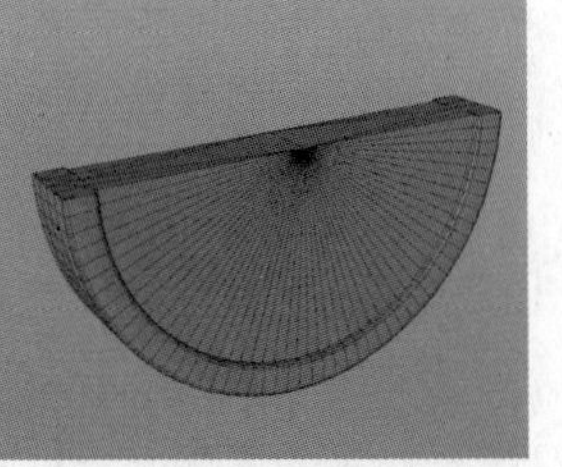

图 2-95

06 同时选择“圆柱体”和“管道”这两个模型，然后执行“群组对象”命令（快捷键为Alt+G），如图2-96所示。将半圆模型向左下方拖曳，可以参考图2-97所示的参数。

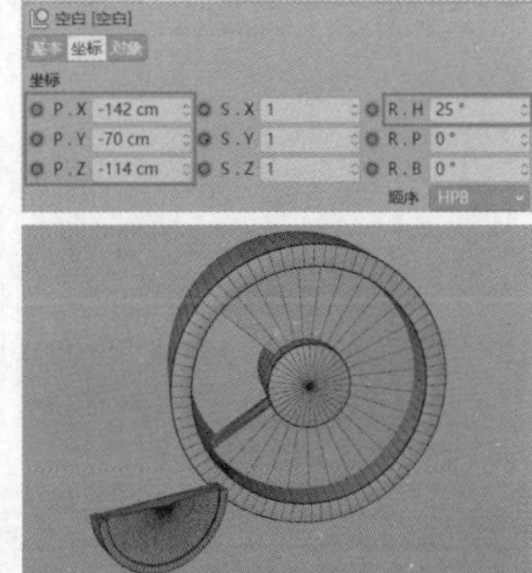

空白
圆柱体
管道

图 2-96

图 2-97

07 新建一个项目，创建一个圆柱体模型。设置“半径”为44cm、“高度”为24cm、“高度分段”为4、“旋转分段”为50、“方向”为“+Z”，勾选“切片”选项，设置“起点”为-90°、“终点”为180°，如图2-98所示。

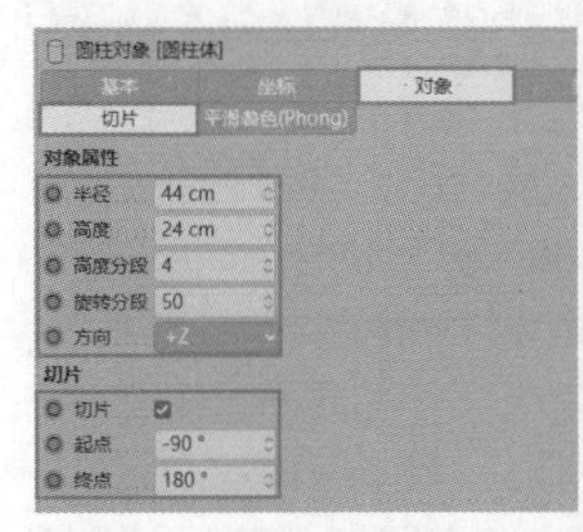

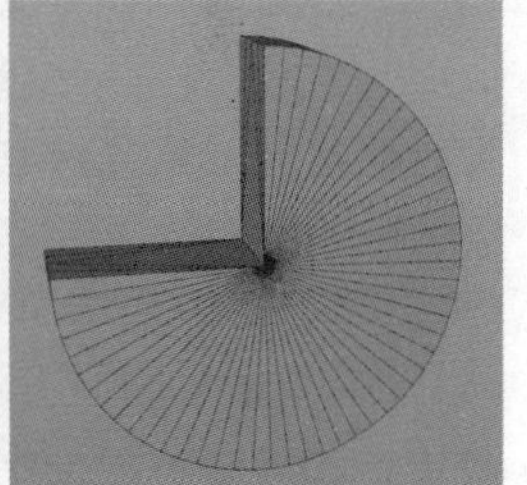

图 2-98

08 复制模型，然后设置“切片”的“起点”为-177°、“终点”为-93°，如图2-99所示。

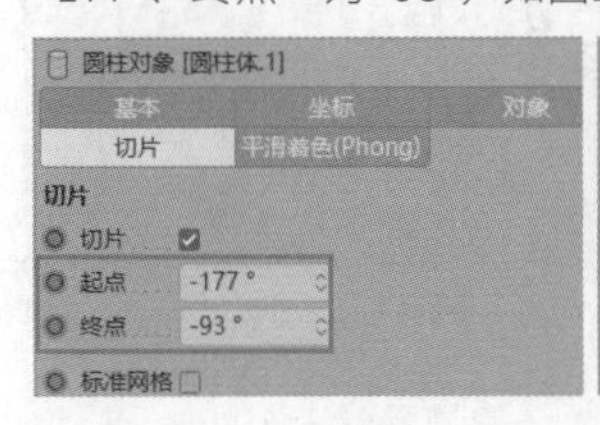

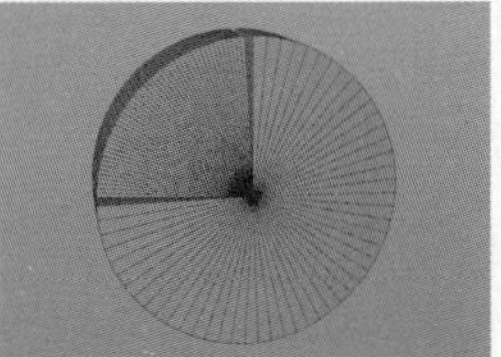

图 2-99

09 再创建一个圆柱体模型。设置“半径”为8cm、“高度”为40cm、“高度分段”为4、“旋转分段”为26，勾选“圆角”选项，设置“分段”为3、“半径”为1cm，如图2-100所示。

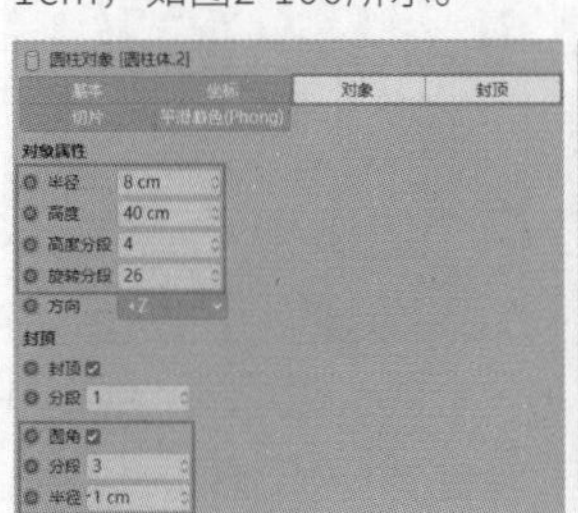

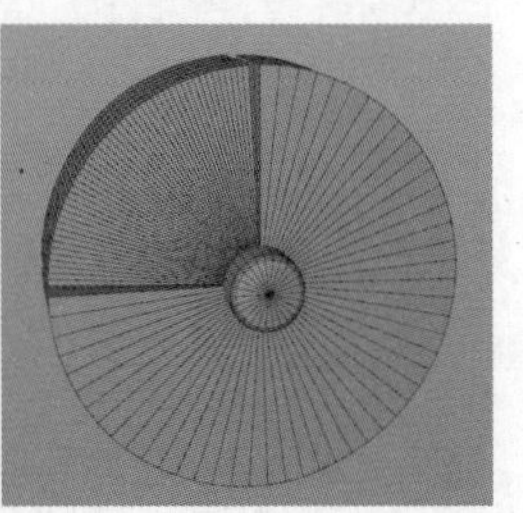

图 2-100

10 对这两个项目进行编组，然后将第二个项目制作的模型置于半圆模型上方，可以参考图2-101所示的参数。

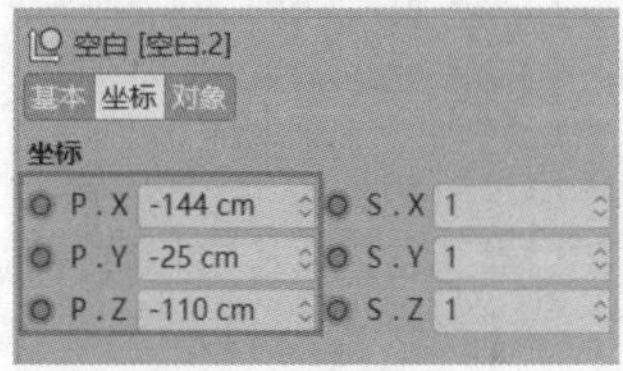

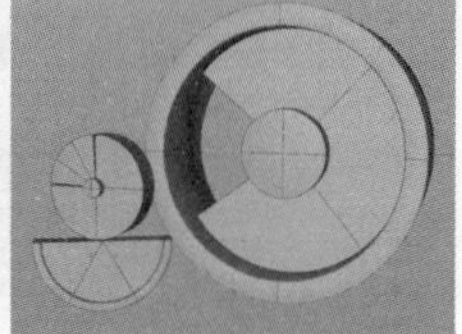

图 2-101

11 新建一个项目，创建一个圆柱体模型。设置“半径”为21cm、“高度”为80cm、“高度分段”为1、“旋转分段”为32、“方向”为“+Z”，如图2-102所示。

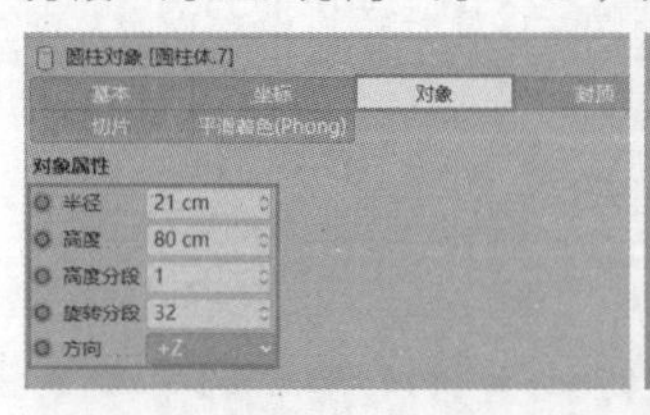

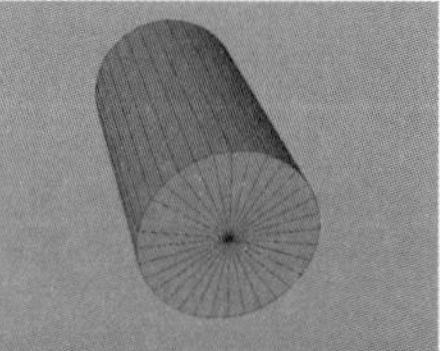

图 2-102

12 创建一个管道模型。设置其“内部半径”为20cm、“外部半径”为25cm、“旋转分段”为50、“方向”为“+Z”，勾选“圆角”选项，设置“分段”为4、“半径”为1cm，如图2-103所示。再将这两个模型进行编组。

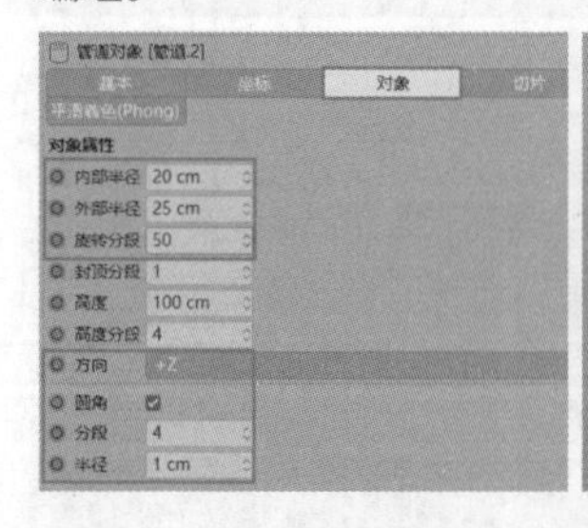

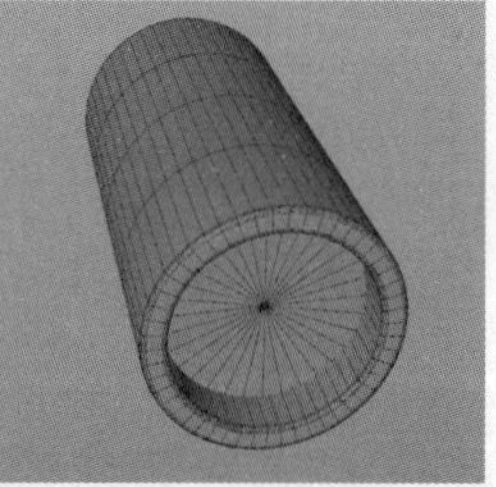

图 2-103

13 对这三个项目进行编组，并将第三个项目制作的模型置于右下方，可以参考图2-104所示的参数。

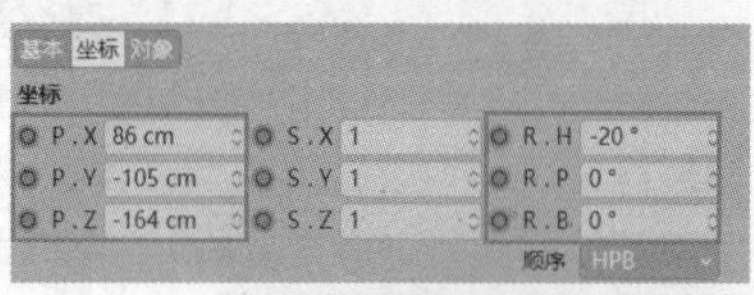

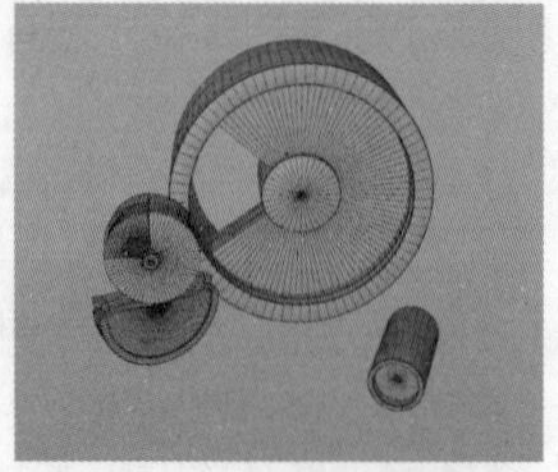

图 2-104

14 创建一个圆柱体模型，设置“半径”为80cm、“高度”为5cm、“高度分段”为1、“旋转分段”为48、“方向”为“+Y”。勾选“圆角”选项，设置“分段”为4、“半径”为1cm。对此模型及前面制作的模型进行编组，并将此模型置于前方，如图2-105所示。

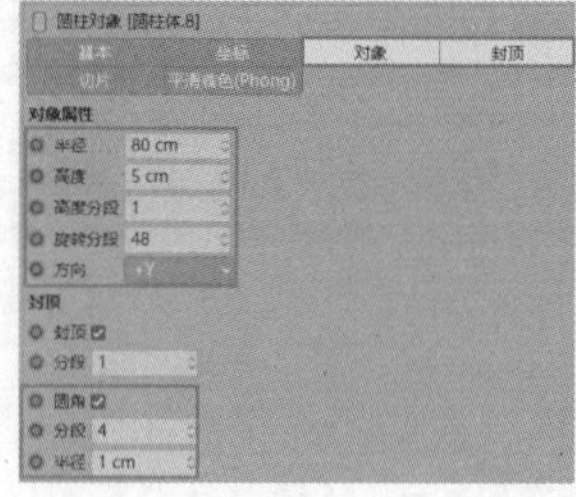

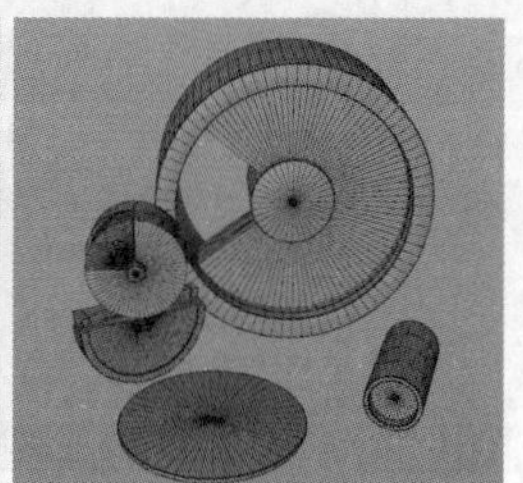

图 2-105

15 创建一个圆柱体模型，设置“半径”为60cm、“高度”为135cm、“高度分段”为1、“旋转分段”为80、“方向”为“+Y”。勾选“圆角”选项，设置“分段”为3、“半径”为1cm。对此模型及前面制作的模型进行编组，并将此模型置于左后方，如图2-106所示。

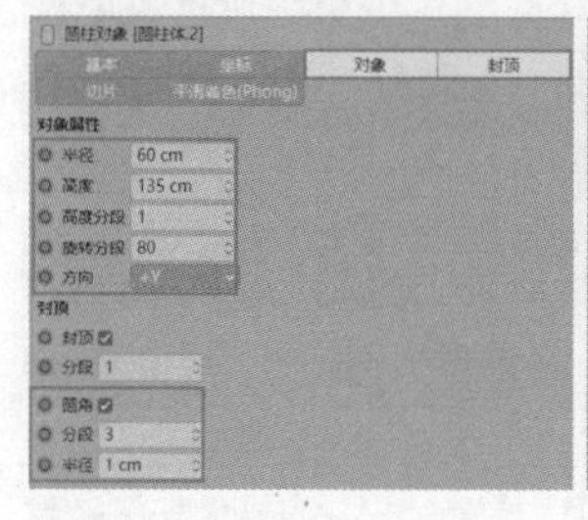

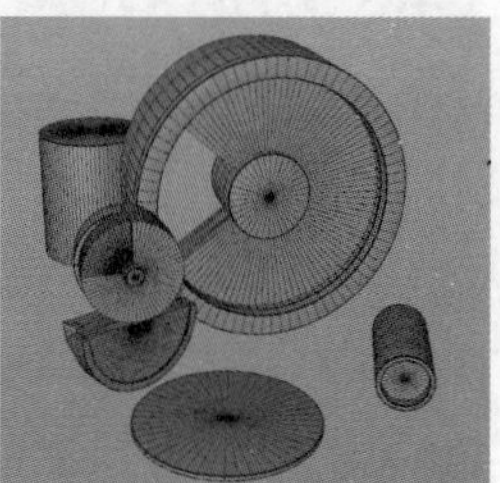

图 2-106

16 创建一个圆柱体模型，设置“半径”为5cm、“高度”为200cm、“高度分段”为1、“旋转分段”为20、“方向”为“+Z”，勾选“圆角”选项，设置“分段”为3、“半径”为1cm，如图2-107所示。复制圆柱体模型，然后对这两个模型及前面制作的模型进行编组，并将这两个模型置于合适位置，如图2-108所示。最终效果如图2-109所示。

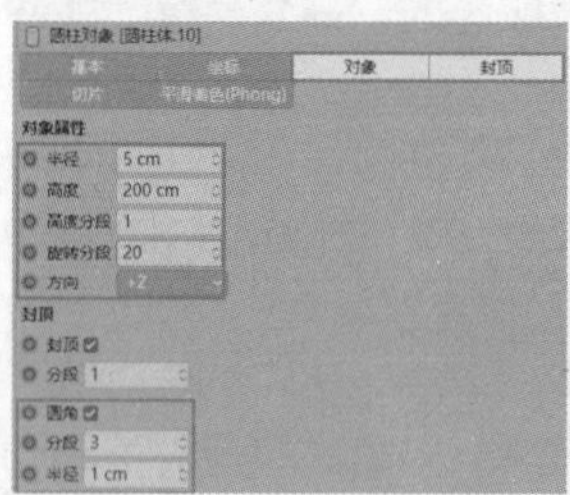

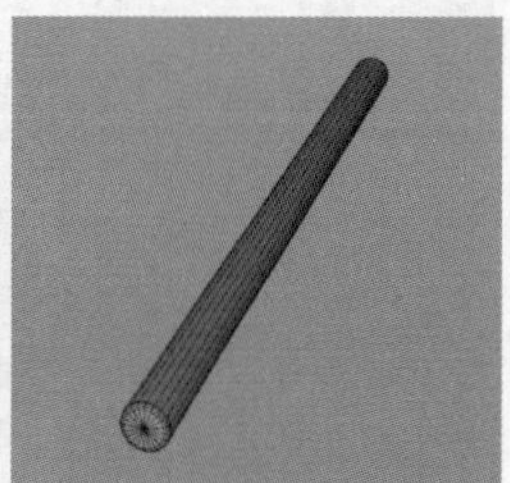

图 2-107

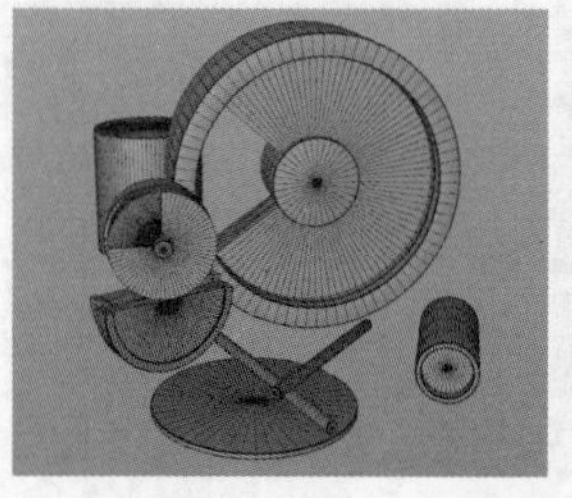

图2-108

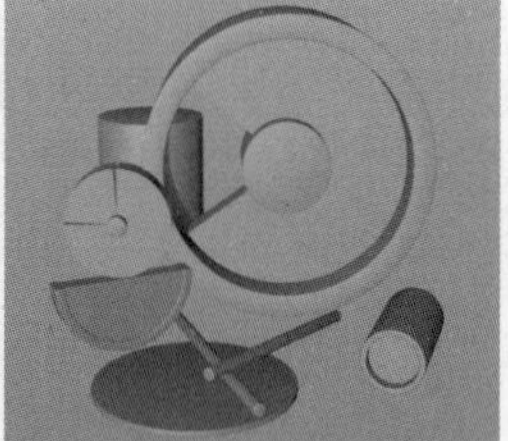

图 2-109

疑难解答 如何利用简单的模型做出丰富有趣的效果呢?

想要制作出丰富有趣的效果，可以运用多种对比方式，如大小对比、高度对比、粗细对比、色彩对比和形状对比等。图2-110至图2-112所示为使用简单的几何体模型搭建出的创意作品。

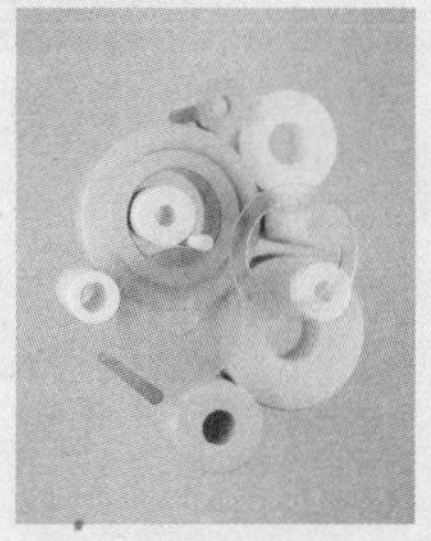

图2-110

图2-111

图2-112

2.1.8 球体

使用“球体”工具创建一个球体模型。在“对象”选项卡中，可通过“半径”来调整模型大小，如图2-113所示。

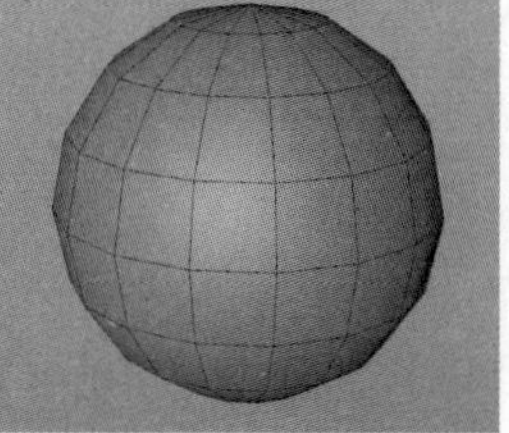

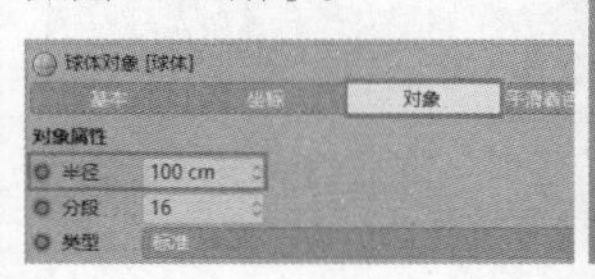

图2-113

“分段”用于控制球体的分段数量，分别设置模型的“分段”为3、8、16和48，如图2-114所示。

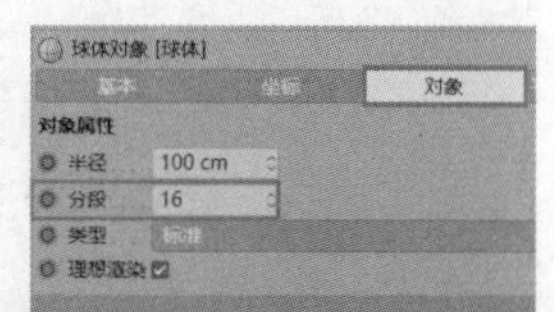

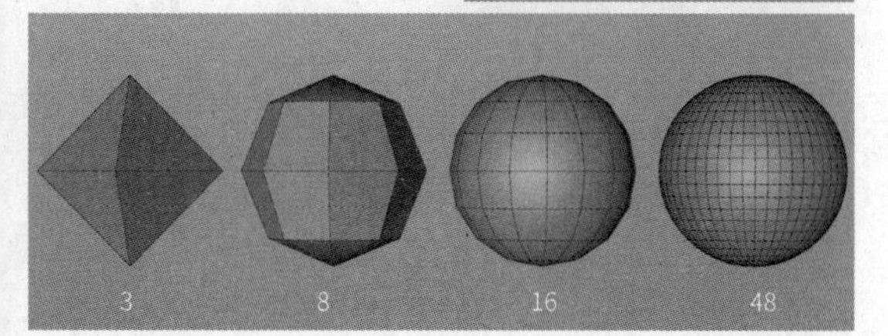

图2-114

当取消勾选“理想渲染”选项，或者按C键将球体模型转换为可编辑对象时，得到的渲染预览图如图2-115所示。

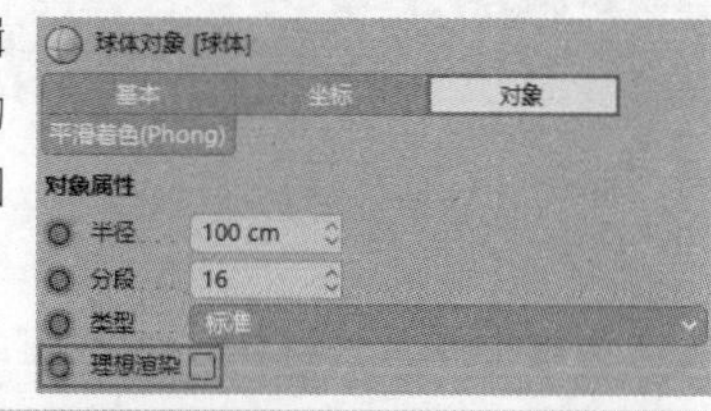

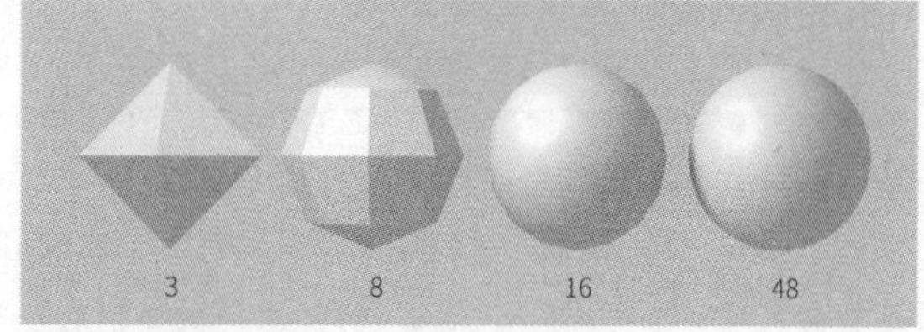

图2-115

疑难解答 什么是“理想渲染”?

当“分段”值不同时，模型有较为明显的区别。“分段”值越小，模型的棱角越明显；“分段”值越大，模型越趋近于球体。但当勾选“理想渲染”选项且没有将球体转换为可编辑对象时，不论“分段”值为多少，渲染时球体都是圆润的形态，如图2-116所示。因此，“理想渲染”选项是用于保持球体模型圆润的。

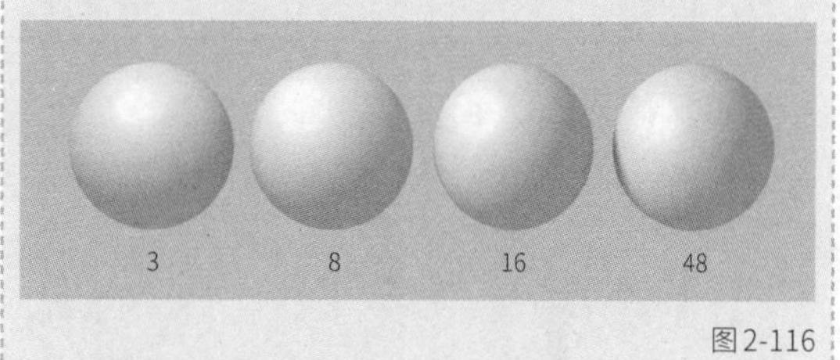

图2-116

“类型”用于控制模型的类型。球体模型的类型有标准、四面体、六面体、八面体、二十四面体和半球体，如图2-117所示。

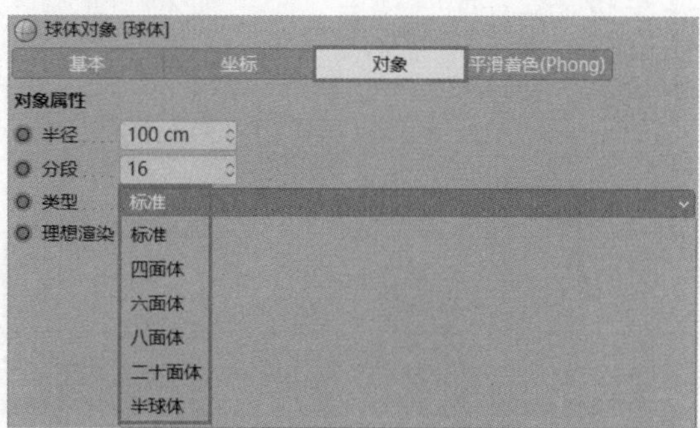

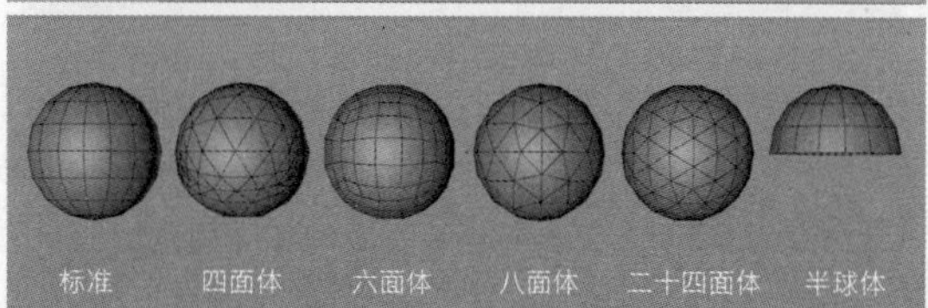

图2-117

2.2 样条

样条在Cinema 4D中相当于路径。因为样条不是实体模型，所以默认是渲染不出来的。虽然样条不是模型，但是通过挤压、扫描和放样等操作，可以创建出各式各样的模型。

2.2.1 圆环

使用“圆环”工具创建一个圆环样条，如图2-118所示。“对象”选项卡中的“半径”可以用来调整圆环的大小。勾选“椭圆”选项后可调整成椭圆样条，此时有了两个“半径”，可分别调整椭圆横向和纵向的长度，如图2-119所示。

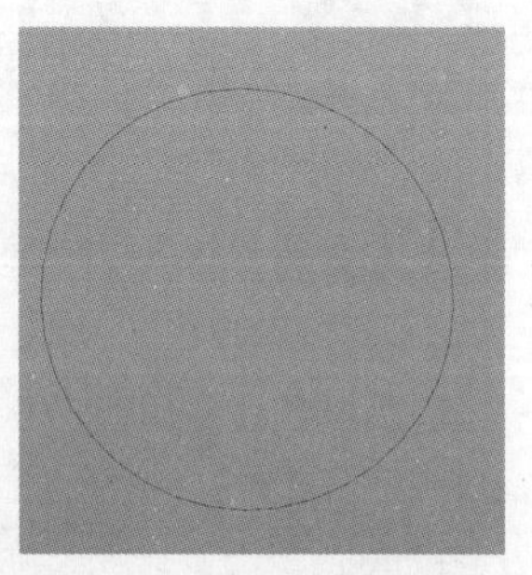

图 2-118

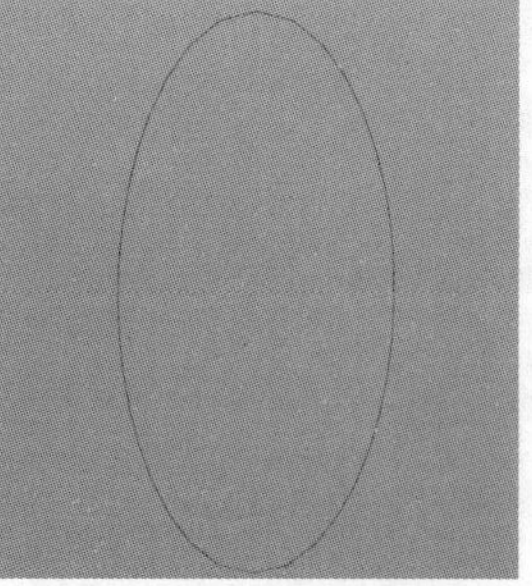

图 2-119

勾选“环状”选项后可创建环状样条，此时会激活“内部半径”选项，设置“半径”为200cm、“内部半径”为150cm，如图2-120所示。

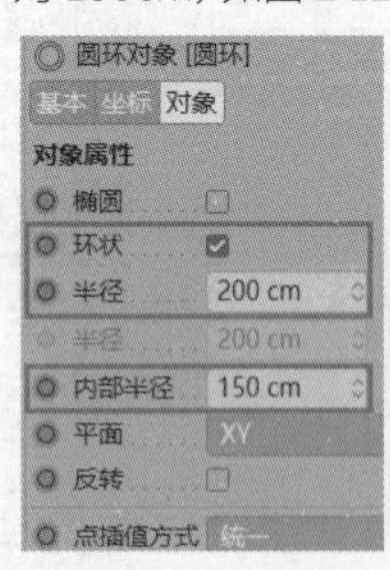

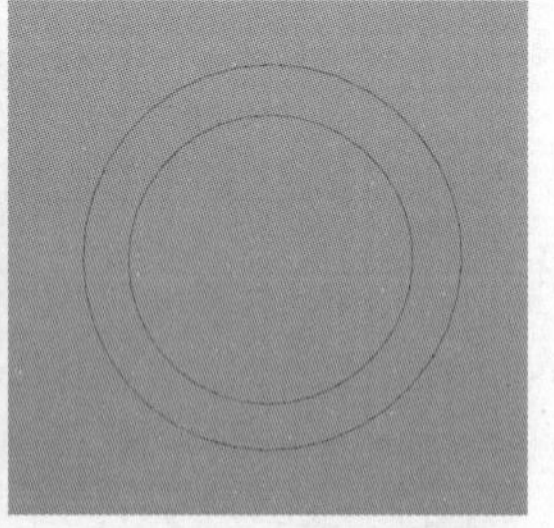

图 2-120

“平面”与几何体的“方向”是同理的，通常不用更改，保持默认即可。“点插值方式”默认为“统一”，“数量”用于控制样条的平滑度，类似几何体的“分段”。参数设置如图2-121所示。分别设置样条的“数量”为2、6和36，如图2-122所示。可以看到该值越大，圆环越平滑。

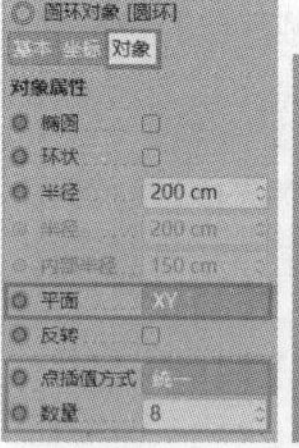

图 2-121

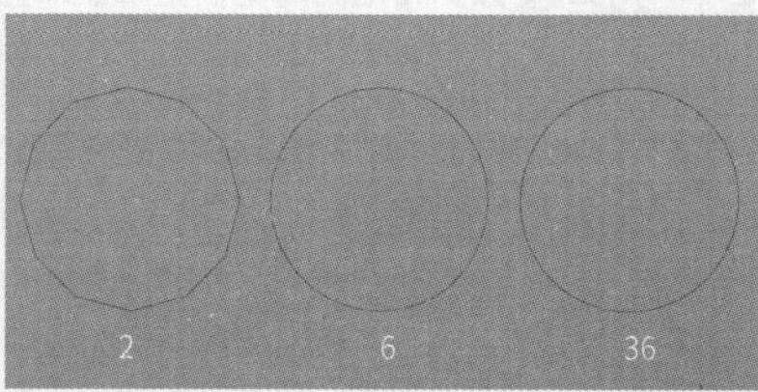

图 2-122

技术专题：通过“过滤”菜单命令调整视图

在创建样条时，可以看到背景中的网格线，这样不利于观察。执行“过滤>工作平面”菜单命令，取消选中“工作平面”选项，视图窗口中就不会显示网格线了，如图2-123所示，这样有利于清楚地观察样条。

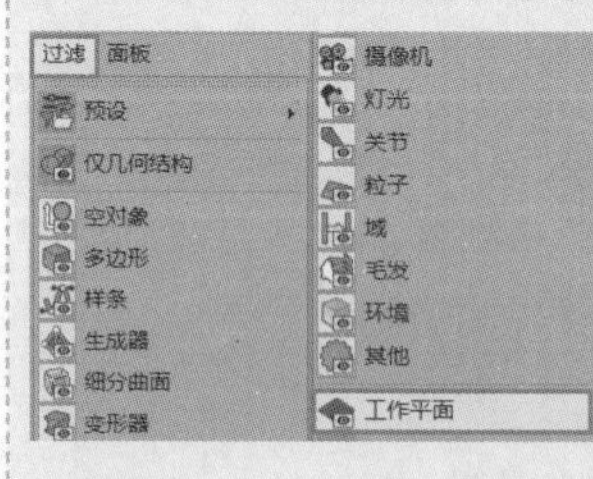

图 2-123

当前显示的坐标系统是“世界轴心”，也就是以“世界”为轴心的坐标系统，通常不用取消。如果取消选中“世界轴心”选项，视图窗口中就不会显示坐标系统了，如图2-124所示。

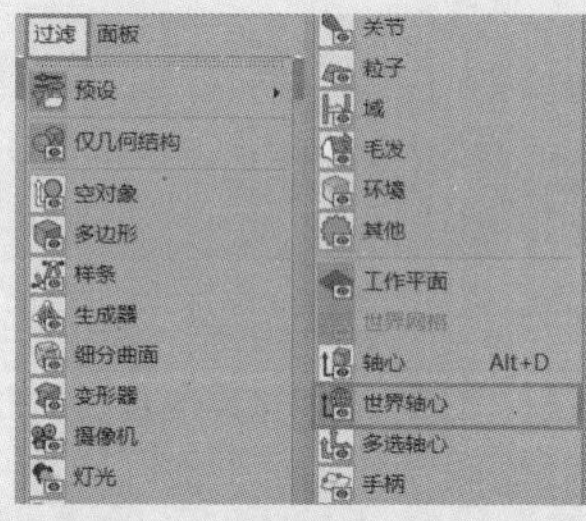

图 2-124

此时，将视图窗口切换为四视图。可以看到，只有透视视图中没有显示网格与轴心，其他视图都显示了，如图2-125所示。

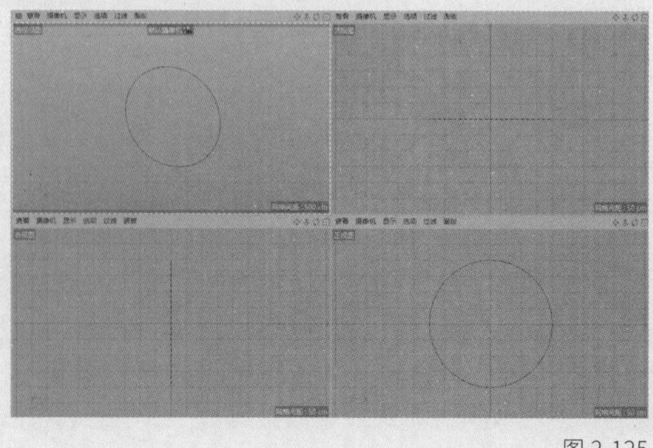

图 2-125

2.2.2 弧线

使用“弧线”工具创建一个弧线样条，调整“半径”可以更改弧线半径的大小，如图2-126所示。

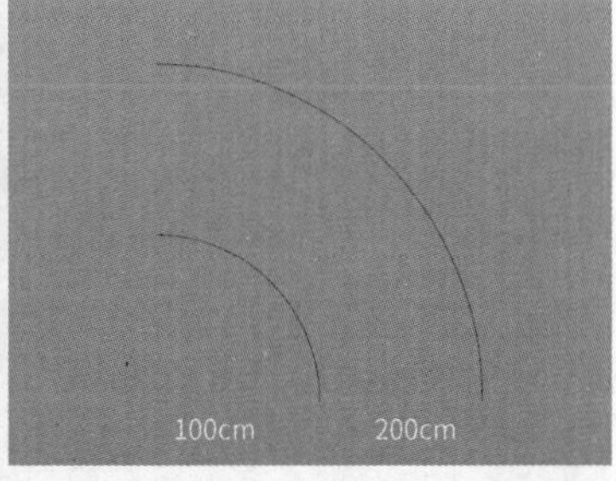

图 2-126

“开始角度”和“结束角度”用于控制弧线的角度。当“结束角度”为360°时，样条就是一个圆形。当“开始角度”为0°时，分别设置样条的“结束角度”为90°、170°和270°，效果如图2-127所示。

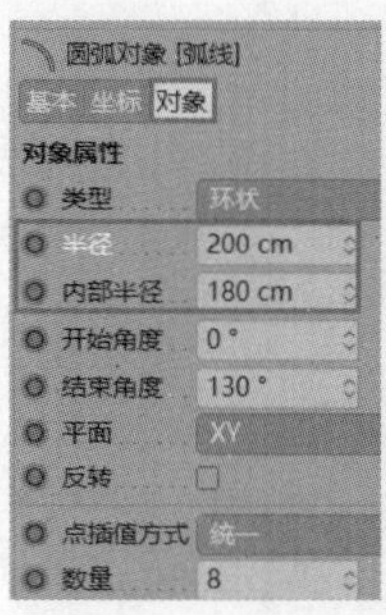

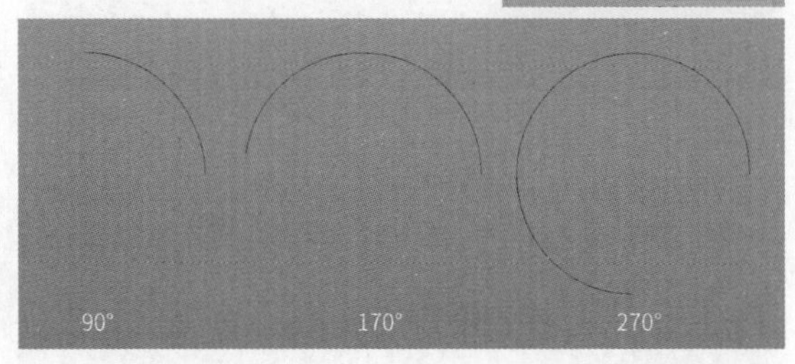

图 2-127

“类型”用于更改样条的类型。设置“类型”为“分段”，如图2-128所示。设置“类型”为“环状”，如图2-129所示。设置“半径”为200cm、“内部半径”为180cm，如图2-130所示。设置“结束角度”为256°，如图2-131所示。

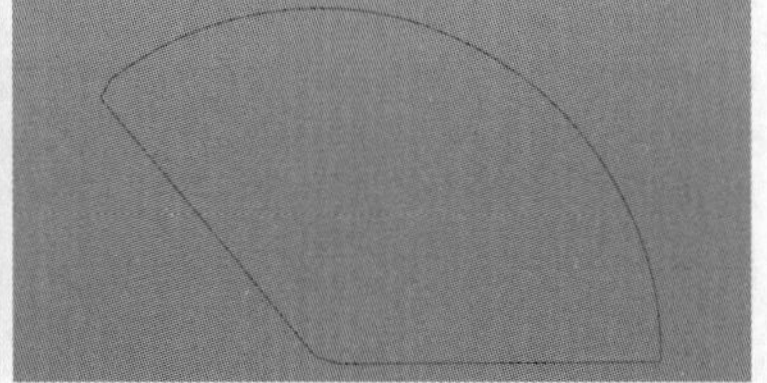

图 2-128

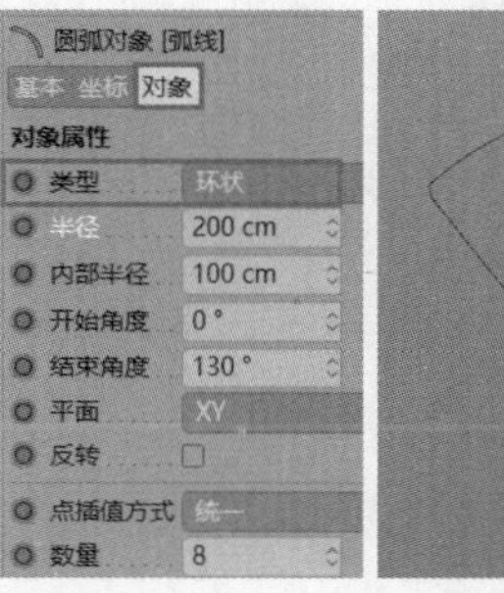

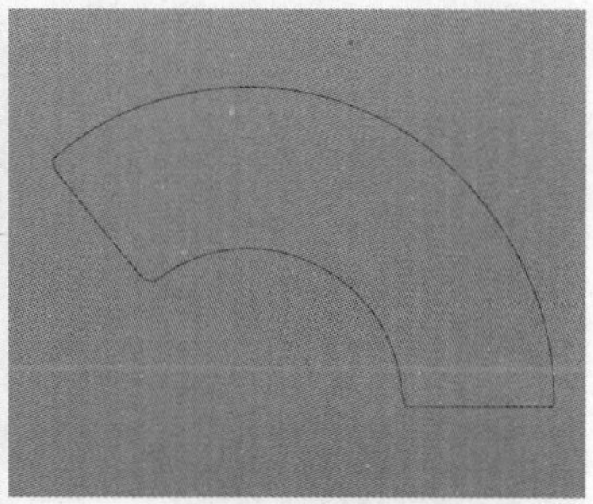

图 2-129

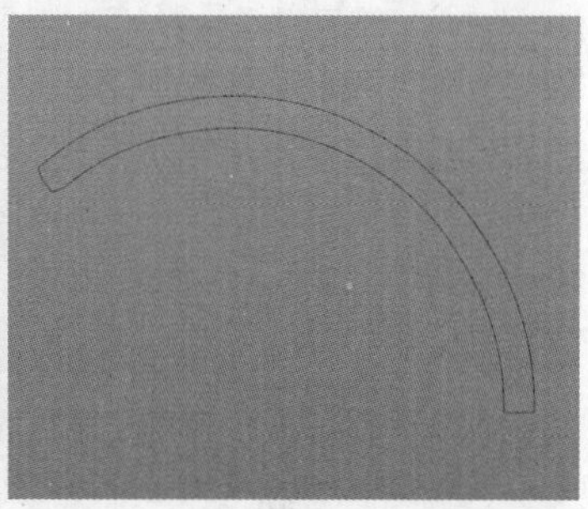

图 2-130

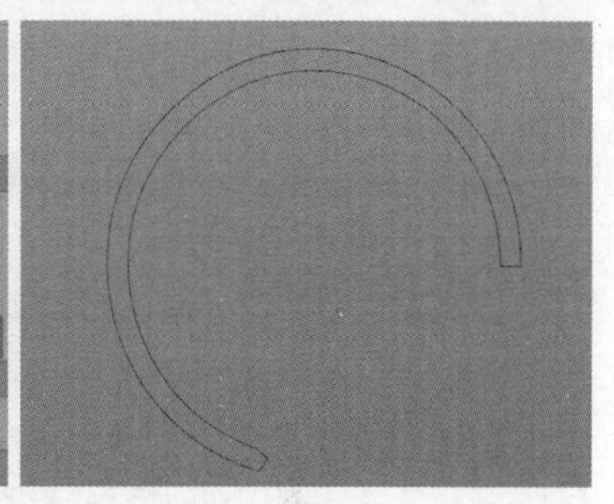

图 2-131

2.2.3 矩形

可使用“矩形”工具创建矩形样条。“宽度”和“高度”可以用来调整矩形的大小。勾选“圆角”选项，即可启用圆角效果。可以通过“半径”来调整圆角的半径大小。参数设置如图2-132所示。分别设置“半径”为10cm、50cm和100cm，效果如图2-133所示。可以看到“半径”值越大，圆角的弧度越大。

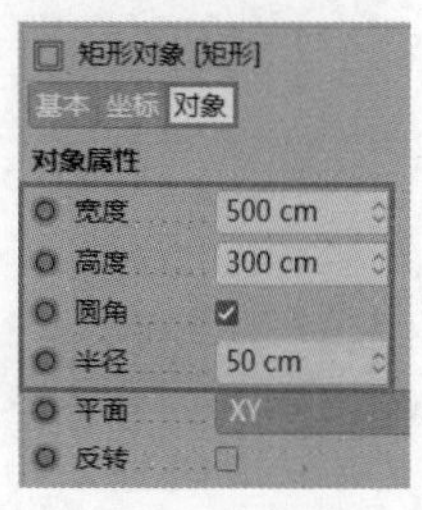

图 2-132

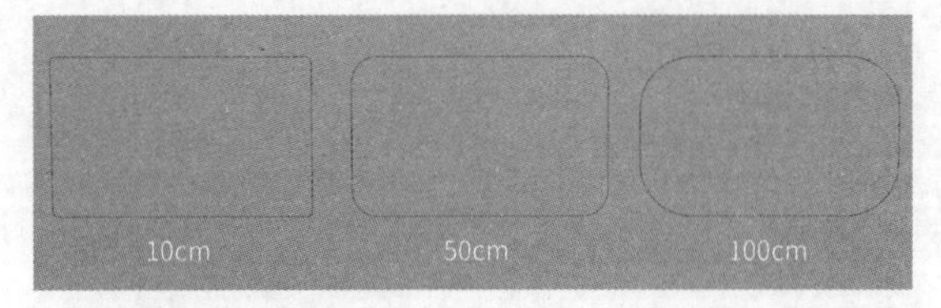

图 2-133

2.2.4 多边

使用“多边”工具创建一个多边形样条，默认为六边形，如图 2-134 所示。通常用这个工具来创建三角形、五边形、六边形和十二边形等多边形。

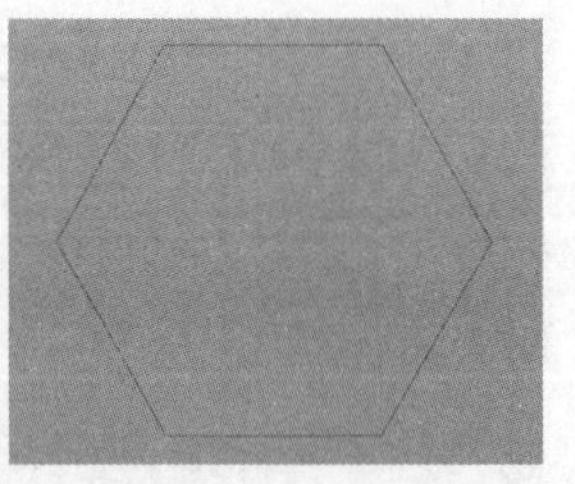

图 2-134

“侧边”用于调整多边形的边数。设置“侧边”为3，就得到了一个三角形，如图2-135所示。勾选“圆角”选项，可以启用圆角效果，通过“半径”可以调整圆角的弧度，如图2-136所示。

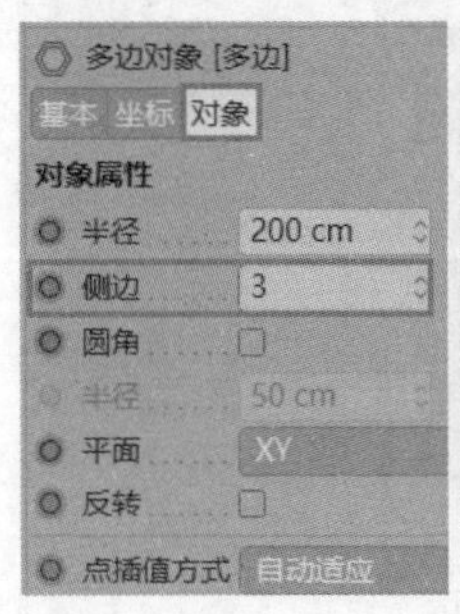

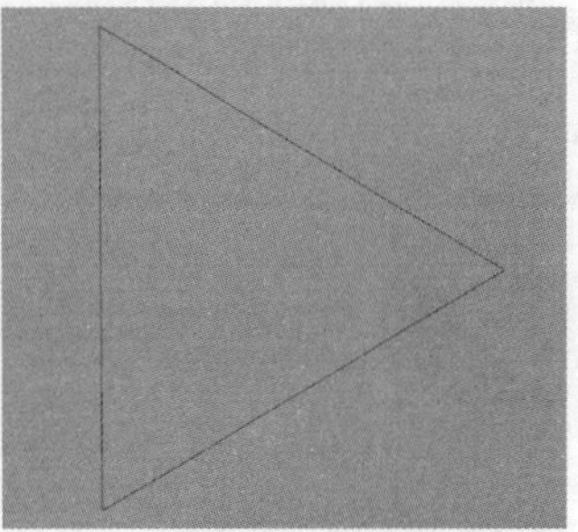

图 2-135

图 2-136

2.2.5 文本

使用“文本”工具创建一个文本样条，在“对象”选项卡的“文本”输入框中输入“人民邮电”，如图2-137所示。

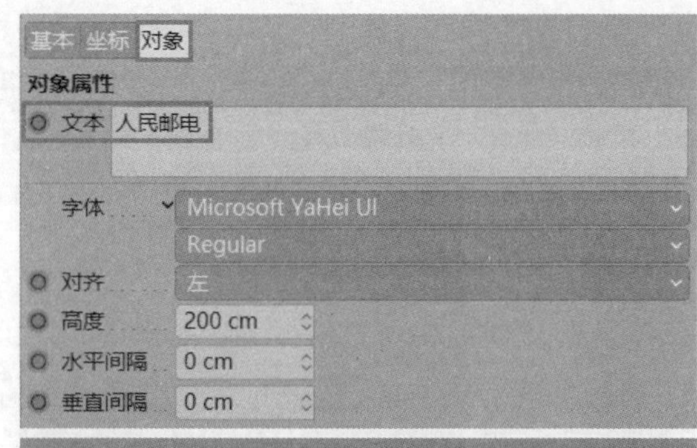

图 2-137

“字体”可以用来更改文本的字体。设置“字体”为“思源黑体 CN Heavy”，如图2-138所示。

图 2-138

“对齐”可以用来更改轴心的位置，默认轴心在文本的左下角。设置“对齐”为“中对齐”，这样轴心就位于文本底部中心了，如图2-139所示。

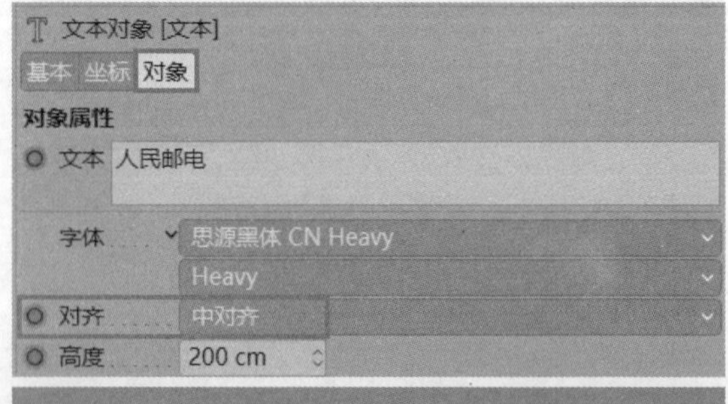

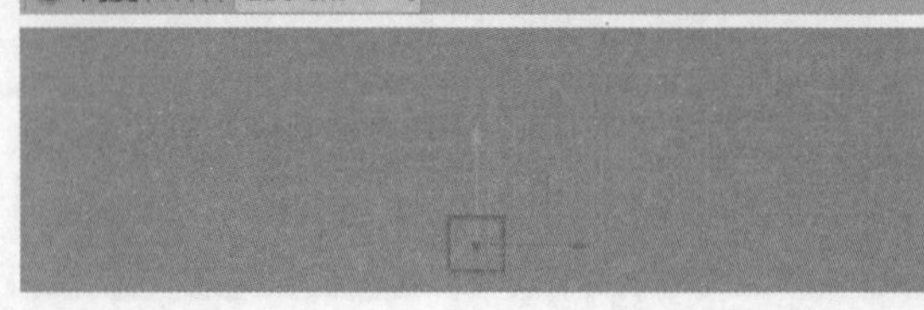

图 2-139

“高度”可以用来改变文字的大小。“水平间隔”可以用来调整文字之间的距离。也可以在“文本”输入框中输入多行文字。有了多行文字，“垂直间隔”就可以发挥作用，设置“垂直间隔”为−100cm，文本的行间距就缩小了，如图2-140所示。设置“垂直间隔”为60cm，文本的行间距就变大了，如图2-141所示。

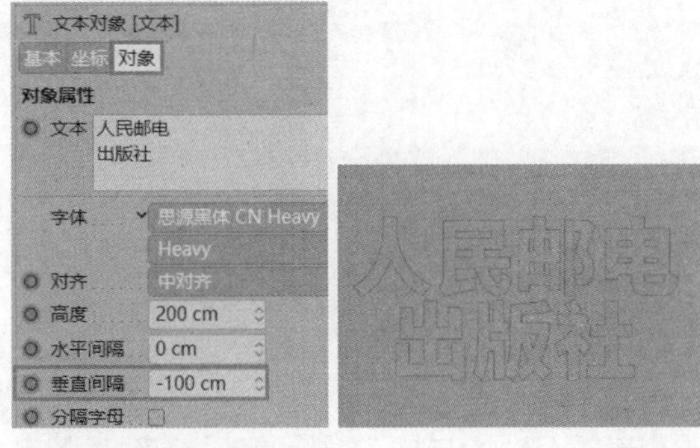

图 2-140

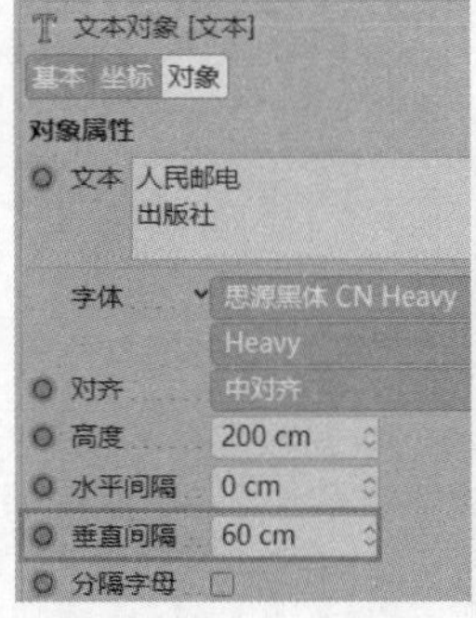

图 2-141

勾选“显示3D界面”选项，就可以对单个或多个文字进行调整了，如图2-142所示。

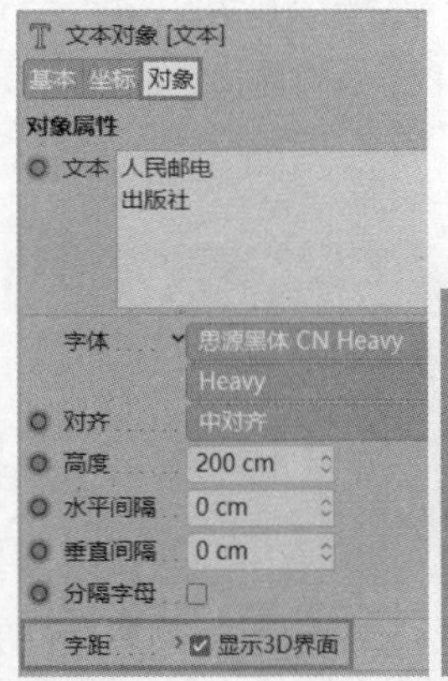

图 2-142

技巧提示 通过勾选“显示3D界面”选项来调整字距，看似灵活，但操作起来并不方便，因此稍做了解即可。一般使用Illustrator调整文本的字距，Cinema 4D用来完成文本的基础设置即可。

2.2.6 螺旋线

可以使用“螺旋线”工具创建螺旋线样条，“结束角度”用于控制螺旋线的旋转角度。当设置“结束角度”为360°时，螺旋线就旋转了一圈。“结束角度”值越大，旋转的圈数越多。设置“结束角度”为2000°，如图2-143所示。

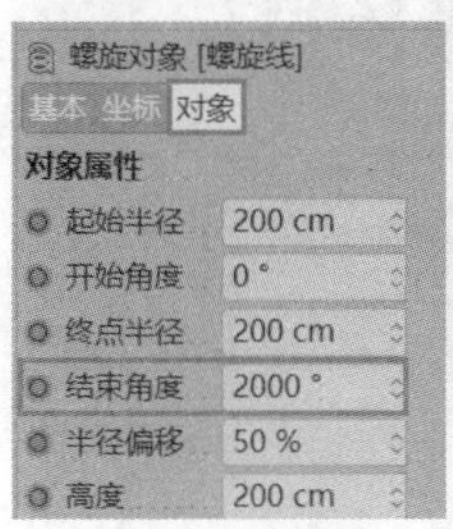

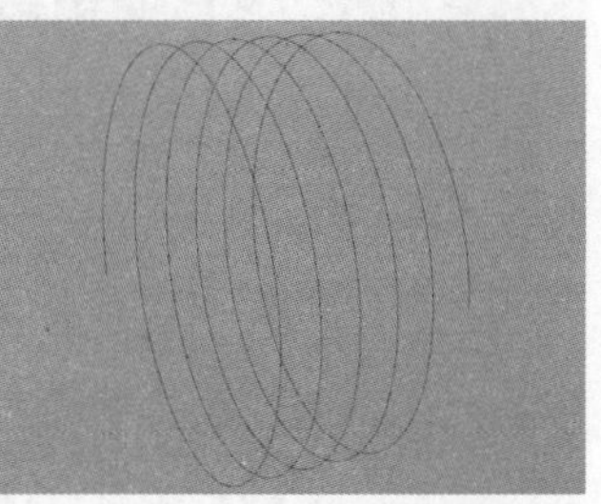

图 2-143

“高度”可以用来调整螺旋线的长度。“起始半径”用来调整螺旋线开始这一端的半径，“终点半径”用来调整螺旋线另一端的半径。同时调整“终点半径”与“起始半径”，就是调整螺旋线整体的半径。设置“终点半径”与“起始半径”均为40cm，就获得了一条比较细长的螺旋线，如图2-144所示。

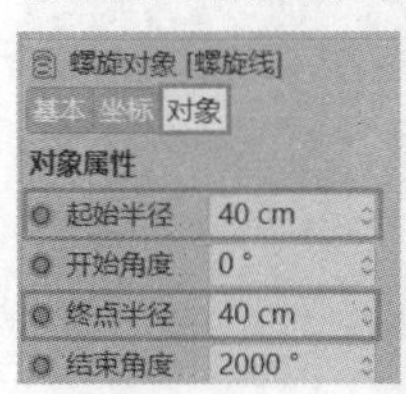

图 2-144

“高度偏移”可以用来调整螺旋高度的偏移程度。设置“高度偏移”为96%，如图2-145所示。

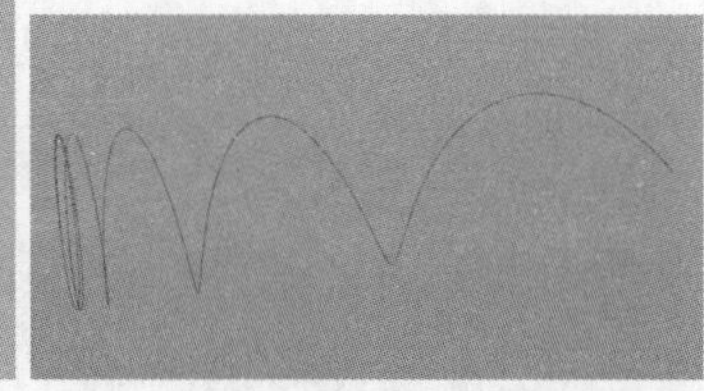

图 2-145

“细分数”可以用来控制样条的平滑程度，默认值为100，如图2-146所示，此时可满足多数需求。但如果需要表现起始或终点的细节，这样的样条就不够平滑了。设置“细分数”为800，可以让样条变得平滑，如图2-147所示。

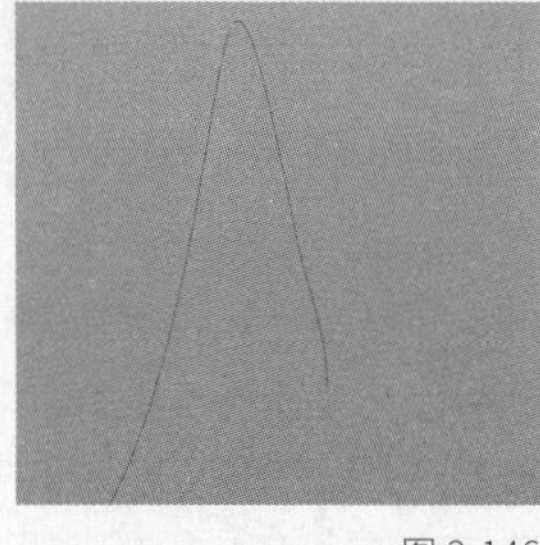

图 2-146

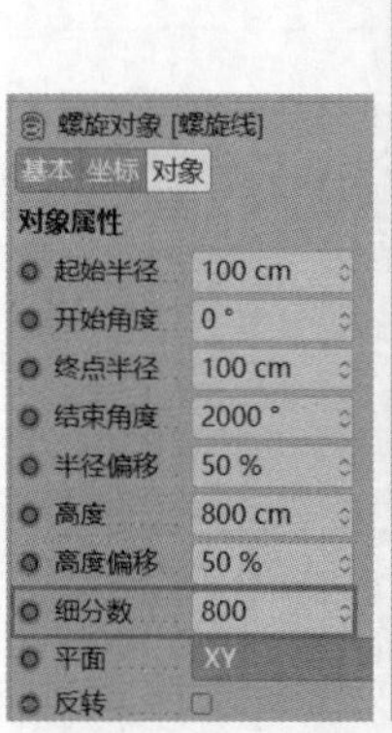

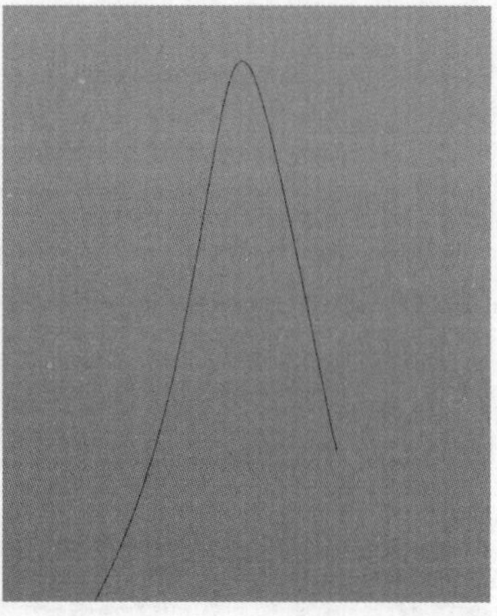

图 2-147

2.2.7 齿轮

可以使用“齿轮”工具创建齿轮样条，“齿”可以用来调整齿轮中齿的数量。分别设置“齿”为5、9和16，如图2-148所示。

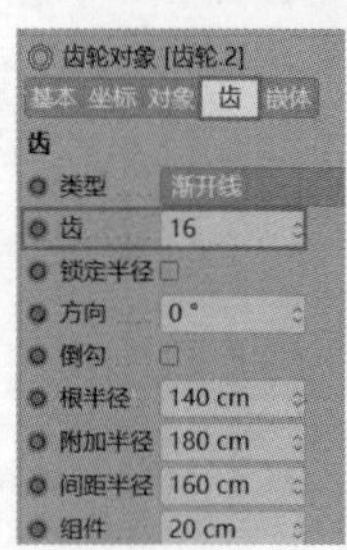

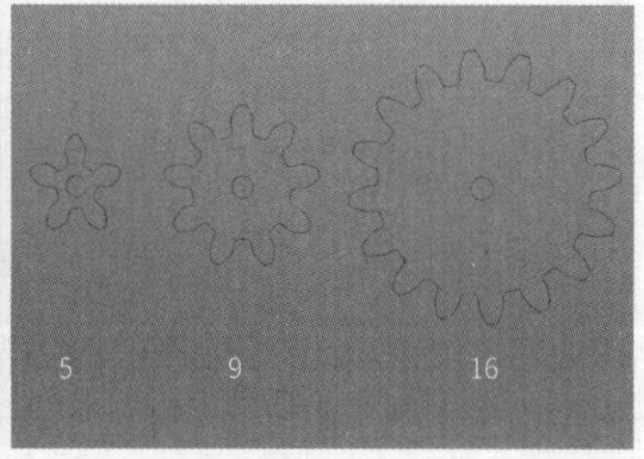

图 2-148

技巧提示 勾选“锁定半径”选项后，再调整“齿”值就不会改变半径大小了。

“间距半径”可以用来调整齿轮半径的大小，分别设置“间距半径”为100cm、200cm和300cm，如图2-149所示。

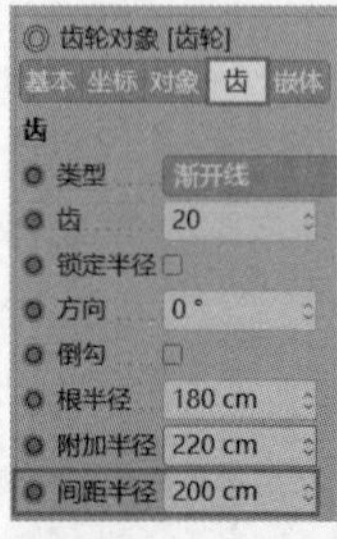

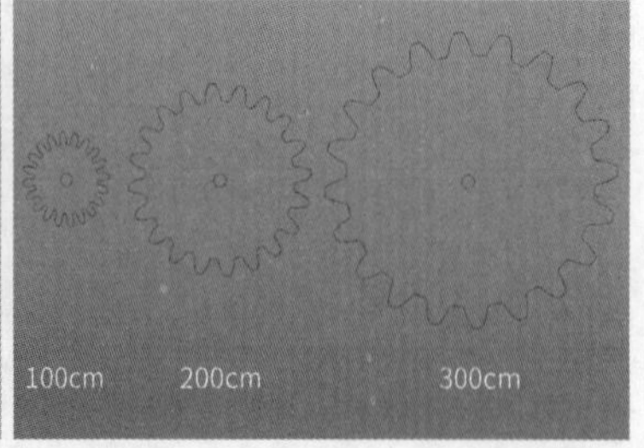

图 2-149

“根半径”可以用来调整齿轮内部半径的大小，“附加半径”可以用来调整齿轮外沿半径的大小，“压力角度”可以用来控制齿轮中齿的锐利程度。分别设置“压力角度”为0°和25°，如图2-150所示。

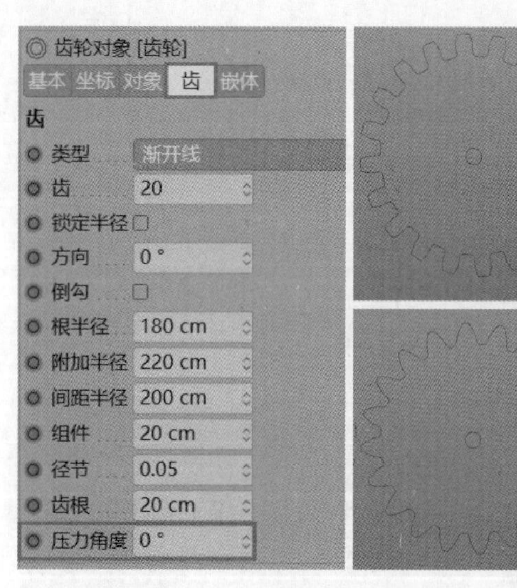

图 2-150

“嵌体”选项卡中的“类型”可以用来控制齿轮内部嵌体的结构。设置“类型”为“轮辐”，如图2-151所示。

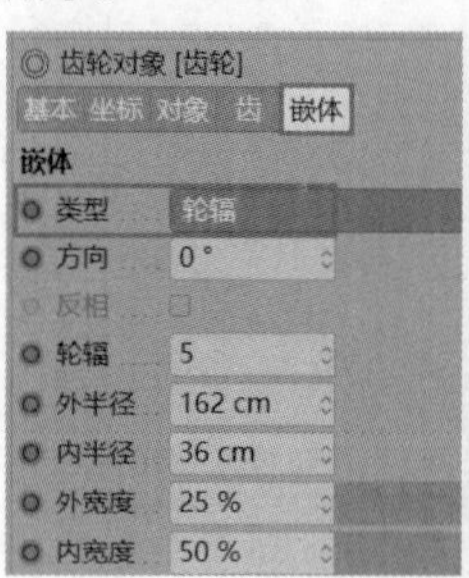

图 2-151

除了“嵌体”有不同的类型，“齿”的类型也有很多种。设置“嵌体”的“类型”为“轮辐”，“齿”的“类型”为“无”，此时的样条只有轮辐没有齿，如图2-152所示。设置“齿”的“类型”为“平坦”，此时样条变成了一个轮圈，如图2-153所示。

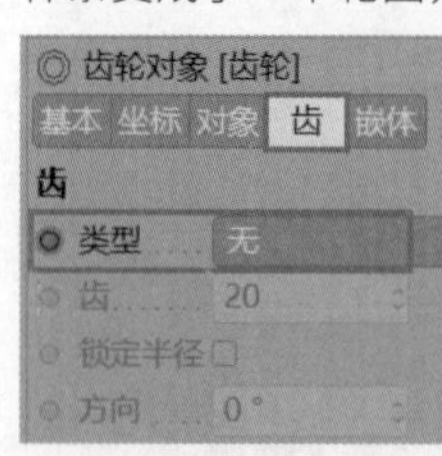

图 2-152

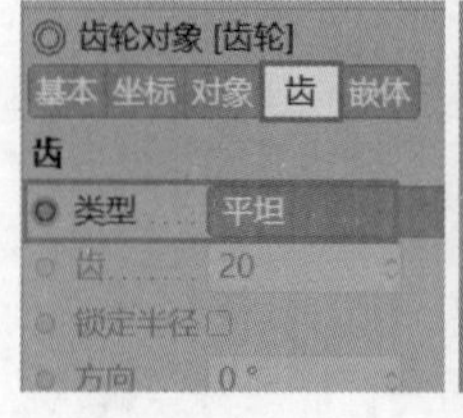

图 2-153

分别设置“嵌体”为“轮辐”“孔洞”“拱形”“波浪”，效果如图2-154所示。每种嵌体类型对应的参数设置是不同的。

图 2-154

2.2.8 样条画笔

使用“样条画笔”工具可以自由地绘制样条。通常在二维视图中绘制样条，单击鼠标中键切换到正视图，使用“样条画笔”工具绘制样条，按Space键可以结束绘制，如图2-155所示。

如果想继续绘制样条，可以选择样条，再使用样条类工具进行绘制，如图2-156所示。

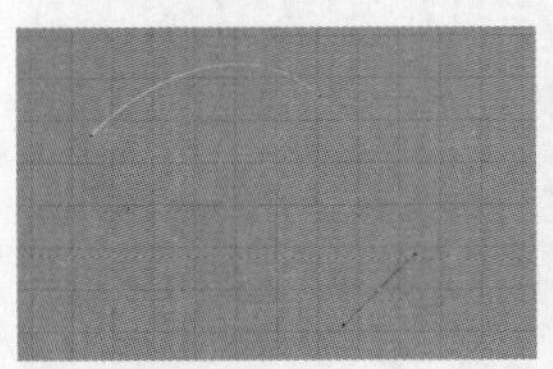

图 2-155　　图 2-156

如果想要绘制新的样条，就不要选择已有的样条。在“对象”面板的空白处单击，可以取消选择样条。在空白处绘制新的样条，这样“对象”面板中就会有两个样条，如图2-157所示。

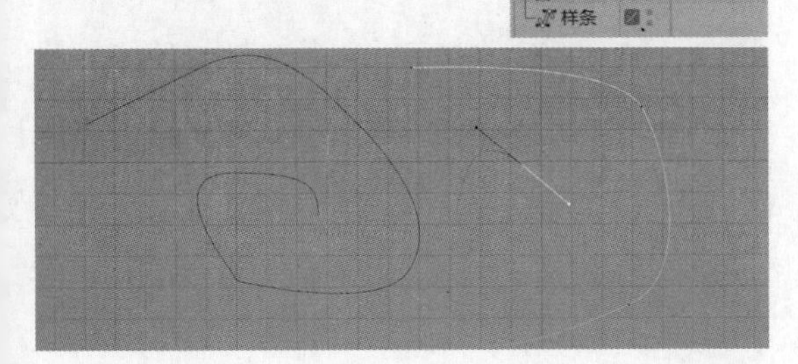

图 2-157

使用“移动”工具可以单独选择并调整单个点。默认两个贝塞尔点是一起控制的，按住Shift键可以单独调整一侧的贝塞尔点，如图2-158所示。

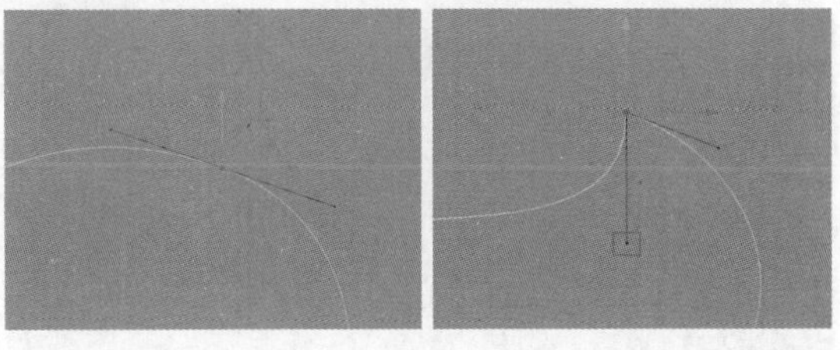

图 2-158

想要恢复默认的贝塞尔调整，可以单击鼠标右键，在弹出的菜单中选择“柔性插值”命令，即可恢复对称的贝塞尔点，如图2-159所示。如果选择“刚性插值”命令，则可取消该点的贝塞尔控制，在该点处生成尖锐的角，如图2-160所示。

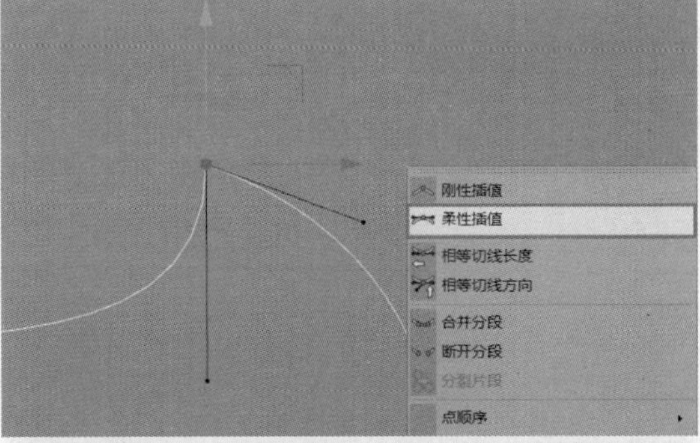

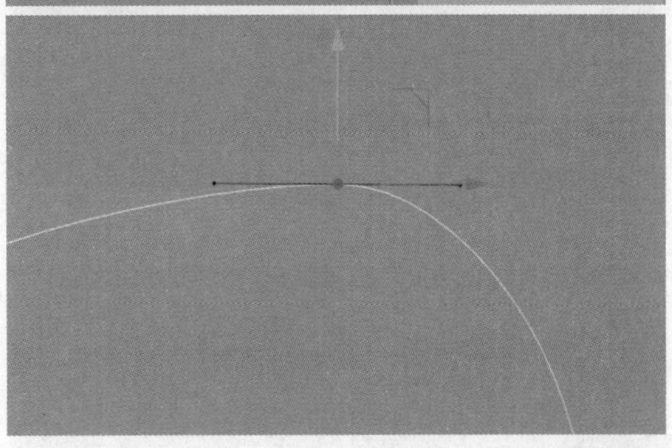

图 2-159

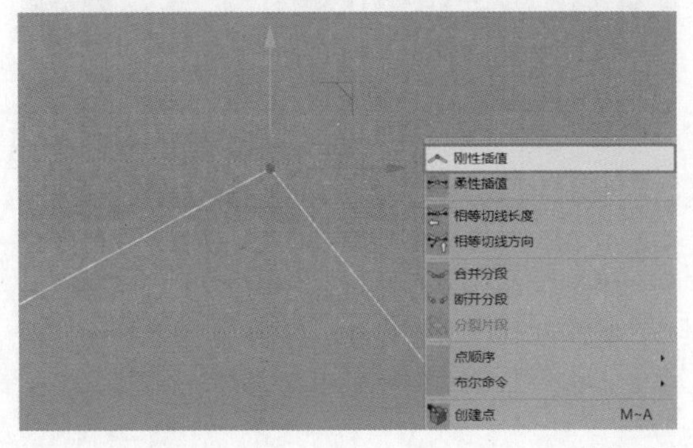

图 2-160

单击鼠标右键，选择“创建点”命令，可以为样条添加点，如图2-161所示。若要删除某个点，直接选择该点，按Delete键即可删除。

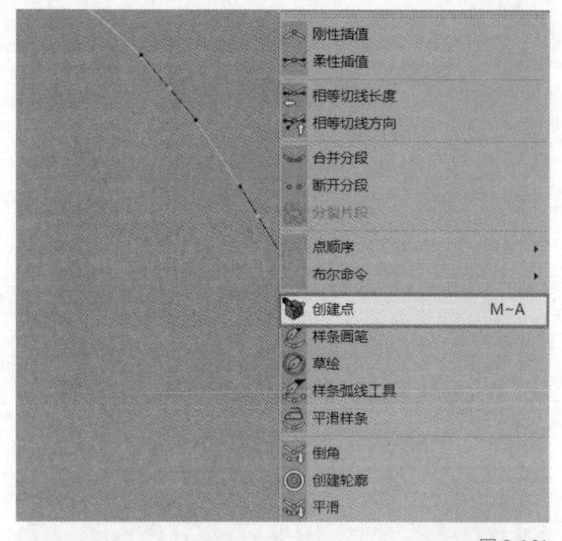

图 2-161

勾选“闭合样条”选项后，样条是闭合的路径，如图2-162所示。未勾选“闭合样条”选项时，样条是开放的路径，如图2-163所示。

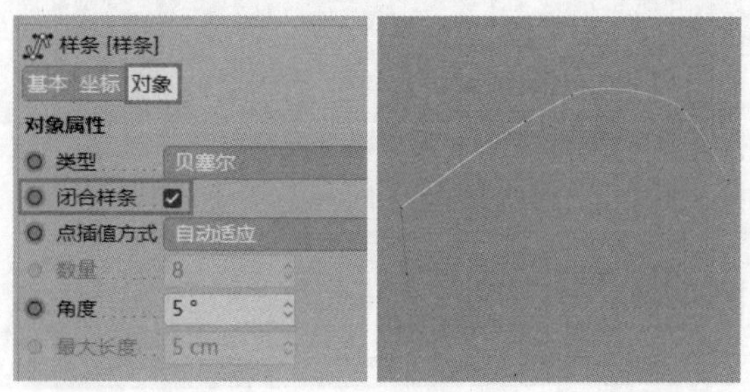

图 2-162

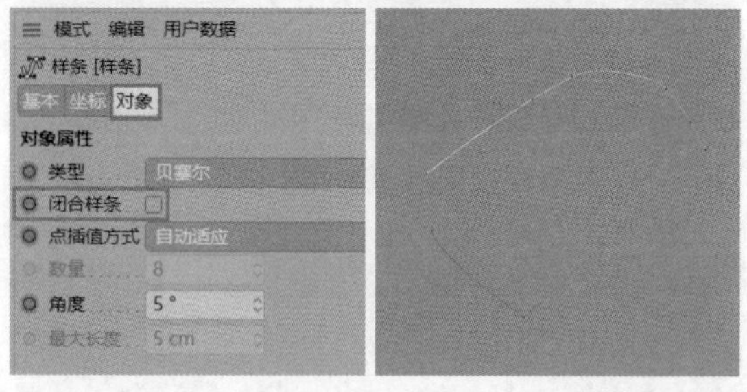

图 2-163

选择样条中的某个点，单击鼠标右键，在弹出的菜单中选择“断开分段”命令，可以使样条在此处断开，如图2-164所示。在同一个样条中，选择两个端点，单击鼠标右键，在弹出的菜单中选择“合并分段”命令，可把两个端点合并在一起，如图2-165所示。

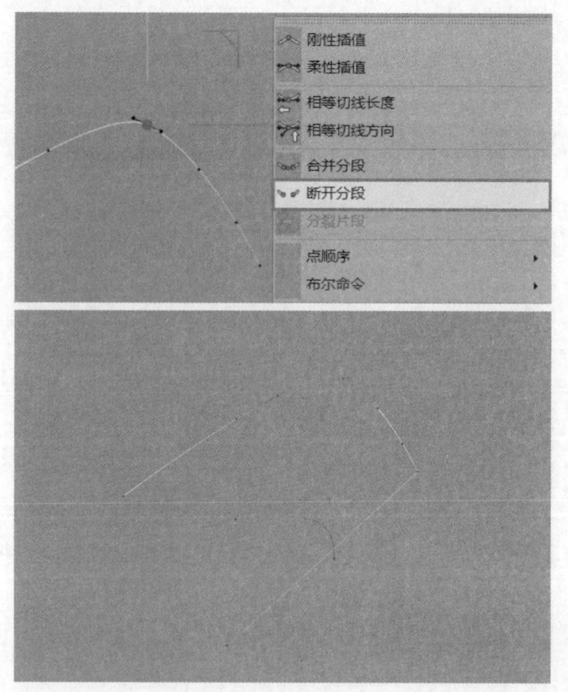

图 2-164

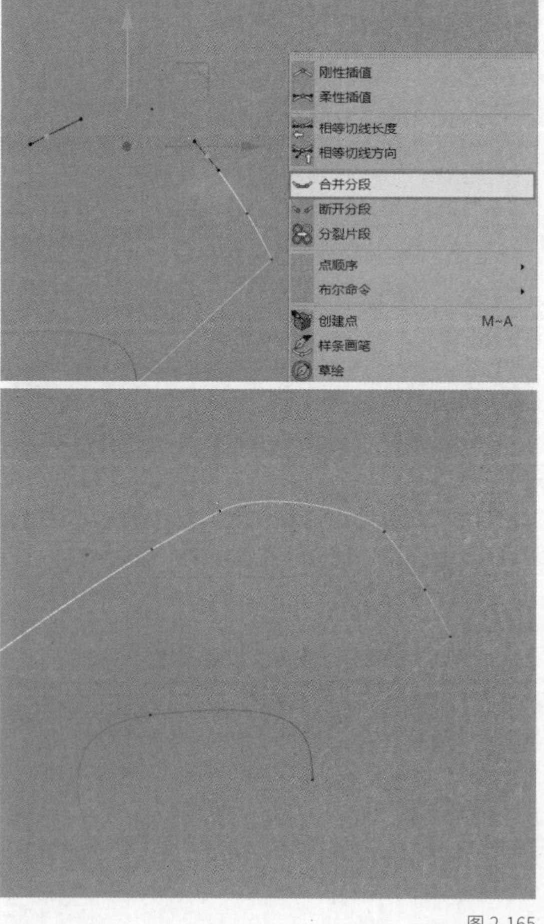

图 2-165

2.2.9 辅助工具

创建一个矩形样条，单击“转为可编辑对象”按钮，可将样条转化为可编辑样条，如图2-166所示。

图 2-166

倒角

选择矩形右上角的点，单击鼠标右键，在弹出的菜单中选择“倒角”命令，再按住鼠标左键并拖曳，确定好倒角的大小后松开鼠标，即可创建出倒角，如图2-167所示。

图 2-167

选择多个角的点可以同时创建多个倒角。例如，选择矩形左上角与右下角的点，设置“半径”为218.79cm，创建倒角，如图2-168所示。

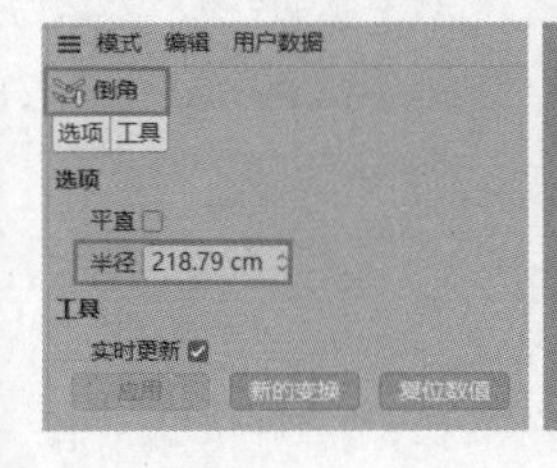

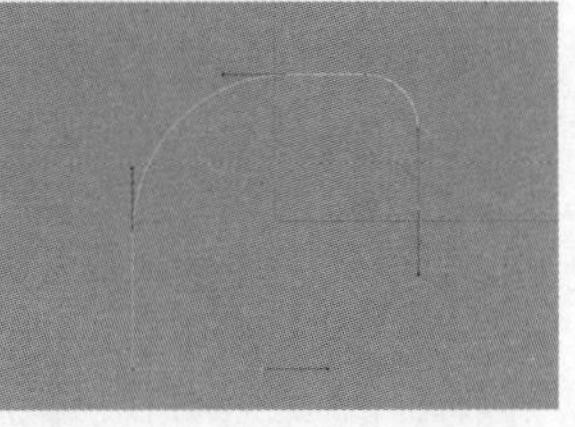

图 2-168

创建轮廓

选择样条，单击鼠标右键，在弹出的菜单中选择“创建轮廓”命令，再按住鼠标左键并拖曳，调整轮廓的大小，调整到合适的大小后松开鼠标即可，效果如图2-169所示。

图 2-169

线性切割

选择样条，单击鼠标右键，在弹出的菜单中选择“线性切割”命令，再画一条线来切割样条，这样样条与切割线交叉的位置就增加了节点，如图2-170所示。

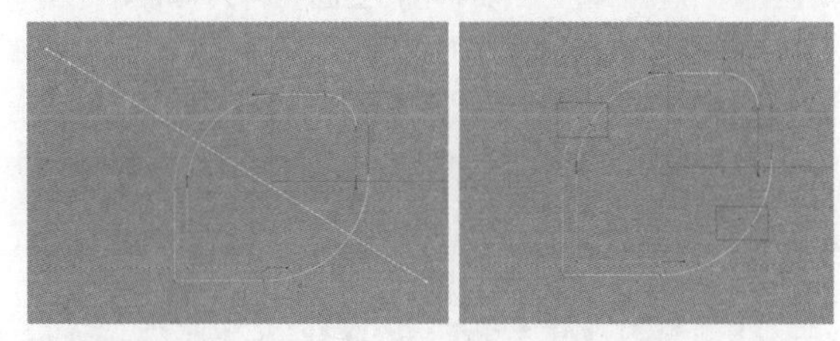

图 2-170

技巧提示 按住Shift键可沿水平或垂直方向绘制切割线。

排齐

选择多个节点，单击鼠标右键，在弹出的菜单中选择“排齐”命令，可以让所选点排列成一排，如图2-171所示。

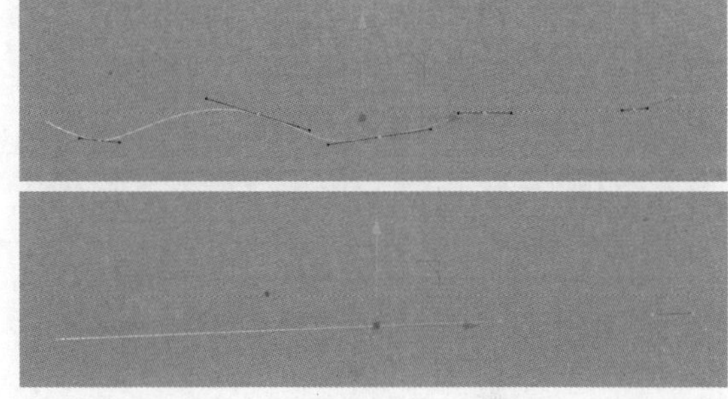

图 2-171

焊接

选择多个节点，单击鼠标右键，在弹出的菜单中选择“焊接”命令，可以让所选的多个点变成一个点，如图2-172所示。

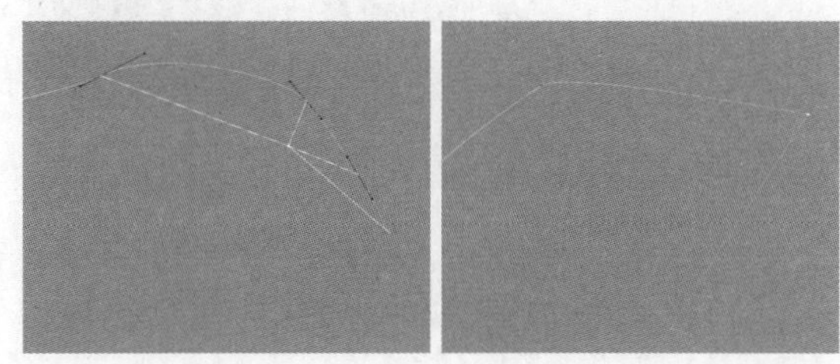

图 2-172

2.3 样条生成器

使用样条生成器可以把样条制作成模型。样条生成器本身简单易学，与不同的样条灵活组合，可以得到许多场景模型。

2.3.1 挤压

使用“挤压”生成器可以把样条沿着一个方向挤压生成模型。图2-173所示，上面一排为样条，下面一排为对应样条挤压生成的模型。

图 2-173

创建一个矩形样条，勾选“圆角”选项，如图2-174所示。为其添加“挤压”生成器，如图2-175所示。

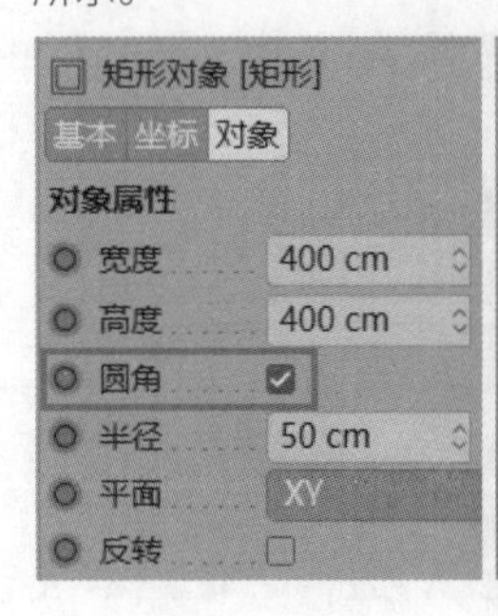

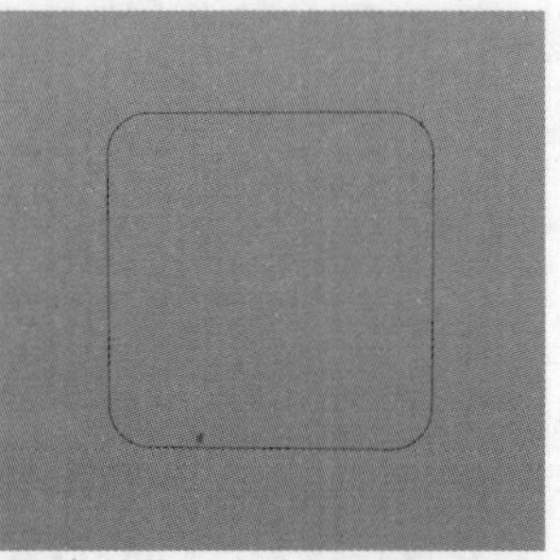

图 2-174

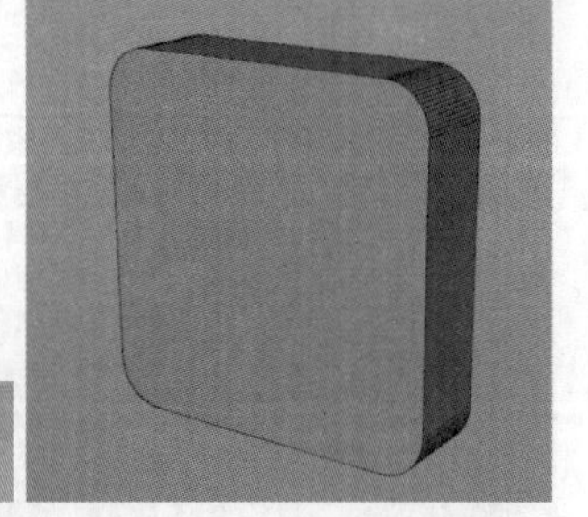

图 2-175

技巧提示 样条生成器都是通过层级关系来生成模型的，样条是子层级，样条生成器是父层级。通过拖曳样条或生成器对象可改变它们的层级关系。新建模型时，按住Alt键可以快速将其调整为父层级。例如，选择“矩形”样条，按住Alt键并创建“挤压”生成器，这样“挤压”对象就直接成了“矩形”样条的父层级。

“偏移”用于控制挤压生成的模型的厚度，其值越大，模型越厚。设置“偏移”为300cm，效果如图2-176所示。

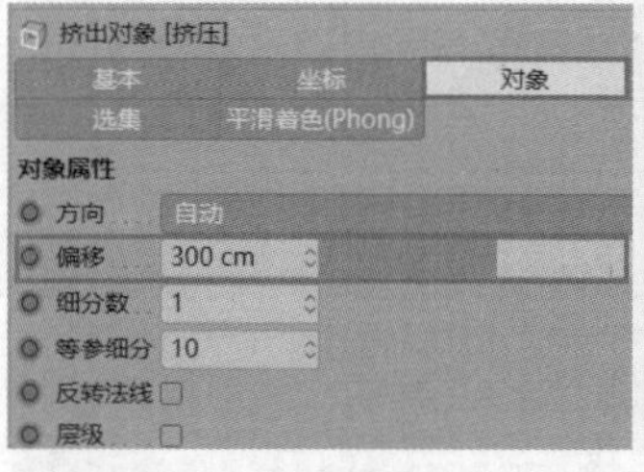

图 2-176

疑难解答 如何使用一个“挤压”对象挤压多个样条？

如果“挤压”对象下有多个样条，通常只有最上面的样条会被挤压，如图2-177所示。

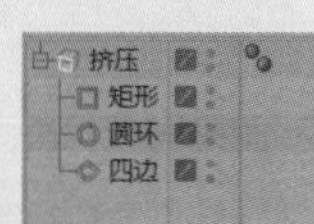

图 2-177

勾选“对象”选项卡中的“层级”选项，即可将多个样条同时挤压，如图2-178所示。

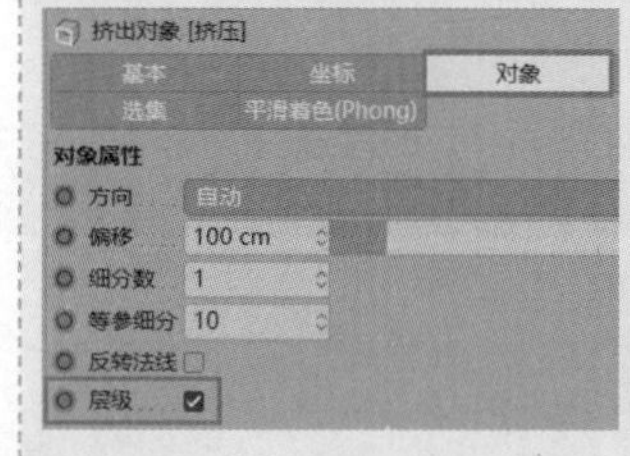

图 2-178

“挤压”对象的“起点封盖”和“终点封盖”选项默认处于勾选状态，如图2-179中上图所示。图2-179下图中左侧模型是默认状态时的效果，右侧模型为取消勾选“起点封盖”选项后的效果。

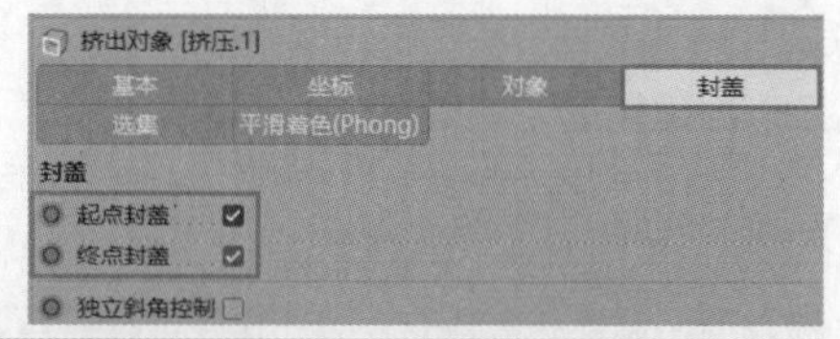

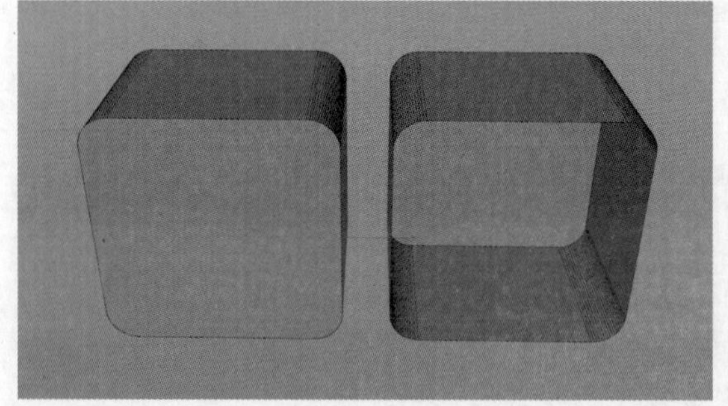

图 2-179

在“封盖”选项卡中，“尺寸”用于控制倒角的大小。当尺寸为0cm时，模型就没有倒角。“分段”用于控制圆角的分段，也就是布线的多少。“外形深度”用于控制倒角凸起或凹陷的幅度。设置“外形深度”为100%，倒角是凸起的效果，如图2-180所示。“外形深度”为负值时，倒角为凹陷效果。

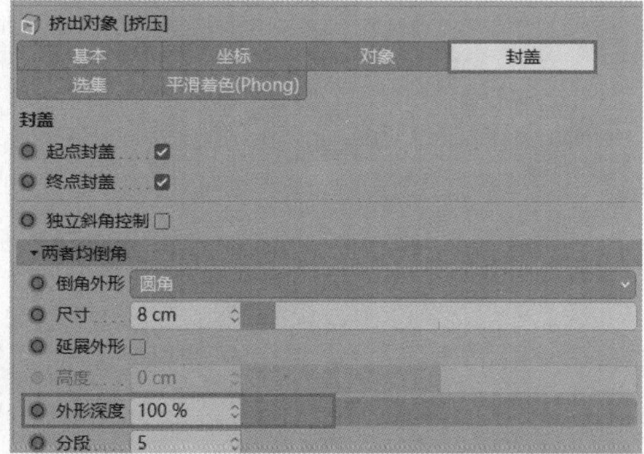

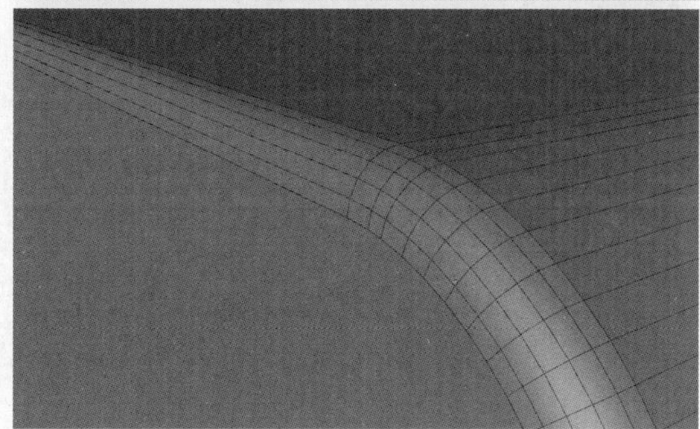

图 2-180

单击“载入预设”按钮 载入预设... ，可以将软件自带的倒角样式直接应用到模型上，如图2-181所示。

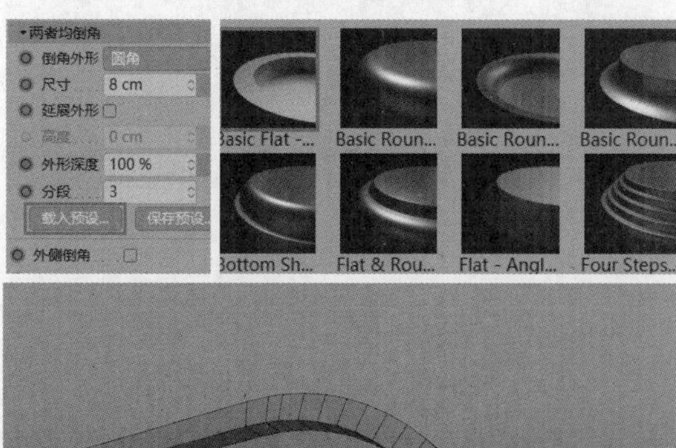

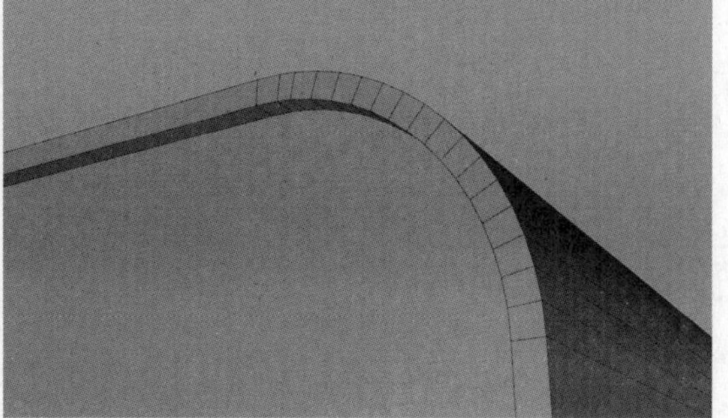

图 2-181

增加倒角尺寸时，模型会随之变大。图2-182中的样条尺寸是相同的，左侧模型没有勾选“外侧倒角”选项，右侧模型勾选了“外侧倒角”选项。可以看到，勾选了“外侧倒角”选项的模型整体会显得大一些。

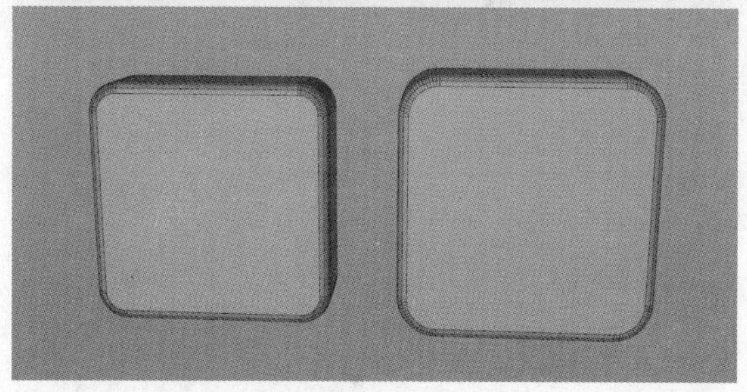

图 2-182

技术专题：文字挤压倒角

观察图2-183所示的文字，“50% OFF”有双层效果，白色部分是文字的正面，红色部分是文字的背面。这种双层效果较为常见，可以使文字更加清晰，方便阅读。下面以数字60来讲解一下这种效果的制作方法。

图 2-183

使用“外侧倒角”选项可以快速实现这种效果。先创建文本样条，然后在“文本”输入框中输入60，并设置“字体”为“思源黑体 CN Bold”，如图2-184所示。再为文本添加“挤压”生成器，并设置“尺寸”为2cm，如图2-185所示。

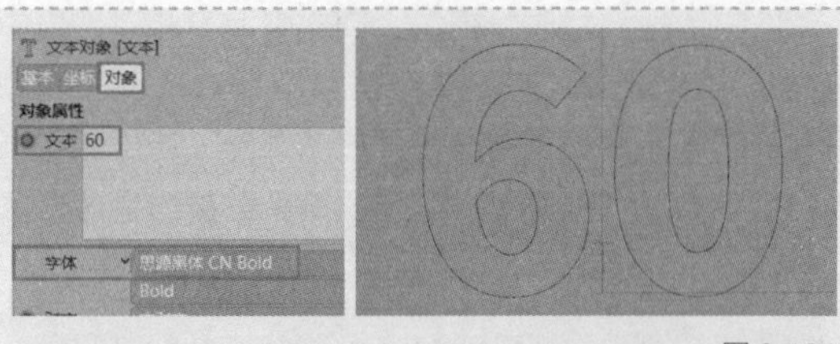

图 2-184

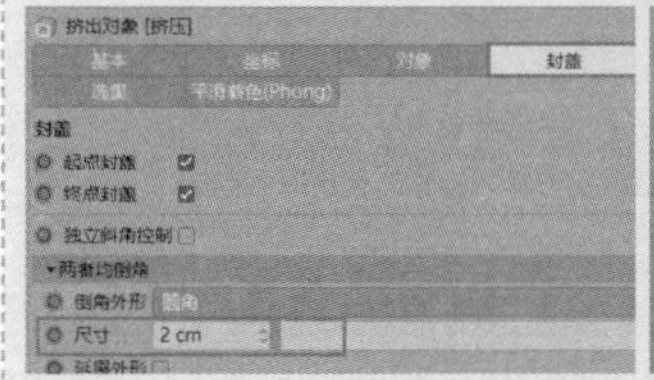

图 2-185

将挤压后的模型进行复制，并将其沿着z轴方向拖曳12cm，得到两个重叠的模型，如图2-186所示。

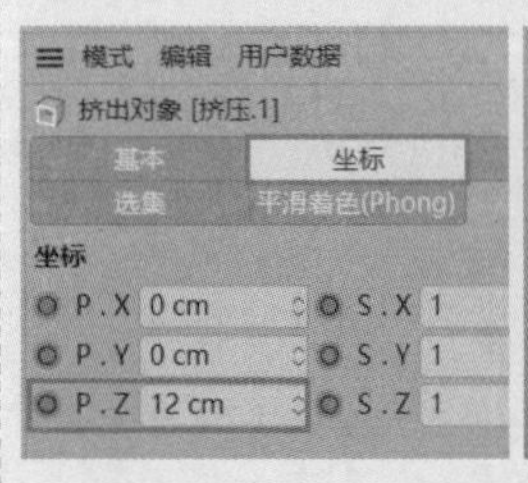

图 2-186

选择复制的模型，勾选“外侧倒角”选项，设置“尺寸”为6cm，这样就得到了双层模型，如图2-187所示。需要注意的是，少部分字体在使用此方法让文字背面变大时可能会出错，更换字体或者使用Cinema 4D R23.110及更高的版本即可解决。

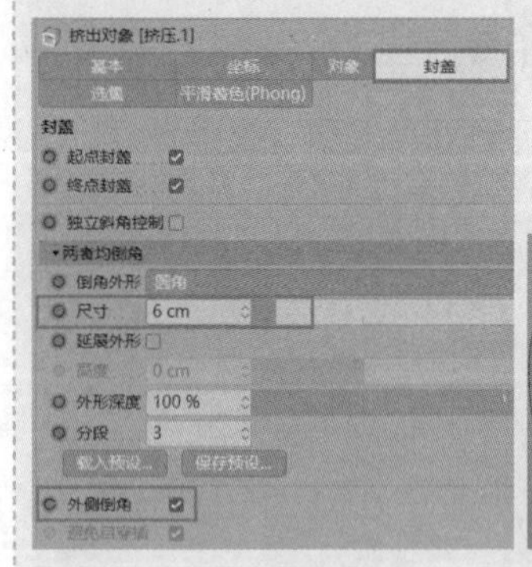

图 2-187

2.3.2 扫描

使用“扫描”生成器可以让一个图形按照另一个图形的路径生成三维模型，如图2-188所示，主要用于制作管道类模型。在“对象”面板中，“扫描”对象下层的第1个样条是模型的截面，用于控制管道的粗细。第2个样条是模型的路径，用于控制管道的形状。

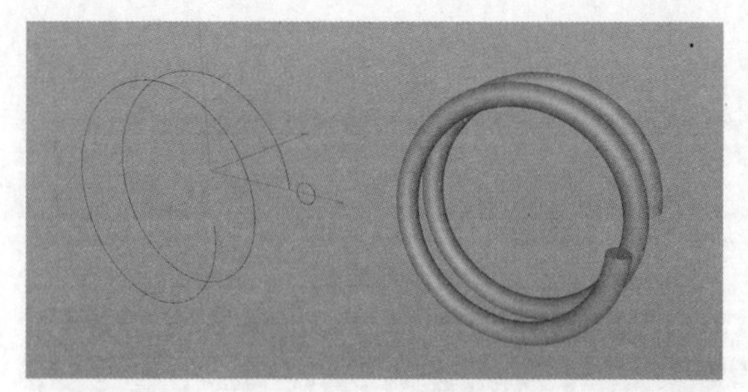

图 2-188

技巧提示 如果将“扫描”对象下层的样条调换顺序，得到的效果与调换顺序前是不一样的。

用前面所学的知识可以制作出图2-189所示的样条，接下来将它们制作成管道类模型。

图 2-189

创建一个圆环样条作为截面，设置“半径”为20cm，然后为圆环样条和多边形样条添加“扫描”生成器，在“对象”面板中，使“圆环”对象在上，“多边”对象在下，如图 2-190 所示。

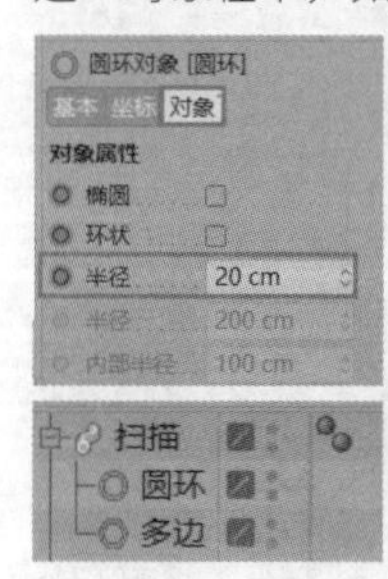

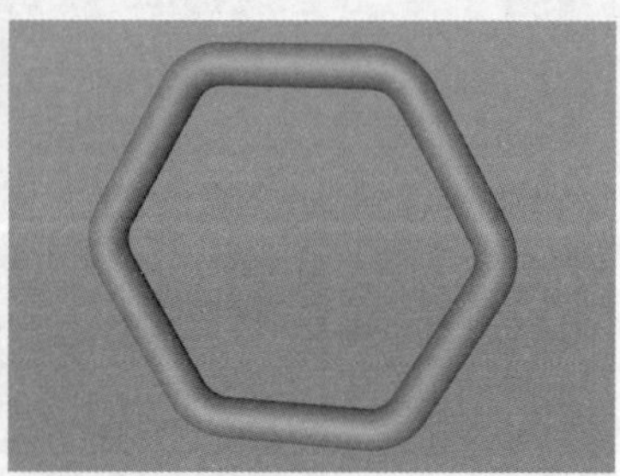

图 2-190

截面的样条一定要用圆环吗？不一定。例如，可以使用矩形样条来做截面。创建一个矩形样条，设置“宽度”与“高度”均为10cm，如图2-191所示。将圆环样条替换成矩形样条，管道的截面就变成矩形了，如图2-192所示。

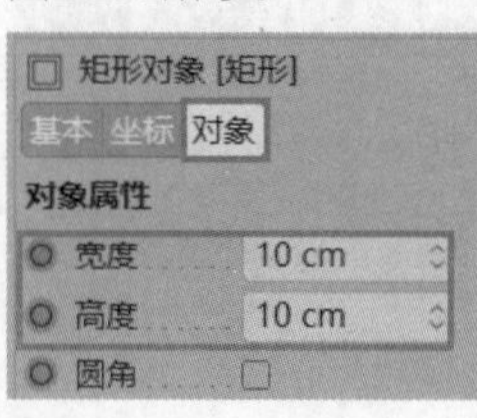

图 2-191

扫描.4
矩形
多边

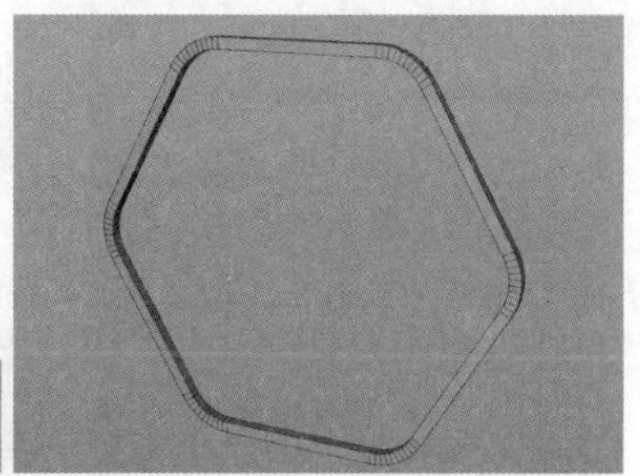

图 2-192

矩形样条的大小控制了扫描所生成的模型截面的大小。设置矩形样条的“宽度”为60cm、“高度”为600 cm，如图2-193所示。

矩形对象 [矩形]
基本 坐标 对象
对象属性
宽度 60 cm
高度 600 cm
圆角
半径 50 cm

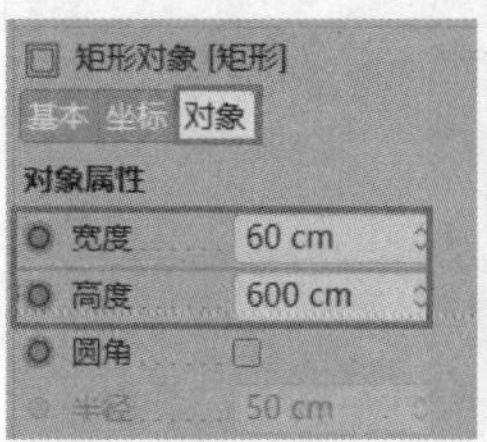

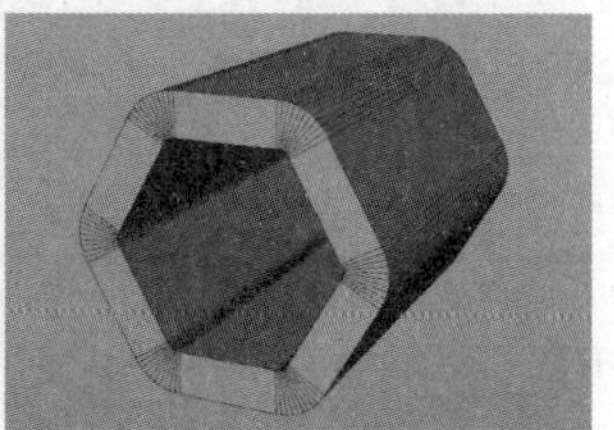

图 2-193

其他的模型也可以采用相同的方法来制作，效果如图2-194所示。

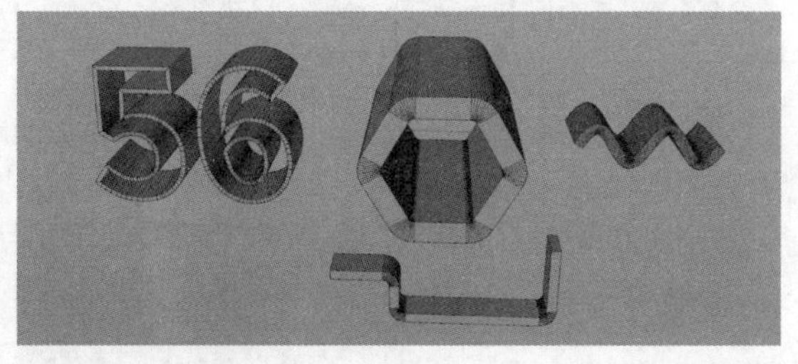

图 2-194

2.3.3 旋转

使用“旋转”生成器可以使样条绕着旋转轴旋转任意角度，生成模型。可以用这个生成器制作瓶子和杯子等有对称轴的模型，如图2-195所示。

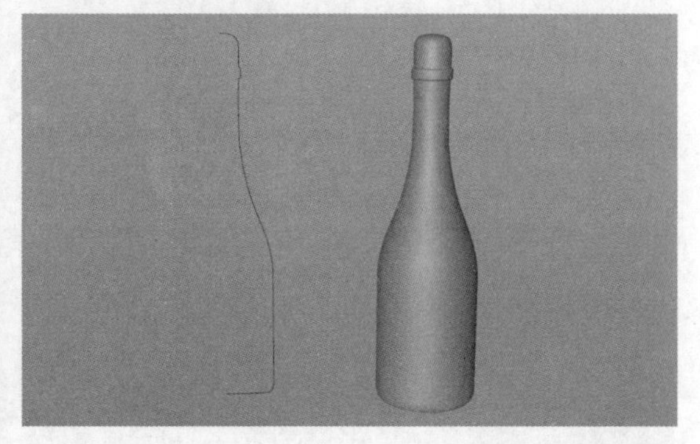

图 2-195

使用“弧线”工具创建一个弧线样条，如图2-196所示。为其添加“旋转”生成器，这样“弧线”就通过旋转生成了一个半球体，如图2-197所示。

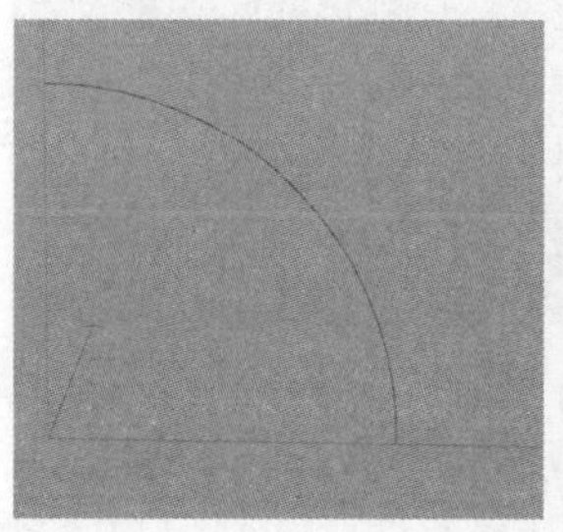

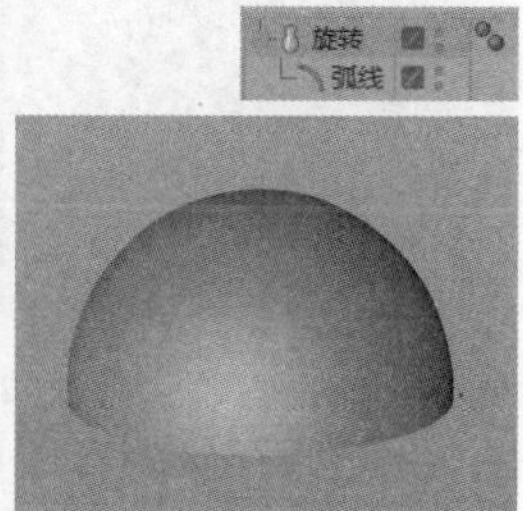

图 2-196

旋转
弧线

图 2-197

技巧提示 样条绕旋转轴旋转生成模型。图2-198所示的弧形样条以绿色的竖线为轴旋转，生成一个新模型。

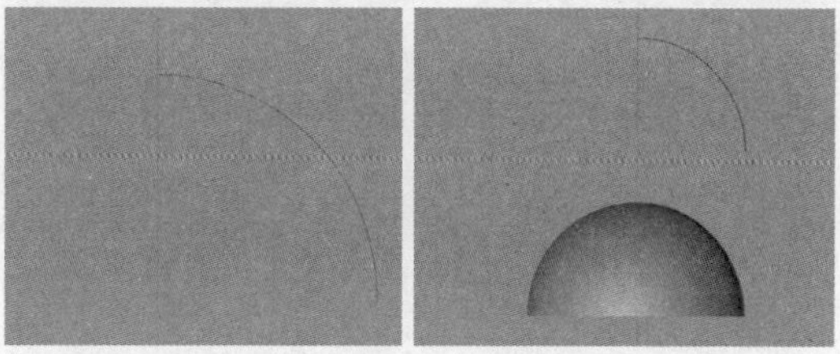

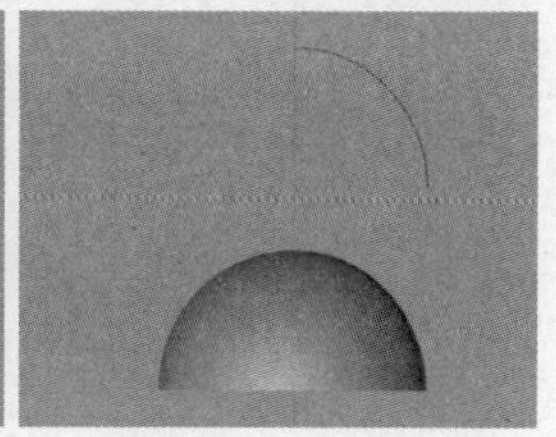

图 2-198

“细分数”是用来控制旋转分段的，也就是控制布线的多少。分别设置“细分数”为6、24和80，如图2-199所示。可以看到“细分数”值越大，线越多，模型越平滑。

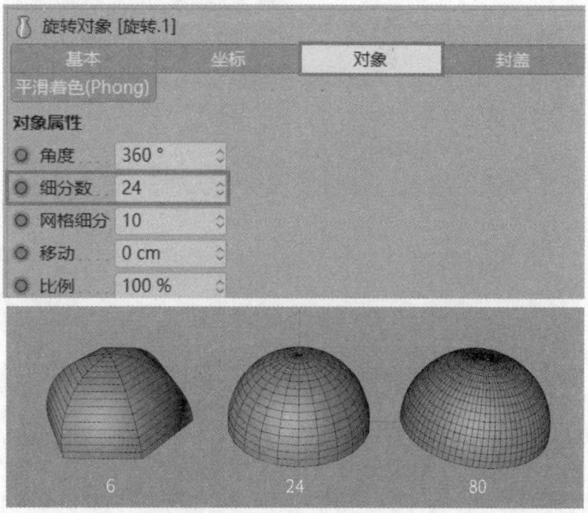

旋转对象 [旋转.1]
基本 坐标 对象 封盖
平滑着色(Phong)
对象属性
角度 360 °
细分数 24
网格细分 10
移动 0 cm
比例 100 %
6
24
80

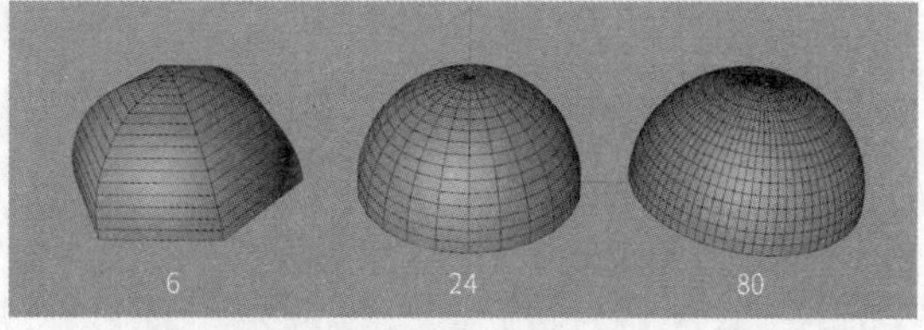

图 2-199

将不同形态的样条进行旋转就可以制作出形状丰富的模型。使用“样条画笔”工具绘制一个样条，然后为其添加“旋转”生成器，这样一个灯泡主体模型就制作完成了，如图2-200所示。

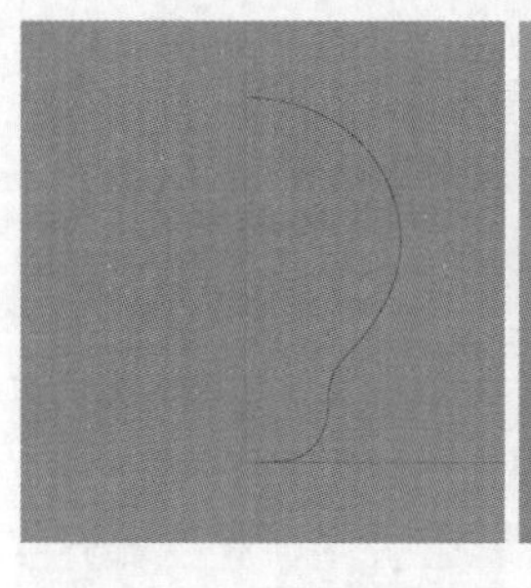
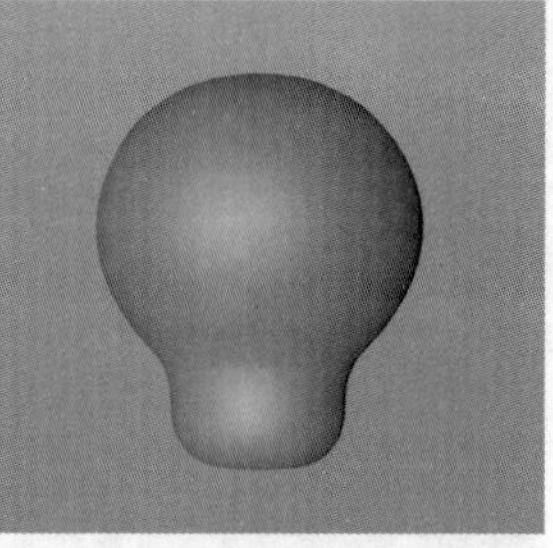

图 2-200

使用“圆环面”工具创建一个圆环面模型，设置“圆环半径”为9cm、“导管半径”为2cm，然后将其放置到灯泡主体模型的下方，如图2-201所示。

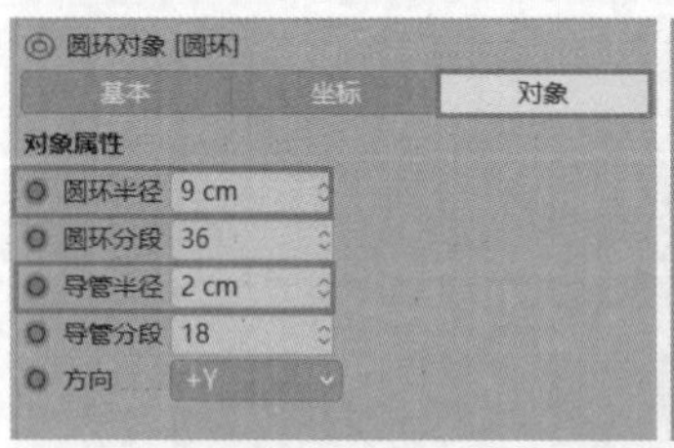

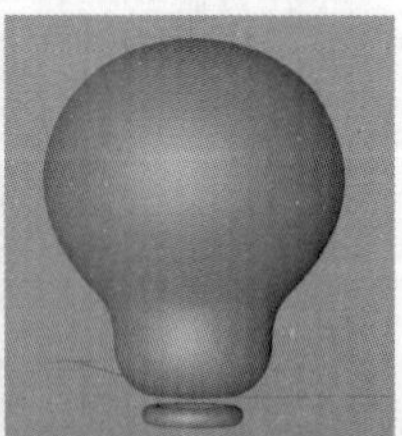

图 2-201

用同样的方法再制作3个圆环面模型分别设置“圆环半径”为10cm、8cm和4cm，如图2-202所示，依次放置到第一个圆环面模型的下方。这样一个灯泡模型就制作完成了，效果如图2-203所示。

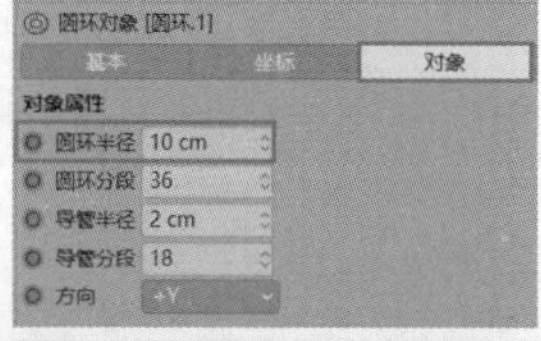

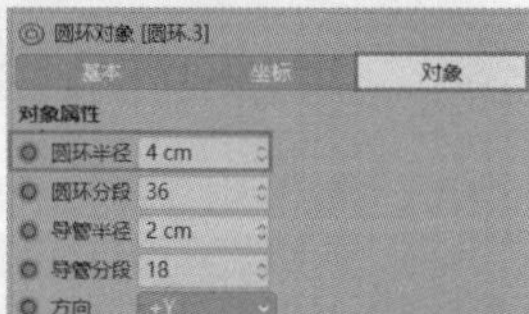

图 2-202

图 2-203

2.3.4 放样

使用“放样”生成器可以对多个样条进行挤压，或者连接多个样条。在图2-204中，上方为样条，下方为对应样条放样生成的模型。

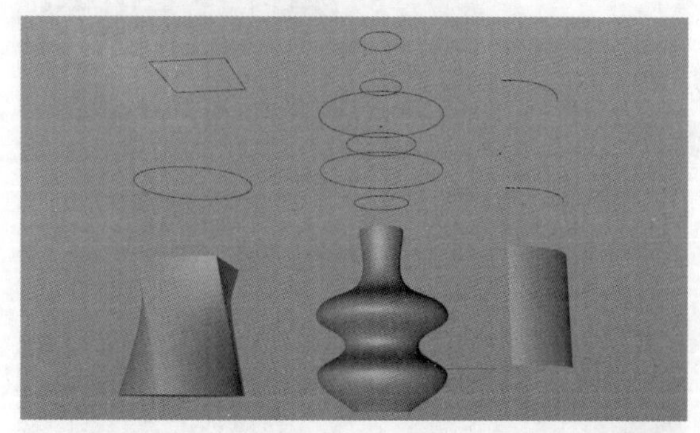

图 2-204

在正视图中绘制出一个样条，然后切换到透视视图，将绘制的样条进行复制，并将两个样条拉开一定的距离，如图2-205所示。为这两个样条添加“放样”生成器，如图2-206所示。

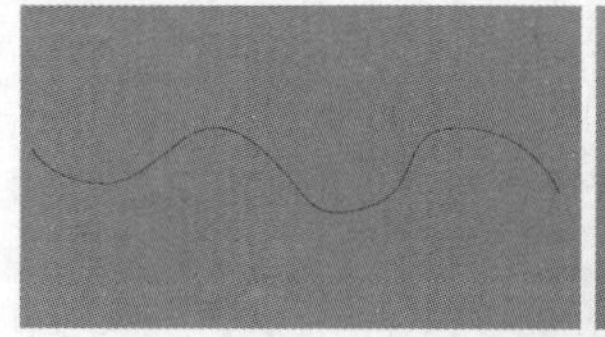
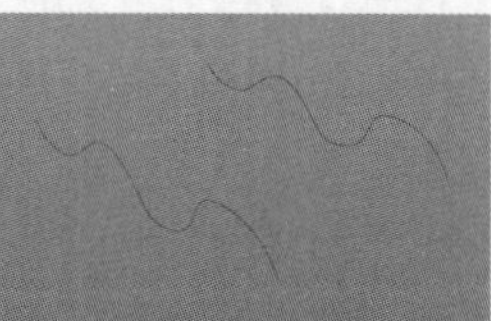

图 2-205

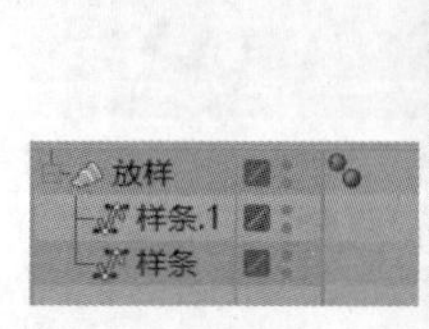

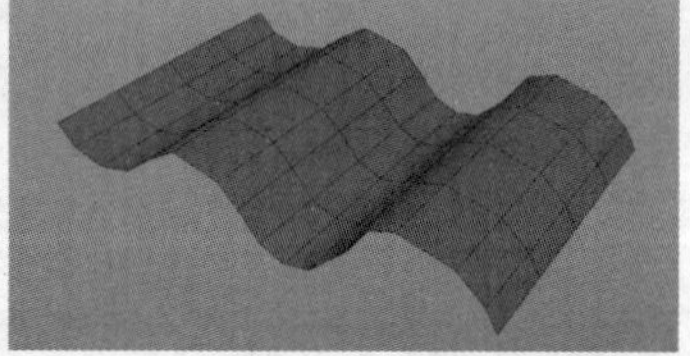

图 2-206

可以发现模型的布线是不够的。此时可以调整“网孔细分U”和“网孔细分V”，其值越大，模型越平滑，与“分段”同理。设置“网孔细分U”为100，如图2-207所示；设置“网孔细分V”为36，如图2-208所示。

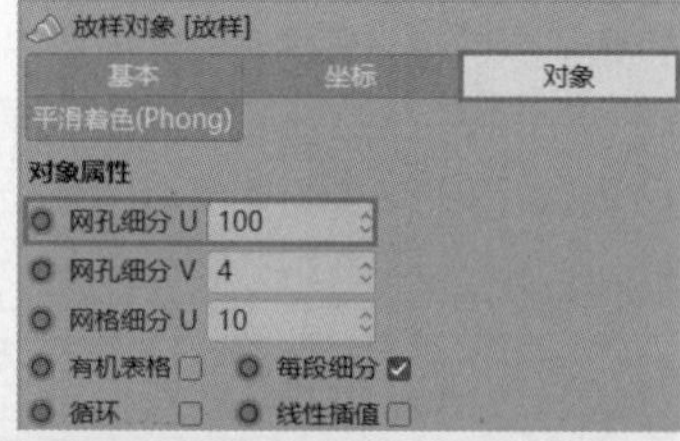

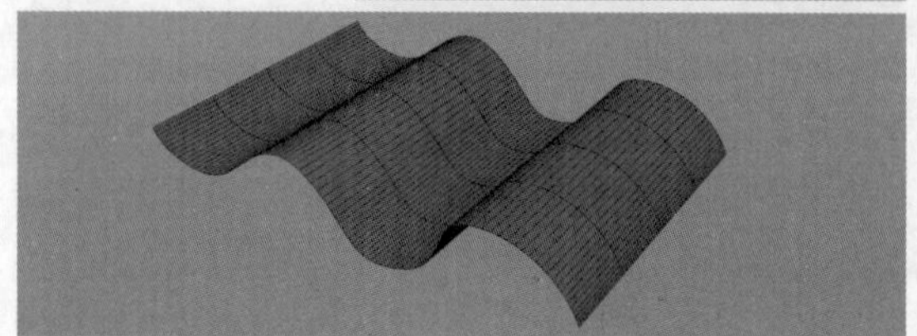

图 2-207

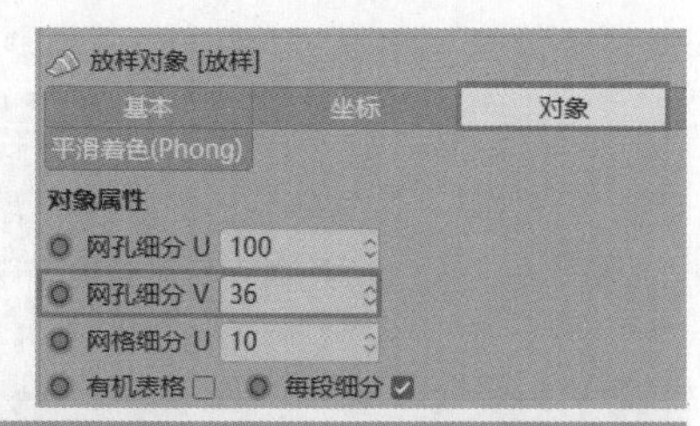

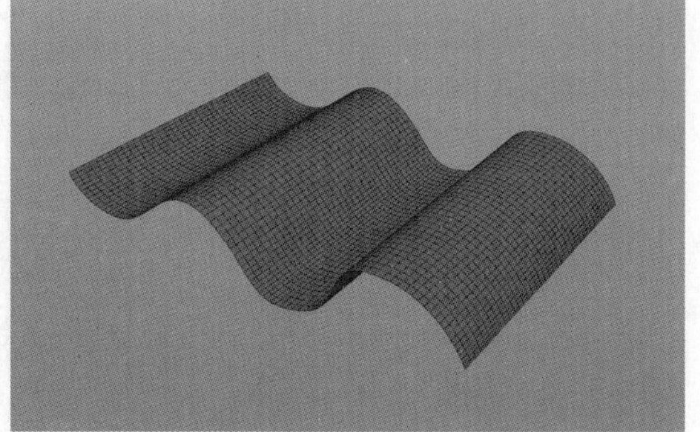

图 2-208

放样模型是按“对象”面板中样条排列的顺序依次生成的。创建4个大小不一的圆环样条，从左到右依次命名为1、2、3、4，在“对象”面板中从上到下依次排列，如图2-209所示。放样时也依据从上到下的顺序进行计算、生成，效果如图2-210所示。

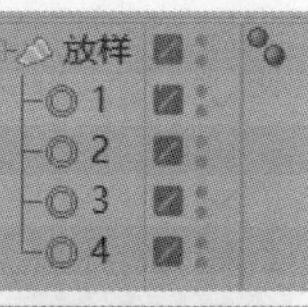

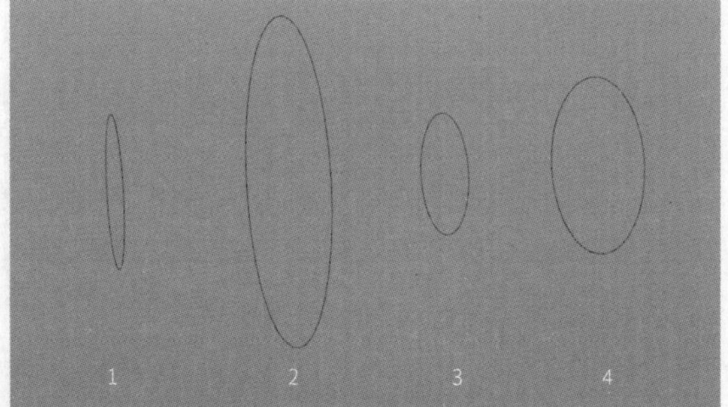

图 2-209

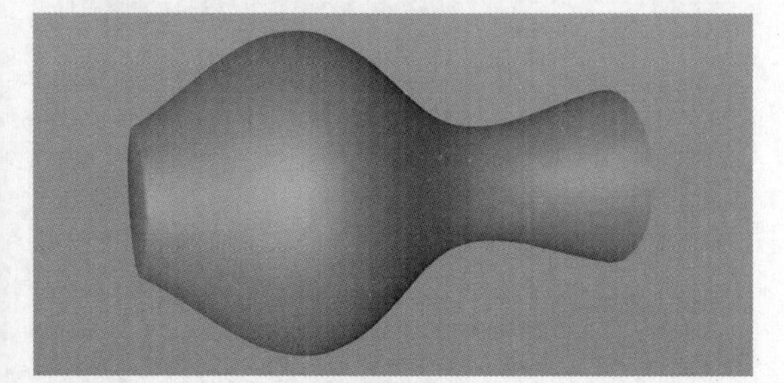

图 2-210

如果在“对象”面板中更改了2和3的顺序，放样效果如图2-211所示。

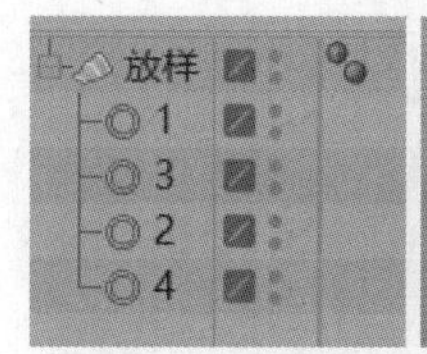

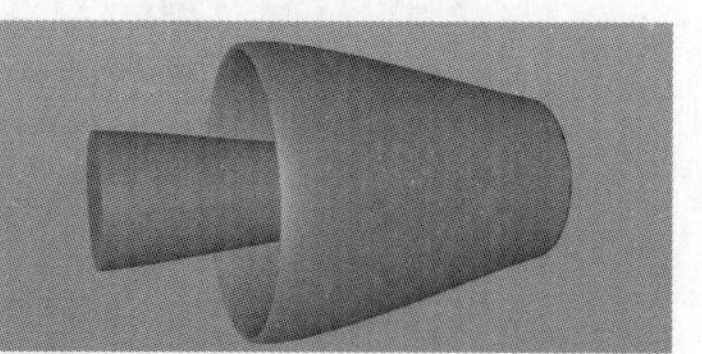

图 2-211

2.3.5 样条布尔

使用“样条布尔”生成器可以对样条进行布尔运算。先创建一个矩形样条和一个圆环样条，如图2-212所示。

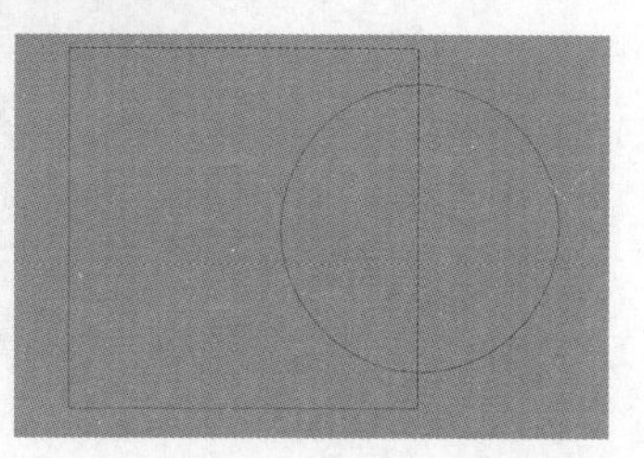

图 2-212

技巧提示 尽量在正视图或透视视图中创建样条，样条生成器默认都是按正视图朝向计算的，这样出错的概率非常低，能提高制作效率。如果需要的是顶视图朝向的模型，可以先在正视图中制作，再旋转制作完成的模型。

为这两个样条添加“样条布尔”生成器。在“对象”面板中，使“矩形”对象在上，“圆环”对象在下；在“对象”选项卡中，设置“模式”为“A减B”，如图2-213所示。

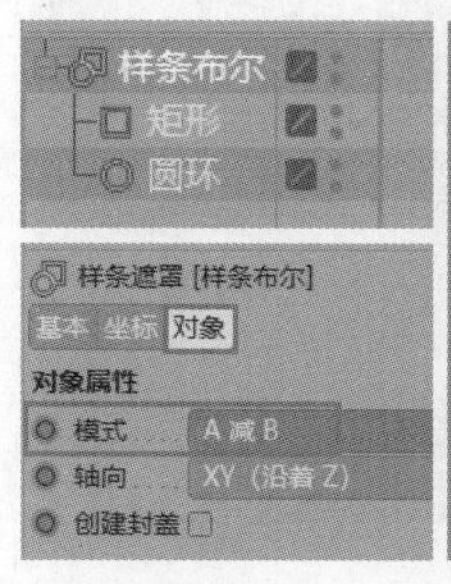

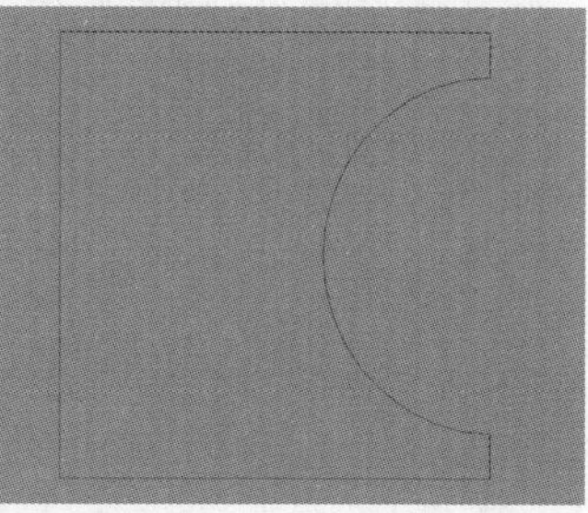

图 2-213

技术专题：快速样条布尔

先创建一个矩形样条和一个圆环样条，如图2-214所示。

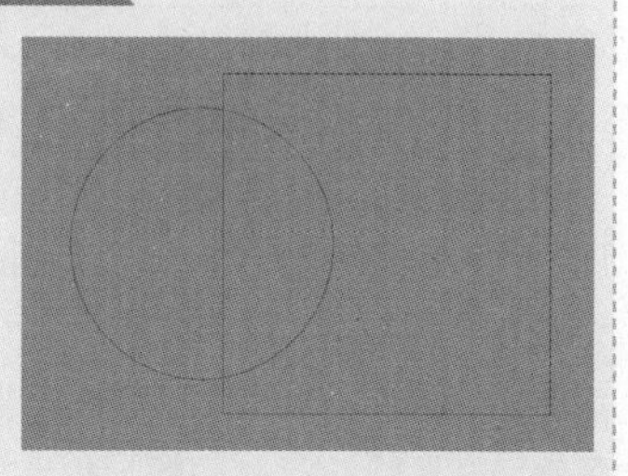

图 2-214

在“对象”面板中，先选择“矩形”对象，然后按住Ctrl键并选择“圆环”对象，再选择“样条差集”工具，可以看到“对象”面板中的样条变成了可编辑对象，如图2-215所示。视图窗口中的圆环减去了矩形区域，如图2-216所示。

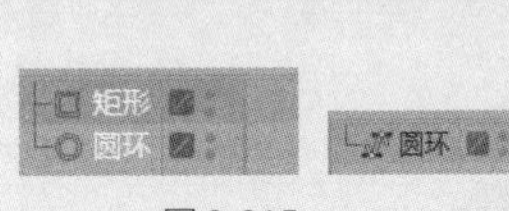

图2-215

图2-216

先选择的对象就是被减去的。如果先选择“圆环”对象，然后按住Ctrl键并选择“矩形”对象，接着选择“样条差集”工具，视图窗口中的矩形就减去了圆环区域，如图2-217所示。

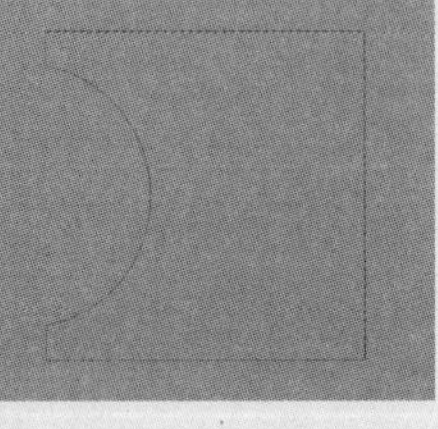

图2-217

“样条并集”工具用于将样条相加。选择创建的两个样条，然后选择“样条并集”工具，效果如图2-218所示。

“样条合集”工具用于选择两个样条的交集区域。选择创建的两个样条，然后选择“样条合集”工具，效果如图2-219所示。

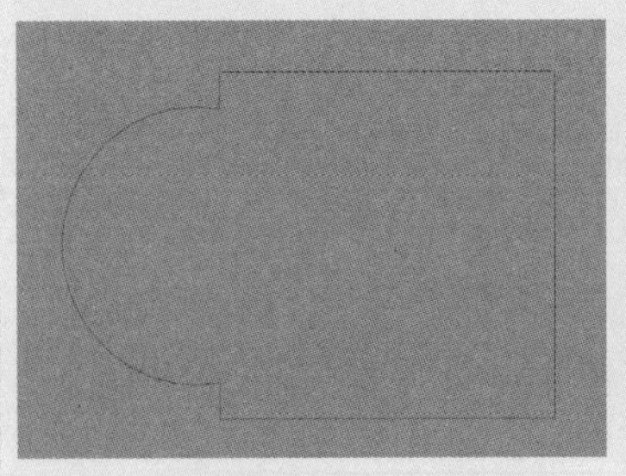

图2-218

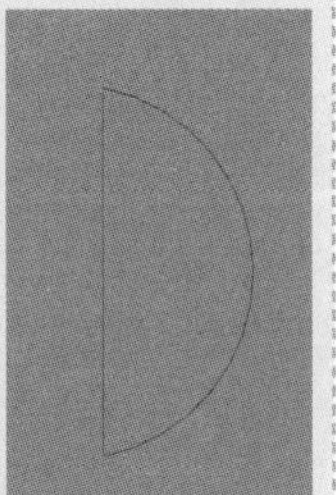

图2-219

实战：制作促销海报

◇ 场景位置	无
◇ 实例位置	实例文件 >CH02> 实战：制作促销海报 .c4d
◇ 视频名称	实战：制作促销海报 .mp4
◇ 学习目标	掌握文字海报场景的制作方法
◇ 操作重点	建模工具的综合应用

本实例以“好货节”为主题制作一款促销海报，参考效果如图2-220所示。其中的文字模型是用“挤压”生成器制作的，文字下面的圆柱体物体是由多个圆柱体组成的，最前方的两个管道是使用“扫描”生成器制作的，左侧的树与右侧的瓶子是使用“旋转”生成器制作的，左侧的镂空板是通过样条布尔运算和“挤压”生成器制作的。制作时，需要先分开制作单个元素，然后将其进行组合。制作复杂的场景时，这个方法比较好用。需要注意的是，在制作的过程中要及时保存工程文件。

图2-220

01 使用“文本”工具创建一个文本样条，在“文本”输入框中输入“好货节”，设置“字体”为“思源黑体 CN Bold”，“对齐”为“中对齐”，如图2-221所示。

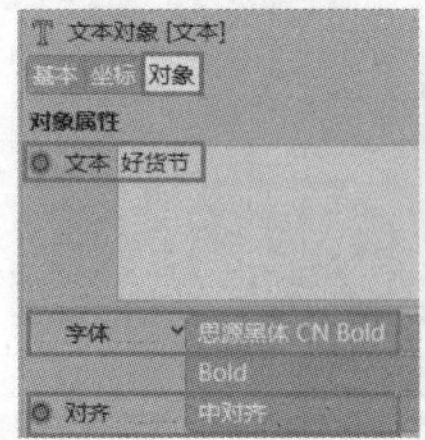

图2-221

02 为文本样条添加“挤压”生成器，设置“偏移”为30cm，“尺寸”为1.2cm，如图2-222所示。

图2-222

03 把完成挤压的模型复制一份，设置“偏移”为120cm、“尺寸”为6cm，勾选“外侧倒角”选项，这样文字就变粗了，如图2-223所示。把较粗的模型向后拖曳，使两个模型前后交错，如图2-224所示。

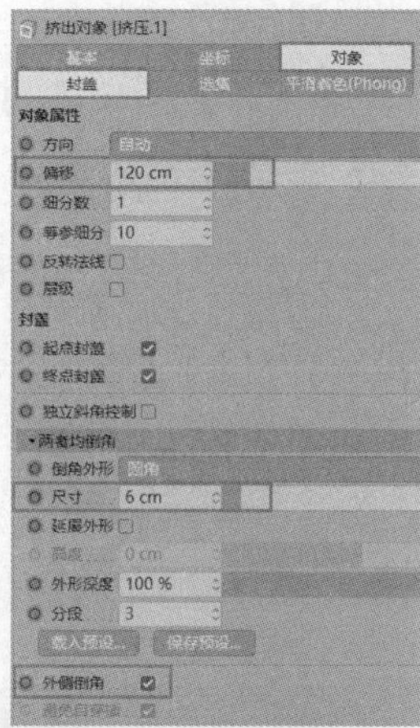

图 2-223

图 2-224

04 用相同的方法制作“全场满300减80”，效果如图2-225所示。创建矩形样条，设置“宽度”为600cm、“高度”为138cm，勾选“圆角”选项，设置“半径”为50cm，如图2-226所示。

图 2-225

图 2-226

05 为矩形样条添加“挤压”生成器，设置“偏移”为20cm、“尺寸”为2cm，如图2-227所示。对完成的模型进行组合，如图2-228所示。

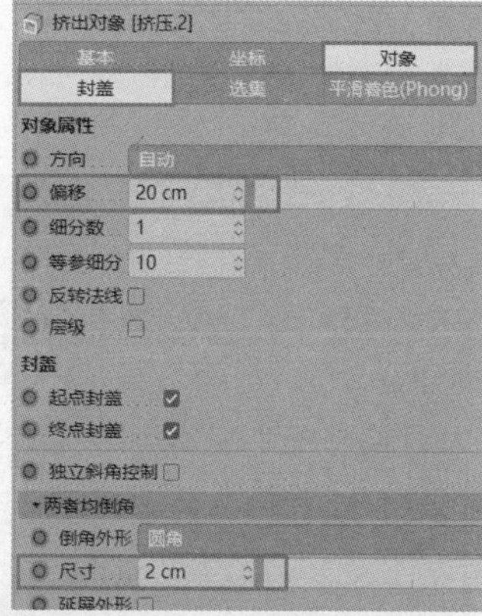

图 2-227

图 2-228

06 使用“样条画笔”工具绘制一个楼梯样条，如图2-229所示。绘制时可以单击“启用捕捉”按钮和“网格/工作平面捕捉”按钮，开启捕捉，这样绘制时画笔会自动捕捉到网格，可以轻松绘制出水平与垂直的样条，如图2-230所示。

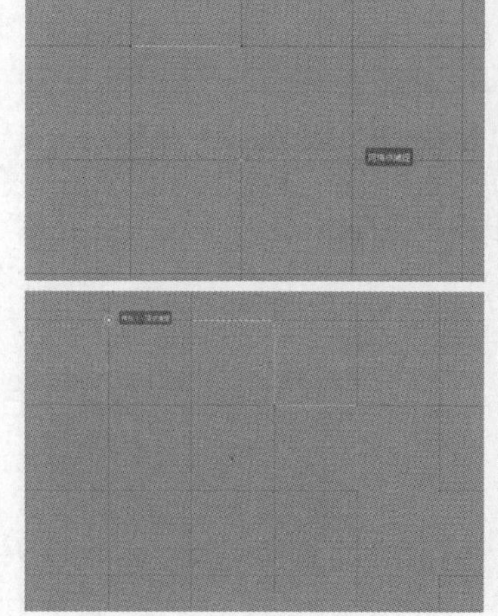

图 2-229

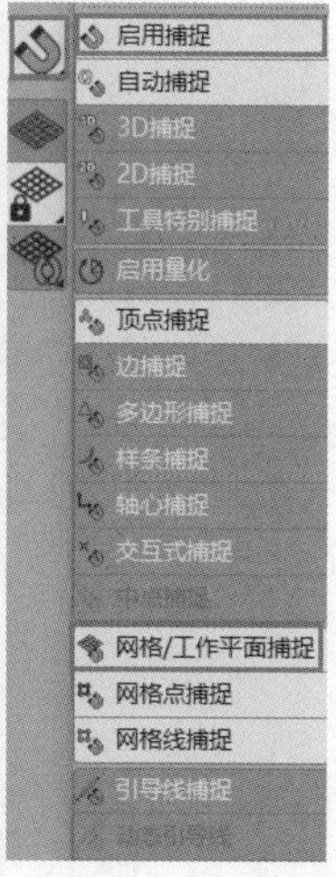

图 2-230

07 为绘制的样条添加“挤压”生成器，设置“偏移”为230 cm、“尺寸”为1 cm，完成楼梯模型，如图2-231所示。

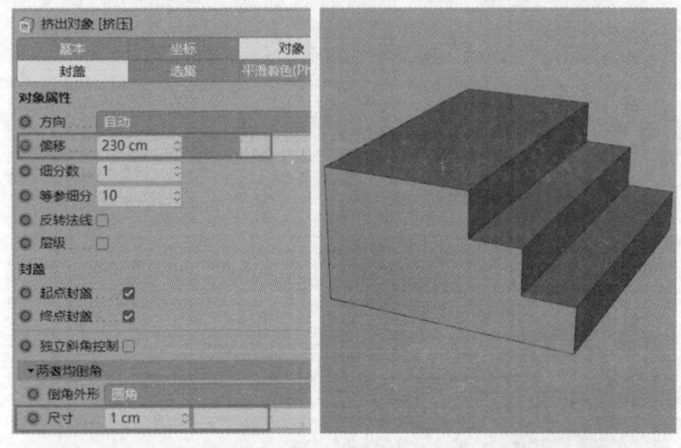

图 2-231

08 创建一个矩形样条，设置“宽度”为425cm、“高度”为630cm，创建一个圆环样条，设置“半径”为150cm，将圆环放在矩形内部偏上的位置，如图2-232所示。

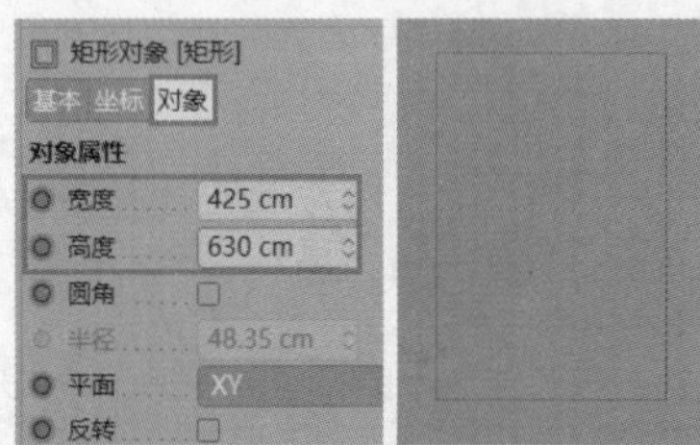

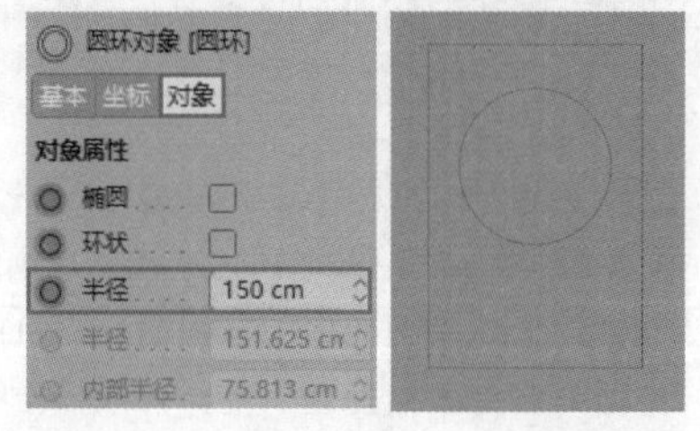

图 2-232

09 为这两个样条添加“样条布尔”生成器。在“对象”面板中，使“矩形”对象在上，“圆环”对象在下，在“对象”选项卡中，设置“模式”为“A减B”，如图2-233所示。然后为其添加“挤压”生成器，设置“偏移”为36cm、“尺寸”为5cm，如图2-234所示。

10 使用“样条画笔”工具在正视图中绘制一棵树的剖面的一半，如图2-235所示。绘制完成后，为样条添加“旋转”生成器，效果如图2-236所示。

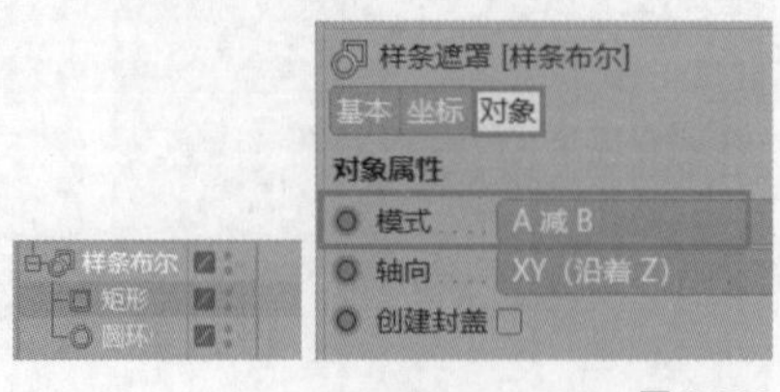

图 2-233

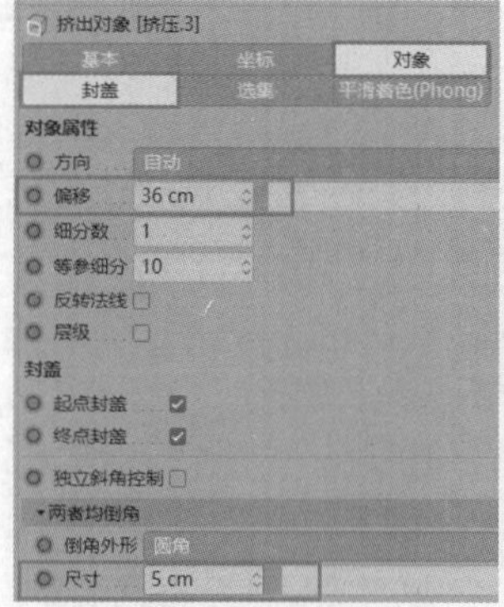

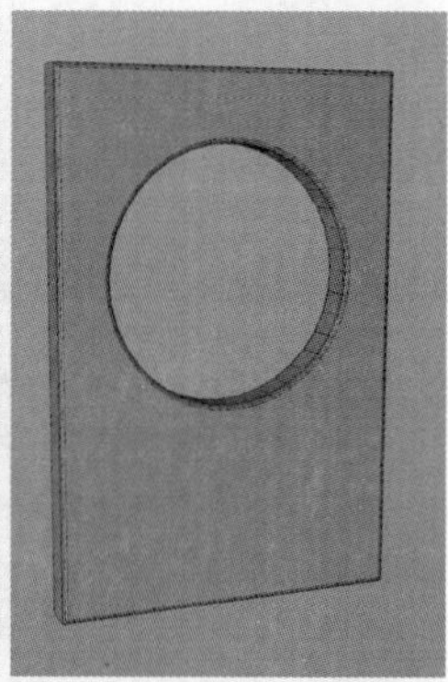

图 2-234

图 2-235

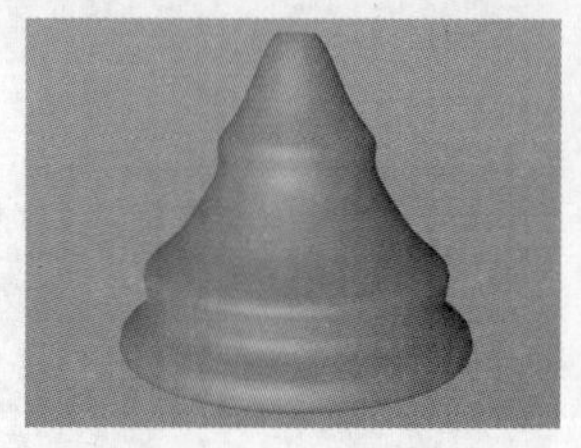

图 2-236

11 此时，模型的顶部与底部是镂空的，如图2-237所示。原因是样条离轴心有一定的距离，所以需要把样条顶部的点调整到中心。选择顶部的点，设置X的“位置”为0cm，这样该点就被移到中心了，如图2-238所示。这样旋转出的模型就不是空心的，底部也用相同的方式进行调整，如图2-239所示。

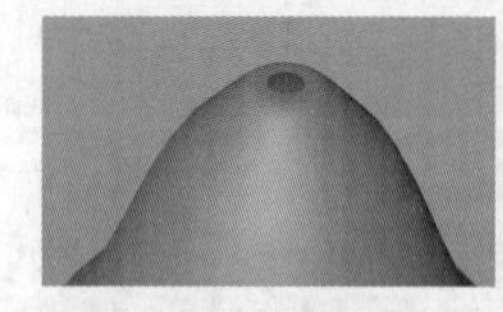

图 2-237

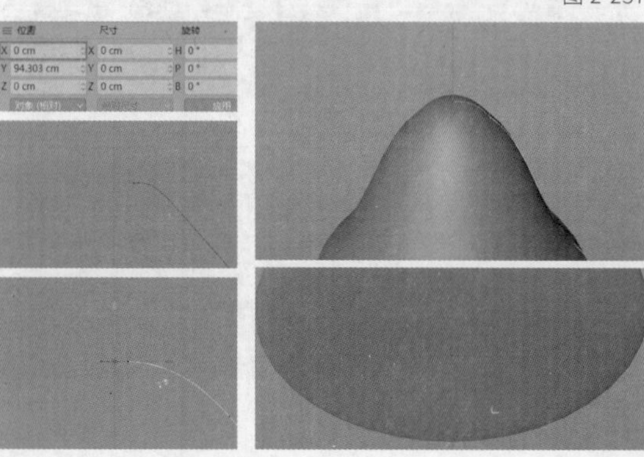

图 2-238

图 2-239

12 创建一个球体模型，放置到树的上方。创建一个圆柱体模型，当作树干，再创建一个圆柱体模型作为底盘，这样图形看起来就稳定多了，如图2-240所示。

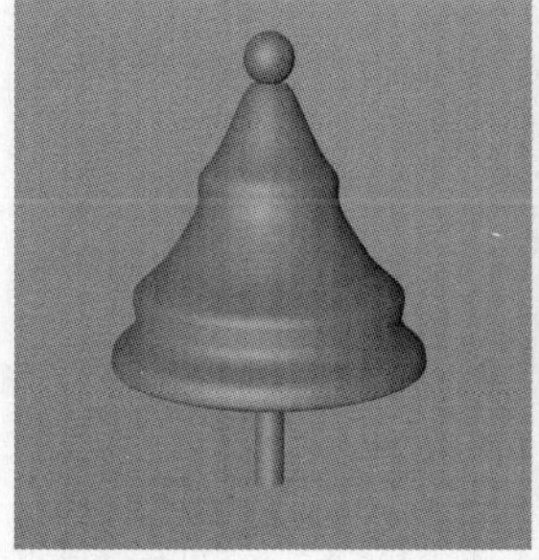
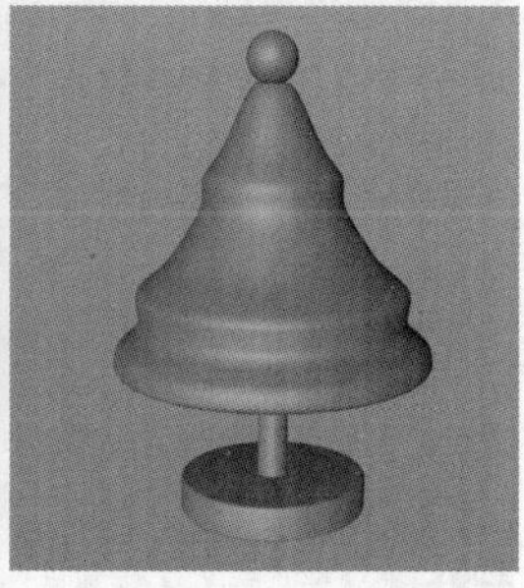

图 2-240

技巧提示 图形设计是没有标准的，书中给的数值只可参考。操作时要学会观察图形的比例、大小，通过不断的尝试形成自己的风格，平时要多看优秀的作品，多分析、多观察、多总结。

13 使用“样条画笔”工具在正视图中绘制出瓶子剖面的一半，并为样条添加“旋转”生成器，完成瓶子模型的制作，如图2-241所示。

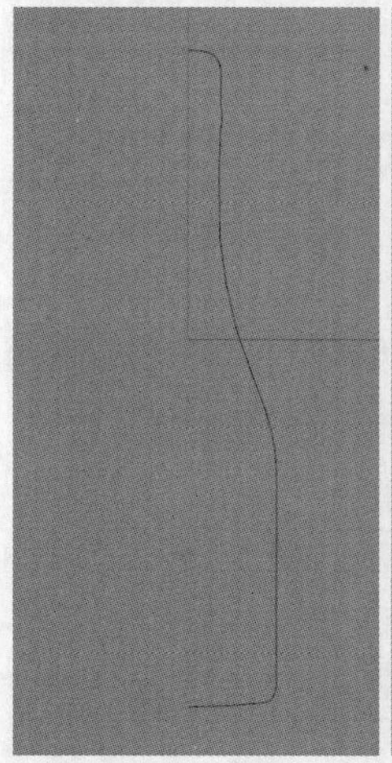

图 2-241

14 使用“公式”工具创建一个波浪样条。设置X(t)为“50.0*t”、Y(t)为“20.0*Sin(t*PI)”、Tmin为-7、Tmax为7、“采样”为300，如图2-242所示。复制并调整波浪样条，如图2-243所示。

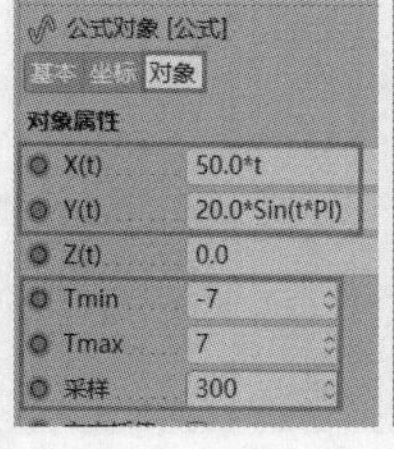

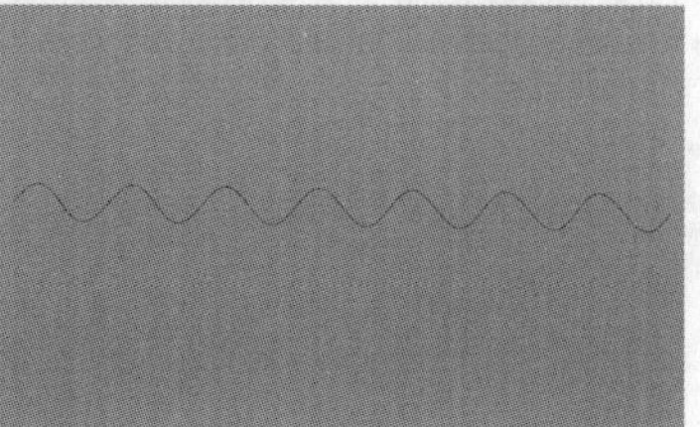

图 2-242

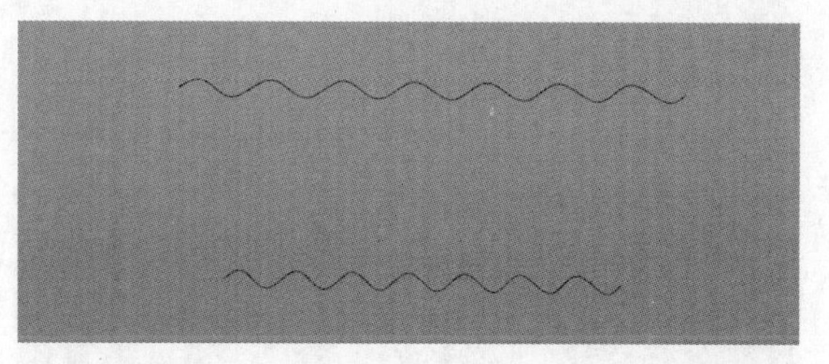

图 2-243

15 为样条添加“放样”生成器，如图2-244所示。设置“网孔细分U”为140，将其旋转成图2-245所示的模型。

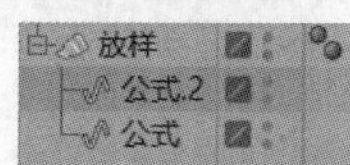

图 2-244

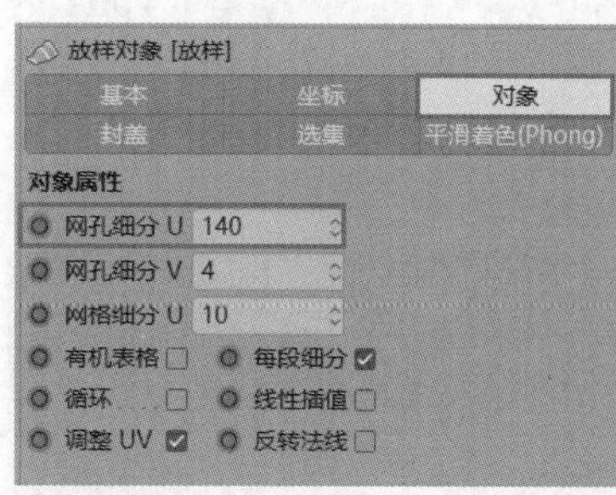

图 2-245

16 创建一个矩形样条，设置“宽度”为220cm、“高度”为116 cm，勾选“圆角”选项，设置“半径”为24cm。然后创建一个圆环样条，设置“半径”为5cm。参数设置如图2-246所示。为这两个样条添加“扫描”生成器。在“对象”面板中，使“圆环”对象在上，“矩形”对象在下，如图2-247所示。

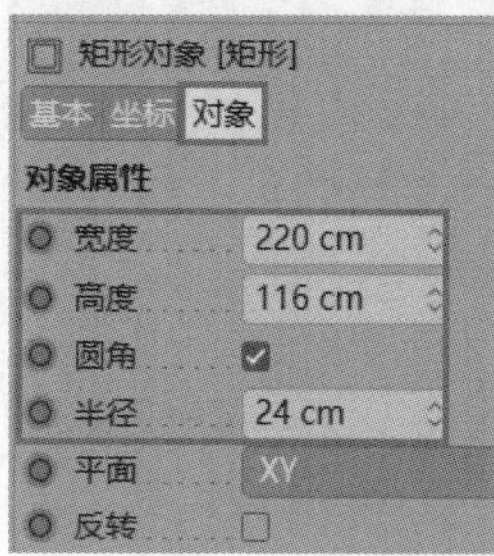

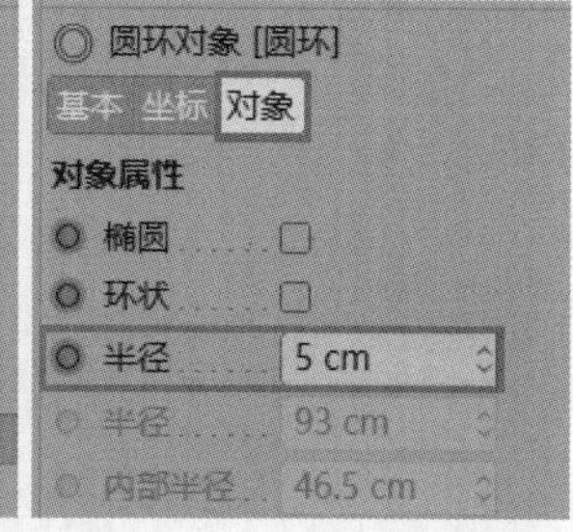

图 2-246

图 2-247

17 创建一个圆柱体模型，设置“半径”为254cm、“高度”为175cm、“旋转分段”为72，如图2-248所示。

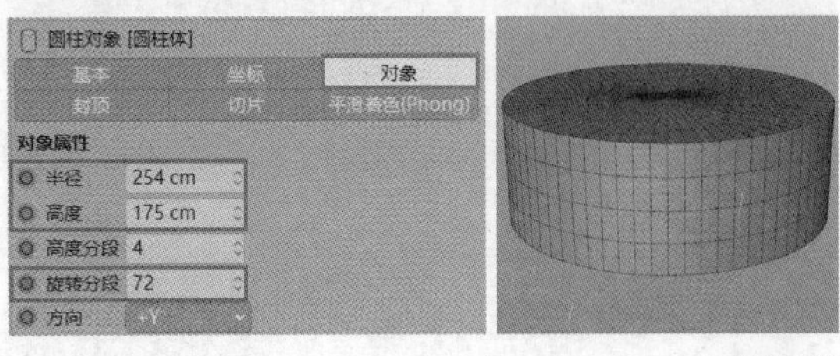

图2-248

18 创建一个圆柱体模型，设置“半径”为257cm、“高度”为10cm、“旋转分段”为72，将这个较扁的圆柱体模型复制两个，然后将这3个圆柱体模型依次嵌入步骤17创建的圆柱体模型中，如图2-249所示。

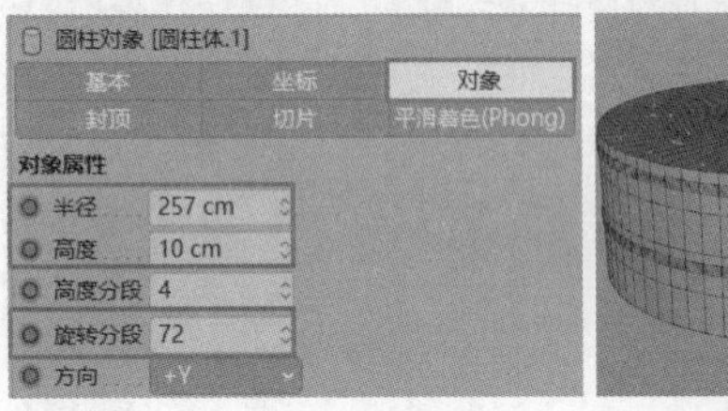

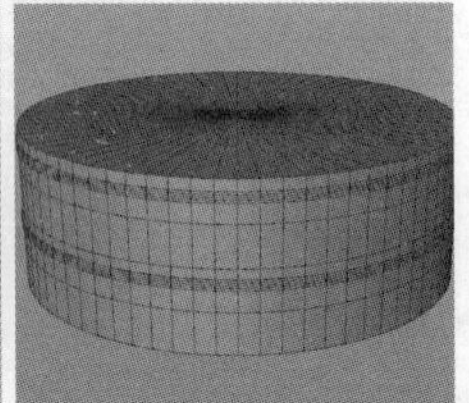

图2-249

19 创建一个圆柱体模型，设置“半径”为280cm、“高度”为25cm、“旋转分段”为72。将这个圆柱体模型置于步骤17创建的圆柱体模型的下方，如图2-250所示。

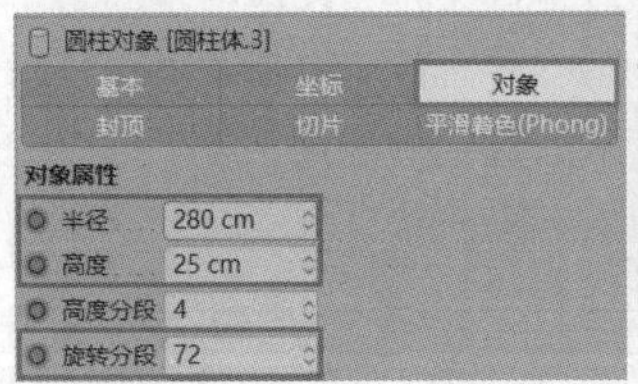

图2-250

技巧提示 图2-250所示的模型是使用多个单一的圆柱体模型制作而成的，通过复制出多个大小不一的模型形成了重复和对比效果，这是一种常见的模型制作方法。

20 创建一个管道模型，设置“内部半径”为235cm、“外部半径”为245cm、“旋转分段”为72、“高度”为14cm，勾选“圆角”选项，设置“分段”为3、“半径”为1cm，将这个管道模型置于步骤17创建的圆柱体模型的上方，如图2-251所示。

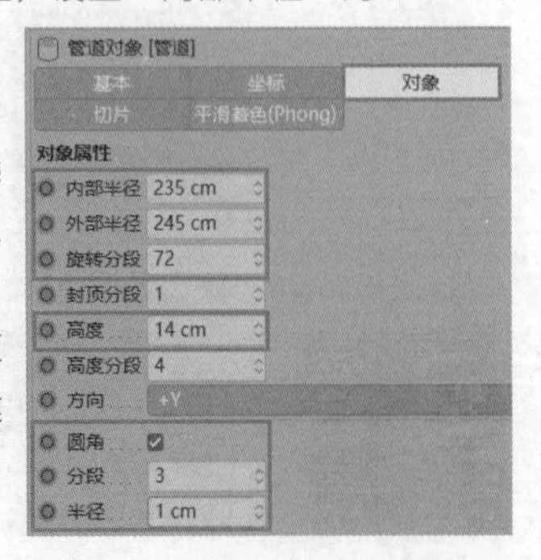

图2-251

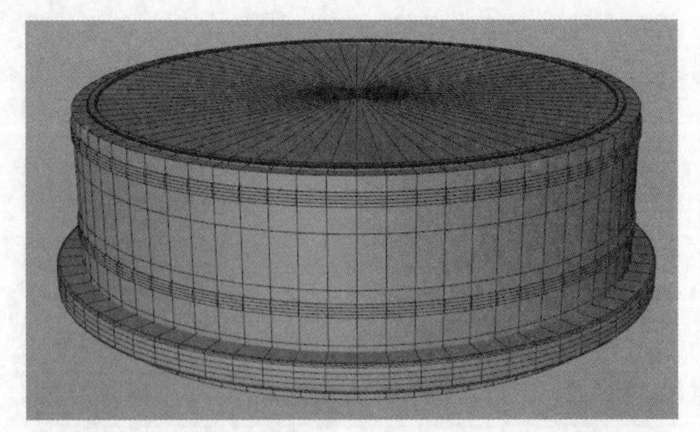

图2-251（续）

21 将文字模型置于圆柱体模型的上方，然后将其他模型置于图2-252所示位置。

图2-252

22 创建一个较大的平面，作为场景的地面。加入球体模型，以丰富画面，如图2-253所示。把管道模型复制一份，将两者都置于前方，最终效果如图2-254所示。

图2-253

图2-254

2.4 模型生成器

通过模型生成器可以在一个或多个模型基础上生成新的模型，下面进行详细讲解。

2.4.1 布尔

“布尔”生成器的功能与“样条布尔”生成器的功能类似，只不过“布尔”生成器是对模型进行布尔运算的，其中较为常用的是减集运算与交集运算。创建两个立方体模型，其中一个模型的参数保持默认，另一个模型的“尺寸”稍小一些，然后设置“P.Y”为120cm，使其与较大的立方体模型产生交错，如图2-255所示。

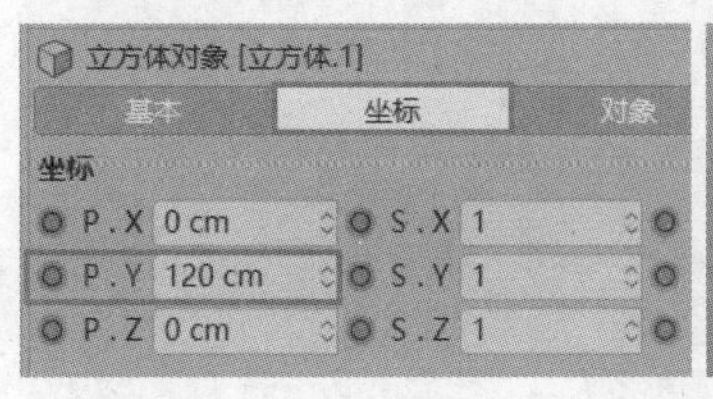

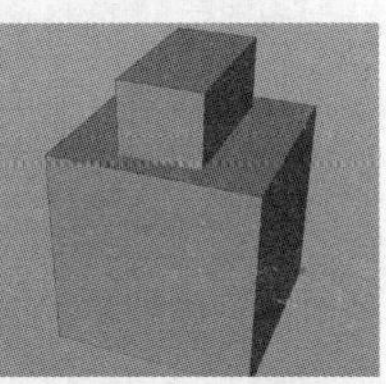

图 2-255

为模型添加“布尔”生成器，将两个立方体对象拖曳至“布尔”对象的子层级中，把较大的“立方体”对象放到上方，较小的“立方体.1”对象放到下方，如图2-256所示。默认的“布尔类型”为“A减B”，这样下方的立方体模型就把上方的立方体模型减掉了，如图2-257所示。

图 2-256

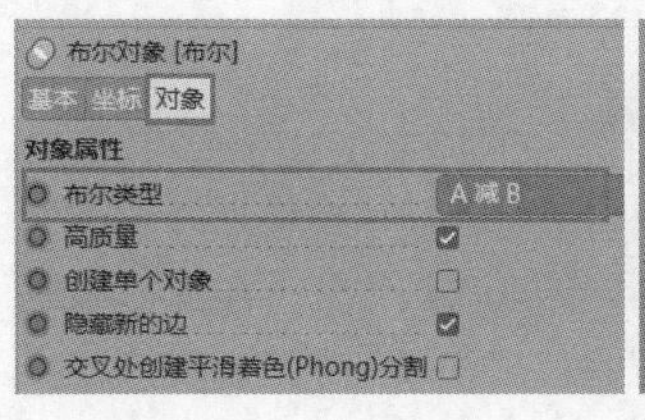

图 2-257

“创建单个对象”是指创建出来的模型是一个多边形。勾选后，把模型转为可编辑对象，转换后的模型是一个整体，如图2-258所示。在没有勾选“创建单个对象”选项时，转为可编辑对象后的模型不是一个整体，而是多个部分的组合，如图2-259所示。

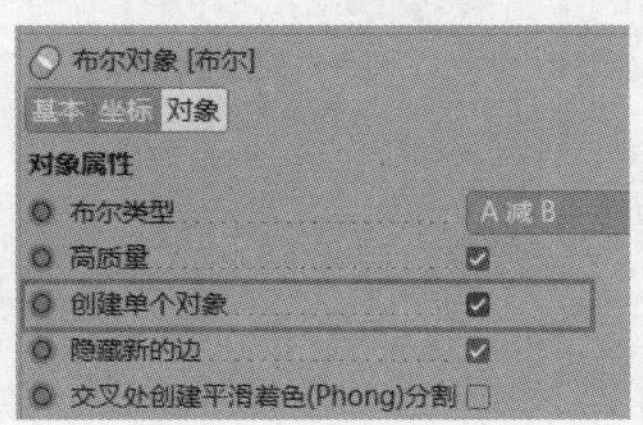

布尔

图 2-258

布尔.1
立方体
立方体.1

图 2-259

在制作模型时，“布尔”对象“对象属性”中的所有选项都可以勾选，这样可以获得更好的结构。

在“对象”面板中，勾选“高质量”选项，布尔模型就是高质量的，如图2-260所示。在图2-261中，左侧模型是没有勾选“高质量”选项的效果，右侧模型是勾选了“高质量”选项的效果，右侧模型的线明显更加干净和简洁。“高质量”与“隐藏新的边”选项在某种意义上类似，都是通过优化使布线减少，让模型的布线更干净和简洁。这两个选项是默认勾选的，通常不用调整。

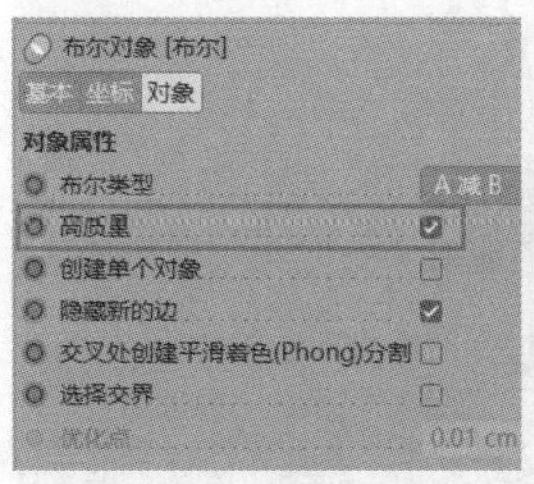

图 2-260

图 2-261

技术专题：布尔运算技巧

图2-262所示的模型为立方体模型中间减掉了一个立方体和一个圆柱体。下面通过这个模型的制作过程讲解布尔运算技巧。

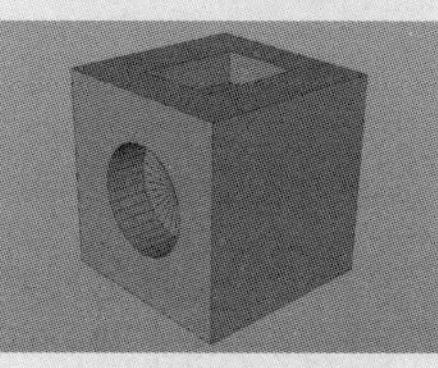

图 2-262

先创建两个立方体模型和一个圆柱体模型，然后为其添加“布尔”生成器，但是得到的效果并不是我们想要的，圆柱体模型并没有参与计算，如图2-263所示。

此时，可以把要减去的模型进行编组，布尔下的层级就变成了两个，这样就得到了想要的模型，如图2-264所示。

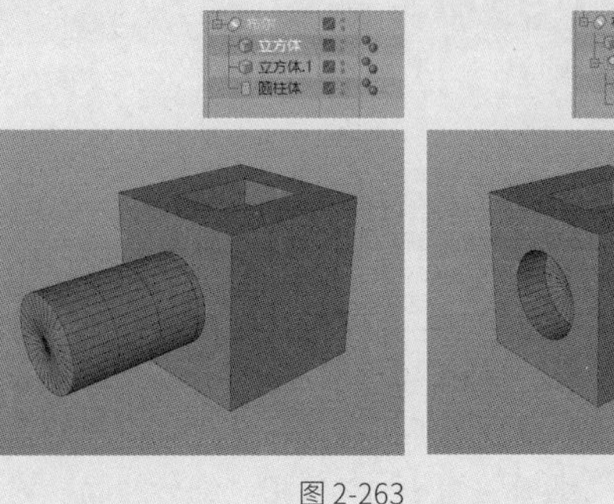

图 2-263　图 2-264

如果要减去更多的模型，方法与上述方法相同。例如，在立方体模型的上方添加4个细长的立方体，如图2-265所示；把要减去的模型放到一个组即可，如图2-266所示。

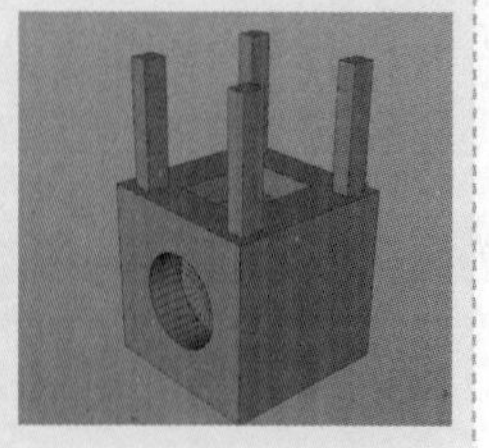

图 2-265

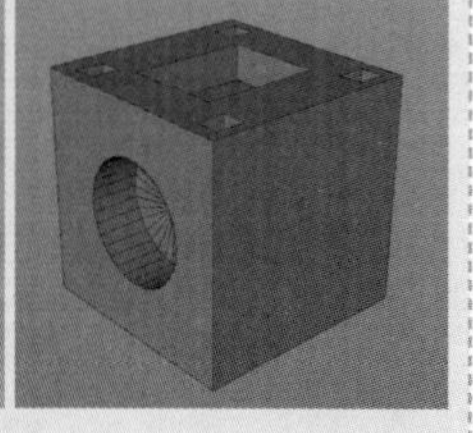

图 2-266

2.4.2 布料曲面

“布料曲面”生成器非常实用，可以为模型增加厚度。创建一个平面模型，大小随意，如图2-267所示。

图 2-267

为平面模型添加“布料曲面”生成器，如图2-268所示。设置“厚度”为8cm，这样模型就有了厚度，如图2-269所示。

图 2-268

图 2-269

2.4.3 细分曲面

使用“细分曲面”生成器可以为模型增加布线，使模型更加平滑。图2-270所示为一个由多边形创建的口红产品模型，模型不够圆润。把“上”“下”两个对象分别加入“细分曲面.1”对象和“细分曲面”对象的子层级，这样模型的线就增加了，模型也圆润了许多，如图2-271所示。

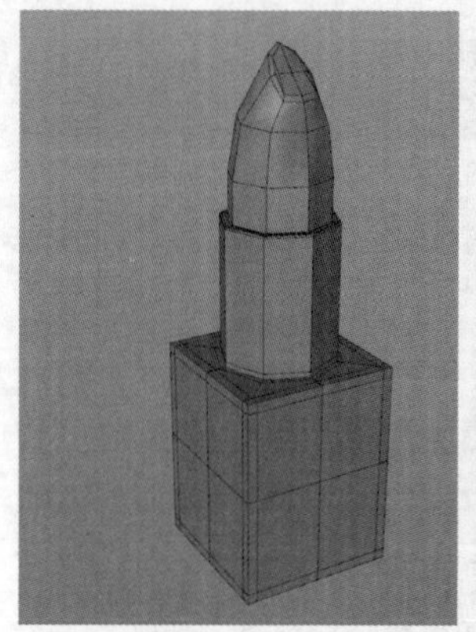

图 2-270

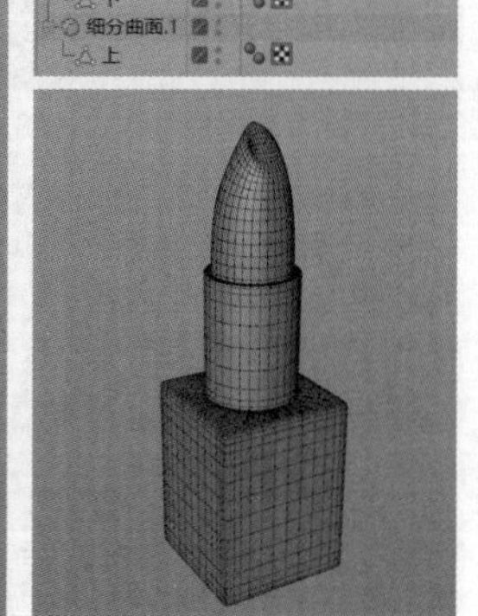

图 2-271

“编辑器细分”与“渲染器细分”的作用是类似的，“编辑器细分”控制的是视图显示时的细分，“渲染器细分”控制的是渲染输出时的细分，通常设置相同的数值。数值越大，模型越平滑，如图2-272所示。

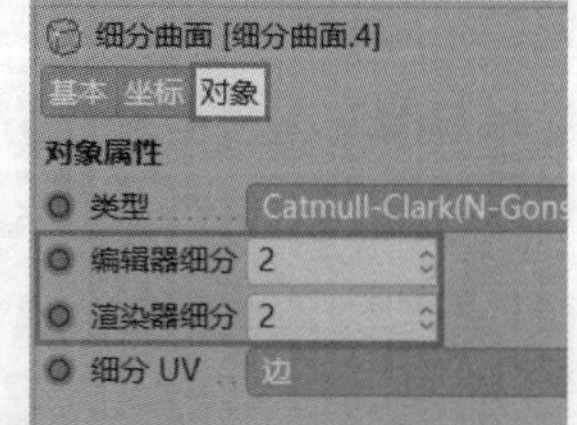

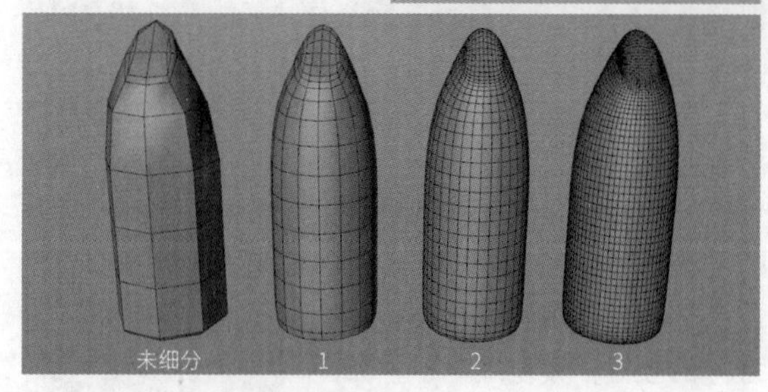

图 2-272

2.4.4 减面

使用“减面”生成器可以在保持模型外形不变的情况下减少模型的面，形成不规律的三角形布线模型。例如，为鸟的模型添加“减面”生成器，效果如图2-273所示。

图 2-273

“减面强度”是用来控制减面效果的，数值越大，面数越少。分别设置“减面强度”为80%、95%和99.5%，效果如图2-274所示。

图 2-274

2.4.5 重构网格

使用“重构网格”生成器可以重新构建模型的网格。图2-275左图所示为扫描获得的模型，可以看到模型的布线比较乱。而为其添加“重构网格”生成器后，就会重新计算构建模型的网格，可以获得更好的布线，如图2-275右图所示。为复杂的模型加入“重构网格”生成器后，需要更多的时间进行计算。

图 2-275

疑难解答　“重构网格”生成器与“减面”生成器的区别是什么?

这两个生成器是类似的，都是在保持模型外形不变的情况下改变模型的布线。为模型添加“重构网格”生成器后模型较为光滑、平整；添加“减面”生成器后模型棱角较为分明，适合用来制作风格化的低多边形模型。

“网格密度”用于调整模型布线的精度，数值越小，布线越少；数值越大，布线越多。分别设置“网格密度”为20%、50%和120%，数值越大，模型上的网格越多，如图2-276所示。

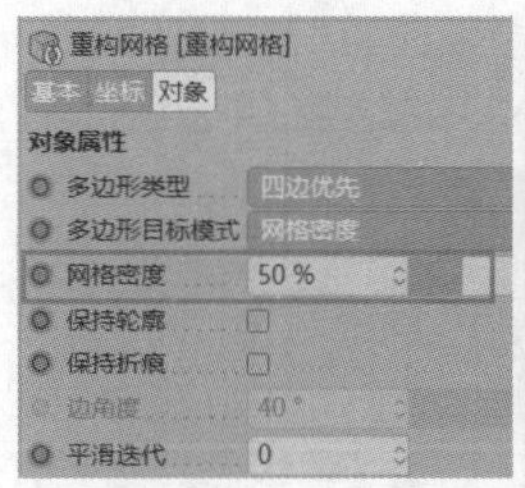

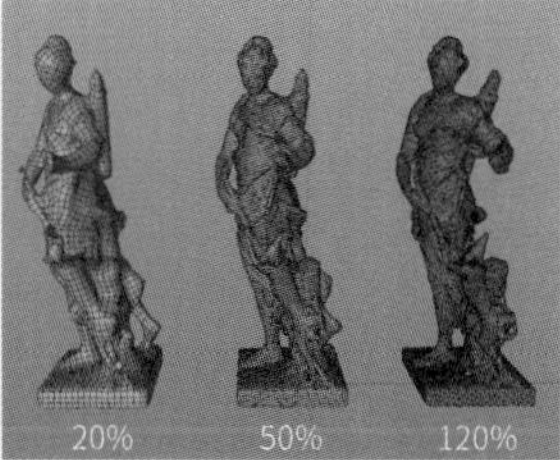

图 2-276

疑难解答　低多边形模型是什么?

低多边形模型就是面数较少的模型。图2-277所示为低多边形风格的树。图2-278所示为低多边形风格的作品。

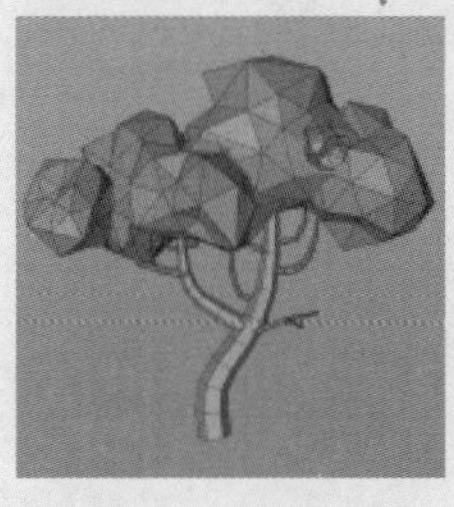

图 2-277

图 2-278

2.4.6 晶格

使用“晶格”生成器可以为模型添加晶格效果。创建一个立方体模型，然后为其添加“晶格”生成器，如图2-279所示。

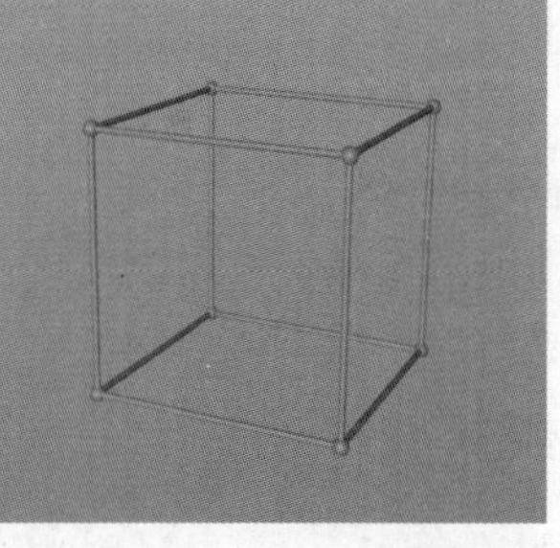

图 2-279

“圆柱半径”用于控制连接模型两点的圆柱体半径。设置“圆柱半径”为0.04cm，可以看到圆柱体变成了细细的线，如图2-280所示。

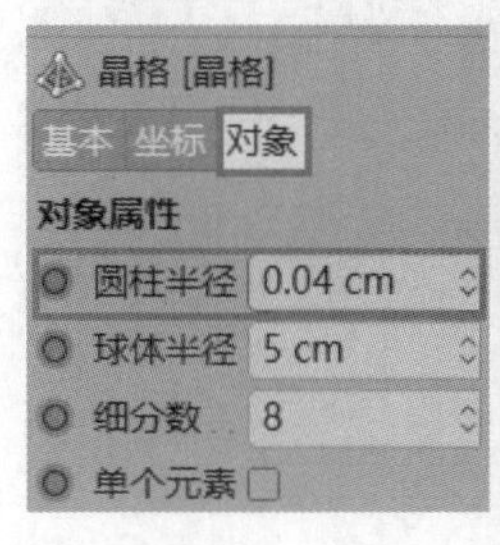

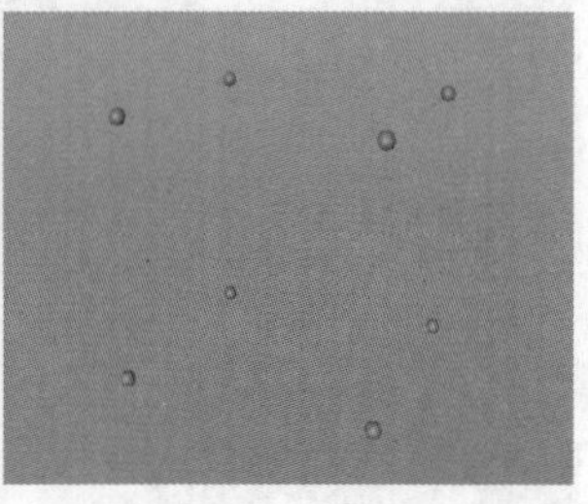

图 2-280

“球体半径”用于控制模型顶点的半径，“细分数”用于控制模型的细分数。设置“球体半径”为25cm，

“细分数”为30，顶点的半径就变大了，模型的布线就增加了，模型也变得更平滑了，如图2-281所示。

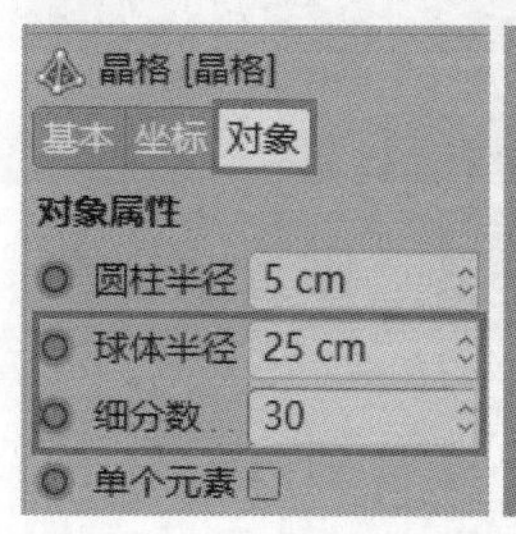

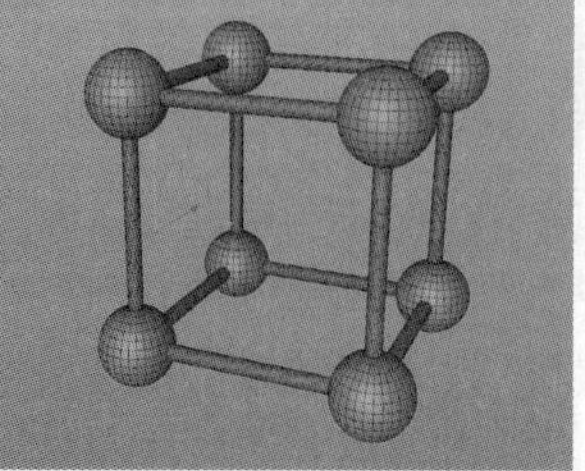

图2-281

创建一个地形模型，设置“尺寸”为800cm、180cm和1000cm，“宽度分段”为16，“深度分段”为18，“海平面”为70%，如图2-282所示。

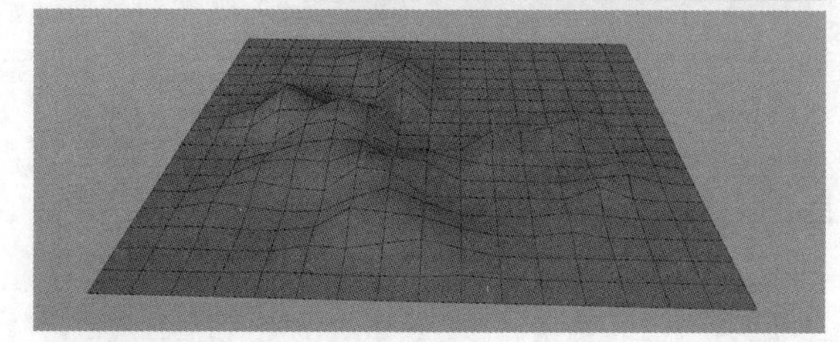

图2-282

技巧提示 要创建的模型很多时，通常不会输入具体数值，书中的数值仅供参考。可以通过数值后面的图标进行调整，并观察视图窗口中模型的大小。

为地形模型添加“晶格”生成器，如图2-283所示。设置“圆柱半径”为0.05cm、“球体半径”为1.65cm，如图2-284所示。

图2-283

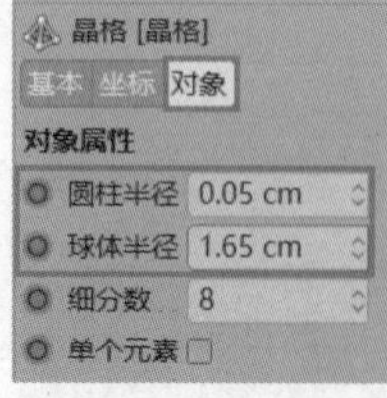

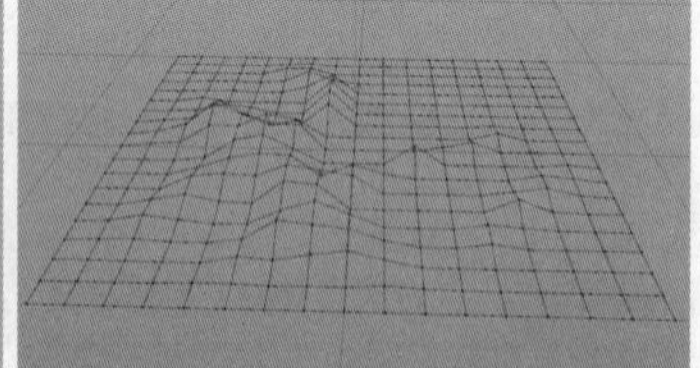

图2-284

2.4.7 阵列

使用“阵列”生成器可以让模型以阵列的形式排列，也可以理解为环形克隆。创建一个圆柱体模型，如图2-285所示。为圆柱体模型添加“阵列”生成器，参数保持默认。可以看到，一个圆柱体变成了多个圆柱体的阵列分布，如图2-286所示。

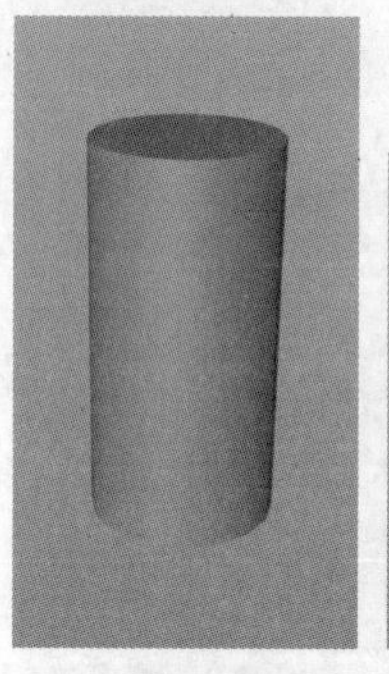

图2-285

图2-286

“半径”控制的是阵列半径的大小。设置“半径”为150cm，阵列半径就变小了，如图2-287所示。

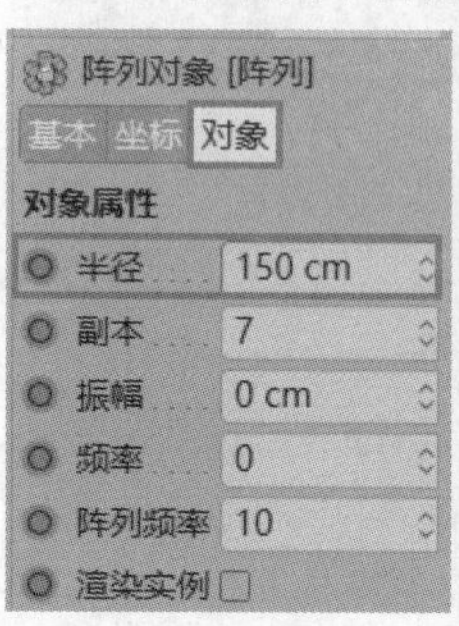

图2-287

“副本”控制的是阵列副本的多少。设置“副本”为33，阵列就变为由33个圆柱体模型组成，如图2-288所示。

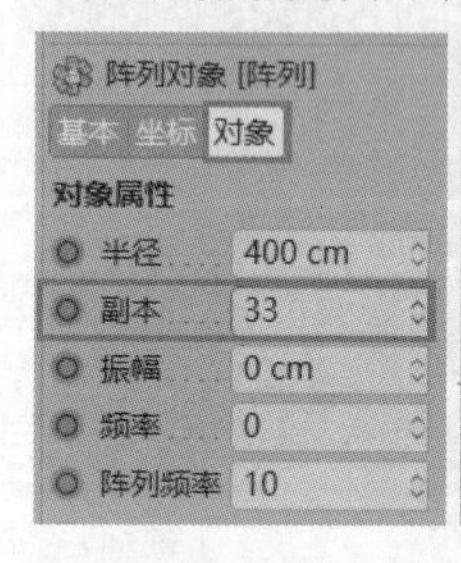

图2-288

“振幅”控制的是阵列模型的纵向高度差异。数值越大，阵列模型的高度起伏越大，反之越小。设置“振幅”为28cm，效果如图2-289所示。

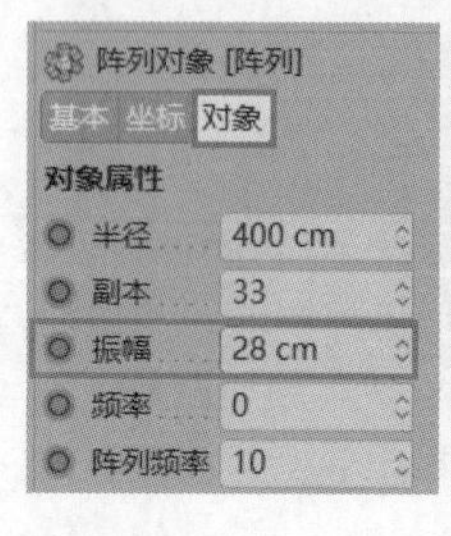

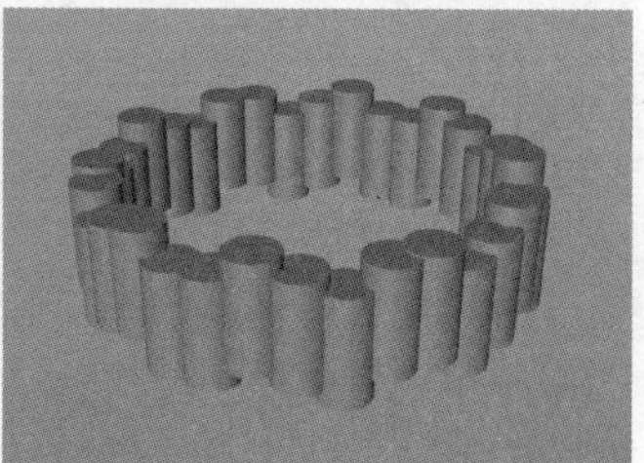

图2-289

勾选“渲染实例”选项后，计算与渲染时可以节约计算机资源，以加快计算与渲染的速度，如图2-290所示。

图 2-290

2.4.8 对称

使用“对称”生成器可以生成一个对称的新模型。创建一个立方体模型，然后设置P.X为200cm，如图2-291所示。

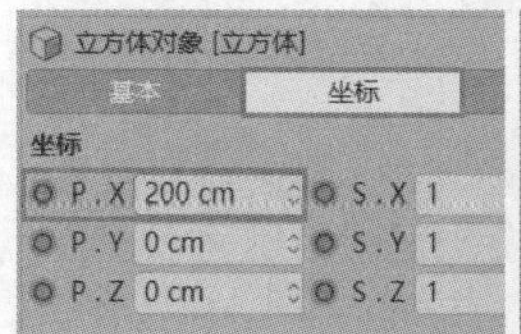

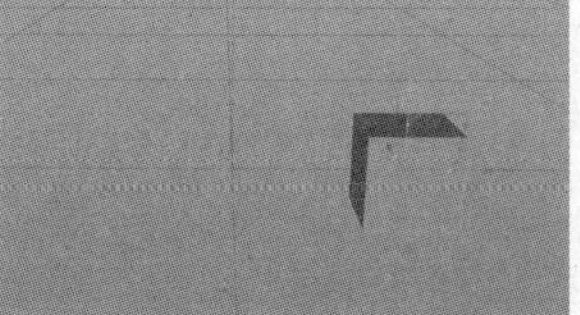

图 2-291

为立方体模型添加“对称”生成器，这样就产生了一个对称的新模型，如图2-292所示。

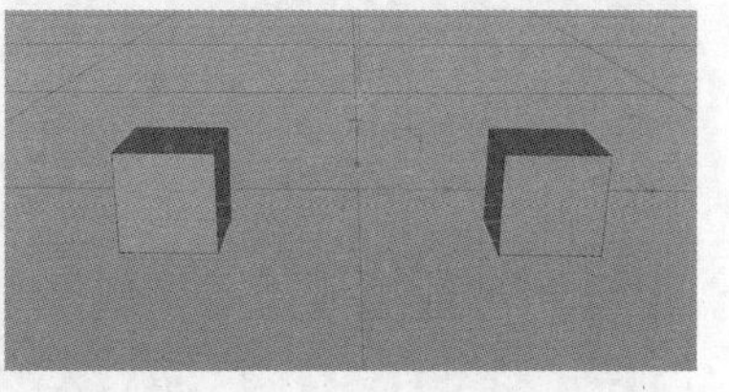

图 2-292

实战：制作卡通表情

◇ 场景位置	无
◇ 实例位置	实例文件 >CH02> 实战：制作卡通表情 .c4d
◇ 视频名称	实战：制作卡通表情 .mp4
◇ 学习目标	掌握“对称”生成器的使用方法
◇ 操作重点	“对称”生成器的基础操作

下面将使用“对称”生成器制作卡通表情，其中的眼睛、眉毛是对称生成的，如图2-293所示。

图 2-293

01 创建一个球体模型作为头，默认大小即可，如图2-294所示。

图 2-294

02 创建一个圆柱体模型，设置“半径”为5.5cm，“高度”为55cm。勾选“圆角”选项，设置“分段”为3，“半径”为3cm。将其移至球体模型右上方作为眉毛，效果如图2-295所示。

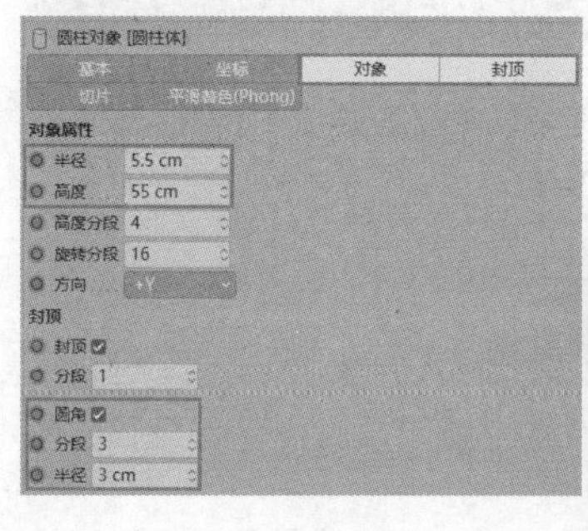

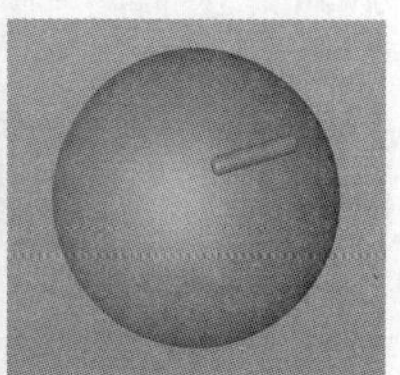

图 2-295

03 眉毛是对称的，所以为其添加“对称”生成器，这样就完成了左侧眉毛的制作，如图2-296所示。

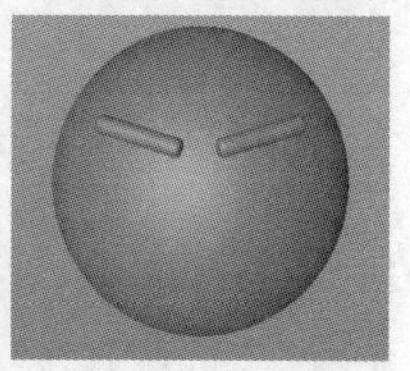

图 2-296

04 创建一个圆环面模型，设置“圆环半径”为15cm，“导管半径”为8cm，将其移至右侧眉毛的下方作为右侧眼睛，效果如图2-297所示。

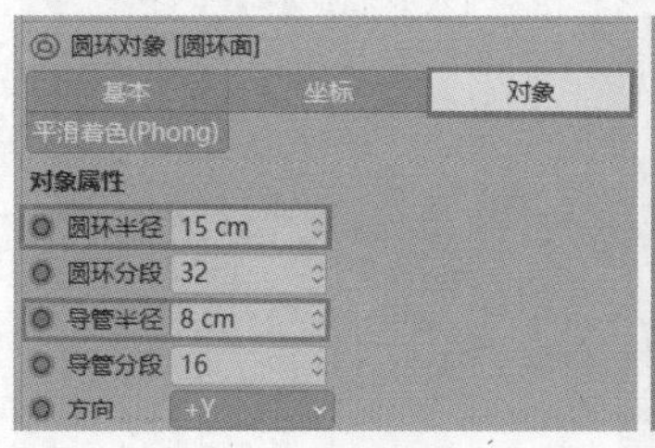

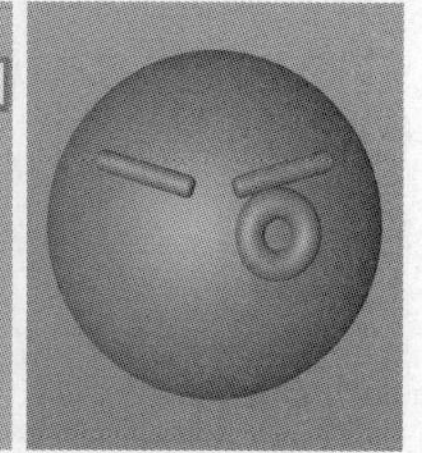

图 2-297

05 将右侧眼睛置于“对称”对象的子层级中，这样就完成了左侧眼睛的制作，如图2-298所示。

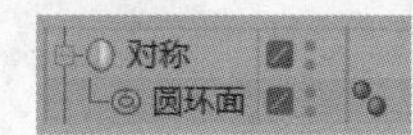

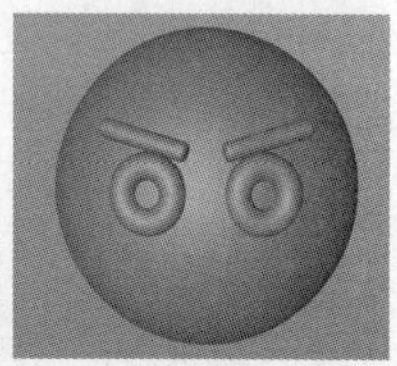

图 2-298

06 创建一个圆环面模型，设置“圆环半径”为10cm，“导管半径”为6cm。将其移至球体的中下方作为嘴巴，最终效果如图2-299所示。

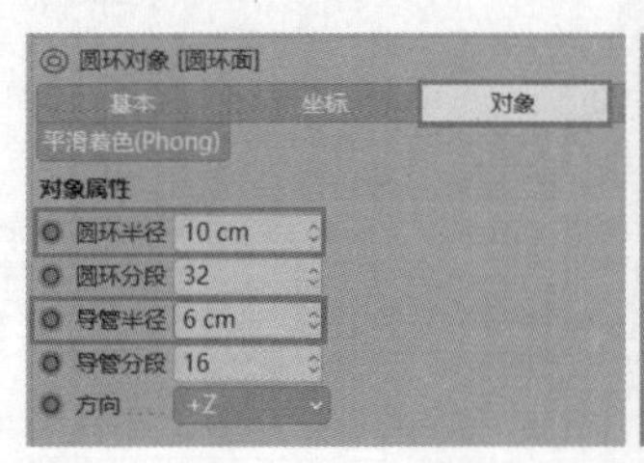

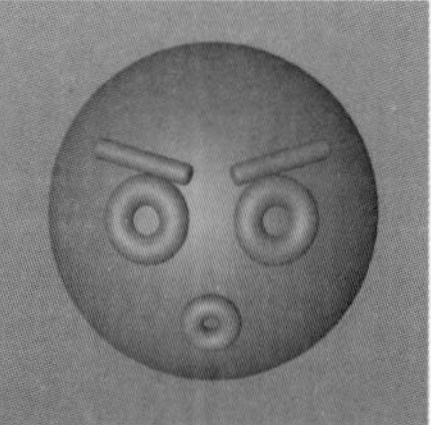

图 2-299

2.5 模型变形器

使用模型变形器可以做出多种变形的模型效果，如弯曲、膨胀和锥化等。

2.5.1 弯曲

使用"弯曲"变形器可以将模型弯曲，如图2-300所示。

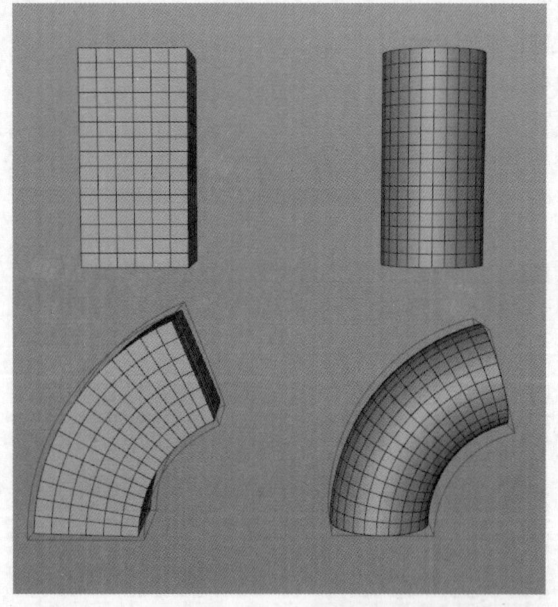

图 2-300

创建一个立方体模型，设置"分段X""分段Y""分段Z"均为20，如图2-301所示。

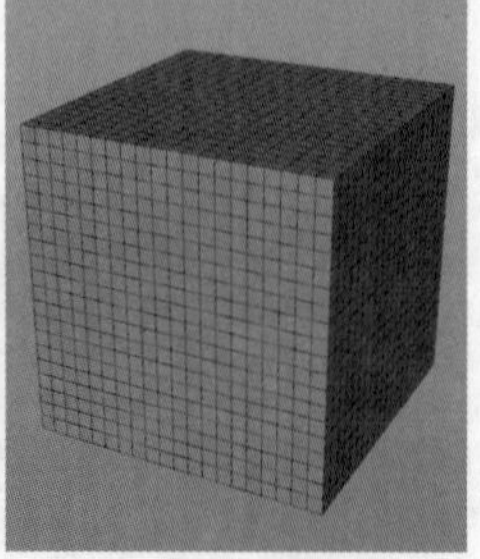

图 2-301

疑难解答 **模型变形为什么要有足够的布线?**

模型是由点、线、面构成的，要将模型变形就需要有足够的布线。第1个模型上没有布线，所以无法实现弯曲效果；第2个模型上有一条布线，可以做出转折；第3个模型上的布线更多，模型的弯曲效果更好。3个模型如图2-302所示。

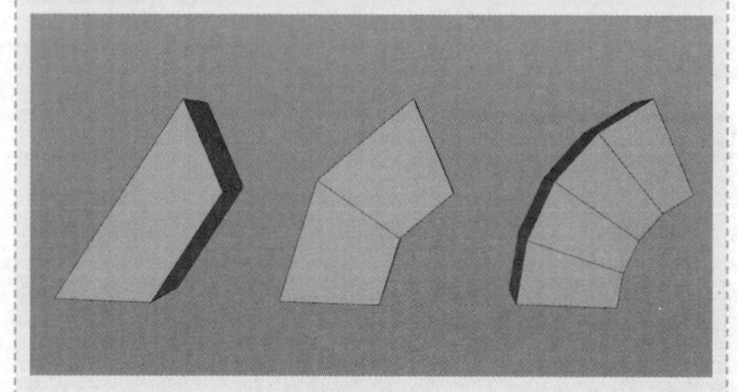

图 2-302

布线越多，模型弯曲后越平滑，如图2-303所示。因此，给模型变形前，需要有足够的布线。当然，布线不是越多越好，布线过多可能会导致软件崩溃。不同形态下布线也是不一样的，应观察模型，调整到曲面可以平滑过渡即可。

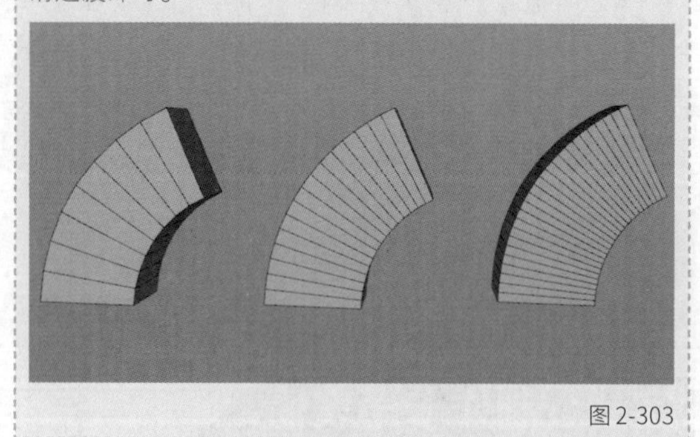

图 2-303

单击"弯曲"按钮，将"弯曲"对象置于"立方体"对象的子层级。"弯曲"对象显示为蓝紫色的线框，默认不会作用于模型，如图2-304所示。

立方体
弯曲

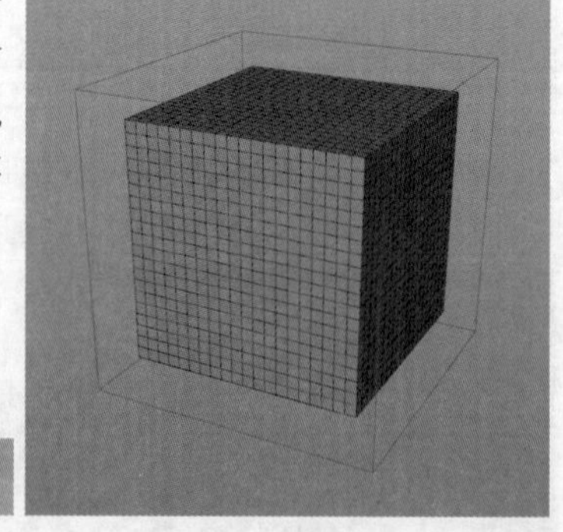

图 2-304

技巧提示 使用变形器改变模型时，需要将变形器对象作为模型对象的子层级或同层级。同层级就是变形器对象与模型对象在同一个父层级里面。

设置“强度”为66°，立方体模型就向右弯曲了，如图2-305所示。设置“强度”为-60°，立方体模型就向左弯曲了，如图2-306所示。

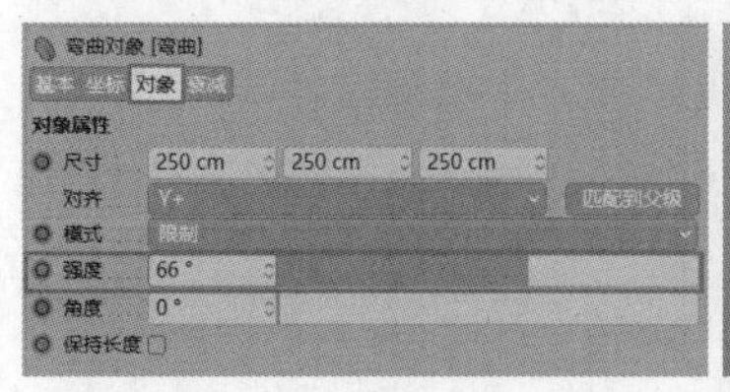

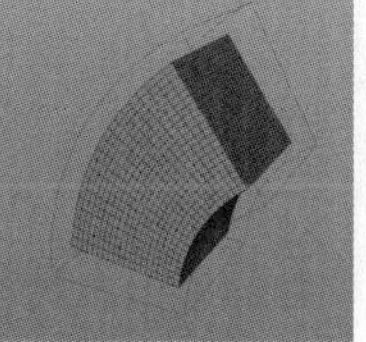

图 2-305

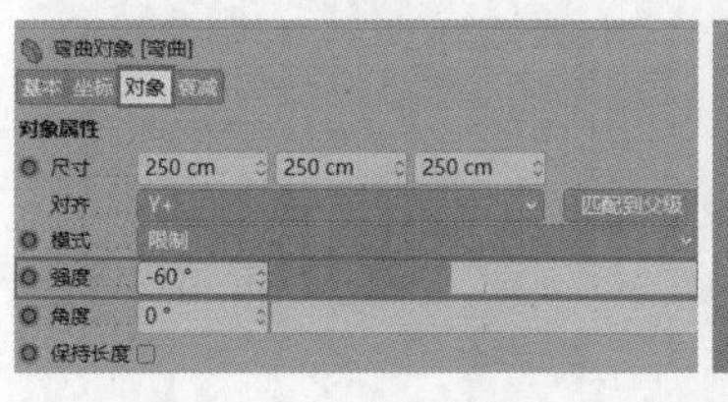

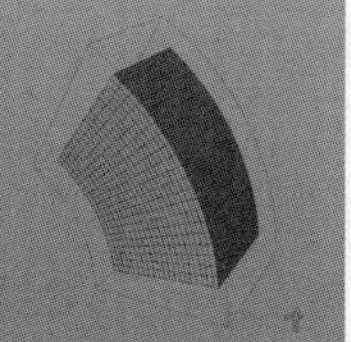

图 2-306

“角度”用于控制模型弯曲的角度，分别设置模型的“角度”为54°、92°和139°，如图2-307所示。

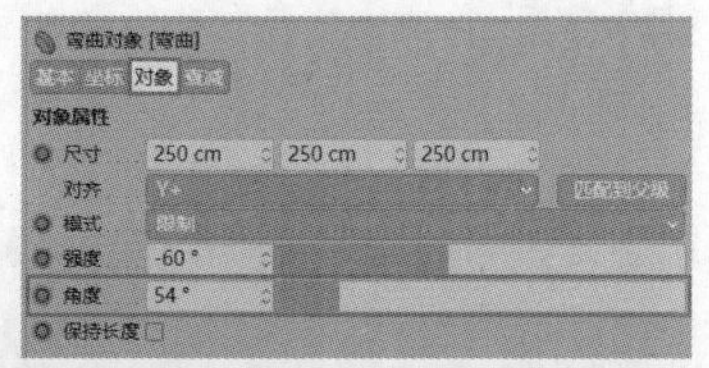

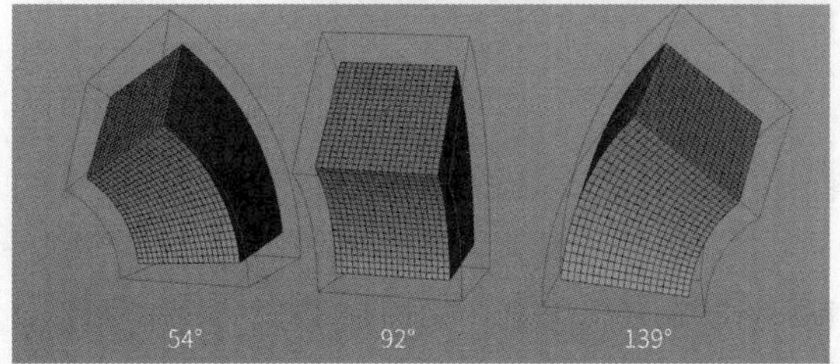

图 2-307

勾选“保持长度”选项，模型弯曲后会保持原长度。图2-308中，从左到右第1个模型是初始状态的模型；后两个模型添加了“弯曲”变形器，第2个模型勾选了“保持长度”选项，所以保持了原有的长度；第3个模型没有勾选“保持长度”选项，所以变形后变长了。

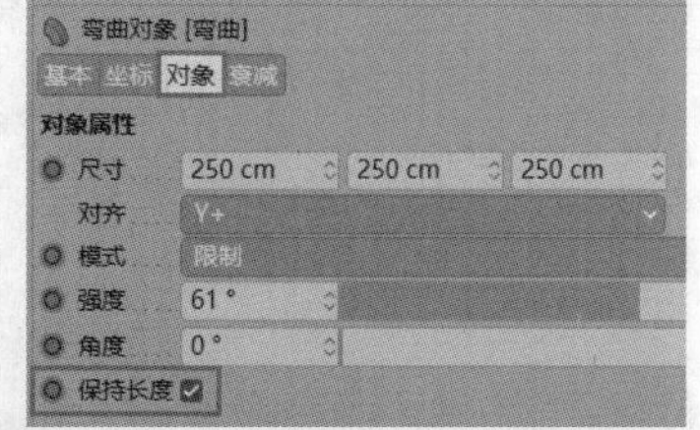

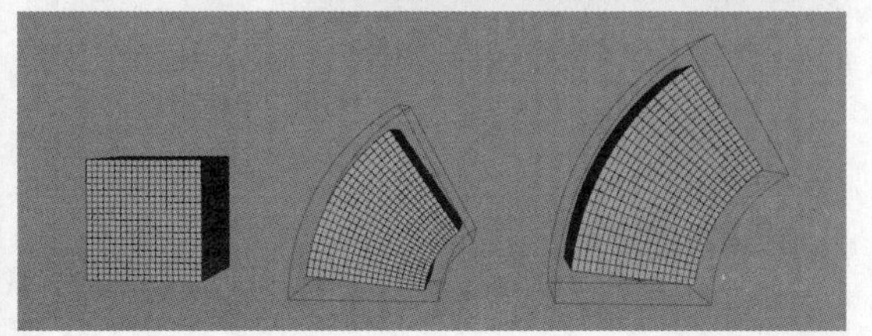

图 2-308

2.5.2 FFD

使用FFD变形器可以通过栅格框控制模型的形状，如图2-309所示。

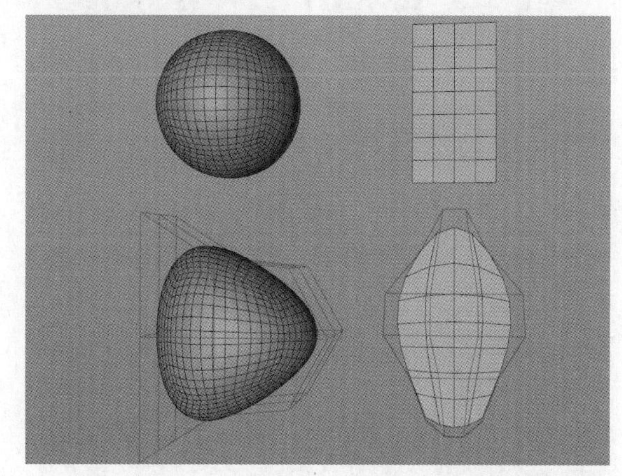

图 2-309

创建一个平面模型，为其添加FFD变形器，FFD变形器显示为蓝紫色线框，默认不会作用于模型，如图2-310所示。

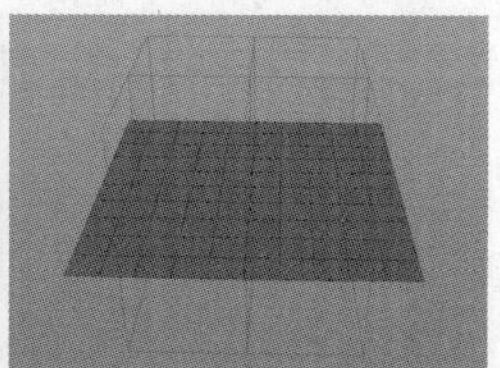

图 2-310

将FFD对象置于“平面”对象的子层级中，如图2-311所示。单击“匹配到父级”按钮，这样FFD对象的显示框就和平面模型的显示框重叠在一起了，如图2-312所示。

图 2-311

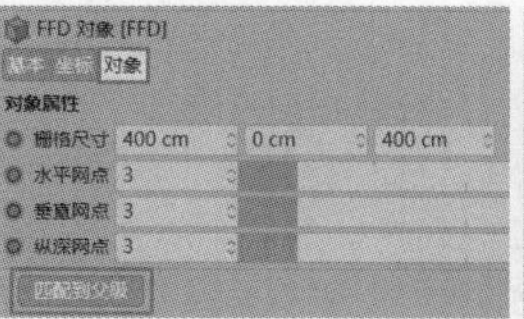

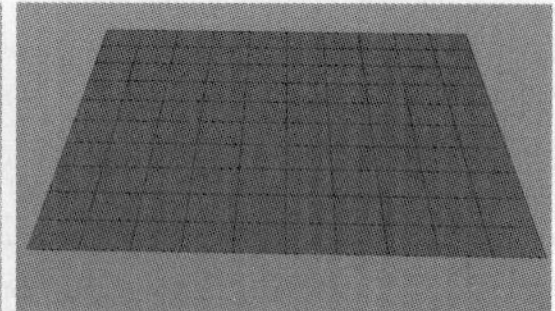

图 2-312

通常建议将FFD变形器设置得比模型略大，包裹住模型。设置“栅格尺寸”为405cm、5cm和405cm，如图2-313所示。

图 2-313

疑难解答　为什么要使FFD变形器比模型大一些？

当FFD变形器与模型一样大时，调整变形器会发生错误，如图2-314所示。

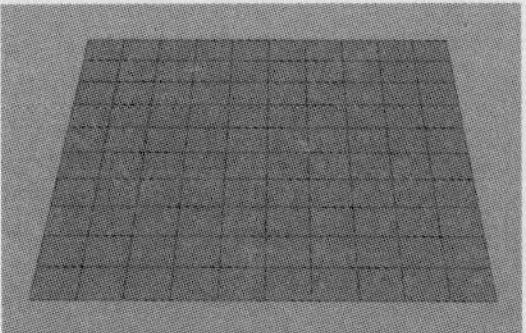
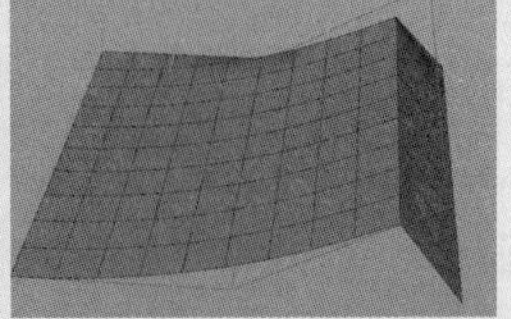

图 2-314

当FFD变形器比模型大时，可以将模型包裹住，此时调整FFD变形器，模型就随之弯曲了，如图2-315所示。

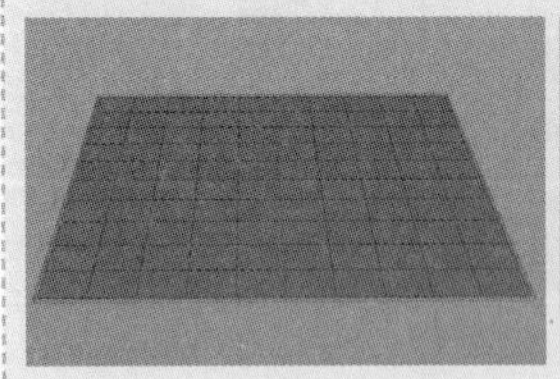
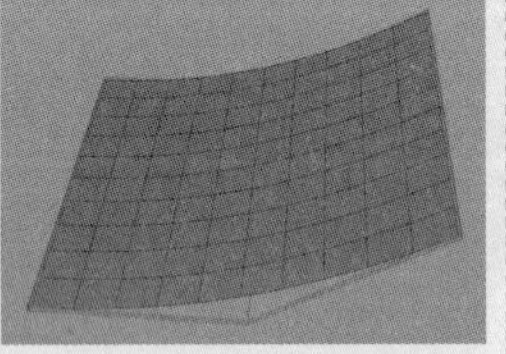

图 2-315

单击“点”按钮，在此模式下选择变形器右侧中间的点，并向右拖曳，模型会随之变化。接着选择变形器左侧中间的点，并向左拖曳，模型也会随之变化，如图2-316所示。

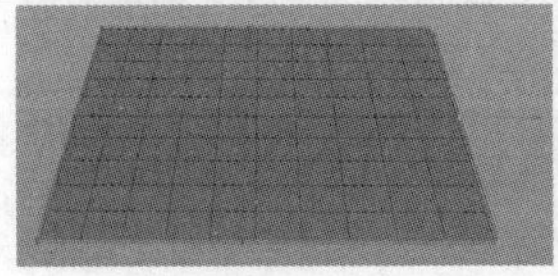
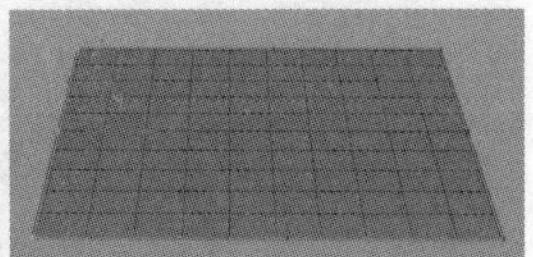

图 2-316

选择变形器中心的点，向上拖曳，模型会向上弯曲，如图2-317所示。

选择变形器右侧中间的点，将其旋转，模型也会随之旋转，如图2-318所示。

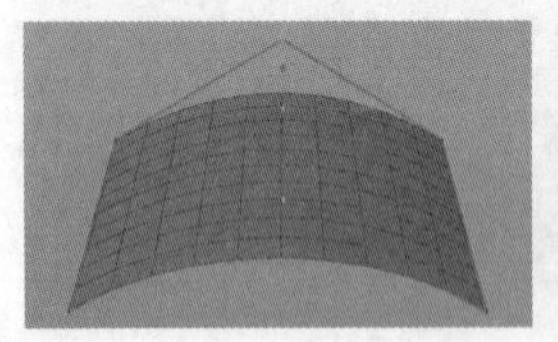

图 2-317

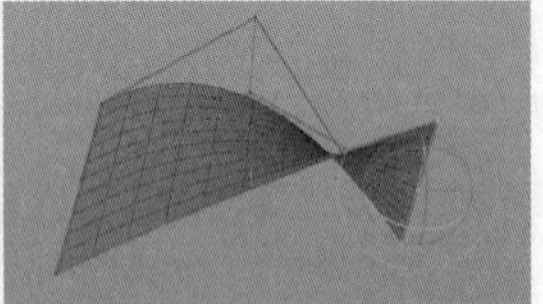

图 2-318

实战：制作变形文字01

◇ 场景位置	无
◇ 实例位置	实例文件 >CH02> 实战：制作变形文字 01.c4d
◇ 视频名称	实战：制作变形文字 01.mp4
◇ 学习目标	掌握 FFD 变形器的使用方法
◇ 操作重点	使用 FFD 变形器制作变形文字

本实例将使用FFD变形器制作变形文字，效果如图2-319所示。

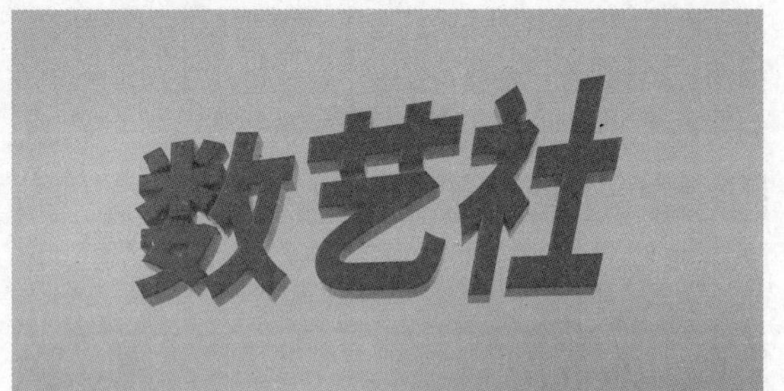

图 2-319

01 创建一个文本样条，在“文本”输入框中输入“数艺社”，设置“字体”为“思源黑体 CN Heavy”，如图2-320所示。

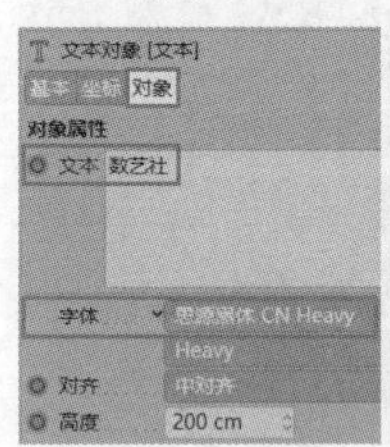

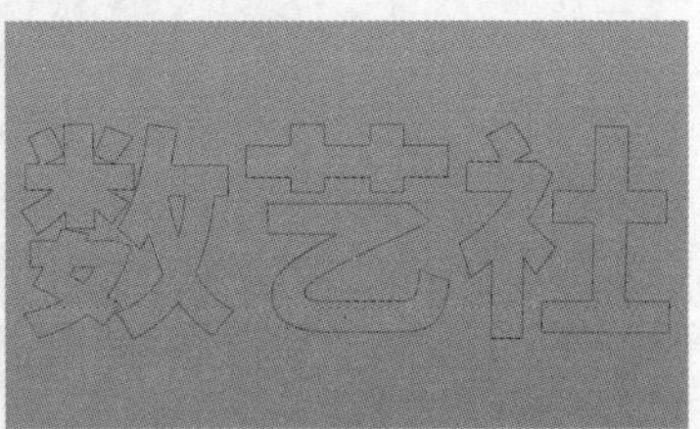

图 2-320

02 添加FFD变形器，FFD变形器显示为蓝紫色线框，如图2-321所示。

图 2-321

03 将FFD对象置于“文本”对象的子层级中，如图2-322所示。然后单击“匹配到父级”按钮，如图2-323所示。

图 2-322

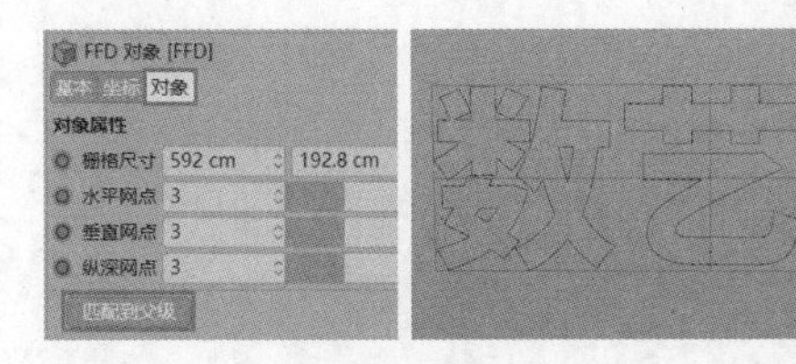

图 2-323

04 把FFD变形器调整得比“文本”对象大一些，设置“栅格尺寸”为607cm、207cm和7cm，“水平网点”“垂直网点”“纵深网点”均为2，如图2-324所示。

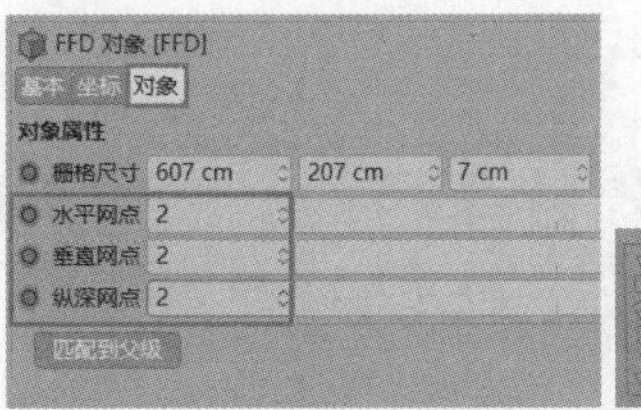

图 2-324

05 向右上方拖曳FFD变形器右侧的点，对文字样条进行变形，如图2-325所示。

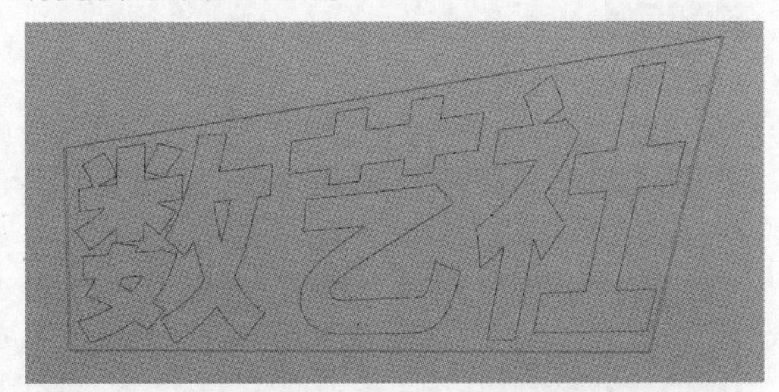

图 2-325

06 创建“挤压”生成器，将文本对象置于“挤压”对象的子层级中，如图2-326所示。设置“偏移”为100cm，“尺寸”为3cm，如图2-327所示。最终效果如图2-328所示。

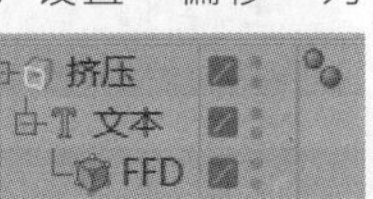

图 2-326

图 2-327

图 2-328

实战：制作变形文字02

◇ 场景位置	无
◇ 实例位置	实例文件 >CH02> 实战：制作变形文字 02.c4d
◇ 视频名称	实战：制作变形文字 02.mp4
◇ 学习目标	掌握 FFD 变形器的使用方法
◇ 操作重点	使用 FFD 变形器制作变形文字

本实例将使用FFD变形器制作变形文字，效果如图2-329所示。

图 2-329

01 创建一个文本样条，在“文本”输入框中输入“人民邮电”，设置“字体”为“思源黑体 CN Heavy”，如图2-330所示。

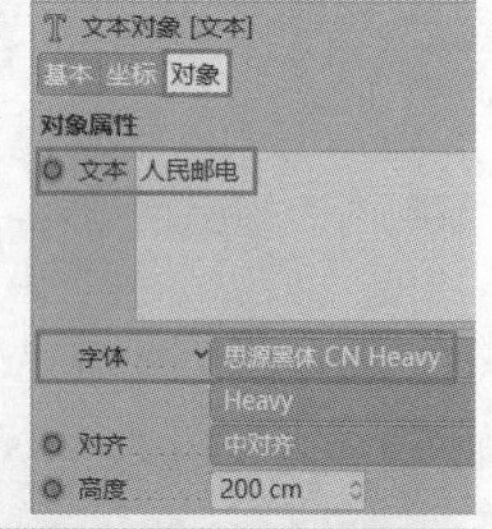

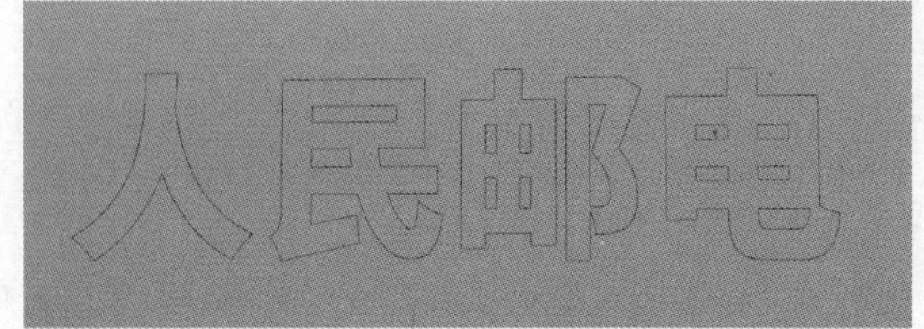

图 2-330

02 添加FFD变形器，FFD变形器显示为蓝紫色线框，如图2-331所示。

图2-331

03 将FFD变形器置于“文本”对象的子层级中，如图2-332所示。单击“匹配到父级”按钮匹配到父级，如图2-333所示。

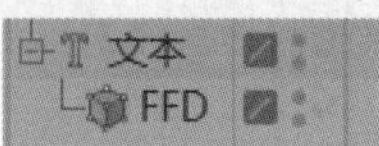

图2-332

图2-333

04 调整FFD变形器，使其比文本样条大一些，设置“栅格尺寸”为804cm、204cm和5cm，“水平网点”为5，“垂直网点”为4，“纵深网点”为2，如图2-334所示。

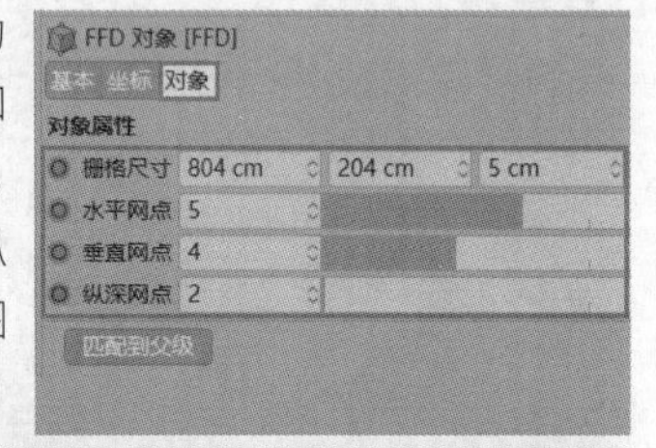

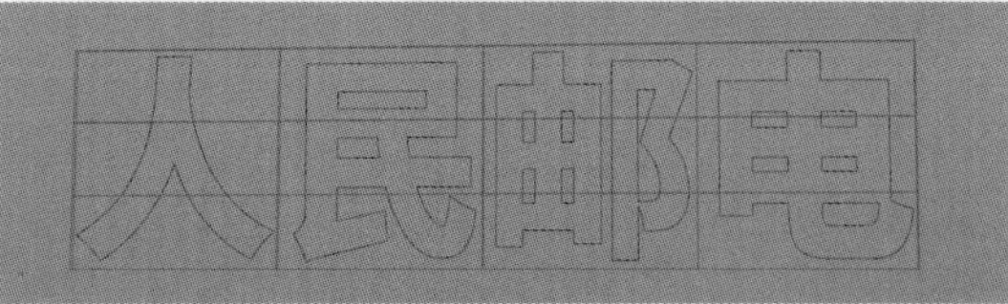

图2-334

05 向上方拖曳变形器上方中间的3个点，对文字样条进行变形，如图2-335所示。

图2-335

06 向下方拖曳变形器下方中间的3个点，如图2-336所示。然后调整变形器两侧的点，使文字样条变得平滑一些，如图2-337所示。

图2-336

图2-337

07 创建“挤压”生成器，将“文本”对象置于“挤压”对象的子层级中，如图2-338所示。设置“偏移”为100cm，“尺寸”为3cm，如图2-339所示。最终效果如图2-340所示。

图2-338

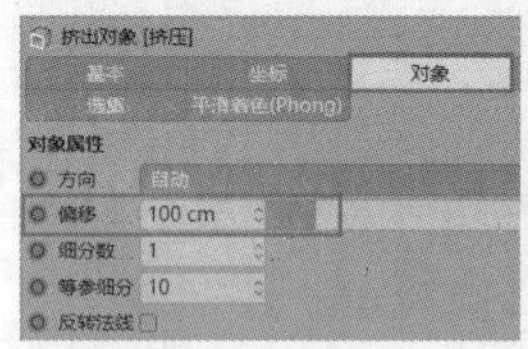

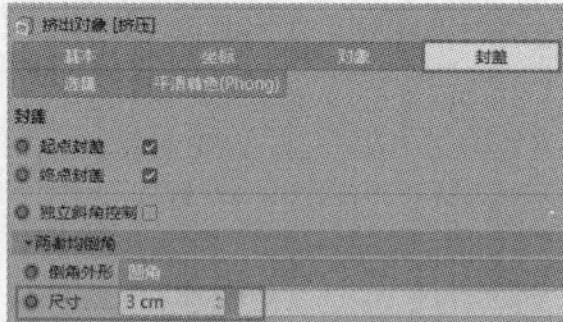

图2-339

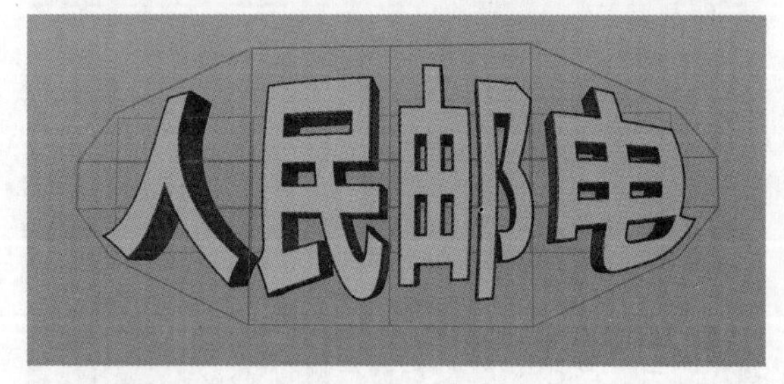

图2-340

技巧提示 文本的形态会随着FFD变形器的形态而改变。例如，将FFD变形器调整为扇形，那么文本也会呈现为扇形，如图2-341所示。

这个实例中的效果在英文中更常用，适合卡通趣味类的场景，如图2-342所示。

图2-341

图2-342

2.5.3 倒角

使用“倒角”变形器可以对模型的边缘倒角，如图2-343所示。

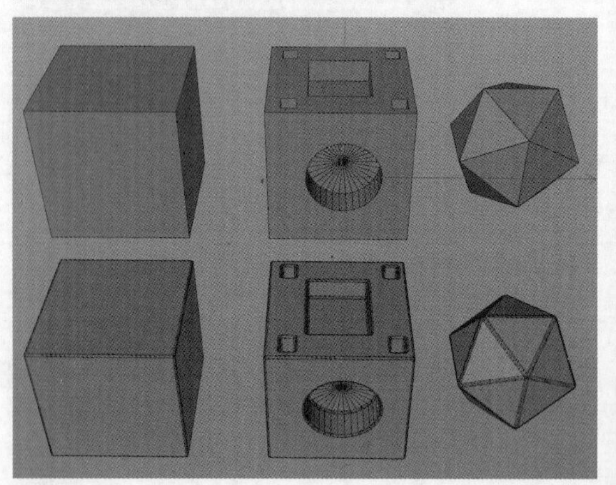

图2-343

创建一个宝石体模型，然后添加“倒角”变形器，将“倒角”对象置于“宝石体”对象的子层级，这样模型边缘就有了倒角，如图2-344所示。

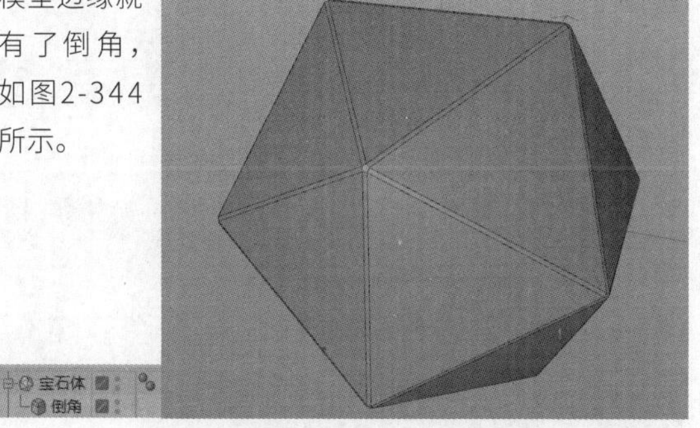

图2-344

“偏移”用于控制倒角的大小，分别设置“偏移”为1cm、3cm和7cm，如图2-345所示。可见，“偏移”值越大，模型的倒角越大。

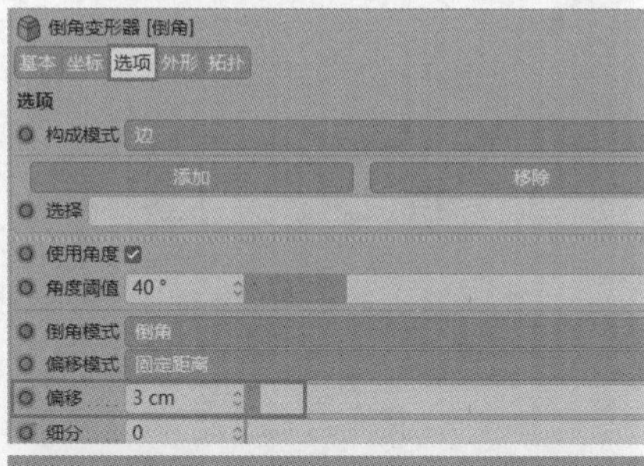

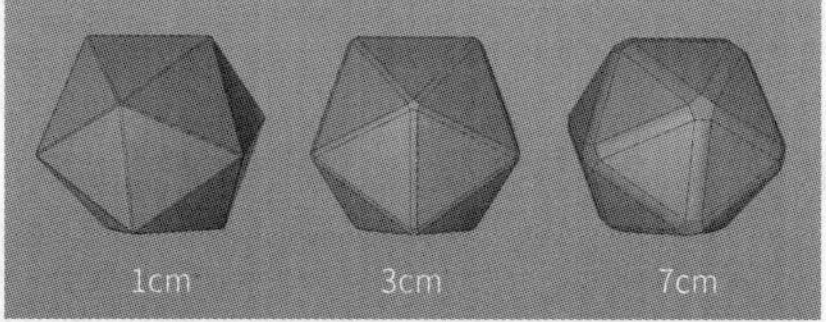

图2-345

“细分”用于控制倒角细分的多少，分别设置“细分”为1、2和5，如图2-346所示。可见，“细分”值越大，细分的线越多。

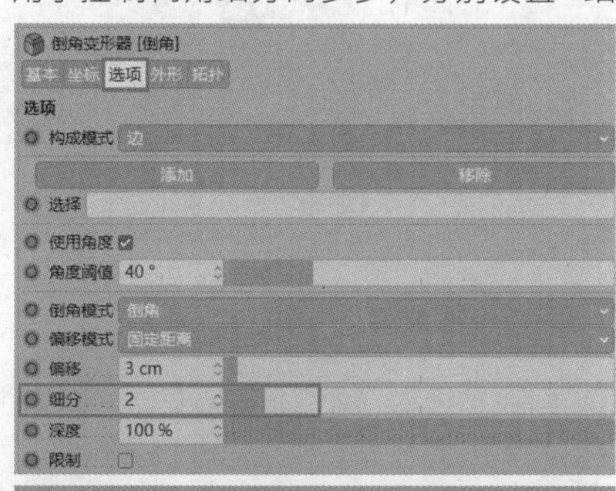

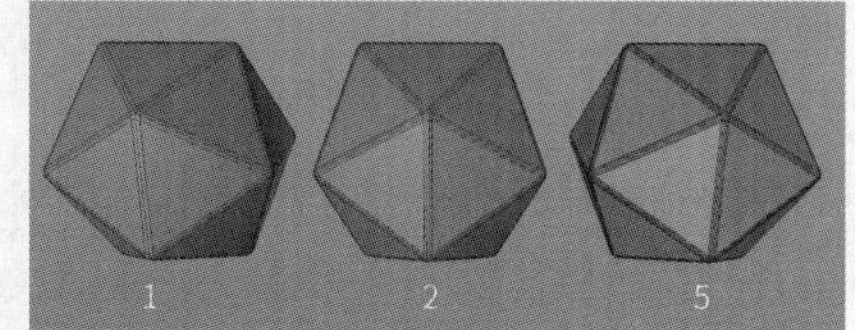

图2-346

技术专题：为经过布尔运算的模型添加倒角

图2-347所示为经过布尔运算的模型，下面为其添加倒角。

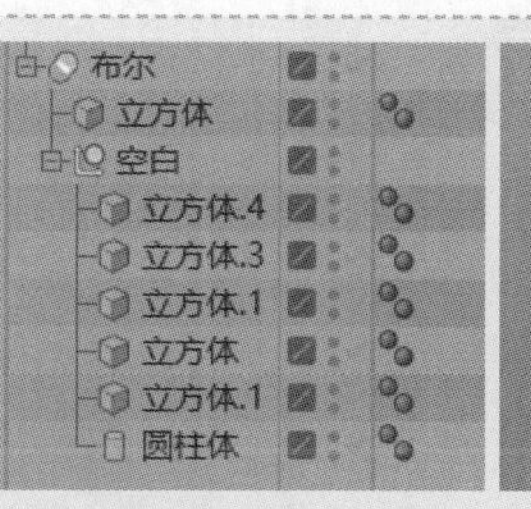

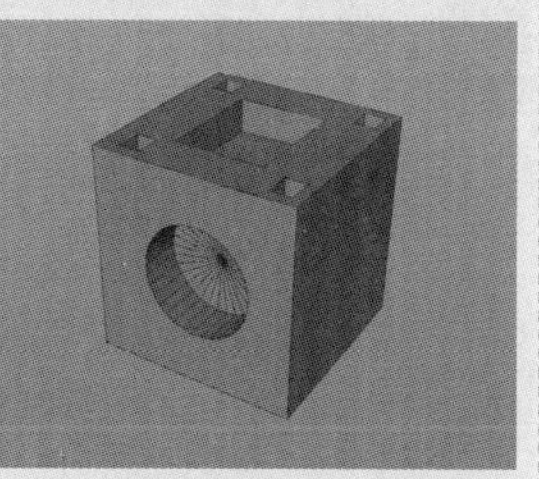

图2-347

选择“布尔”对象，勾选“对象”选项卡中的所有选项，然后将“布尔”对象转换为可编辑对象，如图2-348所示。

布尔对象 [布尔]

基本 坐标 对象

对象属性

布尔类型 A 减 B

高质量 ☑

创建单个对象 ☑

隐藏新的边 ☑

交叉处创建平滑着色(Phong)分割 ☑

选择交界 ☑

优化点 0.01 cm

布尔

图2-348

添加“倒角”变形器，再将“倒角”对象置于“布尔”对象的子层级中，如图2-349所示。设置“偏移”为2cm，“细分”为2，这样模型就有了倒角效果，如图2-350所示。

布尔

倒角

图2-349

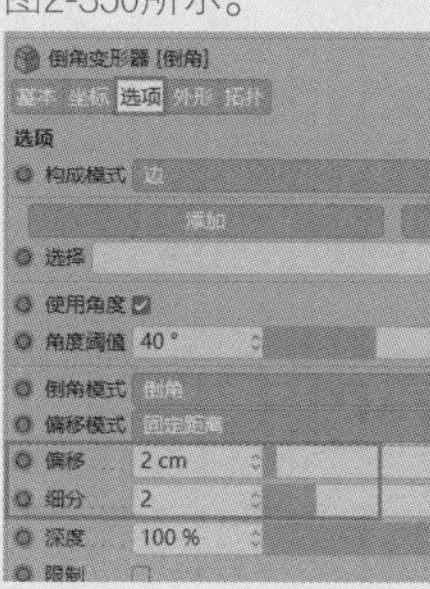

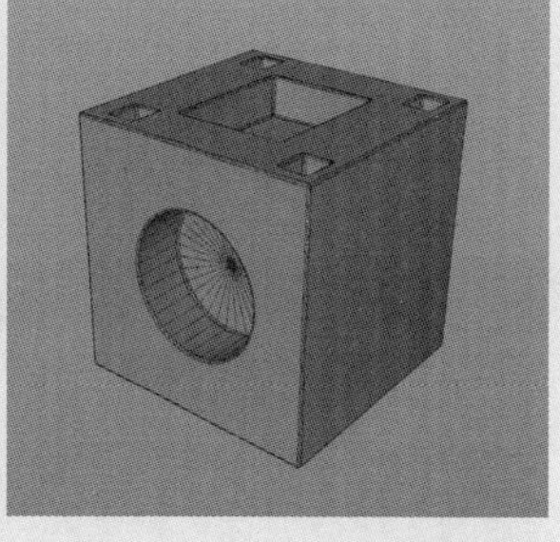

图2-350

勾选“平滑着色断开圆角”选项，可以使模型的面更加平整。图2-351所示的效果图中，上方模型为没有勾选“平滑着色断开圆角”选项的效果，下方模型为勾选了“平滑着色断开圆角”选项的效果。

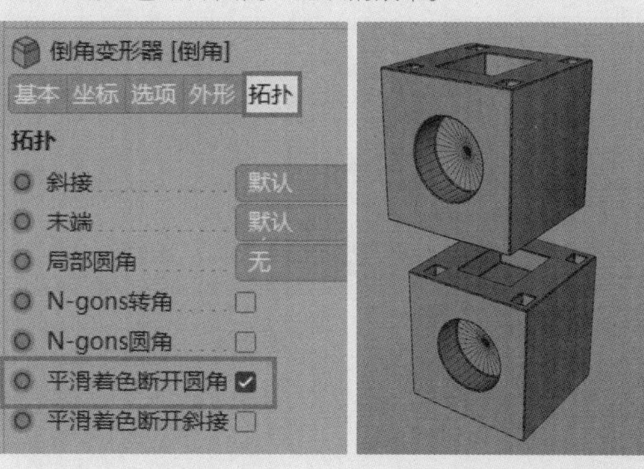

图2-351

2.5.4 样条约束

使用“样条约束”变形器可以把模型约束到样条上，就好比让过山车沿着轨道运动，如图2-352所示。

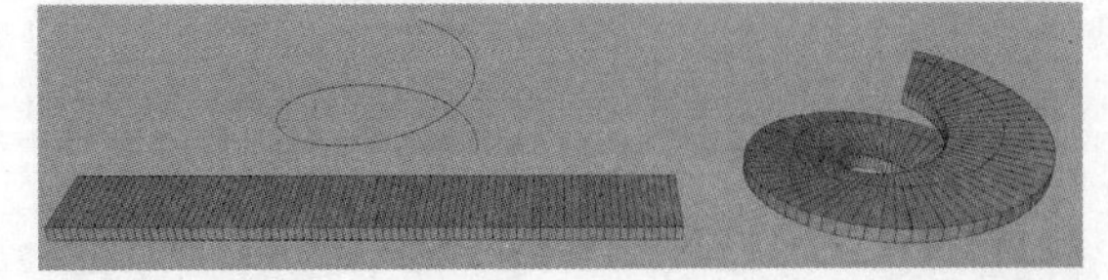

图 2-352

创建一个立方体模型，分别设置“尺寸. X”“尺寸. Y”“尺寸. Z”为1300cm、30cm、200cm，再“分段X”为80,“分段Y”为1,“分段Z”为1，如图2-353所示。

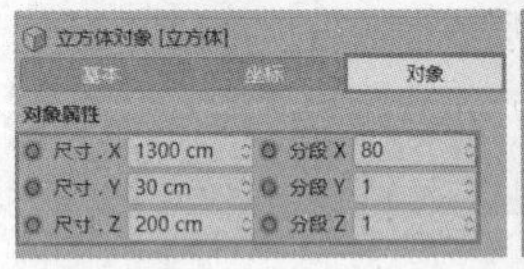

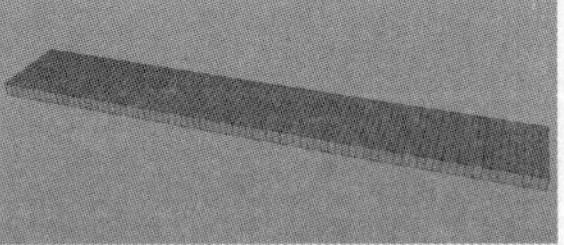

图 2-353

创建一个螺旋线样条，设置“结束角度”为430°，“平面”为XZ，如图2-354所示。

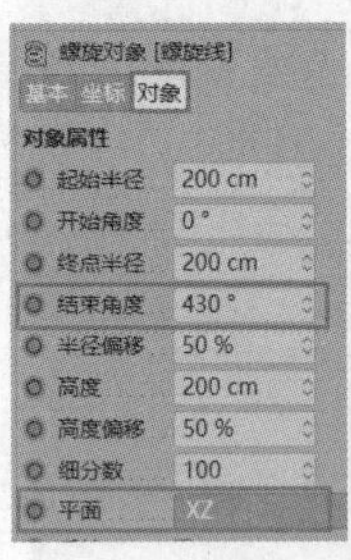

图 2-354

单击“样条约束”按钮，然后将“样条约束”对象置于“立方体”对象的子层级，如图2-355所示。设置“样条”为“螺旋线”，立方体模型就被约束到了螺旋线样条上，呈螺旋状，如图2-356所示。

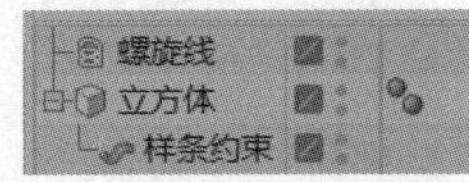

图 2-355

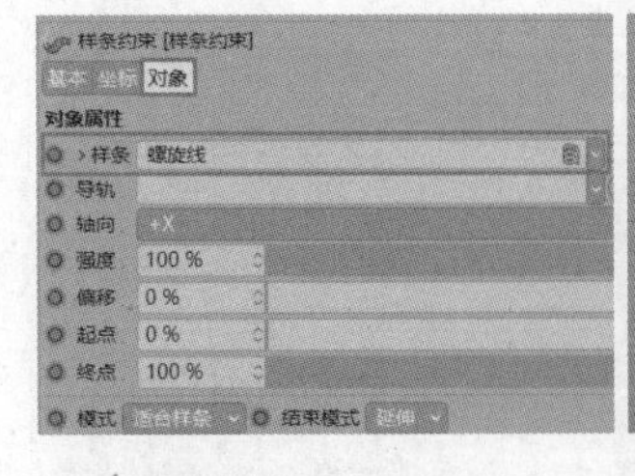

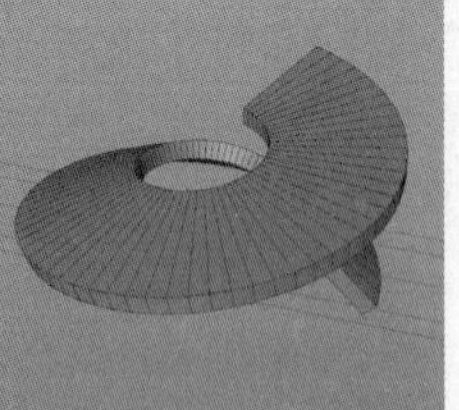

图 2-356

技巧提示 目前模型的旋转面是有变化的，如果需要将其调整为平的，就可以使用“导轨”选项。“导轨”是对样条旋转的约束。

复制“螺旋线”对象，默认名称为“螺旋线.1”，如图2-357所示。选择“样条约束”对象，设置“导轨”为“螺旋线.1”。因为“导轨”与“样条”重合了，所以呈现的效果十分混乱，如图2-358所示。

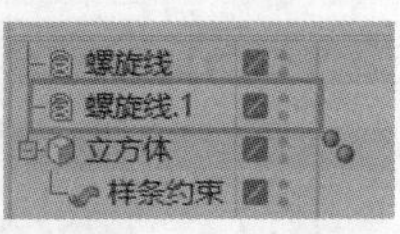

图 2-357

图 2-358

此时，只需要向上拖曳“导轨”对象（“螺旋线.1”对象）即可，这样模型的方向就与“导轨”的样条对齐了，如图2-359所示。

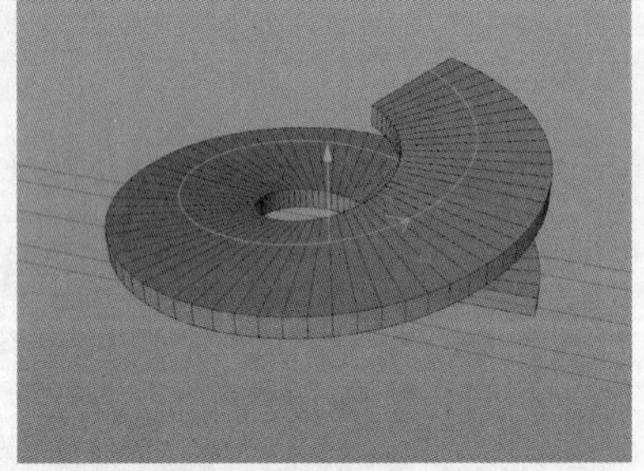

图 2-359

在“尺寸”选项中，可以通过曲线控制模型尺寸的变化，如图2-360和图2-361所示。

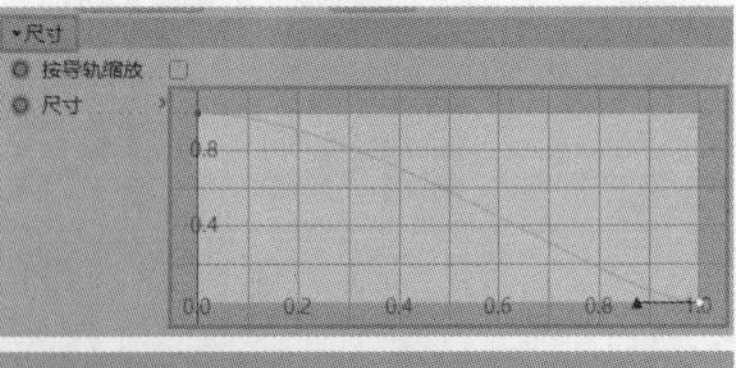

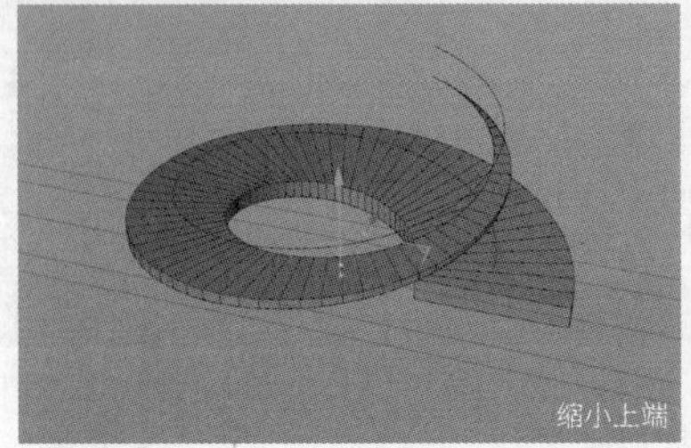

图 2-360

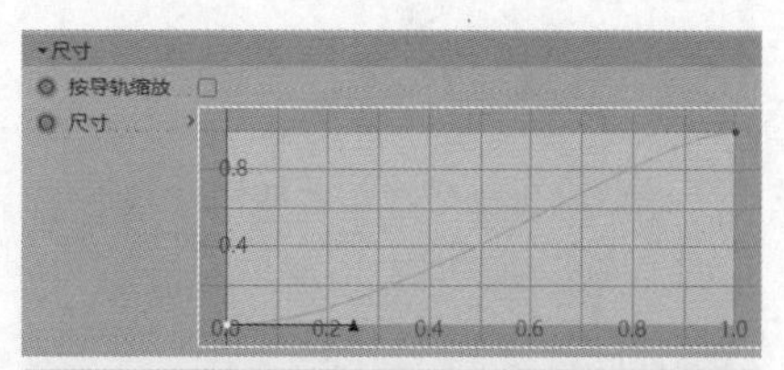

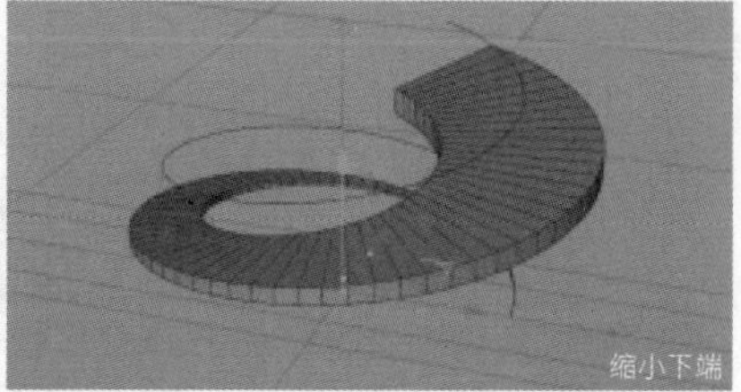

图 2-361

在"旋转"选项中，可以通过曲线控制模型旋转的角度，如图2-362所示。

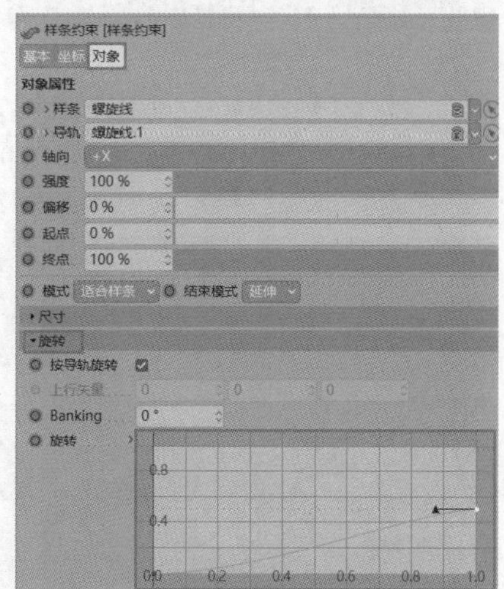

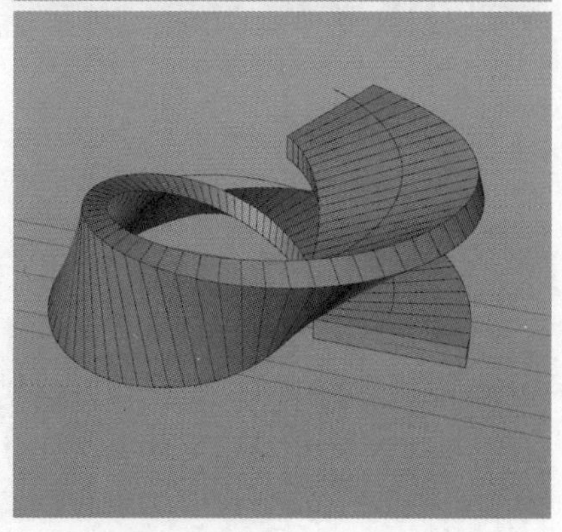

图 2-362

技术专题：为多个对象添加变形器

变形器在模型子层级中可以让模型变形。其实，即使变形器与模型在同一层级，也是可以让模型变形的。

创建一个圆柱体模型，设置"半径"为20cm，"高度"为500cm，"高度分段"为54，"旋转分段"为25，"方向"为"-X"，如图2-363所示。

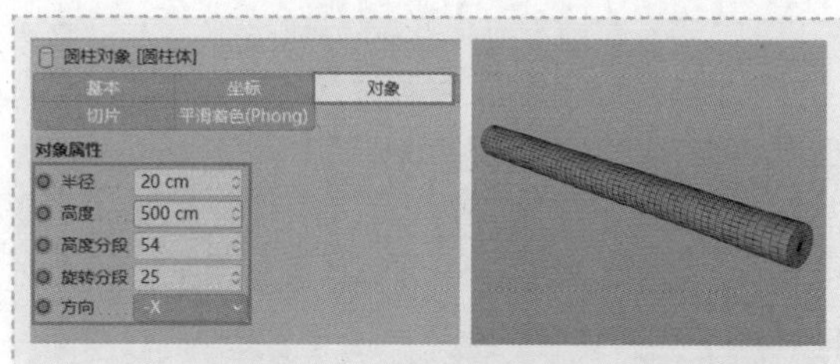

图 2-363

将圆柱体模型复制，然后随机摆放，如图2-364所示。

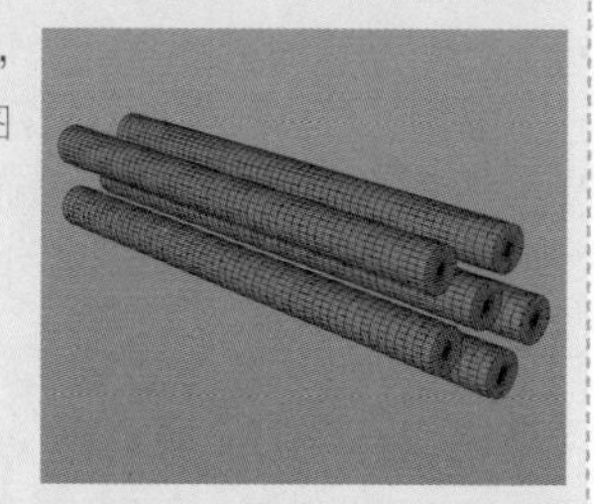

图 2-364

此时创建一个"空白"对象，然后将所有的"圆柱体"对象和"样条约束"对象都置于"空白"对象的子层级中，这样便可以为所有的"圆柱体"对象添加"样条约束"变形器了，如图2-365所示。

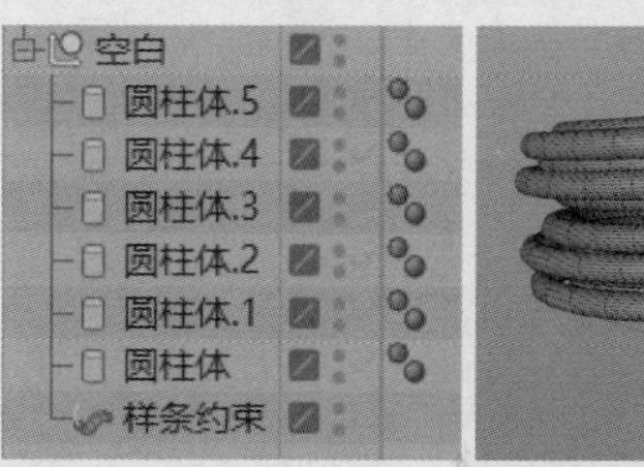

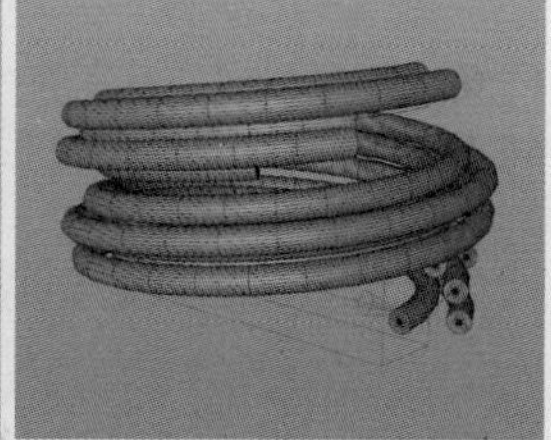

图 2-365

除此之外，也可以把所有的"圆柱体"对象编为一个组，然后为这个组添加"样条约束"变形器，如图2-366所示。

图 2-366

2.5.5 置换

使用"置换"变形器可以通过黑白纹理来改变模型，如图2-367所示。

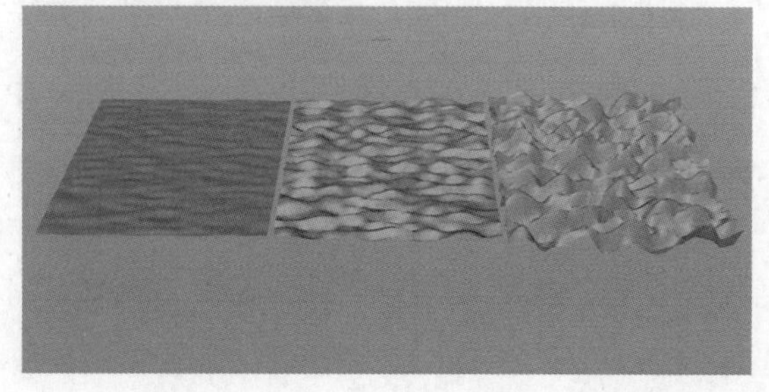

图 2-367

创建一个平面模型，设置“宽度分段”和“高度分段”都为100，如图2-368所示。

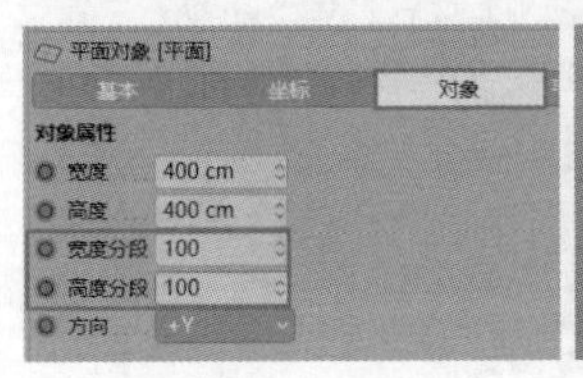

图 2-368

添加“置换”变形器，然后将“置换”对象置于“平面”对象的子层级，如图2-369所示。接着设置“着色器”为“噪波”，如图2-370所示。

图 2-369

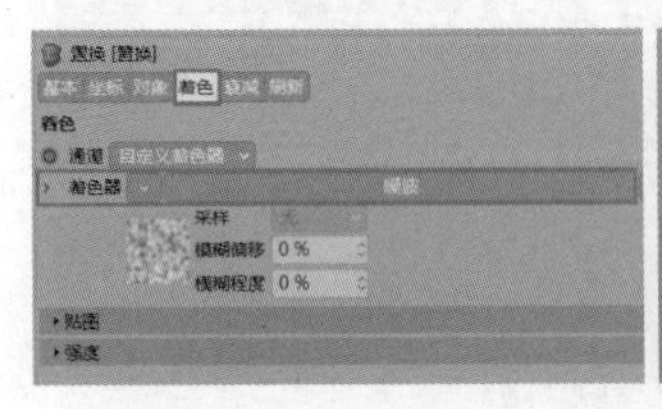

图 2-370

单击“噪波”选项进入“噪波着色器”，设置“相对比例”为469%、100%和142%，如图2-371所示。

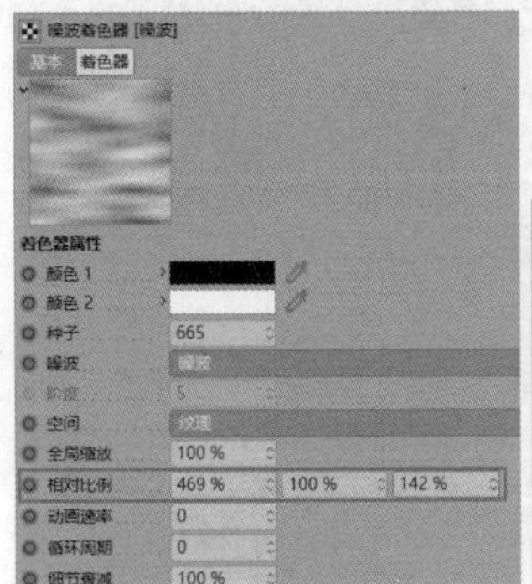

图 2-371

在“对象”选项卡中，“高度”用于调整置换模型的高度。分别设置“高度”为4cm、20cm和66cm，效果如图2-372所示。“高度”值越大，模型的形变越大。

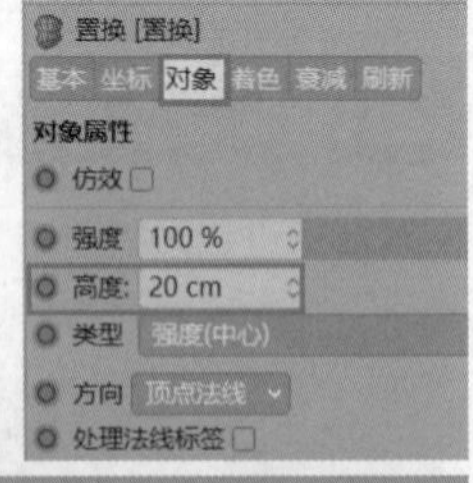
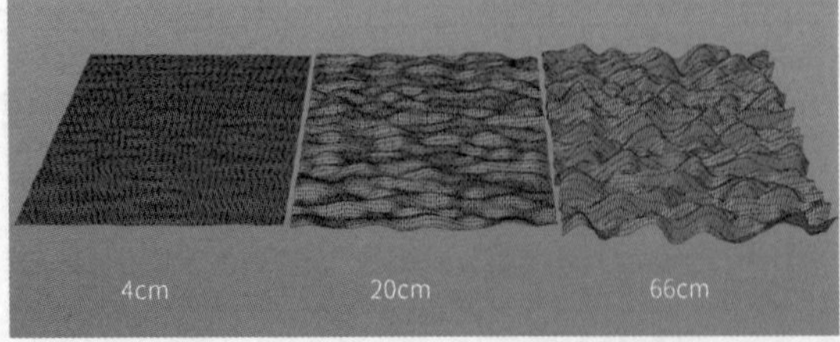

图 2-372

2.5.6 碰撞

使用“碰撞”变形器可以模拟出物体碰撞后变形的效果，如图2-373所示。

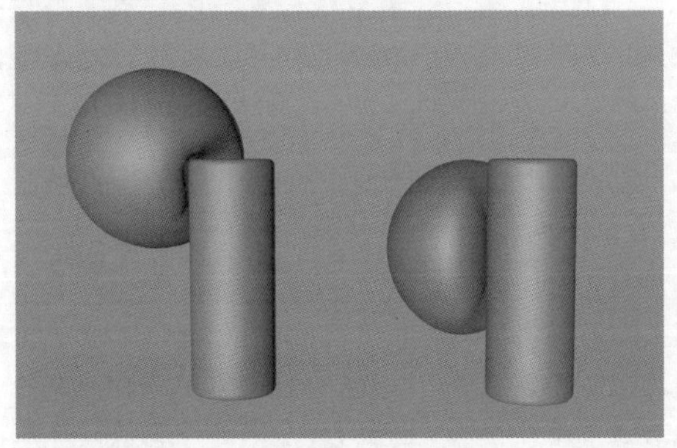

图 2-373

创建一个圆柱体模型，设置“半径”为65cm，“高度”为350cm，“高度分段”为6，“旋转分段”为67，勾选“圆角”选项，设置“半径”为9cm，如图2-374所示。

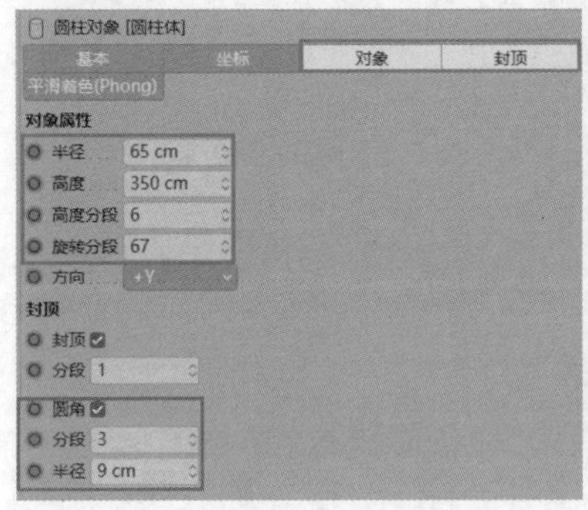
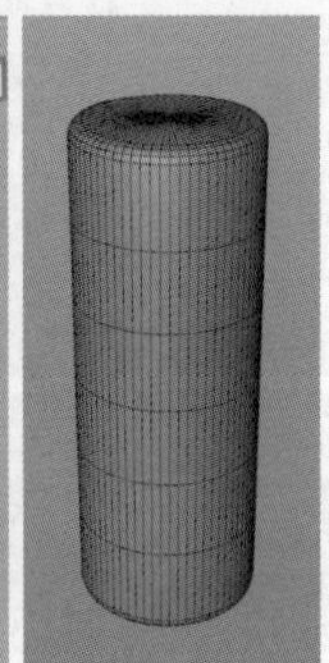

图 2-374

创建一个球体模型，设置“半径”为140cm，“分段”为50，然后调整两个模型的位置，如图2-375所示。

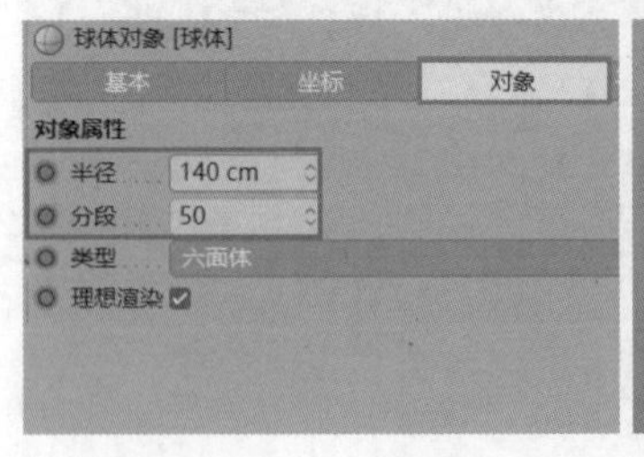
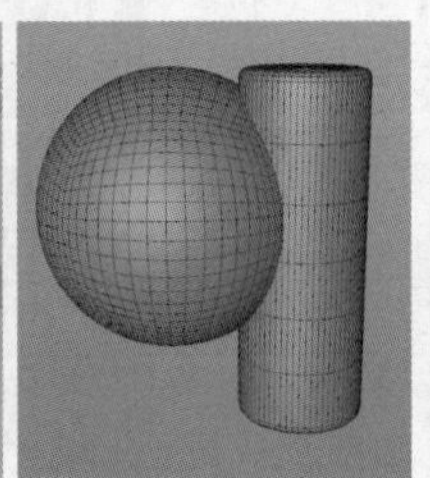

图 2-375

添加“碰撞”变形器，然后将“碰撞”对象置于“球体”对象的子层级，再将“圆柱体”对象置于“碰撞器”选项卡的“对象”选项中，如图2-376所示。

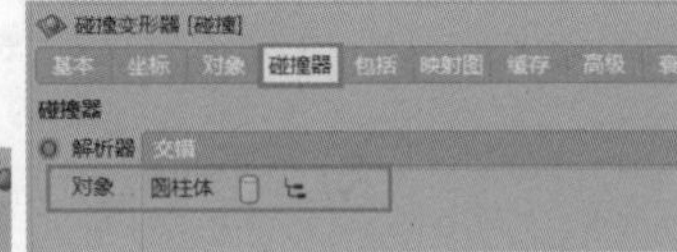

图 2-376

此时，可能会得到两种效果，如图2-377所示。左侧的模型为球体碰撞到圆柱体后被压扁了，右侧的模型为球体碰到圆柱体后被拉伸了。这是距离造成的，若球体与圆柱体距离较远，就是球体被压扁的效果；若球体与圆柱体距离较近，球体就被拉伸了。

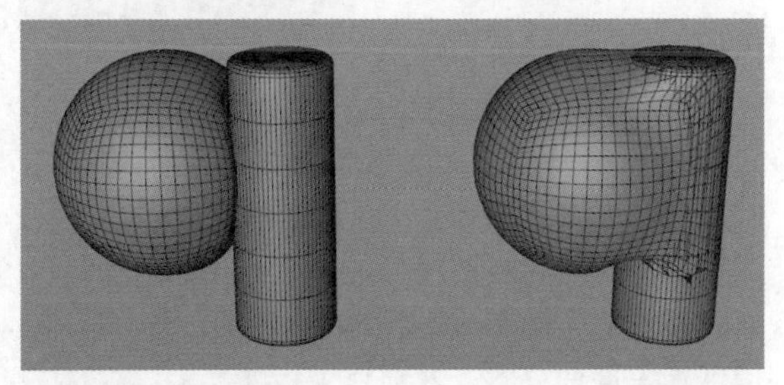

图 2-377

设置“解析器”为“内部”，则球体产生被拉伸的效果，如图2-378所示。

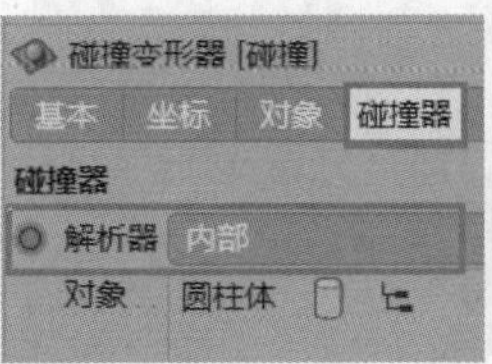

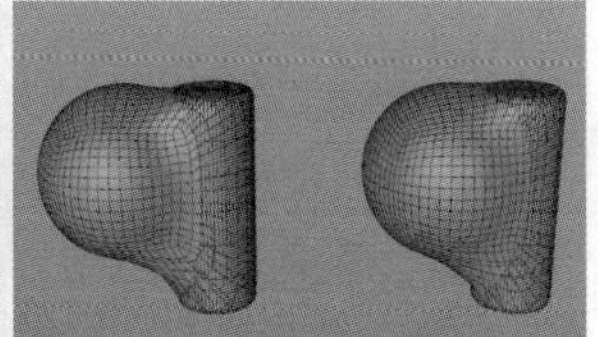

图 2-378

设置“解析器”为“外部”，则球体产生被压扁的效果，如图2-379所示。

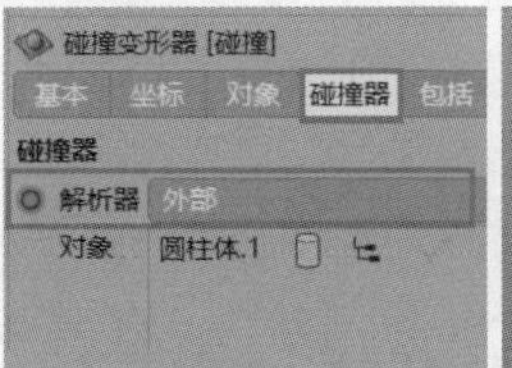

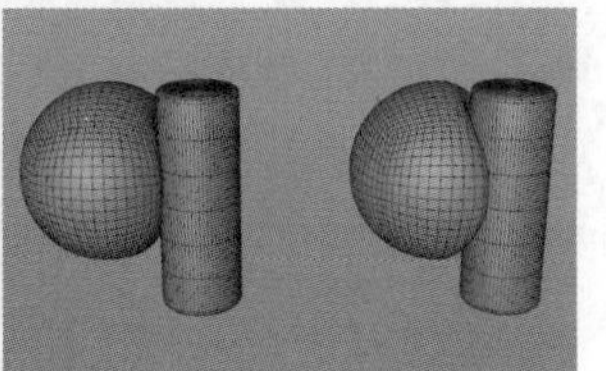

图 2-379

在外部碰撞时，模型经常会出现交错的情况，如图2-380所示。此时，可以通过调整“高级”选项卡中的“松弛”与“硬度”来优化模型。设置“松弛”为1，“硬度”为0%，这样交错的模型就变平滑了，如图2-381所示。

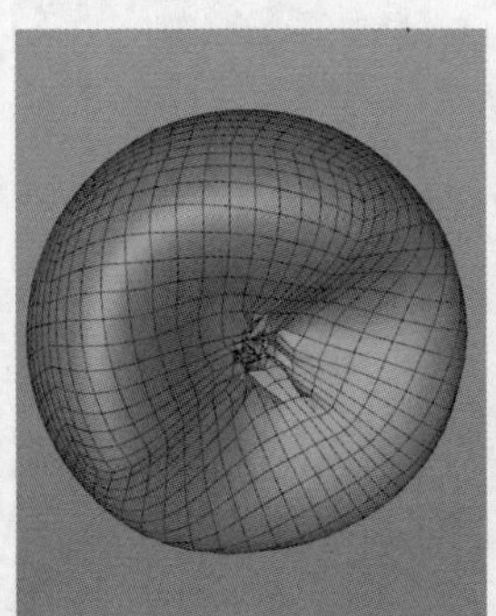

图 2-380

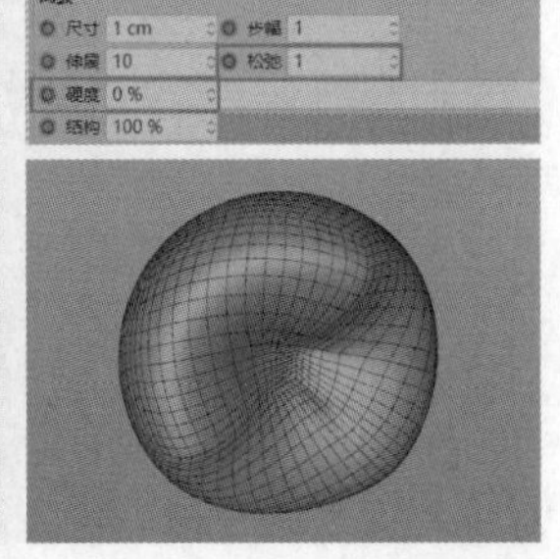

图 2-381

2.5.7 扭曲

使用“扭曲”变形器可以将模型扭曲，制作出螺旋的效果，如图2-382所示。

图 2-382

创建一个立方体模型，如图2-383所示。添加“扭曲”变形器，“扭曲”变形器显示为蓝紫色线框，默认不会作用于模型，效果如图2-384所示。

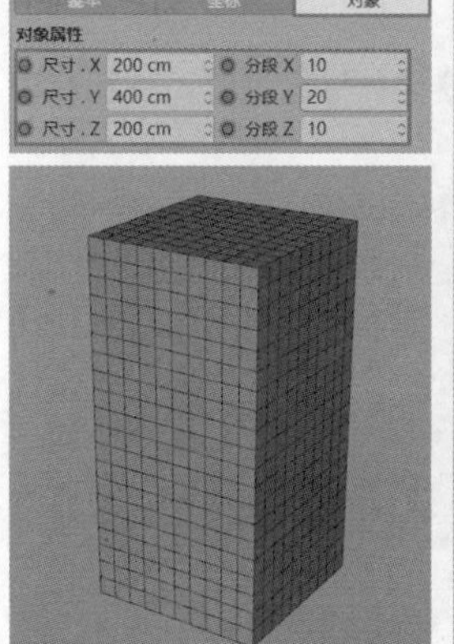

图 2-383

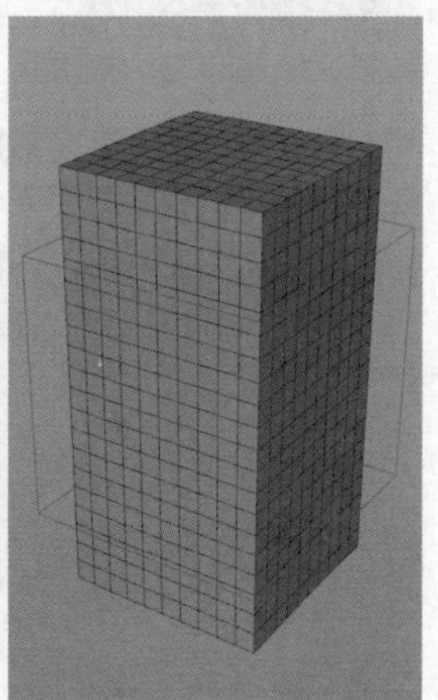

图 2-384

单击“匹配到父级”按钮匹配到父级，让“扭曲”变形器的大小与模型匹配，效果如图2-385所示。

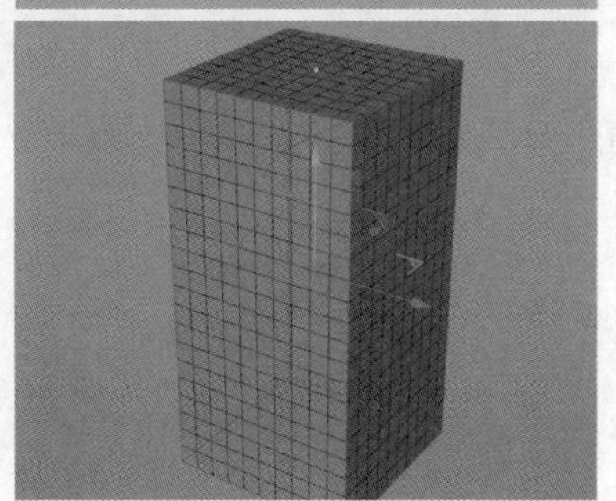

图 2-385

将“扭曲”对象置于“立方体”对象的子层级，然后设置“角度”为130°，这样模型就变成了螺旋状，如图2-386所示。设置“角度”为360°，效果如图2-387所示。

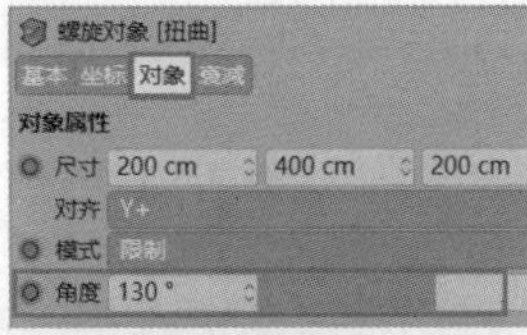

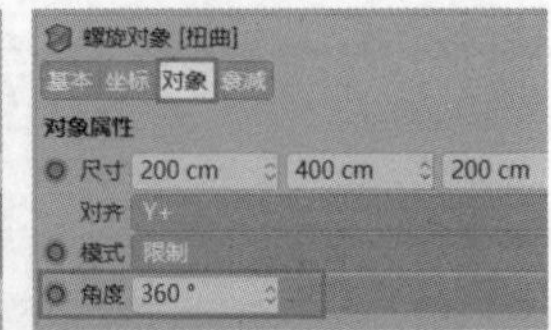

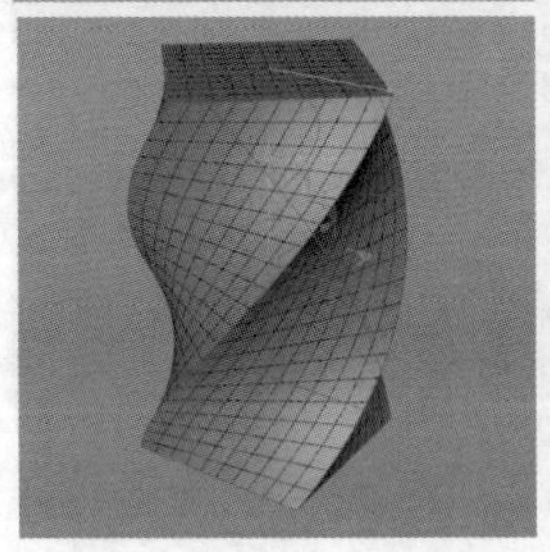

图 2-386

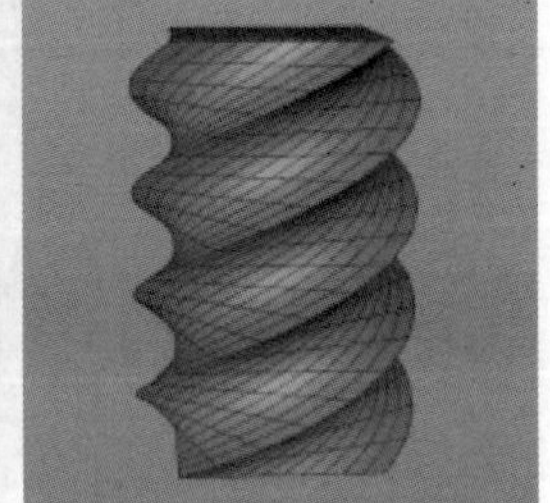

图 2-387

2.5.8 包裹

使用“包裹”变形器可以将模型变为柱状或球状，如图2-388所示。

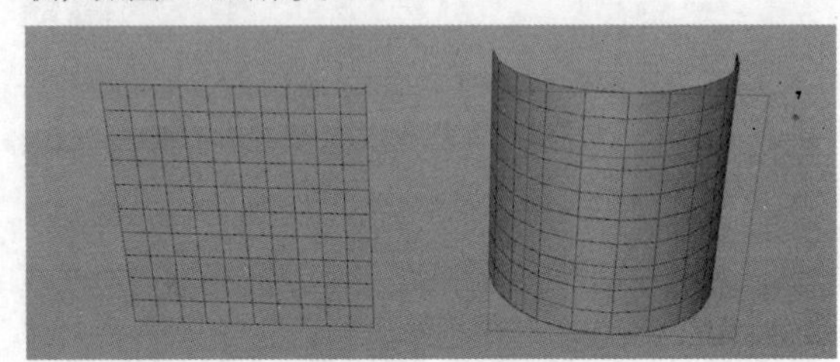

图 2-388

创建一个平面模型，设置“方向”为“+Z”，如图2-389所示。添加“包裹”变形器，“包裹”变形器显示为蓝紫色线框，默认不会作用于模型，效果如图2-390所示。

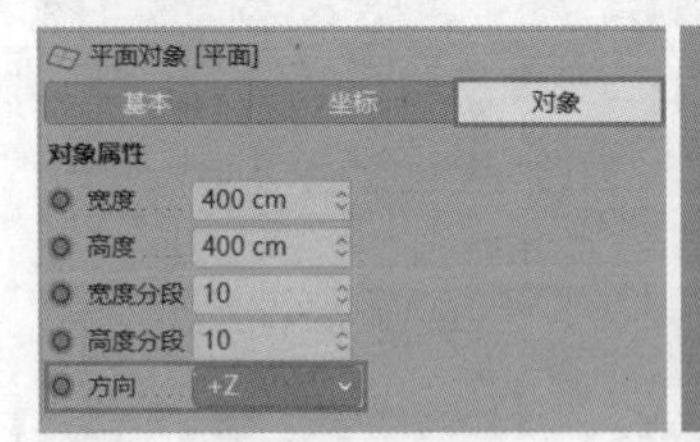

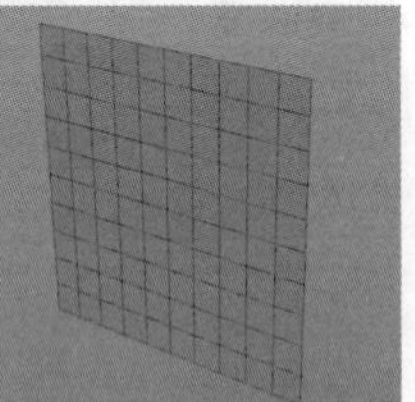

图 2-389

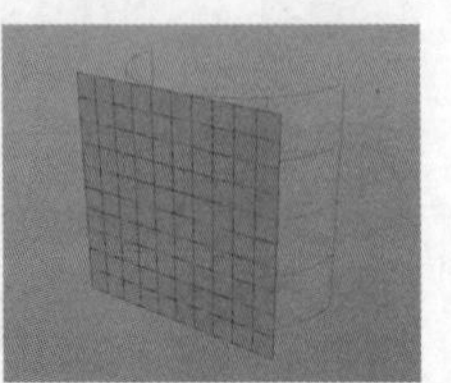

图 2-390

将“包裹”对象置于“平面”对象的子层级，此时平面模型就变形为曲面了，效果如图2-391所示。

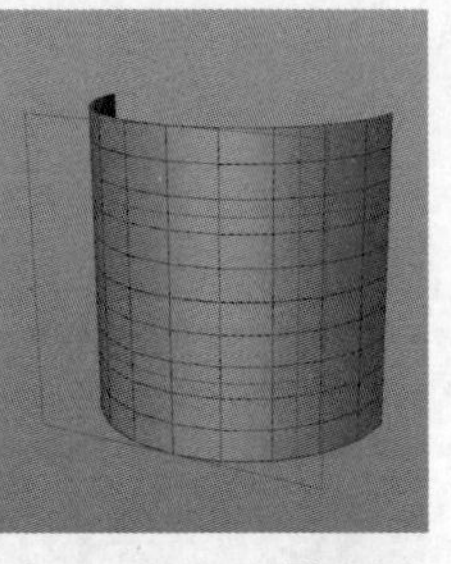

图 2-391

“对象”选项卡中的“宽度”用于控制包裹前模型的宽度，“宽度”值越小，包裹后的模型曲面越长。分别设置“宽度”为245cm、400cm和900cm，效果如图2-392所示。

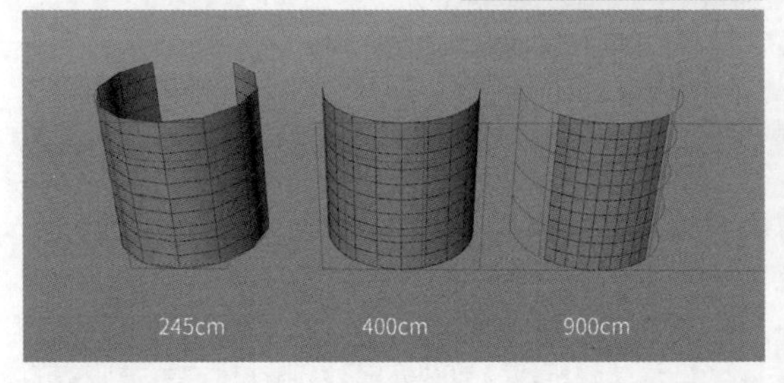

图 2-392

“半径”用于控制包裹后模型的半径大小，“半径”值越大，模型的半径越大。分别设置“半径”为80cm、200cm和400cm，效果如图2-393所示。

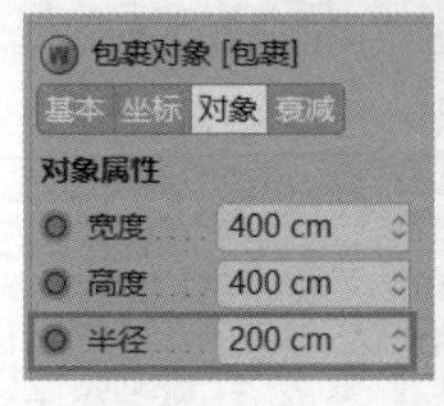

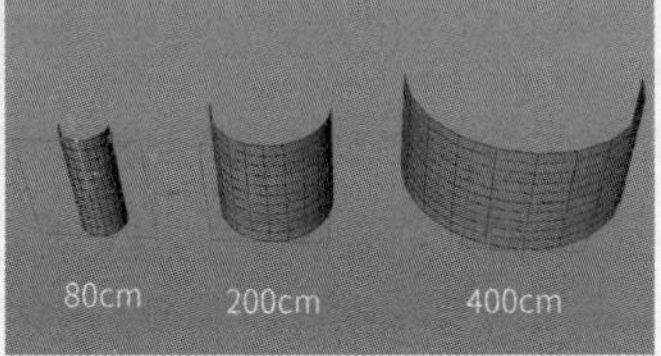

图 2-393

默认包裹的形状是“柱状”，设置“包裹”为“球状”，这样包裹后的模型就变成了球状，如图2-394所示。

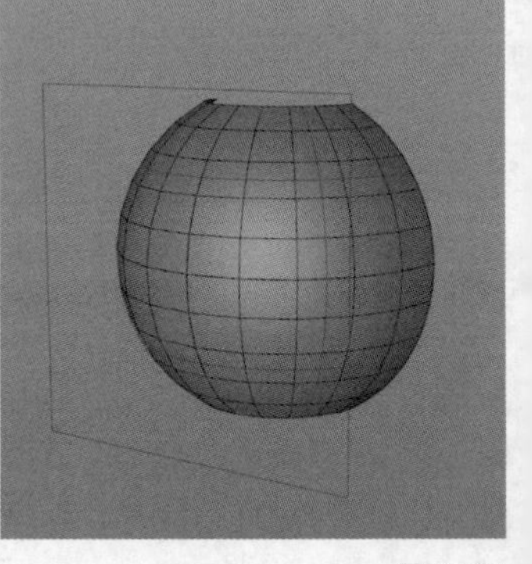

图 2-394

2.5.9 收缩包裹

使用“收缩包裹”变形器可以把模型贴合到另一个模型的表面上，如图2-395所示。

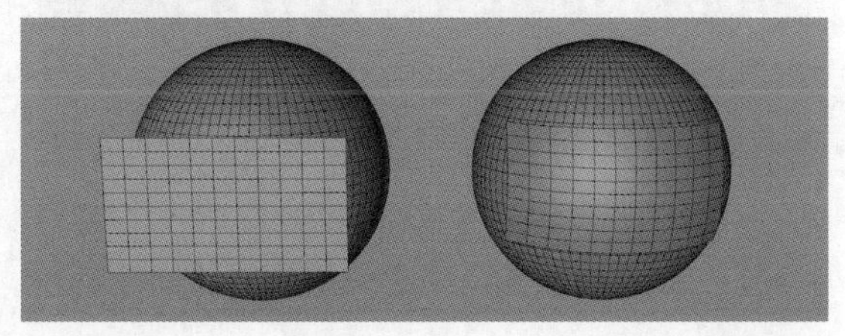

图 2-395

创建一个球体模型，如图2-396所示。再创建一个平面模型，如图2-397所示。将平面模型置于球体模型的前方，如图2-398所示。

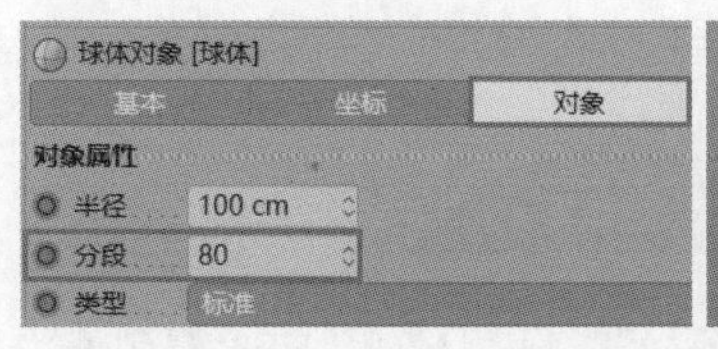

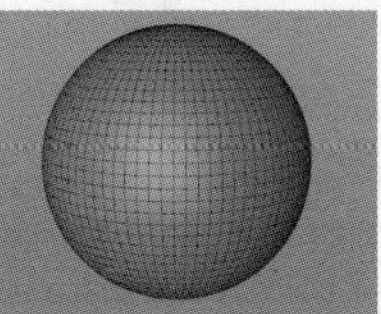

图 2-396

平面对象 [平面.1]
基本 坐标 对象
对象属性
宽度 150 cm
高度 90 cm
宽度分段 11
高度分段 10
方向 +Z

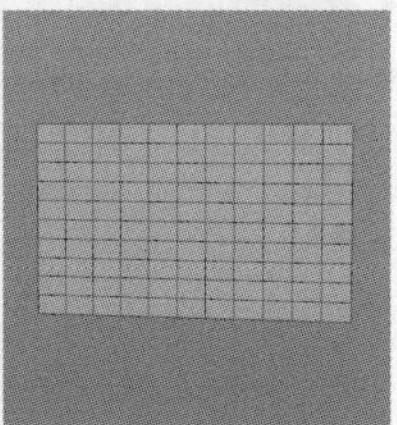

图 2-397

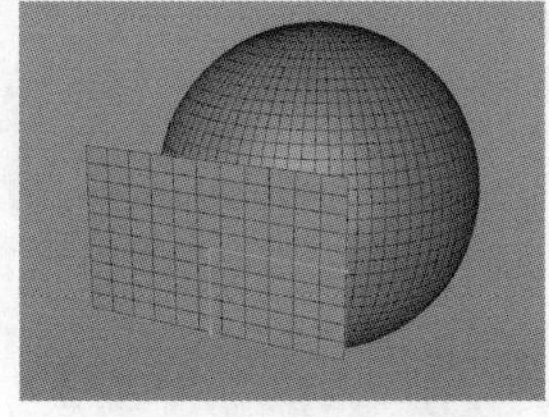

图 2-398

添加“收缩包裹”变形器，将“收缩包裹”对象置于“平面”对象的子层级中，如图2-399所示。设置“目标对象”为“球体”，这样平面就贴合到了球体的表面上，如图2-400所示。

图 2-399

收缩缠绕变形对象 [收缩包裹]
基本 坐标 对象 衰减
对象属性
目标对象 球体
模式 沿着法线
强度 100 %
最大距离 1000 cm

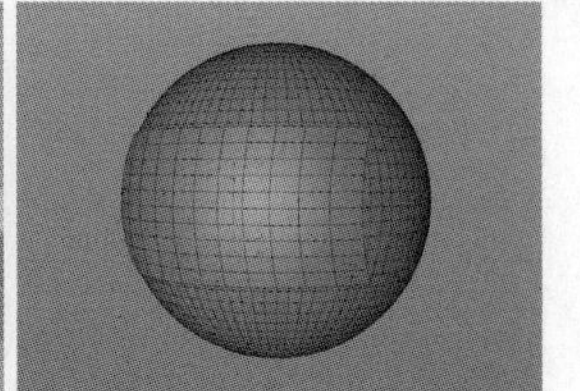

图 2-400

2.5.10 公式

使用“公式”变形器可以做出波浪的变形效果，如图2-401所示。

图 2-401

创建一个平面模型，设置“宽度分段”和“高度分段”均为100，分段增加了，模型的线就增加了，这样便可以制作更多的细节，如图2-402所示。添加“公式”变形器，“公式”变形器显示为蓝紫色线框，默认不会作用于模型，如图2-403所示。

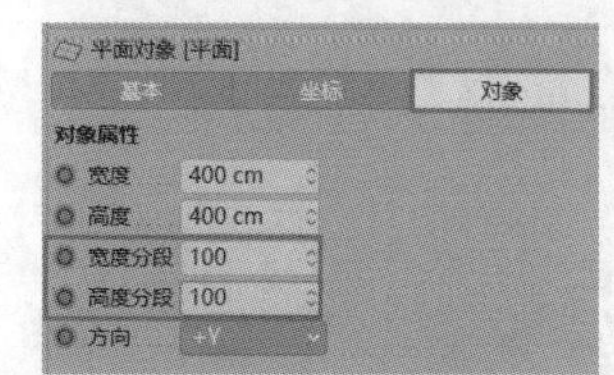

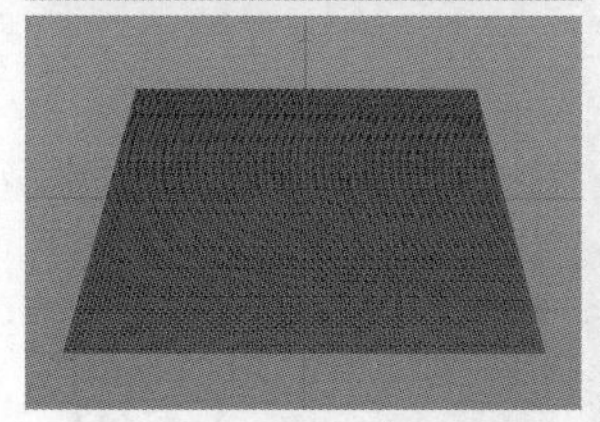

图 2-402

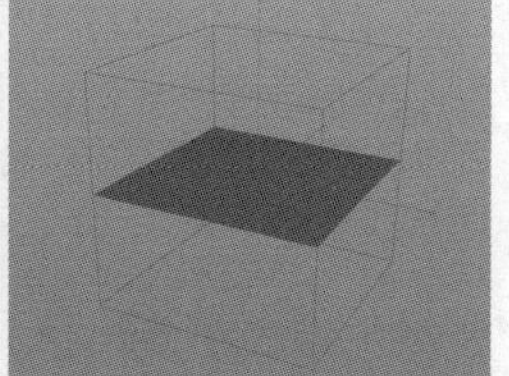

图 2-403

将“公式”对象置于“平面”对象的子层级，公式就成功应用到了模型上，模型就呈现出类似波浪的效果，如图2-404所示。

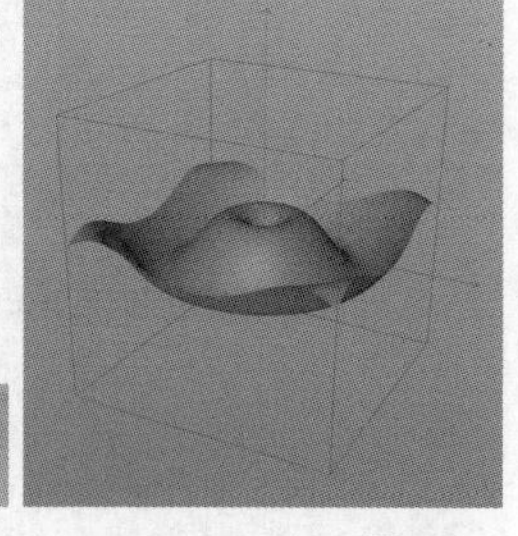

图 2-404

设置“尺寸”为100cm、400cm和100cm，模型的波浪也随之变大了，效果如图2-405所示。

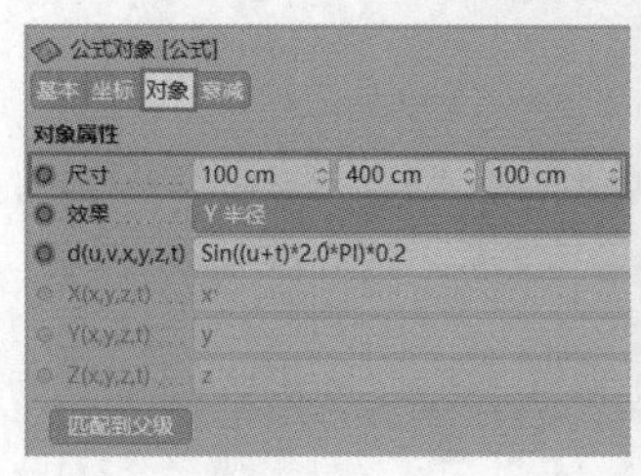

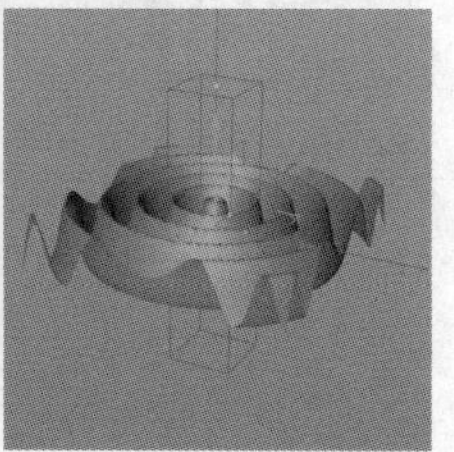

图 2-405

设置“尺寸”为100cm、100cm和100cm，模型的波浪也随之变小了，如图2-406所示。

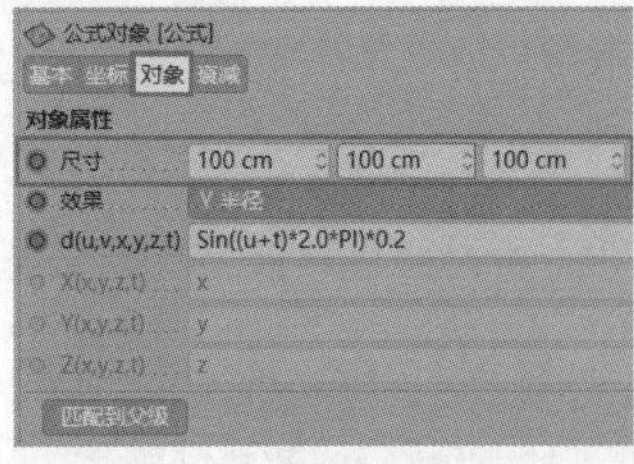

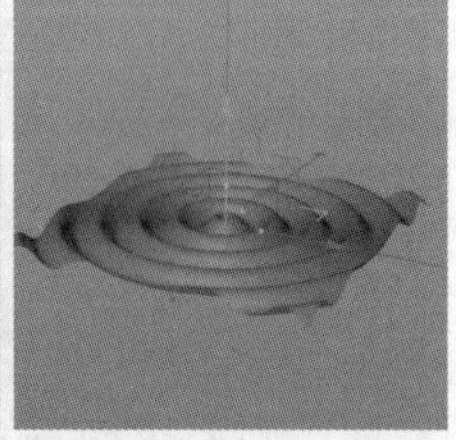

图2-406

技术专题：使用“公式”变形器制作心形模型

创建一个球体模型，然后设置“分段”为150，这样模型的布线就增加了。有了足够的线，模型变形后才能光滑，如图2-407所示。

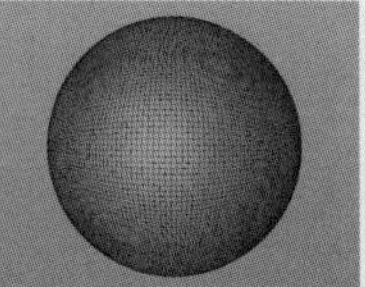

图2-407

添加“公式”变形器，然后将“公式”对象置于“球体”对象的子层级，这样“公式”变形器就对球体模型产生了作用，效果如图2-408所示。

设置“尺寸”为800cm、500cm和2000cm，如图2-409所示。

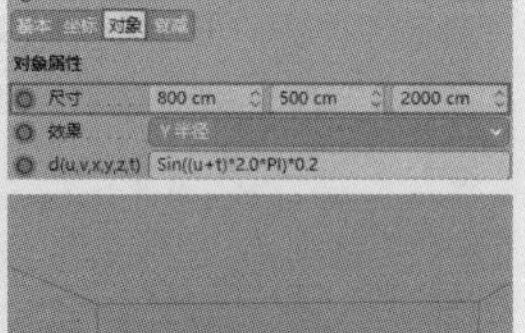

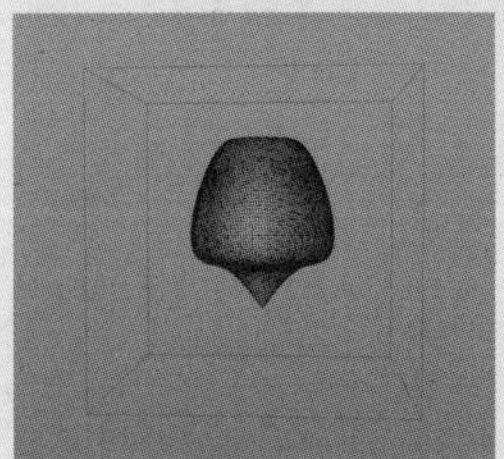

图2-408　　图2-409

旋转到侧面观察，模型偏厚，如图2-410所示。在“坐标”选项卡中，设置“S.Z”为0.7，这样模型就变薄了，如图2-411和图2-412所示。

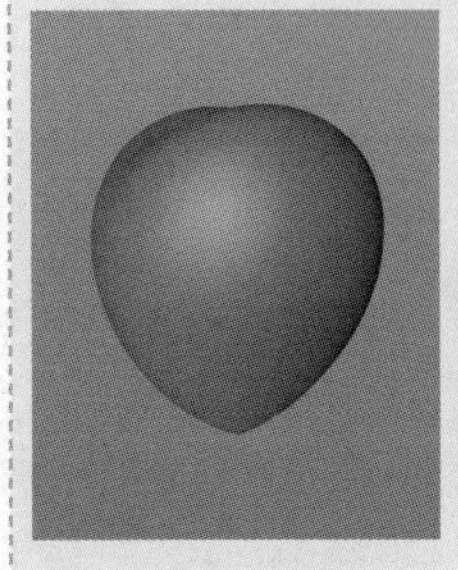

图2-410　　图2-411

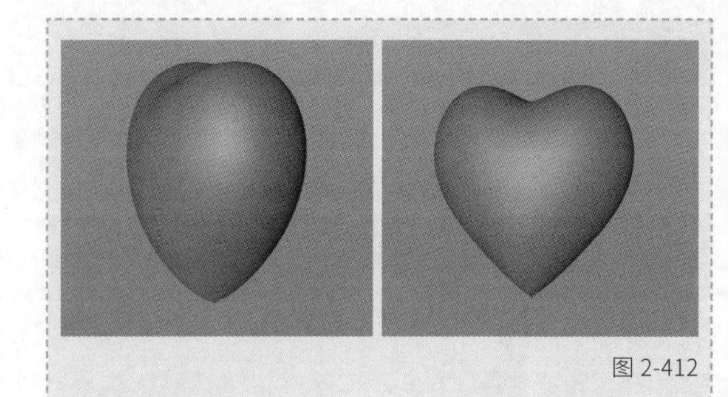

图2-412

2.6 体积建模

使用体积建模工具可以把模型转换为体素模型进行运算，而不用在乎布线。

2.6.1 体积生成

创建一个圆柱体模型，如图2-413所示。复制圆柱体模型，并将其旋转90°，得到两个圆柱体交叉的模型，如图2-414所示。

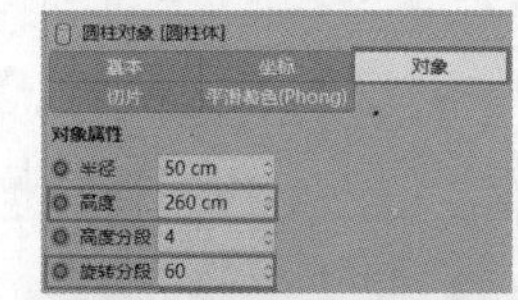

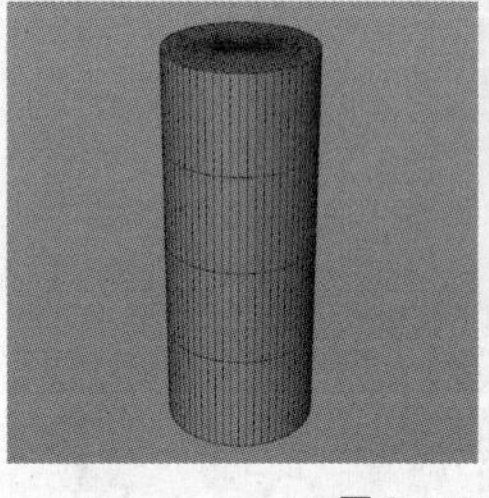

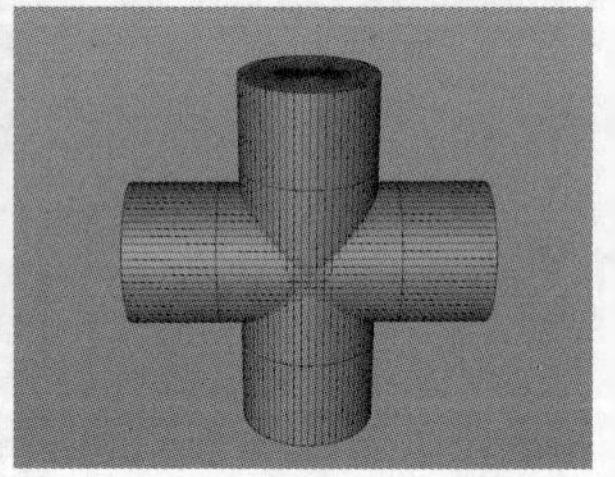

图2-413　　图2-414

添加“体积生成”生成器，将两个“圆柱体”对象置于“体积生成”对象的子层级中，此时模型就变成了体素模型，像是由一个个小立方体组合而成的，如图2-415所示。而这一个个小立方体的尺寸就是“体素尺寸”，如图2-416所示。

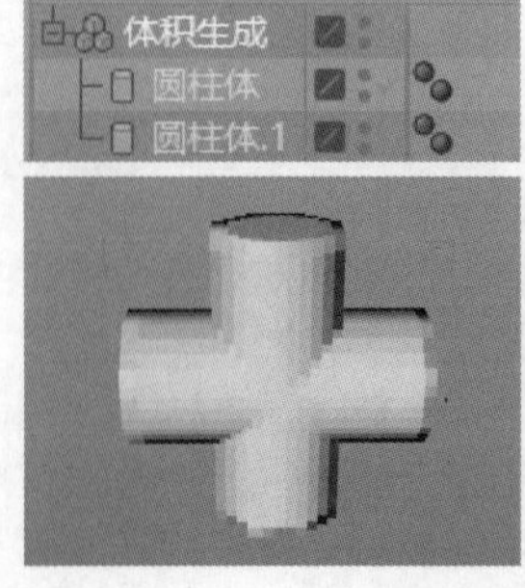

图2-415　　图2-416

分别设置“体素尺寸”为25cm、10cm和3cm，效果如图2-417所示。“体素尺寸”值越大，模型越粗糙；“体素尺寸”值越小，模型越精细，占用的内存也就越多。

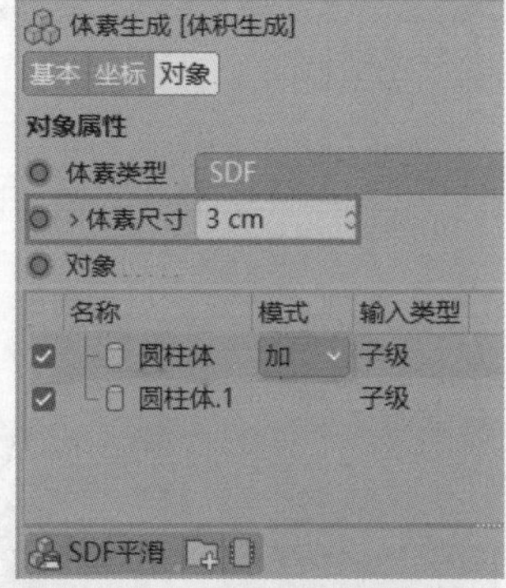

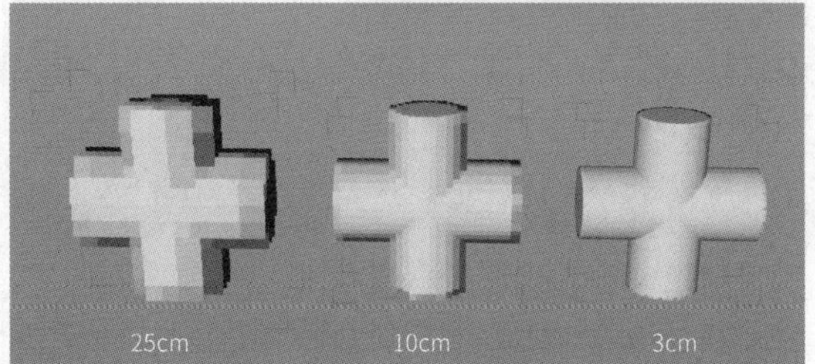

图2-417

创建一个球体模型，并置于“体积生成”对象的子层级中。模型默认的“模式”是“加”，获得的就是模型相加的结果。图2-418所示为刚加入的球体模型与原来的模型融为一体了。

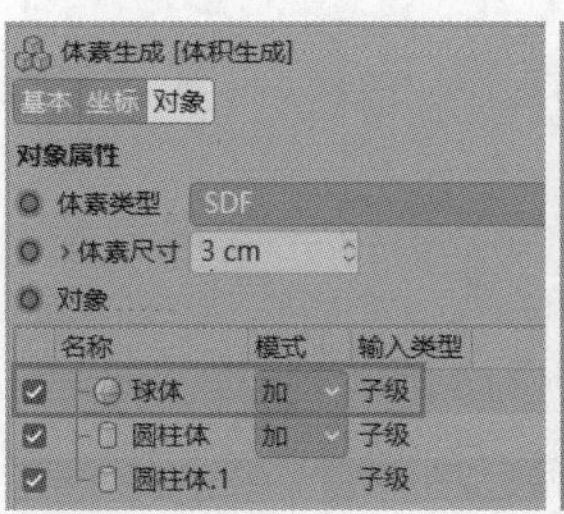

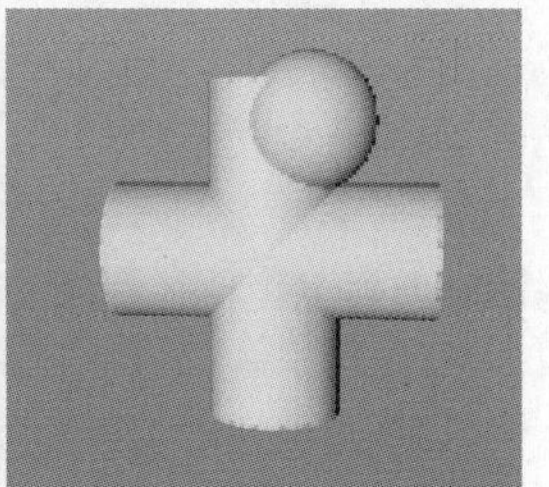

图2-418

设置球体模型的“模式”为“减”，这样原来的模型就减去了球体模型，如图2-419所示。

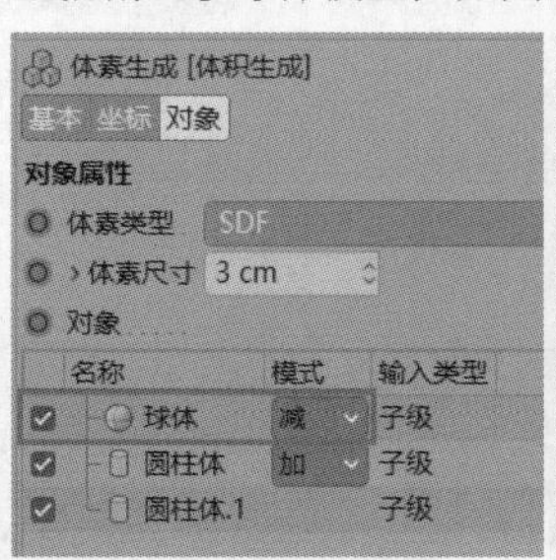

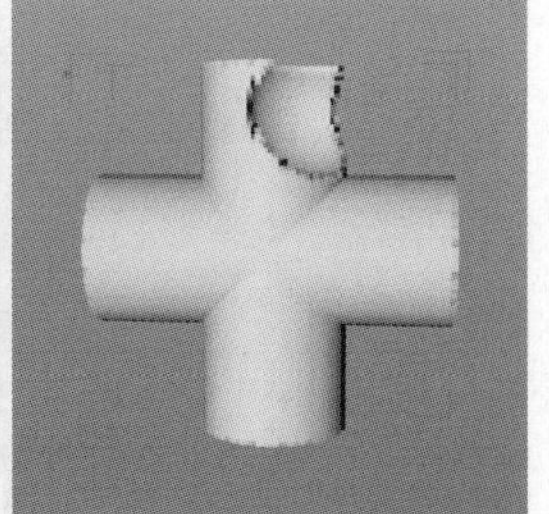

图2-419

技巧提示 体素状态时只用考虑模型外形，不够就加，多了就减，无须调整参数。这样使用起来非常简单，可以高效完成一些复杂模型的制作。

2.6.2 SDF平滑

使用“体积生成”生成器生成的模型有锯齿感，可以使用“SDF平滑”滤镜为模型加入平滑效果，默认加入的“SDF平滑”对象会在层级的上方。加入“SDF平滑”滤镜后，模型就变得平滑了，效果如图2-420所示。

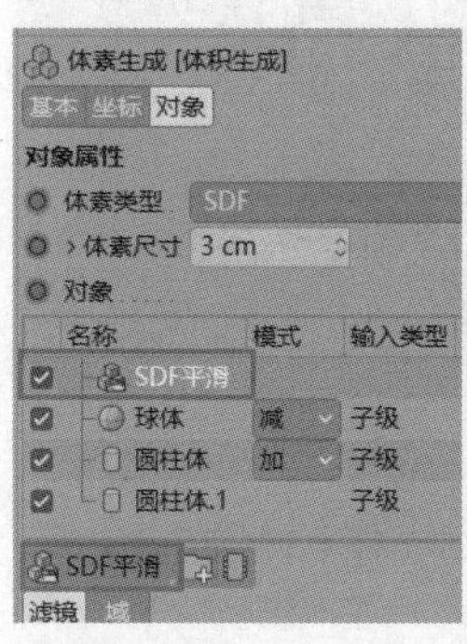

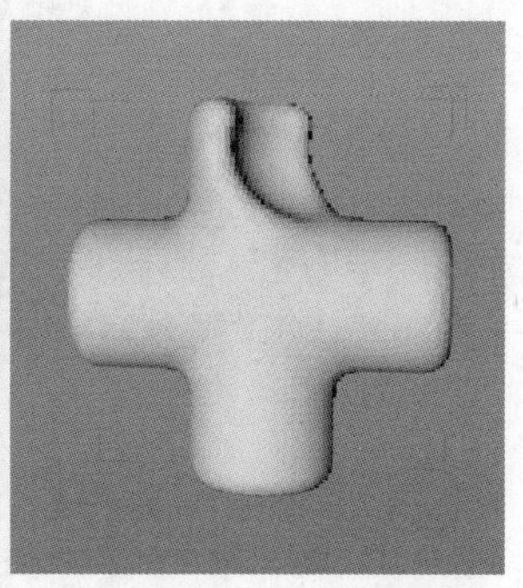

图2-420

“SDF平滑”滤镜只对其下方的模型起作用，若将其放入球体模型的下方，那么球体模型的部分就会变得粗糙，效果如图2-421所示。

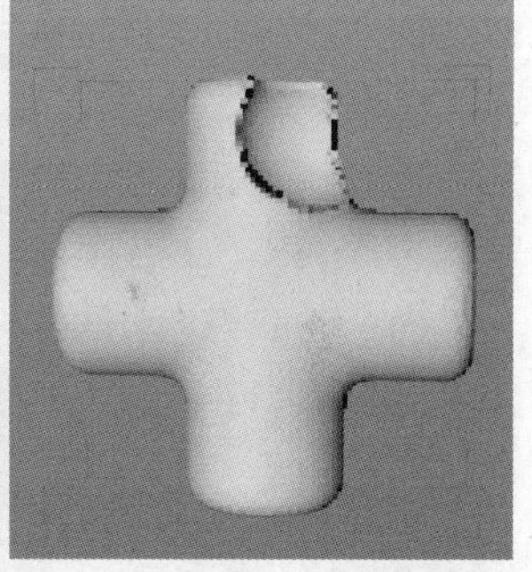

图2-421

“强度”用于控制平滑的强度，“强度”值越大，模型越平滑。分别设置“强度”为20%、50%和100%，效果如图2-422所示。

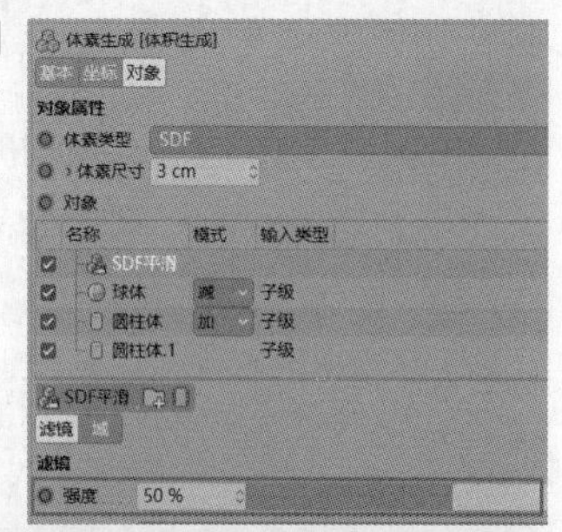

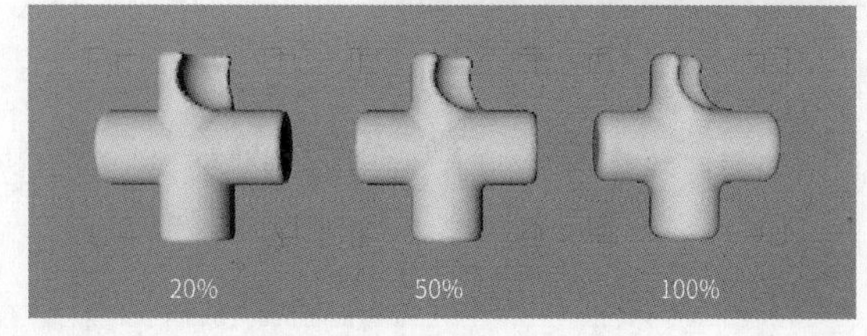

图2-422

2.6.3 体积网格

使用“体积网格”生成器可以为“体积生成”对象添加网格，使其成为实体模型。单击“体积网格”按钮，将“体积生成”对象置于“体积网格”对象的子层级，这样体素模型就有了网格布线，如图2-423所示。

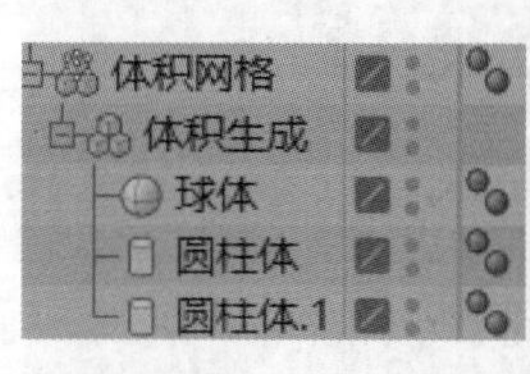

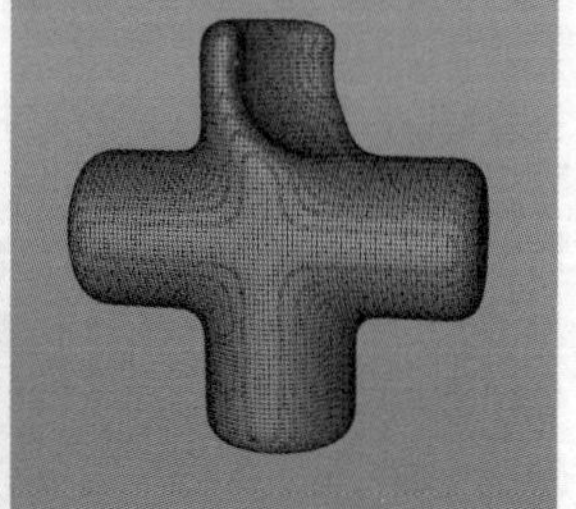

图 2-423

技巧提示 使用“体积生成”生成器生成的体素模型是无法渲染的，使用“体积网格”生成器为其添加网格后才能渲染。

“自适应”用于调整网格的布线。设置“自适应”为1%，这时模型的布线就会自动优化，模型的转折处布线较多，平滑处布线较少，效果如图2-424所示。“自适应”值越大，整体的模型布线就越少，同时会损失一些细节。

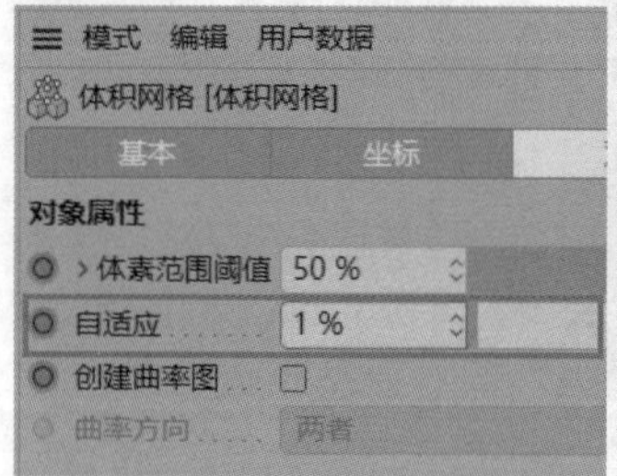

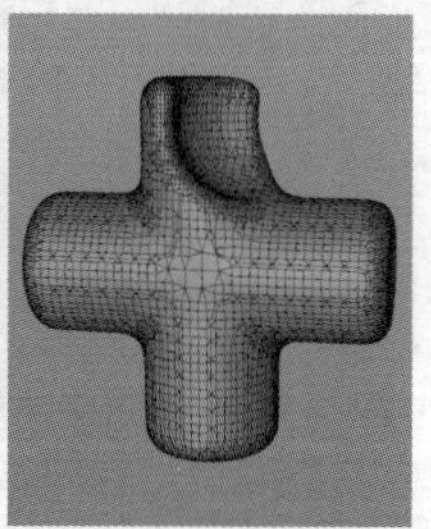

图 2-424

疑难解答 **有时使用“体积网格”生成器添加的布线并不是很理想，那如何优化呢？**

使用“重构网格”生成器可以解决这个问题。添加“重构网格”生成器，将“体积网格”对象置于“重构网格”对象的子层级中。可以看到，为原有对象添加“重构网格”生成器后，布线更加合理，模型也更加平滑，如图2-425所示。

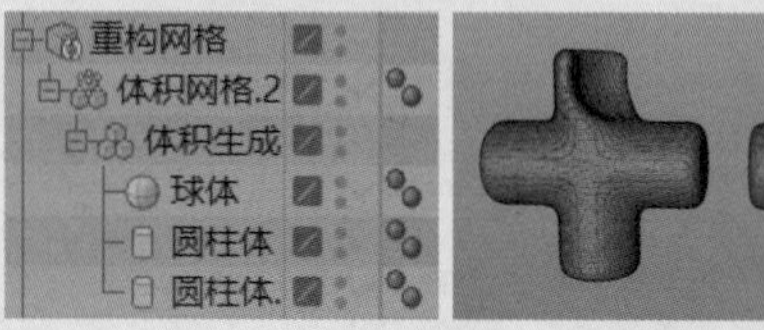

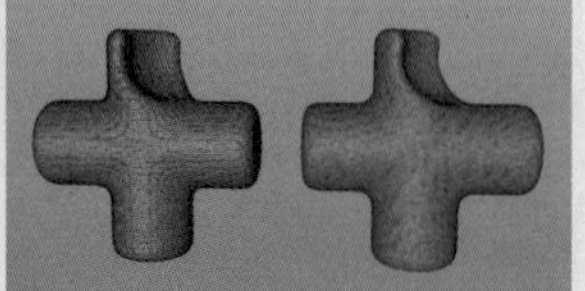

图 2-425

实战：制作云朵模型

◇ 场景位置	无
◇ 实例位置	实例文件 >CH02> 实战：制作云朵模型 .c4d
◇ 视频名称	实战：制作云朵模型 .mp4
◇ 学习目标	掌握体积建模的方法
◇ 操作重点	体积建模的操作流程

本实例将讲解云朵模型的制作方法，参考效果如图2-426所示。

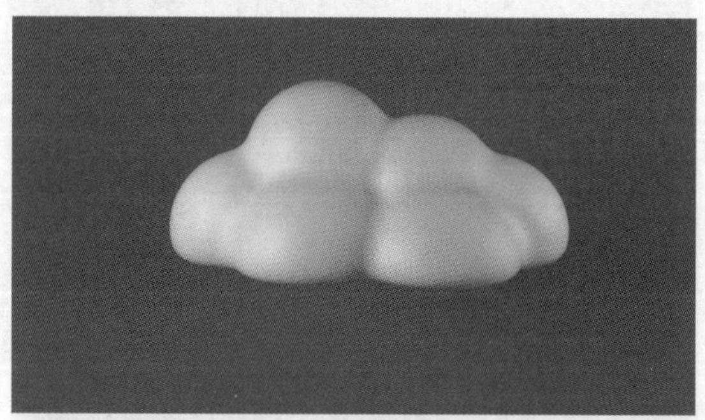

图 2-426

01 创建一个球体模型，设置“分段”为66，如图2-427所示。

图 2-427

技巧提示 需要注意的是，曲面的模型用来做体素时需要增加分段数，这样做出来的模型曲面才平滑。

02 复制出多个球体，将其堆叠成云朵的形态，如图2-428所示。

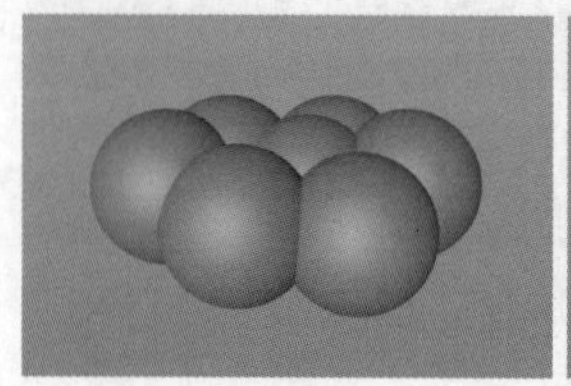

图 2-428

03 添加“体积生成”生成器，然后将上述模型都置于“体积生成”对象的子层级中，设置“体素尺寸”为4cm，如图2-429所示。加入“SDF平滑”滤镜，这样模型就变得平滑了，效果如图2-430所示。

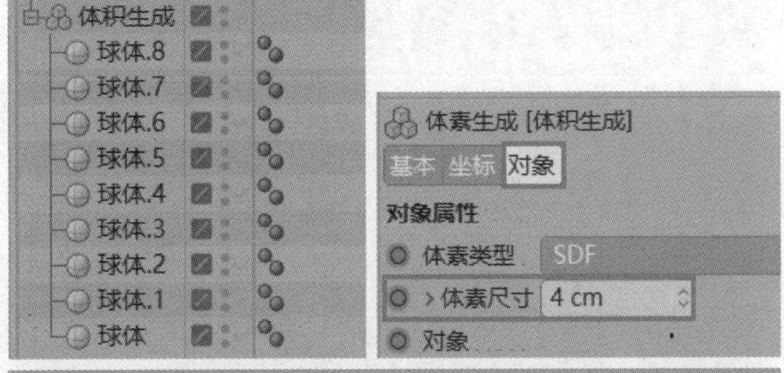

图 2-429

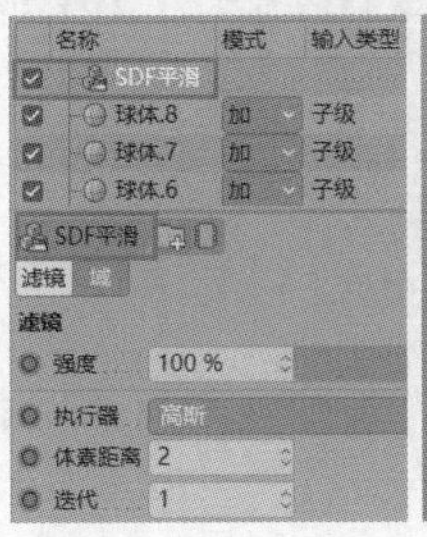

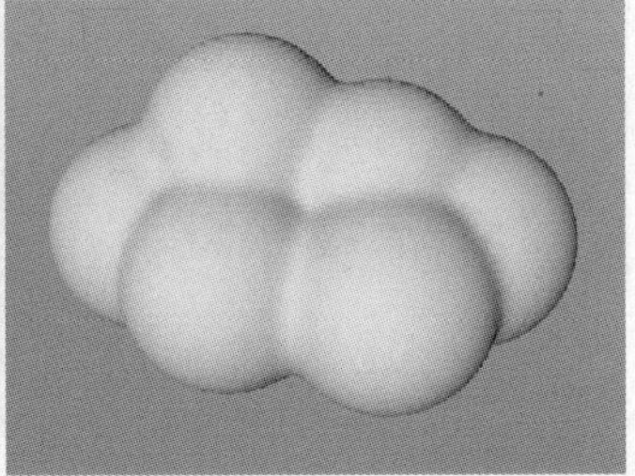

图 2-430

04 使用“体积网格”生成器将云朵变为实体模型，如图2-431所示。

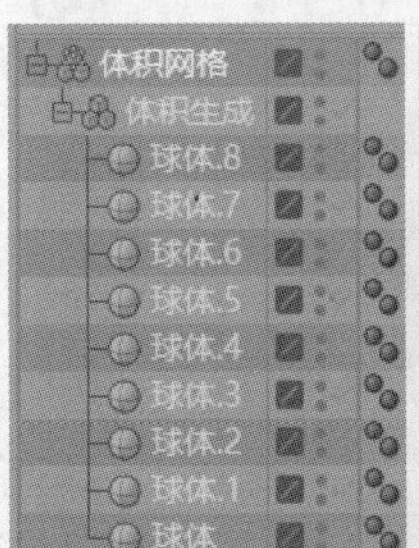

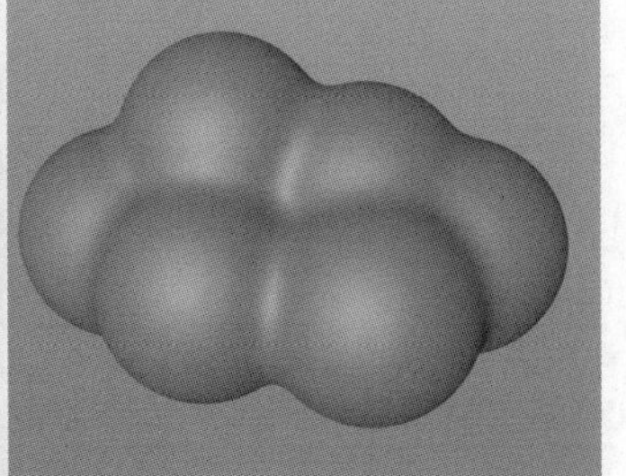

图 2-431

05 将云朵的底部做成平的。创建一个立方体模型，并调整到合适的大小，然后置于云朵下方，如图2-432所示。

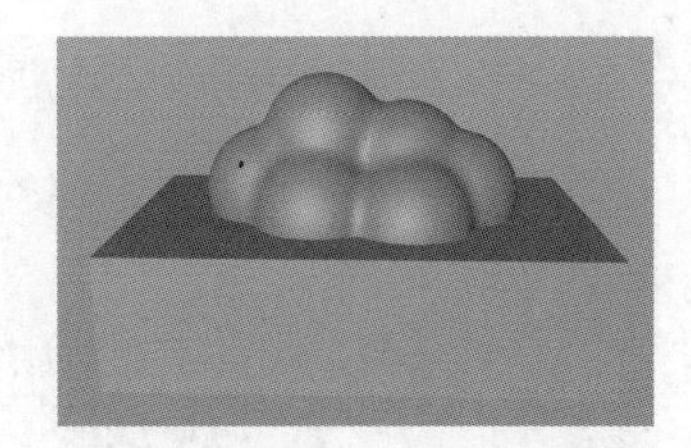

图 2-432

06 将“立方体”对象置于“体积生成”对象的子层级中。在“对象”选项卡中，将“立方体”对象置于“SDF平滑”对象的下方，设置“模式”为“减”，如图2-433所示。最终效果如图2-434所示。

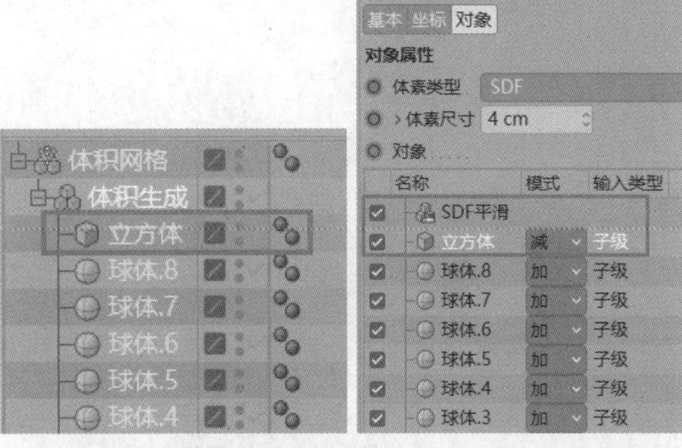

图 2-433

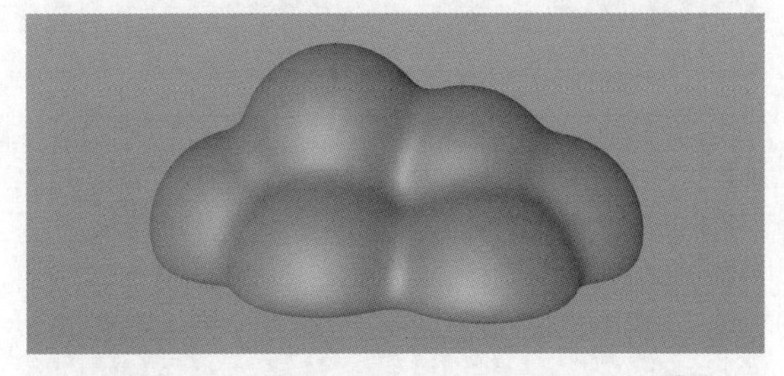

图 2-434

疑难解答 如何判断模型面数是否合适?

这个问题没有绝对的答案。在保证模型细节的情况下，面数越少，软件运行越流畅，只要不出现卡顿就是合适的。如果连移动模型或旋转视图都会卡顿，那么体积模型肯定有问题，制作时需要合理控制“尺寸”与“重构网格”的“网格密度”。

实战：制作水滴模型

◇ 场景位置	无
◇ 实例位置	实例文件 >CH02> 实战：制作水滴模型 .c4d
◇ 视频名称	实战：制作水滴模型 .mp4
◇ 学习目标	掌握体积建模的方法
◇ 操作重点	体积建模的操作流程

本实例将讲解制作水滴模型的方法，参考效果如图2-435所示。

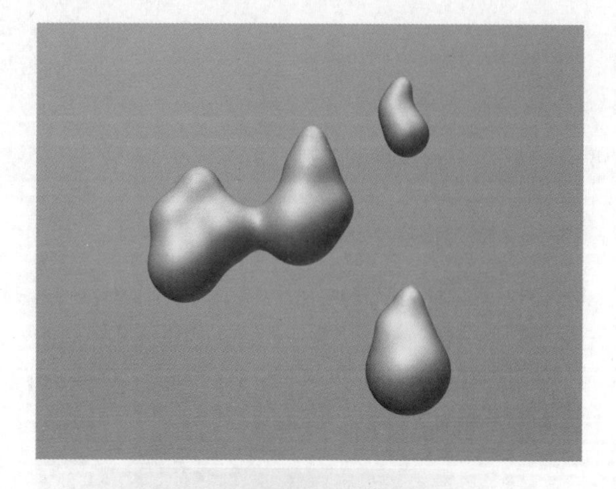

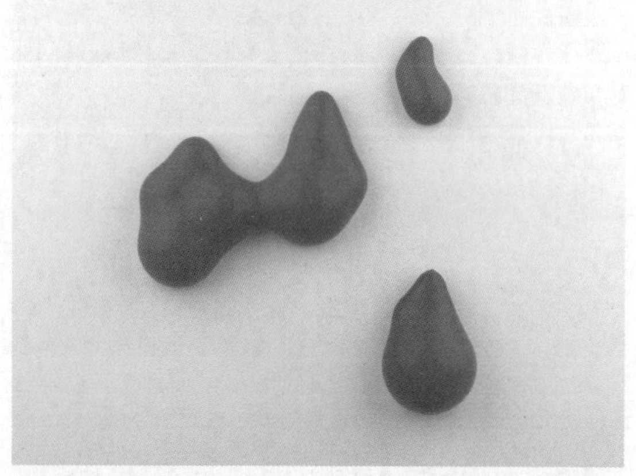

图 2-435

01 创建3个球体模型，将它们堆叠在一起，然后使用“体积生成”生成器将它们合并为一个新的对象，再添加“SDF平滑”滤镜，如图2-436所示。

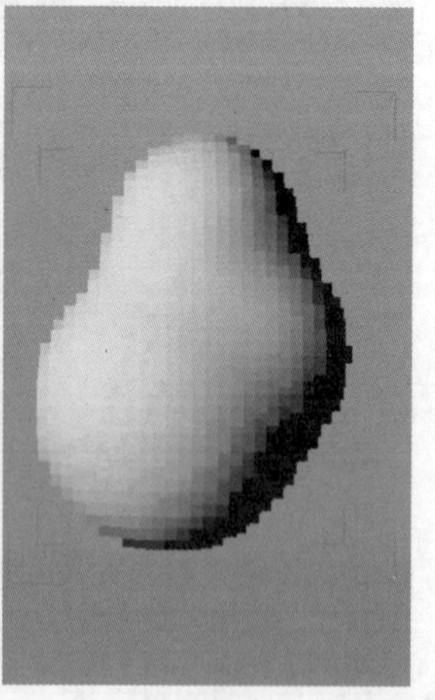

图 2-436

02 用同样的方法创建更多的球体模型，然后使用“体积生成”生成器将它们合并为新的对象，再使用“SDF平滑”滤镜使其呈水滴状，如图2-437和图2-438所示。

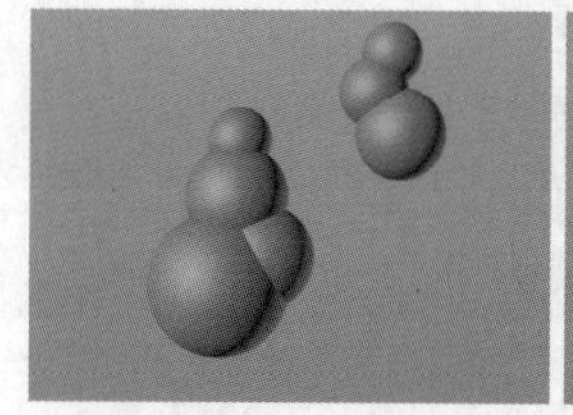

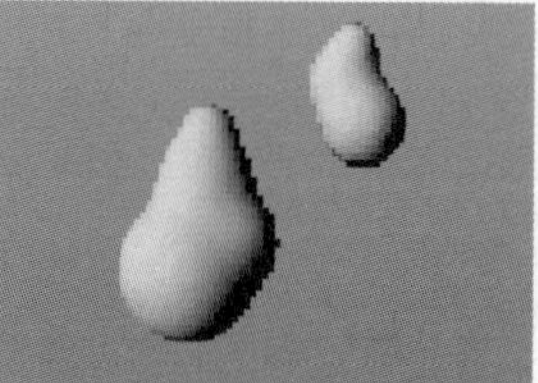

图 2-437

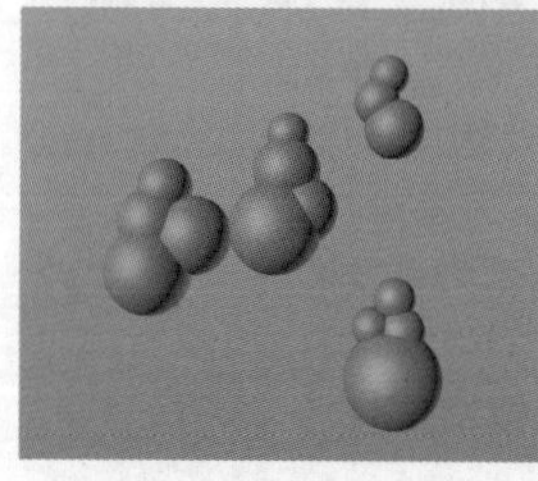

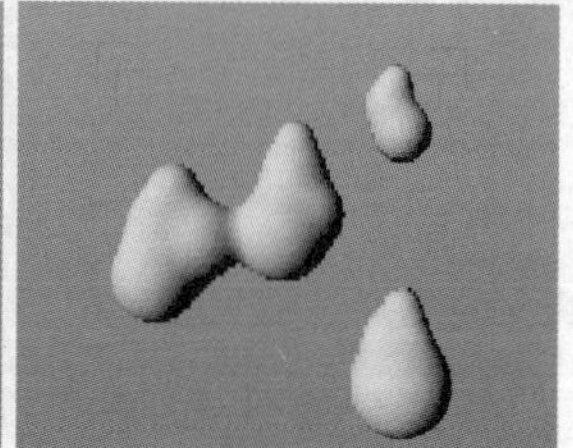

图 2-438

03 使用“体积网格”生成器将这些对象变为实体模型，最终效果如图2-439所示。

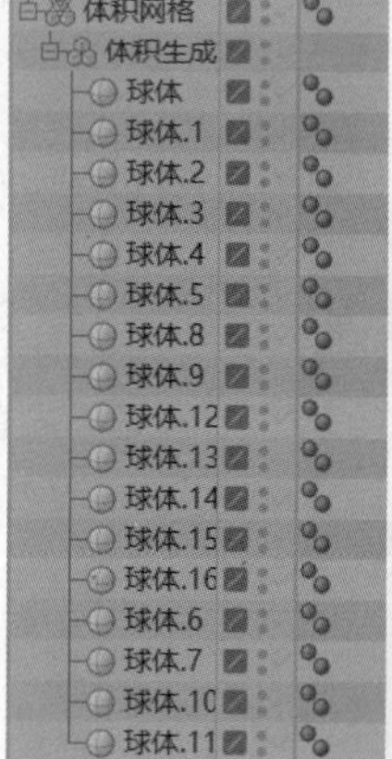

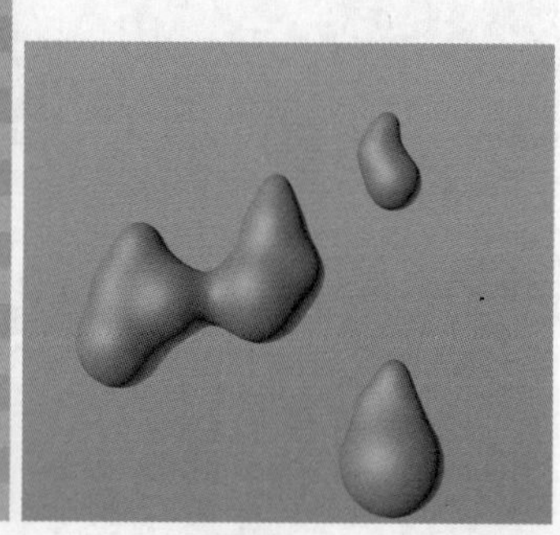

图 2-439

技巧提示 在产品模型表面加入水滴，可以制作出产品被水打湿的效果，如图2-440所示。

图 2-440

实战：制作卡通树模型

◇ 场景位置	无
◇ 实例位置	实例文件 >CH02> 实战：制作卡通树模型 .c4d
◇ 视频名称	实战：制作卡通树模型 .mp4
◇ 学习目标	掌握体积建模的方法
◇ 操作重点	体积建模的操作流程

本实例将讲解制作卡通树模型的方法，参考效果如图2-441所示。虽然树的模型比较复杂，但都是用基本的几何体组合而成的，此处使用了立方体模型与圆柱体模型。

图 2-441

01 创建一个立方体模型，并将其适当缩小，如图2-442所示。

立方体对象 [立方体]
基本 坐标 对象
对象属性
尺寸 . X 118.327 cm 分段 X 1
尺寸 . Y 100.844 cm 分段 Y 1
尺寸 . Z 146.979 cm 分段 Z 1

图 2-442

02 复制一个立方体模型，并将其缩得更小，然后拖曳至大立方体模型的右侧，如图2-443所示。

立方体对象 [立方体.1]
基本 坐标 对象
对象属性
尺寸 . X 118.327 cm 分段 X 1
尺寸 . Y 61.502 cm 分段 Y 1
尺寸 . Z 72.721 cm 分段 Z 1

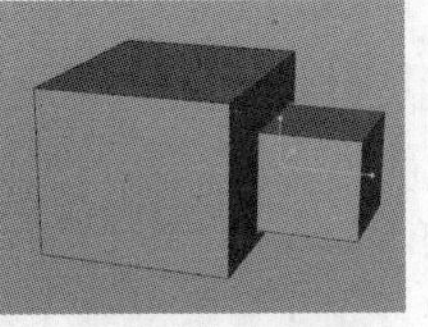

图 2-443

03 采用相同的方法创建两个小立方体模型，分别插入大立方体模型的左侧和上方，如图2-444所示。

立方体对象 [立方体.3]
基本 坐标 对象
对象属性
尺寸 . X 58.381 cm 分段 X 1
尺寸 . Y 81.289 cm 分段 Y 1
尺寸 . Z 72.721 cm 分段 Z 1

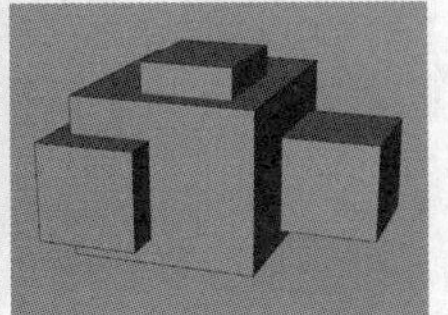

图 2-444

04 创建一个圆柱体模型，将其作为树干并置于前面制作的模型的下方，如图2-445所示。

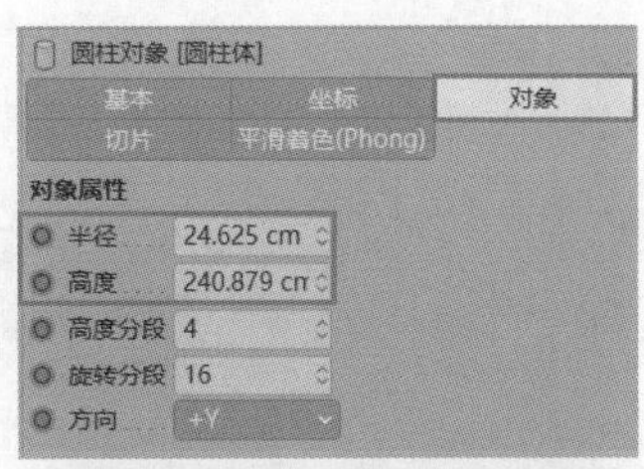

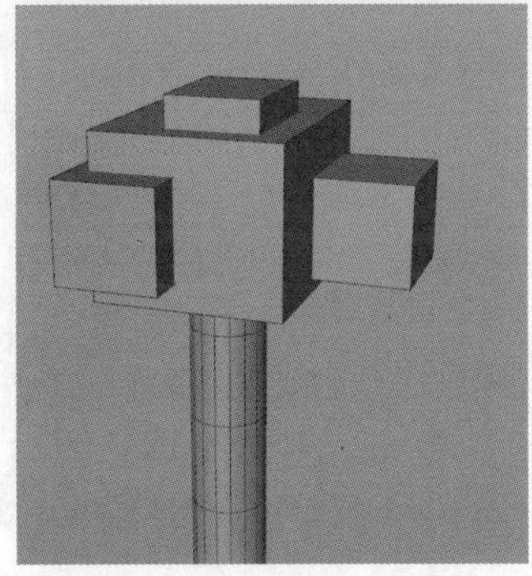

图 2-445

05 创建两个圆柱体模型，并将其适当缩小，置于树干的两侧作为枝干，如图2-446和图2-447所示。

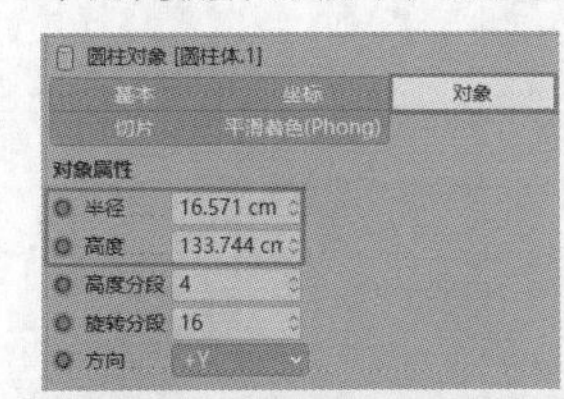

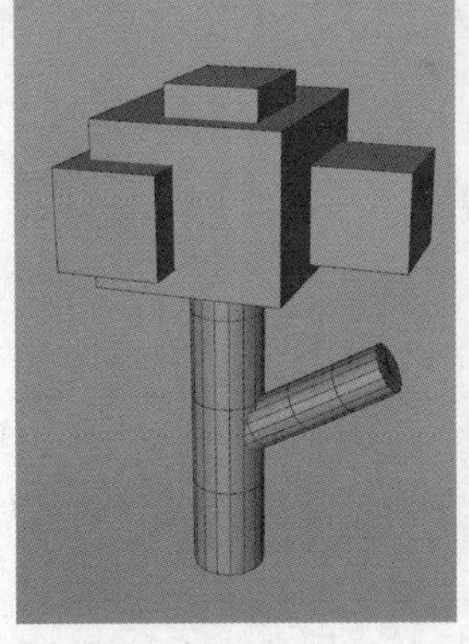

图 2-446

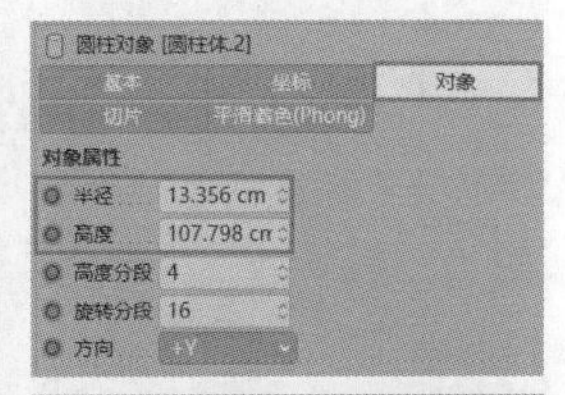

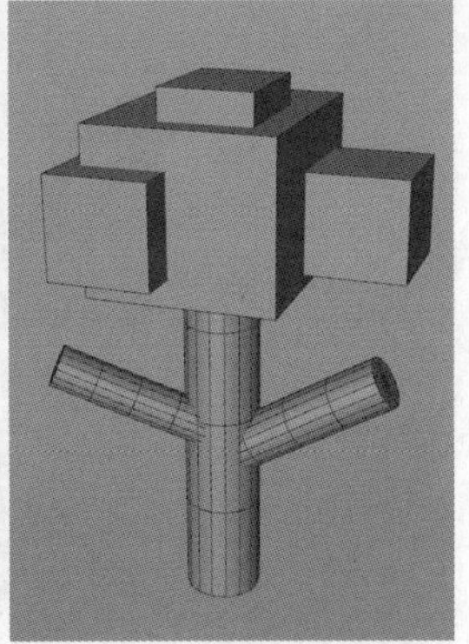

图 2-447

06 采用相同的方法，使用立方体模型完善树冠部分，并做出地面的模型，如图2-448所示。

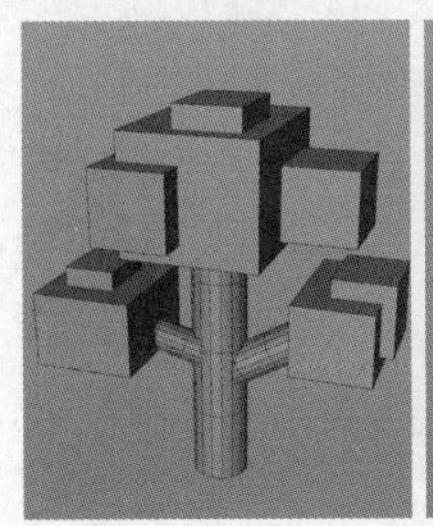

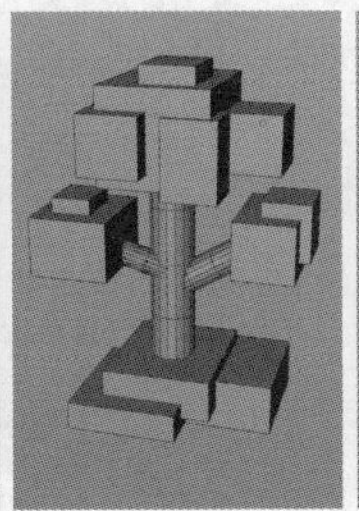

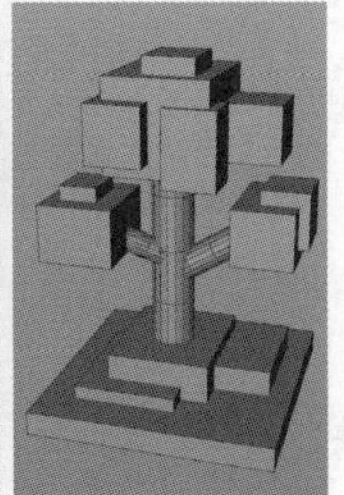

图 2-448

07 添加“体积生成”生成器，将上述模型都置于“体积生成”对象的子层级中，并设置“体素尺寸”为3cm，如图2-449所示。这样模型就拼合到一起了，不过边角不够平滑，如图2-450所示。

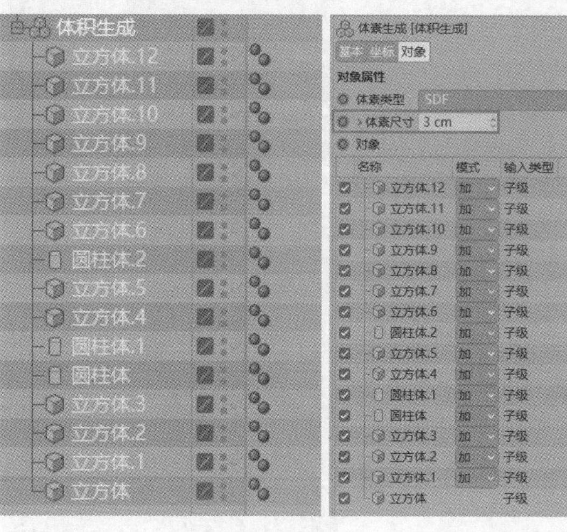

图 2-449

图 2-450

08 为模型加入“SDF平滑”滤镜，设置“强度”为40%，这样边角就变得平滑了，如图2-451所示。

09 为模型添加“体积网格”生成器，参数保持默认即可，最终效果如图2-452所示。

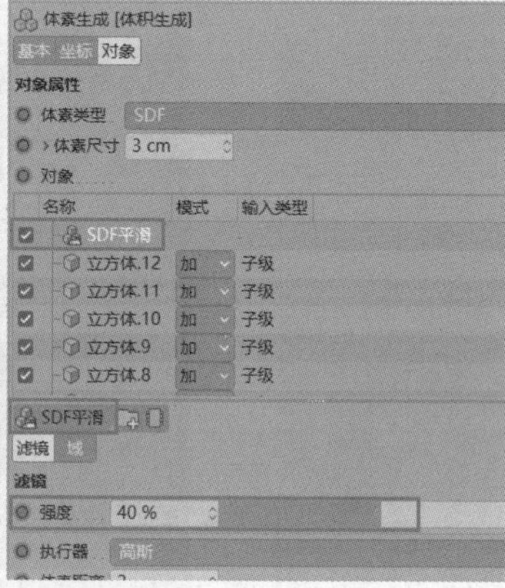

图 2-451

图 2-452

技巧提示 如果想优化模型的布线，可以为其添加“重构网格”生成器，如图2-453所示。

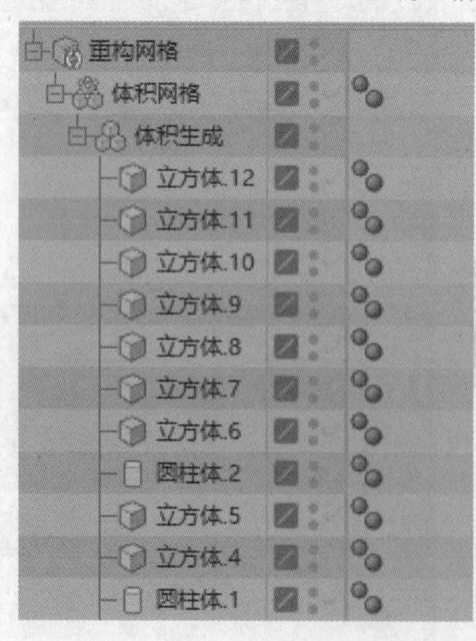

图 2-453

第3章 进阶建模技术

■ 学习目的

本章主要讲解进阶的建模技术，通过对本章的学习，读者可以掌握多边形建模、细分曲面建模和雕刻建模的方法。实际应用中灵活使用建模方法，能提升建模能力，制作出更为复杂的模型。

■ 主要内容

- 多边形基础
- 多边形实用模型
- 细分曲面建模
- 细分曲面实例应用
- 雕刻建模

3.1 多边形建模

模型对象由点、线、面构成，点连接形成线，线组合成为面，面形成不同的体。将模型转换为可编辑对象后，可以直接调整模型的点、线、面，进行多边形建模。此种方法可以提高模型的可控性，不过操作难度也较大。

3.1.1 可编辑对象

创建一个立方体模型，设置“分段X”“分段Y”“分段Z”均为2，显示模式为“光影着色（线条）+线框”，效果如图3-1所示。这样模型才会显示出布线，方便观察与选择点、线、面。

图 3-1

单击“转为可编辑对象”按钮将立方体模型转为可编辑对象。转换前的模型在“对象”面板中显示的是图标，转换后的模型在“对象”面板中显示为图标，如图3-2所示。

图 3-2

技巧提示 在建模时，一般需要设置显示模式为“光影着色（线条）+线框”，使模型显示出线条，并将模型转为可编辑对象。

将模型转为可编辑对象后，单击模式工具栏中的相应按钮就可以进入点模式、边模式或面模式，如图3-3所示。

图 3-3

单击“点”按钮，然后选择右侧面上边线的3个点，再使用“实时选择”工具向左拖曳。这样点的位置就改变了，点所在的线也随之改变了，效果如图3-4所示。

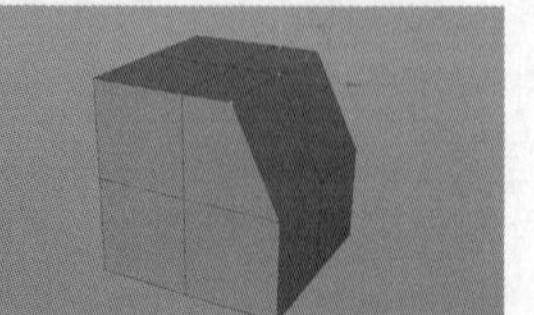

图 3-4

单击“边”按钮，然后选择右侧面的中线，再使用“实时选择”工具向上拖曳，如图3-5所示。

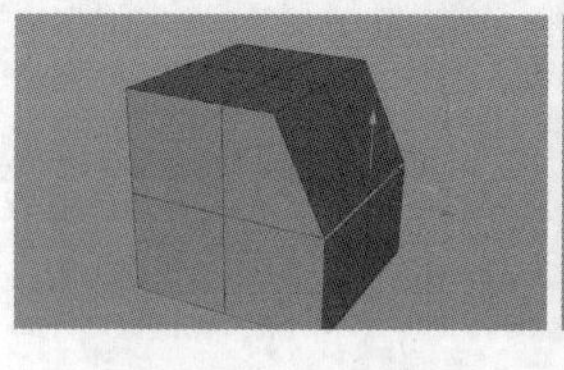
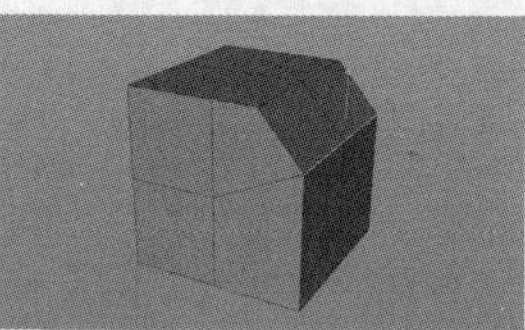

图 3-5

单击“面”按钮，然后选择右侧的面，再使用“实时选择”工具向左拖曳，如图3-6所示。

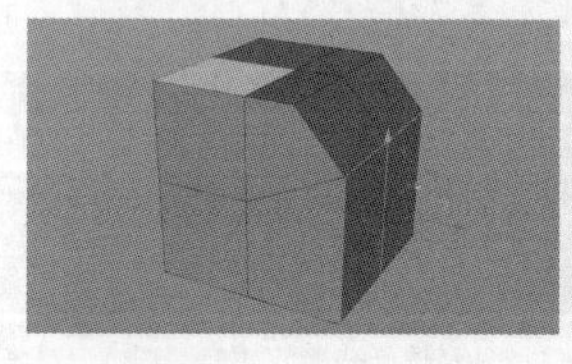
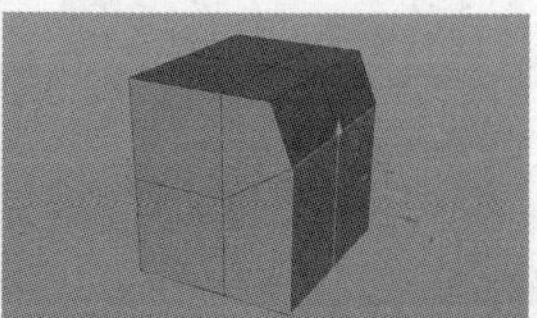

图 3-6

技巧提示 点、线、面是紧密关联的。在拖曳点时，相应的线与面也会随之改变；在拖曳面时，构成这个面的线与点也会随之改变。

按住Ctrl键并拖曳选中的面，可以向内或向外挤压生成新的多边形，如图3-7所示。

按住Ctrl键并单击“缩放”工具，可以向内部挤压生成新的多边形，如图3-8所示。

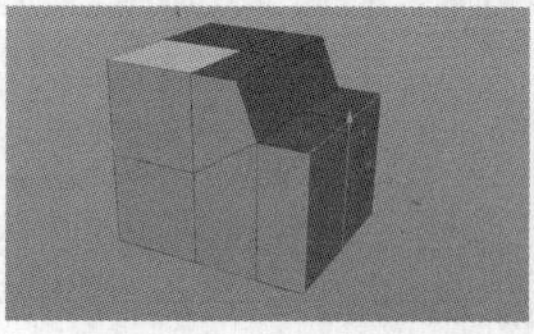

图 3-7

图 3-8

按住Ctrl键并向左拖曳选中的面，可以向左挤压生成新的多边形，如图3-9所示。

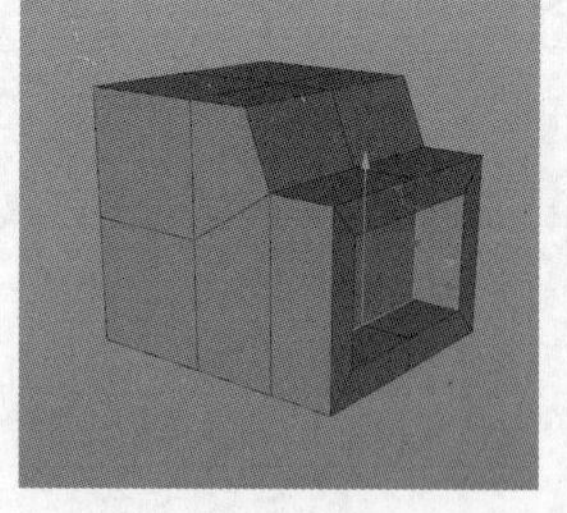

图 3-9

添加“倒角”变形器，然后将“倒角”对象置于“立方体”对象的子层级，如图3-10所示。勾选“使用角度”“平滑着色断开圆角”“平滑着色断开斜接”选项，设置“角度阈值”为40°、“偏移”为3cm、“细分”为2，这样模型边缘就有了倒角，效果如图3-11所示。

图 3-10

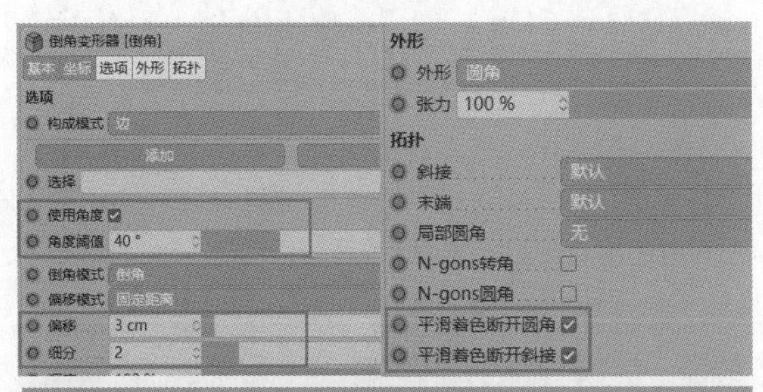

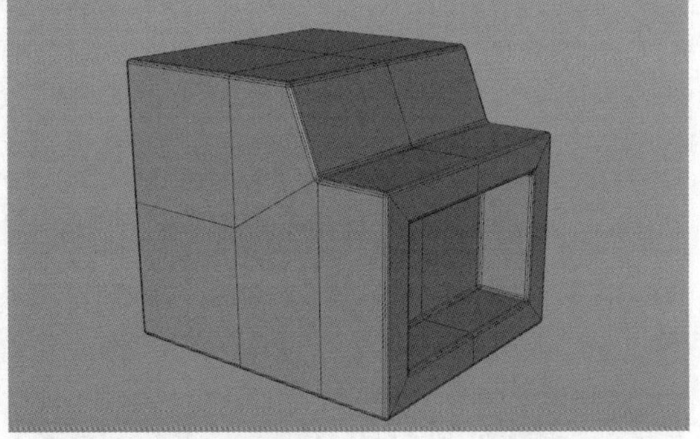

图 3-11

技术专题：选择对象的方法

创建一个平面模型，设置显示模式为“光影着色(线条)+线框”，然后将其转为可编辑对象。单击“面”按钮，即可进入面模式，然后任意选择一个面，如图3-12所示。

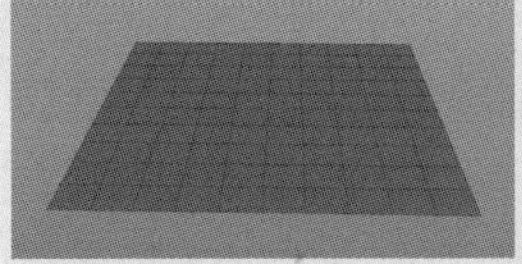

图 3-12

按住Shift键可以同时选中多个面，按住Ctrl键可以取消选中的面，如图3-13所示。

图 3-13

选择“实时选择”工具，可以通过“半径”控制鼠标指针半径的大小。例如，设置“半径”为25，可以同时选中6个面，如图3-14所示。

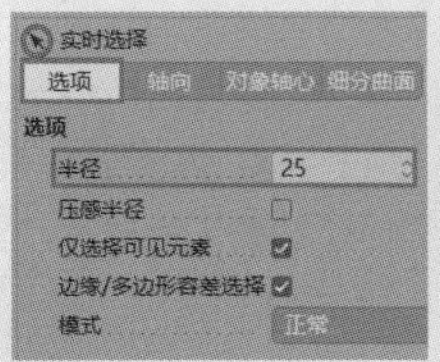

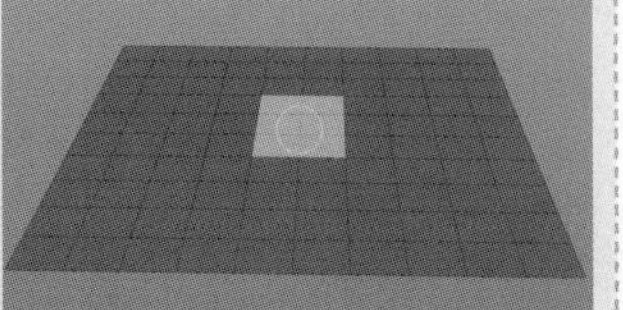

图 3-14

执行“选择>反选”菜单命令，可以对已选择的区域进行反选，如图3-15所示。

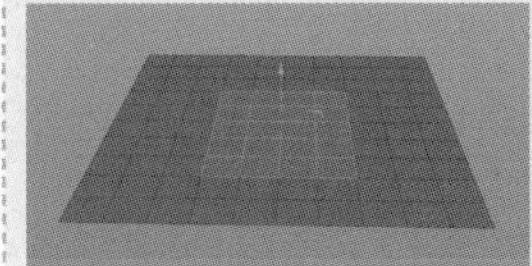

图 3-15

在边模式下，双击模型的边或执行“选择>循环选择”菜单命令，可以对模型进行循环选择，如图3-16所示。在面模式下，执行“选择>循环选择”菜单命令，可以对模型进行循环选择，如图3-17所示。

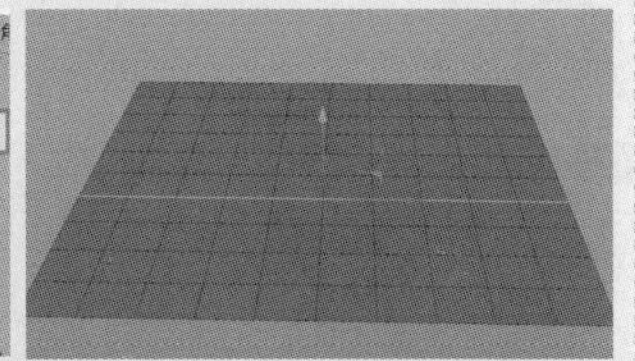

图 3-16

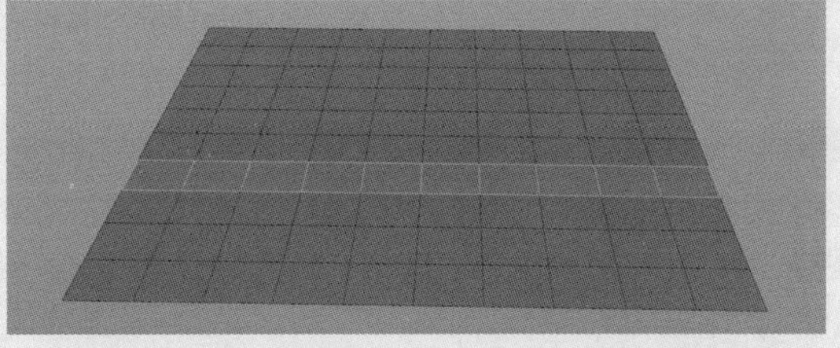

图 3-17

选择“框选”工具并取消勾选“仅选择可见元素”选项，如图3-18所示。在二维视图中选中上方的4个点，这样会选中模型的顶面，如图3-19所示。

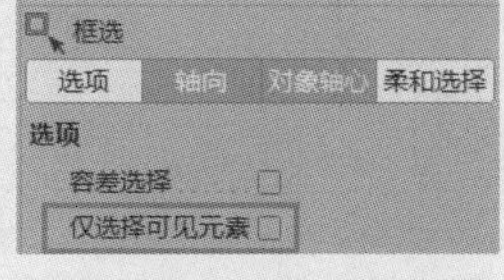

图 3-18

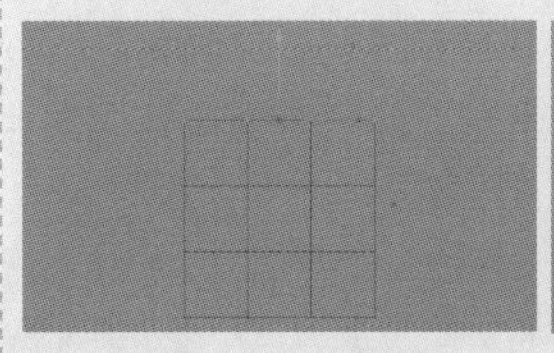

图 3-19

勾选“仅选择可见元素”选项后，在二维视图中选中上方的4个点，仅会选中模型的这4个点，如图3-20所示。

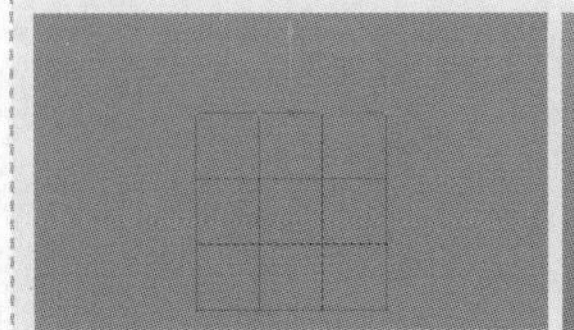
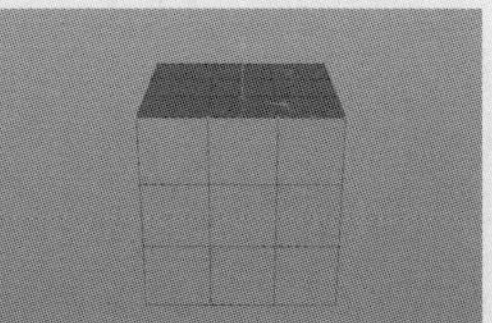

图 3-20

实战：制作扇子模型

◇ 场景位置	无
◇ 实例位置	实例文件 >CH03> 实战：制作扇子模型 .c4d
◇ 视频名称	实战：制作扇子模型 .mp4
◇ 学习目标	掌握可编辑对象的用法
◇ 操作重点	编辑可编辑对象

本实例将通过拖曳模型中的点来制作扇子模型，如图3-21所示。

图 3-21

01 使用“圆盘”工具创建一个圆盘模型，设置“旋转分段”为48，如图3-22所示。单击“转为可编辑对象”按钮将模型转为可编辑对象。

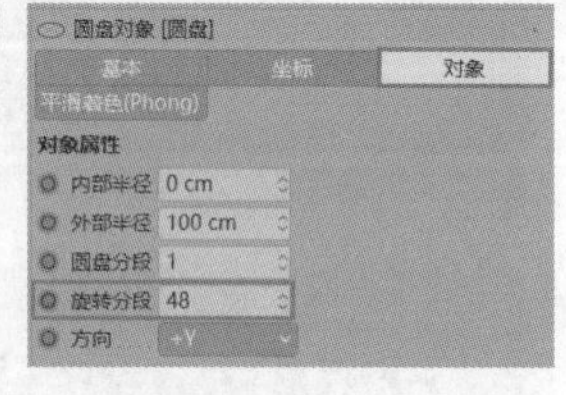

图 3-22

02 切换到正视图，单击“点”按钮，然后选择下半部分的点，如图3-23所示。

03 按Delete键删除选中的点，模型就变成了一个半圆，如图3-24所示。

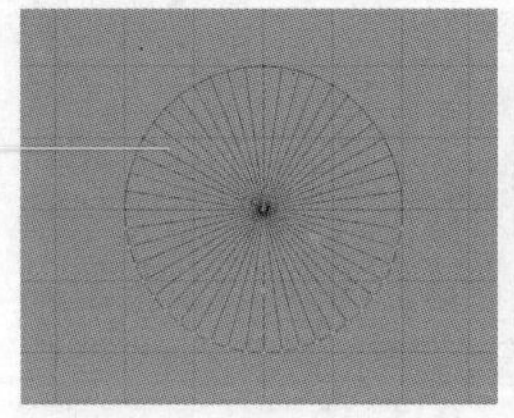

图 3-23

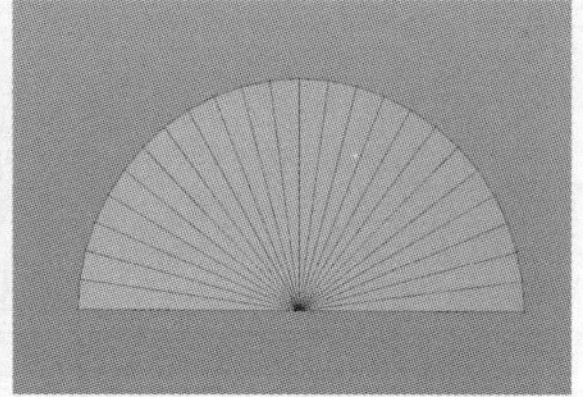

图 3-24

04 间隔选择剩下的点，如图3-25所示。向相应方向拖曳选中的点，如图3-26所示。扇子模型最终效果如图3-27所示。

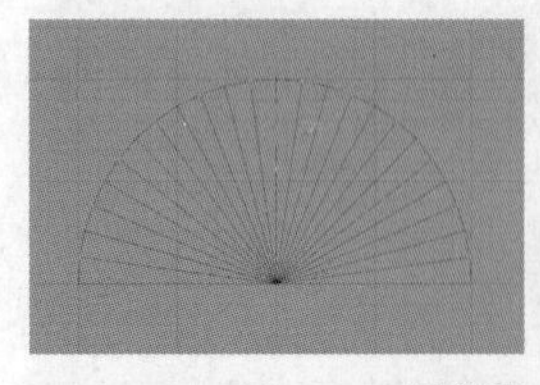

图 3-25

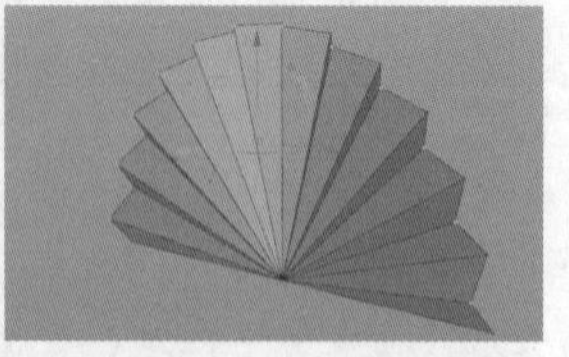

图 3-26

图 3-27

3.1.2 编辑多边形对象

在通过可编辑对象建模时，可以在“界面”下拉菜单中选择Model选项。界面左下方会显示编辑多边形对象的常用工具，如图3-28所示。

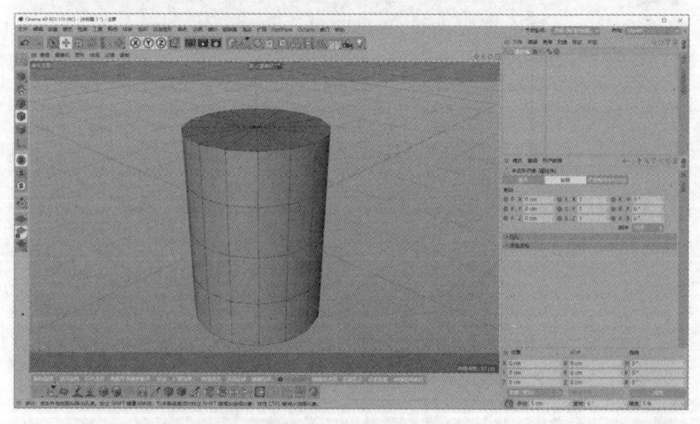

图 3-28

多边形画笔：绘制和编辑多边形对象。单击并拖曳即可调整多边形的点、线或面，如图3-29所示。单击对象可以加入点、线或者连接两个点，如图3-30所示。将一个点拖曳至另一个点，两个点会自动焊接为一个点，如图3-31所示。将一条线拖曳至另一条线，两条线会自动焊接为一条线，如图3-32所示。

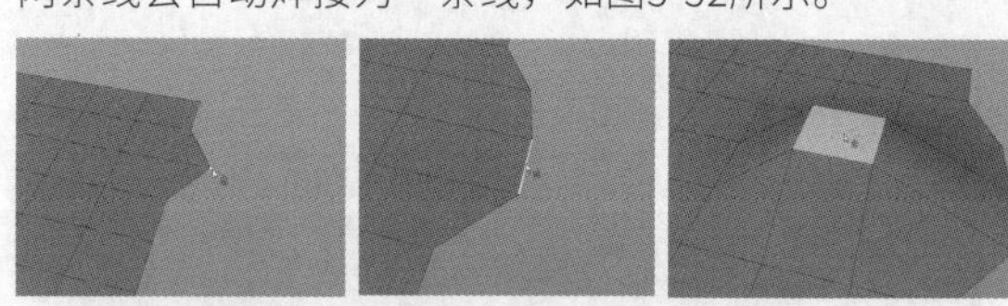

图 3-29

图 3-30　图 3-31

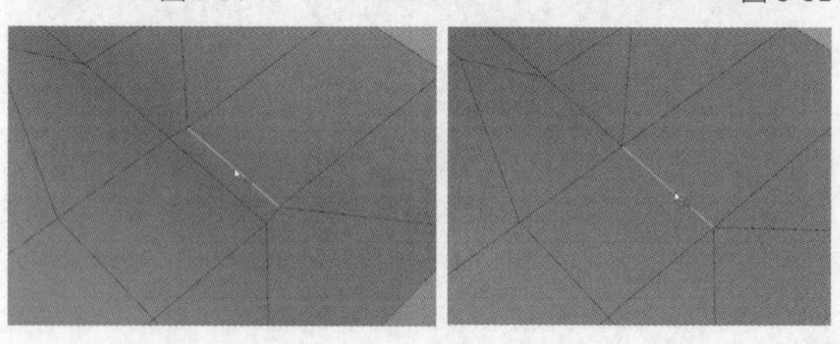

图 3-32

封闭多边形孔洞：封闭开口的孔洞模型，如图3-33所示。

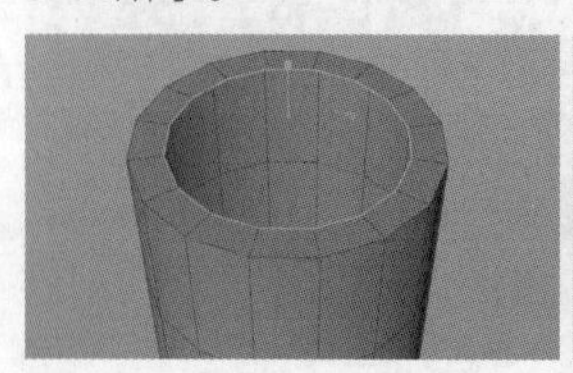

图 3-33

倒角：为选中的点添加倒角，如图3-34所示。为选中的边和面添加倒角，如图3-35所示。

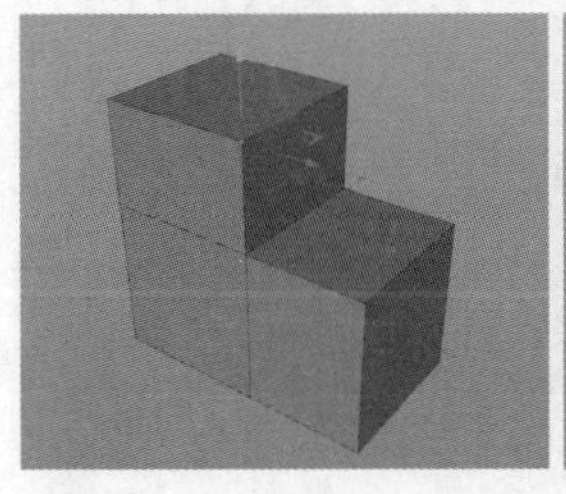
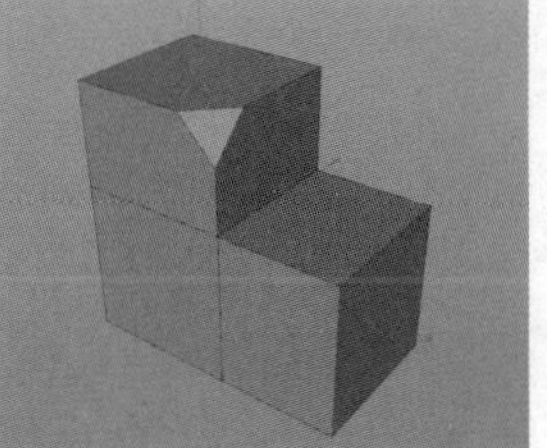

图3-34

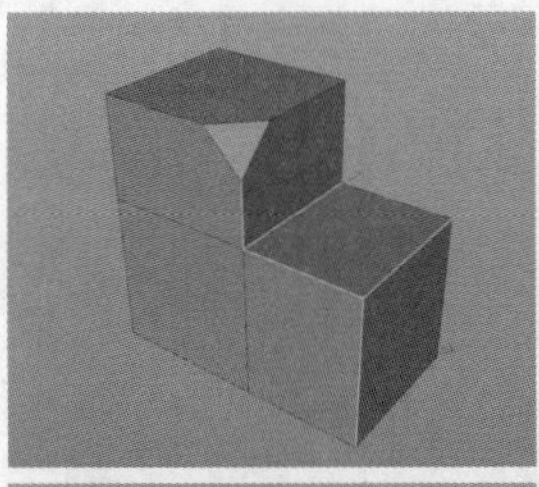
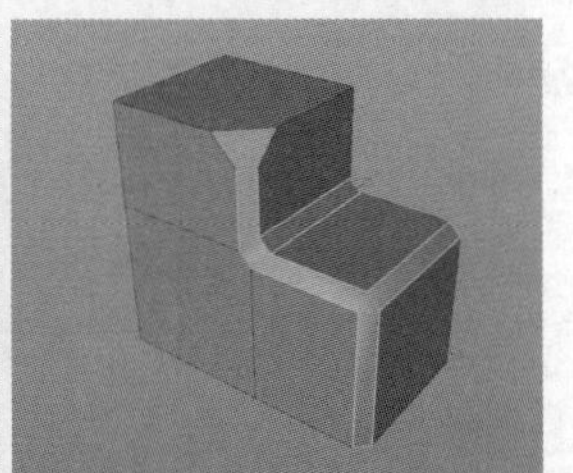
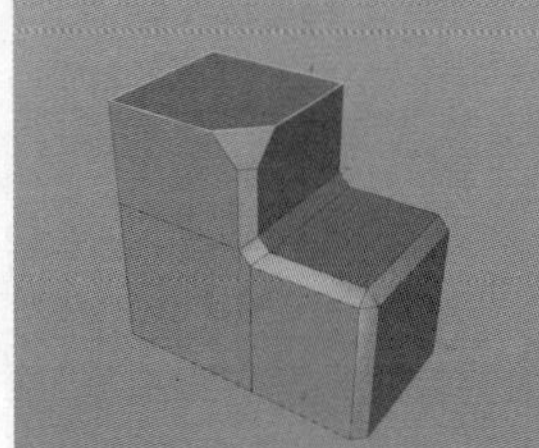
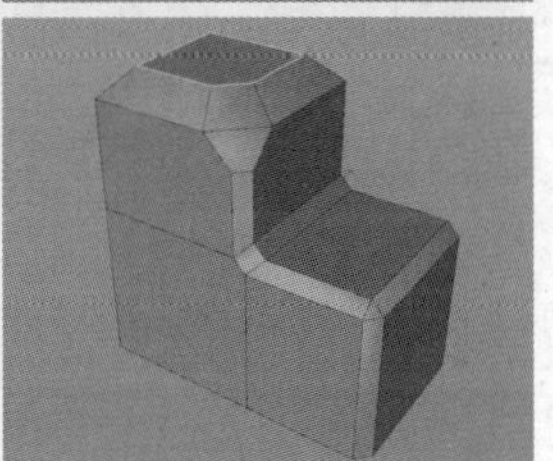

图3-35

挤压：挤压出新的面。无论选中的是边还是面，拖曳即可进行挤压，如图3-36和图3-37所示。

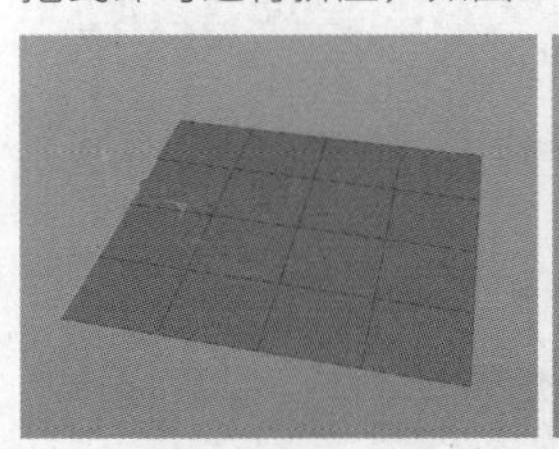
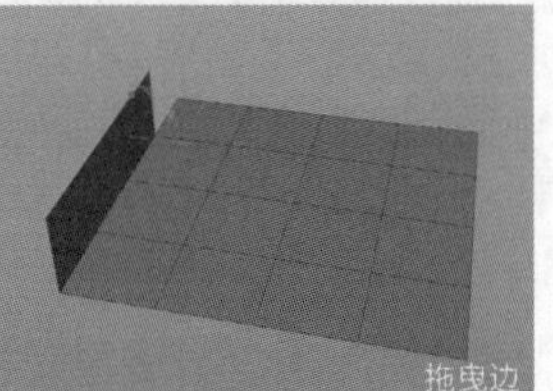

图3-36

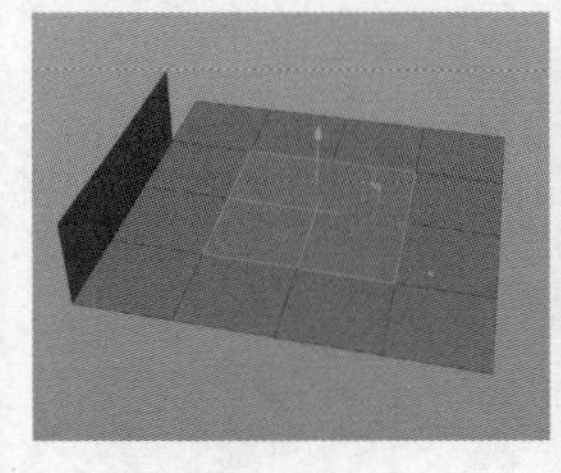

图3-37

技巧提示 “挤压”工具的使用频率很高。按住Ctrl键并拖曳选中的面，可以将其快速挤出。

内部挤压：向内挤压选中的多边形，如图3-38所示。

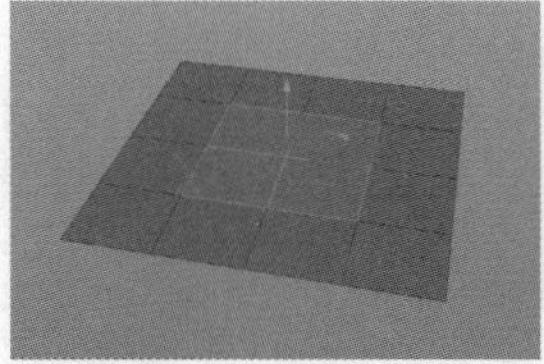
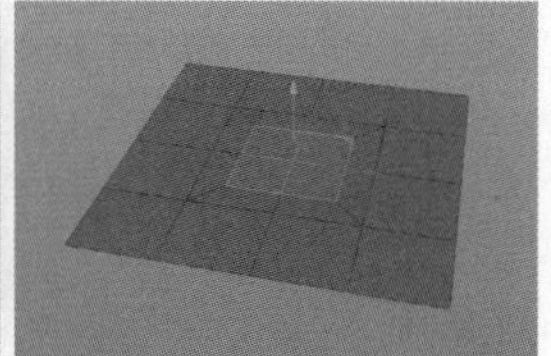

图3-38

技巧提示 按住Ctrl键并单击“缩放”工具，可以快速向内挤压选中的多边形。

线性切割：分割出新的边，如图3-39所示；按Space键可以结束切割，如图3-40所示。

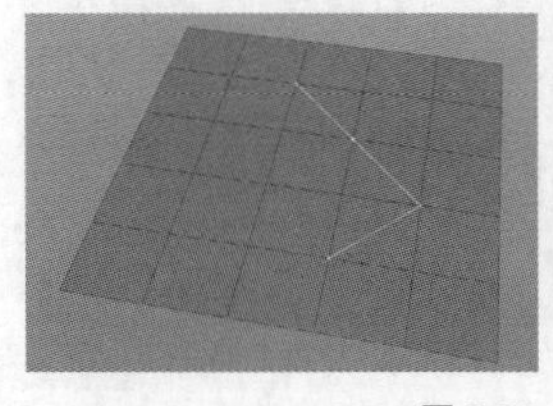

图3-39

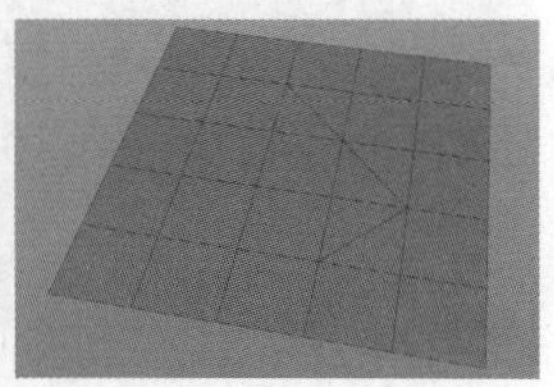

图3-40

技巧提示 创建一个圆环样条并置于对象上方，然后选择“线性切割”工具，按住Ctrl键并单击圆环样条，如图3-41所示。这样可以在平面上切割出一个圆环，如图3-42所示。

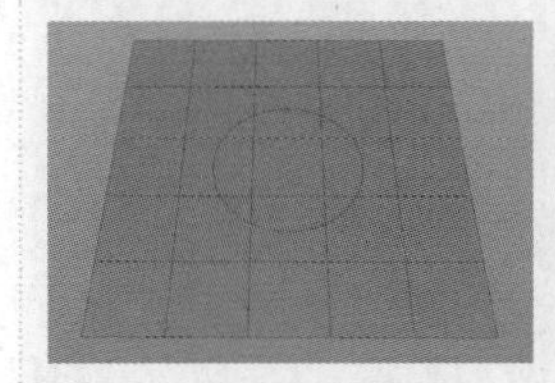

图3-41

图3-42

循环/路径切割：沿着多边形的一圈点或边添加新的边，如图3-43所示。

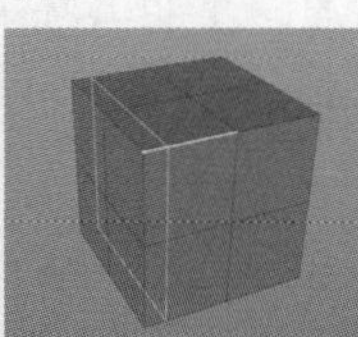

图3-43

连接点边：将选中的点连接形成新的边，如图3-44和图3-45所示。

图3-44

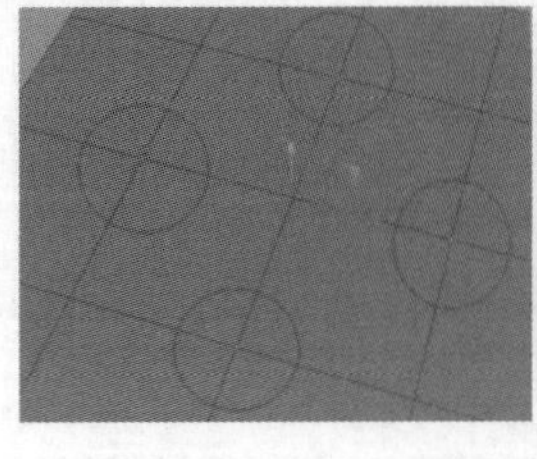

图3-45

消除：在保留面的同时删除所选的边，如图3-46所示。

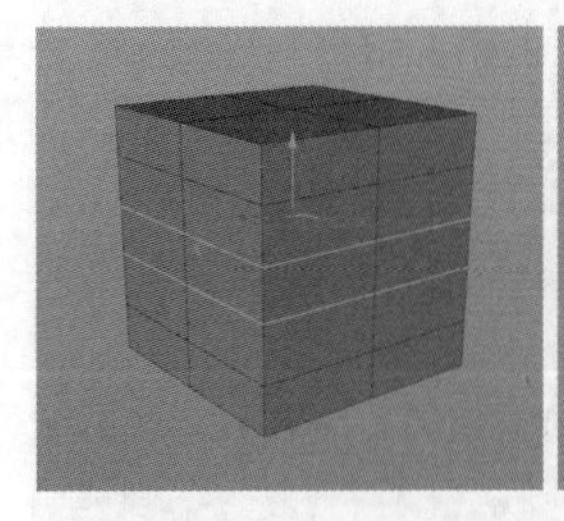
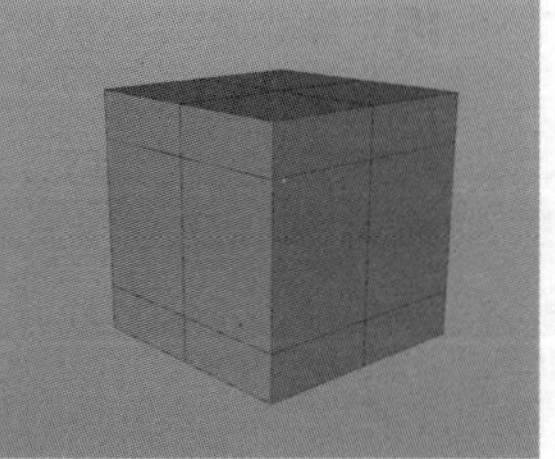

图3-46

疑难解答 使用“消除”工具删除线与直接删除线有什么区别？

如果直接删除线，会同时删除与线关联的面，如图3-47所示。而使用“消除”工具删除线是不会删除这些面的，仅仅是把线去掉了。

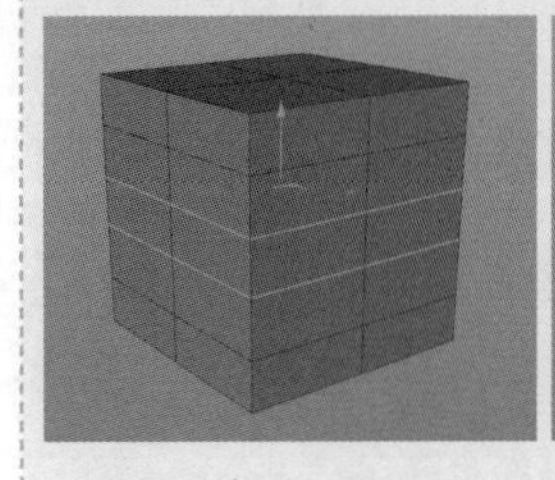
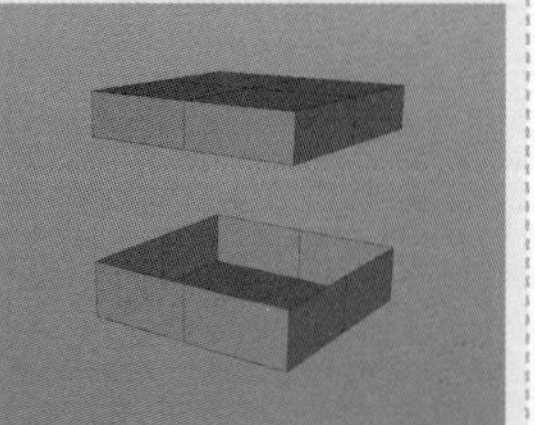

图3-47

缝合：将模型的线连接在一起。选中需要连接的线，然后向右拖曳，如图3-48所示；按住Ctrl键并拖曳，效果如图3-49所示；按住Shift键并拖曳，效果如图3-50所示。

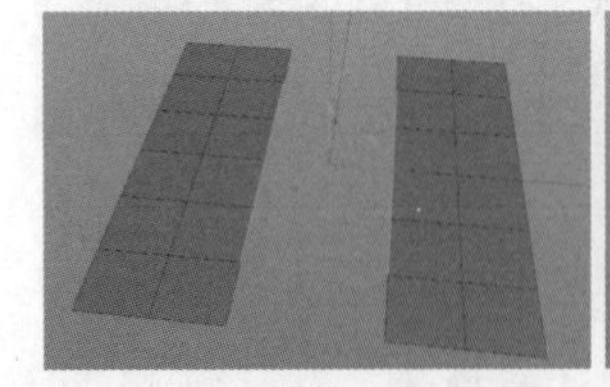
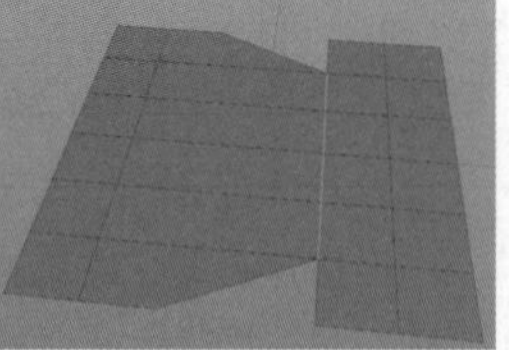

图3-48

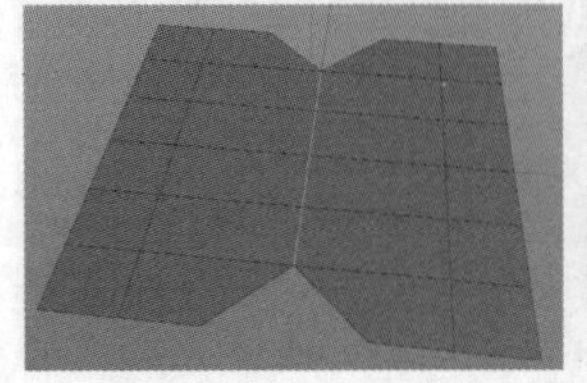

图3-49

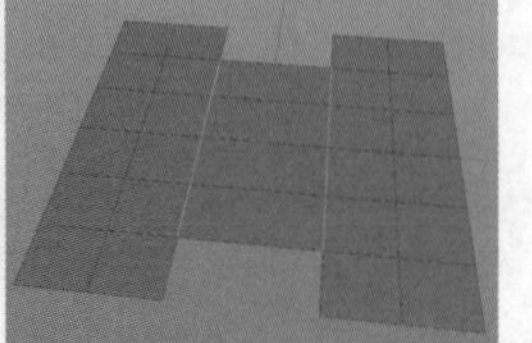

图3-50

焊接：将两个或多个点焊接为一个点，如图3-51所示。

图3-51

滑动：在保持原模型边的曲率的情况下移动模型的边，如图3-52所示。

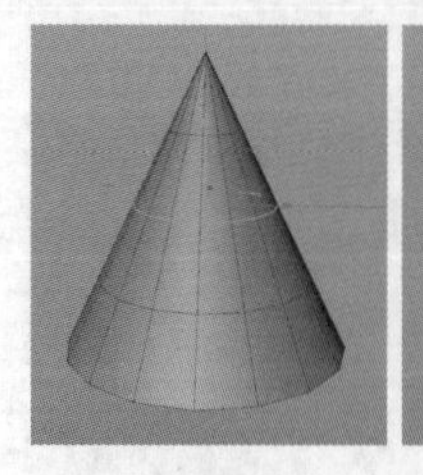
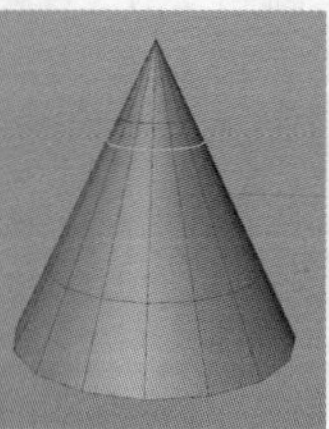
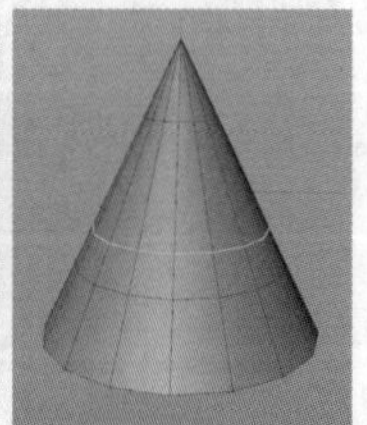

图3-52

疑难解答 滑动与移动有什么区别？

向上或向下滑动边，不会改变圆锥的形态。向上或向下移动边，会改变模型的曲率，从而改变圆锥的形态，如图3-53所示。

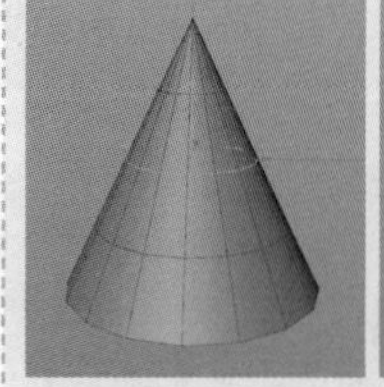
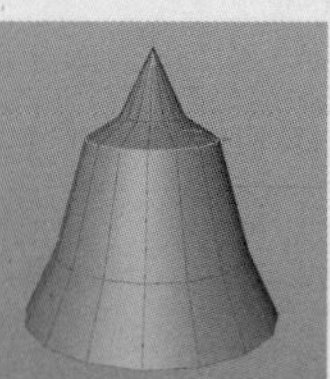
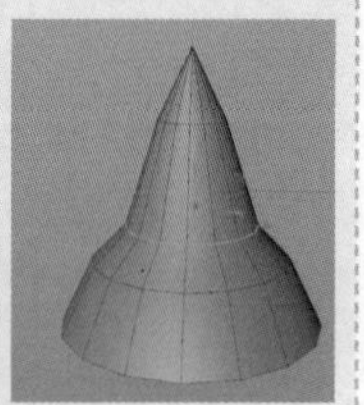

图3-53

实战：制作抽奖箱模型

◇ 场景位置	无
◇ 实例位置	实例文件 >CH03> 实战：制作抽奖箱模型 .c4d
◇ 视频名称	实战：制作抽奖箱模型 .mp4
◇ 学习目标	掌握倒角的创建方法
◇ 操作重点	生成器和多边形建模的基础操作

本实例将通过多边形建模的方法制作抽奖箱模型，如图3-54所示。

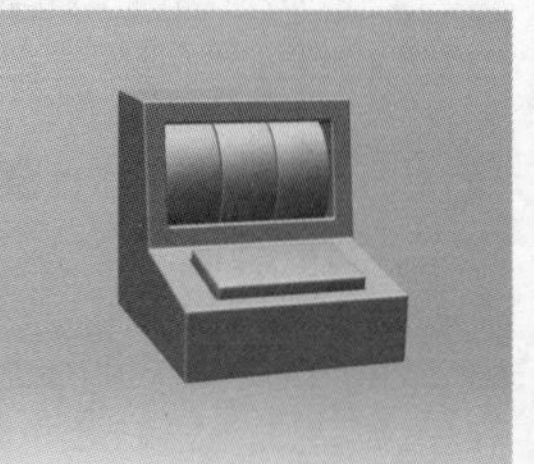

图3-54

01 使用“立方体”工具创建一个立方体模型，参数与效果如图3-55所示。

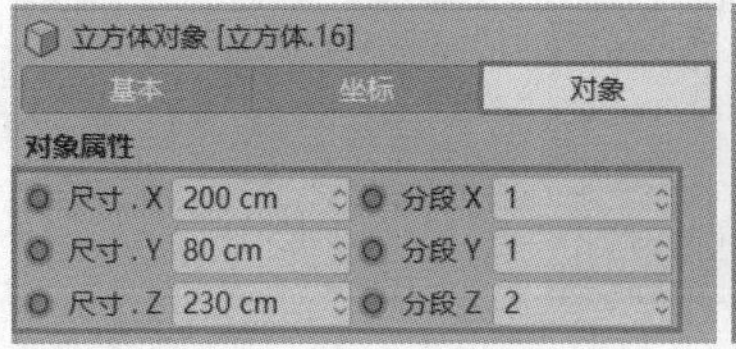

图 3-55

02 按C键将模型转换为可编辑对象，选择模型左侧上方的面，按住Ctrl键并向上拖曳，向上挤压出模型，如图3-56所示。

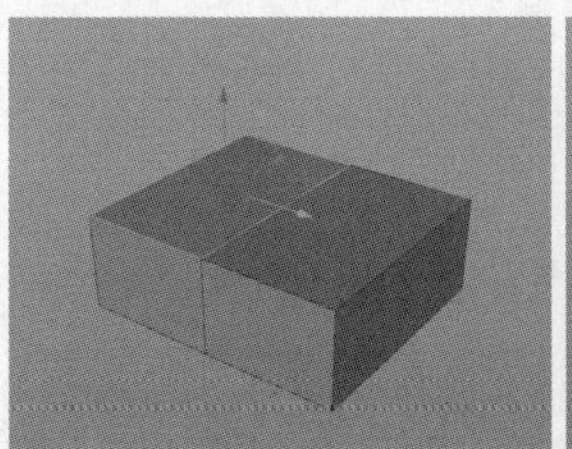
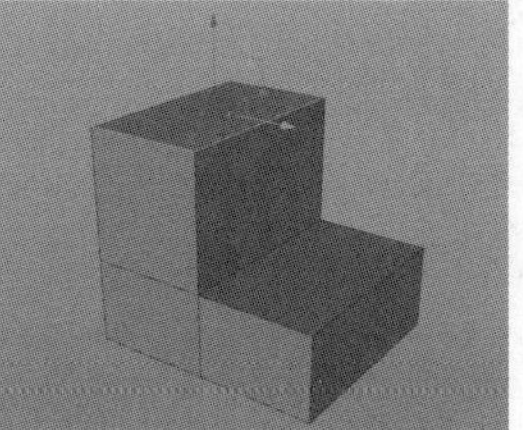

图 3-56

03 切换到右视图，然后调整模型两个顶点的位置，如图3-57所示。

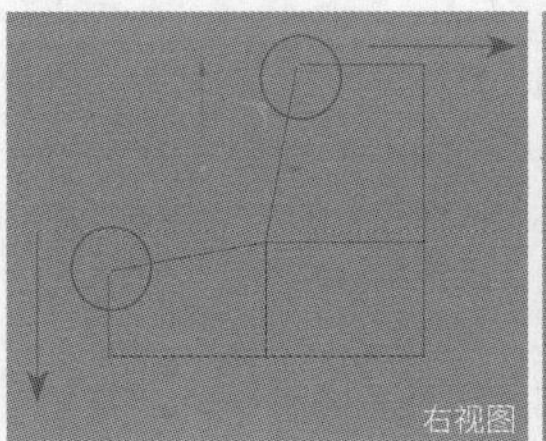

图 3-57

04 选择前方的面，按住Ctrl键并单击“缩放”工具向内挤压，如图3-58所示。按住Ctrl键并向左拖曳选中的面，如图3-59所示。

图 3-58

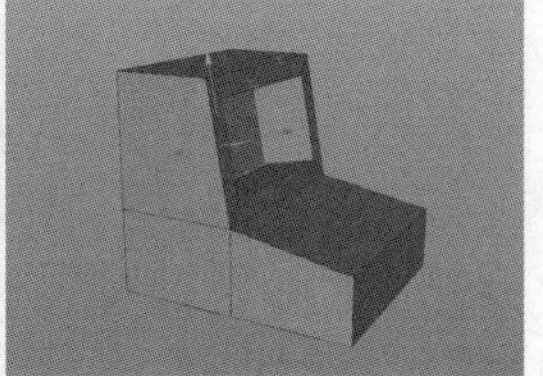

图 3-59

05 使用“立方体”工具创建一个立方体模型，参数和位置如图3-60所示。

立方体对象 [立方体]
基本 坐标 对象
对象属性
尺寸 . X 135 cm 分段 X 1
尺寸 . Y 28 cm 分段 Y 1
尺寸 . Z 80 cm 分段 Z 1

图 3-60

06 为模型添加“布尔”生成器，将两个立方体对象拖至“布尔”对象的子层级中，如图3-61所示。设置“布尔类型”为“A减B”，并勾选“高质量”“创建单个对象”“隐藏新的边”选项，如图3-62所示。

图 3-61

布尔对象 [布尔]
基本 坐标 对象
对象属性
布尔类型 A 减 B
高质量
创建单个对象
隐藏新的边
交叉处创建平滑着色(Phong)分割
选择交界
优化点 0.01 cm

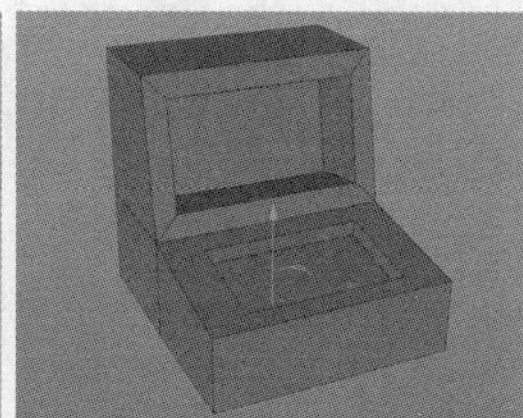

图 3-62

07 添加“倒角”变形器，然后将“倒角”对象置于模型的子层级中，如图3-63所示。勾选“使用角度”“平滑着色断开圆角”“平滑着色断开斜接”选项，设置“倒角模式”为“倒角”,“偏移模式”为“固定距离”,“偏移”为2cm,“细分”为2，如图3-64所示。

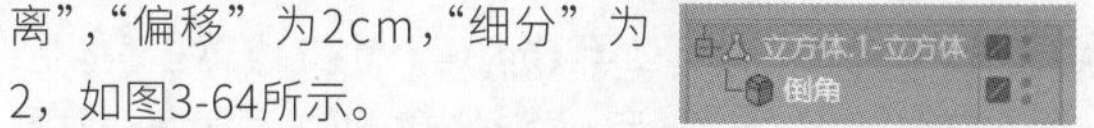

图 3-63

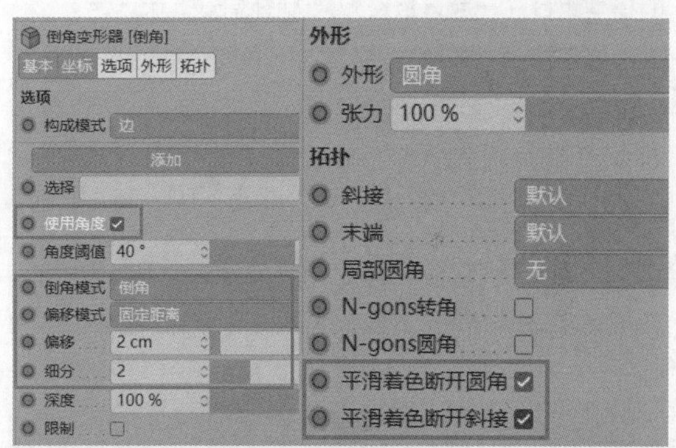

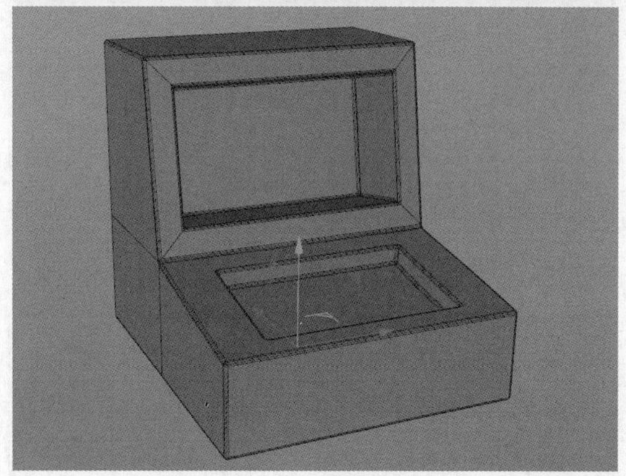

图 3-64

08 使用“圆柱体”工具创建一个圆柱体模型，参数与效果如图3-65所示。复制出两个圆柱体模型，如图3-66所示。

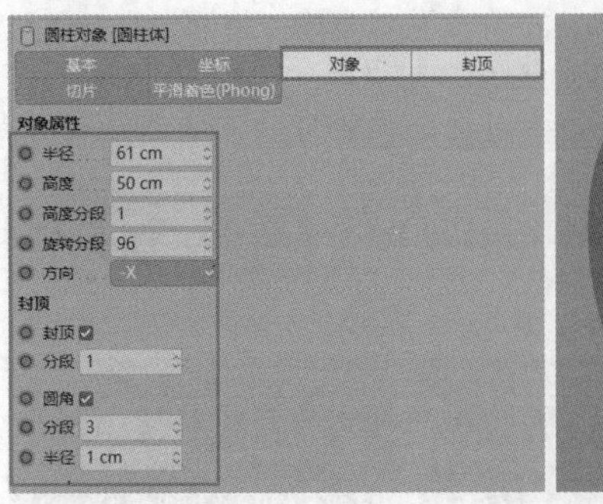

图 3-65

图 3-66

09 使用“立方体”工具创建一个立方体模型，参数与效果如图3-67所示。将这个模型作为按钮与之前的模型组合在一起，最终效果如图3-68所示。

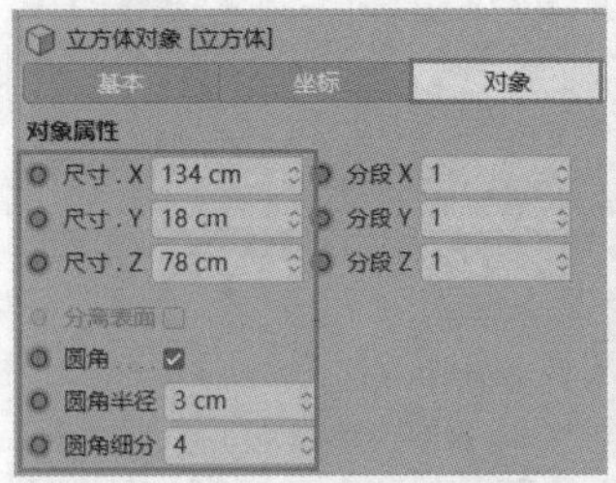

图 3-67

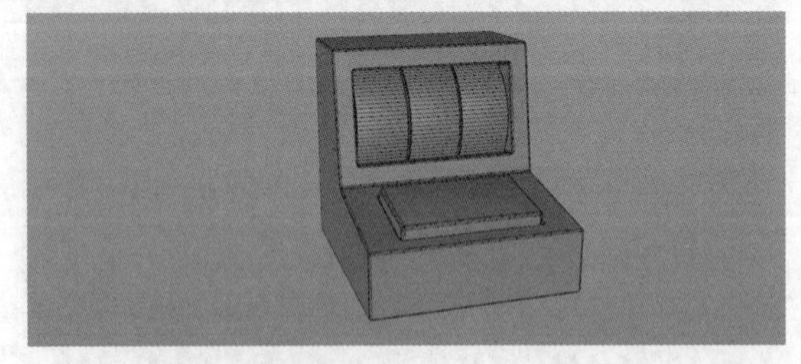

图 3-68

实战：制作水槽与冰箱模型

◇ 场景位置	无
◇ 实例位置	实例文件 >CH03> 实战：制作水槽与冰箱模型 .c4d
◇ 视频名称	实战：制作水槽与冰箱模型 .mp4
◇ 学习目标	掌握多边形建模的方法
◇ 操作重点	多边形建模的基础操作

本实例将通过水槽与冰箱等模型的制作帮助读者熟悉建模工具，以及多边形的造型基础。水槽与冰箱模型的参考效果如图3-69所示。

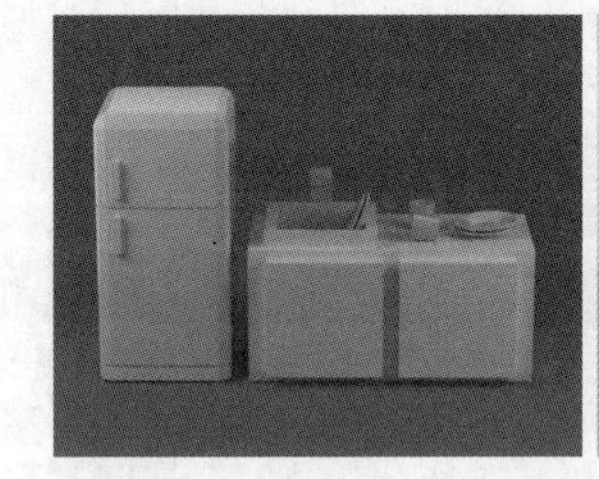

图 3-69

1.制作盘子

01 使用“圆盘”工具创建一个圆盘模型，参数与效果如图3-70所示。按C键将模型转换为可编辑对象，然后选择模型中间的面，使用“缩放”工具将所选的面放大，如图3-71所示。按住Ctrl键并向下拖曳选中的面，如图3-72所示。

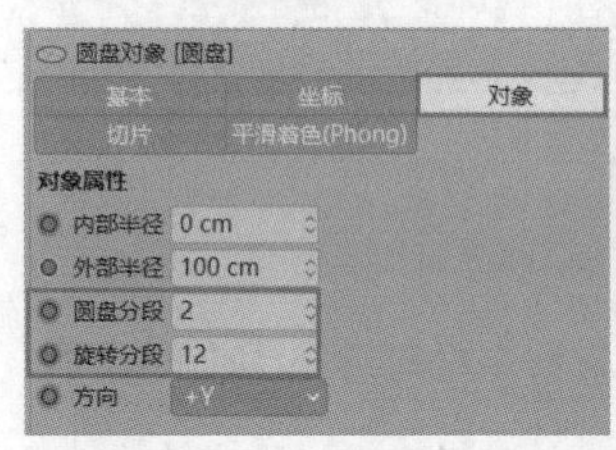

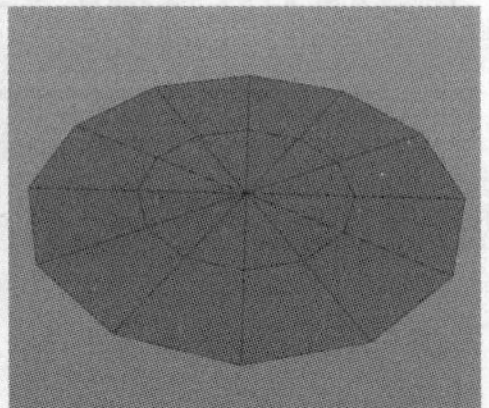

图 3-70

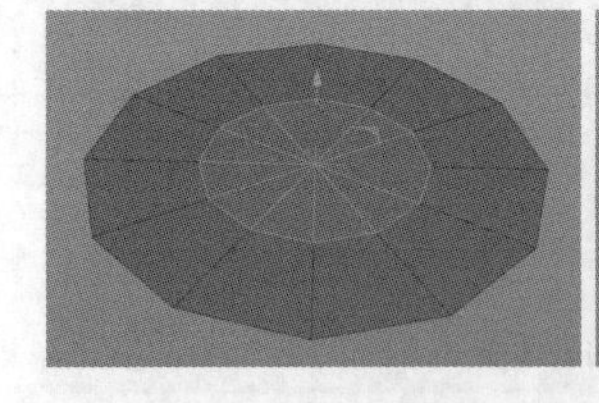

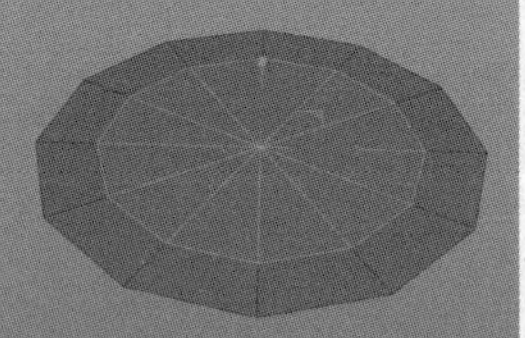

图 3-71

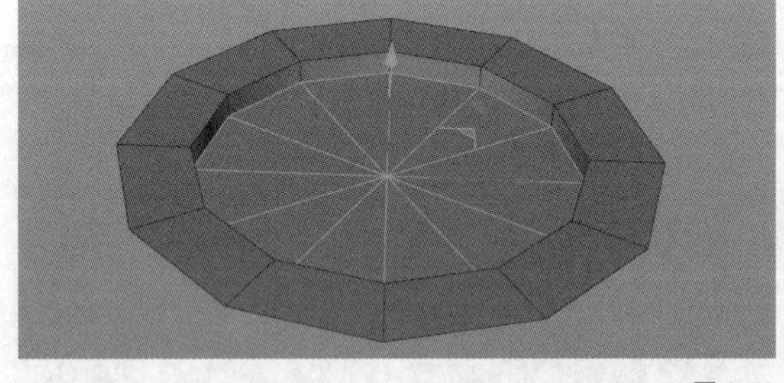

图 3-72

02 使用“缩放”工具将底部的面缩小，如图3-73所示。删除“对象”面板中的“平滑着色”标签，如图3-74所示。

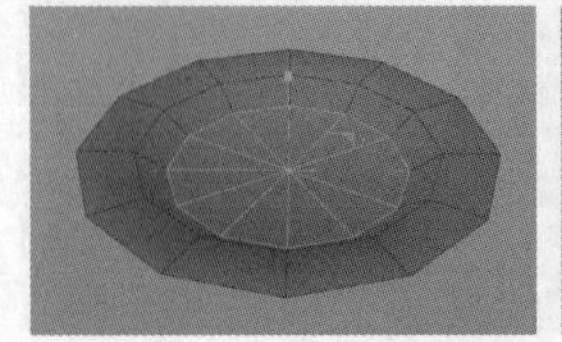

图 3-73

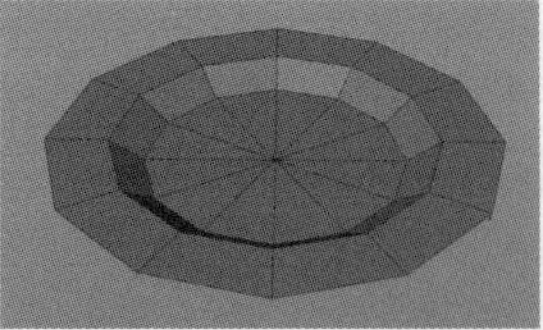

图 3-74

03 选择“挤压”工具，勾选“创建封顶”选项，如图3-75所示。选择所有的面，然后向上拖曳，如图3-76所示。

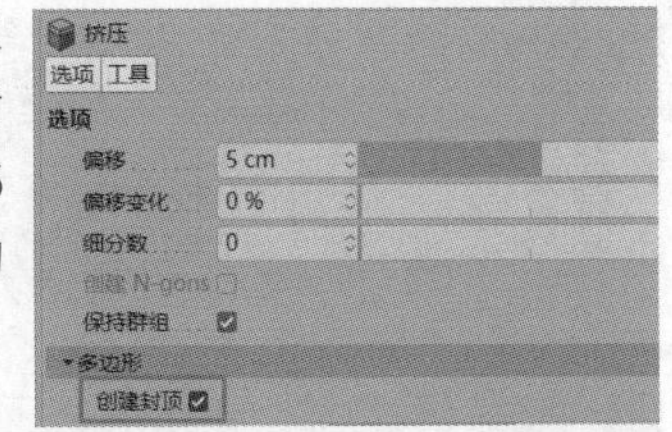

图 3-75

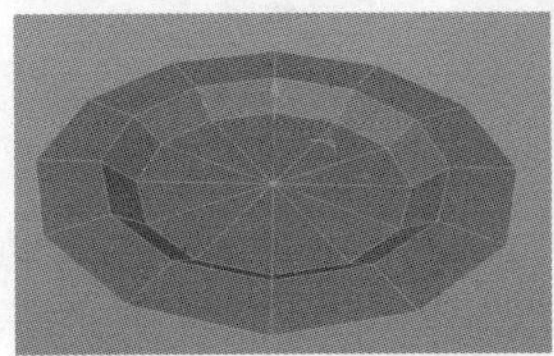

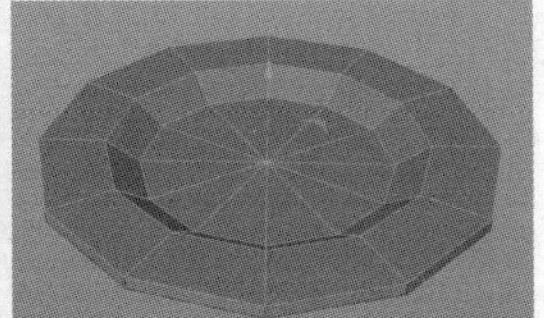

图 3-76

技巧提示 勾选“创建封顶”选项后，挤压出的模型是封顶的，如图3-77所示。如果没有勾选“创建封顶”选项，则挤压出的模型底部是空的，如图3-78所示。

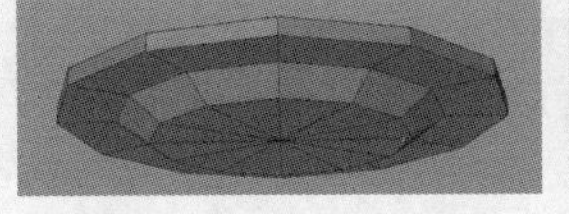

图 3-77

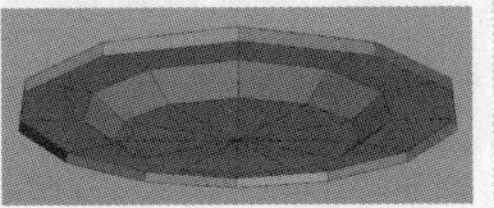

图 3-78

2.制作杯子

01 使用“圆柱体”工具创建一个圆柱体模型，参数与效果如图3-79所示。

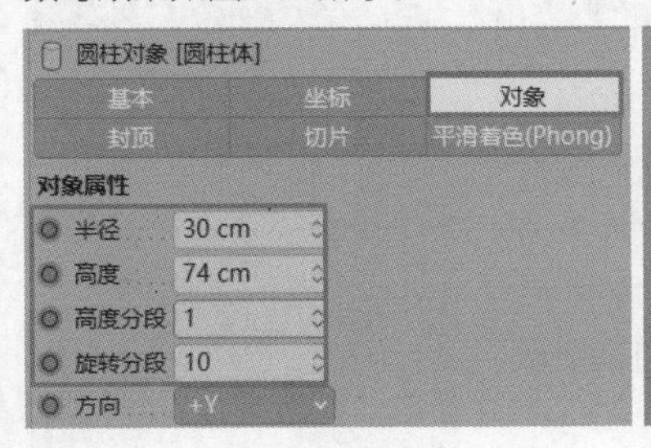

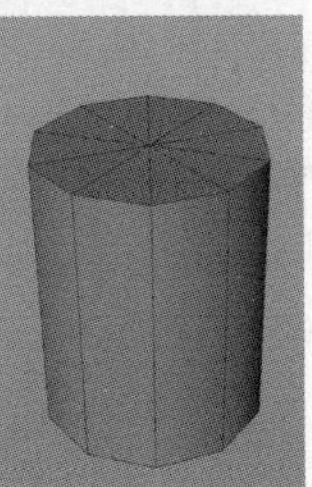

图 3-79

02 按C键将模型转换为可编辑对象，然后选择模型上方的面，使用“缩放”工具放大这个面，如图3-80所示。按住Ctrl键并单击“缩放”工具向内部挤压生成新的多边形，如图3-81所示。

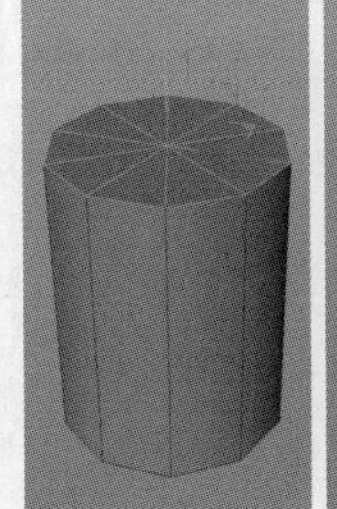

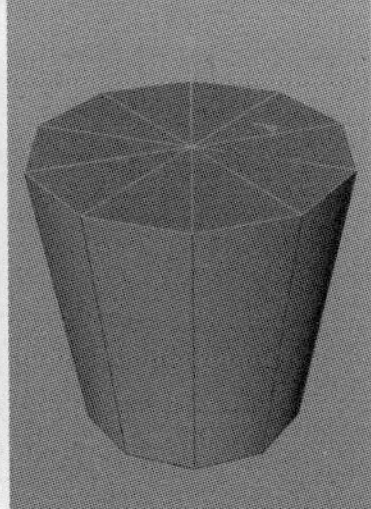

图 3-80

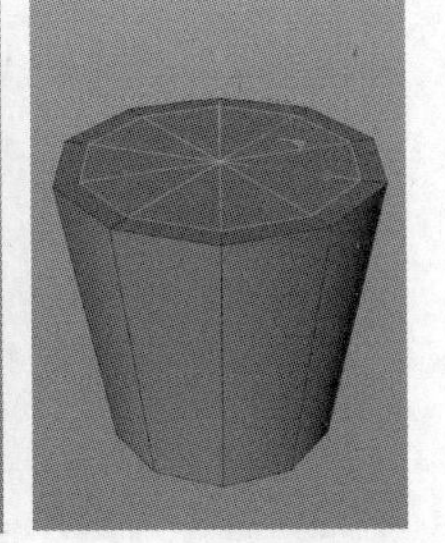

图 3-81

03 切换到正视图，然后按住Ctrl键并向下拖曳，挤压生成新的模型，如图3-82所示。删除“对象”面板中的“平滑着色”标签，如图3-83所示。

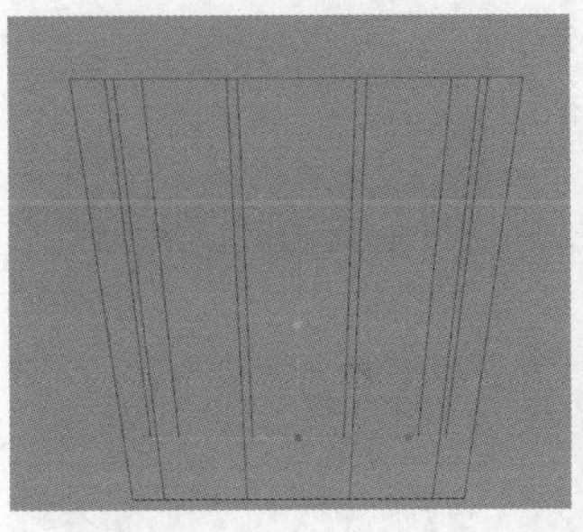

图 3-82

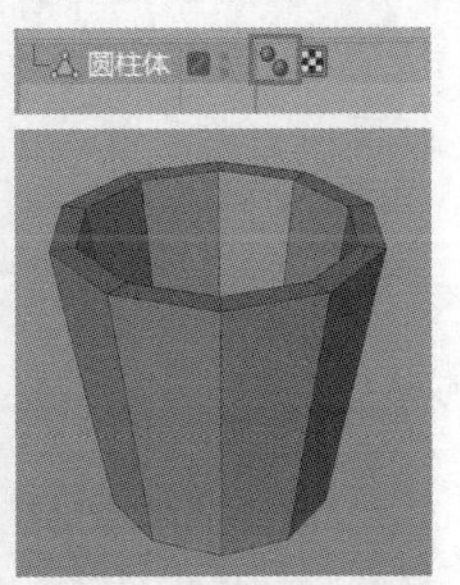

图 3-83

技巧提示 为了便于观察模型，可以勾选“基本”选项卡中的“透显”选项，如图3-84所示。

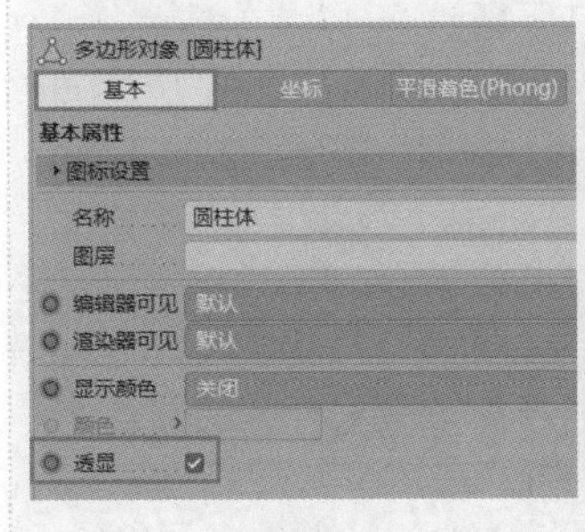

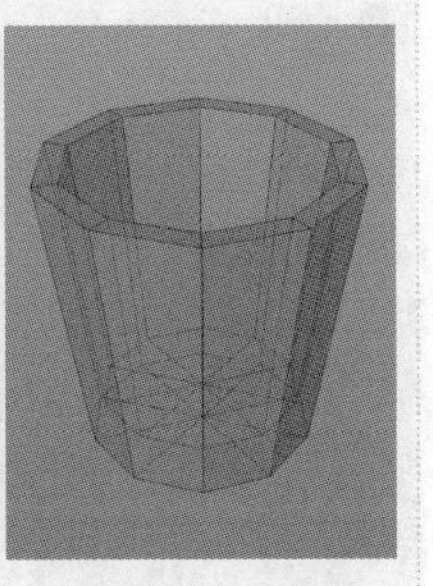

图 3-84

3.制作水槽

01 使用“立方体”工具分别创建两个立方体模型，参数与效果如图3-85和图3-86所示。

立方体对象 [立方体]
基本 坐标 对象
对象属性
尺寸 . X 430 cm 分段 X 2
尺寸 . Y 200 cm 分段 Y 1
尺寸 . Z 200 cm 分段 Z 1

图 3-85

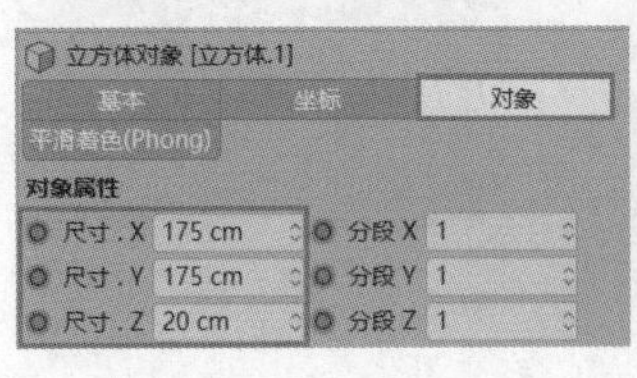

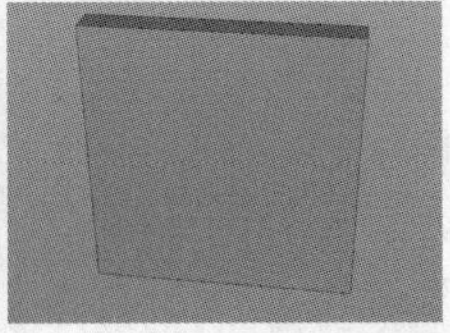

图 3-86

02 将两个立方体模型组合，如图3-87所示。复制柜门，如图3-88所示。

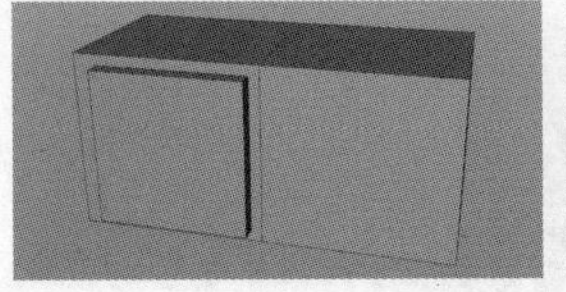

图 3-87

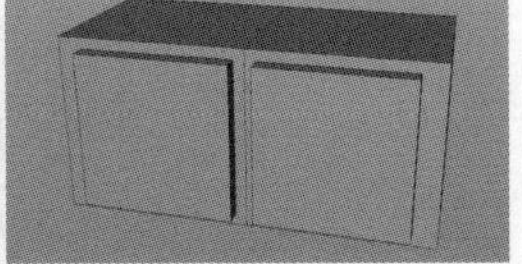

图 3-88

03 按C键将模型转换为可编辑对象，选择模型左侧上方的面，如图3-89所示。按住Ctrl键并单击“缩放”工具向内部挤压生成新的多边形，如图3-90所示。按Delete键删除这个面，如图3-91所示。

图 3-89

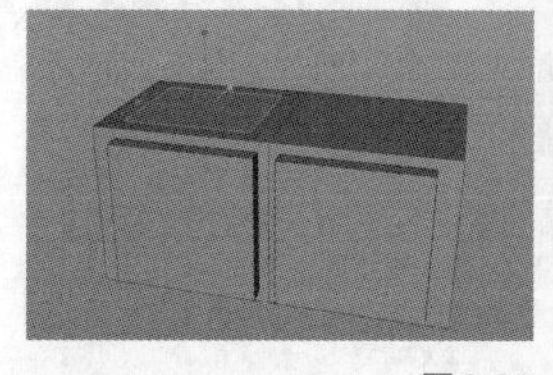

图3-90

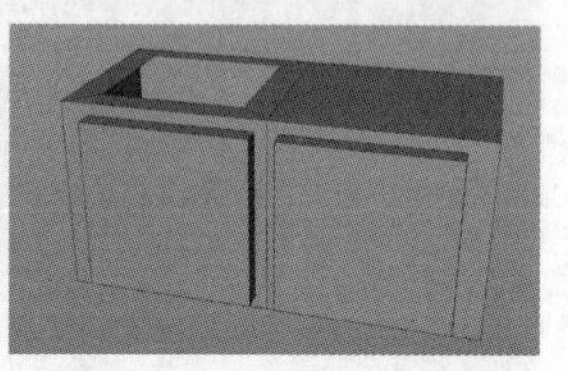

图 3-91

04 使用“立方体”工具创建一个立方体模型，参数与效果如图3-92所示。按C键将模型转换为可编辑对象，选择模型顶部的面，先向内挤压，再向下挤压，如图3-93所示。

立方体对象 [立方体.4]

基本 坐标 对象

对象属性

尺寸		分段	
尺寸.X	200 cm	分段 X	1
尺寸.Y	140 cm	分段 Y	1
尺寸.Z	200 cm	分段 Z	1

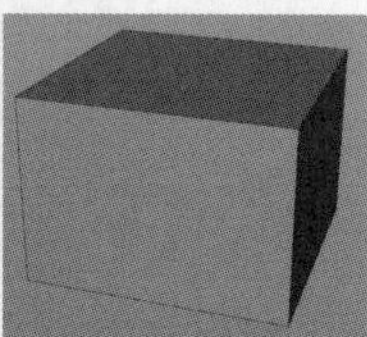

图 3-92

图 3-93

05 将水槽模型与柜子模型组合，如图3-94所示。

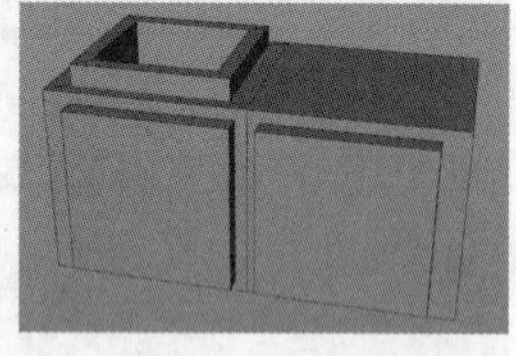

图 3-94

06 创建一个立方体模型，参数与效果如图3-95所示。按C键将模型转换为可编辑对象，选择立方体的右侧的面，然后按住Ctrl键并向右拖曳，再按住Ctrl键并向下拖曳，如图3-96所示。

立方体对象 [立方体.1]

基本 坐标 对象

对象属性

尺寸		分段	
尺寸.X	75 cm	分段 X	1
尺寸.Y	42 cm	分段 Y	1
尺寸.Z	90 cm	分段 Z	1

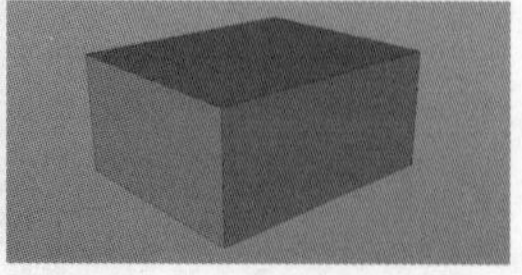

图 3-95

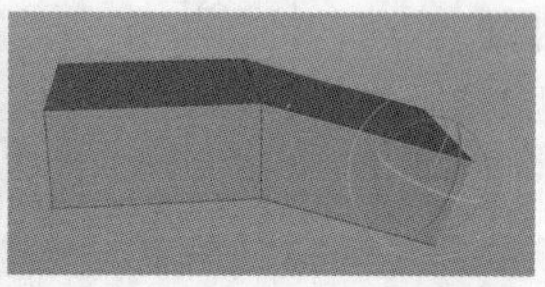

图 3-96

07 按住Ctrl键并向下拖曳，挤压出两个多边形，如图3-97所示。

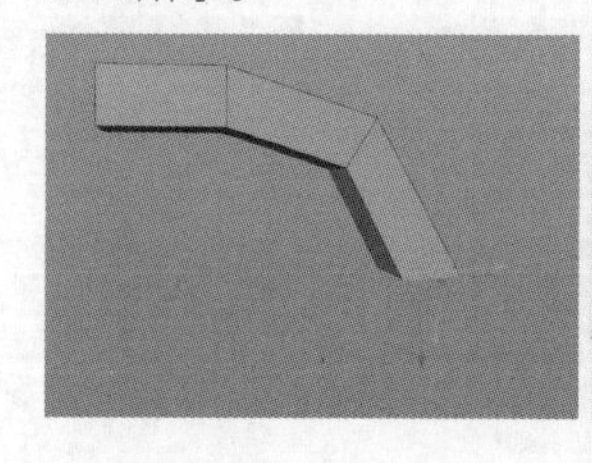

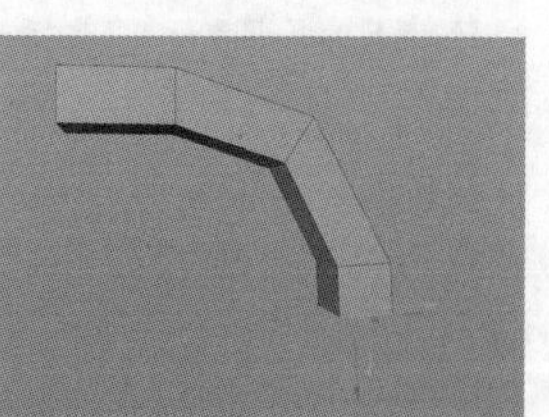

图 3-97

08 选择模型下方的一个面，如图3-98所示。先向内挤压，再向下挤压，如图3-99所示。

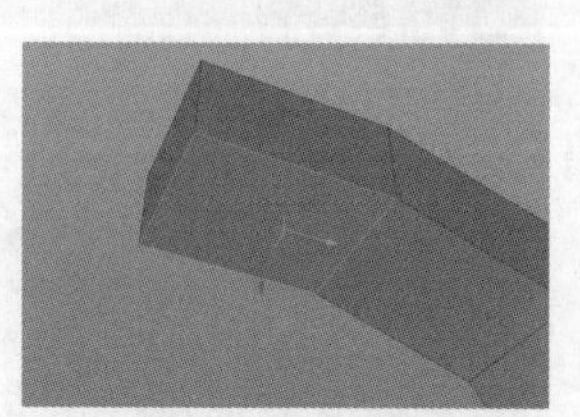

图 3-98

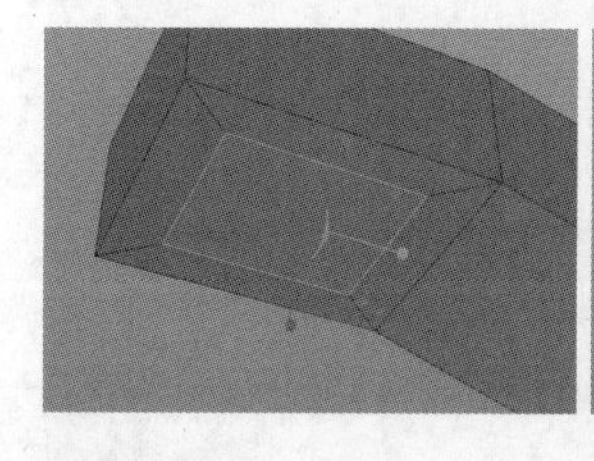

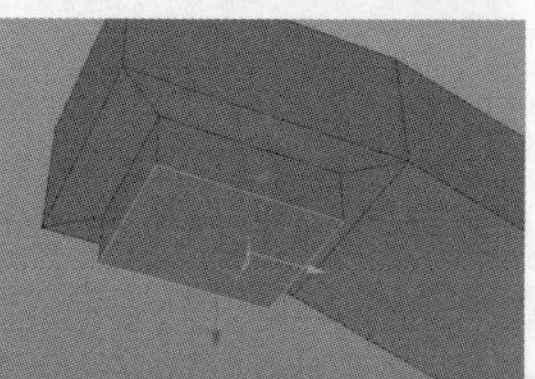

图 3-99

09 将水龙头模型置于水槽后方，然后在柜子上方加入之前制作的杯子和盘子，效果如图3-100所示。

图 3-100

4.制作冰箱

01 创建一个立方体模型，参数与效果如图3-101所示。选择模型中间的4条边并向上拖曳，如图3-102所示。

图 3-101

图 3-102

02 选择模型的轮廓边，如图3-103所示。使用“倒角”工具为其添加倒角，如图3-104所示。

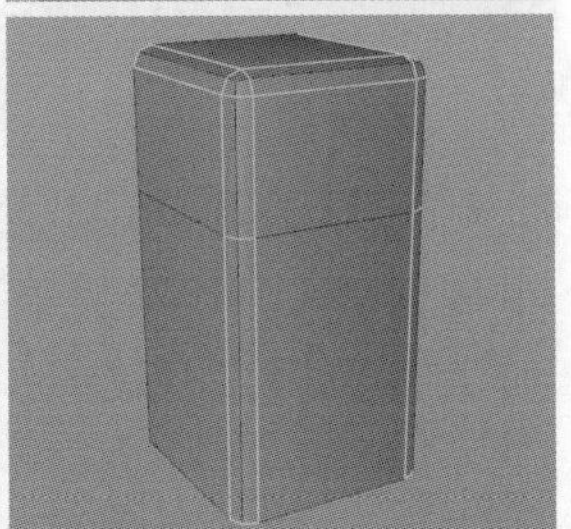

图 3-103　图 3-104

03 使用“循环/路径切割”工具为冰箱模型加入边，如图3-105所示。使用“倒角”工具为冰箱模型添加倒角，选择倒角内部的面，使用“挤压”工具向内挤压，如图3-106所示。

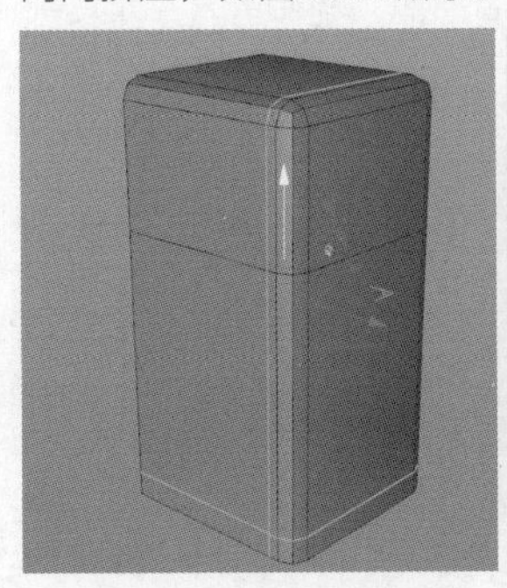

图 3-105

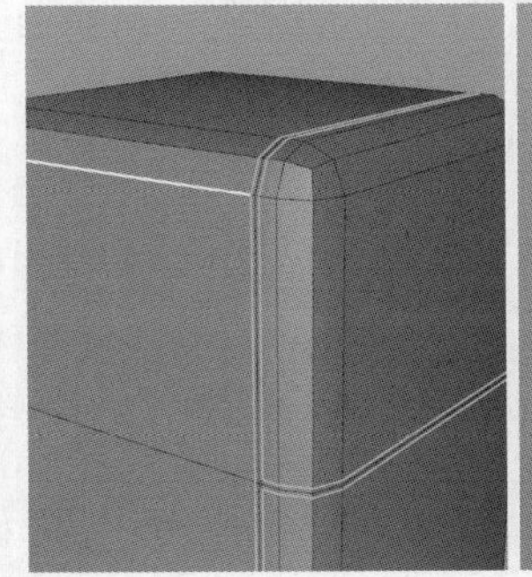

图 3-106

04 设置“偏移”为-5cm，如图3-107所示。

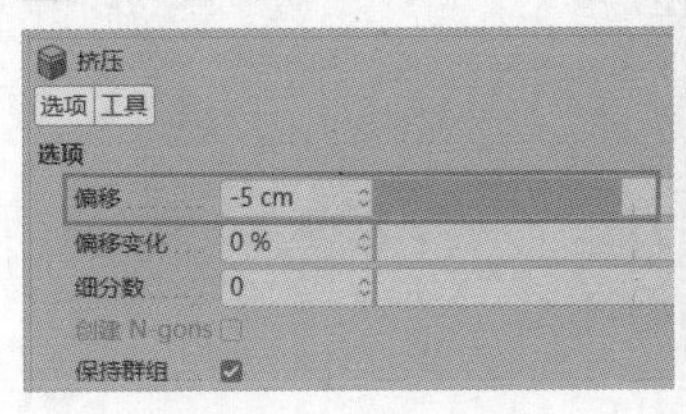

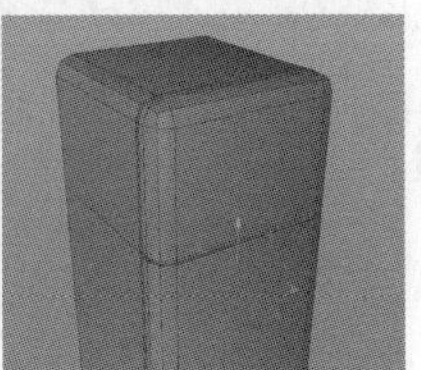

图 3-107

05 删除“对象”面板中的“平滑着色”标签，然后创建两个立方体模型作为冰箱的把手，如图3-108所示。将水槽模型和冰箱模型组合在一起，最终效果如图3-109所示。

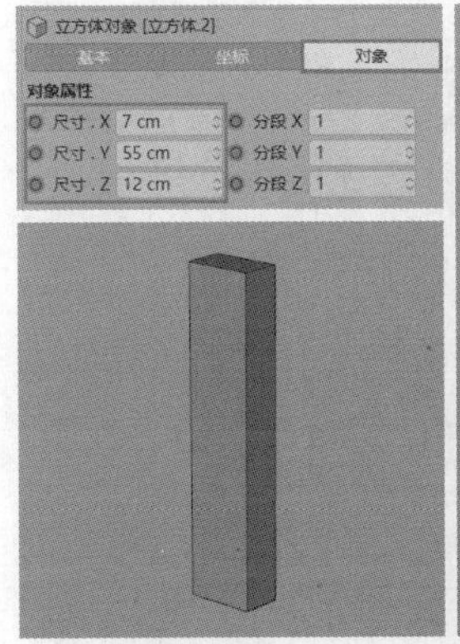

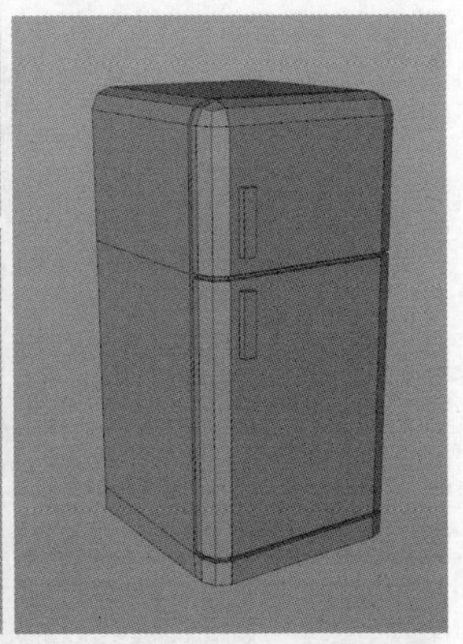

图 3-108

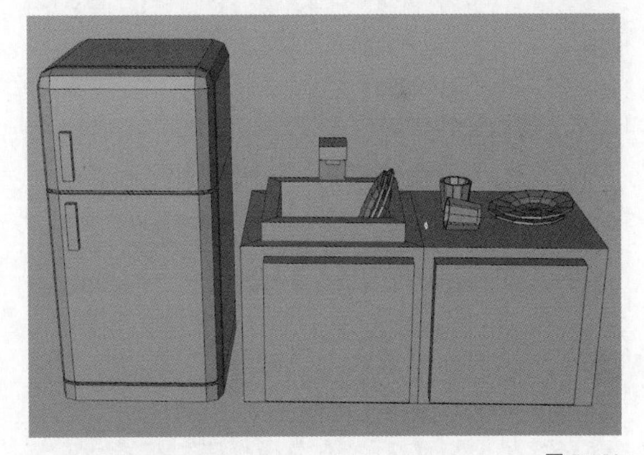

图 3-109

实战：制作汽车模型

◇ 场景位置	无
◇ 实例位置	实例文件 >CH03> 实战：制作汽车模型 .c4d
◇ 视频名称	实战：制作汽车模型 .mp4
◇ 学习目标	掌握多边形建模的方法
◇ 操作重点	多边形建模的基础操作

本实例将制作一辆有趣的售货汽车模型，如图3-110所示。读者可以通过该实战熟悉各种建模工具的使用方法，掌握多边形造型基础知识。

图 3-110

1.制作汽车外壳

01 使用“立方体”工具创建一个立方体模型，参数与效果如图3-111所示。按C键将模型转换为可编辑对象，向左移动模型中的边，如图3-112所示。

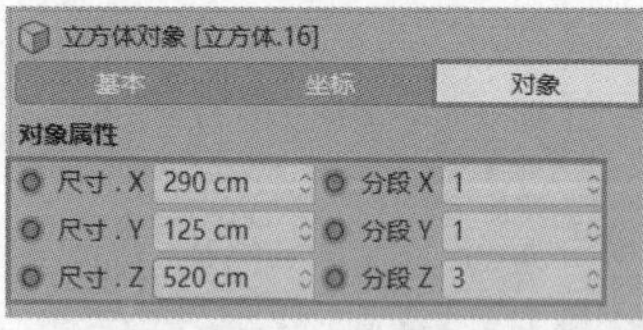

图 3-111

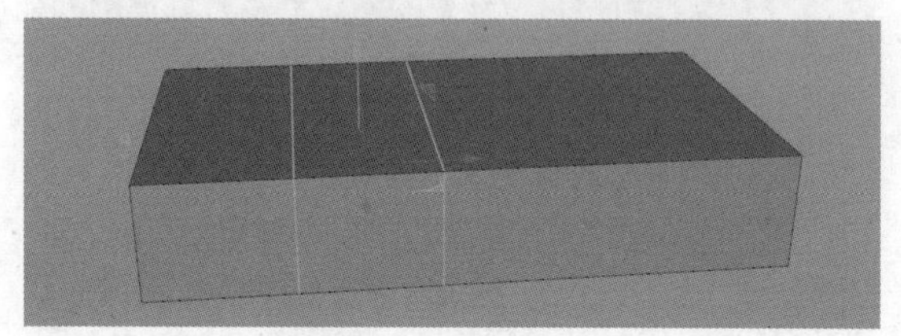

图 3-112

02 选择模型右侧上方的两个面，按住Ctrl键并向上拖曳，挤压出模型，如图3-113所示。

图 3-113

03 向下拖曳模型的两个顶点，如图3-114所示。再向右拖曳模型的两个顶点，如图3-115所示。

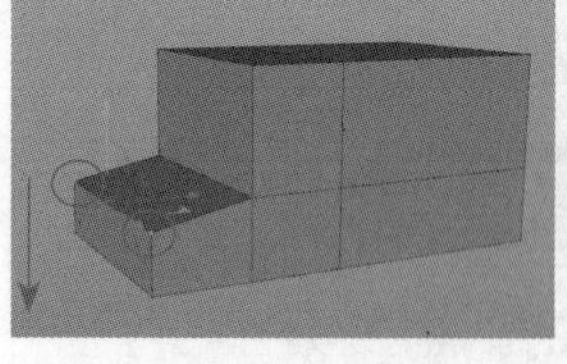

图 3-114

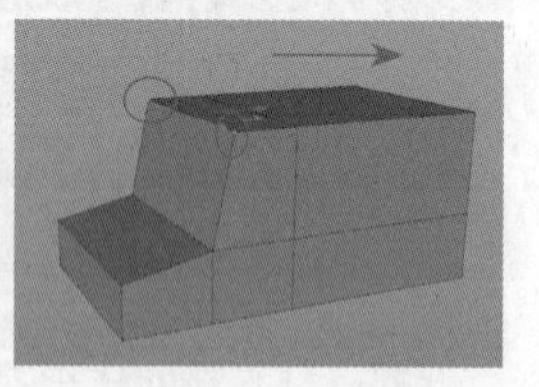

图 3-115

04 选择车身后侧的面，挤压出新的面，为车厢模型添加细节，如图3-116所示。选择模型右侧上方的面，然后向上挤压出新的面，如图3-117所示。

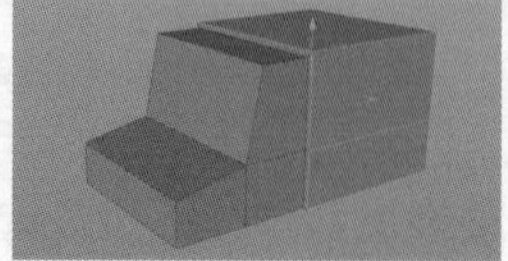

图 3-116

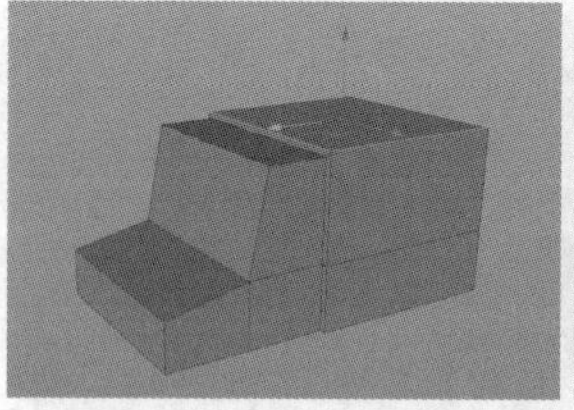
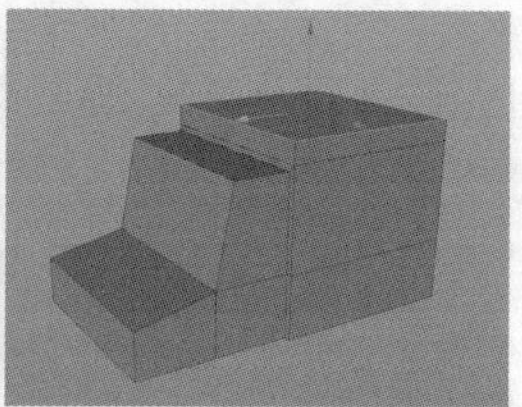

图 3-117

05 选择车顶部前方的面，然后向前挤压，如图3-118所示。选择车前方的面，然后进行内部挤压，制作出车窗的模型，接着向内挤压制作出车窗的细节，如图3-119所示。

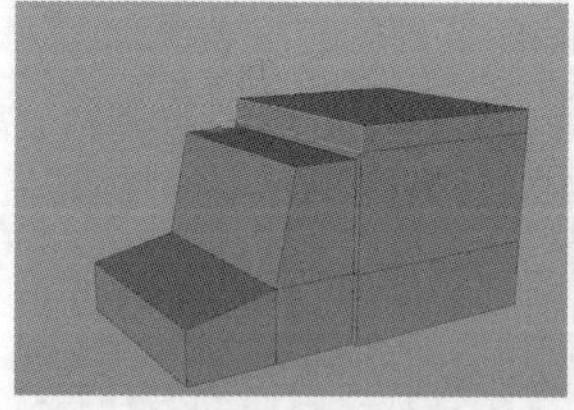
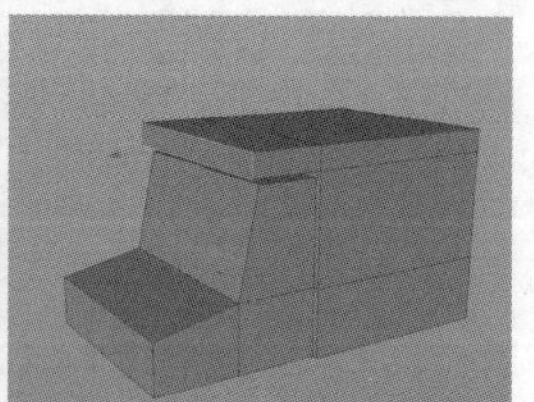

图 3-118

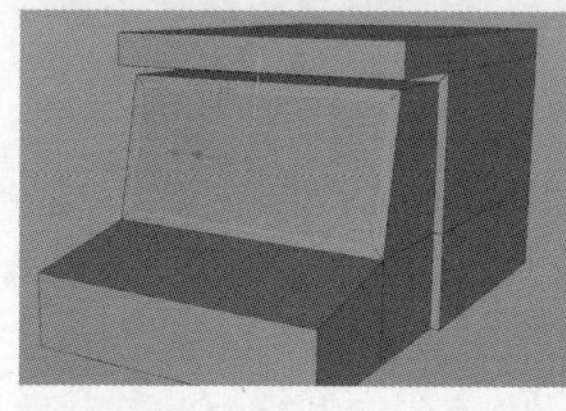
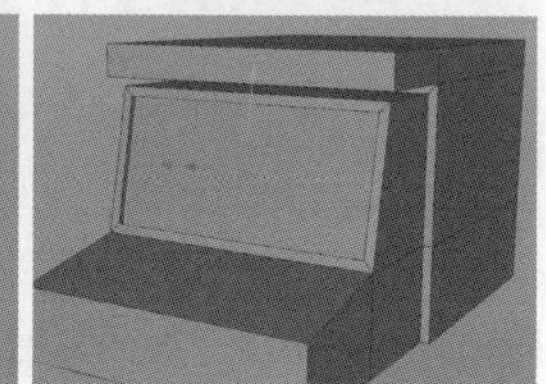

图 3-119

06 选择车头模型的面，用同样的方法进行内部挤压，然后将挤压出的面进行横向缩放，制作出汽车车头部分的细节，如图3-120所示。向内挤压新生成的面，如图3-121所示。

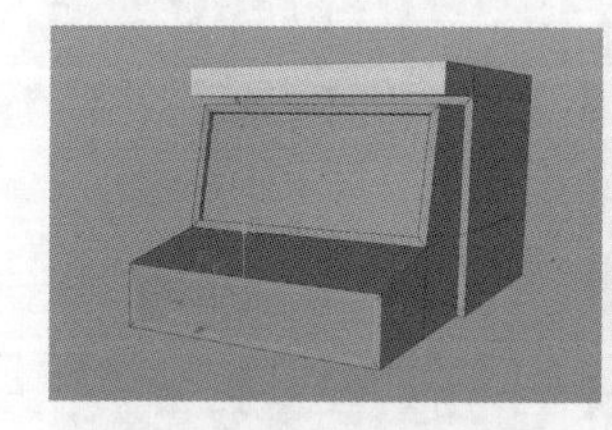
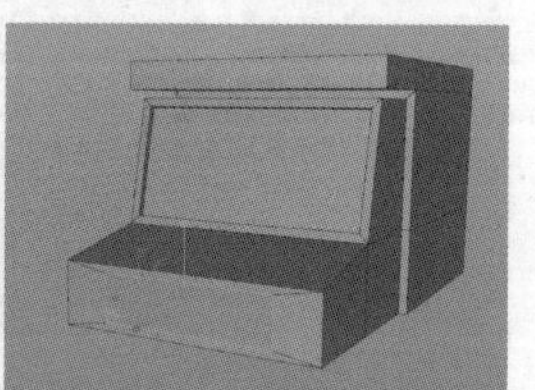

图 3-120

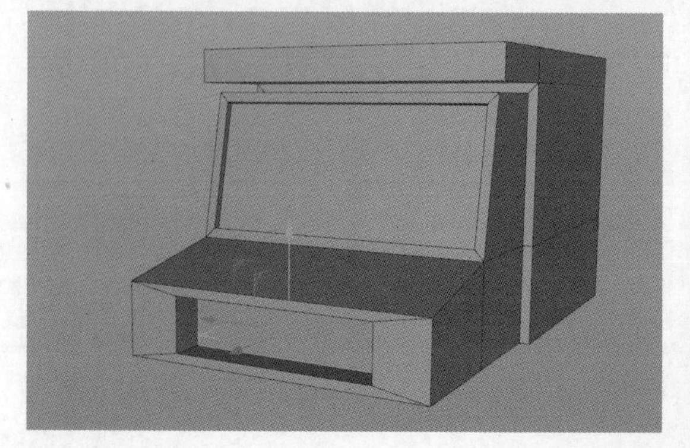

图 3-121

07 选择车门所在的面，然后向外挤压并进行适当缩放，制作出车门的细节，如图3-122所示。

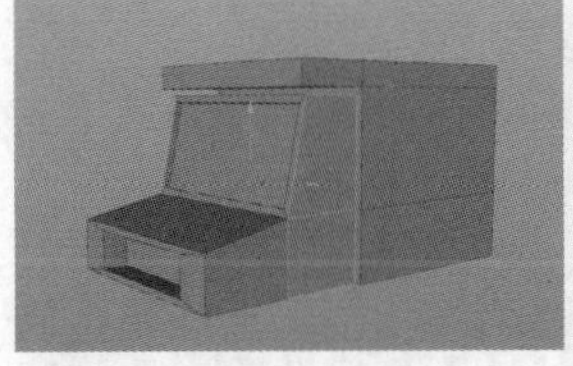
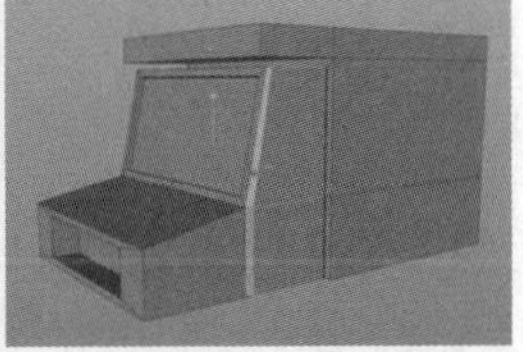

图 3-122

08 选择车门的玻璃所在的面，并进行内部挤压，如图3-123所示。

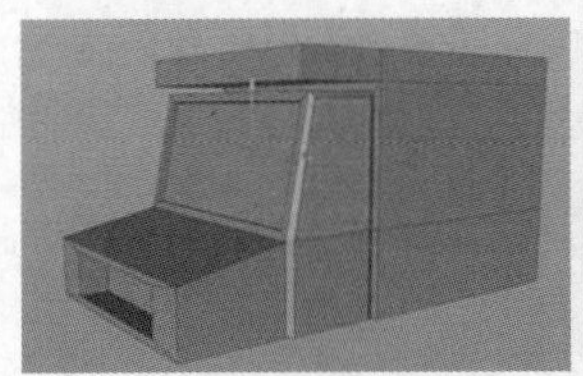
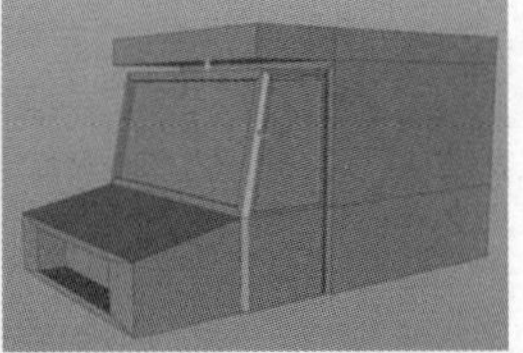

图 3-123

09 选择购物窗口，然后进行内部挤压，如图3-124所示。接着向内挤压，挤压出售货台面，如图3-125所示。

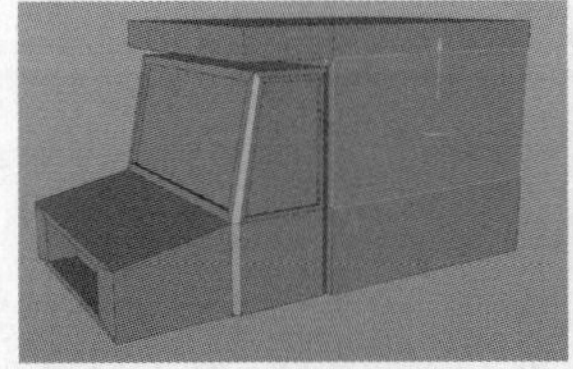
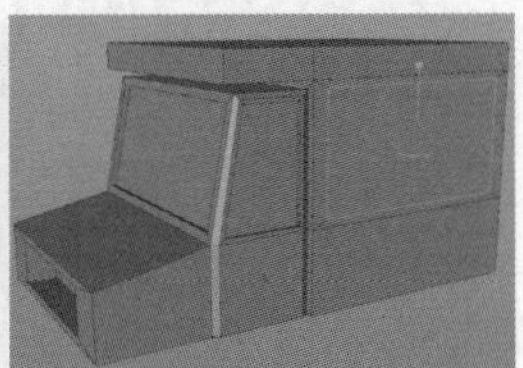

图 3-124

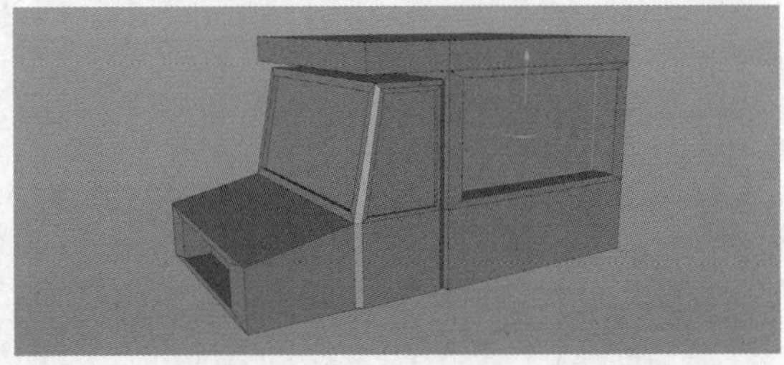

图 3-125

10 使用“圆柱体”工具创建一个圆柱体模型，参数与效果如图3-126所示。制作两个圆柱体，分别放置到汽车前后轮的位置，如图3-127所示。

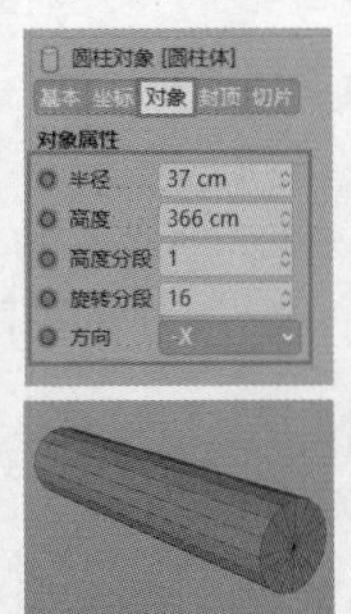

图 3-126

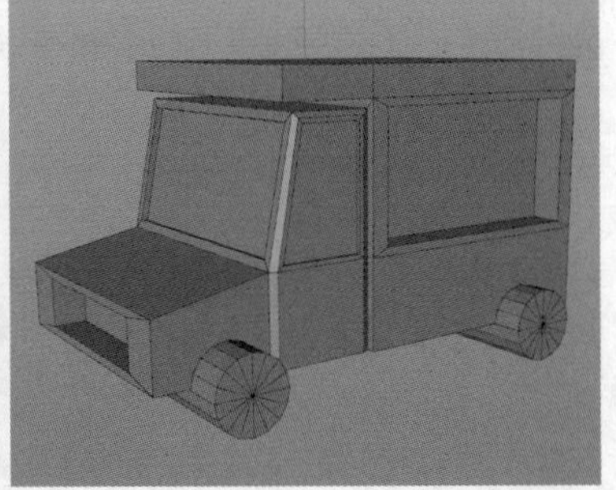

图 3-127

11 为模型添加“布尔”生成器，将对象拖曳至“布尔”对象的子层级中，如图3-128所示。设置“布尔类型”为“A减B”，勾选“高质量”“创建单个对象”“隐藏新的边”选项，如图3-129所示。

图 3-128

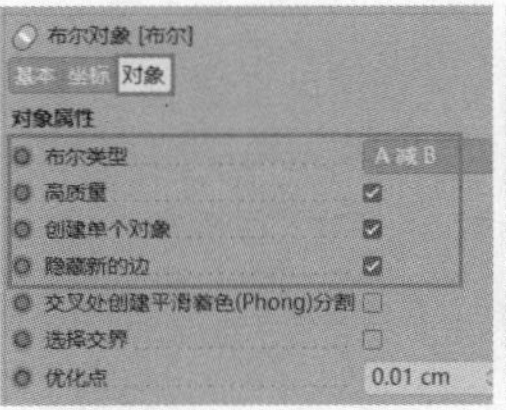

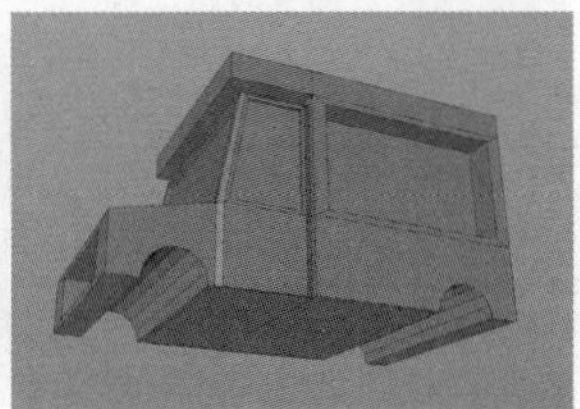

图 3-129

12 创建一个立方体模型，参数与效果如图3-130所示。复制3个立方体模型，用以制作汽车的散热器格栅，如图3-131所示。

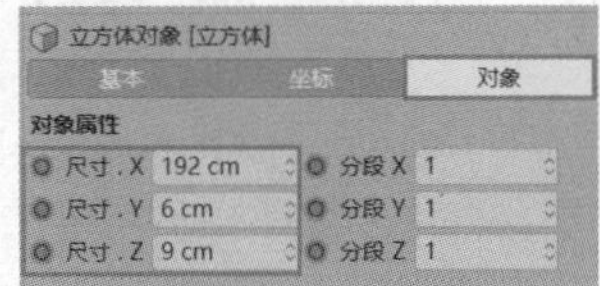

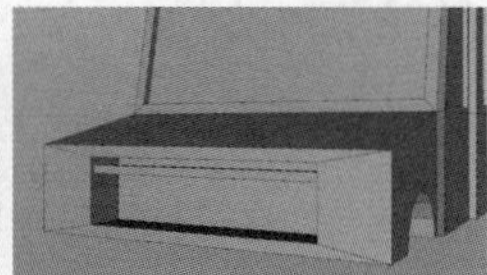

图 3-130

图 3-131

技巧提示 这里的模型大小仅作参考，读者可以根据挤压出的空间自行调整模型的大小。

2.制作车灯

01 创建一个立方体模型，按C键将模型转换为可编辑对象，对前方的面进行内部挤压，如图3-132所示。

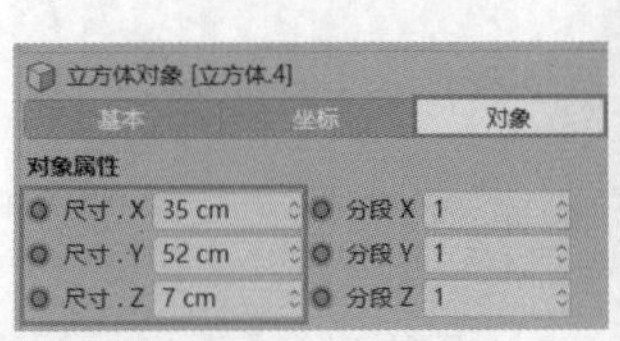

图 3-132

02 将挤压生成的面向前移动，如图3-133所示。然后进行内部挤压，将生成的面向后挤压，挤压出凹槽，如图3-134所示。

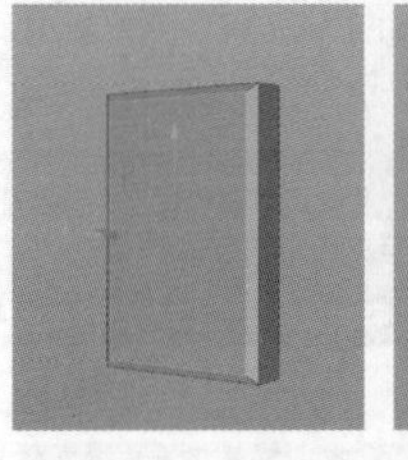

图 3-133

图 3-134

03 创建一个立方体模型，然后将其与车灯外框进行组合，如图3-135所示。

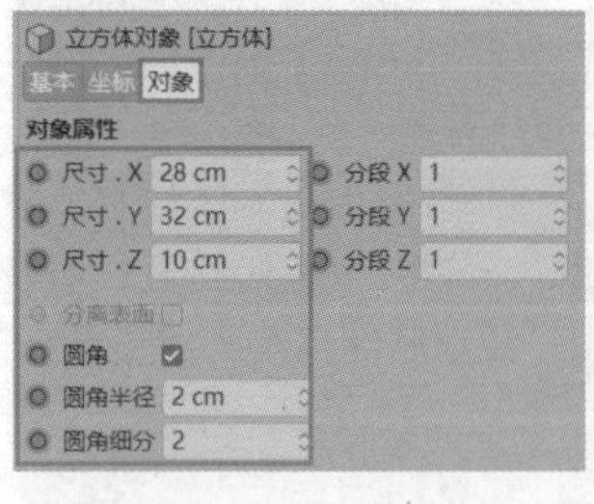

图 3-135

04 用同样的方法制作出车灯下方的区域，如图3-136所示。将制作完成的车灯放到车头的位置，如图3-137所示。

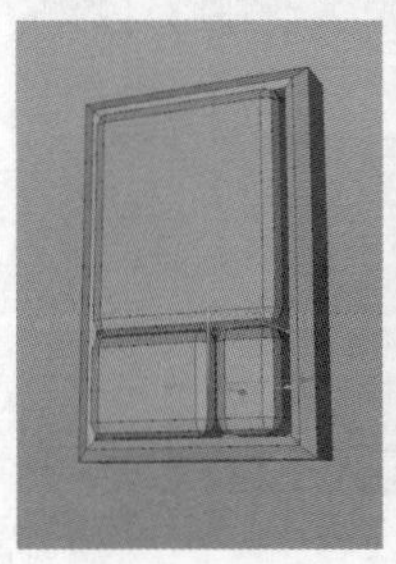

图 3-136

图 3-137

3.制作后视镜和雨刮器

01 复制出一个车灯模型，然后删除下面的小灯，如图3-138所示。放大上面的大灯，使其与外框边缘对齐，用以制作后视镜，如图3-139所示。

图 3-138

图 3-139

02 选择模型背面的面，然后进行内部挤压，如图3-140所示。

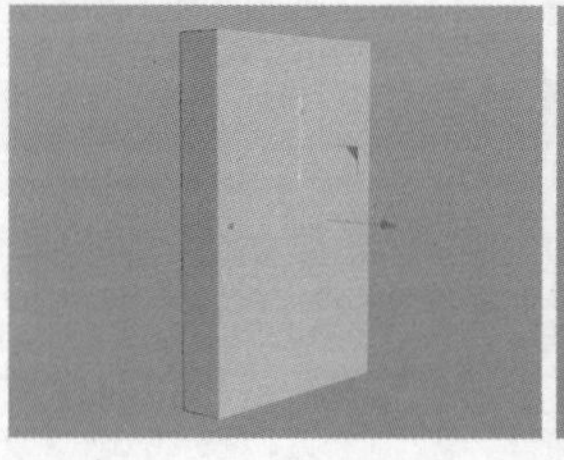

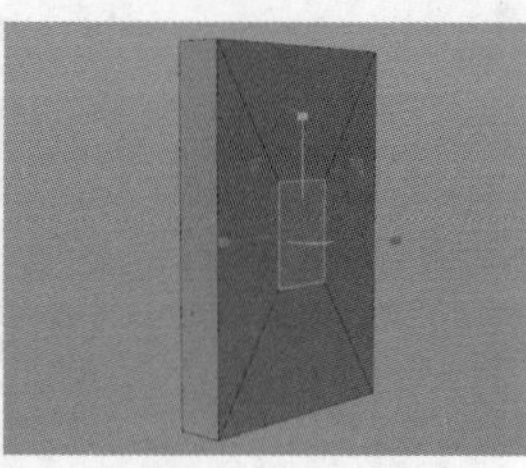

图 3-140

03 向外挤压出模型，然后继续挤压，如图3-141所示。选择底部的面，然后向左下角挤压出模型，如图3-142所示。

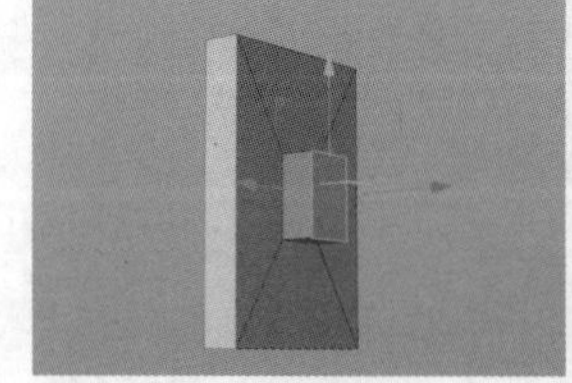

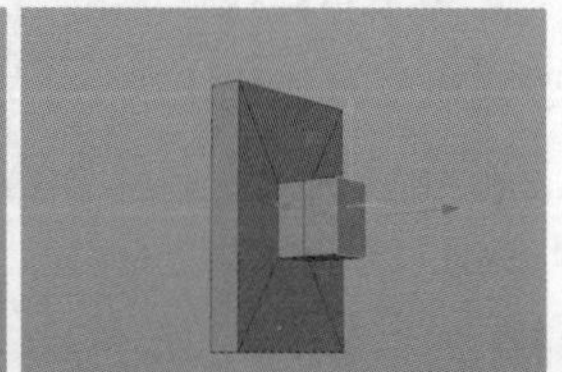

图 3-141

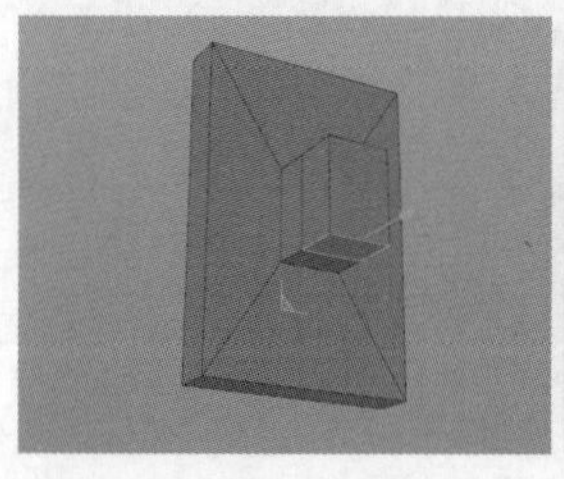

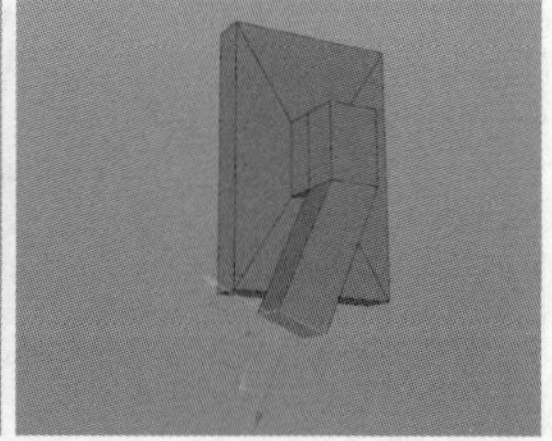

图 3-142

04 选择底部的面，继续向左下角挤压，完成后视镜模型的制作，如图3-143所示。把后视镜添加到汽车的两侧，如图3-144所示。

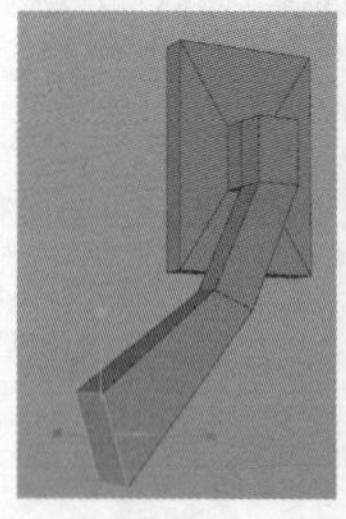

图 3-143

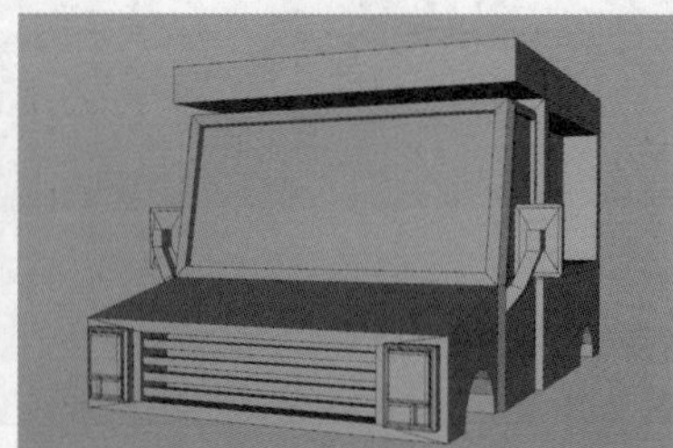

图 3-144

05 创建一个立方体模型，参数与效果如图3-145所示。按C键将模型转换为可编辑对象，使用“循环/路径切割”工具为模型加入两条边，并向下挤压出新的模型，如图3-146所示。

立方体对象 [立方体]
基本 坐标 对象
对象属性
尺寸 . X 100 cm　分段 X 1
尺寸 . Y 7 cm　分段 Y 1
尺寸 . Z 7 cm　分段 Z 1

图 3-145

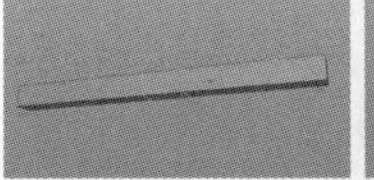

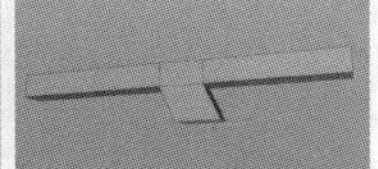

图3-146

06 复制完成的模型并置于车窗前面，如图3-147所示。

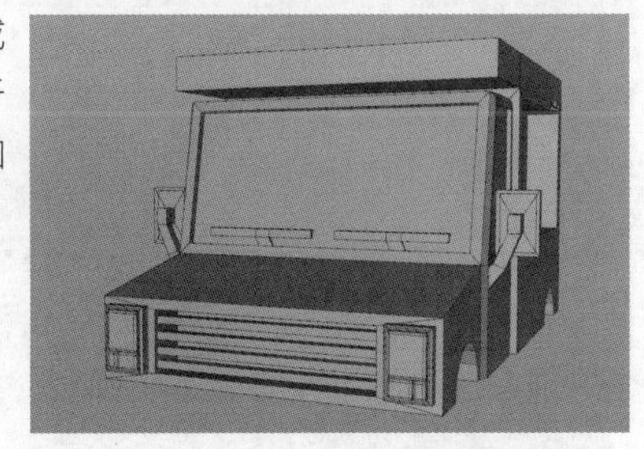

图3-147

4.制作车轮

01 使用“管道”工具创建一个管道模型，参数与效果如图3-148所示。

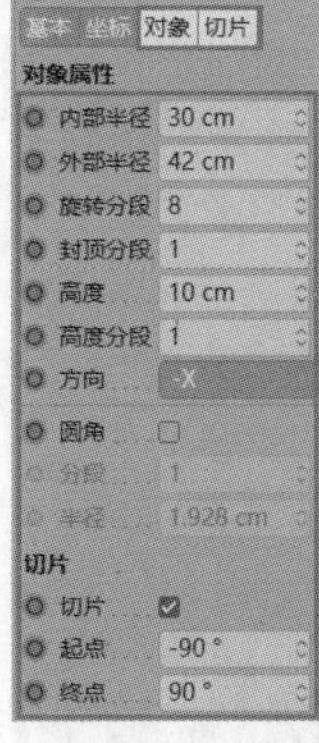

图3-148

02 按C键将模型转换为可编辑对象，选择模型底部的面，然后向下挤压出新的面，如图3-149所示。

图3-149

03 选择车轮左侧的面，向车头方向挤压，如图3-150所示。同样，选择车轮右侧的面，向车尾方向挤压，如图3-151所示。

图3-150

图3-151

04 用同样的方法制作后轮的细节，如图3-152所示。

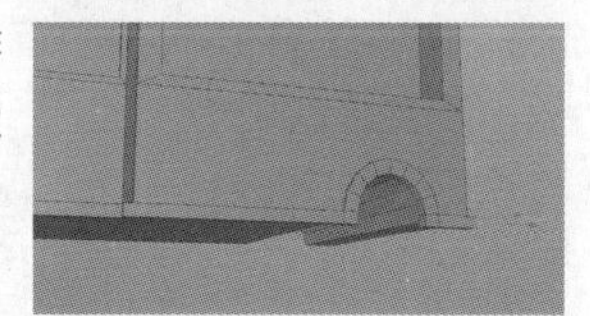

图3-152

05 创建一个立方体模型，参数与效果如图3-153所示。将模型复制一份，分别置于车头和车尾，如图3-154所示。

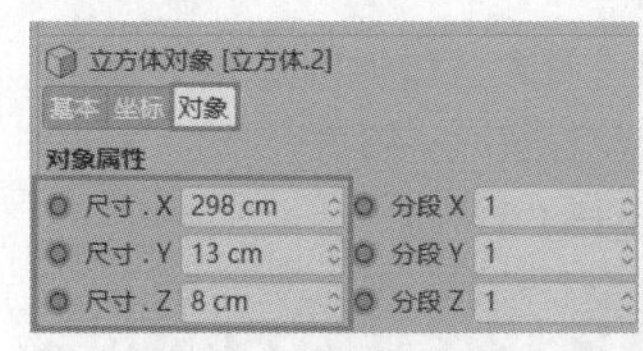

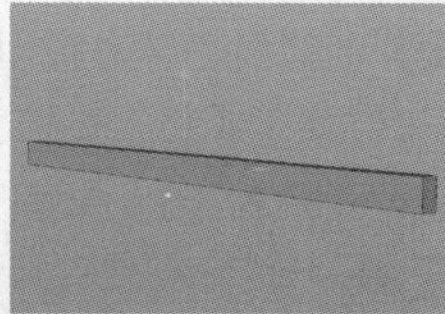

图3-153

图3-154

06 创建一个圆柱体模型，参数与效果如图3-155所示。按C键将模型转换为可编辑对象，选择模型前端的面，进行内部挤压，如图3-156所示。

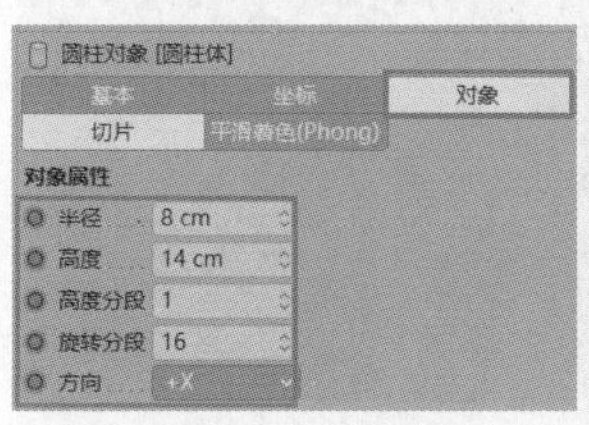

图3-155

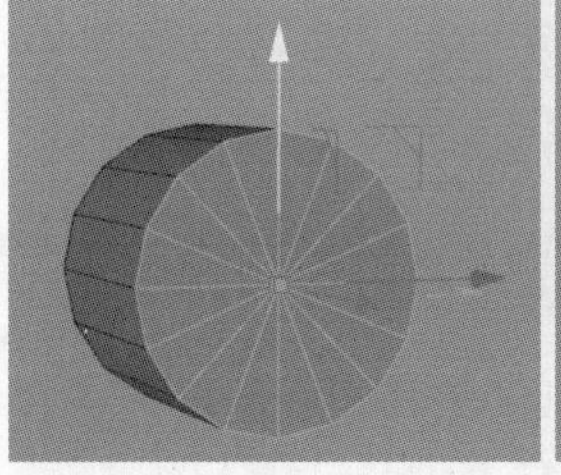
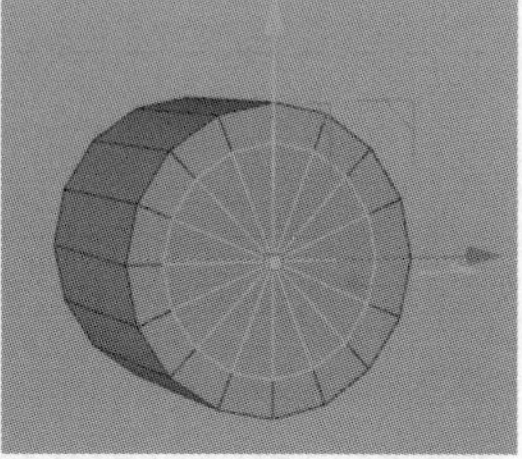

图3-156

07 将新生成的面向内挤压，如图3-157所示。挤压出凹槽后，进行内部挤压，然后向外挤压，如图3-158所示。

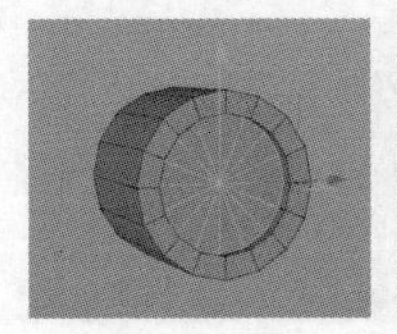

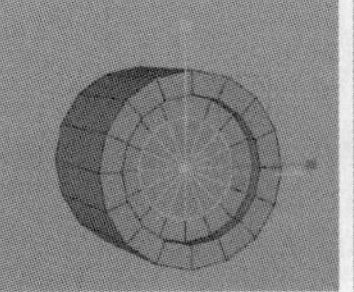

图 3-157

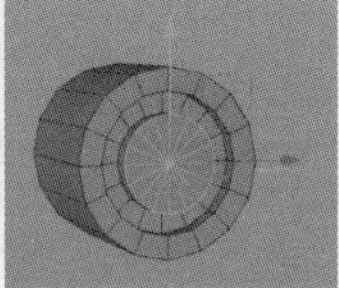

图 3-158

08 按照图3-159所示选择面，然后将选择的面向外挤压，如图3-160所示。

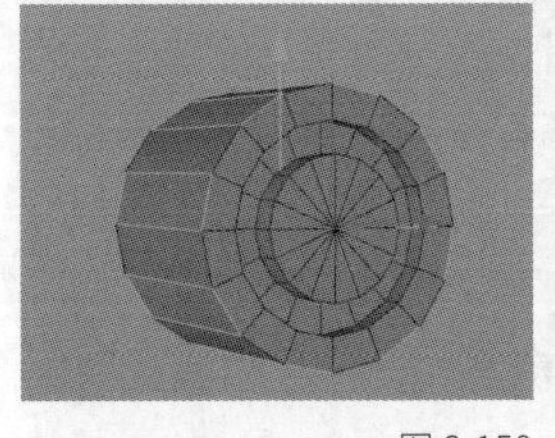

图 3-159

图 3-160

09 创建两个管道模型，参数与效果如图3-161和图3-162所示。将上述模型组合并复制3份，然后为汽车模型安装上车轮，如图3-163所示。

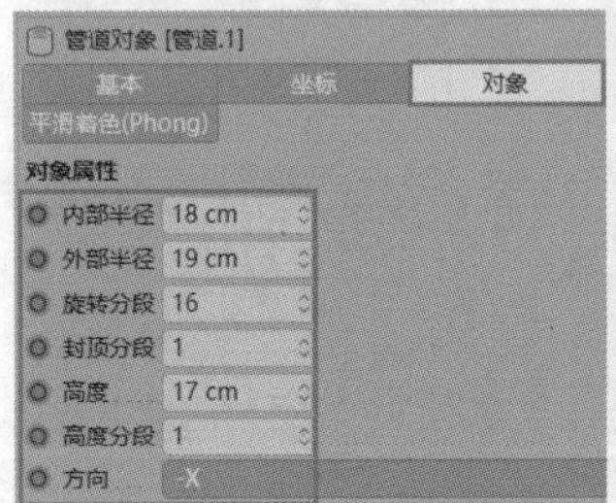

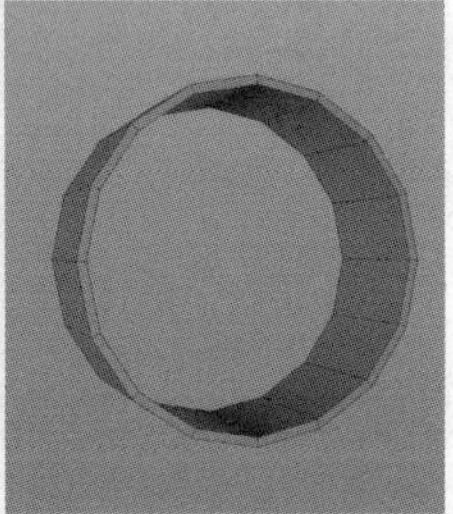

图 3-161

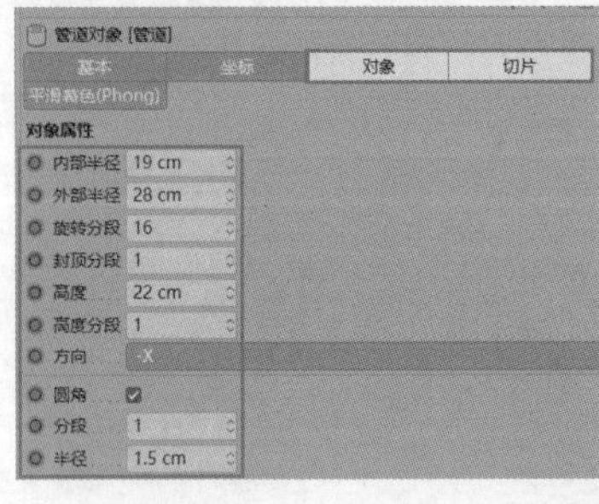

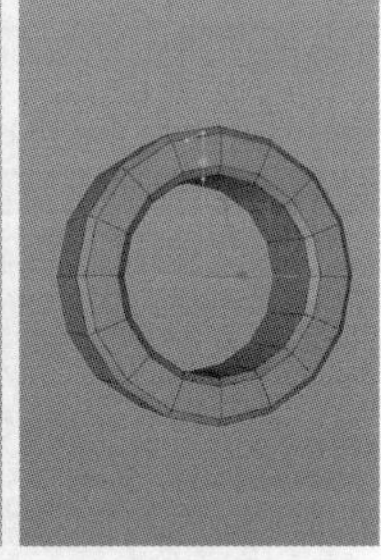

图 3-162

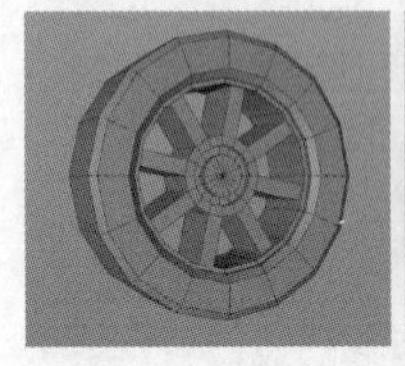

图 3-163

5.制作售货窗口

01 创建一个立方体模型，参数与效果如图3-164所示。将这个立方体模型置于售货窗口的下方，如图3-165所示。

立方体对象 [立方体]
基本 坐标 对象
对象属性
尺寸 . X 60 cm　分段 X 1
尺寸 . Y 8 cm　分段 Y 1
尺寸 . Z 235 cm　分段 Z 1

图 3-164

图 3-165

02 创建一个立方体模型作为雨棚，参数与位置如图3-166所示。在雨棚两侧分别加上立方体模型作为支架，具体粗细和长度可根据雨棚的角度调整，如图3-167所示。

立方体对象 [立方体.1]
基本 坐标 对象
对象属性
尺寸 . X 106 cm　分段 X 1
尺寸 . Y 8 cm　分段 Y 1
尺寸 . Z 264 cm　分段 Z 1

图 3-166

图 3-167

03 创建多个立方体模型，在汽车的顶部模拟出汽车的天窗、大灯、车把手和车侧面的行李箱盖子，如图3-168所示。读者可以按照自己的想法设计这些装饰性元素，最终效果如图3-169所示。

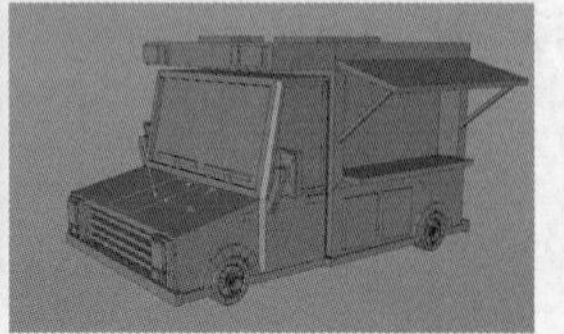

图 3-168

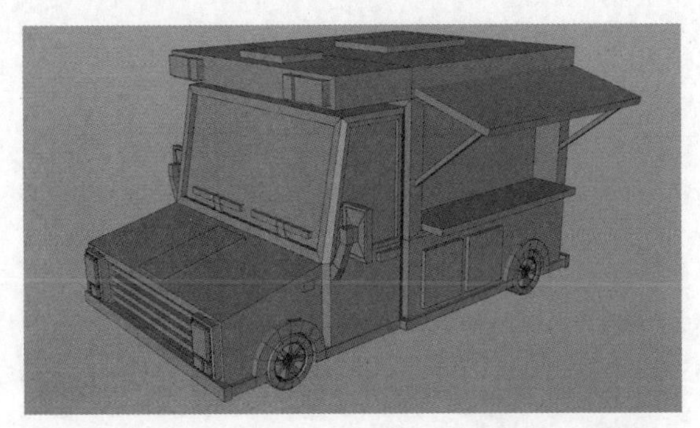

图 3-169

3.2 细分曲面建模

细分曲面建模多用于产品视觉表现和角色生物类模型设计。这类模型多由规则的四边形组成，并通过添加“细分曲面”生成器使模型形成平滑的效果。

3.2.1 细分曲面

一般有均匀且规律布线的模型在添加“细分曲面”生成器后，会形成平滑的效果，如图3-170所示。当模型的布线不规律时，添加“细分曲面”生成器会形成凹凸不平的效果，如图3-171所示。

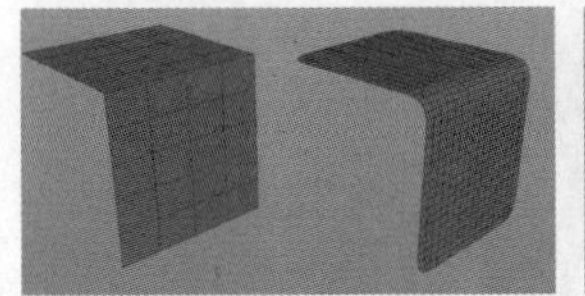

图 3-170

图 3-171

技巧提示 一般情况下，规律的四边形布线会使“细分曲面”的效果好于其他多边形布线，如图3-172所示。因此，制作模型时需尽可能保持模型的布线是有规律的四边形。

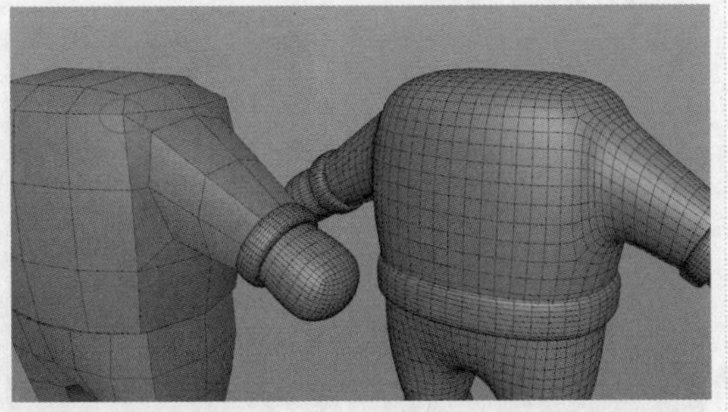

图 3-172

3.2.2 布线技法

想要获得理想的模型，就需要控制好模型的布线。模型在添加“细分曲面”生成器后会变得平滑，如图3-173所示。如果需要模型保持原有形态，可以为模型加入保护边，如图3-174所示。保护边与所选边的距离越大，添加“细分曲面”生成器后模型的圆角越大，转折越平滑，如图3-175所示。

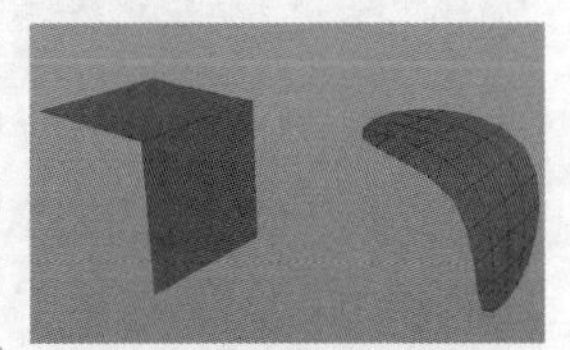

图 3-173

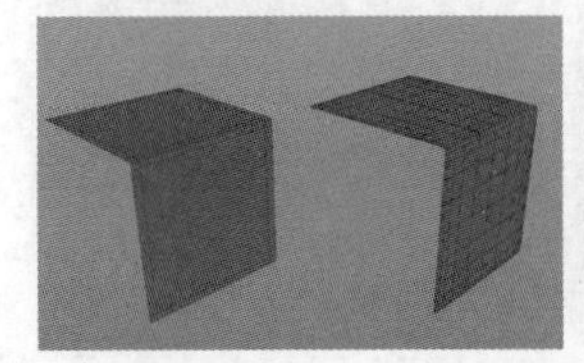

图 3-174

图 3-175

技巧提示 为所选边加入保护边，也称为“卡边”，即在所选边的周围加入边，通常使用“循环/路径切割”工具和“倒角”工具进行操作。

为直角面模型添加“细分曲面”生成器，模型变为了曲面，如图3-176所示。如果需要保持模型本身的形态，可以使用“循环/路径切割”工具在转折边的两侧添加保护边，这样添加“细分曲面”生成器后，模型整体的形态就不会变了，如图3-177所示。

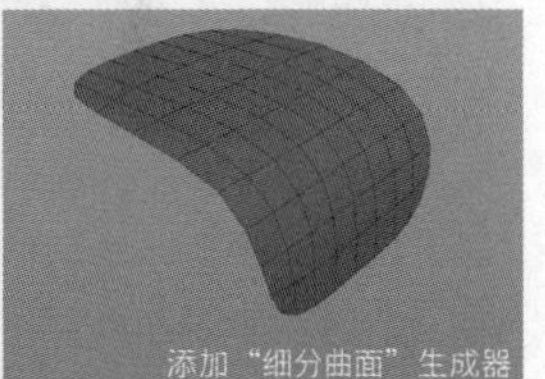

图 3-176

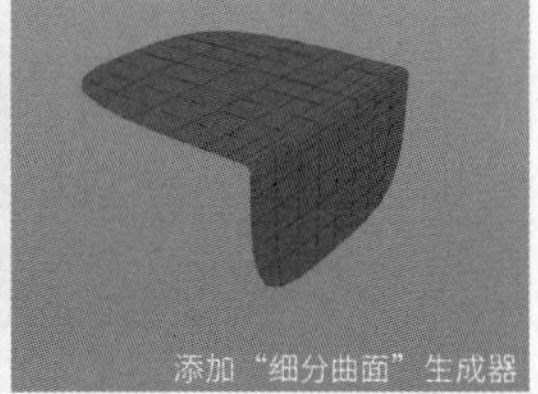

图 3-177

为立方体模型添加“细分曲面”生成器，模型变为了球状，如图3-178所示。如果需要保持模型本身的形态，可以使用“倒角”工具为模型所有的棱边添加保护边，再添加“细分曲面”生成器，模型整体的形态就不会变了，如图3-179所示。

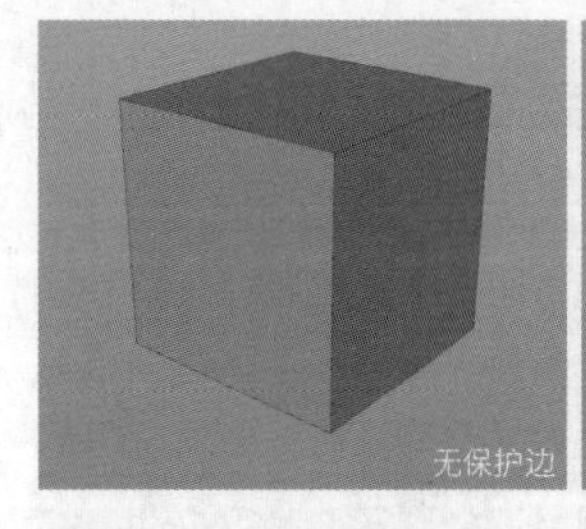

图 3-178

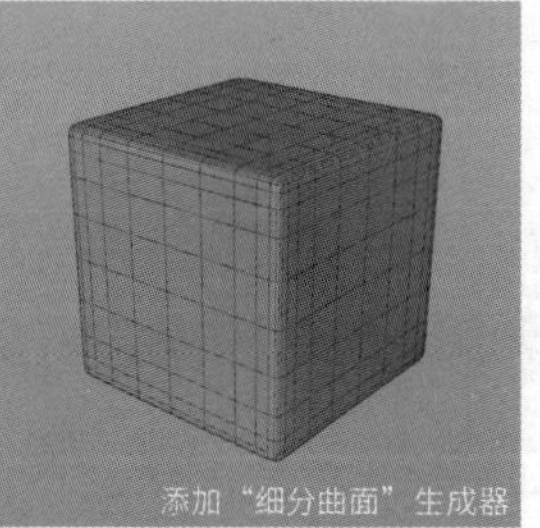

图 3-179

技术专题：“由方到圆”结构的布线技法

“由方到圆”是常见的模型转折结构，如图3-180所示。下面讲解一下这类结构的布线技法。

选择交界面的中心点，如图3-181所示。使用“倒角”工具进行倒角，参数和效果如图3-182所示。

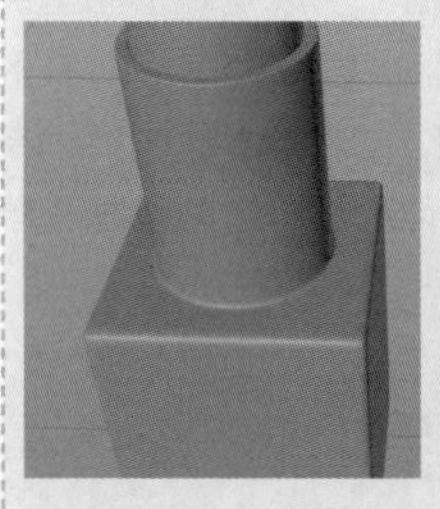

图 3-180

图 3-181

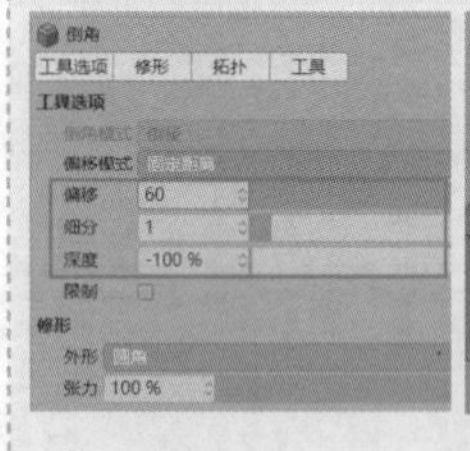

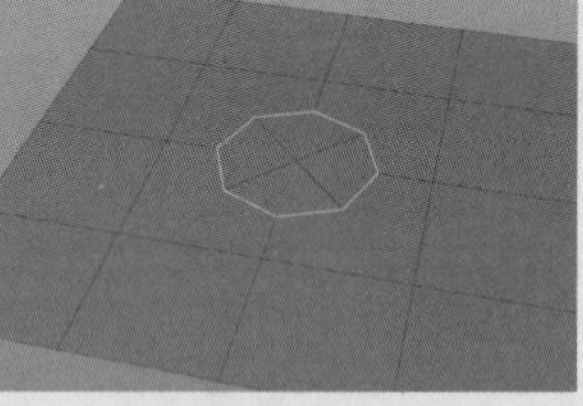

图 3-182

将八边形的4个角与其所在正方形的4个角进行连接，如图3-183所示。

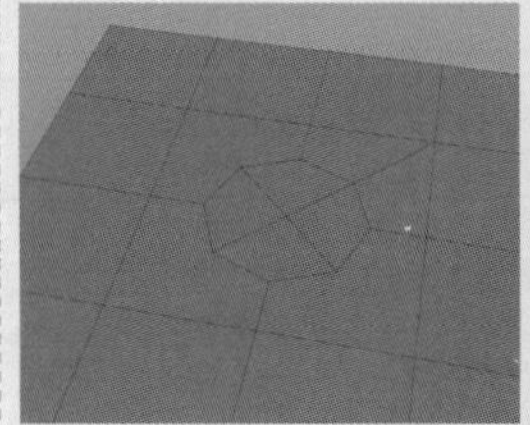
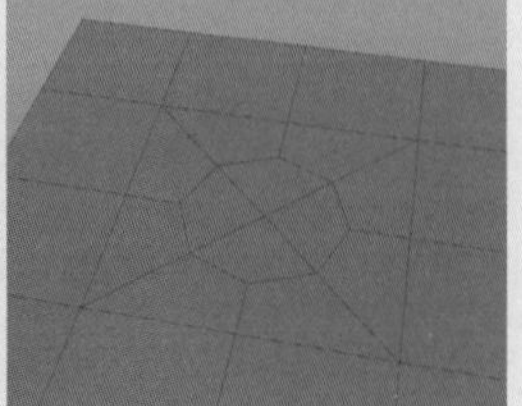

图 3-183

删除模型中间的点，并选择八边形的边，然后向上挤压出模型，如图3-184所示。

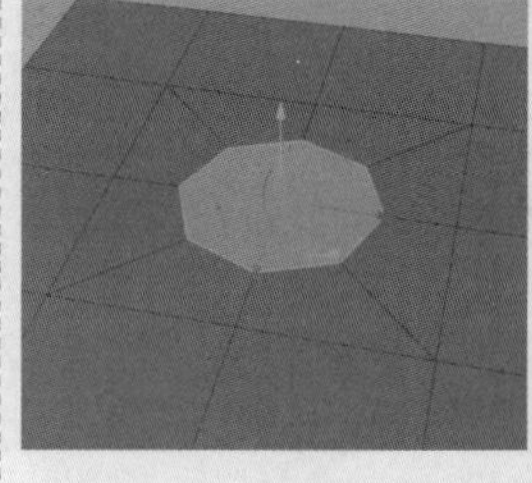
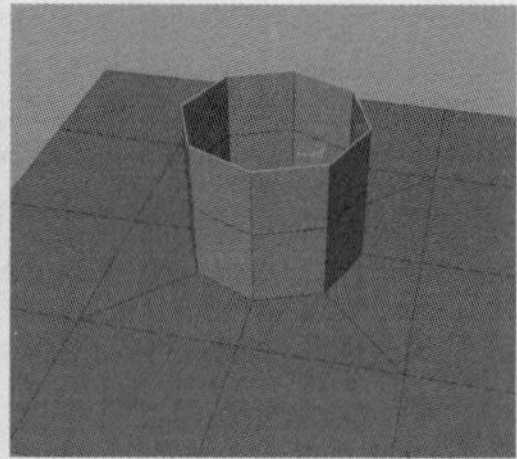

图 3-184

选择八边形与平面交界的边，如图3-185所示。使用“倒角”工具进行倒角，参数和效果如图3-186所示。接着添加“细分曲面”生成器，如图3-187所示。

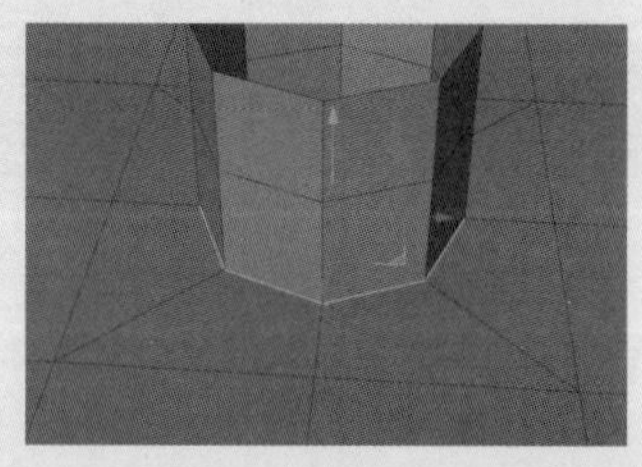

图 3-185

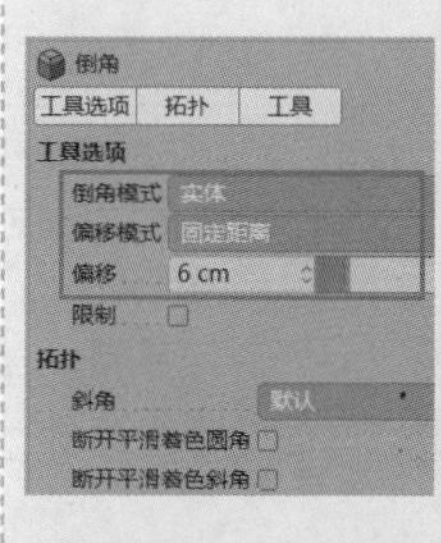

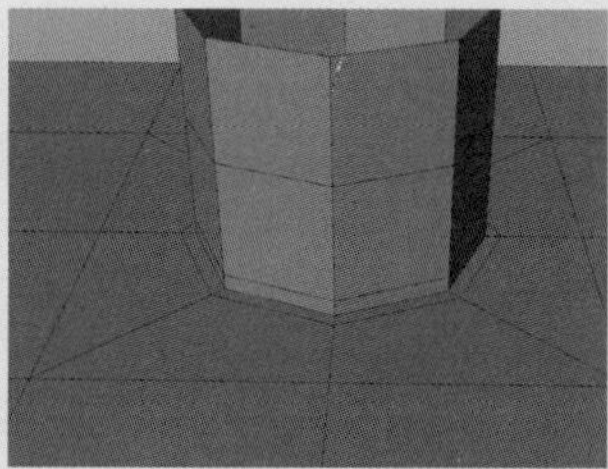

图 3-186

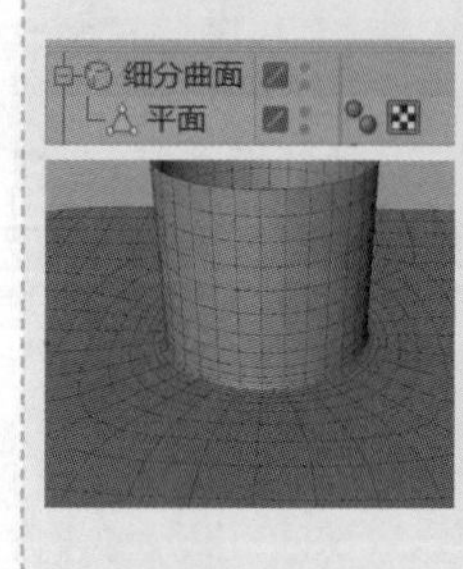

图 3-187

保护边与所选边的距离越大，模型交界的地方越平滑，可以根据需求灵活调整，如图3-188所示。

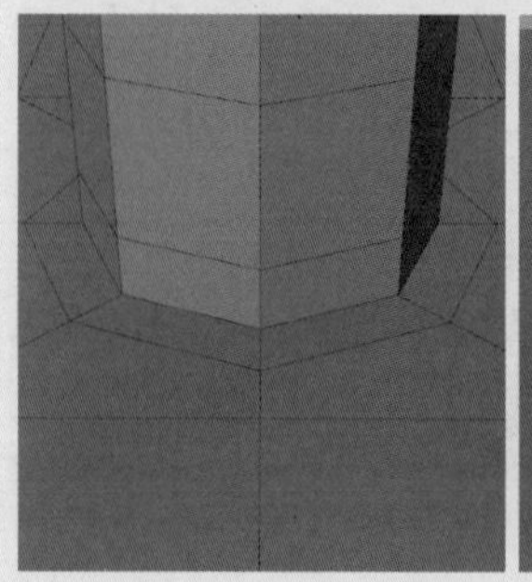

图 3-188

实战：制作罗马柱模型

◇ 场景位置	无
◇ 实例位置	实例文件 >CH03> 实战：制作罗马柱模型 .c4d
◇ 视频名称	实战：制作罗马柱模型 .mp4
◇ 学习目标	掌握细分曲面建模的方法
◇ 操作重点	细分曲面建模的基础操作

本实例将介绍如何使用多边形创建一个罗马柱模型，参考效果如图3-189所示。

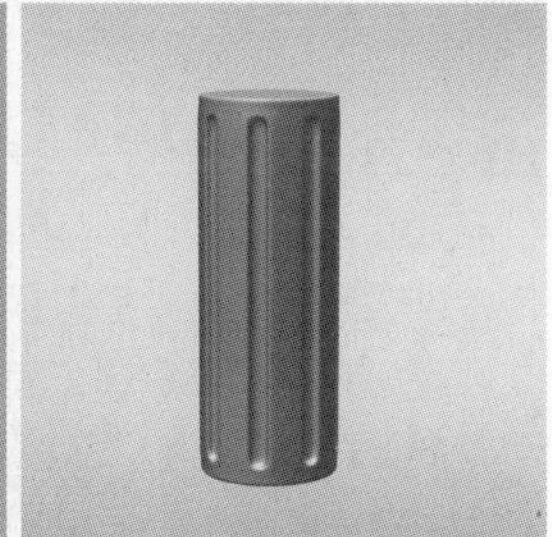

图 3-189

01 使用“圆柱体”工具创建一个圆柱体模型，参数与效果如图3-190所示。按C键将模型转换为可编辑对象，选择模型侧面的边，将上面的边向上拖曳，下面的边向下拖曳，如图3-191所示。

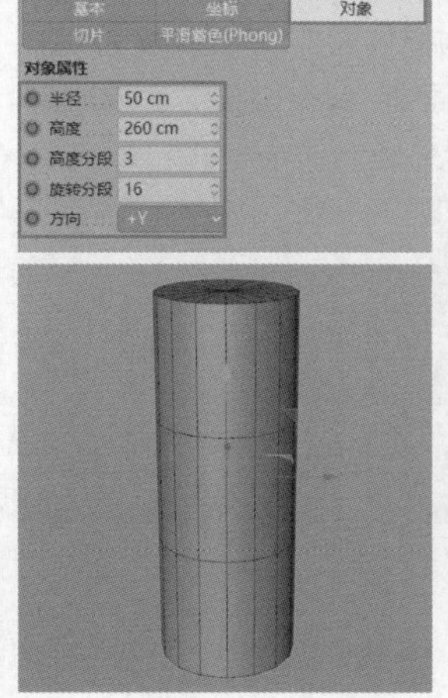

图 3-190

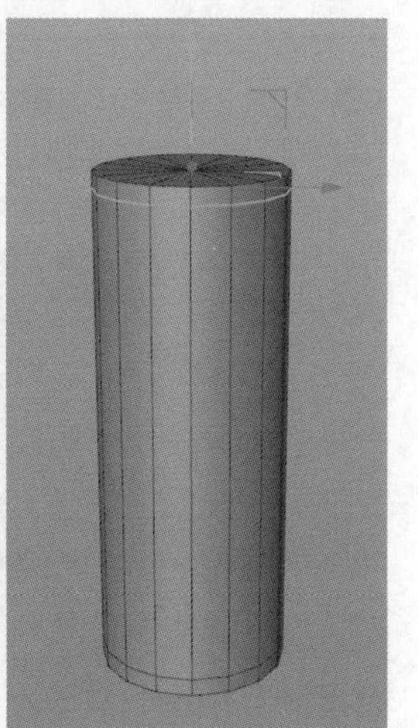

图 3-191

02 选择相间的面，如图3-192所示。使用“内部挤压”工具挤压模型，如图3-193所示。

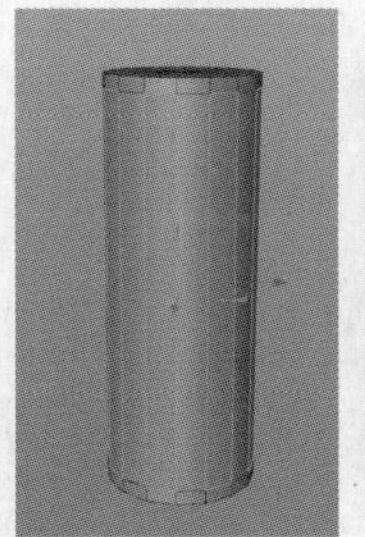

图 3-192

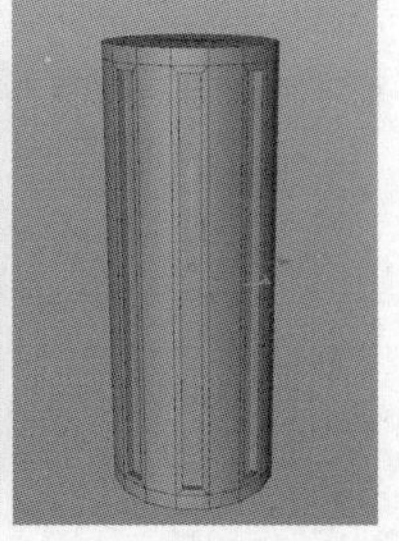

图 3-193

03 使用“循环/路径切割”工具在模型上方和下方添加保护边，如图3-194所示。使用“倒角”工具为模型添加保护边，如图3-195所示。

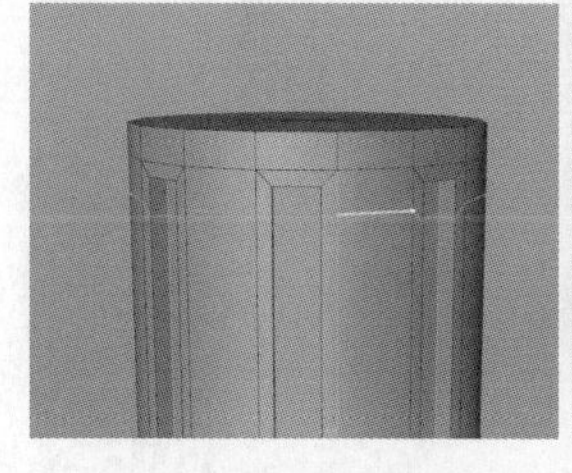

图 3-194

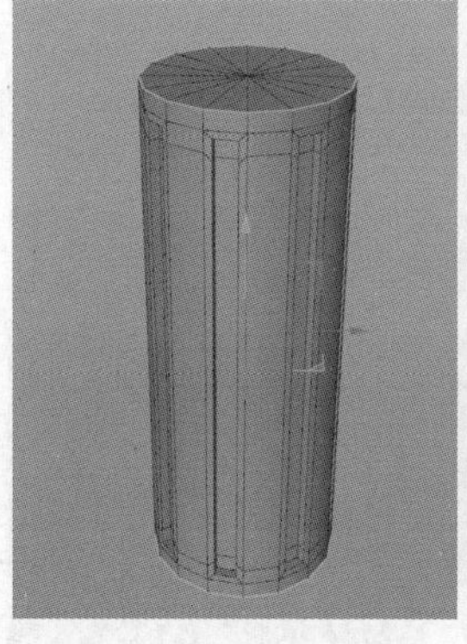

图 3-195

04 使用“循环/路径切割”工具在模型中间添加两条保护边，如图3-196所示。为“圆柱体”对象添加“细分曲面”生成器，如图3-197所示。

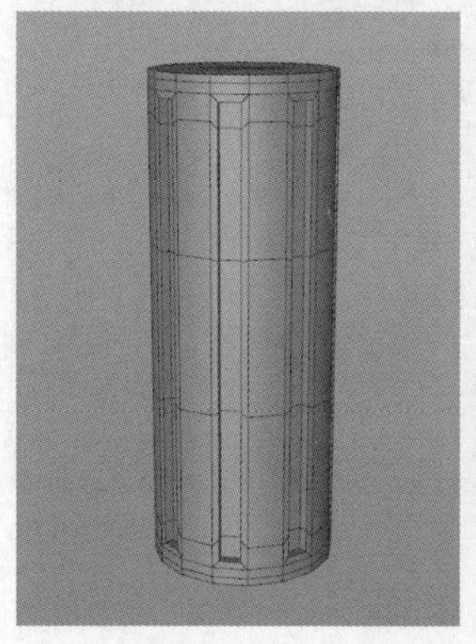

图 3-196

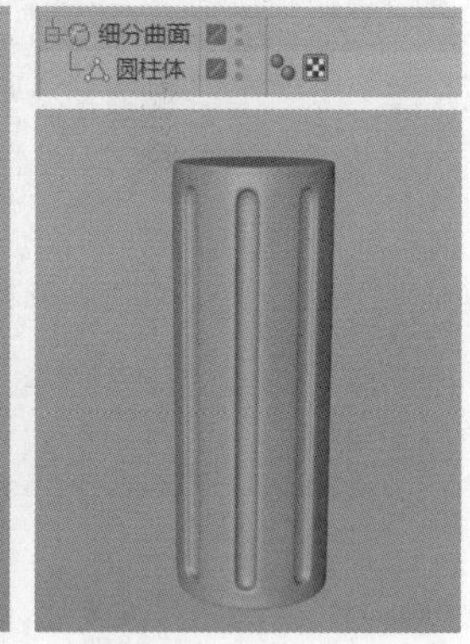

图 3-197

实战：制作口红模型

◇ 场景位置	无
◇ 实例位置	实例文件 >CH03> 实战：制作口红模型 .c4d
◇ 视频名称	实战：制作口红模型 .mp4
◇ 学习目标	掌握布线的方法
◇ 操作重点	细分曲面建模的基础操作

本实例将介绍口红模型的制作方法，参考效果如图3-198所示。

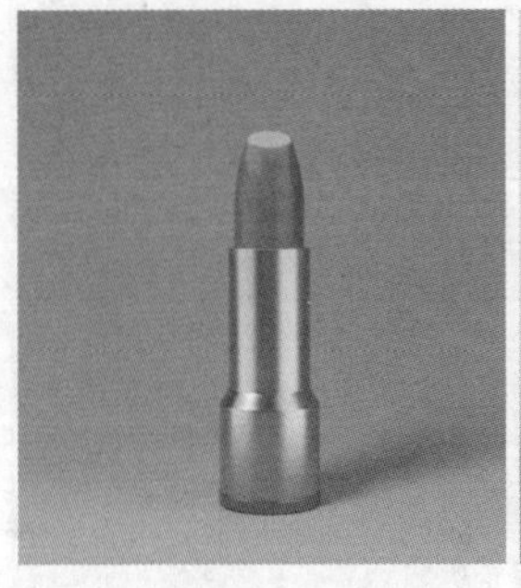

图 3-198

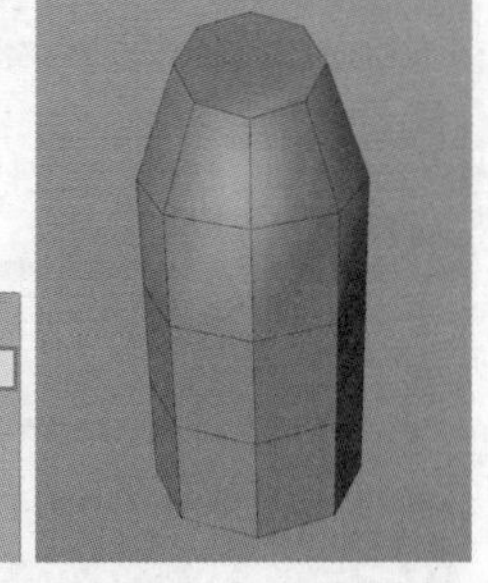

图 3-202

1.制作膏体

01 使用“圆柱体”工具创建一个圆柱体模型，参数与效果如图3-199所示。按C键将模型转换为可编辑对象，选择模型顶部的边，将顶面调整得小一些，如图3-200所示。

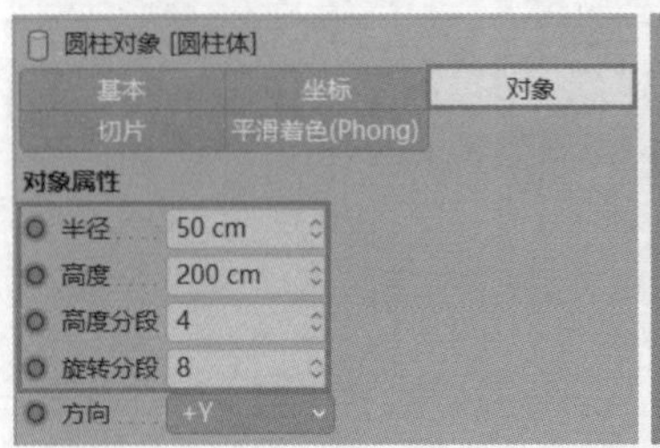

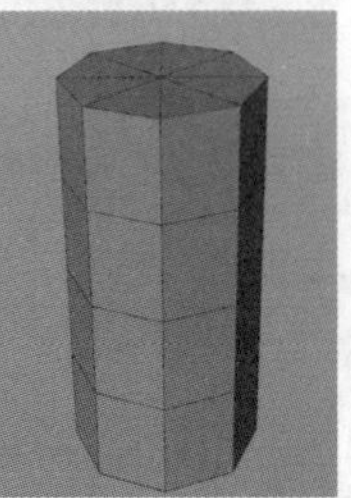

图 3-199

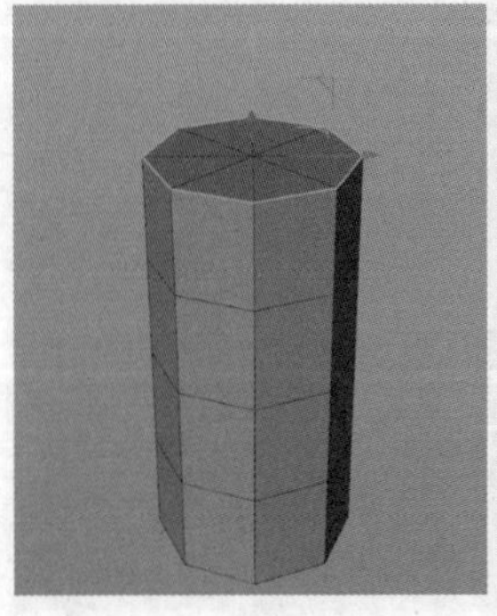
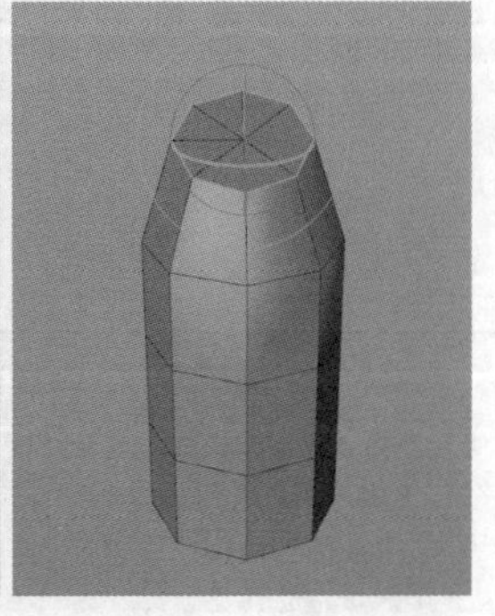

图 3-200

02 选择顶面并将其删除，如图3-201所示。单击鼠标右键，在弹出的菜单中选择“封闭多边形孔洞”命令，将顶面封闭，如图3-202所示。

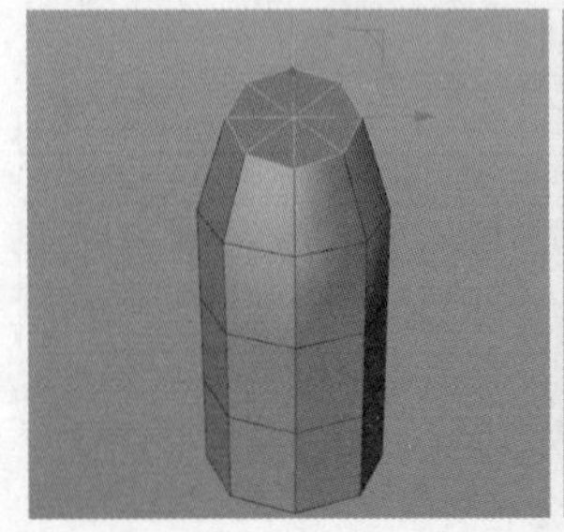
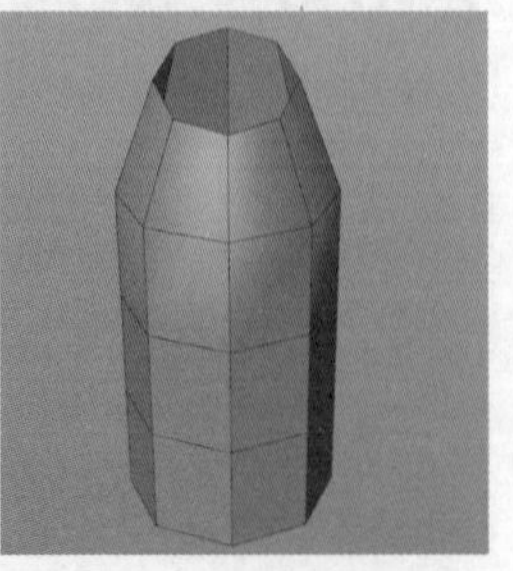

图 3-201

03 使用“线性切割”工具依次连接模型顶部左右的点和上下的点，为封闭后的模型顶部重新布线，如图3-203所示。选择模型顶部的轮廓边，使用“倒角”工具为其添加保护边，如图3-204所示。

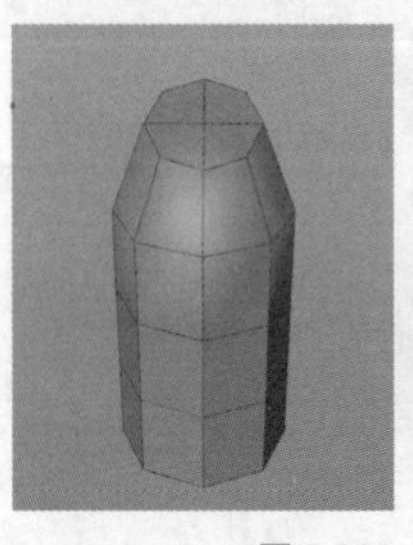
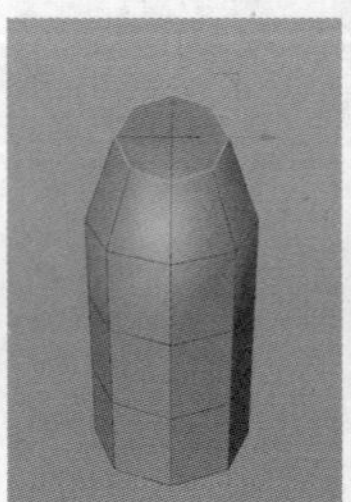

图 3-203

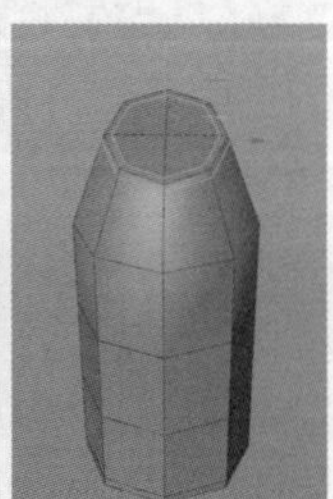

图 3-204

04 使用“倒角”工具为模型底部添加保护边，如图3-205所示。为膏体模型添加“细分曲面”生成器，如图3-206所示。

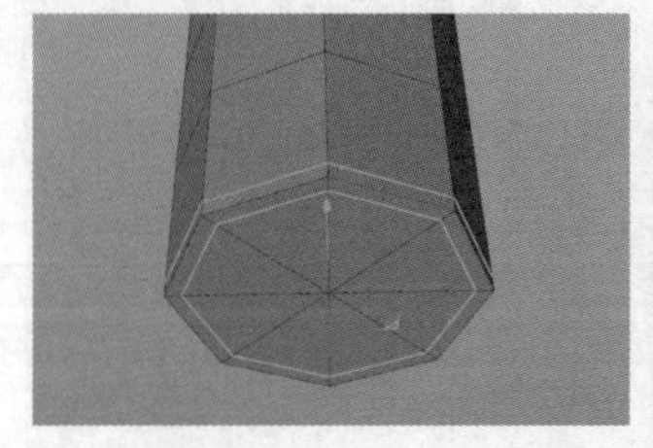

图 3-205

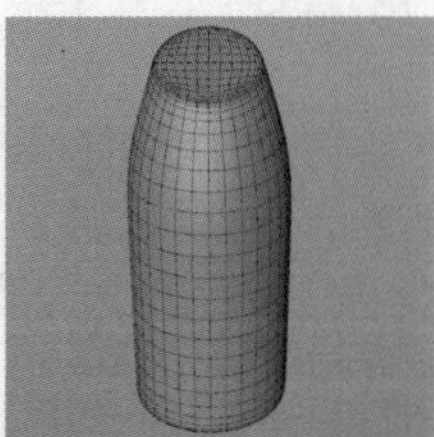

图 3-206

2.制作瓶身

01 使用“圆柱体”工具创建一个圆柱体模型，参数与效果如图3-207所示。按C键将模型转换为可编辑对象，然后选择模型顶部的面并将其删除，接着用同样的方法删除模型底部的面，如图3-208所示。

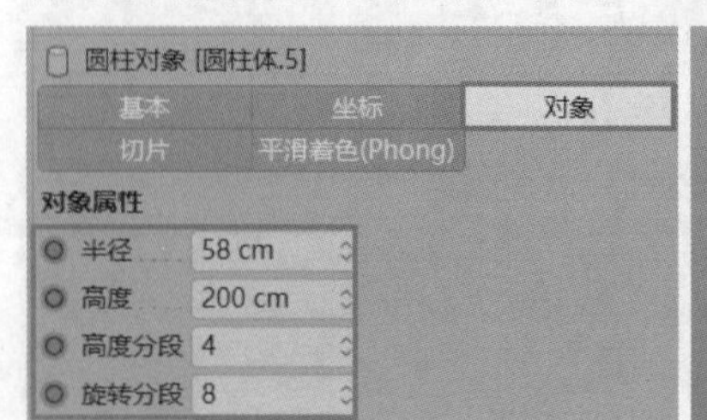

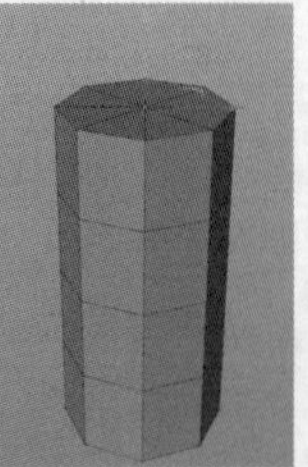

图 3-207

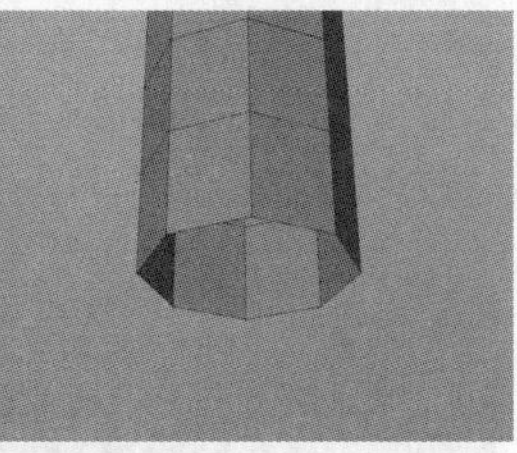

图 3-208

02 选择模型顶部的边，然后进行内部挤压，如图3-209所示。继续向下挤压，如图3-210所示。

图 3-209

图 3-210

03 选择底部的模型，向下挤压的同时放大，如图3-211所示。继续向下挤压，如图3-212所示。

图 3-211

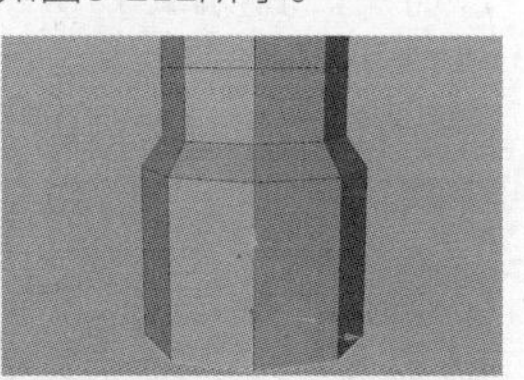

图 3-212

04 在瓶身的转角处和底部添加保护边，如图3-213所示。

图 3-213

05 为瓶身模型添加“细分曲面”生成器，如图3-214所示。将瓶身和膏体进行组合，最终效果如图3-215所示。

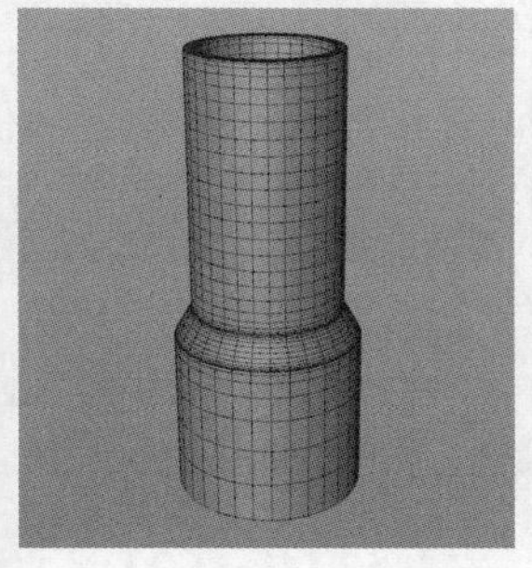

图 3-214

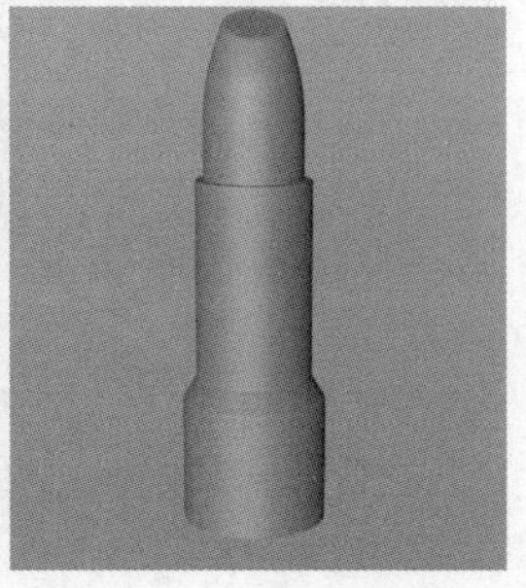

图 3-215

实战：制作洗面奶模型

◇ 场景位置	无
◇ 实例位置	实例文件 >CH03> 实战：制作洗面奶模型 .c4d
◇ 视频名称	实战：制作洗面奶模型 .mp4
◇ 学习目标	掌握细分曲面建模的方法
◇ 操作重点	细分曲面建模的基础操作

本实例介绍洗面奶模型的制作方法，参考效果如图3-216所示。

图 3-216

1.制作瓶身

01 使用“圆柱体”工具创建一个圆柱体模型，按C键将模型转换为可编辑对象，如图3-217所示。

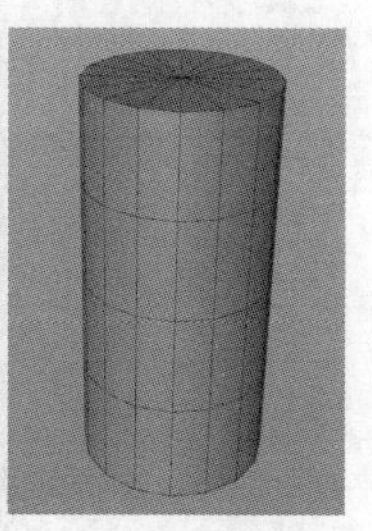

图 3-217

02 选择“框选”工具并取消勾选“仅选择可见元素”选项，然后在正视图中选择前3排的点，再使用“缩放”工具将其放大，如图3-218所示。使用“框选”工具选择前两排的点，再使用“缩放”工具将其放大，如图3-219所示。使用“框选”工具选择第1排的点，再使用“缩放”工具将其放大，如图3-220所示。

图 3-218

图 3-219

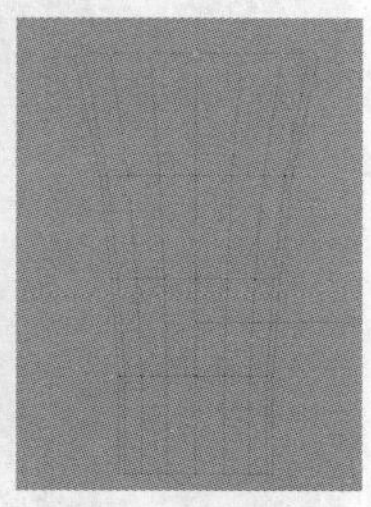

图 3-220

03 切换到透视视图，选择顶部中间的点并将其删除，如图3-221所示。全选开口边缘一圈的点，在z轴方向上进行缩放，使两个面近似于相连，如图3-222所示。

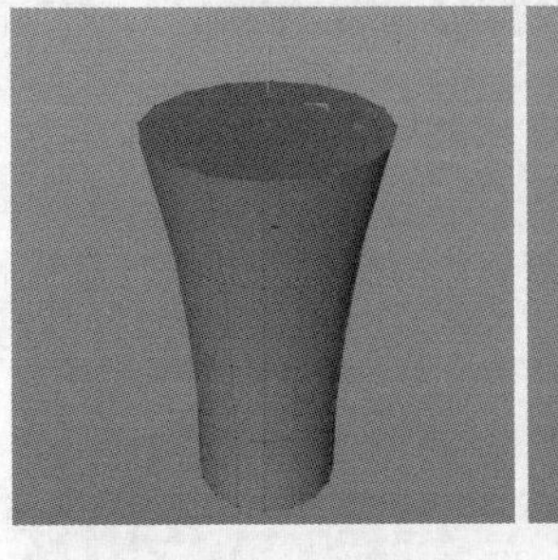
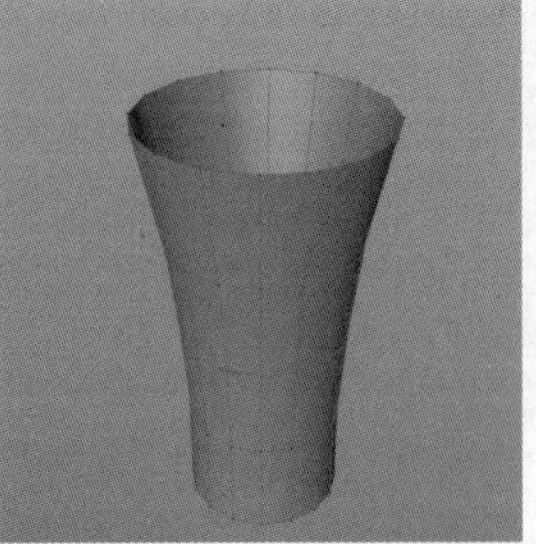

图 3-221

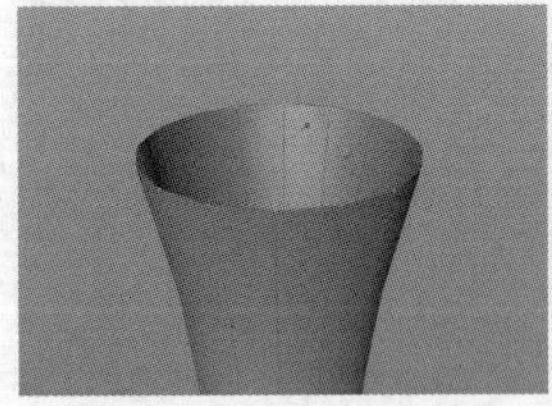

图 3-222

04 全选第2排的点，在z轴方向上进行缩放（50%左右），如图3-223所示。用同样的方法缩放第3排的点，如图3-224所示。

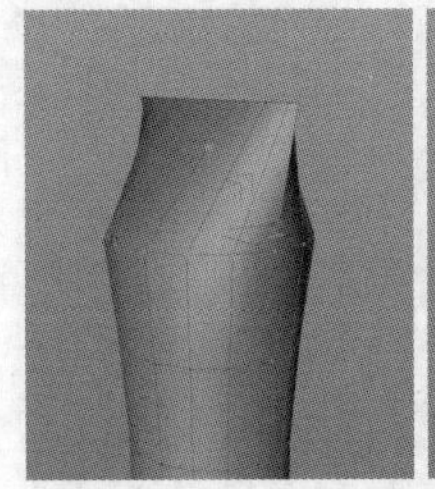

图 3-223

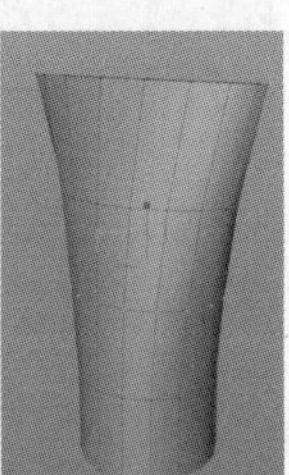

图 3-224

05 选择模型底部中间的点并将其删除，如图3-225所示。选择开口的边，按住Ctrl键并向下拖曳，如图3-226所示。

图 3-225

图 3-226

06 使用“缩放”工具将开口向内缩小一些，然后向下挤压再向内收缩，如图3-227所示。继续向内挤压，然后向下挤压，做出瓶口的高度，如图3-228所示。

图 3-227

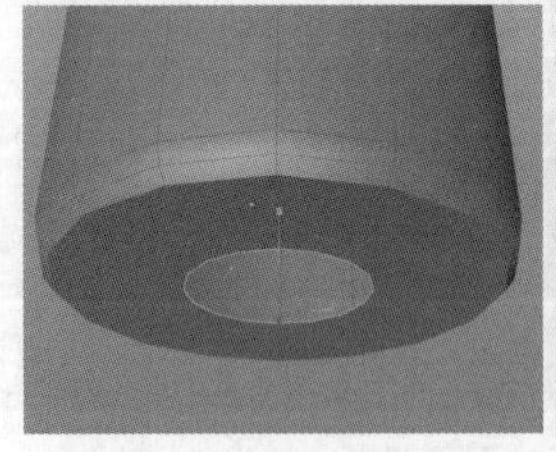

图 3-228

07 选择模型交界处的边，然后使用“倒角”工具添加保护边，如图3-229所示。为模型添加“细分曲面”生成器，如图3-230所示。

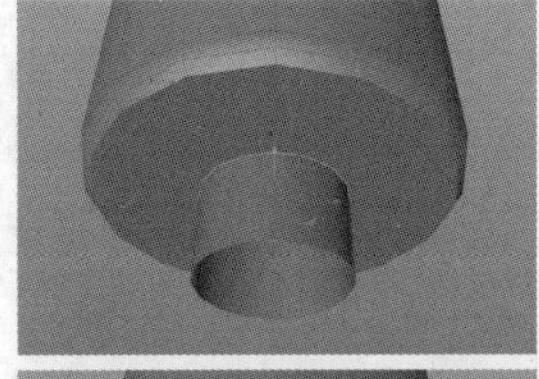
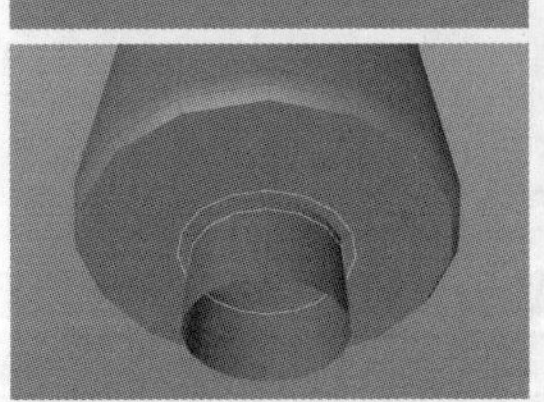

图 3-229

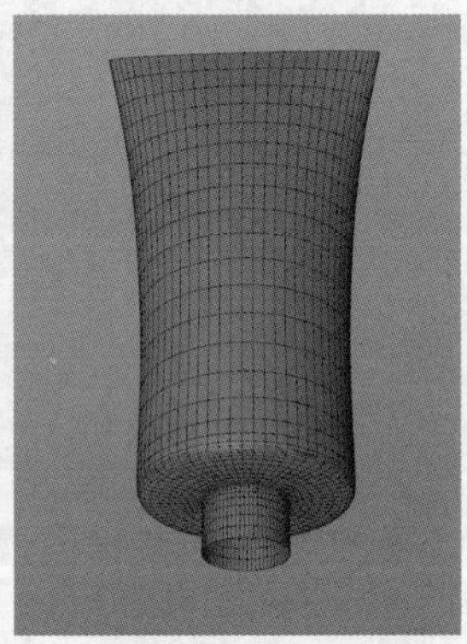

图 3-230

2.制作封口

01 选择模型顶部两侧的4个点，分别向外移动，使其更加靠近外侧，如图3-231所示。选择开口处所有的点，然后向内收缩，如图3-232所示。

图 3-231

图 3-232

02 选择开口处的边，然后按住Ctrl键并向上拖曳，如图3-233所示。重复上述操作，挤压洗面奶的封口处，如图3-234所示。

图 3-233

图 3-234

技巧提示 在建模时，可以根据最终渲染的效果合理安排细节。现在洗面奶的封口处没有细节镜头的表现，即使不闭合，对渲染也没有影响。一般成品模型中的竖条细节是用贴图制作的，如图3-235所示。

图 3-235

3.制作瓶盖

01 使用"圆柱体"工具创建一个圆柱体模型，参数与效果如图3-236所示。按C键将模型转换为可编辑对象，选择模型底部的边，如图3-237所示。

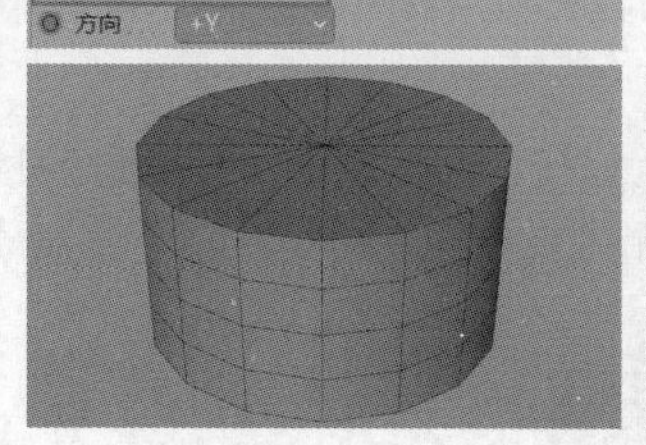

图 3-236

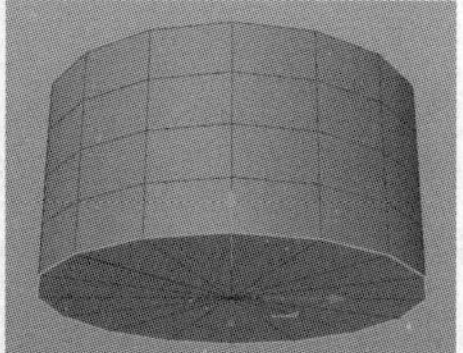

图 3-237

02 使用"倒角"工具为模型添加保护边，参数与效果如图3-238所示。使用"循环/路径切割"工具在模型底部增加循环边，如图3-239所示。

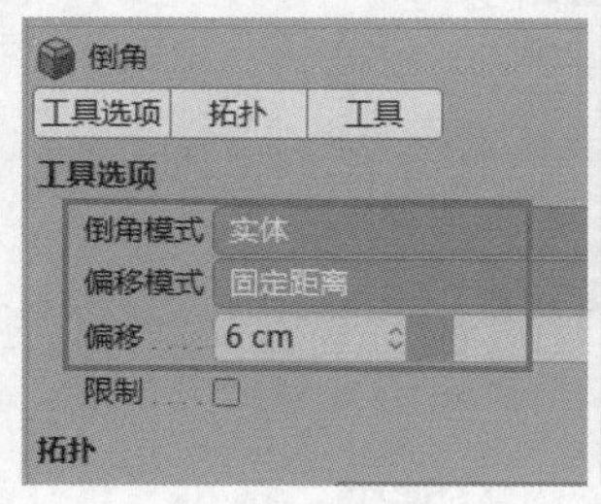

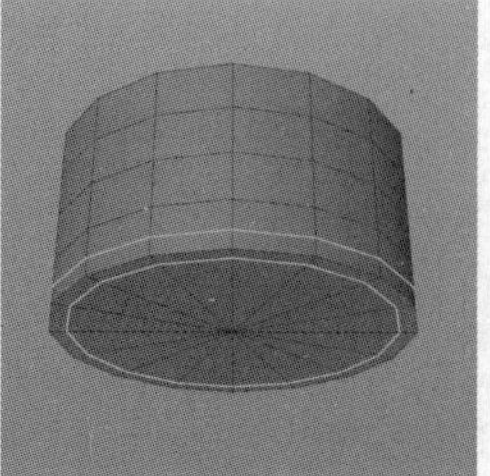

图 3-238

图 3-239

03 选择模型顶部的面，使用"内部挤压"工具向内挤压出瓶盖的厚度，如图3-240所示。按住Ctrl键将顶面向下拖曳至模型的底部，如图3-241所示。

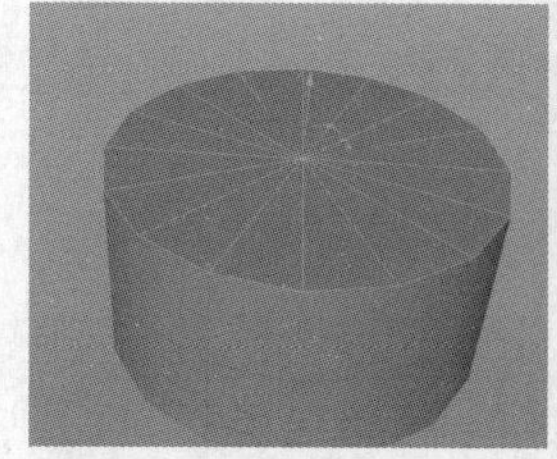
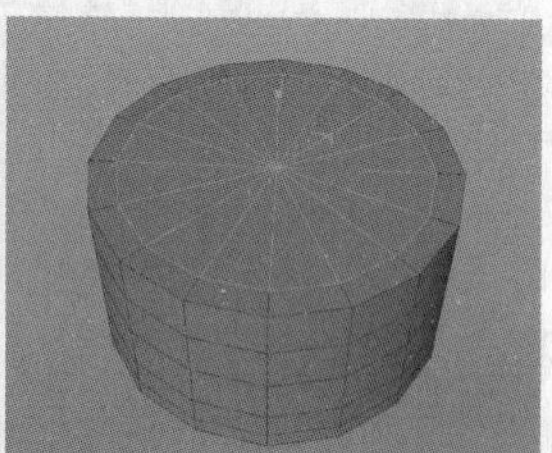

图 3-240

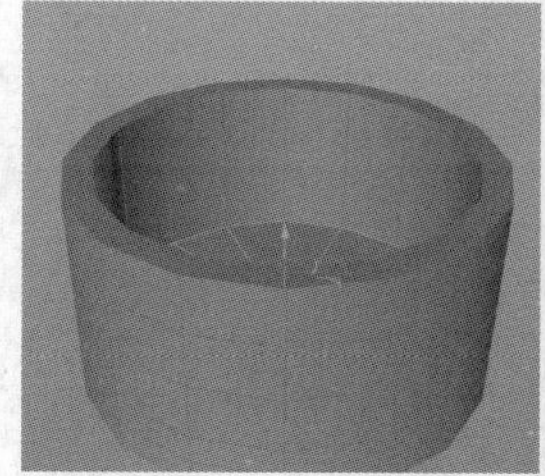

图 3-241

04 使用"倒角"工具为模型添加保护边，如图3-242所示。为模型添加"细分曲面"生成器，如图3-243所示。将瓶盖与瓶身进行组合，最终效果如图3-244所示。

图 3-242

图 3-243

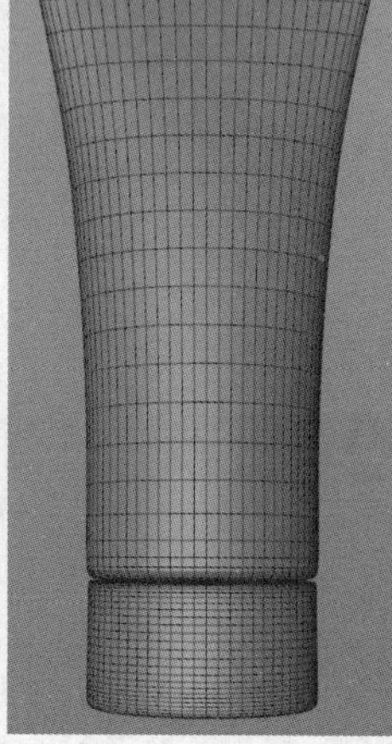

图 3-244

3.3 雕刻建模

雕刻建模的结果类似于现实生活中的雕塑。使用不同的笔刷可以模拟不同的雕刻工具来制作模型表面的雕刻细节。在进行雕刻建模时，可以在“界面”下拉菜单中选择Sculpt选项，视图窗口右侧会出现多个常用的雕刻笔刷，如图3-245所示。

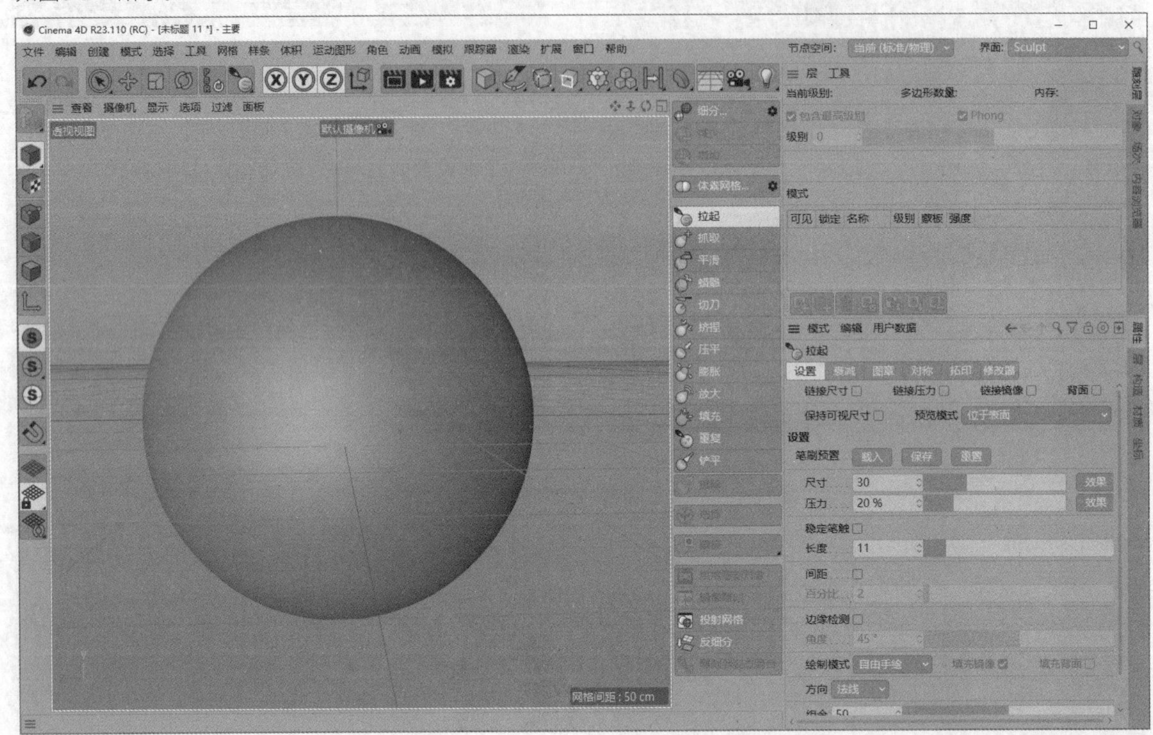

图 3-245

技巧提示 只有对可编辑对象才能使用雕刻笔刷，其余状态的对象是无法使用的。

拉起：可以从模型表面拉起一个曲面。使用该工具时鼠标指针在模型上会变为白色圆圈，单击并拖曳鼠标即可形成膨胀效果，如图3-246所示。按住Ctrl键并拖曳鼠标，可以制作出凹陷效果，如图3-247所示。

抓取：可以将部分模型从表面拉出来，如图3-248所示。

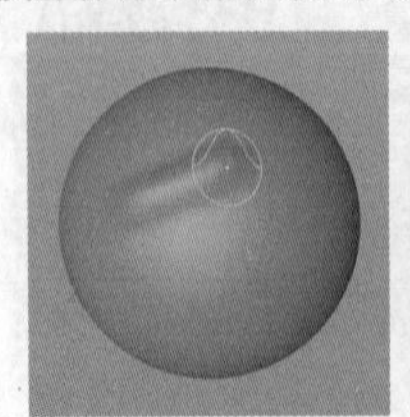

图 3-246

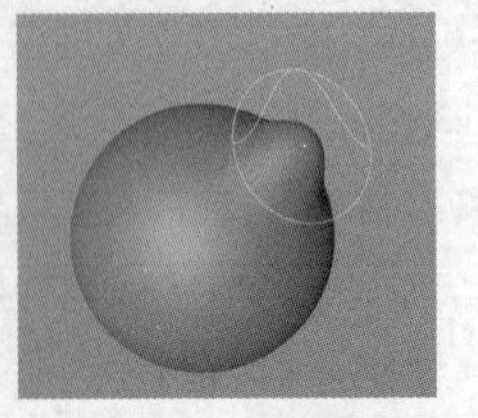

图 3-247　图 3-248

技巧提示 不同雕刻笔刷的使用方法是一样的，“尺寸”用于控制笔刷的大小，“压力”用于控制笔刷的强度，如图3-249所示。

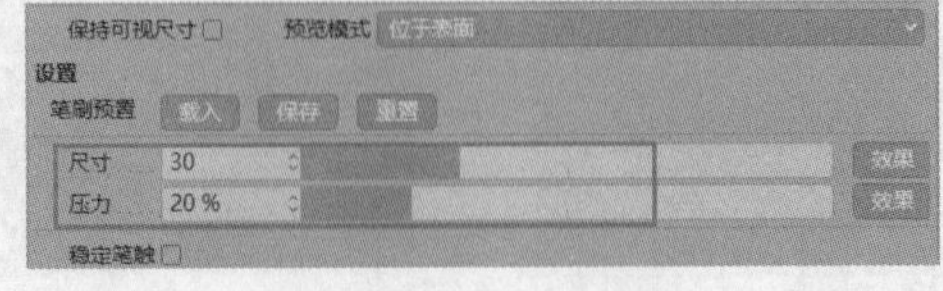

图 3-249

平滑：可以将模型表面变得平滑，如图3-250所示。

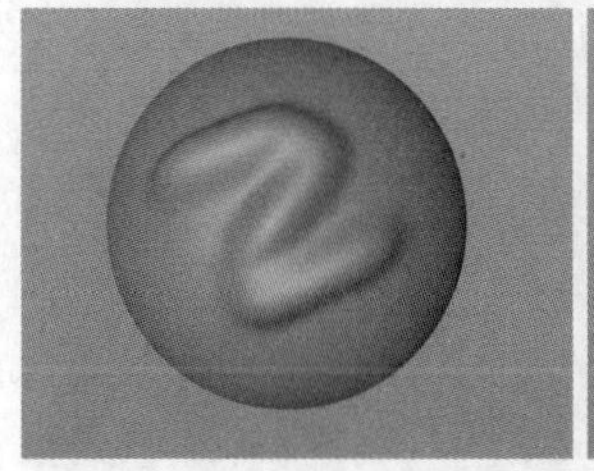
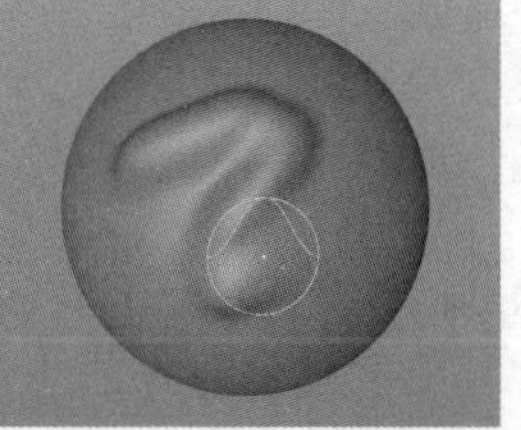

图 3-250

蜡雕：可以从模型表面拉起一个扁平的面，如图3-251所示；按住Ctrl键并拖曳鼠标，可以制作出凹陷的扁平面，如图3-252所示。

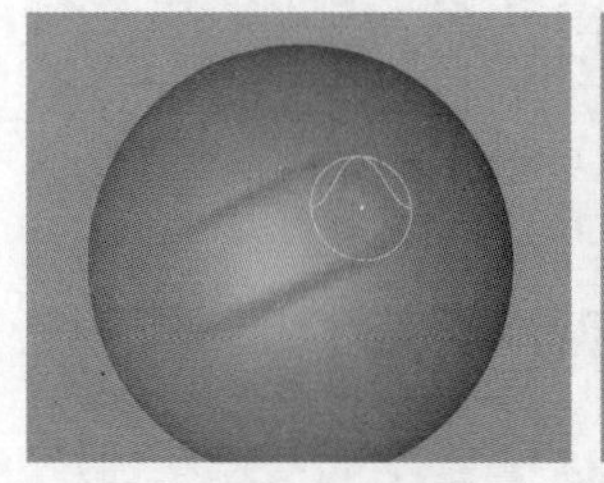

图 3-251

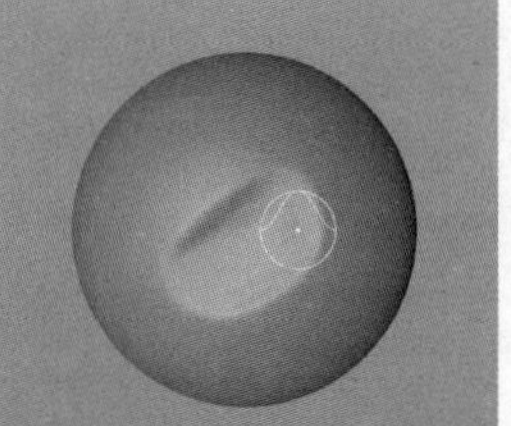

图 3-252

切刀：可以制作出被切刀划开的凹痕，如图3-253所示；按住Ctrl键并拖曳鼠标，可以制作出凸起的划痕，如图3-254所示。

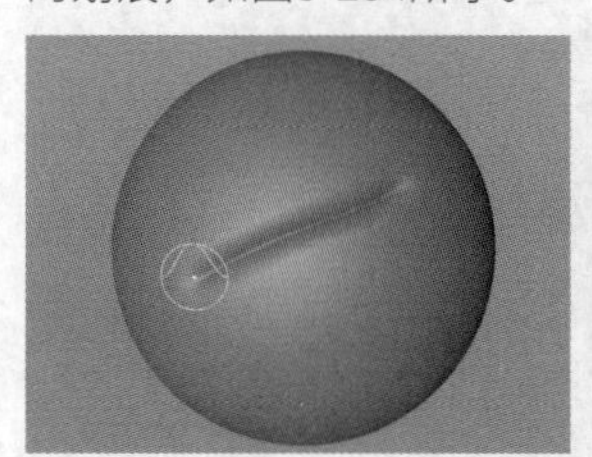

图 3-253

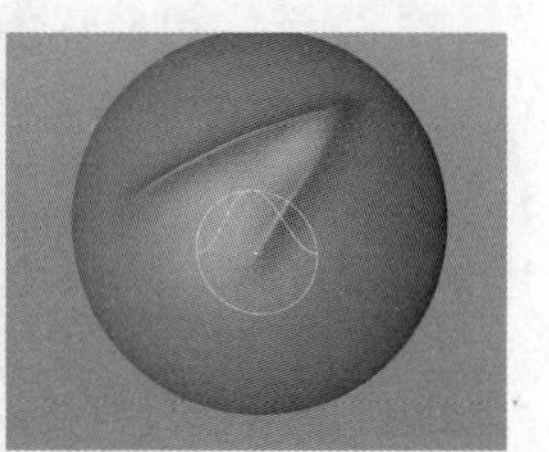

图 3-254

膨胀：可以制作出膨胀放大的效果，如图3-255所示；按住Ctrl键并拖曳鼠标，可以制作出凹进去的坑，如图3-256所示。

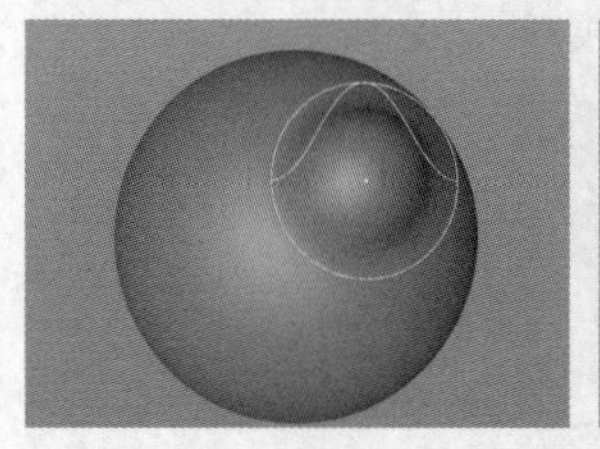

图 3-255

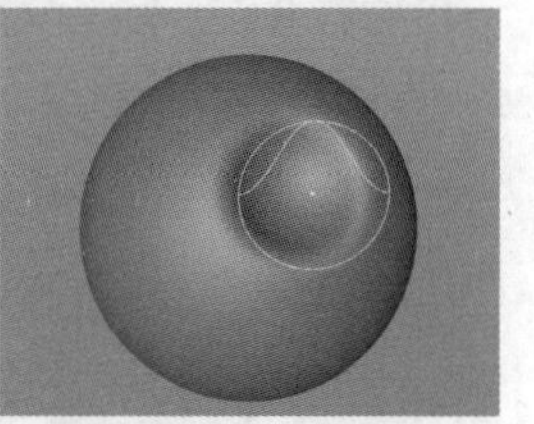

图 3-256

细分：可以为模型加入细分曲线并使模型的曲面变得更加光滑。

技巧提示 “细分”笔刷与“细分曲面”生成器产生的效果是一样的，但是“细分”笔刷仅应用于雕刻模型，只在雕刻时使用。

实战：制作水杯泼水模型

◇ 场景位置	无
◇ 实例位置	实例文件 >CH03> 实战：制作水杯泼水模型 .c4d
◇ 视频名称	实战：制作水杯泼水模型 .mp4
◇ 学习目标	掌握流体模型的制作方法
◇ 操作重点	雕刻建模的基础操作

多数模型并不是只用一种建模方法完成的，而是使用多种建模方法共同完成的。本实例将制作一个水杯洒出水的效果。水杯的模型是用多边形建模的方法制作的。水的模型在制作过程中先使用多边形建模的方法，然后使用体积建模的方法制作细节，最后使用雕刻建模的方法完善细节，效果如图3-257所示。

图 3-257

1.制作水杯

01 使用“圆柱体”工具创建一个圆柱体模型，按C键将模型转换为可编辑对象，参数与效果如图3-258所示。

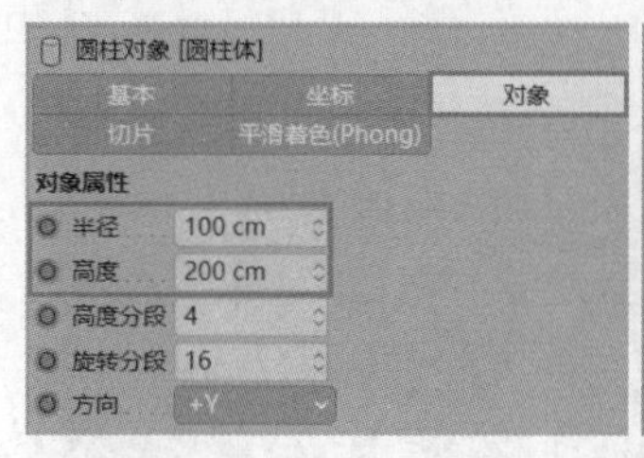

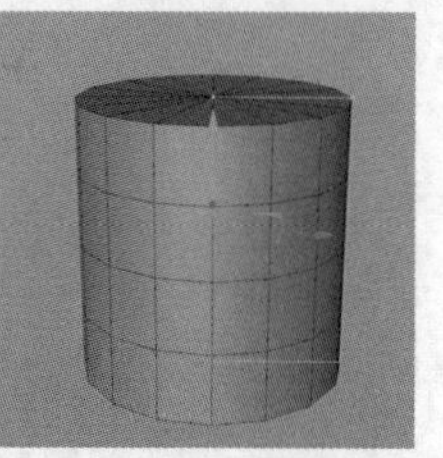

图 3-258

02 选择模型顶部的面，然后向内挤压，再向下挤压，如图3-259所示。

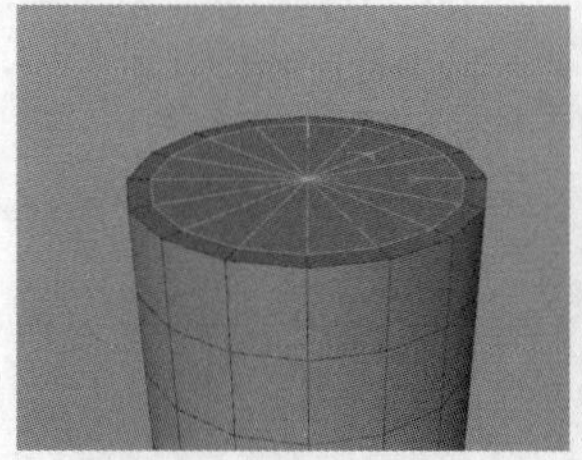
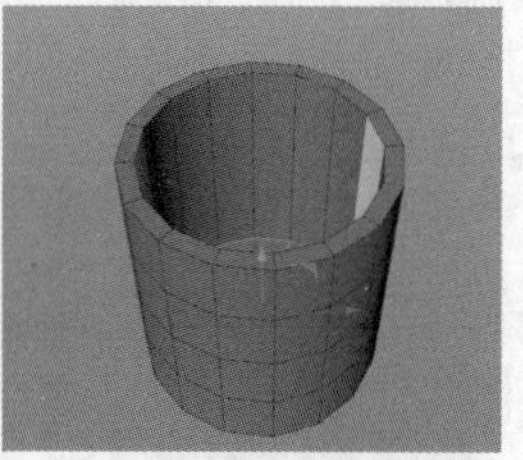

图 3-259

03 选择模型转折处的线，然后为其添加保护边，如图3-260所示。为模型添加“细分曲面”生成器，如图3-261所示。

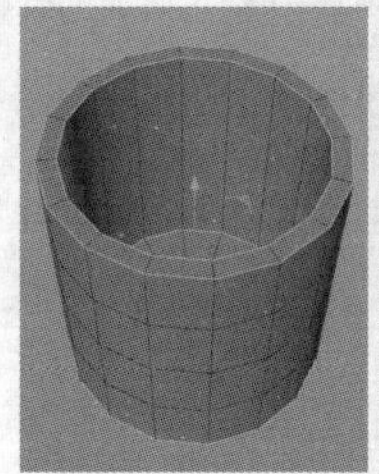
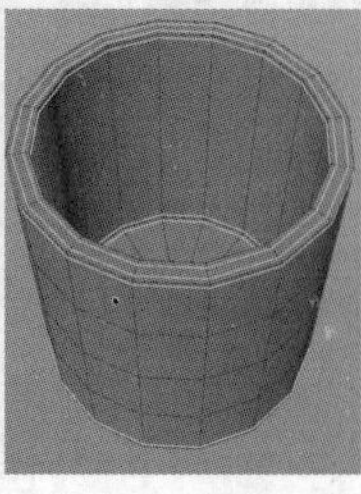

图3-260

图3-261

2.制作流体

01 使用“圆环”工具创建一个圆环样条，将样条置于水杯模型中，如图3-262所示。将样条转换为可编辑对象，然后为其添加“放样”生成器，如图3-263所示。

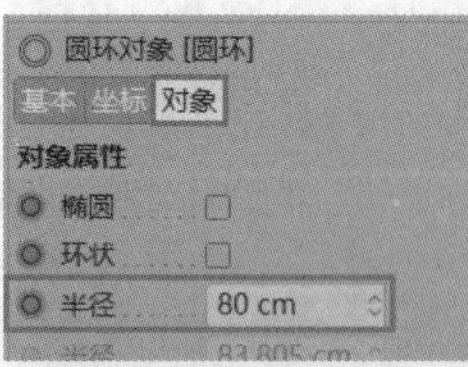

放样
圆环

图3-262

图3-263

02 复制样条并向上拖曳，然后选择上方样条的锚点改变样条的形状，如图3-264所示。

图3-264

03 复制样条，并调整到图3-265所示的形态。选择整个模型，然后将其旋转，调整成水杯倾斜的状态，如图3-266所示。

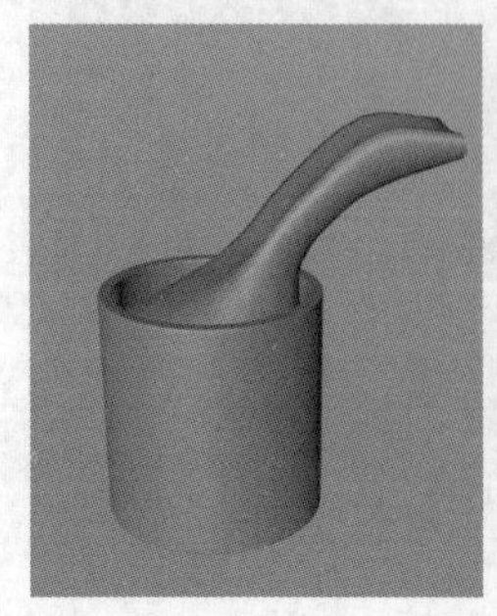

图3-265

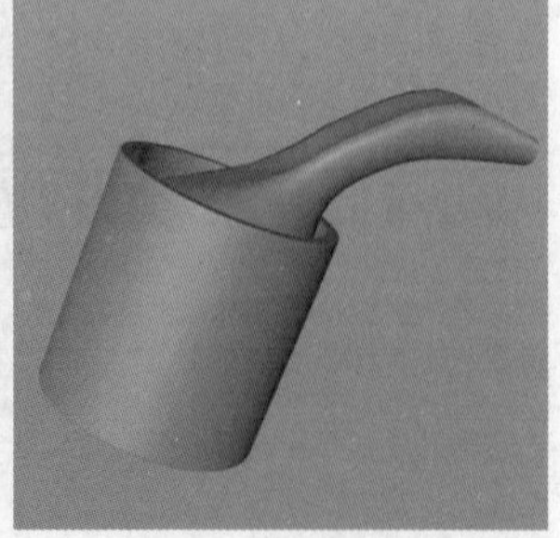

图3-266

04 使用“球体”工具创建一个球体模型，然后将其放置到流体模型上，如图3-267所示。复制多个球体，丰富流体的细节，效果如图3-268所示。

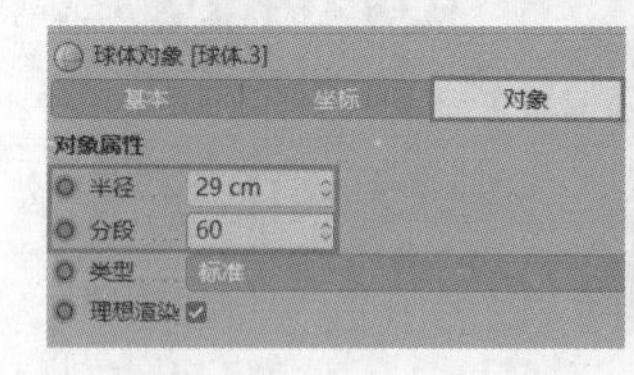

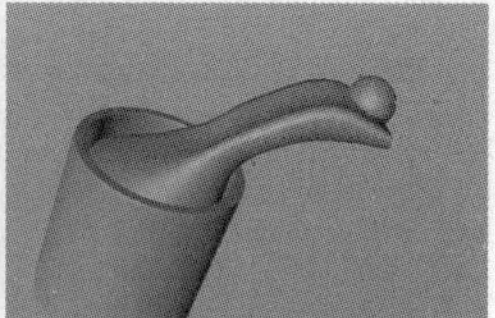

图3-267

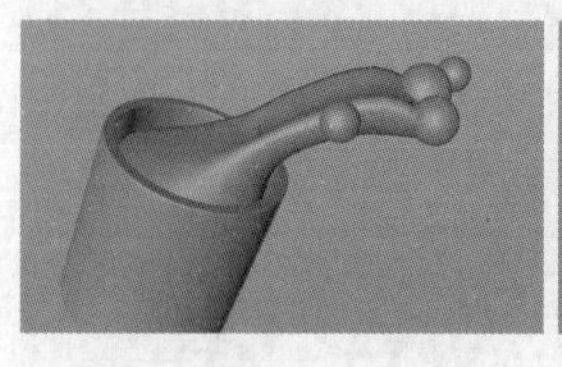
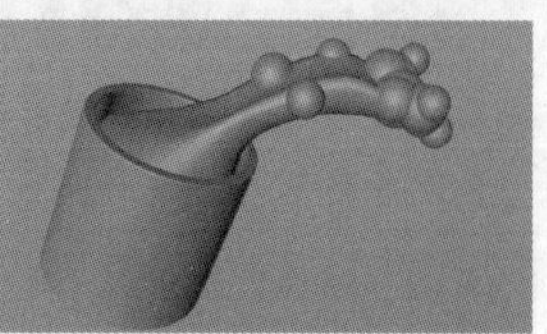

图3-268

05 选择流体与球体模型，单击“体素网格”按钮右侧的图标，设置“体素尺寸”为4cm，“平滑”为80%，并勾选“保持对象”选项，然后将选中的模型转换为可编辑对象，如图3-269所示。

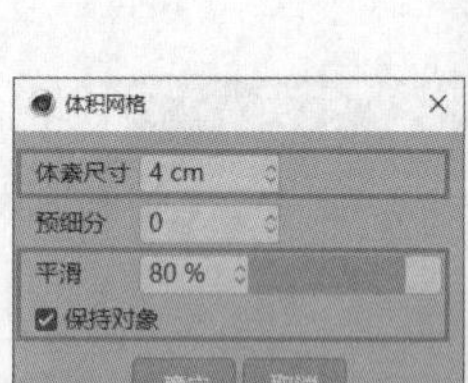

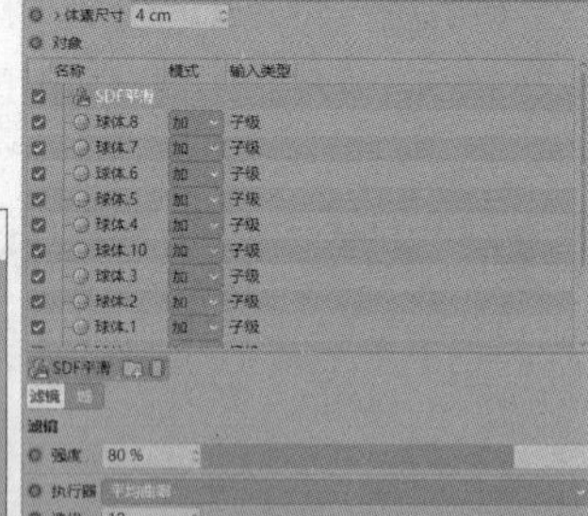
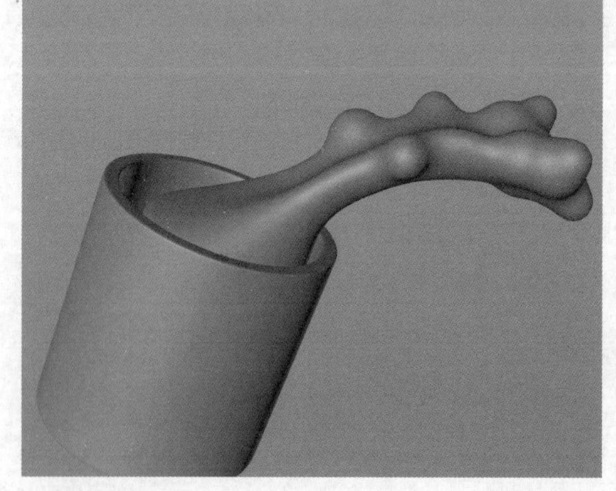

图3-269

3.雕刻流体

01 选择“平滑”笔刷，设置“尺寸”为60，“压力”为35%，然后对模型的转折处进行平滑处理，如图3-270所示。

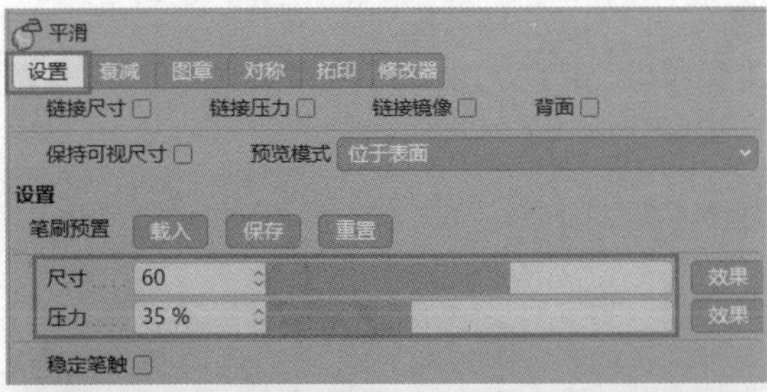

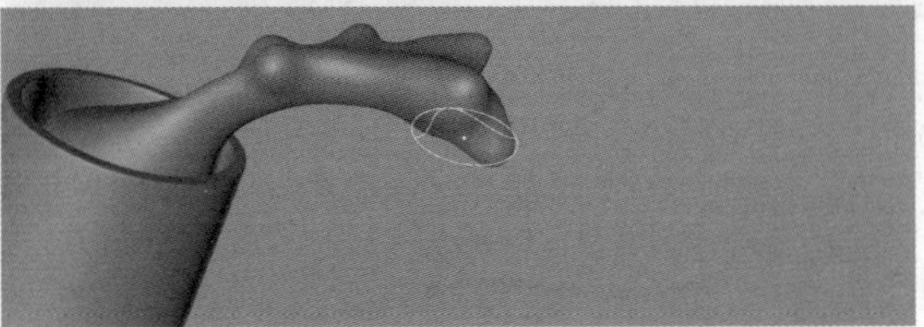

图 3-270

02 使用“抓取”笔刷对模型的位置进行调整，然后使用“膨胀”笔刷将流体顶端的细节放大，如图3-271所示。最终效果如图3-272所示。

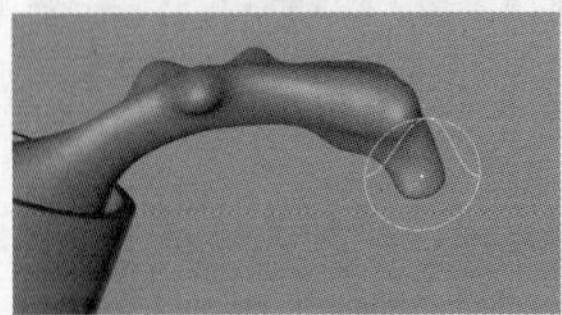
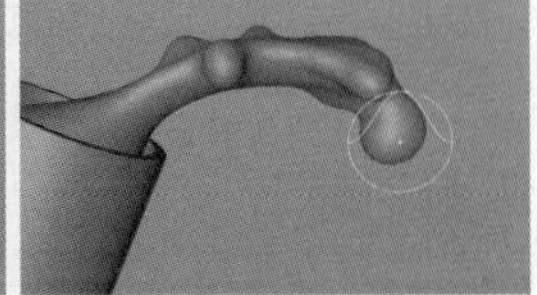

图 3-271

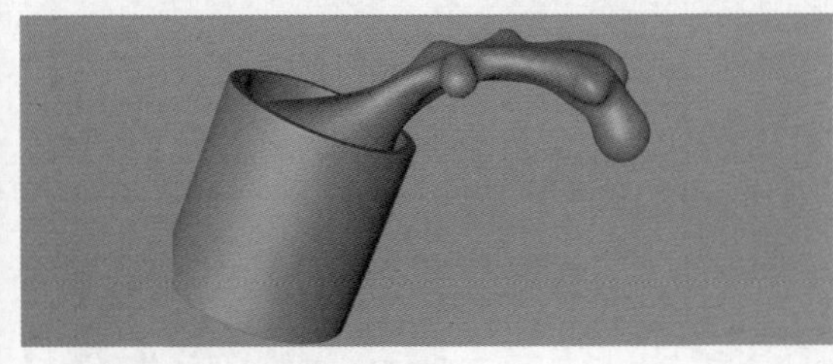

图 3-272

技巧提示 雕刻建模是一种辅助建模。在大多数情况下，需要有一个基础模型，然后使用不同笔刷对模型进行优化与调整。灵活使用不同的建模工具，可以高效制作出不同的模型。

实战：制作甜甜圈模型

◇ 场景位置	无
◇ 实例位置	实例文件 >CH03> 实战：制作甜甜圈模型 .c4d
◇ 视频名称	实战：制作甜甜圈模型 .mp4
◇ 学习目标	掌握流体模型的制作方法
◇ 操作重点	细分曲面建模与雕刻建模的基础操作

本实例介绍如何制作甜甜圈模型。糖衣模型流体效果的制作是难点，先使用体积完成大型，再雕刻制作模型细节，如图3-273所示。

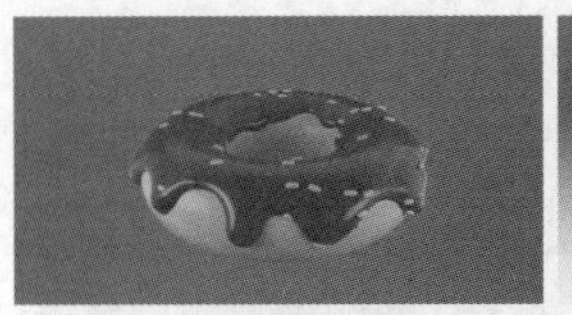

图 3-273

1.制作甜甜圈

01 使用“圆环面”工具分别创建两个圆环面模型，参数与效果如图3-274和图3-275所示。

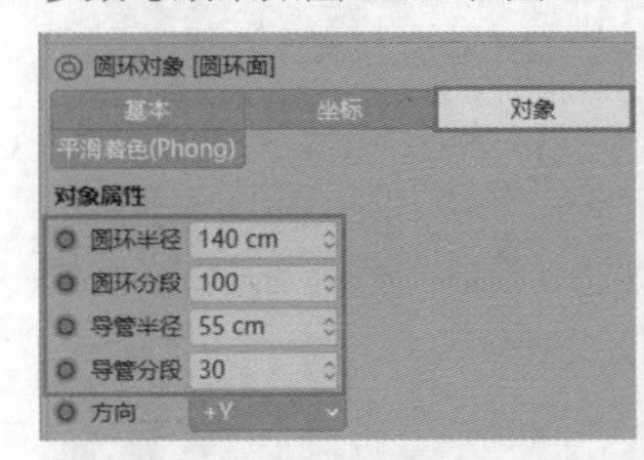

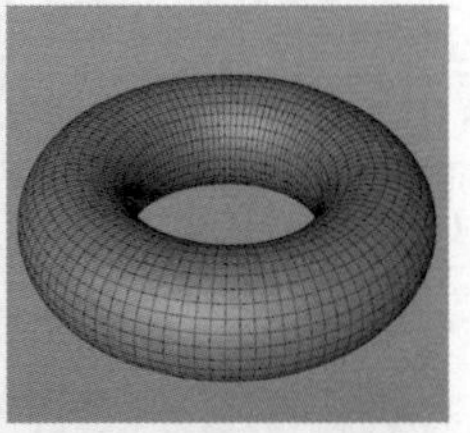

图 3-274

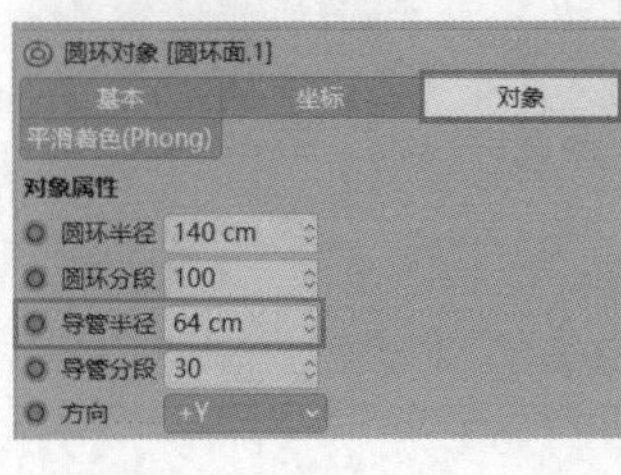

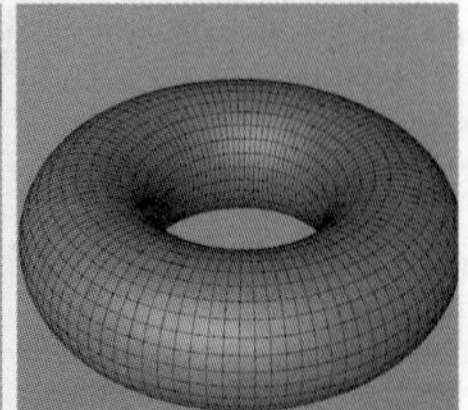

图 3-275

02 使用“立方体”工具创建一个立方体模型，并置于“圆环面”对象的下方，如图3-276所示。添加“体积生成”生成器，设置“体素尺寸”为3cm，“立方体”对象的“模式”为“减”，如图3-277所示。

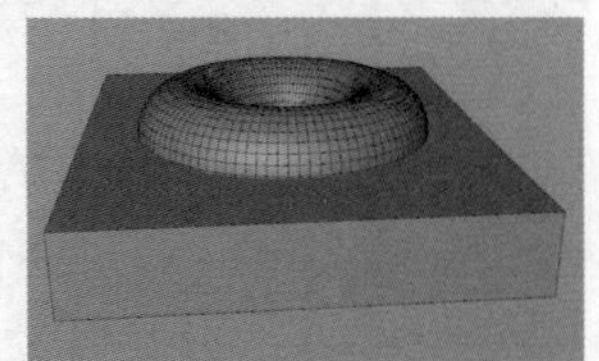

图 3-276

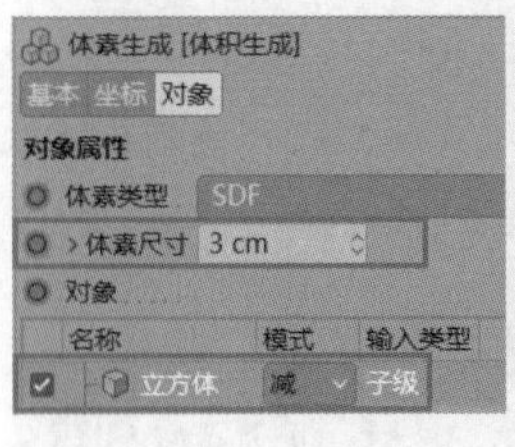

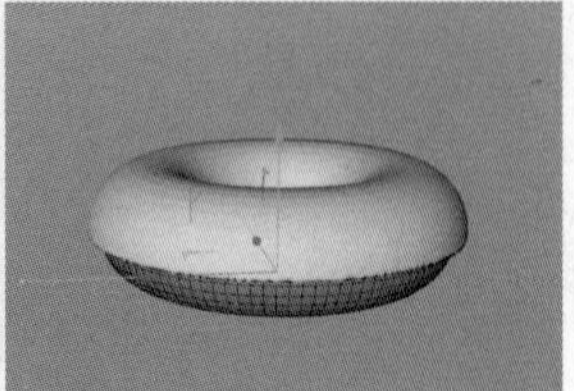

图 3-277

03 使用“圆柱体”工具创建一个圆柱体模型，然后将其置于图3-278所示的位置。

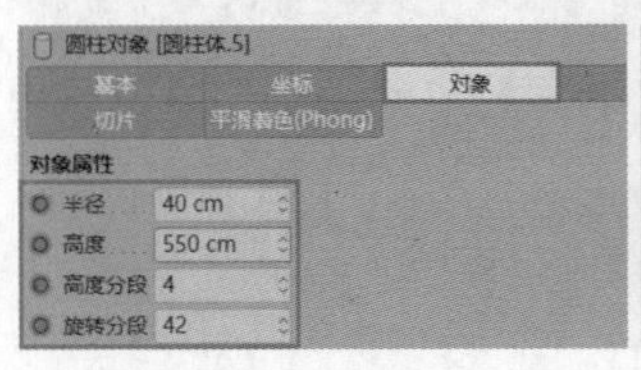

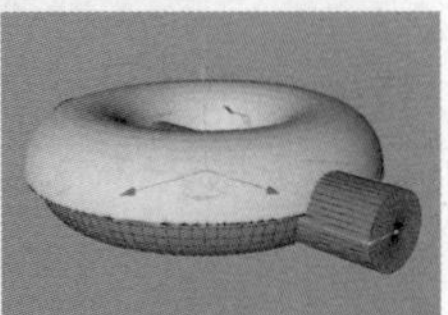

图 3-278

04 用同样的方法制作两个圆柱体模型，把圆柱体加入体积模型，设置“模式”为“减”。这样就可以制作出甜甜圈糖衣模型的细节，如图3-279所示。

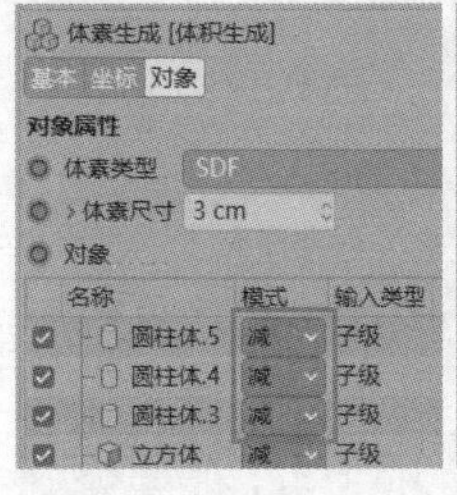

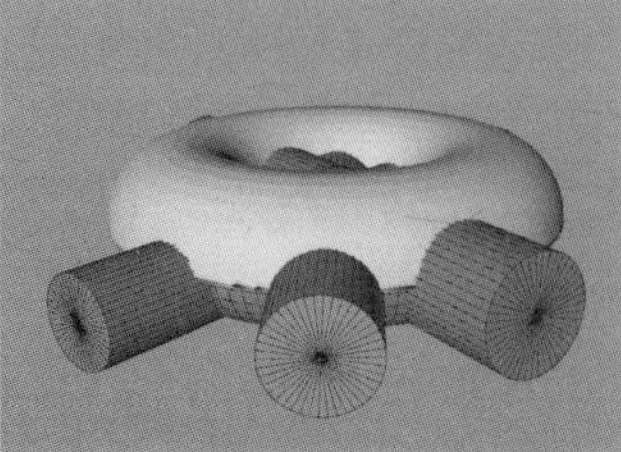

图 3-279

05 重复以上步骤，减去一些圆柱体，如图3-280所示。加入“SDF平滑”滤镜，设置“强度”为63%、“执行器”为“高斯”，如图3-281所示。

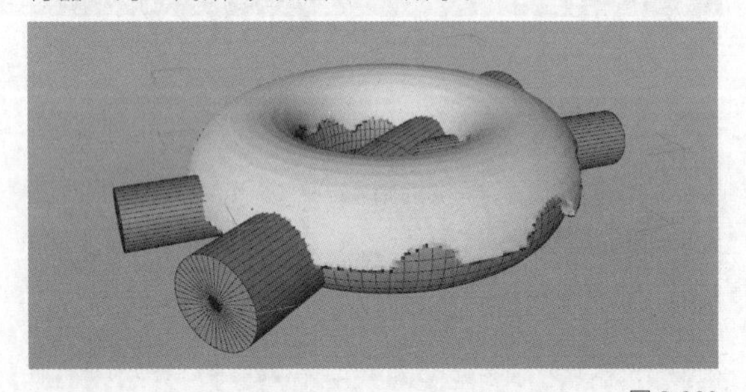

图 3-280

体素生成 [体积生成]
基本 坐标 对象
对象属性
体素类型 SDF
体素尺寸 3 cm
对象
名称 模式 输入类型
SDF平滑
圆柱体.2 减 子级
圆柱体.1 减 子级
圆柱体.5 减 子级
圆柱体.4 减 子级
圆柱体.3 减 子级
立方体 减 子级
圆环面.1 子级
SDF平滑
滤镜 域
滤镜
强度 63 %
执行器 高斯

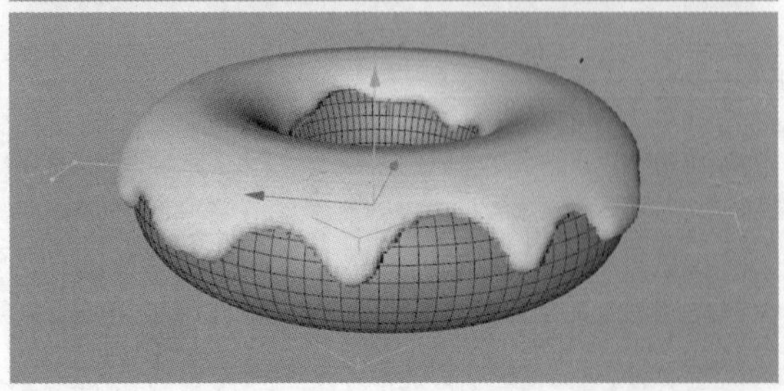

图 3-281

06 单击“体素网格”按钮，将“体积生成”对象置于“体积网格”对象的子层级中，然后将其转换为可编辑对象，如图3-282所示。

体积网格
体积生成
圆柱体.5
圆柱体.4
圆柱体.3
圆柱体.2
圆柱体.1
圆环面.1
立方体

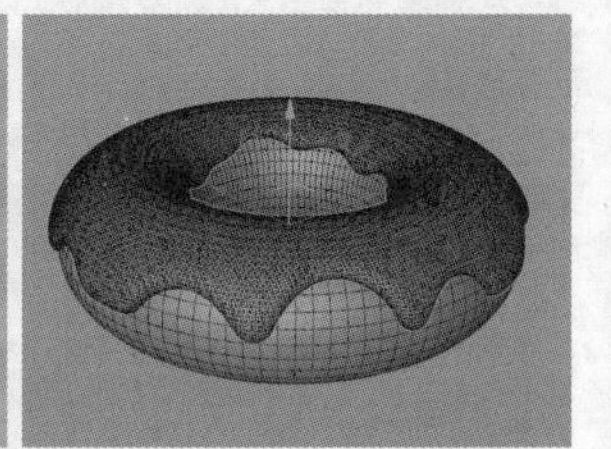

图 3-282

技巧提示 在Cinema 4D R26中，可以使用“重构网格”工具优化模型的布线，效果如图3-283所示。

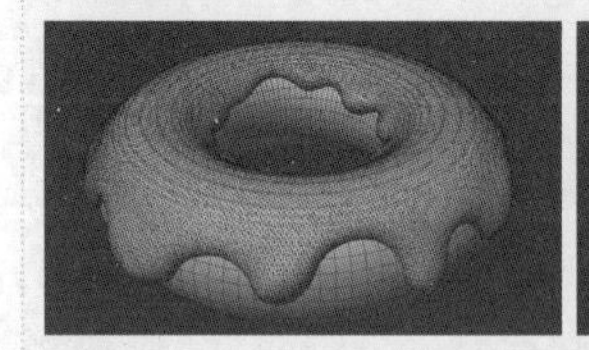

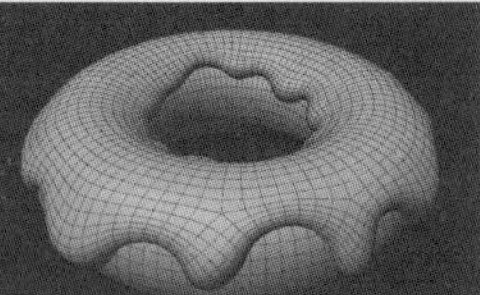

图 3-283

2.雕刻细节

01 选择“膨胀”笔刷，设置“尺寸”为25，“压力”为20%，涂抹糖衣流体的边缘，如图3-284所示。

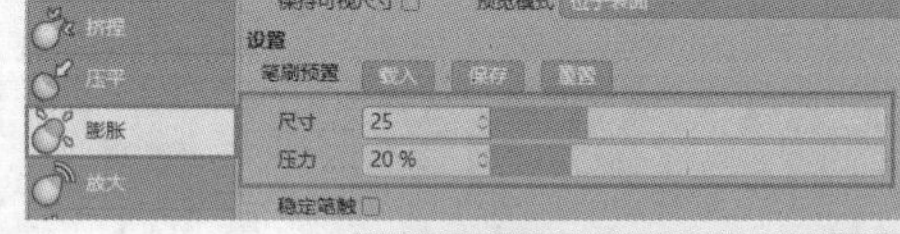

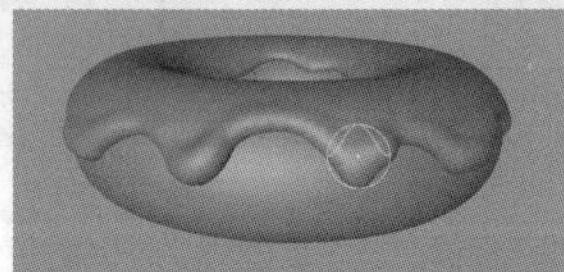

图 3-284

02 选择“平滑”笔刷，设置“尺寸”为43，“压力”为41%，然后对模型的转折处进行平滑处理，如图3-285所示。

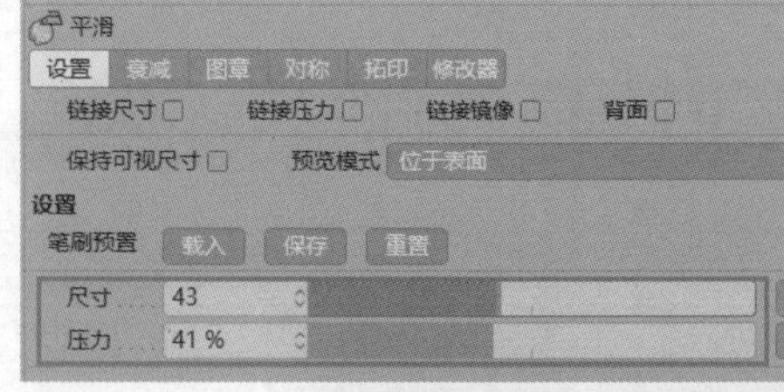

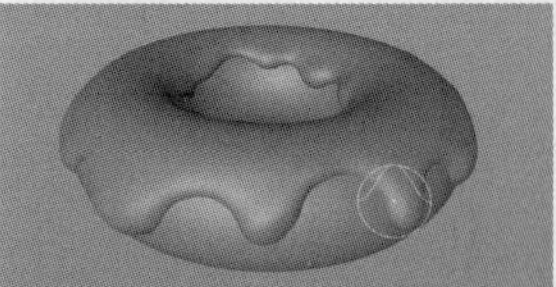

图 3-285

第4章 灯光、环境与摄像机

■ 学习目的

灯光、环境与摄像机在渲染时是至关重要的。了解不同灯光的特点和应用范围，有利于制作出理想的灯光效果。使用不同的环境可以模拟出不同的光照效果，营造出不同的氛围。摄像机的灵活使用有助于制作出符合设计意图的视角和镜头效果。

■ 主要内容

- 光与影
- 环境
- 摄像机

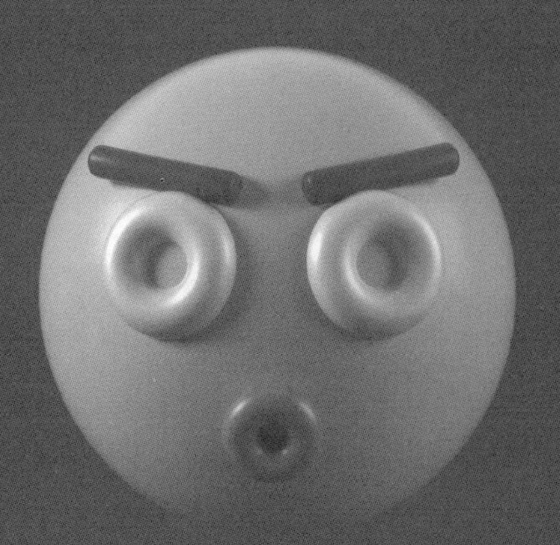

4.1 光与影

灯光可以照亮场景中的对象，好的灯光会让场景更加出彩，其重要性不言而喻。下面讲解灯光的使用方法。

4.1.1 区域光

区域光类似于面光源或体积光，使用“区域光”工具创建区域光，然后单击“渲染活动视图”按钮，可以看到画面中有了明暗关系，但是模型却没有影子，如图4-1所示。选择“灯光”对象的“常规”选项卡，设置“投影”为“区域”，这样画面中的模型就有了影子，如图4-2所示。

图 4-1

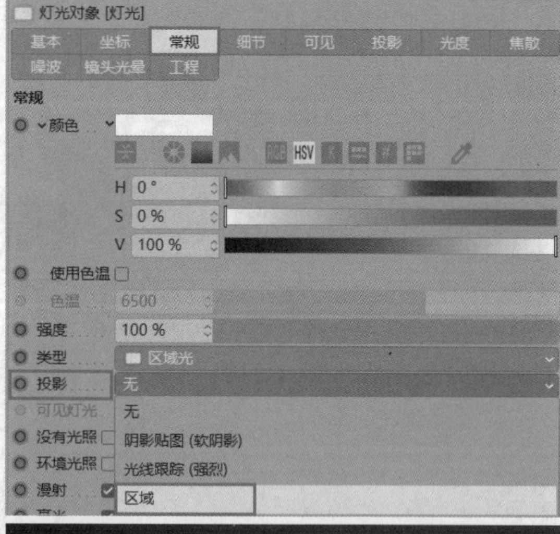

图 4-2

疑难解答　为什么使用“区域”投影？

投影有3种类型，分别是“阴影贴图（软阴影）”“光线跟踪（强烈）”“区域”。“阴影贴图（软阴影）”做出来的阴影不太真实，没有虚实的变化，但是渲染速度较快。“光线跟踪（强烈）”也被称为硬阴影，这种类型的影子边缘较硬，没有虚实变化。“区域”是模拟真实情况做出阴影，有虚实变化，较为真实，但是渲染速度较慢。随着计算机硬件的升级换代，渲染速度也越来越快，所以一般情况下优先使用“区域”阴影。

调整区域光的大小可以控制阴影的虚实。将区域光的面积调小，如图4-3所示。区域光的面积越小，阴影越实，渲染后的效果如图4-4所示。

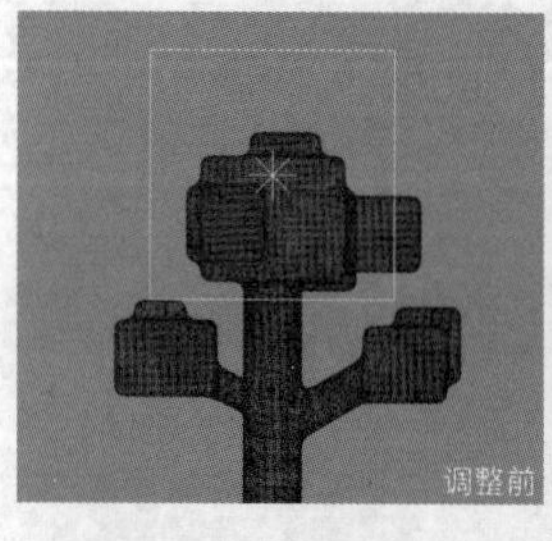

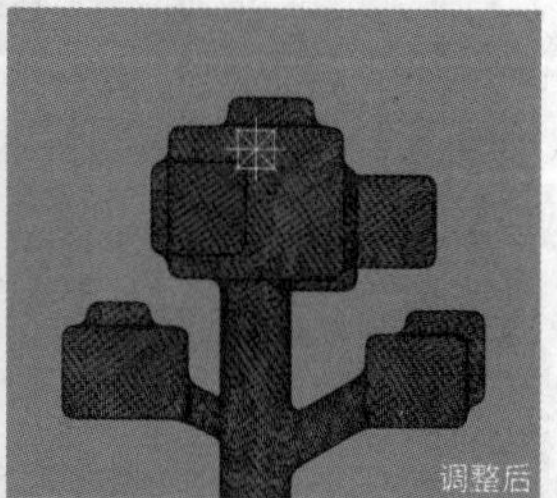

图 4-3

图 4-4

技巧提示 在调整参数后，通常要单击“渲染活动视图”按钮进行渲染才能得到灯光效果。本章后续内容中将不再给出渲染的过程，而是直接呈现渲染后的效果。

单击“常规”选项卡，在“颜色”选项中调整灯光的颜色，如图4-5所示。

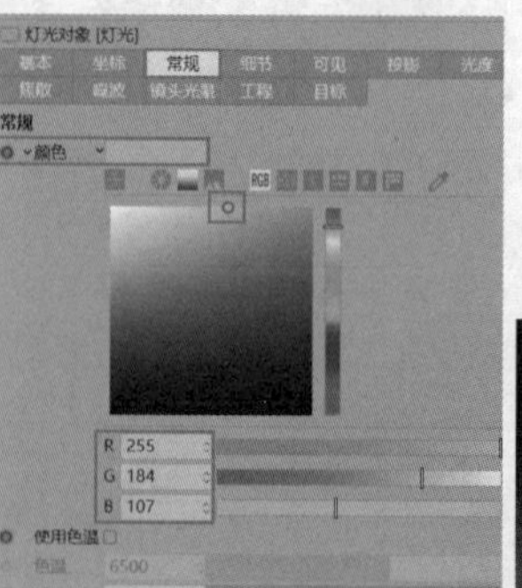

图 4-5

在“强度”选项中调整灯光的亮度，如图4-6所示。可见，“强度”值越大，灯光越亮，如图4-7所示。

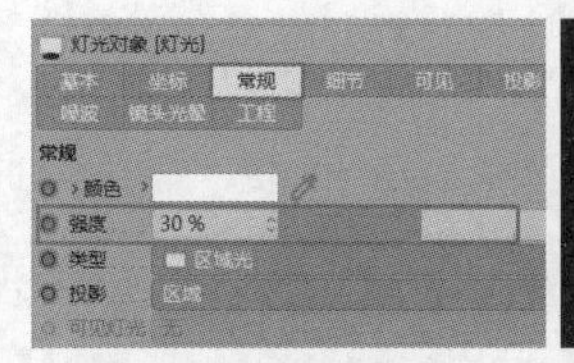

图 4-6

图 4-7

通过上述操作可以发现，即使增大了灯光"强度"，画面依旧很暗。此时，可以单击"编辑渲染设置"按钮打开"渲染设置"面板，然后单击"效果"按钮，在弹出的菜单中选择"全局光照"命令，如图4-8所示。

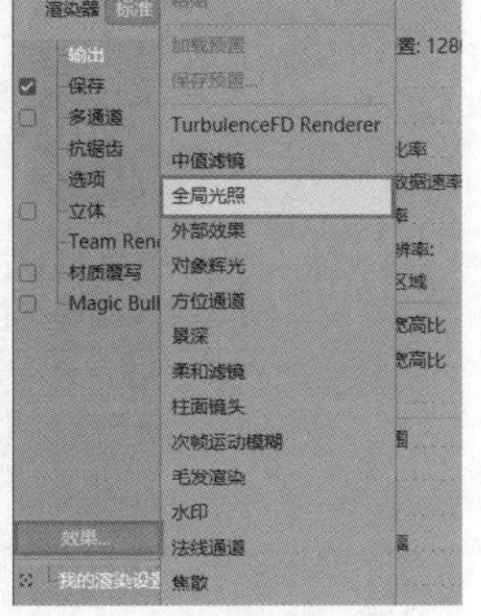

图 4-8

选择"全局光照"中的"常规"选项卡，设置"主算法"为"辐照缓存"，"次级算法"为"辐照缓存"，"采样"为"自定义采样数"。选择"辐照缓存"选项卡，设置"记录密度"为"低"，如图4-9所示。渲染后的画面依然较暗，如图4-10所示。

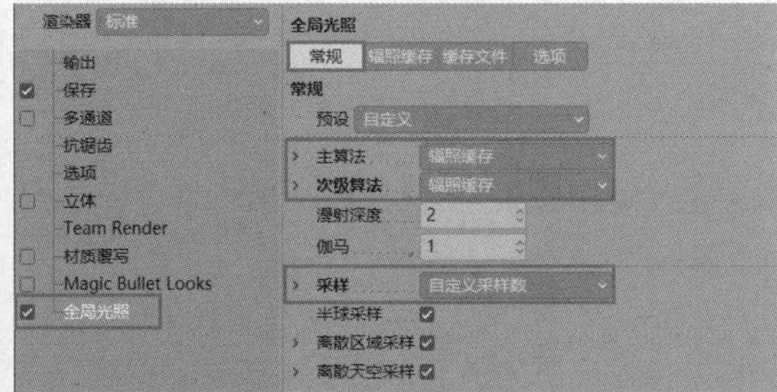

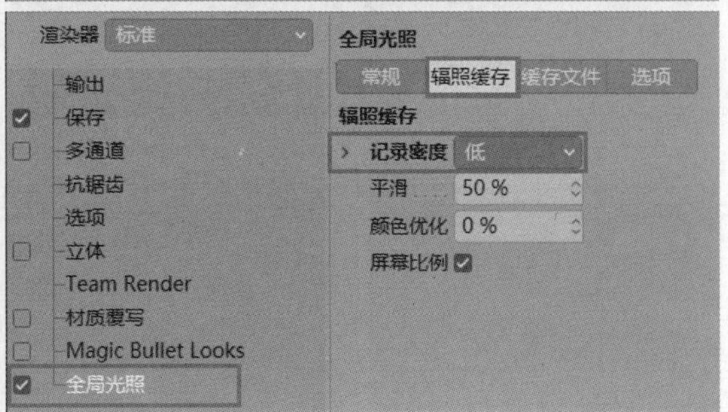

图 4-9

图 4-10

"全局光照"需要结合天空环境使用。使用"天空"工具赋予场景一个天空环境，如图4-11所示。在"材质"面板中双击创建材质，参数保持默认即可。把创建的材质赋予地面、树和天空，有了全局光照、天空和默认材质，画面变得明亮了，如图4-12所示。

图 4-11

图 4-12

疑难解答 如何去掉灯下的黑影?

渲染后画面的左下角有一条黑影，如图4-13所示。默认状态下，区域光是一个面，在两面都会产生光照，左右侧的光线只可照亮周边，而且垂直方向没有光，因此不会照亮光源下方。

图 4-13

在"细节"选项卡中勾选"仅限纵深方向"选项，如图4-14所示。这样便只会产生一个方向的光，如图4-15所示。

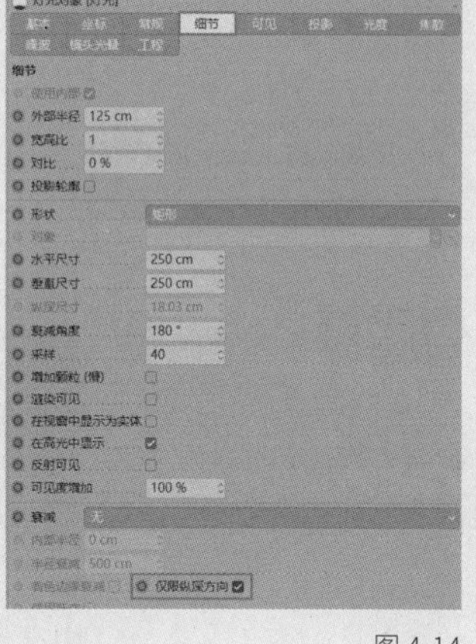

图 4-14

图4-15

多数情况下，用于照明的区域光是不会出现在视图里面的。上述操作主要是为了便于读者观察灯光位置和照明效果，向左移动灯光也可以去掉灯下的黑影，如图4-16和图4-17所示。

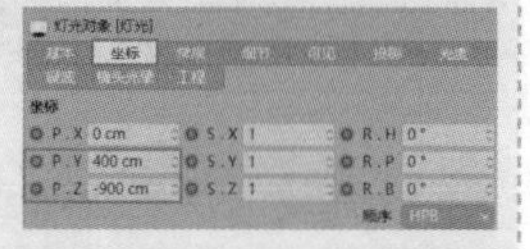

图4-16

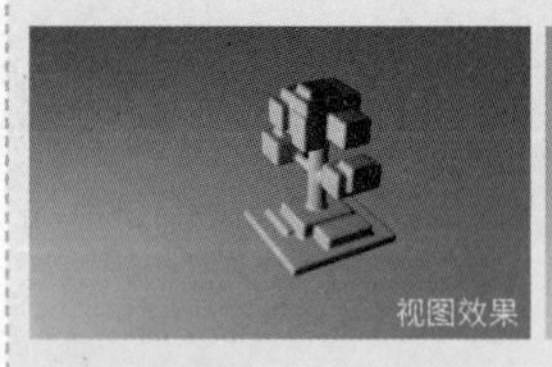

图4-17

4.1.2 灯光

"灯光"工具是一个点光源，像一个点一样向着四周发射灯光。可以发现渲染后的画面虽然变亮了，但是没有影子，如图4-18所示。灯光投影类型通常使用"阴影贴图（软阴影）"，如图4-19所示。

图4-18

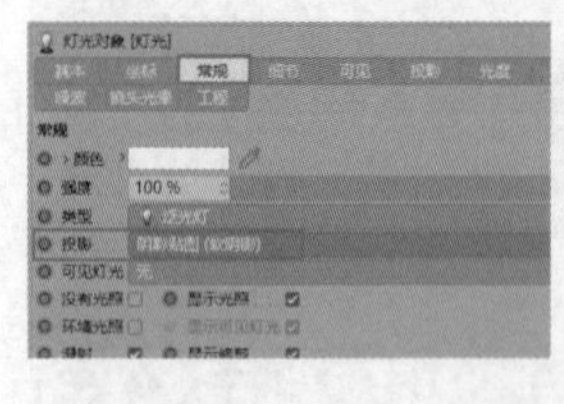

图4-19

技巧提示 如果更改投影类型为"区域"，那么灯光会变为区域光，如图4-20所示。

图4-20

"水平精度"选项用于控制阴影的虚实，该值越大，投影越实。设置"水平精度"为40，效果如图4-21所示。设置"水平精度"为2000，效果如图4-22所示。

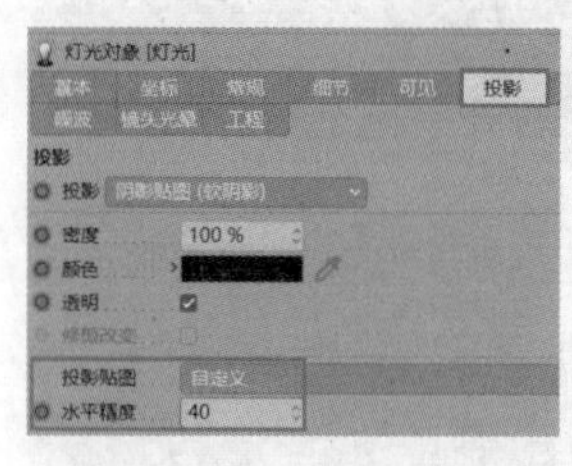

图4-21

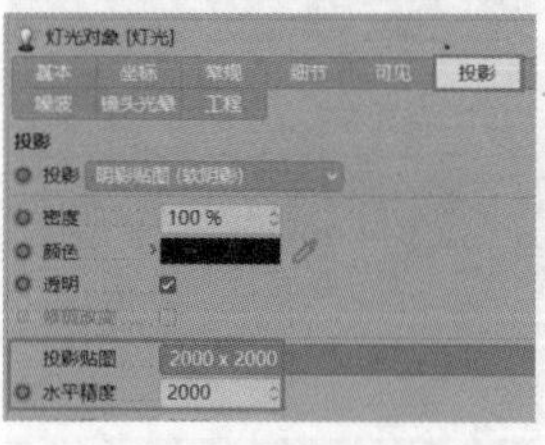

图4-22

点光常被用来为画面内的局部补光。图4-23所示为树的左侧受到光照，右侧是暗部，有明显的明暗层次。如果需要让树的局部亮一些，就可以使用点光作为辅助光照。

图4-23

使用"灯光"工具创建一个点光源，在"细节"选项卡中设置"衰减"为"倒数立方限制"，"半径衰减"为162cm，如图4-24所示。此时，灯光的四周会出现一个球坐标系，坐标系的范围表示灯光的照射范围，范围外的灯光照射强度逐渐减弱。在有了补光的画面中，树的正面也被照亮了，如图4-25所示。

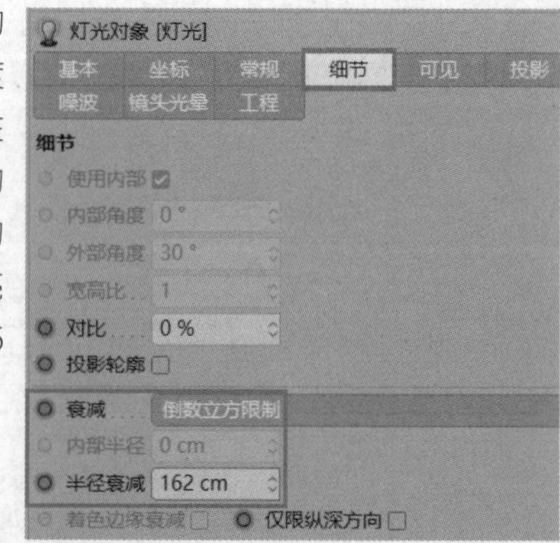

图4-24

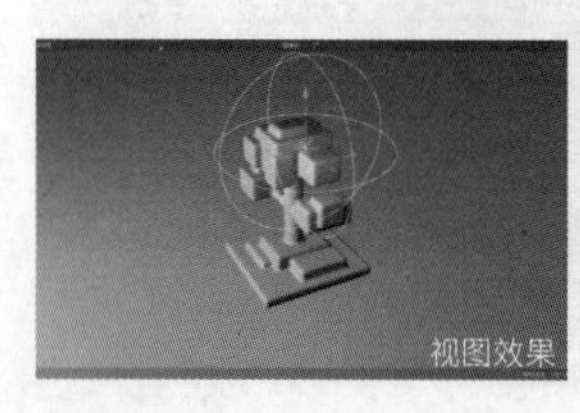

图4-25

技术专题：修改灯光的颜色

在“常规”选项卡中可以修改灯光的颜色，如图4-26和图4-27所示。

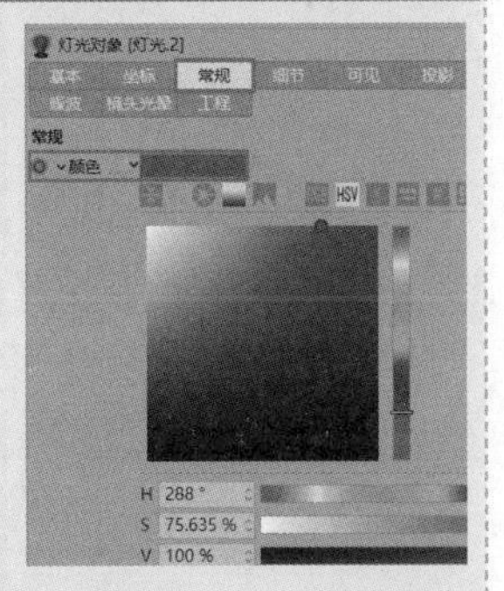

图 4-26

图 4-27

用同样的方法也可以修改区域光的颜色，如图4-28和图4-29所示。在没有熟练掌握灯光的使用之前，建议先使用白色的灯光。

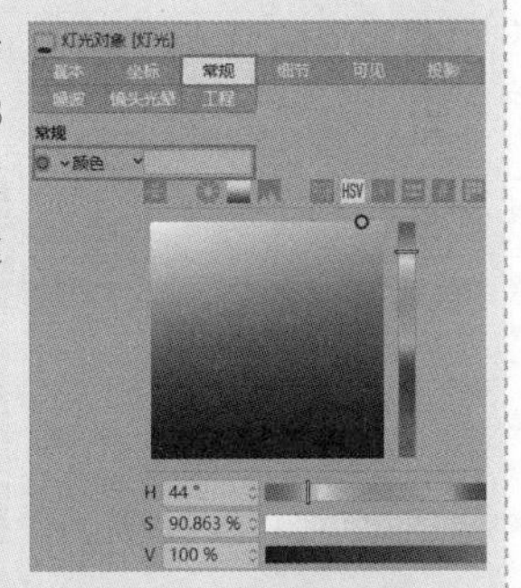

图 4-28

图 4-29

4.1.3 无限光

使用“无限光”工具创建的光源光线是平行的、无限远的，在任意位置都可以照亮整个世界，也被称为远光灯，如图4-30所示。无限光投影类型通常使用“光线跟踪（强烈）”，如图4-31所示。

图 4-30

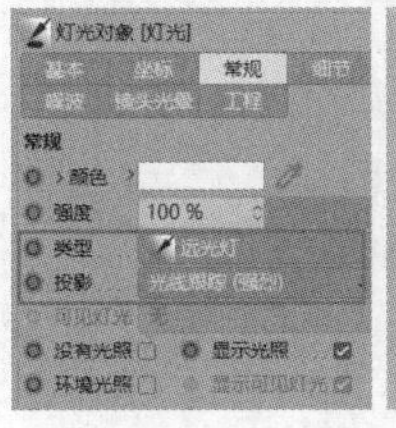

图 4-31

改变了灯光的旋转角度后，物体的投影也会改变，如图4-32所示。放大可以发现投影是有锯齿的，如图4-33所示。在“渲染设置”面板中，设置“抗锯齿”为“最佳”，“最小级别”为1×1，“最大级别”为4×4。完成后再次渲染画面，这样得到的投影就没有锯齿了，阴影就是清晰的，如图4-34所示。

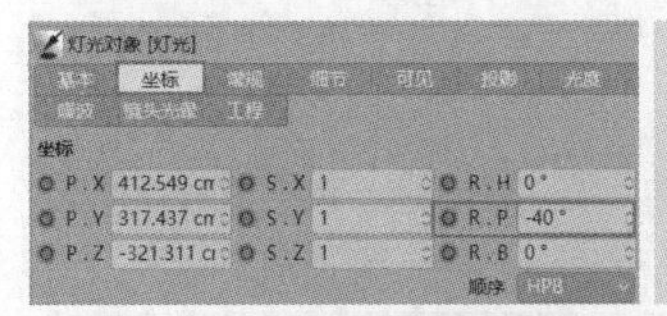

图 4-32

图 4-33

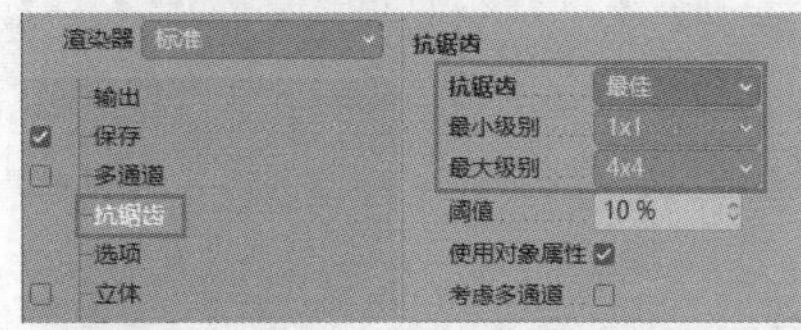

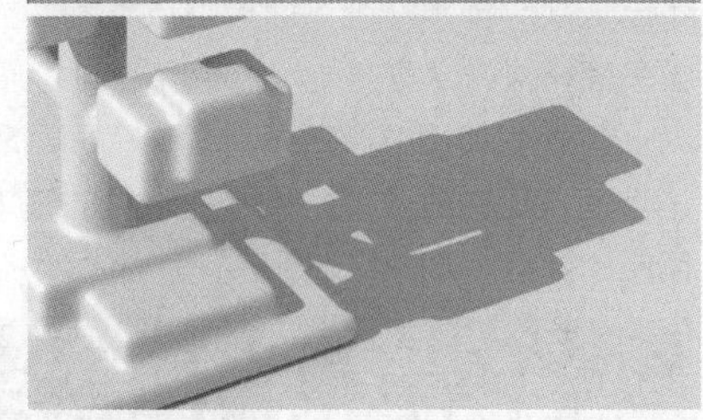

图 4-34

4.1.4 IES灯光

IES灯光是通过光域网IES文件来制作的光源。选择“IES灯光”工具，在弹出的窗口中选择IES文件即可。下面选择“87 IES09.IES”文件进行演示，如图4-35所示。

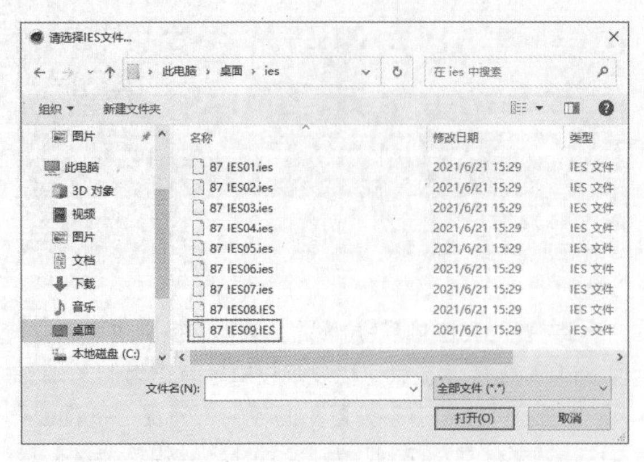

图 4-35

疑难解答　什么是光域网IES?

光域网IES是一种关于光源亮度分布的三维表现形式，存储于IES格式文件中。光域网是灯光的一种物理性质，可以确定光在空气中的发散方式。不同的灯光在空气中的发散方式是不一样的。例如，手电筒会发射一个光束，而一些壁灯和台灯发出的光又是另外的形状。由于自身特性的不同，灯会发射出不同形状的光。光所呈现出来的不同形状就是由光域网造成的。图4-36所示为不同的IES灯光。

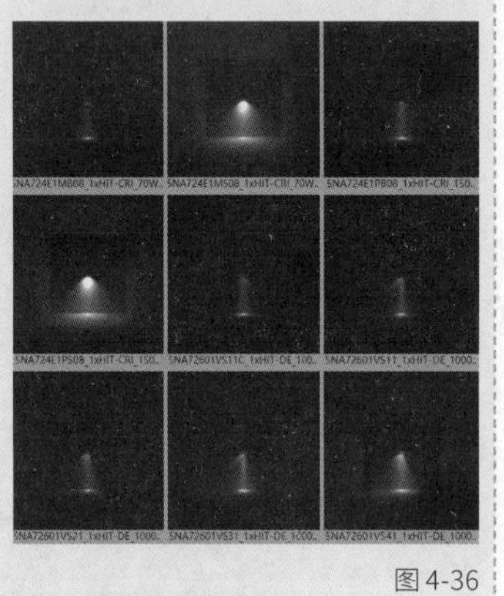

图 4-36

创建IES灯光后，视图中就有了灯光，目前还观察不出效果。创建一个平面模型放置到灯光的下方，设置平面模型的“宽度”和“高度”均为1800cm，“P.Y”为-25cm，如图4-37所示。有了平面后就类似场景有了地面，现在的效果就像是在漆黑的夜晚里用手电筒照明的效果，如图4-38所示。

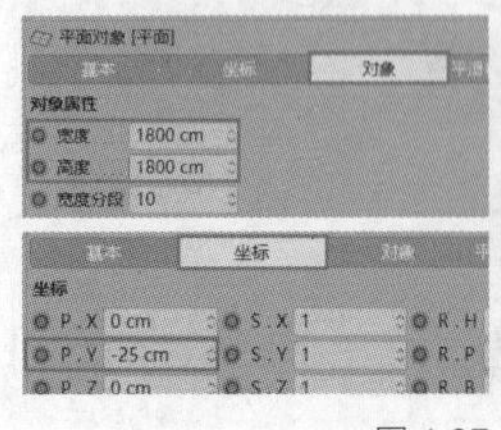

图 4-37　　图 4-38

“强度”可以用来控制IES灯光的亮度。“强度”值越大，灯光越亮。设置“强度”为1500，效果如图4-39所示。设置“强度”为3600，效果如图4-40所示。

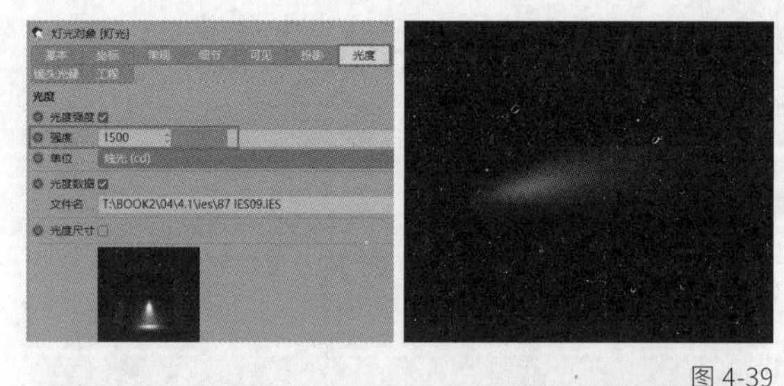

图 4-39

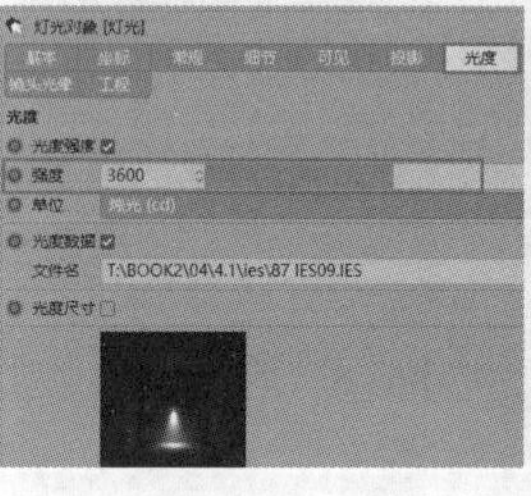

图 4-40

勾选“光度数据”选项，即可启用IES文件。“文件名”就是IES文件的位置，可以在这里加入或更改IES文件。图4-41所示为使用“87 IES05.IES”文件的效果。

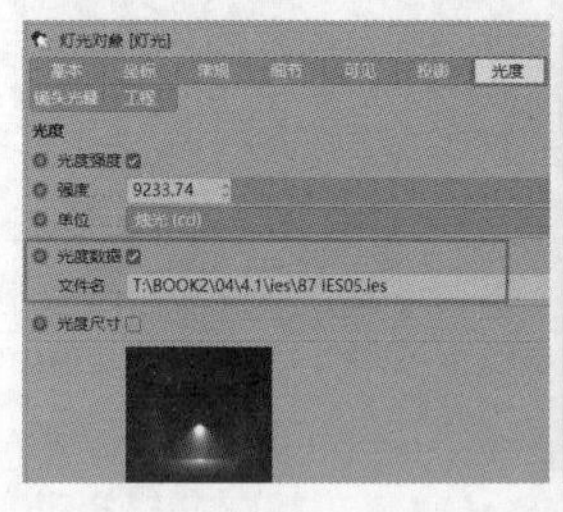

图 4-41

4.1.5 聚光灯

聚光灯可以模拟出现实中的聚光灯效果，进行局部照明，与手电筒是一样的。使用“聚光灯”工具创建聚光灯，调整聚光灯的位置，形成类似于追光灯的效果，如图4-42所示。

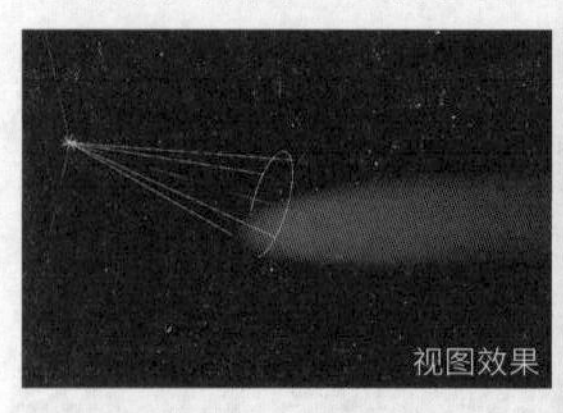

图 4-42

勾选“使用内部”选项并调整“内部角度”与“外部角度”的数值，这两个值越相近，灯光的边缘就越实，如图4-43所示。这两个值相差越大，灯光的边缘就越虚，如图4-44所示。

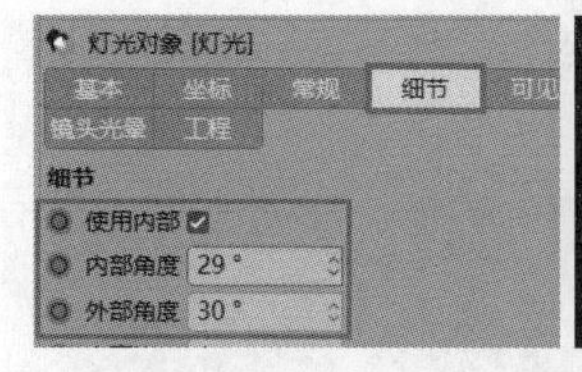

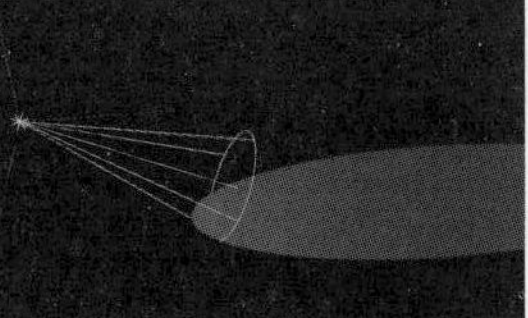

图 4-43

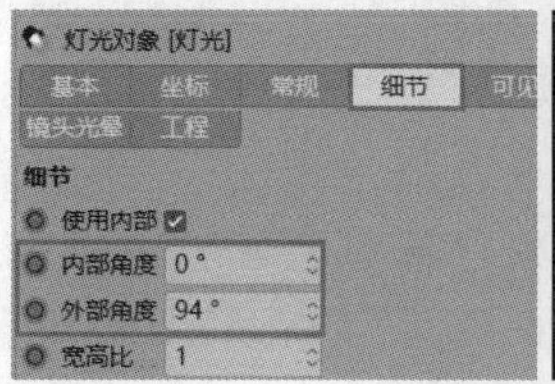

图 4-44

疑难解答　IES灯光与聚光灯相似吗?

观察IES灯光与聚光灯，如图4-45所示。某些IES灯光的确与聚光灯有相似之处，但是在灯光的轮廓上，IES灯光通常会有很多细节，聚光灯通常是均匀且整体的。

图 4-45

4.1.6 目标聚光灯

目标聚光灯与聚光灯产生的效果是一样的，但是目标聚光灯有个目标点，移动光源时灯光会保持朝向目标点。使用“目标聚光灯”工具创建目标聚光灯，在移动光源后，光源依旧朝向目标点，如图4-46所示。

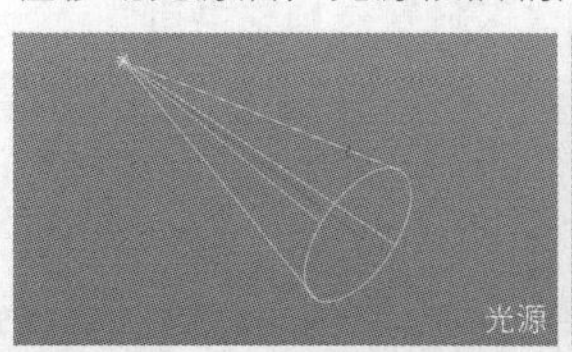

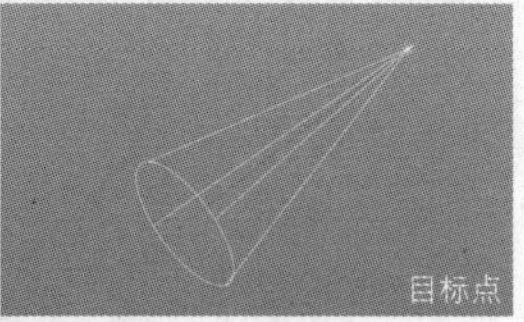

图 4-46

技术专题：创建目标区域光

在使用区域光作为光源时，区域光通常朝向物体，那么将灯光移到不同位置时就要调整角度，如图4-47所示。在每次移动光源时都调整角度较为麻烦，可以通过创建目标区域来解决这个问题。

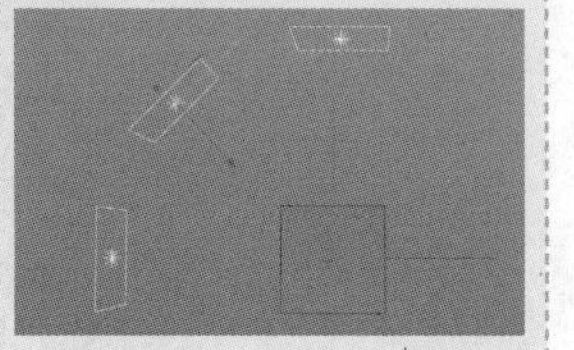

图 4-47

但Cinema 4D自带的工具中没有用于创建目标区域光的工具，怎么办呢？先使用“目标聚光灯”工具创建目标聚光灯，如图4-48所示。然后设置“类型”为“区域光”，“投影”为“区域”，即可创建目标区域光，如图4-49所示。

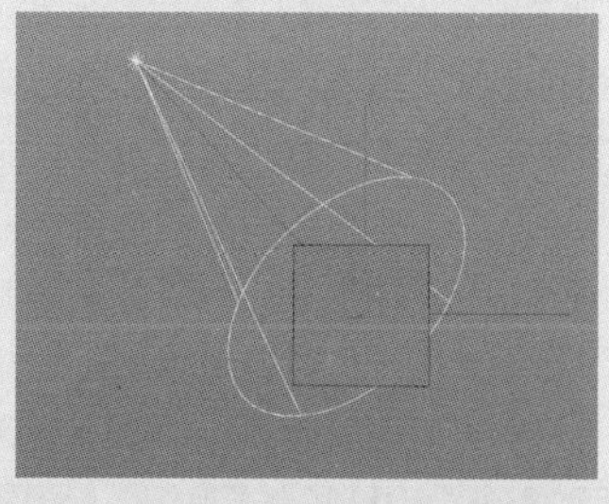

图 4-48

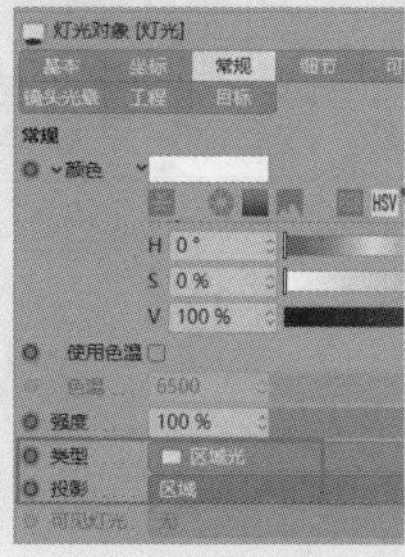

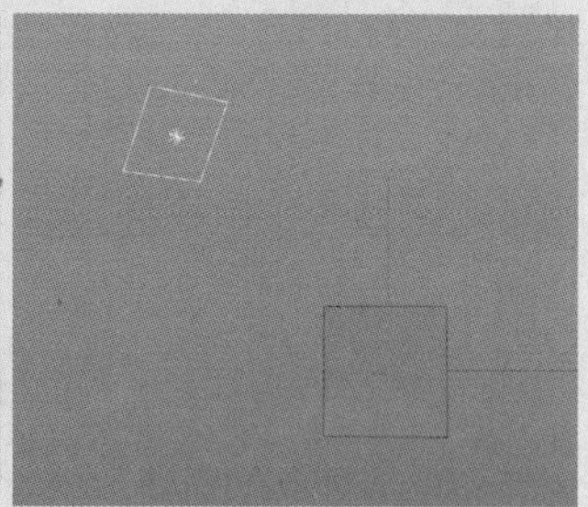

图 4-49

此时，即便改变了区域光的位置，光源也会自动朝向目标点，如图4-50所示。

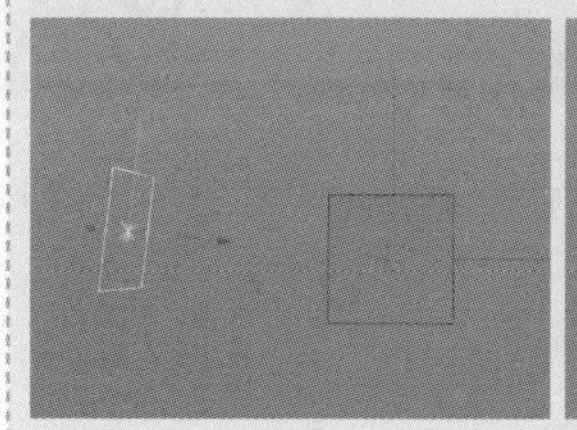
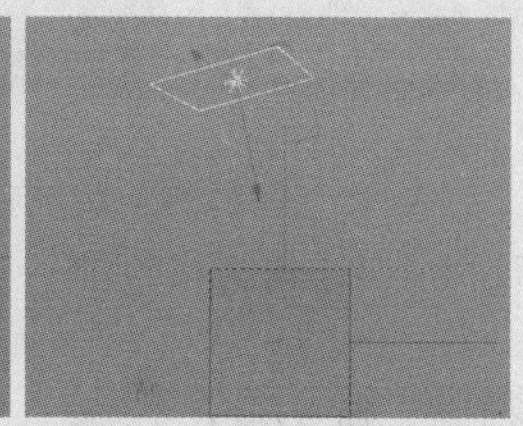

图 4-50

4.1.7 PBR灯光

可以将PBR灯光理解为一个调整过参数的区域光。选择“PBR灯光”工具，设置“类型”为“区域光”，“投影”为“区域”，那么创建的光源就是一个区域光，如图4-51所示。PBR灯光也可以设置“衰减”，与“灯光”的衰减类型不一样，此处使用的是“平方倒数（物理精度）”，如图4-52所示。

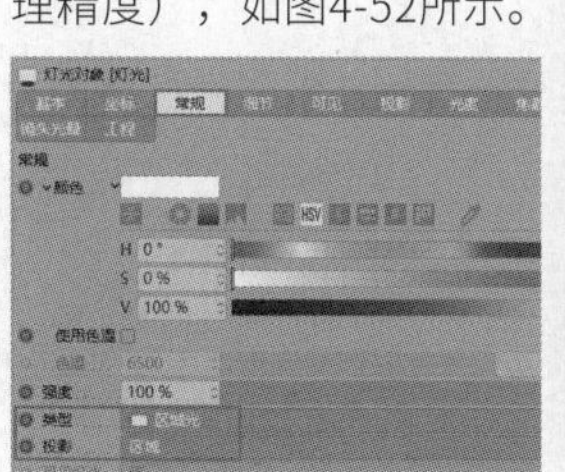

图 4-51

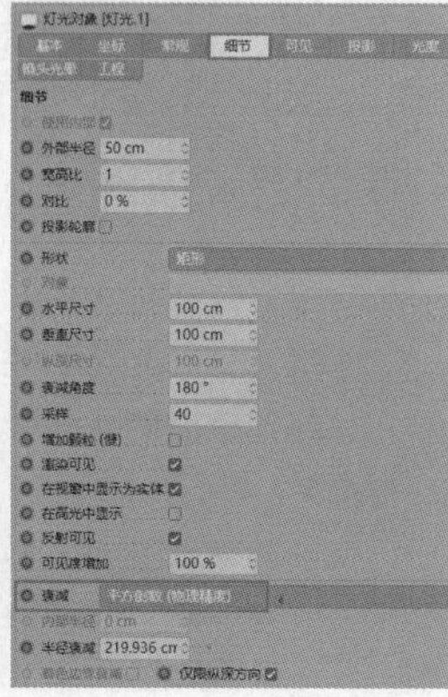

图 4-52

将同样的灯光分别设置“衰减”为“倒数立方限制”和“平方倒数（物理精度）”，效果如图4-53所示。可以看到，虽然两个灯光都有衰减，但是右侧的灯光更真实，与现实的灯光衰减一样，靠近灯光的区域会特别亮。但是，这样距离灯光近的局部容易曝光过度，而左侧的灯光更加柔和，调整起来更加方便，不易曝光。建议新手使用“倒数立方限制”衰减类型，上手会容易一些。有经验的读者可以根据画面需要随意调整。

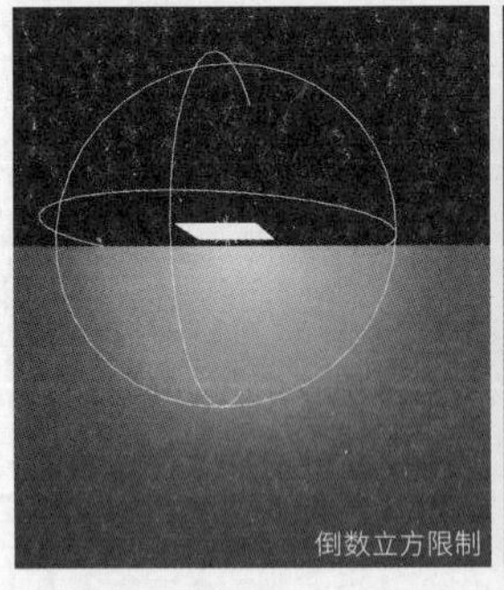

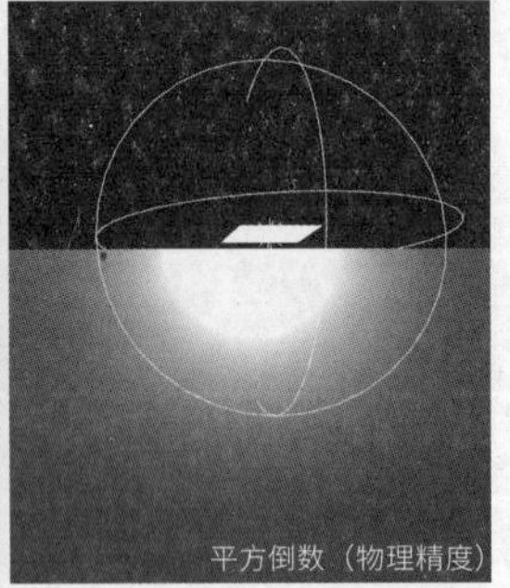

图 4-53

4.2 环境

渲染一般需要配合环境使用，本书实例中使用的环境主要是天空和物理天空，本节将对其进行介绍。

4.2.1 天空

使用“天空”工具可以创建一个无限大的球体，类似于现实中的天空。只添加天空环境是没有作用的，一般需要配合“全局光照”命令使用，如图4-54所示。

图 4-54

技巧提示 在使用天空环境和全局光照后，画面整体会偏灰，因此通常作辅助光照。

添加“全局光照”效果后，为天空赋予白色的材质，这样渲染后的画面会变得很亮，如图4-55所示。

图 4-55

想要获得更亮的画面，可以将材质的“亮度”调高，如图4-56所示。

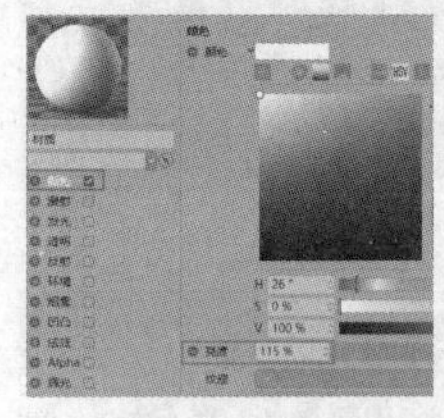

图 4-56

改变材质的颜色，可以得到不同颜色的天空。图4-57所示为绿色的天空，图4-58所示为紫色的天空。

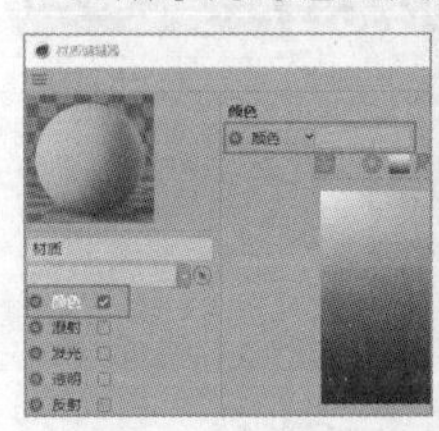

图 4-57

图 4-58

4.2.2 物理天空

物理天空是一种模拟真实环境的天空，由太阳和天空组合而成，常用于户外场景的渲染，可以真实地模拟出自然光照。使用“物理天空”工具创建一个物理天空环境，在“时间与区域”选项卡中可以设置时间。默认时间通常是中午12点，渲染后得到的就是模拟中午12点的天空效果，如图4-59所示。

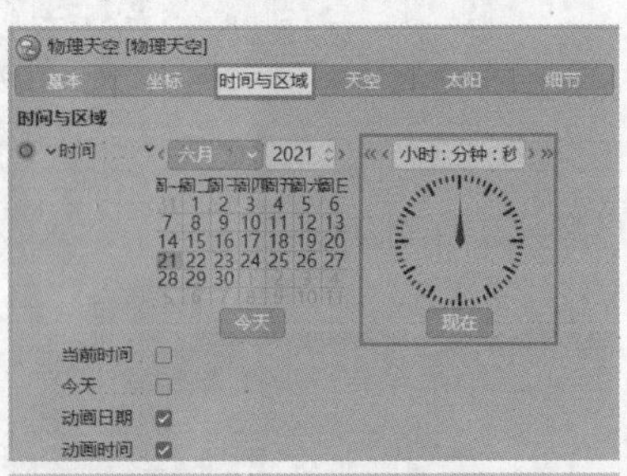

图 4-59

使用物理天空可以模拟出一天中不同时间的光照效果。设置时间为早上5点多，渲染后得到的就是太阳刚刚升起时的天空效果，如图4-60所示。到了7点多，类似于日出时的效果，地面被阳光逐渐照亮，如图4-61所示。早上9点多，太阳升高了，阳光更加强烈，投影也变短了一些，如图4-62所示。下午3点左右，投影的方向改变了，模拟出了太阳西落的效果，如图4-63所示。晚上8点左右，模拟出了太阳即将落山的效果，如图4-64所示。

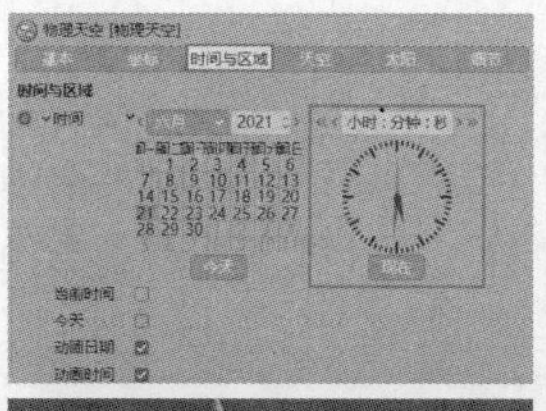

图 4-60

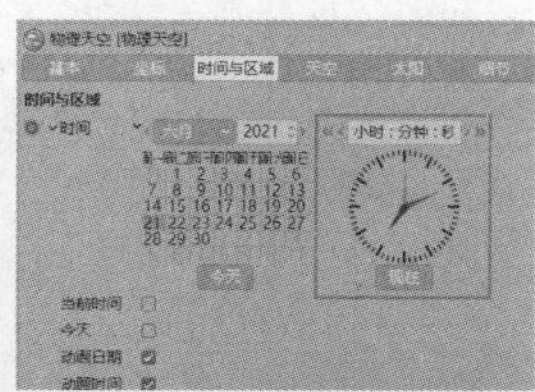

图 4-61

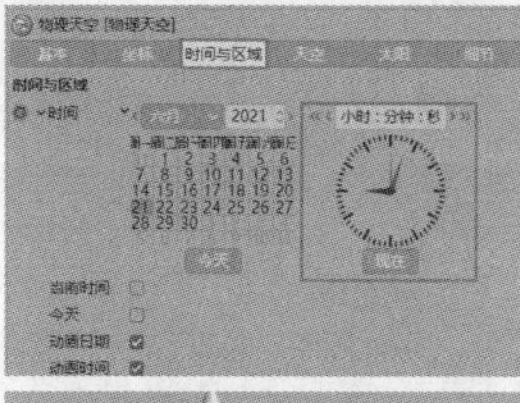

图 4-62

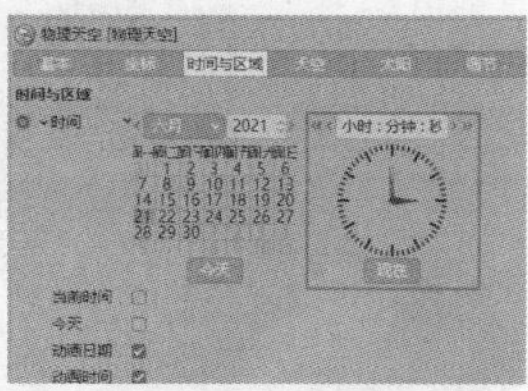

图 4-63

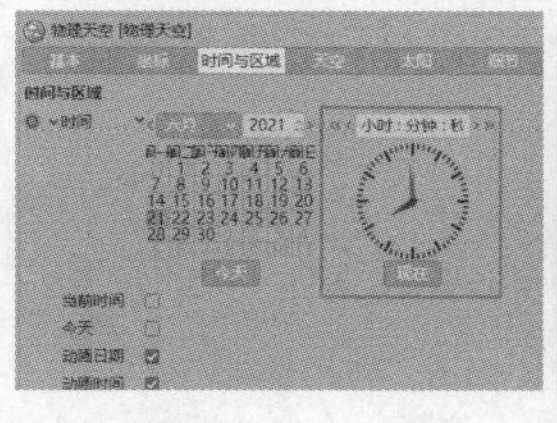

图 4-64

技巧提示 除了时间会影响光照，不同季节的光照也是不同的。Cinema 4D会默认以当前系统的日期与季节来创建。“纬度”与“经度”也会对光照有影响，如图4-65所示，操作时可以按需求调整。

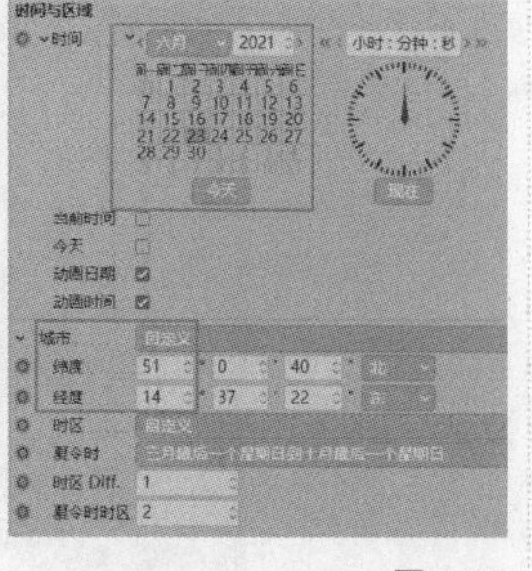

图 4-65

实战：用物理天空模拟日光

◇ 场景位置	场景文件 >CH04>01.c4d
◇ 实例位置	实例文件 >CH04> 实战：用物理天空模拟日光 .c4d
◇ 视频名称	实战：用物理天空模拟日光 .mp4
◇ 学习目标	掌握物理天空的用法
◇ 操作重点	使用物理天空模拟日光

本实例将使用物理天空模拟日光为办公室场景进行布光，如图4-66所示。

图 4-66

01 打开本书资源文件“场景文件>CH04>01.c4d”，使用“物理天空”工具创建一个天空环境，如图4-67所示。

图 4-67

02 为场景添加“全局光照”效果，参数如图4-68所示。渲染效果如图4-69所示。

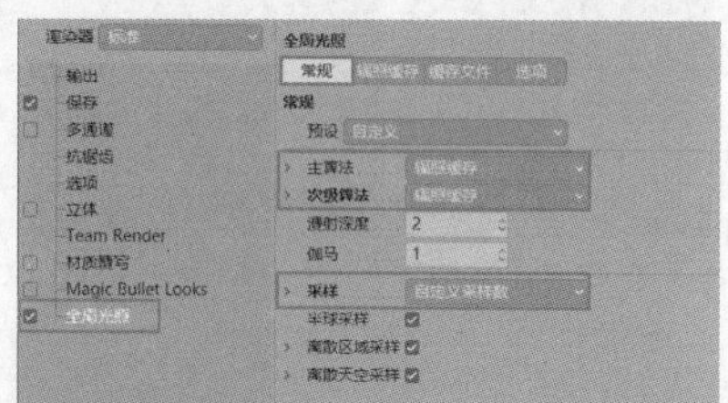

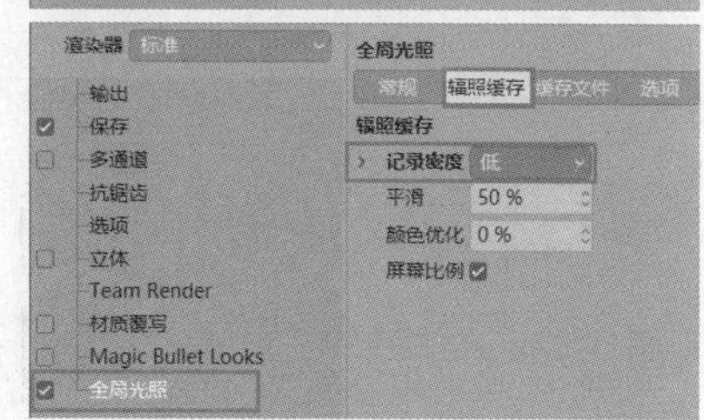

图 4-68

图 4-69

03 观察场景中的物理天空，绿色的小球就是“太阳”所在位置，将其置于画面的左上方，如图4-70所示。渲染效果如图4-71所示。

图 4-70

图 4-71

04 在“时间与区域”选项卡中，设置“时间”“纬度”“经度”，参数和太阳的位置如图4-72所示。可以得到所设置时间的光影效果，如图4-73所示。

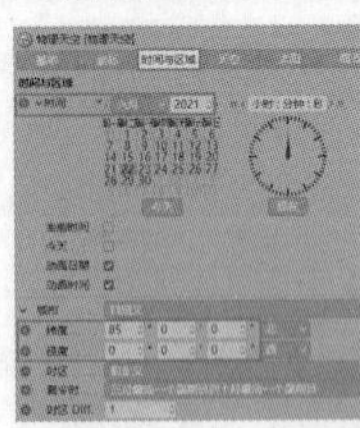

图 4-72

图 4-73

实战：用无限光模拟日光

◇ 场景位置	场景文件 >CH04>01.c4d
◇ 实例位置	实例文件 >CH04> 实战：用无限光模拟日光 .c4d
◇ 视频名称	实战：用无限光模拟日光 .mp4
◇ 学习目标	掌握无限光的用法
◇ 操作重点	无限光的应用

本实例使用灯光来模拟日光效果，如图4-74所示。与物理天空相比，无限光更加灵活，效果可以调整得更细致，当然难度更大。

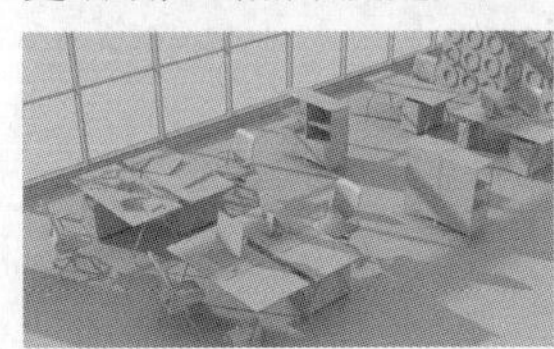

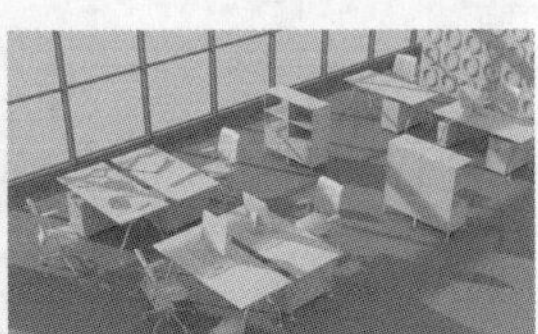

图 4-74

01 打开本书资源文件“场景文件>CH04>01.c4d”，如图4-75所示。

图 4-75

02 使用“无限光”工具创建光源，并调整光源的角度，使光线从左上方进入画面，如图4-76所示。

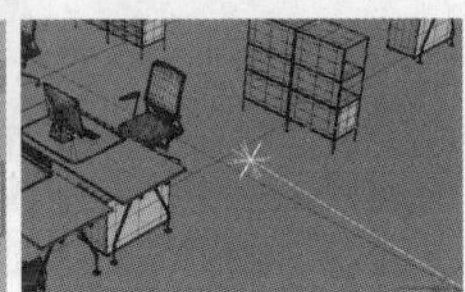

图 4-76

03 使用“天空”工具创建一个天空环境，为场景添加“全局光照”效果，参数如图4-77所示。

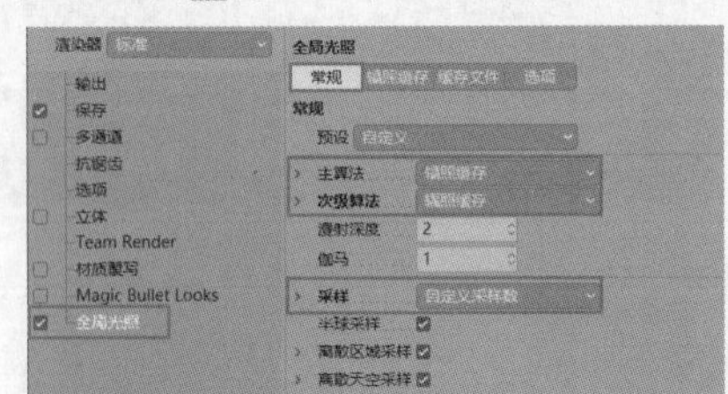

图 4-77

04 创建一个默认材质，将其赋予天空与场景模型，在“常规”选项卡中设置“投影”为“光线跟踪（强烈）”，如图4-78所示。渲染后画面中的投影较硬，如图4-79所示。

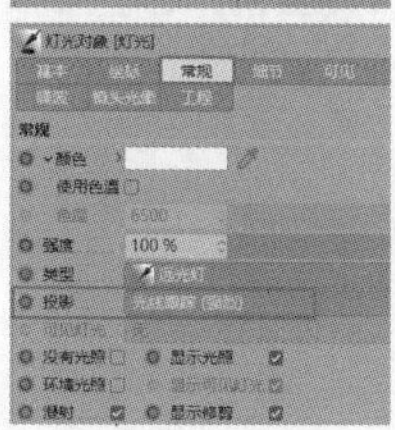

图4-78　　图4-79

05 设置“投影”为“区域”，此时，渲染后画面中的投影就有实有虚了，如图4-80所示。

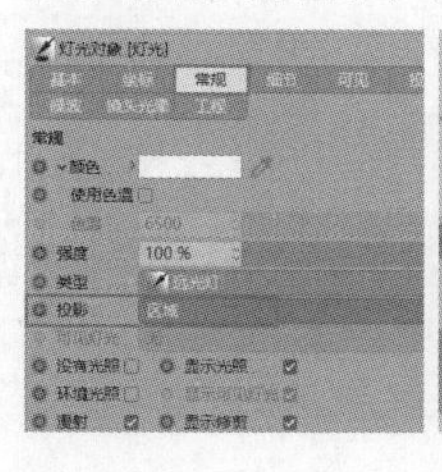

图4-80

06 为了模拟日光，可以在“常规”选项卡中设置“颜色”为橘黄色，此时渲染后画面中的日光就变成暖色了，如图4-81所示。

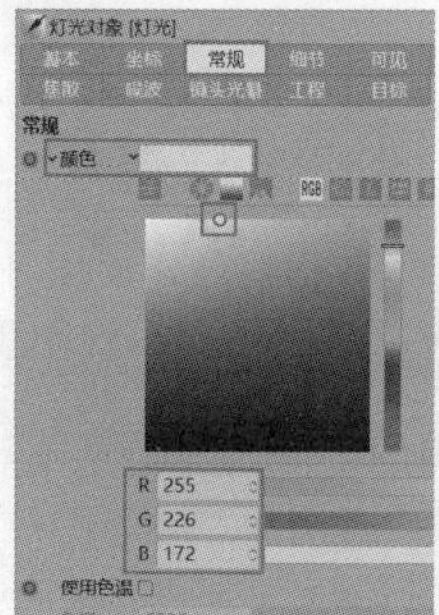

图4-81

4.3 摄像机

三维软件的摄像机与现实中的摄像机是一样的。使用摄像机可以在场景内取景与拍摄，不仅可以通过调整焦距模拟出不同镜头的拍摄效果，还可以做出画面有实有虚的景深效果。

4.3.1 激活摄像机

选择“摄像机”工具，可以创建摄像机对象，默认情况下，摄像机是没有激活的，也就是说还没有进行使用。单击摄像机对象右侧的图标，使其变为图标，则表示激活了。在图4-82中，“摄像机01”对象处于激活状态，表示正在使用，“摄像机02”对象处于未激活状态。

图4-82

图4-83所示为有多个摄像机的场景，在“对象”面板中可以看到摄像机是否被激活了。单击“摄像机01”对象右侧的图标，使其变为图标，画面就会切换到“摄像机01”的拍摄角度，如图4-84所示。同理，单击“摄像机02”对象右侧的图标，使其变为图标，画面就会切换到“摄像机02”的拍摄角度，如图4-85所示。

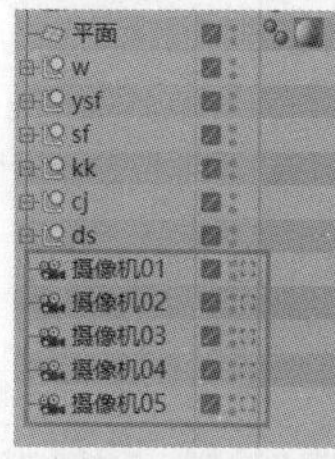

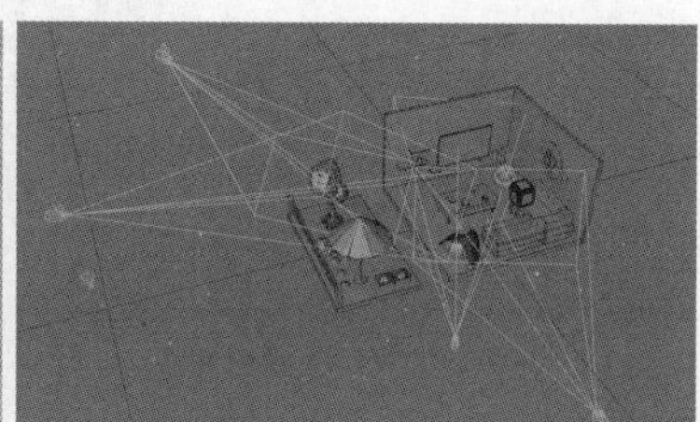

图4-83

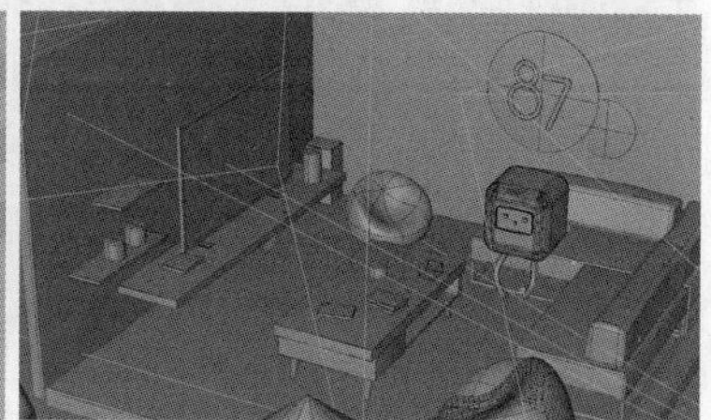

图4-84

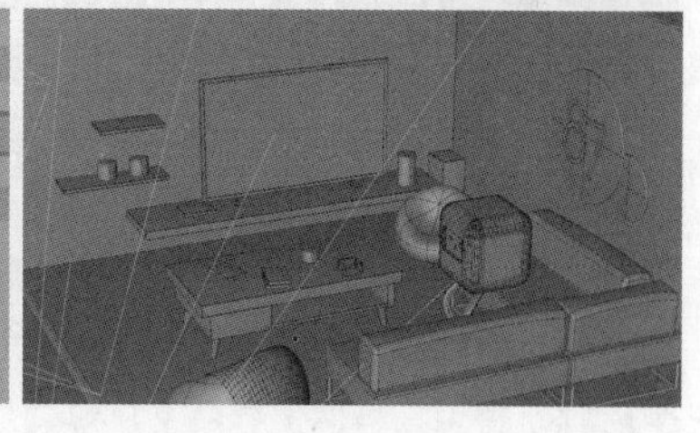

图4-85

疑难解答　画面中绿色的线是什么？

画面中绿色的线是摄像机的位置及拍摄范围，如图4-86所示，渲染输出的画面是不会有这些线的。如果想将绿色的线隐藏，可以单击摄像机对象右侧的圆点，将其变为红色，如图4-87所示。

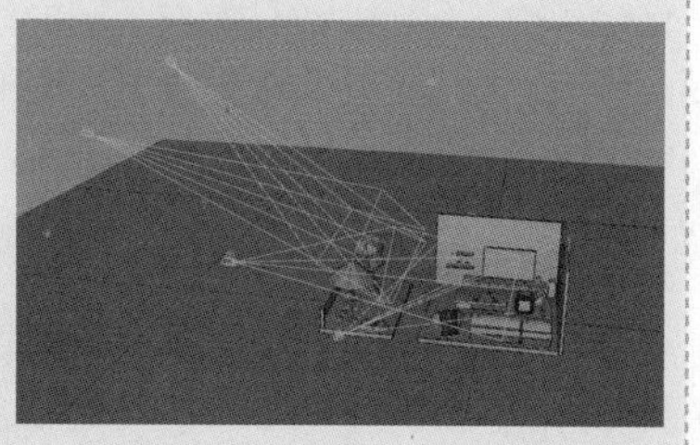

图4-86

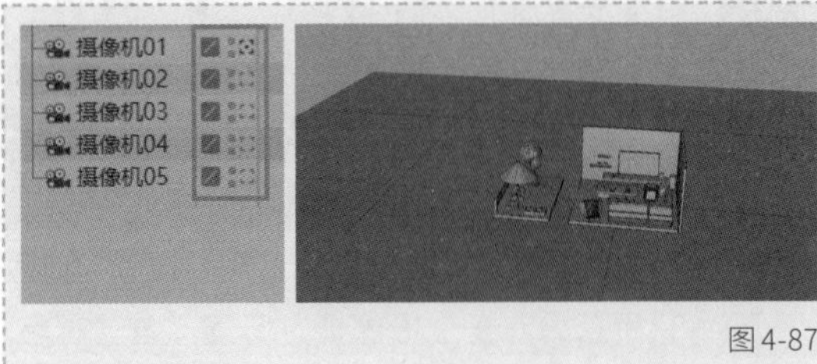

图4-87

除了可以在“对象”面板中激活摄像机对象外，还可以在视图窗口中执行“摄像机>使用摄像机”子菜单中的命令进行摄像机的激活。例如选择“摄像机04”命令，如图4-88所示。“对象”面板中对应的“摄像机04”对象也会被激活，画面就会切换到“摄像机04”的拍摄角度，如图4-89所示。

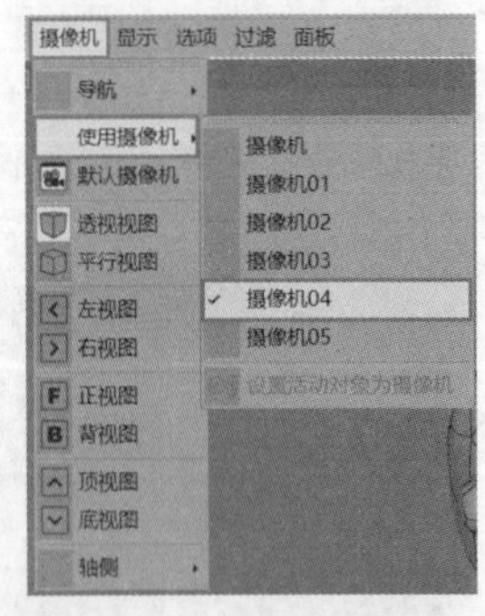

图4-88

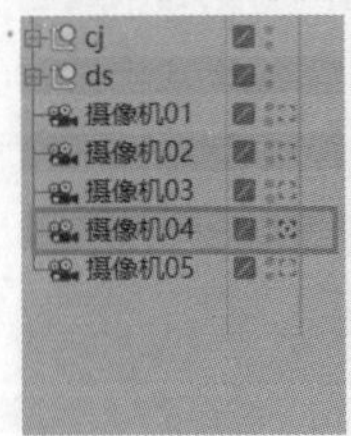

图4-89

4.3.2 调整摄像机构图

激活摄像机后，在视图中进行调整，即可改变摄像机的构图。例如，将视图拉远一些，摄像机构图也就随之调整了。如果要调整摄像机视图的画面尺寸，则需要单击“渲染编辑设置”按钮，打开“渲染设置”面板。在“输出”选项中设置“宽度”和“高度”。无法单独调整某个摄像机视图的画面大小，当调整了一个摄像机的构图后，其他摄像机视图的画面尺寸也会随之改变。对于一个尺寸为1920像素×1080像素的画面，在“输出”选项中设置“宽度”为1920像素，“高度”为1080像素，构图会变为竖构图，如图4-90所示。需要注意的是，框出的范围为最终画面的大小，两侧的灰色区域为画面外的内容。

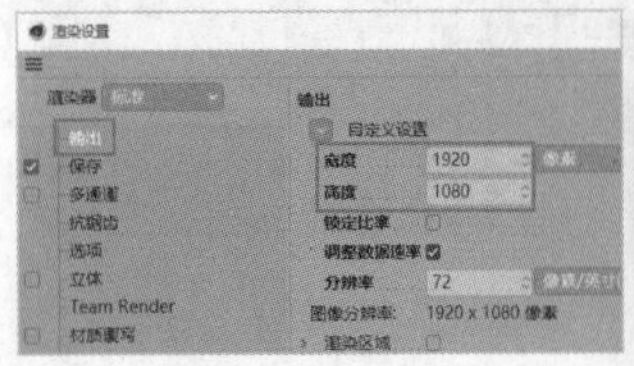

图4-90

更改画面尺寸对构图的影响是比较大的，更改后通常需要重新取景构图。所以通常先调整画面尺寸，再调整摄像机，进行取景构图。

疑难解答 **对于同一个画面，如果同时需要横构图与竖构图该如何处理？**

通过前面的学习我们知道，摄像机的画面是统一调整的。工作中常会遇到需要不同尺寸与比例的画面的情况，这在同一个工程中是不方便制作的。对此，可以复制多个工程文件。如果当前工程文件采用的都是竖构图，可复制一份工程文件，将需要采用横构图的进行调整。在同一个工程中虽然也可以这么操作，但是每次都要调整摄像机参数，容易出错。

4.3.3 焦距

三维摄像机的焦距与摄影镜头的焦距的效果是一样的，在“对象”选项卡中调整“焦距”即可修改摄像机的焦距，“焦距”值越小，透视的形变越大。常用的“焦距”范围是50～150毫米。

设置“焦距”为15毫米，画面类似于广角镜头拍摄的效果，比较有冲击力，如图4-91所示。

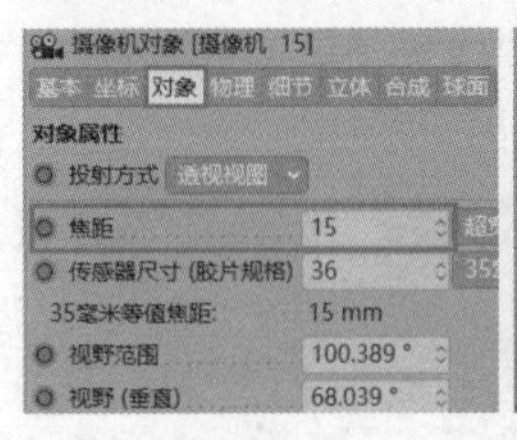

图4-91

设置“焦距”为55毫米，画面类似于通用镜头拍摄的效果，适用于产品或普通场景，如图4-92所示。

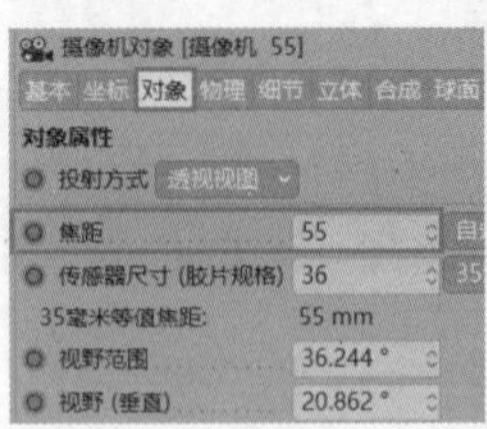

图4-92

设置“焦距”为120毫米，透视变得更小，适用于表现卡通趣味的小场景，如图4-93所示。

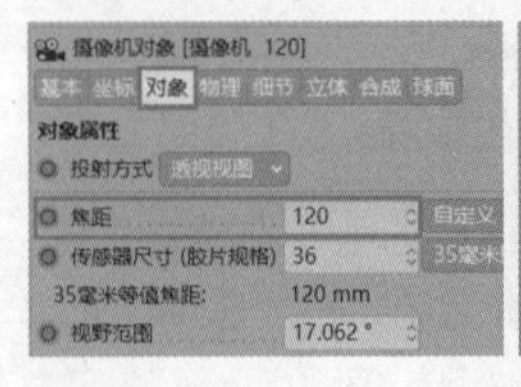

图4-93

实战：为文字海报场景布光

◇ 场景位置	场景文件 >CH04>02.c4d
◇ 实例位置	实例文件 >CH04> 实战：为文字海报场景布光 .c4d
◇ 视频名称	实战：为文字海报场景布光 .mp4
◇ 学习目标	掌握区域光的用法
◇ 操作重点	文字场景的布光

本实例将使用目标区域光配合天空为文字海报场景布光，参考效果如图4-94所示。区域光配合区域投影能显示出较为真实的效果，通常用来作为主光源，而天空配合全局光照可以解决画面较黑的问题，达到给整体照明的效果。

图 4-94

01 打开本书资源文件“场景文件>CH04>02.c4d”，如图4-95所示。

图 4-95

02 使用“目标聚光灯”工具创建目标聚光灯，在“常规”选项卡中设置“类型”为“区域光”,“投影”为“区域”，然后执行“摄像机>透视视图”菜单命令，以便观察灯光与场景的关系，如图4-96所示。

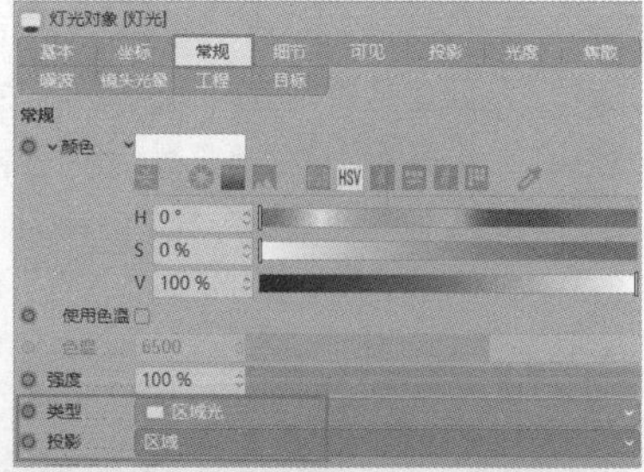

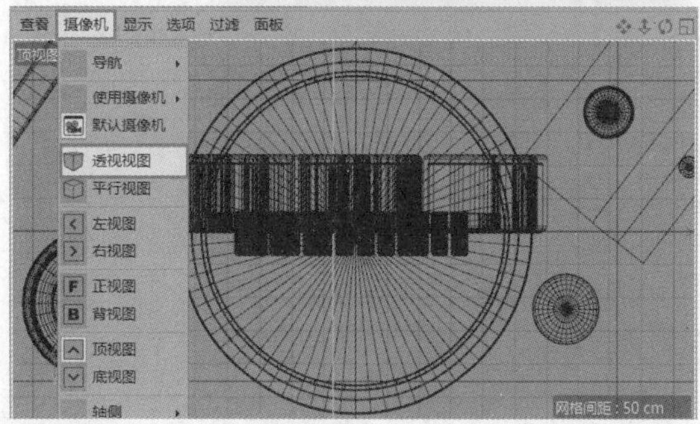

图 4-96

03 在视图窗口中选择区域光，然后沿着z轴的方向向远处拖曳，让灯光尽量离主体远一些，这样光才能照到整个场景，灯光在不同视图中的位置如图4-97所示。

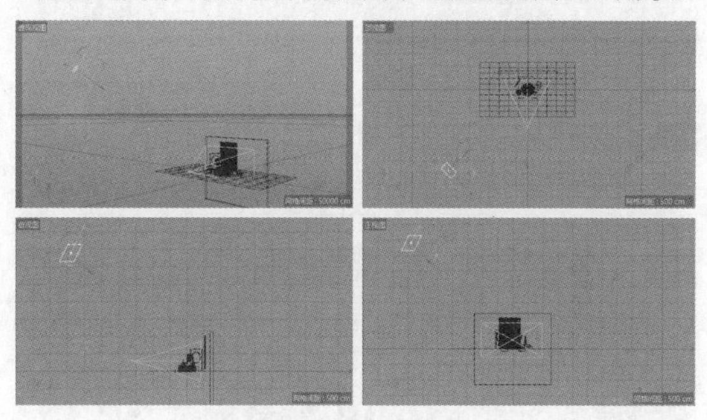

图 4-97

04 在“细节”选项卡中设置“水平尺寸”与“垂直尺寸”均为1200cm，此时，渲染后的画面就有了明显的明暗对比，如图4-98所示。

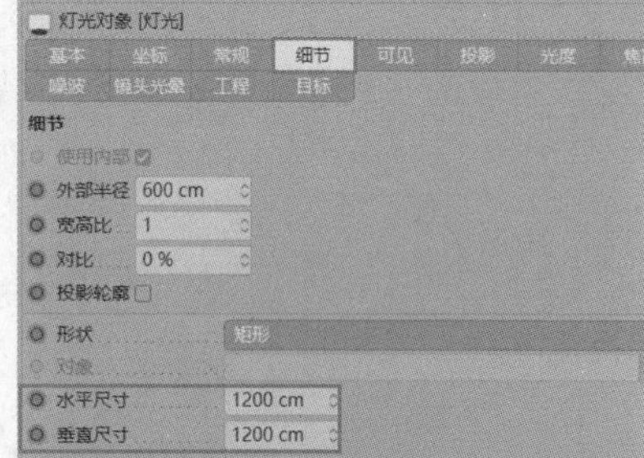

图 4-98

05 为场景加入天空，在“渲染设置”面板中选择“全局光照”，然后在“常规”选项卡中设置“主算法”为“辐照缓存”，“次级算法”为“辐照缓存”，“采样”为“自定义采样数”，接着在“辐照缓存”选项卡中设置“记录密度”为“低”，如图4-99所示。

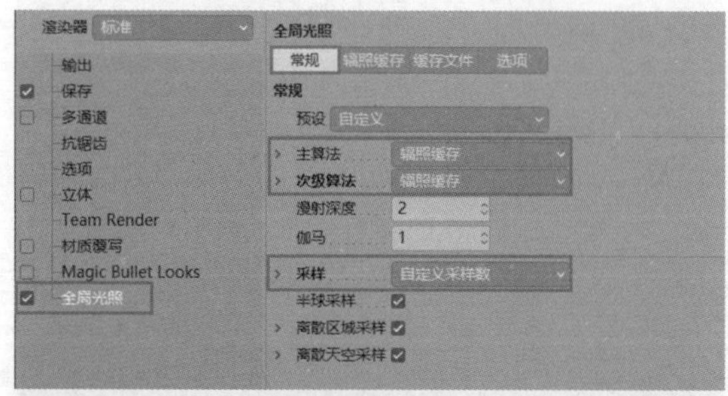

图 4-99

06 创建一个默认材质，将材质赋予天空与所有模型，接着渲染画面，最终效果如图4-100所示。

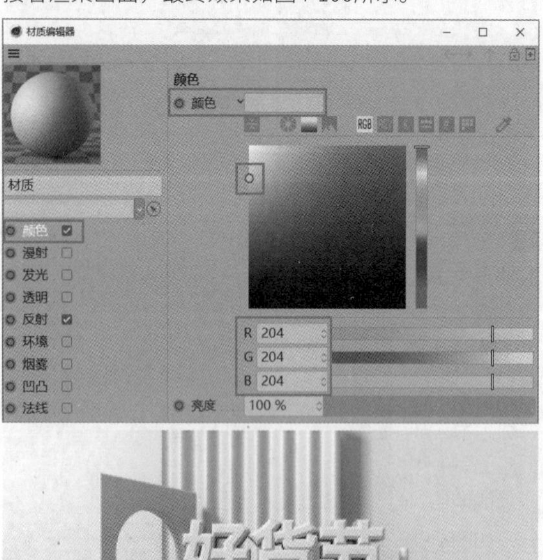

图 4-100

实战：为汽车场景布光

◇ 场景位置	场景文件 >CH04>03.c4d
◇ 实例位置	实例文件 >CH04> 实战：为汽车场景布光 .c4d
◇ 视频名称	实战：为汽车场景布光 .mp4
◇ 学习目标	掌握区域光的用法
◇ 操作重点	区域光的应用

本实例将使用目标区域光配合灯光为汽车场景布光，参考效果如图4-101所示。

图 4-101

01 打开本书资源文件“场景文件>CH04>03.c4d”，如图4-102所示。

图 4-102

02 使用“目标聚光灯”工具创建目标聚光灯，在“常规”选项卡中设置“类型”为“区域光”，“投影”为“区域”；在“细节”选项卡中设置“水平尺寸”和“垂直尺寸”，如图4-103所示。这里的数值仅作为参考，读者可自行调整，效果如图4-104所示。

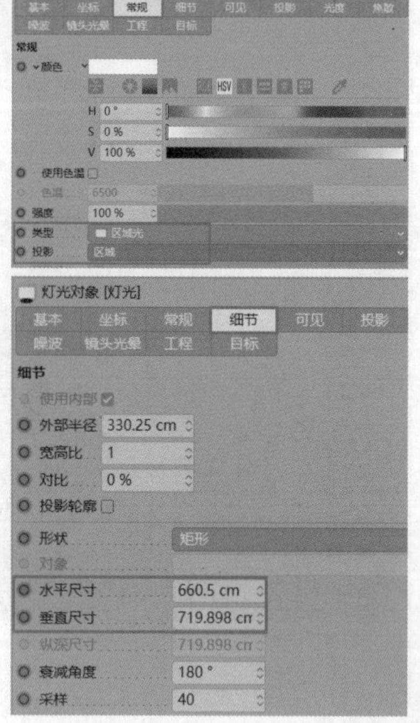

图 4-103

图 4-104

03 渲染后的画面有了明暗关系，但整体偏暗，如图4-105所示。

图 4-105

04 为场景加入“全局光照”效果，并设置相关的参数，如图4-106所示。渲染后的画面虽然提亮了暗部，但是整体画面还有一些暗，如图4-107所示。

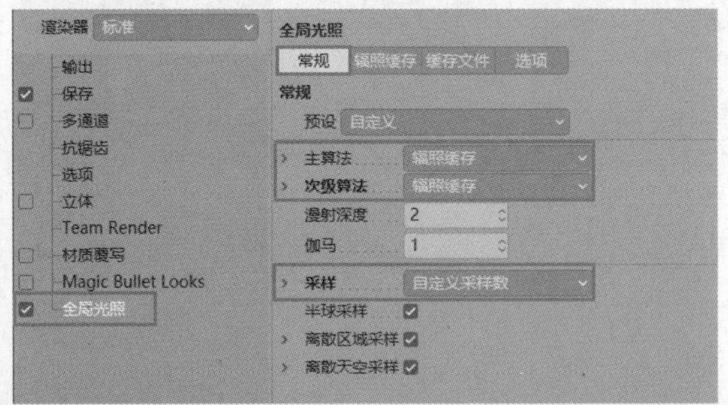

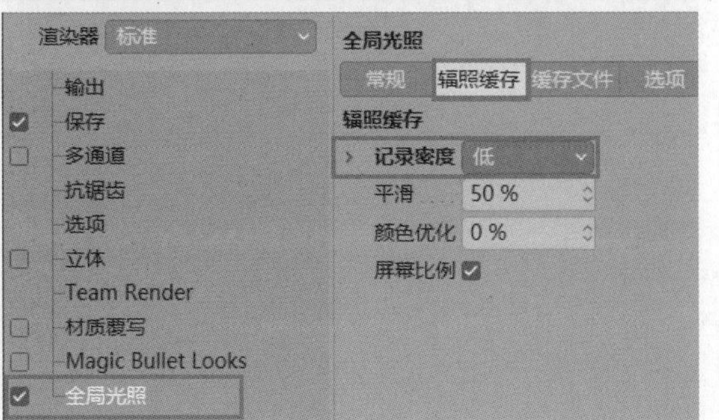

图 4-106

图 4-107

05 为场景添加天空环境，为天空赋予默认的材质，这样整体场景就亮了起来，如图4-108所示。

图 4-108

实战：为卡通角色布光

◇ 场景位置	场景文件 >CH04>04.c4d
◇ 实例位置	实例文件 >CH04> 实战：为卡通角色布光 .c4d
◇ 视频名称	实战：为卡通角色布光 .mp4
◇ 学习目标	掌握区域光的用法
◇ 操作重点	区域光的应用

本实例将使用对称区域光为卡通角色布光。对称指的是左右两侧都有灯光，不要求完全对称，可以根据实际需要进行微调，参考效果如图4-109所示。

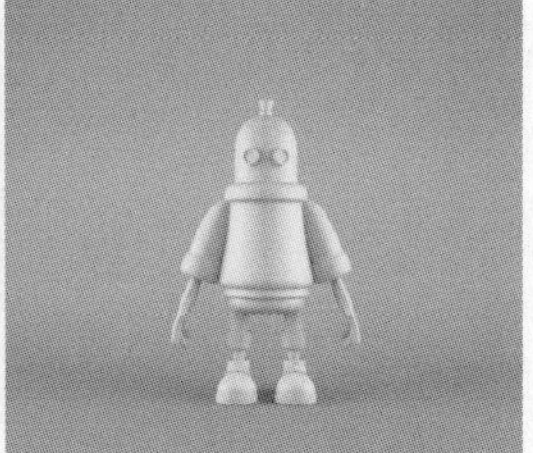

图 4-109

01 打开本书资源文件“场景文件>CH04>04.c4d”，使用“目标聚光灯”工具创建目标聚光灯，设置“类型”为“区域光”,“投影”为“区域”，如图4-110所示。

02 在“细节”选项卡中设置“水平尺寸”和“垂直尺寸”均为750cm，拖曳灯光至角色的左侧，如图4-111所示。

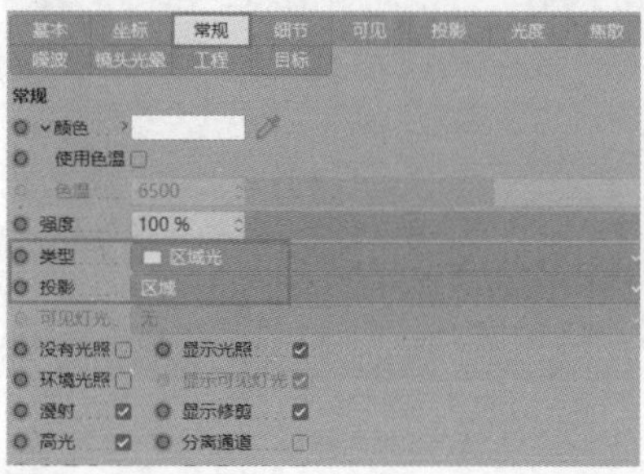

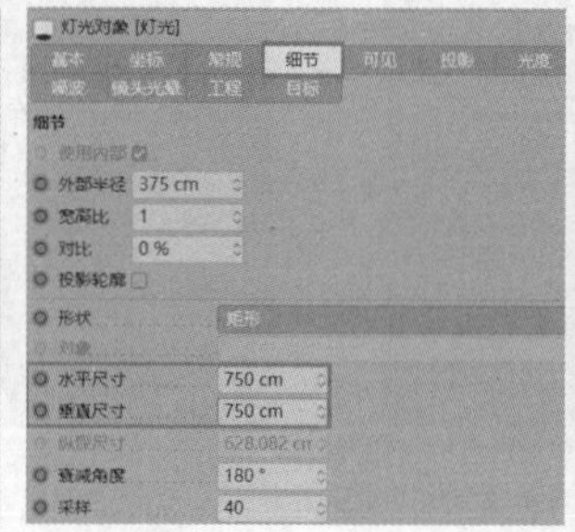

图 4-110

图 4-111

03 有了左侧区域光后，渲染后可以看到角色的左侧被照亮了，如图4-112所示。

04 用同样的方法创建右侧的区域光，并调整到左侧灯光的对称位置。有了两侧区域光后，渲染后画面比较灰暗，如图4-113所示。

图 4-112

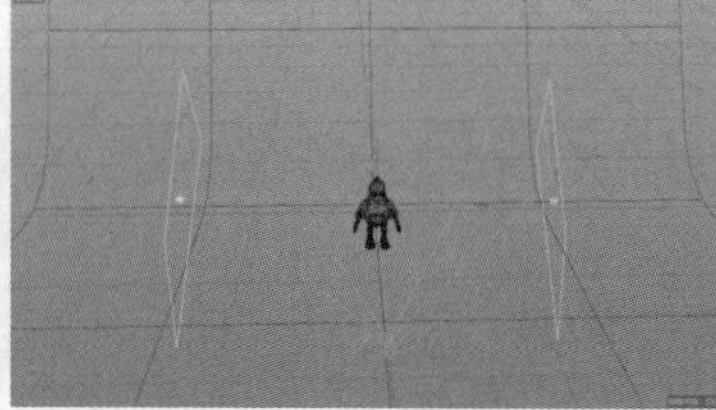

图 4-113

05 为场景加入“全局光照”效果，并设置相关的参数，如图4-114所示。为场景添加天空环境，最终效果如图4-115所示。

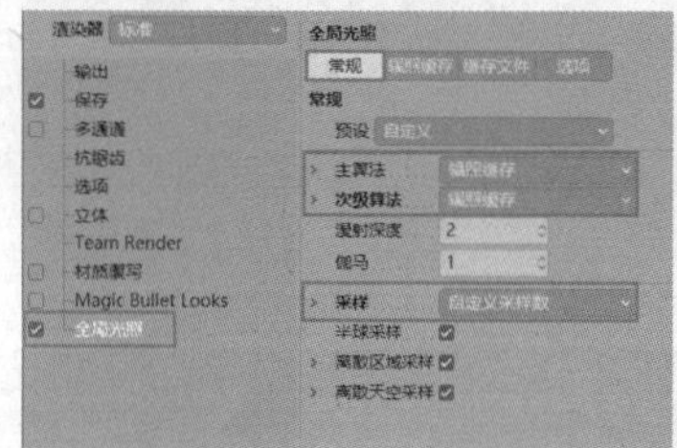

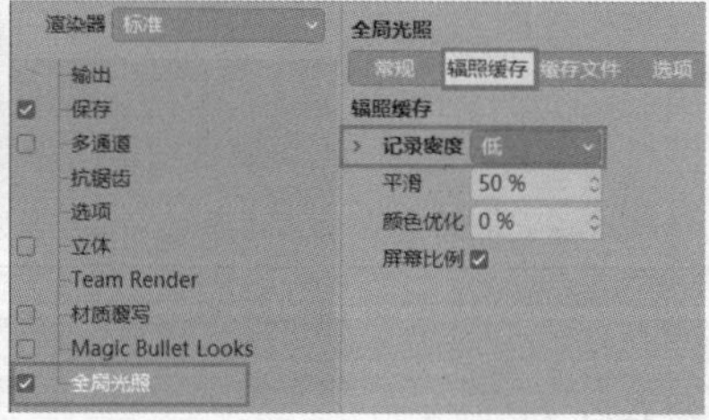

图 4-114

图 4-115

第5章 材质与纹理

■ 学习目的

在现实生活中，不同的物体是有不同材质的。通过对本章的学习，读者可以使用多个通道模拟现实中物品的材质，使渲染出的效果更为真实。

■ 主要内容

- 材质编辑器
- 纹理贴图

5.1 材质编辑器

材质就是物体的质地，例如木头、金属和玻璃等。在“材质编辑器”面板中可以调整材质的多种属性，例如颜色和纹理等。

5.1.1 颜色

在“颜色”通道中，不仅可以调整材质的固有色，还可以为材质添加贴图纹理，如图5-1所示。将材质赋予模型，如图5-2所示。

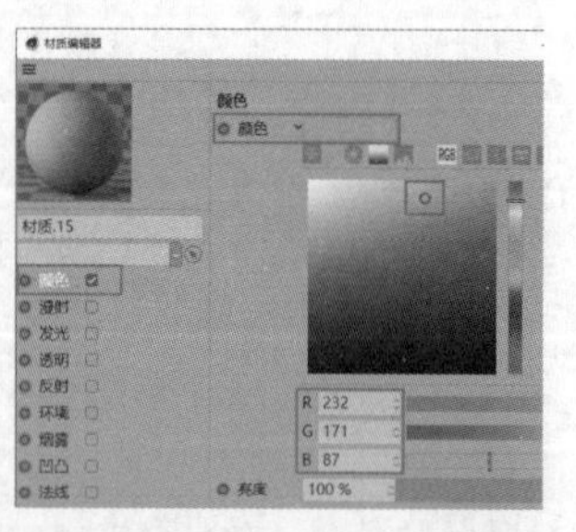

图 5-1

图 5-2

疑难解答 **如何修改取色方法?**

“颜色”通道中有一排图标，单击对应图标可以选择不同的取色方法，如图5-3所示。单击图标可以打开色轮，单击图标可以打开光谱，如图5-4所示。

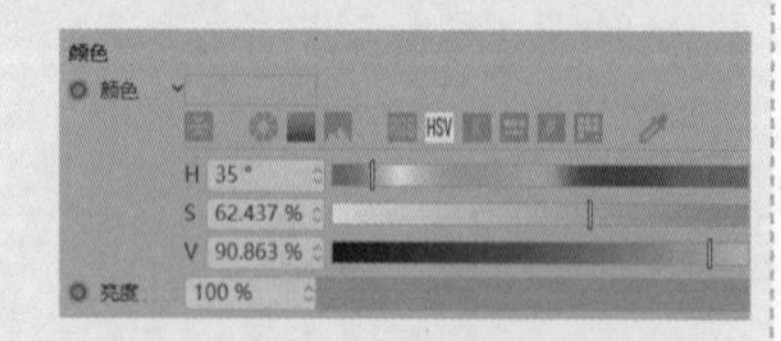

图 5-3

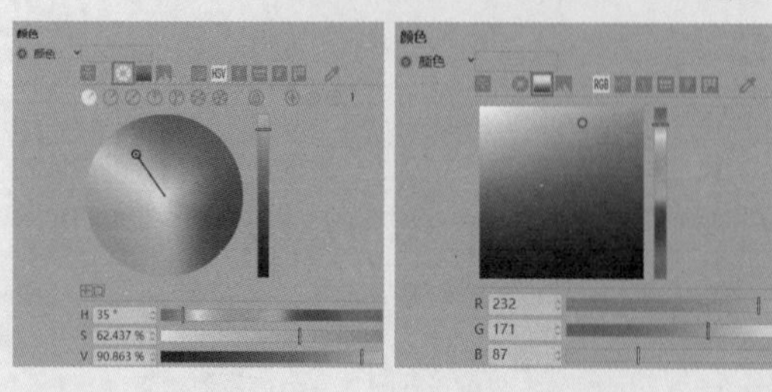

图 5-4

单击图标可以载入一张图片，然后从中选取颜色。单击图标可以将图片变为马赛克模式，便于拾取颜色，如图5-5所示。

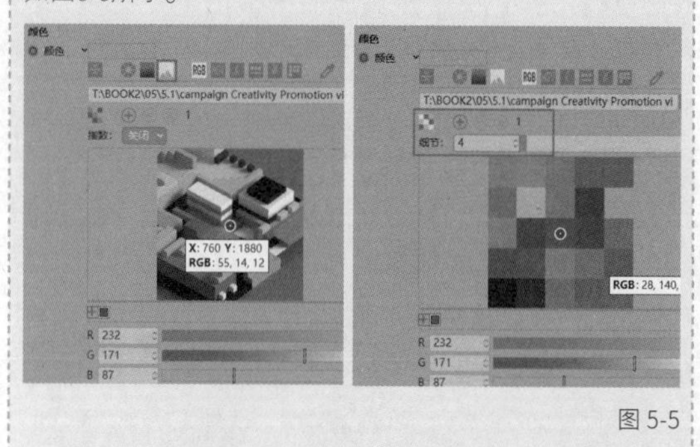

图 5-5

将图片拖曳至“纹理”选项中可以为材质贴图。例如，选取一张磨损墙面的图片，然后将其加载到“纹理”选项中，如图5-6所示。渲染后可以得到磨损墙面的效果，如图5-7所示。需要注意的是，贴图后会覆盖材质的原有颜色。

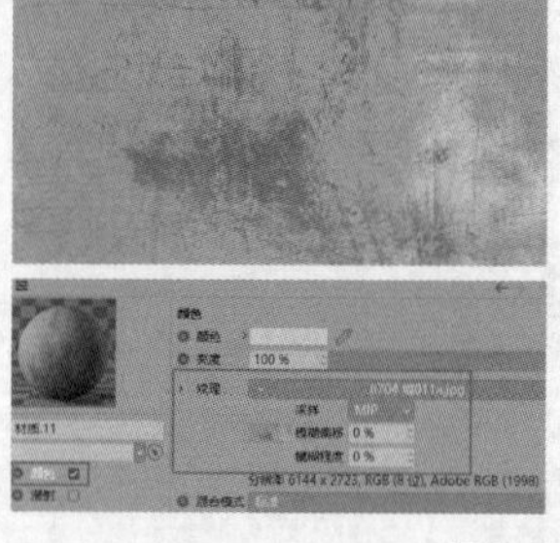

图 5-6

图 5-7

技巧提示 将材质赋予模型后会显示添加的材质的效果，视图效果仅作为参考，最终以渲染效果为准，如图5-8所示。

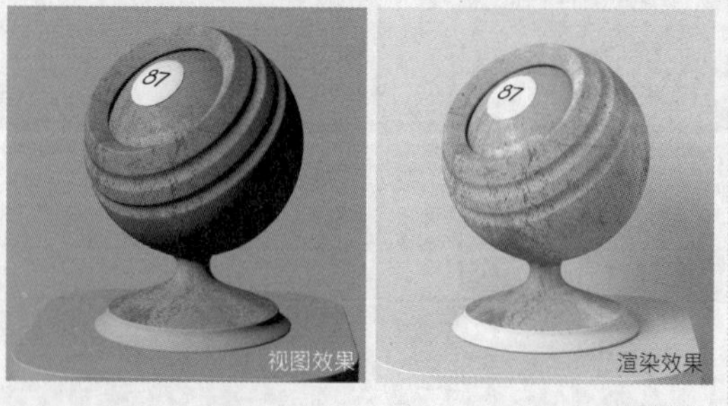

图 5-8

5.1.2 漫射

“漫射”通道的作用类似于Photoshop中的“正片叠底”混合模式，可以在材质原有颜色的基础上添加纹理。例如，在“漫射”通道中加载一张纸张贴图，如图5-9所示。纸张的暗色信息就叠加到了材质的原有颜色上，如图5-10所示。

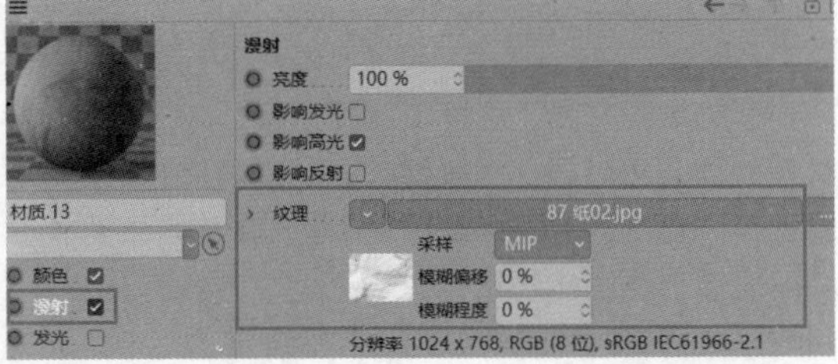

图 5-9

图 5-10

5.1.3 发光

在“发光”通道中可以设置材质的自发光效果，如图5-11所示。分别赋予模型发光材质和颜色材质，如图5-12所示。

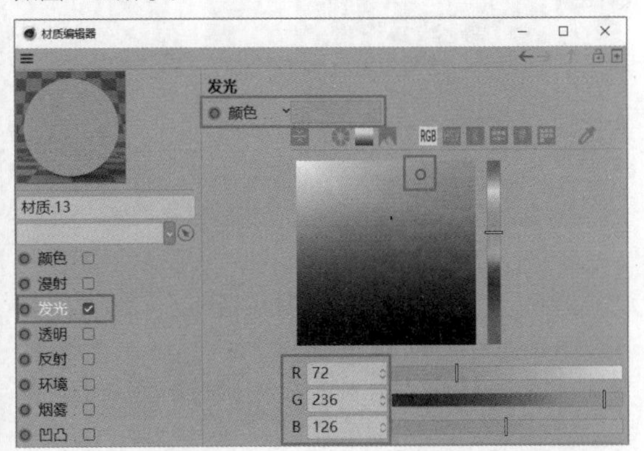

图 5-11

图 5-12

5.1.4 透明

在“透明”通道中可以设置材质的透明和半透明效果，如图5-13所示。

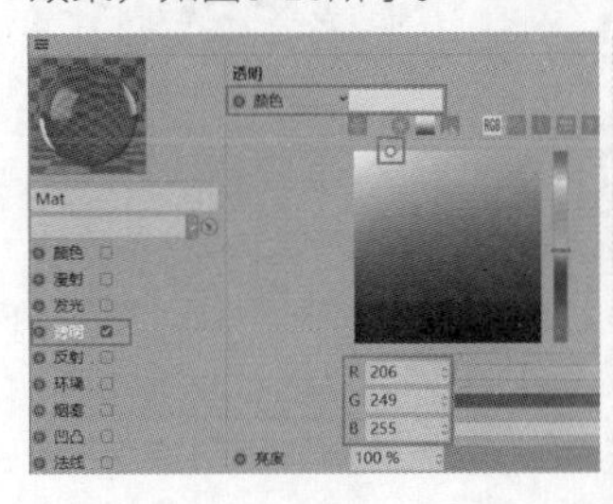

图 5-13

“吸收颜色”用于根据玻璃模型的厚度来调节材质颜色的深浅。因为玻璃模型是有厚有薄的，所以玻璃的颜色就有深有浅，这样可以使玻璃质感更通透。玻璃较薄的地方颜色浅，玻璃较厚的地方颜色深。“吸收距离”是玻璃模型厚度的临界值，如果模型的厚度大于这个数值，呈现出的颜色就比“吸收颜色”深；如果模型的厚度小于这个数值，呈现出的颜色就比“吸收颜色”浅。例如，设置“吸收距离”为6cm，模型厚度大于6cm部位的颜色比“吸收颜色”深，厚度小于6cm部位的颜色比“吸收颜色”浅，如图5-14所示。

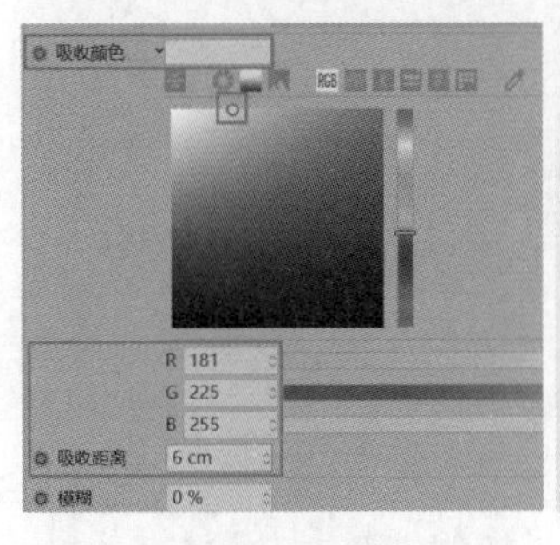

图 5-14

设置“吸收距离”为1cm，整个模型的厚度大多比这个临界值大，因此整个玻璃的颜色就比“吸收颜色”深，如图5-15所示。设置“吸收距离”为25cm，模型的大部分厚度要小于这个临界值，因此玻璃部分的颜色就比“吸收颜色”浅，如图5-16所示。

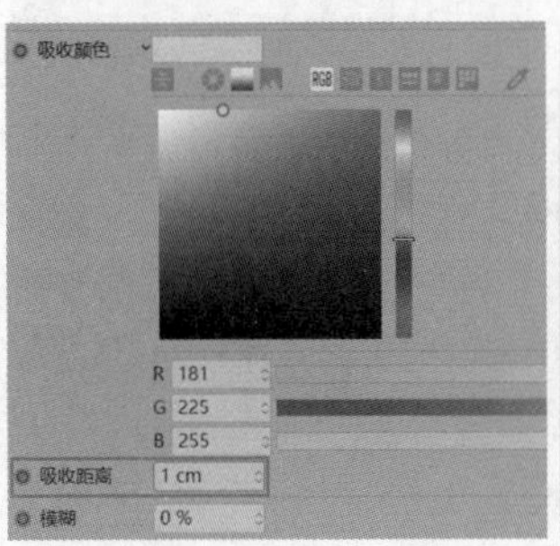

图 5-15

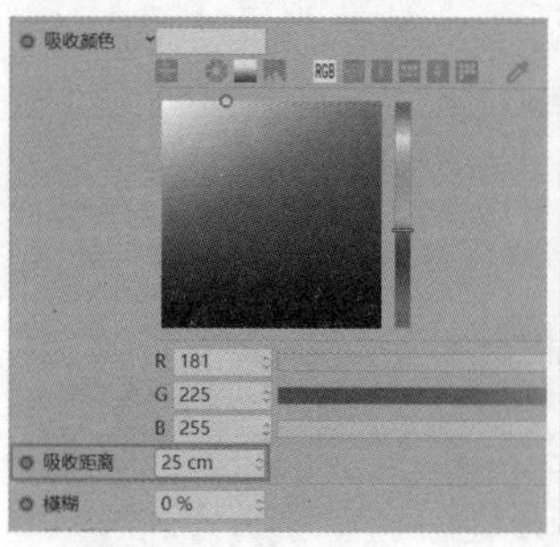

图5-16

5.1.5 反射

反射指的是光的反射现象，即物体可以反射出周围的环境。先赋予材质一种颜色，然后在“反射”通道中单击“层”选项卡，设置“添加”为GGX，然后设置“层”强度为10%、“粗糙度”为0%，如图5-17所示。此时，材质即可反射周围的环境，变得更有质感，呈现出的效果类似于塑料表面，如图5-18所示。

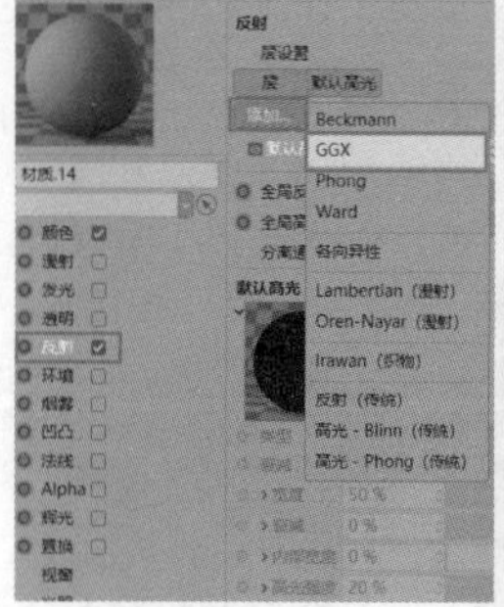
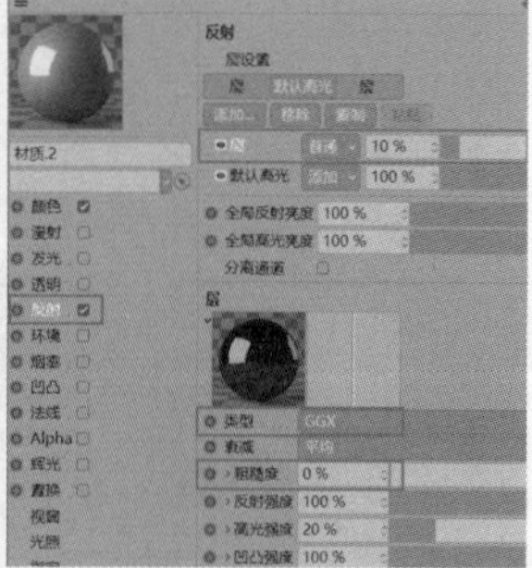

图5-17

图5-18

疑难解答 为什么使用GGX?

Beckmann、GGX、Phong和Ward均为反射类型，这几种反射类型渲染后效果的差别是比较小的，如图5-19所示。通常使用任意一种类型都是可以的，但是相对来说使用GGX渲染出的效果比较灰，灰色层次多且丰富，可以为后期调整提供更多的空间。

图5-19

反射层的“层”强度值越大，反射的强度越大，材质的固有色越弱，金属感越强。当“层1”强度为30%时，材质反射的强度变大，呈现出的效果类似于瓷器表面，如图5-20所示。当“层”强度为90%时，材质原来的颜色几乎看不到了，呈现出的效果类似于金属表面，如图5-21所示。

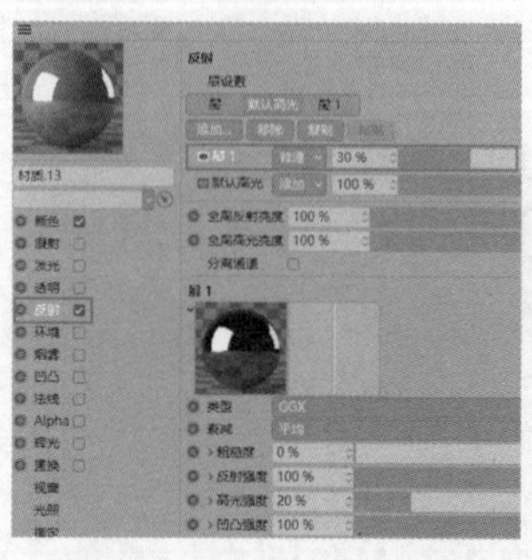

图5-20

图5-21

“粗糙度”指的是反射的模糊程度。“粗糙度”值越小，反射越清晰；“粗糙度”值越大，反射越模糊。通常会将数值设置在45%以内。当设置“粗糙度”为18%时，效果如图5-22所示。

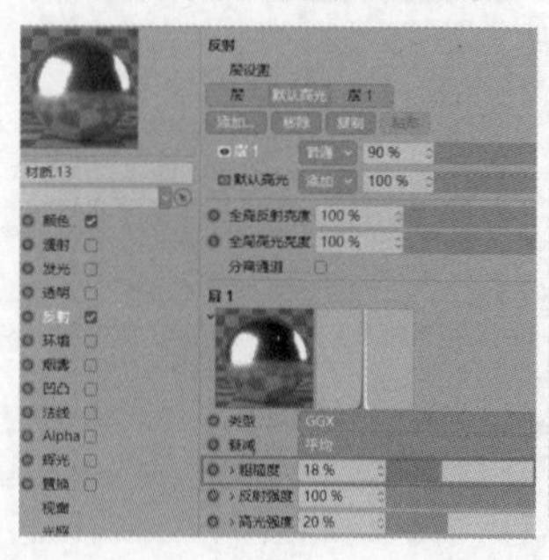

图5-22

“层颜色”中的“颜色”可以控制反射层的颜色。设置“颜色”为亮黄色，如图5-23所示。渲染后的效果类似于黄金表面，如图5-24所示。

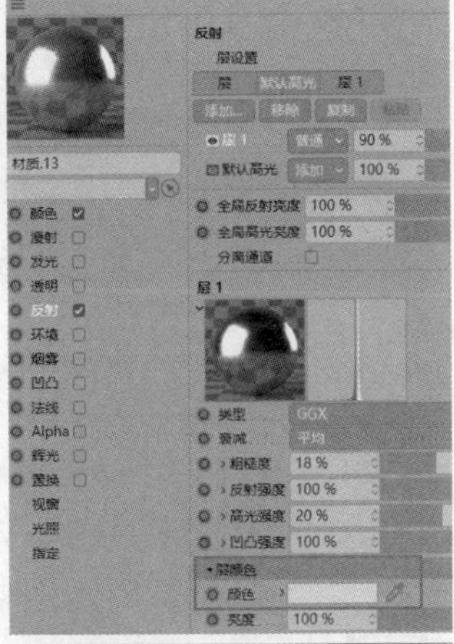

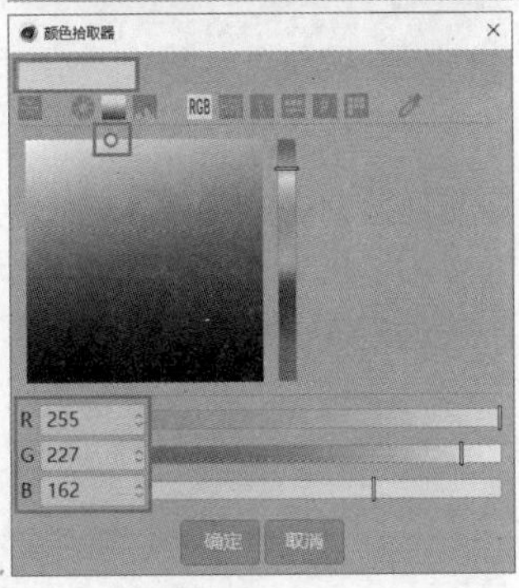

图5-23

图5-24

技巧提示 调节金属材质时会使用较强的反射效果，反射强度越大，材质的固有色就越不明显。为了便于调节，可以取消勾选“颜色”通道，金属质感会变得更强，如图5-25所示。

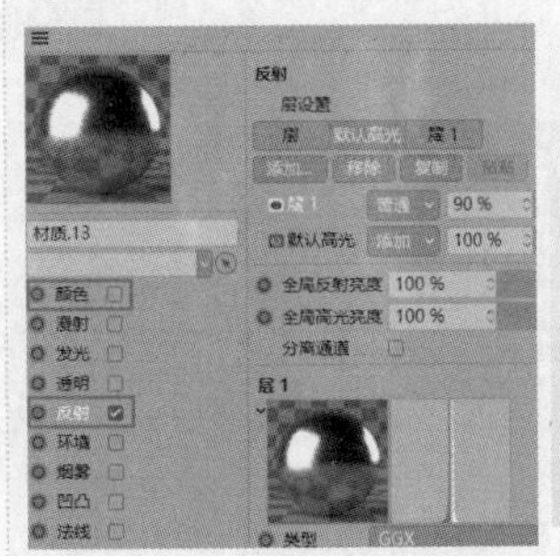

图5-25

5.1.6 凹凸

在“凹凸”通道中，可以通过纹理的明度信息模拟物体表面凹凸起伏的光影变化。例如，将墙面贴图加载到“纹理”选项中，如图5-26所示。渲染后模型的表面有了凹凸起伏的质感，如图5-27所示。

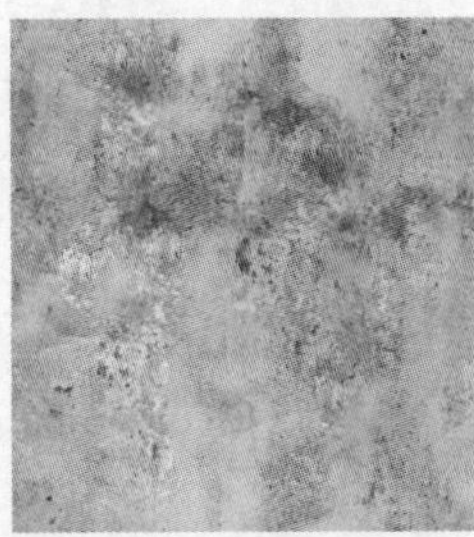

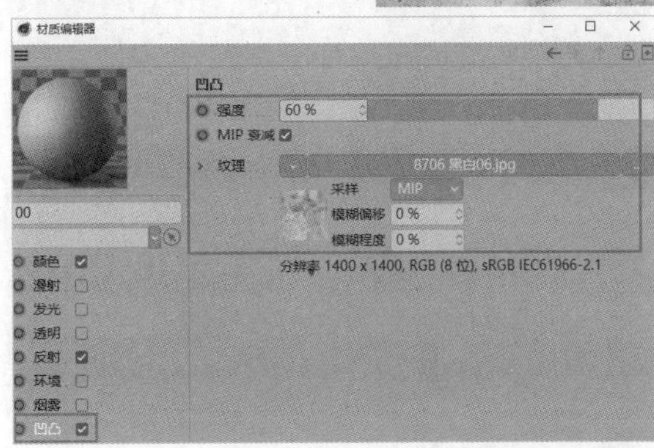

图5-26

图5-27

5.1.7 法线

法线贴图的视觉效果与凹凸贴图类似，都是在物体表面制作出凹凸起伏的质感，但是在“法线”通道中需要使用专业的图片，一般呈现红蓝色，如图5-28所示。法线贴图后，会产生丰富的纹理效果，如图5-29所示。

图5-28

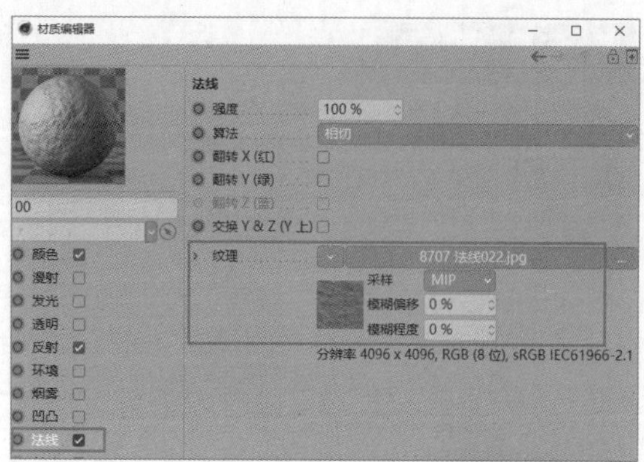

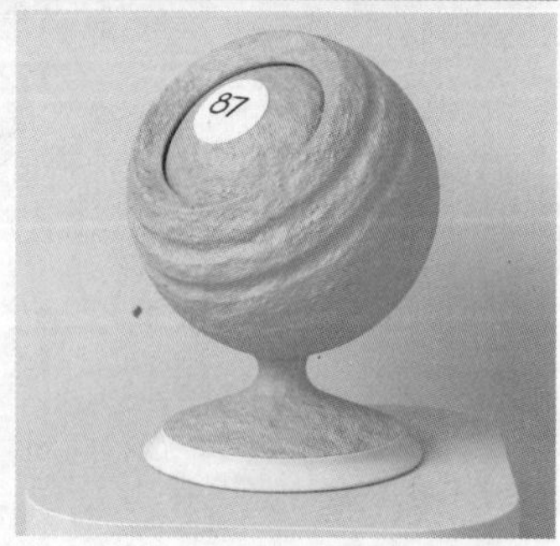

图 5-29

技巧提示 本书中的实例使用法线贴图更多是为了给模型增加凹凸起伏的变化，而在游戏行业中，法线贴图可以使得低模具有与高模接近的光影表现。将高模的光影信息制作成一张法线贴图，这样低模加入法线贴图后就有了高模的信息，可极大地提高实时渲染的效率。

5.1.8 Alpha

Alpha通道用于制作材质的镂空效果。先在“颜色”通道的“纹理”选项中加载一张树叶图片，如图5-30所示。

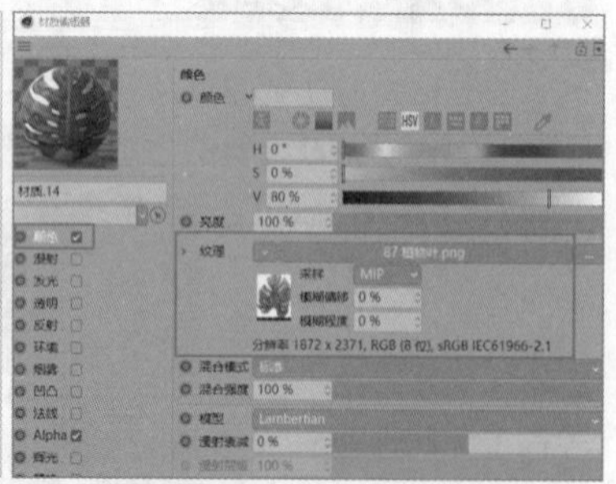

图 5-30

为模型添加材质，渲染后的模型表面就有了树叶贴图，如图5-31所示。如果想要去除白色背景，可以在Alpha通道中再次将树叶图片加载到“纹理”选项中，如图5-32所示。

图 5-31

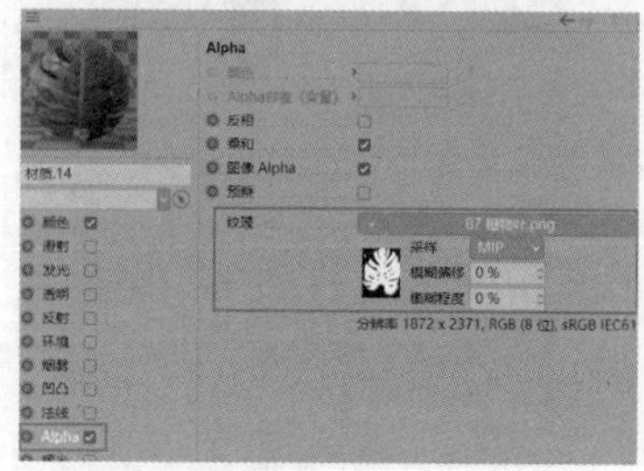

图 5-32

此外，Alpha通道也可以将图片的明度信息（黑白信息）应用到材质中。例如，选择一张黑白图片，加载到Alpha通道中，如图5-33所示。材质会变为镂空效果，黑色部分变得透明，白色部分不透明，类似于Photoshop的蒙版效果，如图5-34所示。

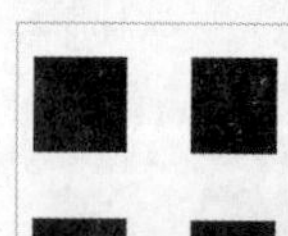

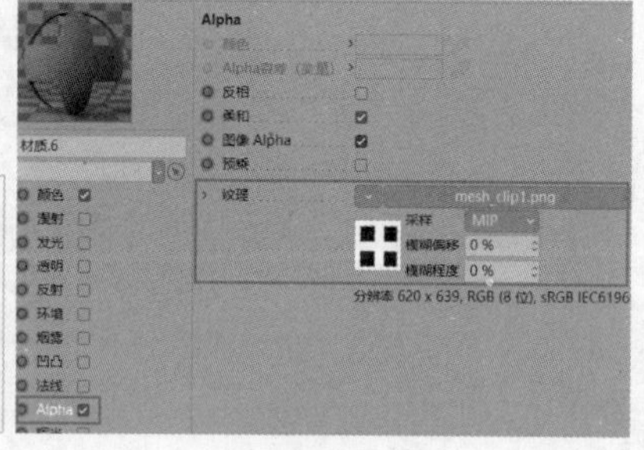

图 5-33

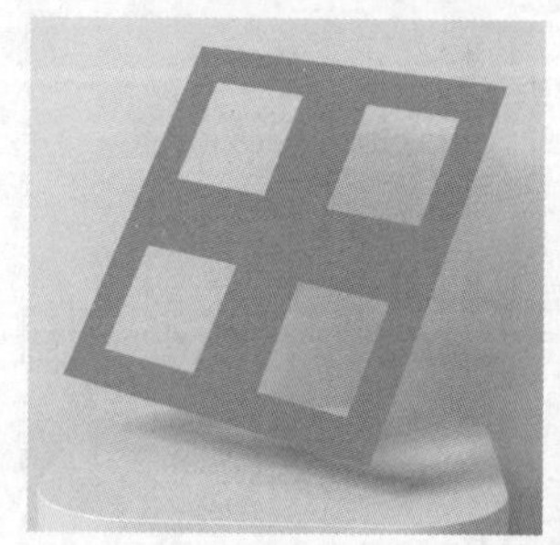

图 5-34

实战：制作纯色背景材质

◇ 场景位置	场景文件 >CH05>01.c4d
◇ 实例位置	实例文件 >CH05> 实战：制作纯色背景材质 .c4d
◇ 视频名称	实战：制作纯色背景材质 .mp4
◇ 学习目标	学会耳机场景材质的制作
◇ 操作重点	颜色材质的制作

本实例主要使用的是颜色材质，颜色材质的制作方法是比较简单的，图片与颜色为常见的材质纹理。

此案例中，耳机使用的是图片贴图，其他物体使用的是颜色贴图。贴图要确保是清晰、干净和高质量的。同时要注意颜色搭配，同一个画面的颜色应该是整体和谐的，不能太杂乱，如图5-35所示。

图 5-35

01 打开本书资源文件“场景文件>CH05>01.c4d”，如图5-36所示。创建一个默认材质，在“颜色”通道中加载一张耳机图片，如图5-37所示。

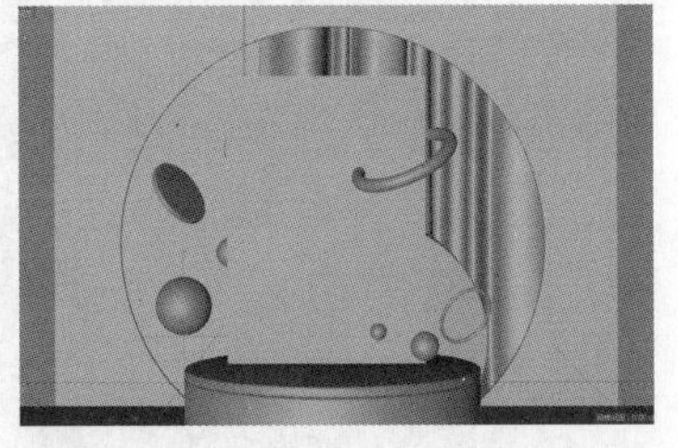

图 5-36

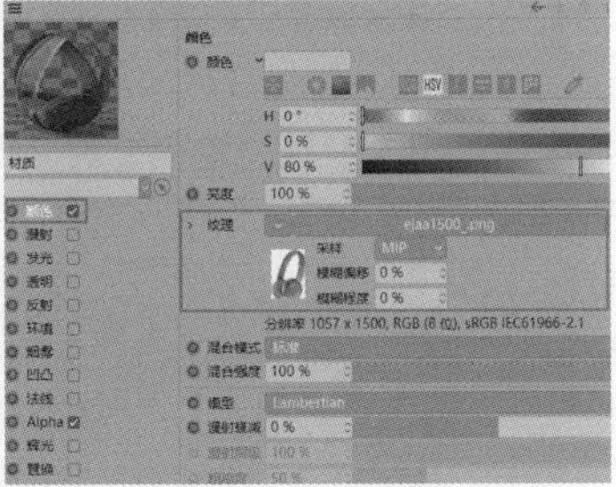

图 5-37

02 在Alpha通道中加载一张耳机图片，如图5-38所示。

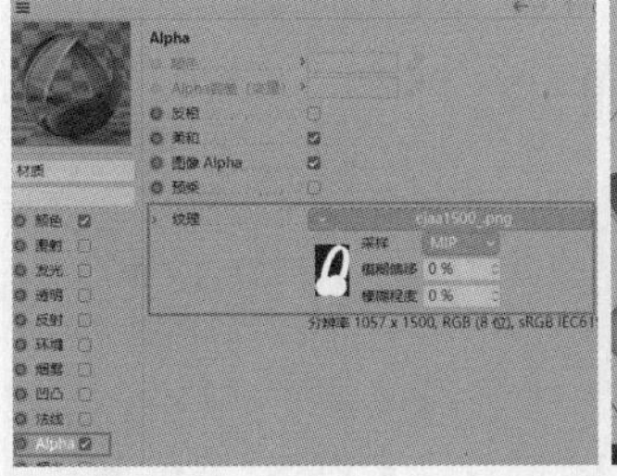

图 5-38

技巧提示 在“视窗”通道中设置“纹理预览尺寸”为“无缩放”，这样视图窗口中显示的图片就是清晰的，如图5-39所示。

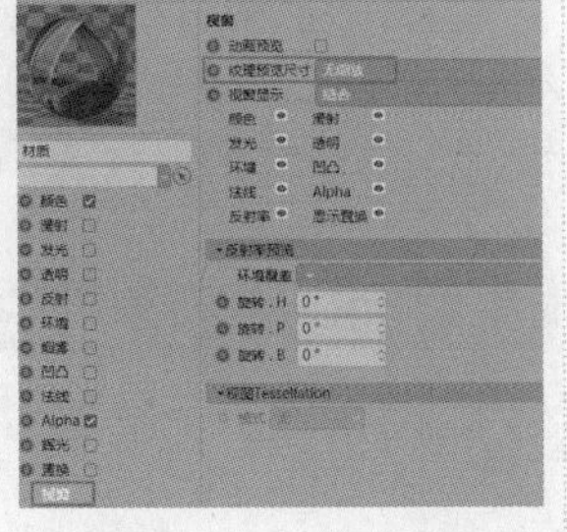

图 5-39

03 使用“目标聚光灯”工具创建目标聚光灯，然后设置“类型”为“区域光”，“投影”为“区域”，如图5-40所示。这样即可创建目标区域光。灯光大小与位置如图5-41所示。此时，渲染后的画面比较暗，如图5-42所示。

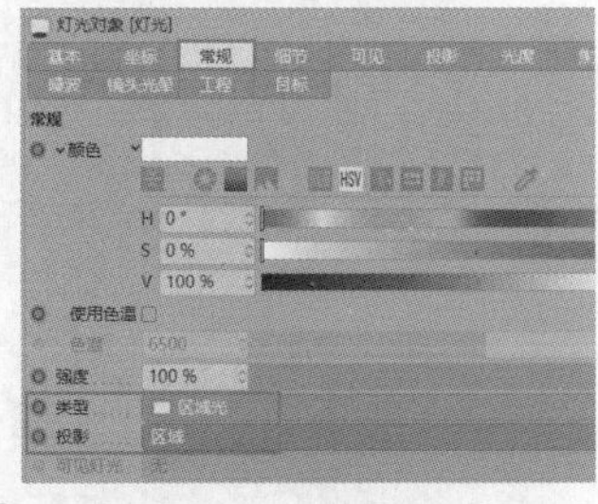

图 5-40

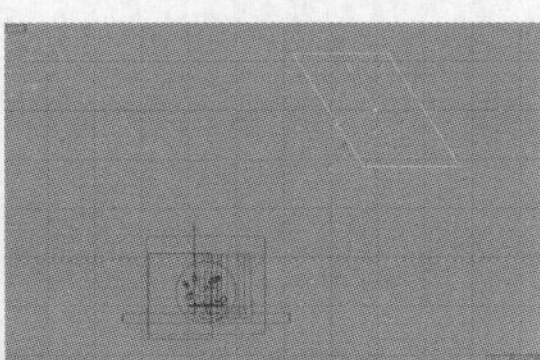
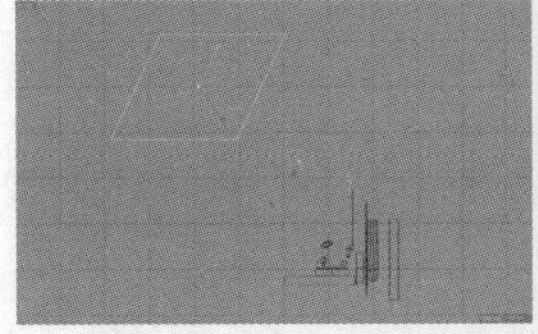
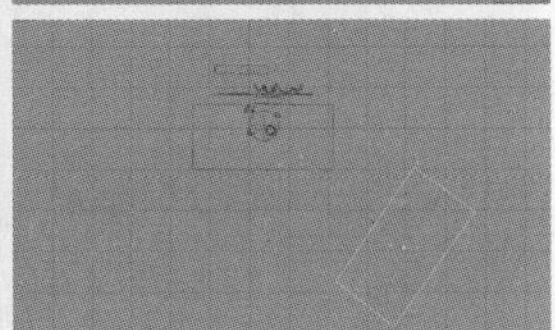

图 5-41

图 5-42

04 为场景添加“全局光照”效果，参数如图5-43所示。使用“天空”工具创建一个天空环境，渲染后的画面已经好了很多，但是不够透亮，如图5-44所示。

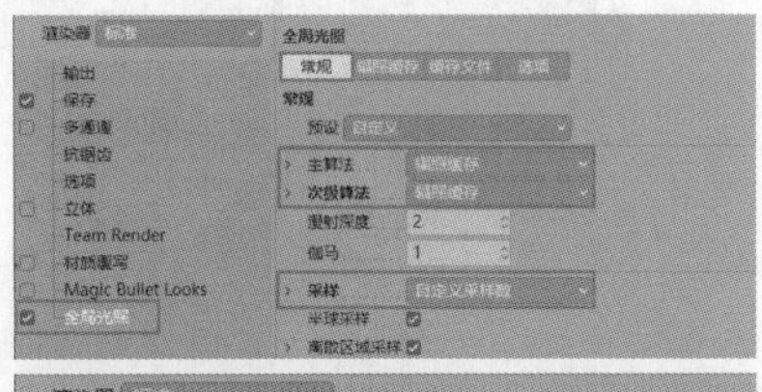

图 5-43

图 5-44

05 在“材质”面板的空白区域双击，创建一个默认材质，然后将其赋予天空及所有模型，这时的画面就变得明亮了，如图5-45所示。

图 5-45

06 创建一个默认材质，设置“颜色”为橙色，然后将其赋予窗帘模型和耳机下方的圆盘模型，如图5-46所示。

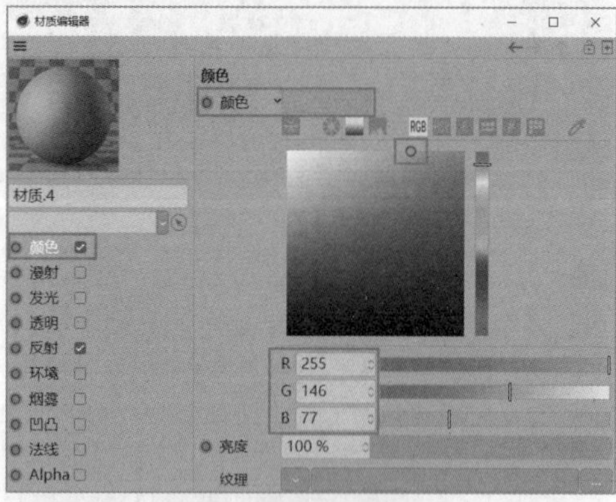

图 5-46

07 创建一个默认材质，设置“颜色”为蓝色，然后将其赋予背景模型、地面模型和一个小球体模型，如图5-47所示。

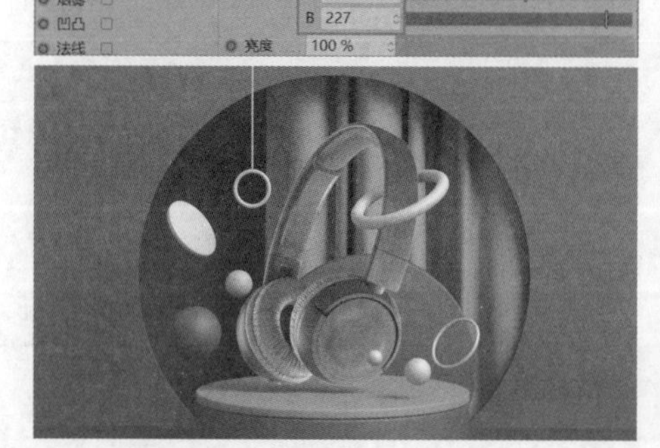

图 5-47

08 创建一个默认材质，设置“颜色”为黄色，然后将其赋予其他模型，如图5-48所示。

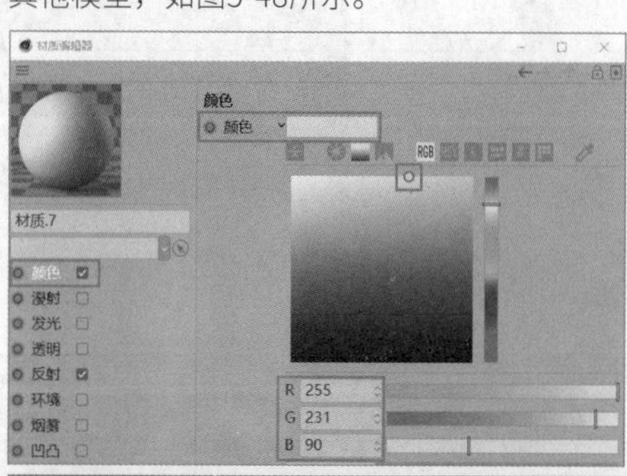

图 5-48

技术专题：复制材质与替换材质

在“材质”面板中选择一个材质，按快捷键Ctrl+C可以复制材质，然后按快捷键Ctrl+V可以粘贴材质。此外，按住Ctrl键并拖曳材质也可以复制出材质。如果需要替换材质，可以按住Alt键并将一个材质拖曳至另一个材质上。例如，选择“红色”材质，然后按住Alt键并将其拖曳至“白色”材质上，“红色”材质即可替换“白色”材质，如图5-49所示。

图5-49

5.1.9 置换

通过“凹凸”通道与“法线”通道可以制作出凹凸起伏的光影变化，但是模型本身没有变，只是光影上的变化。而在“置换”通道中可以通过图片的黑白信息为模型创建起伏变化。将图片加载到“置换”通道的“纹理”选项中，如图5-50所示。视图窗口中没有变化，渲染后模型出现了起伏变化，如图5-51所示。

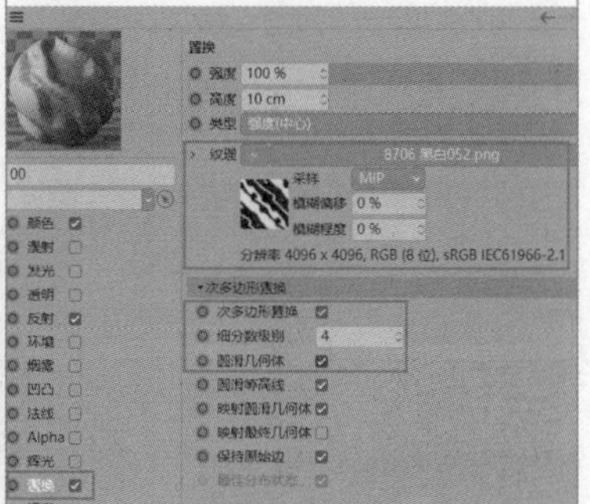

图5-50

图5-51

仔细观察，模型的边缘有较为明显的锯齿，增大“细分数级别”值可以使模型的边缘变得平滑，如图5-52所示。

图5-52

5.2 纹理贴图

单击“纹理”右侧的按钮，弹出的下拉菜单中预置了很多纹理贴图，制作时可以直接调取使用，如图5-53所示。

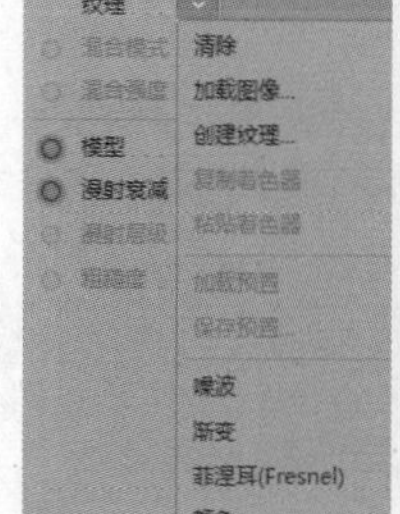

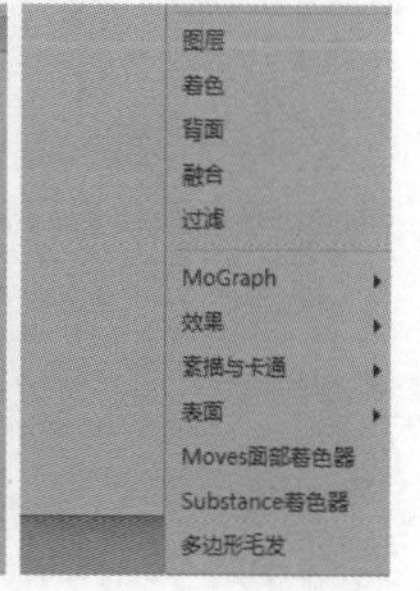

图5-53

5.2.1 噪波

“噪波”常用于制作杂色和斑点等效果。设置“纹理”为“噪波”，渲染后的效果如图5-54所示。设置“全局缩放”为10%，噪波的颗粒就变小了，如图5-55所示。

图5-54

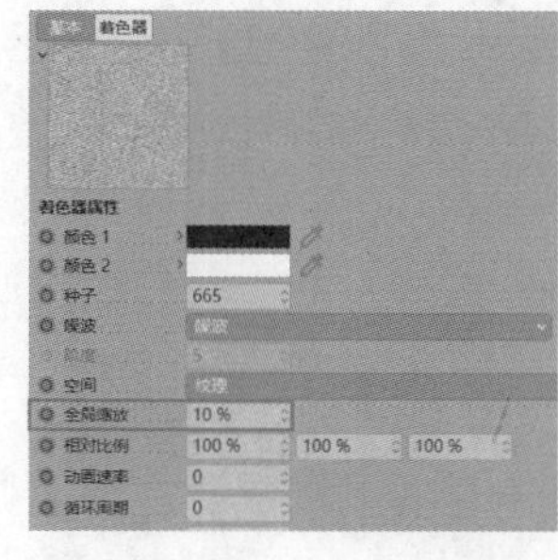

图5-55

5.2.2 渐变

“渐变”常用于模拟颜色渐变的效果。设置“纹理”为“渐变”，默认为黑色到白色渐变，如图5-56所示。

图5-56

单击渐变颜色色块，可以对其进行设置，如图5-57所示。渲染后的效果如图5-58所示。在“类型”选项中可以改变渐变的方向，如图5-59所示。

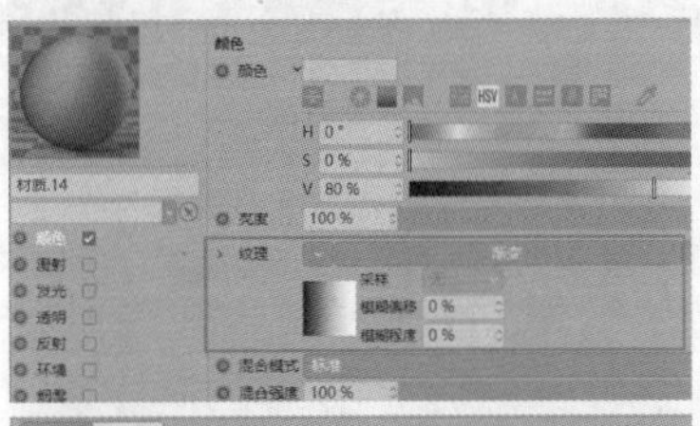

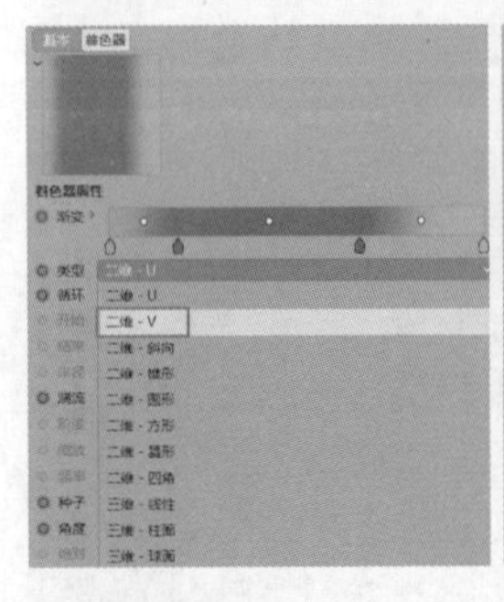

图 5-57

图 5-58

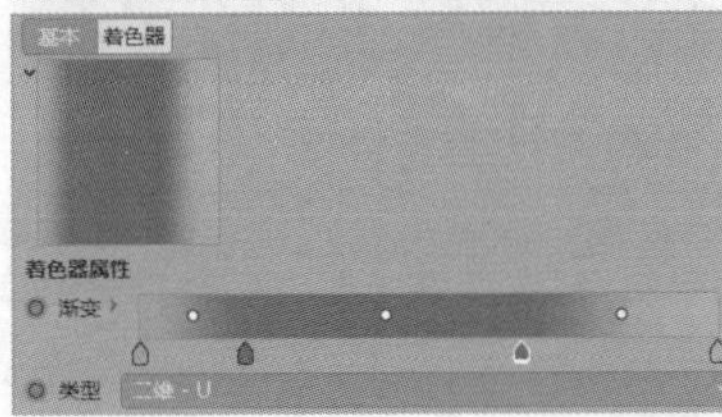

图 5-59

技巧提示 单击“渐变”右侧的图标展开选项组，然后单击“载入预置”按钮，即可打开软件自带的渐变预设，如图5-60所示。

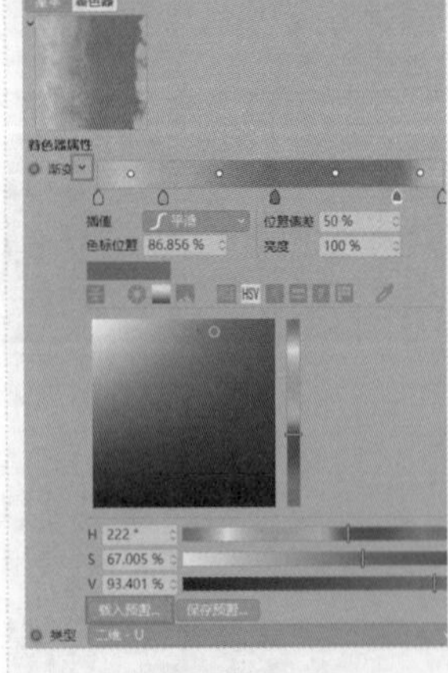

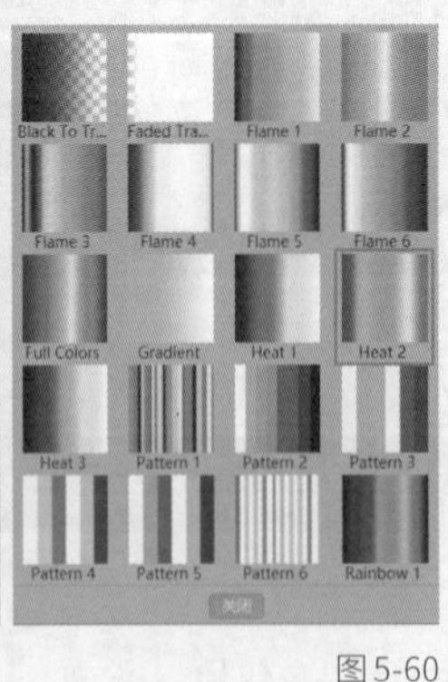

图 5-60

5.2.3 菲涅耳（Fresnel）

菲涅耳（Fresnel）是一种物体反射强度随视线角度改变的现象，可以将其理解为一种随视线角度改变的渐变效果。设置“纹理”为“菲涅耳（Fresnel）”，默认呈现的是黑白效果，如图5-61所示。

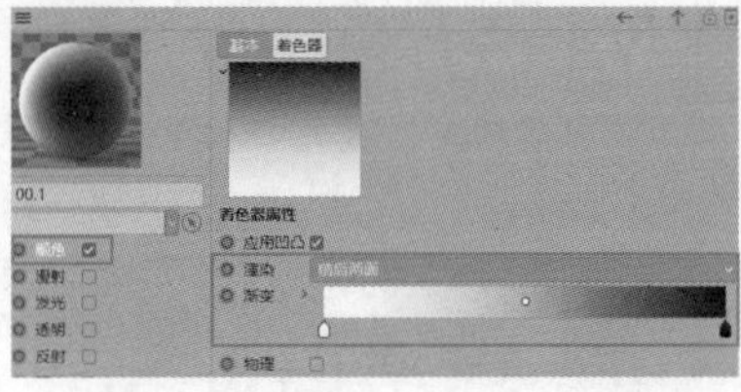

图 5-61

设置“渐变”为黄色到橙色的渐变，那么模型的正面偏橙色，侧面偏黄色，如图5-62所示。设置“渐变”为多种颜色的渐变，那么模型就呈现出了多色的菲涅耳效果，如图5-63所示。

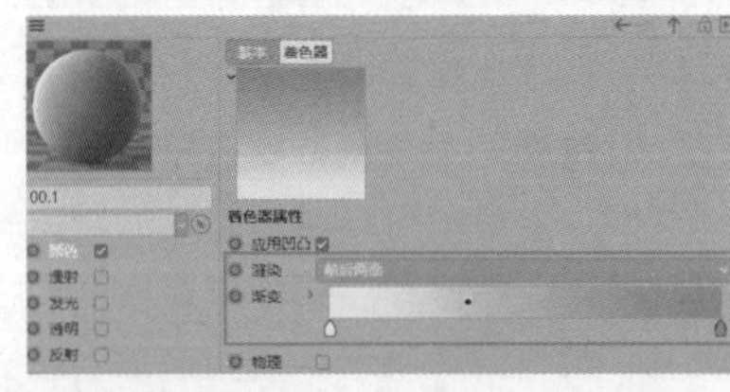

图 5-62

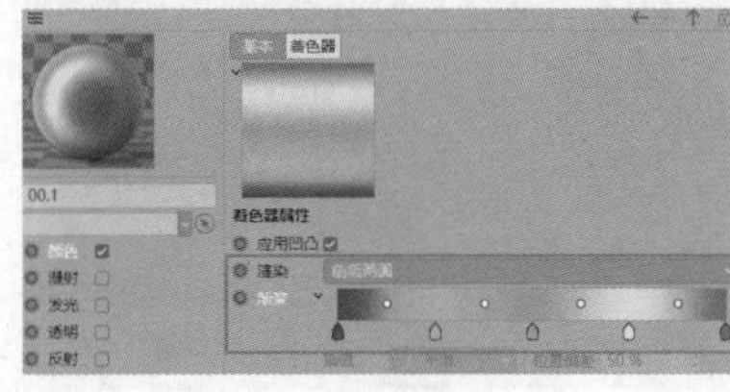

图 5-63

5.2.4 图层

设置“纹理”为“图层”可以混合多个纹理。单击“图像”按钮，依次添加两幅图像，如图5-64所示。默认上方的贴图会覆盖下方的贴图，如图5-65所示。

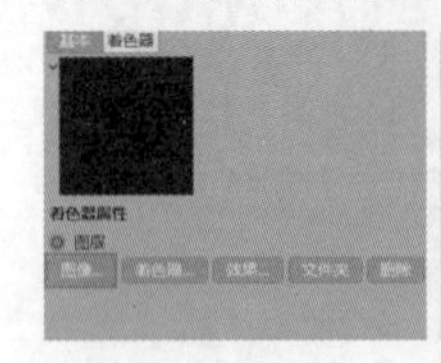

图 5-64

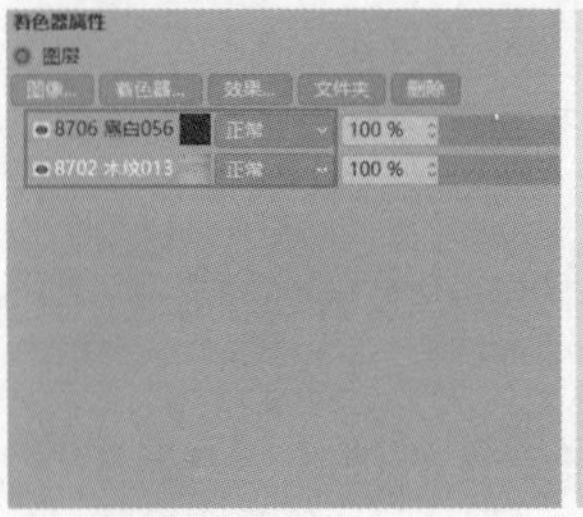

图 5-65

设置上方图像的混合模式为“正片叠底”，原来白色的地方就变成了下方图像的纹理，如图5-66所示。

设置上方图像的混合模式为“屏幕”，原来黑色的地方就变成了下方图像的纹理，如图5-67所示。

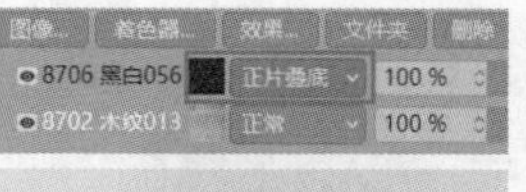

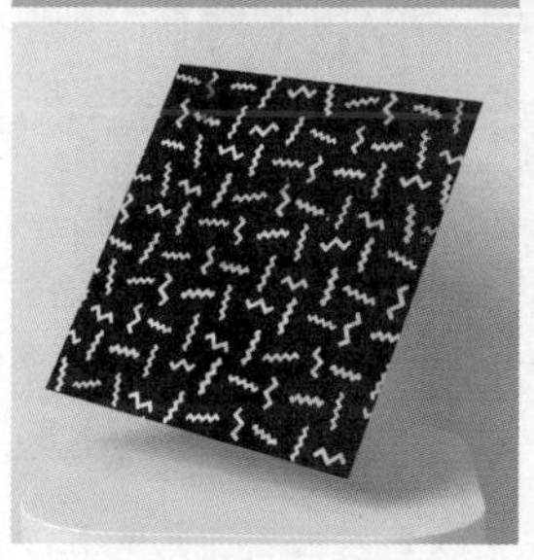

图 5-66

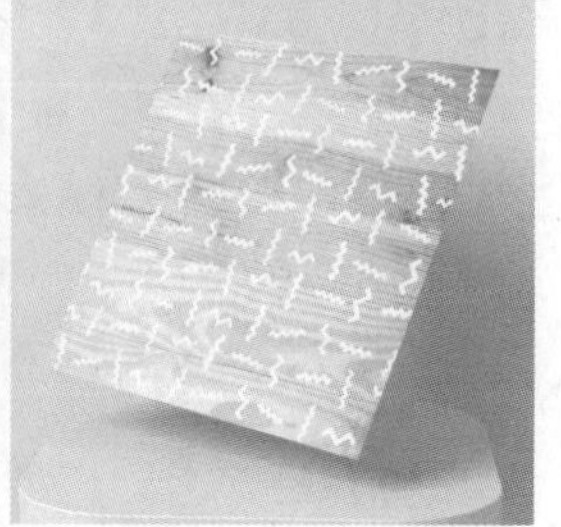

图 5-67

技术专题：多个图层进行混合

添加多个纹理或颜色图层，可以制作出多种混合效果。先添加两幅图像，如图5-68所示。

图 5-68

设置上层图像的混合模式为“屏幕”，不透明度为48%，如图5-69所示。接着加入一幅手印图像，设置其混合模式为“正片叠底”、不透明度为65%，如图5-70所示。

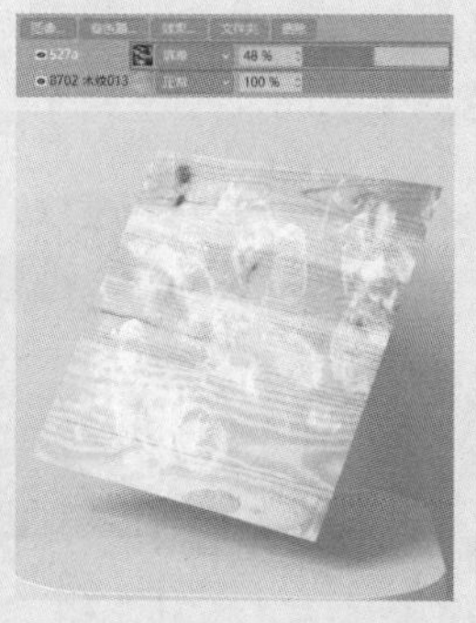

图 5-69

图 5-70

单击“着色器”按钮着色器...，选择“渐变”选项，可以添加渐变颜色图层，如图5-71所示。设置混合模式为“正片叠底”，如图5-72所示。

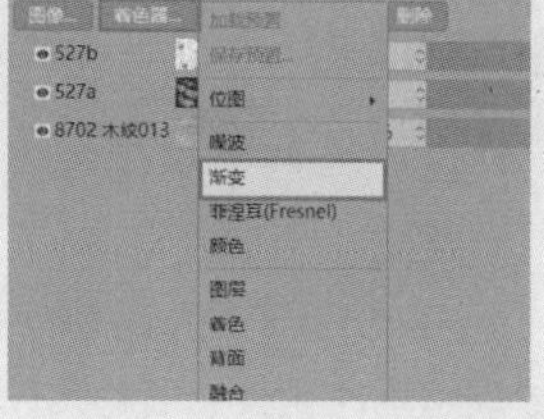

图 5-71

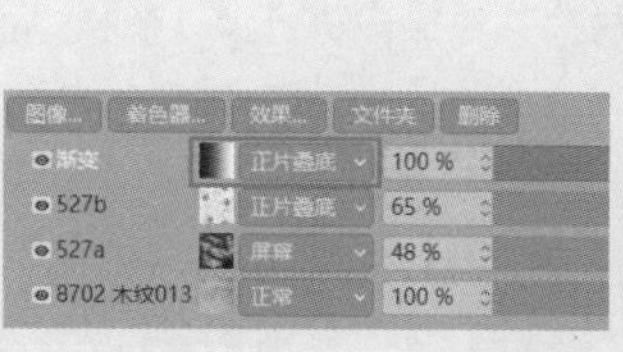

图 5-72

单击“着色器”按钮着色器...，选择“噪波”选项，可以添加噪波图层，设置“颜色2”为绿色,“低端修剪”为68%，如图5-73所示。设置混合模式为“屏幕”，如图5-74所示。

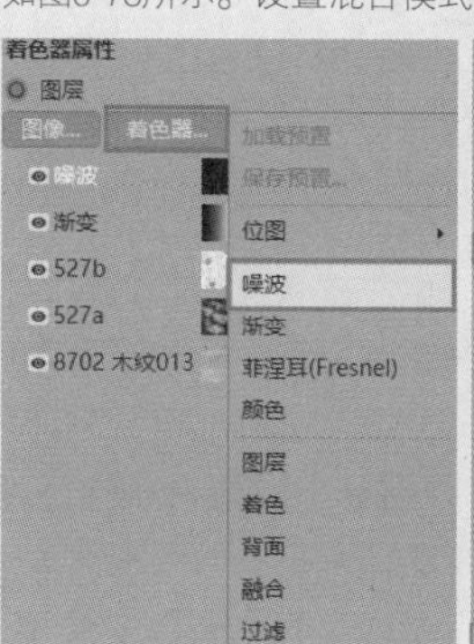

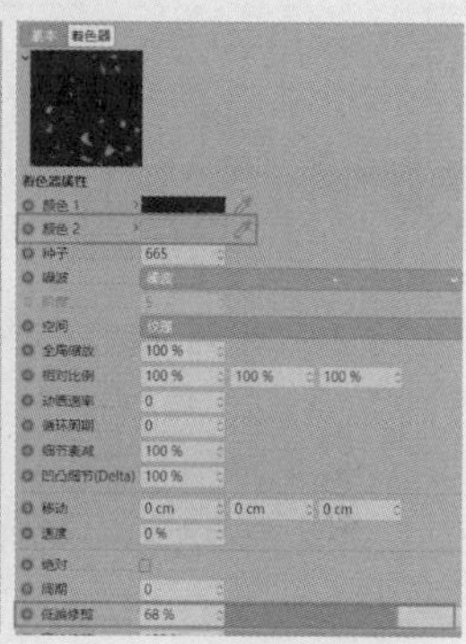

图 5-73

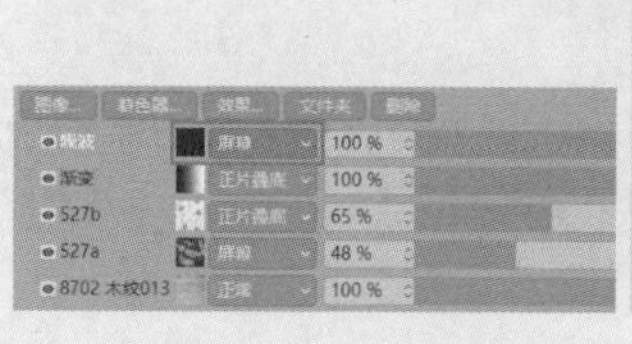

图 5-74

5.2.5 着色

着色指的是通过图片的明度信息对图片进行着色，类似于Photoshop的“渐变映射”功能。将贴图加载到“纹理”选项中，如图5-75所示。渲染后的效果如图5-76所示。

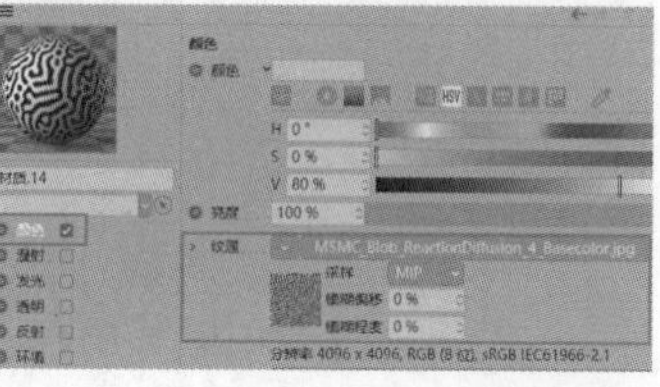

图 5-75

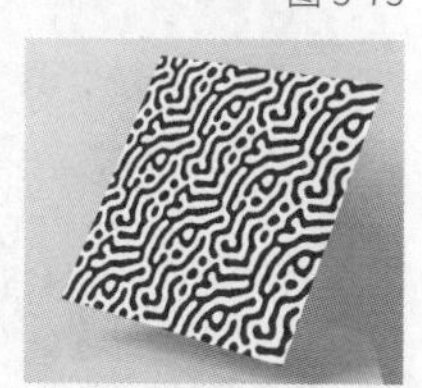

图 5-76

加入“着色”效果后，更改渐变颜色即可更改纹理的颜色，如图5-77所示。同样，可以在“纹理”选项中更换不同的纹理贴图，也可以任意改变颜色。

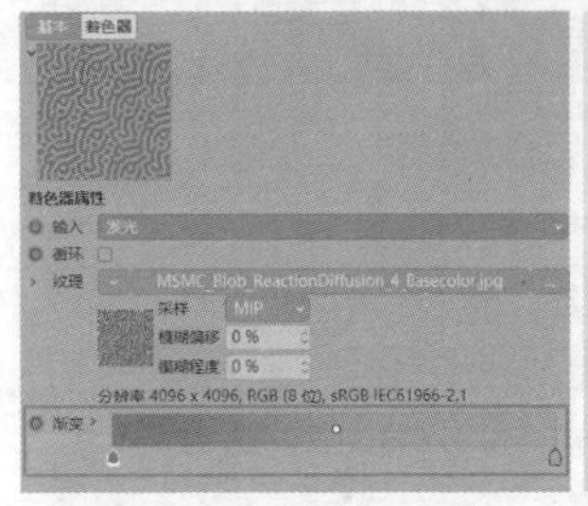
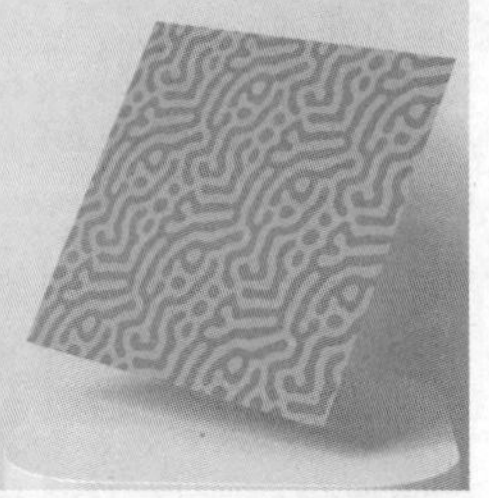

图 5-77

5.2.6 过滤

“过滤”是用来调节图片的颜色的，可以理解为颜色调节。将贴图加载到“纹理”选项中，如图5-78所示。在“视窗”中设置“纹理预览尺寸”为“无缩放”，如图5-79所示。这种视图窗口中的图片是最清晰的。

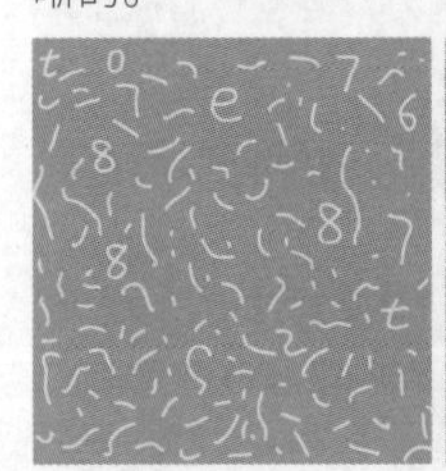
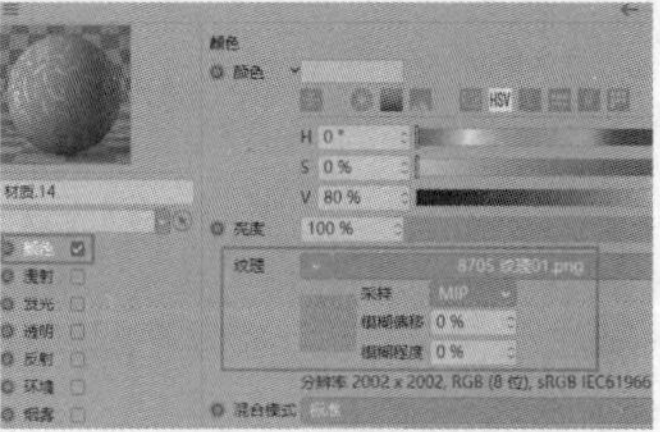

图 5-78

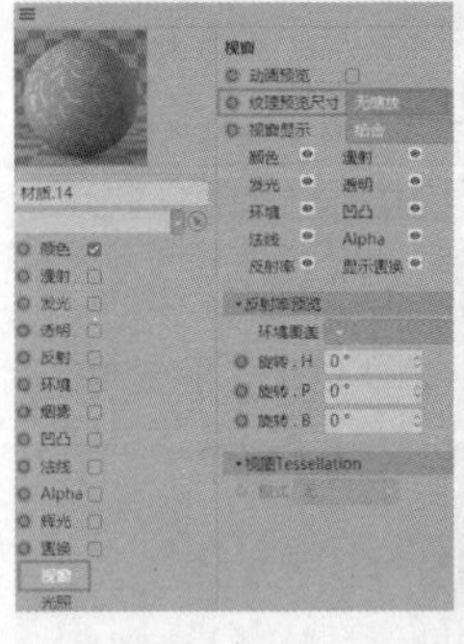
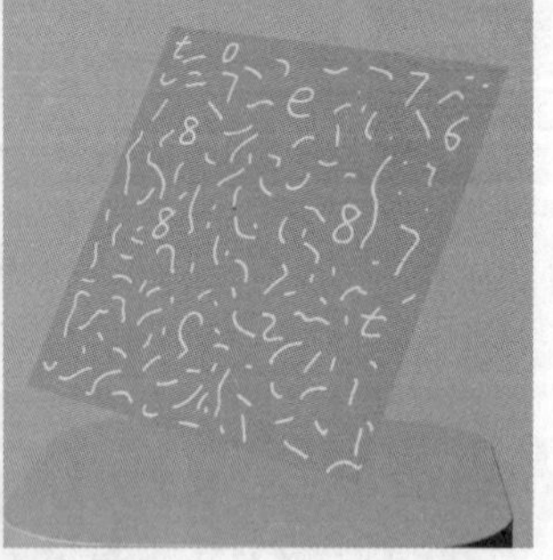

图 5-79

单击“纹理”右侧的图标，选择“过滤”选项，通过“色调”来更改贴图的色相，设置“色调”为20°，粉红色就变成了橙黄色，如图5-80所示。

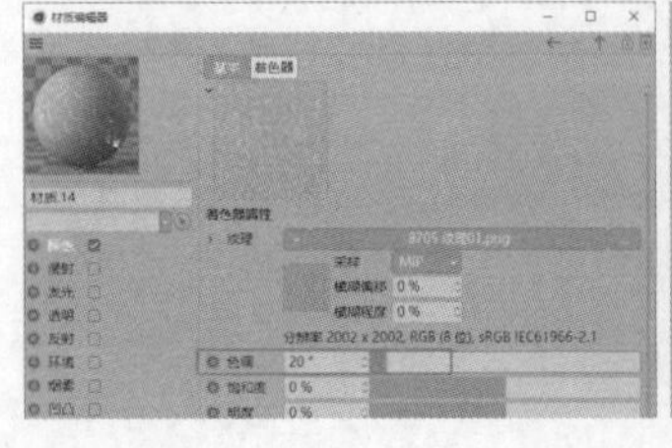
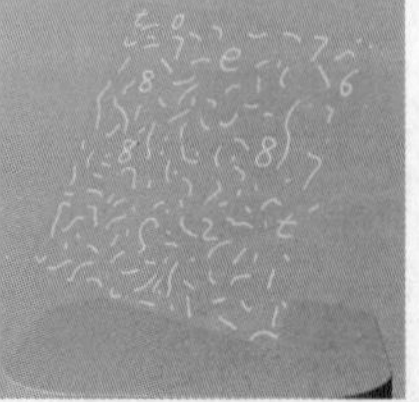

图 5-80

设置“色调”为257°，颜色就变成了紫色，如图5-81所示。

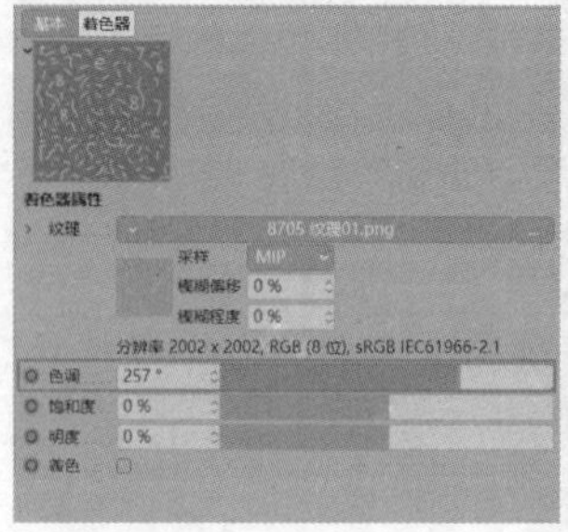
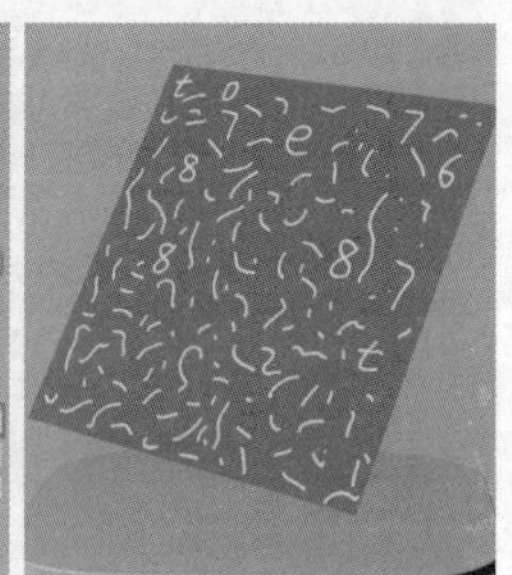

图 5-81

在“纹理”选项中可以更改纹理贴图，图5-82所示为更改为木纹贴图的效果。纹理的颜色可以通过“饱和度”和“对比”等来调节，如图5-83和图5-84所示。

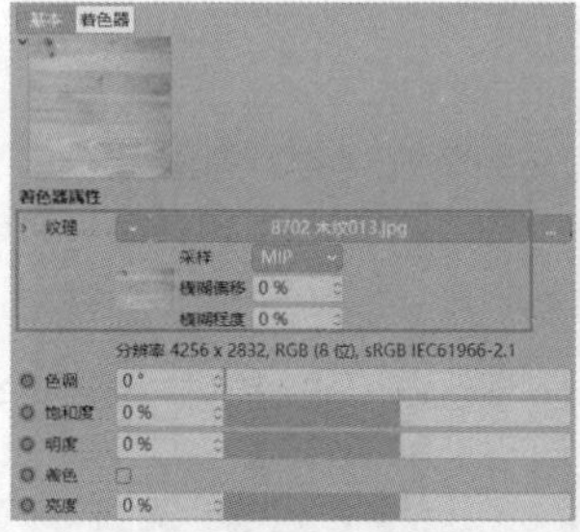

图 5-82

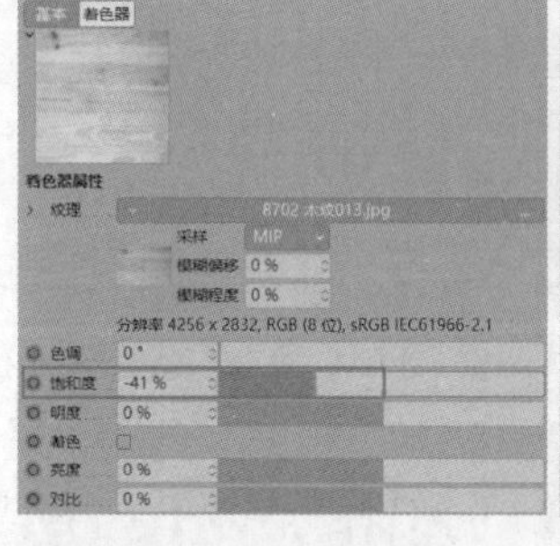

图 5-83

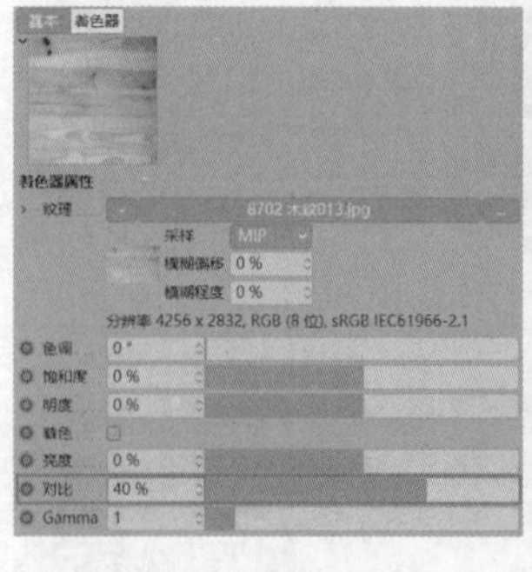

图 5-84

Gamma可以控制颜色的中间值，Gamma值越小，纹理越暗；Gamma值越大，纹理越亮。设置Gamma为0.4，纹理就变暗了，如图5-85所示。

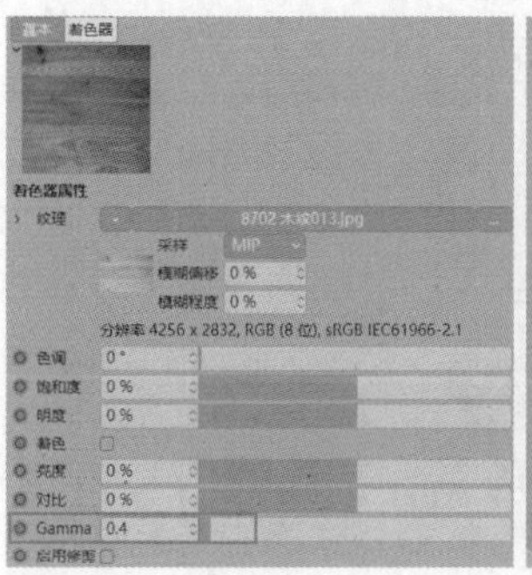

图 5-85

还可以通过“渐变曲线”来调节纹理的颜色，勾选“启用”选项后曲线才起作用，如图5-86所示。

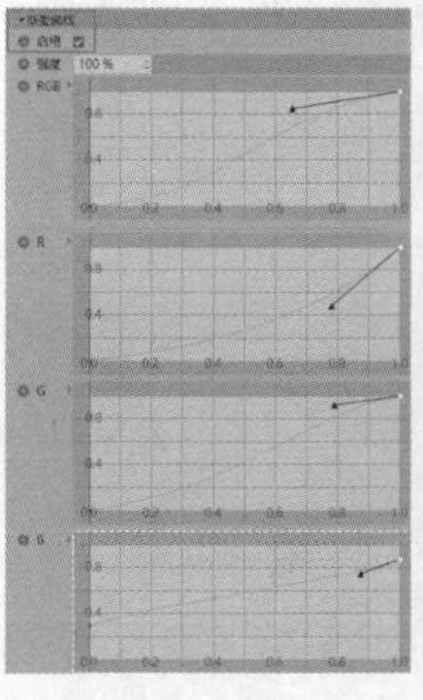

图 5-86

实战：制作雕塑材质

◇ 场景位置	场景文件 >CH05>02.c4d
◇ 实例位置	实例文件 >CH05> 实战：制作雕塑材质 .c4d
◇ 视频名称	实战：制作雕塑材质 .mp4
◇ 学习目标	掌握材质的制作方法
◇ 操作重点	基础材质的应用

本实例需要制作石膏材质、木纹材质、金属材质、玻璃材质、发光材质和颜色材质，赋予模型这些材质后的效果如图5-87所示。

图 5-87

1.制作灯光白模

01 打开本书资源文件“场景文件>CH05>02.c4d”，如图5-88所示。使用“目标聚光灯”工具创建目标聚光灯，然后设置“类型”为“区域光”，“投影”为“区域”，灯光大小与位置如图5-89所示。

图 5-88

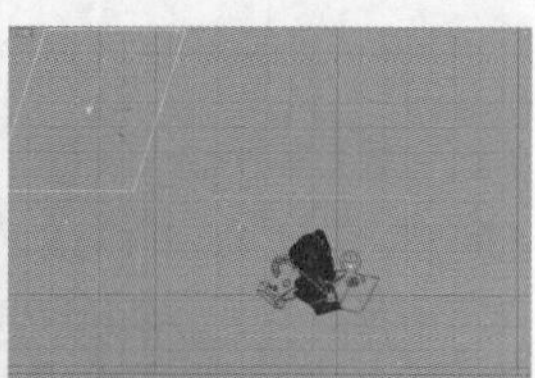

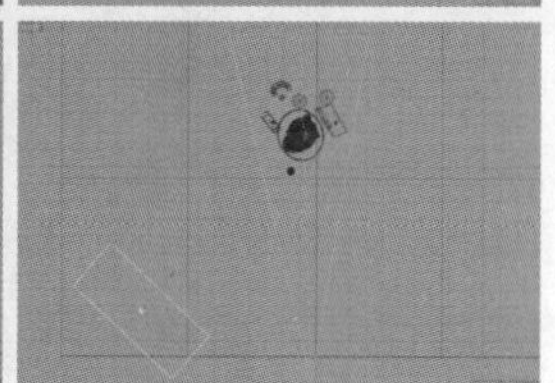

图 5-89

02 使用“天空”工具创建一个天空环境，然后为场景添加“全局光照”效果，参数如图5-90所示。

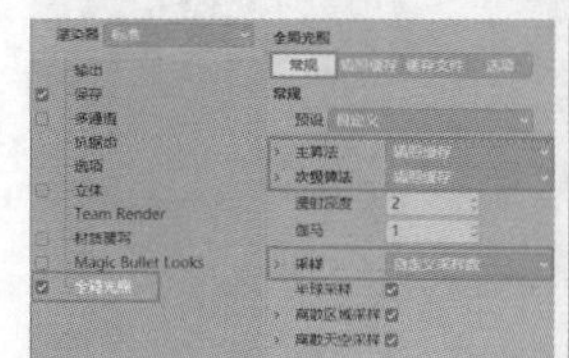
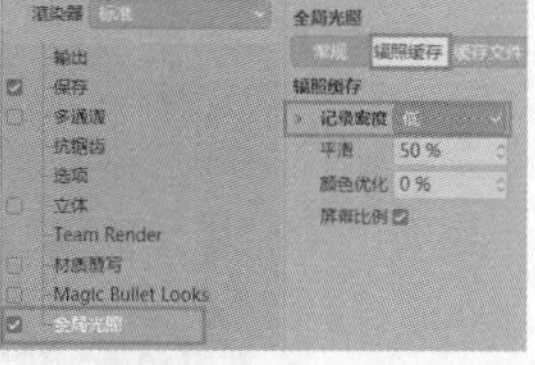

图 5-90

03 创建一个默认材质，选择“发光”通道，在“纹理”选项中加载一张HDR图片，如图5-91所示。为模型添加默认的白色材质，渲染后的效果如图5-92所示。

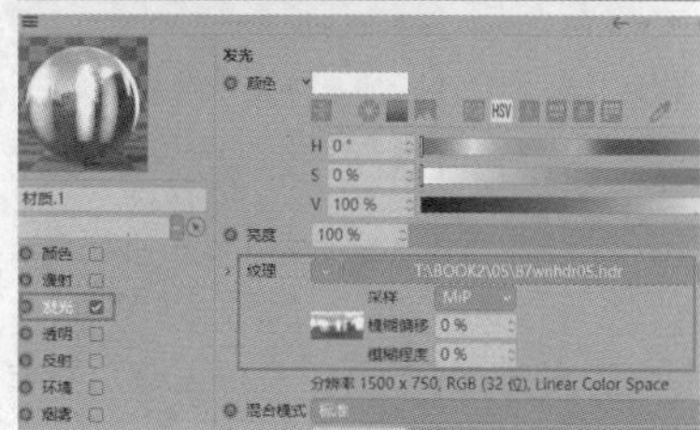

图 5-91

图 5-92

疑难解答 **什么是HDR?**

简单来说，HDR图片指的是具有高动态范围（最亮点到最暗点的范围很广）的环境图片，有很多颜色信息，通常在三维应用中作为环境贴图。

04 创建一个默认材质，设置“颜色”为灰色，将材质赋予背景模型，如图5-93所示。

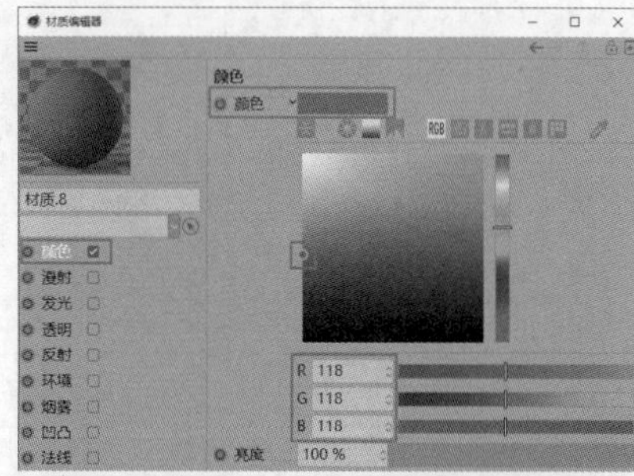

图 5-93

2.制作石膏材质

01 创建一个默认材质，在“颜色”通道中加载一张纹理图片，如图5-94所示。在“反射”通道中设置“添加”为GGX，然后设置“层”强度为9%，“粗糙度”为18%，如图5-95所示。

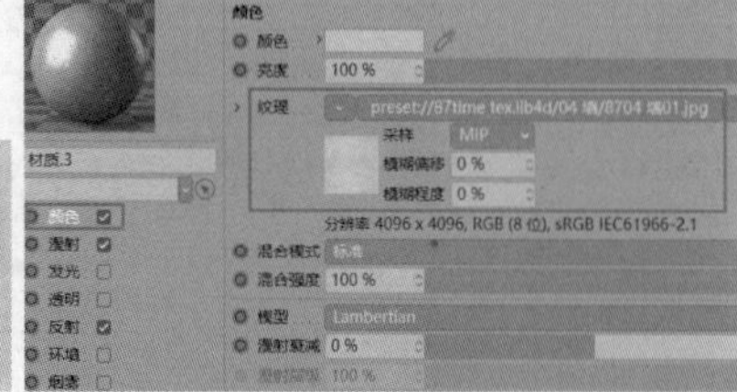

图 5-94

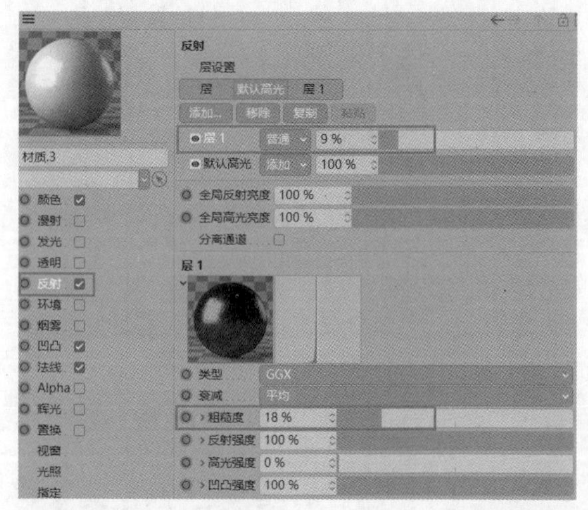

图 5-95

02 在“法线”通道中加载一张纹理图片，如图5-96所示。将材质赋予雕塑，雕塑的细节变得更加凹凸起伏，如图5-97所示。

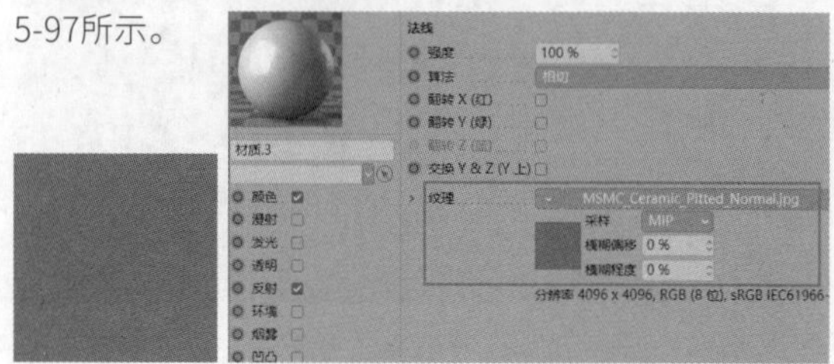

图 5-96

图 5-97

3.制作木纹材质

01 创建一个默认材质，在“颜色”通道中加载一张纹理图片，如图5-98所示。在“反射”通道中设置“添加”为GGX，然后设置“层1”强度为18%，“粗糙度”为17%，如图5-99所示。

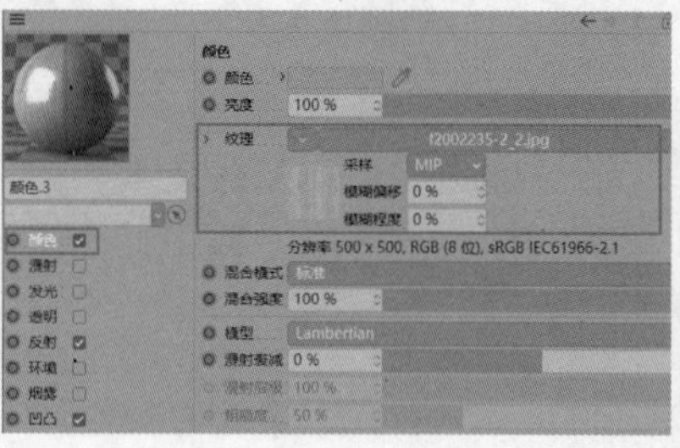

图 5-98

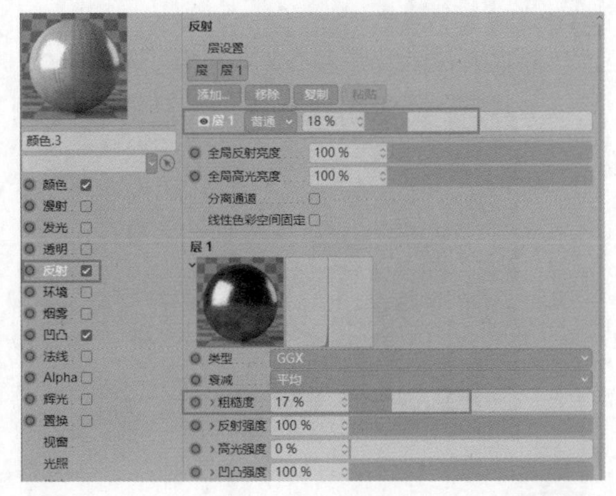

图 5-99

02 在“凹凸”通道中加载一张纹理图片，设置“强度”为8%，然后将这个材质赋予雕塑两侧的立方体模型，如图5-100所示。

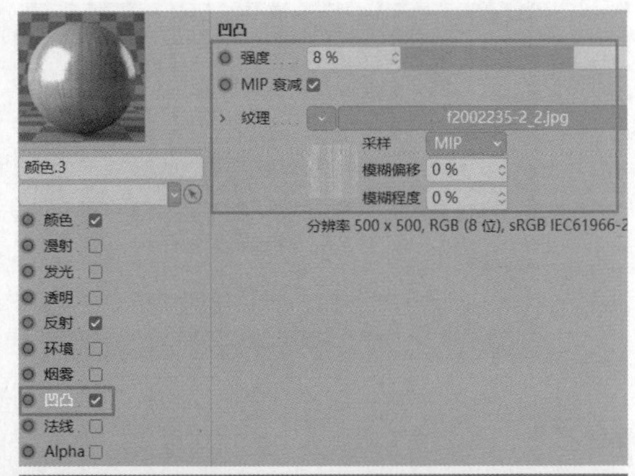

图 5-100

4.制作颜色材质

01 创建一个默认材质，然后设置“颜色”为橙红色，接着在“反射”通道中设置“添加”为GGX，再设置“层1”强度为15%，“粗糙度”为15%，如图5-101所示。

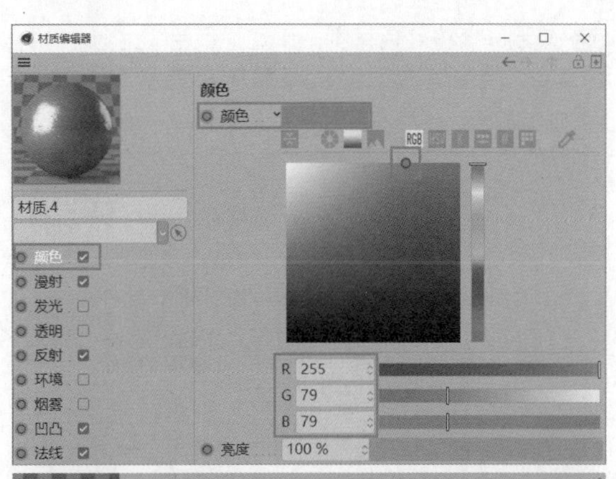

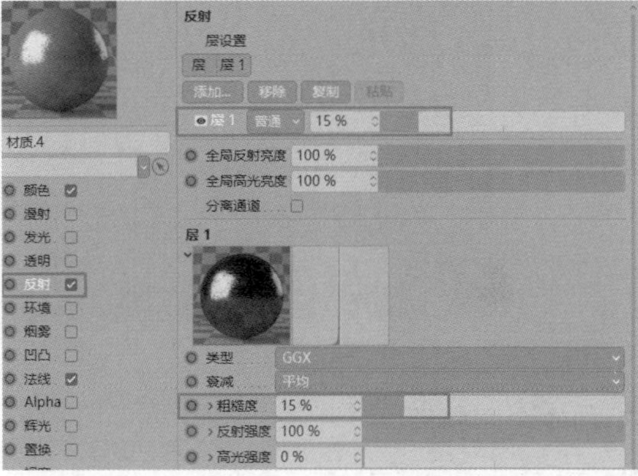

图 5-101

02 在“法线”通道中加载一张纹理图片，如图5-102所示。将材质赋予雕塑左后方的半圆环模型，如图5-103所示。

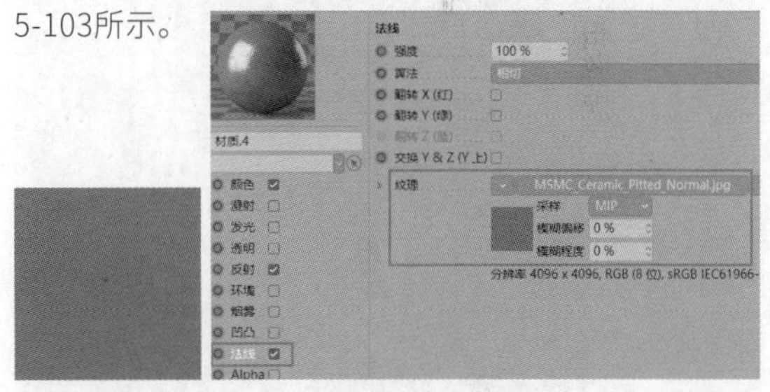

图 5-102

图 5-103

03 复制一个橙红色材质，设置“颜色”为蓝色，然后将材质赋予雕塑右侧的球体模型和圆柱体模型，如图5-104所示。

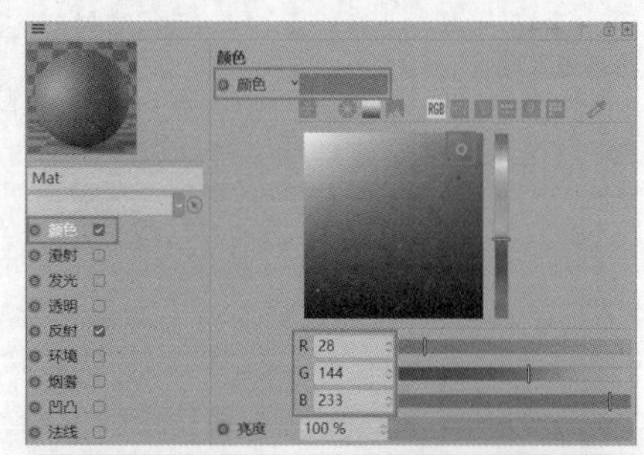

图 5-104

5.制作金属材质

01 在“反射”通道中设置“添加”为GGX，然后设置“层1”强度为100%，“粗糙度”为25%，“层颜色”中的“颜色”为亮橙色，如图5-105所示。

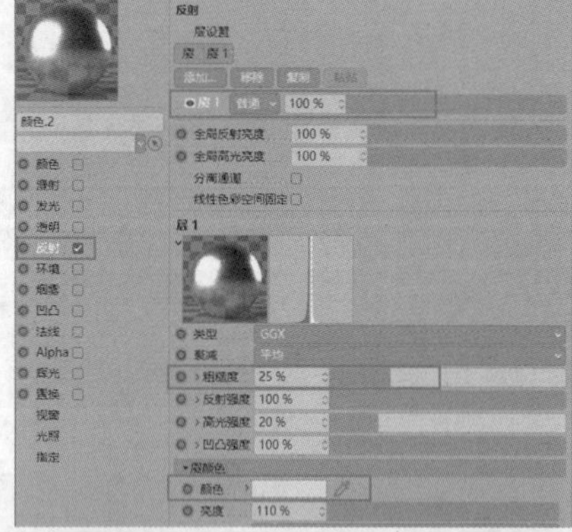

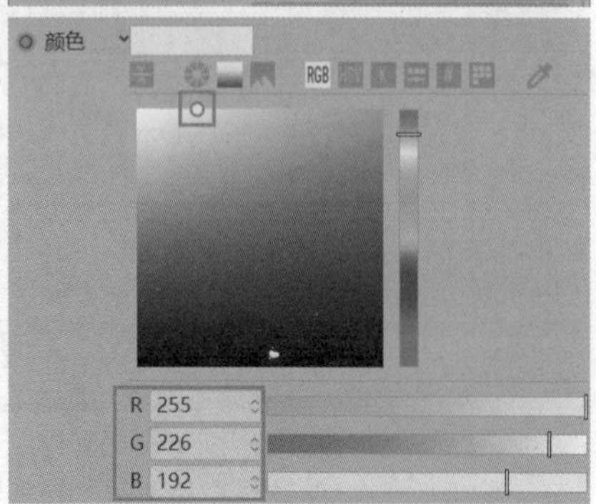

图 5-105

02 将材质赋予雕塑左侧的小立方体模型、圆环模型和右侧的圆柱体模型的前端，效果如图5-106所示。

图 5-106

6.制作发光材质

01 创建一个默认材质，在“发光”通道中设置“颜色”为亮黄色，如图5-107所示。

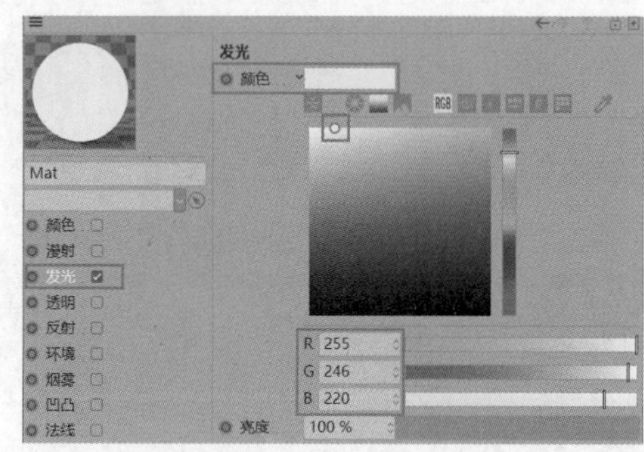

图 5-107

02 将材质赋予雕塑两侧较小的球体模型，效果如图5-108所示。

图 5-108

7.制作玻璃材质

01 创建一个默认材质，勾选“透明”通道，“折射率”保持默认即可，然后将材质赋予雕塑左侧的球体模型，效果如图5-109所示。玻璃背后有一个黄色材质，读者按颜色材质的调节方法制作即可。

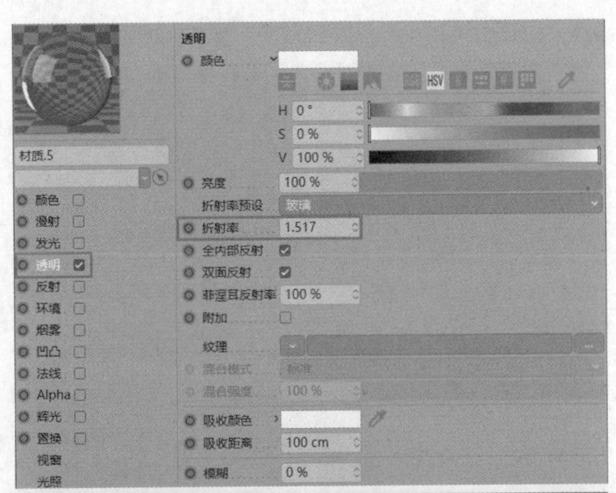

图 5-109

02 如果希望雕塑有更多的纹理，可以在石膏材质的“漫射”通道中加载纹理图片，如图5-110所示。“漫射”通道中纹理的暗色会叠加到颜色上，雕塑的细节会更丰富，如图5-111所示。

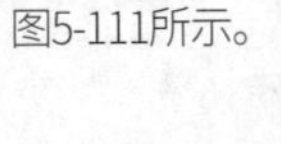

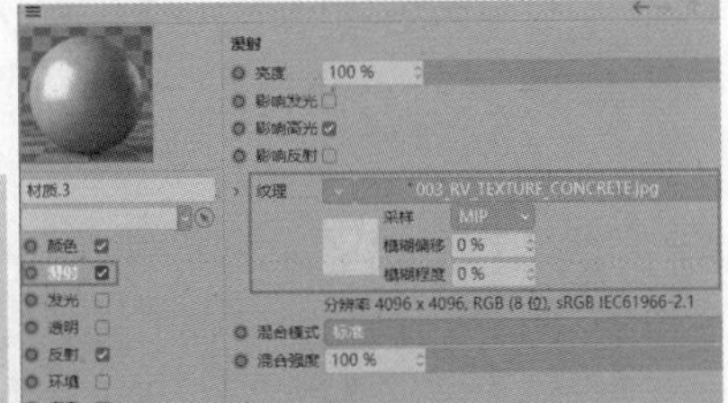

图 5-110

图 5-111

03 上述操作完成后可以进行后期调节，例如将画面调亮，最终效果如图5-112所示。

图 5-112

技术专题：调整材质的显示方式

随着制作的项目越来越复杂，材质会越来越多，“材质”面板可能会出现材质无法显示完的情况。此时，执行“查看”命令可以调整材质的显示方式，如图5-113所示。

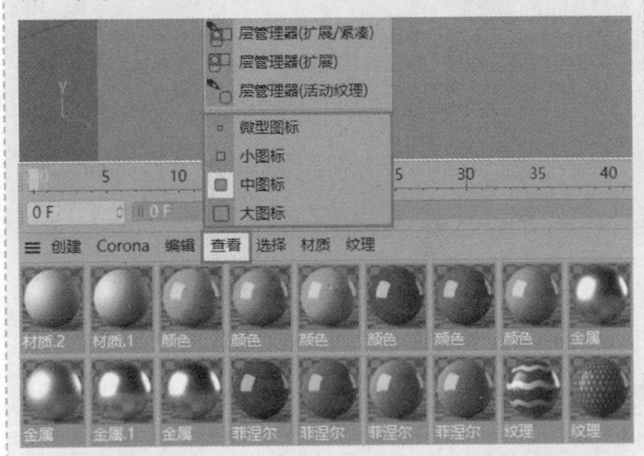

图 5-113

执行“微型图标”命令，显示的材质比较小，如图5-114所示。执行“小图标”命令，显示的材质大小较为合适，如图5-115所示。执行“大图标”命令，显示的材质较大，如图5-116所示。读者可以根据需求自行调整。

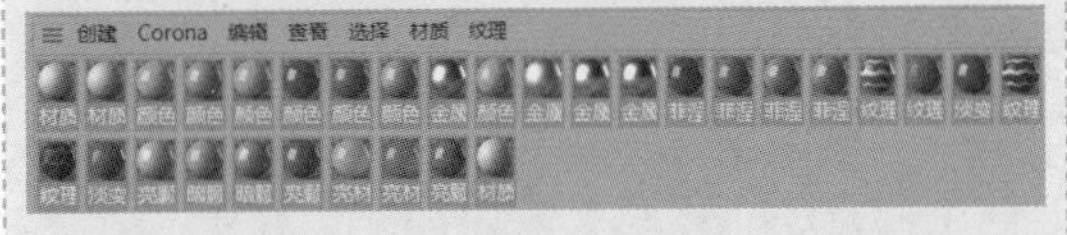

图 5-114

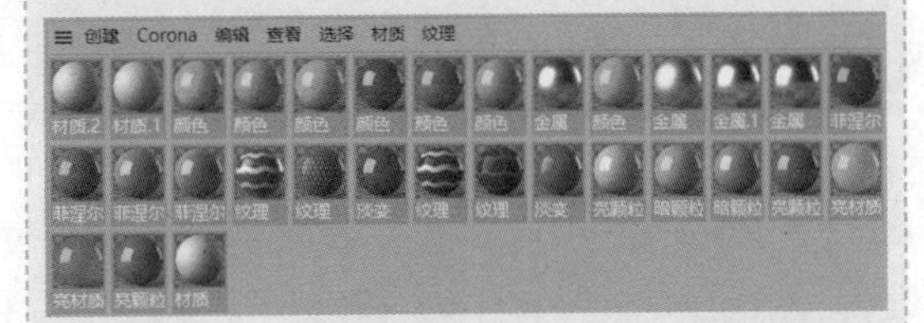

图 5-115

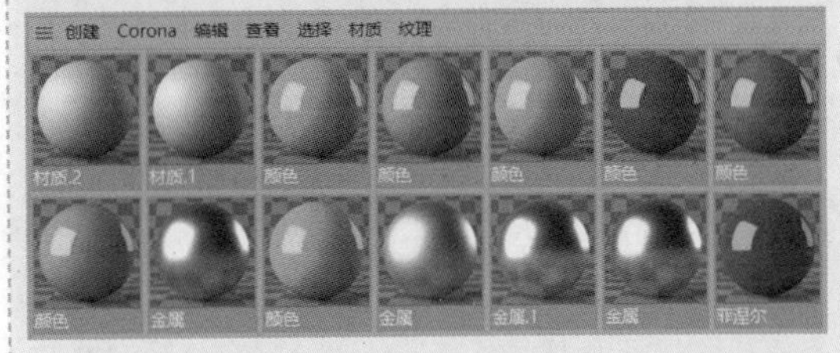

图 5-116

实战：制作静物材质

◇ 场景位置	场景文件 >CH05>03.c4d
◇ 实例位置	实例文件 >CH05> 实战：制作静物材质 .c4d
◇ 视频名称	实战：制作静物材质 .mp4
◇ 学习目标	掌握材质的制作方法
◇ 操作重点	综合材质的应用

本实例需要制作树叶材质、布纹材质、大理石材质、木纹材质、金属材质与玻璃材质，赋予模型的效果如图5-117所示。

图 5-117

1.制作灯光白模

01 打开本书资源文件“场景文件>CH05>03.c4d”，如图5-118所示。使用“目标聚光灯”工具创建目标聚光灯，然后设置“类型”为“区域光”,“投影”为“区域”，灯光大小与位置如图5-119所示。

图 5-118

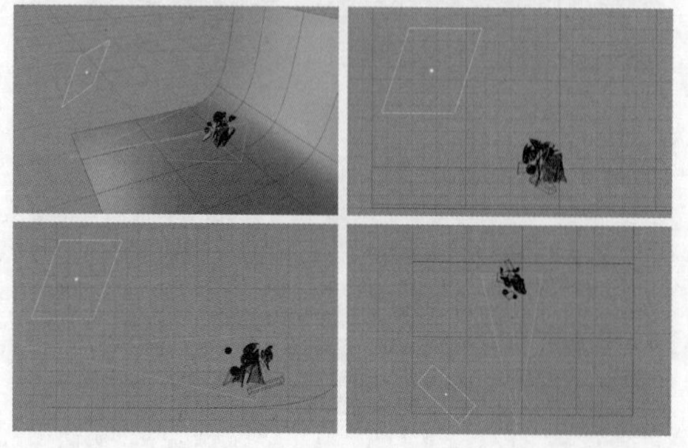

图 5-119

02 为场景添加“全局光照”效果，参数如图5-120所示。

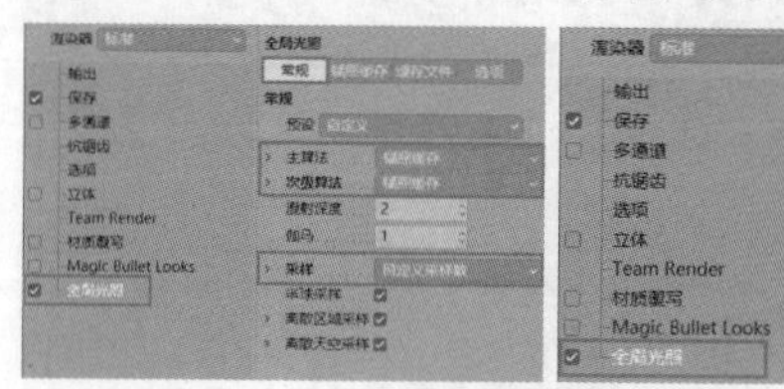

图 5-120

03 创建一个默认材质，在“发光”通道中加载一张HDR图片，如图5-121所示。

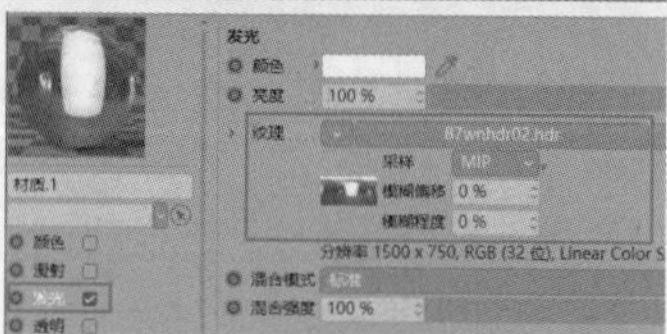

图 5-121

04 设置“曝光”为-0.45，使用默认白色材质进行渲染，效果如图5-122所示。

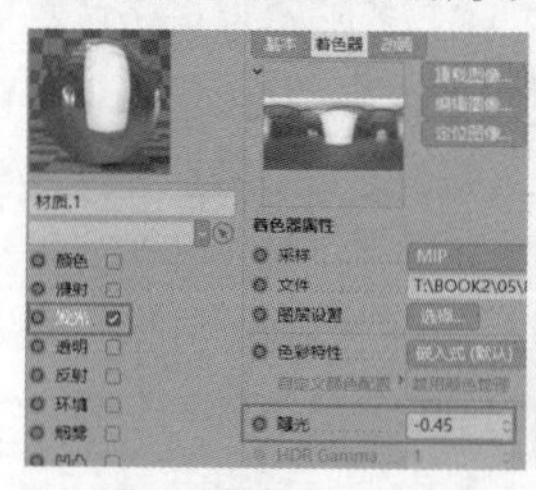

图 5-122

技巧提示 “曝光”值越小，整体环境就越暗；“曝光”值越大，整体环境就越亮。

05 创建一个默认材质，设置“颜色”为深灰色，将材质赋予背景模型，如图5-123所示。

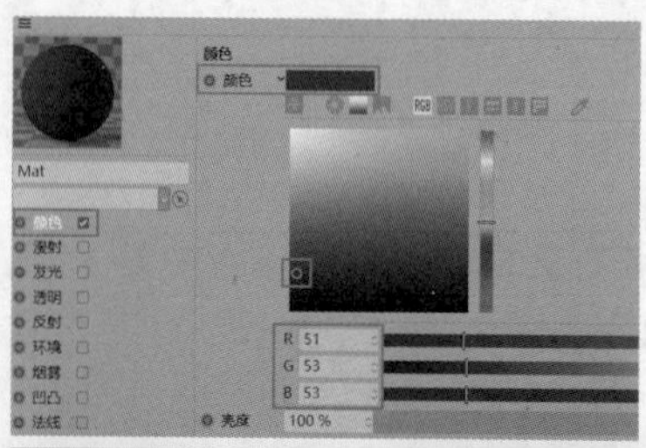

图 5-123

2.制作树叶材质

01 创建一个默认材质，在“颜色”通道中加载一张纹理图片，如图5-124所示。

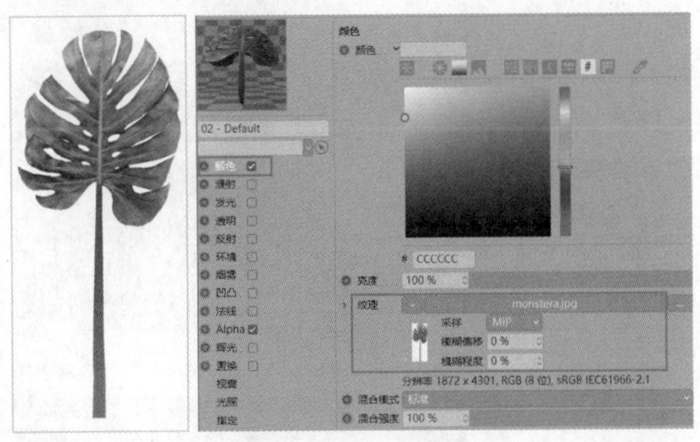

图 5-124

02 将材质赋予树叶模型，效果如图5-125所示。

图 5-125

3.制作布纹材质

01 创建一个默认材质，在“颜色”通道中加载一张纹理图片，如图5-126所示。

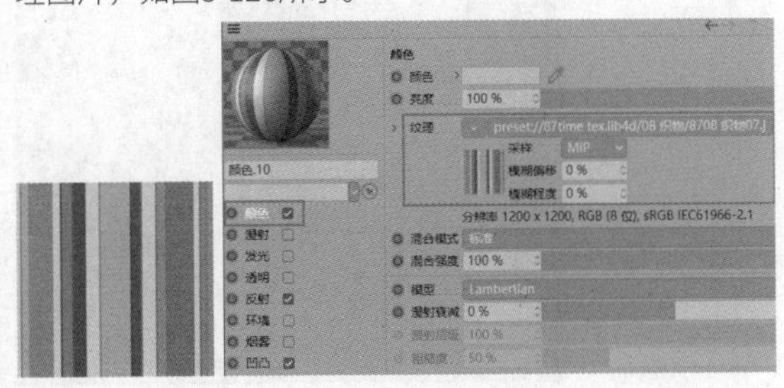

图 5-126

02 在“反射”通道中设置“添加”为GGX，然后设置“层1”强度为6%，“粗糙度”为37%；在“凹凸”通道中加载一张纹理图片，设置“强度”为10%，如图5-127所示。将材质赋予布料模型，渲染后的效果如图5-128所示。

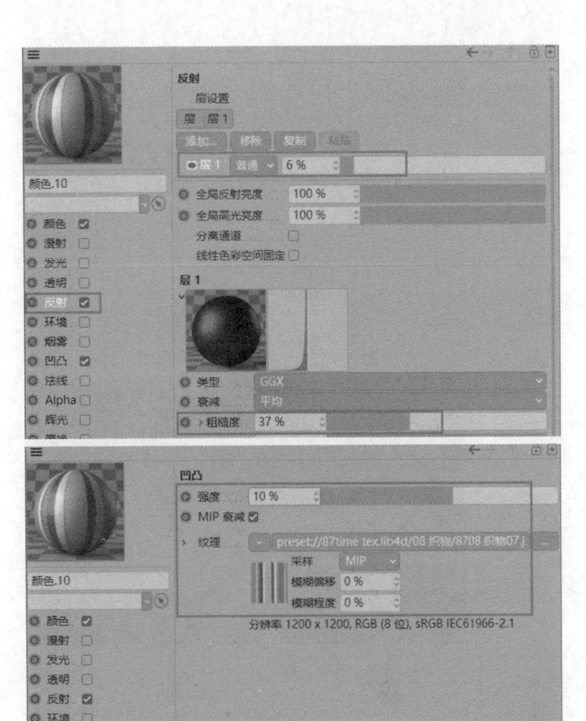

图 5-127

图 5-128

4.制作大理石材质

01 创建一个默认材质，在“颜色”通道中加载一张纹理图片，如图5-129所示。在“反射”通道中设置“添加”为GGX，然后设置“层1”强度为7%，“粗糙度”为0%，将材质赋予前方的立方体模型，如图5-130所示。

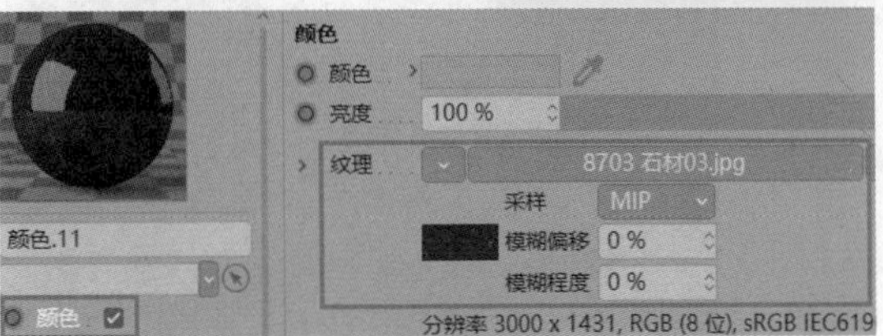

图 5-129

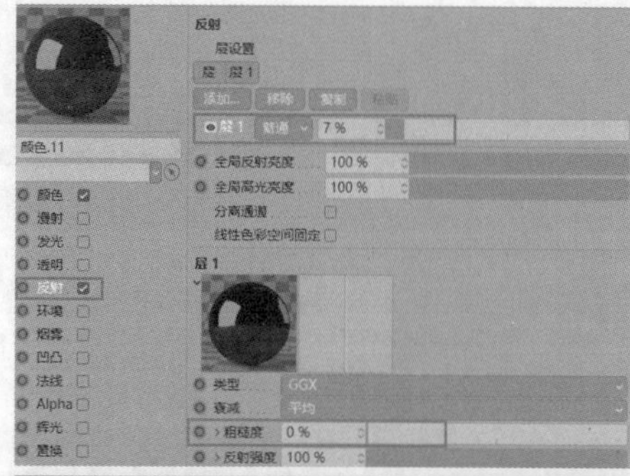

图 5-130

02 创建一个默认材质，在“颜色”通道中加载一张纹理图片，如图5-131所示。在“反射”通道中设置“添加”为GGX，然后设置“层1”强度为12%，“粗糙度”为12%，将材质赋予后方的立方体模型，如图5-132所示。

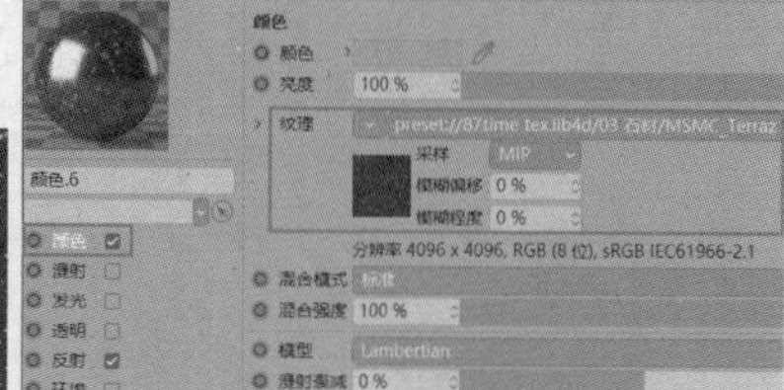

图 5-131

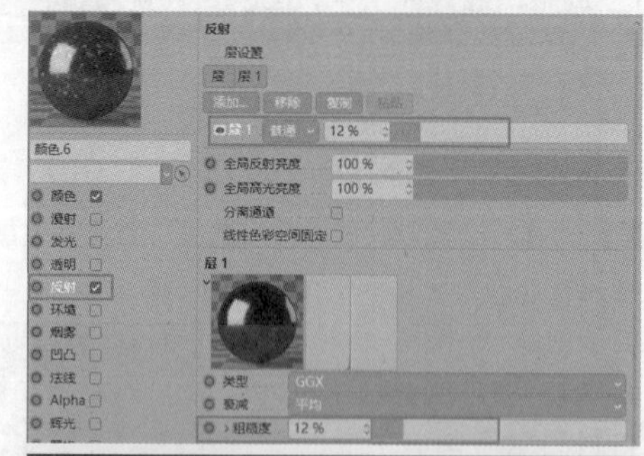

图 5-132

5.制作木纹材质

01 创建一个默认材质，在“颜色”通道中加载一张纹理图片，如图5-133所示。在“反射”通道中设置“添加”为GGX，然后设置“层1”强度为18%，“粗糙度”为17%，如图5-134所示。

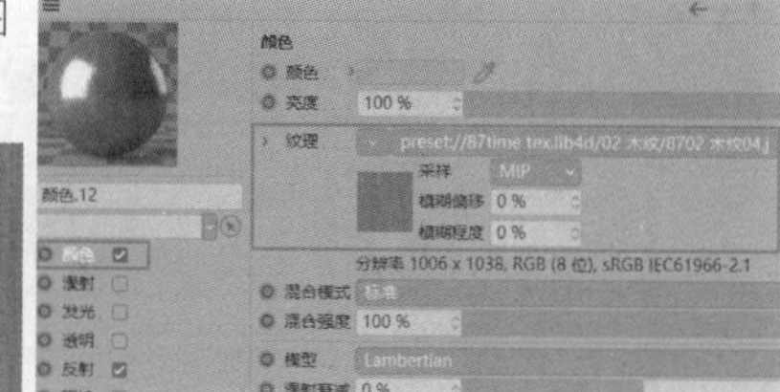

图 5-133

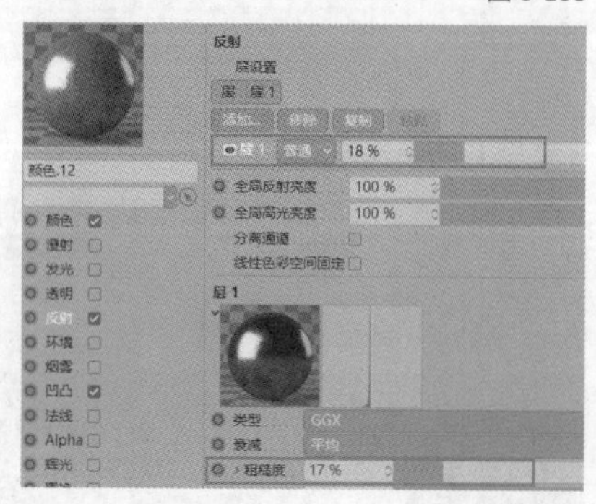

图 5-134

02 在“凹凸”通道中加载一张纹理图片，设置“强度”为8%，然后将材质赋予下方的立方体模型，如图5-135所示。

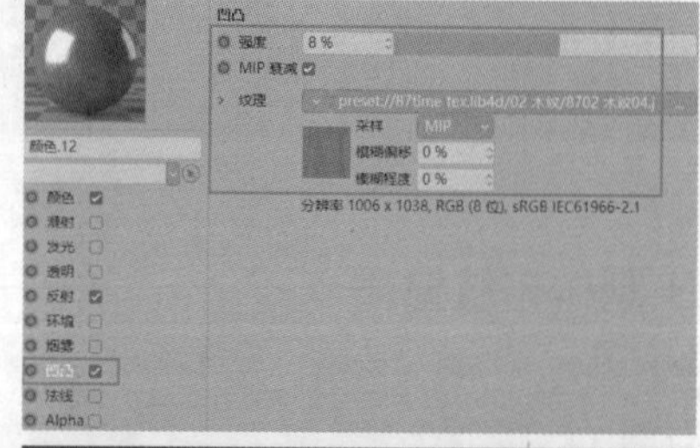

图 5-135

6.制作金属材质

01 添加一个黄色金属材质，勾选“反射”通道，添加GGX反射层，调节“层1”强度为100%，“粗糙度”为26%，“颜色”为亮黄色，如图5-136所示。

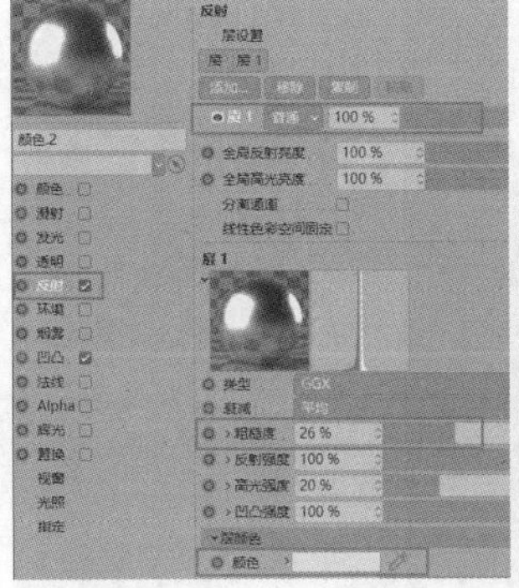
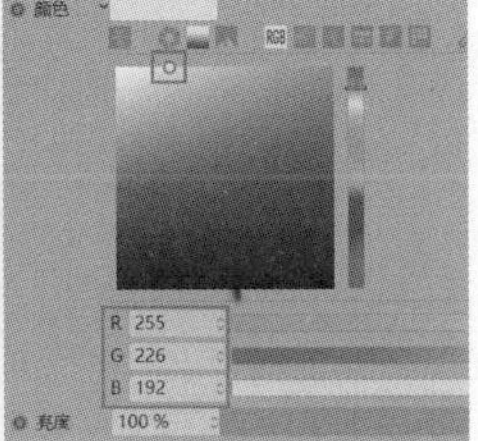

图 5-136

02 创建一个默认材质，在“反射”通道中设置“添加”为GGX，然后设置“层1”强度为100%，“粗糙度”为26%，“颜色”为浅粉色，如图5-137所示。将这两个材质赋予左侧的球体模型，效果如图5-138所示。

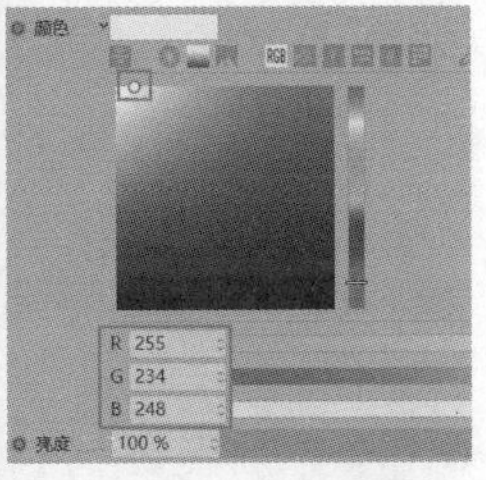

图 5-137

图 5-138

7.制作玻璃材质

01 创建一个默认材质，勾选“透明”通道，“折射率”保持默认，如图5-139所示。

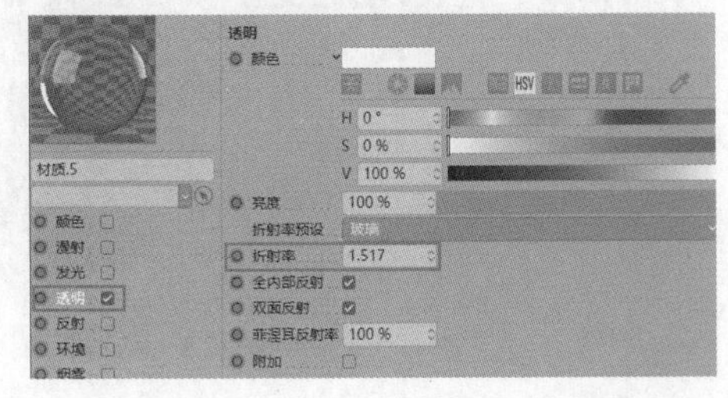

图 5-139

02 将材质赋予树叶上方的球体模型，最终效果如图5-140所示。

图 5-140

技术专题：管理材质

当材质非常多时，可以为材质分层，类似于分组。先按住Shift键并选择需要分层的材质，如图5-141所示。单击鼠标右键，在弹出的菜单中选择“加入新层”命令，如图5-142所示。

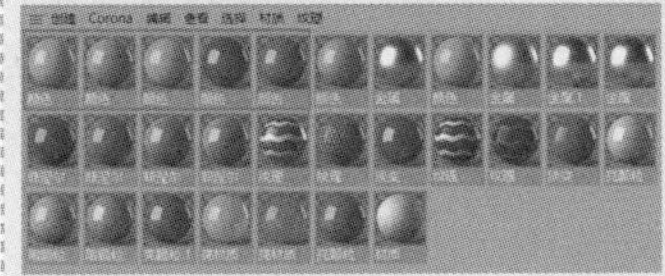
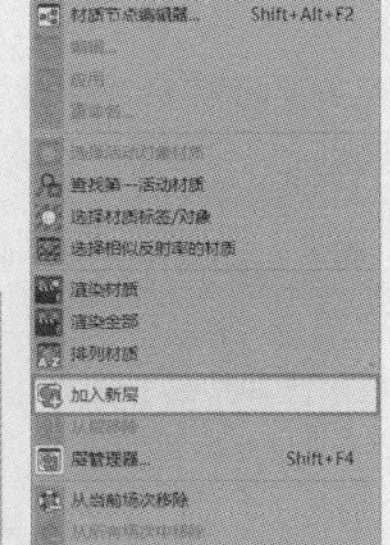

图 5-141　　图 5-142

按住Shift键并选择需要分为第2层的材质，如图5-143所示。单击鼠标右键，在弹出的菜单中选择“加入新层”命令，在“材质”面板上方可以看到已分层的材质，如图5-144所示。

图 5-143

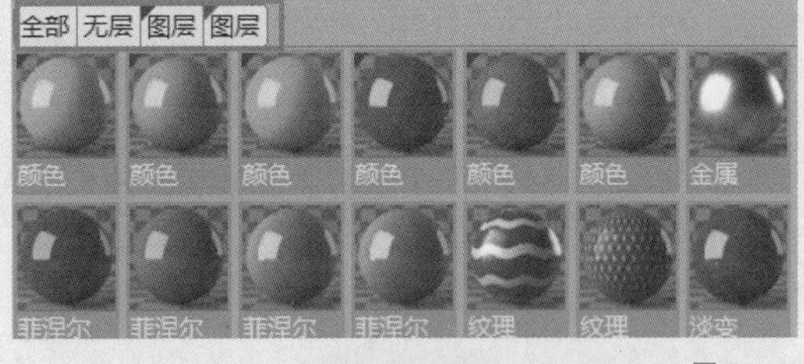

图 5-144

单击“全部”，显示当前面板中的全部材质，单击“无层”，显示没有加入层的材质，如图5-145所示。单击对应“图层”，即可显示加入该层的材质，如图5-146所示。

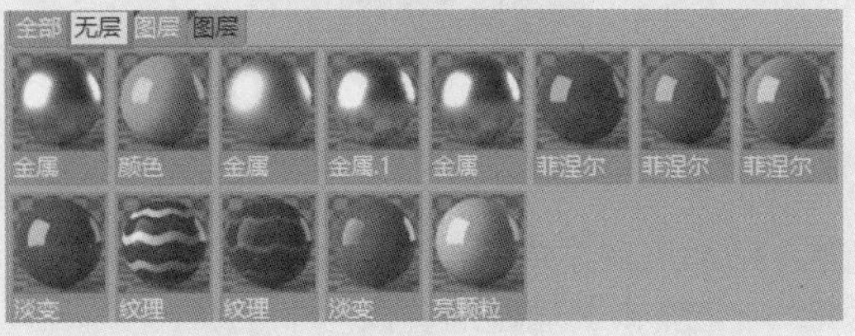

图 5-145

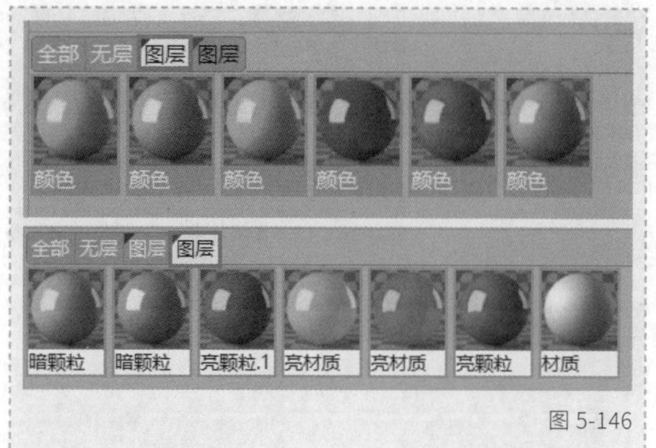

图 5-146

双击“图层”两字，即可在弹出的对话框中修改图层名称，如图5-147所示。

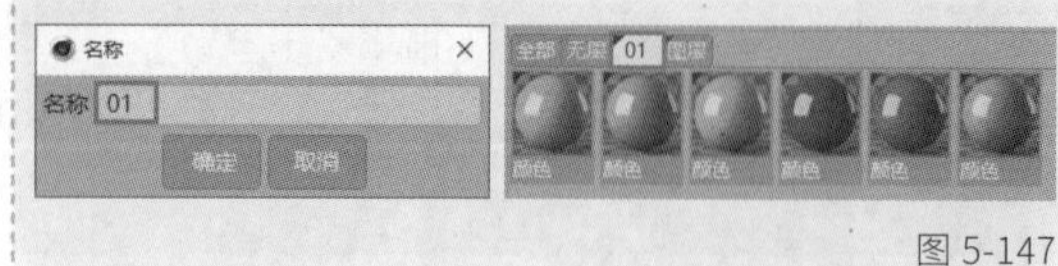

图 5-147

在“材质”面板中，执行“编辑>删除未使用材质”命令，可以删除没有使用到的材质；执行“编辑>删除重复材质”命令，可以删除重复的材质，如图5-148所示。

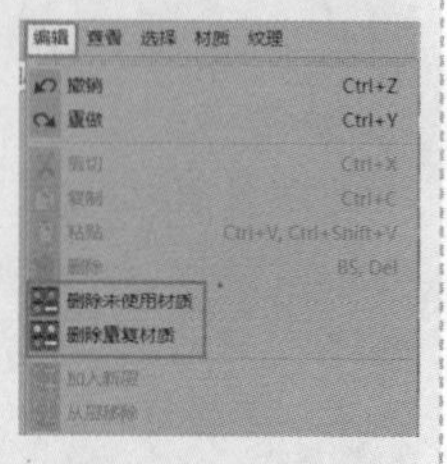

图 5-148

实战：制作礼盒材质

◇ 场景位置	场景文件 >CH05>04.c4d
◇ 实例位置	实例文件 >CH05> 实战：制作礼盒材质 .c4d
◇ 视频名称	实战：制作礼盒材质 .mp4
◇ 学习目标	掌握材质的制作方法
◇ 操作重点	多层材质的应用

本实例中礼盒的材质由多个材质叠加组合而成，并通过Alpha通道控制每层的透明程度与显示，如图5-149所示。

图 5-149

01 打开本书资源文件“场景文件>CH05>04.c4d”，如图5-150所示。场景已经完成了灯光的布置，直接渲染就可获得白模效果，如图5-151所示。

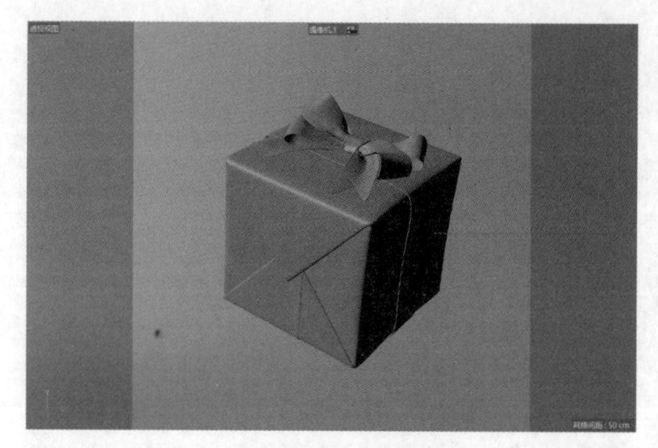

图 5-150

图 5-151

02 创建一个默认材质，设置“颜色”为深灰色，如图5-152所示。在“反射”通道中设置“添加”为GGX，然后设置“层1”强度为12%，“粗糙度”为18%，再将材质赋予礼盒模型，如图5-153所示。

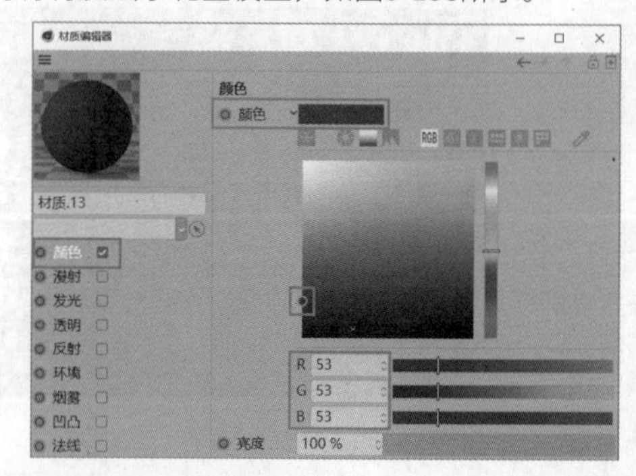

图 5-152

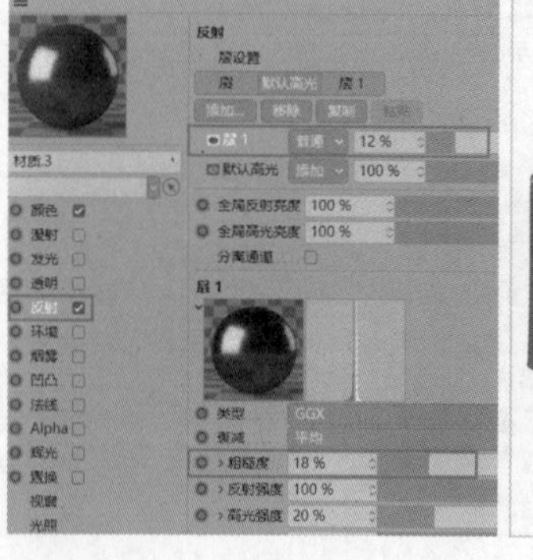

图 5-153

03 创建一个默认材质，设置“颜色”为橙色，如图5-154所示。在Alpha通道中加载一张纹理图片，如图5-155所示。

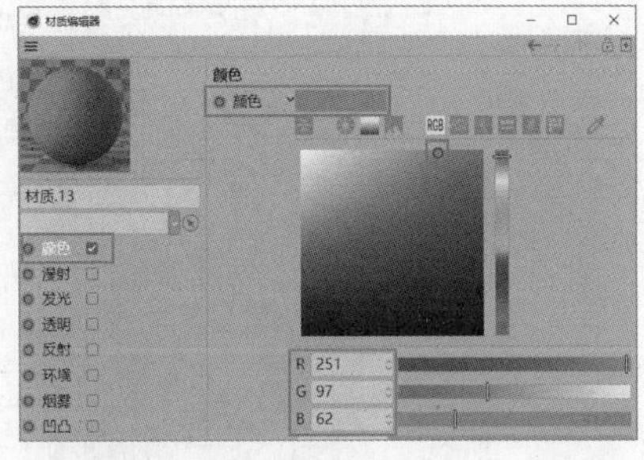

图 5-154

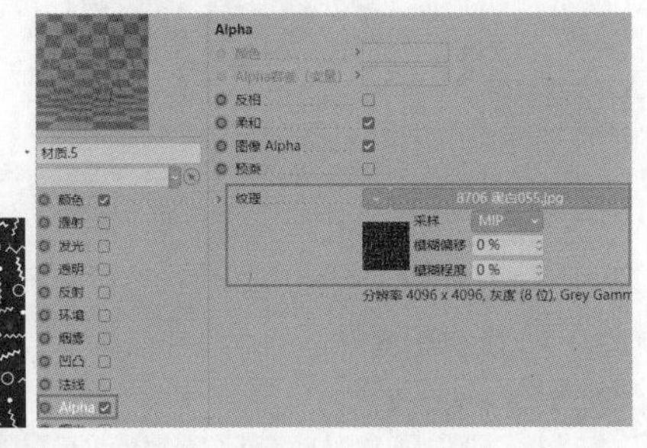

图 5-155

04 将橙色纹理材质赋予礼盒模型，如图5-156所示。选择这个材质，在“材质”标签■中设置“投射”为“立方体”，如图5-157所示。

图 5-156

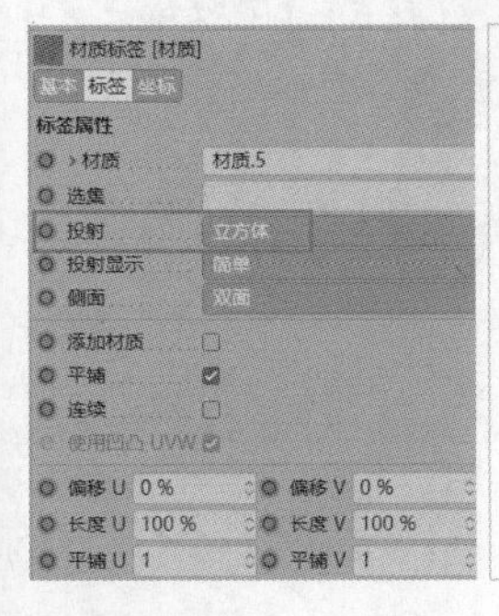

图 5-157

技巧提示 “平铺”用于调整纹理的大小。设置“平铺U”和“平铺V”均为0.5，橙色纹理变大了，如图5-158所示。

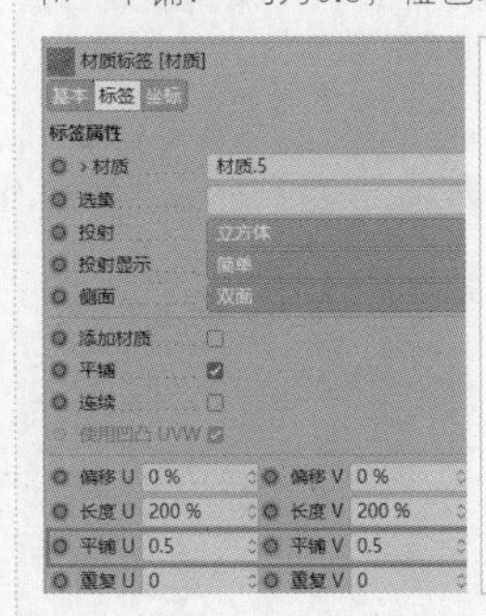

图 5-158

05 创建一个默认材质，在“反射”通道中设置“添加”为GGX，然后设置“层1”强度为100%，“粗糙度”为22%，“颜色”为亮橙色，如图5-159所示。

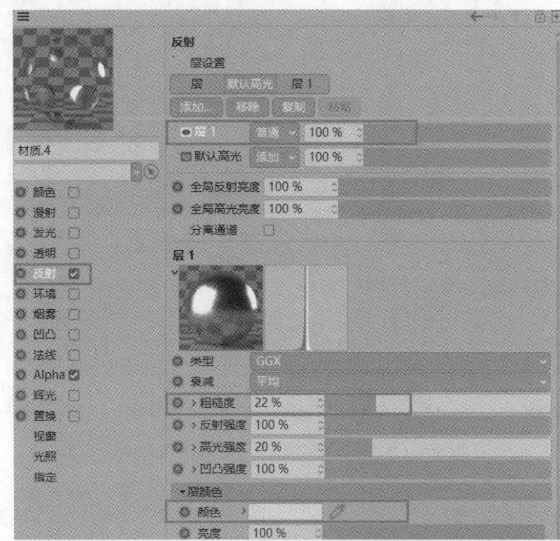

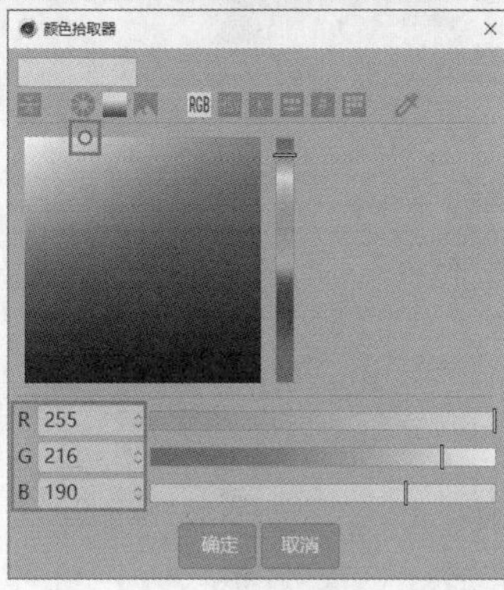

图 5-159

06 在Alpha通道中加载一张纹理图片，如图5-160所示。

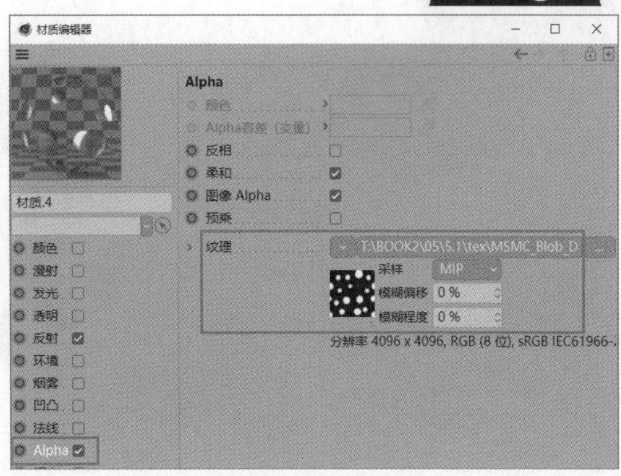

图 5-160

07 将金属斑点材质赋予礼盒模型，如图5-161所示。选择这个材质，在“材质”标签中设置“投射”为“立方体”，如图5-162所示。

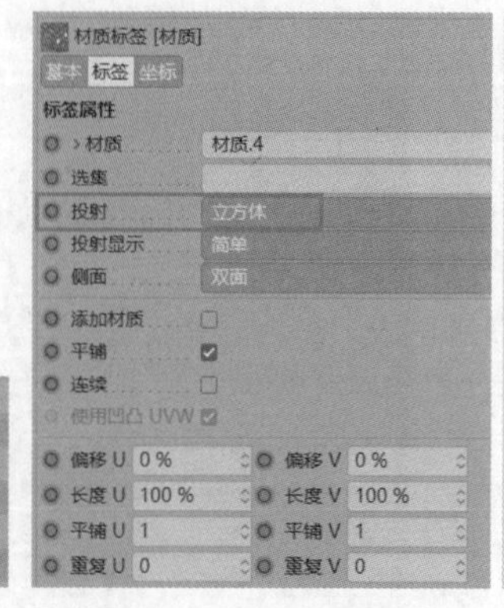

图 5-161

图 5-162

08 在“反射”通道中设置“添加”为GGX，然后设置“层1”强度为100%，“粗糙度”为16%，“层颜色”中的“颜色”为亮橙色，如图5-163所示。将材质赋予彩带模型，最终效果如图5-164所示。

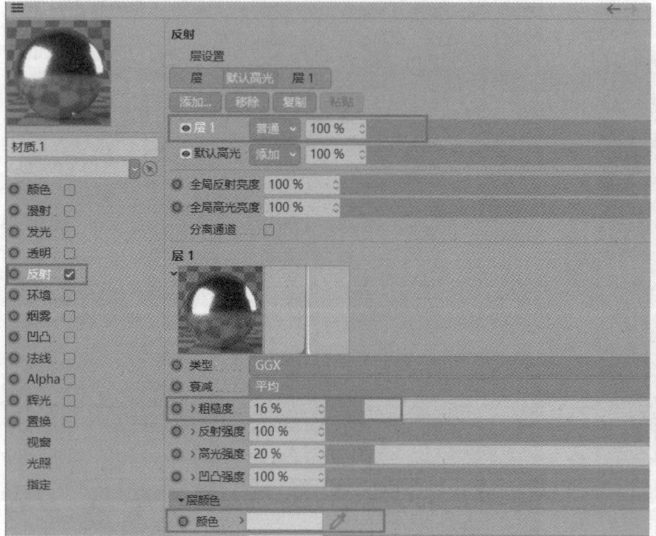

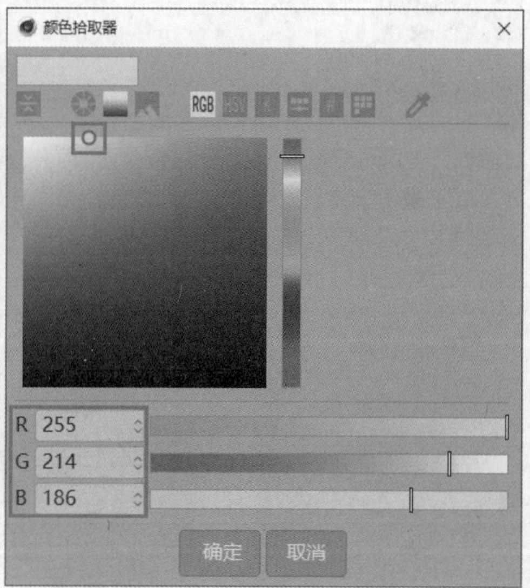

图 5-163

图 5-164

第6章 渲染输出

■ 学习目的

本章主要介绍Cinema 4D自带的渲染器。通过对标准渲染器、物理渲染器和视窗渲染器的学习，读者可以掌握不同渲染器的特点和适用场景，以获得高质量的渲染效果。

■ 主要内容

- 常用的渲染器
- 渲染设置与优化
- 全局光照技术详解
- 渲染效果的使用方法
- 渲染输出流程和技巧

6.1 常用的渲染器

渲染指的是将制作的模型、材质和灯光效果输出为图片，负责渲染工作的就是渲染器。因为三维软件相对复杂，所以渲染通常都需要较长的时间。本书中的实例使用的是Cinema 4D自带的渲染器和Octane Render插件渲染器。本节将介绍Cinema 4D自带的渲染器。

6.1.1 标准渲染器

单击“编辑渲染设置”按钮，打开“渲染设置”面板，面板左上角显示的是当前所用渲染器的类型，如图6-1所示。默认的渲染器为标准渲染器，是Cinema 4D中常用的一种渲染器。

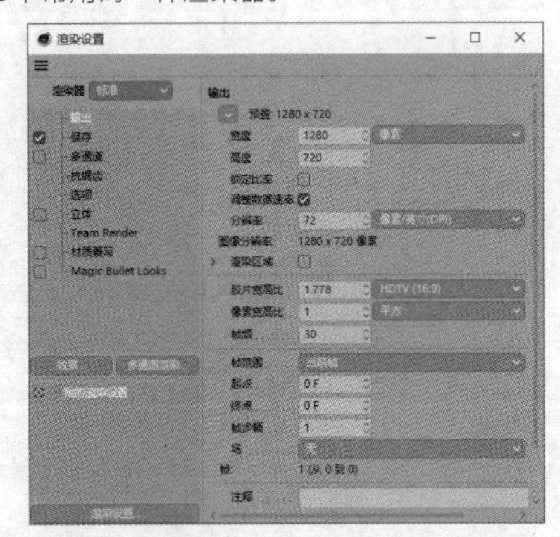

图 6-1

6.1.2 物理渲染器

物理渲染器的界面与标准渲染器几乎相同，只是多了“物理”选项，如图6-2所示。该渲染器常在要表现景深或大量模糊效果时使用。

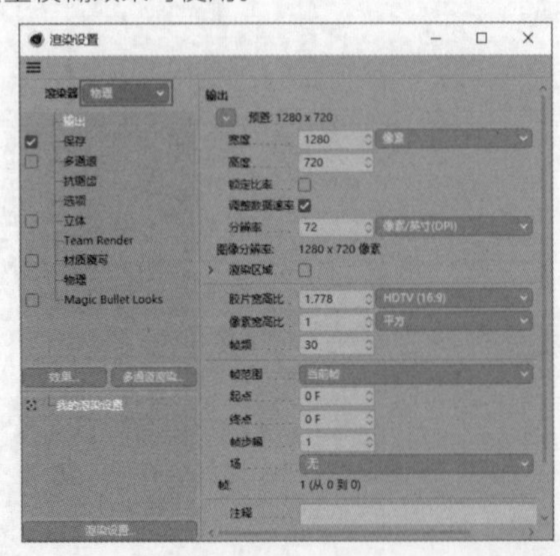

图 6-2

6.1.3 视窗渲染器

视窗渲染器可以渲染视图显示的效果，简单来说就是截屏，常在预览动画时使用，如图6-3所示。

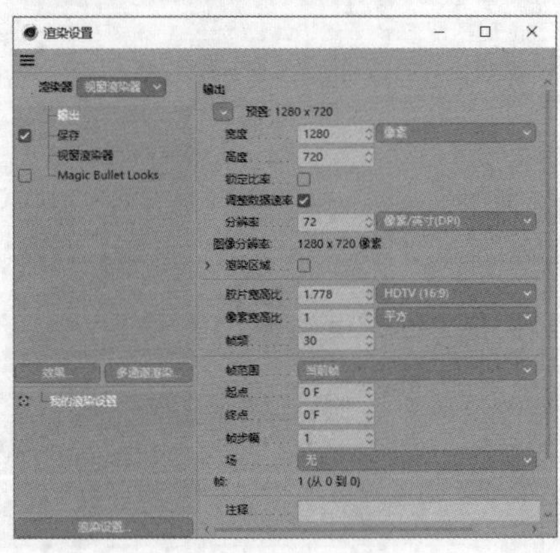

图 6-3

疑难解答　如何选择渲染器？

除了渲染器插件，多数渲染使用标准渲染器，它的优点是稳定且快速。当有大量模糊或者景深效果时，可以使用物理渲染器。

6.2 渲染设置

在“渲染设置”面板中，可以设置渲染内容的尺寸、清晰度，以及全局光照等。

6.2.1 输出

在“输出”选项中可以设置输出图片的尺寸、分辨率和渲染帧范围等，如图6-4所示。勾选“锁定比率”选项后，无论调整“宽度”还是“高度”，另一个数值都会依据“胶片宽高比”同步更改。

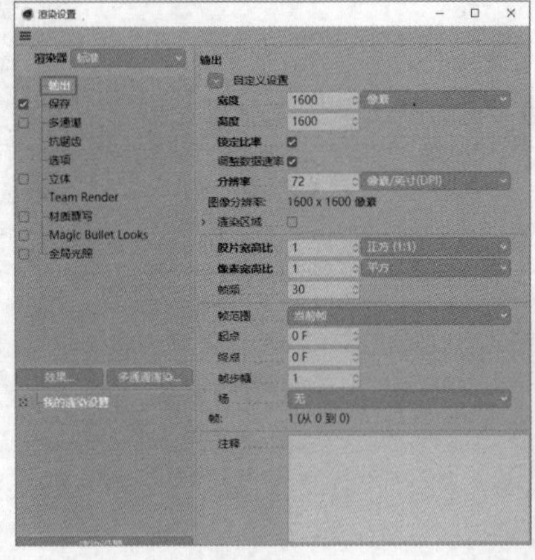

图 6-4

6.2.2 保存

在“保存”选项中可以设置渲染图片的保存路径、格式和名称等，如图6-5所示。

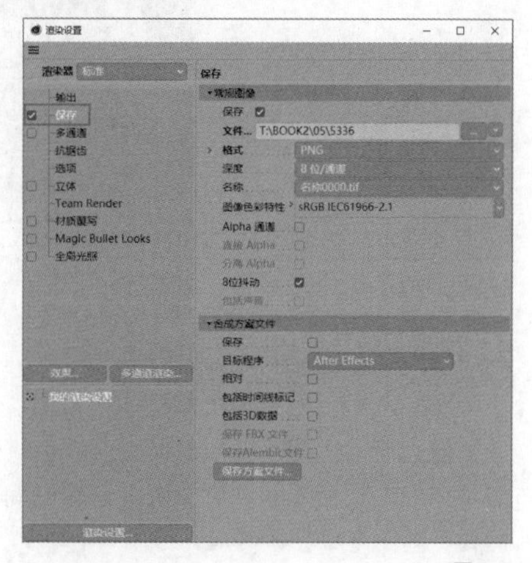

图 6-5

技巧提示 建议将渲染图片的格式设置为PNG格式，PNG格式可以带有Alpha通道信息，无损且体积小。

勾选“Alpha通道”选项可以保存图片的透明度信息；勾选“直接Alpha”选项可以将透明度信息只存储在Alpha通道中，而不存储在其他可见的颜色通道中，如图6-6所示。

图 6-6

6.2.3 抗锯齿

“抗锯齿”选项控制的是模型边缘的锯齿，可以让模型的边缘变得光滑、细腻，如图6-7所示。

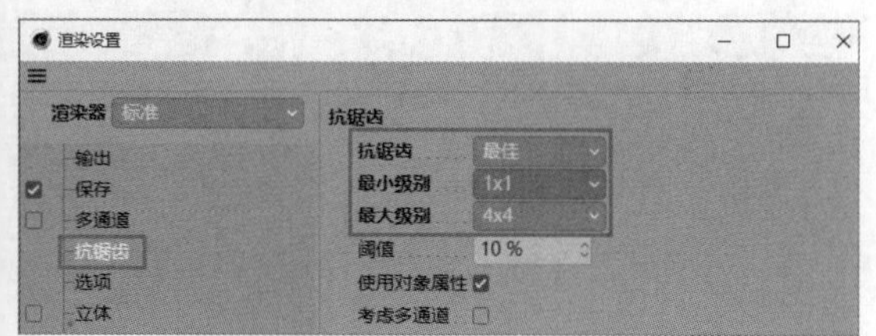

图 6-7

设置“抗锯齿”为“无”，模型的边缘与反射细节会有锯齿，如图6-8所示。设置“抗锯齿”为“几何体”，模型边缘与反射细节的锯齿会得到改善，如图6-9所示。设置“抗锯齿”为“最佳”,“最小级别”为2×2,“最大级别”为4×4，模型边缘与反射细节的锯齿就消失了，如图6-10所示。

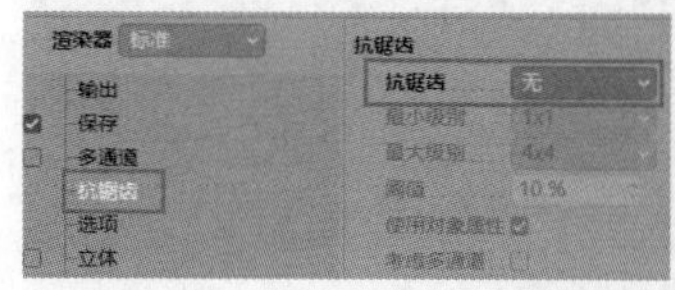

图 6-8

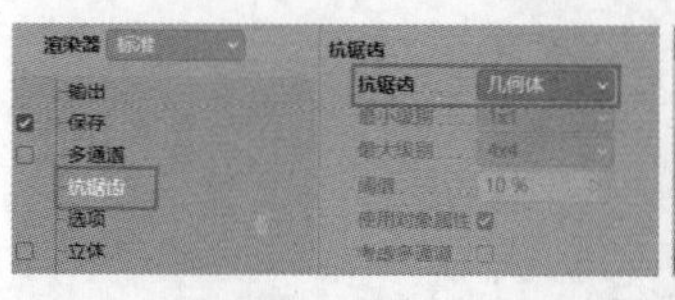

图 6-9

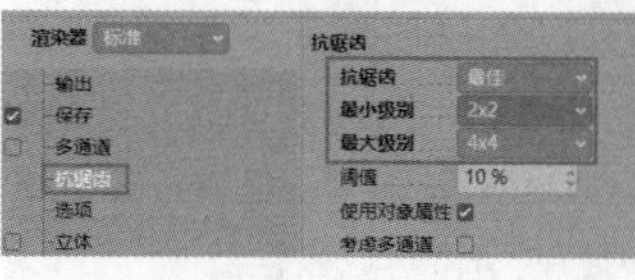

图 6-10

技巧提示 为了快速观察效果，测试渲染时通常设置“抗锯齿”为“几何体”。在输出成品时，可以设置“抗锯齿”为“最佳”,“最小级别”与“最大级别”的数值越大，效果越好，但是渲染时间就越长。通常设置“最小级别”为2×2,“最大级别”为4×4，这样既可以达到不错的效果，渲染时间也不会过长。

6.2.4 材质覆写

在“材质覆写”选项中可以用一个材质覆盖掉模型原有的材质，如图6-11所示。

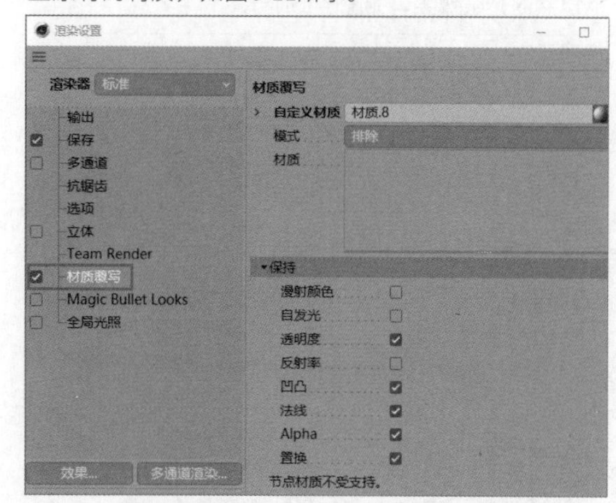

图 6-11

图6-12所示的模型中有多个颜色材质，将一个默认材质拖曳至“材质覆写”选项中的“自定义材质”中，整个场景就应用了默认的材质效果，如图6-13所示。

图 6-12

图 6-13

选择“模式”中的“排除”选项即可排除“材质”列表中的材质。例如排除红色的材质，这样原本场景中的红色材质就不会被覆盖，如图6-14所示。

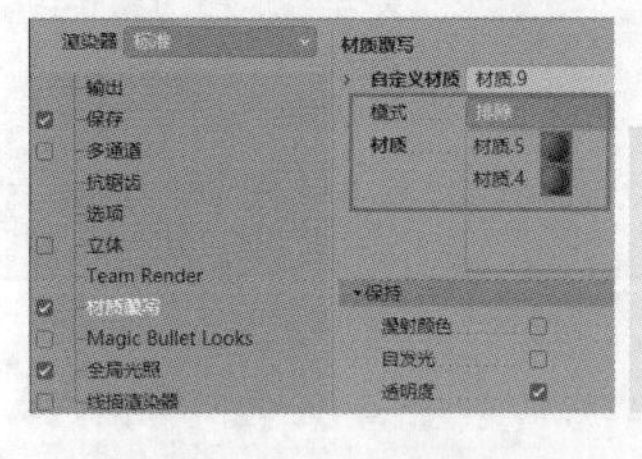

图 6-14

6.2.5 全局光照

在自然环境中，光照射到物体后会有反射和折射现象。在Cinema 4D中，可以通过“全局光照”来模拟自然的光照效果，如图6-15所示。

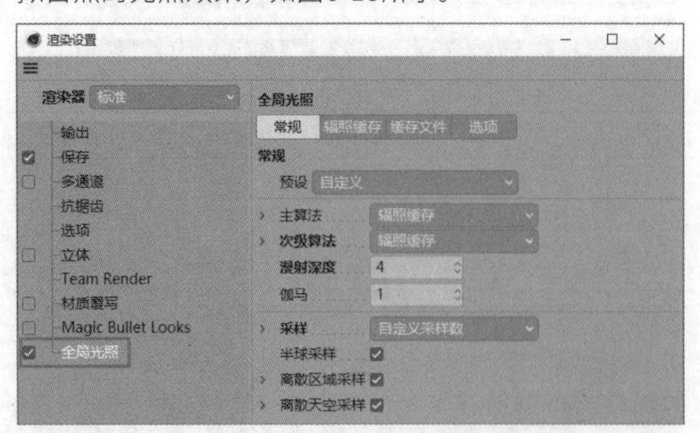

图 6-15

技巧提示 “全局光照”不是“渲染设置”面板中的默认选项，需要通过单击“效果”按钮 效果... ，在弹出的菜单中选择“全局光照”命令来添加，如图6-16所示。

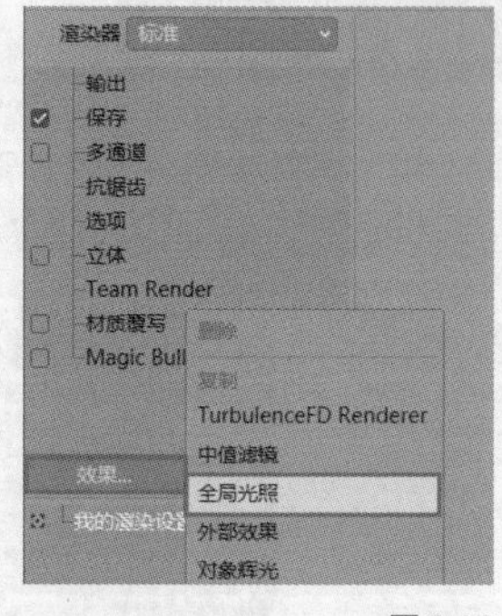

图 6-16

1.主算法

图6-17所示为一个汽车模型，单击“渲染活动视图”，可以发现画面中有大面积黑色，无法看清细节，如图6-18所示。要解决画面死黑的问题，就需要加入“全局光照”效果。

图 6-17

图 6-18

使用“天空”工具创建一个天空环境，并为天空赋予默认材质，如图6-19所示。添加“全局光照”效果，然后设置“主算法”为“辐照缓存”。渲染过后可以发现，原来画面非常黑的地方被照亮了，如图6-20所示。设置“次级算法”为“辐照缓存”，渲染后画面的暗部层次变得更加丰富了，如图6-21所示。

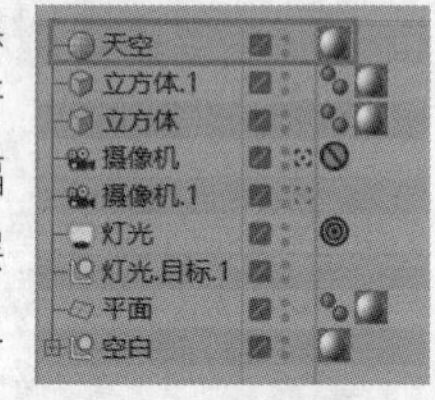

图 6-19

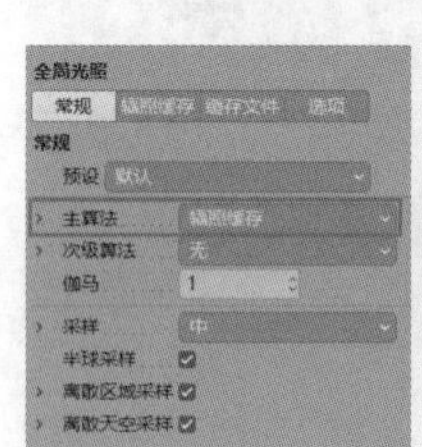

图 6-20

图 6-21

增加“次级算法”后，画面渲染的时间为6秒，如图6-22所示。当设置“主算法”与“次级算法”都为“准蒙特卡罗（QMC）”时，画面渲染的时间为36秒，如图6-23所示。渲染后的效果如图6-24所示。

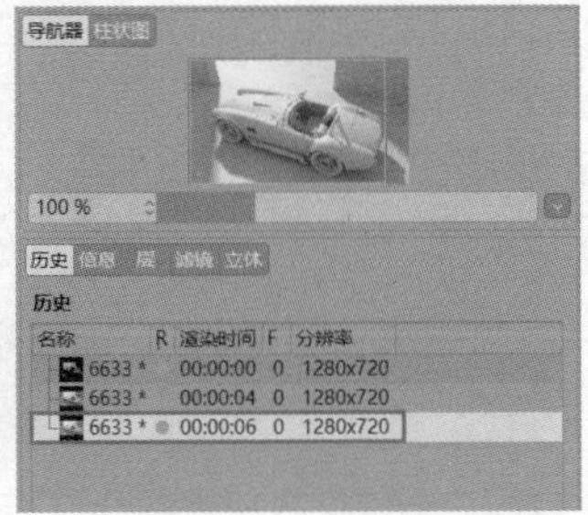

图 6-22

图 6-23

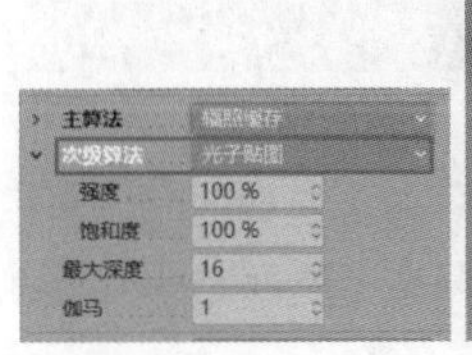

图 6-24

技术专题：“准蒙特卡罗（QMC）”与“辐照缓存”的区别

“准蒙特卡罗（QMC）”与“辐照缓存”都是计算全局光照的算法。对比两种算法，渲染的结果好像没有明显区别，但是时间却相差30秒。可以将“准蒙特卡罗（QMC）”理解为对整个画面都进行精确的计算，以达到更好的效果，但耗费时间也比较长。而“辐照缓存”是取一些关键点进行精确的计算，对其他地方进行快速估算，所以用时相对较短，通常选择“辐照缓存”算法即可。

“次级算法”中还有“辐射贴图”与“光子贴图”选项。设置“次级算法”为“辐射贴图”，渲染后的效果如图6-25所示。“辐射贴图”的优点是渲染速度快，缺点是渲染的画面局部会比较暗，不够通透，通常不使用。

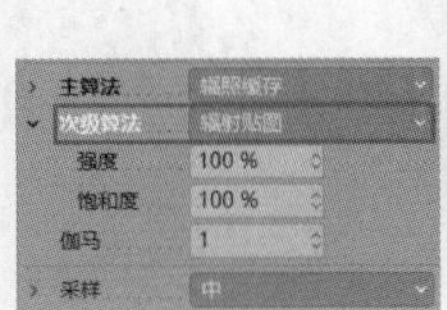

图 6-25

设置“次级算法”为“光子贴图”，渲染后的效果如图6-26所示。“光子贴图”的优点是渲染速度快，缺点是局部细节可能会出现漏光的情况，整体效果与“辐照缓存”相差不大，也是比较好的计算方法。

图 6-26

2.采样

“采样”决定着全局光照计算的质量。设置“采样数量”为10，渲染的效果较差，如图6-27所示。

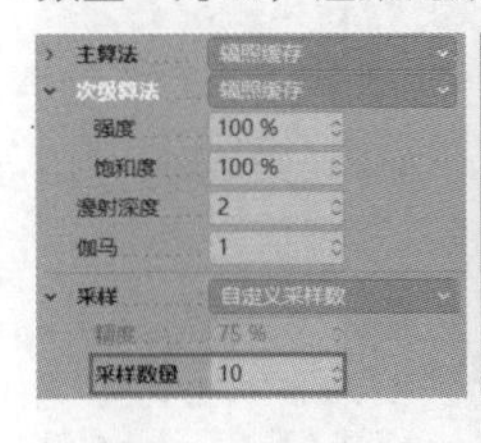

图 6-27

设置“采样数量”为64，渲染的效果有明显提升，渲染时间也随之增加，如图6-28所示。当画面较亮时，设置“采样数量”为64，即可满足多数渲染需求；当画面较暗时，渲染后会出现光斑现象，此时可增加采样数量并重新渲染。

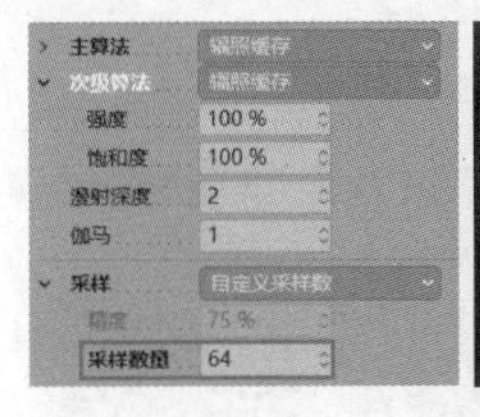

图 6-28

在“采样”中可以设置采样的质量，通过质量自动优化采样数量。设置“采样”为“中”，可以满足多数情况下的渲染需求，如图6-29所示。

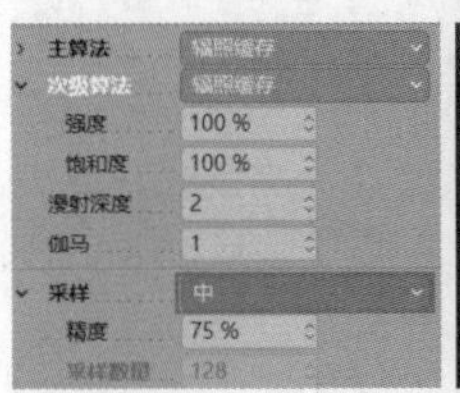

图 6-29

3.辐照缓存

在“辐照缓存”选项卡中可以设置辐照缓存的细节。设置“记录密度”为“预览”，渲染花费的时间为

2秒，整体效果不错，仅局部有光斑，如图6-30所示。

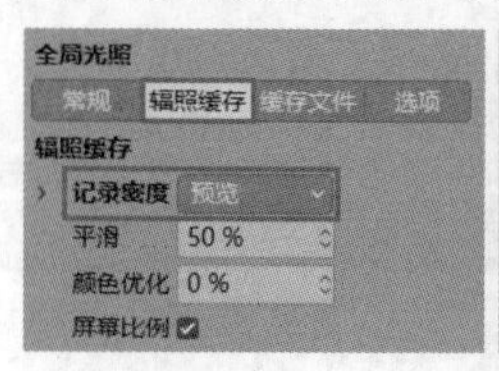

图 6-30

设置“记录密度”为“低”，渲染花费的时间为3秒，整体效果不错，局部细节略有不易察觉的光斑，如图6-31所示。

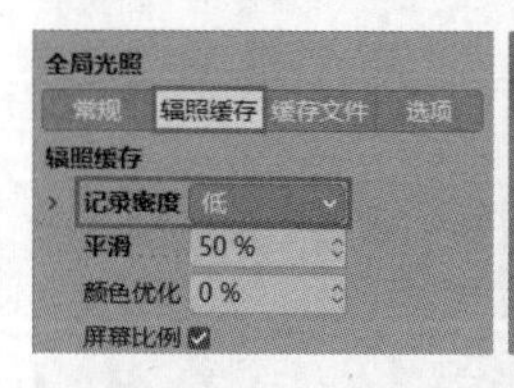

图 6-31

设置“记录密度”为“中”，渲染花费的时间为6秒，局部细节表现得更好了，如图6-32所示。

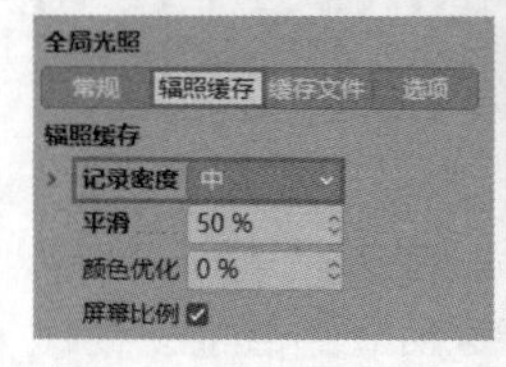

图 6-32

综上，设置“记录密度”为“低”即可满足多数情况的渲染需求，而且渲染速度比较快。

4.其他细节设置

单击“主算法”与“次级算法”左侧的>图标可以将其展开，显示更多的选项，如图6-33所示。

图 6-33

“漫射深度”可以用来增加光线反弹的漫射深度，数值越大，暗部越通透。设置“漫射深度”为8，如图6-34所示。

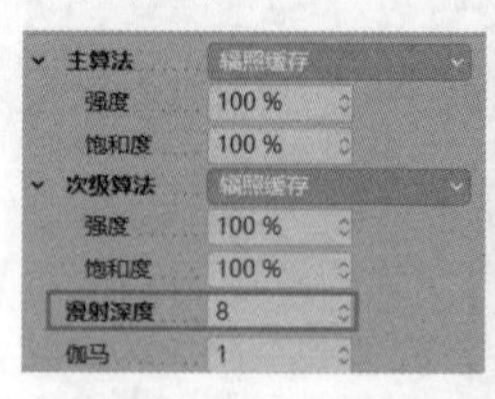

图 6-34

“强度”可以用来提高暗部的亮度，设置“强度”为150%，画面的暗部变得透亮，如图6-35所示。

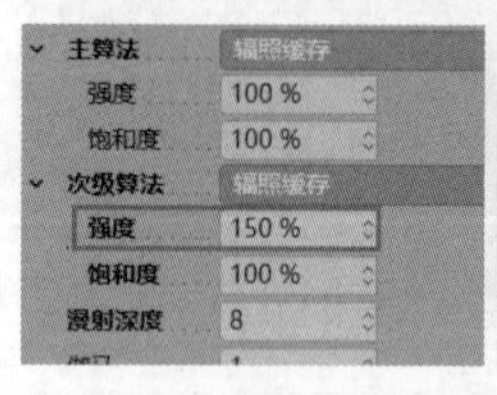

图 6-35

“伽马”可以用来调整画面的中间值。增大“伽马”值，画面的灰色区域更亮，反之则更暗。设置“伽马”为1.5，画面变得更亮了，如图6-36所示。

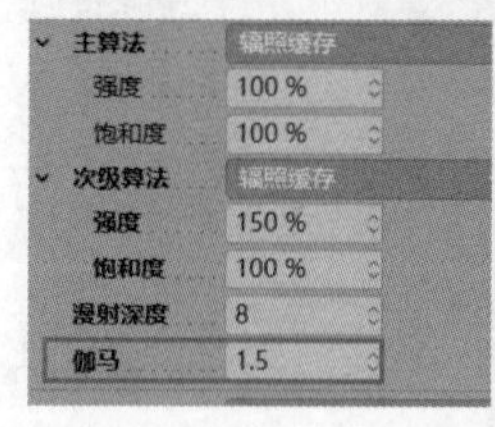

图 6-36

“饱和度”可以用来控制颜色的溢出效果。设置“饱和度”为50%，画面中无明显色溢效果，如图6-37所示。设置“饱和度”为100%，观察车轮与驾驶舱区域，因为颜色之间的相互影响，略有色溢效果，效果如图6-38所示。“饱和度”值越大，色溢效果越明显。

图 6-37

图 6-38

6.2.6 环境吸收

通过“环境吸收”选项可以模拟模型交界处的闭塞阴影，如图6-39所示。

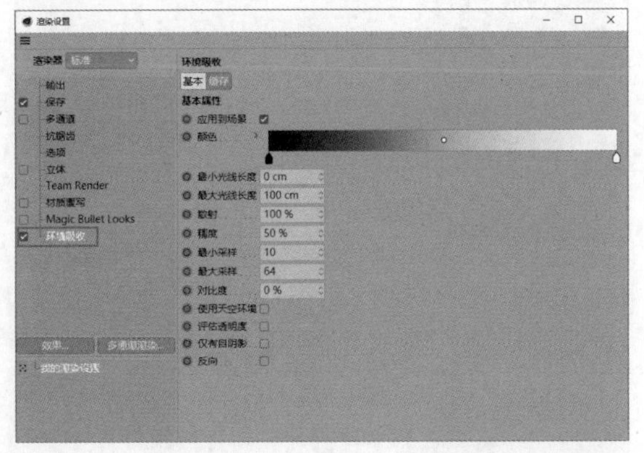

图6-39

当添加“环境吸收”属性时，模型交界处变暗了，效果并不理想，如图6-40所示。

图6-40

技巧提示 很多读者会习惯加入“环境吸收”属性，因为Cinema 4D R15之前的版本计算方法不够好，模型交界处计算得不够清晰，层次较弱。但是R15之后的版本算法更新了，再添加“环境吸收”属性可能会使画面效果比较脏，所以通常无须添加“环境吸收”属性。

未添加“环境吸收”属性时，场景整体光影比较和谐，如图6-41所示。

图6-41

技术专题：降噪

当画面中有明显噪点时，可以使用“降噪器”进行降噪，如图6-42所示。降噪后，虽然画面中的噪点消失了，但也损失了一些小细节，如图6-43所示。

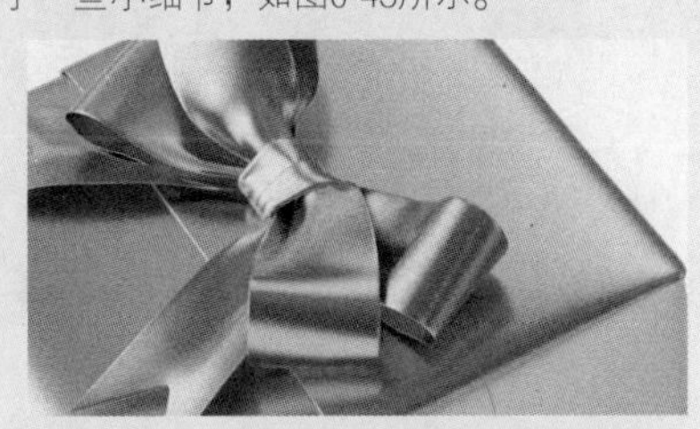

图6-42

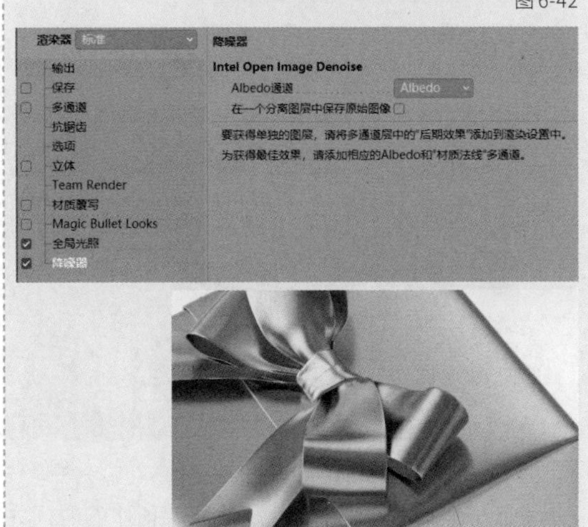

图6-43

6.2.7 物理

当使用物理渲染器时，会自动添加“物理”选项，该选项中常用的参数为“采样品质”，如图6-44所示。

图6-44

设置“采样品质”为“低”，渲染花费的时间为18秒，效果如图6-45所示。可以看到，画面不够清晰，有明显的噪点，但是渲染速度快，消耗时间少。

图 6-45

设置“采样品质”为“中”，渲染花费的时间为46秒，效果如图6-46所示。可以看到，画面相对清晰，噪点也少了很多，渲染的时长相对适中。

图 6-46

设置“采样品质”为“高”，渲染花费的时间为156秒，如图6-47所示。可以看到，画面的清晰度较高，噪点几乎没有了，但是需要较长的渲染时间。

图 6-47

技术专题：线描渲染效果

“线描渲染器”主要用于制作线描效果。图6-48所示为一个场景模型及其渲染后的效果。

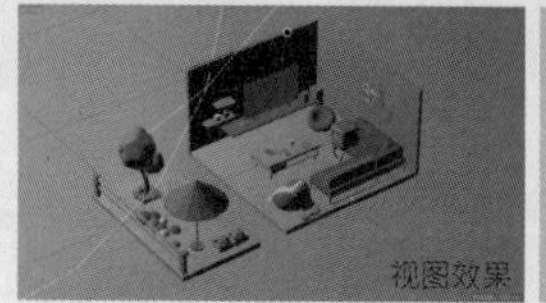

图 6-48

单击“效果”按钮 效果... ，在弹出的菜单中选择“线描渲染器”命令，即可将该选项添加到“渲染设置”面板中，如图6-49所示。

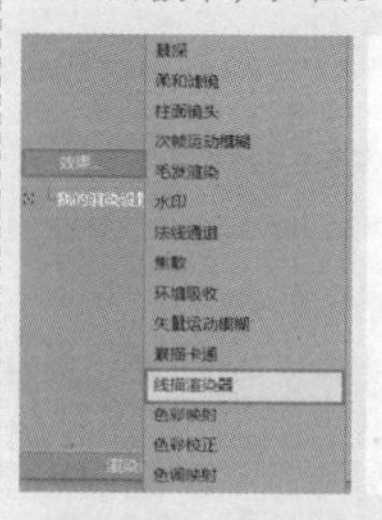

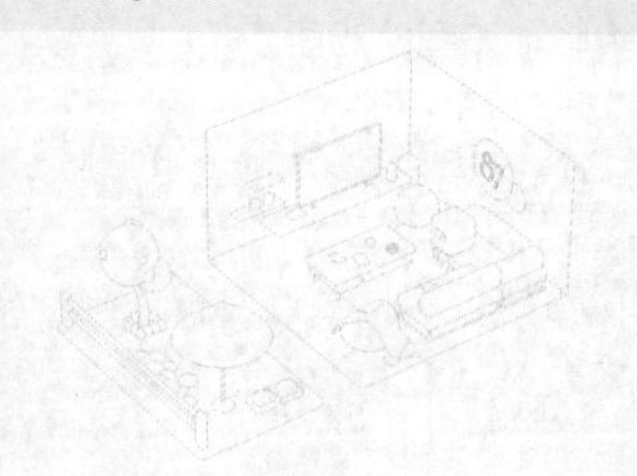

图 6-49

勾选“边缘”选项，则所有的模型线都会被渲染出来，如图6-50所示。

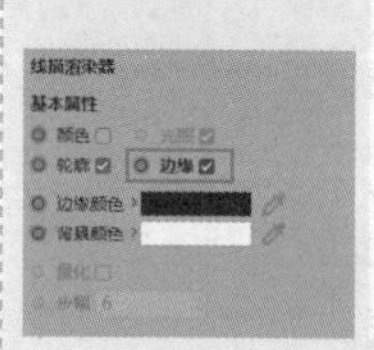

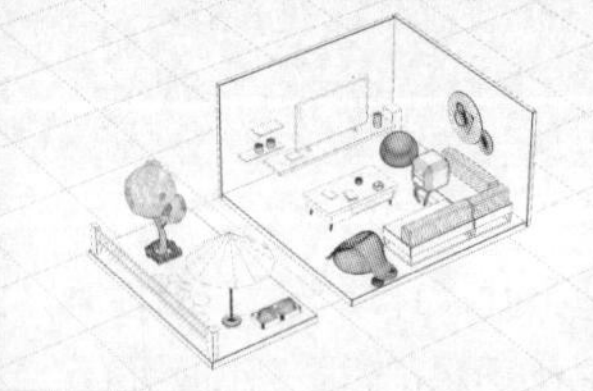

图 6-50

勾选“颜色”选项，则模型原来的颜色会被渲染出来，如图6-51所示。

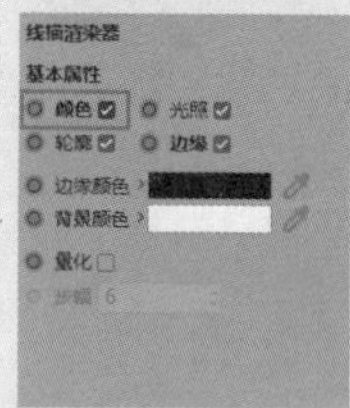

图 6-51

取消勾选“边缘”选项，渲染后的画面就只有边框的线，画面更加清晰，如图6-52所示。

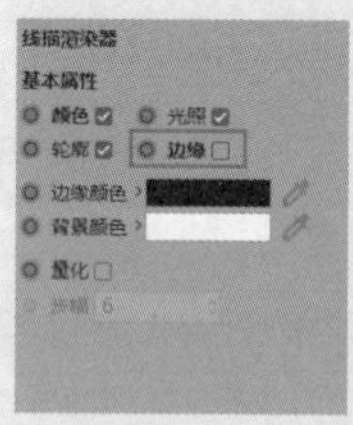

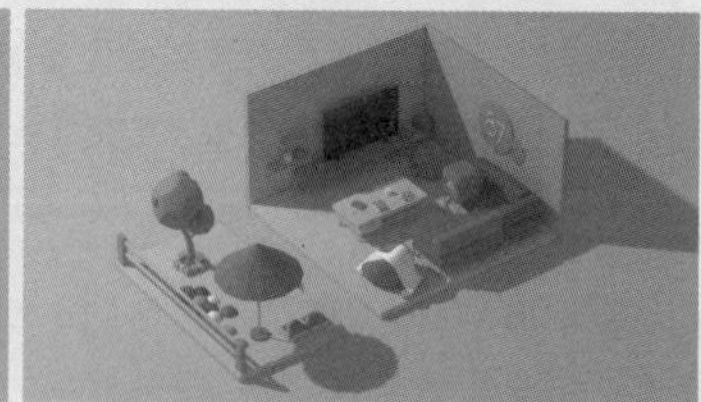

图 6-52

取消勾选“颜色”和“边缘”选项，设置“边缘颜色”为白色，“背景颜色”为黑色，渲染后就能获得黑色背景和白线框的渲染画面，如图6-53所示。

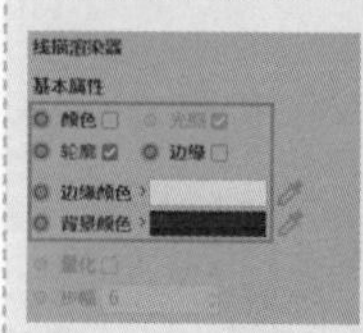

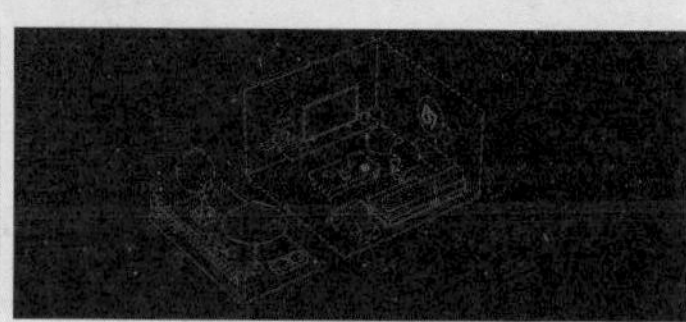

图 6-53

实战：渲染键盘效果图

◇ 场景位置	场景文件 >CH06>01.c4d
◇ 实例位置	实例文件 >CH06> 实战：渲染键盘效果图 .c4d
◇ 视频名称	实战：渲染键盘效果图 .mp4
◇ 学习目标	掌握渲染的方法
◇ 操作重点	材质的制作及渲染输出

本实例将通过键盘模型讲解制作材质及渲染输出，参考效果如图6-54所示。

图 6-54

1.制作灯光白模

01 打开本书资源文件“场景文件>CH06>01.c4d”，使用“目标聚光灯”工具创建目标聚光灯，然后设置“类型”为“区域光”，“投影”为“区域”，灯光大小与位置如图6-55所示。

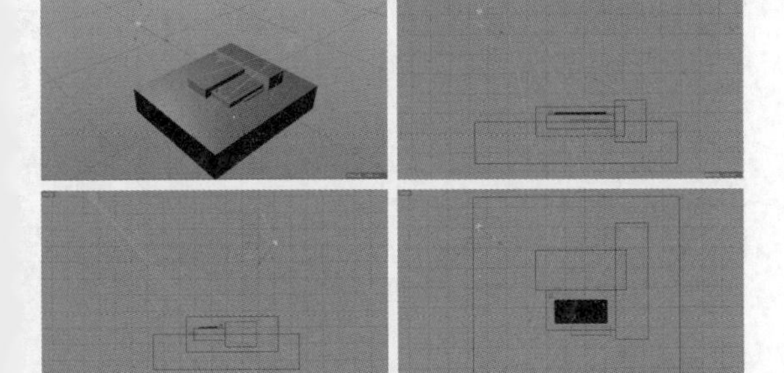

图 6-55

02 使用“天空”工具创建一个天空环境，然后为场景添加“全局光照”效果，参数如图6-56所示。

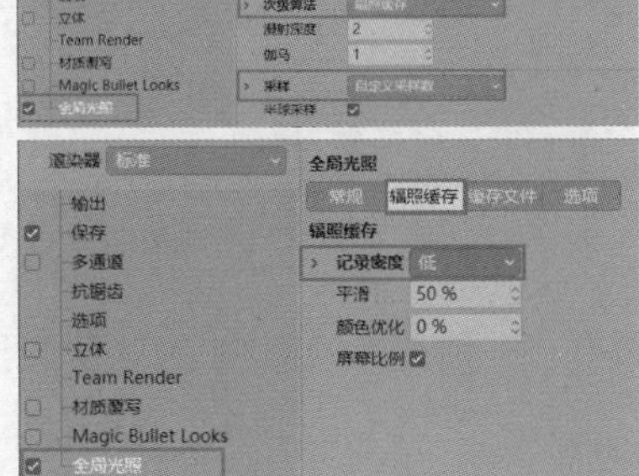

图 6-56

03 创建一个默认材质，选择“发光”通道，在“纹理”选项中加载一张HDR贴图，如图6-57所示。渲染后的效果如图6-58所示。

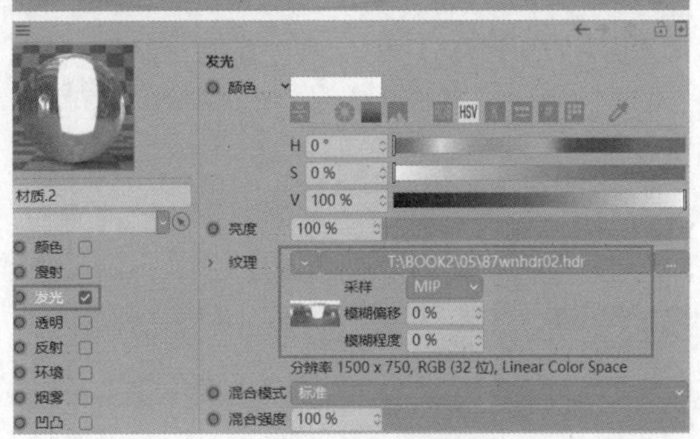

图 6-57

图 6-58

2.制作材质

01 创建一个默认材质，设置“颜色”为紫色。在“反射”通道中设置“添加”为GGX，然后设置“层1”强度为5%，“粗糙度”为0%，如图6-59所示。将材质赋予除键盘外的其他对象，渲染后的效果如图6-60所示。

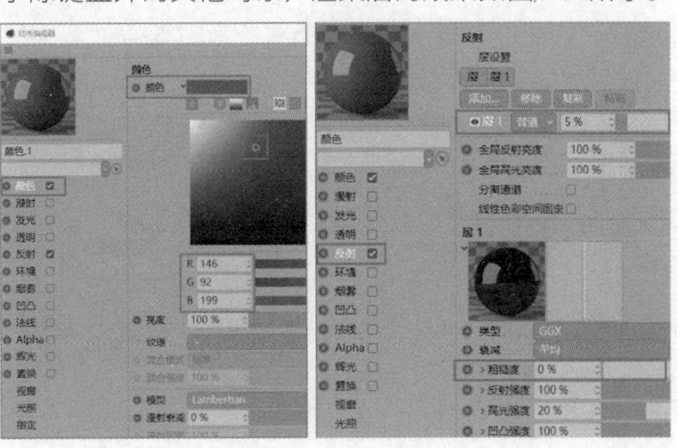

图 6-59

图 6-60

02 创建一个默认材质，在“颜色”通道中加载一张纹理图片，如图6-61所示。在“反射”通道中设置“添加”为GGX，然后设置“层1”强度为8%，“粗糙度”为30%，如图6-62所示。

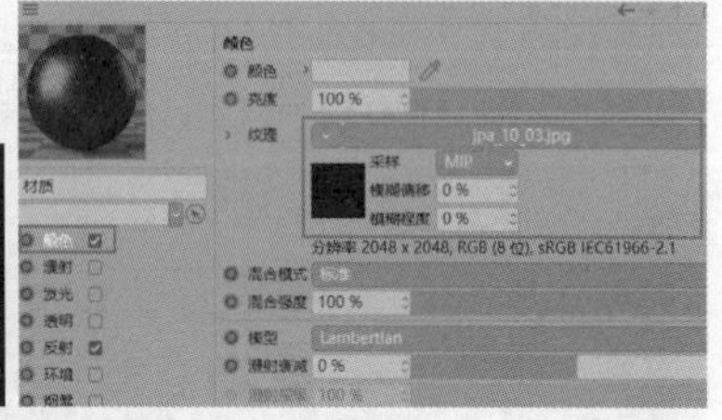

图 6-61

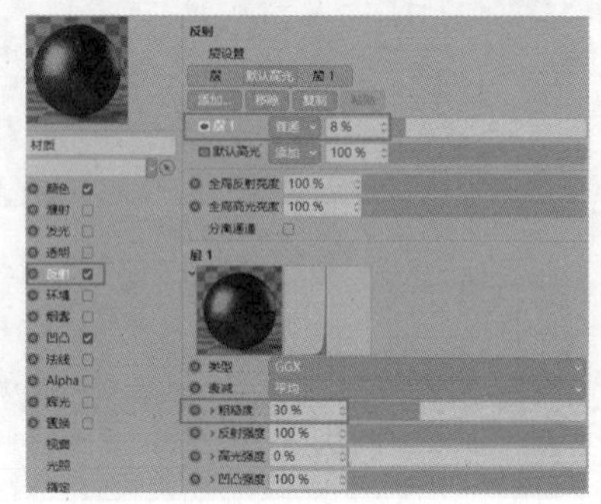

图 6-62

技巧提示 当有真实的反射时，默认高光多数情况下并不理想，所以使用反射层时通常都会关闭或删除“默认高光”层。

03 在“凹凸”通道中设置“纹理”为“噪波”，“强度”为2%。在“噪波”纹理中设置“全局缩放”为0.6%，如图6-63所示。将材质赋予按键模型，渲染后的效果如图6-64所示。

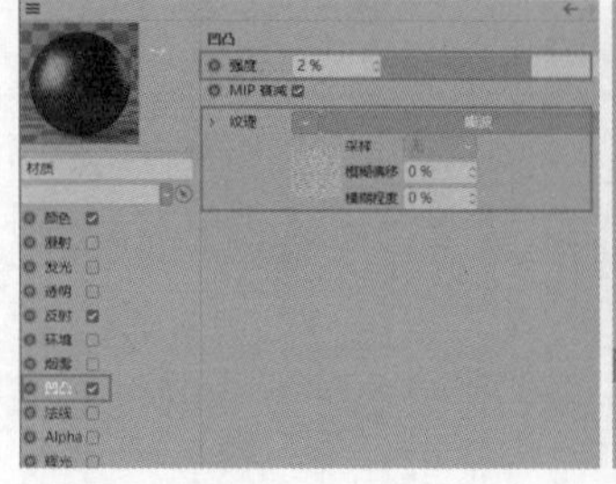

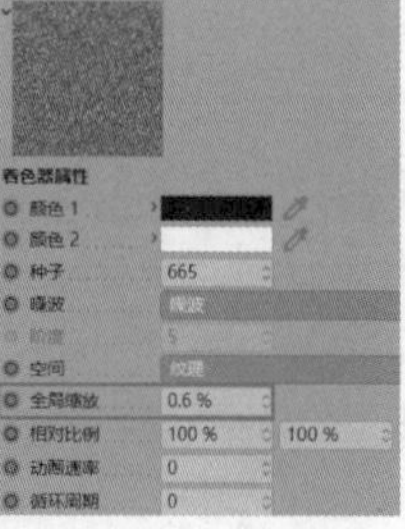

图 6-63

图 6-64

04 创建一个默认材质，设置“颜色”为深灰色；在“反射”通道中设置“添加”为GGX，然后设置“层1”强度为15%，“粗糙度”为23%，如图6-65所示。将材质赋予键盘模型的下方，渲染后的效果如图6-66所示。

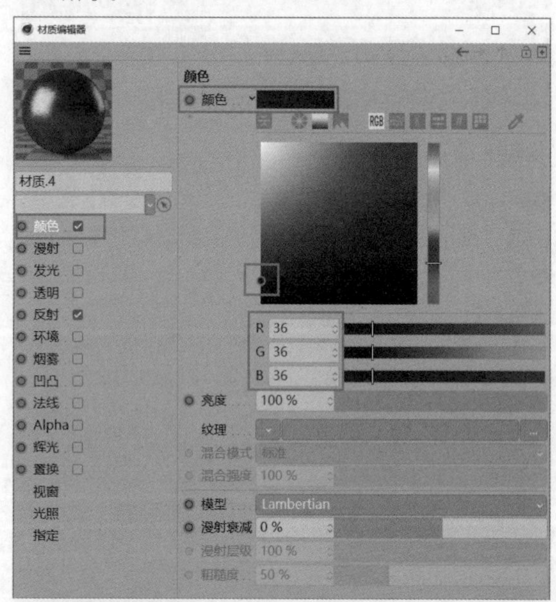

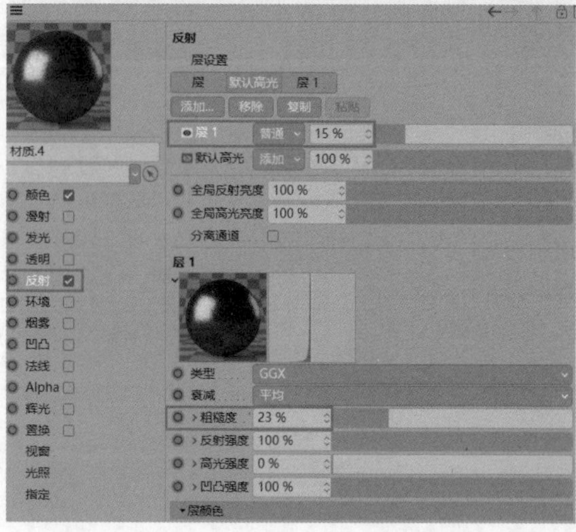

图 6-65

图 6-66

05 创建一个默认材质，设置“颜色”为深灰色；在“反射”通道中设置“添加”为GGX，然后设置“层1”强度为10%，“粗糙度”为31%，如图6-67所示。将材质赋予键盘模型顶部，渲染后的效果如图6-68所示。

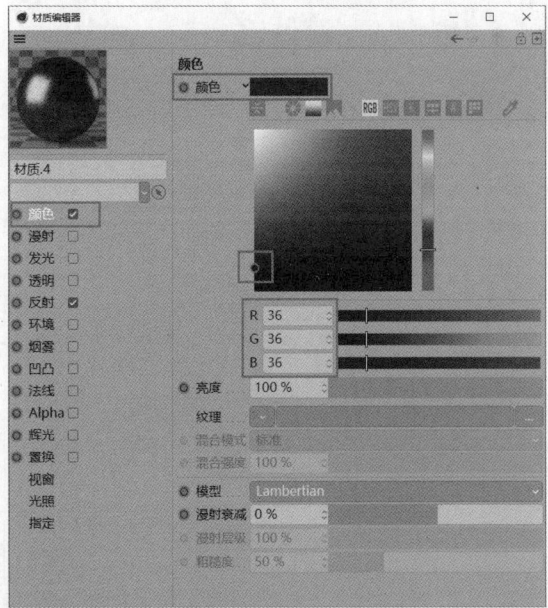

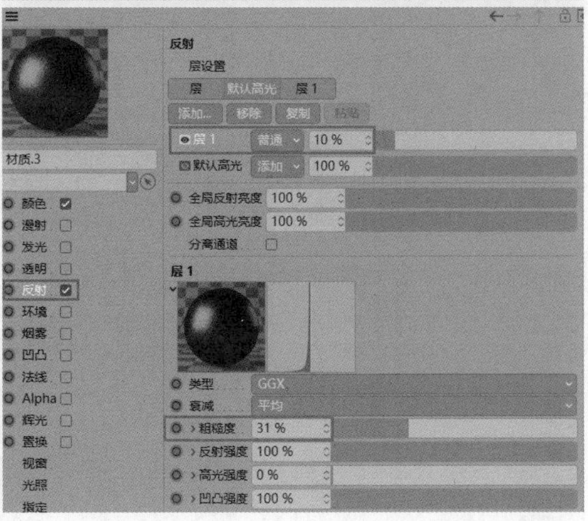

图 6-67

图 6-68

3.增加反射细节

01 创建一个平面模型，参数如图6-69所示。创建一个默认材质，在“发光”通道中设置“颜色”为白色，“亮度”为110%，如图6-70所示。

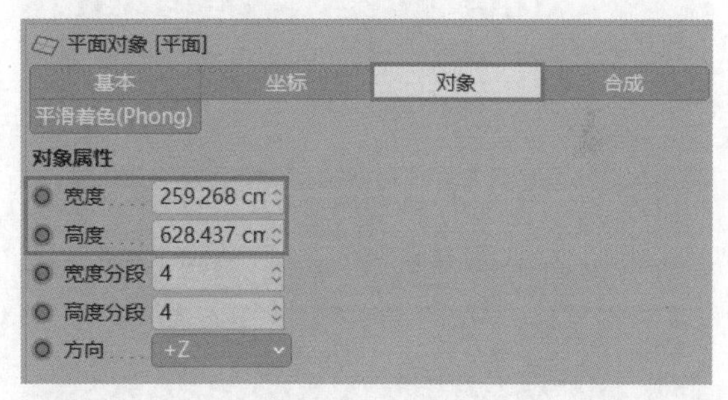

图 6-69

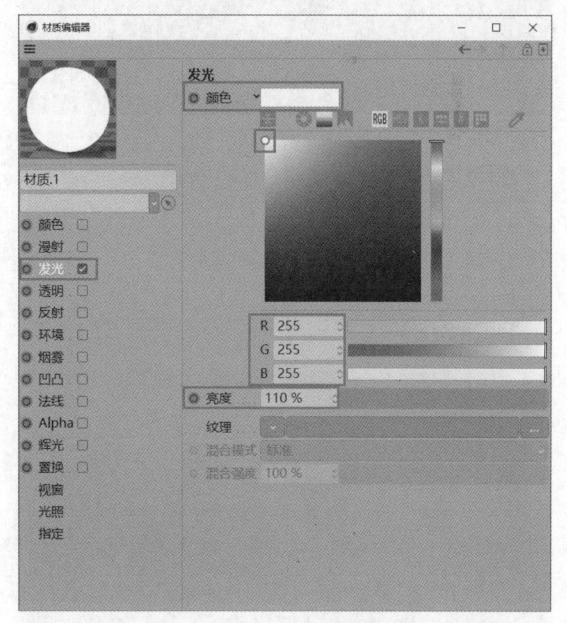

图 6-70

02 将添加了“反光”效果的平面置于键盘的上方，此时视图窗口中就会显示出反射的效果，如图6-71所示。渲染后的效果如图6-72所示。

图 6-71

图 6-72

技巧提示 观察渲染后的效果图，可以发现添加“反光”效果后的画面左侧有了更多的反射细节。紫色材质的反射是清晰的，键盘材质的反射是粗糙的。

4.渲染输出

01 打开“渲染设置”面板，设置“渲染器”为“物理”，“采样品质”为“中”，如图6-73所示。

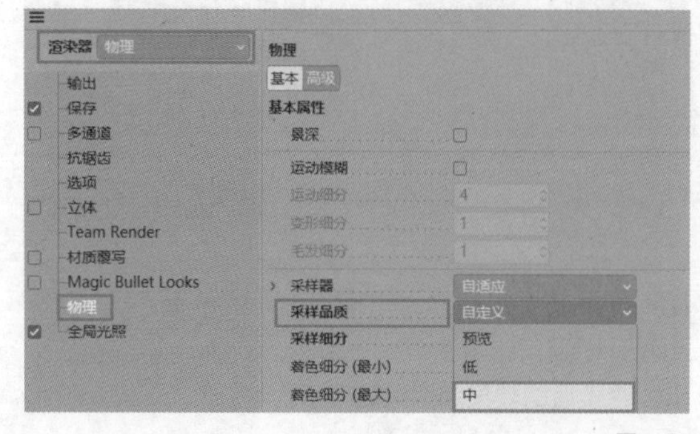

图 6-73

技巧提示 物理渲染器对模糊效果渲染得更快，细节也处理得更好。场景中有大量模糊、较为细致的模糊细节、景深等效果时，可以使用物理渲染器。使用物理渲染器后，不需要调整“抗锯齿”，直接更改“采样品质”即可，通常改为“中”，高质量时改为“高”，但是渲染时间会比较长。

02 选择“输出”选项，设置“宽度”为2100像素、“高度”为1200像素；勾选“保存”选项，将“文件”设置为保存的路径，设置“格式”为PNG，如图6-74所示。最终效果如图6-75所示。

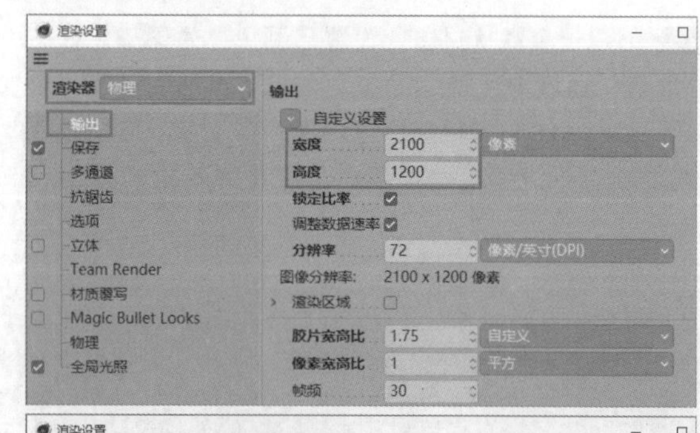

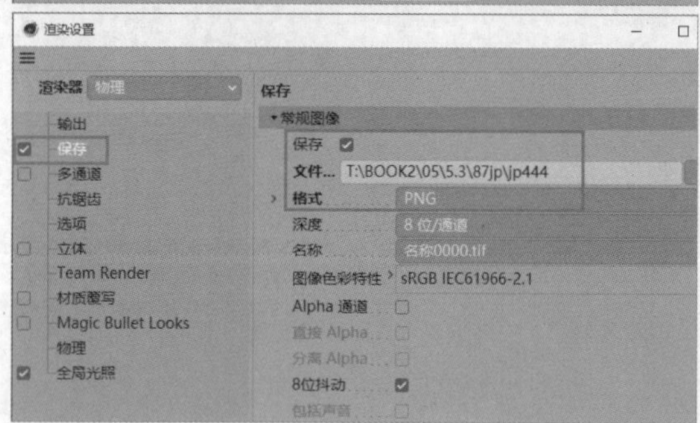

图 6-74

图 6-75

第 7 章 Octane Render

■ 学习目的

本章主要介绍Octane渲染器的使用方法。通过对本章的学习，读者可以掌握Octane初始设置和Octane的工作流程，以及如何使用该渲染器创建灯光、环境、材质、节点和摄像机。

■ 主要内容

- Octane初始设置与工作流程
- Octane灯光与环境
- Octane常用材质的调整方法
- Octane节点编辑器
- Octane摄像机与后期效果

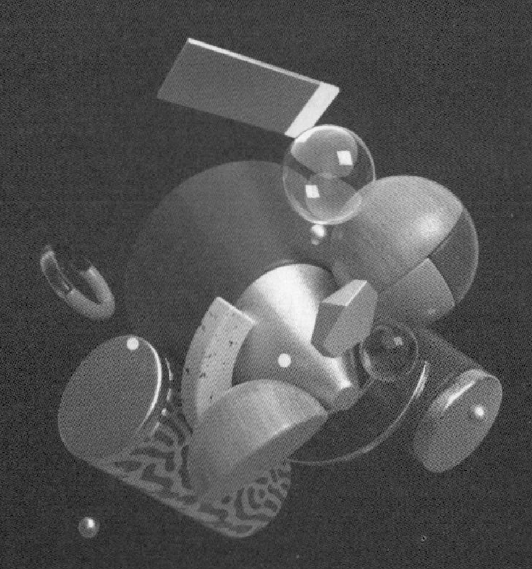

7.1 Octane渲染界面

Octane Render（简称Octane）是一款渲染器插件，不仅可以模拟真实的光影计算，还提供多种材质类型，可使画面更加真实。虽然Octane渲染器有很多优点，但是这个插件不够稳定，所以制作时要养成保存与备份的习惯。

7.1.1 实时查看窗口

当安装好Octane渲染器后，执行“Octane>Octane实时查看窗口”菜单命令，可以打开“Octane实时查看窗口”，如图7-1所示。

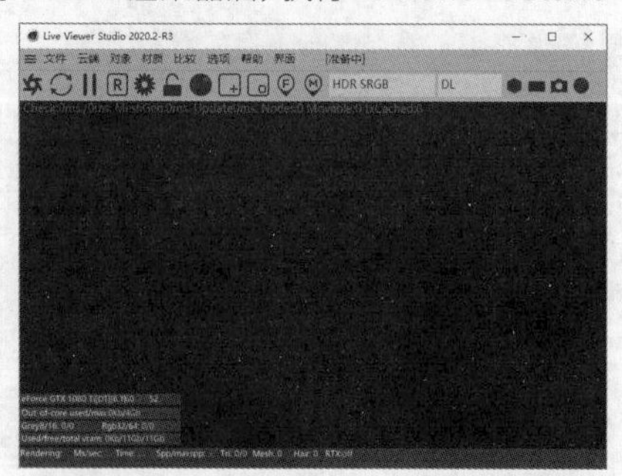
图 7-1

技巧提示 默认开启的Octane实时查看窗口是悬浮在Cinema 4D界面上的，会挡住界面内容，操作起来并不方便，如图7-2所示。单击窗口左上角的☰图标，可以把窗口嵌入Cinema 4D界面中，如图7-3所示。

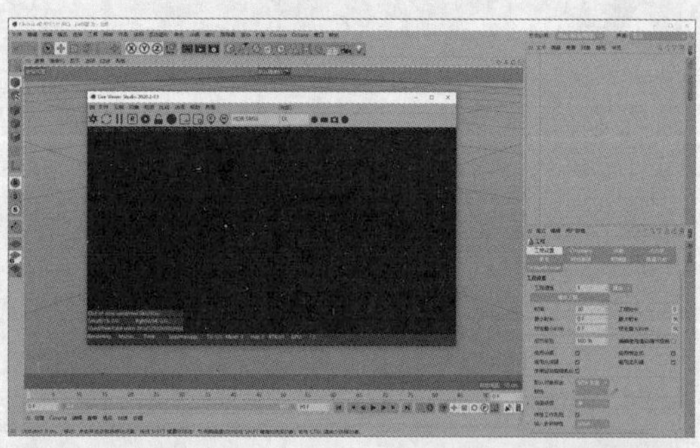
图 7-2

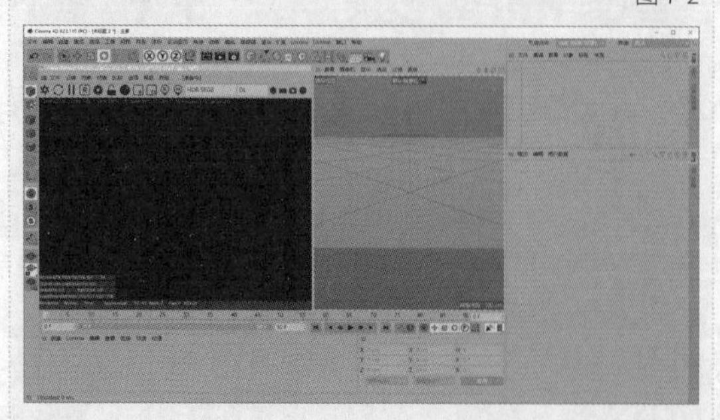
图 7-3

7.1.2 工具栏

菜单栏下方为工具栏，里面包含了Octane的常用工具，如图7-4所示。

图 7-4

开始实时渲染：单击此按钮，会发送场景并开始渲染。

重新开始渲染：渲染暂停后，单击此按钮，会重新开始渲染。

暂停渲染：渲染时单击此按钮，会暂停渲染。

重新渲染数据：单击此按钮，会重置GPU数据。

渲染设置：单击此按钮，会打开“Octane设置”面板。

锁定分辨率：单击此按钮，会锁定渲染的分辨率。

材质模型：单击此按钮，可以调整为白模。

区域渲染：单击此按钮，渲染区域周边会显示缓存数据。

区域渲染：单击此按钮，渲染区域周边会显示为黑色。

对焦工具：单击此按钮，可以形成景深效果。

拾取材质：单击此按钮，可以拾取材质。

7.2 Octane初始设置与工作流程

在使用Octane渲染器前，一般需要对其进行初始设置。Octane渲染器的设置参数较多，下面进行深入讲解。

7.2.1 初始设置

单击“开始实时渲染”按钮，打开“Octane设置”面板，在“核心”选项卡中选择“路径追踪”模式，设置“最大采样”为100，“过滤尺寸”为0.4，“全局光照修剪”为1，如图7-5所示。完成初始设置后，就可以使用Octane开始渲染了。

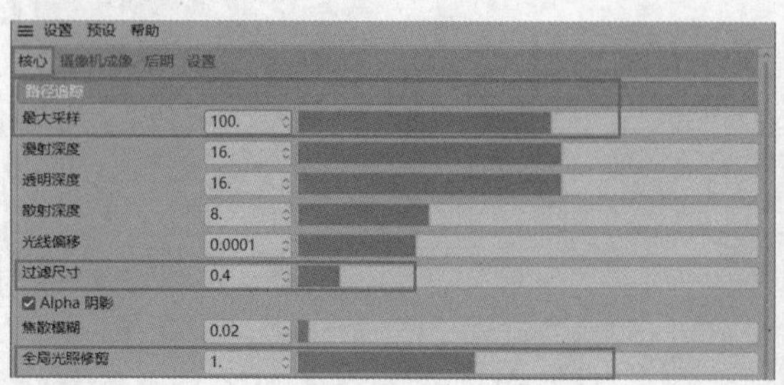

图 7-5

路径追踪：为"无偏"渲染模式，可以获得更为真实的图像。渲染速度较快，也可能被翻译为"PT模式"或"光线追踪"。本书中的实例均使用该模式进行渲染。

最大采样：控制渲染图像的精度。该值越大，渲染的图像越清晰，渲染所用的时间越长；该值越小，渲染的图像越不清晰，渲染所用的时间越短。当设置"最大采样"为10时，渲染的效果不够清晰，画面中有较多的杂色，如图7-6所示。当设置"最大采样"为100时，渲染的效果清晰了很多，杂色也变少了，如图7-7所示。当设置"最大采样"为600时，渲染的效果更加清晰了，杂色也几乎不见了，如图7-8所示。

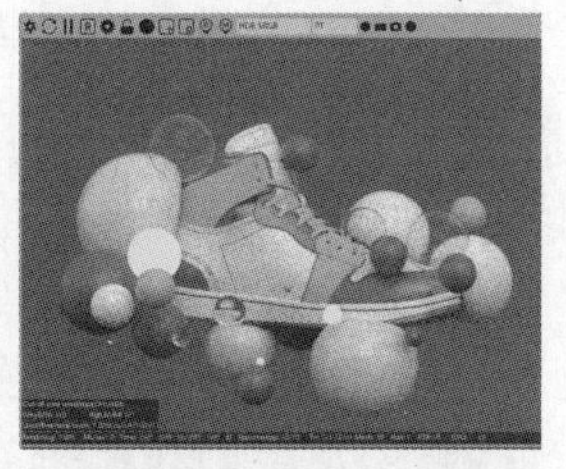

图 7-6

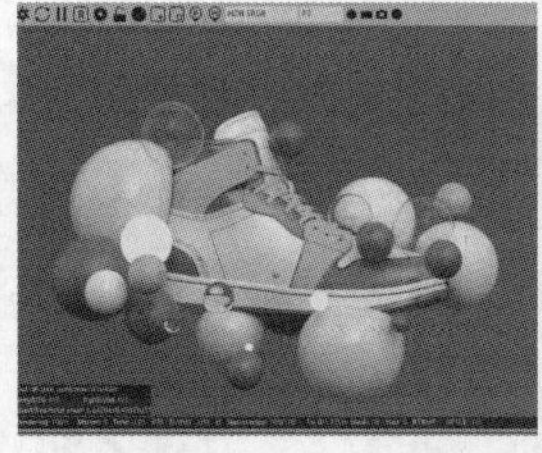

图 7-7

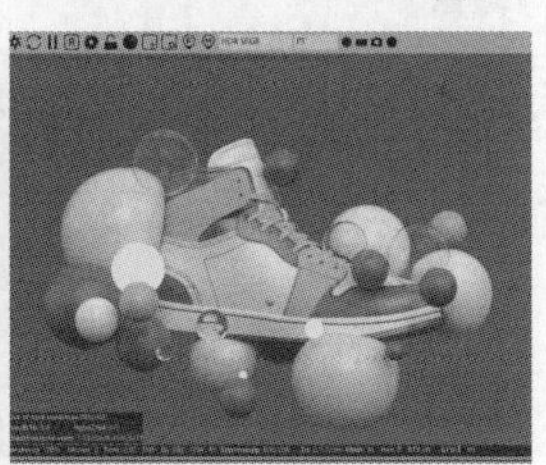

图 7-8

疑难解答 **为什么设置"最大采样"为2000，画面还是模糊的？**

渲染是需要花费时间的，即使设置了"最大采样"为2000，但并不是图像瞬间就有了2000的采样数量，而是需要从1开始，逐渐渲染到2000。图7-9所示为设置了"最大采样"为2000，但是图像效果是模糊的。此时，绿色进度条才刚刚开始，下方显示"Spp/maxspp: 16/2000"，意思就是"最大采样"是2000，目前是16，也就是说这个图像目前是采样为16的效果。

Out-of-core used/max:0Kb/4Gb
Grey8/16: 0/0 Rgb32/64: 0/1
Used/free/total vram: 1.226Gb/8.476Gb/11
Rendering: 0.8% Ms/sec: 12.817 Time: 小时：分钟：秒/小时：分钟：秒 Spp/maxspp: 16/2000

图 7-9

随着渲染的继续，绿色进度条接近中间的位置，如图7-10所示。下方显示"Spp/maxspp: 528/2000"，也就是说这个图像目前是采样为528的效果。可以看到，图像变得清晰了。

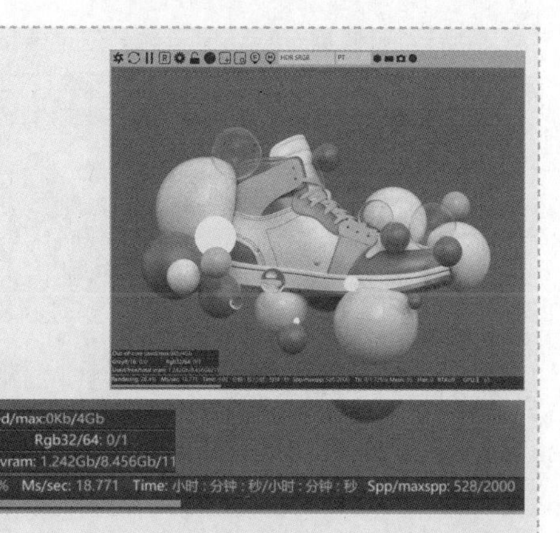

Out-of-core used/max:0Kb/4Gb
Grey8/16: 0/0 Rgb32/64: 0/1
Used/free/total vram: 1.242Gb/8.456Gb/11
Rendering: 26.4% Ms/sec: 18.771 Time: 小时：分钟：秒/小时：分钟：秒 Spp/maxspp: 528/2000

图 7-10

当渲染完成后，如图7-11所示。下方显示"Spp/maxspp: 2000/2000"，也就是说这个图像目前是采样为2000的效果，图像更加清晰了。

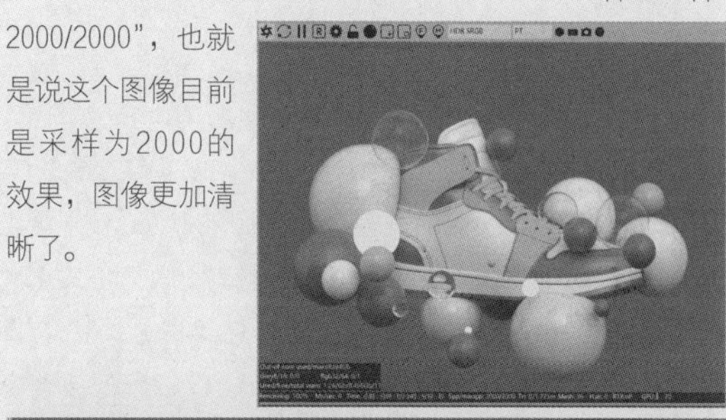

Out-of-core used/max:0Kb/4Gb
Grey8/16: 0/0 Rgb32/64: 0/1
Used/free/total vram: 1.242Gb/8.456Gb/11
Rendering: 100% Ms/sec: 0 Time: 小时：分钟：秒/小时：分钟：秒 Spp/maxspp: 2000/

图 7-11

过滤尺寸：控制画面的清晰度，该值越大，画面越模糊。设置"过滤尺寸"为5，图像就较为模糊，如图7-12所示。设置"过滤尺寸"为0.4，图像就比较清晰，如图7-13所示。

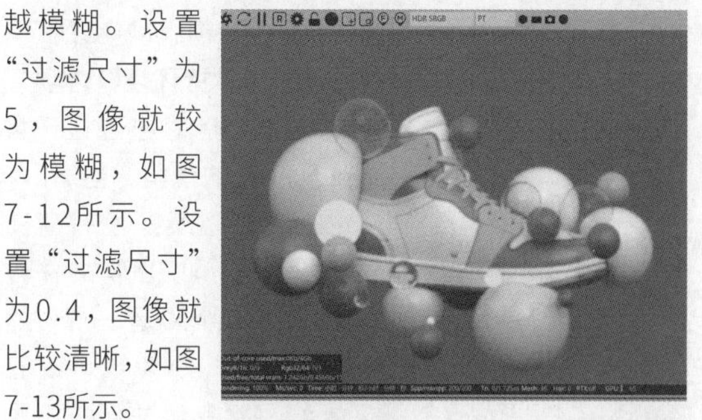

图 7-12

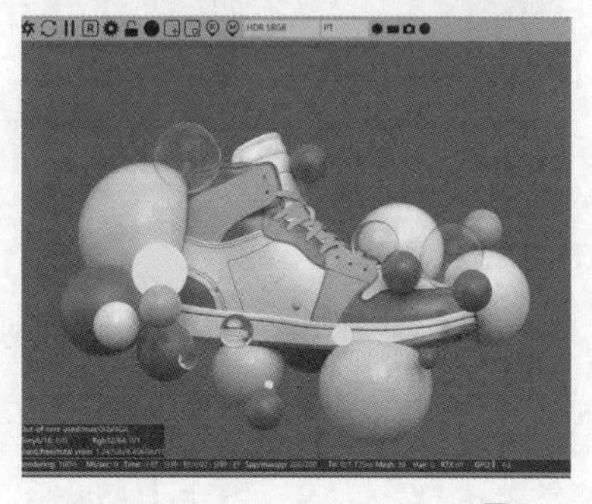

图 7-13

全局光照修剪：默认值较大，在某些情况可能会产生局部亮点。当设置“全局光照修剪”为1时，可以极大地减少此类亮点，如图7-14所示。

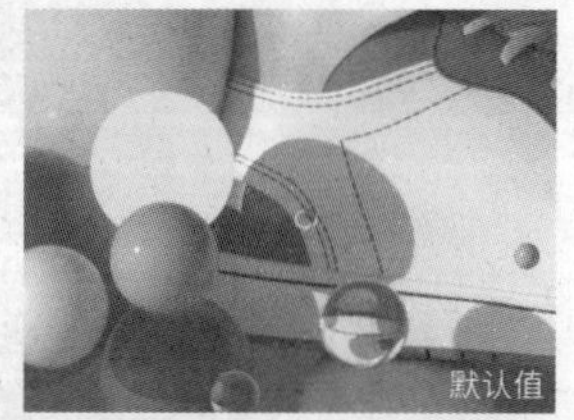

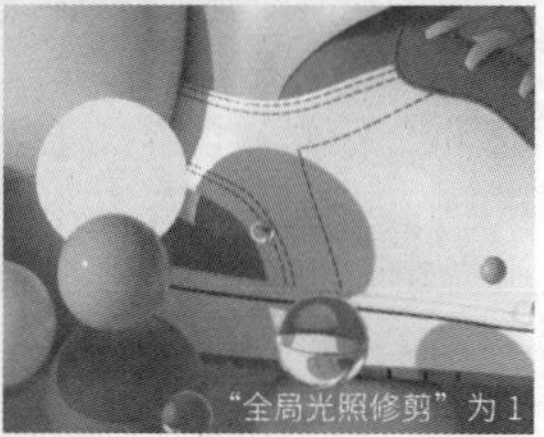

图 7-14

技术专题：初始设置的常用参数

Octane初始设置的参数在本书的实例中是通用的，读者可以灵活调整。“路径追踪”模式可以兼顾渲染效果与渲染时间；“最大采样”值通常设置为80～200，这样可以在较短的时间内看到渲染效果；“过滤尺寸”可以控制清晰度，通常设置为0.1～1.2，这样渲染的画面比较清晰；“全局光照修剪”值通常设置为1～3，这样可以消除画面中的“亮点”（也被称为“萤火虫”）。

7.2.2 其他常用设置

勾选“Alpha通道”选项可以让场景的背景变得透明，如图7-15所示。“保持环境”选项用于控制是否让环境影响模型。当然，场景必须是没有背景的，此工程文件中的背景是一个“平面”对象，可以直接将其关闭，如图7-16所示。

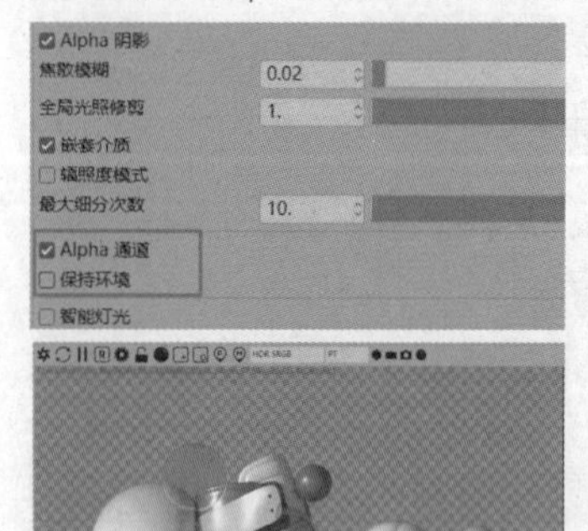

图 7-15

图 7-16

“自适应采样”选项用于优化采样以提高渲染效率，通常在初始设置时是勾选的，如图7-17所示。“滤镜”与“伽马”选项在进行老版本（3.07）Octane的初始设置时需要调整，在新版本（4.0、2020、2021）Octane中无须调整，保持默认即可。

图 7-17

技巧提示 如果想使用“图像查看器”进行渲染，可以单击“编辑渲染设置”按钮，在打开的“渲染设置”面板中设置“渲染器”为“Octane Renderer”，推荐设置“颜色空间”为“Linear sRGB”，如图7-18所示。使用“图像查看器”进行渲染与使用Octane进行渲染的效果是一样的，读者可以按照习惯自行选择。

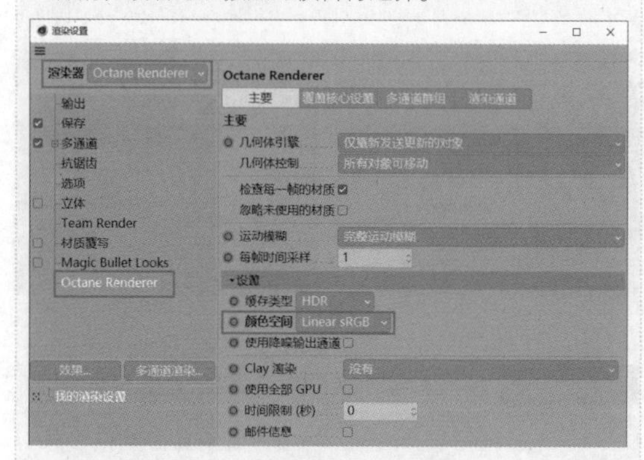

图 7-18

实战：使用Octane进行渲染

◇ 场景位置	场景文件 >CH07>01.c4d
◇ 实例位置	实例文件 >CH07> 实战：使用 Octane 进行渲染 .c4d
◇ 视频名称	实战：使用 Octane 进行渲染 .mp4
◇ 学习目标	掌握 Octane 的工作流程
◇ 操作重点	Octane 渲染器的基础操作

本实例将使用一个文字场景介绍Octane的工作流程，渲染后的效果如图7-19所示。

图 7-19

1.初始设置

01 打开本书资源文件“场景文件>CH07>01.c4d”，如图7-20所示。单击“渲染设置”按钮，打开“Octane设置”面板，在“核心”选项卡中选择“路径追踪”模式，设置“最大采样”为100，“过滤尺寸”为0.4，“全局光照修剪”为1，如图7-21所示。

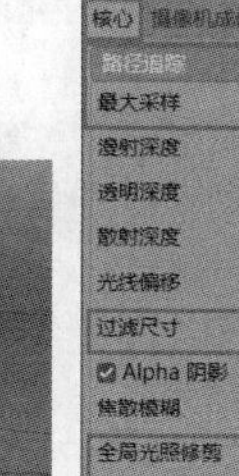

图 7-20　图 7-21

技巧提示 Octane官方没有中文版，只有用户自己翻译的汉化版本。因此，不同版本中某些参数的翻译可能会不同，但是其具体含义是一样的，并不影响调整效果。

02 单击“开始实时渲染”按钮，渲染后的效果如图7-22所示。通过观察可以发现，Octane渲染器在默认情况下就有比较好的渲染效果，这也是选择Octane渲染器进行渲染的原因之一。

图 7-22

2.创建场景灯光

01 执行“对象>灯光>Octane目标区域光”菜单命令，为场景添加目标区域光，灯光大小与位置如图7-23所示。

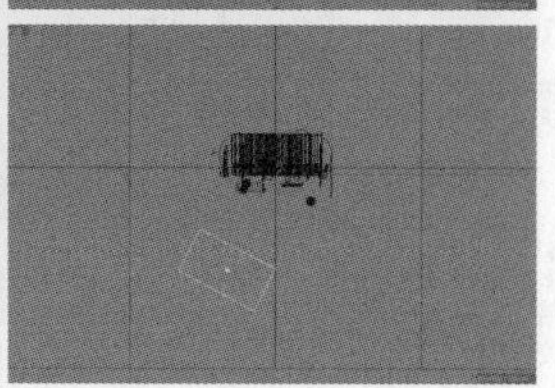

图 7-23

技巧提示 在Octane渲染器中创建目标区域光与在Cinema 4D中创建目标区域光的原理是一样的，光源位置的调整方法也是一样的。

02 设置“类型”为“纹理”，“强度”为80，如图7-24所示。

图 7-24

疑难解答 为什么使用相同参数渲染的效果有差异?

Octane渲染器模拟的是真实的灯光，灯光的大小与距离都会影响照明的亮度，所以即使是同样的场景，同样的灯光强度，灯光的位置与大小稍有不同，获得的结果也会不同。使用Octane灯光时一定要通过观察画面的明暗效果来调整其强度，无须纠结具体的参数值。

3.制作材质

01 执行“材质>创建>Octane光泽材质”菜单命令，创建一个光泽材质，在“漫射”通道中设置“颜色”为紫色，在“粗糙度”通道中设置“浮点”为0.2，如图7-25所示。将材质赋予背景与底部的几个模型，如图7-26所示。

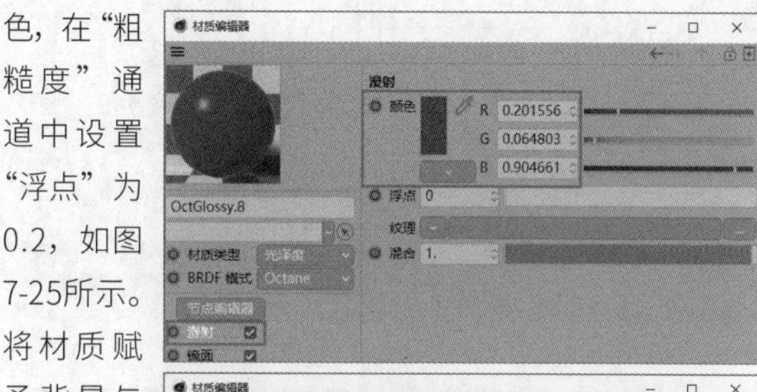

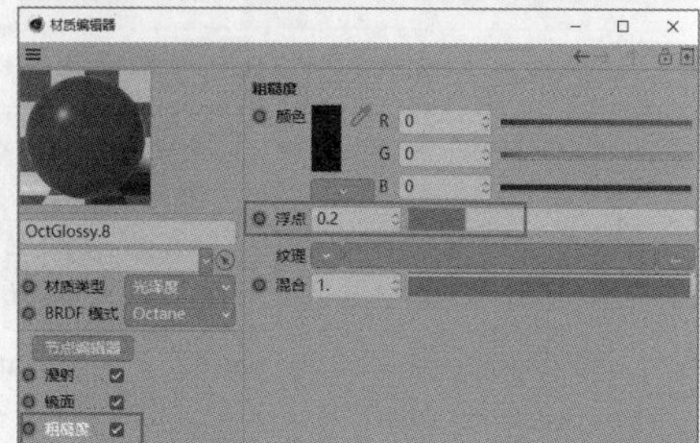

图 7-25

图7-26

02 用同样的方法创建5个光泽材质，参数如图7-27至图7-31所示。将材质赋予模型，如图7-32所示。读者可以根据自己的喜好进行调整。

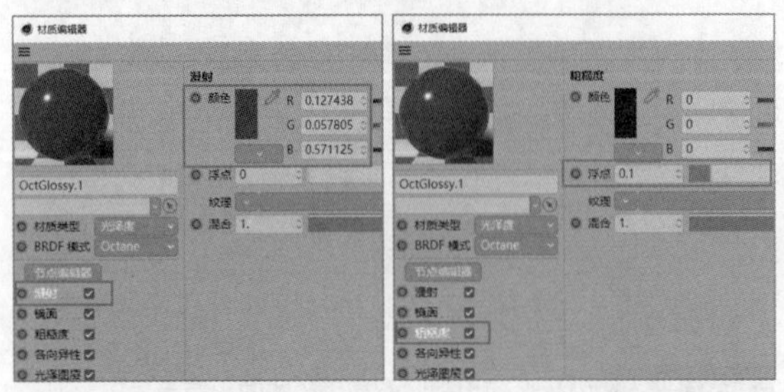

图7-27

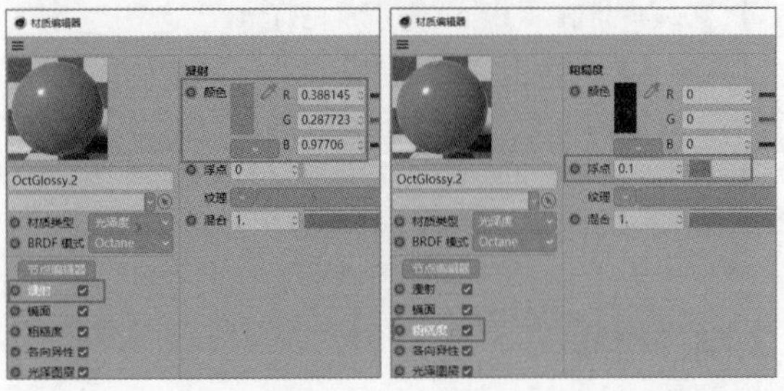

图7-28

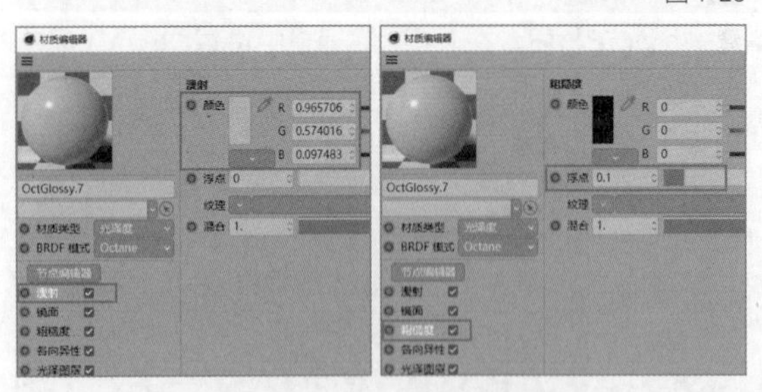

图7-29

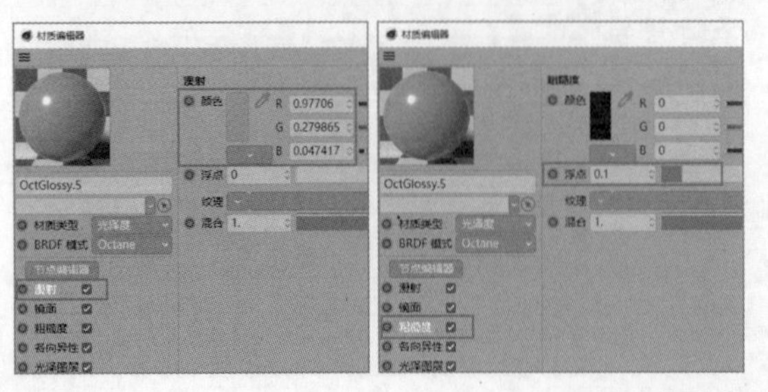

图7-30

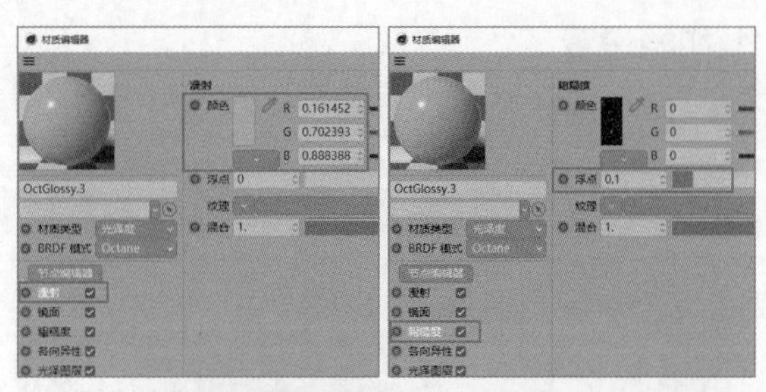

图7-31

图7-32

03 执行“材质>创建>Octane金属材质”菜单命令，创建一个金属材质，在“粗糙度”通道中设置“浮点”为0.16，如图7-33所示。将材质赋予文字周边的螺旋模型，如图7-34所示。

图7-33

图7-34

04 执行“材质>创建>Octane透明材质”菜单命令，创建一个透明材质，在“粗糙度”通道中设置“浮点”为0.01，在“传输”通道中设置“颜色”为白色，在“公用”通道中勾选“伪阴影”选项，如图7-35所示。将材质赋予文字前方的球体模型，如图7-36所示。

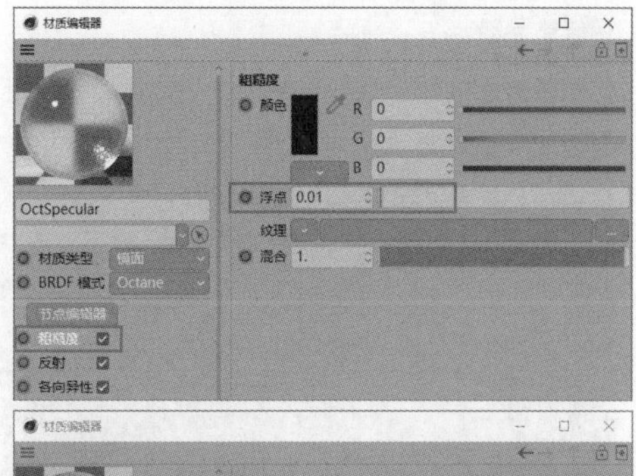

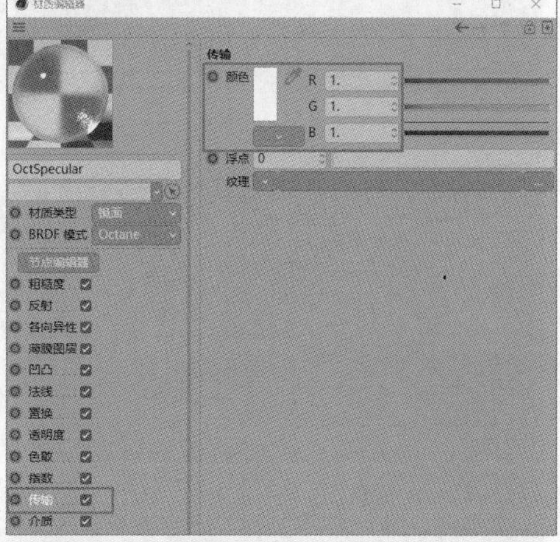

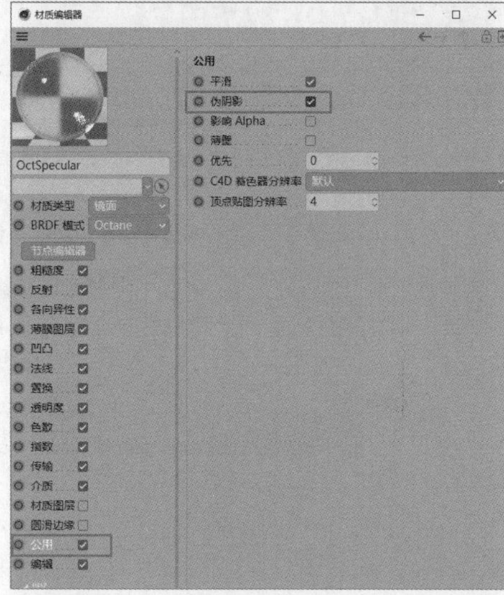

图 7-35

图 7-36

05 创建一个光泽材质，参数如图7-37所示。将材质赋予文字模型，如图7-38所示。

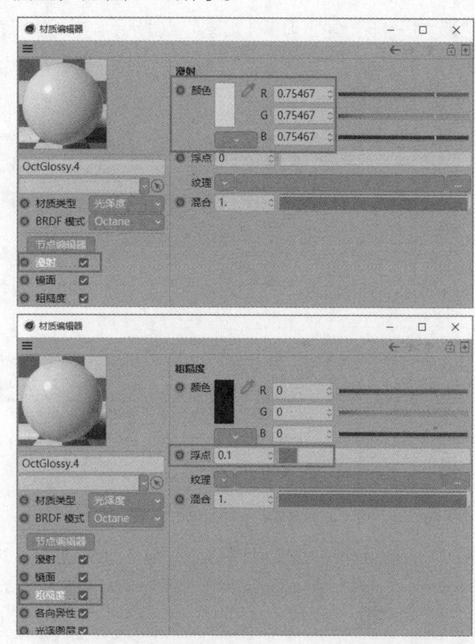

图 7-37

图 7-38

4.保存渲染文件

01 单击“编辑渲染设置”按钮，打开“渲染设置”面板，设置“宽度”为1400像素，“高度”为900像素，如图7-39所示。

图 7-39

02 单击Octane渲染器中的“渲染设置”按钮，打开“Octane设置”面板，在“核心”选项卡中设置“最大采样”为2000，如图7-40所示。单击“锁定分辨率”按钮锁定分辨率，分别在右侧的两个输入框中输入1，如图7-41所示。

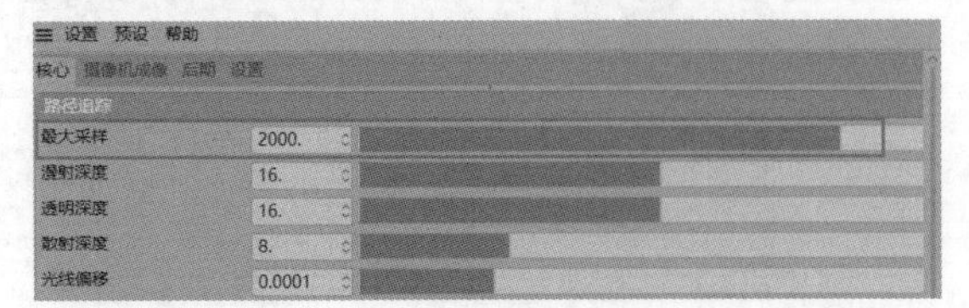

图7-40

图7-41

03 观察渲染器下方的绿色进度条，如图7-42所示。待渲染结束后，在Octane渲染器中执行“文件>保存图像为”菜单命令，在弹出的面板中设置“File type”为Png，然后单击Save按钮进行保存，如图7-43所示。这样就可以输出渲染好的文件，最终效果如图7-44所示。

图7-42

Save render, PNG8, sRGB

File type	Png
Bit depth	8-bit
Color space	sRGB
OCIO look	None
Force tone mapping	
Compression	ZIP(lossless)(default)

Save Cancel

图7-43

图7-44

技巧提示 如果要渲染透明背景的图片，可以将工程文件中的背景隐藏或删除，如图7-45所示。在“Octane设置”面板中设置“最大采样”为1500，并勾选“Alpha通道”选项，然后取消勾选“保持环境”选项，如图7-46所示。

图7-45

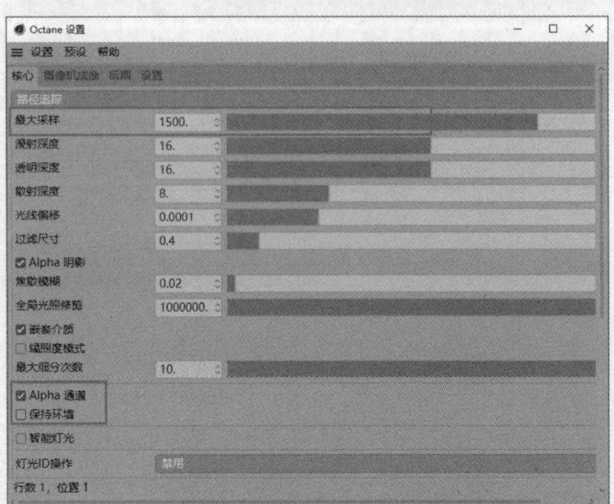

图7-46

渲染完成后输出为PNG格式的图像，即可保存图像的透明背景，如图7-47所示。

图7-47

7.3 Octane灯光

Octane渲染器包含多种类型的灯光，如图7-48所示。下面介绍一下常用的灯光。

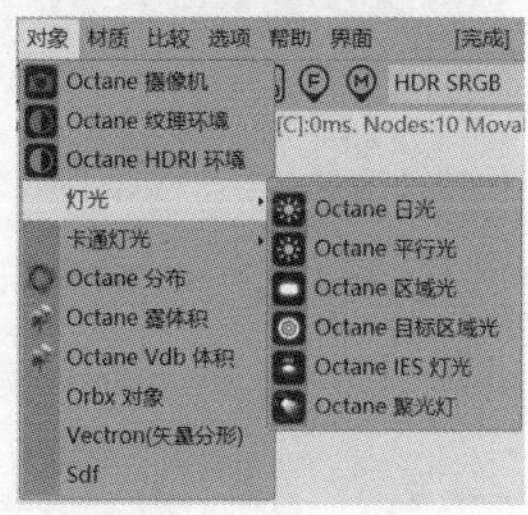

图7-48

7.3.1 Octane日光

Octane日光可以模拟阳光的效果。执行“对象>灯光>Octane日光”菜单命令，在场景中添加日光，日光显示为点光加一条白线，可以调整日光的位置，与默认渲染器的日光一样，位置对光照没有任何影响，如图7-49所示。默认日光渲染的效果与在物理天空环境下渲染的效果非常相似，如图7-50所示。

图7-49

图7-50

技巧提示 “Octane日光”对象由一个“Octane日光”标签和一个“无限光”标签组合而成。选择OctaneDayLight对象，属性面板显示的是“无限光”的参数，这些参数都是无效的，如图7-51所示。在调整灯光参数时，需要选择“Octane日光”标签，如图7-52所示。

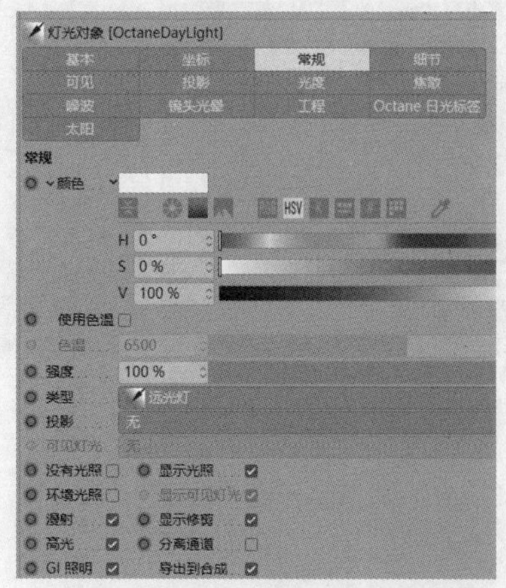

图7-51

图7-52

1.坐标

在灯光的“坐标”选项卡中，可以通过改变“R.P”控制日光垂直方向的旋转角度，即日光的高度，如图7-53所示。分别设置“R.P”为-5°、-15°和-25°，效果如图7-54所示。可以看到，当“R.P”为-5°时，像是太阳初升时，日光照射到地面的效果；当“R.P”为-15°时，太阳略高，像是早上日光照射到地面的效果；当“R.P”为-25°时，太阳更高，像是中午日光照射到地面的效果。

灯光对象 [OctaneDayLight]

基本	坐标	常规	细节
可见	投影	光度	焦散
噪波	镜头光晕	工程	Octane 日光标签
太阳			

坐标

P.X	-83.414 cm	S.X	1	R.H	0°
P.Y	80.264 cm	S.Y	1	R.P	-5°
P.Z	-115.773 cm	S.Z	1	R.B	0°
				顺序	HPB

图7-53

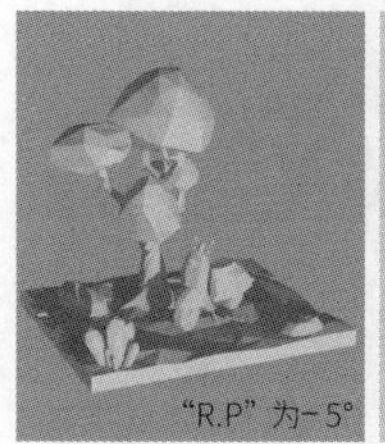

图7-54

技巧提示 移动摄像机的视角，可以调整出类似于抬头看向天空的效果，天空的颜色也会随之改变，如图7-55所示。

图7-55

调整“R.H”可以控制日光旋转的角度，如图7-56所示。分别设置“R.H”为30°、60°、120°和180°，效果如图7-57所示。

灯光对象 [OctaneDayLight]

基本	坐标	常规	细节
可见	投影	光度	焦散
噪波	镜头光晕	工程	Octane 日光标签
太阳			

坐标

P.X	-84.301 cm	S.X	1	R.H	0°
P.Y	77.134 cm	S.Y	1	R.P	-25°
P.Z	-116.47 cm	S.Z	1	R.B	0°
				顺序	HPB

图7-56

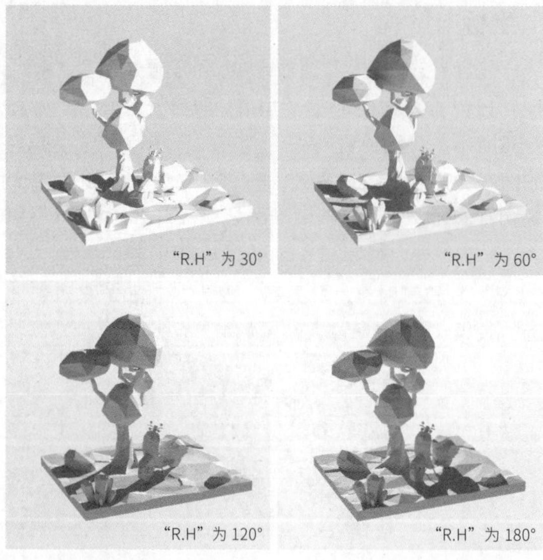

图 7-57

2.天空浊度

设置"R.H"为250°，"R.P"为-25°，如图7-58所示。

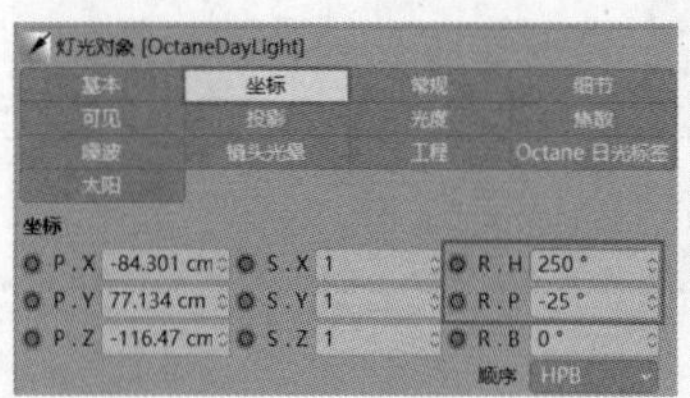

图 7-58

可以通过调整"天空浊度"的值控制天空的浑浊度，如图7-59所示，会产生类似于雾霾的效果。该值越大，空气越浑浊，画面越灰，光照越不明显。分别设置"天空浊度"为2、4、8和12，效果如图7-60所示。

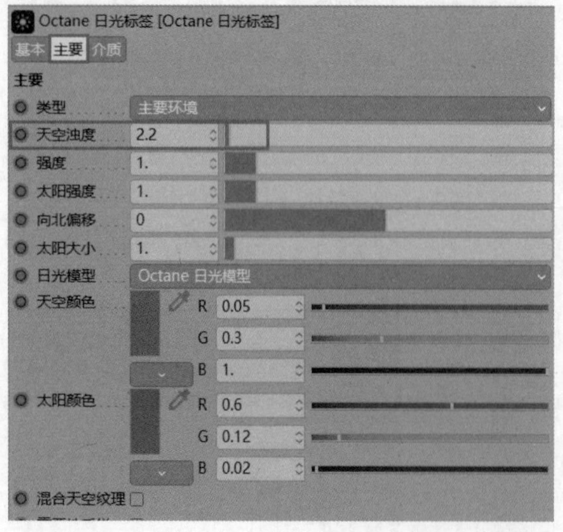

图 7-59

图 7-60

3.强度

"强度"用于控制光照的亮度，如图7-61所示。分别设置"强度"为0.2、0.5、1和2，效果如图7-62所示。可以看到，"强度"值越大，光的亮度越高。

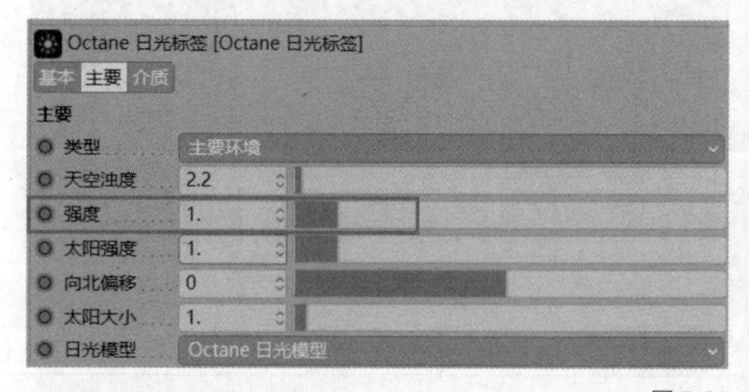

图 7-61

图 7-62

4.太阳强度

“太阳强度”用于控制太阳的亮度，如图7-63所示。分别设置“太阳强度”为0.1、0.2和0.75，效果如图7-64所示。可以看到，“太阳强度”值越大，太阳光的亮度越高。

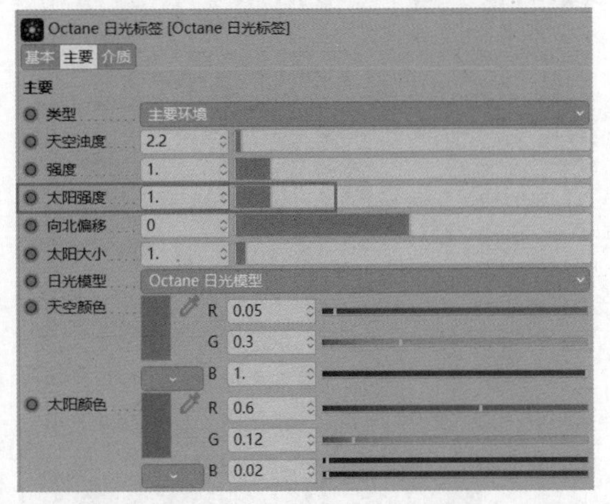

图7-63

“太阳强度”为 0.1

“太阳强度”为 0.2

“太阳强度”为 0.75

图7-64

疑难解答 “强度”与“太阳强度”的区别?

“强度”控制的是整体的亮度，包含太阳的强度与天空的亮度。“太阳强度”控制的是太阳的强度，对天空没有影响。例如，设置“强度”为0.0001,“太阳强度”为1，渲染后的画面是黑色的，因为缺少整体亮度，如图7-65所示。设置“强度”为1,“太阳强度”为0，渲染后的画面有类似于阴天的效果，如图7-66所示，此时没有了太阳的照明，只有天空的照明。

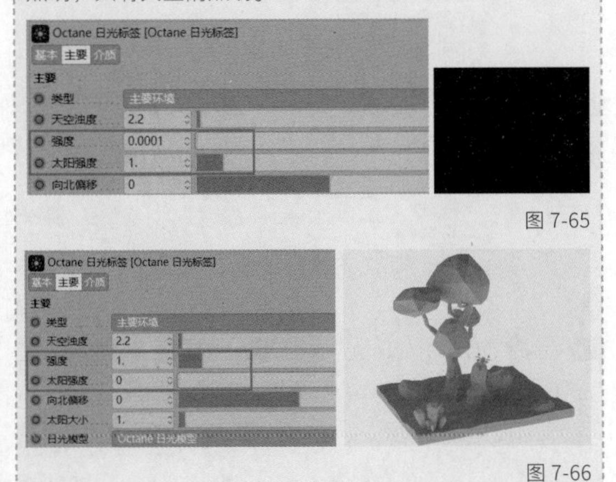

图7-65

图7-66

5.向北偏移

“向北偏移”用于控制日光的旋转角度，如图7-67所示。分别设置“向北偏移”为-0.7、-0.35、0和0.26，效果如图7-68所示。可以看到，效果与调整“R.H”值是一样的。

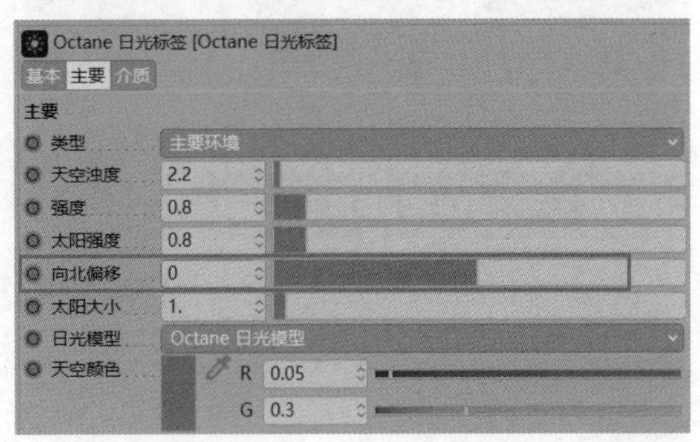

图7-67

“向北偏移”为-0.7

“向北偏移”为-0.35

“向北偏移”为0

“向北偏移”为0.26

图7-68

6.太阳大小

“太阳大小”用于控制太阳的大小，如图7-69所示。太阳的大小会影响影子的虚实，太阳越小，影子越实；太阳越大，影子越虚，与区域光的效果是一样。分别设置“太阳大小”为1、11、和28，效果如图7-70所示。

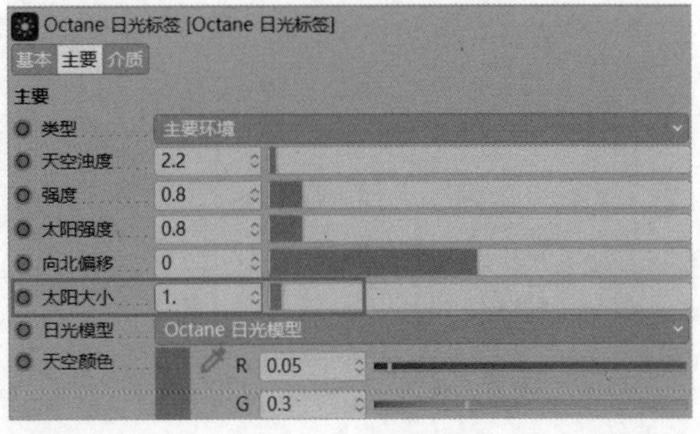

图7-69

图 7-70

实战：日光照明的应用

◇ 场景位置	场景文件 >CH07>02.c4d
◇ 实例位置	实例文件 >CH07> 实战：日光照明的应用 .c4d
◇ 视频名称	实战：日光照明的应用 .mp4
◇ 学习目标	掌握 Octane 日光的布光方法
◇ 操作重点	Octane 日光的应用

本实例将介绍Octane日光的布光方法，参考效果如图7-71所示。

图 7-71

01 打开本书资源文件“场景文件>CH07>02.c4d”，如图7-72所示。

图 7-72

02 单击“开始实时渲染”按钮，打开“Octane设置”面板，在“核心”选项卡中选择“路径追踪”模式，设置“最大采样”为100,“过滤尺寸”为0.4,“全局光照修剪”为1，如图7-73所示。

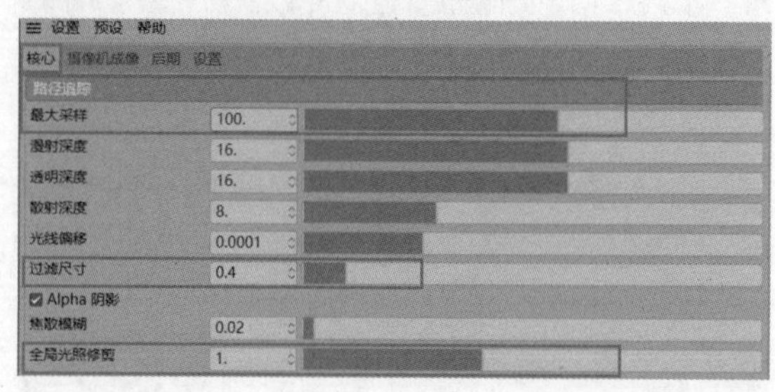

图 7-73

03 执行“对象>灯光>Octane日光”菜单命令，在场景中添加日光。当前的渲染效果比较灰，有明显的冷暖对比，如图7-74所示。这是因为，使用默认的日光会产生类似于太阳处于地平线的效果。

图 7-74

04 在“坐标”选项卡中设置“R.H”为-70°,“R.P”为-30°，这样画面就变得非常亮了，如图7-75所示。

灯光对象 [OctaneDayLight]
基本 坐标 常规 细节
可见 投影 光度 焦散
噪波 镜头光晕 工程 Octane 日光标签
太阳
坐标
P.X 0 cm S.X 1 R.H -70°
P.Y 0 cm S.Y 1 R.P -30°
P.Z 0 cm S.Z 1 R.B 0°
顺序 HPB

图 7-75

05 选择“Octane日光”标签，如图7-76所示。在“主要”选项卡中设置“强度”为0.75,“太阳强度”为0.75，如图7-77所示。

OctaneDayLight

图 7-76

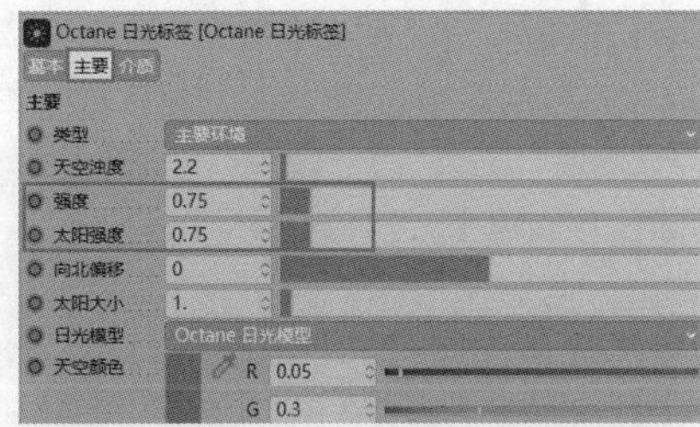

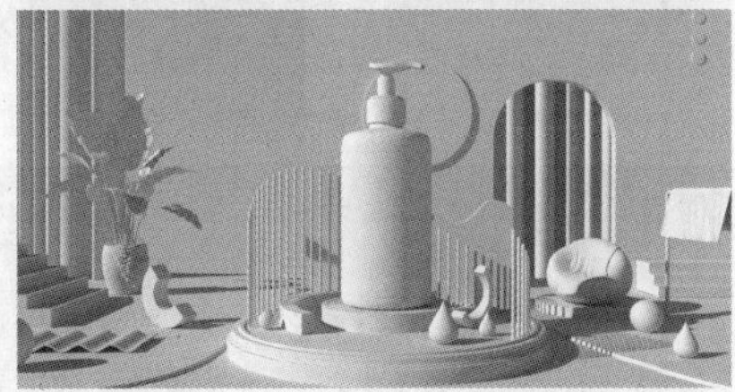

图 7-77

06 此时，画面中的影子是比较实的，设置“太阳大小”为15，可以将影子变得柔和一些，如图7-78所示。

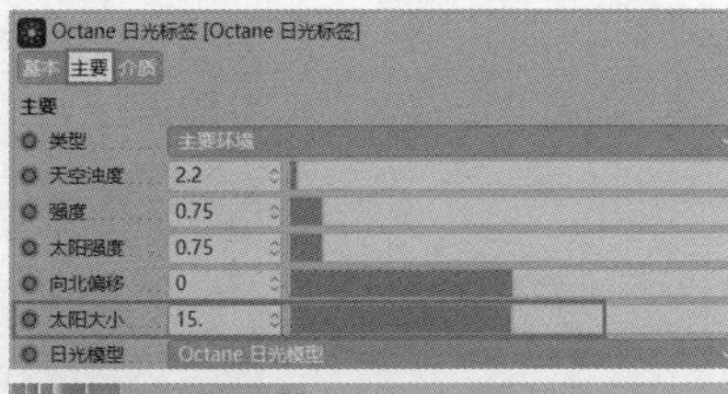

图 7-78

07 打开“Octane设置”面板，在“摄像机成像”选项卡中设置“曝光”为0.95，“伽马”为1.2，即可得到最终效果，如图7-79所示。

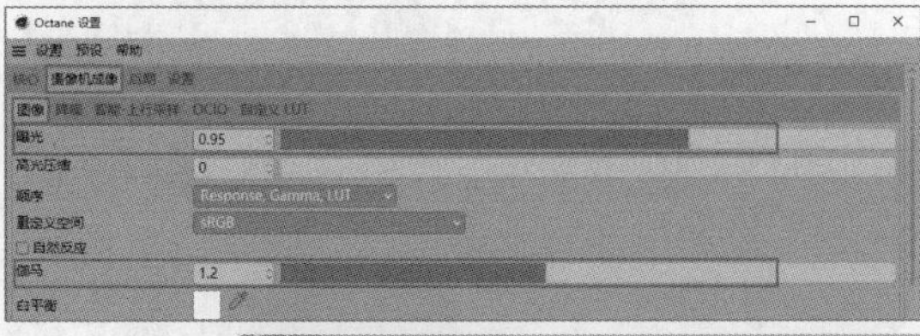

图 7-79

7.3.2 Octane区域光

执行“对象>灯光>Octane区域光”菜单命令，在场景中添加区域光，如图7-80所示。

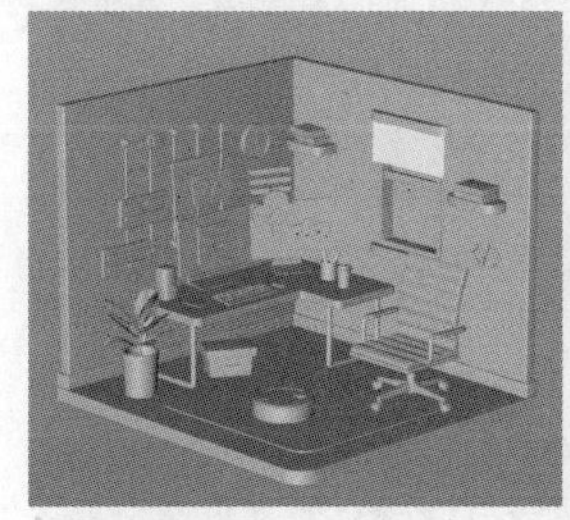

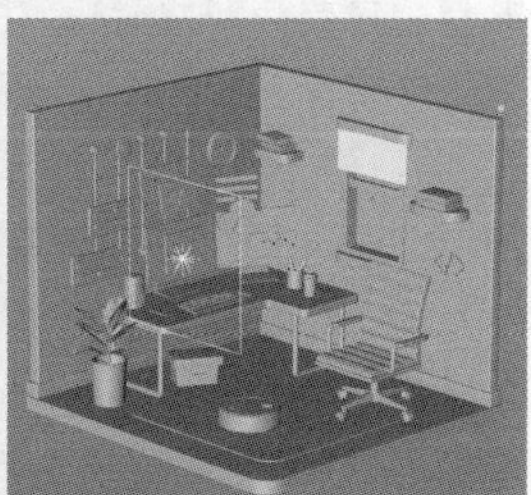

图 7-80

技巧提示 “Octane区域光”对象由一个“灯光”标签和一个“Octane区域光”标签组合而成。选择“灯光”标签，“属性”面板显示默认灯光的参数，这些参数都是无效的，如图7-81所示。在调整灯光参数时，需要选择“Octane区域光”标签，如图7-82所示。

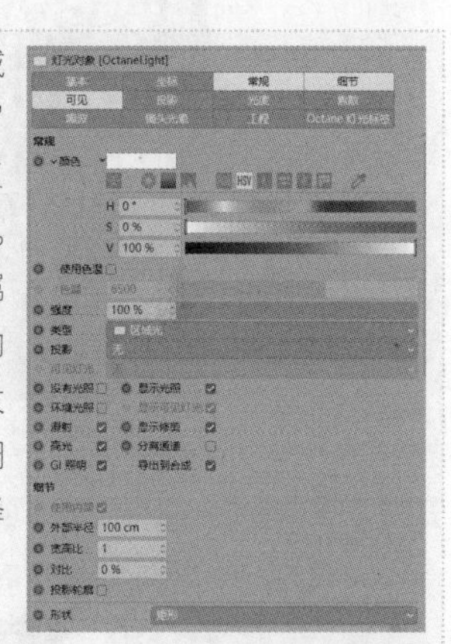

图 7-81

OctaneLight

图 7-82

1.强度

“强度”就是灯光的强度，也就是亮度。设置“强度”为10，如图7-83所示。

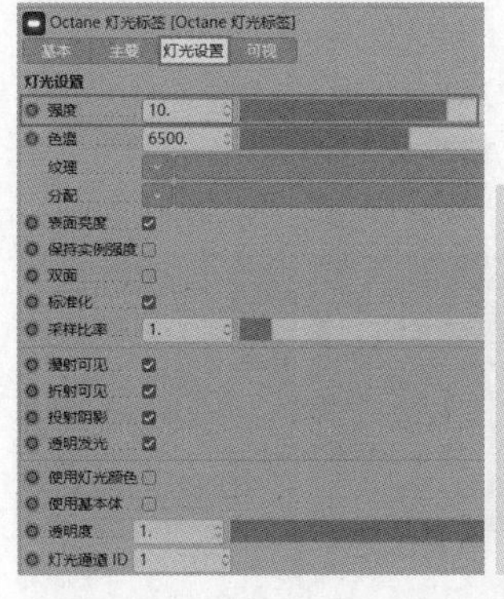

图 7-83

为了更好地观察区域光，可以先把环境光弱化或关闭，然后执行“对象>Octane纹理环境”菜单命令，为场景创建Octane纹理环境。选择“Octane环境”标签

◐，设置“强度”为0.05，如图7-84所示。环境光变黑后，画面显示的就是区域光单独的渲染效果，如图7-85所示。这样更加便于调整与控制区域光。

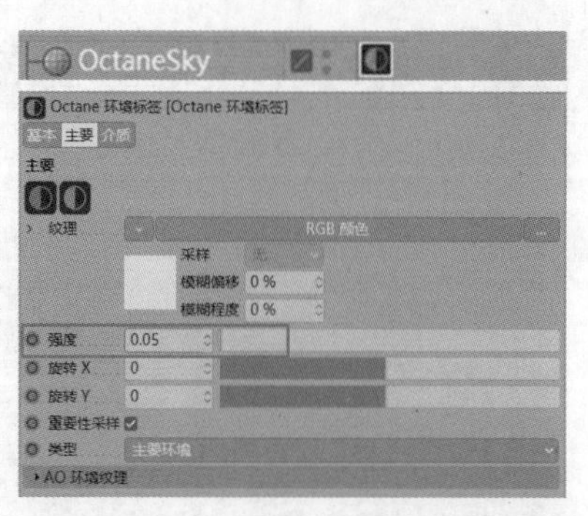

图7-84

图7-85

技巧提示 灯光的位置显示为黑色方块，这个黑色方块是可以隐藏的。在“可视”选项卡中，取消勾选“摄像机可见性”与“阴影可见性”选项，可以隐藏灯光，如图7-86所示。

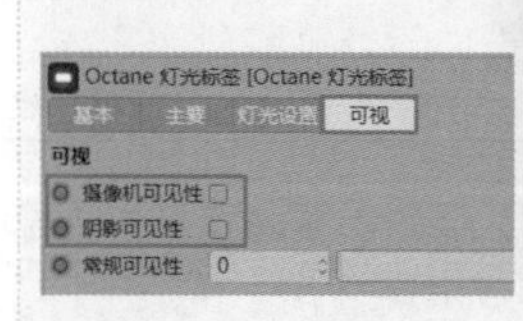

图7-86

分别设置“强度”为6、18和32，效果如图7-87所示。可以看到，“强度”值越小，灯光越暗；“强度”值越大，灯光越亮。

图7-87

2.类型

在“主要”选项卡中，“类型”默认为“色温”。在“灯光设置”选项卡中，“色温”用于控制灯光的色温（冷暖），如图7-88所示。分别设置“色温”为2500、6500和10000，效果如图7-89所示。可以看到，“色温”值越小，灯光越暖；“色温”值越大，灯光越冷。

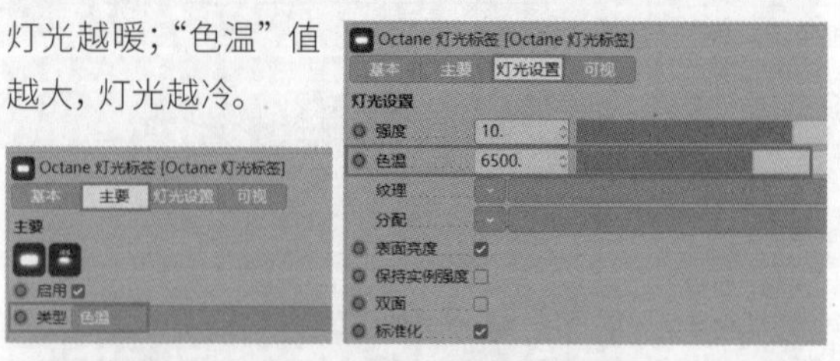

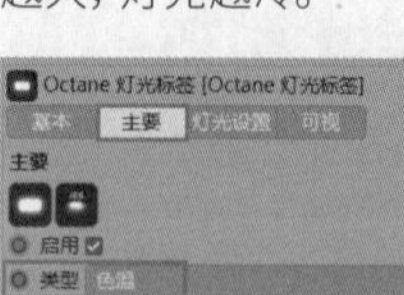

图7-88

图7-89

在“主要”选项卡中，通常设置“类型”为“纹理”，这样灯光就没有了色温，就不会偏色了，如图7-90所示。

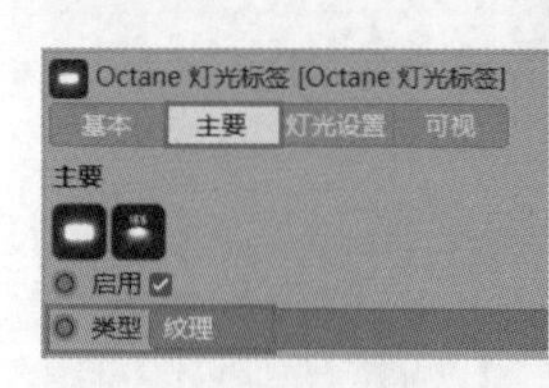

图7-90

3.表面亮度

“表面亮度”指的是灯光的面积，如图7-91所示。勾选“表面亮度”选项后，不同的灯光面积会影响光的亮度，区域光面积越小，画面越暗；区域光面积越大，画面越亮，如图7-92至图7-94所示。

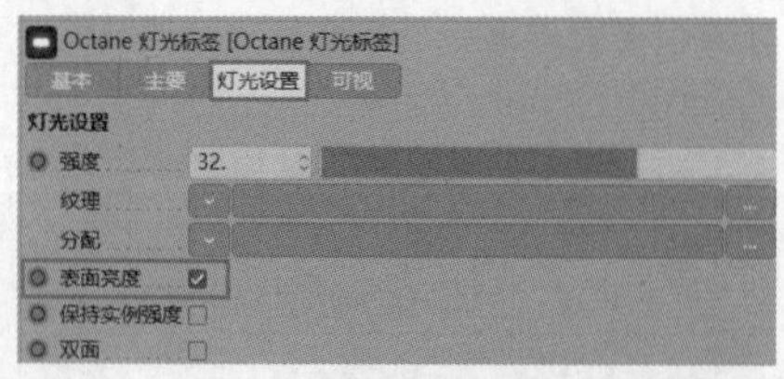

图7-91

图7-92

图 7-93

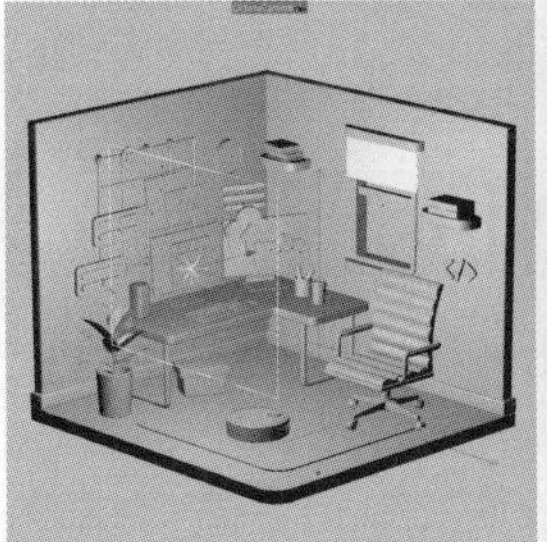

图 7-94

如果取消勾选“表面亮度”选项，区域光面积就不会影响光的亮度，如图7-95至图7-97所示。

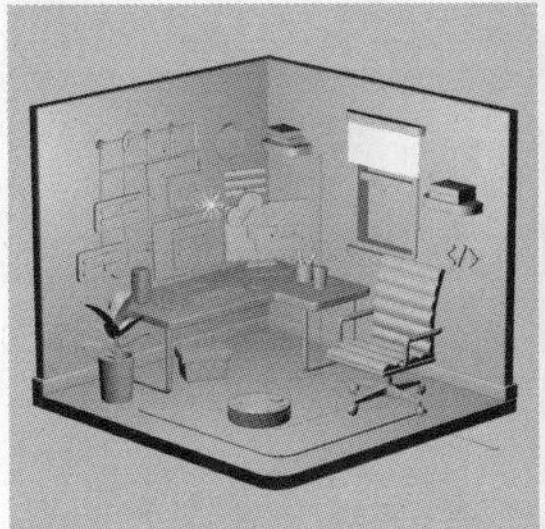

图 7-95

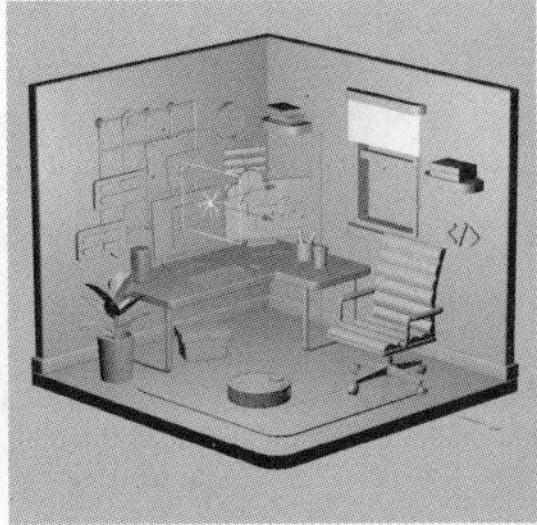

图 7-96

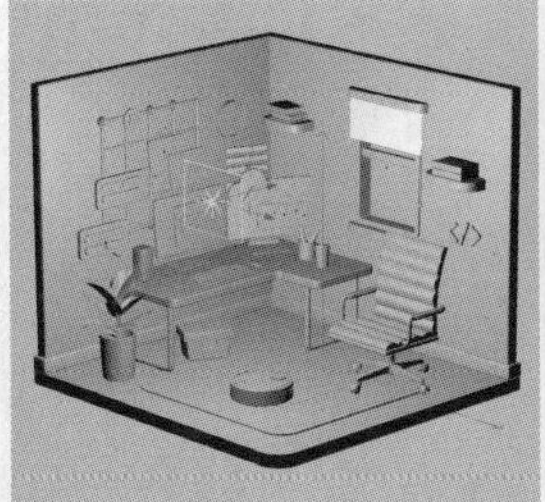

图 7-97

4.双面

“双面”选项在默认情况下是未勾选的，此时灯光单面发光，如图7-98所示。勾选“双面”选项后，灯光两面都会发光，如图7-99所示。

图 7-98

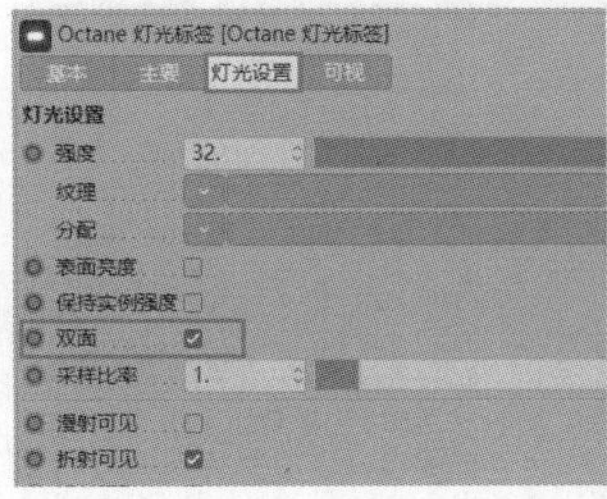

图 7-99

5.漫射可见

“漫射可见”选项用于控制灯光是否对模型的漫射有影响，简单来说就是灯光是否产生照明效果。场景中有一个被隐藏的“球体”模型，显示球体后如图7-100所示。取消勾选“漫射可见”选项，画面就变黑了，没有了光照的效果，如图7-101所示。此时，灯光不会照亮场景，但是球体对光的反射依旧存在。

图 7-100

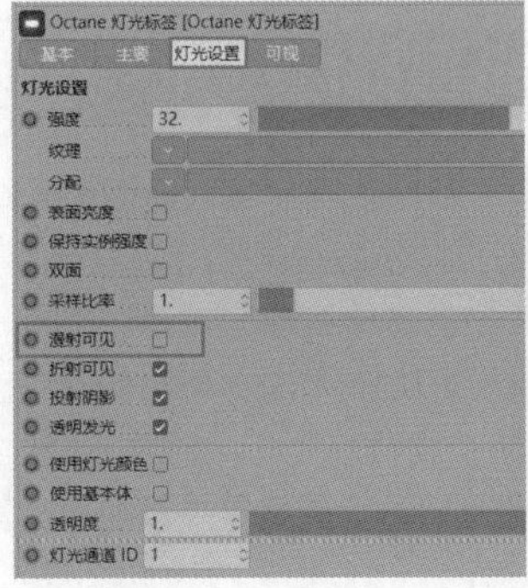

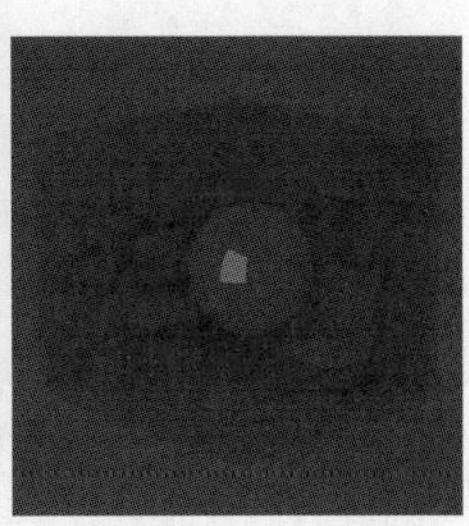

图 7-101

6.折射可见

“折射可见”选项用于控制灯光是否影响材质的反射与折射。默认勾选了“折射可见”选项，效果如图7-102所示。取消勾选“折射可见”选项，如图7-103所示。此时，灯光会照亮场景，但是球体对光的反射消失了。

图 7-102

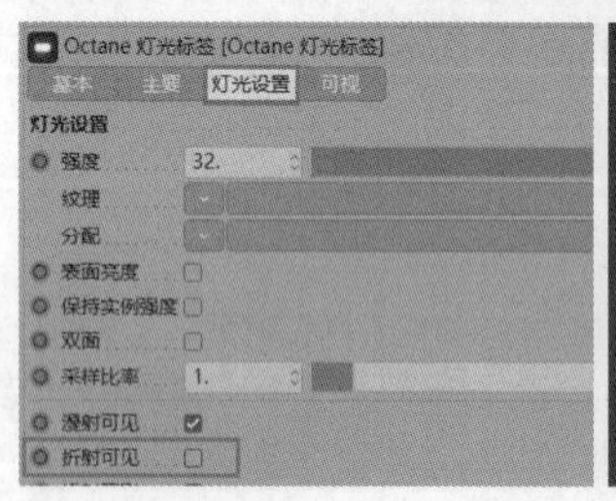

图 7-103

7.投射阴影

“投射阴影”选项用于控制灯光是否产生影子。取消勾选“投射阴影”选项，灯光会照亮场景，但是不会产生影子，如图7-104所示。

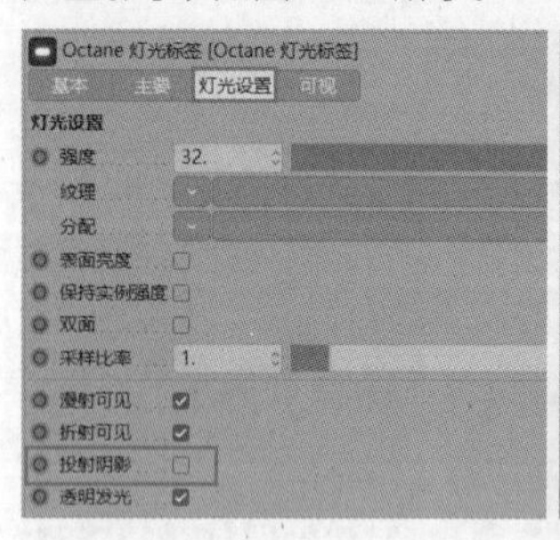

图 7-104

7.3.3 Octane目标区域光

相信读者对目标区域光一定有印象，前面介绍过，默认渲染器中没有目标区域光，需要自己制作，而用Octane渲染器可以直接创建出目标区域光。简单来说就是，可以给灯光指定照射的物体，无论灯光在什么位置，都会照射到这个物体。执行“对象>灯光>Octane目标区域光”菜单命令，在场景中添加目标区域光，如图7-105所示。

图 7-105

7.3.4 Octane IES灯光

执行“对象>灯光>Octane IES灯光”菜单命令，可以在场景中添加IES灯光。相较于默认的 IES灯光，Octane IES灯光的“灯光设置”选项卡中多了“图像纹理”选项，单击“图像纹理”按钮 图像纹理 可以设置纹理样式，如图7-106所示。添加Octane IES灯光后的渲染效果如图7-107所示。

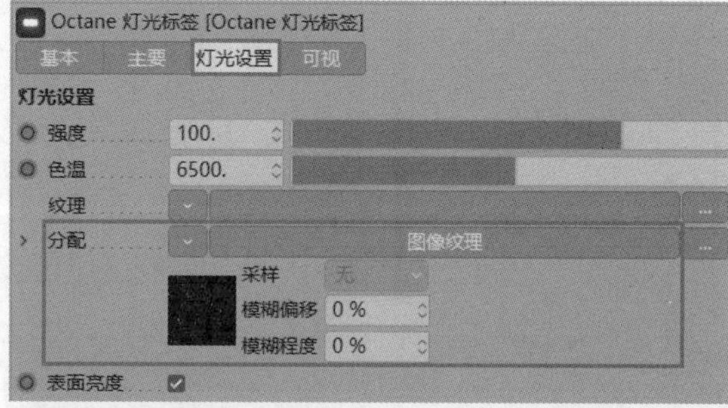

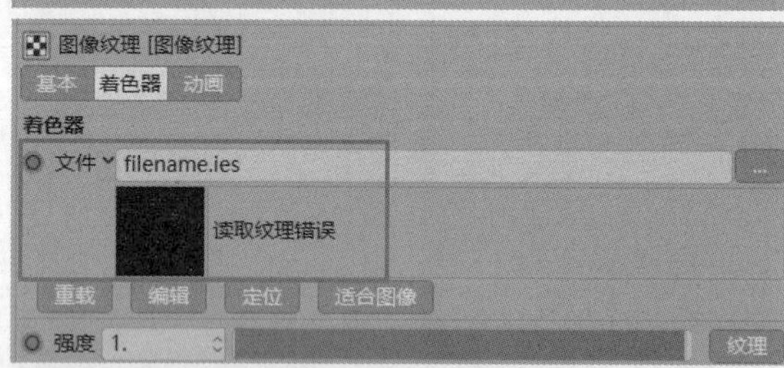

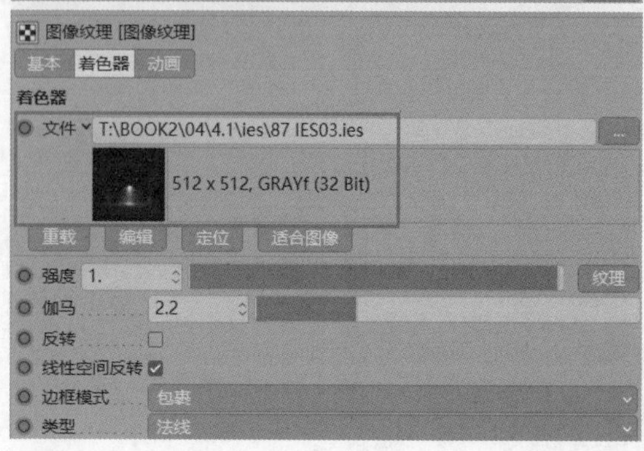

图 7-106

图 7-107

在“可视”选项卡中取消勾选所有可见性选项，如图7-108所示。在“主要”选项卡中设置“类型”为“纹理”，这样灯光照明效果就不会偏色了，如图7-109所示。

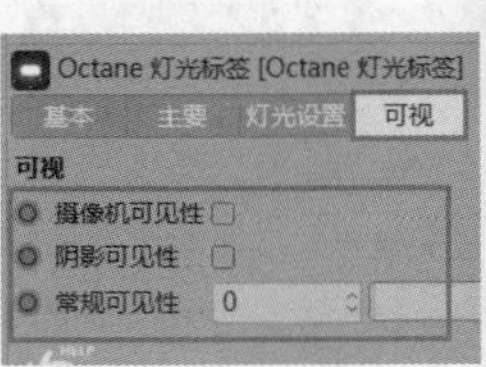

图 7-108

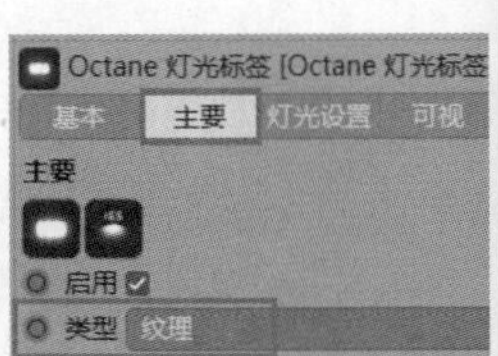

图 7-109

将IES灯光调整到墙边，可以模拟射灯的效果，如图7-110所示。设置“强度”为300，如图7-111所示。多复制几个灯光，并置于墙体周围，模拟出多个射灯的效果，如图7-112所示。

图 7-110

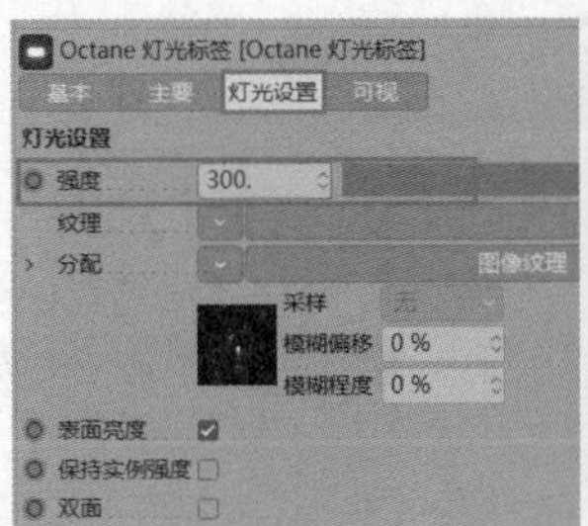

图 7-111

图 7-112

通常射灯不是主光源，属于装饰灯光。创建一个区域光，如图7-113所示。设置“强度”为130，如图7-114所示。

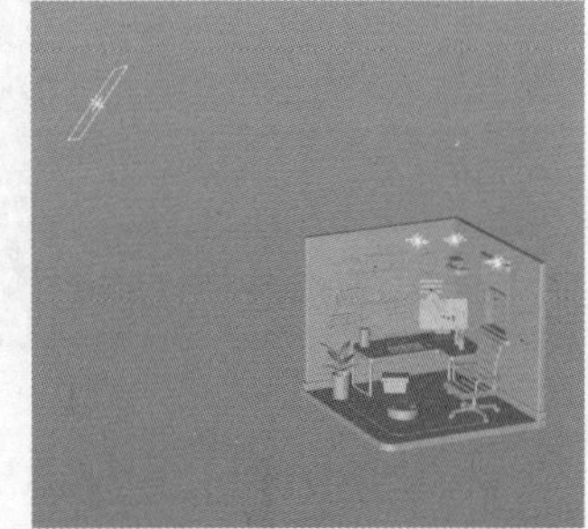

图 7-113

Octane 灯光标签 [Octane 灯光标签]

基本 主要 灯光设置 可视

灯光设置

强度 130.

纹理

分配

表面亮度

保持实例强度

双面

图 7-114

7.3.5 Octane聚光灯

执行“对象>灯光>Octane聚光灯”菜单命令，在场景中添加聚光灯，如图7-115所示。在“灯光设置”选项卡中设置“强度”为100，并在“纹理”中添加白色，便可出现聚光灯效果，如图7-116所示。

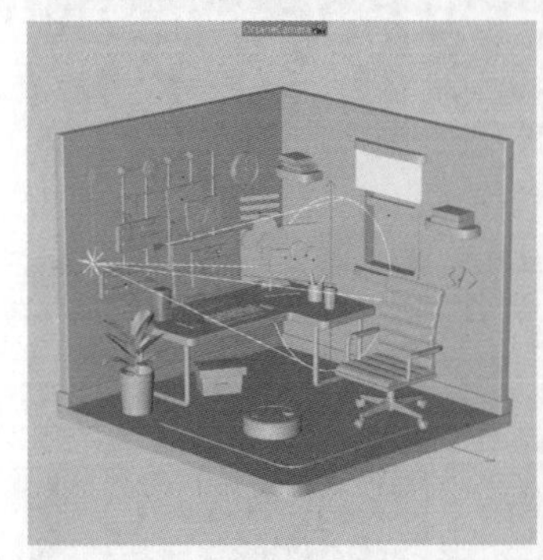

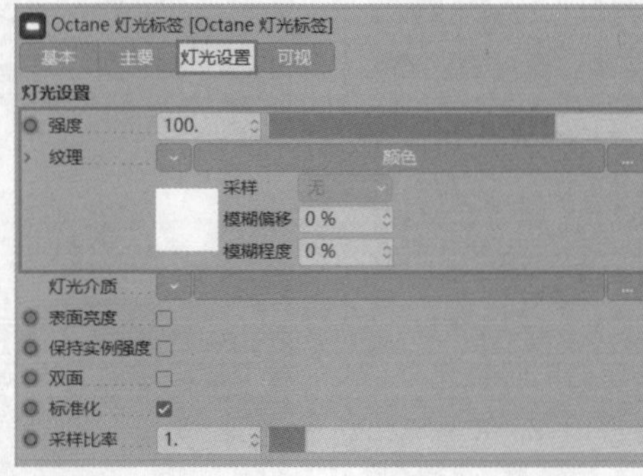

图7-115

图7-116

如果聚光灯的线框与模型有穿插，那么在穿插的地方会出现错误，如图7-117所示。此时，可以调整线框，不要让其碰到模型，效果如图7-118所示。

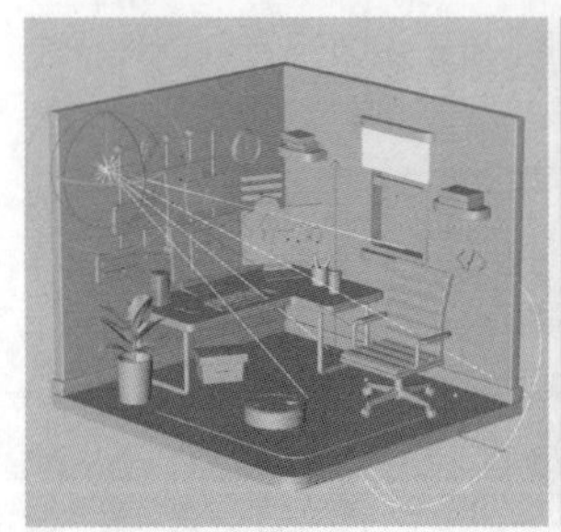

图7-117

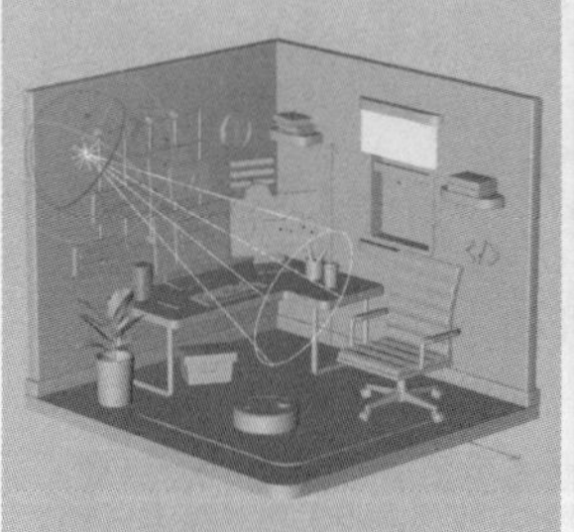

图7-118

继续把线框调小，并将其置于画面外，渲染后的画面就没有了聚光灯的本体，只留下了灯光照明的效果，如图7-119所示。这是常见的应用方式。

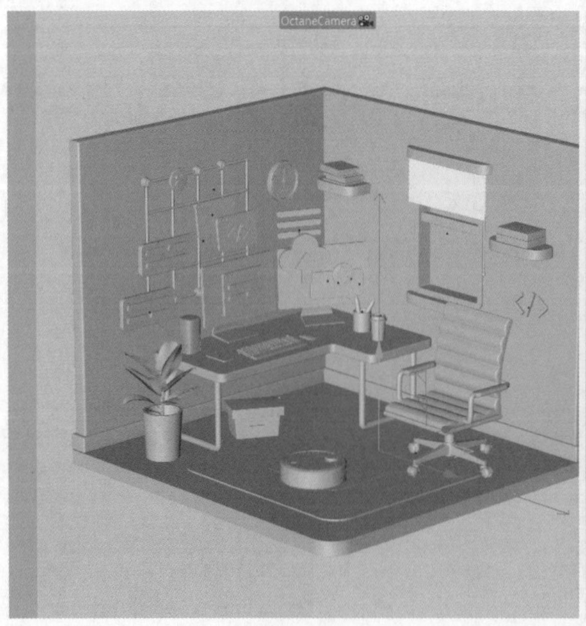

图7-119

7.4 Octane环境

Octane环境包含Octane纹理环境与Octane HDRI环境，下面分别予以介绍。

7.4.1 Octane纹理环境

图7-120所示为一个常见的文字组合场景，场景中有常见的材质效果，便于观察环境对画面的影响。

图 7-120

执行“对象>Octane纹理环境”菜单命令，可以在场景中添加纹理环境，单击“Octane环境”标签即可对相关参数进行调整，如图7-121所示。

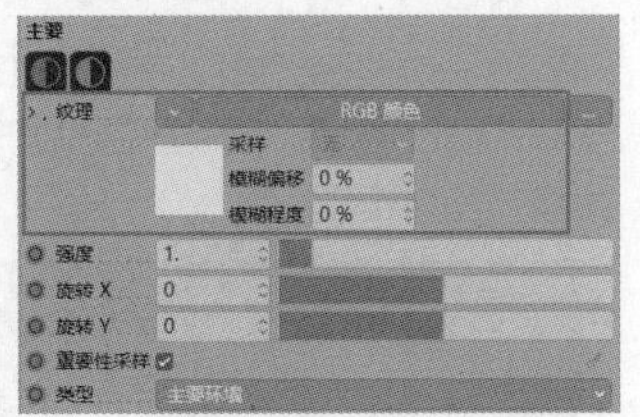

图 7-121

此时渲染后的画面整体是很柔和的，因为整个环境都是灰白色的（“纹理”默认为灰白色），如图7-122所示。

图 7-122

读者可能会发现，加入纹理环境后与打开工程时没有加入纹理环境效果是完全一样的。这是因为Octane默认为场景加入了一个灰白色的背景，“默认环境颜色”选项的位置如图7-123所示。场景在加入纹理环境前，这个默认的灰白色背景就影响着场景的照明。只要加入新的纹理环境，这个灰白色背景就会失效。

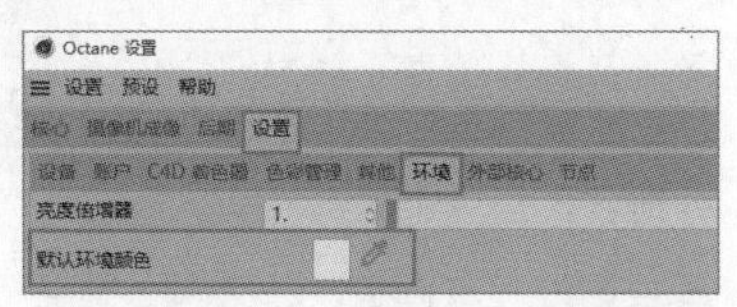

图 7-123

1.纹理

在“纹理”选项中可以更改颜色，这个颜色会影响整体环境，使其偏于这个颜色，如图7-124和图7-125所示。

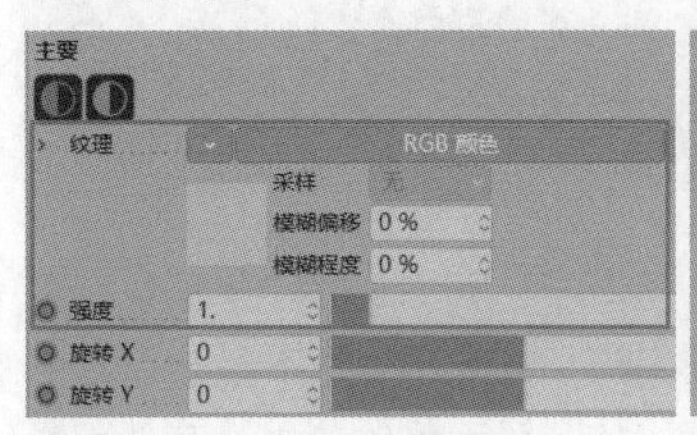

图 7-124

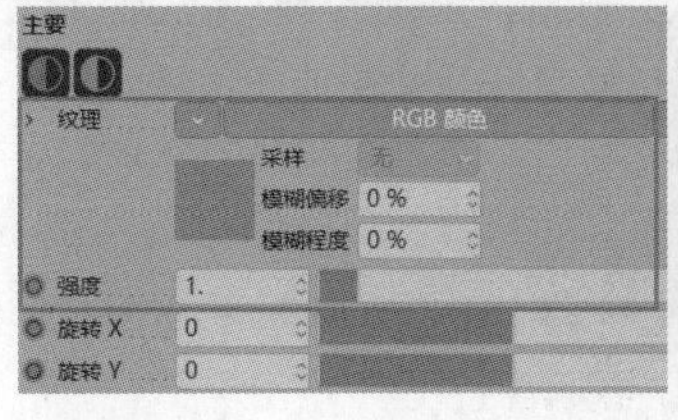

图 7-125

2.强度

“强度”用于控制环境光的亮度，如图7-126所示。“强度”值越小，画面光照越弱；“强度”值越大，画面光照越强。分别设置“强度”为0.1、0.5和2，效果如图7-127所示。

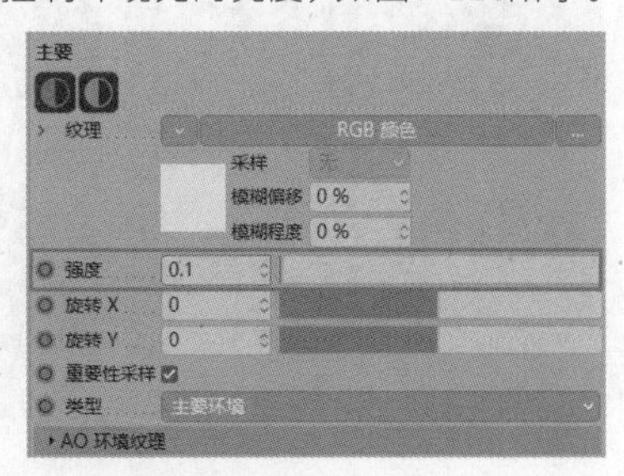

图 7-126

图 7-127

3.类型

“类型”用于控制环境的类型，默认为“主要环境”，即渲染后可以看到这个环境，环境会参与渲染。实例中的场景默认是有背景墙面的，看不见天空背景，可以在“对象”面板中关闭“背景”对象，如图7-128所示。这样场景中就没有背景墙面与地面的模型了，如图7-129所示。

图 7-128

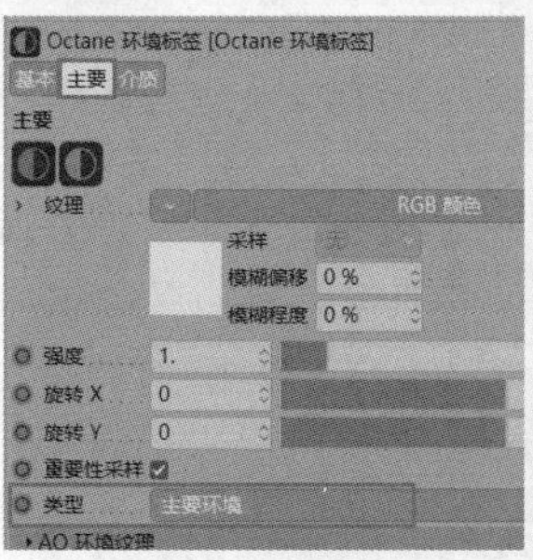

图 7-129

设置“类型”为“可见环境”，此时环境是玫红色的，但是整个环境仅是可见的效果，并不参与渲染计算。因此环境对场景中的光照和反射效果没有任何影响，如图7-130所示。当设置“类型”为“主要环境”时，环境会参与渲染计算，影响场景中的光照与反射效果，如图7-131所示。

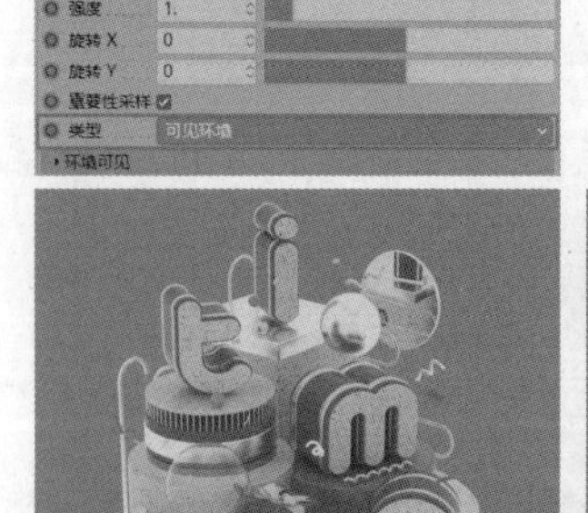

图 7-130　　图 7-131

在“纹理”中添加渐变效果，且设置“类型”为“主要环境”，如图7-132所示。环境会影响场景中的光照与反射效果，如图7-133所示。

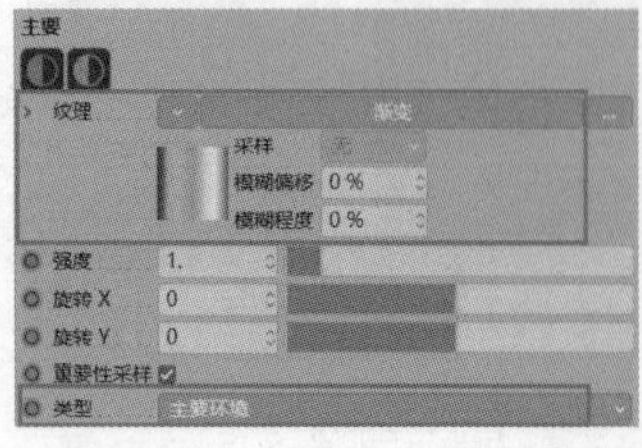

图 7-132　　图 7-133

7.4.2 Octane HDRI环境

执行“对象>Octane HDRI纹理环境”菜单命令，可以在场景中添加HDRI纹理环境，单击“Octane环境”标签，即可对相关参数进行调整。

1.纹理

在Octane中加载图像都是通过“图像纹理”选项实现的，单击“图像纹理”按钮 图像纹理 进入图像纹理设置区域，默认为黑色贴图，如图7-134所示。

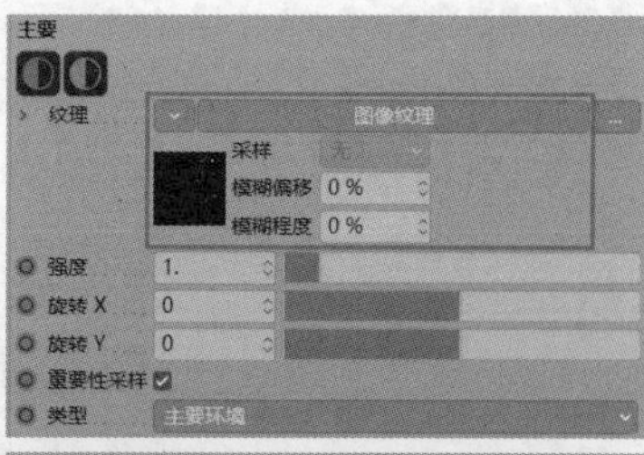

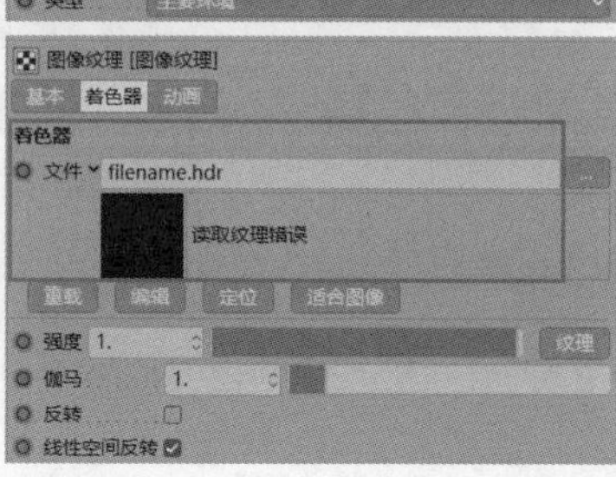

图 7-134

在“文件”选项中加载HDR贴图，如图7-135所示。此时，HDRI纹理环境会对场景中的照明效果产生影响，如图7-136所示。

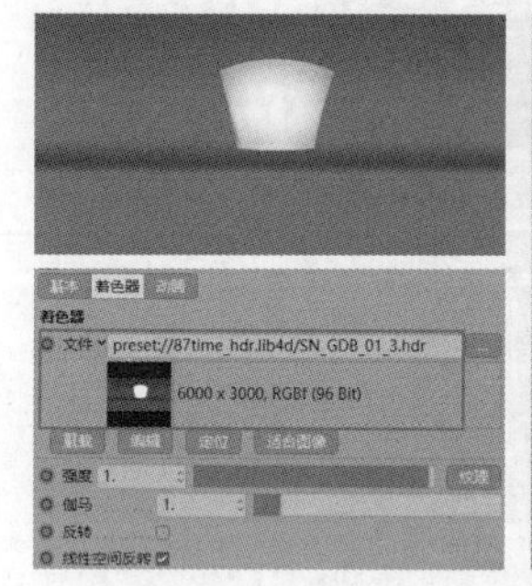

图 7-135　　图 7-136

2.强度

“强度”控制的是灯光的亮度，分别设置“强度”为0.2、0.6和2，效果如图7-137所示。

图 7-137

7.5 Octane材质

相较于默认渲染器，Octane渲染器中的材质种类更多，如图7-138所示。本节仅讲解一下常用的材质及通道，部分材质需在“节点编辑器”中进行设置，将在后续内容中进行讲解。下面用图7-139所示的模型演示一下不同材质的效果。

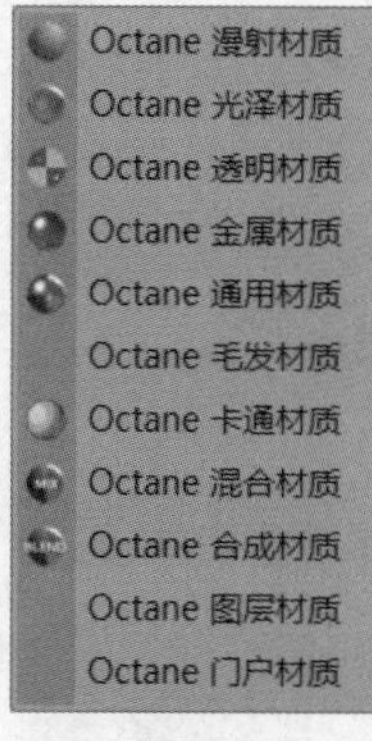

图7-138

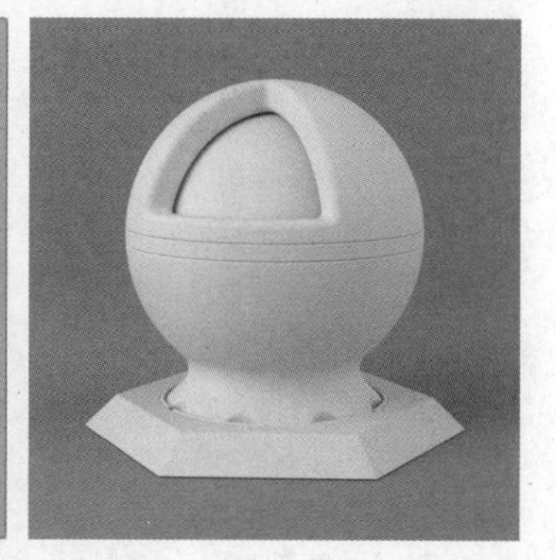

图7-139

7.5.1 Octane光泽材质

执行“材质>创建>Octane光泽材质”菜单命令，创建一个光泽材质，将材质赋予模型，如图7-140所示。在“材质编辑器”面板中可以调整材质的多种属性。

图7-140

1.漫射

“漫射”通道可以改变材质的颜色，当设置“颜色”为白色时，效果如图7-141所示。当设置“颜色”为紫色时，效果如图7-142所示。

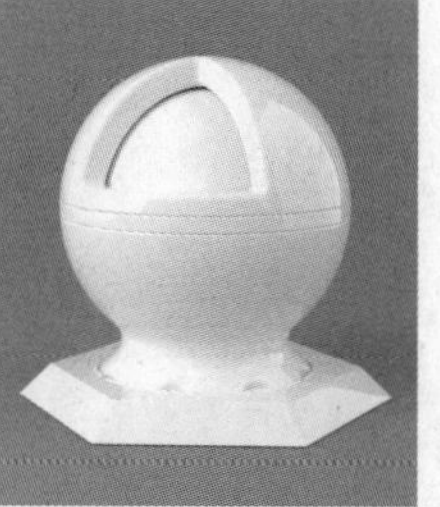

图7-141

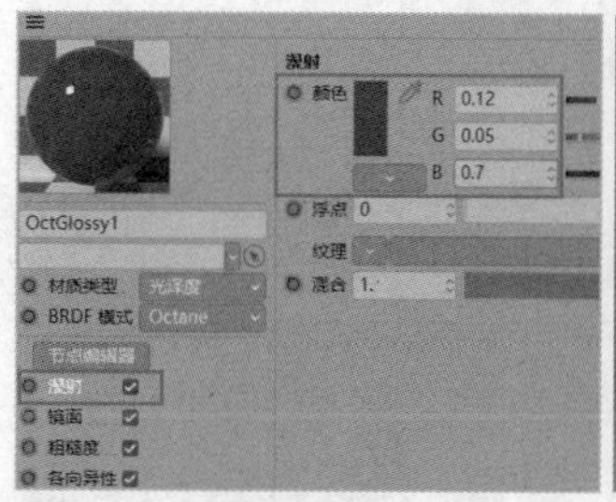

图7-142

此外，还可以在原有颜色的基础上添加纹理。例如，单击“节点编辑器”按钮，会打开“Octane节点编辑器”面板，如图7-143所示。将纹理素材拖曳至“Octane节点编辑器”面板中，会自动生成“图像纹理”节点，把该节点链接“漫射”通道，这样就为“漫射”加入了贴图，如图7-144所示。渲染场景后，模型就有了木纹的材质效果，如图7-145所示。

图7-143

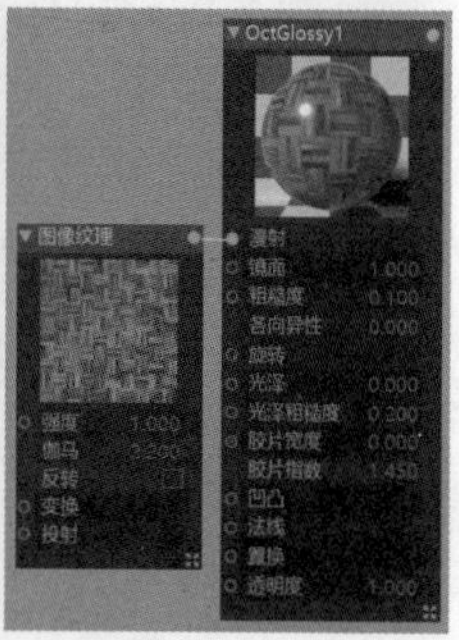

图7-144

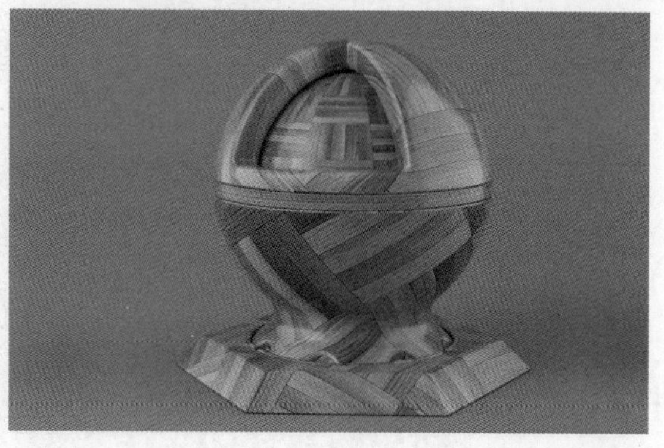

图7-145

2.指数

“指数”通道用于控制反射的强度。分别设置“指数”为1.1、1.3、2和5，效果如图7-146所示。可以看到“指数”值越大，反射越明显。

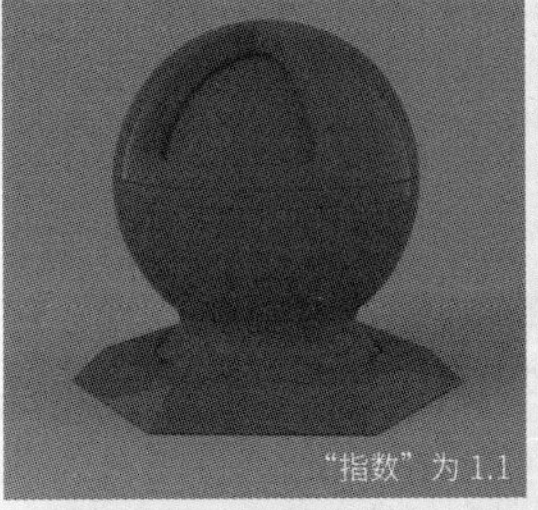

图 7-146

技巧提示 需要注意的是，“指数”的最大值为8，如图7-147所示，但此时并不是反射最强的效果。当设置“指数”为1时，反射效果最强，如图7-148所示。

图7-147

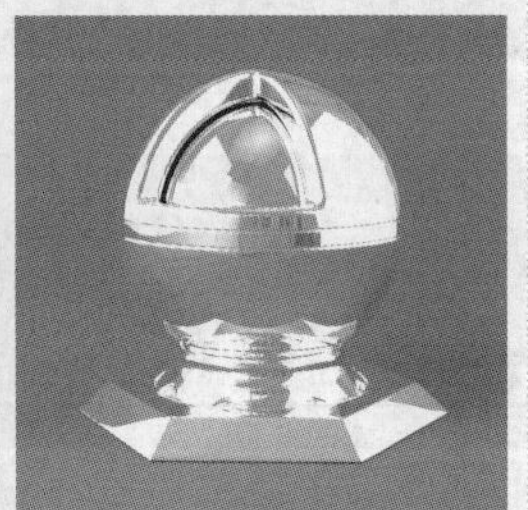

图 7-148

3.粗糙度

“粗糙度”通道用于控制反射的模糊程度。其设置方法与“指数”通道相同，分别设置“粗糙度”为0.05、0.1、0.2、0.4，效果如图7-149所示。可以看到“粗糙度”值越大，反射越模糊。

图 7-149

图 7-149（续）

4.凹凸

“凹凸”通道用于通过纹理的明度信息模拟出模型表面凹凸起伏的光影变化。将纹理素材拖曳至“Octane节点编辑器”面板中，会自动生成“图像纹理”节点，把该节点链接“凹凸”通道，如图7-150所示。渲染后可以看到模型有了凹凸起伏的光影变化，如图7-151所示。

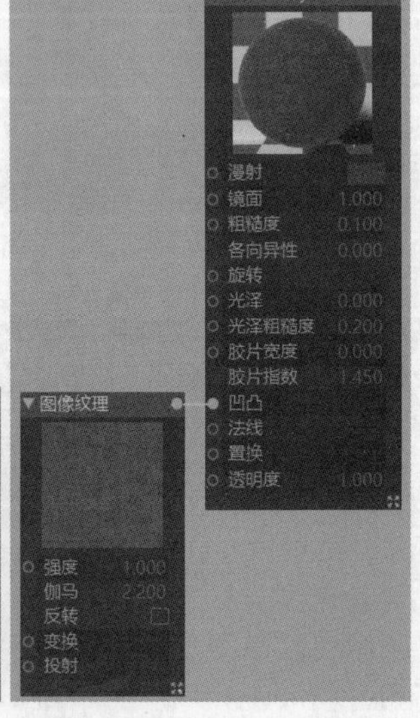

图 7-150

图 7-151

5.法线

法线贴图的视觉效果与凹凸贴图类似，都是在物体表面制作凹凸起伏的光影效果，但是在“法线”通道中需要使用专业的图片。将纹理素材拖曳至“Octane节点编辑器”面板中，会自动生成“图像纹理”节点，把该节点链接“法线”通道，如图7-152所示。渲染后可以看到模型有了凹凸起伏的光影变化，如图7-153所示。

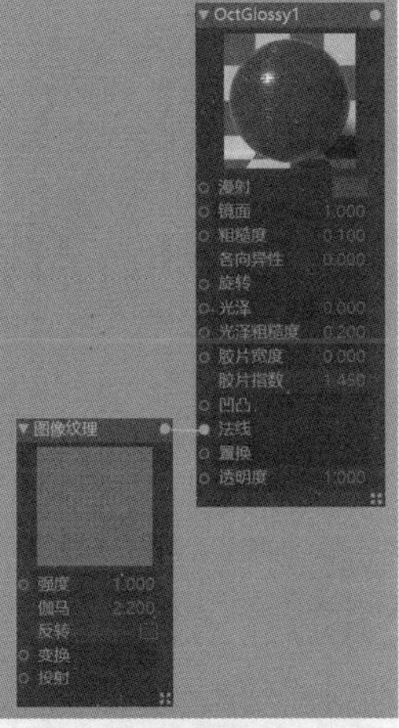

图 7-152

图 7-153

法线贴图并不会影响材质的颜色。在“漫射”通道中设置“颜色”为橘黄色，如图7-154所示。

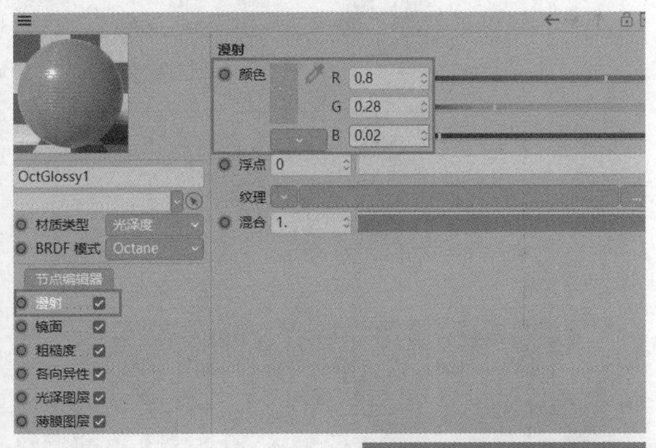

图 7-154

6.镜面

“镜面”通道用于控制模型反射的颜色。为了更好地观察“镜面”效果，在“漫射”通道中设置“颜色”为黑色，如图7-155所示。

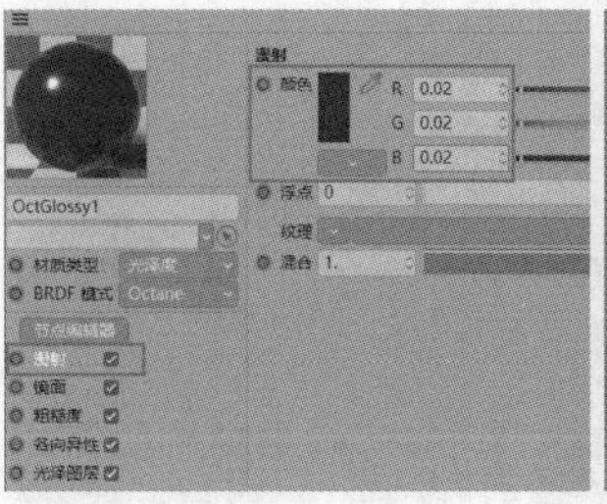

图 7-155

在“镜面”通道中设置“颜色”为紫红色，如图7-156所示。模型就反射出了紫红色的光。在“指数”通道中设置“指数”为5，反射效果就增强了，如图7-157所示。

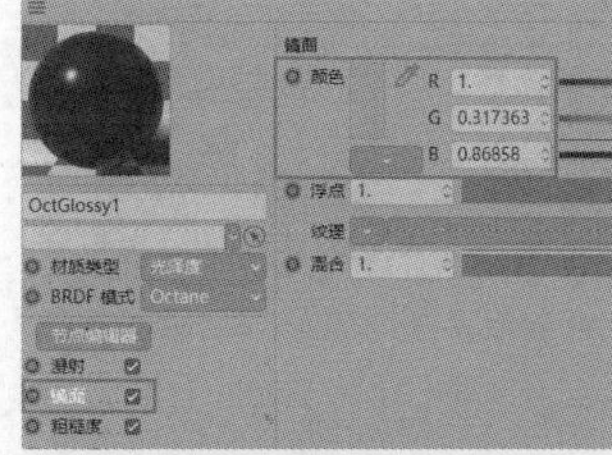

图 7-156　图 7-157

7.光泽图层

“光泽图层”通道用于模拟模型边缘发白的效果。为了方便观察，在“漫射”通道中设置“颜色”为深灰色，如图7-158所示。

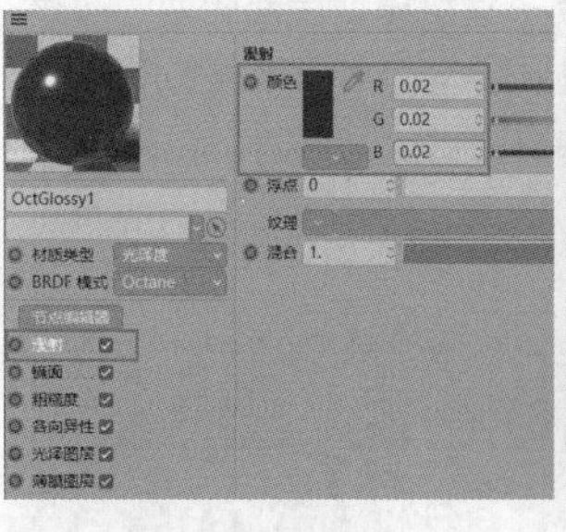

图 7-158

在“光泽图层”通道中设置“光泽”为1，渲染后可以看到模型边缘有发光效果，如图7-159所示。分别设置“光泽”为0.1、0.2、0.4和0.6，效果如图7-160所示。可以看到，“光泽”值越大，模型边缘发白越明显。

图 7-159

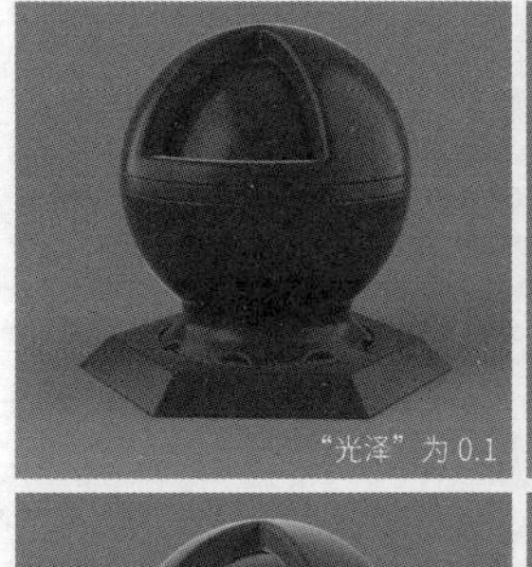

图7-160

技巧提示 对于布料，光泽的效果会更加明显，如图7-161所示。

图7-161

8.薄膜图层

"薄膜图层"通道用于模拟模型表面的油膜效果，该效果常出现在金属或玻璃表面。将"薄膜图层"翻译为"油膜图层"会容易理解一些。为方便观察油膜的细节，可取消勾选"漫射"通道，获得一个黑色的材质，如图7-162所示。

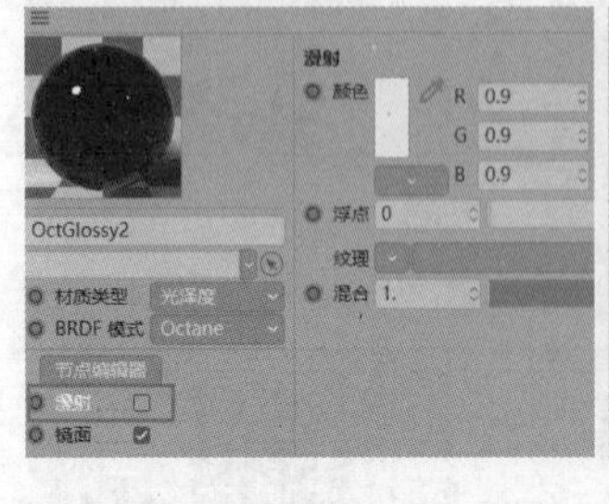

图7-162

在"薄膜图层"通道中设置"浮点"为0.18，这样模型表面就有了多色的油膜效果，如图7-163所示。"浮点"值不同，油膜的效果也不同，如图7-164所示。

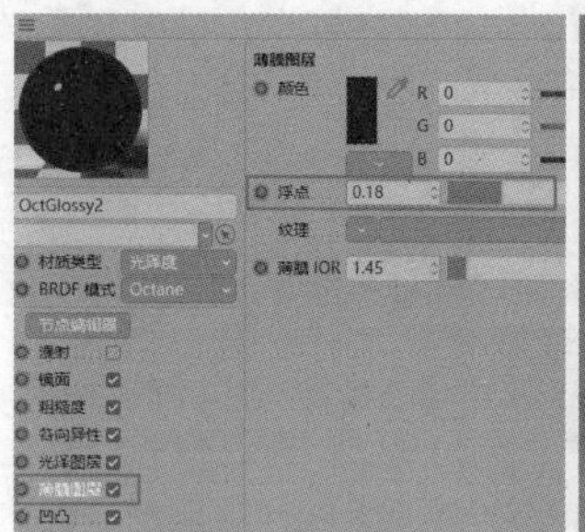

图7-163

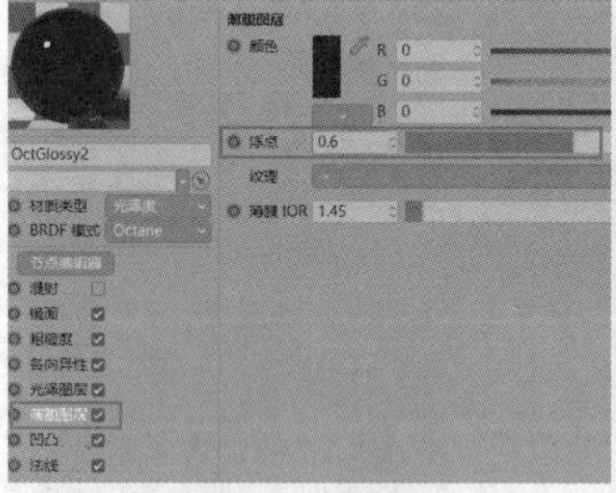

图7-164

"薄膜IOR"用于调整薄膜的折射率，如图7-165所示。分别设置"薄膜IOR"为1、1.2和1.5，效果如图7-166所示。可以看到，"薄膜IOR"值越小，油膜的层次越丰富，颜色越明显。

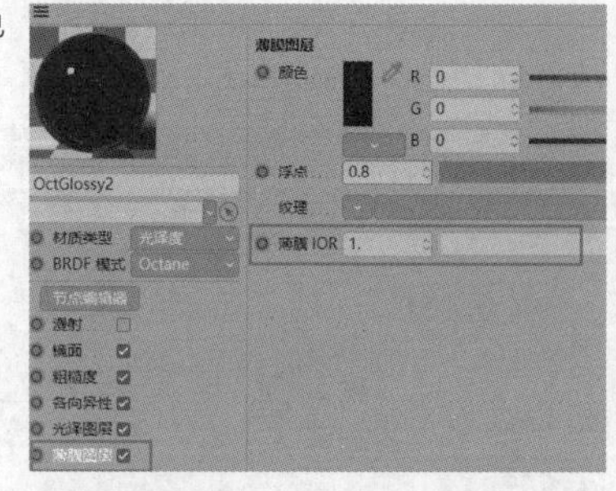

图7-165

图7-166

技术专题：制作更为真实的油膜效果

先对材质的"薄膜图层"通道和"指数"通道进行设置，如图7-167所示。在"Octane节点编辑器"面板中为材质接入"噪波"节点，使油膜效果产生随机变化，如图7-168所示。材质中没有"薄膜图层"通道，这是翻译问题，这里将"薄膜图层"翻译为了"胶片宽度"。

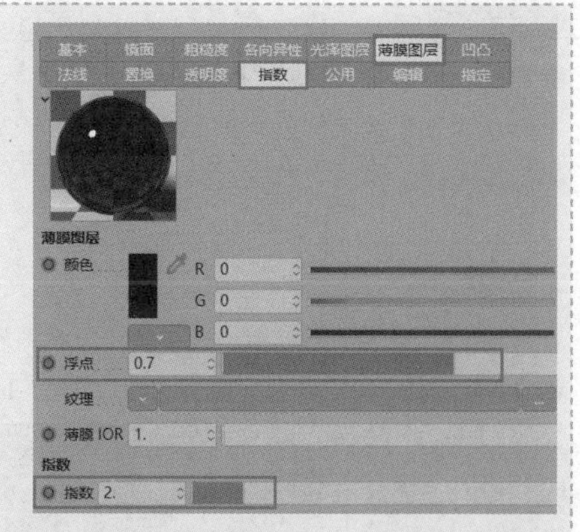

图 7-167

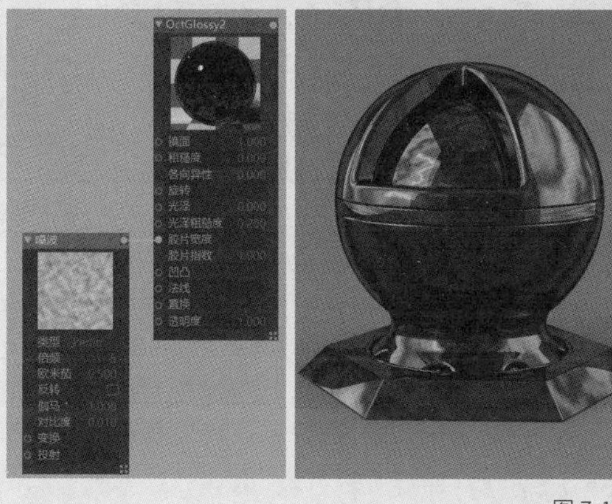

图 7-168

对“噪波”节点的参数进行调整，产生的油膜效果也会随之改变，如图7-169所示。

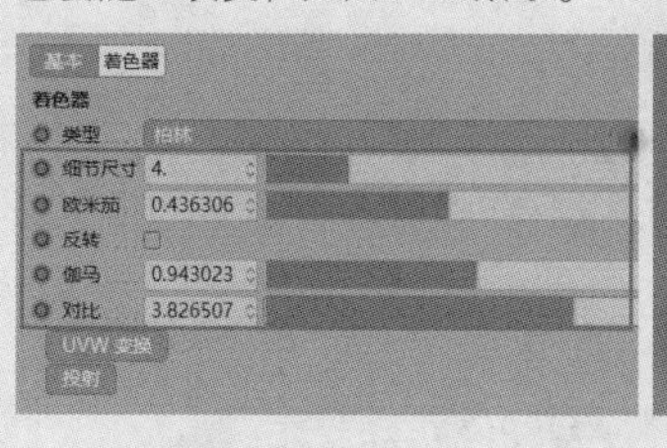

图 7-169

9.透明度

“透明度”通道用于控制材质的透明度，也被称为Alpha通道。分别设置“透明度”为0.6、0.4和0.2，效果如图7-170所示。“透明度”为1时表示不透明，为0时表示全透明，该值越小，模型越透明。

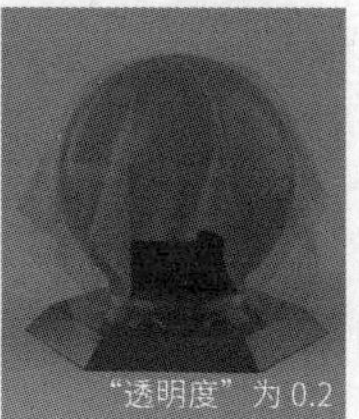

图 7-170

7.5.2 Octane漫射材质

执行“材质>创建>Octane漫射材质”菜单命令，创建一个漫射材质，在“材质编辑器”面板中可以调整材质的多种属性。其中，“漫射”“粗糙度”“凹凸”“法线”“置换”“透明度”通道与光泽材质是一样的。

1.传输

“传输”通道用于设置材质的透光颜色，默认是黑色，也就是材质没有透光的效果。设置“颜色”为粉红色，渲染后模型透着粉红色的光，如图7-171所示。

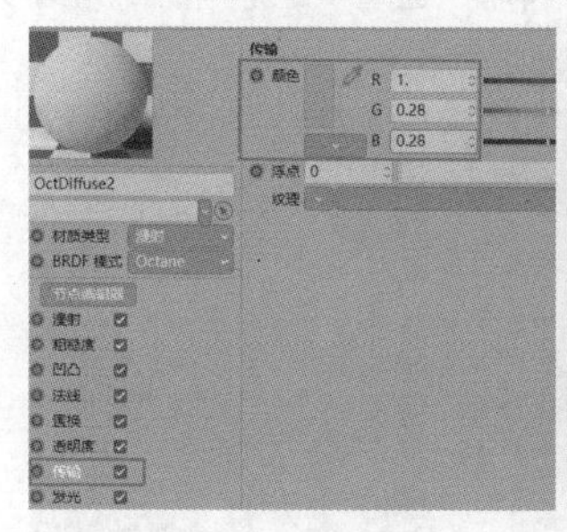

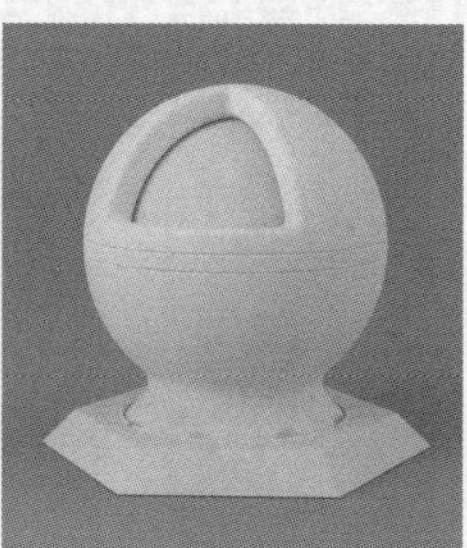

图 7-171

2.发光

“发光”通道用于制作发光效果，分为“黑体发光”与“纹理发光”，如图7-172所示。“黑体发光”有色温，“纹理发光”没有色温。推荐使用“纹理发光”，这样颜色更准确。

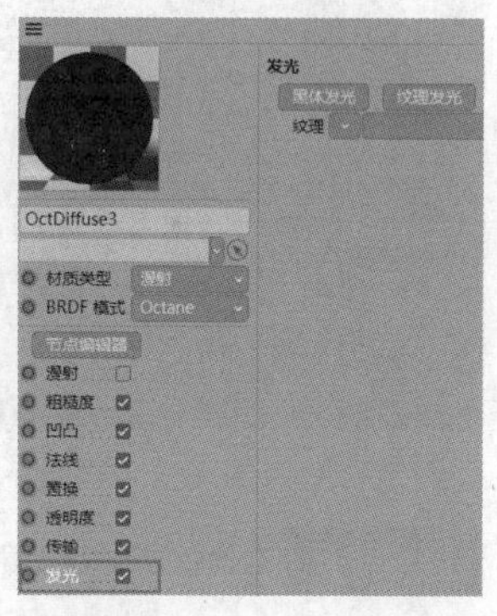

图 7-172

单击“纹理发光”按钮纹理发光，可以看到参数与区域光的参数是一样的，如图7-173所示。也就是说添加了“发光”通道，相当于模型变为了一个发光的模型，如图7-174所示。

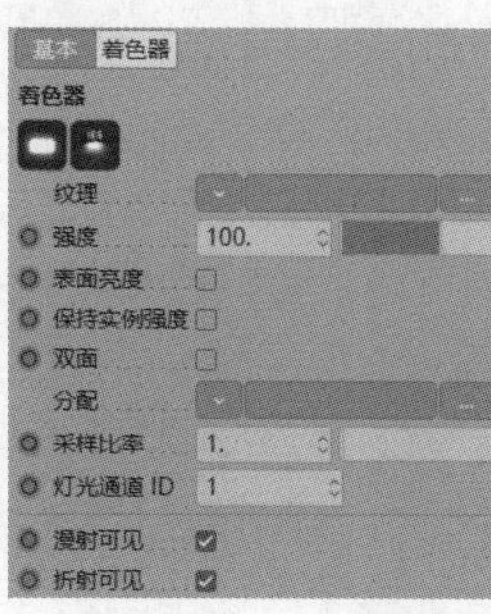

图 7-173

图 7-174

7.5.3 Octane透明材质

执行“材质>创建>Octane透明材质”菜单命令，可以创建一个透明材质，透明材质主要用于制作模型的透明效果。

1.传输

“传输”通道用于控制材质的透光颜色，对于透明材质，可以将其理解为玻璃的颜色。默认的透明材质为浅灰色，为了使其更通透，可以设置“颜色”为白色，如图7-175所示。更改“传输”通道中的颜色，即可改变透明材质的颜色，如图7-176所示。

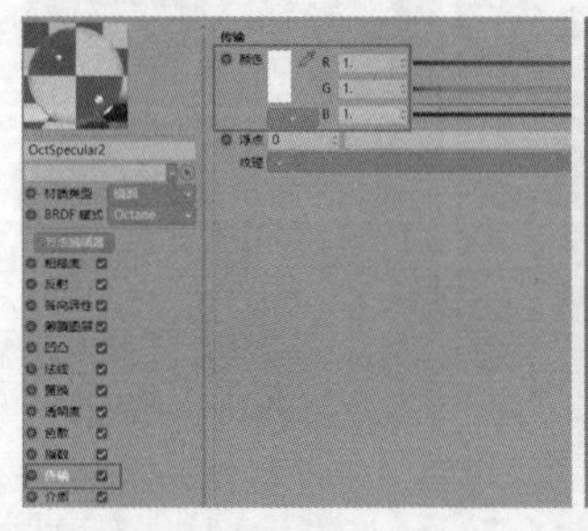

图 7-175

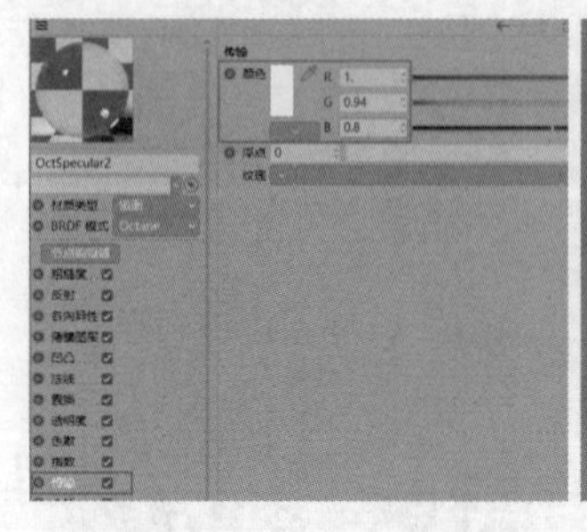

图 7-176

疑难解答 **为什么显示的颜色和设置的颜色有区别？**

可以发现渲染后材质的颜色比设置的颜色深，所以通过“传输”通道调整颜色时，设置的颜色都是比较亮的。在操作时，要以渲染的结果为准。

2.粗糙度

“粗糙度”通道用于控制模型反射的模糊程度。分别设置“粗糙度”为0.002、0.02和0.2，效果如图7-177所示。可以看到“粗糙度”值越大，模糊的效果越明显。

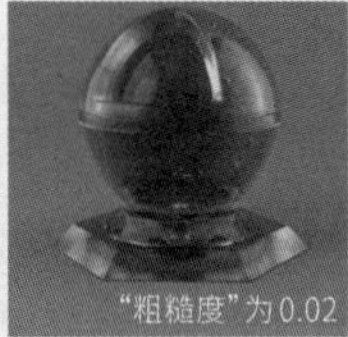

图 7-177

技巧提示 需要注意的是，当“粗糙度”为0.002时，材质就已经有了模糊效果；当“粗糙度”为0.02时，材质的模糊效果就比较明显了，所以通常会将“粗糙度”设置得小一些。

3.色散

“色散”通道用于模拟光通过棱镜分解为多色光的效果，棱角分明的色散效果会更加明显，如图7-178所示。

图 7-178

4.指数

“指数”通道用于设置透明材质的折射率。分别设置“指数”为1.3、2和4，效果如图7-179所示。可以看到“指数”值越大，模型越容易反射出周边的环境。水在20℃时的折射率约为1.33，玻璃的折射率为1.45～1.8。

图 7-179

7.5.4 Octane金属材质

执行“材质>创建>Octane金属材质”菜单命令，可以创建一个金属材质，将材质赋予模型，如图7-180所示。金属材质是2020.2-R3版本Cinema中新增的材质，没有该材质时，通常使用光泽材质替代。

图 7-180

1.镜面

“镜面”通道与光泽材质的“镜面”通道是一样的。设置“颜色”为亮黄色，可以得到黄色的金属效果，如图7-181所示。

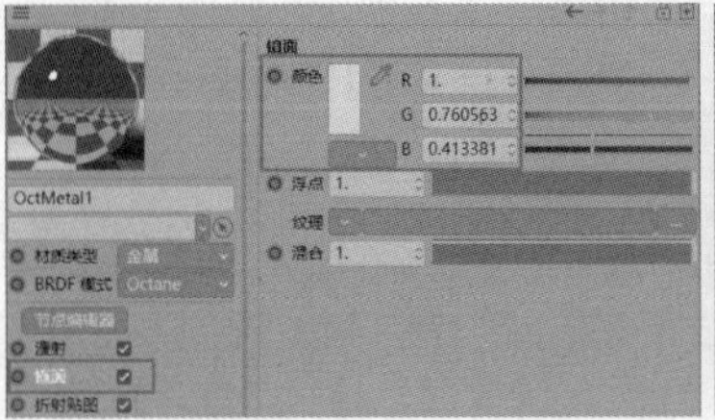

图 7-181

2.粗糙度

“粗糙度”通道与光泽材质的“粗糙度”通道是一样的，增大“粗糙度”的值可以将光滑的金属质感变为磨砂效果，如图7-182所示。

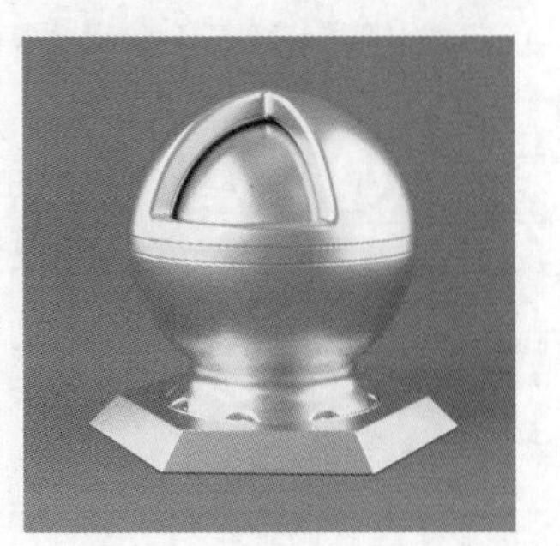

图 7-182

3.折射贴图

“折射贴图”又称“金属性”，在这个通道中可以设置金属的反射强度。反射强度值越大，金属对光的反射越强，金属越亮。分别设置“折射贴图”为0.3、0.5和0.8，效果如图7-183所示。

图 7-183

4.凹凸

“凹凸”通道与光泽材质的“凹凸”通道是一样的。将纹理素材拖曳至“Octane节点编辑器”面板中，会自动生成“图像纹理”节点，把该节点链接“凹凸”通道，如图7-184所示。渲染后可以看到模型有了凹凸起伏的光影变化，如图7-185所示。当前的“凹凸”效果过于强烈，减小“强度”值，可以得到更为柔和的效果，如图7-186所示。

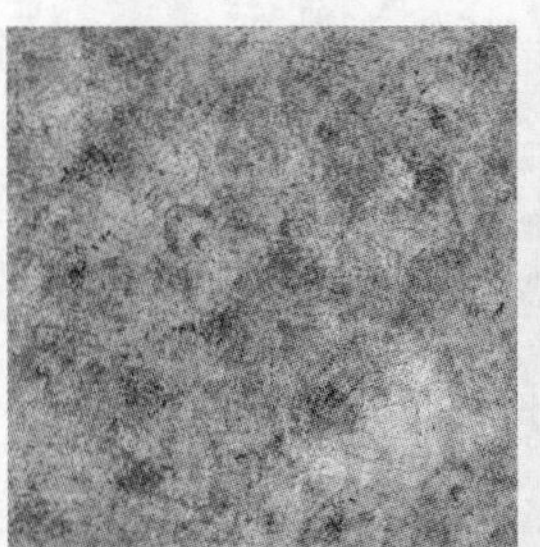

图 7-185

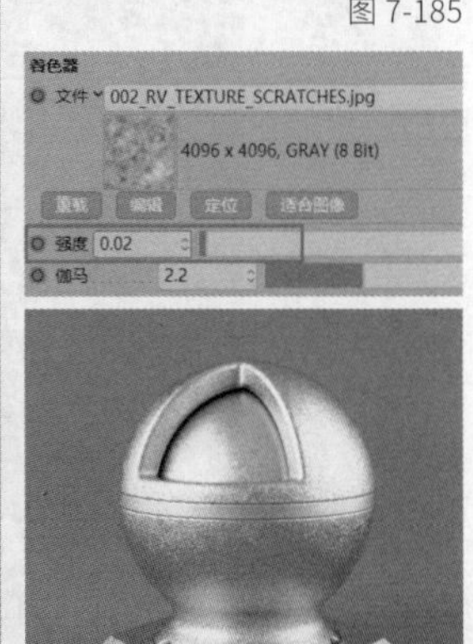

图 7-184

图 7-186

7.5.5 Octane通用材质

执行“材质>创建>Octane通用材质”菜单命令，可以创建一个通用材质。通用材质就像一个多合一的材质，包含了前面所介绍材质的所有通道，如图7-187所示。

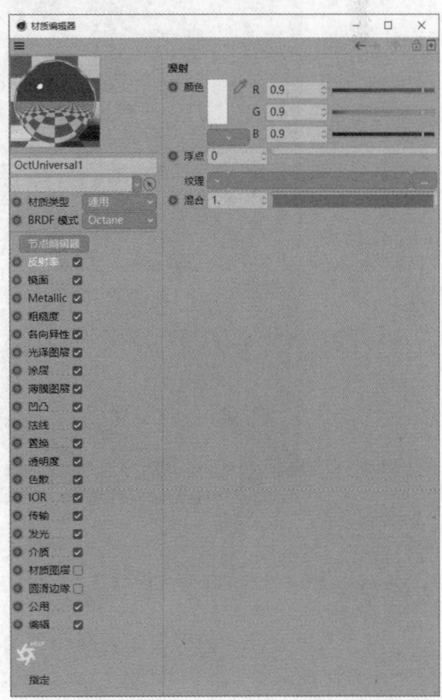

图 7-187

1.反射率

创建一个默认的金属材质，然后在“反射率”通道中设置“颜色”为橙红色，模型即可呈现出彩金效果，如图7-188所示。

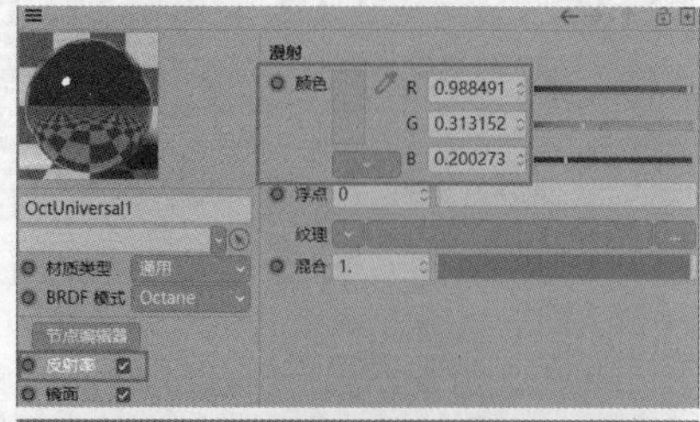

图 7-188

2.Metallic

可以将Metallic通道理解为金属性或金属度。“浮点”值最大时材质就是金属，“浮点”值最小时材质就完全没有金属性，变成普通的颜色材质。在Metallic通道中，设置“浮点”为0，如图7-189所示。

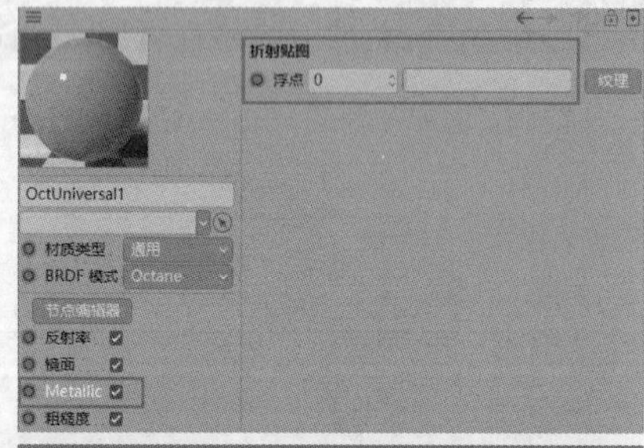

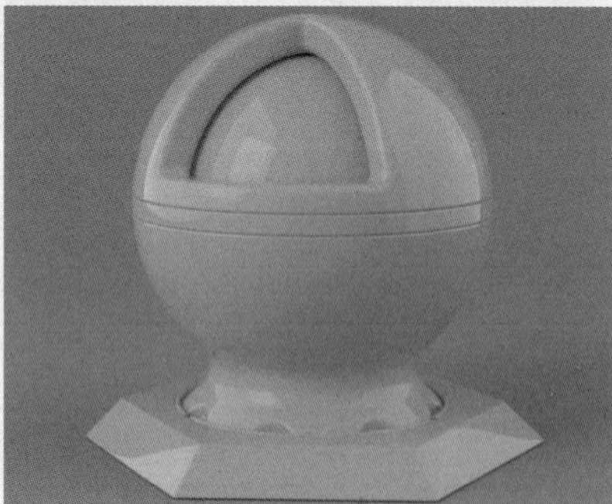

图 7-189

3.涂层

“涂层”通道用于模拟模型表面喷涂清漆的效果。为了方便观察效果，在“反射率”通道中设置“颜色”为深红色，在“粗糙度”通道中设置“浮点”为0.2，如图7-190所示。此时，在“涂层”通道中，设置“图层”为0.8、“粗糙度”为0，原来模糊金属的表面就多了一层光滑的质感，类似于车漆的效果，如图7-191所示。

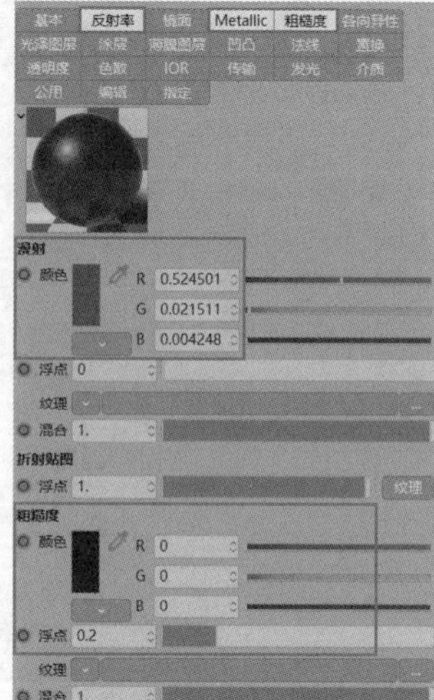

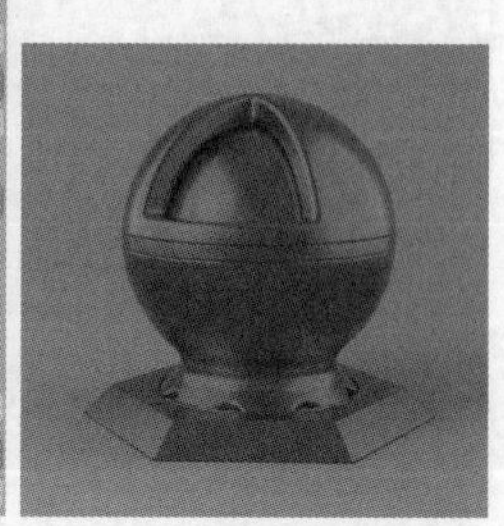

图 7-190

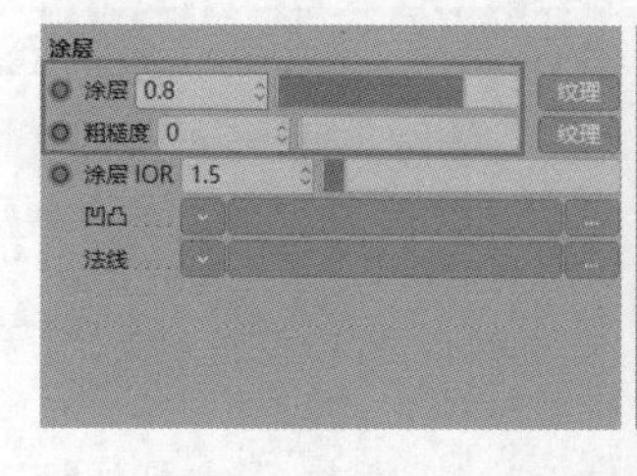

图 7-191

车漆通常会有颗粒的效果。将纹理素材拖曳至“Octane节点编辑器”面板中，会自动生成“图像纹理节点”，然后将该节点链接“法线”通道，如图7-192所示。这样模型中就出现了颗粒效果，如图7-193所示。

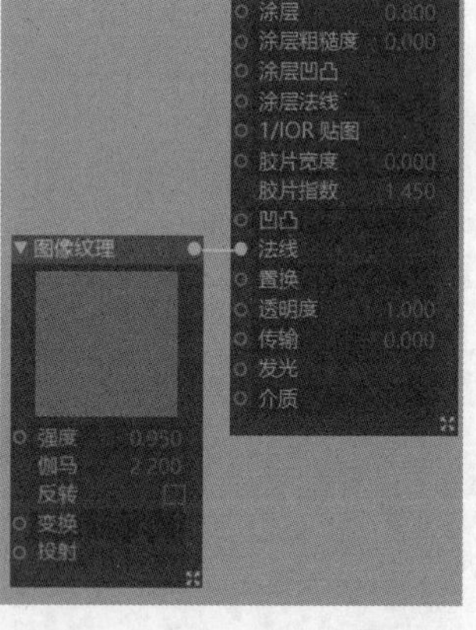

图 7-192

图 7-193

7.5.6 Octane混合材质

执行“材质>创建>Octane混合材质”菜单命令，可以创建一个混合材质。混合材质的“材质编辑器”中没有各种通道，默认包含“材质1”与“材质2”两个选项，如图7-194所示。

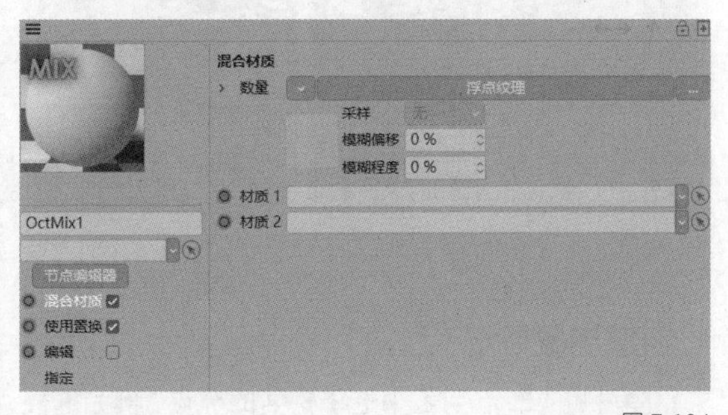

图7-194

技巧提示 混合材质图标的左上角有绿色的文字MIX，如图7-195所示。由此可以区分混合材质和普通材质。

图7-195

创建两个漫射材质，一个为红色，一个为黄色，如图7-196和图7-197所示。将红色材质拖曳至“材质1”选项中，将黄色材质拖曳至“材质2”选项中，如图7-198所示。

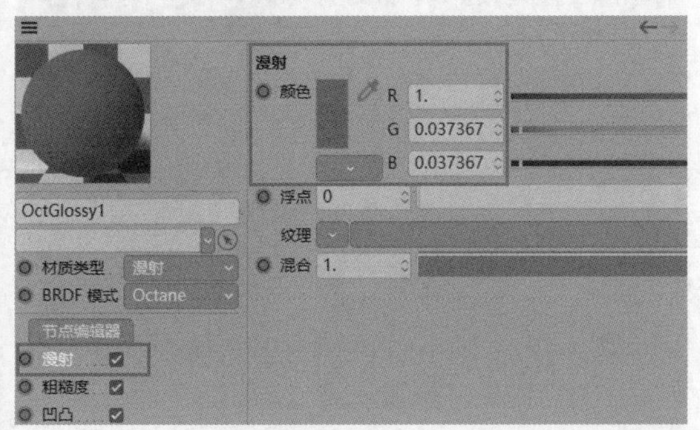

图7-196

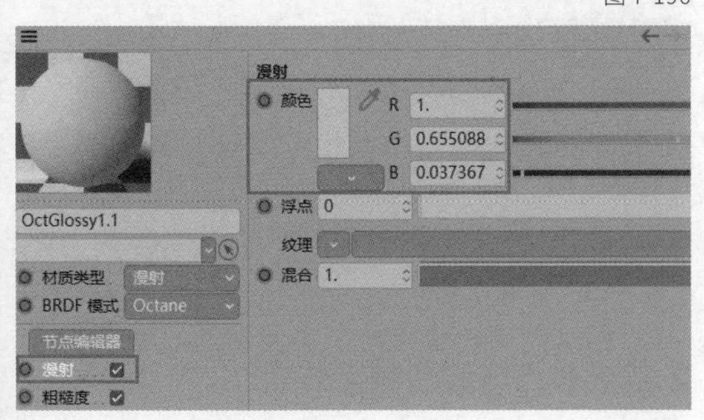

图7-197

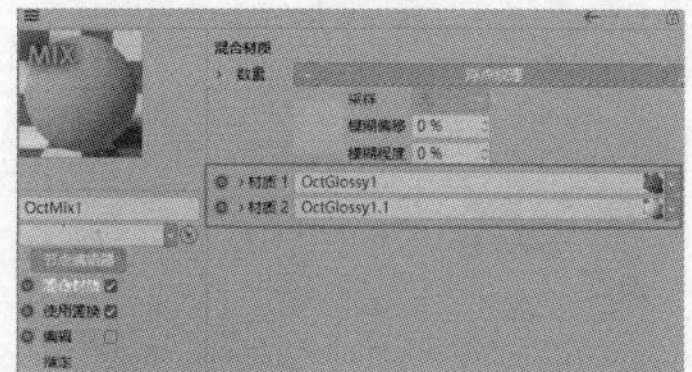

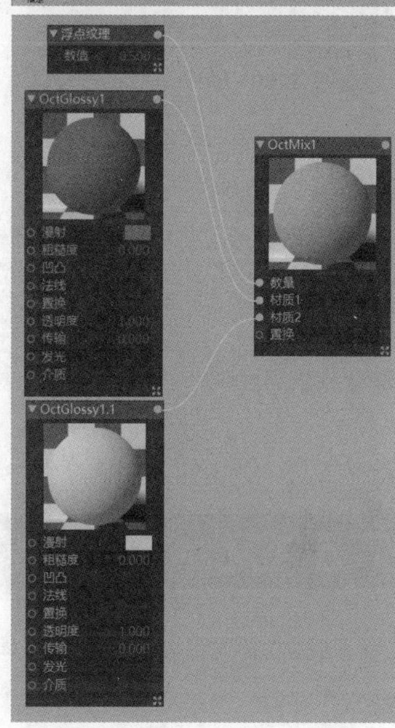

图7-198

这样两个材质就混合了，混合材质表现为这两个材质混合后的效果，呈现为橙色，如图7-199所示。通过改变“着色器”选项卡中的“浮点”可以控制材质的混合配比，“浮点”值越大，“材质1”的占比越大，效果如图7-200所示。“浮点”值越小，“材质2”的占比越大，效果如图7-201所示。

图7-199

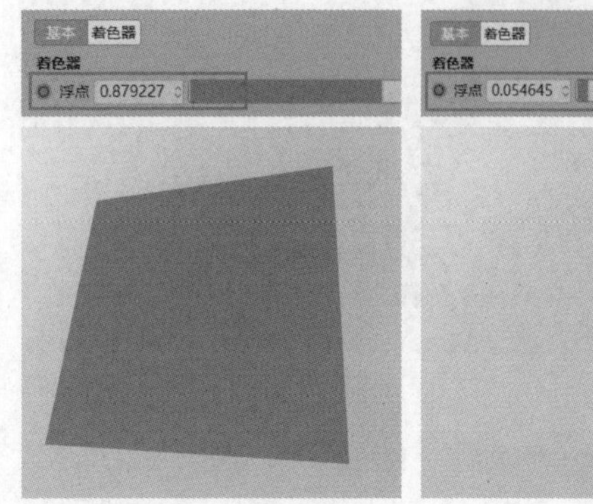

图7-200　图7-201

通过“图像纹理”可以控制材质的分布，将“图像纹理”节点链接“数量”通道，如图7-202所示。

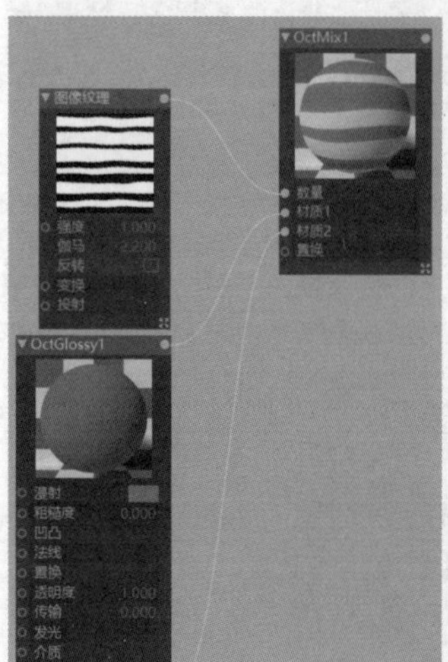

图 7-202

7.6 Octane节点

Octane渲染器中的节点编辑系统可以清晰地呈现出材质的制作逻辑，使得总体制作效率提升。

7.6.1 节点的操作基础

执行“材质>Octane节点编辑器”菜单命令，或者在“材质编辑器”面板中单击“节点编辑器”按钮 节点编辑器 ，可以打开“Octane节点编辑器”面板，如图7-203所示。面板左侧的列表罗列了所有的节点，中间是材质的节点视图，右侧是各个通道的属性。

图 7-203

技巧提示 “材质编辑器”面板和“Octane节点编辑器”面板中都会显示各个通道，如图7-204所示。这些通道是一样的，节点也会自动生成，在哪里调整都是可以的。

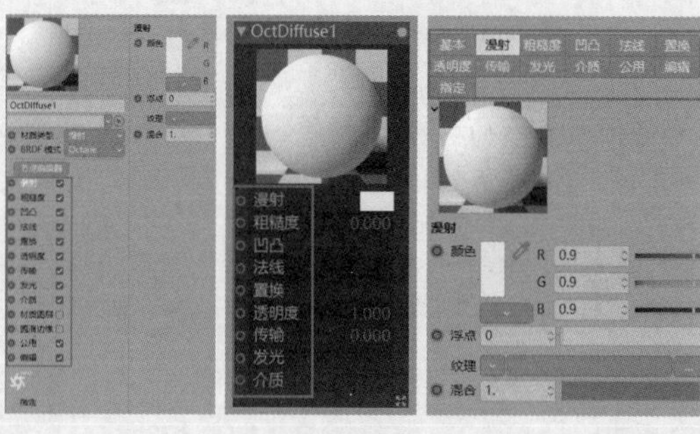

图 7-204

1.创建与删除节点

在左侧的节点列表中选择需要的节点，例如选择“RGB光谱”节点，然后将其向右拖曳至视图中，即可创建新的节点，这样视图中就有了“RGB颜色”节点，如图7-205所示。“RGB光谱”与“RGB 颜色”是同一个节点，渲染器汉化的名字没有统一，这并不影响最终效果。在“Octane节点编辑器”面板中，执行“创建”菜单下的命令，或者单击鼠标右键，执行弹出的菜单中的命令，即可创建节点。无论使用哪种方式，创建的节点都是相同的。

将列表中的材质拖曳至视图中，可以创建一个新的材质，如图7-206所示。

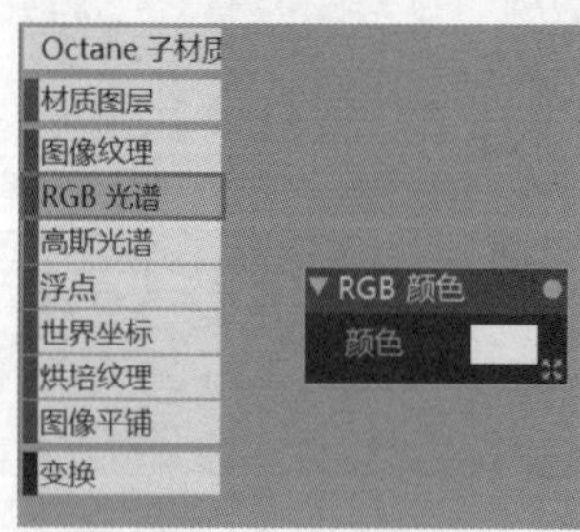

图 7-205

图 7-206

技巧提示 Octane没有官方中文版，因此翻译的版本可能不同，而且可能会有漏洞。对节点而言，经常出现左侧列表和视图中显示名称不一样的情况，如“衰减”和“衰减贴图”，“颜色矫正”和“色彩校正”，“渐变”和“梯度”等。其实，它们的含义是相同的。

2.链接节点与取消链接节点

节点的右侧有一个黄色的点，这个点就是输出的链接点。单击这个节点后，再单击材质的“漫射”通道，就可以将“RGB颜色”节点与“漫射”通道链接，如图7-207所示。也就是说“RGB颜色”节点控制了“漫射”通道。

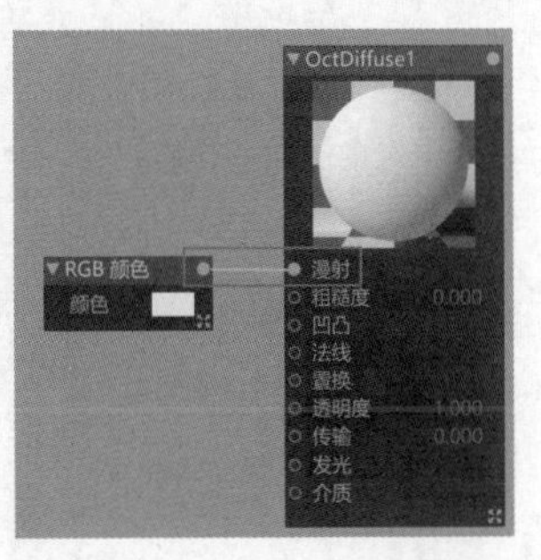

图 7-207

此外，还可以在“漫射”通道的“纹理”选项中选择“plugins>c4doctane>RGB颜色”，如图7-208所示。这样也可以链接节点，不过这么操作没有拖曳节点方便、快捷。

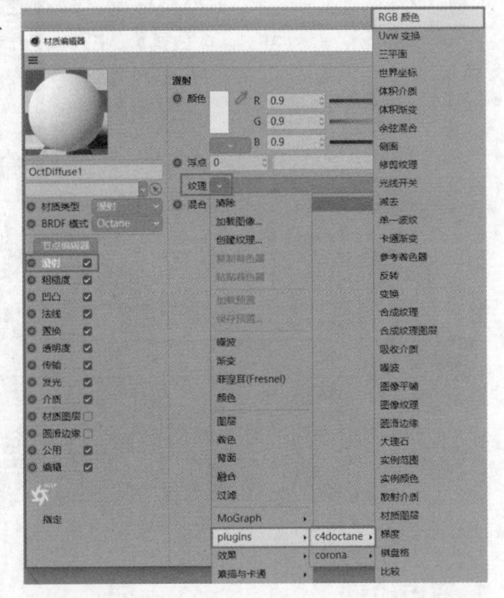

图 7-208

如果想取消节点与通道的链接，可以先选择接受节点的黄色点，然后向左拖曳，如图7-209所示。断开后，原本的线也就消失了。此时，节点对材质就没任何影响了，如图7-210所示。

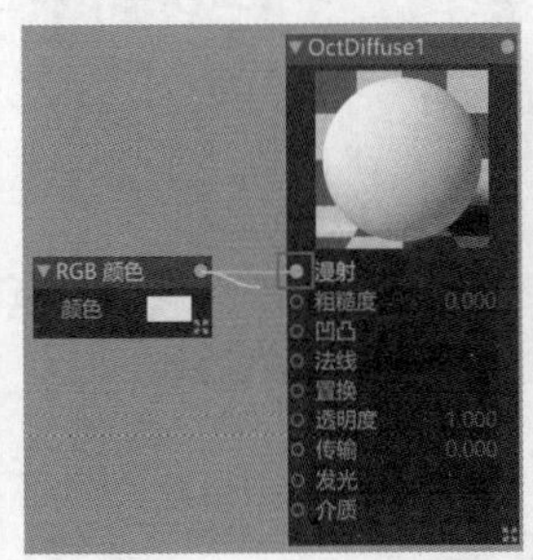

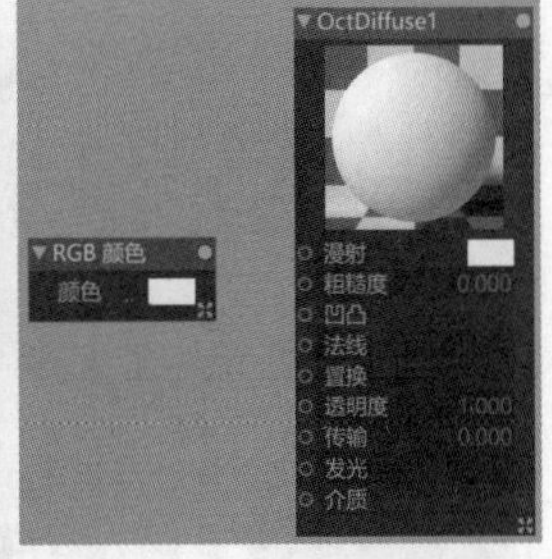

图 7-209　　图 7-210

技巧提示 按住鼠标中键并拖曳鼠标，可以移动视图；向上滚动鼠标中键，可以放大视图；向下滚动鼠标中键，可以缩小视图，如图7-211所示。

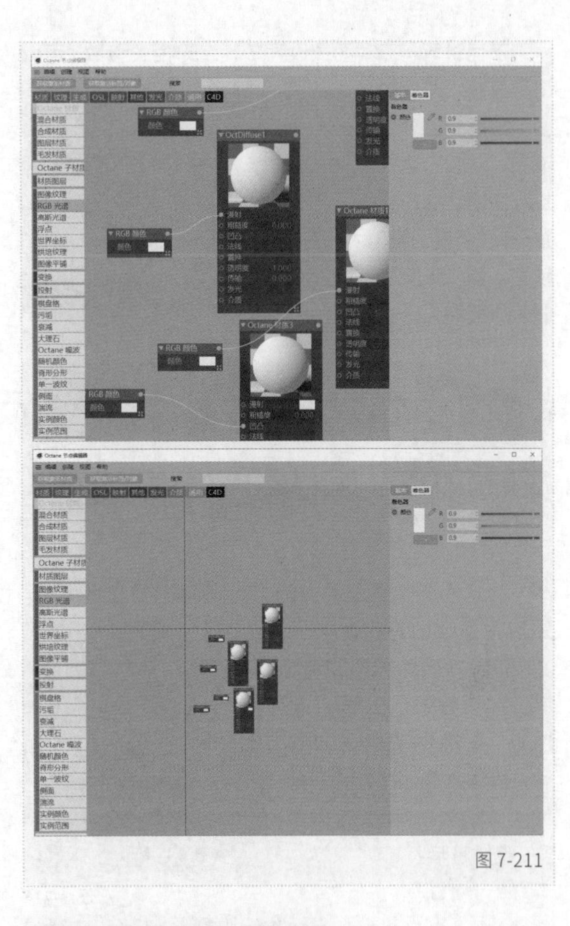

图 7-211

7.6.2 纹理节点

借助纹理节点可以为材质贴图，或者制作出多种纹理效果。

1.图像纹理

创建一个漫射材质，将纹理素材拖曳至节点视图中，会自动生成“图像纹理”节点，如图7-212所示。将“图像纹理”节点链接材质的“漫射”通道，渲染后的图像就有了贴图的效果，如图7-213所示。

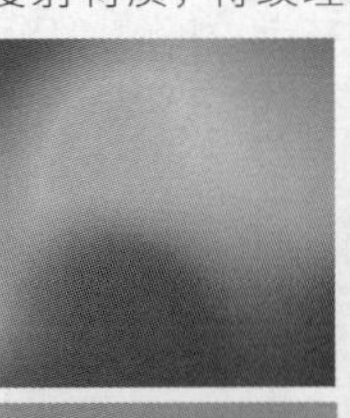

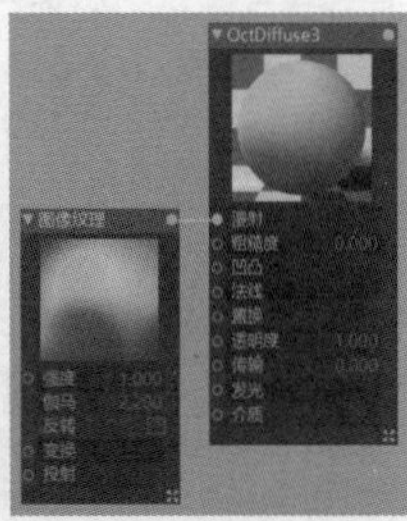

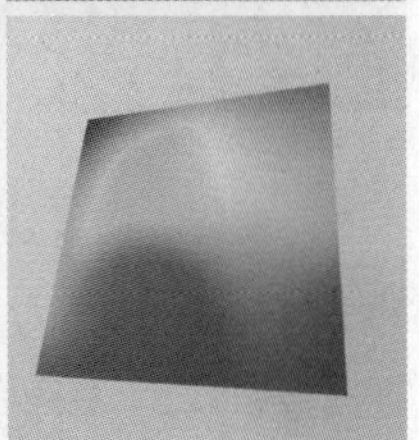

图 7-212　　图 7-213

下面讲解一下“图像纹理”节点的相关参数，可以将“强度”理解为图像的亮度，如图7-214所示。分别设置“强度”为0.2、0.5和1.2，如图7-215所示。可以看到，“强度”值越大，图像越亮。当“强度”为1时，会保有原图的亮度。

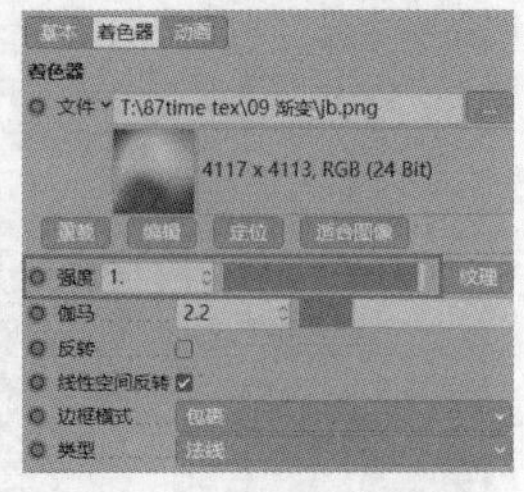

图 7-214

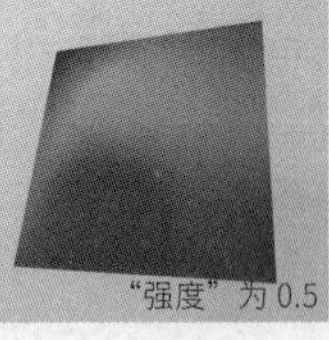

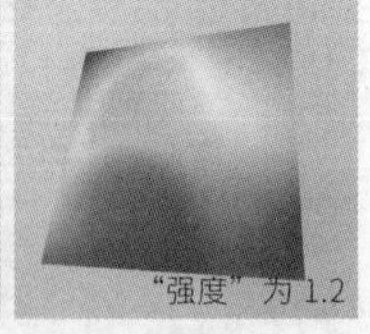

图 7-215

“伽马”控制的是图像的中间调，如图7-216所示。分别设置“伽马”为0.5、2.2和4，效果如图7-217所示。可以看到，“伽马”值越小，图像的亮度信息越多，整体越亮。“伽马”值越大，图像的暗部信息越多，整体越暗。

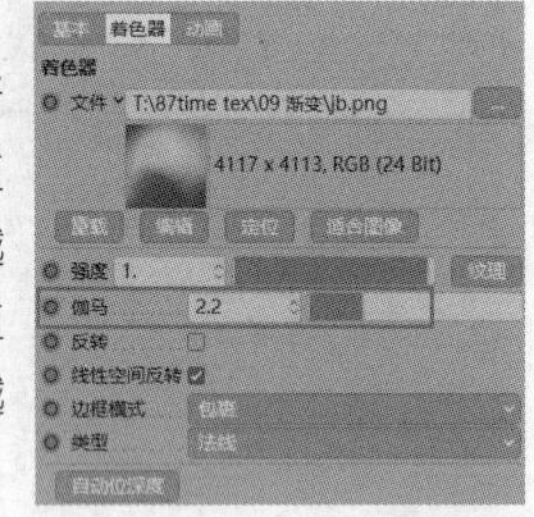

图 7-216

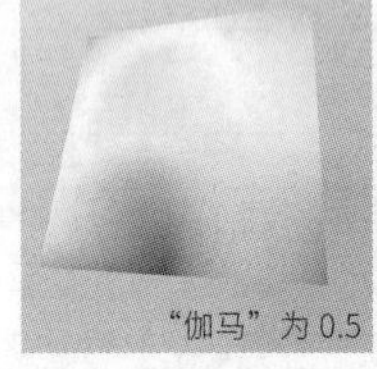

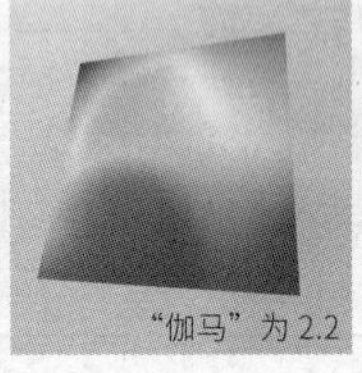

图 7-217

单击“UV变换”按钮 UV变换 ，可自动为“图像纹理”节点链接“变换”节点，如图7-218所示。

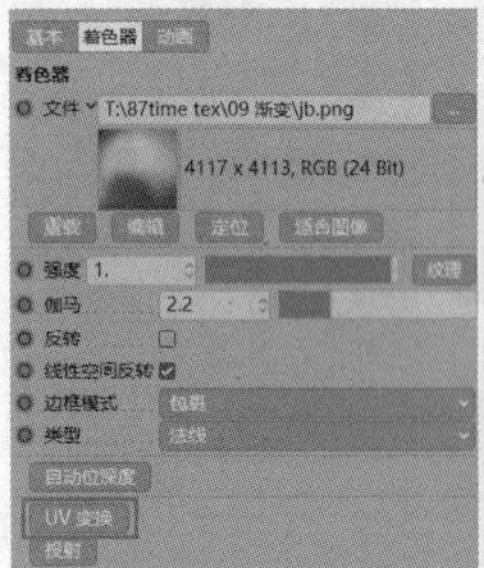

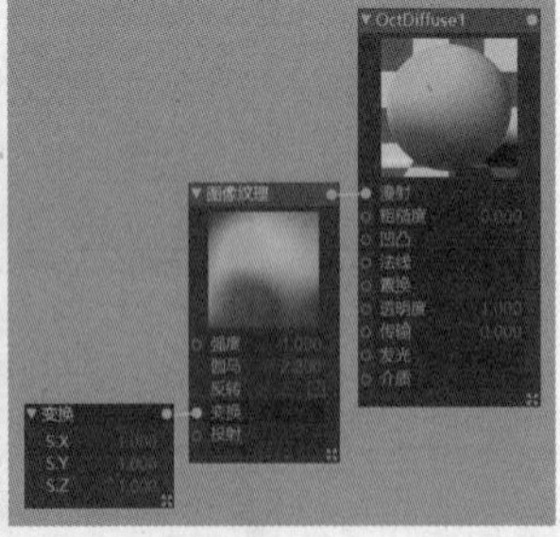

图 7-218

此“变换”节点可以旋转（R）、缩放（S）或移动（T）图像，按照图7-219所示的参数进行设置，图像纹理就被缩小了，渲染后的效果如图7-220所示。

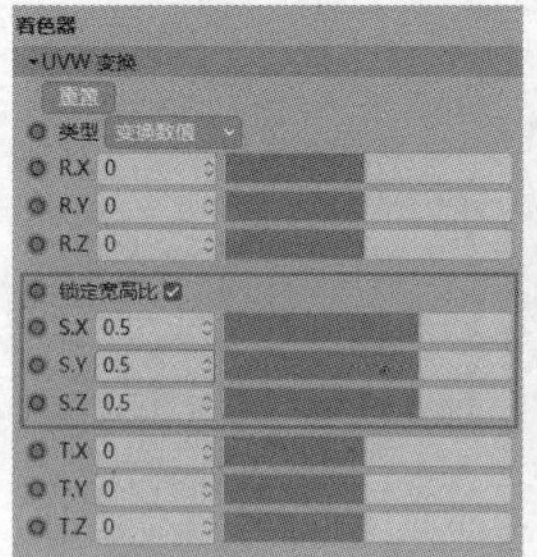

图 7-219

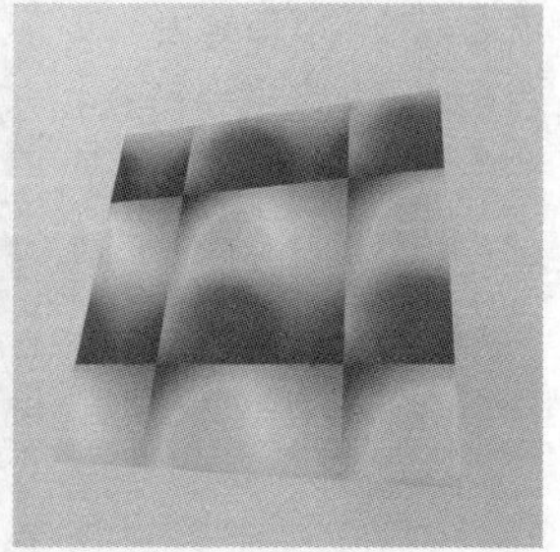

图 7-220

2.RGB颜色

创建一个漫射材质，然后拖曳“RGB光谱”到视图中，并将“RGB颜色”节点链接材质的“漫射”通道，渲染后的图像就有了“RGB颜色”节点的颜色，如图7-221所示。“RGB光谱”相当于为材质添加颜色，此后可以通过该节点任意调整颜色。

图像纹理
RGB 光谱
高斯光谱
浮点
世界坐标
烘培纹理
图像平铺

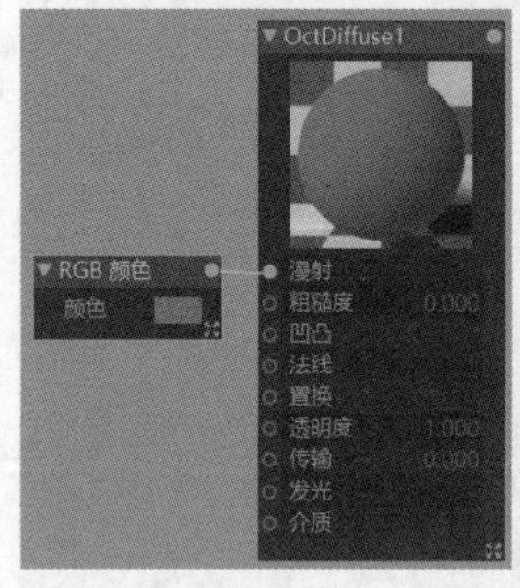

图 7-221

3.浮点纹理

“浮点纹理”节点用于控制材质的黑色、白色、灰色。将“浮点纹理”节点链接材质的“漫射”通道，如图7-222所示。分别设置“浮点纹理”为0.1、0.4和0.8，效果如图7-223所示。可以看到，“浮点纹理”值越小，图像颜色越黑；“浮点纹理”值越大，图像颜色越白。

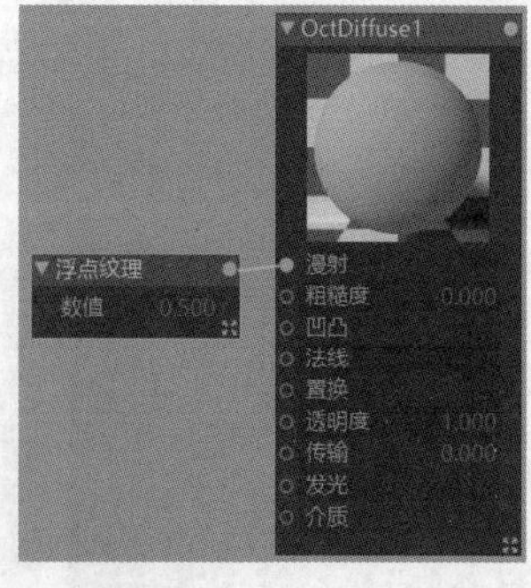

图 7-222

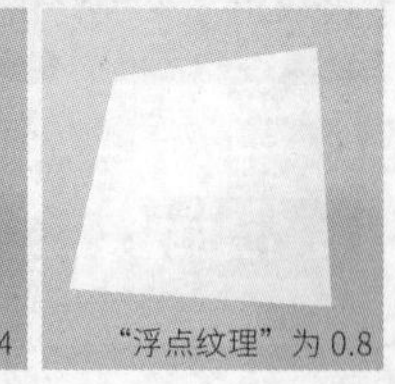

图 7-223

4.烘焙纹理

“烘焙纹理”节点常在“噪波”或“湍流”置换时使用。当直接使用“湍流”或“噪波”置换时，会发现不起作用，如图7-224所示。此时，需要在“湍流”节点与“置换”节点之间加入“烘焙纹理”节点，这样就可以把“湍流”转化为图像信息后再进行置换，如图7-225所示。

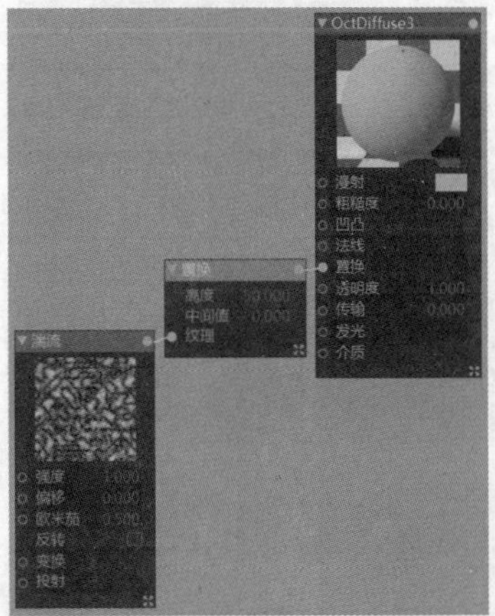

图 7-224

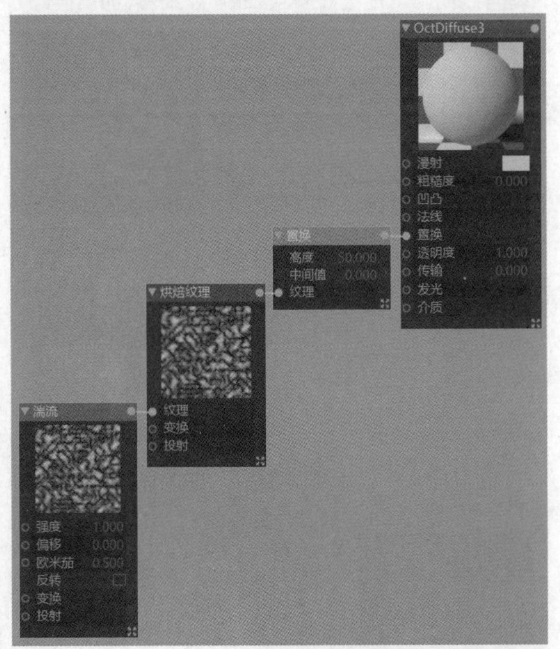

图 7-225

7.6.3 生成节点

借助生成节点可以为材质添加棋盘格、污垢或噪波效果等。

1.棋盘格

使用“棋盘格”节点可以制作黑白的棋盘格效果。将“棋盘格”节点链接材质的“漫射”通道，如图7-226所示。

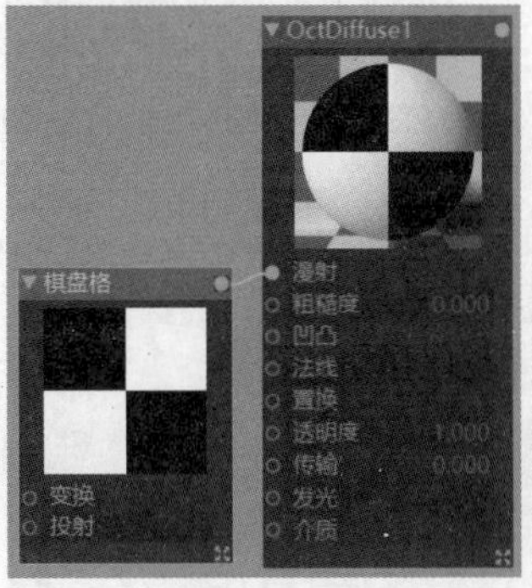

图 7-226

单击“UVW变换”按钮UVW 变换可以加入“变换”效果，如图7-227所示。按照图7-228所示进行参数调整后，棋盘格就变小了。取消勾选“锁定宽高比”选项，然后按照图7-229所示进行参数调整，可以将黑白棋盘格变为交错的黑白长条。

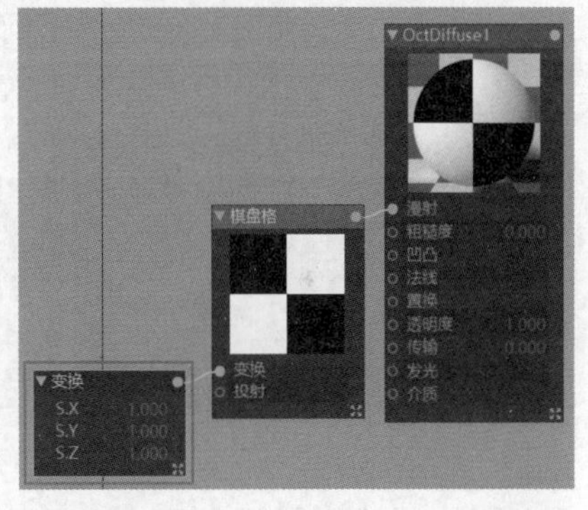

图 7-227

着色器
UVW 变换
重置
类型 变换数值
R.X 0
R.Y 0
R.Z 0
锁定宽高比 ☑
S.X 0.118713
S.Y 0.118713
S.Z 0.118713

图 7-228

着色器
UVW 变换
重置
类型 变换数值
R.X 0
R.Y 0
R.Z 0
锁定宽高比 ☐
S.X 0.118713
S.Y 20.391801
S.Z 0.118713

图 7-229

2.污垢

“污垢”节点用于模拟模型产生污垢的效果，污垢通常出现在模型的夹角处。将“污垢”节点链接材质的“漫射”通道，如图7-230所示。

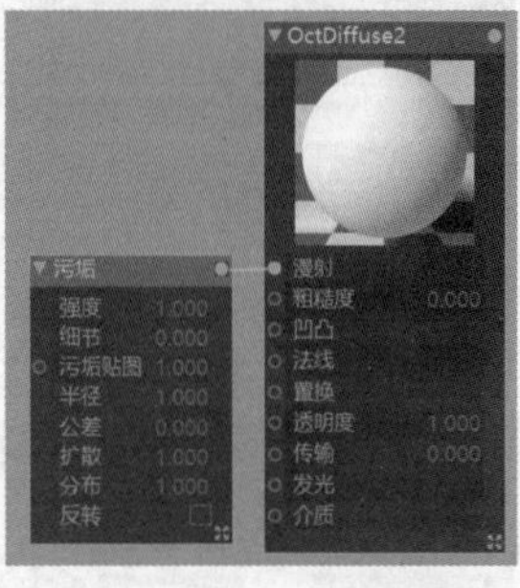

图 7-230

“强度”用于控制污垢的明显程度。分别设置“强度”为1、5和10，效果如图7-231所示。可以看到，“强度”值越大，污垢越明显。

图 7-231

“半径”用于控制污垢的范围。分别设置“半径”为2、5和15，效果如图7-232所示。可以看到，“半径”值越大，污垢的范围越大。

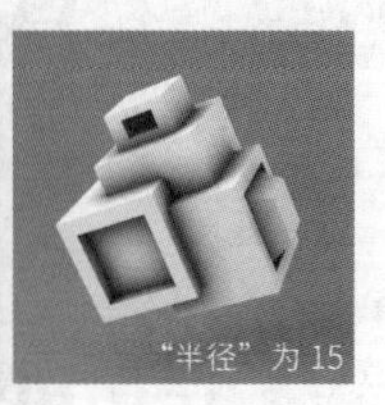

图 7-232

勾选“反转法线”选项可以翻转污垢，制作出提取边缘的效果，如图7-233所示。设置“包含对象模式”为“本体”，可以去掉夹角的深色，如图7-234所示。

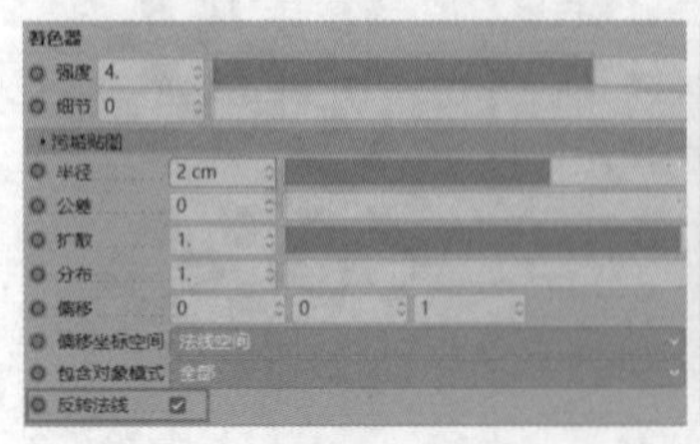

图 7-233

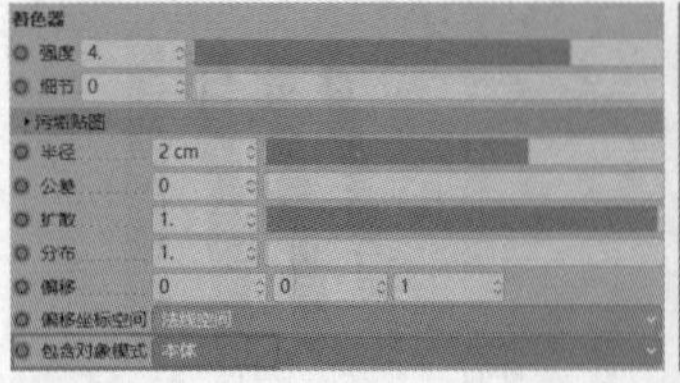

图 7-234

“公差”可以优化污垢效果。图7-235所示的圆柱曲面上也有黑线的效果，但效果并不理想。设置“公差”为0.15，通过优化可以获得较为理想的效果，如图7-236所示。

图 7-235

图 7-236

技术专题：为污垢添加细节

将“污垢”节点链接材质的“漫射”通道后，设置“强度”为8，“半径”为15cm，如图7-237所示。

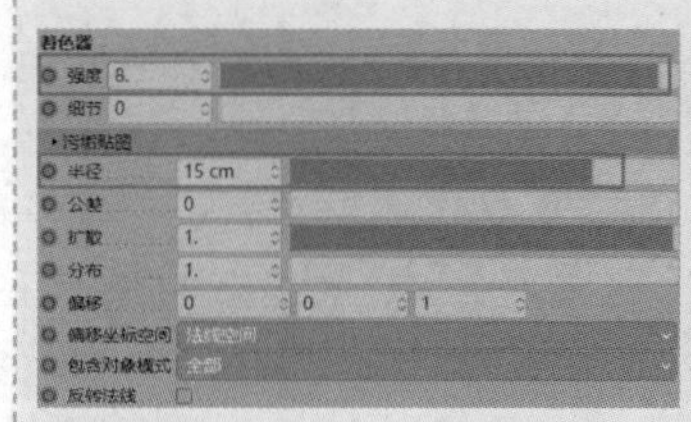

图 7-237

将纹理素材拖曳至节点视图中，然后将“图像纹理”节点链接“污垢贴图”通道，如图7-238所示。这样污垢的效果会变得自然一些，如图7-239所示。

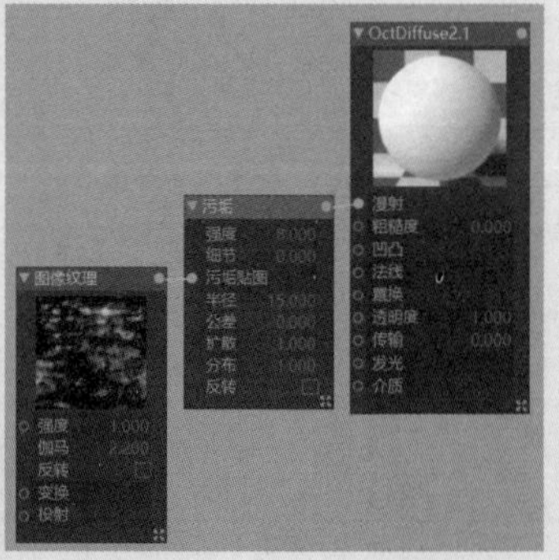

图 7-238

图 7-239

将“纹理投射”节点链接“投射”通道，如图7-240所示。设置“纹理投射”为“盒子”，勾选“锁定宽高比”选项，设置“S.X”为0.8，如图7-241所示。在“图像纹理”节点中调整“伽马”值，这样污垢细节会变得更丰富，如图7-242所示。

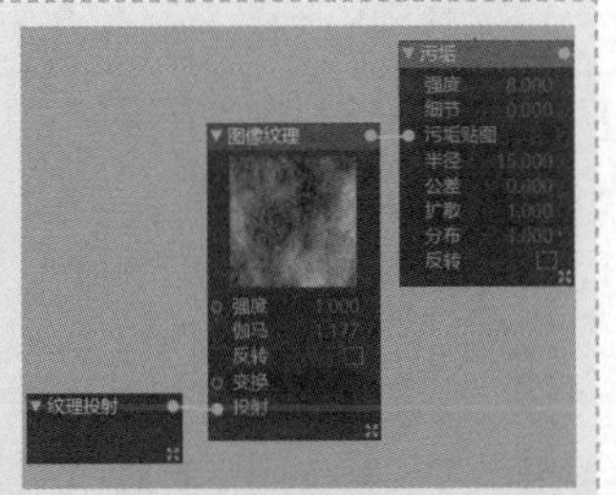

图7-240

图7-241

图7-242

3.衰减贴图

“衰减贴图”节点用于模拟菲涅耳效果，也可以将其理解为材质正面到侧面的渐变效果。将“衰减贴图”节点链接材质的“漫射”通道，应用该材质的模型就会呈现出中间黑、边缘白的效果，如图7-243所示。

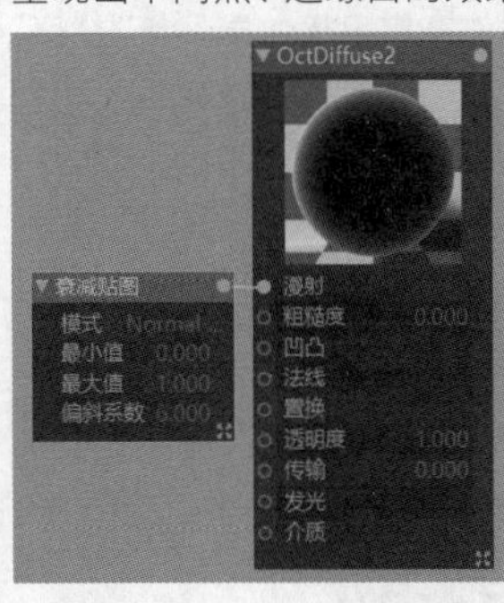

图7-243

4.噪波

“噪波”节点可以用来制作杂色、颗粒和拉丝等效果。将“噪波”节点链接材质的“漫射”通道，相当于为材质添加杂色效果，如图7-244所示。

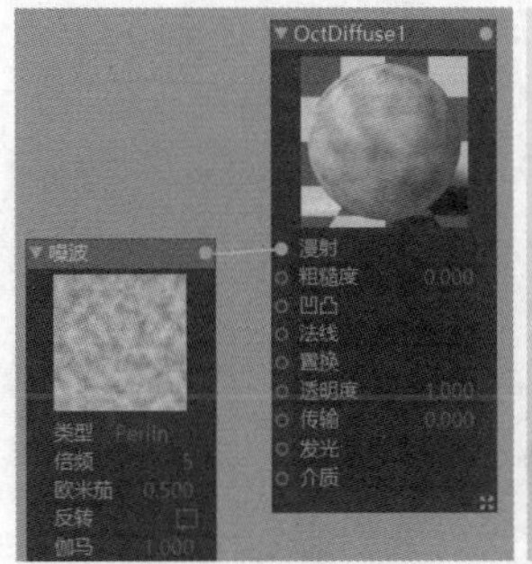

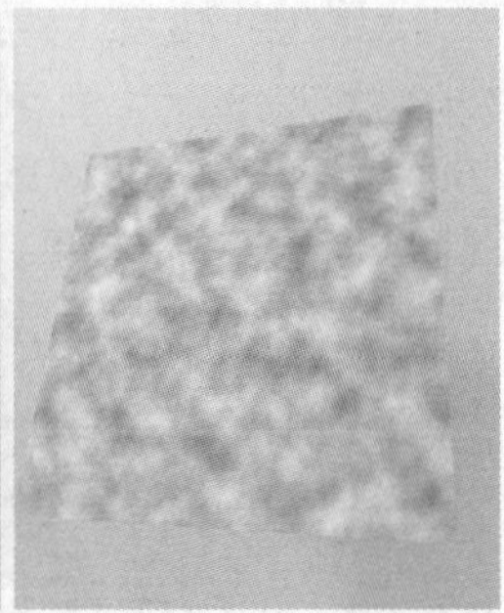

图7-244

“对比”用于控制噪波的对比度，设置“对比”为5，如图7-245所示。增大“对比”值可以使黑色更黑、白色更白。该值越大，对比越强。

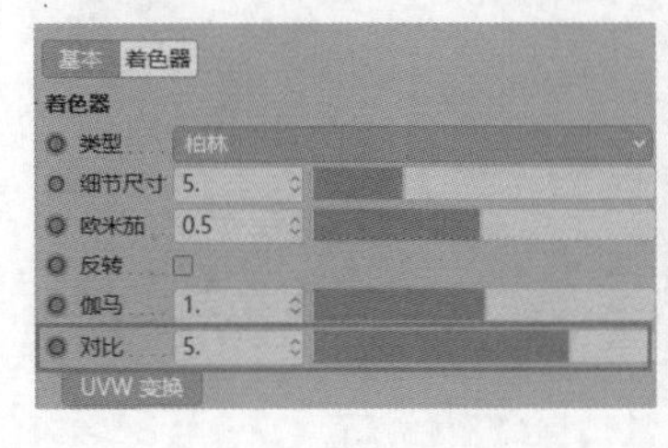

图7-245

“细节尺寸”与“欧米茄”用于控制噪波细节的多少，这两个参数的值越小，噪波细节越少；这两个参数的值越大，噪波细节越多，如图7-246和图7-247所示。

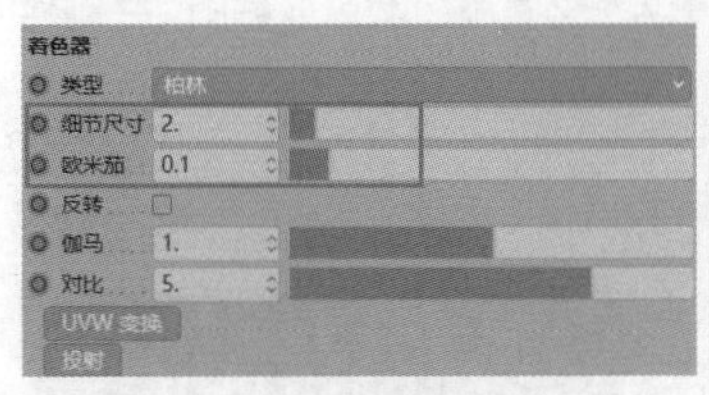

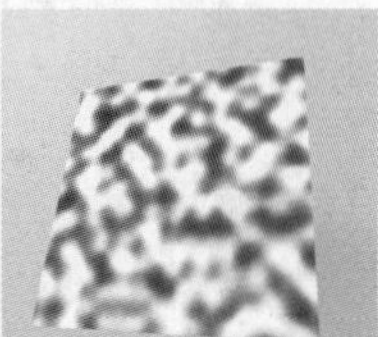

图7-246

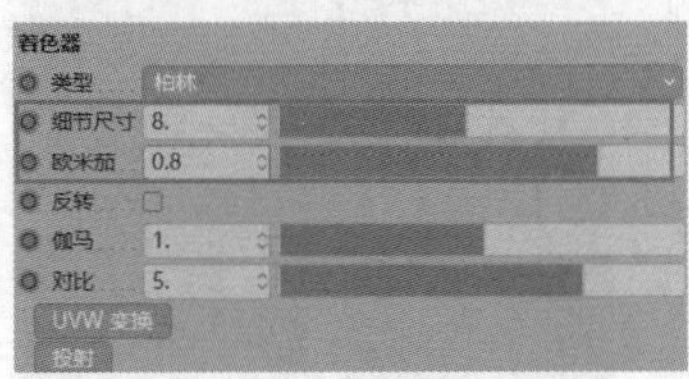

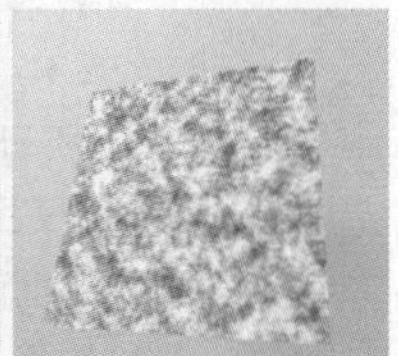

图7-247

“伽马”用于控制噪波颜色的中间值。分别设置“伽马”为0.8、1.2和2.5，效果如图7-248所示。可以看到，“伽马”值越小，噪波越亮，白色越多；“伽马”值越大，噪波越暗，黑色越多。

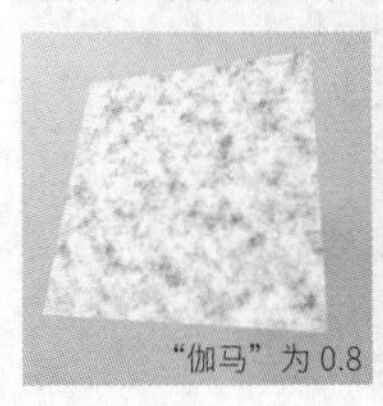

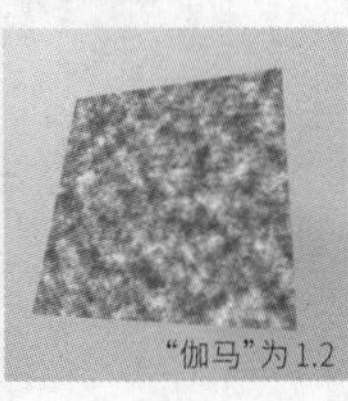

图7-248

单击“UVW变换”按钮 UVW变换 ，可以对噪波进行缩放，如图7-249所示。取消勾选“锁定宽高比”选项，并按照图7-250所示进行参数调整，可以制作出拉丝效果。

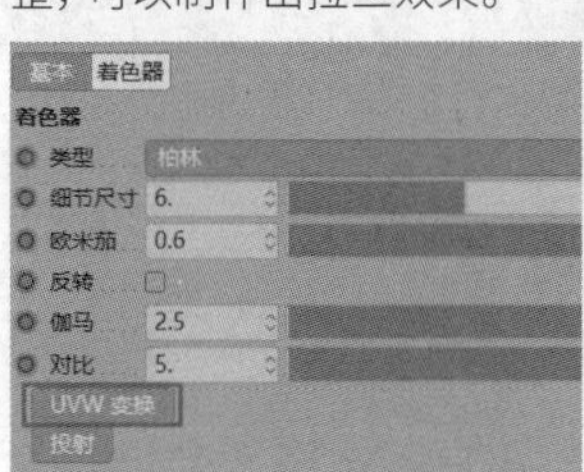

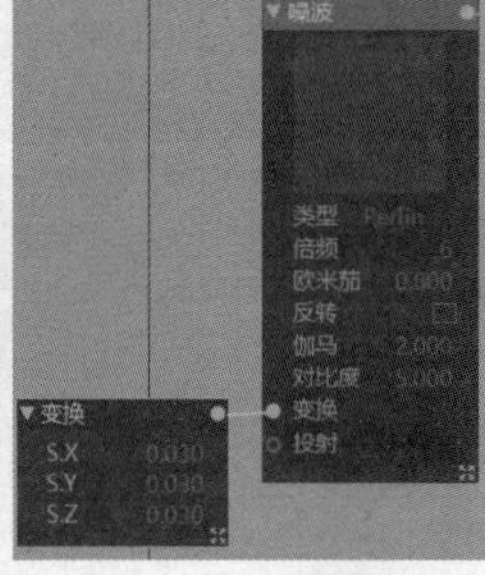

图 7-249

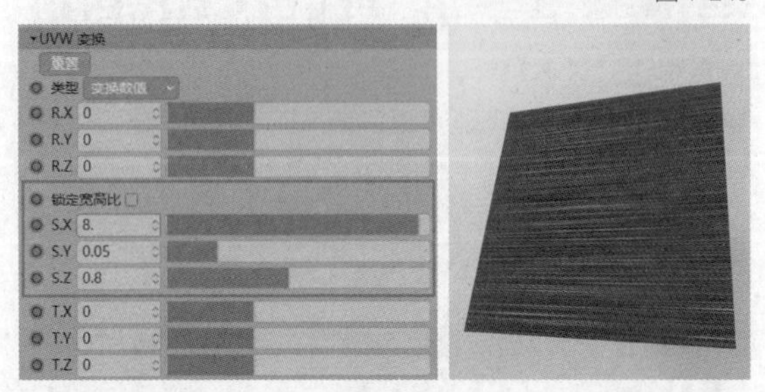

图 7-250

7.6.4 映射节点

借助映射节点可以为材质添加颜色或贴图，并制作出多种混合效果。

1.色彩校正

将“图像纹理”节点链接材质的“漫射”通道，渲染后的图像就有了贴图的效果，如图7-251所示。在它们之间插入“色彩校正”节点，可以调整贴图的亮度、色相和饱和度等，如图7-252所示。

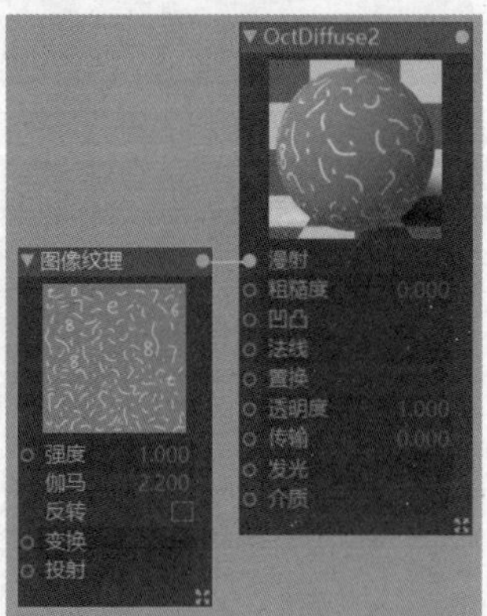

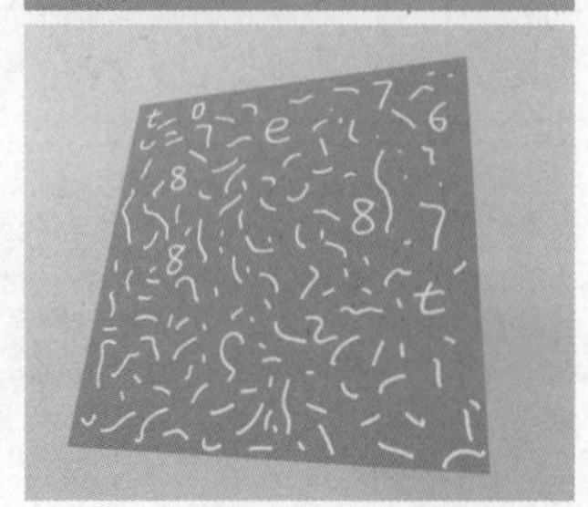

图 7-251

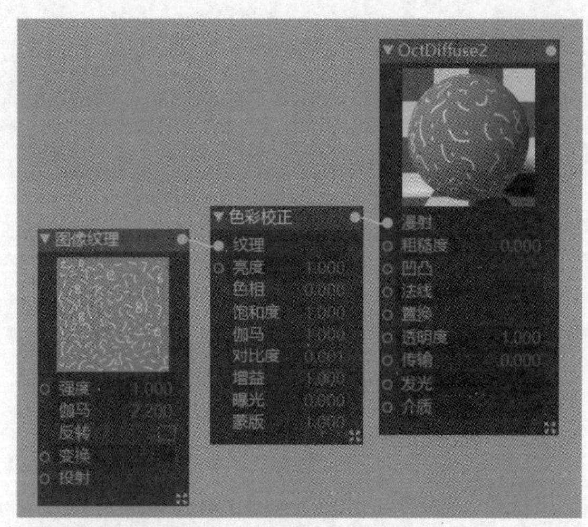

图 7-252

在“色彩校正”节点中设置不同的亮度，如图7-253所示。调整色相，可以得到图7-254所示的效果。

图 7-253

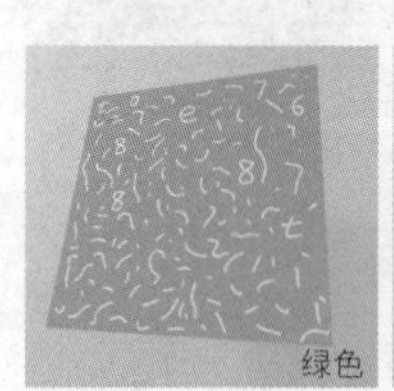

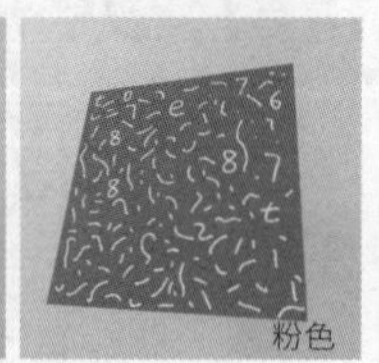

图 7-254

2.梯度

图7-255所示为之前制作的棋盘格效果，将“梯度”节点加入“棋盘格”节点与“漫射”通道之间，如图7-256所示。改变渐变条的颜色，可以得到图7-257所示的效果。

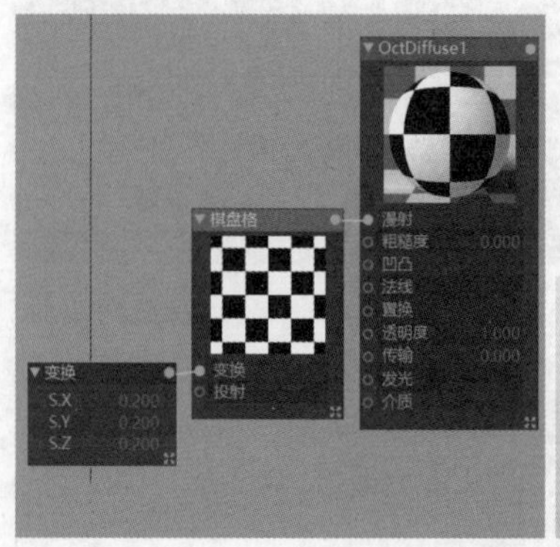

图 7-255

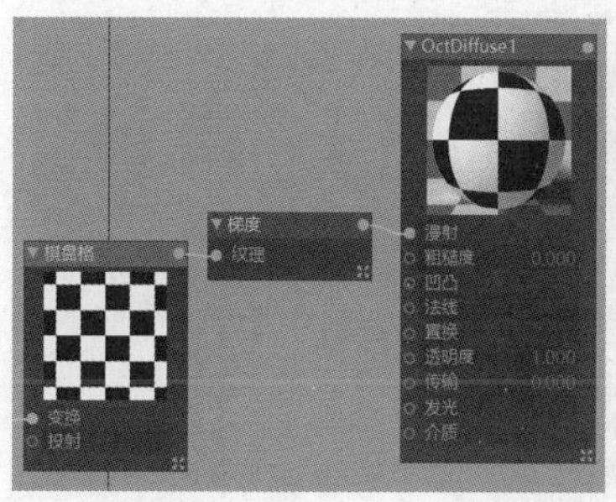

图 7-256

图 7-257

3.反转

图7-258所示为之前制作的棋盘格效果，将“反转”节点加入“棋盘格”节点与“漫射”通道之间，棋盘格的黑白部分就反转了，如图7-259所示。

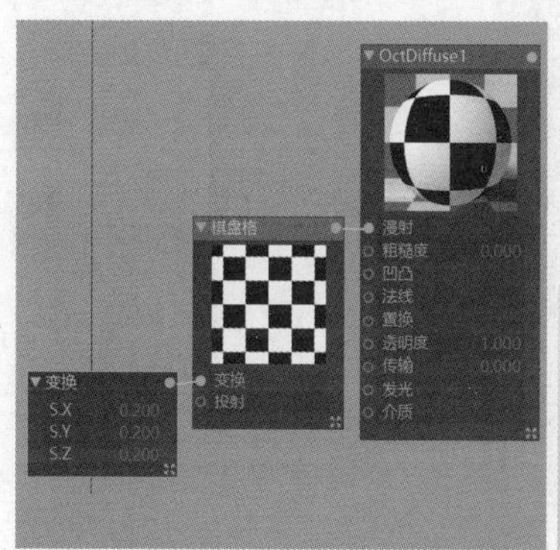

图 7-258

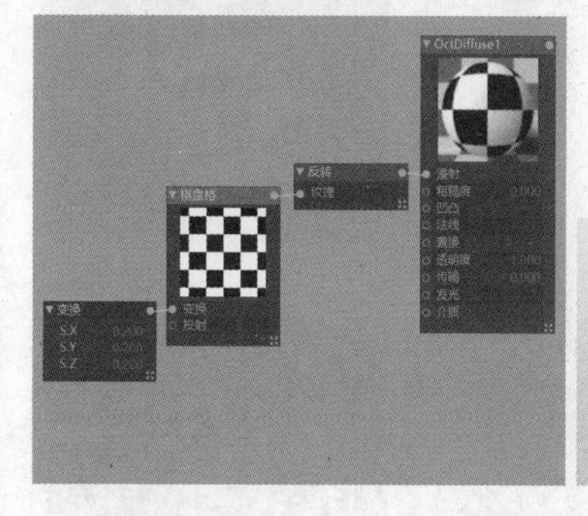

图 7-259

4.混合纹理

“混合纹理”节点与混合材质的原理是一样的。区别在于，“混合纹理”节点混合的对象是纹理，混合材质混合的对象是材质。“混合纹理”节点的选项与混合材质类似，包含“纹理1”“纹理2”“数量”选项，如图7-260所示。

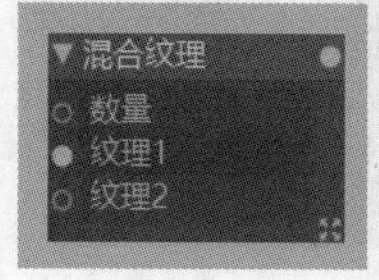

图 7-260

创建一个红色节点和一个黄色节点，然后将红色节点链接“纹理1”通道，将黄色节点链接“纹理2”通道，并将“图像纹理”节点链接“数量”通道，可以得到和混合材质一样的效果，如图7-261所示。

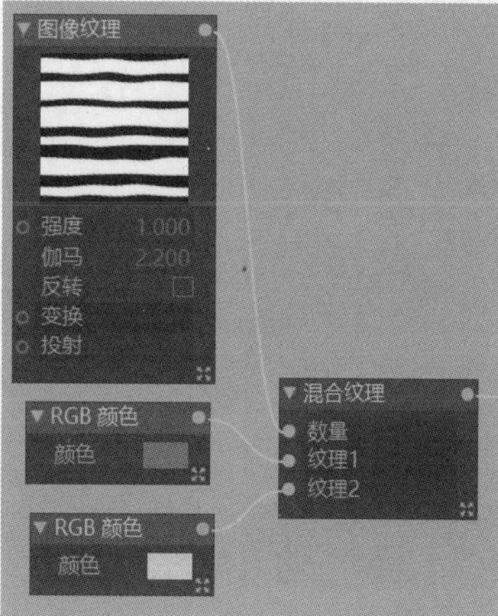

图 7-261

5.相乘

添加两个“图像纹理”节点，然后分别将其链接到“相乘”节点的“纹理1”“纹理2”通道，如图7-262所示。此时，在蓝色图像上叠加了手印的效果，并将手印图像的白色底去除了。

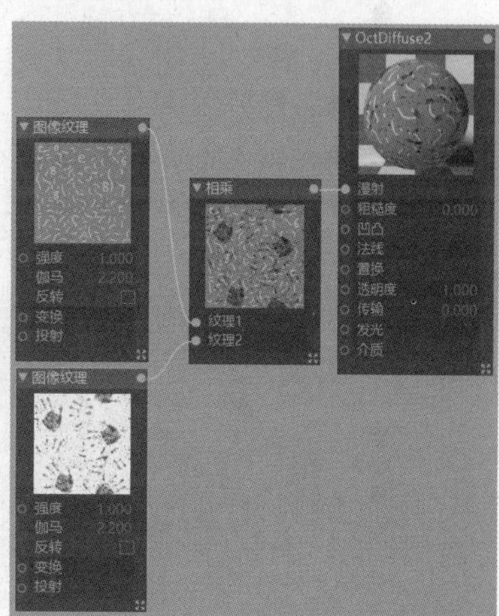

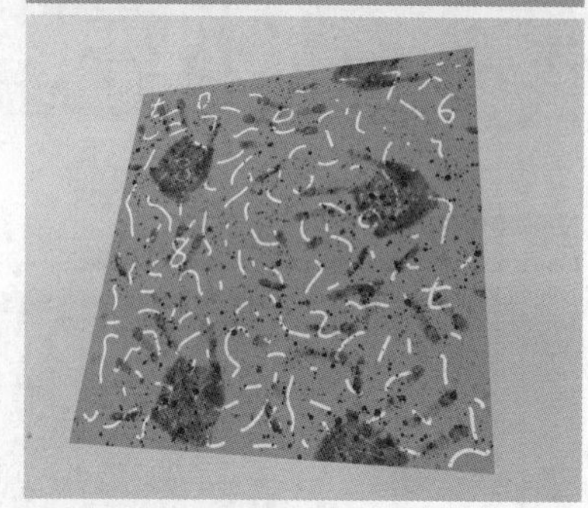

图 7-262

6.添加

添加两个“图像纹理”节点，然后分别将其链接“添加”节点的“纹理1”“纹理2”通道，如图7-263所示。此时，在渐变图中叠加了亮点的效果，并将黑色底去除了。

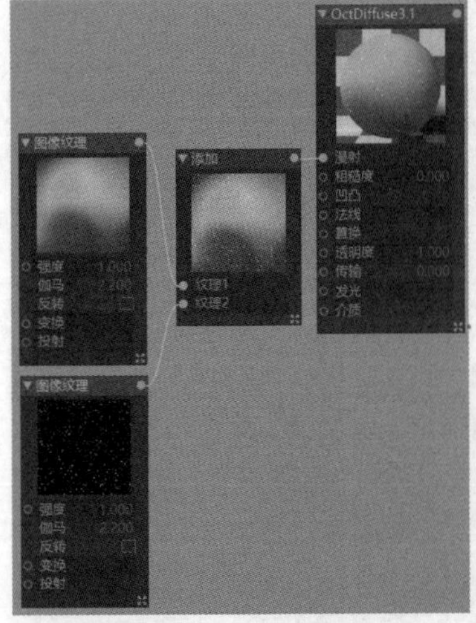

图 7-263

7.6.5 发光节点

“发光”节点用于制作发光效果，有“黑体发光”与“纹理发光”两种，“黑体发光”有色温，“纹理发光”没有色温。推荐使用“纹理发光”，这样颜色更准确。单击“纹理发光”按钮 纹理发光 ，可以加入纹理发光效果，如图7-264所示。

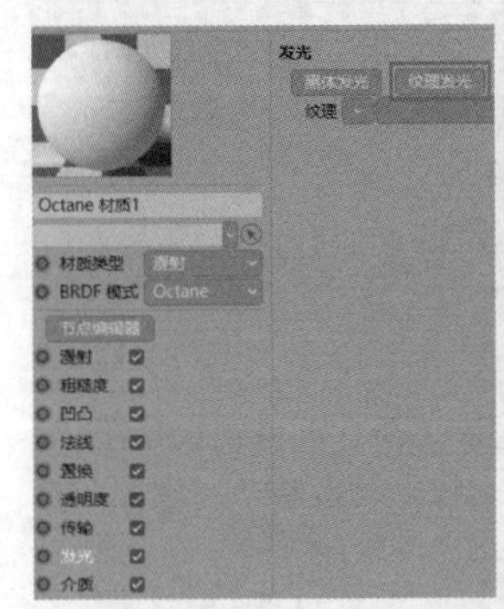

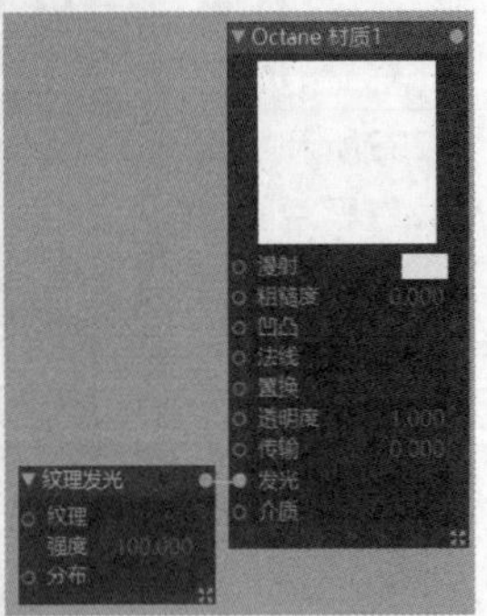

图 7-264

技术专题：制作模型的发光效果

图7-265所示为包含深色环境的工程文件，渲染后的效果如图7-266所示。

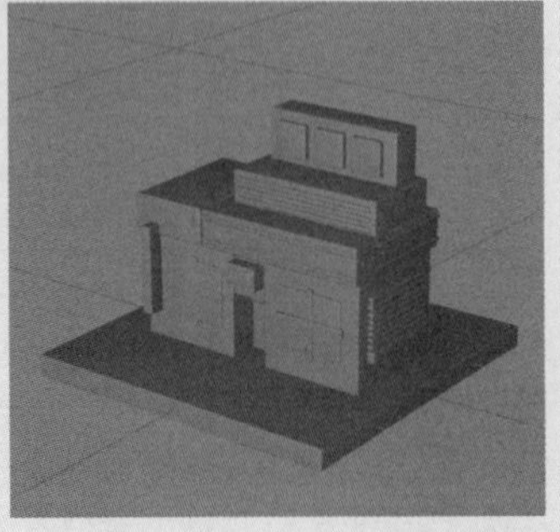

图 7-265

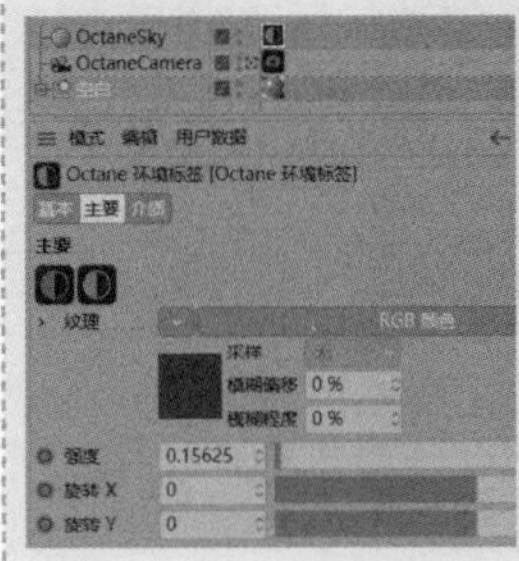

图 7-266

创建一个漫射材质，然后取消勾选“漫射”通道（或者将“颜色”调整为黑色），排除漫射的影响。在“发光”通道中单击“纹理发光”按钮 纹理发光 ，这样“纹理发光”节点就链接到了材质的“发光”通道上，如图7-267所示。

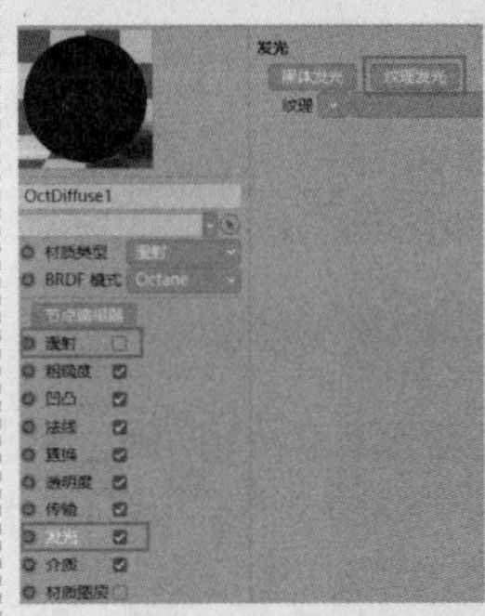

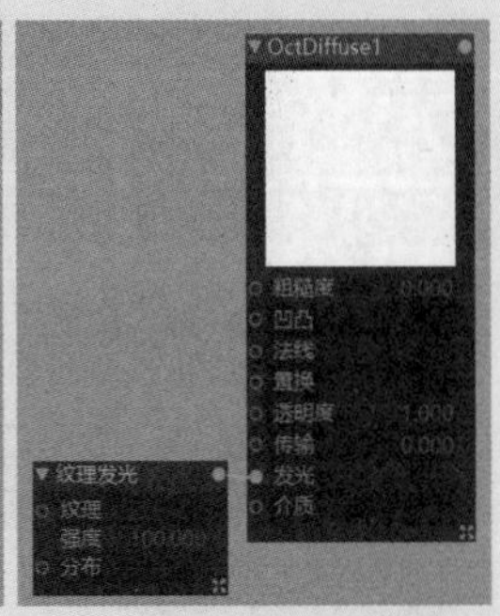

图 7-267

将材质赋予模型，可以看到光特别亮，如图7-268所示。此时可以通过调整“强度”将灯光调暗，如图7-269所示。

图 7-268

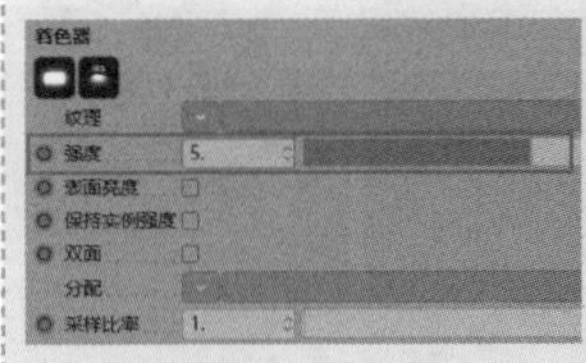

图 7-269

将灯光调暗后，灯光颜色变灰了，如果是更大的模型，灯光甚至可能变为深灰色。此时，勾选“表面亮度”选项，可以统一发光的强度，如图7-270所示。再设置“强度”为40，提亮整体效果，如图7-271所示。

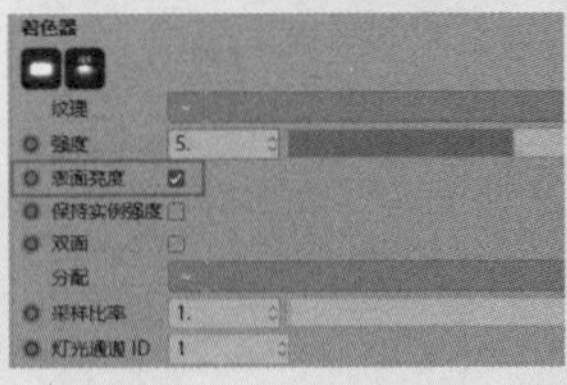

图 7-270

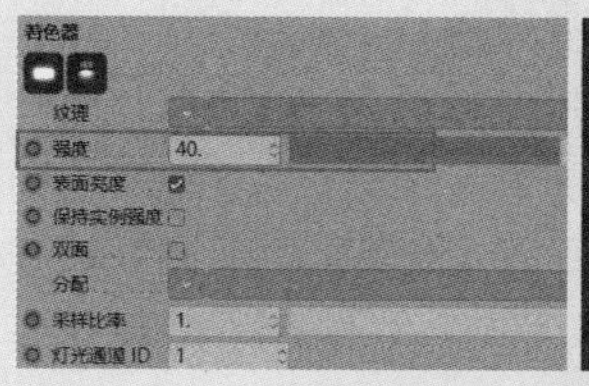

图 7-271

把“RGB颜色”节点链接“纹理”通道，可以改变灯光的颜色，如图7-272所示。在加入颜色后，灯光过于亮了。此时需要重新调整灯光的“强度”。

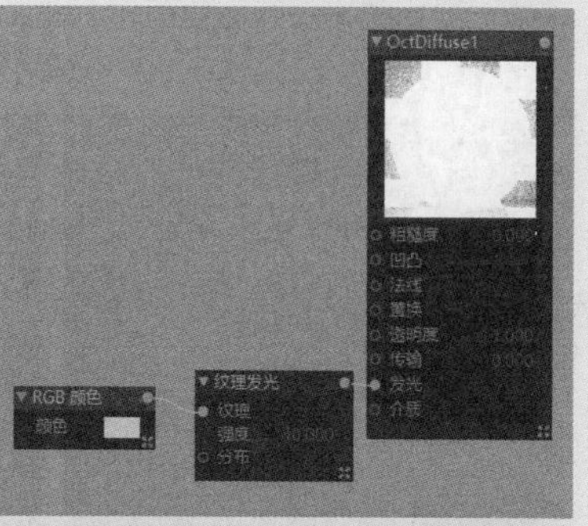

图 7-272

设置“强度”为1，灯光不够亮，如图7-273所示。设置“强度”为4，灯光的亮度就增强了，但颜色变淡了，如图7-274所示。

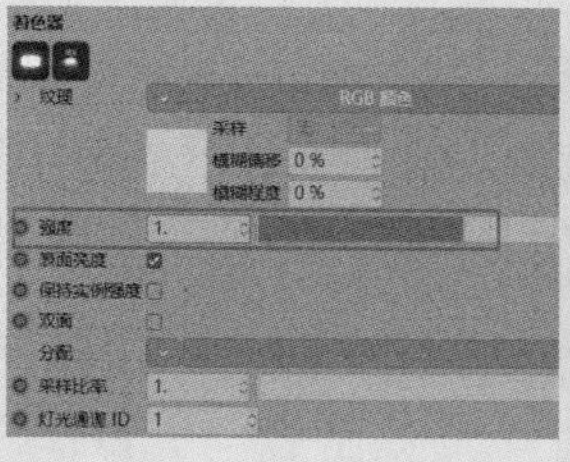

图 7-273

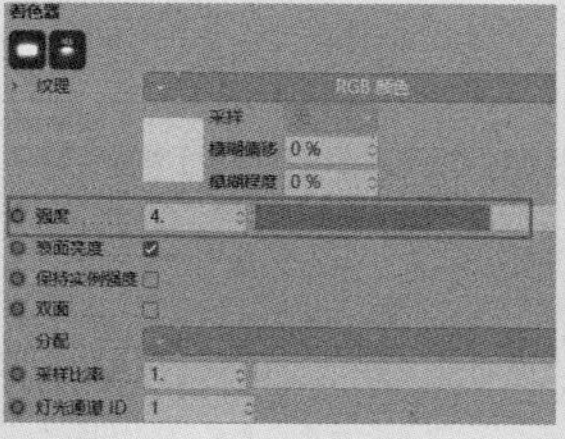

图 7-274

将“RGB颜色”节点链接“分布”通道，可以解决上述问题，如图7-275所示。

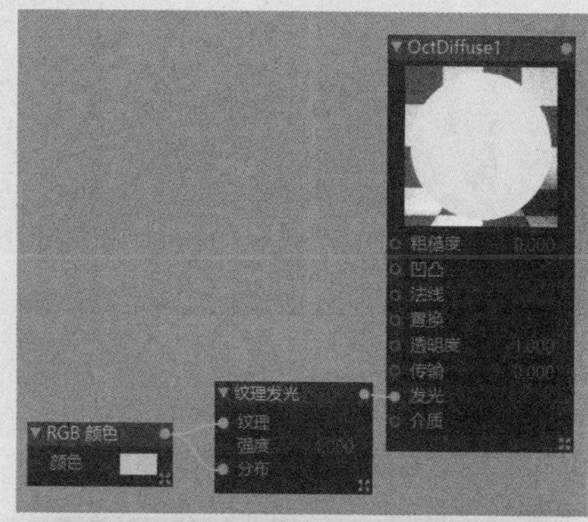

图 7-275

用同样的方法可以制作出其他颜色的发光材质，如图7-276和图7-277所示。

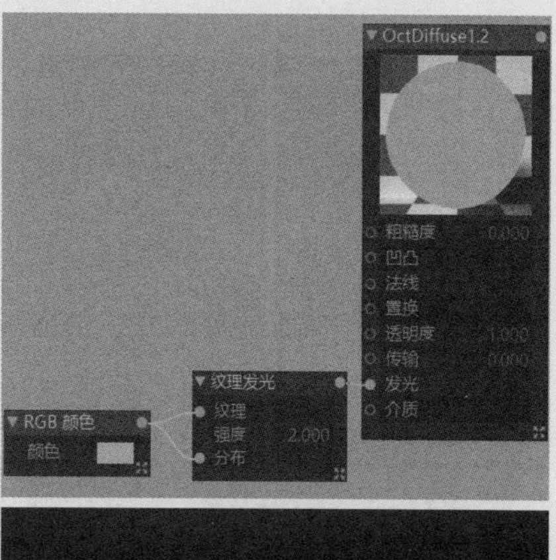
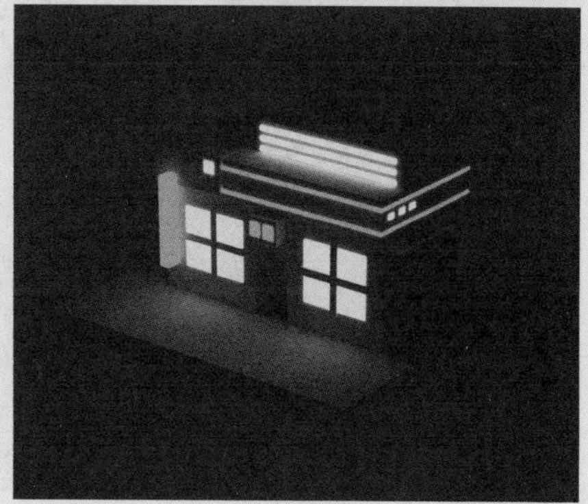

图 7-276

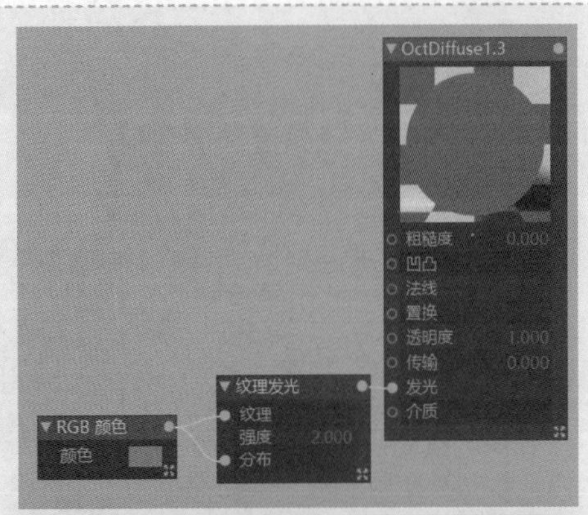

图 7-277

不同颜色的灯光可以设置不同的“强度”，增大紫色灯光的“强度”值，灯光效果如图7-278所示。

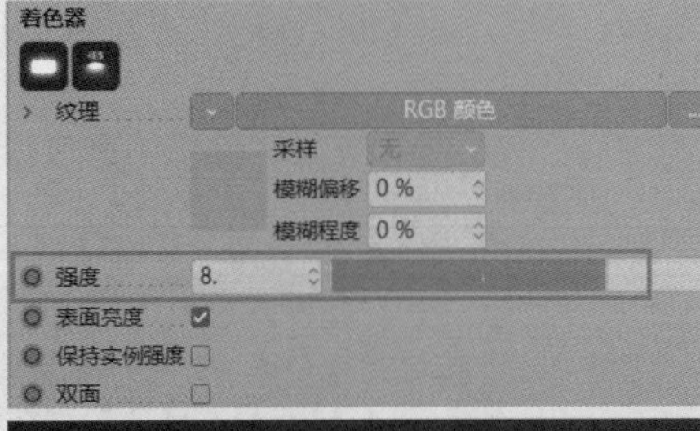

图 7-278

7.6.6 介质节点

创建一个透明材质，然后按照图7-279左图所示进行参数设置，可以得到图7-279右图所示的磨砂玻璃的效果。

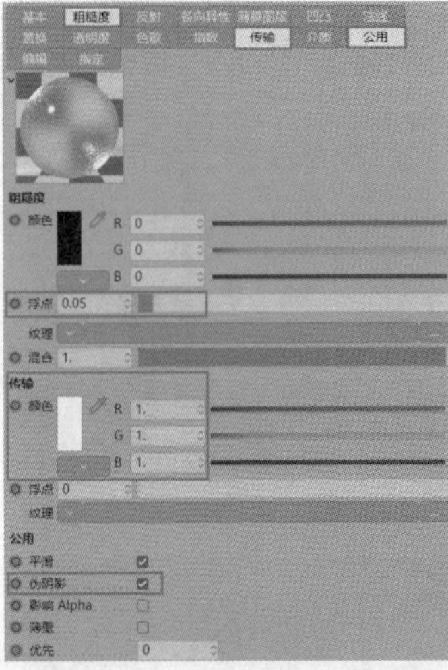

图 7-279

将“散射介质”节点链接材质的“介质”通道，然后将“RGB颜色”节点链接“吸收”通道，再将“浮点纹理”节点链接“散射”通道，如图7-280所示。调整材质的颜色，材质已经有了SSS（Subsurface Scattering，次表面散射）效果，可以看到模型边缘较薄的地方有一些透光效果，如图7-281所示。

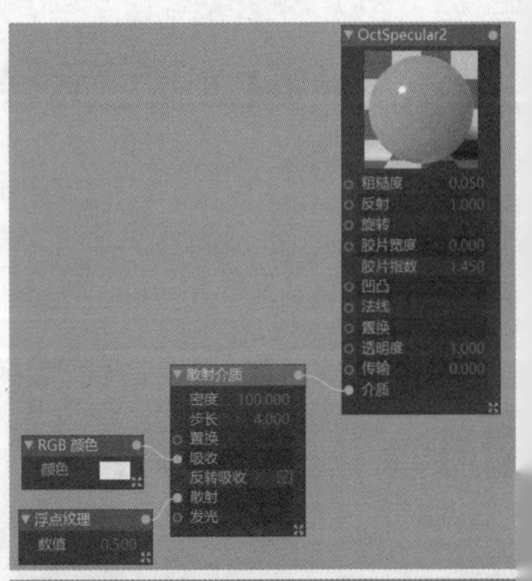

图 7-280

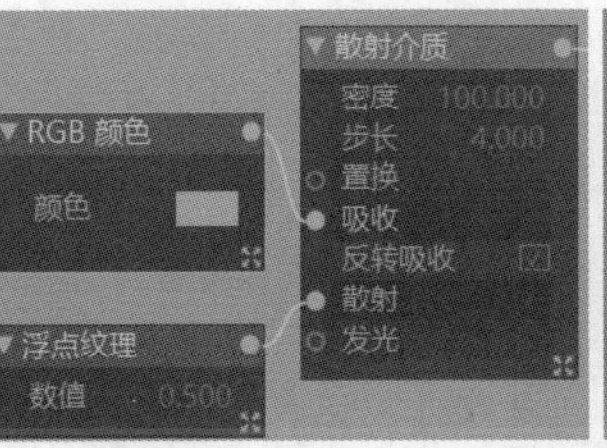

图 7-281

“密度”用于控制模型的密度。分别设置“密度”
为5、15、50和150，效果如图7-282所示。可以看到，
莫型密度越小，越多光线透过模型，模型整体会更透
光；模型密度越大，越少光线透过模型，模型仅边缘有
透光效果。

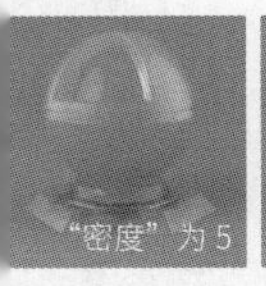

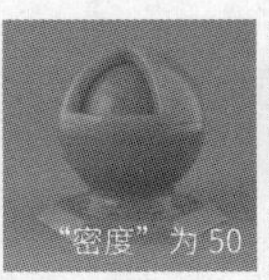

图 7-282

“散射”用于控制光线在模型内部的散射次数，分
别设置“散射”为0.1、0.4和0.8，效果如图7-283所示。
可以看到，“散射”值越小，光线在模型内部的散射次
数越少，模型越接近玻璃的效果；“散射”值越大，光线
在模型内部的散射次数越多，模型越接近玉石的效果。

图 7-283

7.6.7 置换节点

“置换”节点可以通过图像的黑白信息为模型制
作起伏变化。将“置换”节点链接材质的“置换”通道，然后将“图像纹理”节点链接“纹理”通道，如图7-284所示，画面就有了置换的效果。

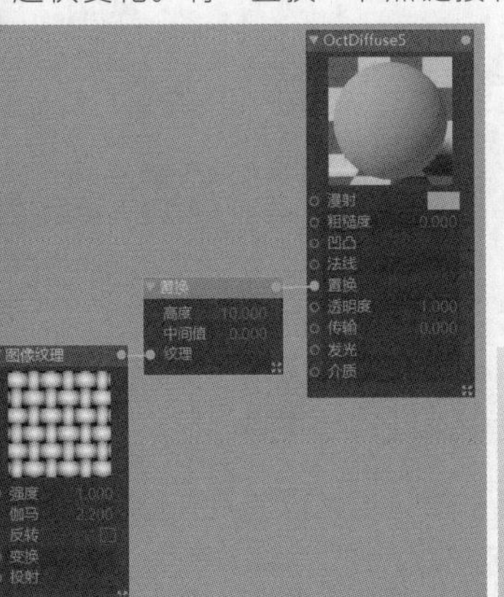

图 7-284

“高度”用于控制置换凸起的高度，如图7-285所示。“高度”值越大，凸起越高。

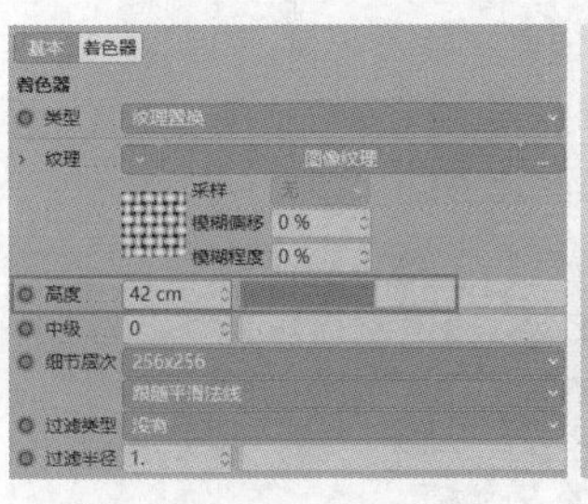

图 7-285

“细节层次”用于控制置换的细节，如图7-286所示。“细节层次”值越大，效果越精细，但占用的内存也就越大。

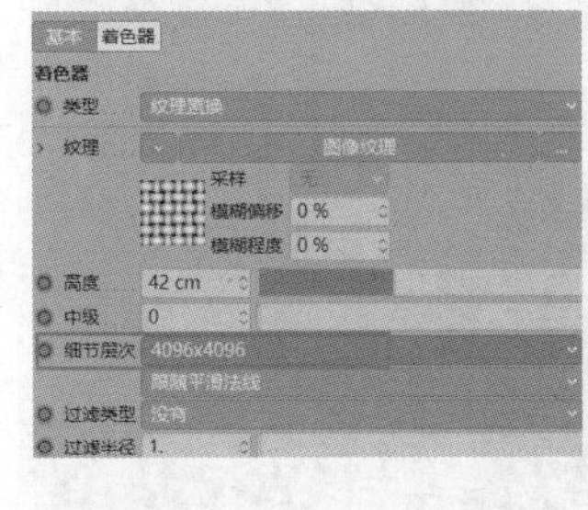

图 7-286

7.7 Octane摄像机

执行“对象>Octane摄像机”菜单命令，可以在场景中创建摄像机，参数如图7-287所示。在其中可以设置“焦距”等基础参数。选择“Octane摄像机”标签，可以看到多个与后期相关的参数，如图7-288所示。

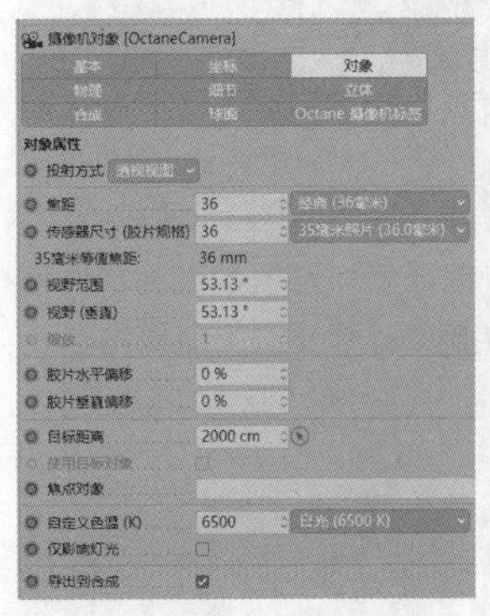

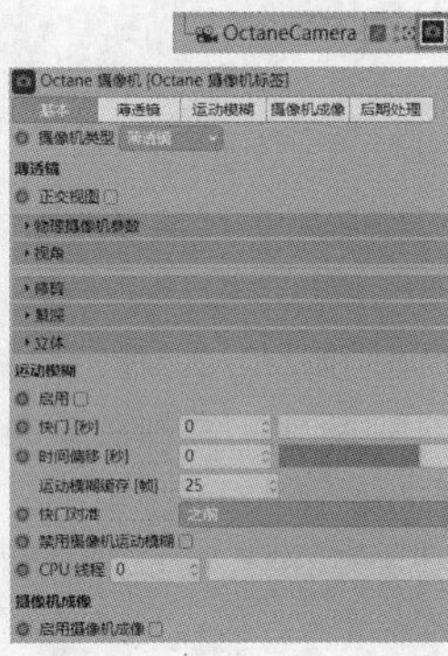

图 7-287

图 7-288

7.7.1 景深

选择“Octane摄像机”标签，“薄透镜”选项卡的“景深”选项组中默认勾选了“自动对焦”选项。

“自动对焦”通常是画面对焦的中心位置，“光圈”用于调整图像的模糊程度，该值越大，画面越模糊。设置“光圈”为10cm，画面出现了景深效果，如图7-289和图7-290所示。因为自动对焦到了画面的中心位置，所以中间画面清晰，周边画面模糊。

图7-289

图7-290

使用“对焦工具”单击前景中的羊，此时羊变得清晰，其他地方变得模糊，距离焦点对象越远的地方越模糊，如图7-291所示。使用“对焦工具”单击远景的草地，此时草地变得清晰，其他地方变得模糊，如图7-292所示。

图7-291

图7-292

技巧提示 使用“对焦工具”后，该工具会处于激活状态，需要再次单击进行关闭。

“光圈”可以控制模糊的强度。分别设置“光圈”为0、5、20和50，效果如图7-293所示。可以看到“光圈”值越大，模糊越明显。

图7-293

技术专题：手动设置对焦点

“对焦工具”在复杂的场景中并不好用，场景元素多了不容易选择到对焦点。创建“空白”对象，在摄像机的“对象”选项卡中设置“焦点对象”为“空白”，如图7-294所示。这样“空白”对象在哪，对焦点就在哪。

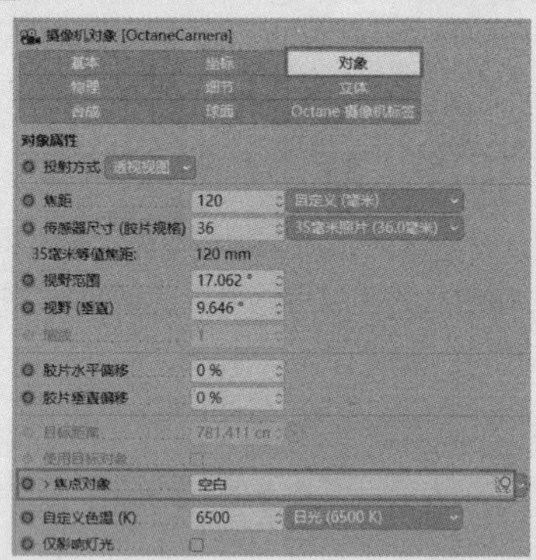

图7-294

将“空白”对象移至路标模型上，如图7-295所示。将“空白”对象移至右侧信箱模型上，如图7-296所示。

图7-295

图7-296

7.7.2 摄像机成像

“摄像机成像”选项卡中包含了一些摄像机成像的常用参数，下面分别予以介绍。

1.曝光

“曝光”用于调整画面的曝光亮度。分别设置“曝光”为0.5、1和2，效果如图7-297所示。可以看到，“曝光”值越小，画面越暗；“曝光”值越大，画面越亮。

图7-297

2.高光压缩

“高光压缩”类似于高光抑制。分别设置“高光压缩”为0和0.5，效果如图7-298所示。可以看到，“高光压缩”为0时无高光抑制，场景中局部过曝；“高光压缩”为0.5时有高光抑制，过曝的地方就被抑制了。画面有轻微过曝时可以调整此参数，过曝严重时建议调整灯光强度。因为产生过曝的本源是光，从源头控制，效果更理想。

图7-298

3.重定义空间

“重定义空间”类似于“滤镜”。对“重定义空间”进行不同的调整，画面会有不同的效果，如图7-299至图7-301所示。

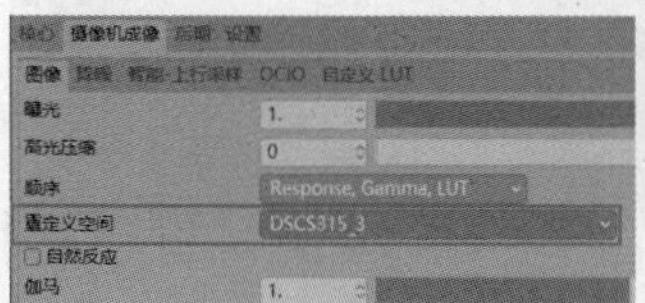

图7-299

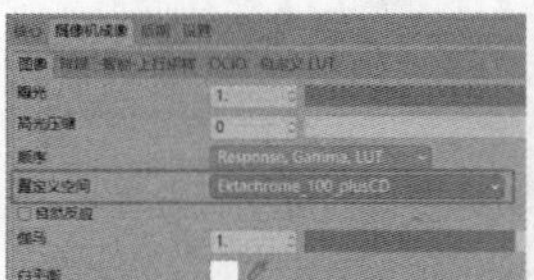

图7-300

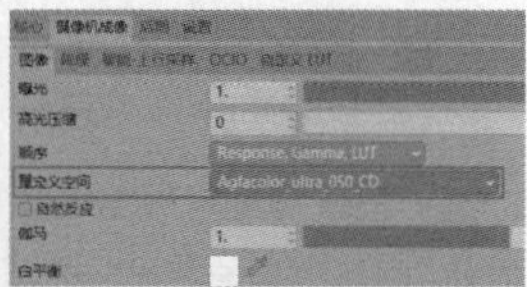

图7-301

4.伽马

“伽马”用于控制画面的中间调。分别设置“伽马”为0.4、0.8、1.4和3，效果如图7-302所示。可以看到，“伽马”值越小，暗部信息越多；“伽马”值越大，亮部信息越多。

图7-302

5.暗角

“暗角”用于添加暗角效果，即压暗四周，突出中心区域。分别设置“暗角”为0.2、0.6和1，效果如图7-303所示。可以看到，“暗角”值越大，暗角的效果越明显。

图7-303

6.饱和度

“饱和度”用于调整图像的饱和度。分别设置“饱和度”为0、0.5、1和1.5，效果如图7-304所示。可以看到，“饱和度”值越小，画面越接近黑白效果。

图 7-304

技巧提示 以上参数并不是单独使用的，通常是先选择一个“重定义空间”中的滤镜效果，然后结合渲染效果调整其他参数。

7.热像素去除

“热像素去除”用于去除小亮点。如果灯光控制得不好，可能会在画面中产生一些小亮点。“热像素去除”默认值为1，表示不去除，如图7-305所示。设置“热像素去除”为0，会移除部分亮点，如图7-306所示。此时，画面会损失一些细节，局部变得模糊。通常不使用该选项。

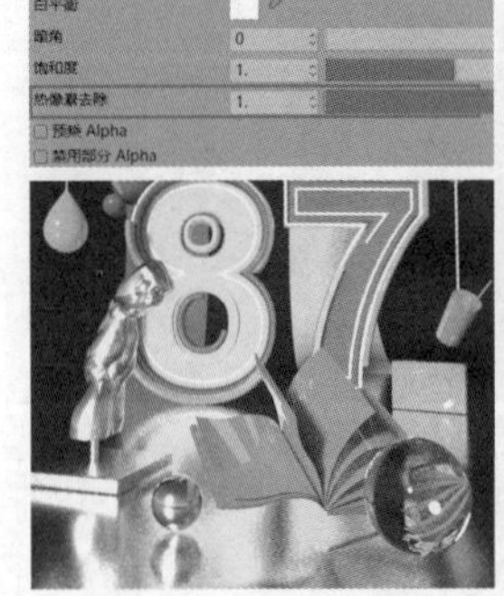

图 7-305

图 7-306

8.降噪

当画面中有噪点时，可以勾选“启用降噪”选项、“降噪体积”选项和“完成时降噪”选项，如图7-307所示。图7-308所示为画面降噪前后的对比效果。

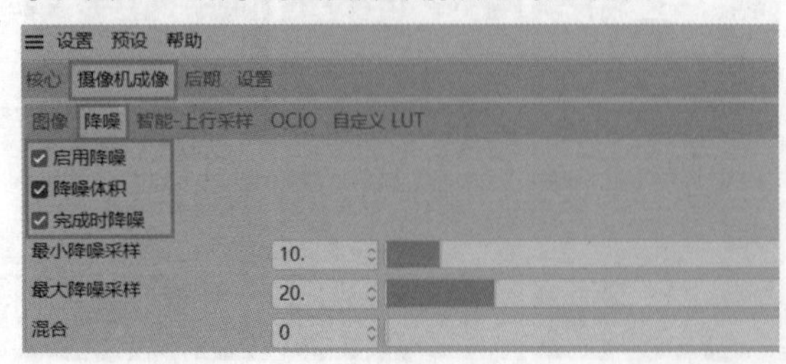

图 7-307

图 7-308

技巧提示 降噪完成后，需要单击DeMair图标才会显示降噪后的效果，如图7-309所示。输出图片时如果想保留降噪后的效果，需要按照图7-310所示进行参数设置。

图 7-309

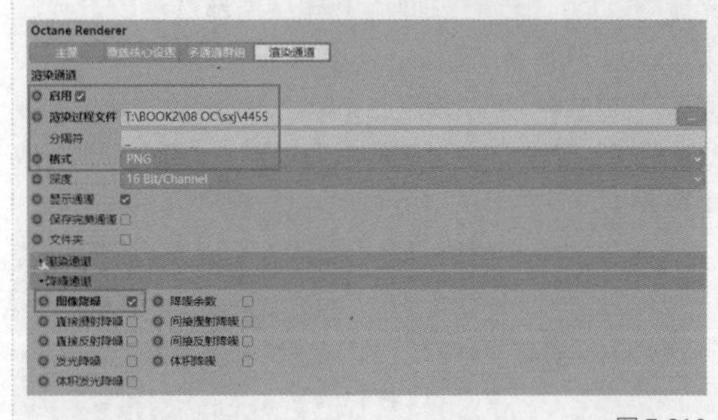

图 7-310

7.7.3 后期

图7-311所示为没有应用“后期”的渲染效果。“后期”选项卡主要用于制作辉光效果。在“后期”选项卡中勾选“启用”选项，如图7-312所示。

图 7-311

Octane 设置

设置 预设 帮助

核心 摄像机成像 后期 设置

启用

辉光强度	1.
修剪	0
眩光强度	0.1
光线数量	3.
眩光角度	15.
眩光模糊	0.001
光谱强度	0
光谱偏移	2.

图 7-312

辉光强度：用于控制物体辉光的强度。分别设置

“辉光强度”为100、200和400，效果如图7-313所示。

图 7-313

修剪：用于抑制辉光。分别设置“修剪”为0.01、0.1和1，效果如图7-314所示。

图 7-314

眩光强度：用于控制眩光的强度。分别设置“眩光强度”为40、100和200，效果如图7-315所示。

图 7-315

光线数量：用于控制眩光的数量。分别设置“光线数量”为1、3和5，效果如图7-316所示。

图 7-316

眩光角度：用于控制渲染时眩光的旋转角度。分别设置“眩光角度”为-90、40和25，效果如图7-317所示。

图 7-317

眩光模糊：用于控制眩光的模糊程度。分别设置“眩光模糊”为0.001、0.06和0.15，效果如图7-318所示。

图 7-318

光谱强度：用于模拟光谱效果，这个参数较少使用。分别设置“光谱强度”为0.1、0.6和1，效果如图7-319所示。

图 7-319

实战：材质的综合练习

◇ 场景位置	场景文件 >CH07>03.c4d
◇ 实例位置	实例文件 >CH07> 实战：材质的综合练习 .c4d
◇ 视频名称	实战：材质的综合练习 .mp4
◇ 学习目标	掌握 Octane 材质的制作方法
◇ 操作重点	Octane 材质和节点的基础操作

本实例将通过Octane材质和节点练习制作多种材质，渲染后的效果如图7-320所示。

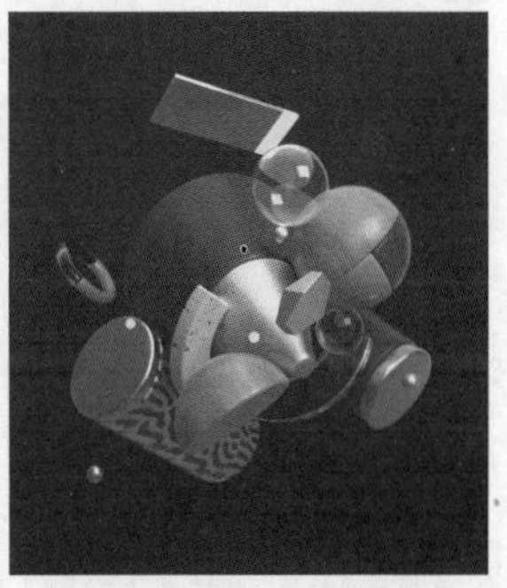

图 7-320

1.创建环境

01 打开本书资源文件“场景文件>CH07>03.c4d”，如图7-321所示。场景中有一些几何体组合而成的模型，比较适合用来练习材质的制作方法。

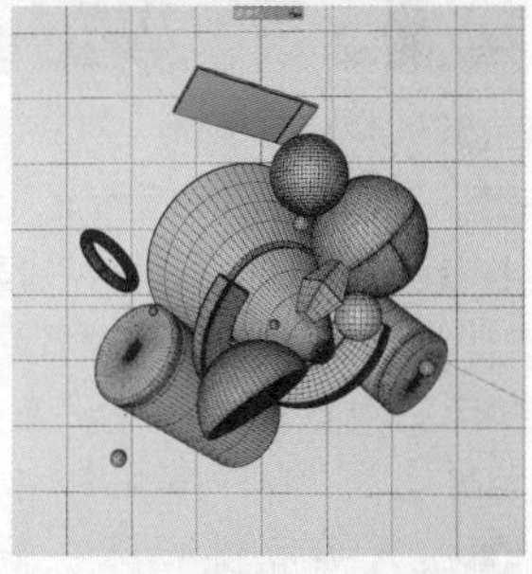

图 7-321

02 执行“对象>Octane HDRI纹理环境”菜单命令，在场景中添加HDRI纹理环境。单击“图像纹理”按钮 图像纹理 进入其设置区域，如图7-322所示。

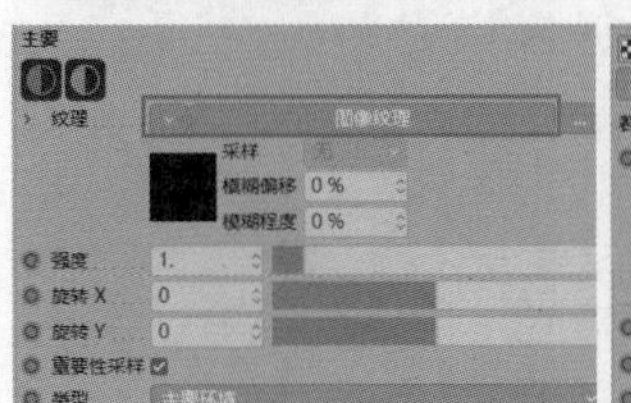
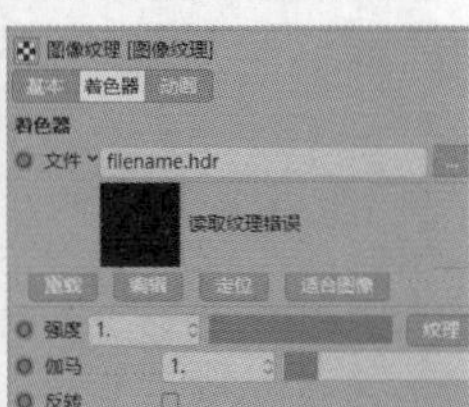

图 7-322

03 将配套的HDR贴图加载到“文件”选项中，如图7-323所示。此时，HDRI纹理环境会对场景中的照明效果产生影响，渲染效果如图7-324所示。

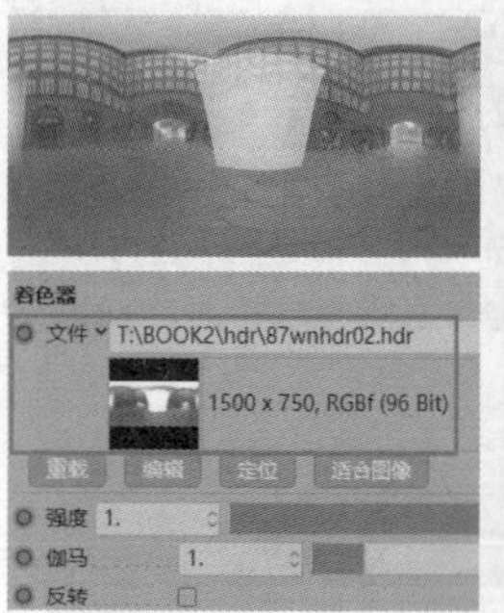

图 7-323

图 7-324

2.创建灯光

01 执行“对象>灯光>Octane目标区域光”菜单命令，在场景中添加目标区域光，灯光位置如图7-325所示。

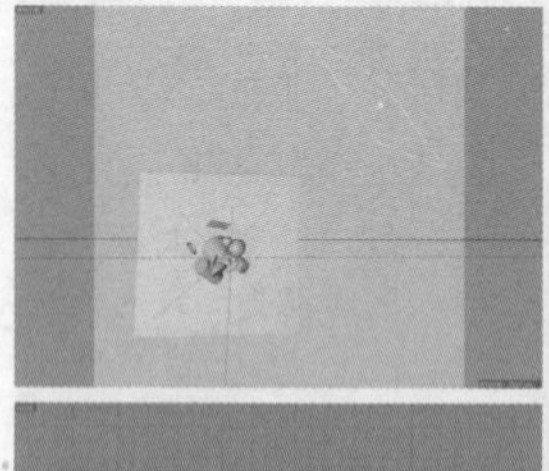
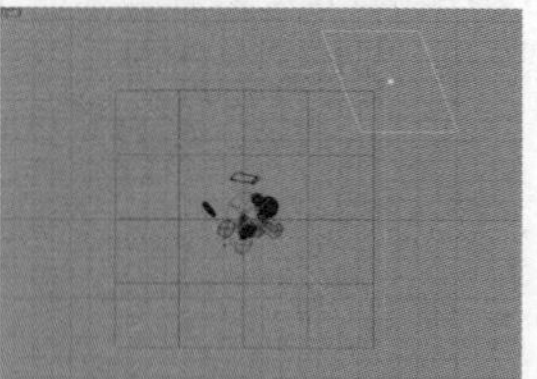

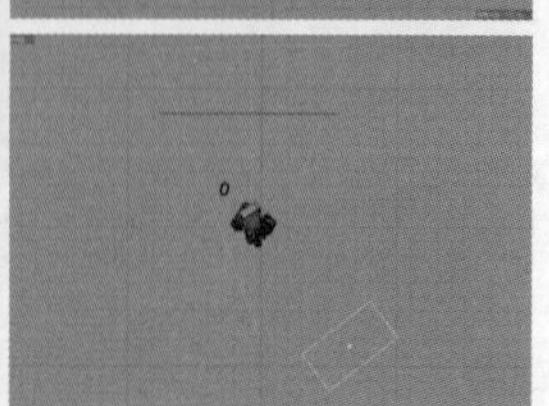

图 7-325

02 选择“Octane区域光”标签，在“主要”选项卡中设置“类型”为“纹理”，如图7-326所示。在“灯光设置”选项卡中设置“强度”为26，如图7-327所示。灯光从右上方射入画面，画面中会产生明显的明暗对比，渲染效果如图7-328所示。

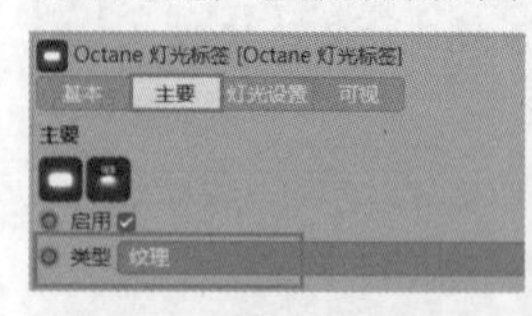

图 7-326

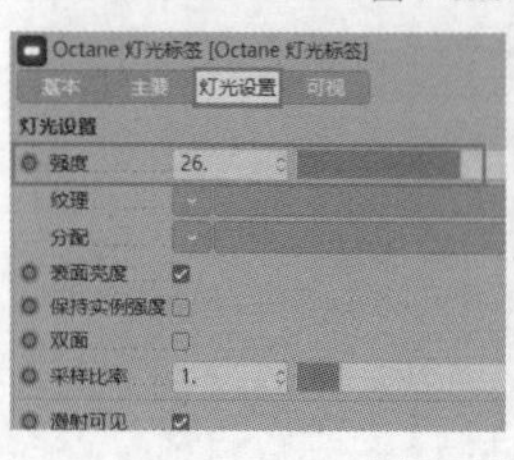

图 7-327

图 7-328

3.制作材质

01 制作背景漫射材质。创建一个漫射材质，设置“颜色”为深紫色，将材质赋予背景，如图7-329所示。

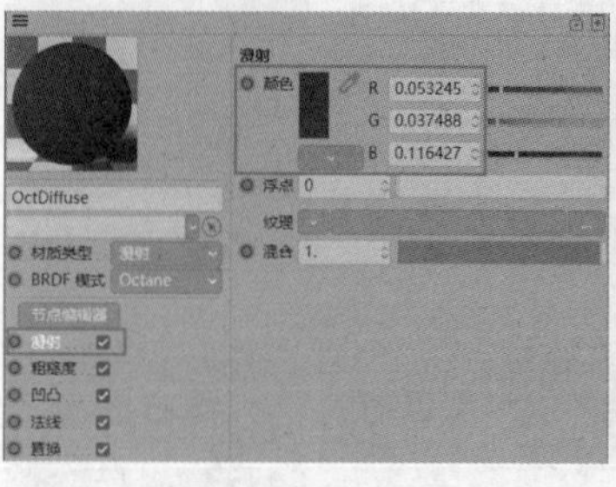

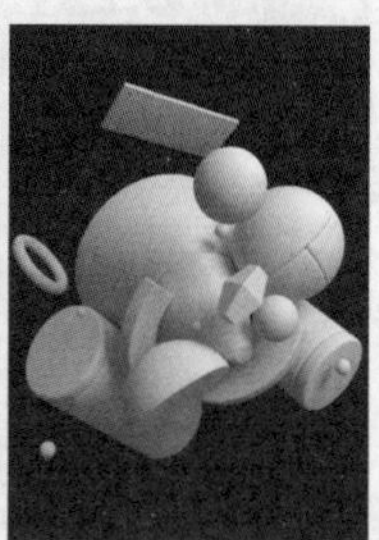

图 7-329

02 制作蓝色反射材质。创建一个光泽材质，参数如图7-330所示。将材质赋予局部模型，如图7-331所示。

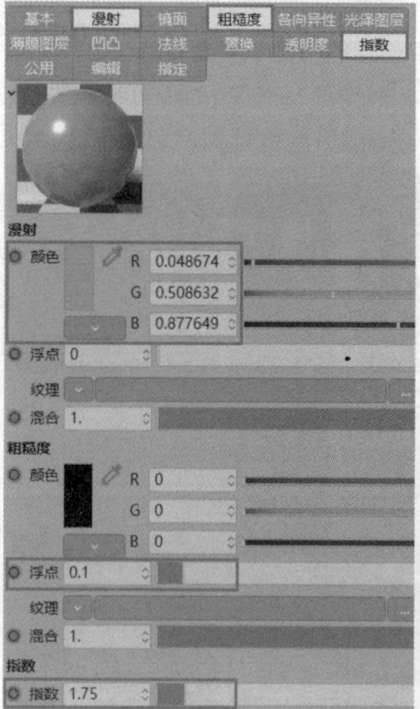

图 7-330

图 7-331

03 制作紫色反射材质。创建一个光泽材质，然后按照图7-332所示进行节点链接。在“衰减贴图”节点中设置“衰减歪斜因子”为4，在“梯度”节点中调整渐变颜色，如图7-333所示。

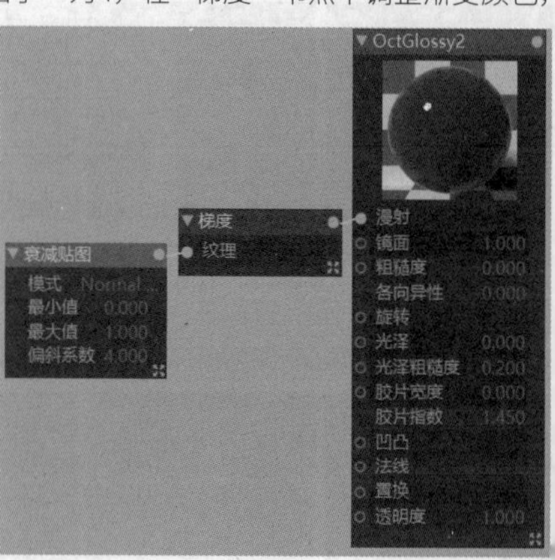

图 7-332

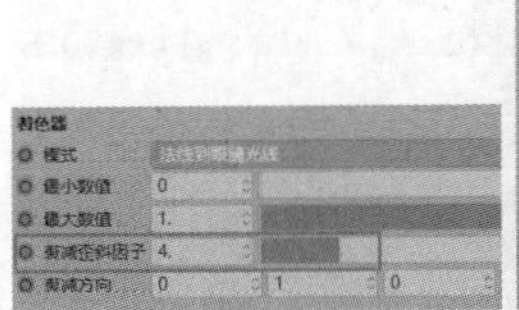
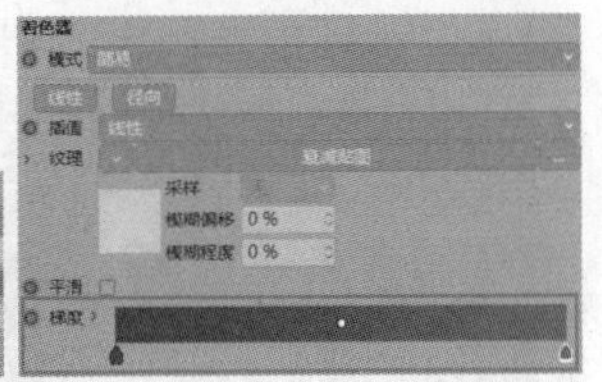

图 7-333

04 将纹理素材拖曳至节点视图中，会自动生成“图像纹理”节点，然后将其链接“法线”通道，接着创建“纹理投射”节点，并链接“投射”通道，如图7-334所示。在“纹理投射”节点中，按照图7-335所示进行参数设置，然后将材质赋予局部模型，如图7-336所示。

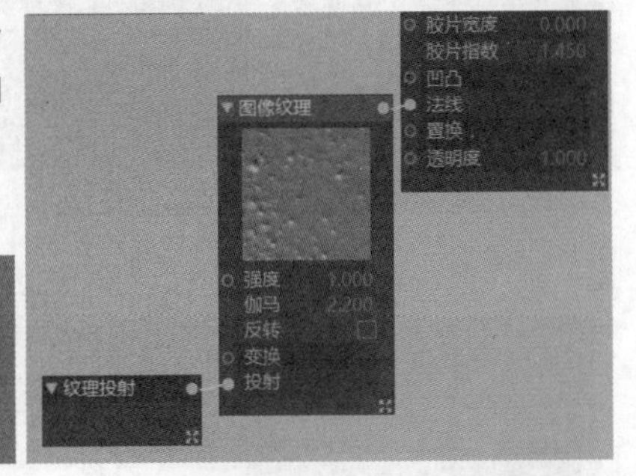

图 7-334

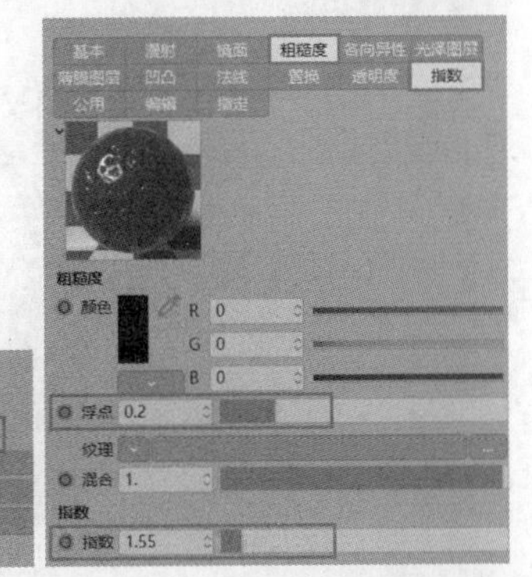

图 7-335

图 7-336

05 目前没有反射效果，这是因为没有高亮环境。可以通过灯光来制作高亮环境。创建Octane区域光，位置如图7-337所示。接着按照图7-338所示进行参数设置，材质便有了反射效果。

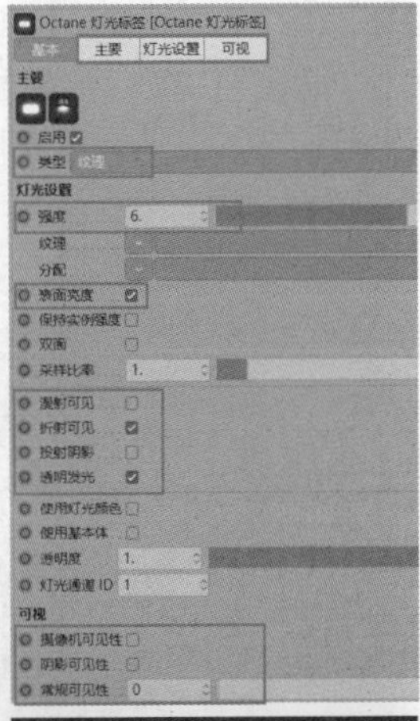

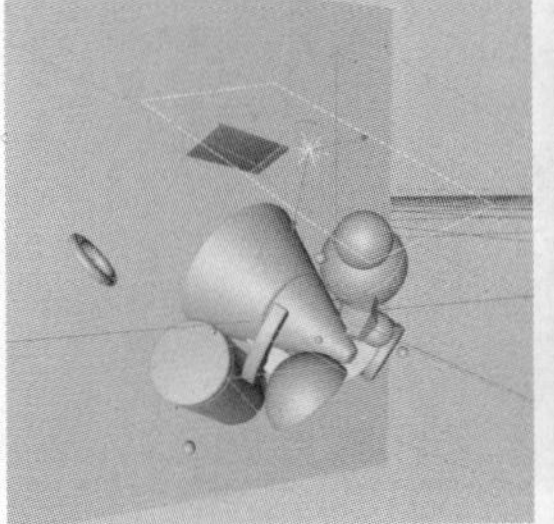

图 7-337

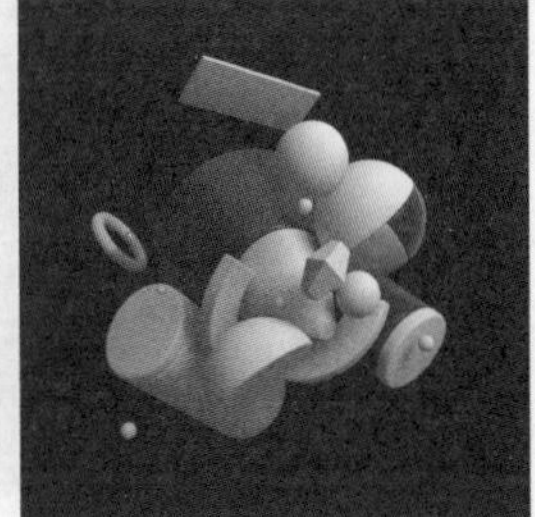

图 7-338

06 制作木纹材质。创建一个光泽材质，然后将纹理素材拖曳至节点视图中，会自动生成“图像纹理”节点，接着按照图7-339所示进行节点链接。在“图像纹理”节点中进行参数设置，如图7-340所示。

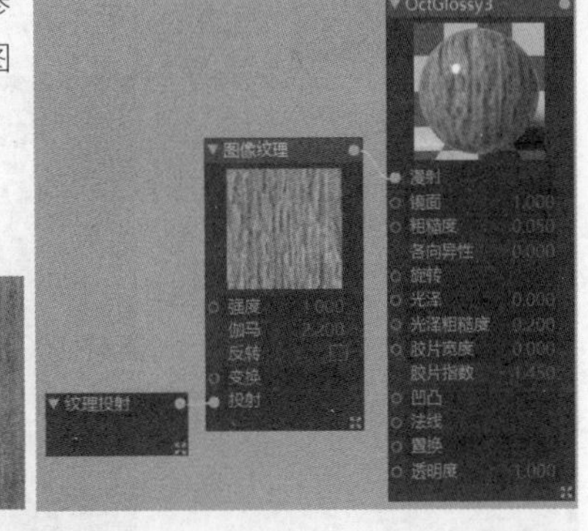

图 7-339

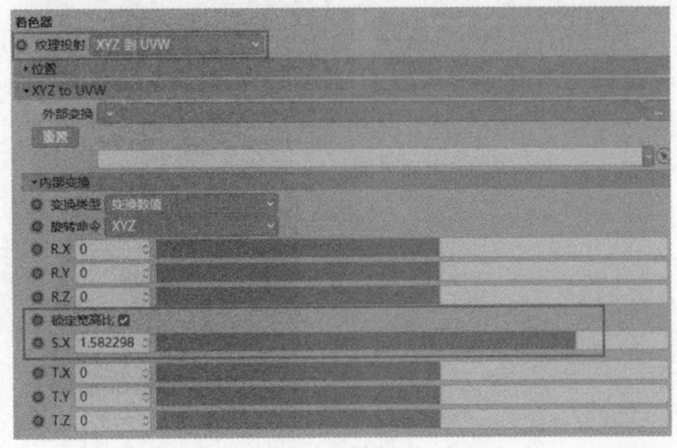

图 7-340

07 复制“图像纹理”节点，然后将其链接“凹凸”通道，如图7-341所示。在新的“图像纹理”节点中进行参数设置，如图7-342所示。将材质赋予两个半球体模型，如图7-343所示。

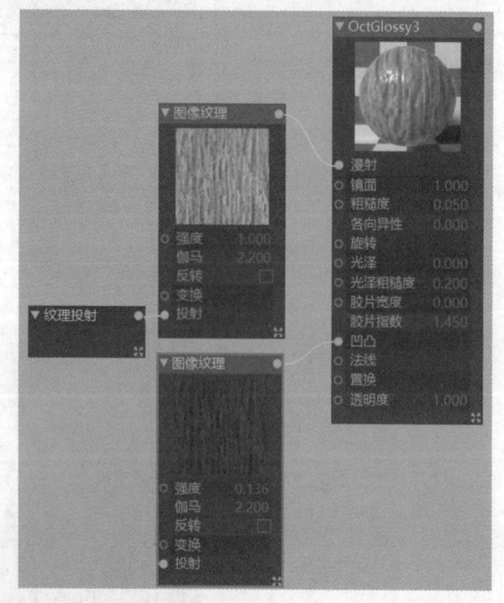

图7-341

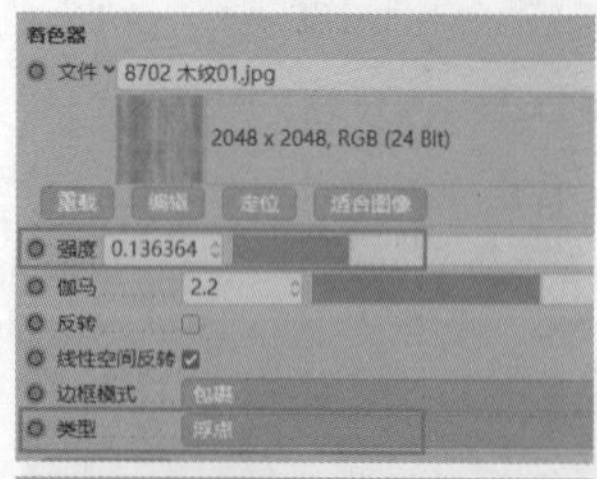

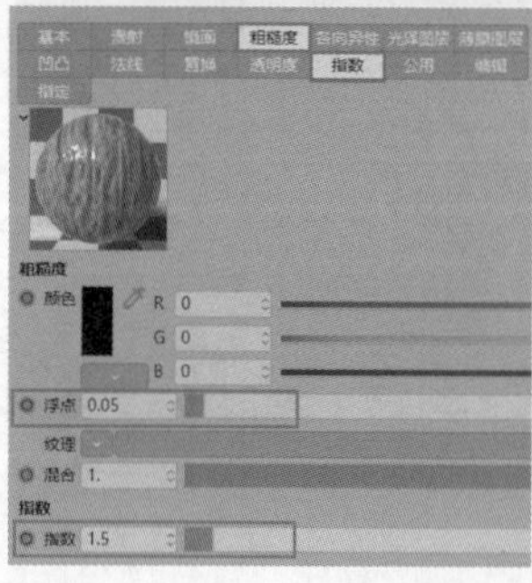

图7-342　图7-343

08 在材质的“光泽图层”选项卡中设置“光泽”为0.5，“粗糙度”为0.2，如图7-344所示。这样材质的边缘就有了偏白的效果，如图7-345所示。

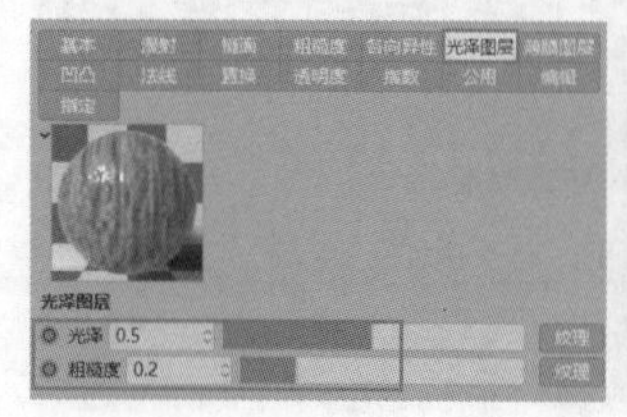

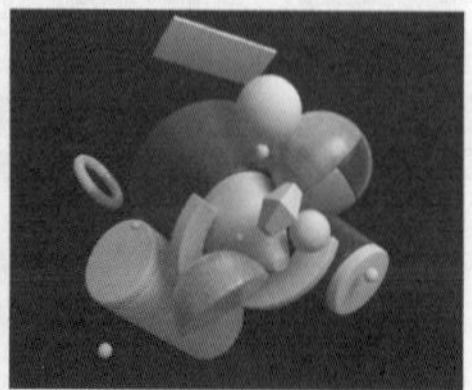

图7-344　图7-345

09 制作玻璃材质。创建一个透明材质，然后按照图7-346所示进行参数设置，将材质赋予上方的球体和下方的圆弧模型，如图7-347所示。

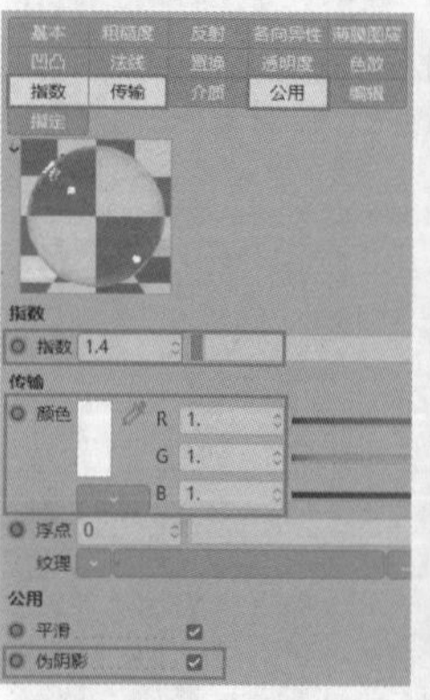

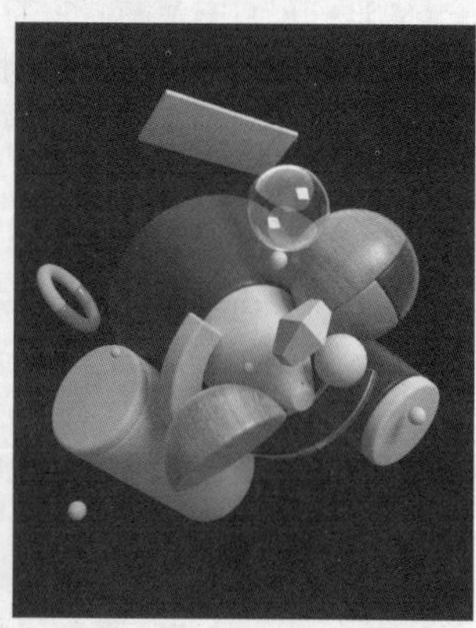

图7-346　图7-347

10 制作磨砂玻璃材质。创建一个透明材质，然后按照图7-348所示进行参数设置，将材质赋予右下方的球体和左上方的半圆环模型，如图7-349所示。

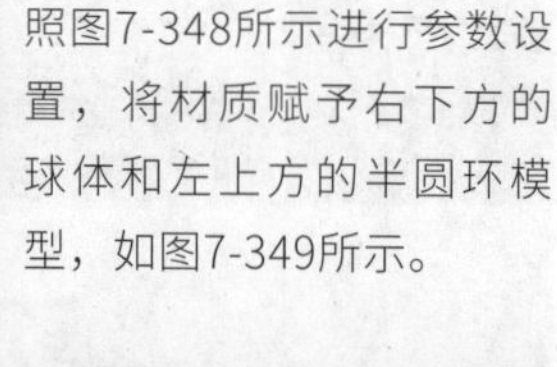

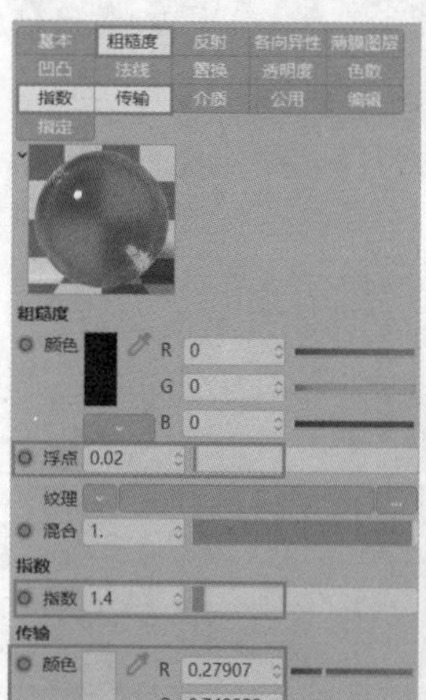

图7-348　图7-349

11 制作金属材质。创建一个金属材质，然后按照图7-350所示进行参数设置。将纹理素材拖曳至节点视图中，会自动生成“图像纹理”节点，然后将其链接“法线”通道，接着创建“纹理投射”节点，并链接“投射”通道，如图7-351所示。在“纹理投射”节点中，设置“纹理投射”为“盒子”，然后将材质赋予两侧的圆盘模型，如图7-352所示。

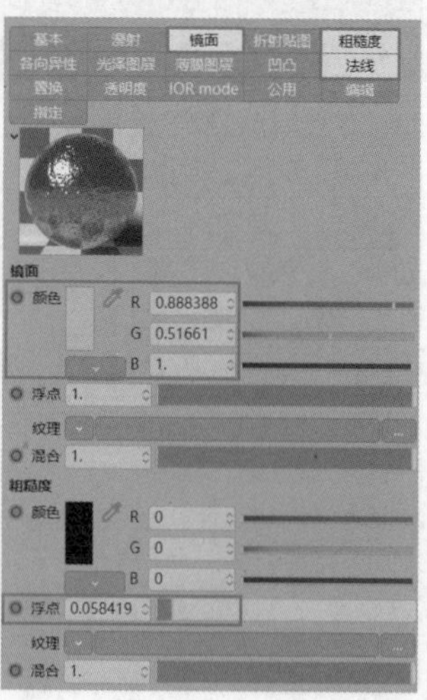

图7-350

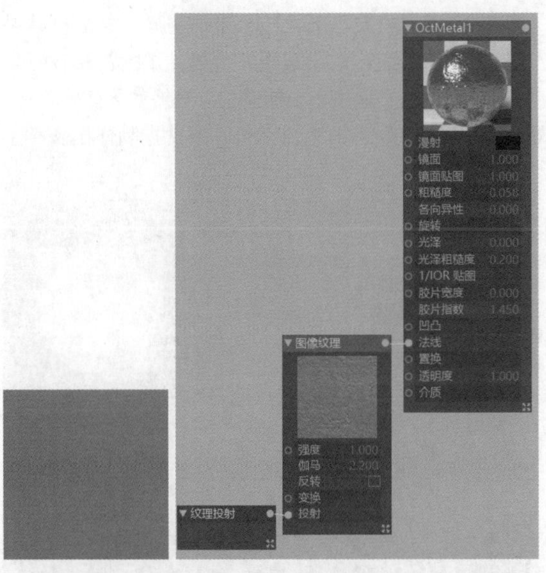

图 7-351

图 7-352

12 复制金属材质，然后按照图7-353所示参数进行设置。将材质赋予中间的圆台模型，如图7-354所示。

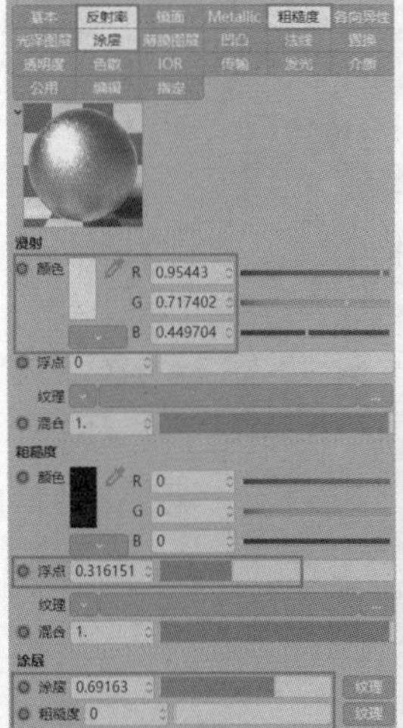

图 7-353

图 7-354

13 制作石板材质。创建一个光泽材质，将纹理素材拖曳至节点视图中，会自动生成“图像纹理”节点，然后创建并链接节点与通道，如图7-355所示。将材质赋予左侧的圆弧模型，效果如图7-356所示。

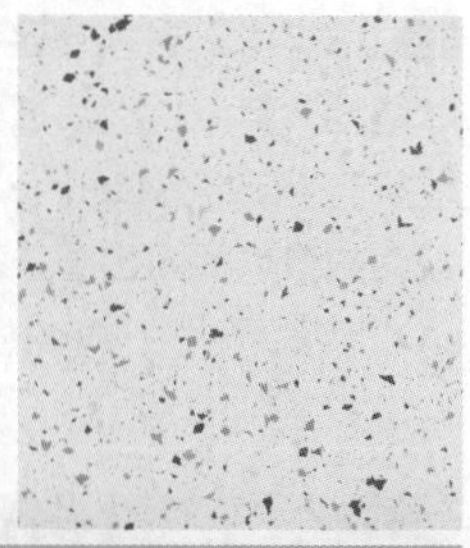

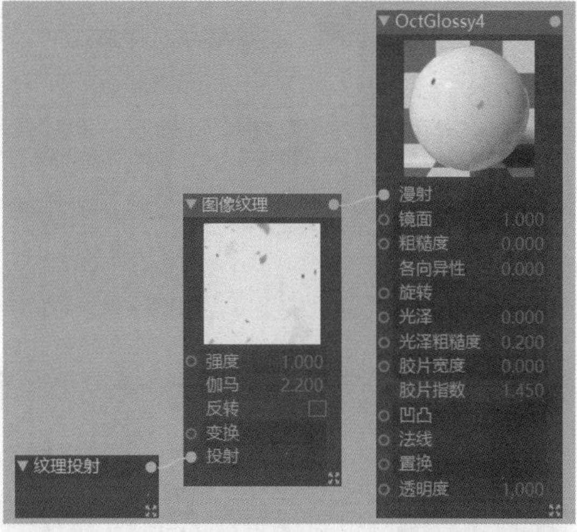

图 7-355

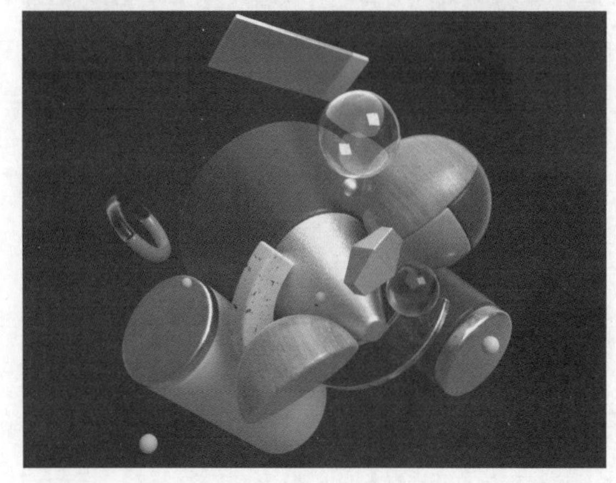

图 7-356

14 制作混合材质。创建一个混合材质，然后在“材质编辑器”面板中设置“材质1”为之前制作的金属材质，设置“材质2”为之前制作的紫色反射材质，如图7-357所示。

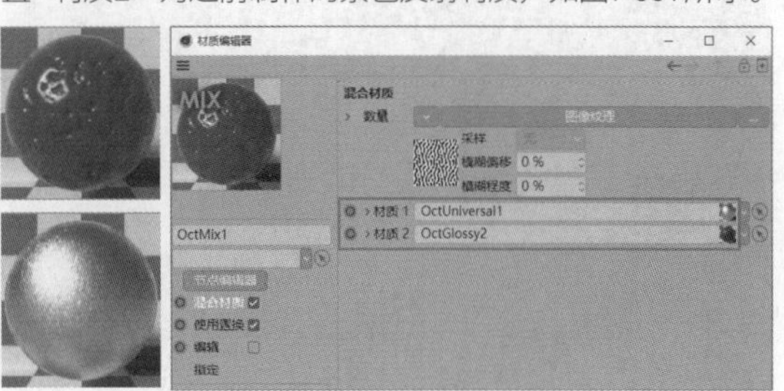

图 7-357

15 将纹理素材拖曳至节点视图中，会自动生成“图像纹理”节点，然后创建并链接节点与通道，如图7-358所示。最终的节点视图如图7-359所示。将材质赋予左下角的圆柱体模型，如图7-360所示。

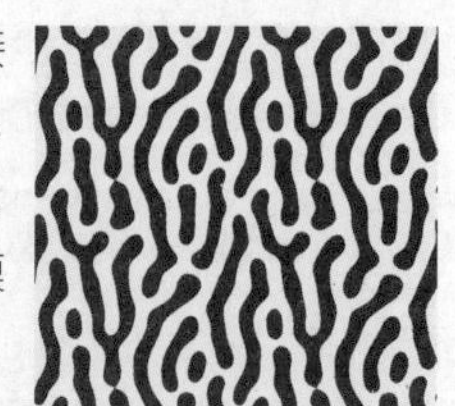

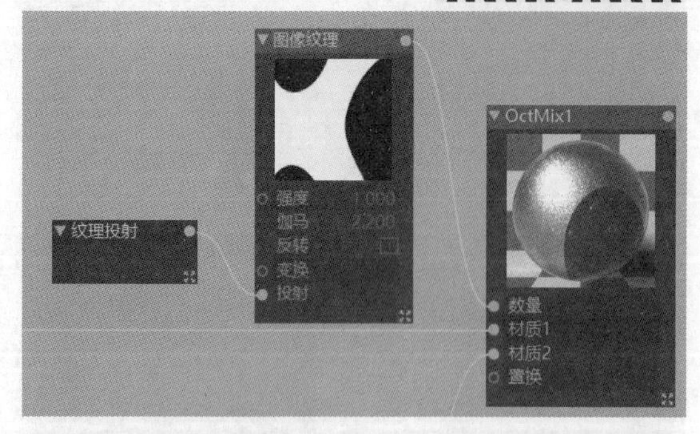

图 7-358

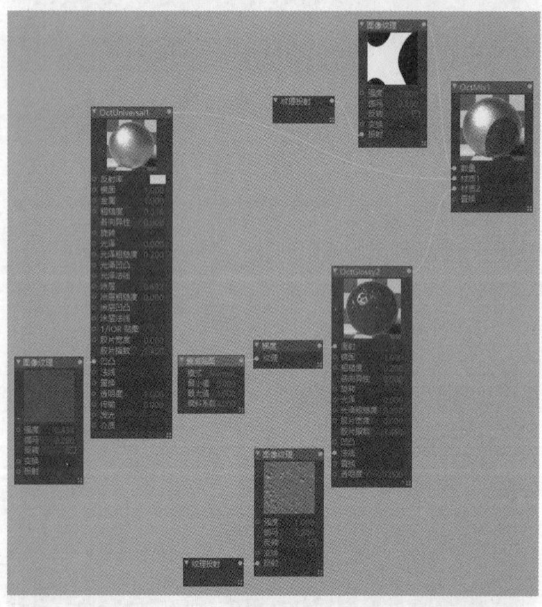

图 7-359

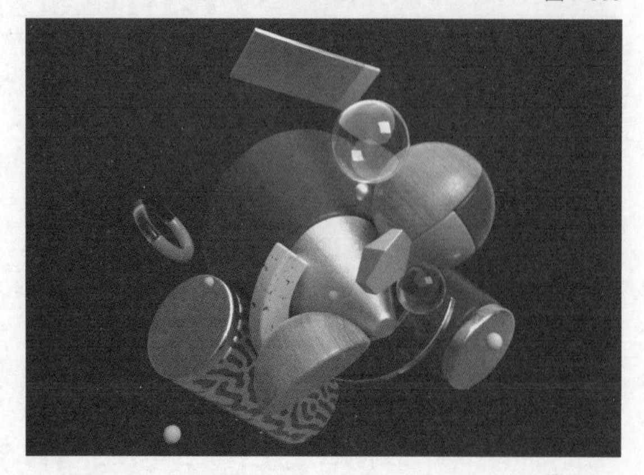

图 7-360

16 制作发光材质。创建一个漫射材质，然后创建并链接节点与通道，并设置相关参数，如图7-361所示。将材质赋予上方薄片和小球模型，最终效果如图7-362所示。读者可以自由组合，多多尝试，制作出多种不同的效果。

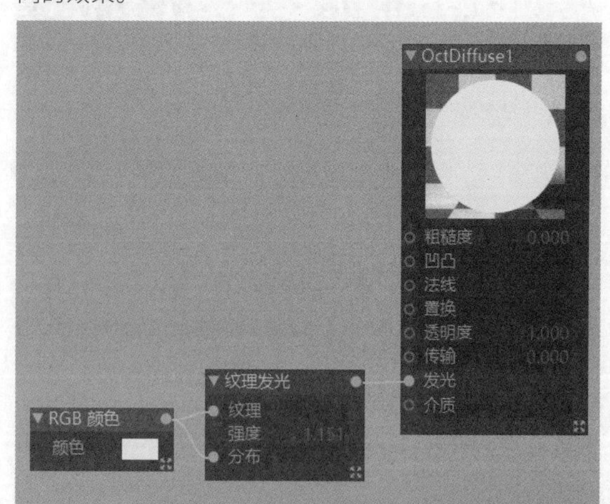

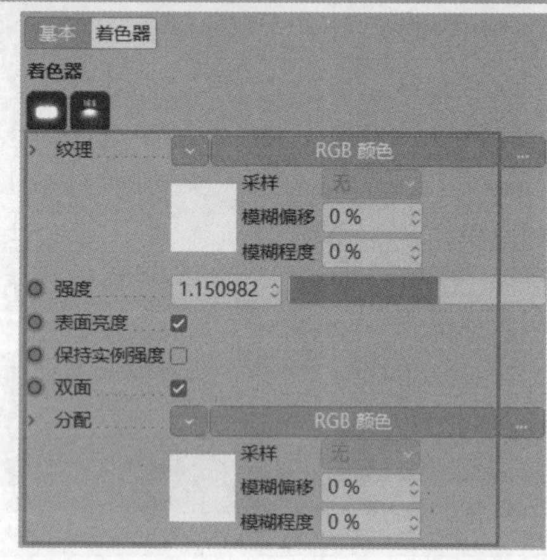

图 7-361

图 7-362

第 8 章 海报设计

■ 学习目的

本章将通过商业实战案例讲解海报设计的技巧和方法。通过对本章的学习，读者可以掌握如何运用不同的光照效果、材质和渲染技术来制作独特且吸引人的海报。

■ 主要内容

- 海报设计的技巧和方法
- 海报场景搭建
- 灯光、材质和渲染技术的应用
- 海报的后期处理

8.1 美食节海报

◇ 场景位置	无
◇ 实例位置	实例文件 >CH08> 美食节海报 .c4d
◇ 视频名称	美食节海报 .mp4
◇ 学习目标	掌握文字类海报的制作方法
◇ 操作重点	透明背景的渲染

本实例为文字主题海报，文字为画面的主体信息，表现时应弱化背景元素，以强调海报的主题文字，如图8-1所示。

图 8-1

技巧提示 在制作文字类海报时，文字通常是画面需要重点突出的内容。要保证文字可识别，这样才能更好地传递信息。例如，当文字的颜色为亮色时，文字的周边就使用暗色；当文字的颜色是暗色时，文字的周边就使用亮色。文字较多时要根据具体内容来排列组合，突出放大主要的文字，弱化次要的文字。此外，选择元素时要与主题搭配，内容要保持统一。

8.1.1 模型制作

本实例需要制作文字模型和背景模型，对于文字类海报，通常先制作文字模型。

1.制作文字

01 使用“文本”工具创建一个文本样条，在“文本”输入框中输入“美食节日”，设置“字体”为“思源黑体 CN Bold”，“对齐”为“中对齐”，如图8-2所示。

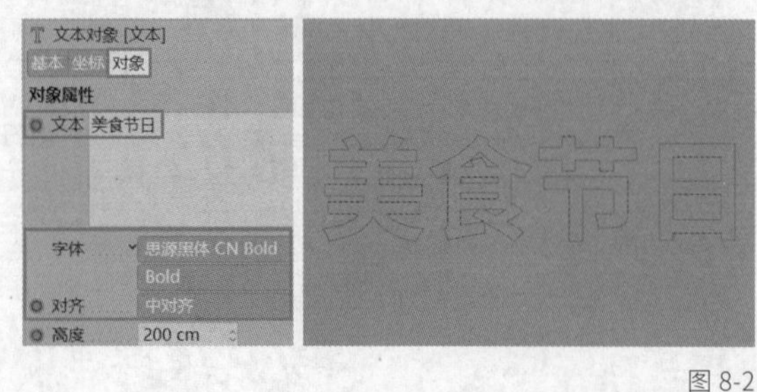

图 8-2

02 为文本样条添加“挤压”生成器，设置“尺寸”为2cm，如图8-3所示。

挤出对象 [挤压]
基本 坐标 对象 封盖
选集 平滑着色(Phong)
封盖
起点封盖 ☑
终点封盖 ☑
独立斜角控制 ☐
两者均倒角
倒角外形 圆角
尺寸 2 cm
延展外形 ☐

图 8-3

03 选择模型，然后按住Ctrl键并向前拖曳，复制模型，如图8-4所示。

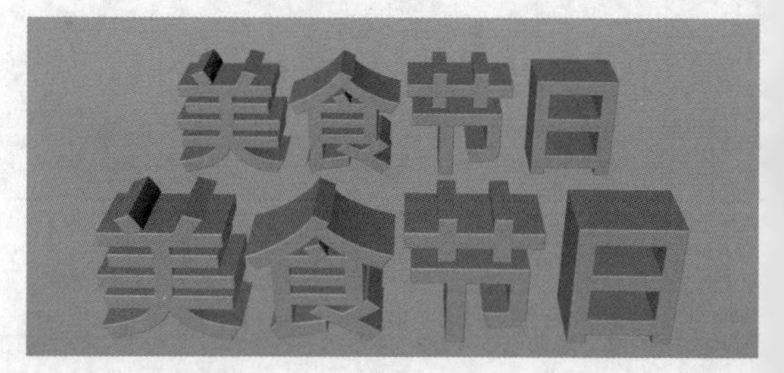

图 8-4

04 选择复制的模型，在“对象”选项卡中设置“偏移”为4cm，这样就有了一厚一薄两个模型，如图8-5所示。向后拖曳较薄的模型，使两个模型对齐，如图8-6所示。

模式 编辑 用户数据
挤出对象 [挤压.1]
基本 坐标 对象 封盖
选集 平滑着色(Phong)
对象属性
方向 自动
偏移 4 cm
细分数 1
等参细分 10

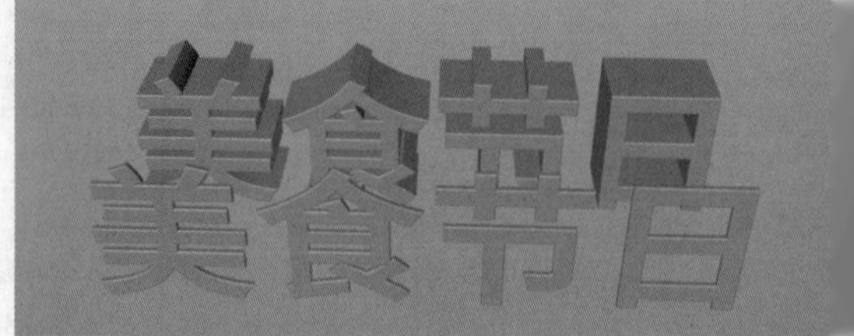

图 8-5

图 8-6

05 至此主题文字的制作就完成了，把这个工程文件保存为“美食节日01”。创建一个新的工程文件，采用相同的方法制作“美食大世界”模型，此处使用的“字体”是“站酷酷黑”，设置“对齐”为“中对齐”，如图8-7所示。

图 8-7

技巧提示 在使用挤压且设置“方向”为“自动”时，不同字体的自动挤压方向会有区别，如图8-8所示。“美食大世界”模型是向前挤压出厚度的，“美食节日”模型是向后挤压出厚度的。

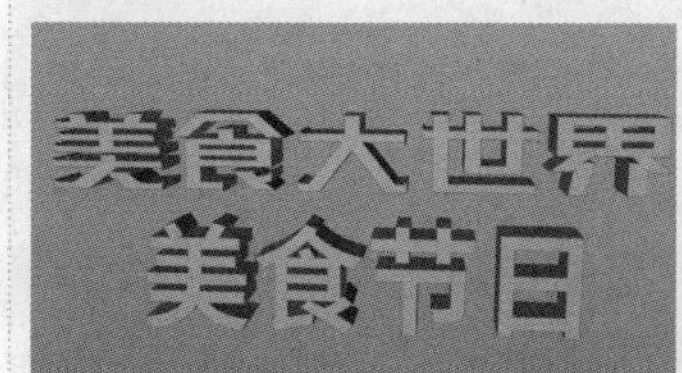

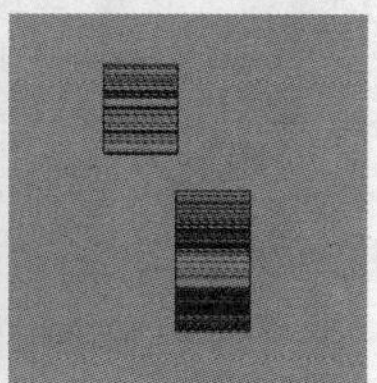

图 8-8

06 使用步骤04的方法为“美食大世界”模型增加一个较薄的面，这样就形成了一厚一薄的对比，如图8-9所示。

图 8-9

07 选择两个模型并执行“群组对象”命令，完成操作后双击“空白”文字，更改为“美食大世界”，便于后期管理对象，如图8-10所示。

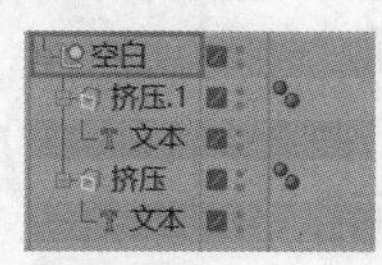

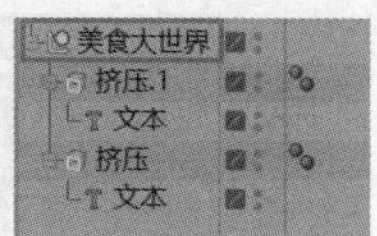

图 8-10

08 选择“美食大世界”模型，按快捷键Ctrl+C进行复制，然后执行“窗口>美食节日01.c4d”菜单命令，这样就切换到了“美食节日01”工程文件。按快捷键Ctrl+V进行粘贴，这样“美食大世界”模型就被粘贴到了“美食节日01”工程文件中，然后适当调整文字的大小与位置，如图8-11所示。

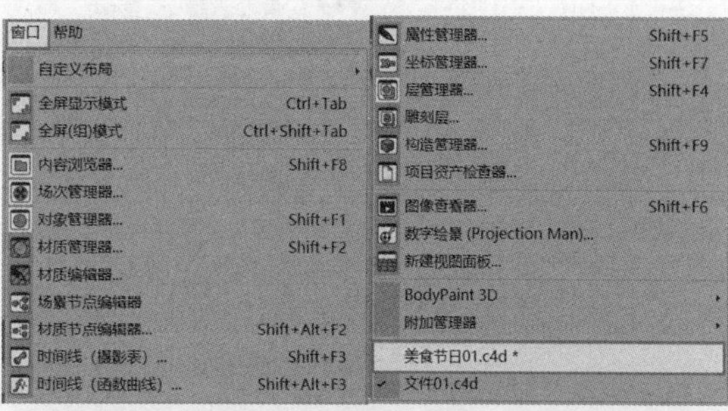

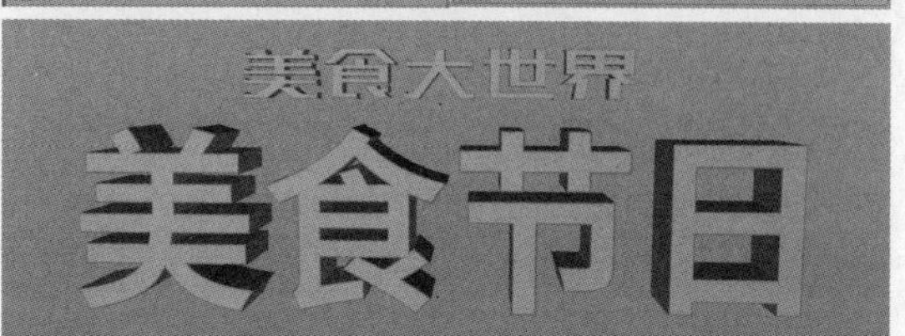

图 8-11

技术专题：多行文字的排列技巧

同一个画面中的文字使用不同的字体与字号进行组合可以丰富画面，但并不是字体越多越好。同一个画面通常不使用超过3种字体。多行文字组合时要注意组合形式，通过文字大小、位置和细节等可以丰富画面、强化主体。这里使用黑白文字组合来进行演示，方便读者查看。

如果使用的是同样大小和样式的字体，画面整体会显得比较普通，如图8-12所示。

文字如果有了大小的变化，例如放大“美食节日”这4个字，并缩小其他文字，主体就突出了，如图8-13所示。

图 8-12　　图 8-13

有了文字的大小对比后，如果再有字体对比、细节装饰，那么画面整体会更加丰富，如图8-14所示。

图 8-14

09 使用“立方体”工具为“美食大世界”制作一个背景板，立方体的大小可以根据文字的大小来调整，参数设置与效果如图8-15所示。

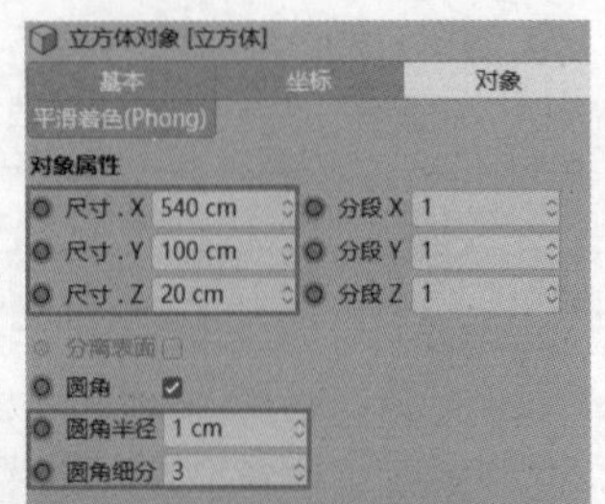

图 8-15

10 用同样的方法创建“汉堡五折起”模型，如图8-16所示。

图 8-16

11 同样的模型会让画面显得呆板，这里可以为文字制作一个文字框来丰富细节。使用“矩形”工具创建一个包裹文字的框。矩形框的位置与大小可根据文字来调整，此处文字为默认大小，如图8-17所示。将其复制到工程文件“美食节日01”中，还要根据整体的大小进行缩放，所以此处的参数值并不是最终的参数值。

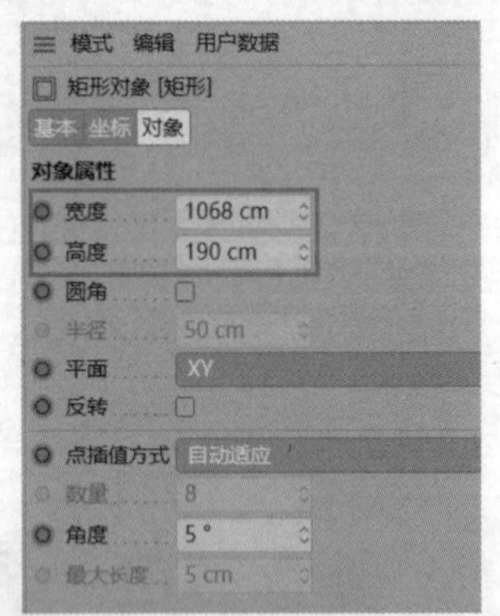

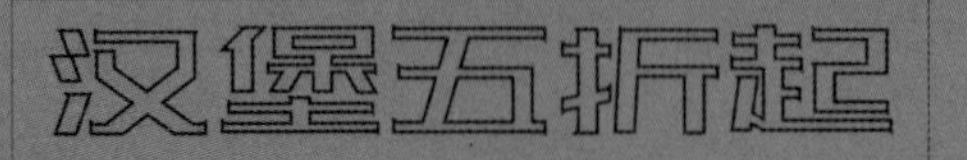

图 8-17

12 对矩形框进行“挤压”，如图8-18所示。在“对象”选项卡中设置“偏移”为24cm，如图8-19所示。

图 8-18

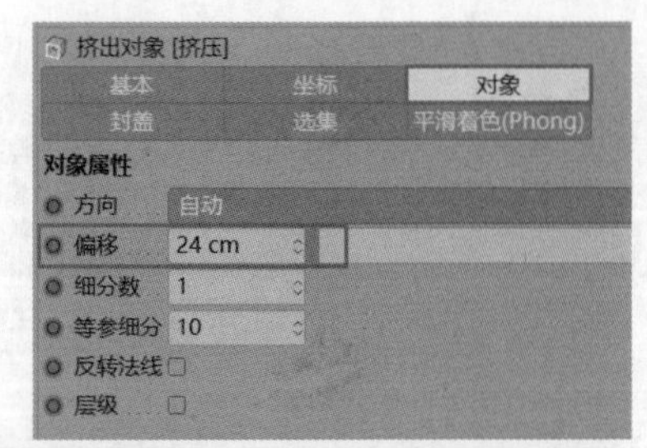

图 8-19

13 复制“矩形”对象，得到“矩形.1”对象，为其添加“扫描”生成器，设置“宽度”为18cm，“高度”为50cm，如图8-20所示。

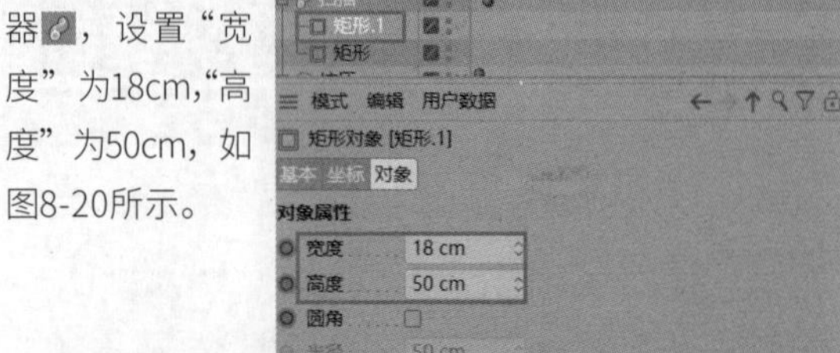

图 8-20

14 选择文字与矩形框，然后执行“群组对象”命令，编组后重命名为“五折”，如图8-21所示。

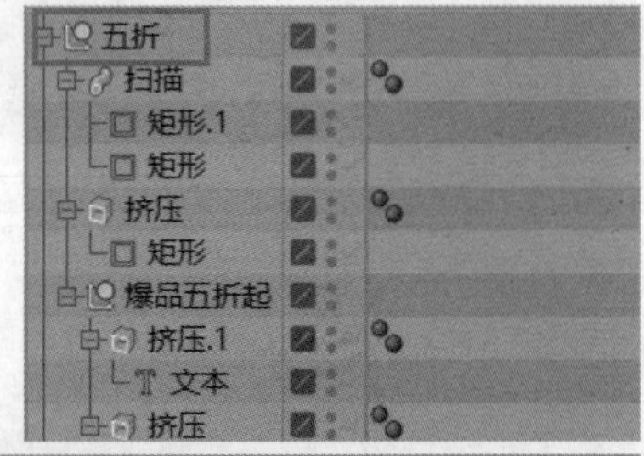

图 8-21

15 将“五折”群组复制到“美食节日01”工程文件中，然后进行排列组合，并调整模型的位置与大小，如图8-22所示。

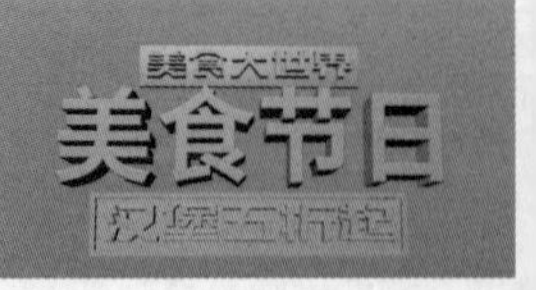

图 8-22

2.制作背景

01 创建一个新的工程文件，使用“圆柱体”工具创建一个圆柱体，设置“半径”为288cm，“高度”为40cm，“高度分段”为4，“旋转分段”为120，“方向”为“+Z”，如图8-23所示。

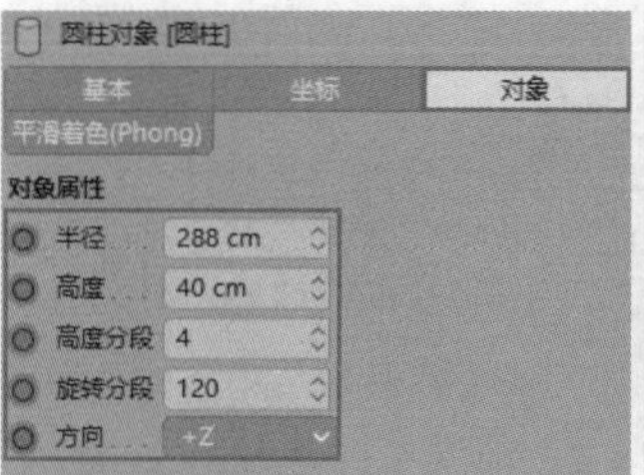

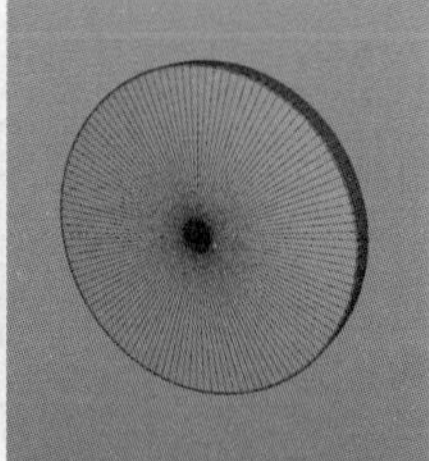

图 8-23

02 把圆柱体复制出一份，设置“半径”为206cm。把复制出来的模型放置到原模型的前方，形成一大一小的对比，如图8-24所示。

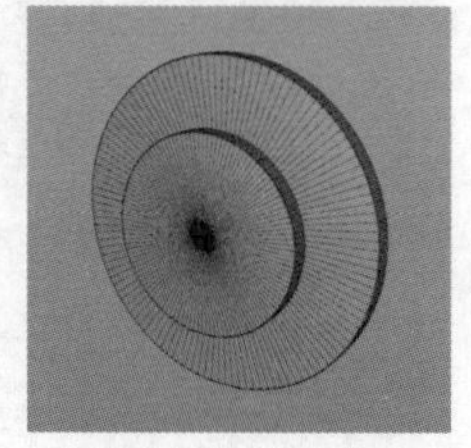

图 8-24

03 使用“管道”工具创建一个管道模型，设置“内部半径”为262cm，“外部半径”为344cm，“旋转分段”为140，“高度”为44cm，“高度分段”为4，“方向”为“+Z”；勾选“圆角”选项，设置“分段”为3，“半径”为2cm，如图8-25所示。调整完成后得到图8-26所示的模型组合，管道与之前的圆柱体交叉在了一起。把管道向前方移动，如图8-27所示。

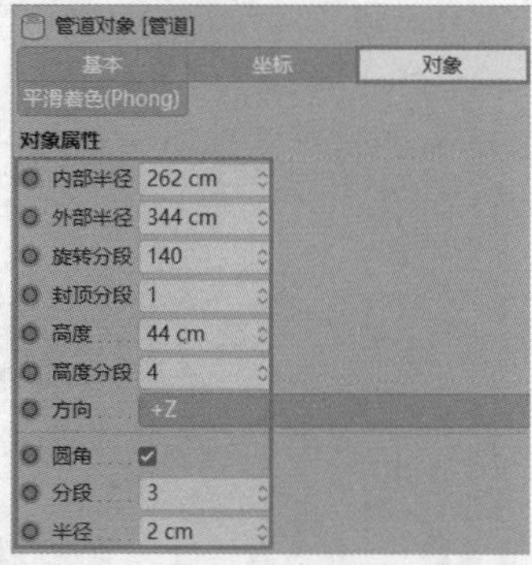

图 8-25

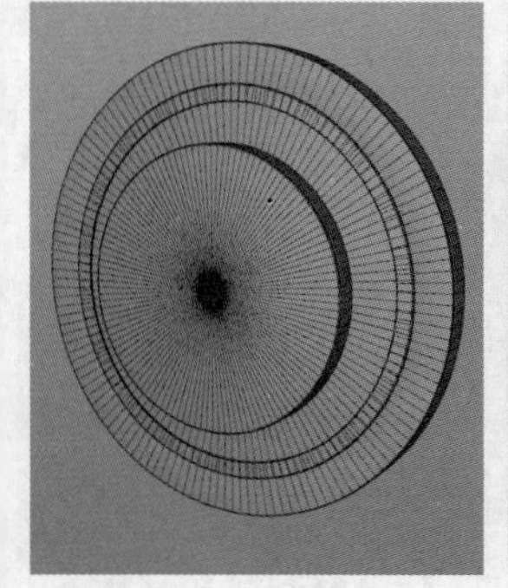

图 8-26

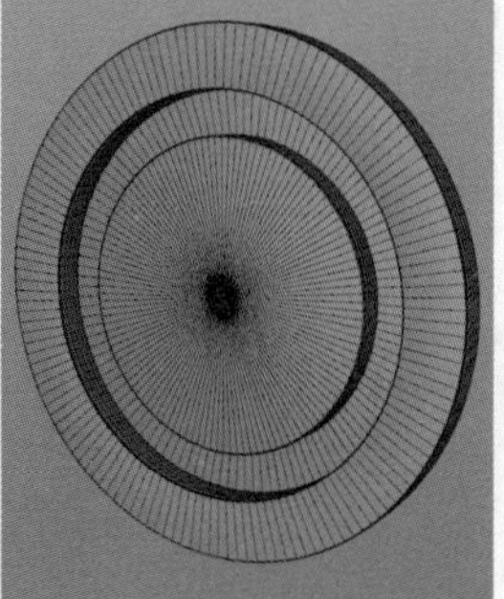

图 8-27

04 复制刚完成的管道模型，为管道制作一个边框。复制后可在视图窗口中通过拖曳进行调整，调整的参数可以参考图8-28，得到的效果如图8-29所示。

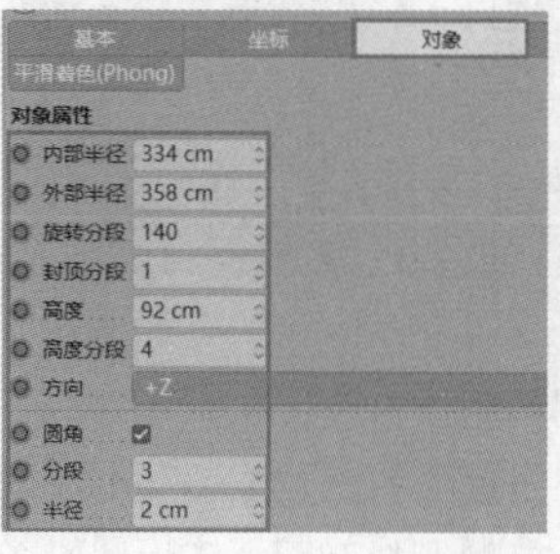

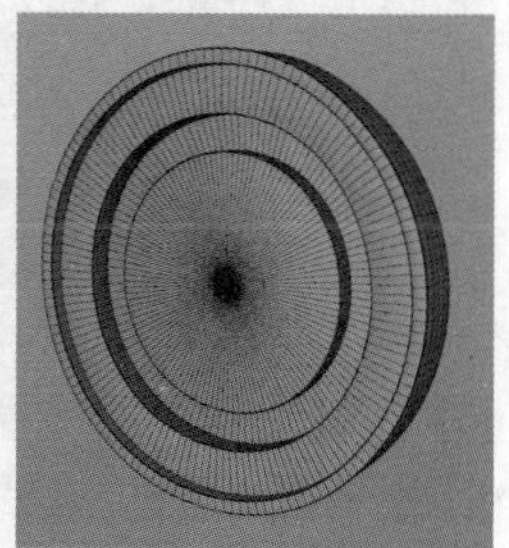

图 8-28　图 8-29

05 用同样的方法复制出一个小的管道，并进行组合。使用“圆环面”工具创建一个圆环面模型，设置“圆环半径”为275cm，“圆环分段”为118，“导管半径”为3cm，“导管分段”为16，“方向”为“+Z”，如图8-30所示。

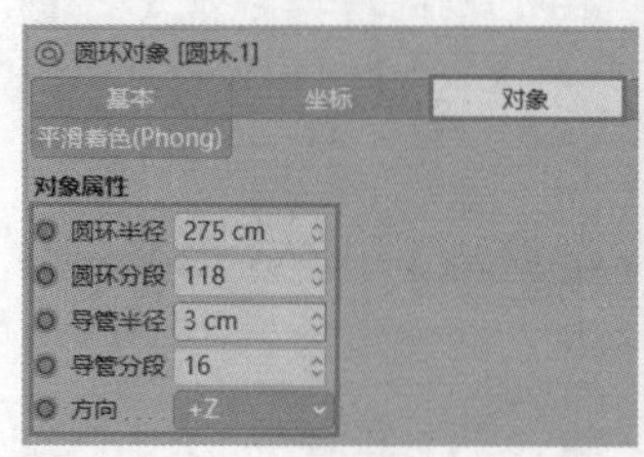

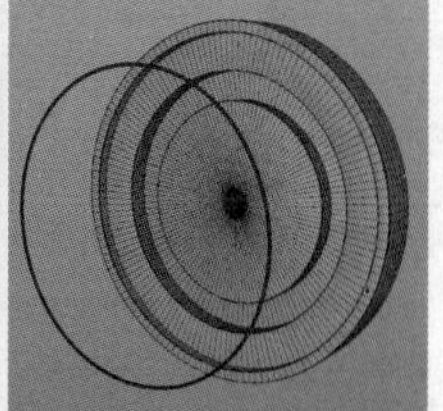

图 8-30

06 拖曳圆环面模型至图8-31所示的位置，图中的黄色圆圈为管道（图中的黄色不是实际的颜色，仅用于方便读者观察）。

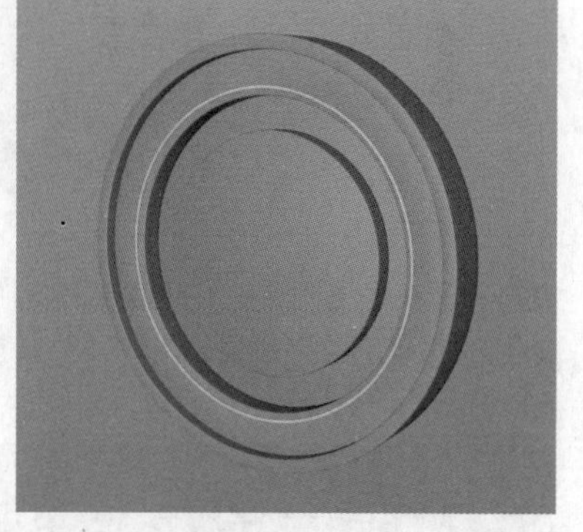

图 8-31

07 用同样的方法复制出一个圆环面。设置“圆环半径”为346cm，得到图8-32所示的效果。

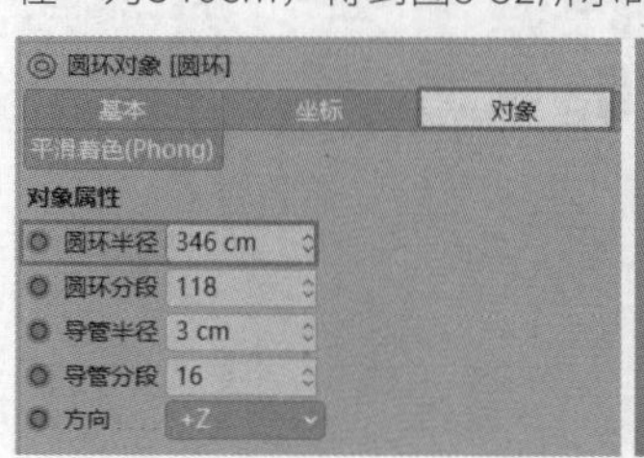

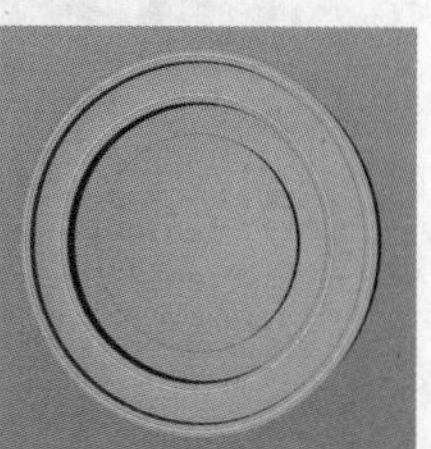

图 8-32

08 使用“球体”工具创建一个球体模型，设置“半径”为11cm，如图8-33所示。

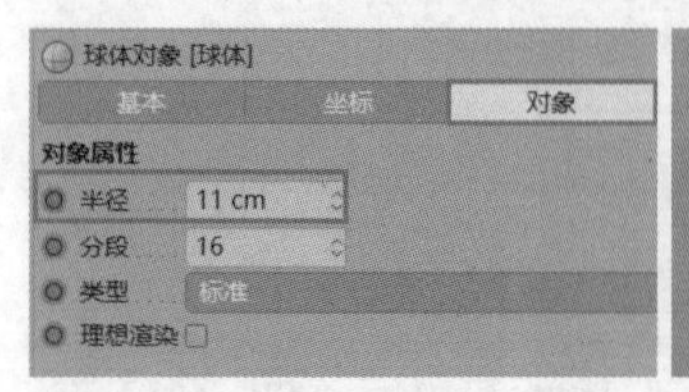

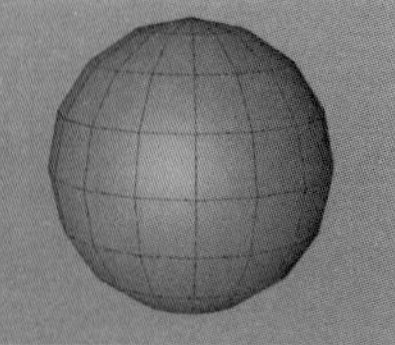

图 8-33

09 使用“阵列”生成器制作出环状球体阵列。先创建“阵列”对象，然后设置“半径”为307cm，“副本”为14，如图8-34所示。将制作好的球体阵列放置到圆盘模型的前方，如图8-35所示。

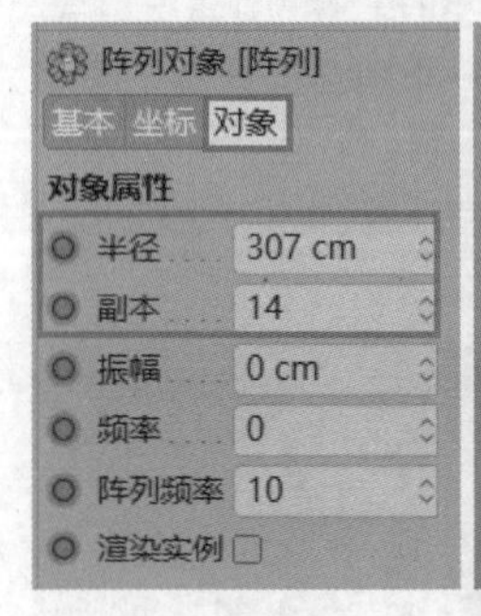

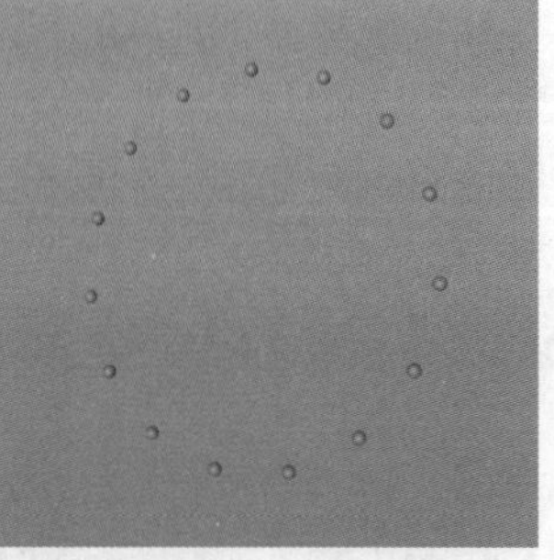

图 8-34

图 8-35

10 将所有模型组合，并保存工程文件，完成的效果如图8-36所示。可根据最终效果图调整各模型的比例和大小。

图 8-36

8.1.2 摄像机与灯光创建

01 使用“摄像机”工具为场景添加摄像机，然后进入摄像机视图，使文字处于画面的视觉中心，如图8-37所示。

图 8-37

02 使用“区域光”工具创建区域光，设置“投影”为“区域”，如图8-38所示。通常灯光距离模型可以远一些，这样场景灯光会更加整体。灯光大小与位置如图8-39所示。

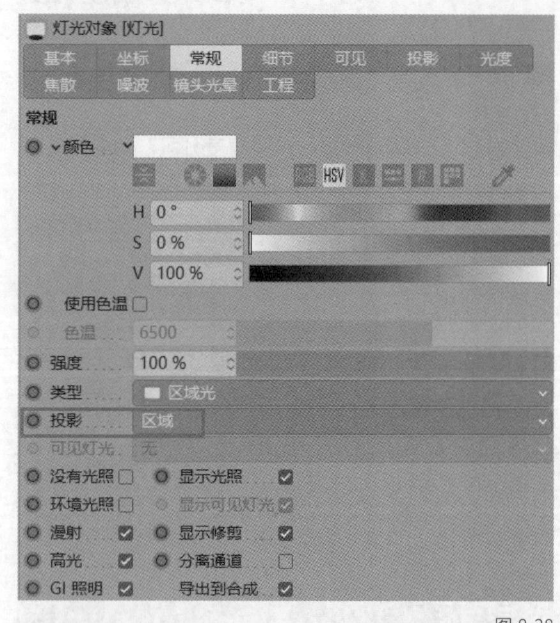

图 8-38

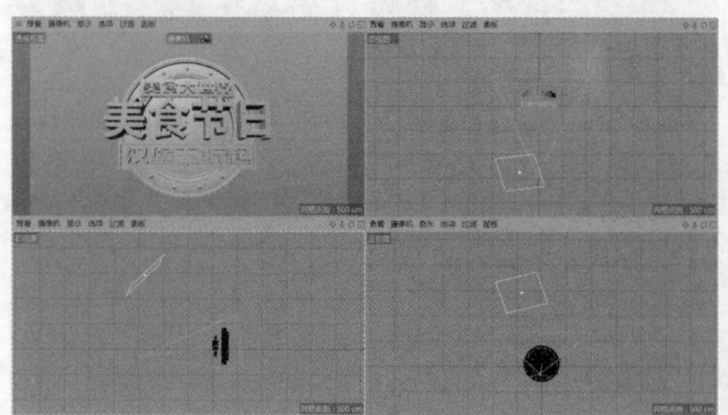

图 8-39

疑难解答 如何判断灯光与模型的距离？

模型的尺寸不一样，灯光与模型的距离也会有所区别。我们以整体模型为一个单位，灯光距离模型便为3~5个单位。灯光远了是没有关系的，这样光照效果会更加整体。就像太阳离我们很远，但却能照亮半个地球一样。如果灯光离模型过近，就容易造成局部过曝。也就像夜晚打开手电筒，离书桌越近，书桌的局部越亮，其他地方则接收不到手电筒的光照。

03 打开“工程设置”选项卡（快捷键为Ctrl+D），设置“颜色”为灰色，如图8-40所示。此时，渲染后画面中有了灯光，但暗部很黑，如图8-41所示。这便需要使用“天空+全局光照”来照亮暗部。

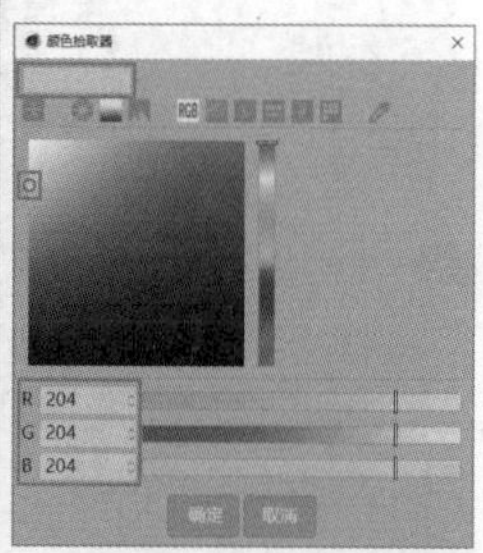

图 8-40

图 8-41

04 结合之前所学的灯光知识，为场景添加“全局光照”效果，参数设置如图8-42所示。

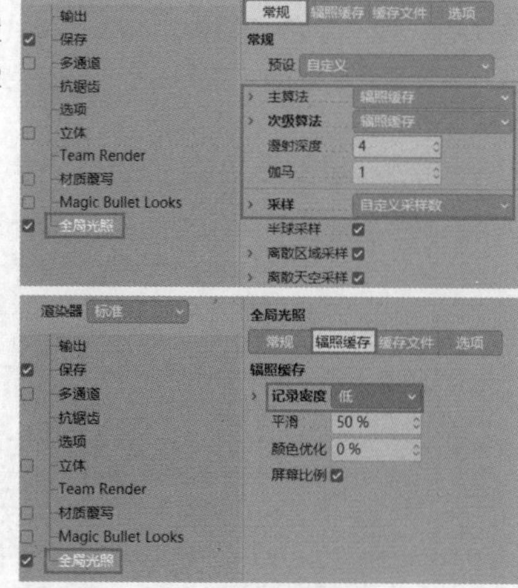

图 8-42

05 使用“天空”工具创建一个天空环境，并赋予默认的材质，如图8-43所示。渲染画面，得到图8-44所示的效果。

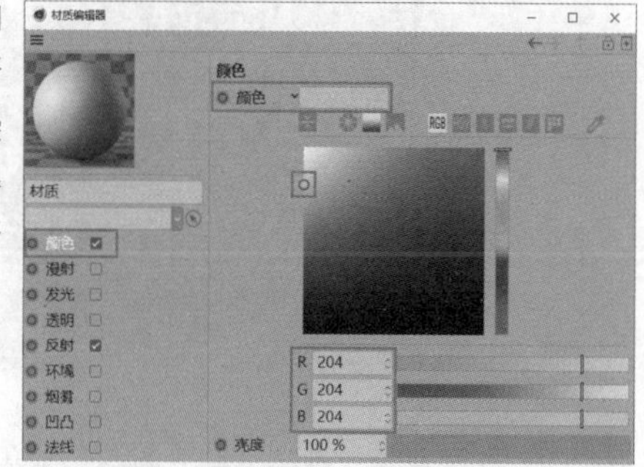

图 8-43

图 8-44

8.1.3 材质制作

01 创建一个默认材质，设置“颜色”为红色。在“反射”通道中设置“类型”为GGX，“层1”强度为7%，“粗糙度”为0%，并取消勾选“默认高光”选项，如图8-45所示。将材质赋予圆盘模型、文字模型侧面和文字框模型，渲染后的效果如图8-46所示。

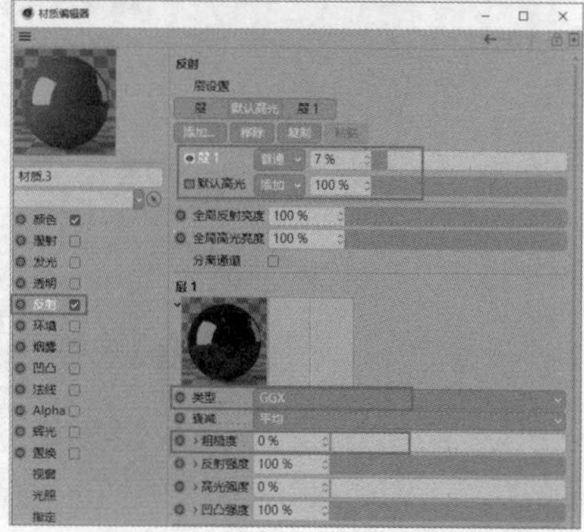

图 8-45

图 8-46

02 复制红色材质，然后设置“颜色”为黄色，将材质赋予“美食大世界”模型、“汉堡五折起”模型和圆盘上的一些细节模型，如图8-47所示。

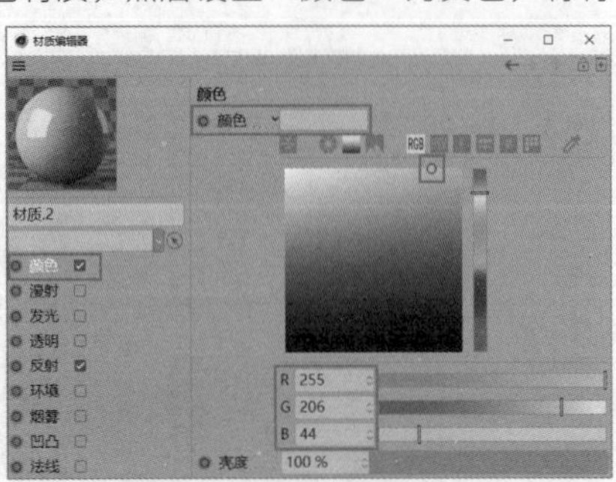

图 8-47

03 复制红色材质，并设置“颜色”为浅灰色。由于白色会造成曝光，后期难以调整，所以背景不用白色。将材质赋予“美食节日”模型，如图8-48所示。

图 8-48

8.1.4 渲染输出

01 此时可以发现模型夹角的暗部略暗，可以通过“全局光照”的“伽马”值来调整。设置“伽马”为1.6，如图8-49所示。

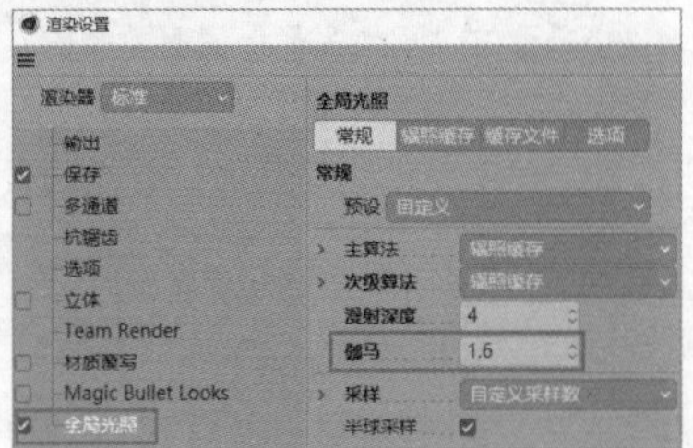

图 8-49

02 此时画面中还有背景，为了便于后期调整，这里需要渲染出没有背景的素材。在“天空”对象的“合成标签”中取消勾选“摄像机可见”选项，如图8-50所示。

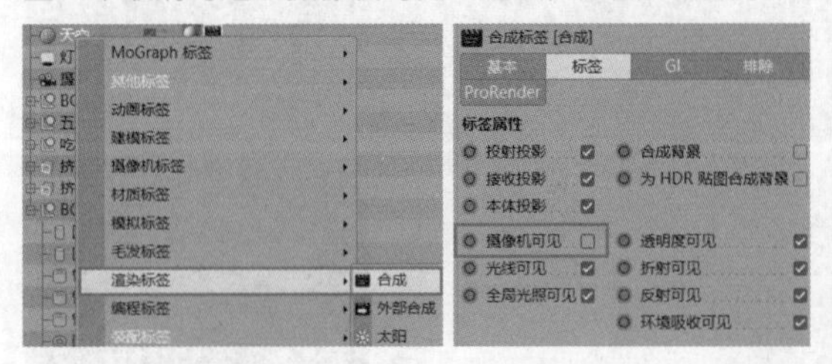

图 8-50

03 打开“渲染设置”面板，在“输出”选项中设置“宽度”为1600像素，“高度”为900像素，然后勾选“保存”选项，并设置保存路径、格式与名称，接着勾选“Alpha通道”和“直接Alpha”选项，如图8-51所示，设置完成后就可以渲染成图了。渲染完成的效果如图8-52所示。

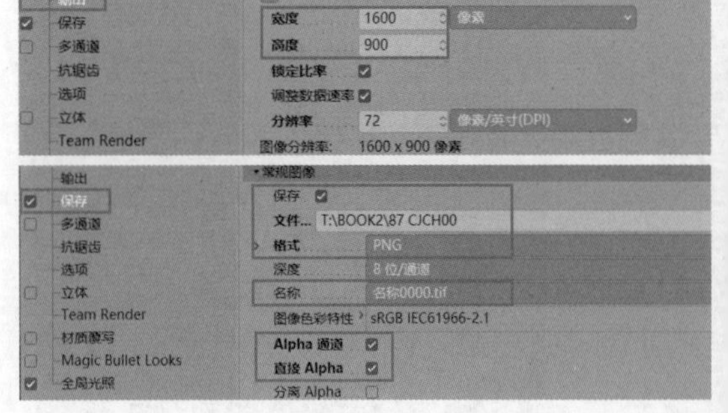

图 8-51

图 8-52

技巧提示 渲染完成后，如果在Cinema 4D的“图像查看器”中进行查看，会发现图片的边缘有“小点”，背景也不是透明的，而是黑色的。这是正常的，因为Cinema 4D不会像Photoshop那样显示透明信息，不过渲染输出的图片是包含透明背景的。

8.1.5 后期处理

01 在Photoshop中打开渲染完成的图片，以及配套的背景图片，如图8-53所示。将背景所在图层置于文字所在图层下方，如图8-54所示。

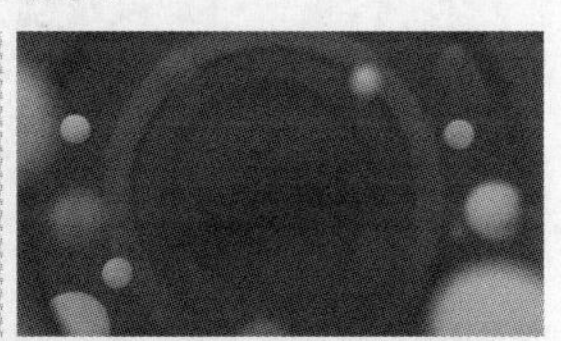

图 8-53

图 8-54

02 为背景所在图层添加“曲线”调整图层，如图8-55所示。使背景整体暗一些，如图8-56所示。

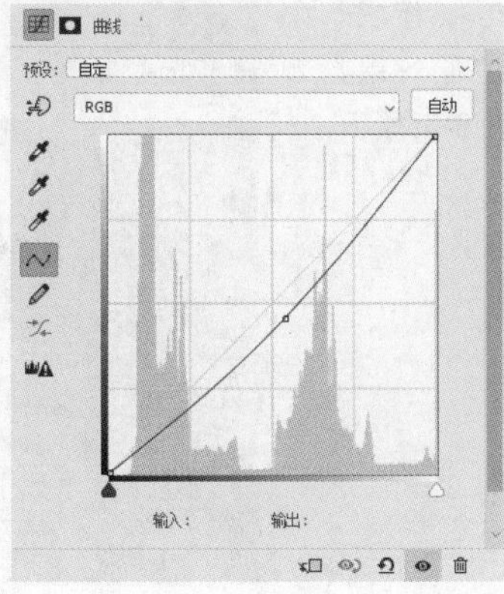

图 8-55

图 8-56

03 将粒子光斑图片置于顶层，并设置混合模式为“颜色减淡”，如图8-57所示。

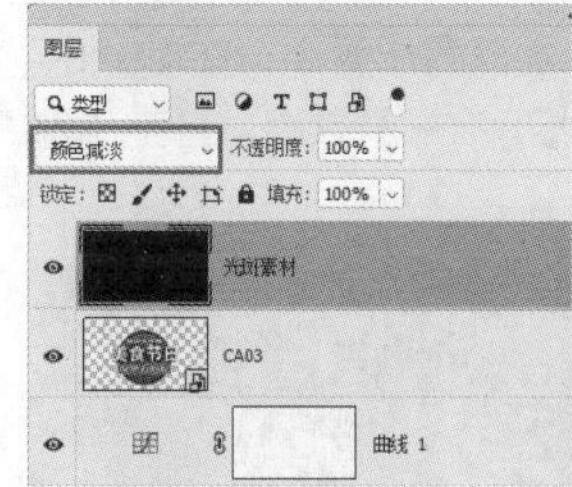

图 8-57

04 按快捷键Ctrl+Shift+Alt+E盖印可见图层，然后执行“滤镜>Camera Raw滤镜”菜单命令，在弹出的Camera Raw界面中调整画面的整体效果，参数设置如图8-58所示。最终效果如图8-59所示。

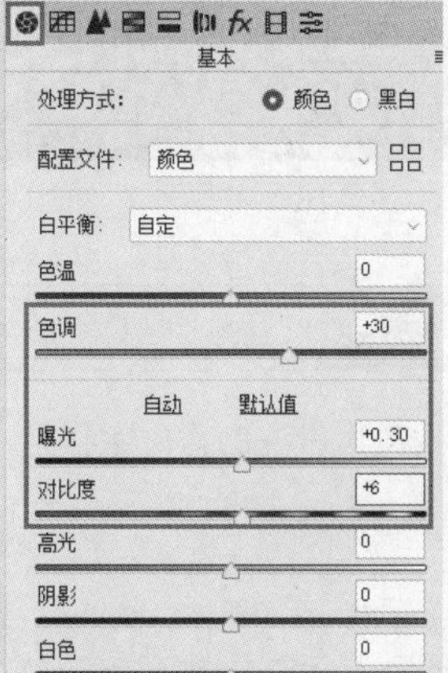

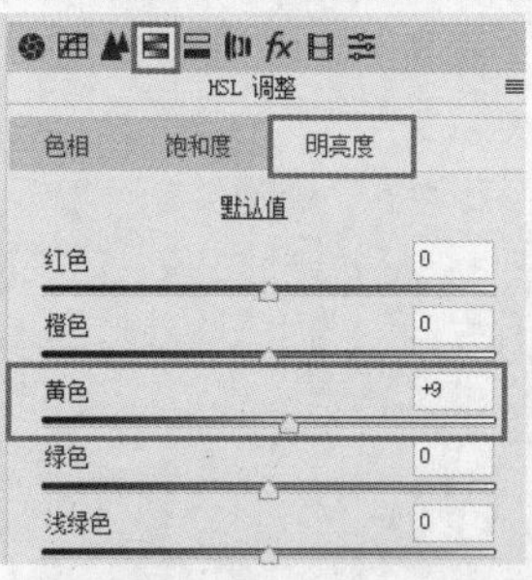

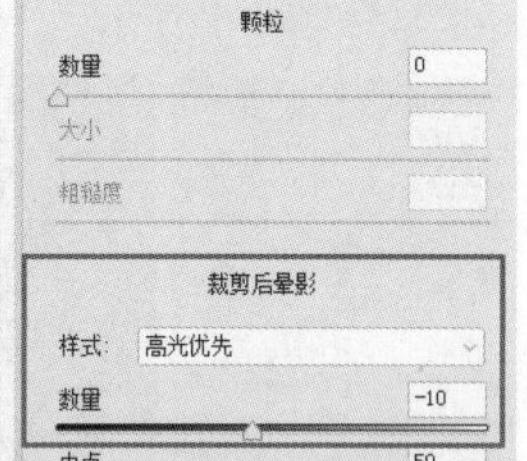

图 8-58

图 8-59

8.2 会员日海报

◇ 场景位置	场景文件 >CH08>01.c4d
◇ 实例位置	实例文件 >CH08> 会员日海报 .c4d
◇ 视频名称	会员日海报 .mp4
◇ 学习目标	掌握文字类海报的制作方法
◇ 操作重点	多边形建模综合应用

本实例的主体是文字，将其置于画面的视觉中心，使其突出，其他的模型为大小不一的点缀，且围绕着主体文字，如图8-60所示。

图 8-60

8.2.1 模型制作

创建以文字为主的场景时通常先制作文字模型，然后制作周边的元素。

1.制作文字

01 使用“文本”工具创建一个文本样条，在“文本”输入框中输入“读者”，设置“字体”为“优设标题黑”，如图8-61所示。

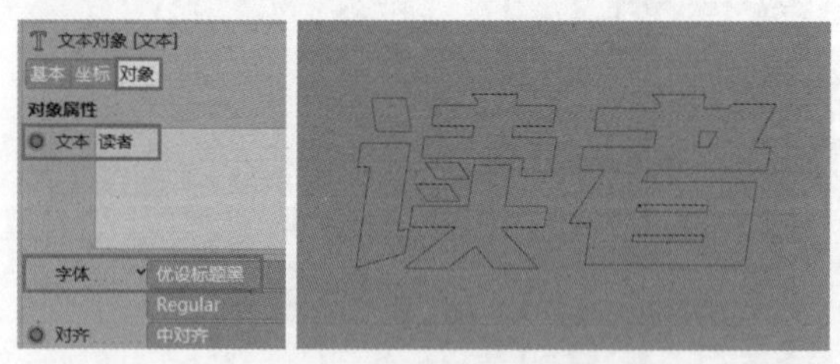

图 8-61

02 用同样的方法制作出“会员日”文本样条，将创建完成的文本上下排列，如图8-62所示。

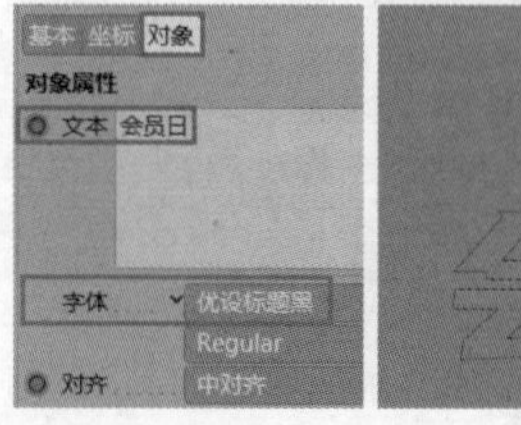

图 8-62

03 使用“挤压”生成器对样条进行挤压，生成文字模型，在“对象”选项卡中设置“偏移”为49cm，在“封盖”选项卡中设置“尺寸”为1.71cm，如图8-63所示。生成的模型效果如图8-64所示。

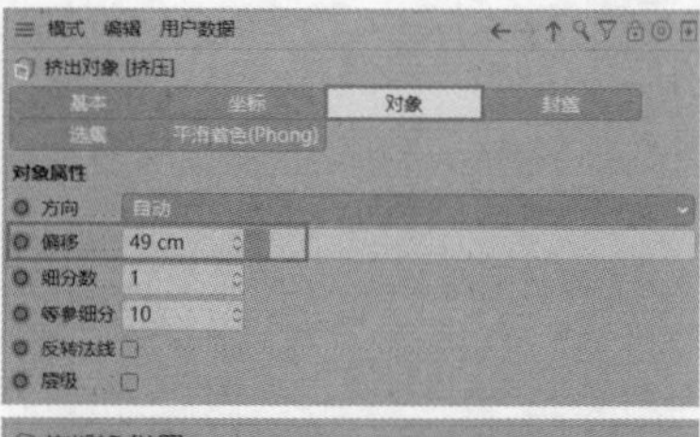

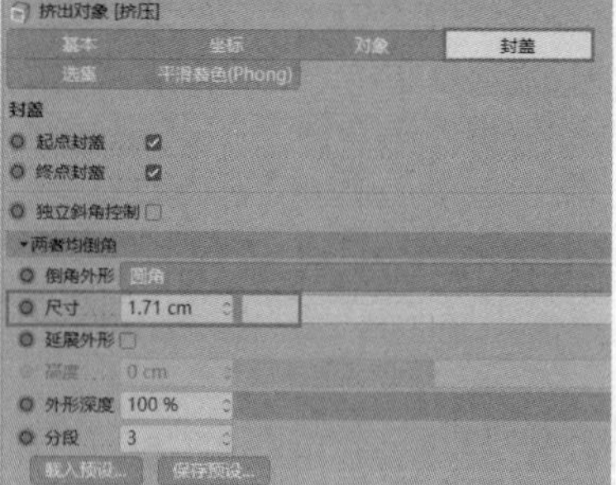

图 8-63

图 8-64

04 把完成的模型复制一份，并向后移动。在“封盖”选项卡中设置“尺寸”为7.63cm，勾选“外侧倒角”选项，这样就为模型制作了一个边框效果，如图8-65所示。

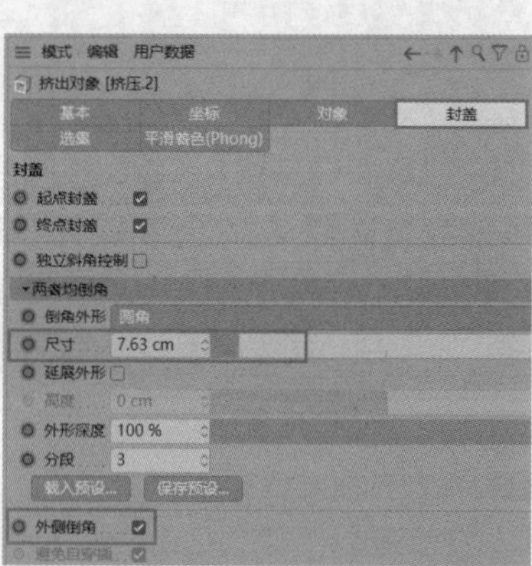

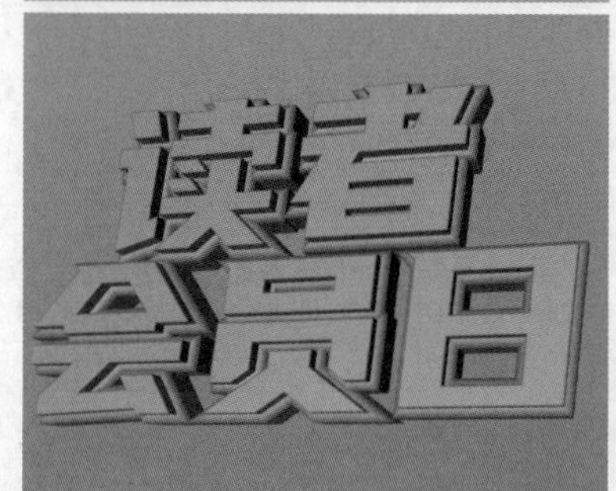

图 8-65

05 使用“矩形”工具创建一个矩形样条，设置“宽度”为192cm，“高度”为53cm，勾选“圆角”选项，并设置“半径”为26cm，如图8-66所示。

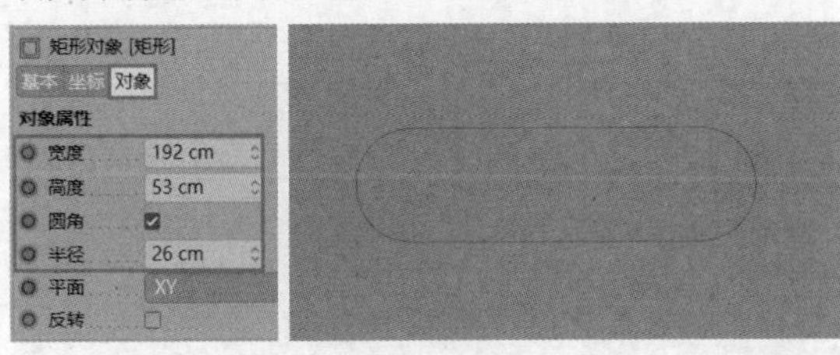

图 8-66

06 使用“挤压”生成器对矩形样条进行挤压，在“对象”选项卡中设置“偏移”为13.522cm，如图8-67所示。

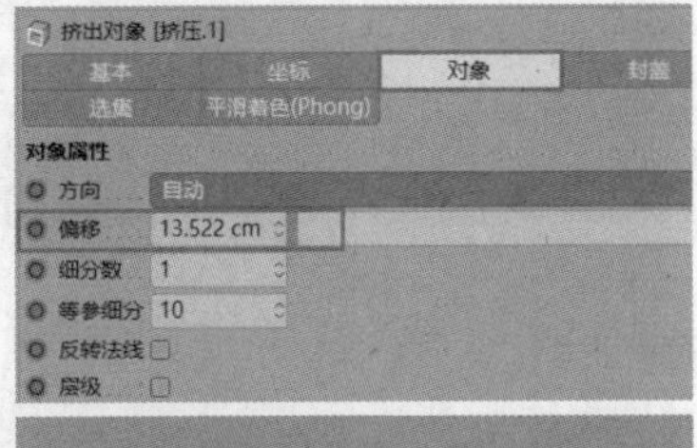

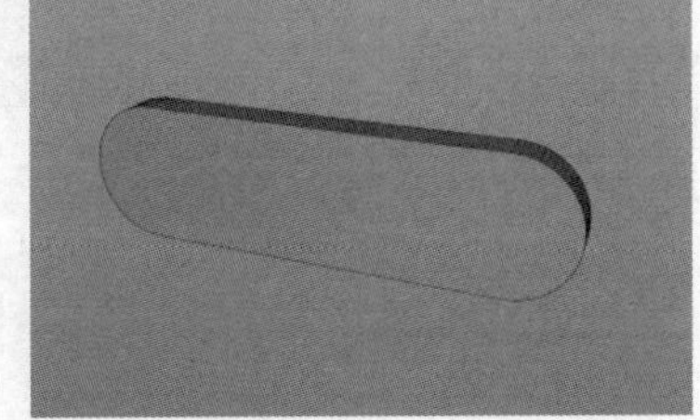

图 8-67

07 使用“矩形”工具创建一个矩形样条，设置“宽度”为5cm，“高度”为6cm，勾选“圆角”选项，并设置“半径”为0.5cm，如图8-68所示。截面样条与路径样条的位置示意如图8-69所示。

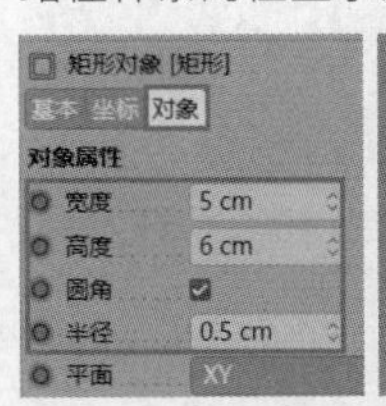

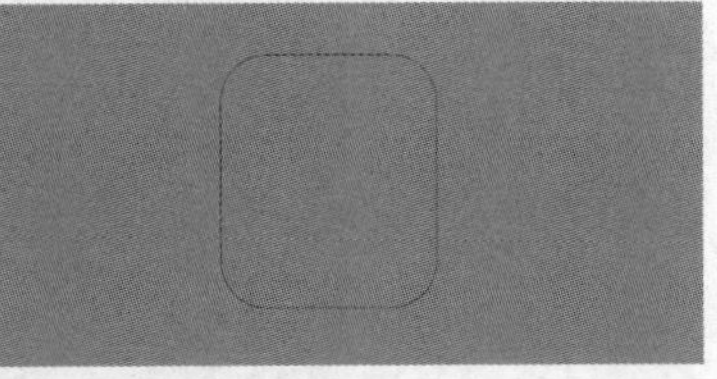

图 8-68

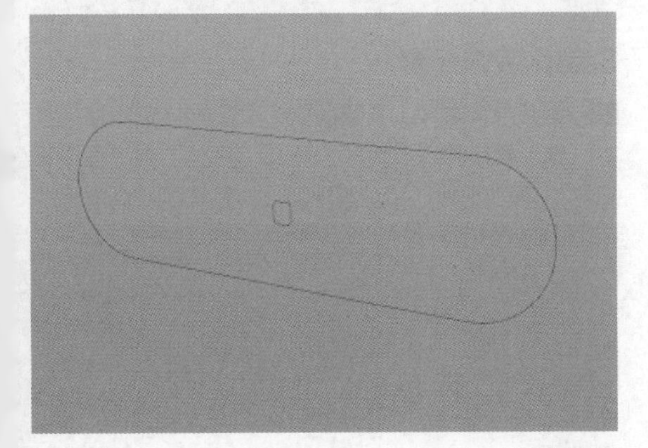

图 8-69

08 为两个矩形样条添加“扫描”生成器，截面在上，路径在下，如图8-70所示。

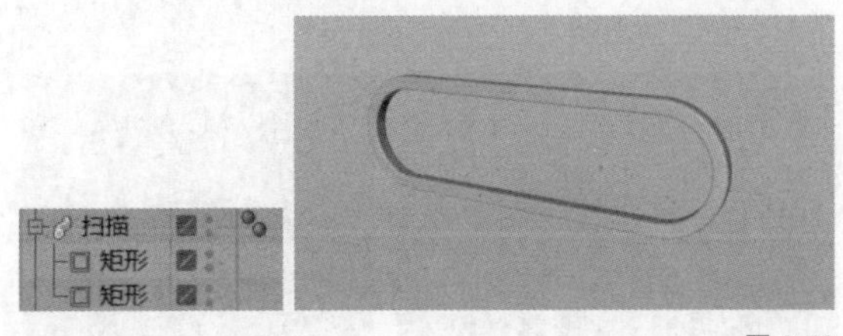

图 8-70

09 使用“文本”工具创建一个文本样条，在“文本”输入框中输入“人民邮电”，设置“字体”为“思源黑体 CN Medium”，“高度”为37.546cm，“水平间隔”为1.937cm，如图8-71所示。

图 8-71

10 为文本样条添加“挤压”生成器，在“对象”选项卡中设置“偏移”为3.755cm，在“封盖”选项卡中设置“尺寸”为0.563cm，如图8-72所示。完成“人民邮电”文字模型的制作，效果如图8-73所示。

图 8-72

图 8-73

11 将“人民邮电”模型与背景模型组合，如图8-74所示。然后将此组合模型移至“读者会员日”模型的上方，如图8-75所示。

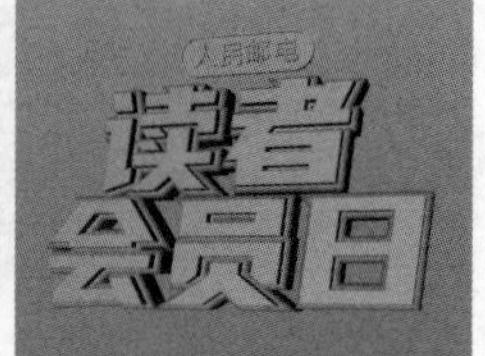

图8-74　　图8-75

2.制作背景框

01 使用“矩形”工具创建一个矩形样条，设置“宽度”为345cm，“高度”为345cm，勾选“圆角”选项，并设置“半径”为34cm。接下来创建作为截面的矩形样条，设置“宽度”为40cm，“高度”为40cm，勾选“圆角”选项，并设置“半径”为5cm，如图8-76所示。截面样条与路径样条的位置示意如图8-77所示。

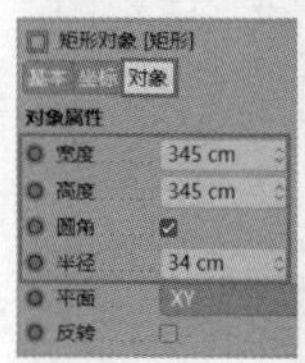

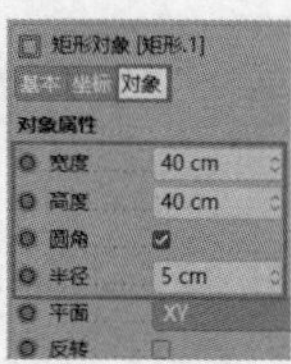

图8-76

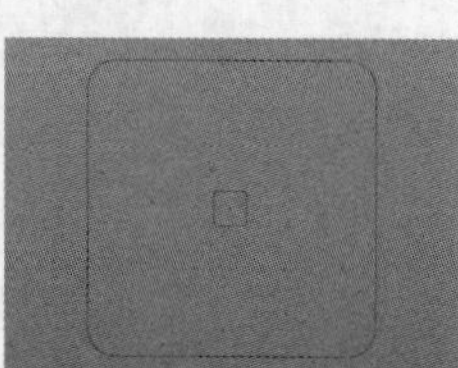

图8-77

02 为两个矩形添加“扫描”生成器，截面在上，路径在下，如图8-78所示。

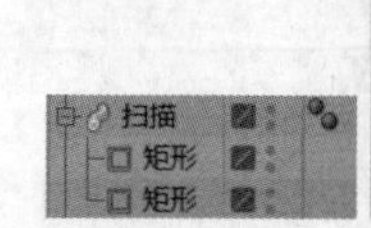

图8-78

03 复制“扫描”模型，设置截面样条的“宽度”为50cm，“高度”为27cm，勾选“圆角”选项，并设置“半径”为3cm，完成两个扫描模型的组合，如图8-79所示。

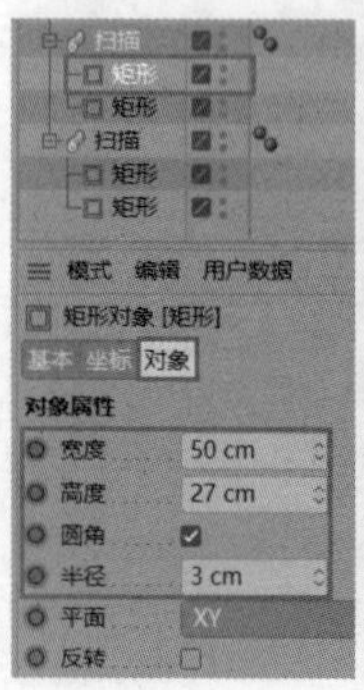

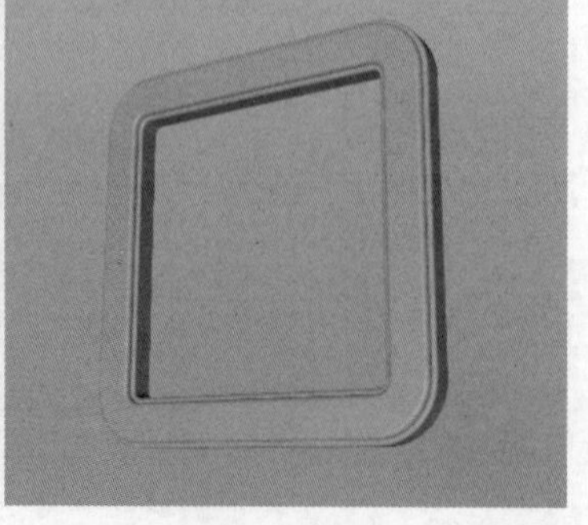

图8-79

04 复制“扫描”模型，设置截面样条的“宽度”为22cm，“高度”为46cm，勾选“圆角”选项，并设置“半径”为2cm，这样便完成了中间的模型，如图8-80所示。

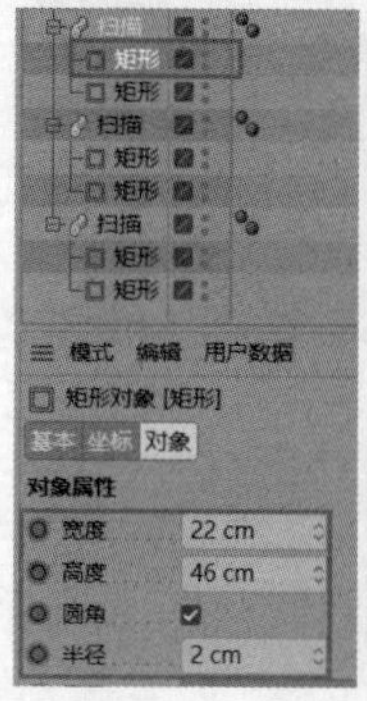

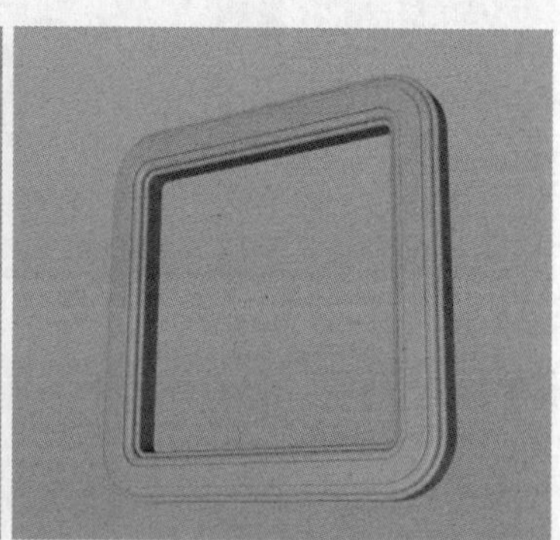

图8-80

05 设置“R.B”为45°，将模型旋转，如图8-81所示。将背景框与文字组合，得到的效果如图8-82所示。

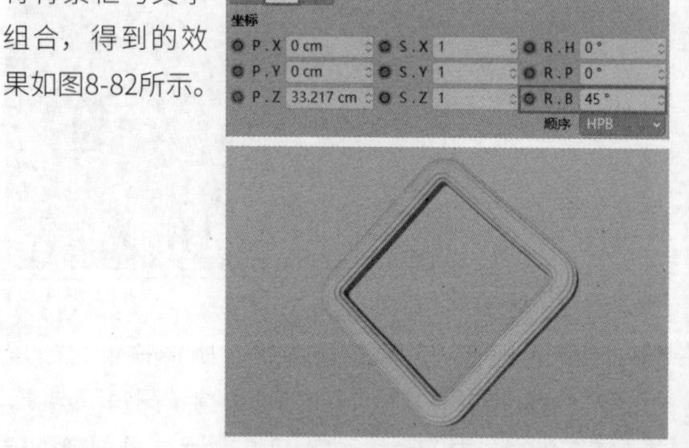

图8-81

图8-82

3.制作装饰元素

01 使用“文本”工具创建一个文本样条，在“文本”输入框中输入“VIP”，设置“字体”为“优设标题黑”，如图8-83所示，“高度”保持默认即可。

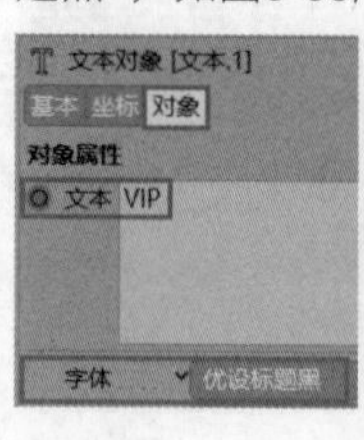

图8-83

02 使用“挤压”生成器对文本样条进行挤压，在“对象”选项卡中设置“偏移”为18cm，在“封盖”选项卡中设置“尺寸”为1.5cm，如图8-84所示。完成模型的制作，如图8-85所示。

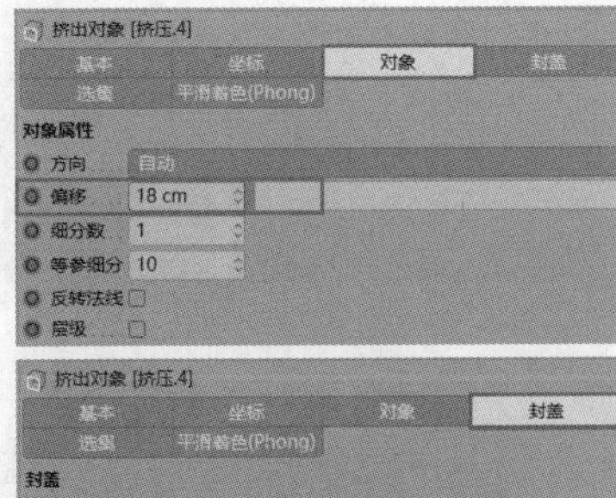

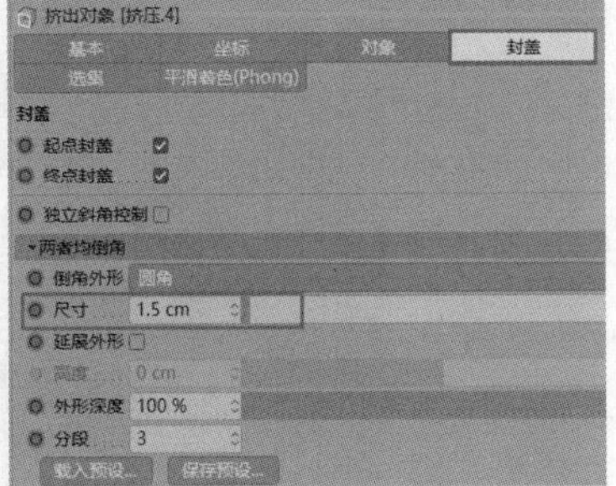

图 8-84

图 8-85

03 使用“立方体”工具创建一个立方体模型，设置“尺寸.X”为262cm，“尺寸.Y”为106cm，“尺寸.Z”为15cm，勾选“圆角”选项，并设置“圆角半径”为1cm，“圆角细分”为3，将文字模型与立方体模型组合，如图8-86所示。

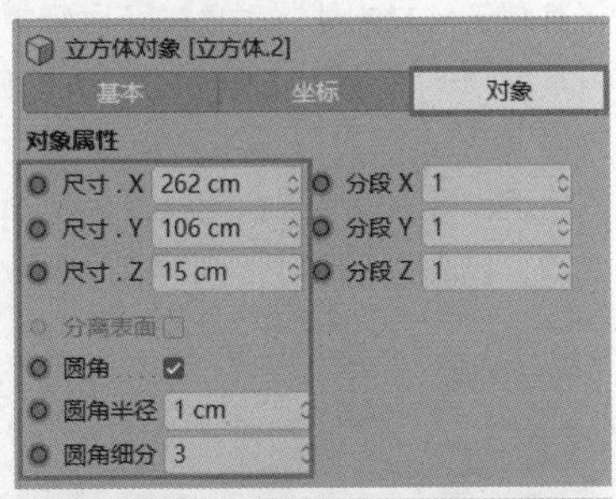

图 8-86

04 将VIP模型加入整体的模型中，然后将其置于画面的左上方，如图8-87所示。

图 8-87

05 导入热气球和火箭的模型，如图8-88所示。将它们分别置于文字的左上方和右上方，如图8-89所示。

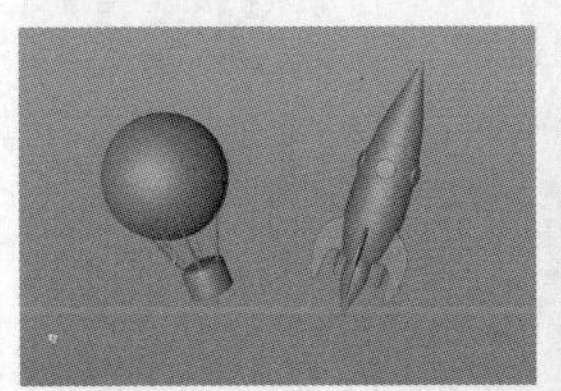

图 8-88

图 8-89

06 使用“圆环面”工具创建一个圆环面模型，设置“圆环半径”为373cm，“圆环分段”为80，“导管半径”为2.7cm，“导管分段”为80，将圆环模型放置到文字模型的下方，如图8-90所示。

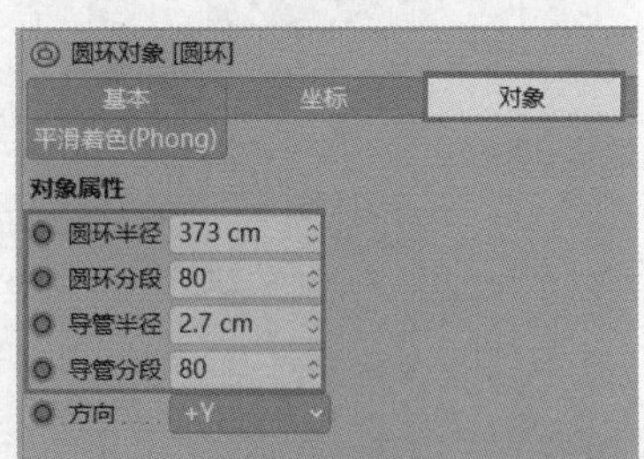

图 8-90

07 使用“球体”工具创建一个球体模型，然后复制多个球体模型并修改它们的大小，接着按照不同的远近关系排列到画面中，如图8-91所示。

图 8-91

08 使用“弧线”工具创建一个弧线样条，设置“类型”为“圆弧”，“半径”为339cm，“开始角度”为-26°，“结束角度”为90°；接着使用“圆环”工具创建一个圆环样条，在“对象”选项卡中设置“半径”为20cm，如图8-92和图8-93所示。

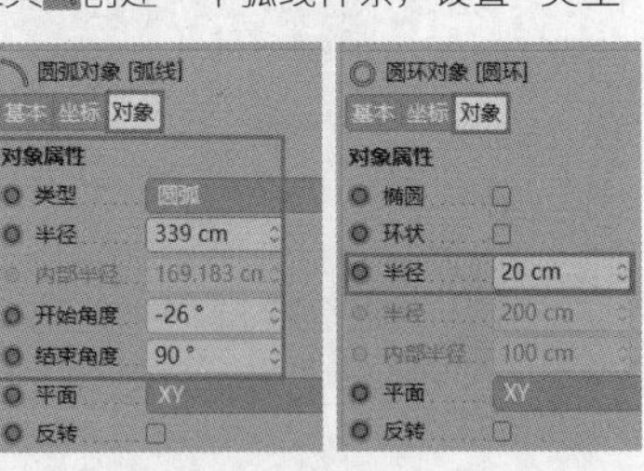

图 8-92

图 8-93

09 为“圆环”和“弧线”对象添加“扫描”生成器，“圆环”对象在上方，“弧线”对象在下方，如图8-94所示。在“封盖”选项卡中设置“尺寸”为45.64cm，“分段”为12，如图8-95所示。

图 8-94

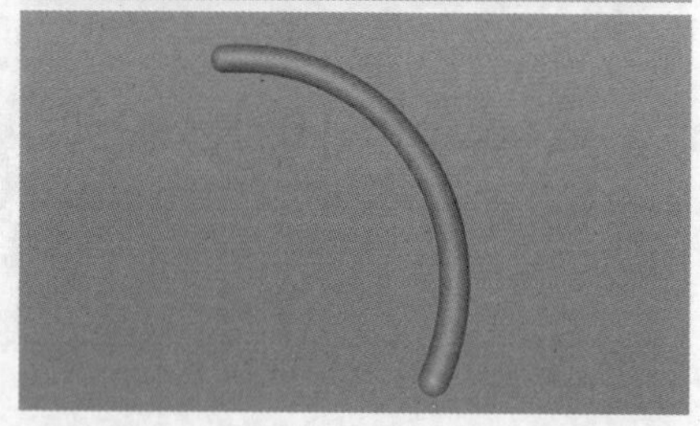
图 8-95

10 选择“对象”选项卡，在“细节”选项中调整“缩放”曲线，把曲线的右端向下移动，这样曲线末端就变小了，如图8-96所示。用同样的方法制作出多个这样的元素，并组合到画面中，如图8-97所示。

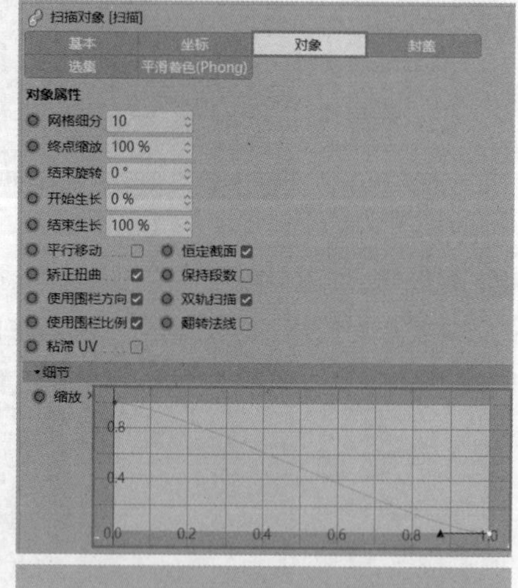

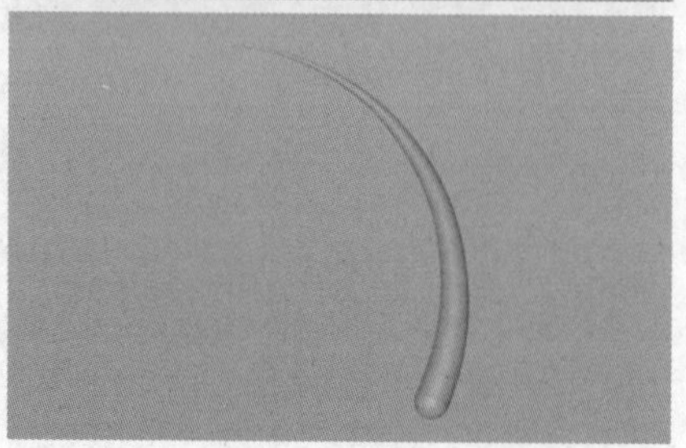
图 8-96

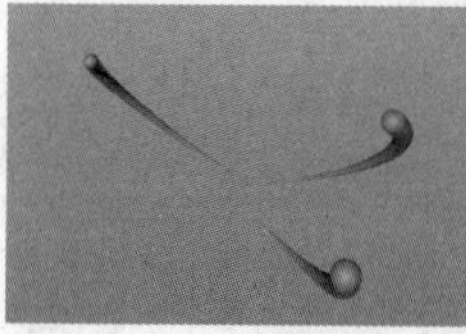

图 8-97

11 使用“立方体”工具创建一个“尺寸.X”“尺寸.Y”“尺寸.Z”均为110cm，“分段X”“分段Y”“分段Z”都为3的立方体模型，如图8-98所示。

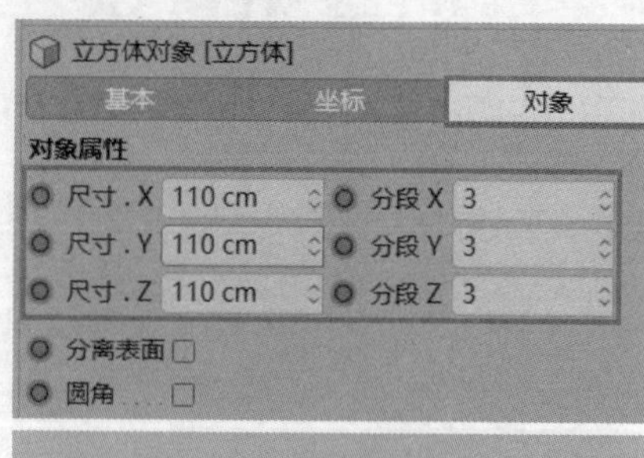

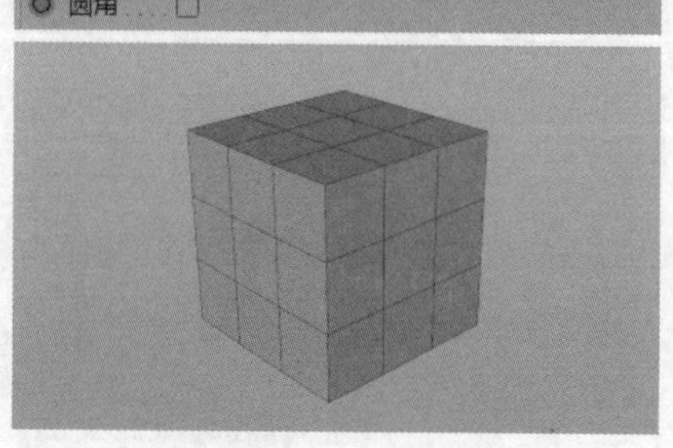
图 8-98

12 使用“爆炸”工具创建一个爆炸变形器，然后将其置于“立方体”对象的子层级中，如图8-99所示。设置爆炸的“强度”为47%，“速度”为55cm，这样立方体就变成了碎片，如图8-100所示。将碎片放到模型的后面，得到的效果如图8-101所示。

图 8-99

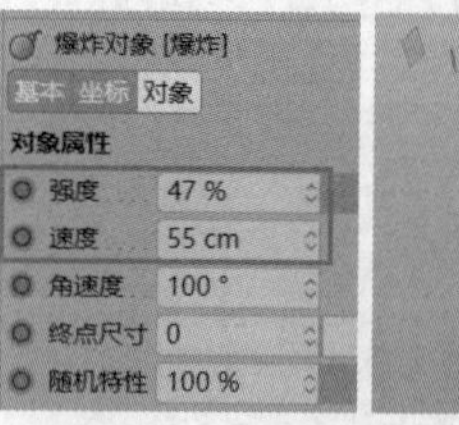

图 8-100

图 8-101

8.2.2 摄像机与灯光创建

01 使用“摄像机”工具为场景添加摄像机，然后进入摄像机视图，使文字处于画面的视觉中心，如图8-102所示。

图 8-102

疑难解答 **调整好的摄像机如何固定?**

在“摄像机”对象上单击鼠标右键，在弹出的菜单中执行“装配标签>保护”命令，可以固定摄像机以固定构图，使摄像机不被移动，如图8-103所示。

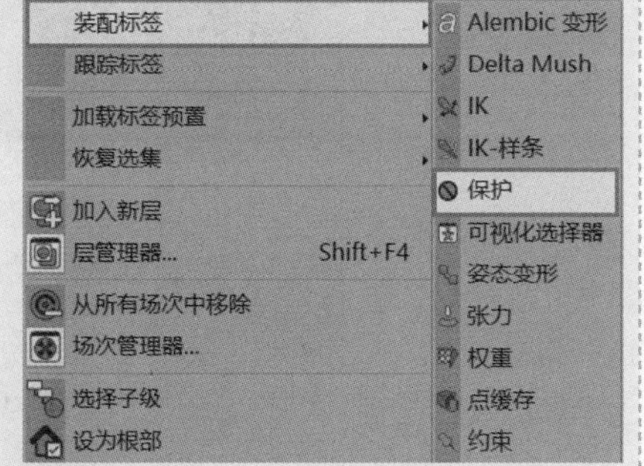

图 8-103

02 使用“目标聚光灯”工具创建一个目标聚光灯，在“常规”选项卡中设置“类型”为“区域光”，“投影”为“区域”，如图8-104所示。灯光大小与位置如图8-105所示。

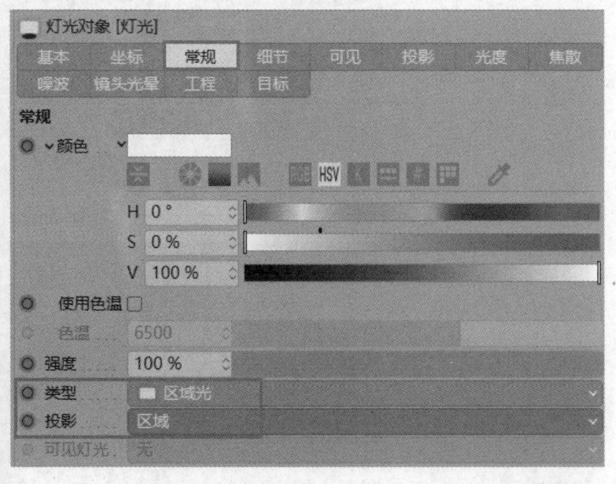

图 8-104

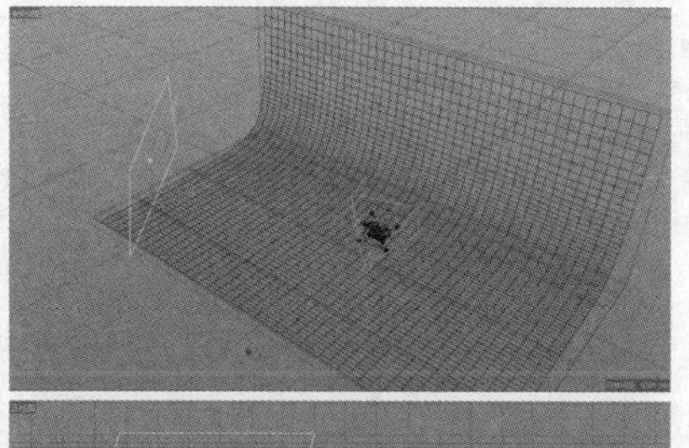

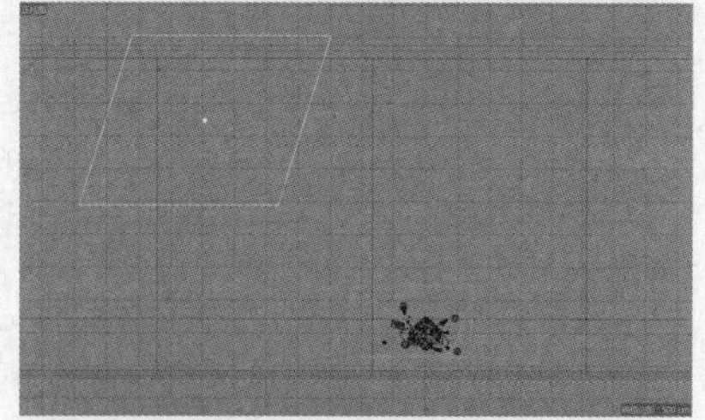

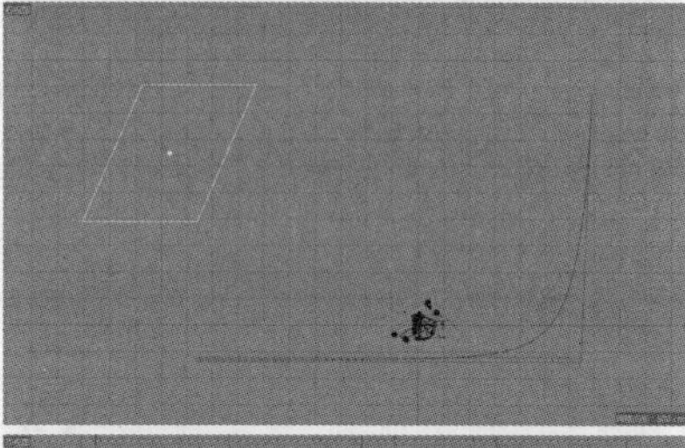

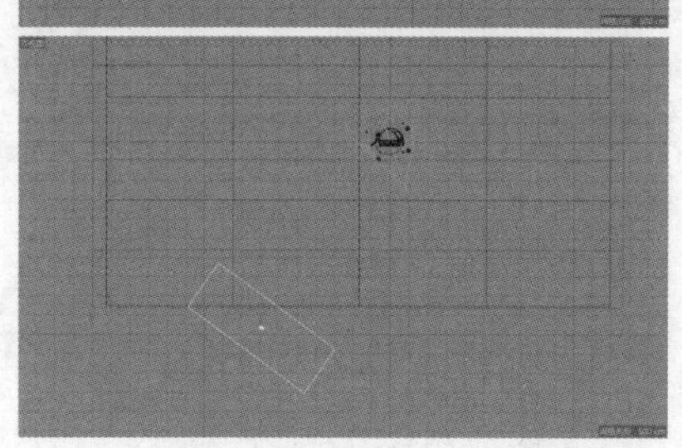

图 8-105

03 使用“天空”工具创建一个天空环境，为场景添加“全局光照”效果，参数设置如图8-106所示。创建一个默认材质，仅勾选“发光”通道，然后在“纹理”选项中加入HDR贴图，如图8-107所示。

图 8-106

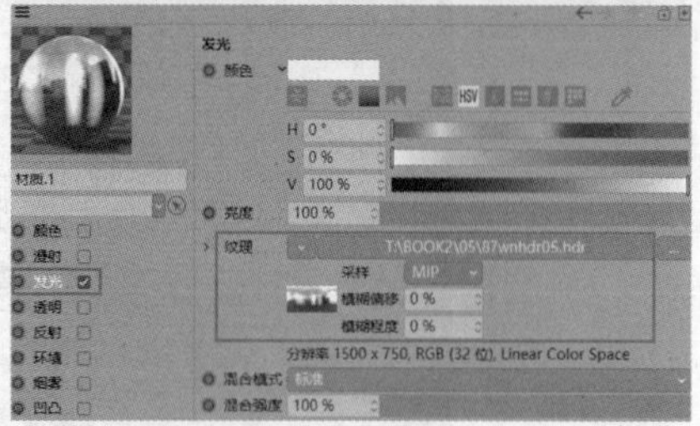

图 8-107

04 将材质赋予天空，渲染后得到的白模效果如图8-108所示。

图 8-108

8.2.3 材质制作

01 创建一个默认材质，设置“颜色”为紫色，将材质赋予背景，如图8-109所示。

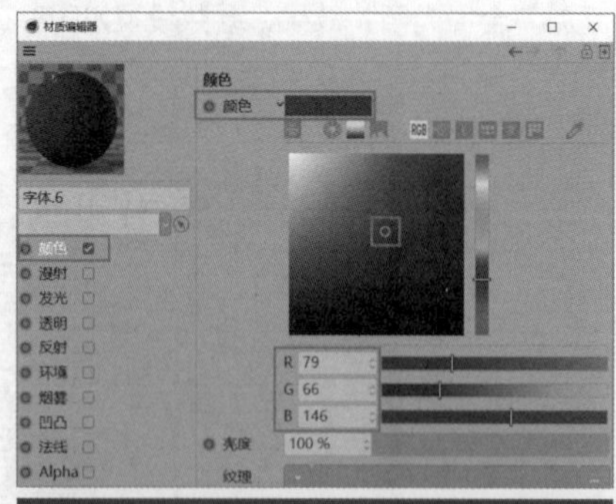

图 8-109

02 创建一个默认材质，设置“颜色”为黄色，勾选“反射”通道，设置“类型”为GGX，“层 1”强度为10%，“粗糙度”为0%，如图8-110所示。将材质赋予文字模型的正面，渲染效果如图8-111所示。

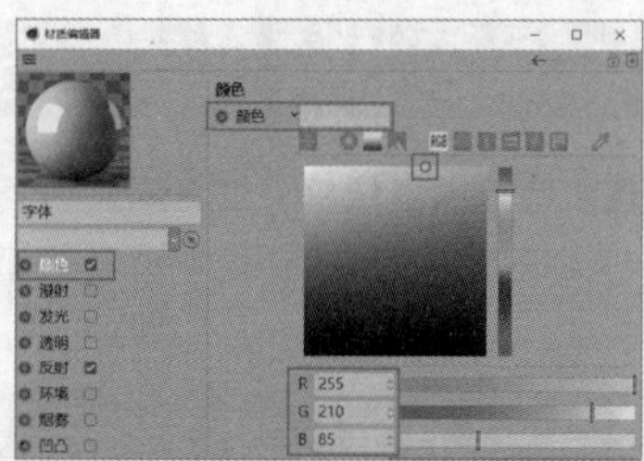
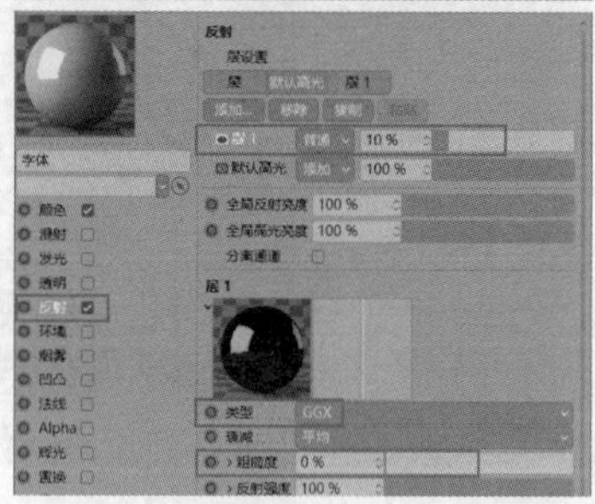

图 8-110

图 8-111

03 创建一个默认材质，设置“颜色”为粉紫色，其他参数的设置与上一步一致，如图8-112所示。将材质赋予文字模型的侧面，渲染效果如图8-113所示。

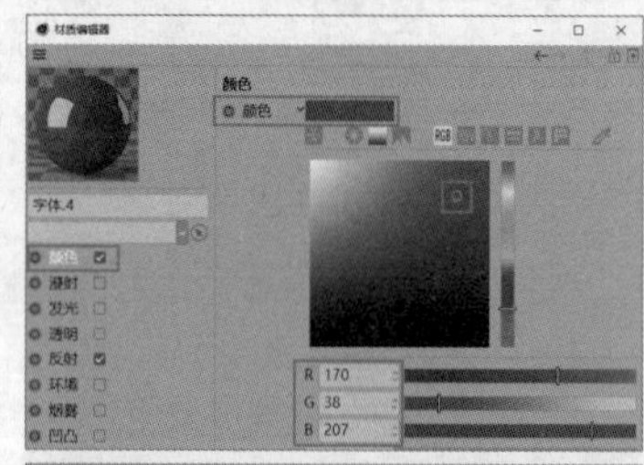
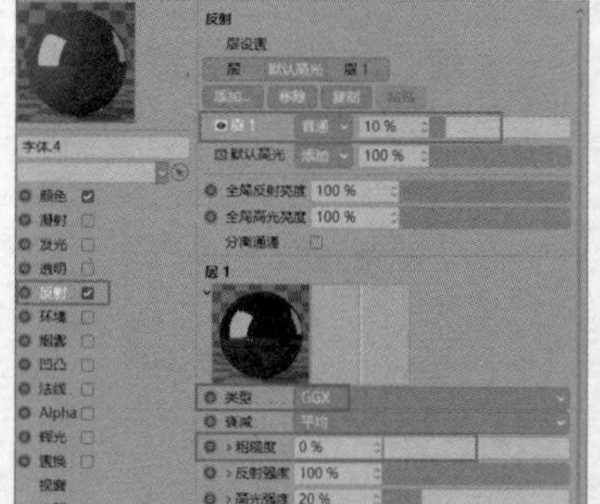

图 8-112

图 8-113

04 创建一个默认材质，设置“颜色”为深紫色，勾选“反射”通道，设置“类型”为GGX，“层1”强度为10%，“粗糙度”为19%，如图8-114所示。将材质赋予一些装饰元素，渲染效果如图8-115所示。

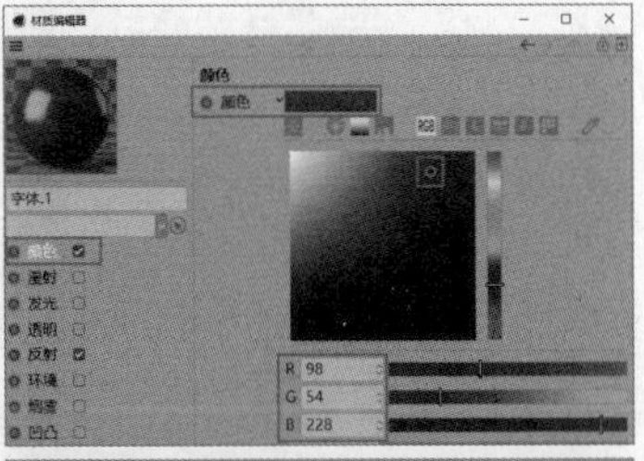

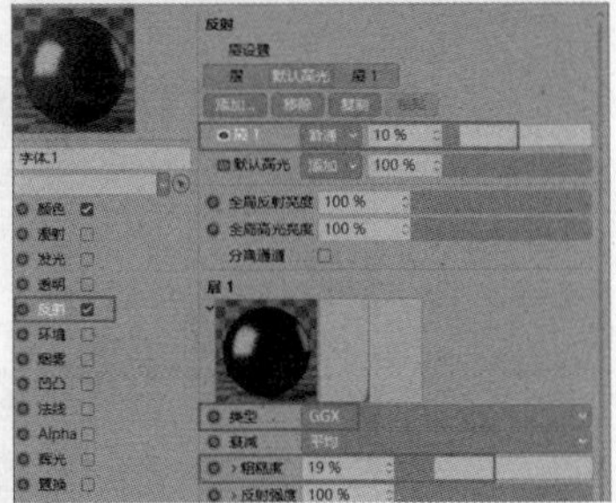

图 8-114

图 8-115

05 创建一个默认材质，设置“纹理”为“平铺”。在纹理中设置“填塞颜色”“平铺颜色”及其他参数，如图8-116所示。勾选“反射”通道，设置“类型”为GGX，“层1”强度为10%，“粗糙度”为0%，如图8-117所示。

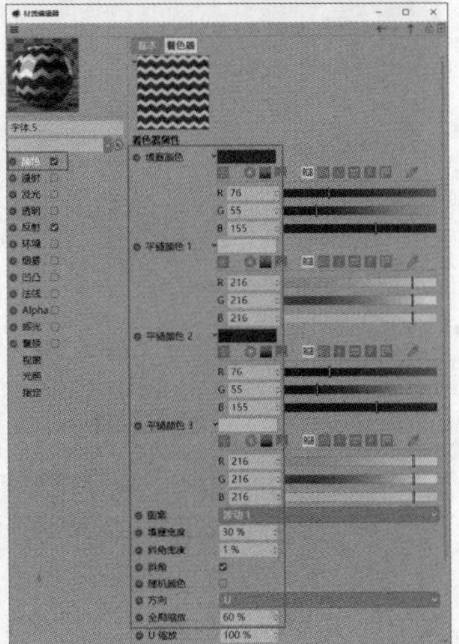

图 8-116

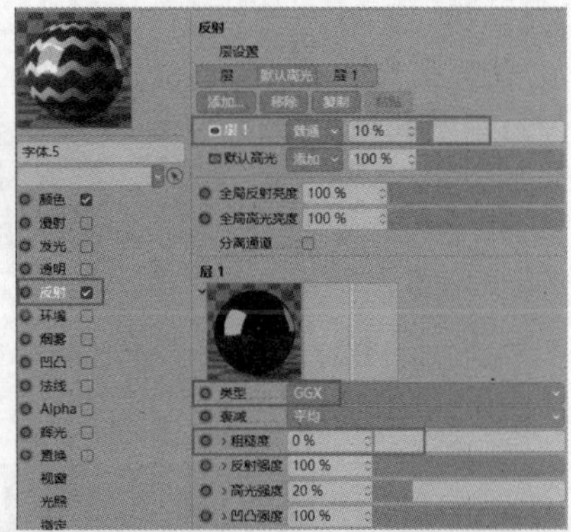

图 8-117

06 复制上一步制作的材质，然后按照图8-118所示参数进行设置。将材质赋予小球模型，渲染得到的效果如图8-119所示。

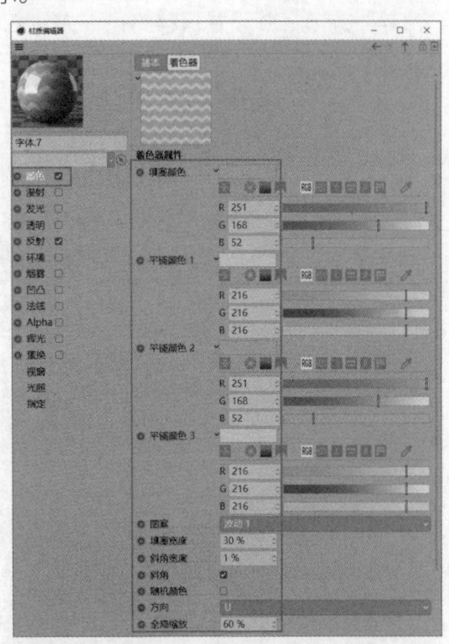

图 8-118

图 8-119

07 创建一个默认材质，设置“颜色”为黄色，调整一下字体模型的颜色及部分元素的位置，效果如图8-120所示。

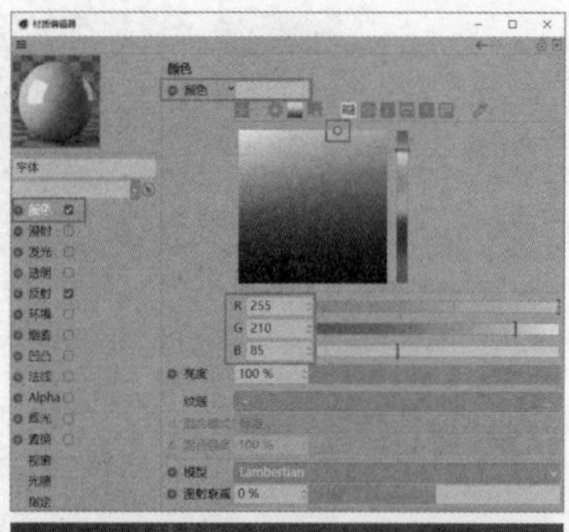

图 8-120

8.2.4 渲染输出

01 打开“渲染设置”面板，在“输出”选项中设置“宽度”为1600像素，“高度”为900像素，然后勾选“保存”选项，并设置保存路径、文件名称与格式，如图8-121所示。

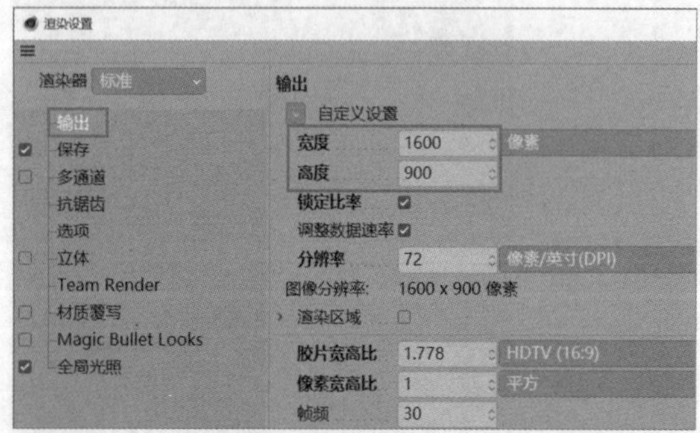

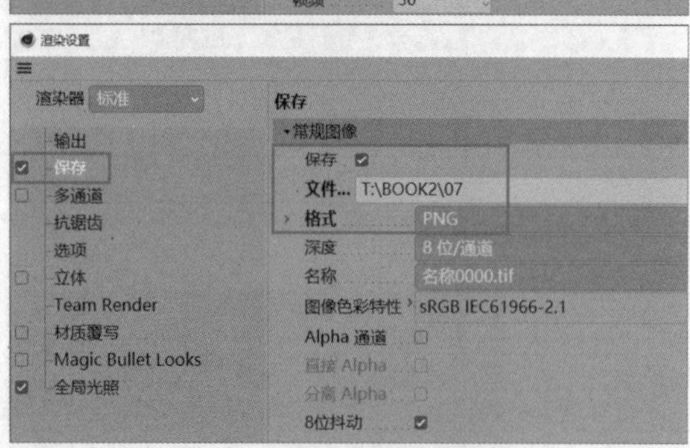

图 8-121

02 设置“抗锯齿”为“最佳”，“最小级别”为1×1，“最大级别”为4×4，如图8-122所示。渲染完成的效果如图8-123所示。

图 8-122

图 8-123

8.2.5 后期处理

01 将渲染完成的图片导入Photoshop中，执行“滤镜>Camera Raw滤镜”菜单命令，在“基本”面板中设置“色温”为-8，“曝光”为+0.10，“对比度”为+14，“白色”为+10，“黑色”为-9，“清晰度”为+6，如图8-124所示。

02 在“细节”面板中设置“锐化”的“数量”为40、“半径”为0.6，如图8-125所示。

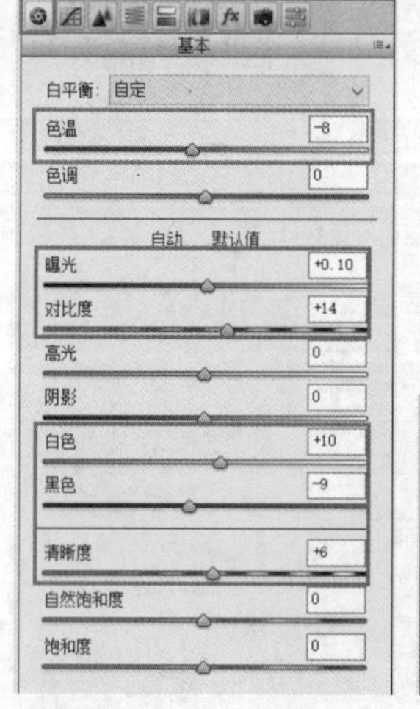

图 8-124

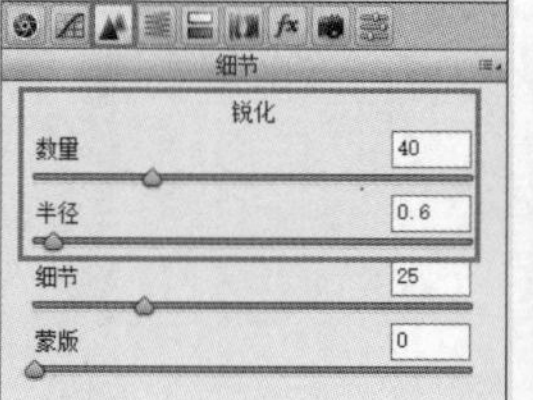

图 8-125

03 选择“HSL/灰度”面板，然后在“色相”选项卡中设置“橙色”为-18，“蓝色”为+9；在“饱和度”选项卡中设置“橙色”为+5，“紫色”为+18；在“明亮度”选项卡中设置“黄色”为+8，“蓝色”为-10，“紫色”为+8，如图8-126所示。

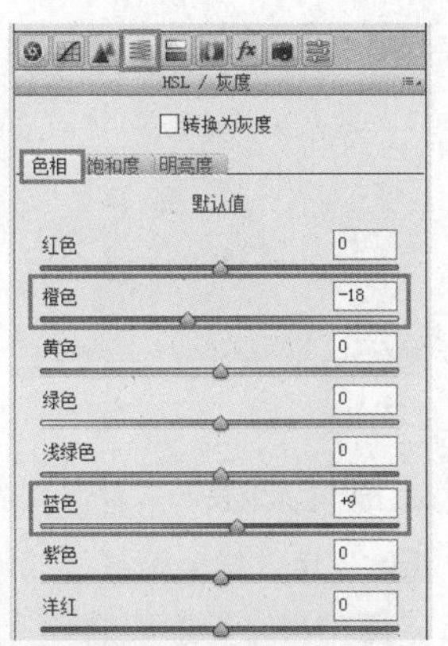

图 8-126

04 在“效果”面板中设置“裁剪后晕影”的“数量”为-12，“中点”为51，如图8-127所示。调整后黄色变得更黄，紫色变得更紫，画面也更加清晰了，最终效果如图8-128所示。

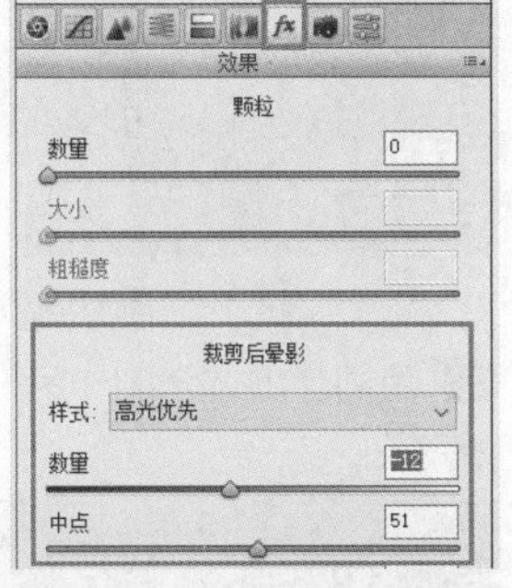

图 8-127

图 8-128

技巧提示 在以文字为主的海报中，文字的可识别性很重要。本实例将文字分为了正面与侧面，两面的颜色是不同的，这是十分常见的文字表现方法。

8.3 折扣优惠海报

◇ 场景位置	场景文件 >CH08>02.c4d
◇ 实例位置	实例文件 >CH08> 折扣优惠海报 .c4d
◇ 视频名称	折扣优惠海报 .mp4
◇ 学习目标	掌握礼盒、彩条和优惠券的制作方法
◇ 操作重点	多边形建模综合应用

本实例制作以折扣优惠为主的宣传海报，此类海报中常见的元素有礼盒、优惠券、彩条、气球和镂空板等，如图8-129所示。

图 8-129

8.3.1 模型制作

本实例由礼盒模型、优惠券模型、气球模型和背景模型等组成，可以先制作礼盒模型，然后制作其周边的模型。

1.制作礼盒

01 使用“立方体”工具创建一个默认大小的立方体模型，如图8-130所示。按C键将模型转换为可编辑对象，然后在面模式中选择立方体模型的顶面，如图8-131所示。

图 8-130

图 8-131

02 按住Ctrl键并单击“缩放”工具向内挤压所选的面，如图8-132所示。然后按住Ctrl键并向下拖曳选中的面至礼盒的底部，如图8-133所示。

图 8-132

图 8-133

03 选择“倒角”工具，然后将“倒角”对象置于“立方体”对象的子层级中。勾选“使用角度”“平滑着色断开圆角”“平滑着色断开斜接”选项，设置“倒角模式”为“倒角”，“偏移模式”为“固定距离”，“偏移”为2cm，“细分”为2，如图8-134所示。

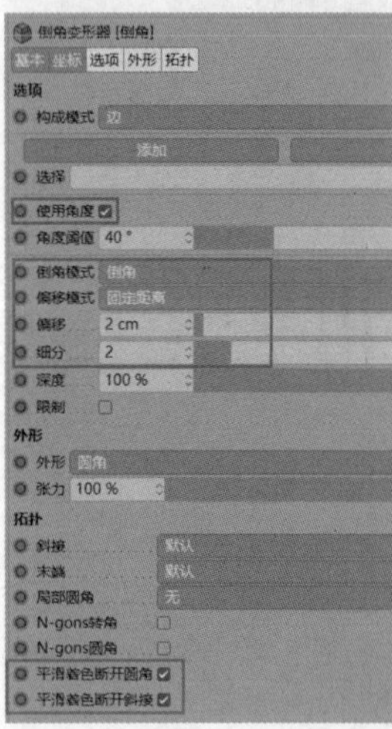

图 8-134

04 复制完成的模型，如图8-135所示。选择模型上面的点并向下拖曳，制作礼盒的盖子，然后调整礼盒盖子的位置，将其置于礼盒的斜后方，如图8-136所示。

图 8-135

图 8-136

2.制作彩条

01 使用“样条画笔”工具绘制出彩条的路径，如图8-137所示。

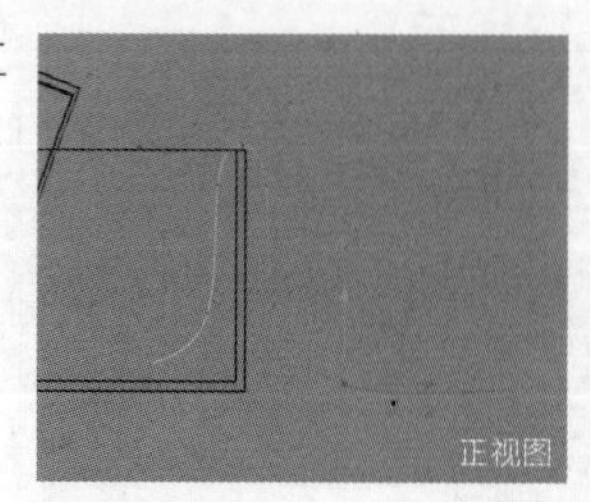

图 8-137

02 使用“矩形”工具创建一个矩形样条，参数设置如图8-138所示。为两个样条添加“扫描”生成器，截面在上，路径在下，如图8-139所示。

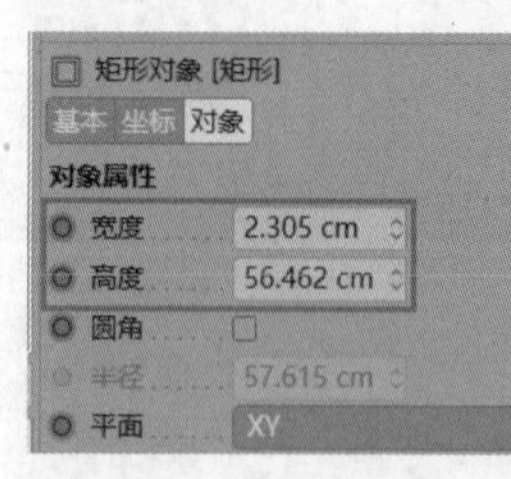

图 8-138

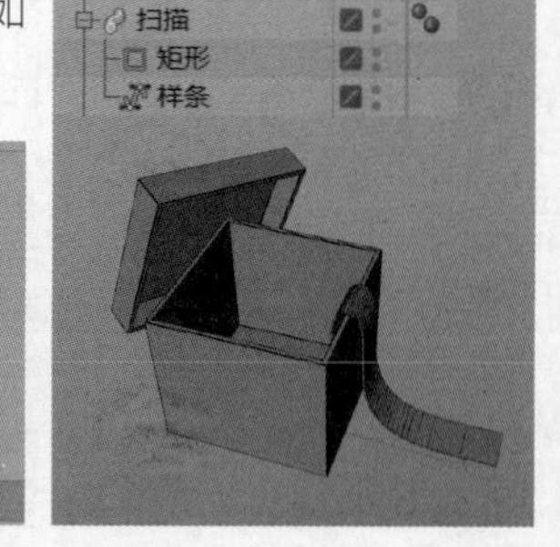

图 8-139

03 用同样的方法制作另一个彩条模型，如图8-140所示。

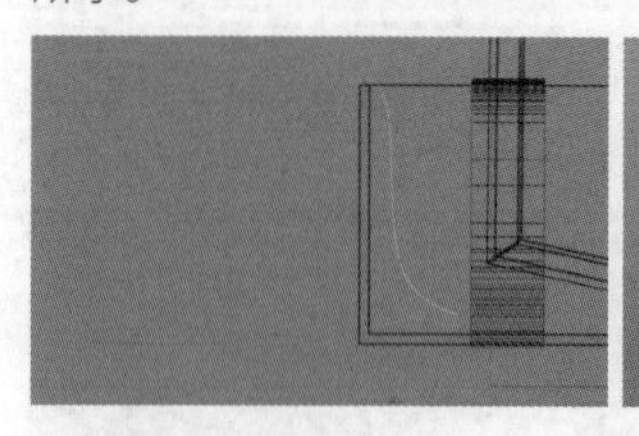

图 8-140

3.制作地面与背景

01 使用“矩形”工具创建一个矩形样条，如图8-141所示。

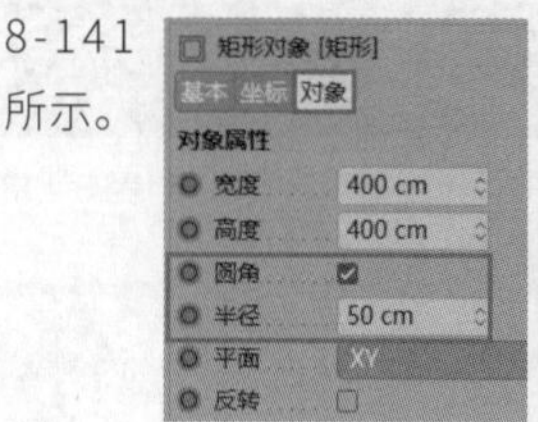

图 8-141

02 为矩形样条添加“挤压”生成器，参数设置如图8-142所示。效果如图8-143所示。

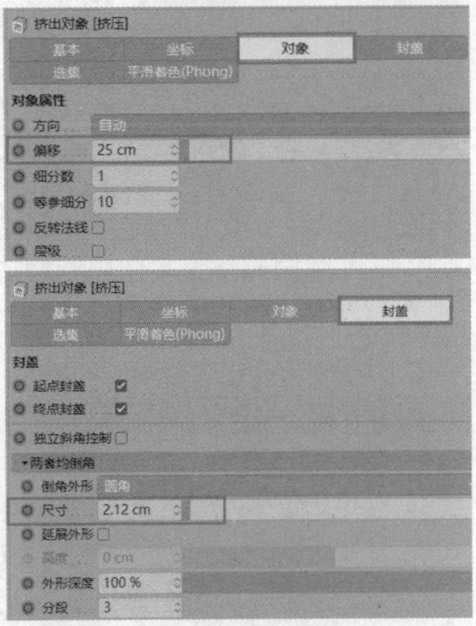

图8-142

图8-143

03 将模型旋转90°，并将其置于礼盒的底部，如图8-144所示。

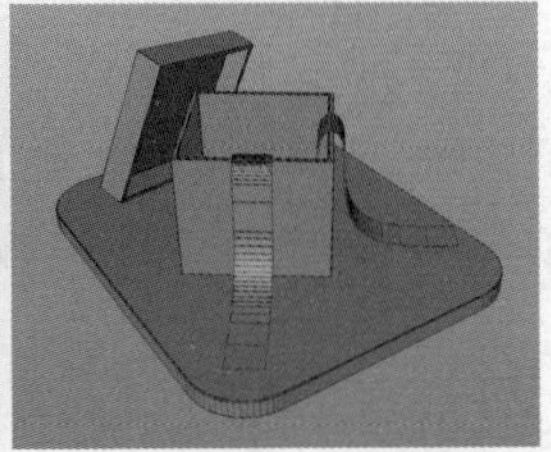

图8-144

04 使用“平面”工具创建一个平面模型，如图8-145所示。复制平面模型并旋转90°，然后将其置于礼盒的后方作为背景墙，如图8-146所示。

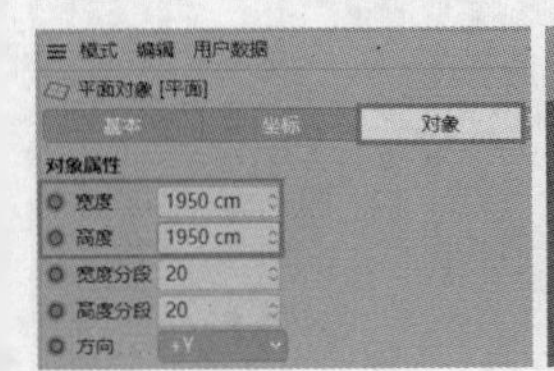

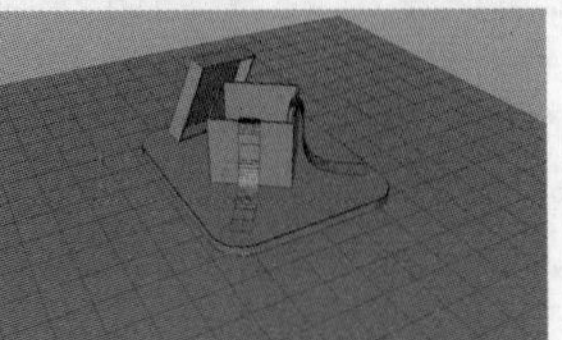

图8-145

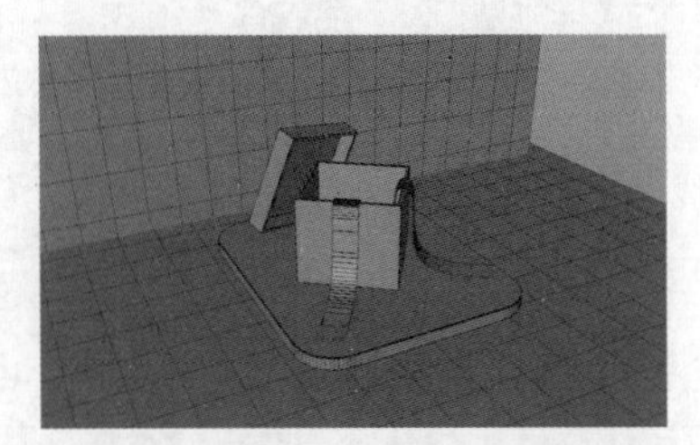

图8-146

05 用同样的方法制作出礼盒右侧的背景墙，如图8-147所示。

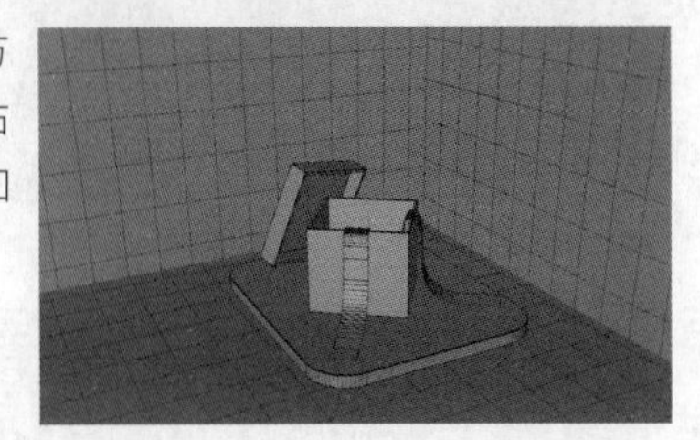

图8-147

4.制作墙面装饰

01 使用“样条画笔”工具绘制出图8-148所示的路径，然后为其添加“挤压”生成器，参数设置如图8-149所示。挤压后的效果如图8-150所示。

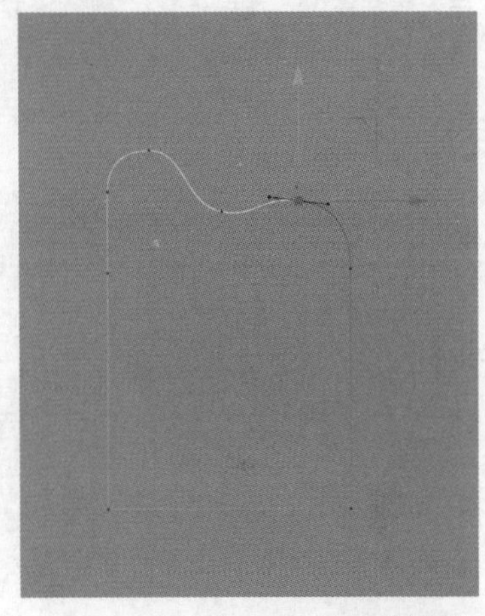

图8-148

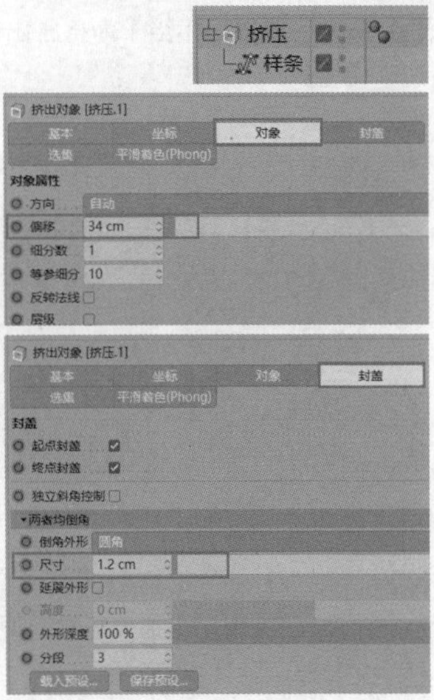

图8-149

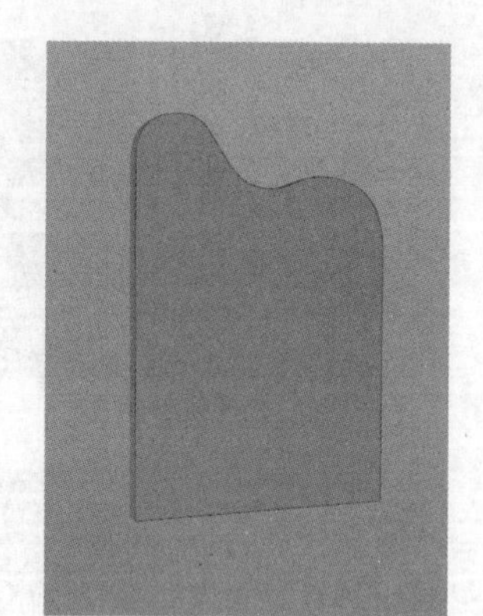

图 8-150

02 使用“矩形”工具创建一个矩形样条，参数设置如图8-151所示。为刚绘制的两个样条添加“扫描”生成器，如图8-152所示。扫描完成的模型如图8-153所示。

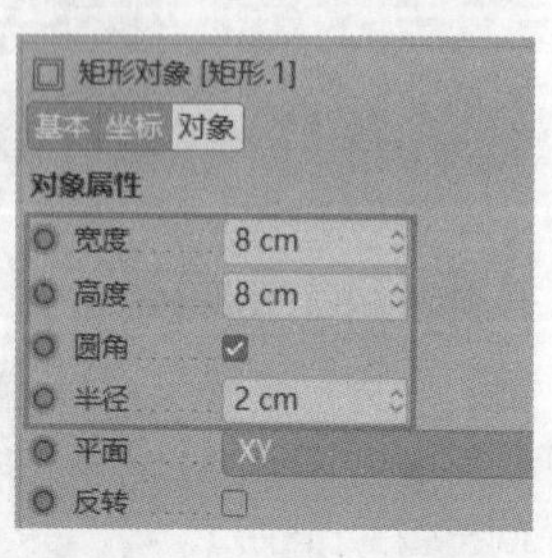

图 8-151

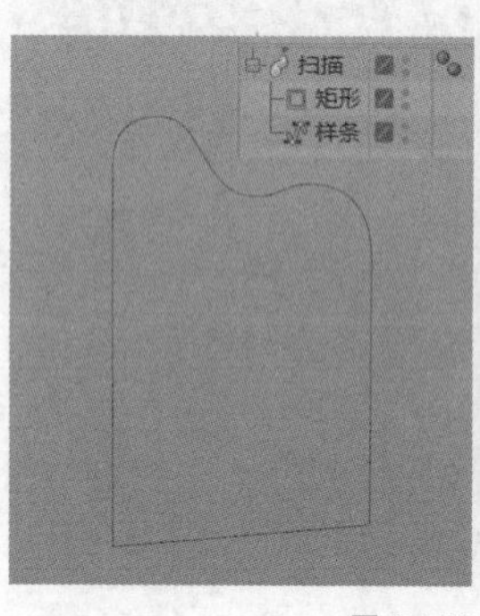

图 8-152

图 8-153

03 扫描后的模型相当于为挤压出的模型添加了一条边，如图8-154所示。将其置于礼盒后面，如图8-155所示。

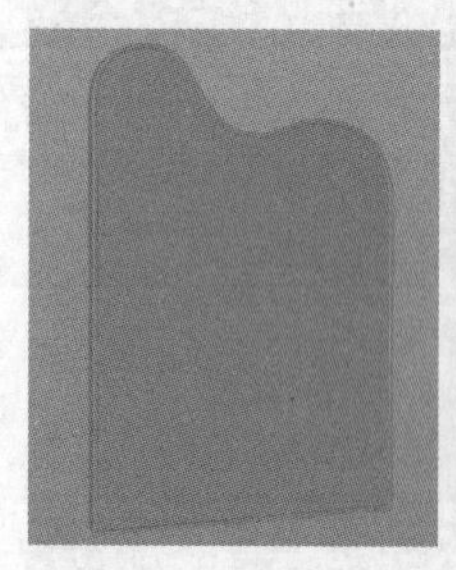

图 8-154

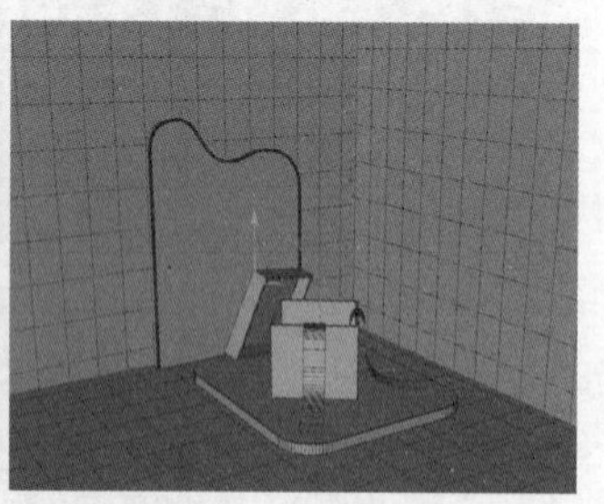

图 8-155

04 使用“平面”工具创建一个平面模型，如图8-156所示。为模型添加“晶格”生成器，设置“圆柱半径”和“球体半径”均为4.871cm，如图8-157所示。将这个平面模型置于图8-158所示的位置。

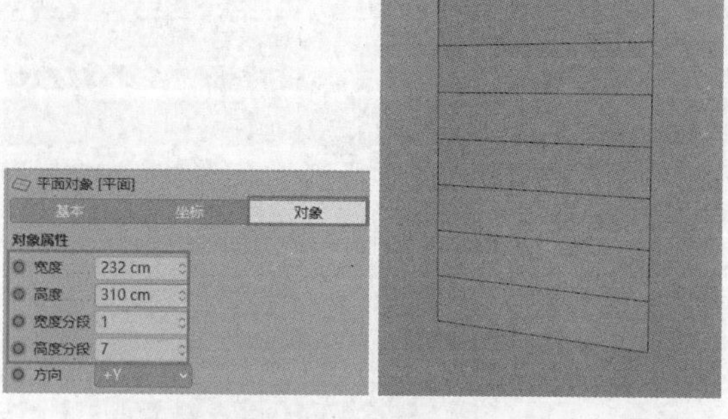

图 8-156

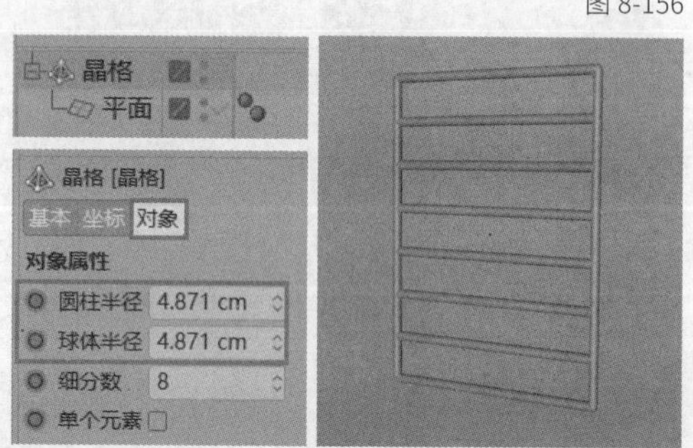

图 8-157

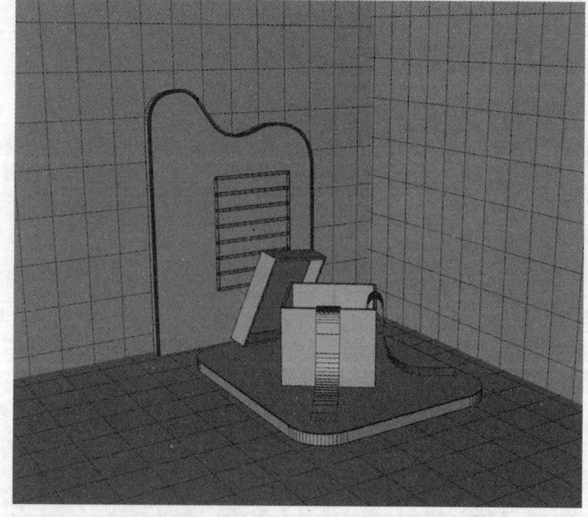

图 8-158

05 使用“圆环”工具创建一个圆环样条，如图8-159所示。为其添加“克隆”生成器，参数设置如图8-160所示。

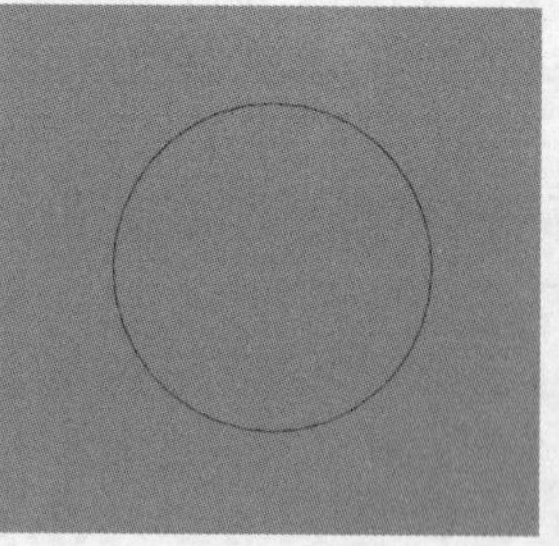

图 8-159

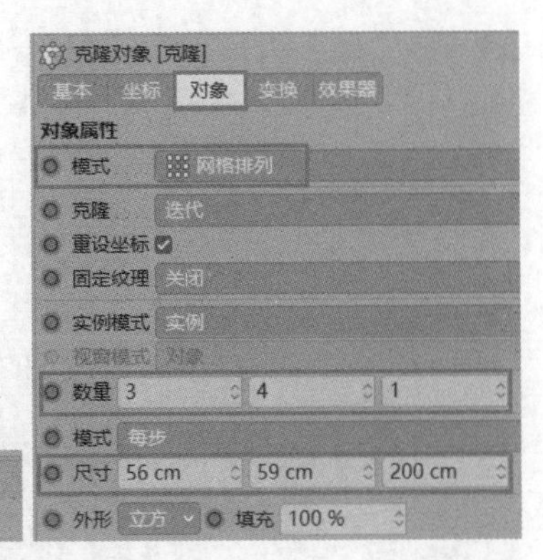

图 8-160

06 创建一个矩形样条，如图8-161所示。将克隆生成的圆环置于矩形样条内，效果如图8-162所示。

图 8-161　图 8-162

07 选择“克隆”对象和“矩形”对象，然后单击鼠标右键，在弹出的菜单中选择“链接对象+删除”命令，将模型转化为一个样条，接着为这个样条添加“挤压”生成器，参数设置如图8-163所示。挤压后的效果如图8-164所示。将其置于场景中右侧的背景墙上，效果如图8-165所示。

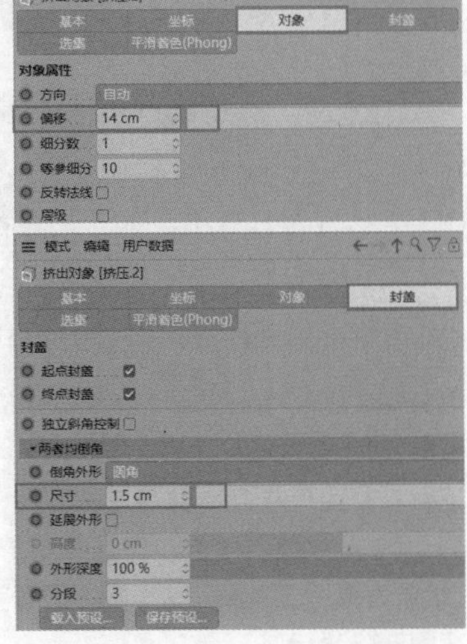

图 8-163

图 8-164

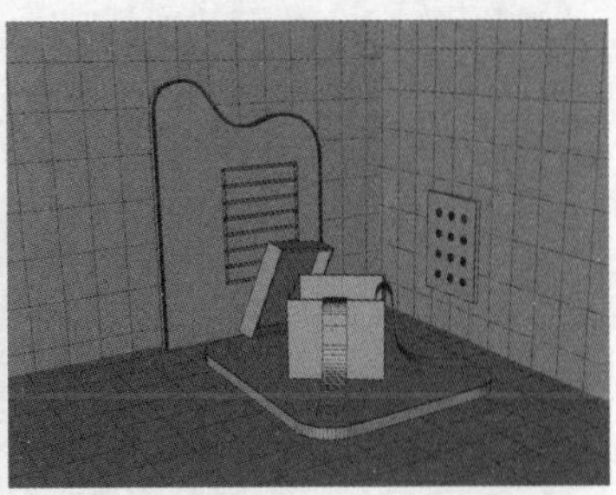

图 8-165

08 使用“圆柱体”工具创建一个圆柱体模型，并置于礼盒后方的背景墙上，参数设置与效果如图8-166和图8-167所示。

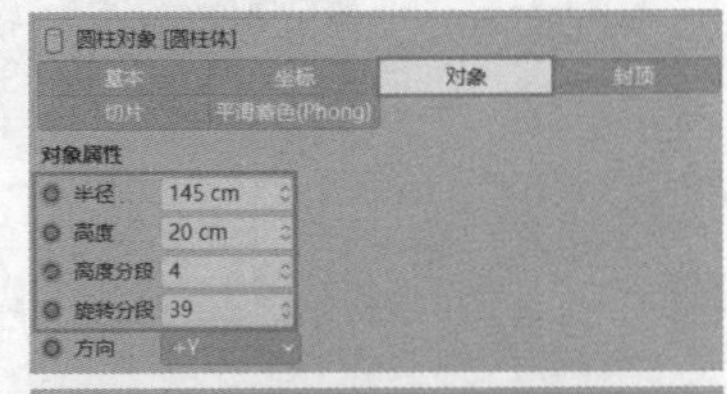

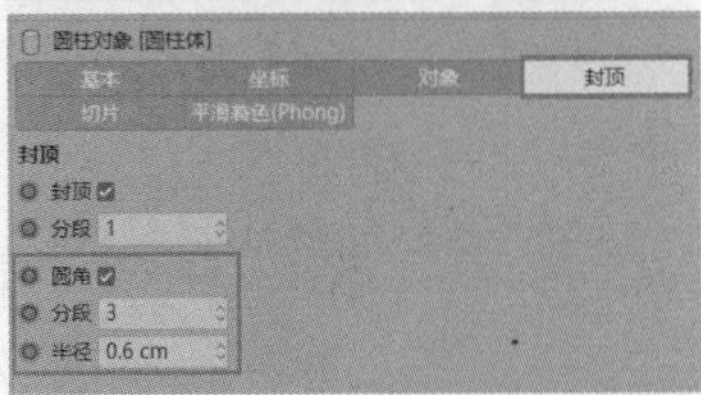

图 8-166

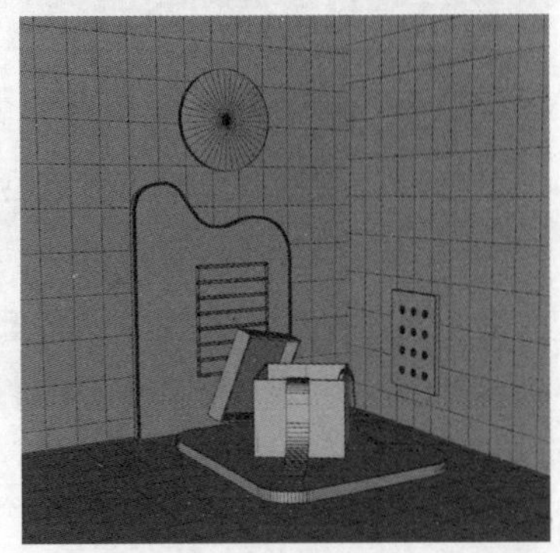

图 8-167

5.制作气球

01 使用“球体”工具创建一个球体模型，如图8-168所示。设置“S.Y”为1.18，将球体拉长，效果如图8-169所示。

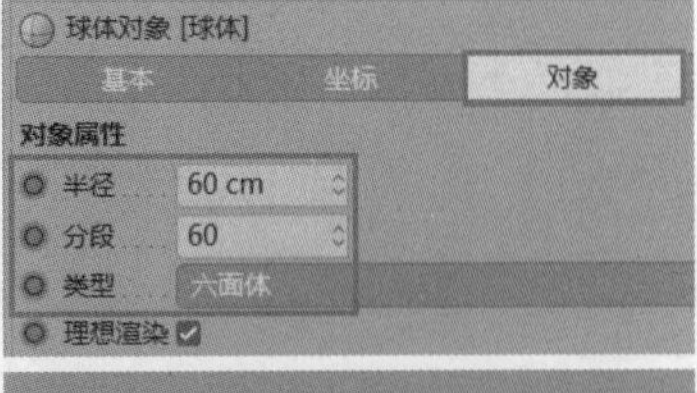

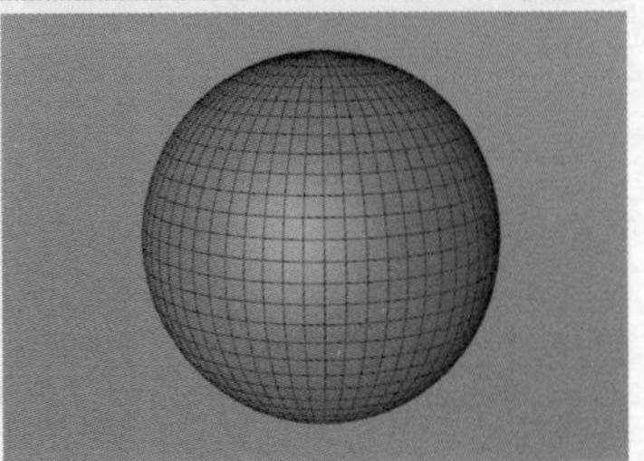

图 8-168

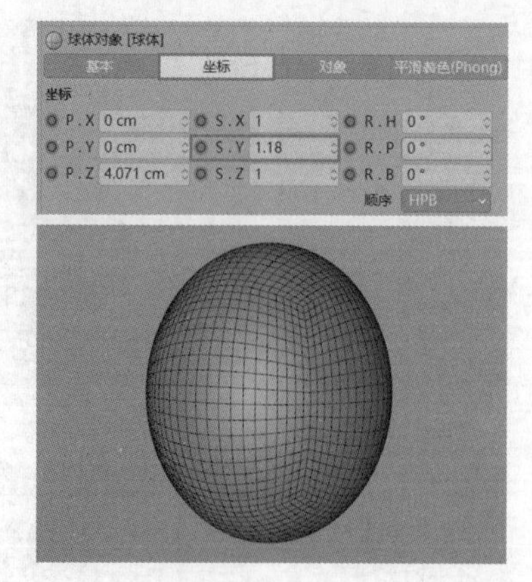

图 8-169

02 为“球体”对象添加“锥化”变形器，然后设置“强度”为55%，参数设置如图8-170所示。效果如图8-171所示。

03 将模型旋转180°，如图8-172所示。

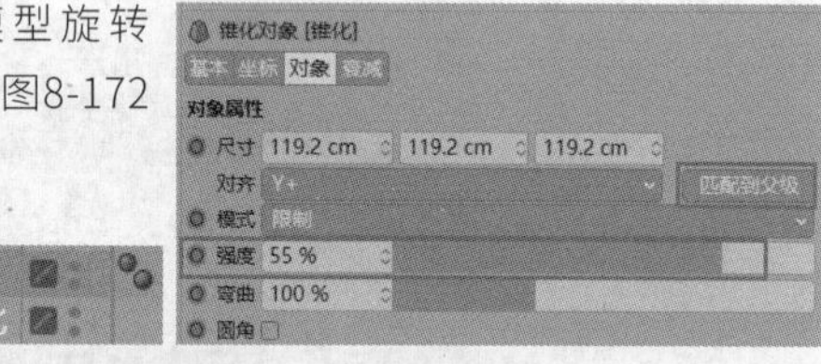

图 8-170

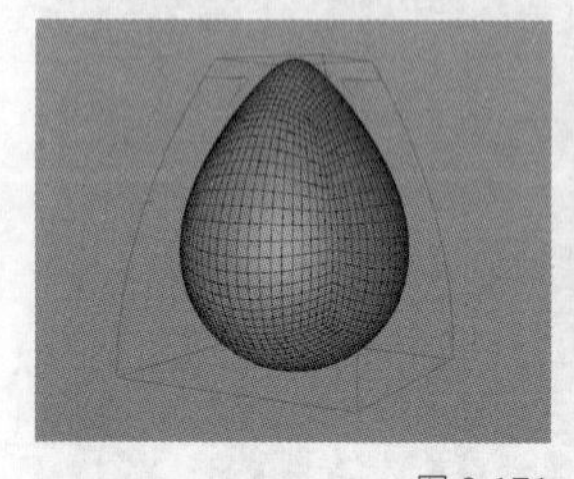

图 8-171

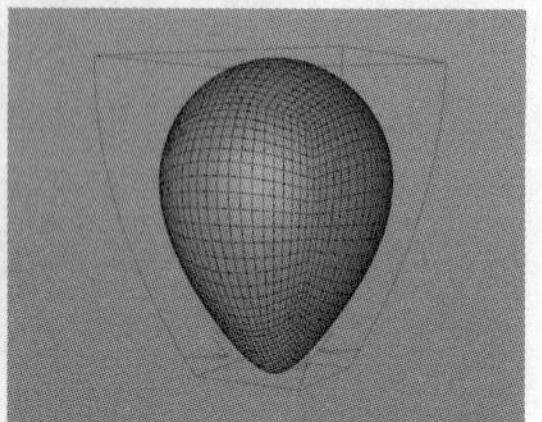

图 8-172

04 使用“圆锥体”工具创建一个圆锥体模型，如图8-173所示。将圆锥体模型置于球体模型的下方，如图8-174所示。

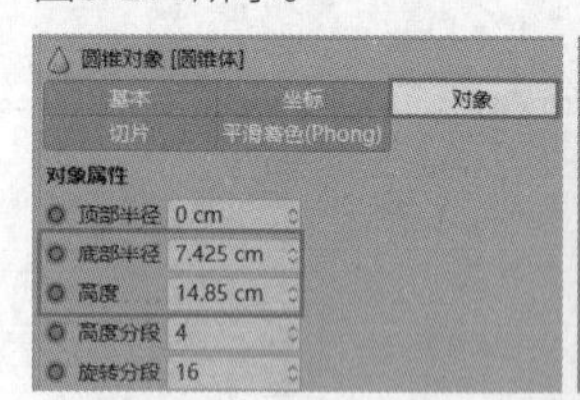

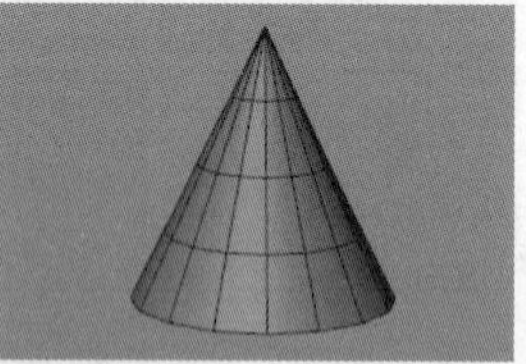

图 8-173

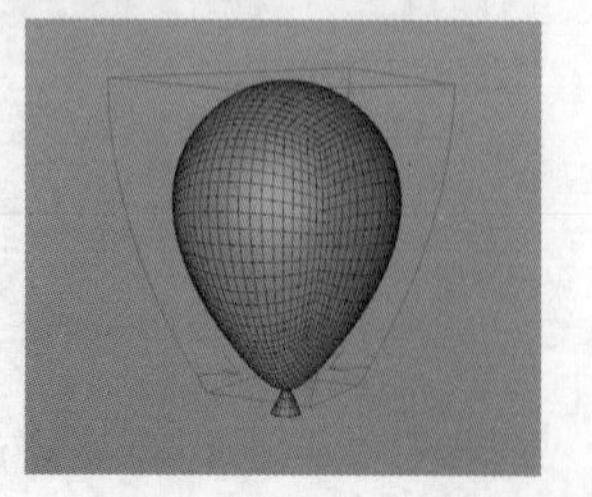

图 8-174

05 使用“圆柱体”工具创建一个圆柱体模型，然后将其作为气球的线并置于圆锥体模型的下方，如图8-175所示。选择气球模型并执行“群组对象”命令，然后复制气球模型并将其放到礼盒的右侧，如图8-176所示。

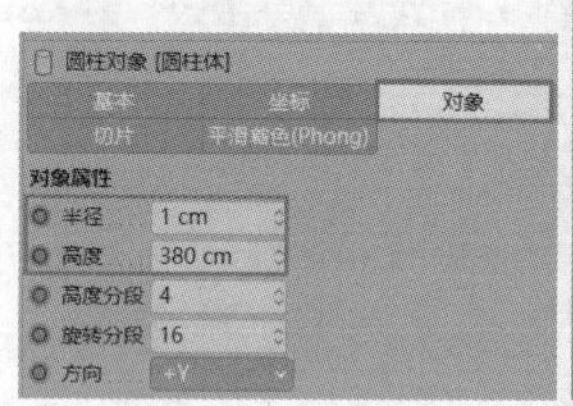

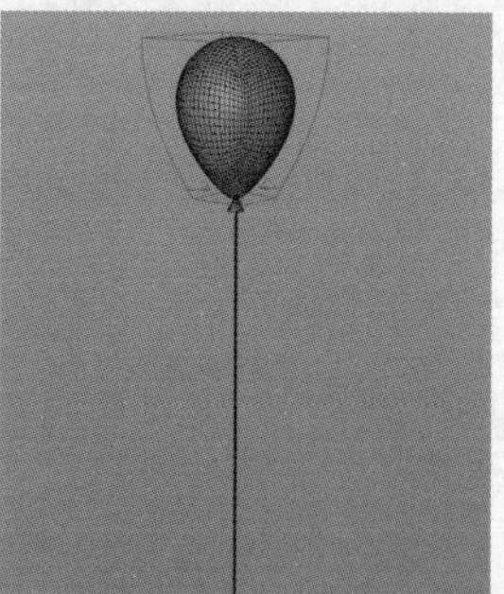

图 8-175

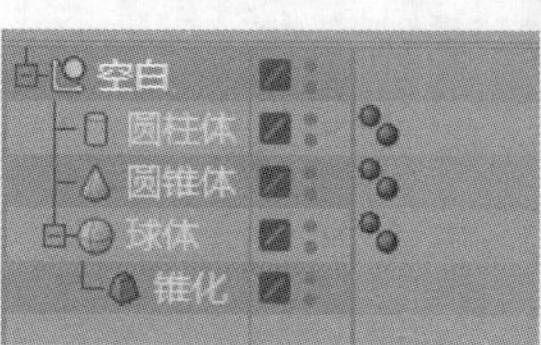

图 8-176

6.制作优惠券

01 创建一个矩形样条和一个圆环样条，如图8-177和图8-178所示。

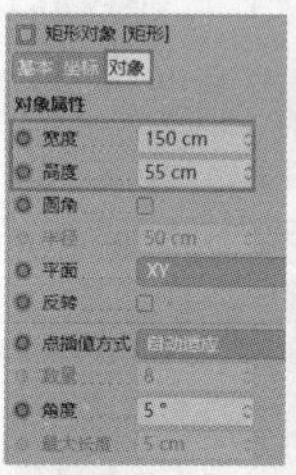

图 8-177

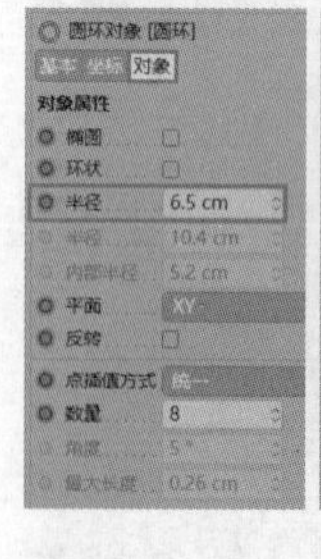

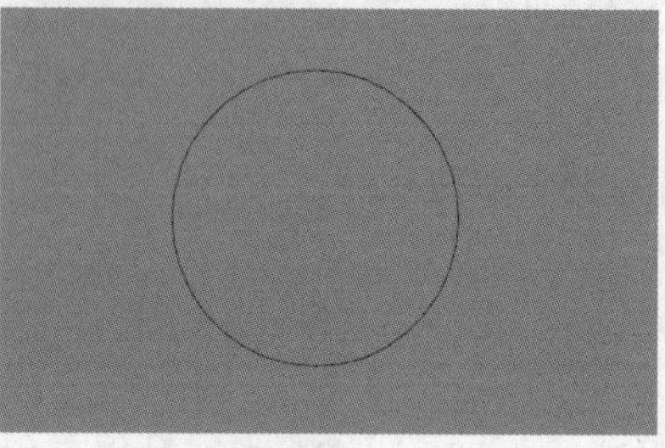

图 8-178

02 复制圆环样条，并将其按照图8-179所示进行排列。先选择圆环样条，再选择矩形样条，然后选择“样条差集”工具，这样圆环区域就被减去了，效果如图8-180所示。

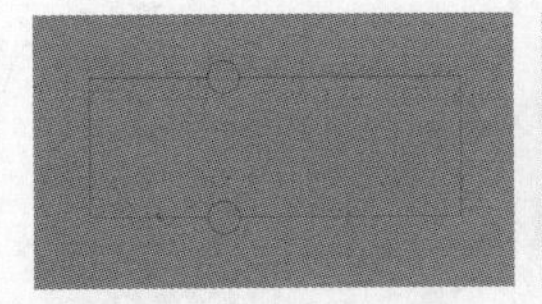

图 8-179　　图 8-180

03 用同样的方法制作优惠券两侧的锯齿。创建多个圆环样条并设置“半径”为4cm，将其置于优惠券两侧，如图8-181所示。选择“样条差集”工具，效果如图8-182所示。

图 8-181　　图 8-182

04 创建一个矩形样条，设置“宽度”和“高度”均为4cm，然后将其放置到样条内，与半圆形的凹口对齐，如图8-183所示。复制矩形样条，选择“样条差集”工具，效果如图8-184所示。

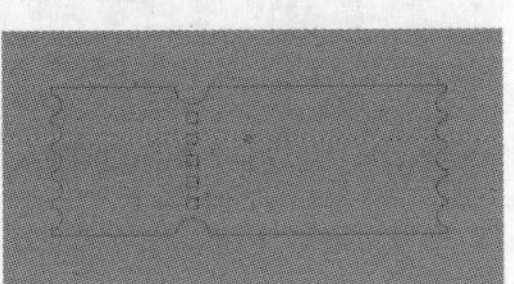

图 8-183　　图 8-184

05 为模型添加“挤压”生成器，参数设置如图8-185所示。挤压后的效果如图8-186所示。

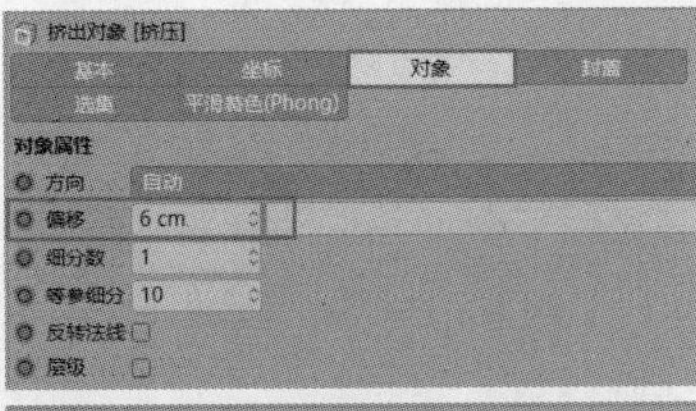

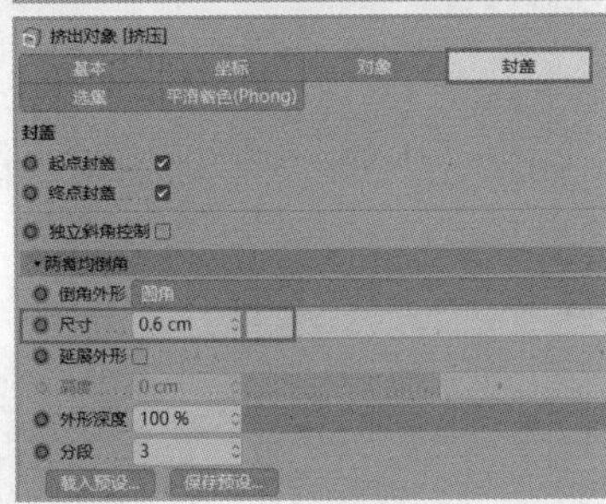

图 8-185

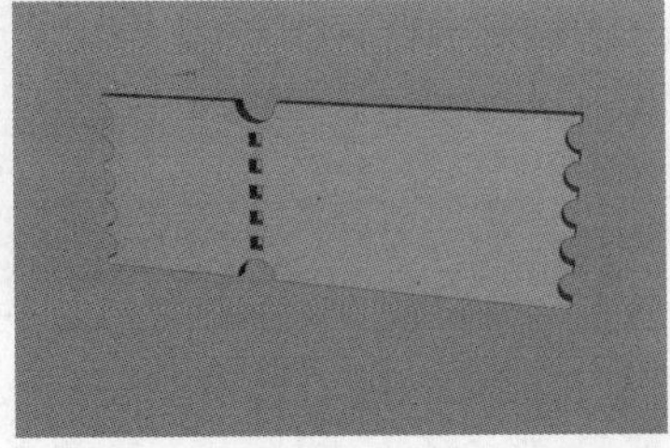

图 8-186

06 在优惠券上添加文本样条，参数设置如图8-187所示。效果如图8-188所示。

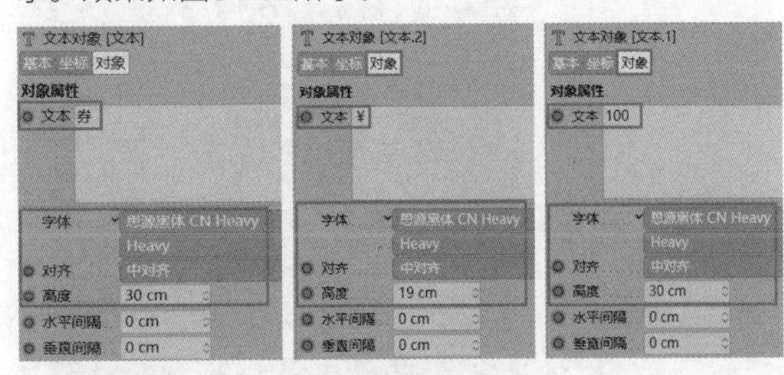

图 8-187

图 8-188

07 为这3个文本样条添加“挤压”生成器，参数设置如图8-189所示。效果如图8-190所示。

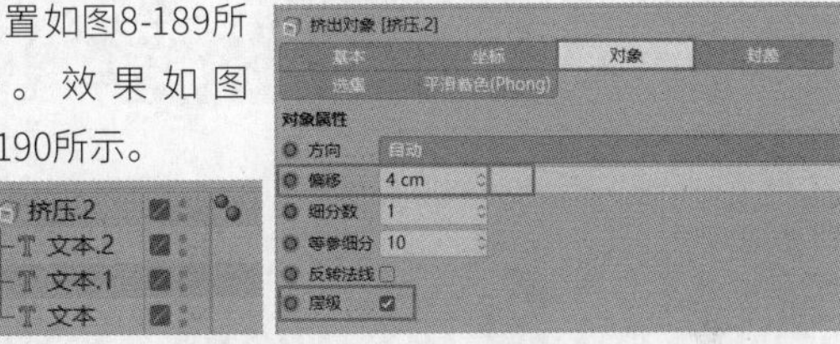

图 8-189

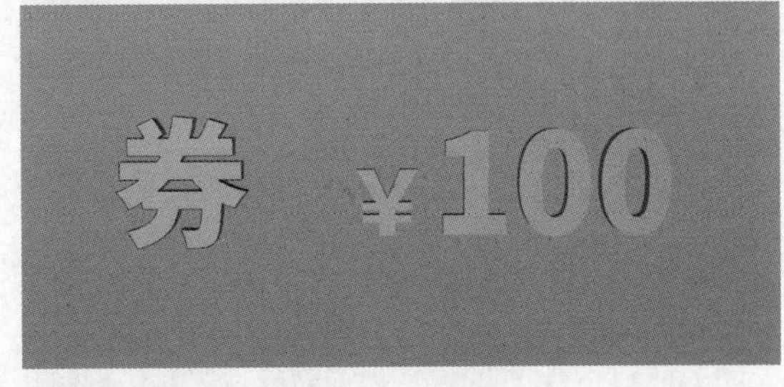

图 8-190

08 将文字模型与优惠券模型组合，如图8-191所示。

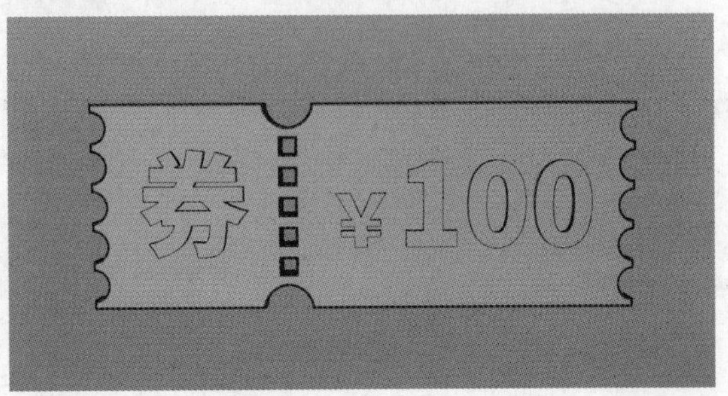

图 8-191

09 添加FFD变形器，使其包裹住整个模型，如图8-192所示。

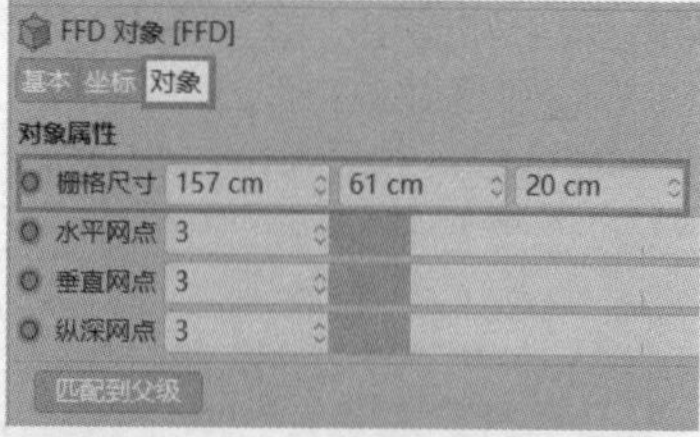

图 8-192

10 将FFD变形器与挤压后的模型编组，这样FFD变形器可以同时控制两个挤压模型。向前移动FFD变形器中间的点，模型会发生形变，如图8-193所示。

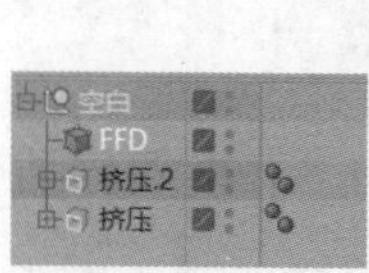

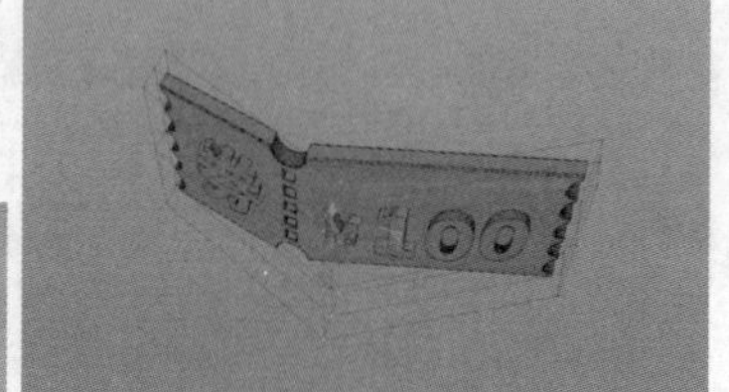

图 8-193

11 选择所有文本样条与矩形样条，设置“点插值方式”为“自然”，“数量”为20，如图8-194所示。这样就在模型的侧面加入了布线，如图8-195所示。

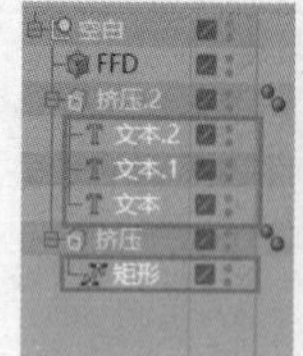

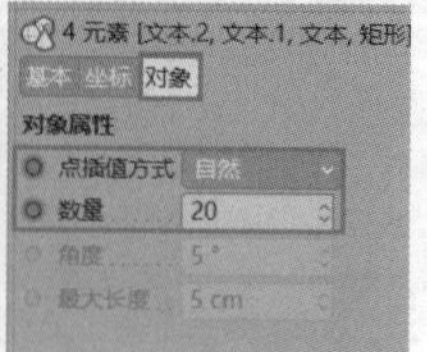

图 8-194

图 8-195

技巧提示 因为模型的正面没有布线，所以正面显得不够平滑，如图8-196所示。

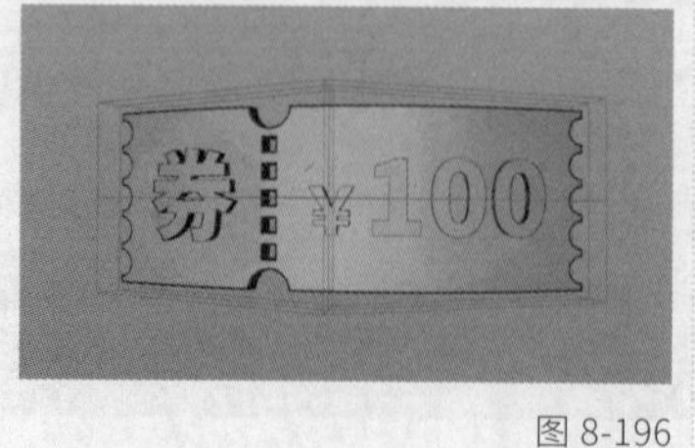

图 8-196

12 选择“挤压”对象，设置“封盖类型”为Delaunay，这样模型的正面也加入了布线，如图8-197所示。

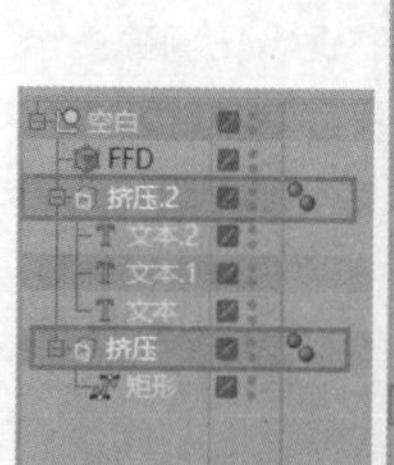

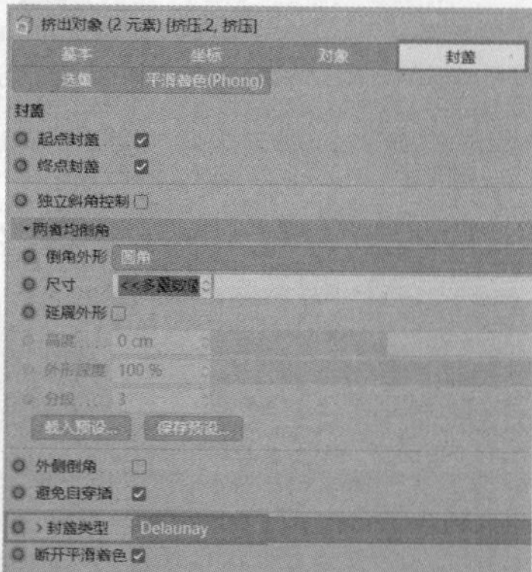

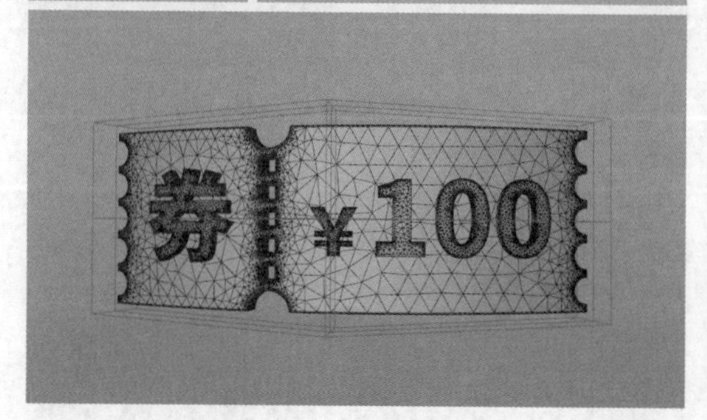

图 8-197

13 模型右侧弯曲得不够自然，有一种被拉扯的感觉，如图8-198所示。选中FFD变形器右侧的栅格点并进行旋转，这样弯曲就自然多了，效果如图8-199所示。

图 8-198

图 8-199

14 用同样的方法处理一下优惠券模型的左侧，如图8-200所示。然后复制几份优惠券模型并将其置于场景中，再加入一些球体模型作为装饰，效果如图8-201所示。

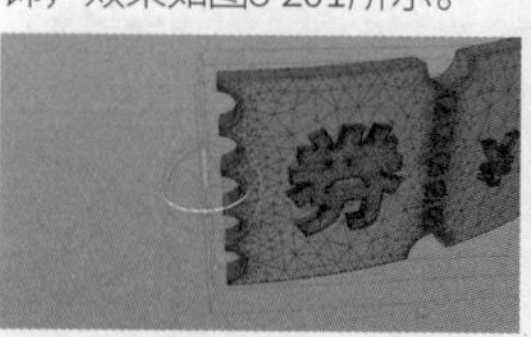

图 8-200

图 8-201

15 打开配套的素材模型，如图8-202所示。将模型分别放到场景中的相应位置，如图8-203所示。

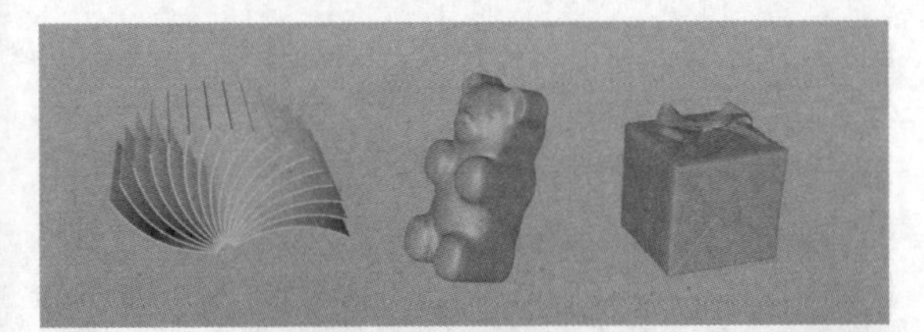

图 8-202

图 8-203

8.3.2 摄像机与灯光创建

01 使用“摄像机”工具为场景添加摄像机，设置“焦距”为120毫米，如图8-204所示。进入摄像机视图，使礼盒处于画面下方的中间位置，如图8-205所示。

图 8-204

图 8-205

02 使用“目标聚光灯”工具创建一个目标聚光灯，在“常规”选项卡中设置“类型”为“区域光”，“投影”为“区域”，如图8-206所示。灯光大小与位置如图8-207所示。

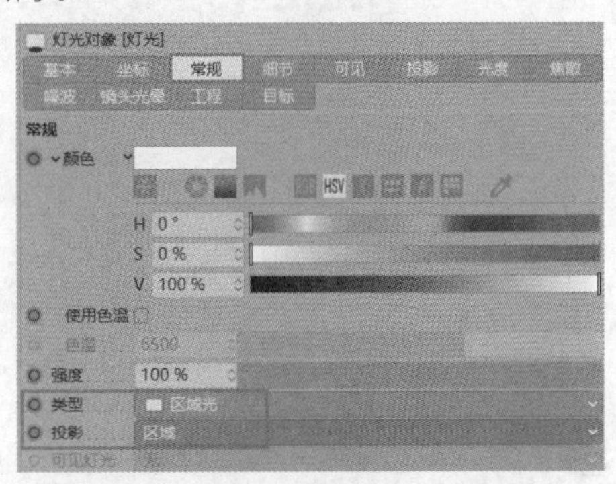

图 8-206

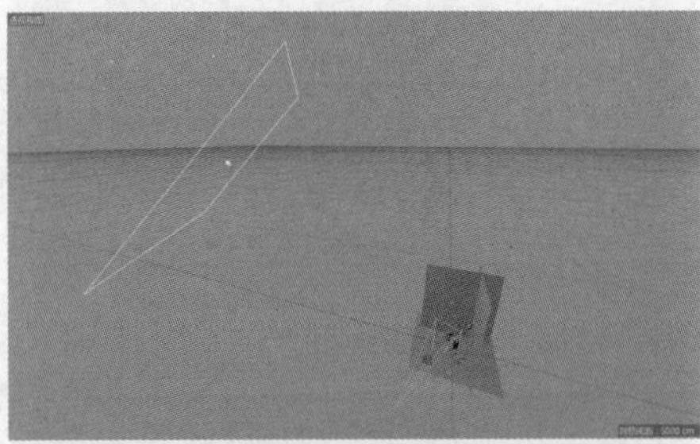

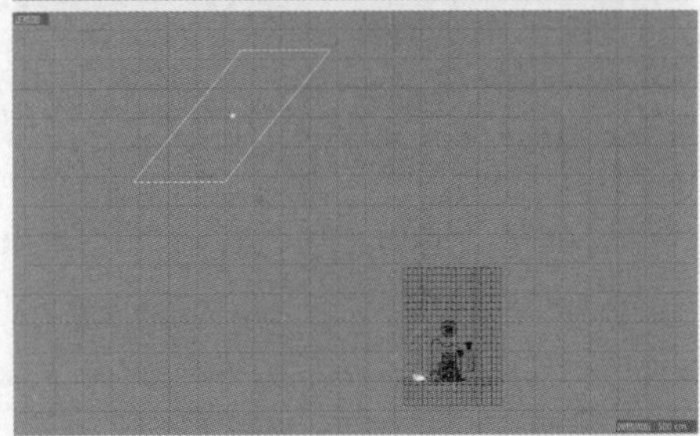

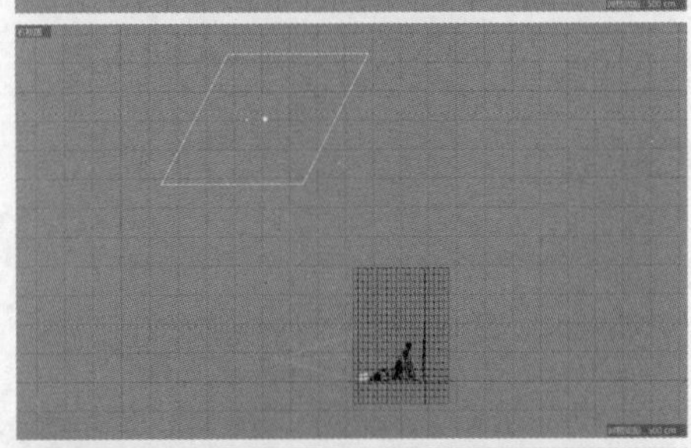

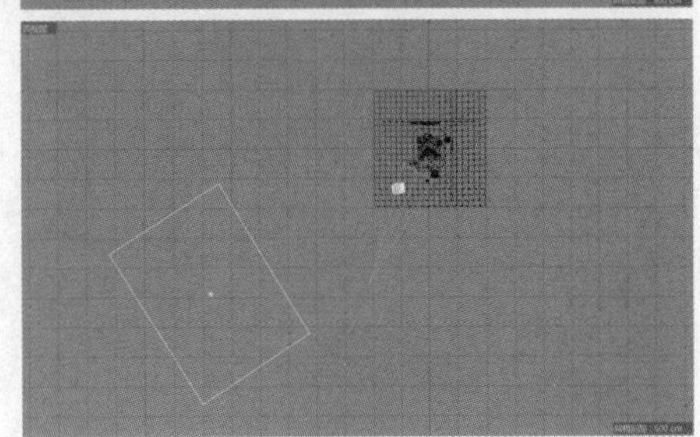

图 8-207

03 使用“天空”工具创建一个天空环境，为场景添加“全局光照”效果，参数设置如图8-208所示。

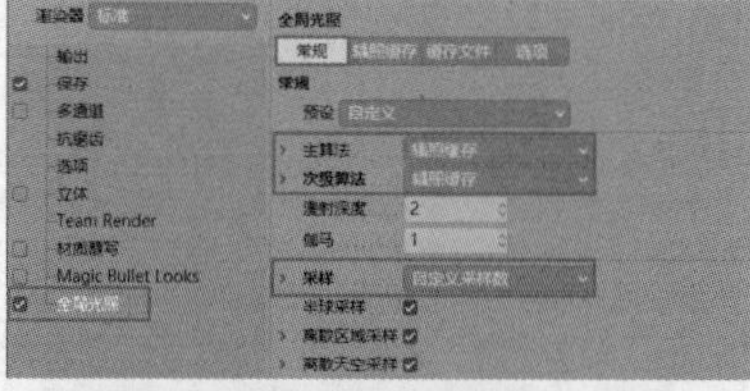

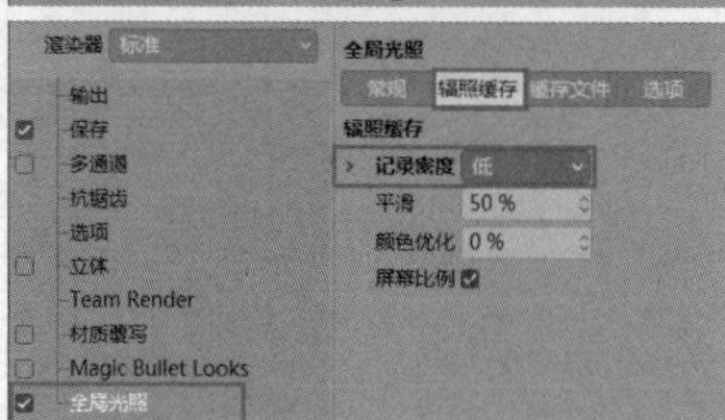

图 8-208

04 创建一个默认材质，仅勾选“发光”通道，然后在“纹理”选项中加入HDR贴图，如图8-209所示。将材质赋予天空，渲染后得到的白模效果如图8-210所示。

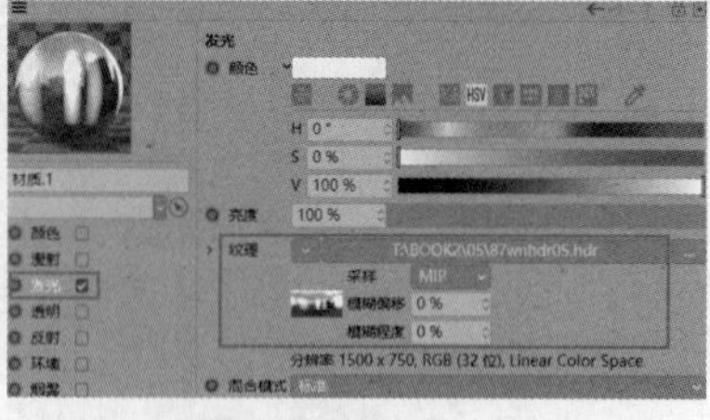

图 8-209

图 8-210

8.3.3 材质制作

01 创建一个默认材质，设置“颜色”为深红色，将材质赋予背景与地面，如图8-211所示。

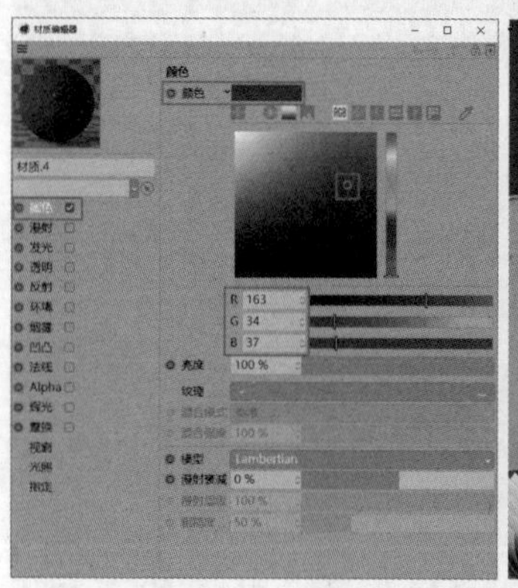

图 8-211

02 创建一个默认材质，设置“颜色”为红色，勾选“反射”通道，设置“类型”为GGX，“层1”强度为10%，“粗糙度”为0%，如图8-212所示。将材质赋予墙面模型与礼盒下方的模型，如图8-213所示。

图 8-212

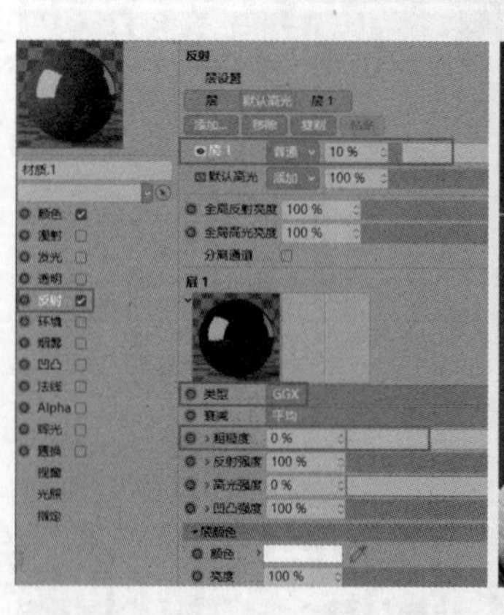

图 8-213

03 创建一个默认材质，设置“颜色”为浅红色，勾选“反射”通道，设置“类型”为GGX，“层1”强度为11%，“粗糙度”为0%，如图8-214所示。将材质赋予礼盒、优惠券、书本，以及墙体装饰，如图8-215所示。

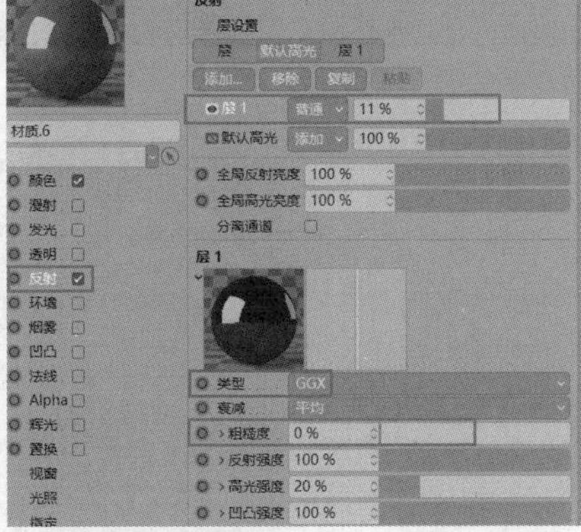

图 8-214

图 8-215

技巧提示 这些红色材质基本是一样的，读者可以根据自己的需求灵活调整。如果颜色全为一种红色，那么场景会比较单调。因此，实例中使用了多种相近的红色，这样画面的颜色既统一又有一些变化。

04 创建一个默认材质，设置“颜色”为黄色，勾选“反射”通道，设置“类型”为GGX，“层1”强度为11%，“粗糙度”为0%，如图8-216所示。将材质赋予彩带模型、小熊模型和优惠券上的文字模型等，如图8-217所示。

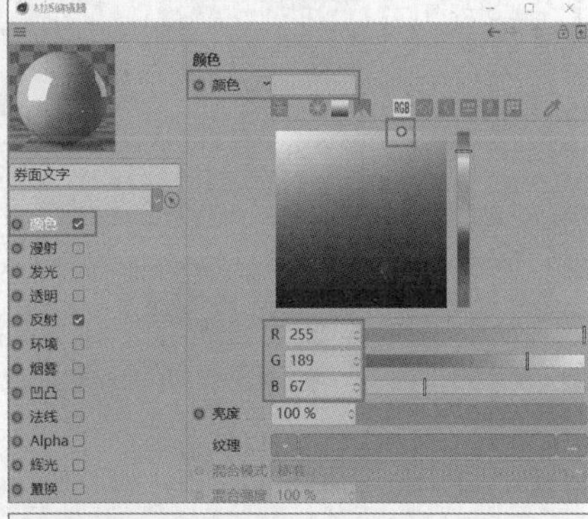
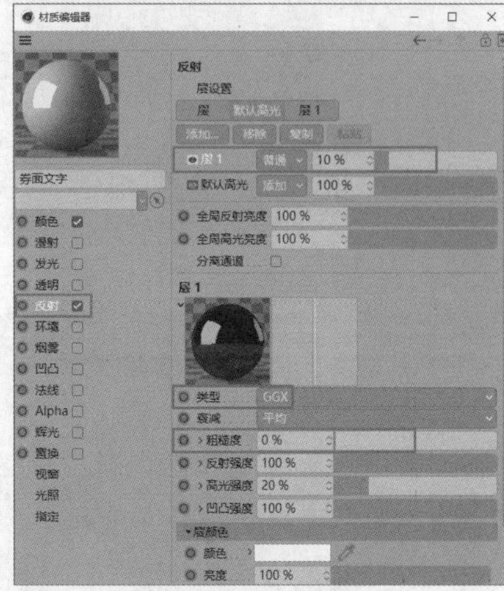

图 8-216

图 8-217

05 创建一个红色材质，参数设置如图8-218所示。接着创建一个橙色材质，勾选Alpha通道，然后在“纹理”选项中加载一张HDR贴图，如图8-219所示。

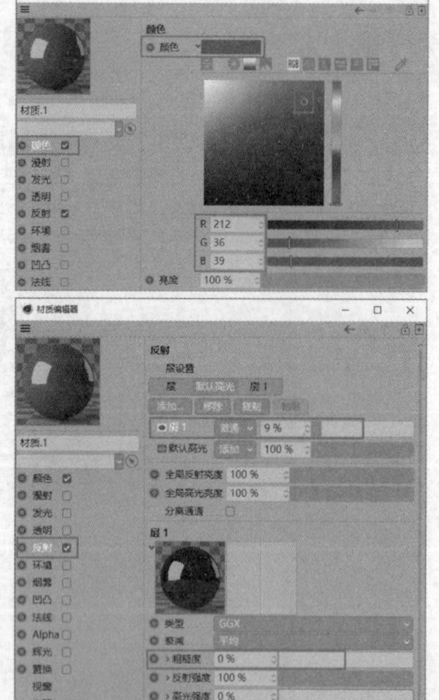

图 8-218

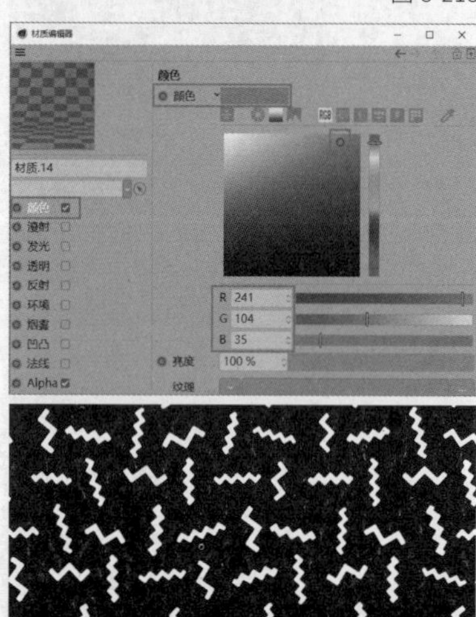

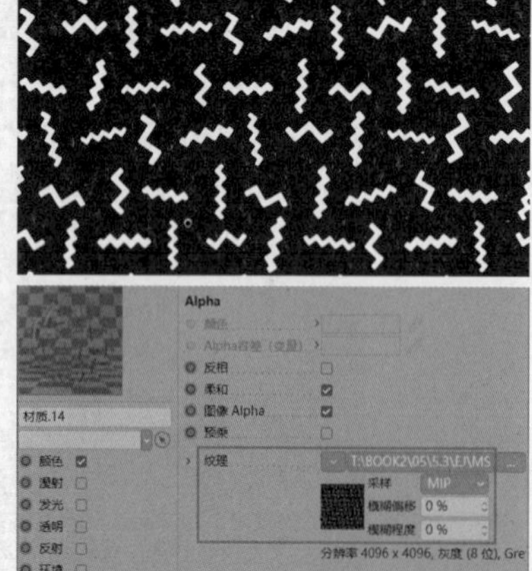

图 8-219

06 将红色材质和橙色材质赋予礼盒。需要注意的是，橙色材质需要放到红色材质的后面，如图8-220所示。

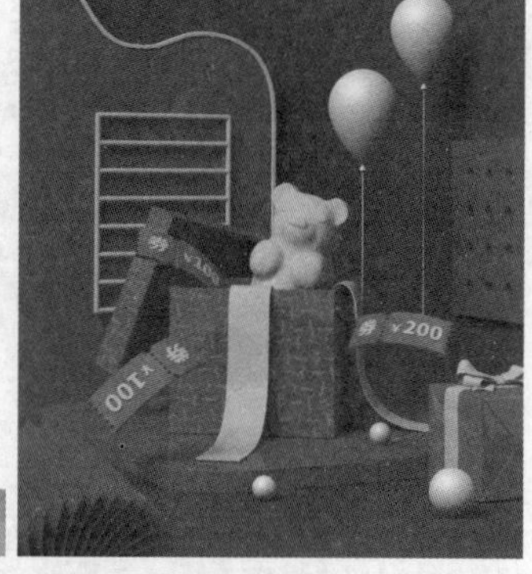

图 8-220

07 创建一个默认材质，取消勾选“颜色”通道，仅勾选“反射”通道，参数设置如图8-221所示。将材质赋予剩余的模型，如图8-222所示。

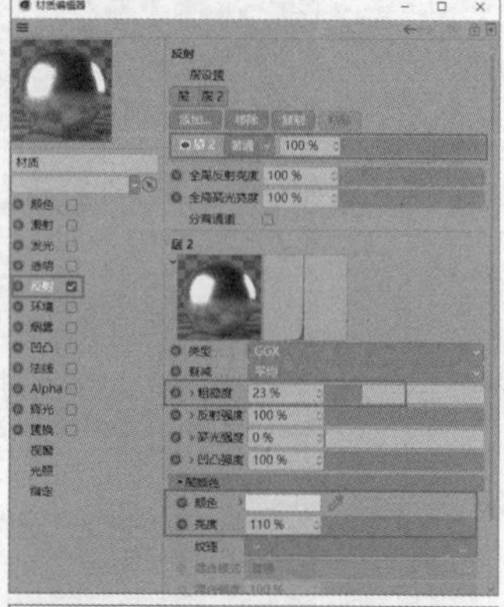

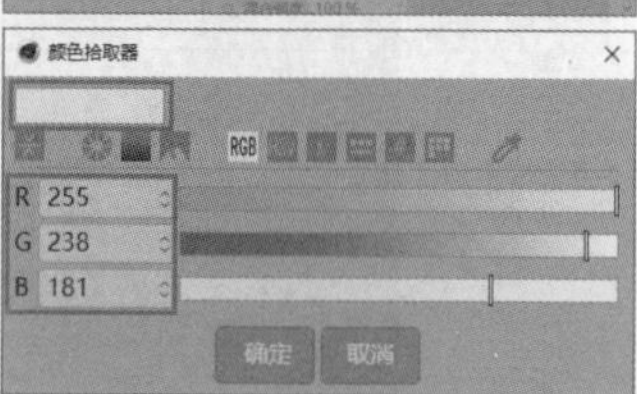

图 8-221

图 8-222

8.3.4 渲染输出

01 打开“渲染设置”面板，在“输出”选项中设置“宽度”为1080像素，“高度”为1920像素，然后勾选“保存”选项，并设置保存路径、格式与名称，如图8-223所示。

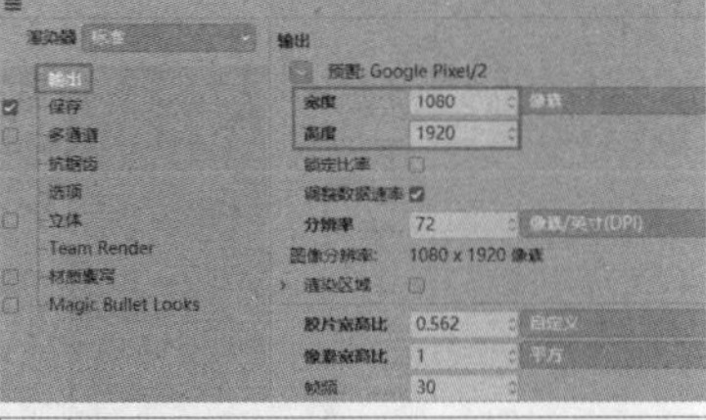

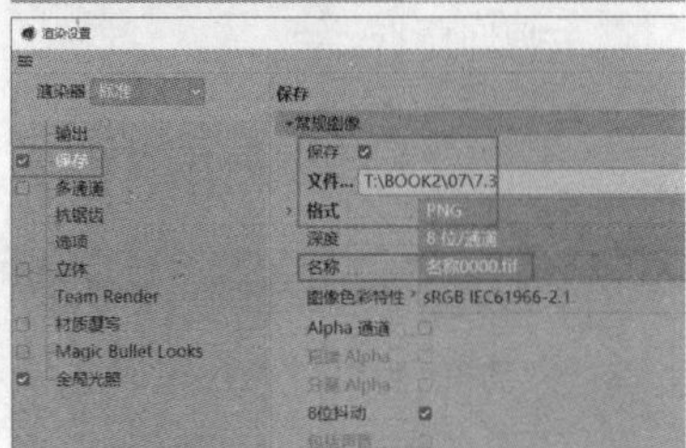

图 8-223

02 设置“抗锯齿”为“最佳”，“最小级别”为1×1，“最大级别”为4×4，如图8-224所示。渲染完成的效果如图8-225所示。

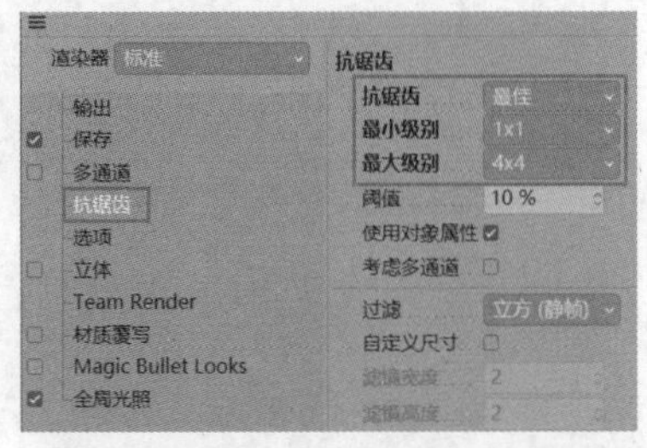

图 8-224

图 8-225

8.3.5 后期处理

01 将渲染完成的图片导入Photoshop中，执行“滤镜>Camera Raw滤镜”菜单命令，在弹出的Camera Raw界面中调整画面的整体效果，参数设置如图8-226所示。调色后模型的色彩更鲜明，画面也更加清晰了，如图8-227所示。

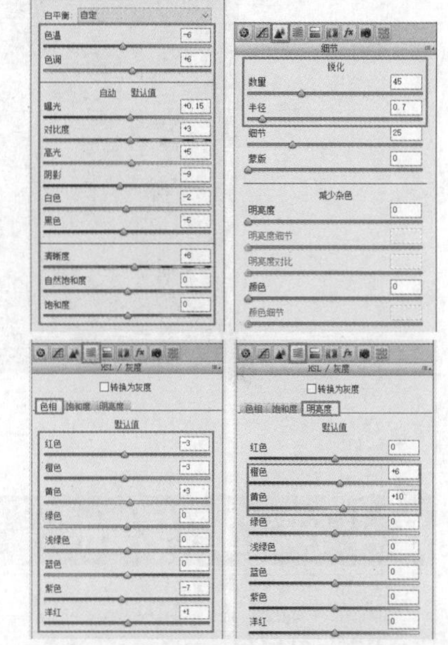

图 8-226

图 8-227

02 将文字素材拖曳至画布中并置于画面上方，最终效果如图8-228所示。

图 8-228

8.4 产品宣传海报

◇ 场景位置	场景文件 >CH08>03.c4d
◇ 实例位置	实例文件 >CH08> 产品宣传海报 .c4d
◇ 视频名称	产品宣传海报 .mp4
◇ 学习目标	掌握产品海报的制作方法
◇ 操作重点	场景的搭建与渲染

本实例产品宣传海报的制作结合使用图片与三维模型，因为产品的制作有一定难度，所以使用的是图片，如图8-229所示。

图 8-229

8.4.1 模型制作

本实例需要制作的主要内容为场景，产品是借助贴图制作的。

1.搭建摆台

01 使用“圆柱体”工具创建一个圆柱体模型，参数设置如图8-230所示。将圆柱体模型置于画面中间偏下的位置，如图8-231所示。

02 复制圆柱体模型，摆放位置如图8-232所示。

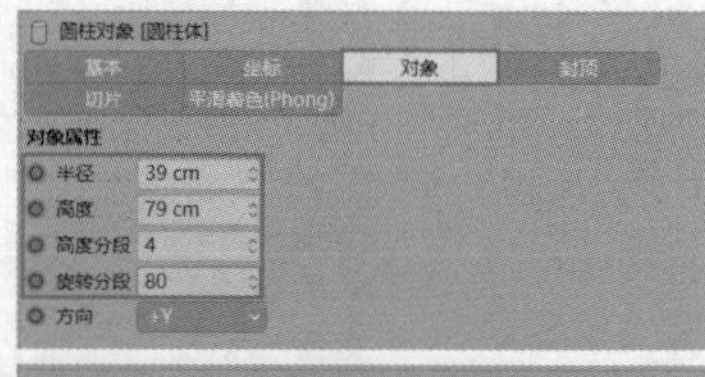

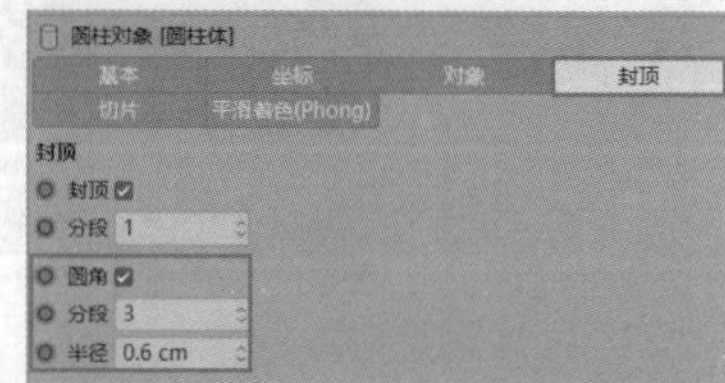

图 8-230

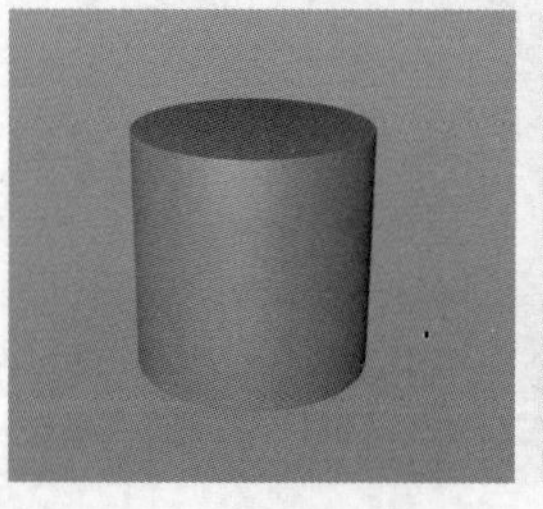
图 8-231

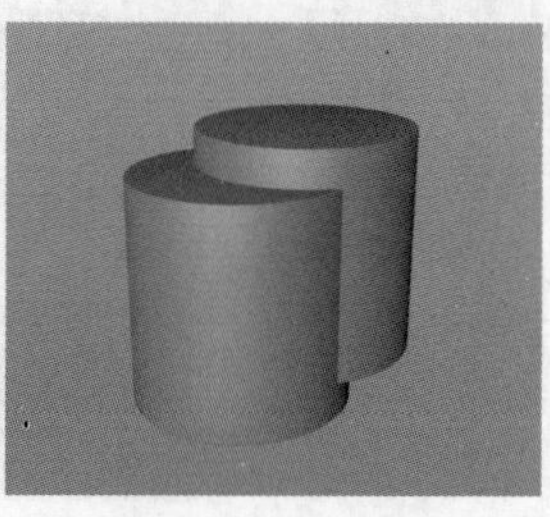
图 8-232

03 创建一个圆柱体模型，参数设置和摆放位置如图8-233所示。复制圆柱体模型，然后将其放置到画面的右下方，如图8-234所示。

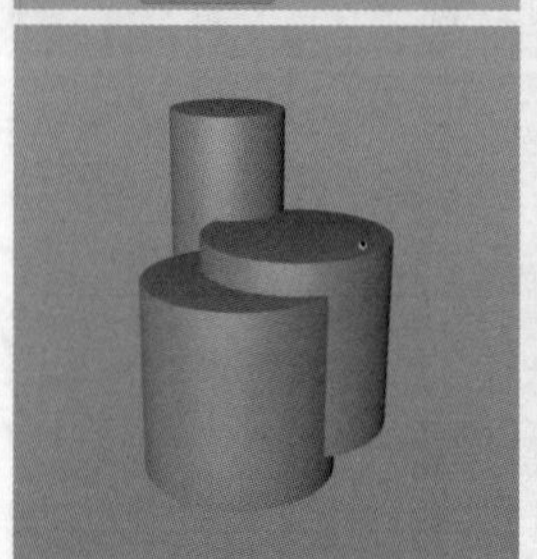
图 8-233

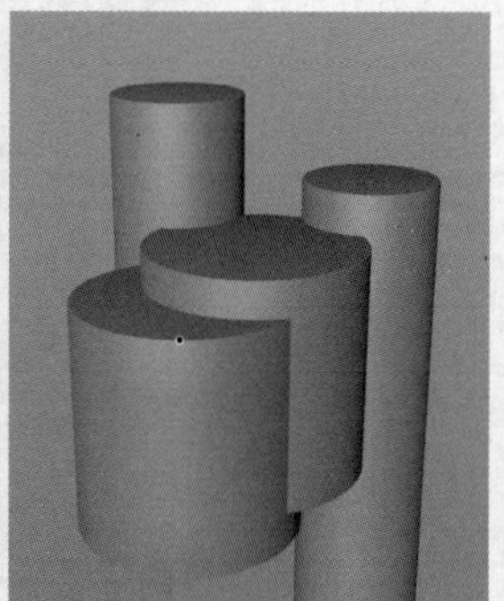
图 8-234

2.导入产品

01 使用“平面”工具创建一个平面模型作为产品图片素材的载体，平面模型的尺寸要与产品图片的尺寸等比例，如图8-235所示。

图 8-235

技巧提示 这里产品图片的尺寸为1202像素×2756像素，所以可以设置平面的“宽度”为1202mm，“高度”为2756mm，“方向”为“+Z”，这样就快速创建出了等比例的平面模型。此时图片特别大，把图片缩放到与平面相似的大小即可。

图 8-238

02 创建一个默认材质，仅勾选“发光”通道，在“纹理”选项中加入产品贴图，如图8-236所示。勾选Alpha通道，在“纹理”选项中加入产品贴图素材。在“视窗”通道中设置“纹理预览尺寸”为“无缩放”，如图8-237所示。这样视图窗口中显示的图片才会更加清晰，产品贴图加入画面后的效果如图8-238所示。

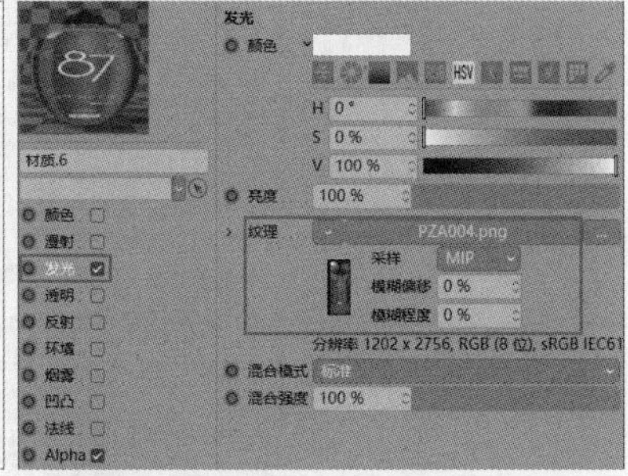

图 8-236

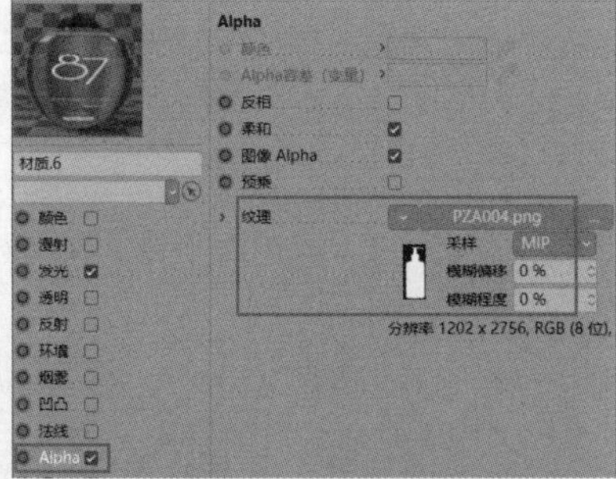

图 8-237

03 使用“圆柱体”工具创建一个圆柱体模型作为背景，如图8-239所示。

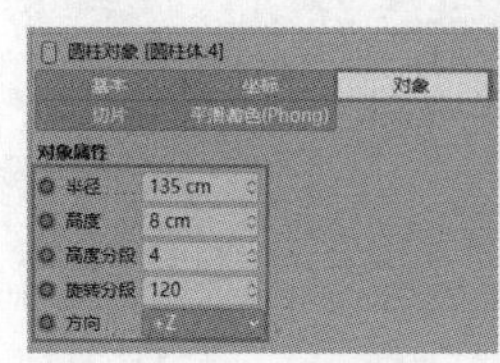

图 8-239

04 使用“平面”工具创建一个平面模型，然后将其置于场景后面，如图8-240所示。

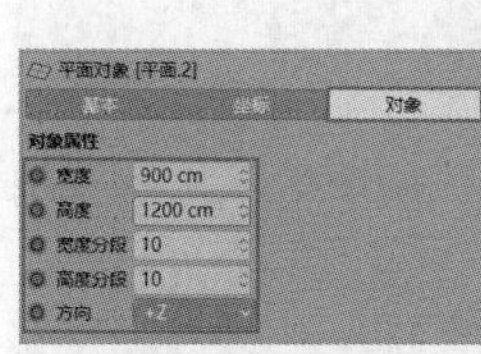

图 8-240

技巧提示 不要把模型都堆到一个平面上，旋转透视视图到侧面的视角可以明显观察到产品与背景之间是有一定距离的，这样的空间关系是比较好的，如图8-241所示。

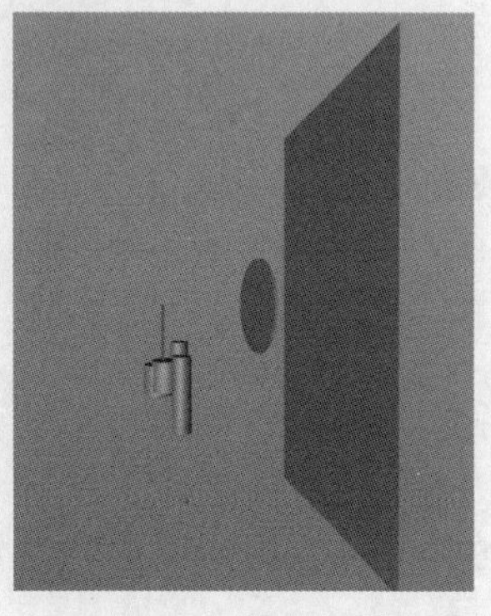

图 8-241

8.4.2 摄像机与灯光创建

01 使用“摄像机”工具为场景添加摄像机，设置“焦距”为150毫米，如图8-242所示。

摄像机对象 [摄像机]
基本 坐标 对象 物理 细节 立体 合成 球面
对象属性
投射方式 透视视图
焦距 150 自定
传感器尺寸 (胶片规格) 36 35毫
35毫米等值焦距: 150 mm
视野范围 13.686 °
视野 (垂直) 24.085 °
缩放 1

图 8-242

02 在“渲染设置”面板中设置“输出”选项中的“宽度”和“高度”，如图8-243和图8-244所示。

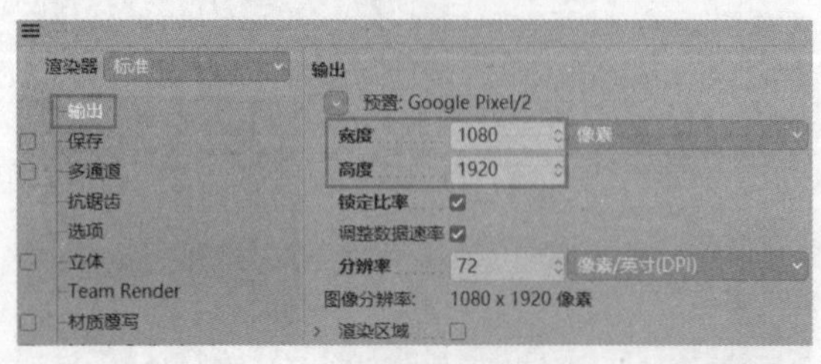

图 8-243

图 8-244

03 使用“目标聚光灯”工具创建一个目标聚光灯，在“常规”选项卡中设置“类型”为“区域光”，“投影”为“区域”，如图8-245所示。灯光大小与位置如图8-246所示。

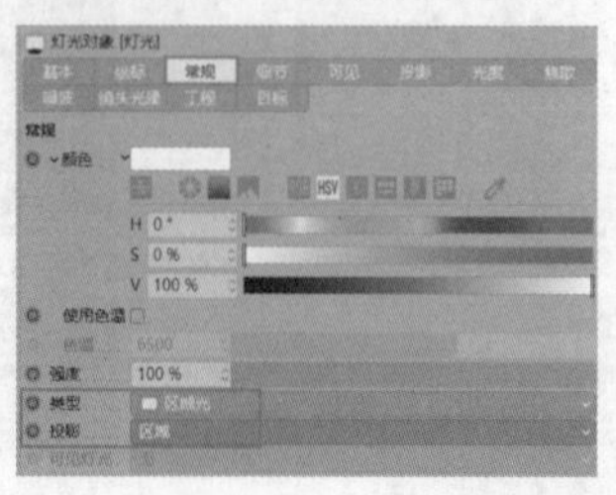

图 8-245

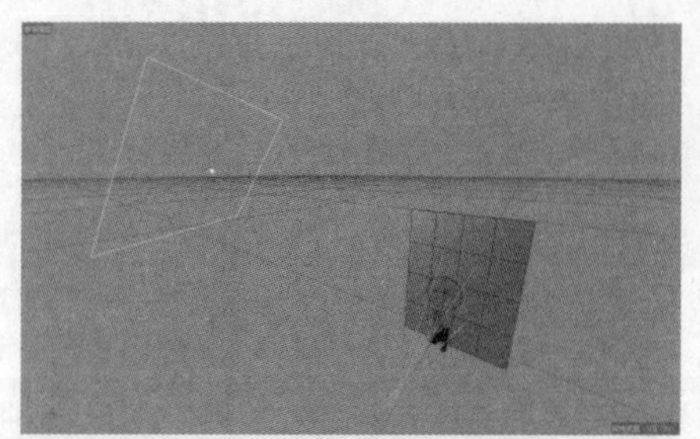

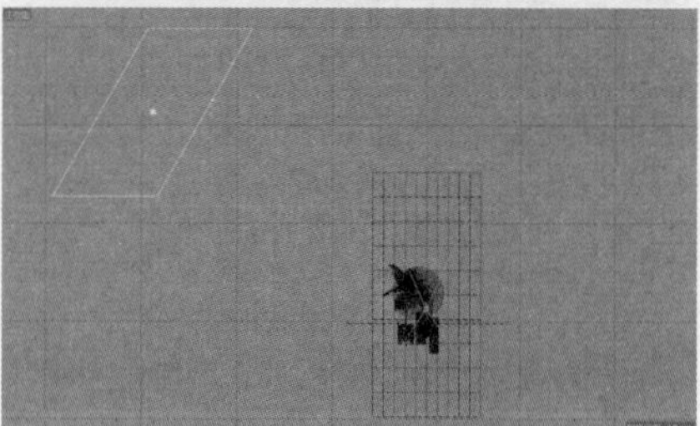

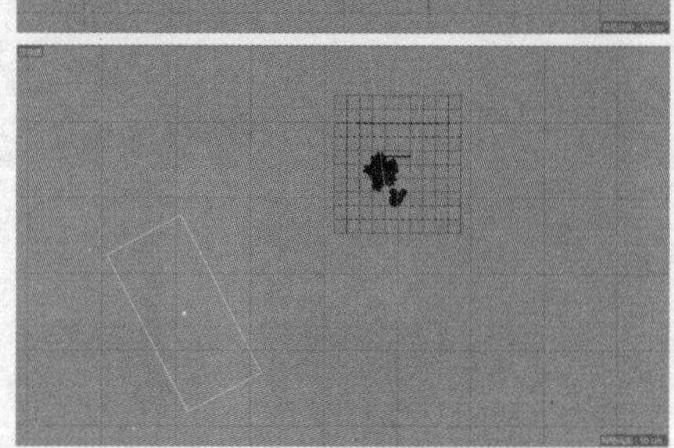

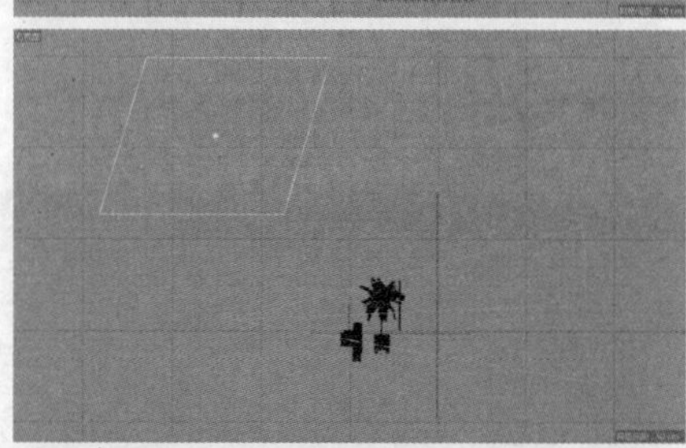

图 8-246

04 使用“天空”工具创建一个天空环境，为场景添加“全局光照”效果，参数设置如图8-247所示。

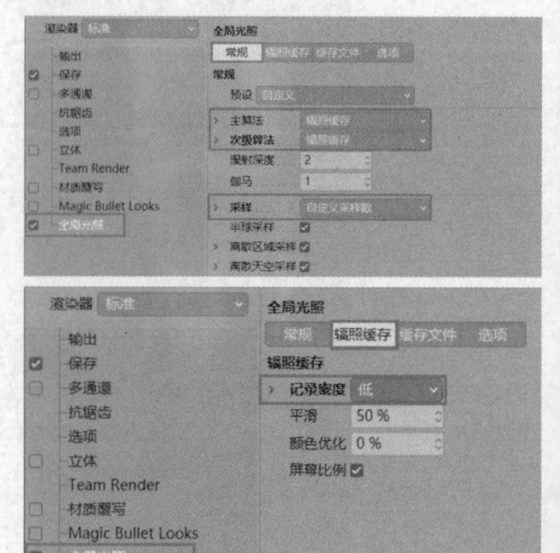

图 8-247

05 创建一个默认材质，仅勾选“发光”通道，然后在“纹理”选项中加入HDR贴图，如图8-248所示。将材质赋予天空，渲染后得到的白模效果如图8-249所示。

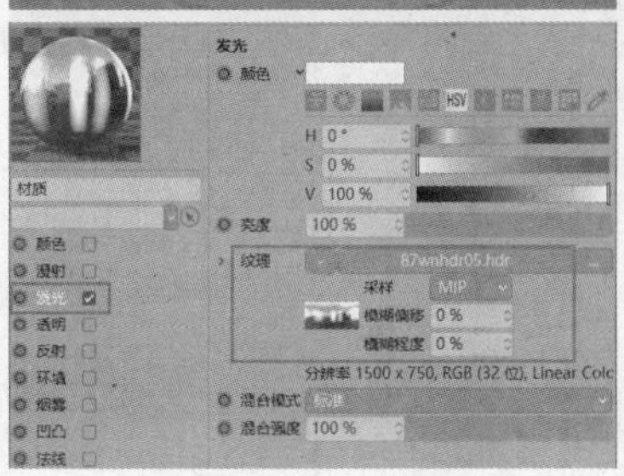

图 8-248

图 8-249

8.4.3 材质制作

01 创建一个默认材质，设置“颜色”为绿色，将材质赋予背景，如图8-250所示。

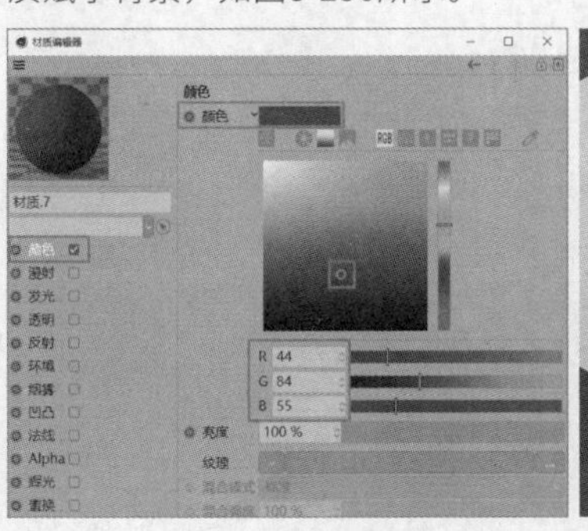

图 8-250

02 创建一个默认材质，在“颜色”通道的“纹理”选项中加入贴图，如图8-251所示。勾选“反射”通道，设置“类型”为GGX，“层1”强度为5%，“粗糙度”为13%，“高光强度”为0%，如图8-252所示。

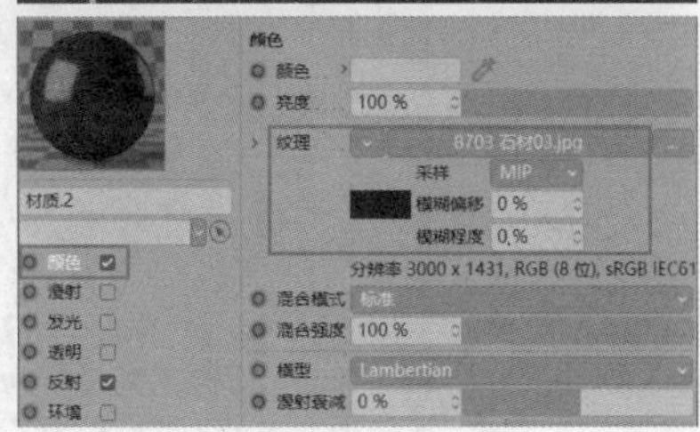

图 8-251

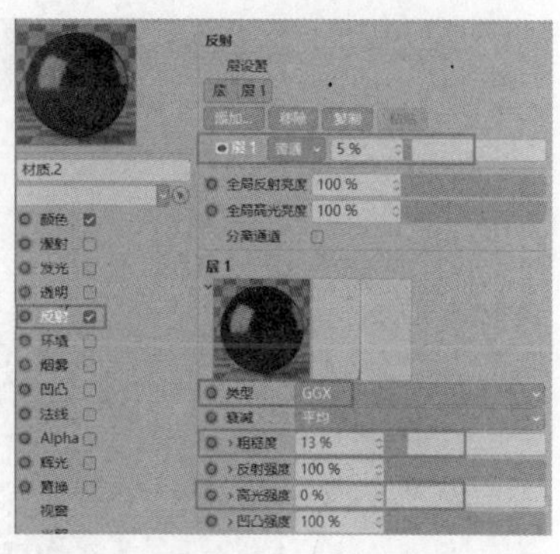

图 8-252

03 将材质赋予前面的圆柱体模型，选择“材质”标签，设置“投射”为“立方体”，“平铺U”为2，“平铺V”为2，如图8-253和图8-254所示。

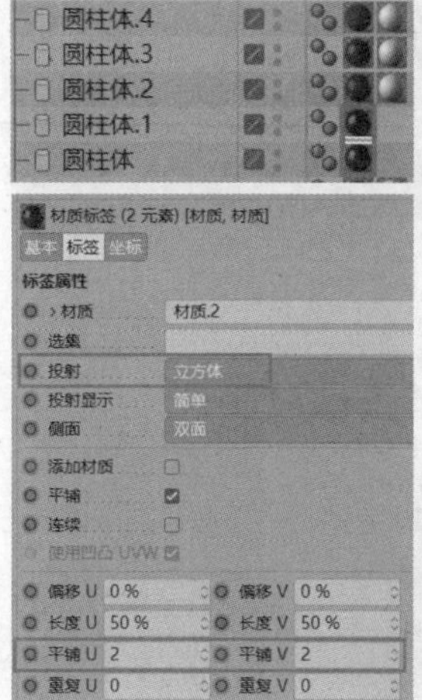

图 8-253

图 8-254

04 创建一个默认材质，设置“颜色”为墨绿色，勾选“反射”通道，设置“类型”为GGX，“层1”强度为3%，“粗糙度”为13%，“高光强度”为0%，如图8-255所示。将这个材质赋予其他圆柱体模型，渲染后的效果如图8-256所示。

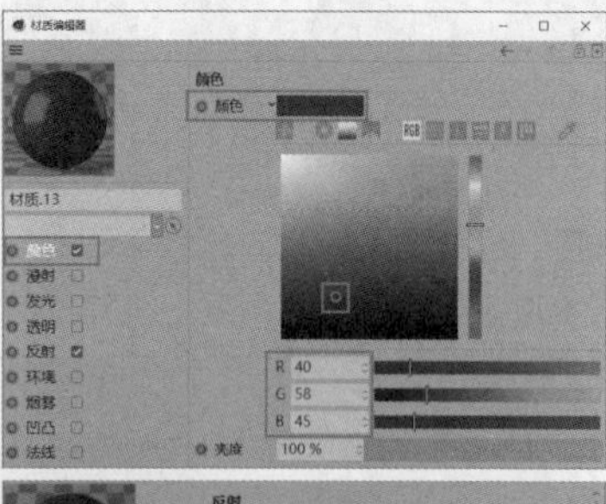

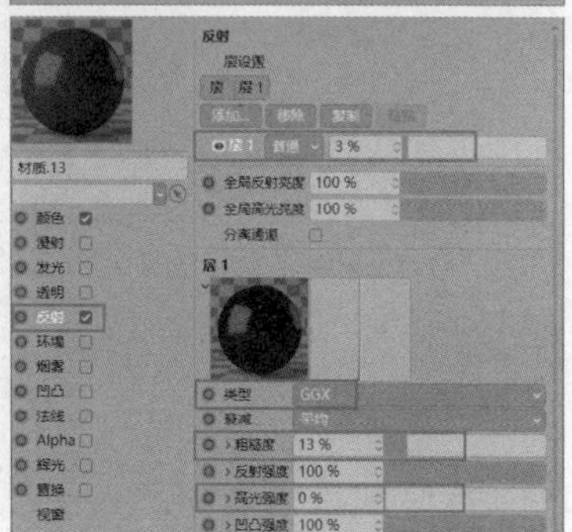

图 8-255

图 8-256

05 创建一个默认材质，设置“颜色”为深绿色，将材质赋予背景中的圆形，如图8-257所示。

图 8-257

06 使用“平面”工具创建一个平面模型，设置“宽度”为800cm、“高度”为900cm，将平面模型水平放到场景下方，如图8-258所示。场景模型的透视视图如图8-259所示。

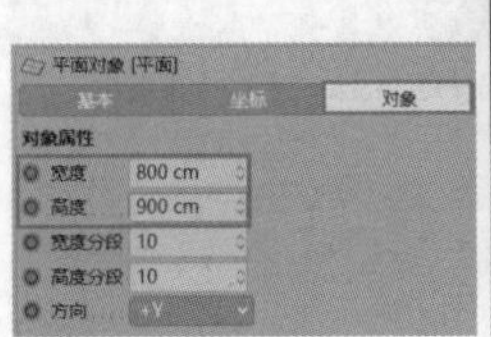

图 8-258

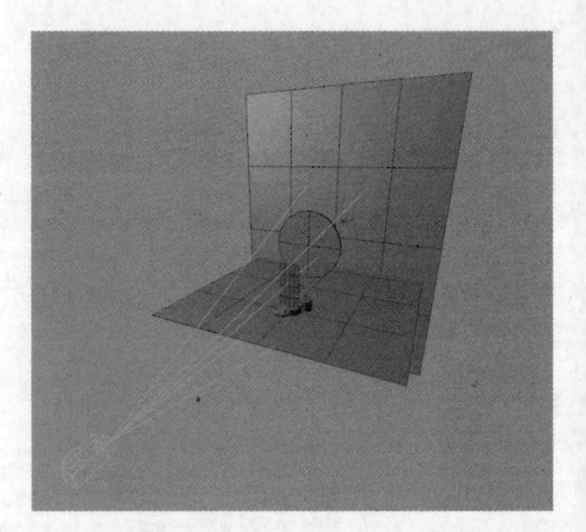

图 8-259

07 创建一个默认材质，勾选“反射”通道，设置“类型”为GGX，“层1”强度为100%，“粗糙度”为0%。这是一个镜面材质，将材质赋予平面模型，这样平面就可以像水一样反射场景，如图8-260所示。

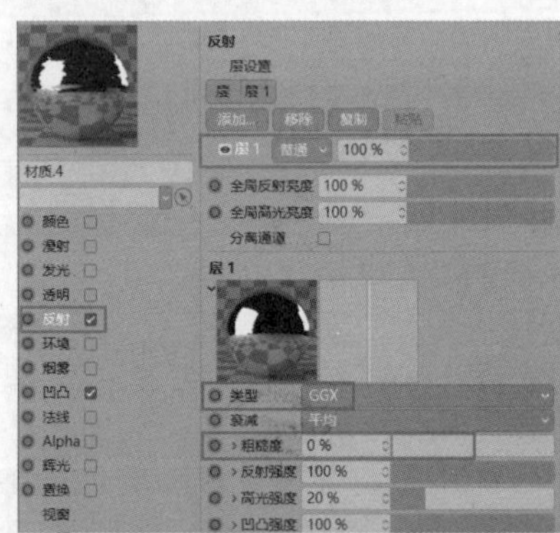

图 8-260

08 勾选“凹凸”通道，设置“纹理”为“噪波”，“全局缩放”为60%，“相对比例”为300%、26%和100%，如图8-261所示。设置了噪波的凹凸起伏后，平面就有了水面的波纹效果，如图8-262所示。

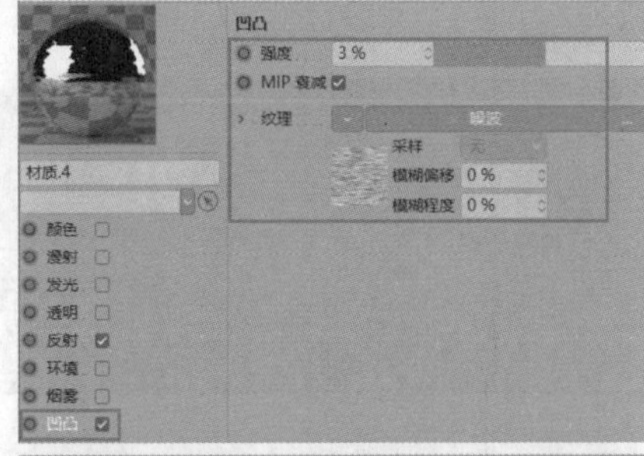

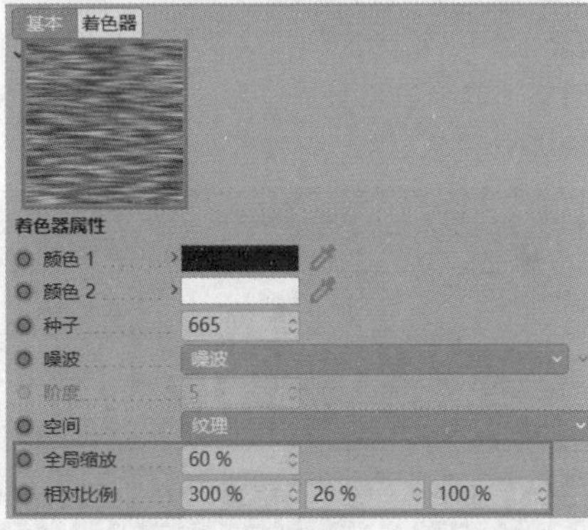

图 8-261

图 8-262

09 导入配套素材文件，将植物模型放置在场景的右后方，效果如图8-263所示。

图 8-263

疑难解答 **为什么水面的颜色由白色变为了深灰色？**

水面呈白色是在视图窗口中显示的效果，水面呈深灰色是渲染后的效果。渲染通常需要几分钟到几十分钟才会获得结果。视图窗口中显示的是大致的位置。可在制作完成后进行渲染，并查看效果。

8.4.4 渲染输出

01 打开“渲染设置”面板，在“输出”选项中设置“宽度”为1080像素，“高度”为1920像素，如图8-264所示。

渲染器 标准
输出
保存
多通道
抗锯齿
选项
立体
Team Render
材质覆写
Magic Bullet Looks
全局光照
输出
预置: Google Pixel/2
宽度 1080 像素
高度 1920
锁定比率
调整数据速率
分辨率 72 像素/英寸(DPI)
图像分辨率: 1080 x 1920 像素
渲染区域
胶片宽高比 0.562 自定义
像素宽高比 1 平方
帧频 30

图 8-264

02 设置“抗锯齿”为“最佳”,“最小级别”为1×1，“最大级别”为4×4，如图8-265所示。渲染完成的效果如图8-266所示。

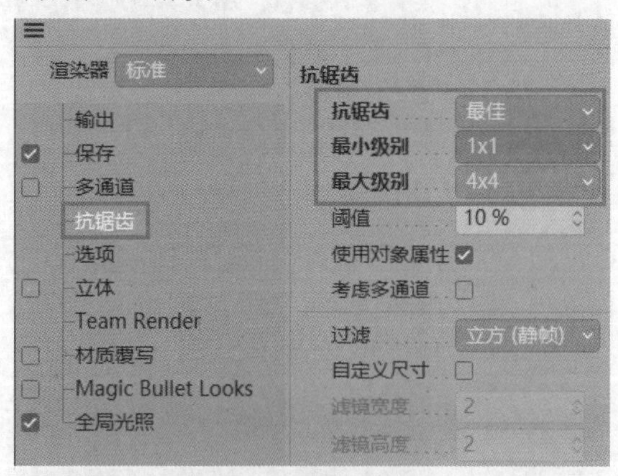

图 8-265

图 8-266

8.4.5 后期处理

01 将完成的图片导入Photoshop中，使用“文字工具”T.创建文案并进行排版，读者可以按自己的想法进行设计，如图8-267所示。

图 8-267

02 使用“矩形工具”□.绘制一些较扁的小矩形，加到文字的上方和下方作为装饰，最终效果如图8-268所示。

图 8-268

第 9 章 包装设计

■ 学习目的

本章将通过商业实战案例讲解包装设计的技巧和方法。通过对本章的学习，读者可以设计出吸引人、实用而又符合品牌形象的包装，从而更好地体现产品的价值。

■ 主要内容

- 包装的模型制作
- 包装模型的UV贴图
- 包装场景渲染技法

9.1 礼盒与礼袋

◇ 场景位置	无
◇ 实例位置	实例文件 >CH09> 礼盒与礼袋 .c4d
◇ 视频名称	礼盒与礼袋 .mp4
◇ 学习目标	掌握礼盒与礼袋的制作方法
◇ 操作重点	拆分 UV 以及制作贴图

本实例将介绍礼盒与礼袋的制作方法。礼盒属于方盒类。在包装设计中，方盒类包装是十分常见的，例如礼盒、手机盒、鞋盒和快递盒等。礼盒与礼袋的效果图需要重点展示盒子的外形与包装样式，如图9-1所示。

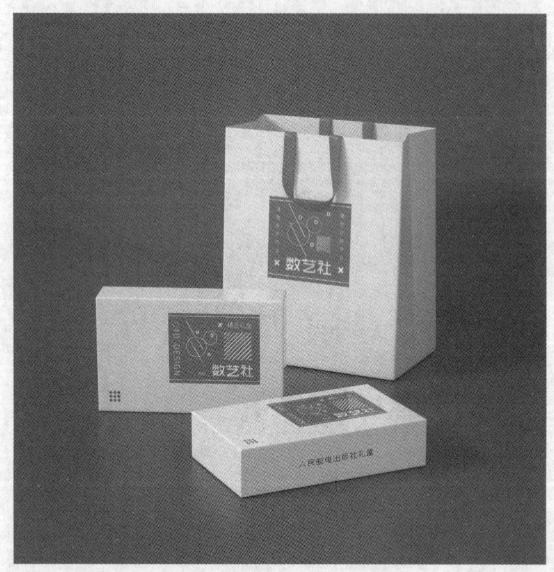

图 9-1

9.1.1 礼盒模型制作

在礼盒的制作过程中，需要先制作基础模型，然后进行UV拆分，接着制作贴图。

1.制作礼盒

01 在制作礼盒包装时，通常使用多边形体积建模，以获得更高的精度。使用“立方体”工具创建一个立方体模型，参数设置和效果如图9-2所示。

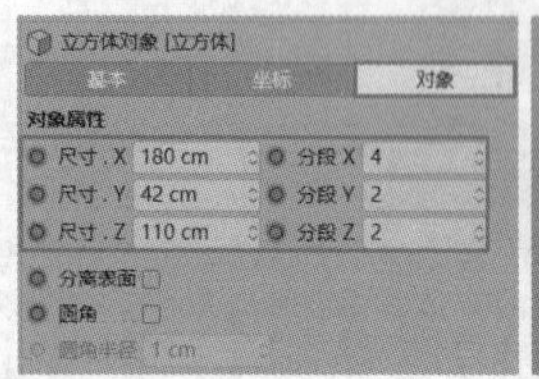

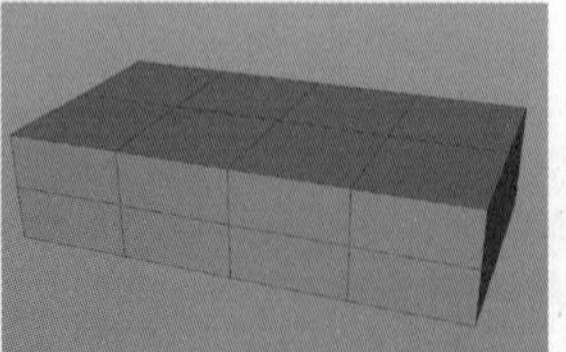

图 9-2

02 将模型转换为可编辑对象。选择模型所有的轮廓边（包括模型背后的边），如图9-3所示。单击鼠标右键，在弹出的菜单中选择“倒角”命令，然后设置“倒角模式”为“实体”,“偏移模式”为“固定距离”,“偏移”为2cm，即可在模型的轮廓边周围添加保护边，如图9-4所示。

图 9-3

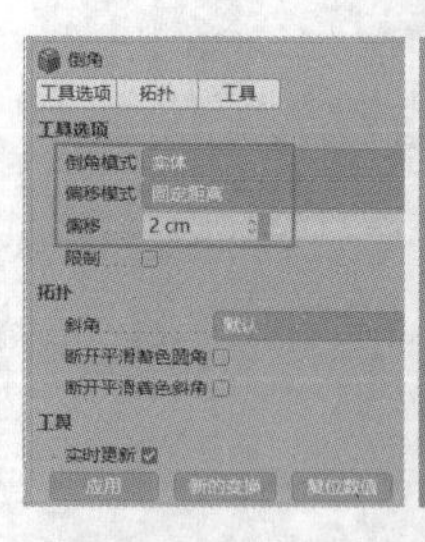

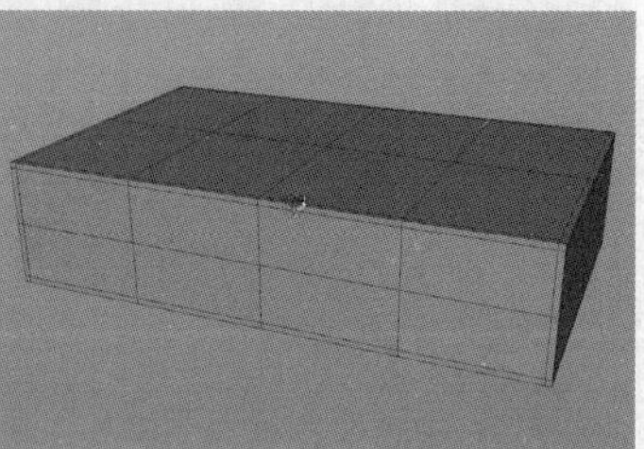

图 9-4

03 为模型添加“细分曲面”生成器，如图9-5所示。

图 9-5

2.拆分UV并导出

01 在Cinema 4D界面右上角的“界面”下拉菜单中选择BP-UV Edit选项，进入UV编辑界面，如图9-6所示。

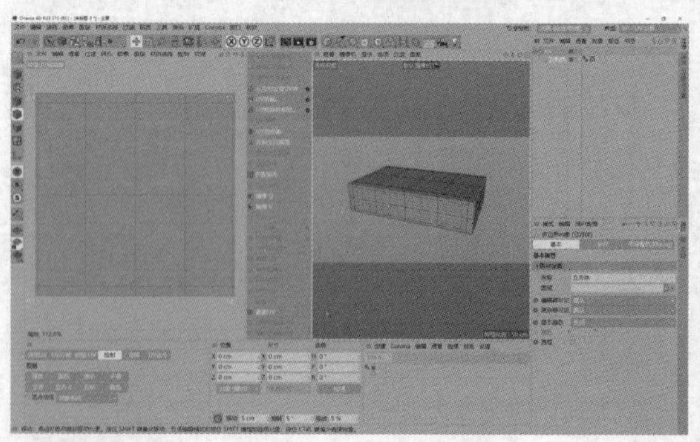

图 9-6

技巧提示 要拆分UV的模型无须进行细分，所以“立方体”对象可以暂时保持与“细分曲面”对象同层级，如图9-7所示。

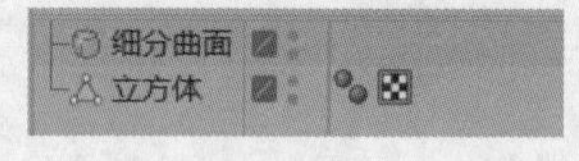

图 9-7

02 选择“立方体”对象，单击“面”按钮，然后选择“立方体”模型所有的面（快捷键为Ctrl+A），接着单击“投射”选项卡中的“前沿”按钮 前沿 ，如图9-8所示。

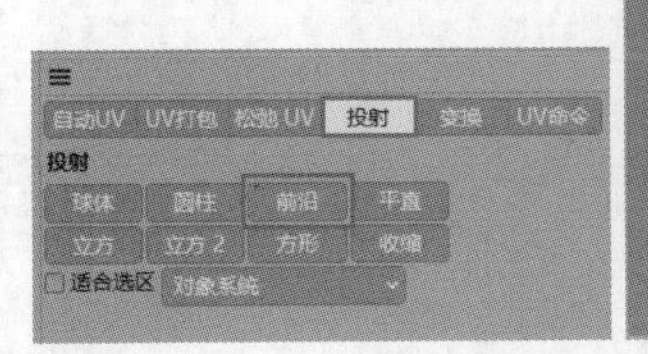

图 9-8

03 选择模型底部的面，如图9-9所示。单击“投射”选项卡中的“前沿”按钮 前沿 ，这样就可以把底部的UV面分离出来，如图9-10所示。

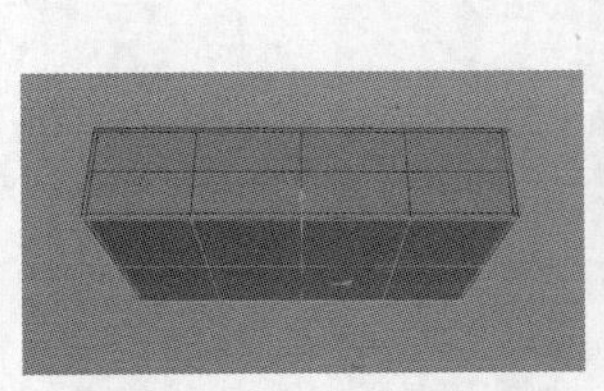

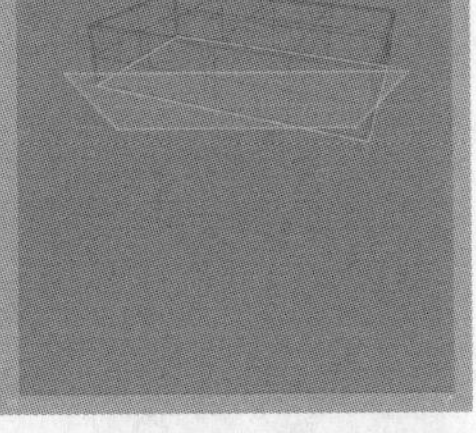

图 9-9　　图 9-10

04 模型的底部可以不贴图。使用“UV变换”工具（快捷键为Ctrl+T）将底面缩小，并放到界面的右下角，如图9-11所示。

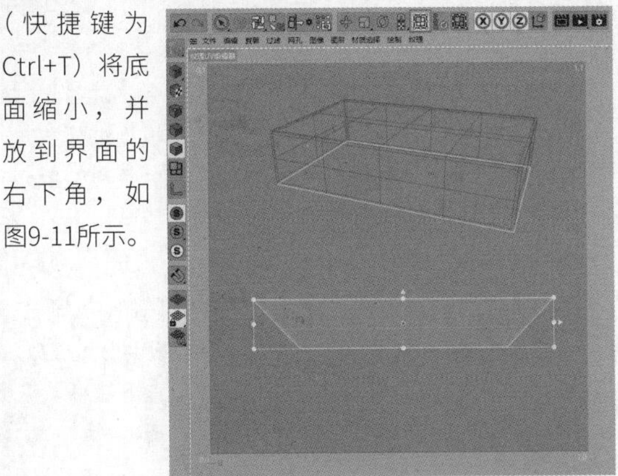

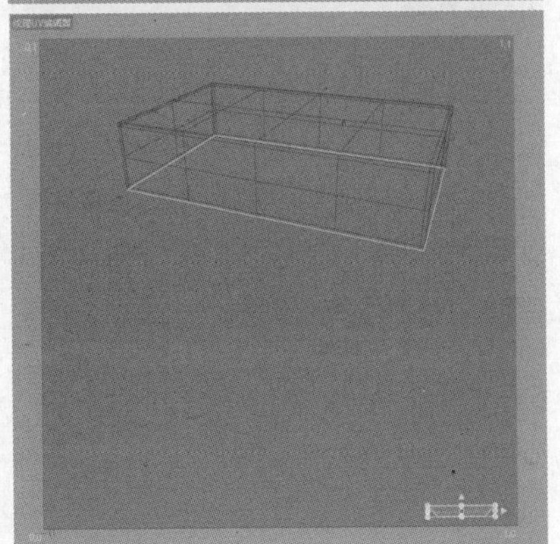

图 9-11

05 将需要贴图的面展开、铺平。先选择模型垂直方向的轮廓边（背面的边也需要选择），如图9-12所示。

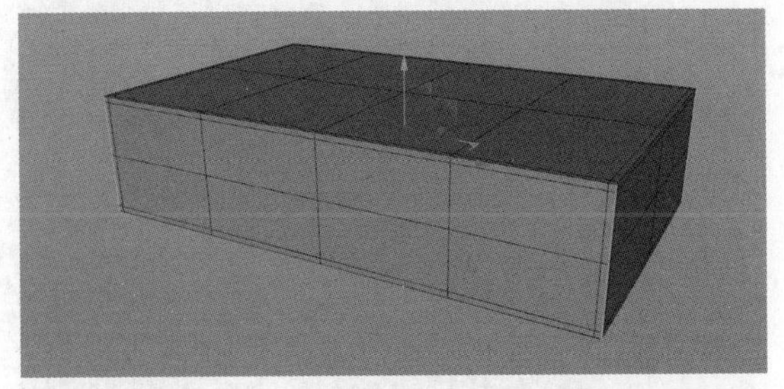

图 9-12

技巧提示 UV界面中也会显示被选择的边，如图9-13所示。

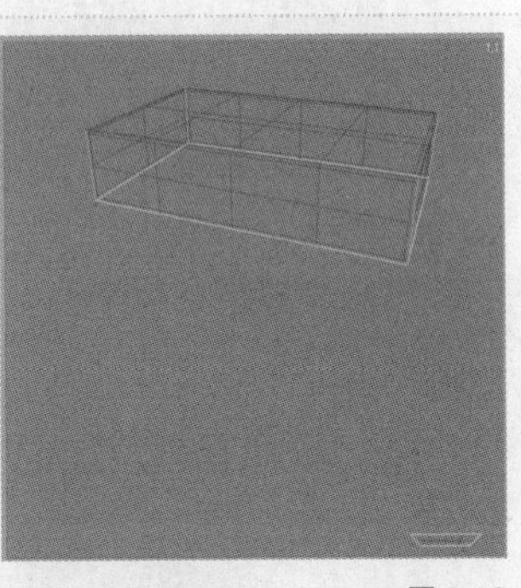

图 9-13

06 在“松弛UV”选项卡中，取消勾选“固定边界点”和“固定相邻边”选项，勾选“沿所选边切割”和“自动重新排列”选项，然后单击“应用”按钮 应用 对UV进行松弛，如图9-14所示。

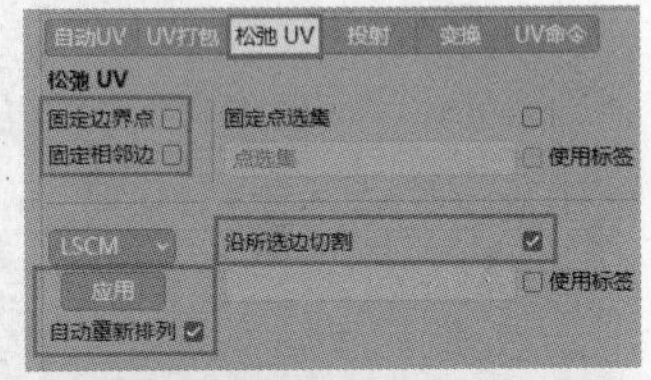

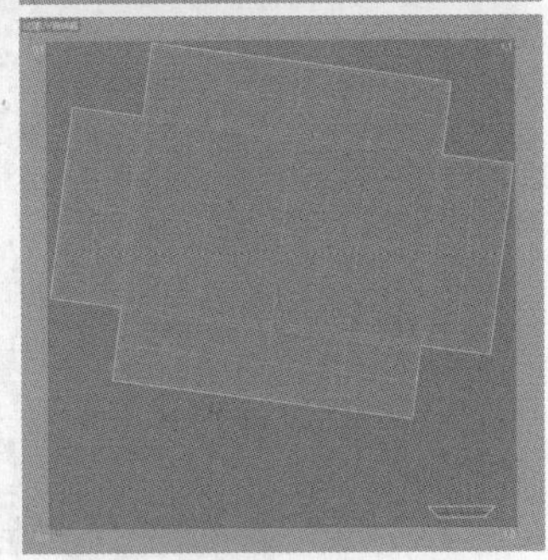

图 9-14

疑难解答 **为什么应用了“松弛UV”后画面没有反应？**

此操作非常容易出现的情况就是无法松弛UV。需要注意的是，一定要取消勾选“固定边界点”和“固定相邻边”选项（默认是勾选的），如果未取消勾选这两个选项，就无法松弛。同时注意勾选“沿所选边切割”选项，这样软件就会识别所选择的边，所以需要在边模式下选择要拆分的边。

07 使用“UV变换”工具将UV面旋转至图9-15所示的位置。

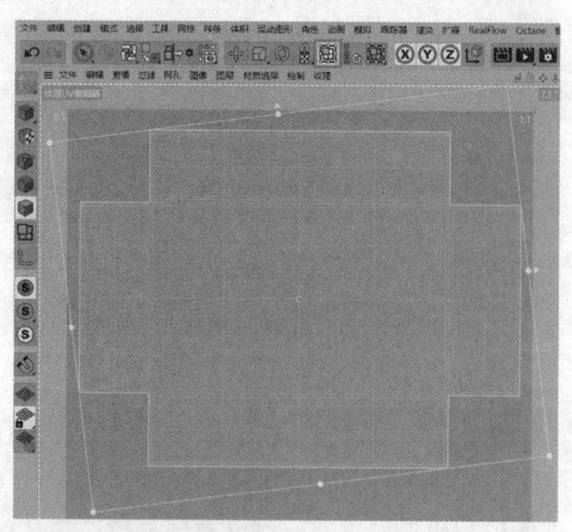

图 9-15

技术专题：确定UV面的方向

本实例中，UV面是左右且上下对称的，这种情况该如何确定UV面的方向呢？

选择左上角的UV面，此时可以看到模型中的左上角也被选中了，由此可以判断UV面方向是正确的，如图9-16所示。

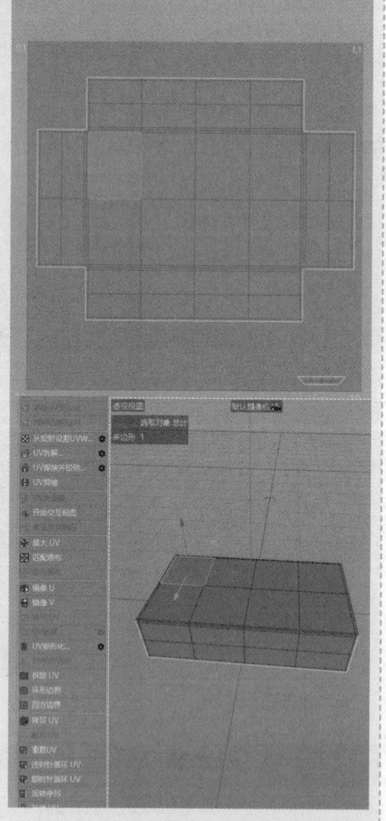

图 9-16

选择左上角的UV面，如果模型中显示的是右上角被选中，说明此时模型UV面的方向是左右相反的，如图9-17所示。执行“镜像U”命令，就可以将UV面左右镜像，获得正确的方向，如图9-18所示。

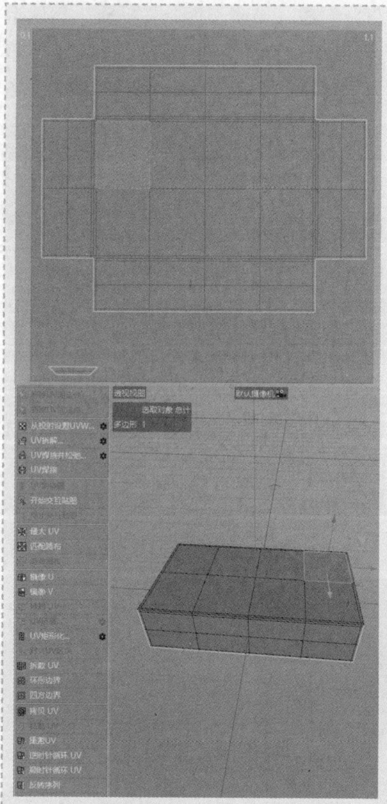

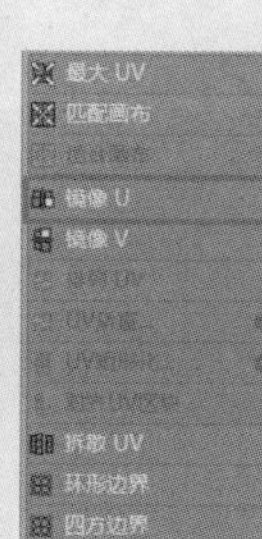

图 9-17　　图 9-18

选择左上角的UV面，如果模型中显示的是左下角被选中，说明此时模型UV面的方向是上下相反的，如图9-19所示。执行“镜像V”命令，就可以将UV面上下镜像，获得正确的方向，如图9-20所示。

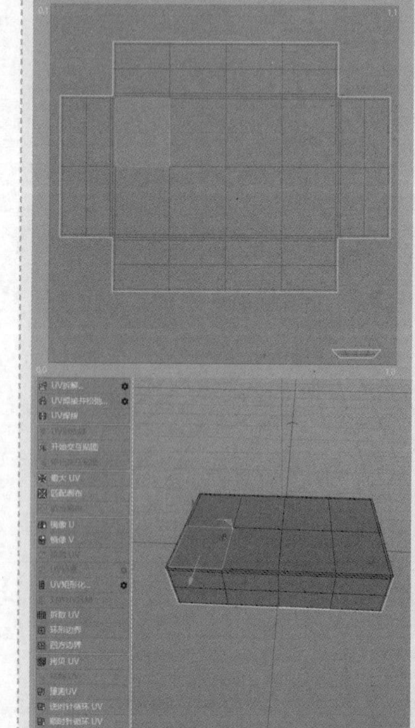

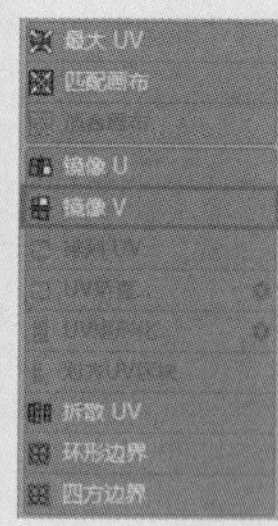

图 9-19　　图 9-20

08 执行“文件>新建纹理”菜单命令，设置“宽度”和“高度”均为4000像素，如图9-21所示。执行“图层>创建UV网格层”菜单命令，创建UV网格层，UV网格是白色的，如图9-22所示。默认的网格线比较细，可以放大视图进行查看。

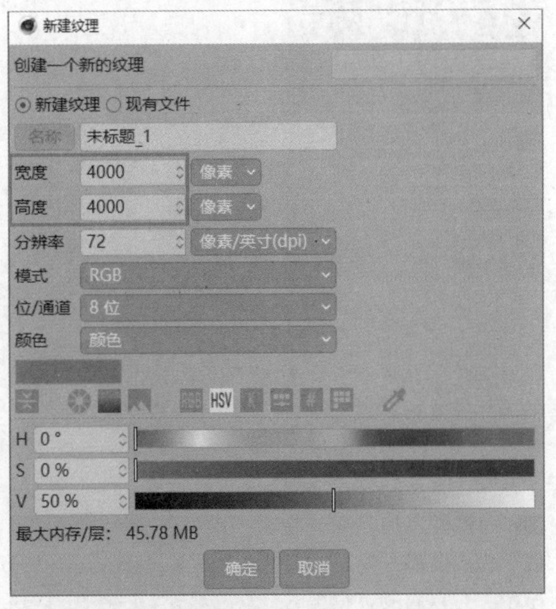

图 9-21

图 9-22

09 操作完成后，执行“文件>另存纹理为”菜单命令，将UV网格层导出为PSD格式文件。在Photoshop中打开保存的文件，可以看到背景与UV网格层，如图9-23所示。

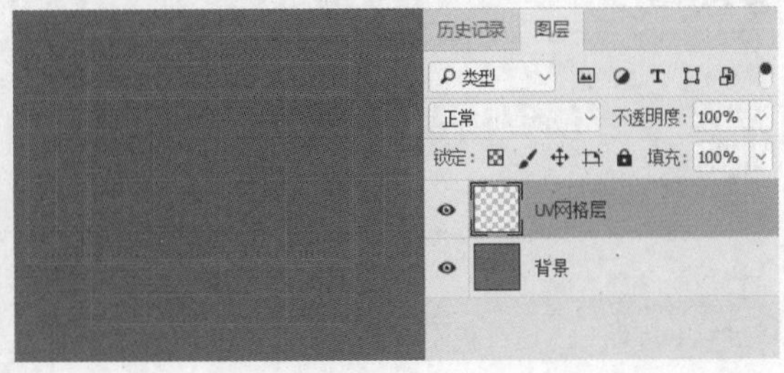

图 9-23

3.制作贴图

01 将导出的文件在Photoshop中打开，然后打开配套的贴图文件，如图9-24所示。将贴图置于UV网格中合适的位置，如图9-25所示。

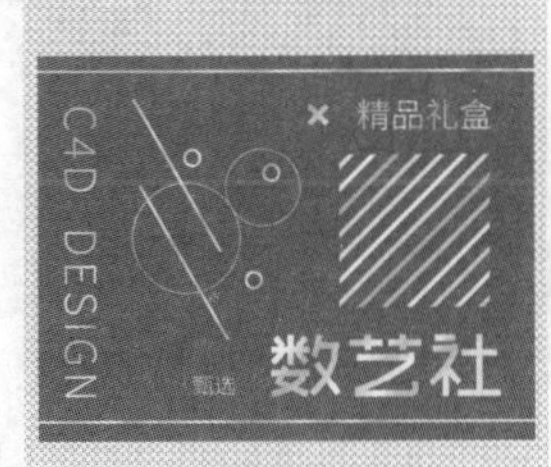

图 9-24

图 9-25

02 将文字素材加到UV网格的下方，如图9-26所示。关闭背景与UV网格所在图层，然后将文件导出并存储为PSD格式文件，命名为“礼盒”，如图9-27所示。

图 9-26

图 9-27

技巧提示 绘制好的UV贴图通常保存为PNG或PSD格式。

9.1.2 礼袋模型制作

礼袋的制作流程与礼盒是一样的，只不过礼袋模型的制作过程稍微复杂一些。

1.制作礼袋

01 使用“立方体”工具创建一个立方体模型，然后将其转为可编辑对象，参数设置和效果如图9-28所示。

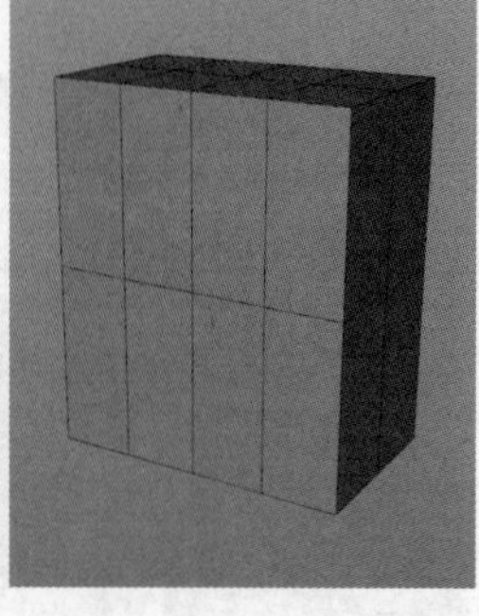

图 9-28

02 切换为面模式，然后选择模型的顶面，并将其删除，接着选择模型顶部两边的中点，将其向模型内部移动，如图9-29所示。

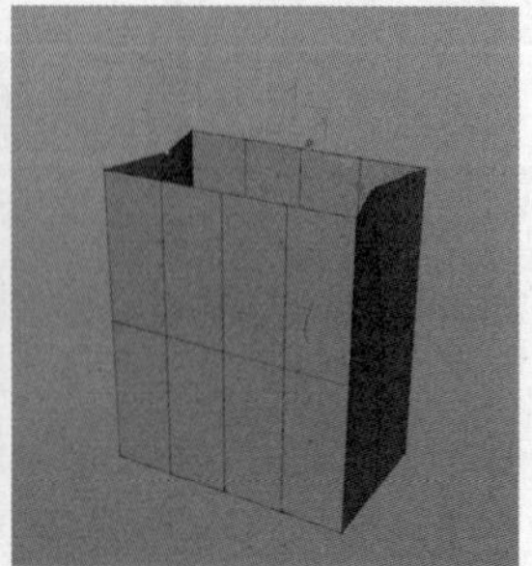

图 9-29

03 选择模型侧面中间的点，然后将其向模型内部移动一些距离，如图9-30所示。选择模型顶部所有的点，收缩袋口，然后选择模型中间的一排点，略向内部收缩，如图9-31所示。

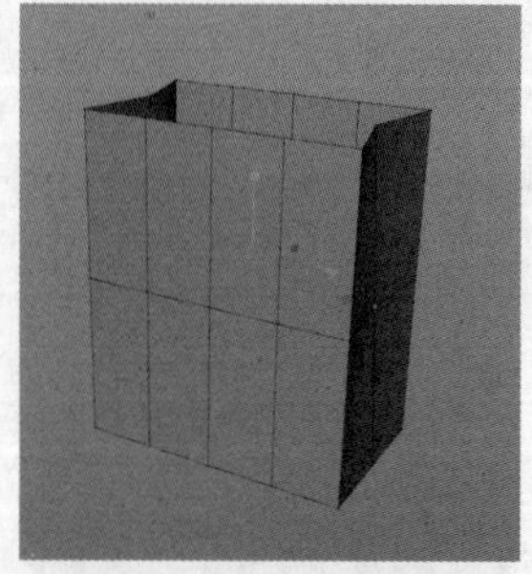

图 9-30

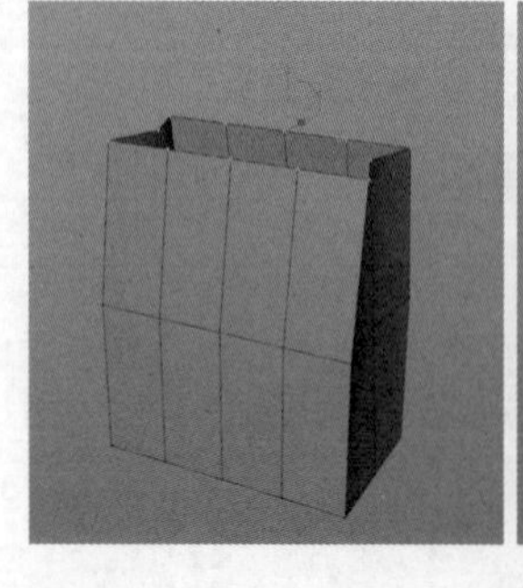

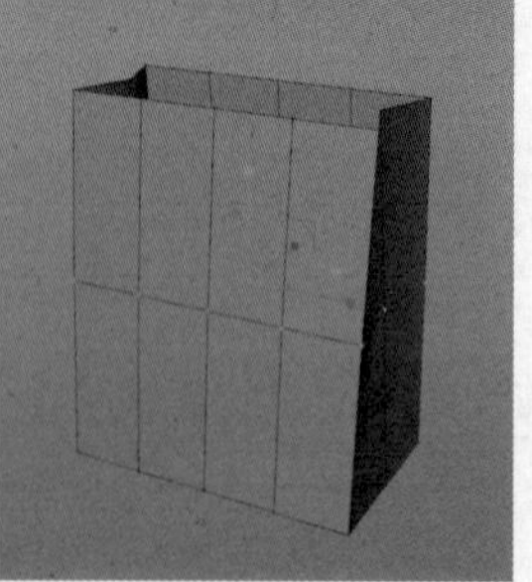

图 9-31

04 选择模型的轮廓边，单击鼠标右键，在弹出的菜单中选择“倒角”命令，设置“倒角模式”为“实体”,“偏移模式”为“固定距离”,“偏移”为5cm，如图9-32所示。为模型轮廓添加保护边，如图9-33所示。

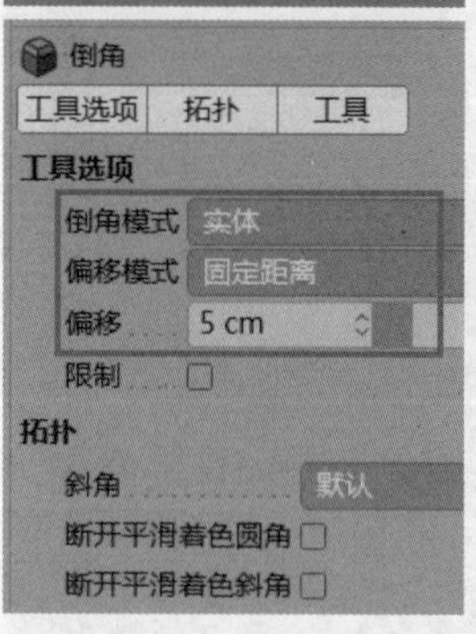

图 9-32

图 9-33

05 为模型添加“细分曲面”生成器，如图9-34所示。可以看到，模型的侧边变成了圆角的。

图 9-34

06 选择模型侧面中间的边，如图9-35所示。单击鼠标右键，在弹出的菜单中选择“倒角”命令，参数设置和效果如图9-36所示。为模型侧面中间的边添加保护边后，模型的转折更加明显了，如图9-37所示。

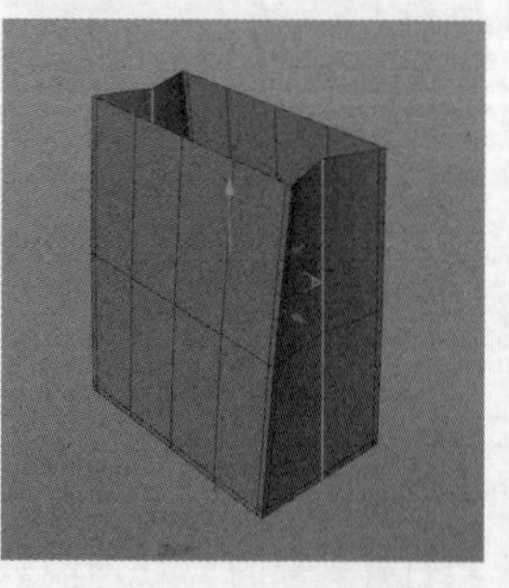

图 9-35

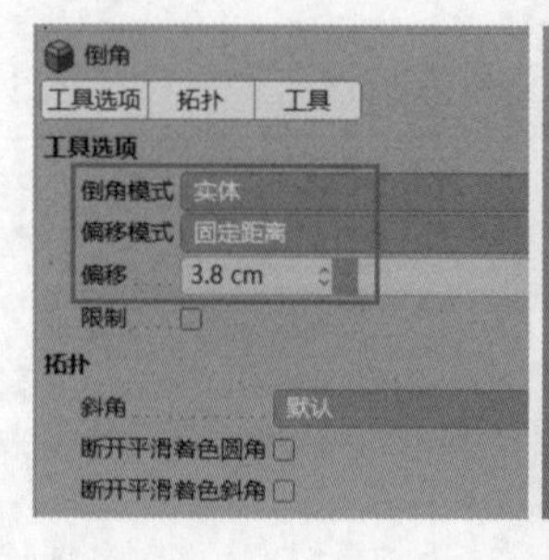

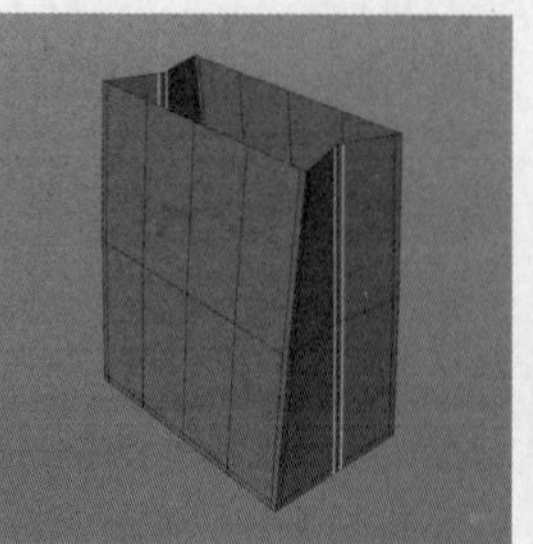

图 9-36

图 9-37

07 选择“样条画笔”工具，在正视图中绘制出图9-38所示的两个样条，两个样条一宽一窄，长度不一。切换到右视图，将两个样条拉开一些距离，如图9-39所示。

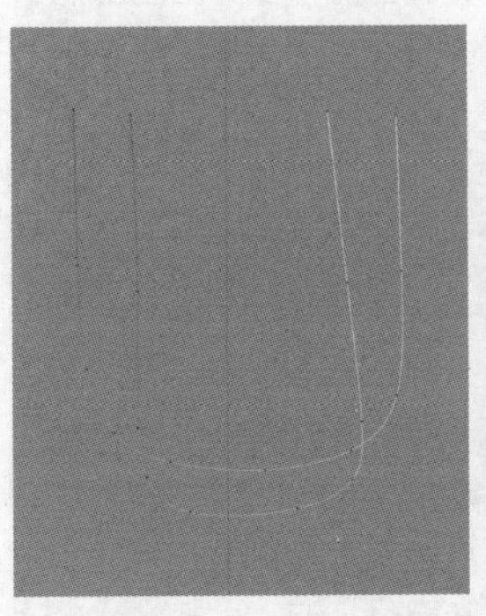

图 9-38

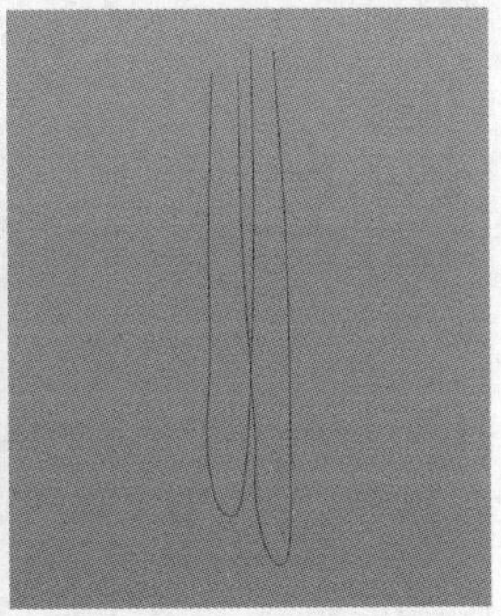

图 9-39

08 使用“放样”生成器将两个样条对象加入“放样”对象的子层级中，如图9-40所示。在“对象”选项卡中，设置“网孔细分U”为16,“网孔细分V”为2，模型的布线减少后便于调整，如图9-41所示。

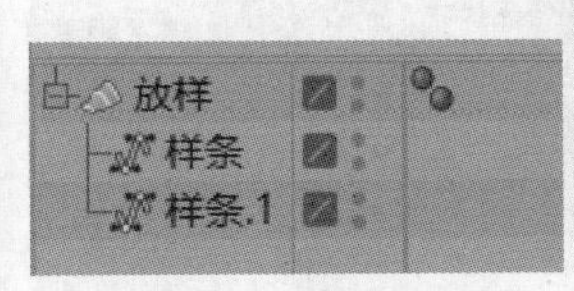

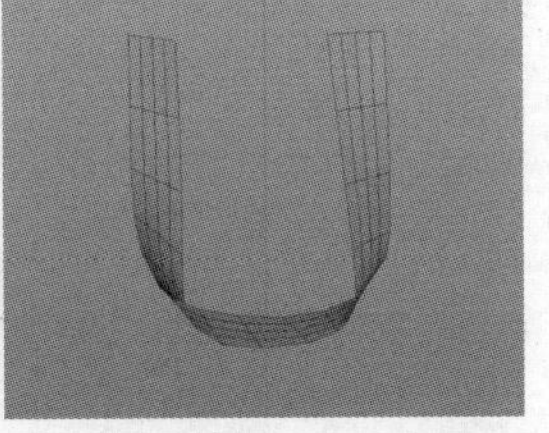

图 9-40

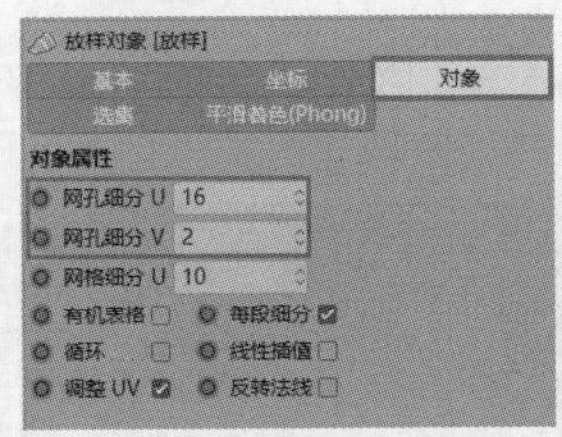

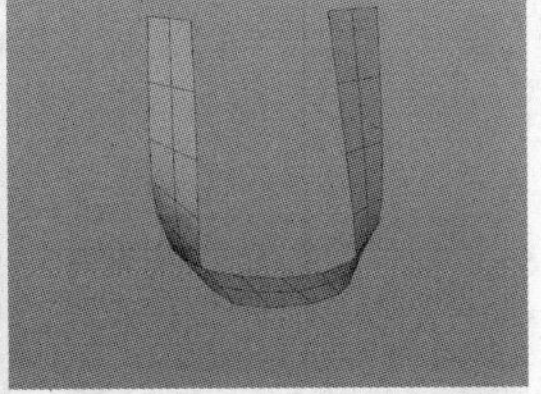

图 9-41

09 将手提绳模型转换为可编辑对象，然后将手提绳与制作出的袋子模型相结合。选择手提绳的一条边，然后将其向袋子内侧挤压，接着向下挤压，如图9-42所示。

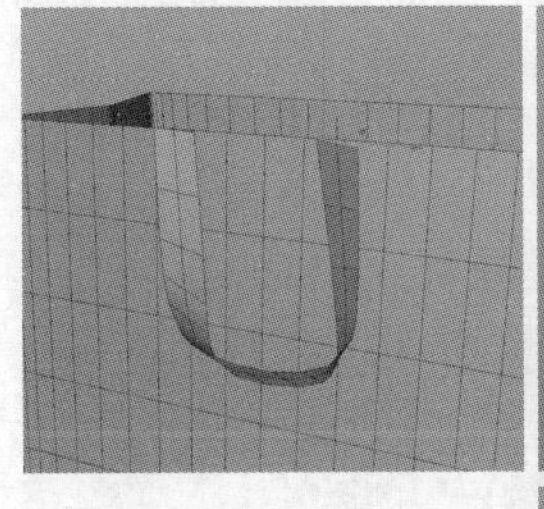

图 9-42

10 用同样的方式处理另一条手提绳，如图9-43所示。为完成的模型添加“细分曲面”生成器，得到的效果如图9-44所示。

图 9-43

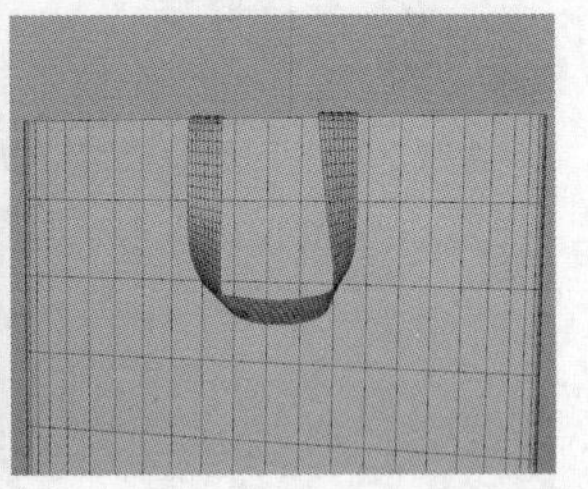

图 9-44

11 此时的模型是没有厚度的，如果想要体现出袋子的厚度，可以为模型添加“布料曲面”生成器，如图9-45和图9-46所示。

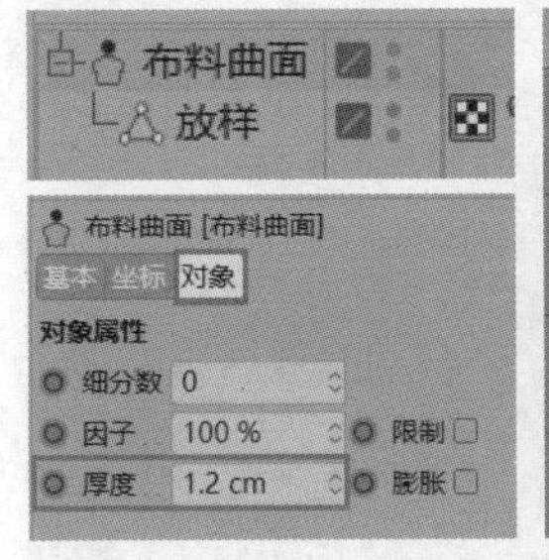

图 9-45

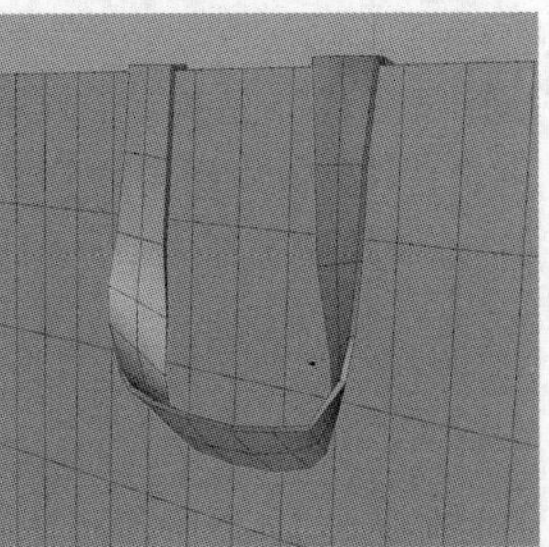

图 9-46

12 制作完成后，为模型添加“细分曲面”生成器，如图9-47所示。

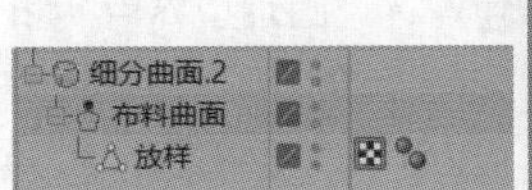

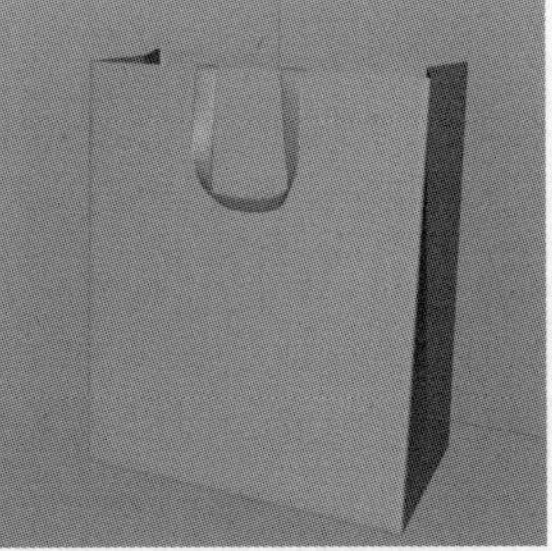

图 9-47

2.拆分UV并导出

01 在Cinema 4D界面右上角的“界面”下拉菜单中选择BP-UV Edit选项，进入UV编辑界面，拆分UV模型时不需要细分，可以先取消层级关系，如图9-48所示。

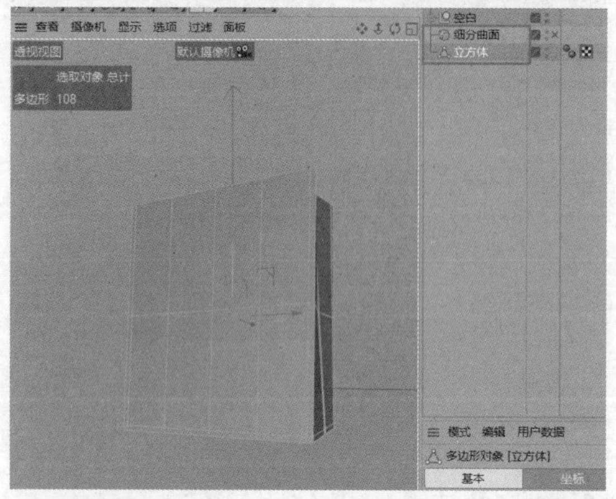

图 9-48

02 选择“立方体”对象所有的面，单击“投射”选项卡中的“前沿”按钮，如图9-49所示。

图 9-49

03 使用“UV变换”工具将整个UV面放置到界面右上角，然后选择需要贴图的面，如图9-50所示。

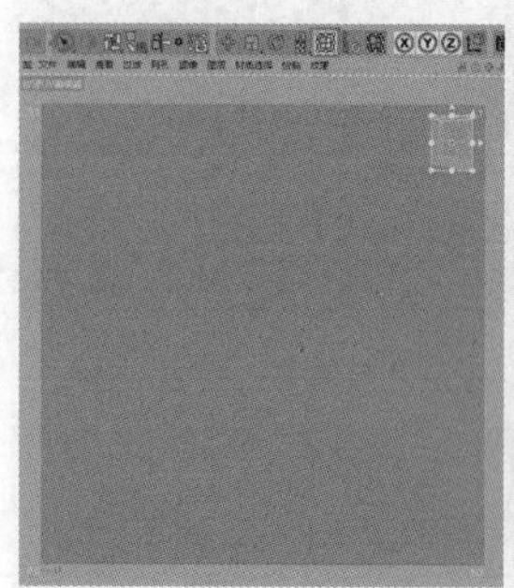

图 9-50

04 单击“投射”选项卡中的“前沿”按钮，然后在“松弛UV”选项卡中取消勾选“固定边界点”和“固定相邻边”选项，勾选“沿所选边切割”和“自动重新排列”选项，接着单击“应用”按钮，如图9-51所示。对UV进行松弛，如图9-52所示。

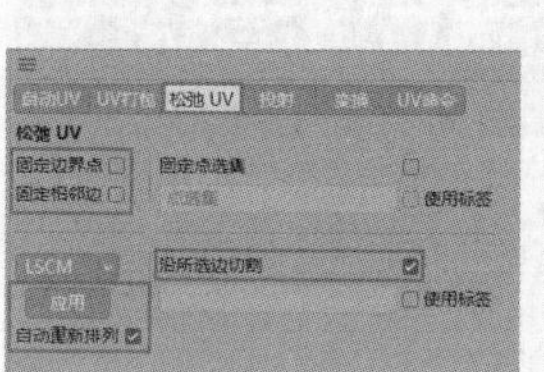

图 9-51

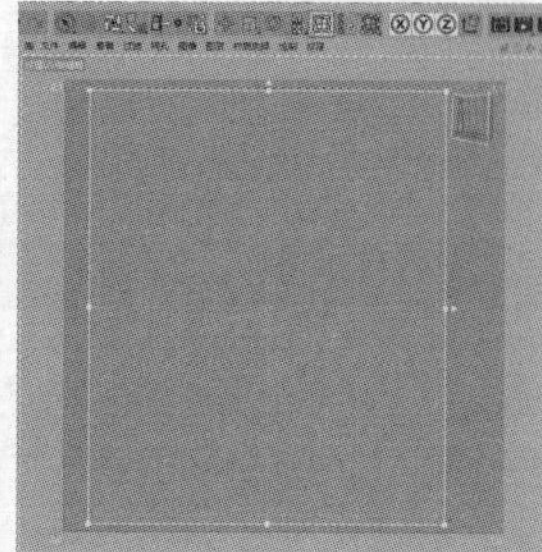

图 9-52

05 UV拆分完成后就可以导出UV网格到Photoshop中进行贴图了。执行“文件>新建纹理”菜单命令，在弹出的“新建纹理”面板中，设置“宽度”和“高度”均为4000像素，如图9-53所示。执行“图层>创建UV网格层”菜单命令，完成后就可以导出了。执行“文件>另存纹理为”菜单命令，将UV网格层导出为PSD格式文件。

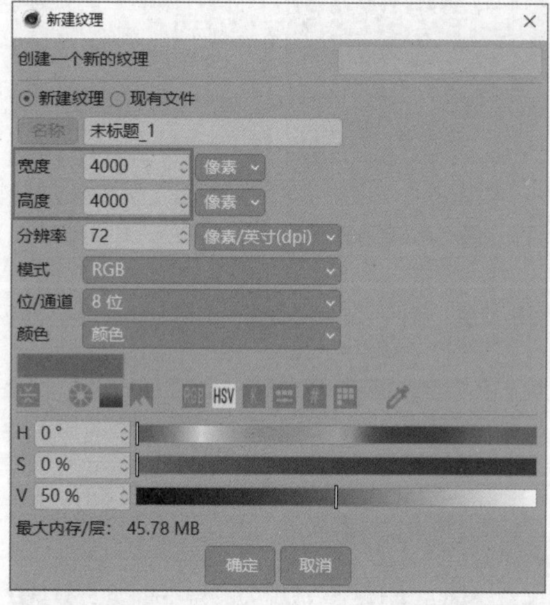

图 9-53

3.制作贴图

01 将导出的文件在Photoshop中打开。将贴图素材放置到UV贴图的中间位置，如图9-54所示。

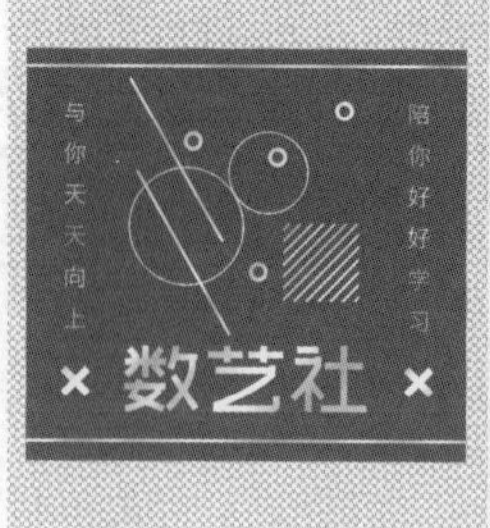

图 9-54

02 关闭背景与UV网格所在图层，然后将文件导出并存储为PSD格式文件，命名为“礼盒袋子”，如图9-55所示。

图 9-55

9.1.3 摄像机与灯光创建

01 在“Octane设置”面板中进行初始设置，使用“路径追踪”模式，设置“最大采样”为100，“全局光照修剪”为1，如图9-56所示。

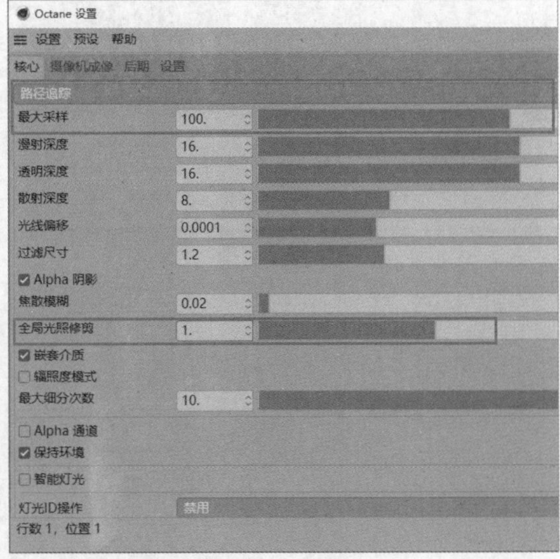

图 9-56

02 执行“对象>Octane摄像机”菜单命令，创建摄像机，参数设置如图9-57所示。在“渲染设置”面板中选择“输出”选项，设置“宽度”和“高度”均为2000像素，如图9-58所示。

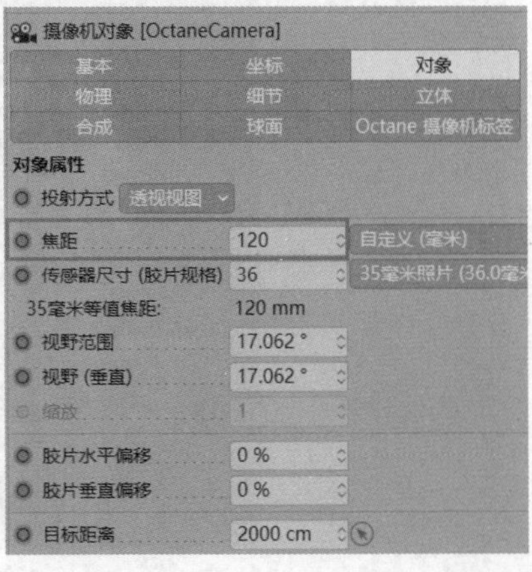

图 9-57

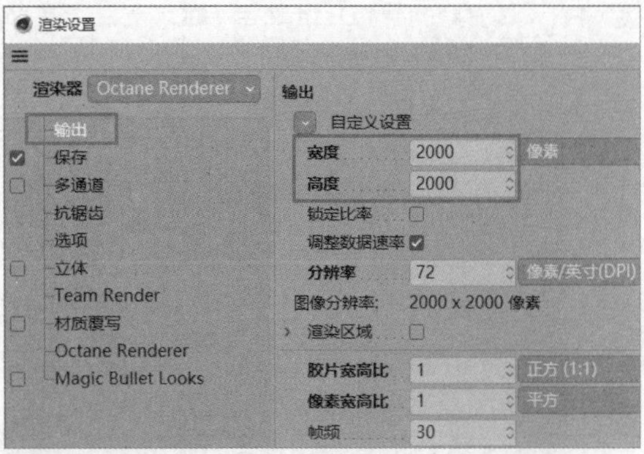

图 9-58

03 将制作好的模型摆放好，并调整摄像机的位置，如图9-59所示。使用“平面”工具创建一个平面模型作为场景的地面，在“对象”选项卡中设置“宽度”和“高度”均为2000cm，如图9-60所示。

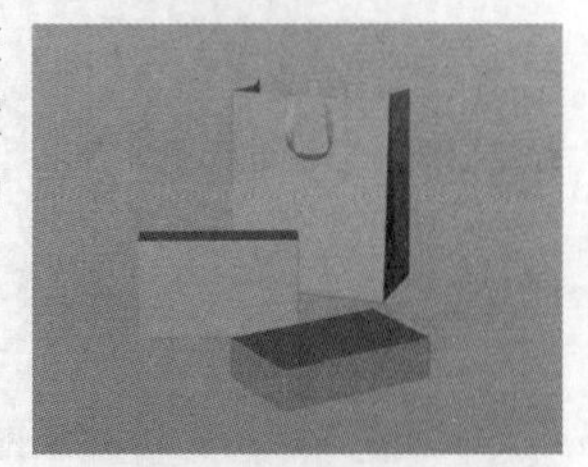

图 9-59

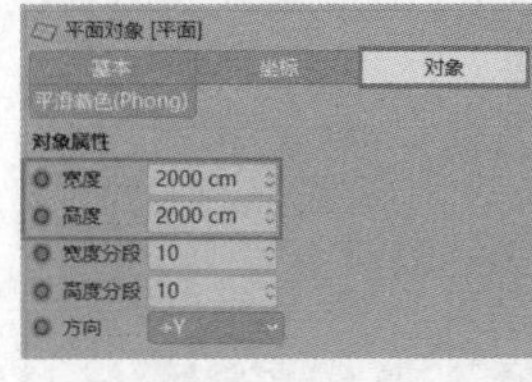

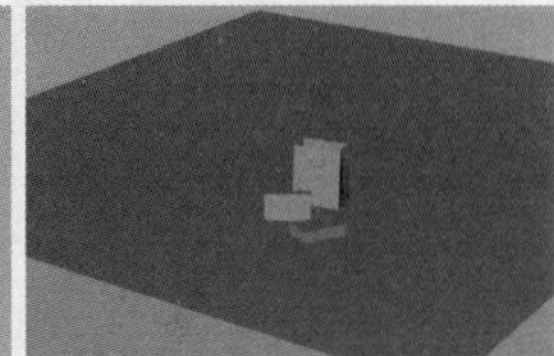

图 9-60

04 将地面模型复制一份，旋转为垂直的面，作为墙面，如图9-61所示。渲染后的效果如图9-62所示。

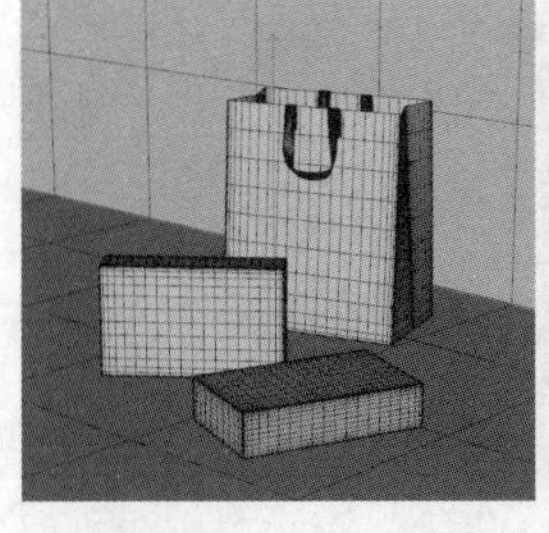

图 9-61

图 9-62

技巧提示 Octane初始设置的参数在本书中是通用的。如果读者忘记了其中具体参数的含义，可以回到第7章进行复习。

05 执行“对象>灯光>Octane目标区域光”菜单命令，创建目标区域光，灯光的位置与大小如图9-63所示。设置灯光“类型”为“纹理”,“强度”为65，如图9-64所示。

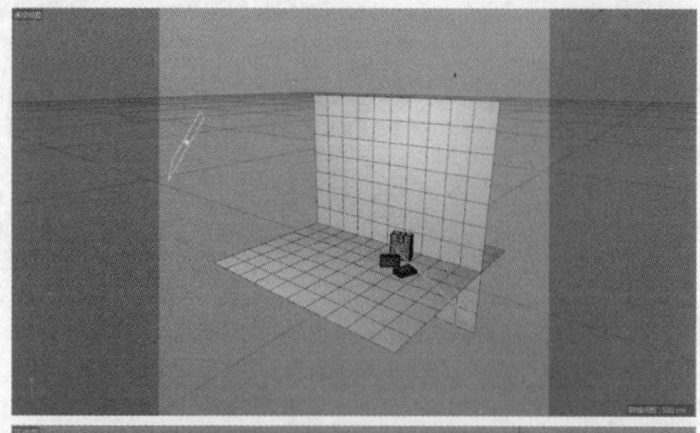
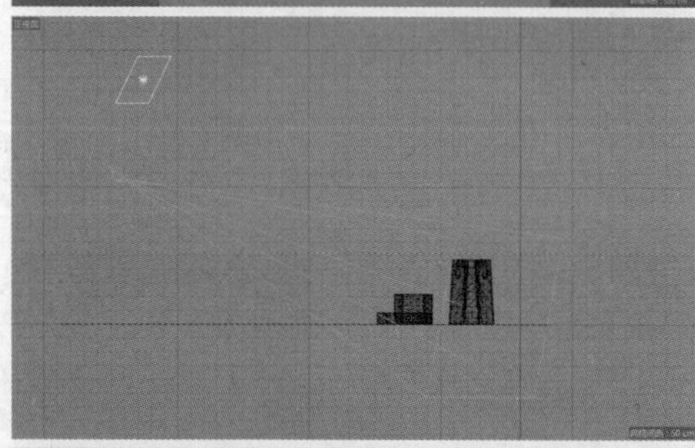
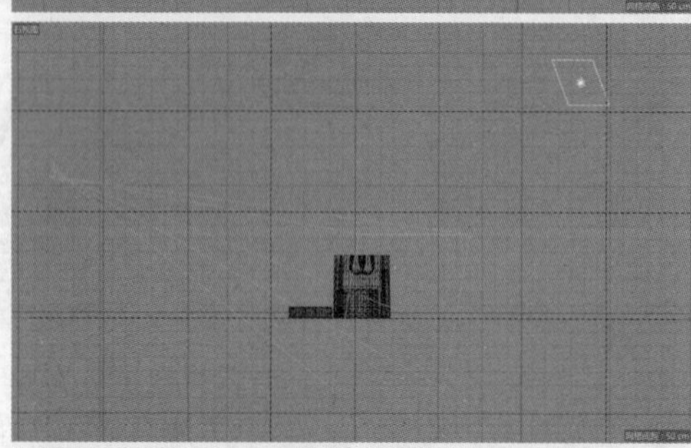
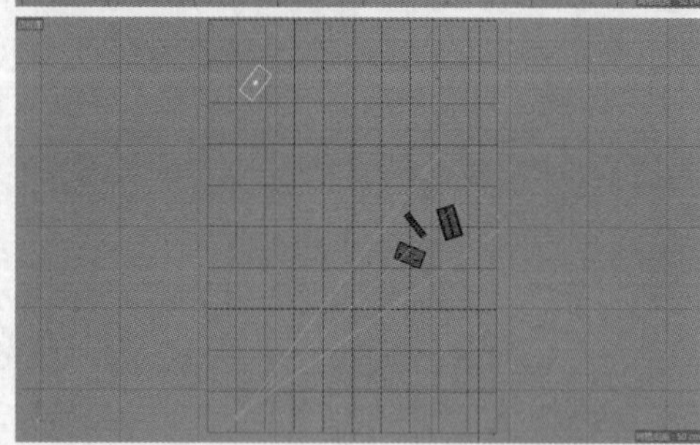

图 9-63

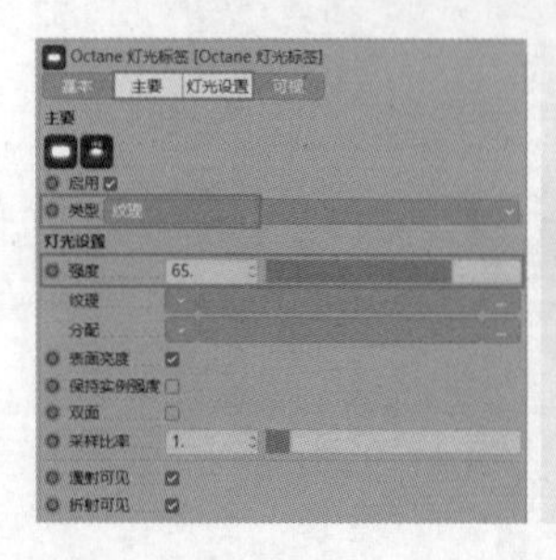

图 9-64

9.1.4 材质制作

01 创建一个光泽材质，参数设置如图9-65所示。将材质赋予背景，如图9-66所示。

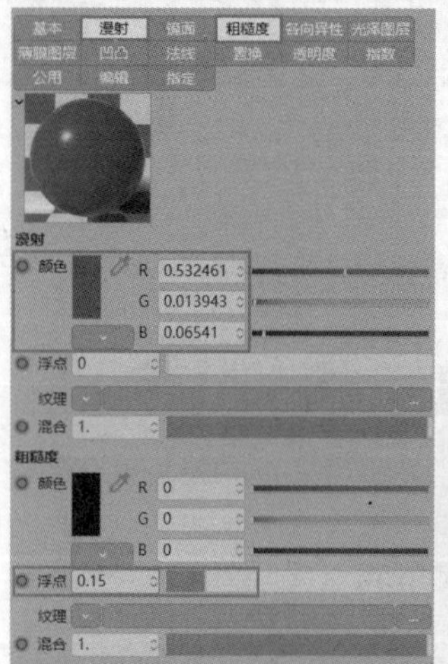

图 9-65

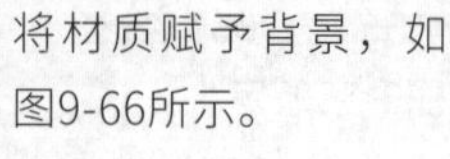
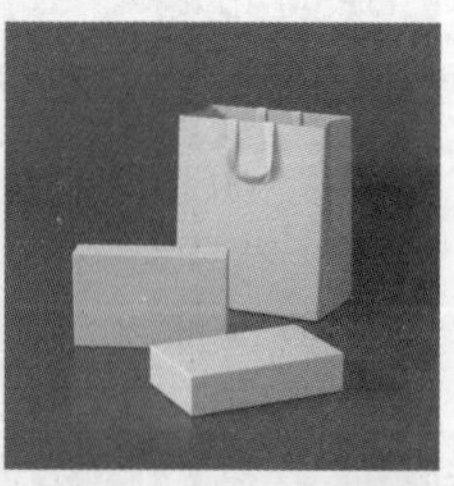

图 9-66

02 创建一个光泽材质，然后将“图像纹理”节点链接“漫射”通道，接着选择“图像纹理”节点，在“文件”选项中导入之前制作的“礼盒.psd”文件，如图9-67所示。将材质赋予礼盒，如图9-68所示。

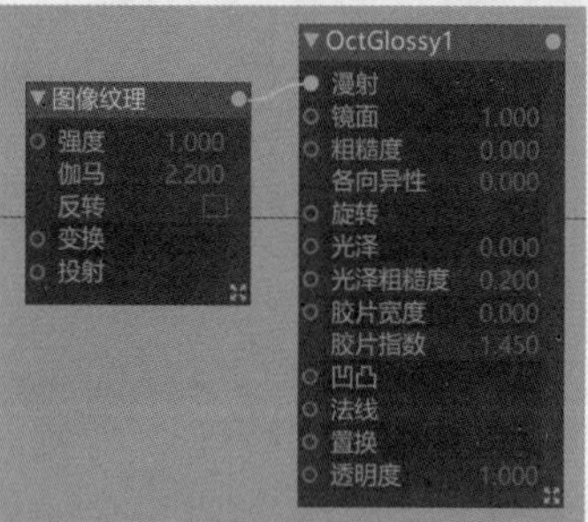
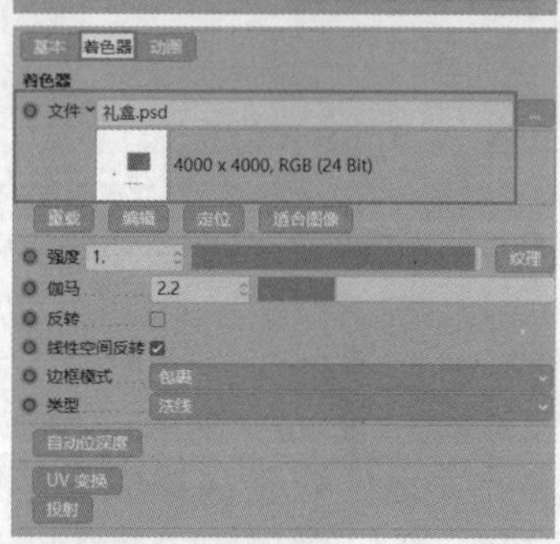

图 9-67

图 9-68

技巧提示 目前整体的渲染效果是不错的，但仔细观察会发现礼盒的材质过于白了。步骤中没有制作白色材质，那么白色是从哪里来的呢？这是因为制作的贴图是透明的，空白处是没有颜色的，此时软件会自动加入白色。这种效果并不是我们想要的，所以接下来需要为礼盒没有材质的地方赋予一个光泽材质。

03 创建一个光泽材质，在“漫射”通道中设置“颜色”为绿色，如图9-69所示。此处的颜色是为了便于查看，读者可任意设置。

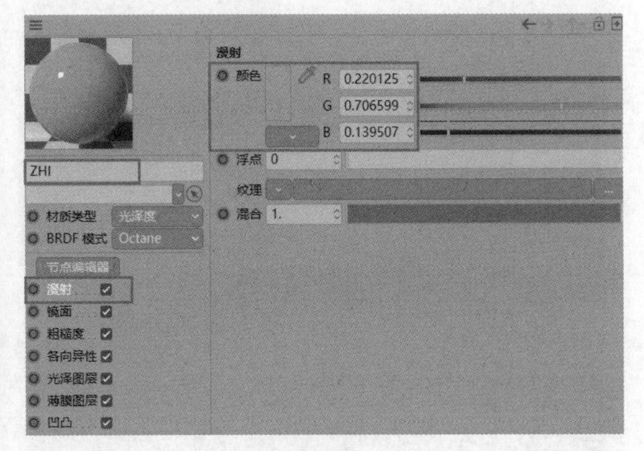

图 9-69

04 创建一个混合材质，设置“材质1”为有贴图的礼盒材质，“材质2”为绿色材质，如图9-70所示。这样两个材质就混合成了一个材质，渲染后的效果如图9-71所示。

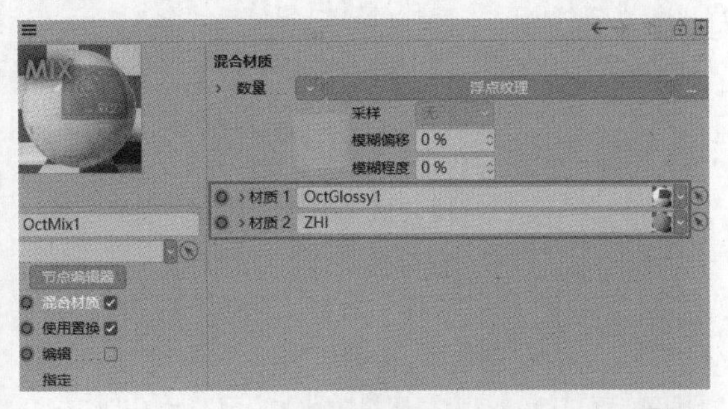

图 9-70

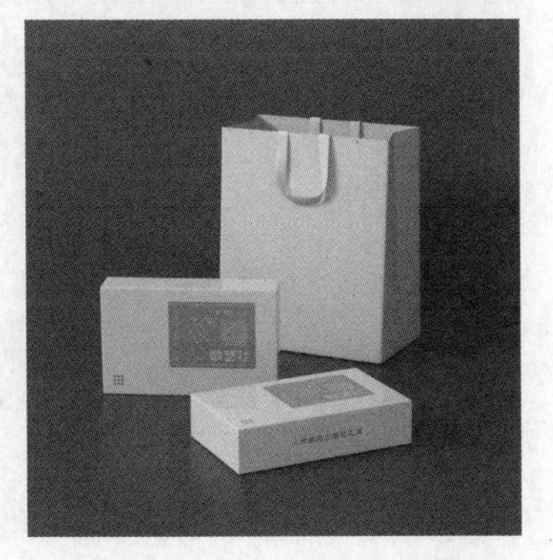

图 9-71

05 将“图像纹理”节点链接混合材质的“数量”通道，这样“图像纹理”的黑白信息就会控制“材质1”与“材质2”显示与否，如图9-72所示。

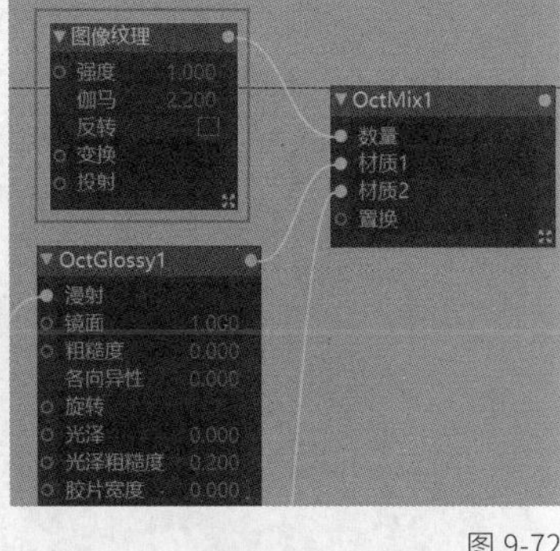

图 9-72

06 选择“图像纹理”节点，在“文件”选项中导入之前制作的“礼盒.psd”文件，设置“类型”为Alpha，如图9-73所示。将绿色材质调整为浅灰色材质，如图9-74所示。

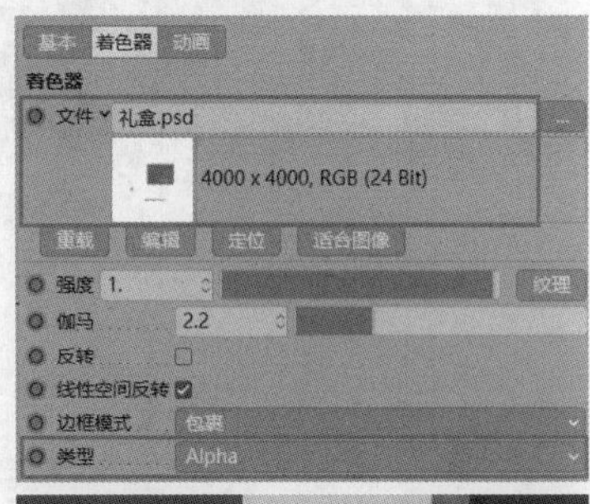

图 9-73

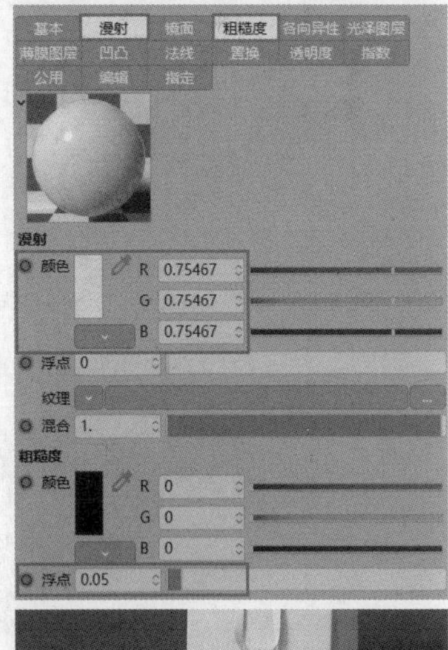

图 9-74

技巧提示 创建混合材质后，节点视图有些乱，如图9-75所示。除了手动拖曳调整节点外，还可以执行“视图>自动对齐所选”菜单命令快速整理节点，如图9-76所示。

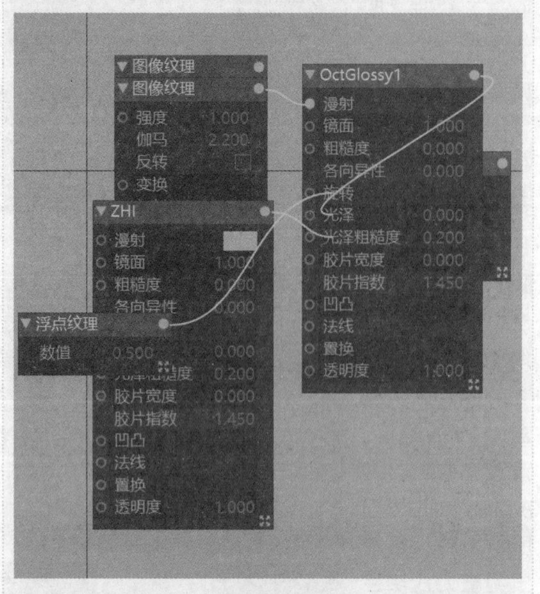

图 9-75

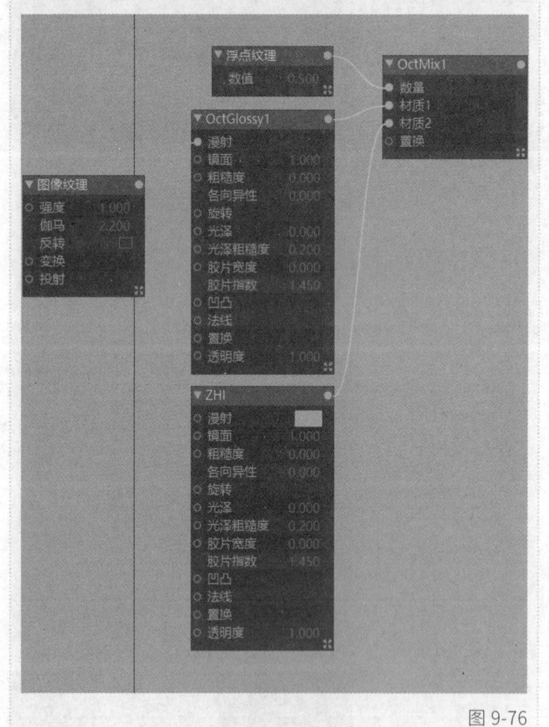

图 9-76

07 礼袋材质的制作方法与礼盒是一样的。创建一个光泽材质，然后将“图像纹理”节点链接“漫射”通道，接着选择“图像纹理”节点，在“文件”选项中导入之前制作的“礼盒袋子.psd”文件，如图9-77所示。

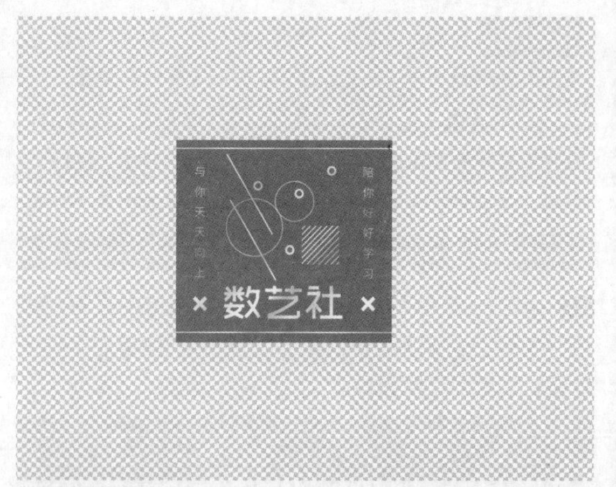

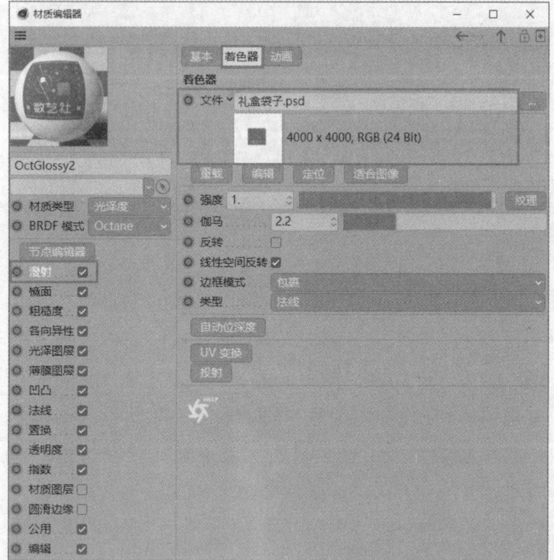

图 9-77

08 创建一个混合材质，参数设置如图9-78所示。将“图像纹理”节点链接混合材质的“数量”通道，这样“图像纹理”的黑白信息就会控制“材质1”与“材质2”显示与否。选择“图像纹理”节点，在“文件”选项中导入之前制作的“礼盒袋子.psd”文件，设置“类型”为Alpha，将材质赋予礼袋，如图9-79所示。

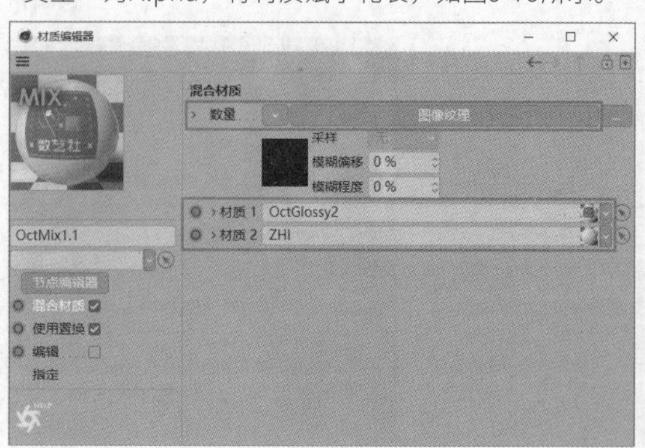

图 9-78

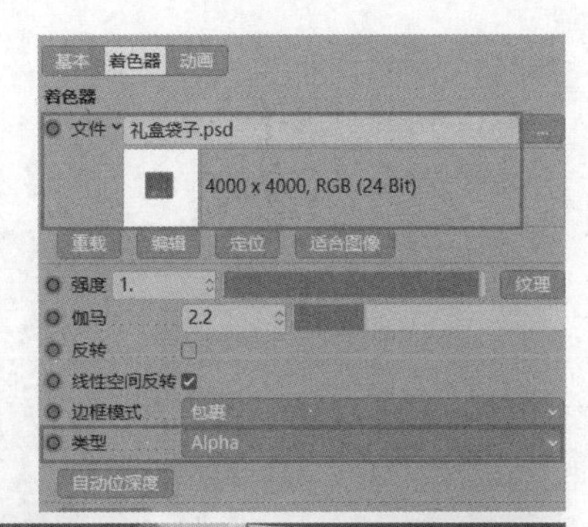

图 9-79

09 创建一个光泽材质，参数设置如图9-80所示。将材质赋予礼袋手提绳，如图9-81所示。

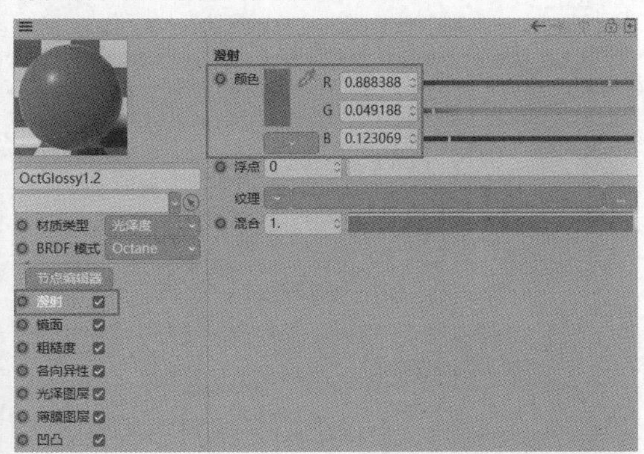

图 9-80

图 9-81

9.1.5 渲染输出

01 在“Octane设置”面板中设置“最大采样”为1500，然后在Octane工具栏中激活“锁定分辨率”工具，并设置比例为1：1，如图9-82所示。

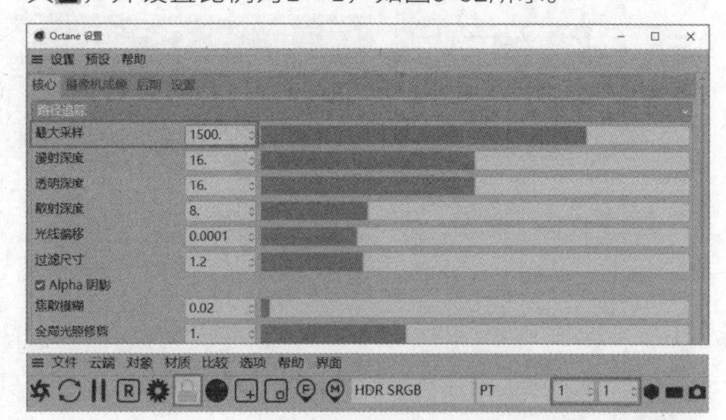

图 9-82

02 渲染完成后，执行“文件>保存图像为”菜单命令，即可输出图像，如图9-83所示。

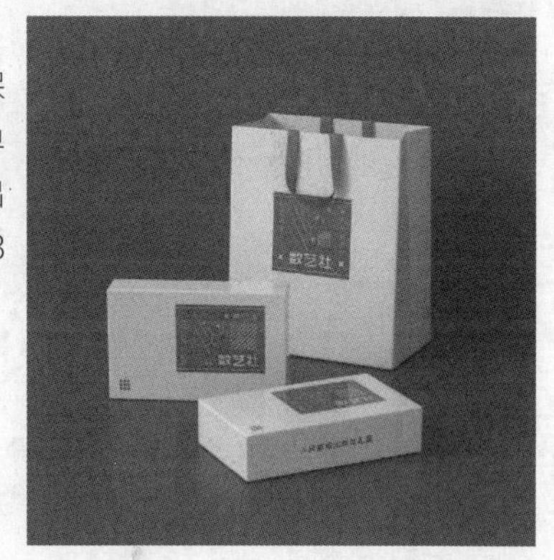

图 9-83

9.1.6 后期处理

01 将渲染完成的图片导入Photoshop中，执行“滤镜>Camera Raw滤镜”菜单命令，在“基本”面板中设置“曝光”为+0.2，“对比度”为+10，“清晰度”为+6，如图9-84所示。

02 在“细节”面板中设置“锐化”的“数量”为39，“半径”为1.0，如图9-85所示。

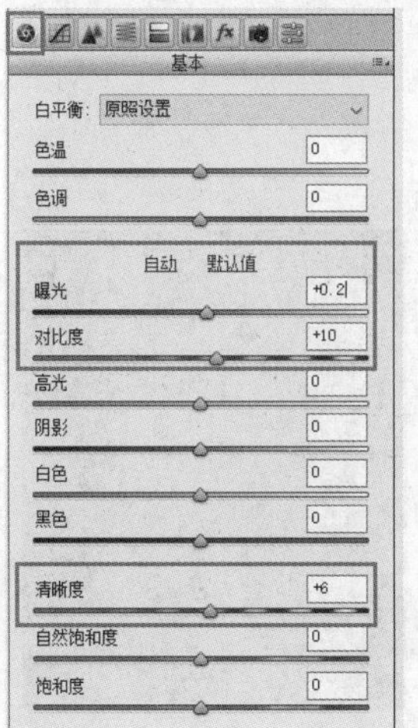

图 9-84

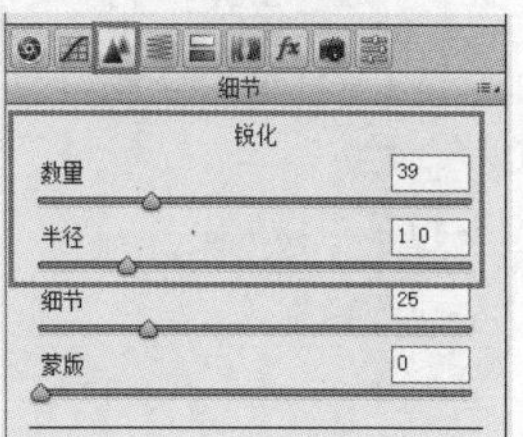

图 9-85

03 在“效果”面板中设置“颗粒”的“数量”为18,“大小”为5，并设置“裁剪后晕影”的“数量”为-10,“中点”为34，如图9-86所示。最终效果如图9-87所示。

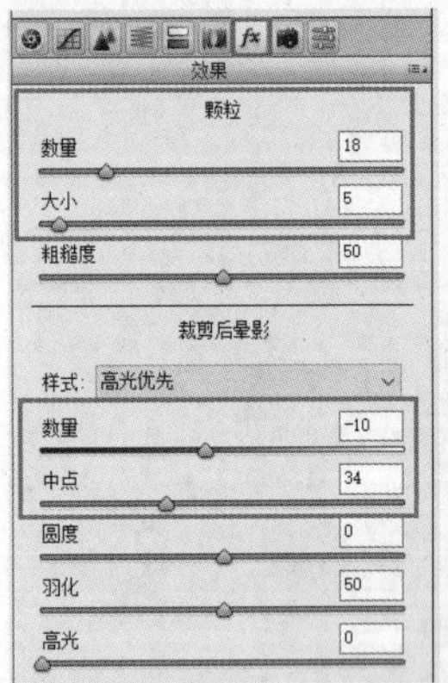

图 9-86

图 9-87

技术专题：模拟印刷工艺

包装产品中常常会使用凸起印刷工艺，如图9-88所示。制作材质时可以使用“置换贴图”的方式进行制作。贴图的黑色区域保持不变，白色区域会凸起，所以需要将凸起的地方做成白色。

图 9-88

在工程文件中调整镜头，直到可看到标签为止，如图9-89所示。虽然视图窗口中显示的标签是模糊的，但是不会影响渲染结果。

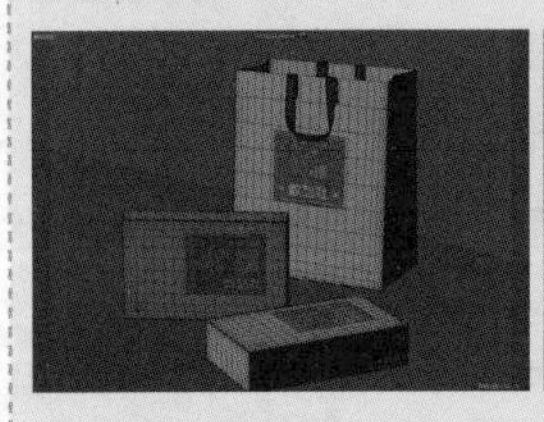

图 9-89

将礼盒贴图制作为黑白贴图，如图9-90所示。将背景调整为黑色，红色区域调整为深灰色，文字调整为白色。读者可自行调整颜色，颜色越白，凸起的效果越明显。

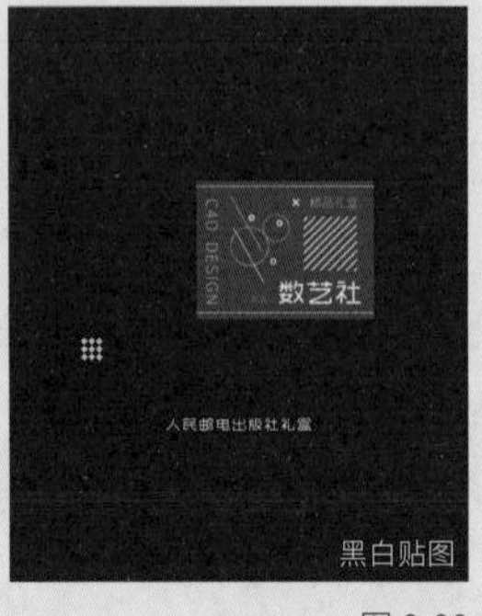

图 9-90

礼盒使用的是混合材质，将“置换”节点链接混合材质的“置换”通道，然后通过“图像纹理”节点将黑白贴图置换到“纹理”通道中，如图9-91所示。

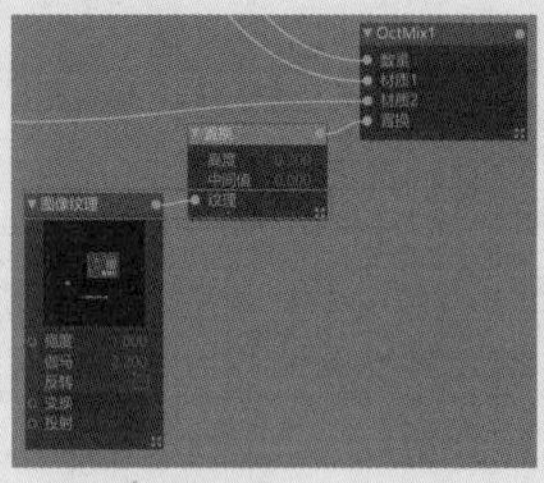

图 9-91

目前的效果并不理想，需要调整参数，参数设置与效果如图9-92所示。“高度”用于控制凸起的高度,“细节层次”用于控制置换的精度。

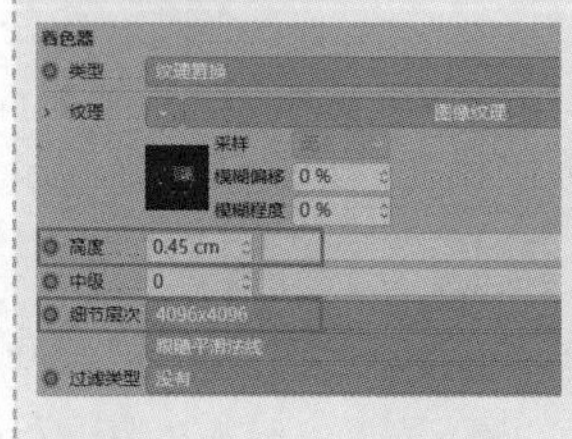

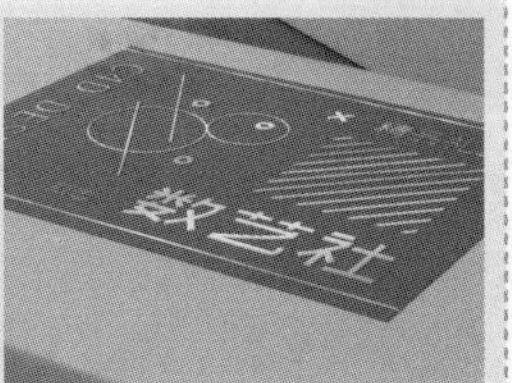

图 9-92

9.2 食品袋

◇ 场景位置	无
◇ 实例位置	实例文件 >CH09> 食品袋 .c4d
◇ 视频名称	食品袋 .mp4
◇ 学习目标	掌握食品袋的制作方法
◇ 操作重点	食品袋的建模与贴图

本实例将介绍两种食品袋的制作方法。食品袋常用于包装食品，例如坚果、茶叶和猫粮等。建模时需要留意封口处的细节，做硬边时需要制作保护边。食品袋以简洁干净为主，参考效果如图9-93所示。

图 9-93

9.2.1 方底袋模型制作

制作方底袋时需要注意袋子两侧的褶皱，袋子是可以立在桌子上的。

1.制作方底袋

01 使用“立方体”工具创建一个立方体模型，参数设置和效果如图9-94所示。

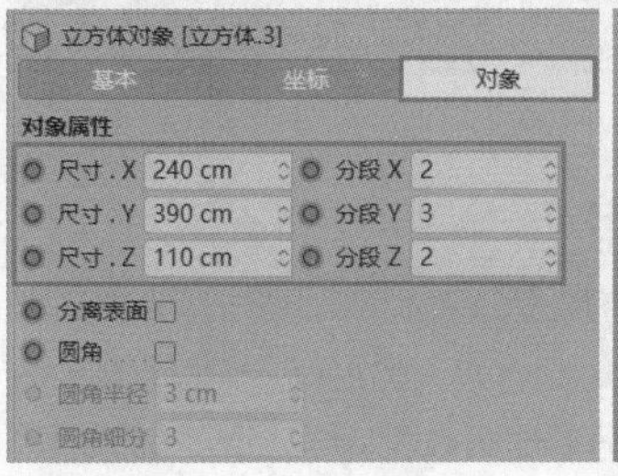

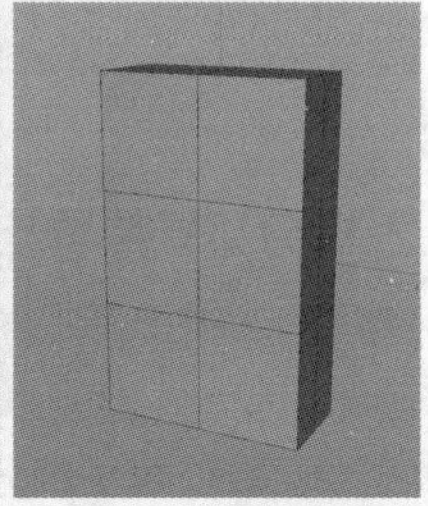

图 9-94

02 将模型转换为可编辑对象，选择模型顶部的面并将其删除，如图9-95所示。然后选择模型左侧面的点并将其删除，这样模型就只剩一半了，如图9-96所示。

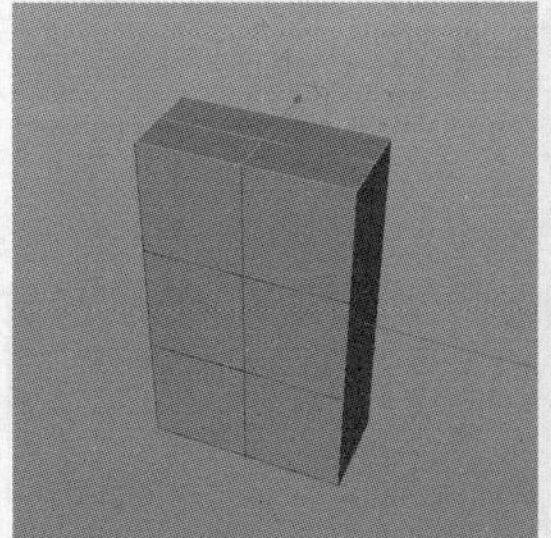
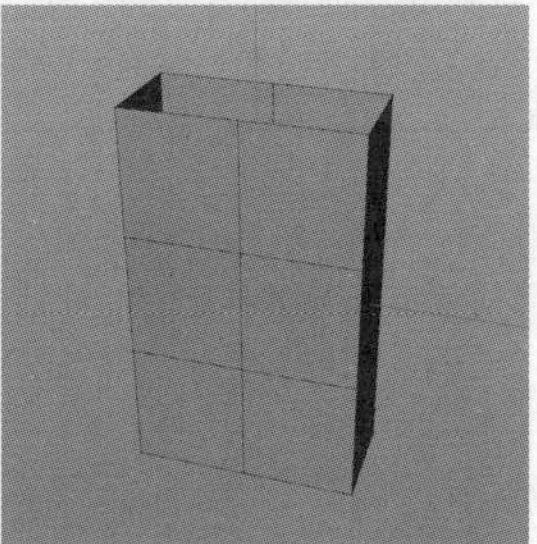

图 9-95

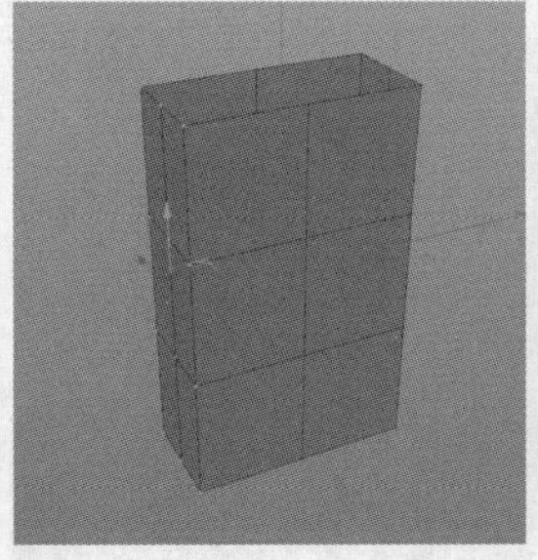
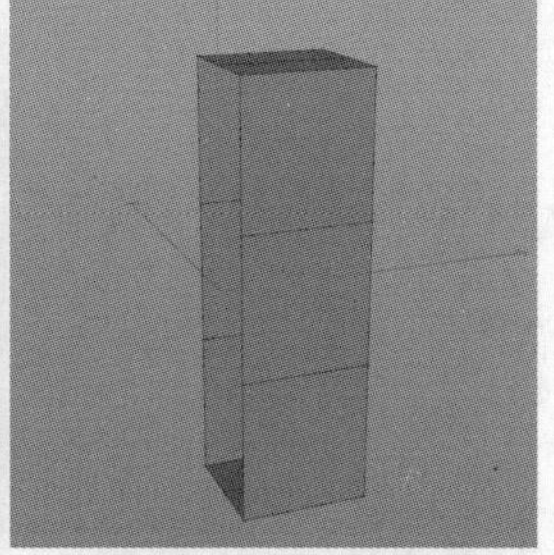

图 9-96

03 使用“对称”生成器制作出删除的模型，此时只调整一侧的模型即可，如图9-97所示。这样操作可以提高工作效率。

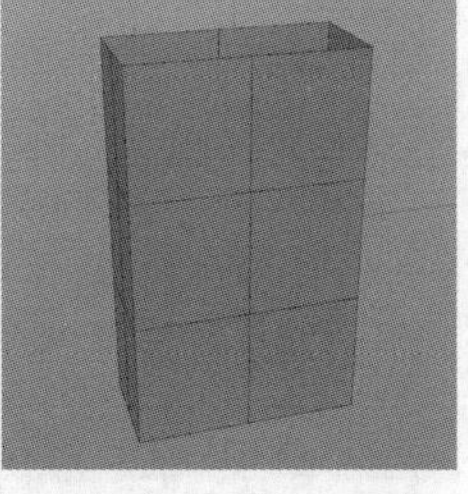

图 9-97

04 选择模型顶部右边的中点，并向袋子内部拖曳，模型左侧边的点也会随之改变，如图9-98所示。接着选择模型顶部的点，选择z轴方向，向中心拖曳，如图9-99所示。

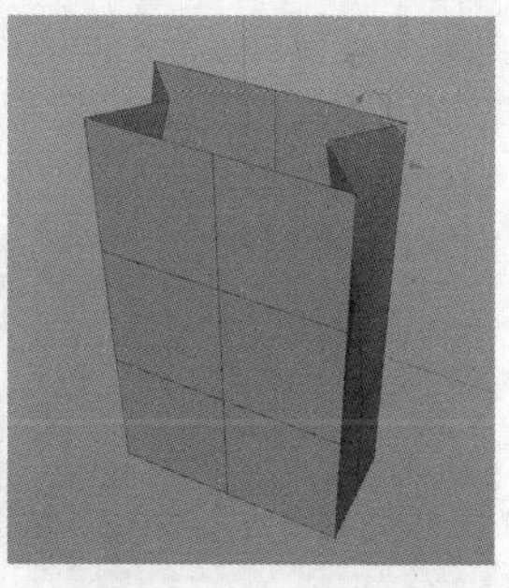

图 9-98

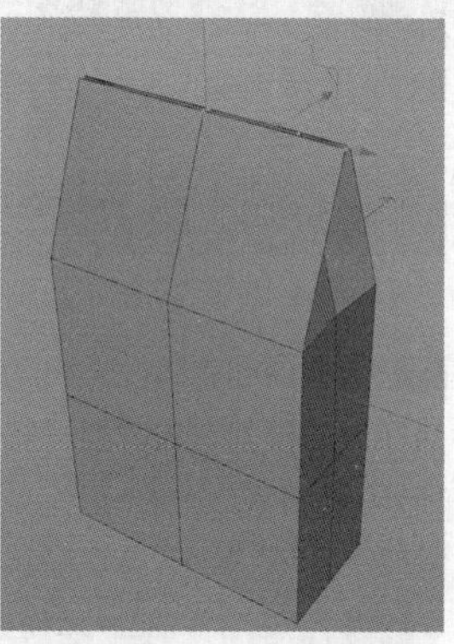

图 9-99

05 选择模型右侧的边，如图9-100所示。单击鼠标右键，在弹出的菜单中选择“倒角”命令，设置“倒角模式”为“实体”,“偏移模式”为“固定距离”,“偏移”为12cm，为模型添加保护边，如图9-101所示。

图 9-100

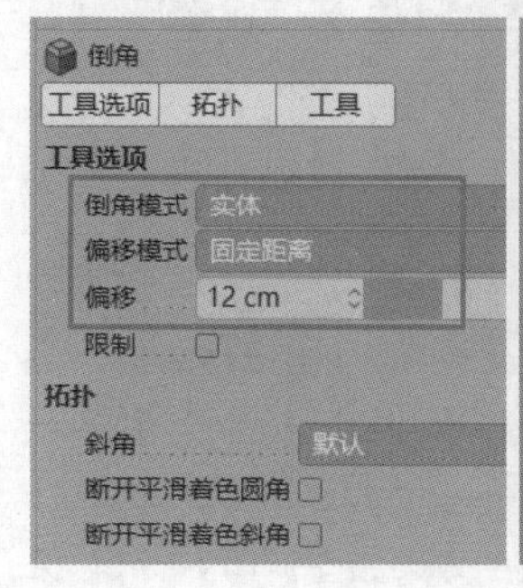

图 9-101

06 选择模型顶部中间的点，然后向外拖曳至靠近边缘的位置，如图9-102所示。继续参考图9-103所示调整边缘的点。

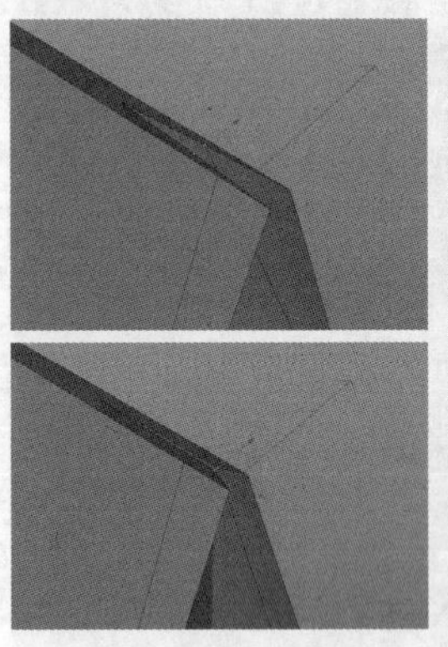

图 9-102　图 9-103

07 选择顶部的边，然后向上挤压，如图9-104所示。将挤压出的模型向内收缩一些，然后向上挤压，如图9-105所示。

图 9-104

图 9-105

08 单击鼠标右键，在弹出的菜单中选择“循环/路径切割”命令，为封口处添加保护边，如图9-106所示。制作完成的效果如图9-107所示。保存文件，并命名为“方底食品袋A”。

图 9-106　图 9-107

09 复制模型，然后选择模型上方的点，并向外拖曳，如图9-108所示。制作完成的效果如图9-109所示。保存文件，并命名为“方底食品袋B”。

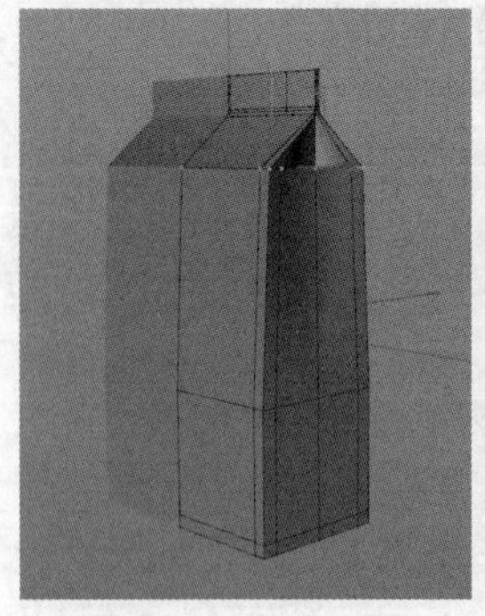

图 9-108　图 9-109

2.拆分UV并导出

01 在拆分UV时，若模型的面太多，操作起来会不方便，若面太少则贴图时会有较大的形变。可以发现，“方底食品袋A”模型细分后的布线相对多，取消细分后模型的布线比较少，如图9-110所示。这时就可以增加细分后再拆分UV，为模型添加“细分曲面”生成器，设置“编辑器细分”和“渲染器细分”均为1，此时的模型布线适中，如图9-111所示，比较适合进行UV拆分。

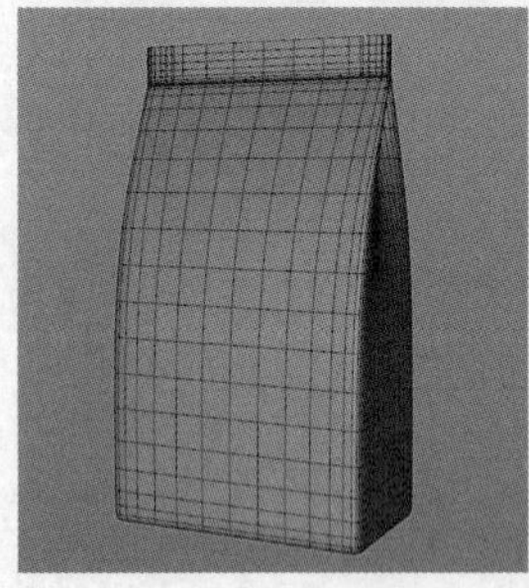
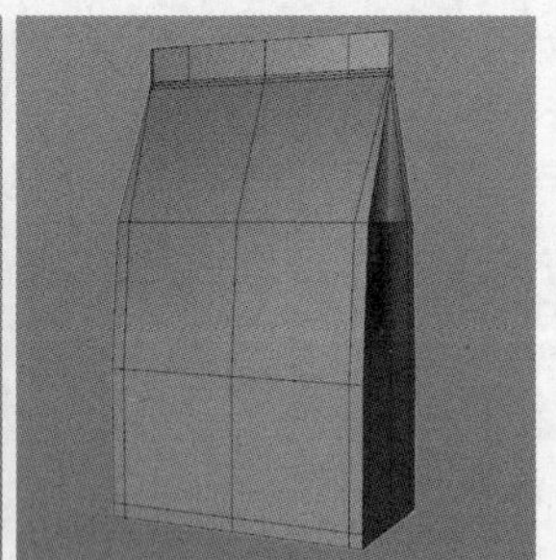

图 9-110

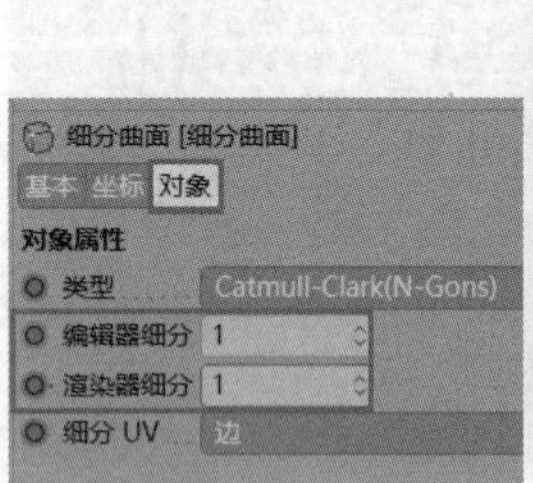

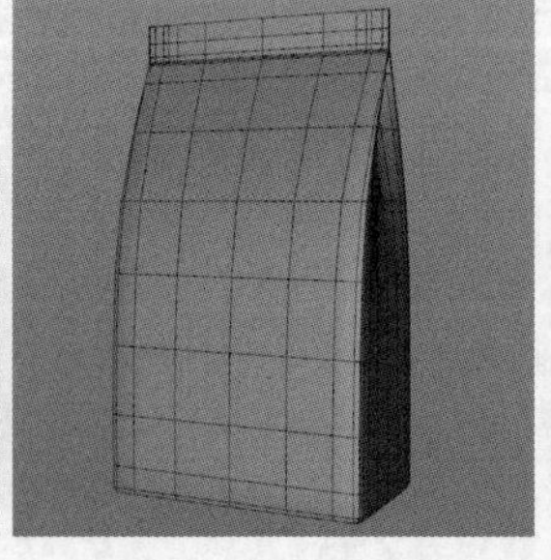

图 9-111

技巧提示 当前模型是使用“对称”生成器后再进行细分曲面的，拆分UV时需要去除模型的对称性，这样贴图才是正确的。在“对象”面板中选择“对称”对象，将其转换为可编辑对象，这样就去除了对称性，如图9-112所示。

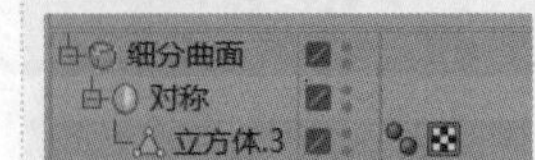

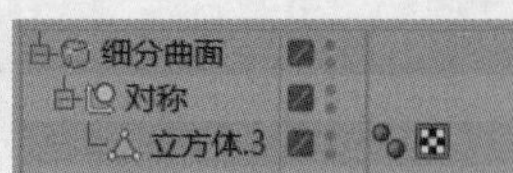

图 9-112

02 选择“细分曲面”对象，并将其转换为可编辑对象。切换到UV编辑界面，然后全选所有的面，如图9-113所示。单击“投射”选项卡中的“前沿”按钮 前沿 ，效果如图9-114所示。

图 9-113

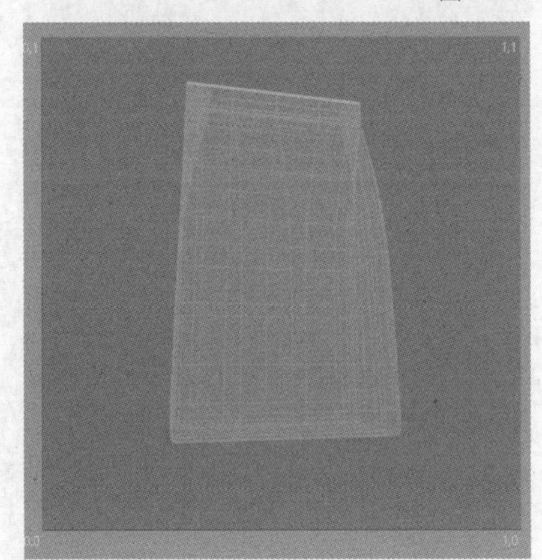

图 9-114

03 选择模型底部的轮廓边与侧面的一条轮廓边，如图9-115所示。在“松弛UV”选项卡中取消勾选“固定边界点”和“固定相邻边”选项，勾选“沿所选边切割”和“自动重新排列”选项，然后单击“应用”按钮 应用 对UV进行松弛，如图9-116所示。

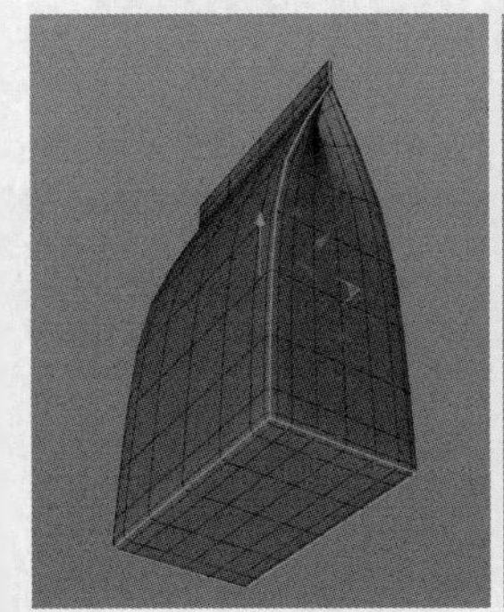

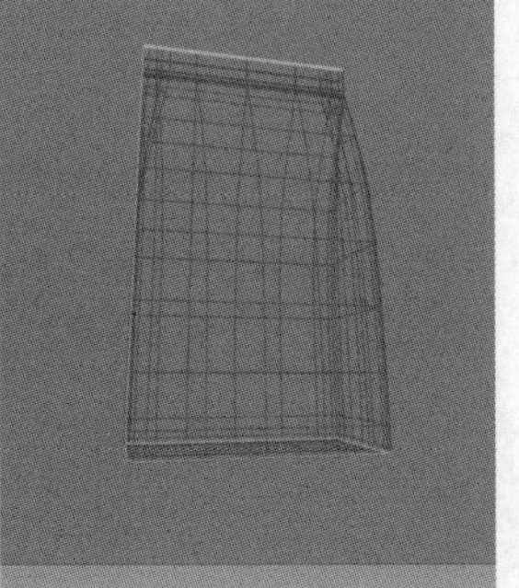

图 9-115

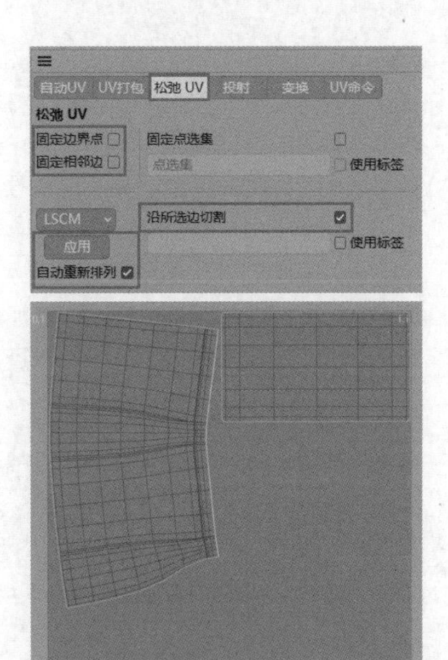

图 9-116

04 使用“UV变换”工具旋转袋子的UV面，如图9-117所示。执行“UV矩形化”命令，把UV变成矩形，如图9-118所示。这样便于后期贴图。

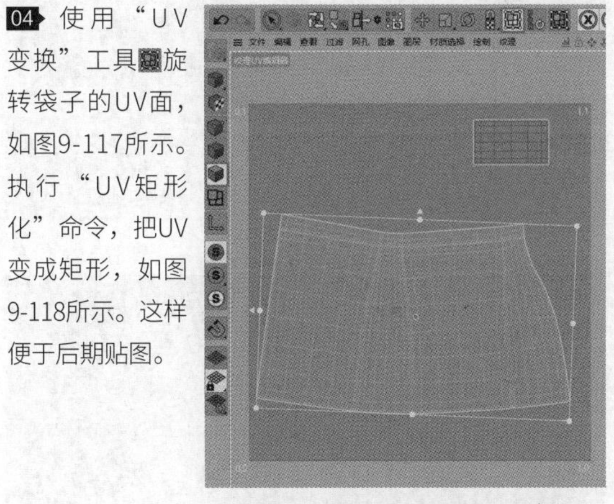

图 9-117

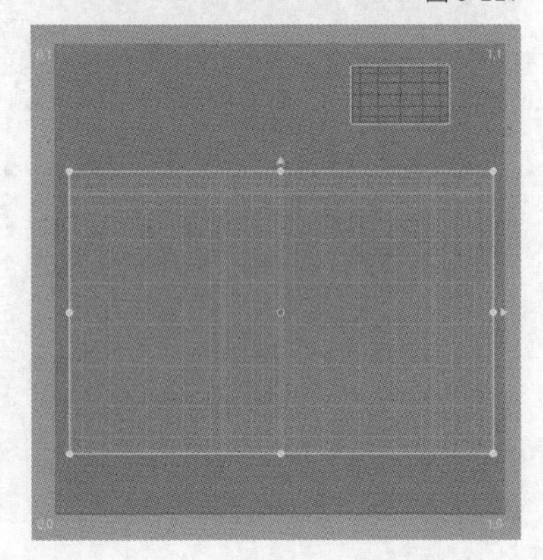

图 9-118

技巧提示 “UV矩形化”命令只有在所选UV网格都是四边形时才可以使用。

05 执行“文件>新建纹理”菜单命令，在弹出的“新建纹理”面板中，设置“宽度”和“高度”均为4000像素，如图9-119所示。执行“图层>创建UV网格层”菜单命令，然后执行“文件>另存纹理为”菜单命令，将UV网格层导出为PSD格式文件，如图9-120所示。

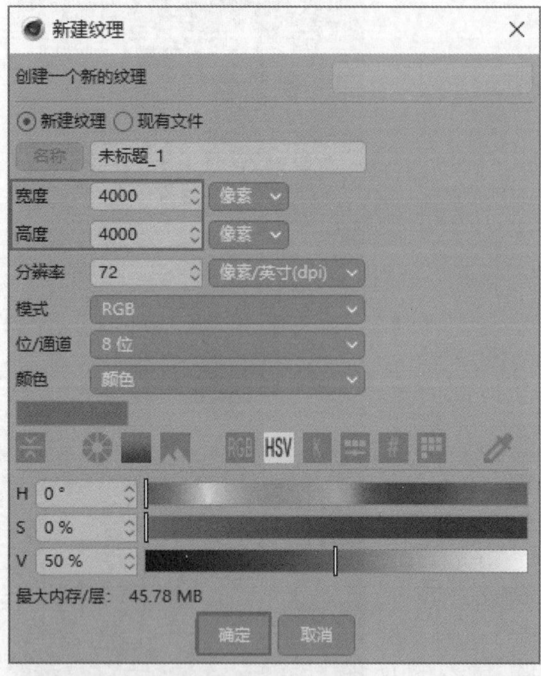

图 9-119

图 9-120

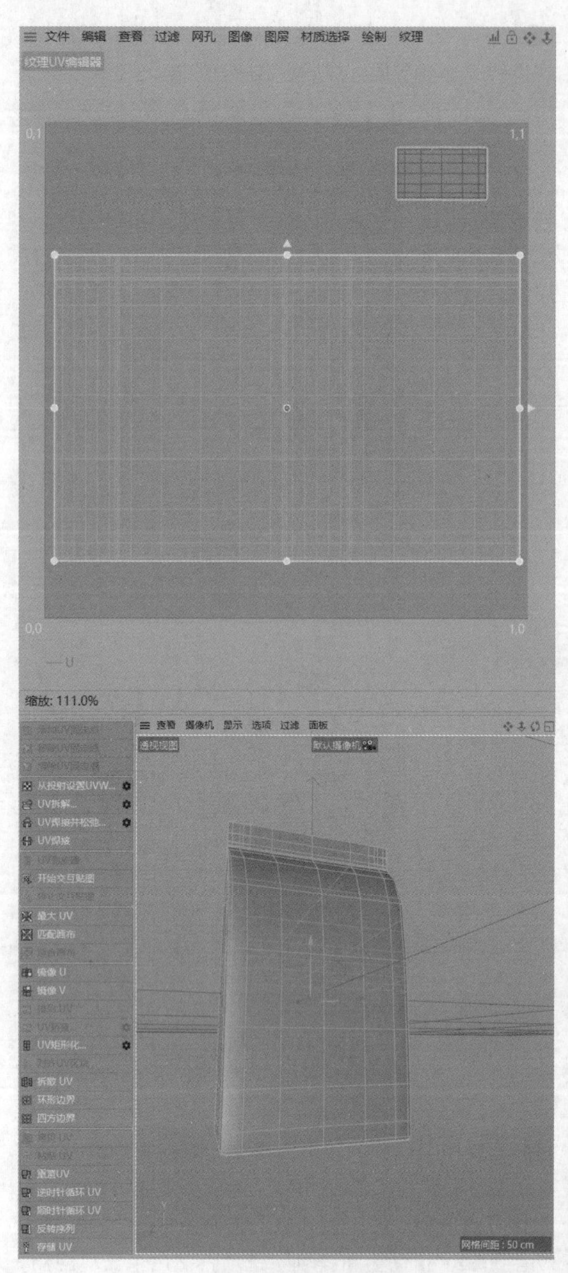

图 9-121

06 用同样的方法对“方底食物袋B”文件进行UV拆分，如图9-121所示。将UV网格层导出为PSD格式文件，如图9-122所示。

图 9-122

3.制作贴图

01 将导出的文件在Photoshop中打开，然后将背景填充为橙色，如图9-123所示。将插画素材置于袋子的正面，如图9-124所示。

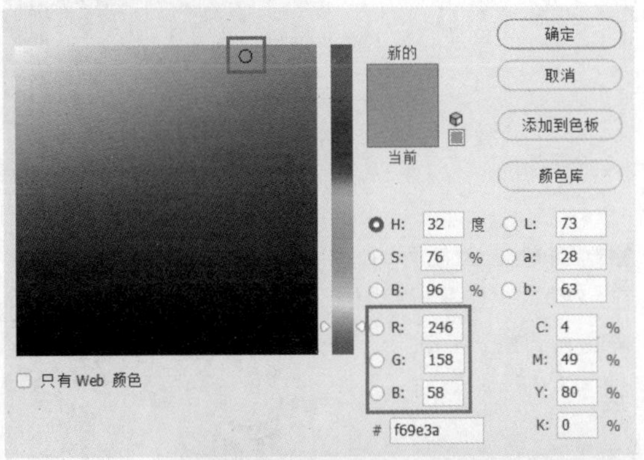

图 9-123

图 9-124

02 将文字素材置于网格的下方，如图9-125所示。将标签素材置于网格的上方，如图9-126所示。

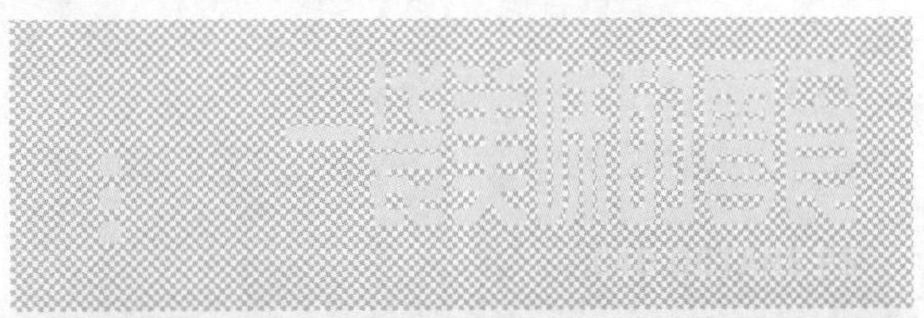

图 9-125

图 9-126

03 关闭网格所在图层，将文件导出并存储为PNG格式文件，命名为“方底食品袋A”，如图9-127所示。

04 用同样的方法制作出“方底食品袋B”的贴图，并保存为PNG格式文件，如图9-128所示。

图 9-127

图 9-128

9.2.2 自立袋模型制作

制作自立袋时需要注意袋子封口处的细节。

1.制作自立袋

01 使用“圆柱体”工具创建一个圆柱体模型，参数设置和效果如图9-129所示。

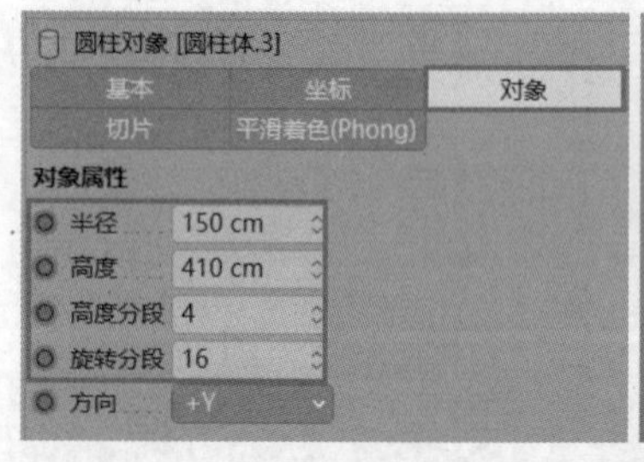

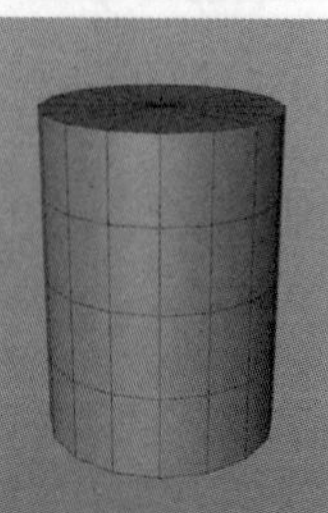
图 9-129

02 将模型转换为可编辑对象，然后选择上底面的中心点，并将其删除，如图9-130所示。用同样的方法删除模型的下底面，如图9-131所示。

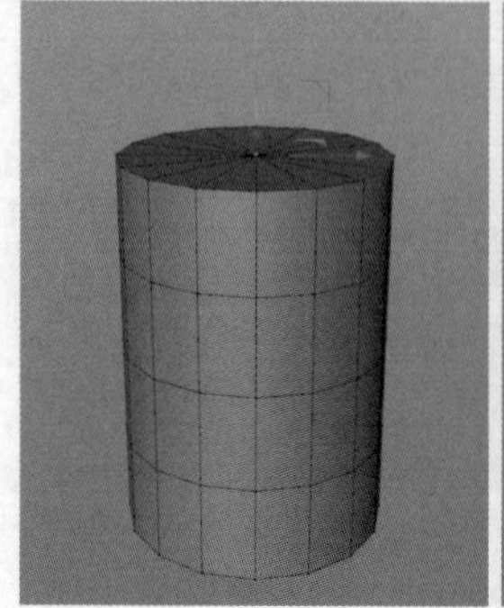
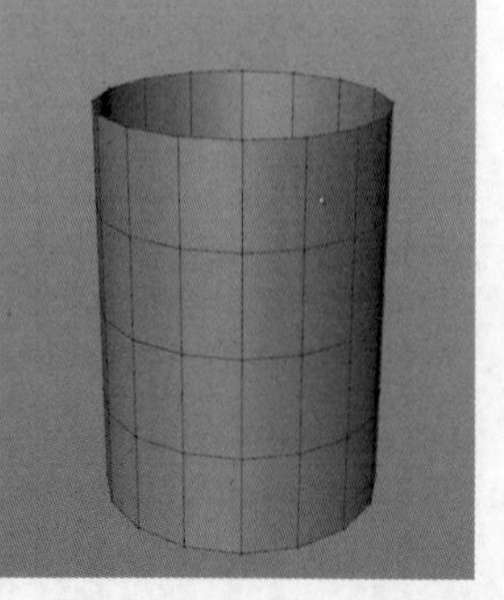
图 9-130

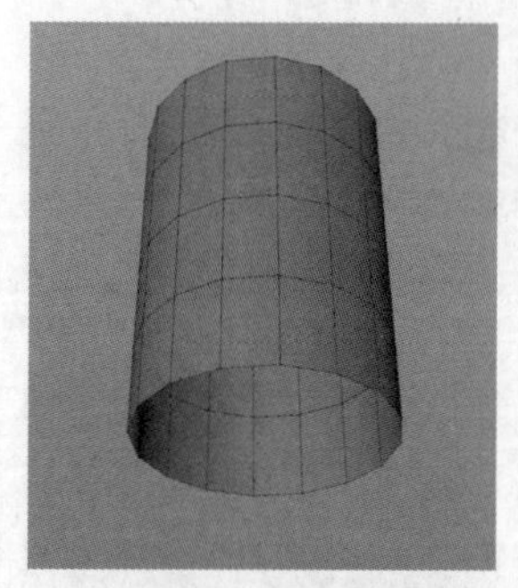
图 9-131

03 选择模型上所有的点，在z轴方向上进行缩放，将底面调整为椭圆形，如图9-132所示。

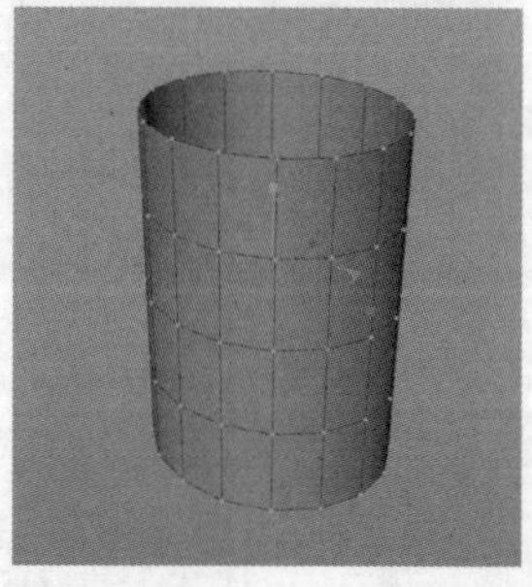
图 9-132

04 为模型添加一个FFD变形器，然后在“对象”选项中单击“匹配到父级”按钮匹配到父级，设置“栅格尺寸”为320cm、420cm和240cm，使FFD变形器比模型大一些，包裹住模型，如图9-133所示。

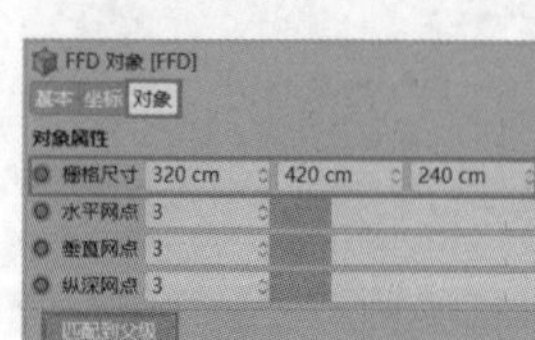

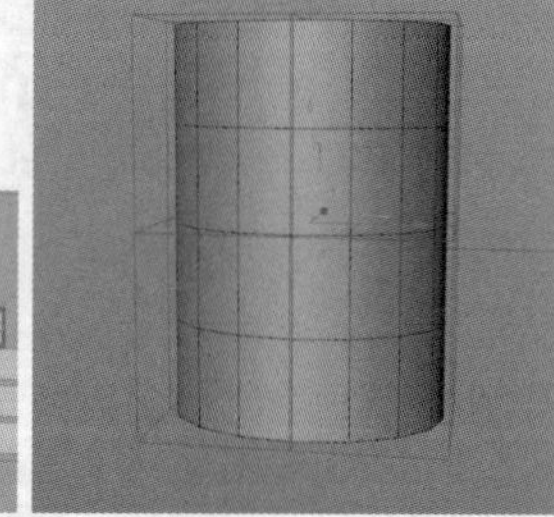
图 9-133

05 选择FFD变形器上方的一排点，在z轴方向上向内收缩，压扁模型顶部，如图9-134所示。再将模型顶部分别向左右两侧拉，如图9-135所示。

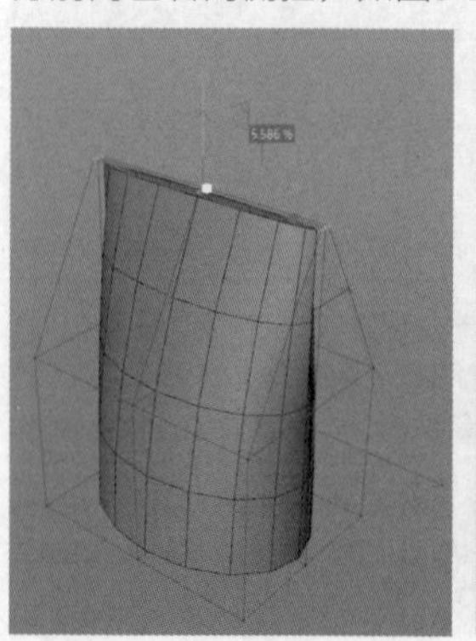
图 9-134

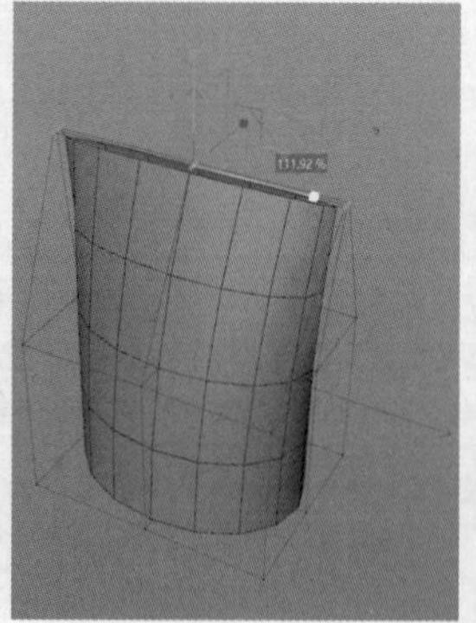
图 9-135

06 单击鼠标右键，在弹出的菜单中选择“当前状态转对象”命令，然后选择模型左侧的点，并将其删除，如图9-136所示。使用“对称”生成器制作出删除的模型，如图9-137所示。

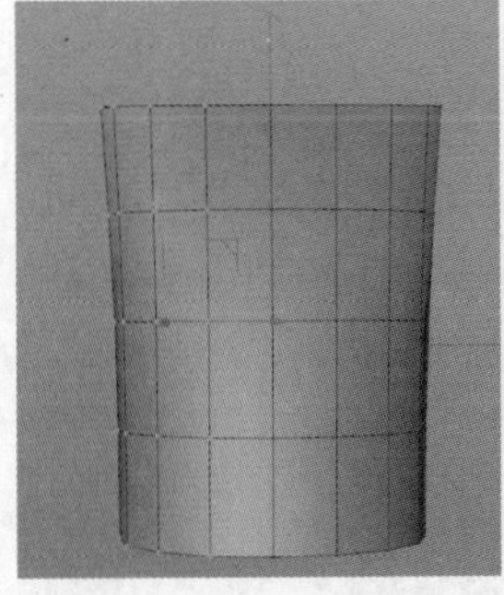
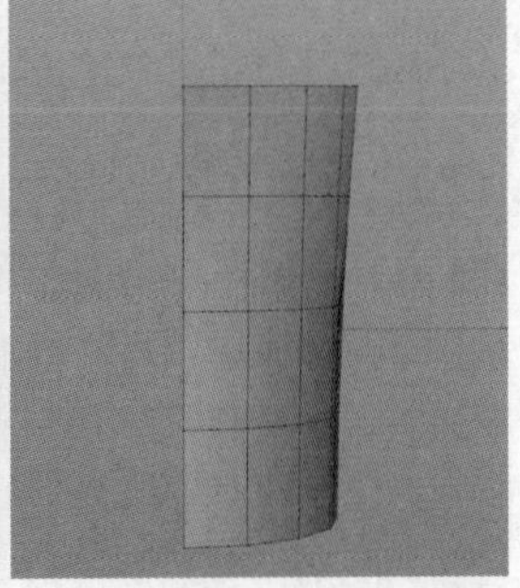

图 9-136

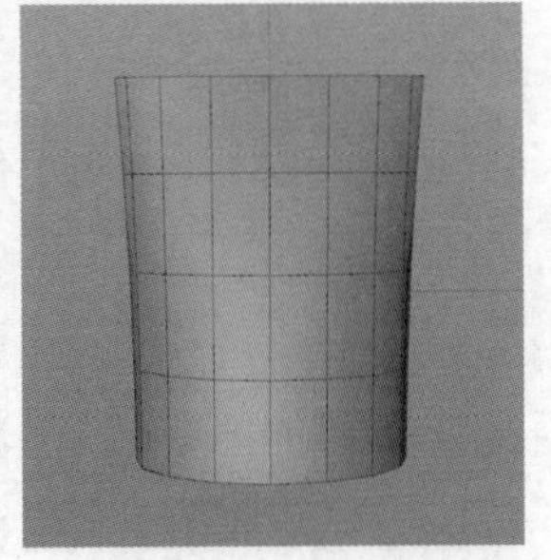

图 9-137

07 选择模型右侧的边，如图9-138所示。单击鼠标右键，在弹出的菜单中选择“倒角”命令，设置“偏移”为2cm，如图9-139所示。

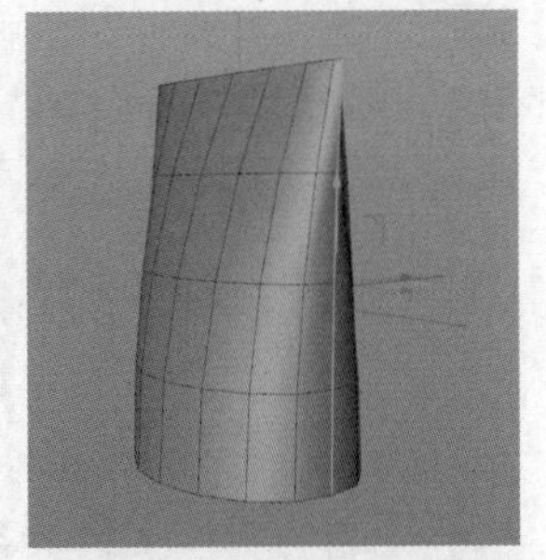

图 9-138

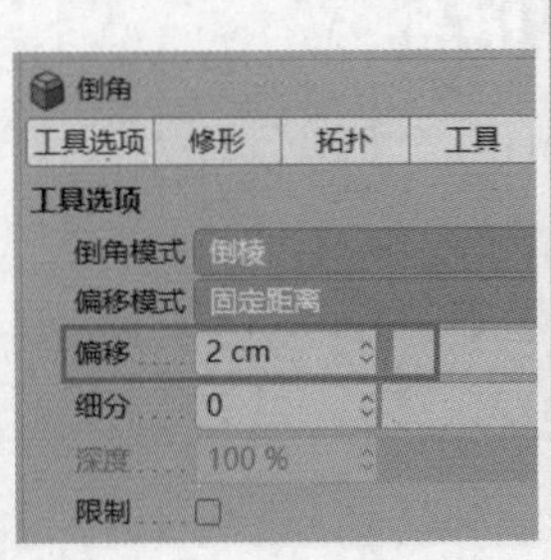

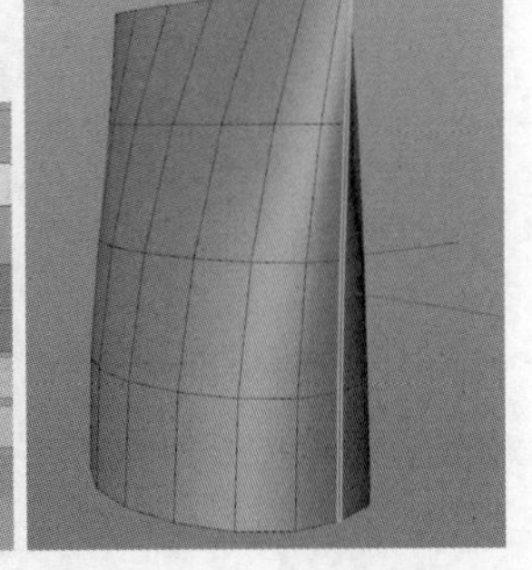

图 9-139

08 选择倒角后的面，并向外挤压，做出食品袋的压边，如图9-140所示。选择上方挤压产生的面，然后将其删除，如图9-141所示。

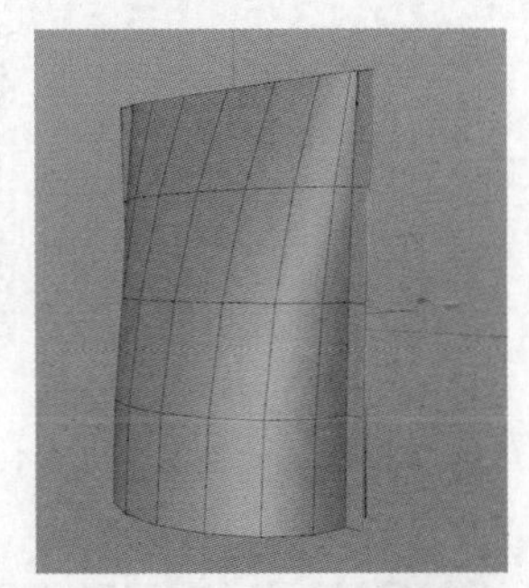

图 9-140

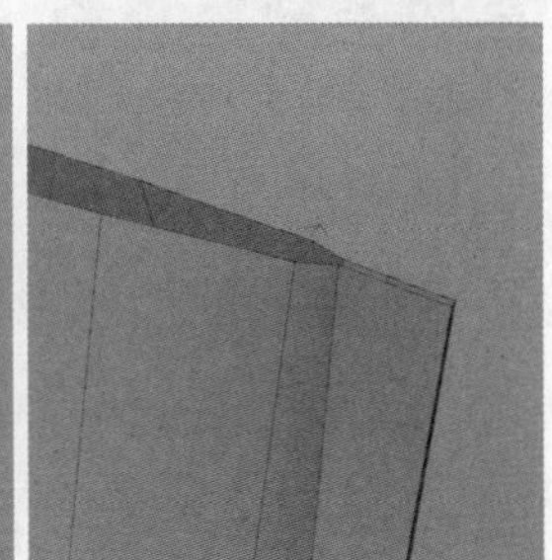

图 9-141

09 选择模型上方的边，如图9-142所示。然后向上挤压，并略向内收缩，做出袋子封口的边，如图9-143所示。

图 9-142

图 9-143

10 选择整条边，整体向内收缩，继续向上挤压，如图9-144所示。

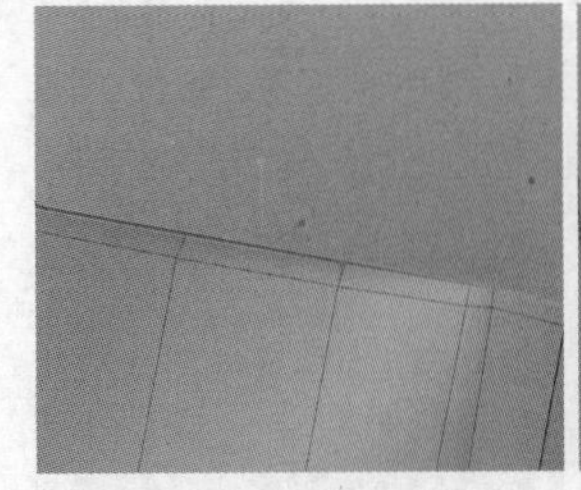
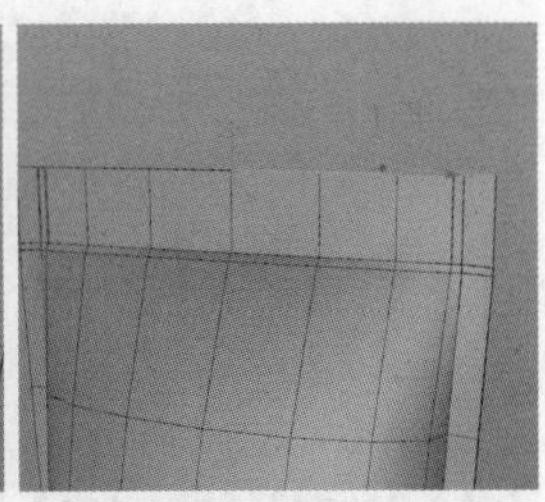

图 9-144

11 单击鼠标右键，在弹出的菜单中选择“循环/路径切割”命令，在图9-145所示的位置加入一条线，然后在线的两侧分别加入一条线，如图9-146所示。

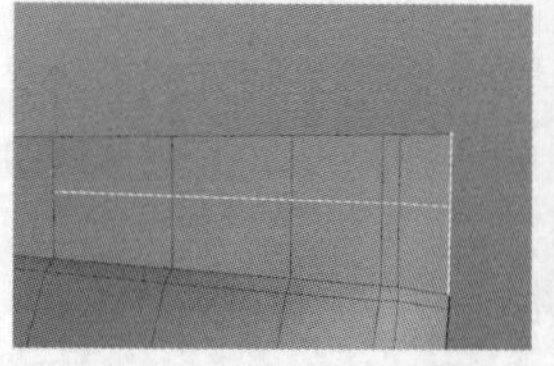

图 9-145　图 9-146

12 删除右侧的点，形成一个缺口，如图9-147所示。调整切口处的点，让缺口变得平滑一些，如图9-148所示。

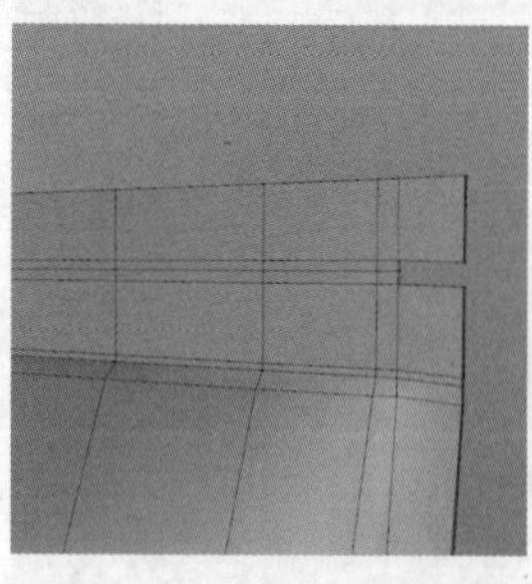
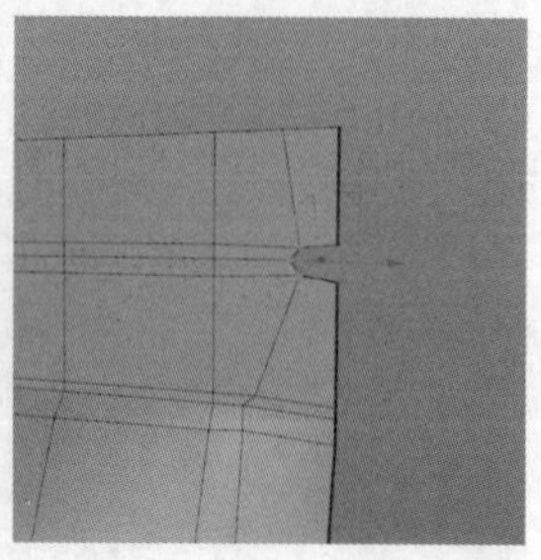

图 9-147　图 9-148

13 选择“循环/路径切割”命令，为封口加入布线，如图9-149所示。在y轴方向上缩放刚加入的线，如图9-150所示。

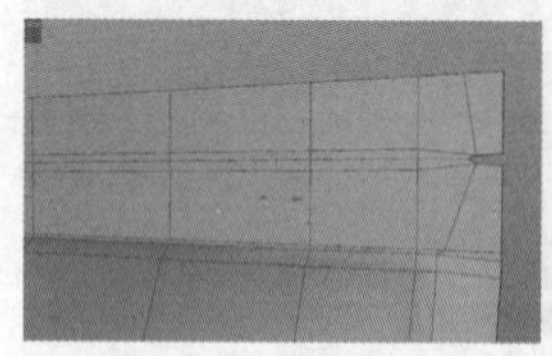
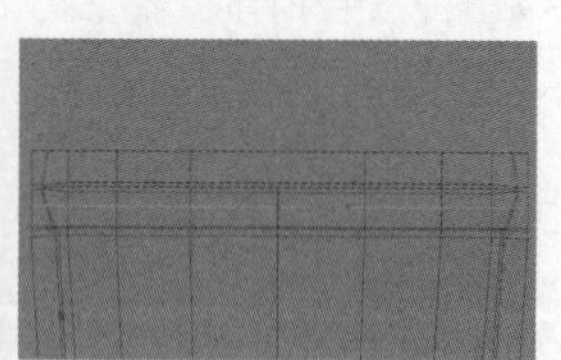

图 9-149　图 9-150

14 选择“循环/路径切割”命令，在封口处加入4条线，如图9-151所示。

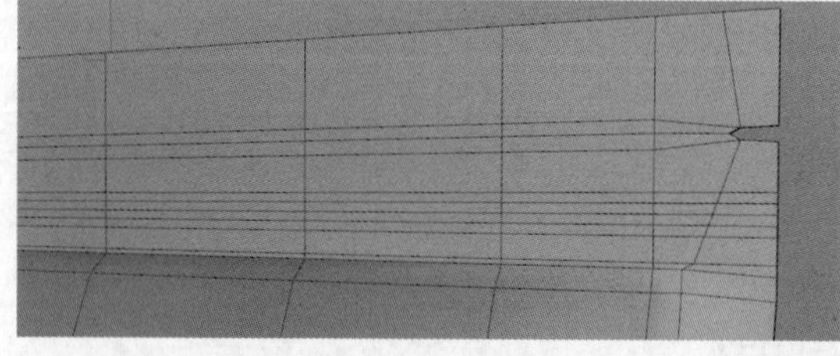

图 9-151

15 选择第2条线，向前拖曳，然后选择第4条线，向后拖曳，制作食品袋的压痕，如图9-152所示。压痕的效果如图9-153所示。

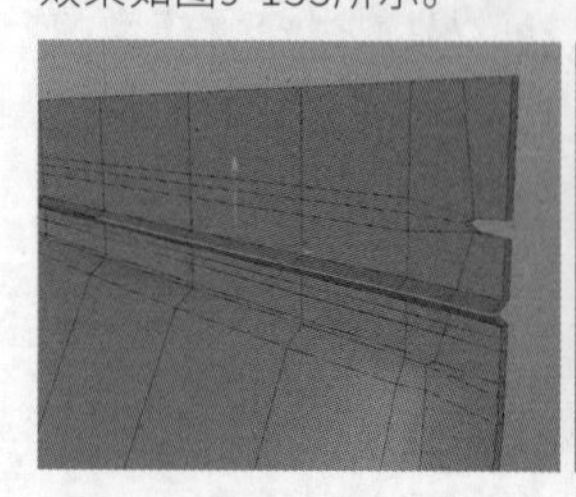
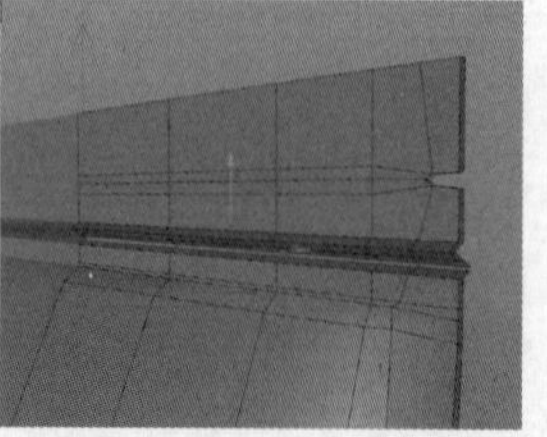

图 9-152

图 9-153

16 选择“循环/路径切割”命令，为模型的底部添加边，如图9-154所示。继续选择“循环/路径切割”命令，为模型的右侧添加边，如图9-155所示。

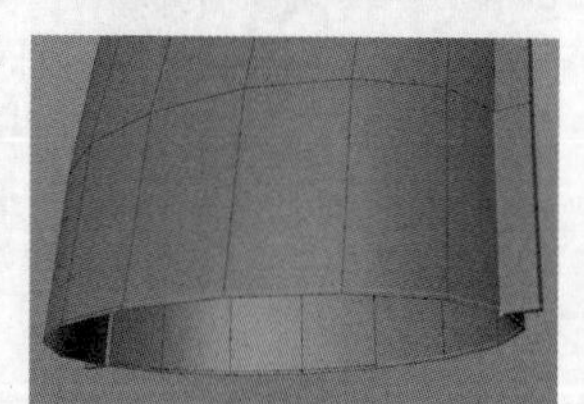

图 9-154

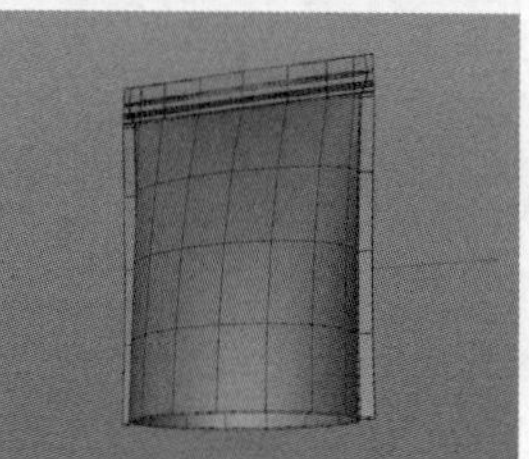

图 9-155

17 选择模型底部的边，然后向封口内挤压，如图9-156所示。接着向袋子内部挤压，如图9-157所示。

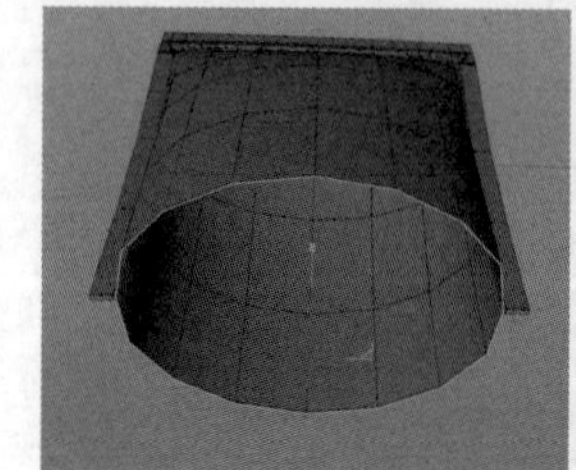
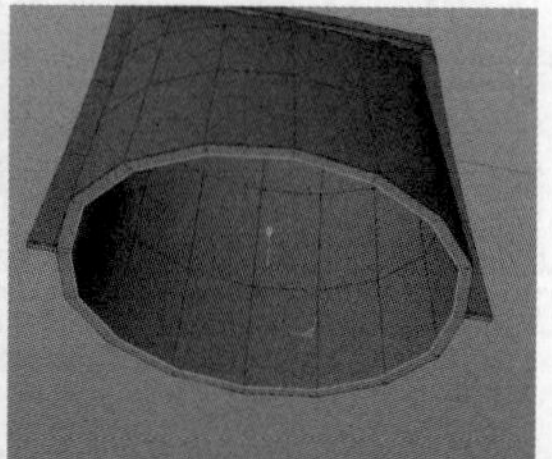

图 9-156

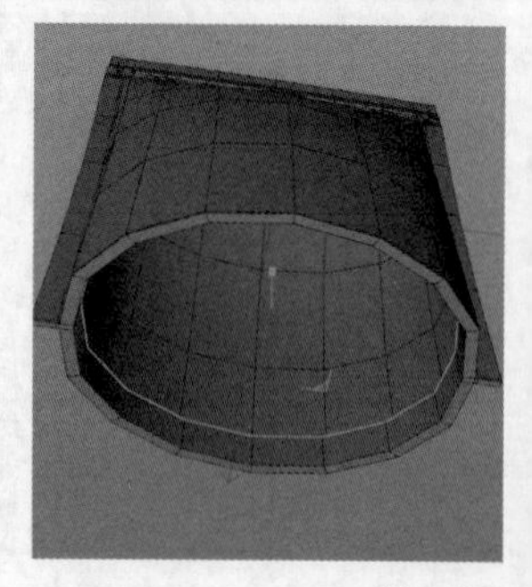

图 9-157

18 向内挤压模型，得到图9-158所示的效果。为模型添加“细分曲面”生成器后，得到的效果如图9-159所示。

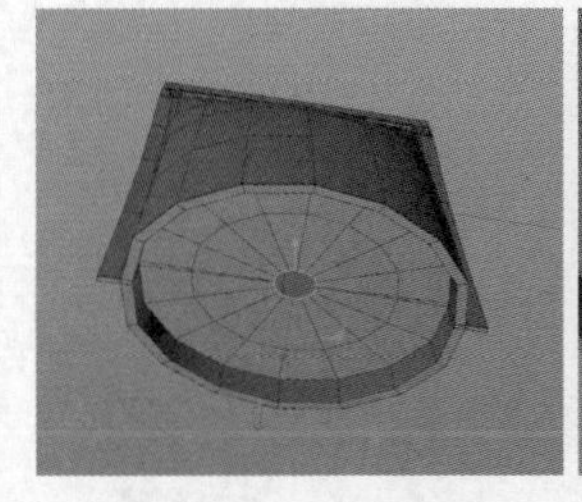
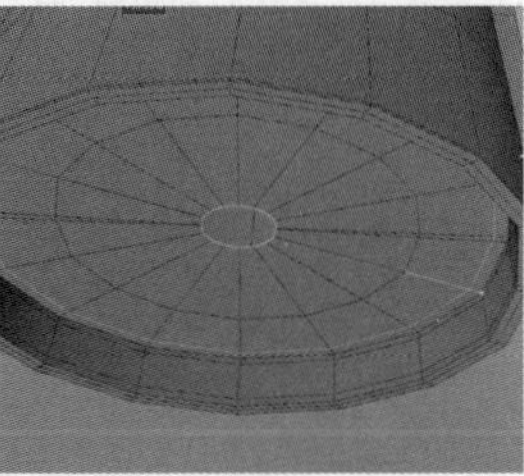

图 9-158

图 9-159

2.拆分UV并导出

01 切换到UV编辑界面，然后全选所有的面，接着单击“投射”选项卡中的“前沿”按钮，效果如图9-160所示。

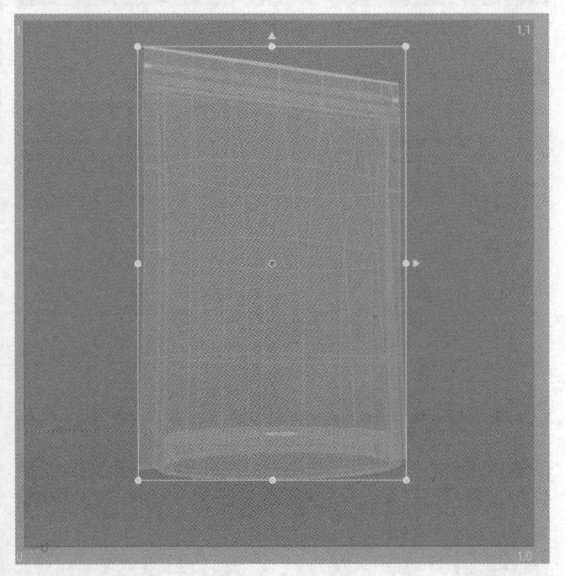

图 9-160

02 选择模型的UV边，也就是需要拆开的边，如图9-161所示。

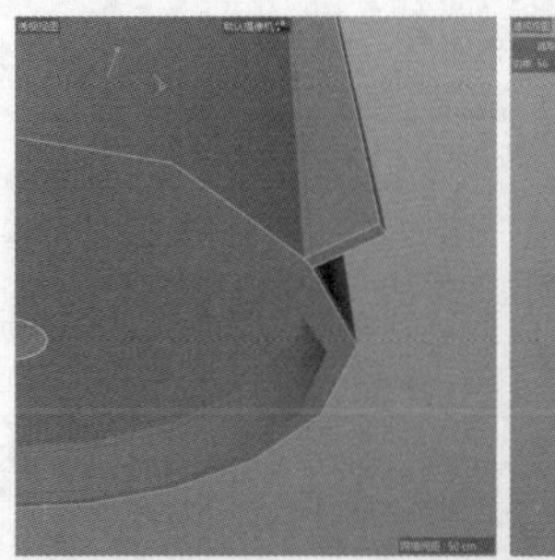
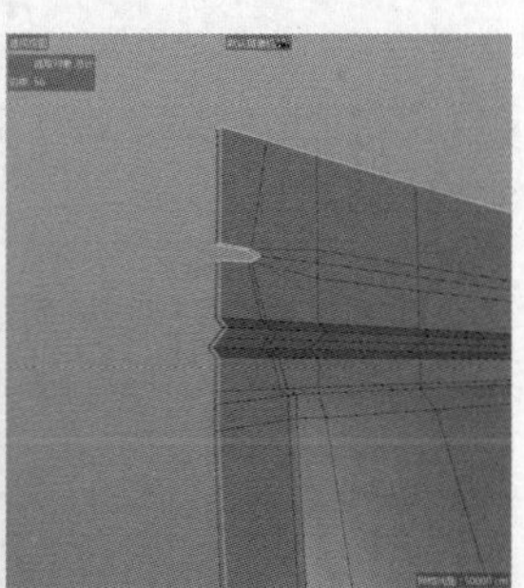

图 9-161

疑难解答　如何确定UV边？

UV边，即需要拆开的边。在确定UV边时，可以将这个模型想象成现实生活中的一个食品袋。如果想要把食品袋剪开并展平，那么裁剪线就是需要选择的UV边。

03 在“松弛UV”选项卡中，取消勾选“固定边界点”和“固定相邻边”选项，勾选“沿所选边切割”和“自动重新排列”选项，然后单击“应用”按钮对UV进行松弛，如图9-162所示。调整UV的位置，将其排列整齐，如图9-163所示。

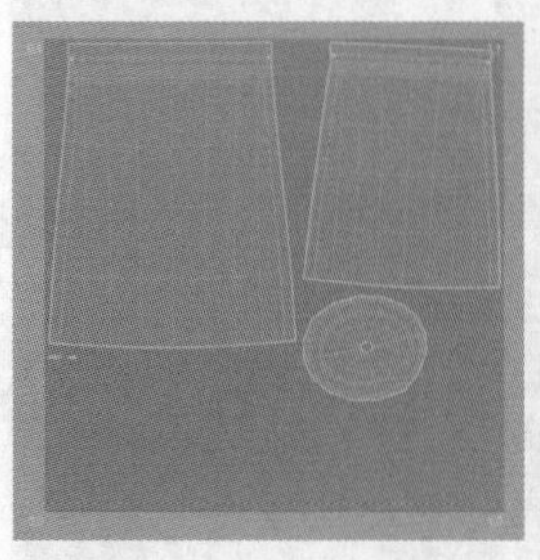

图 9-162

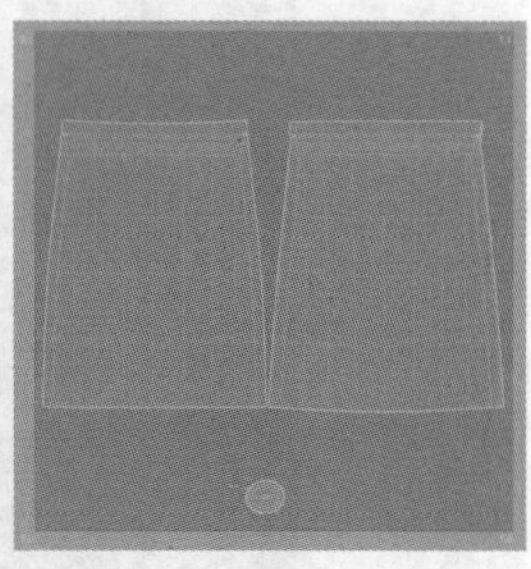

图 9-163

04 执行“文件>新建纹理”菜单命令，在弹出的“新建纹理”面板中，设置“宽度”和“高度”均为4000像素，如图9-164所示。执行“图层>创建UV网格层”菜单命令，效果如图9-165所示。执行“文件>另存纹理为”菜单命令，将UV网格层导出为PSD格式文件。

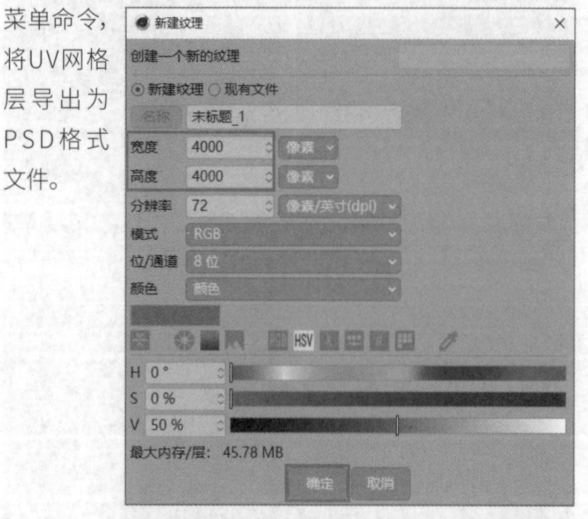

图 9-164

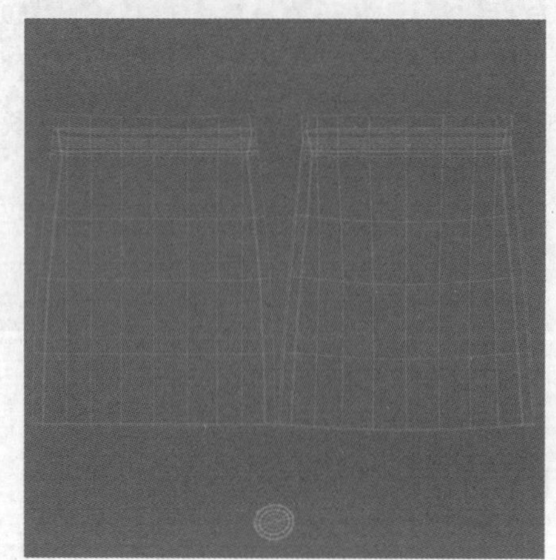

图 9-165

3.制作贴图

01 将导出的文件在Photoshop中打开，然后将背景填充为橙色，并在下方制作一个深蓝色的矩形色块，如图9-166所示。读者可自行调整颜色。

图 9-166

02 打开素材文件，如图9-167所示。在网格上对素材进行排版，如图9-168所示。

图 9-167

图 9-168

03 关闭网格所在图层，效果如图9-169所示。将文件导出并存储为PSD格式文件，命名为“自立袋”。

图 9-169

9.2.3 摄像机与灯光创建

01 在“Octane设置”面板中进行初始设置，使用“路径追踪”模式，设置“最大采样”为100,“全局光照修剪”为1，如图9-170所示。

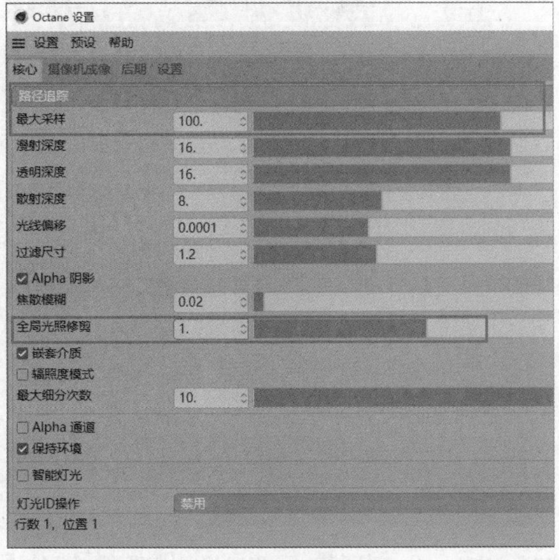

图 9-170

02 执行“对象>Octane摄像机”菜单命令，创建摄像机，参数设置如图9-171所示。在“渲染设置”面板中，选择“输出”选项，然后设置“宽度”为1920像素、“高度”为1080像素，如图9-172所示。

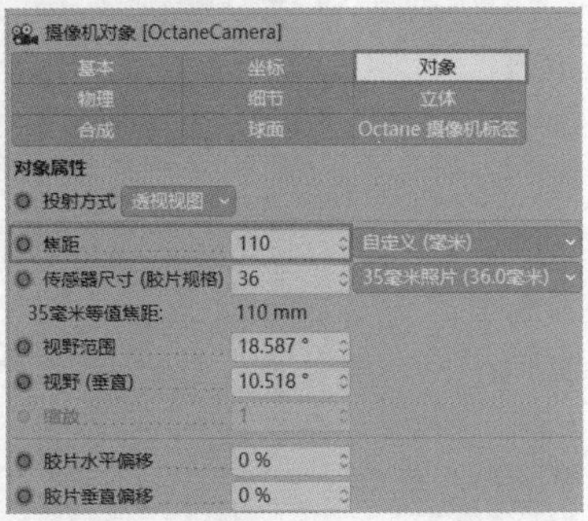

图 9-171

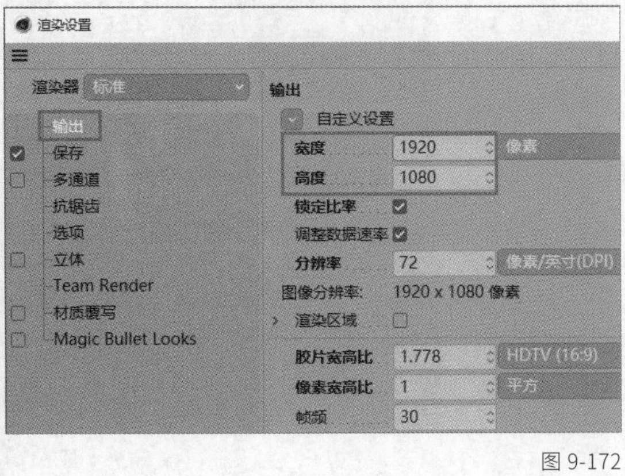

图 9-172

03 摆放制作好的模型，并调整摄像机的位置，如图9-173所示。使用“平面”工具创建一个平面模型作为场景的地面，参数设置和效果如图9-174所示。

图 9-173

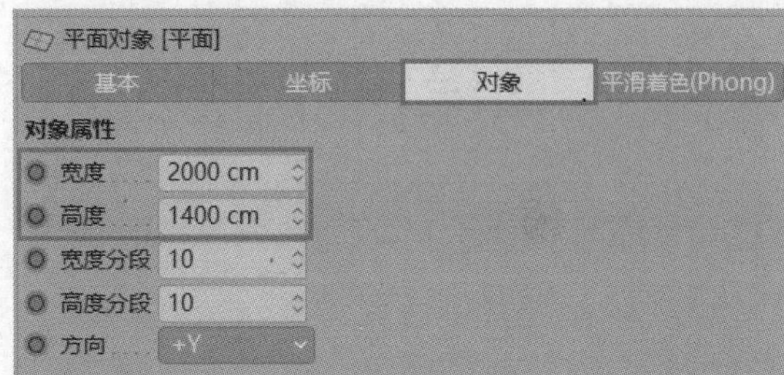

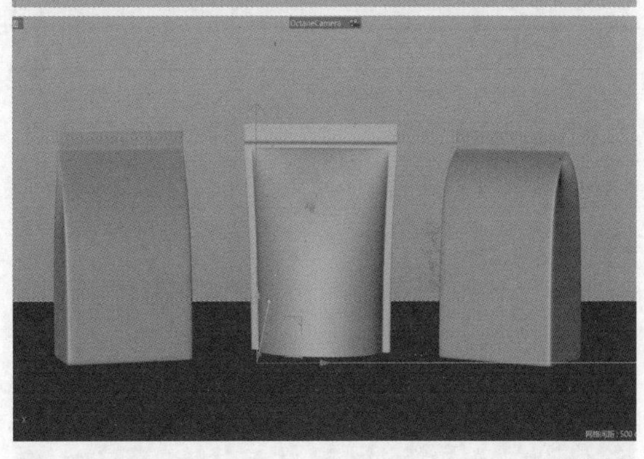

图 9-174

04 将平面模型复制一份，旋转为垂直的面，作为墙面，如图9-175所示。渲染后的效果如图9-176所示。

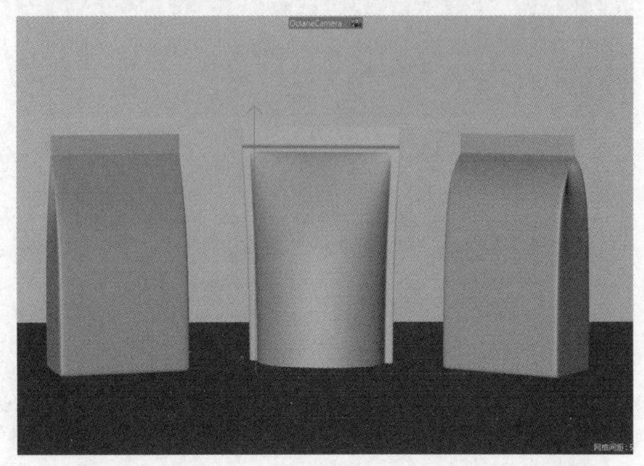

图 9-175

图 9-176

05 执行“对象>灯光>Octane目标区域光”菜单命令，创建目标区域光，灯光的位置与大小如图9-177所示。设置灯光“类型”为“纹理”,“强度”为360，并取消勾选“表面亮度”和“折射可见”选项，如图9-178所示。

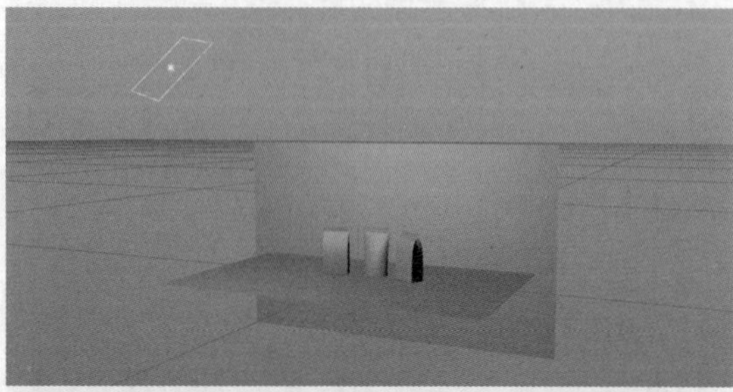

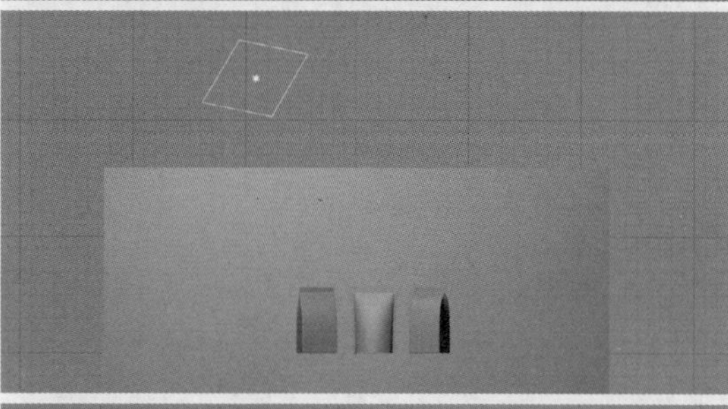

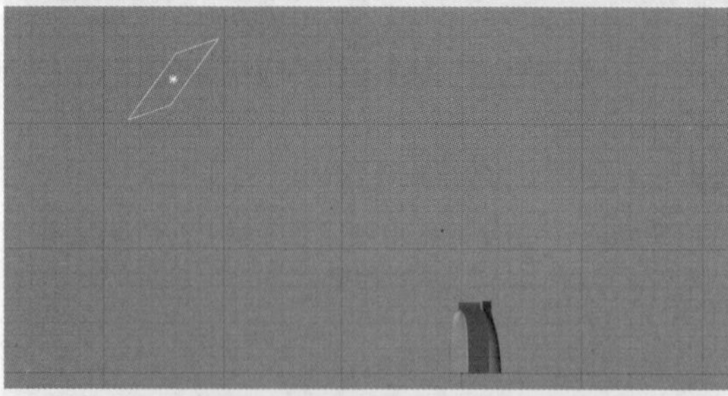

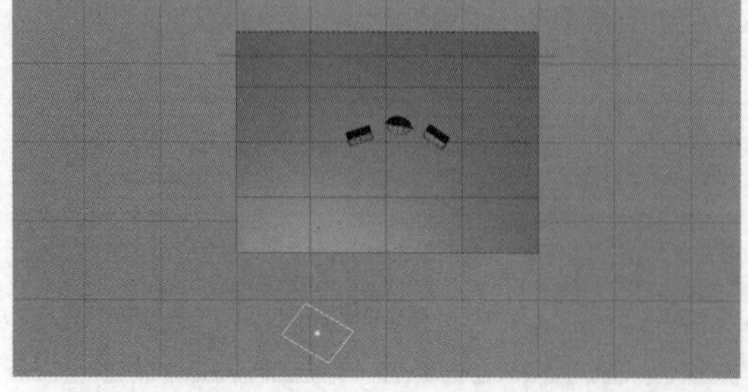

图 9-177

图 9-178

9.2.4 材质制作

01 创建一个光泽材质，然后将“图像纹理”节点链接“漫射”通道，接着选择“图像纹理”节点，在“文件”选项中导入之前制作的“方底食品袋A.png”文件，参数设置如图9-179所示。将材质赋予左侧袋子，效果如图9-180所示。

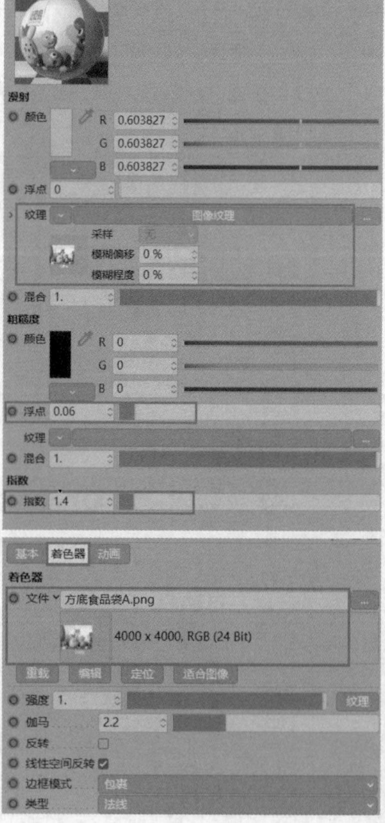

图 9-179

图 9-180

02 创建一个光泽材质，然后将“图像纹理”节点链接“漫射”通道，接着选择“图像纹理”节点，在“文件”选项中导入之前制作的“方底食品袋B.png”文件，参数设置如图9-181所示。将材质赋予左侧袋子，效果如图9-182所示。

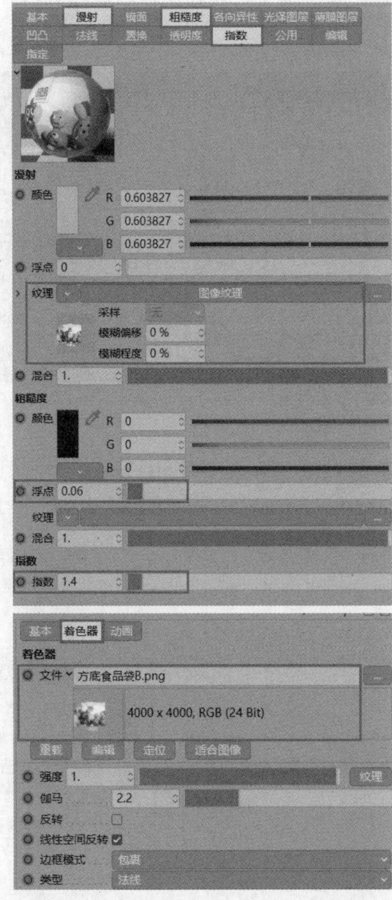

图 9-181

图 9-182

03 用同样的方法制作中间袋子的材质，参数设置如图9-183所示。创建一个漫射材质，参数设置如图9-184所示。

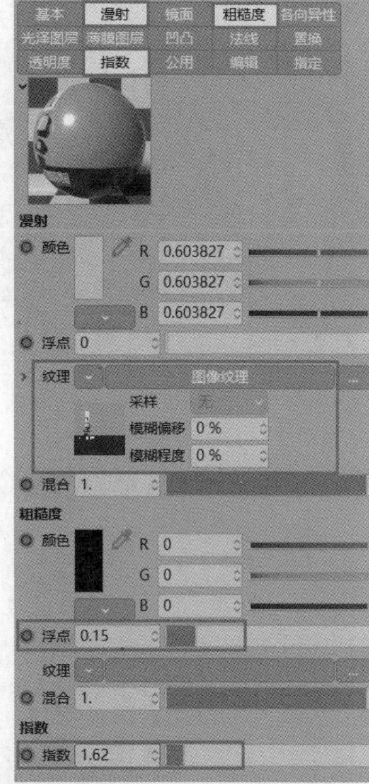

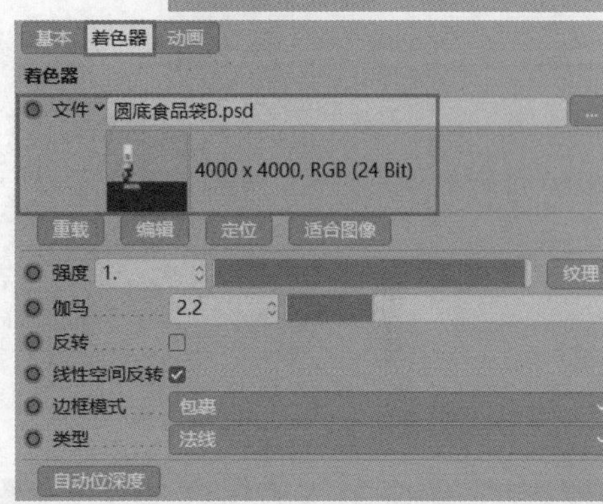

图 9-183

图 9-184

04 分别将材质赋予中间袋子和墙面，效果如图9-185所示。

图 9-185

05 创建一个光泽材质，参数设置如图9-186所示。将材质赋予地面，效果如图9-187所示。

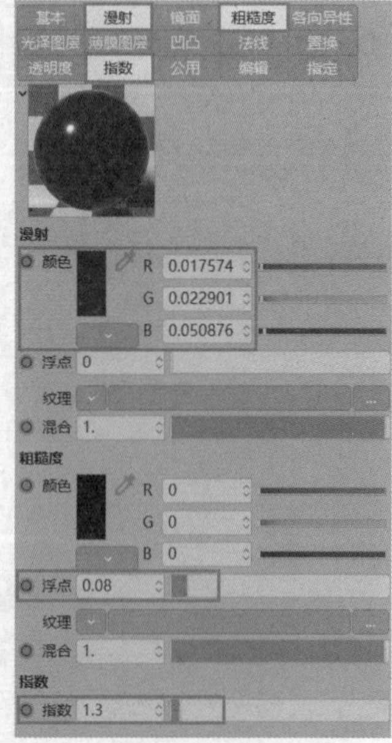

图 9-186

图 9-187

9.2.5 渲染输出

01 在“Octane设置”面板中设置“最大采样”为1500，然后在Octane工具栏中激活“锁定分辨率”工具，并设置比例为1：1，如图9-188所示。

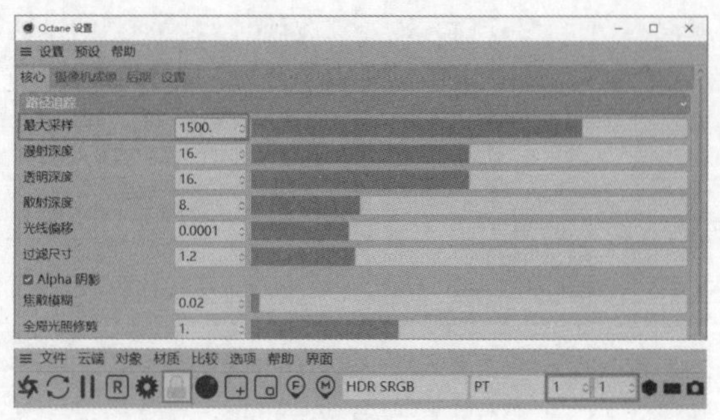

图 9-188

02 渲染完成后，效果如图9-189所示。执行“文件>保存图像为”菜单命令，即可输出图像。

图 9-189

9.2.6 后期处理

01 将渲染完成的图片导入Photoshop中，执行“滤镜>Camera Raw滤镜”菜单命令，在“基本”面板中进行调整，参数设置如图9-190所示。

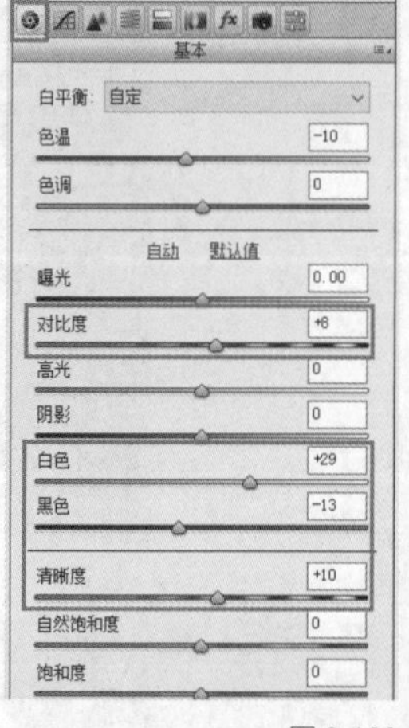

图 9-190

02 在“细节”面板中进行调整，参数设置如图9-191所示。最终效果如图9-192所示。

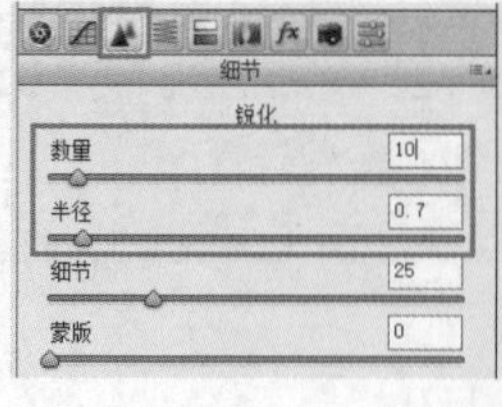

图 9-191

图 9-192

9.3 乳品盒

◇ 场景位置	无
◇ 实例位置	实例文件 >CH09> 乳品盒 .c4d
◇ 视频名称	乳品盒 .mp4
◇ 学习目标	掌握乳品盒的制作方法
◇ 操作重点	乳品盒模型的制作与贴图

本实例将通过乳品盒模型的制作来讲解较为复杂的包装模型的制作方法。操作中的重点是包装盒的建模与布线。材质可以使用混合材质或合成材质，本实例将讲解合成材质的制作方法，如图9-193所示。

图 9-193

9.3.1 乳品盒模型制作

乳品盒分为盒身和盖子，可先分开制作，制作完成后再进行组合。

1.制作盒身

01 使用“立方体”工具创建一个立方体模型，然后将模型转换为可编辑对象，如图9-194所示。

立方体对象 [立方体.1]

基本 坐标 对象

对象属性

尺寸 . X	210 cm	分段 X	2
尺寸 . Y	420 cm	分段 Y	4
尺寸 . Z	210 cm	分段 Z	2

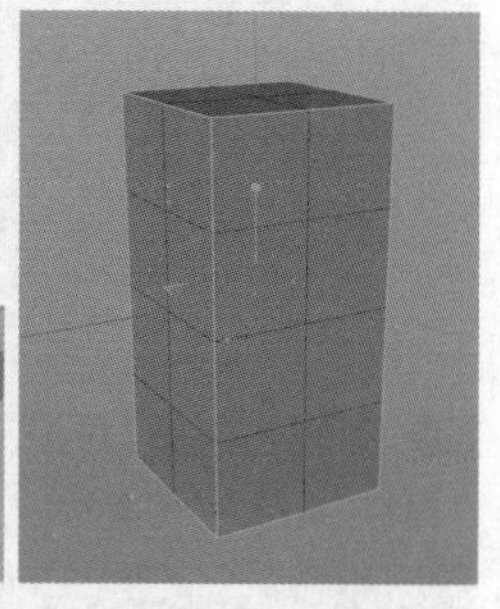

图 9-194

02 选择模型的轮廓边，单击鼠标右键，在弹出的菜单中选择“倒角”命令，设置“倒角模式”为“实体”,“偏移模式”为“固定距离”,“偏移”为12cm，为模型添加保护边，如图9-195所示。

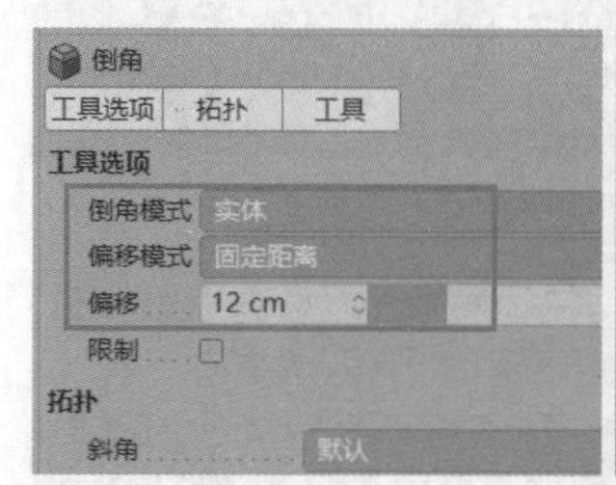

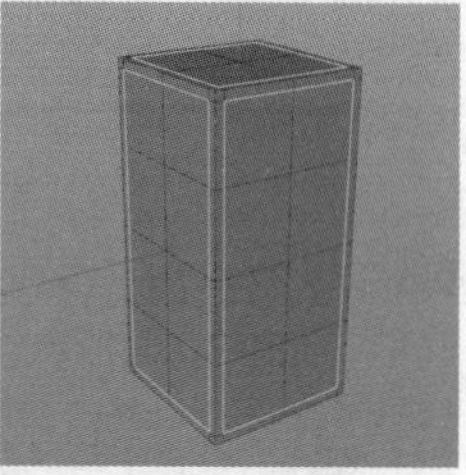

图 9-195

03 选择模型左侧面的点并删除，如图9-196所示。接着选择模型后面的点并删除，如图9-197所示。

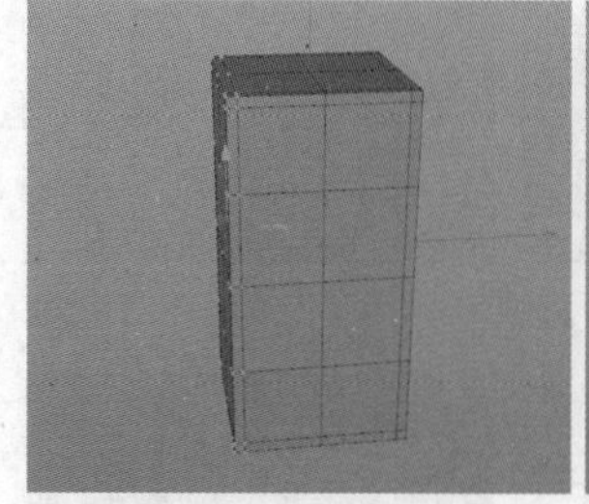

图 9-196

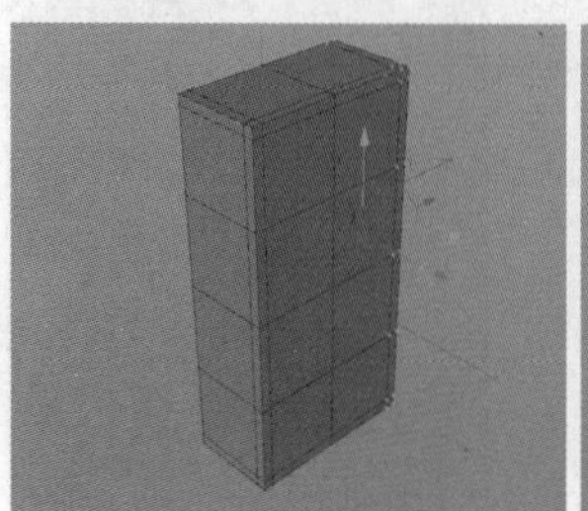

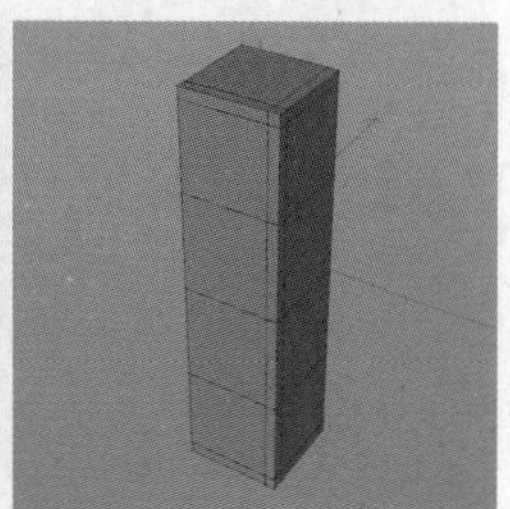

图 9-197

04 选择倒角后的边，然后向模型侧面中间拖曳，如图9-198所示。

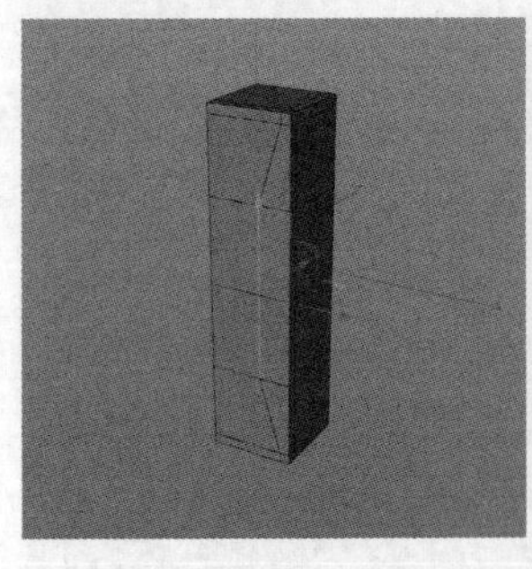

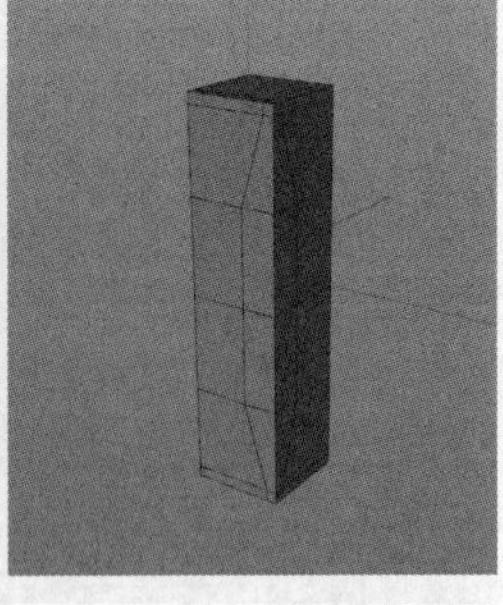

图 9-198

05 为模型添加“对称”生成器，设置“镜像平面”为ZY，如图9-199所示。效果如图9-200所示。

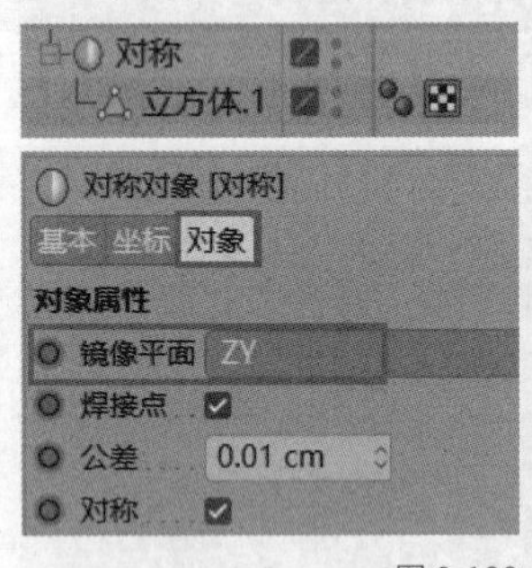

图 9-199

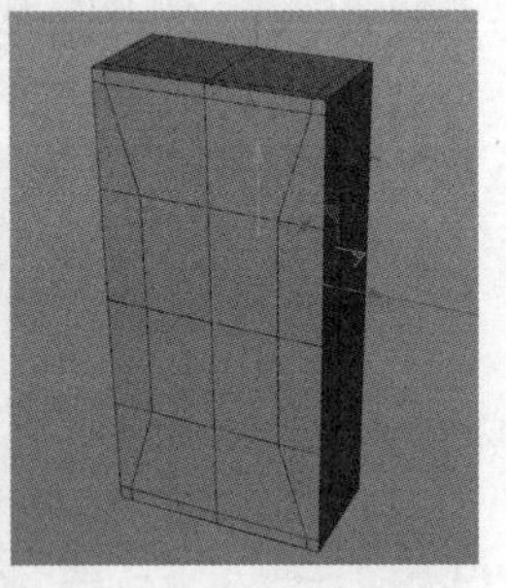

图 9-200

06 为模型添加“对称”生成器，设置“镜像平面”为XY，如图9-201所示。效果如图9-202所示。

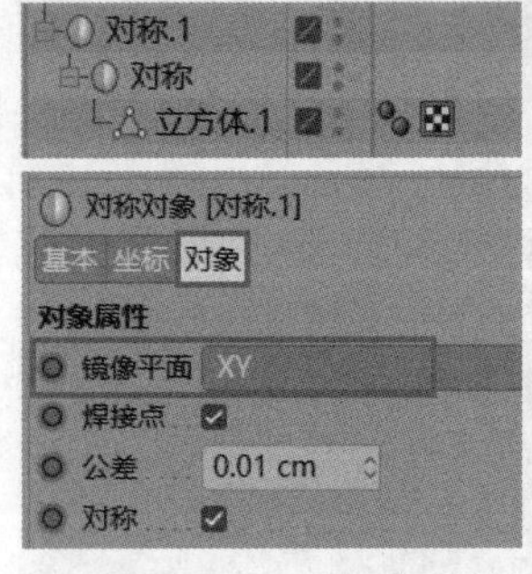

图 9-201

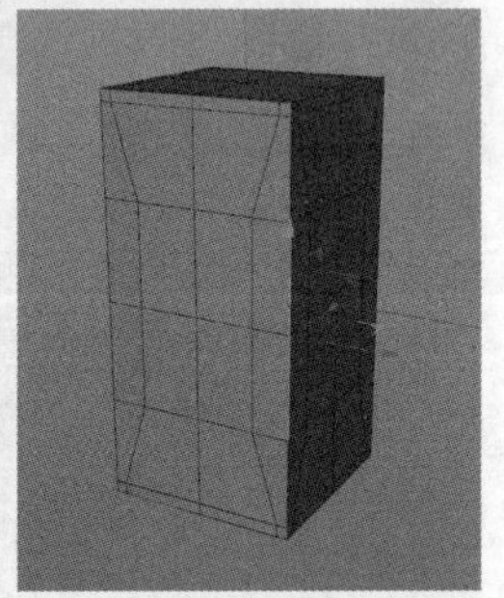

图 9-202

07 选择侧面中间的边，然后向内拖曳，如图9-203所示。选择顶部右侧的面，并将其删除，如图9-204所示。因为模型是使用“对称”生成器生成的，所以选择一半即可。

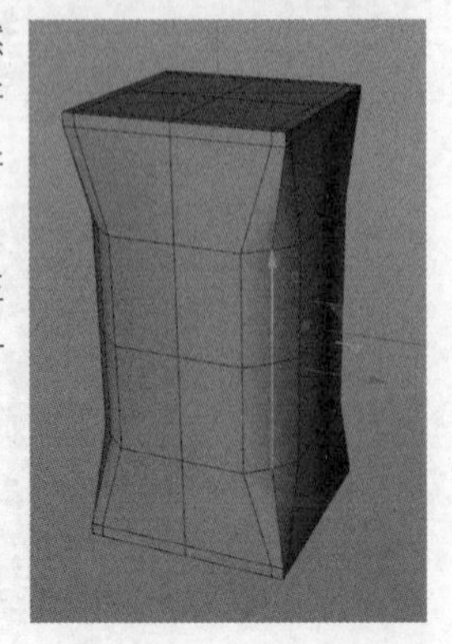

图 9-203

图 9-204

08 选择切口的边，然后挤压出边，如图9-205所示。将挤压出的边进行旋转，以便向下挤压，如图9-206所示。

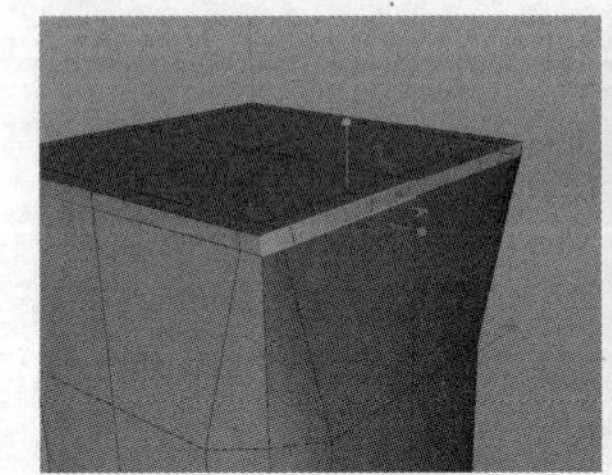

图 9-205

图 9-206

09 将旋转后的边向下挤压，如图9-207所示。选择外侧的点，然后将其向内拖曳，如图9-208所示。

图 9-207

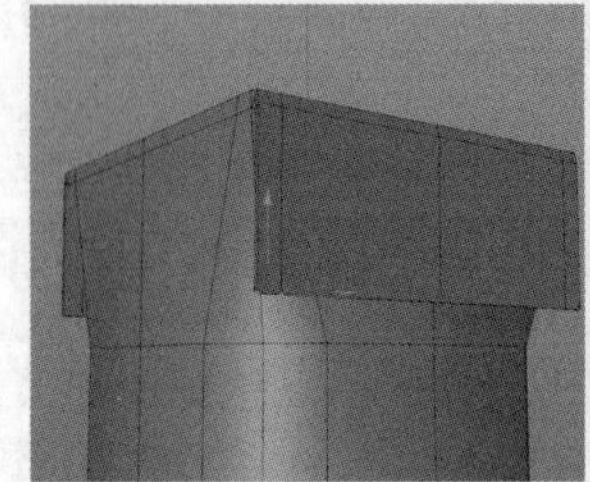

图 9-208

10 选择图9-209所示的面，然后向内挤压，如图9-210所示。制作完成后，取消模型的对称性。

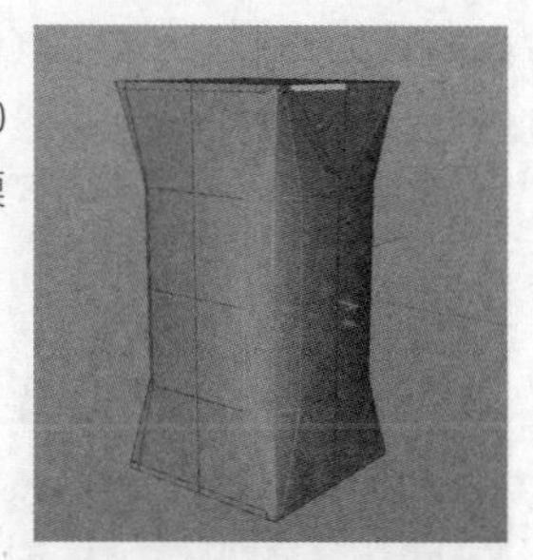

图 9-209

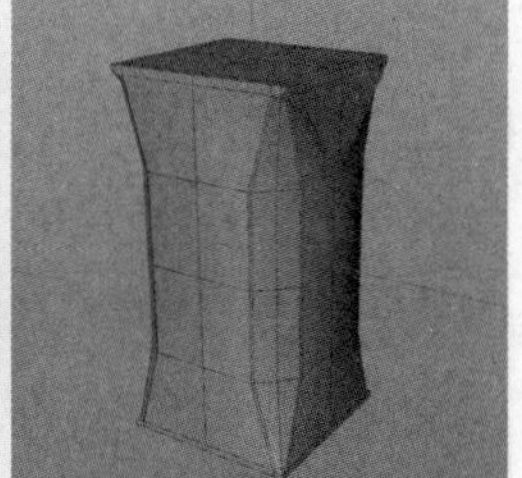

图 9-210

11 单击鼠标右键，在弹出的菜单中选择“循环/路径切割”命令，在模型的顶部加入线，如图9-211所示。然后选择中间的面，并进行挤压，如图9-212所示。

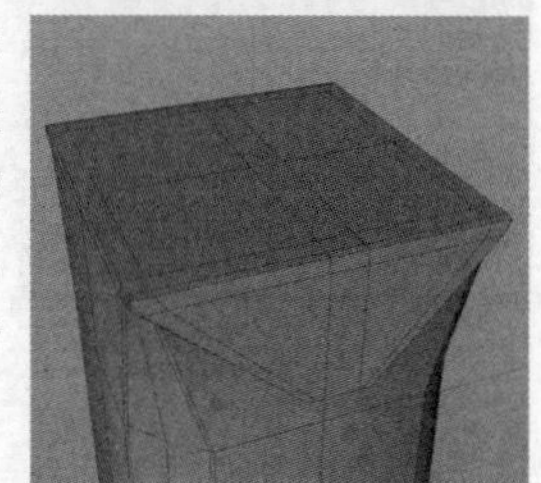

图 9-211

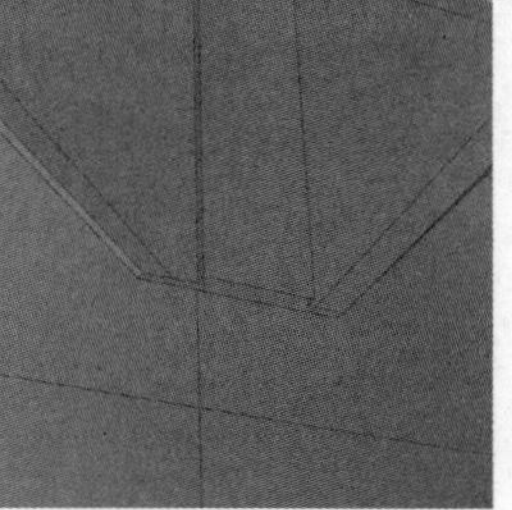

图 9-212

12 选择“循环/路径切割”命令，为挤压出的棱角添加保护边，如图9-213所示。效果如图9-214所示。

图 9-213

图 9-214

2.制作盖子

01 使用“圆柱体”工具创建一个圆柱体模型，将模型转换为可编辑对象，如图9-215所示。

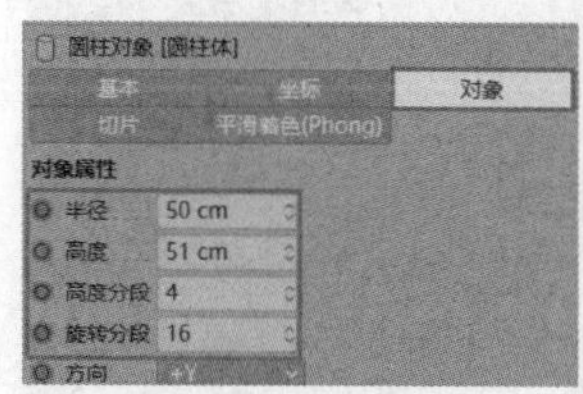

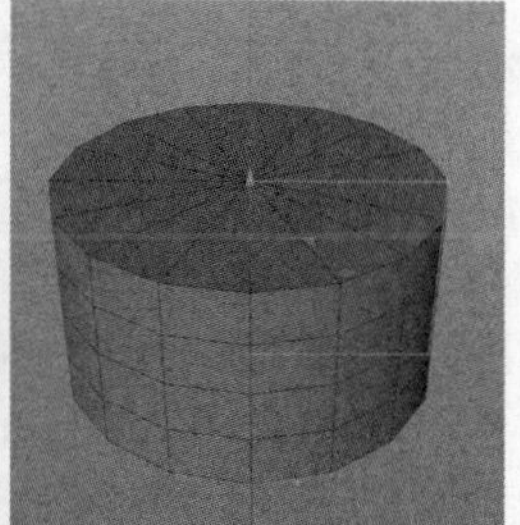

图 9-215

02 为模型添加两条边，如图9-216所示。选择模型顶部的面，并向下挤压，如图9-217所示。

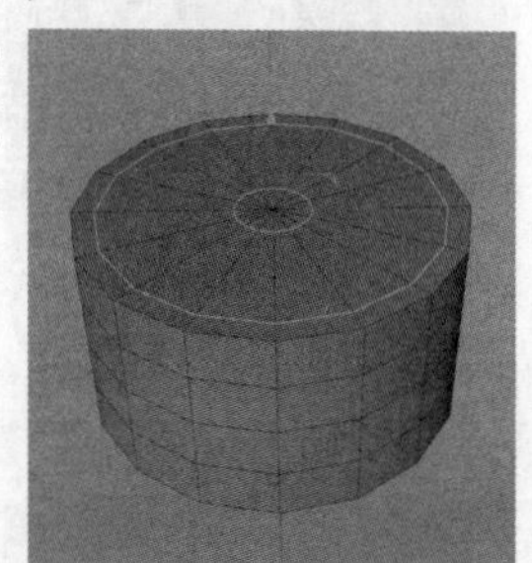

图 9-216

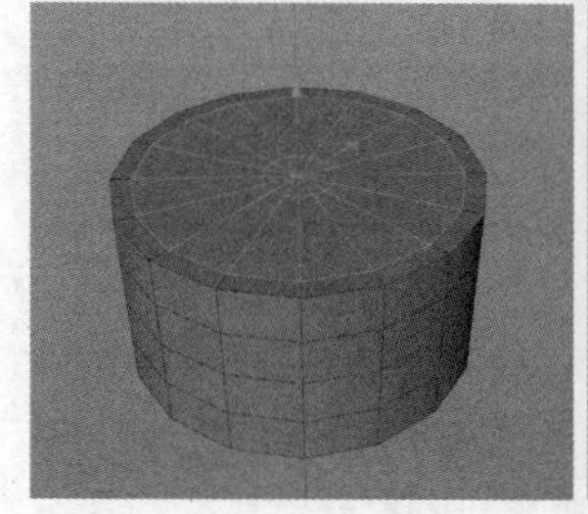

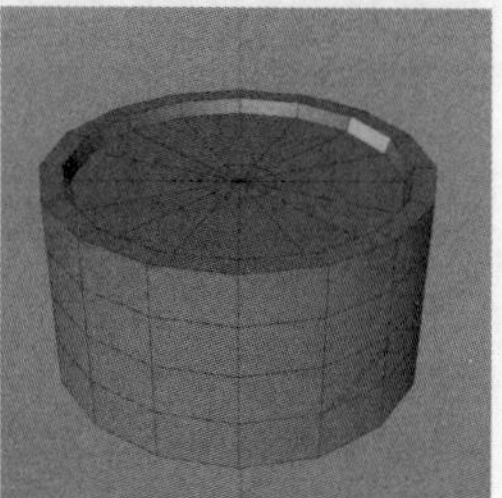

图 9-217

03 在模型的转折处添加保护边，如图9-218所示。

图 9-218

04 选择模型底部的边，向内挤压，如图9-219所示。在模型的转折处添加保护边，如图9-220所示。

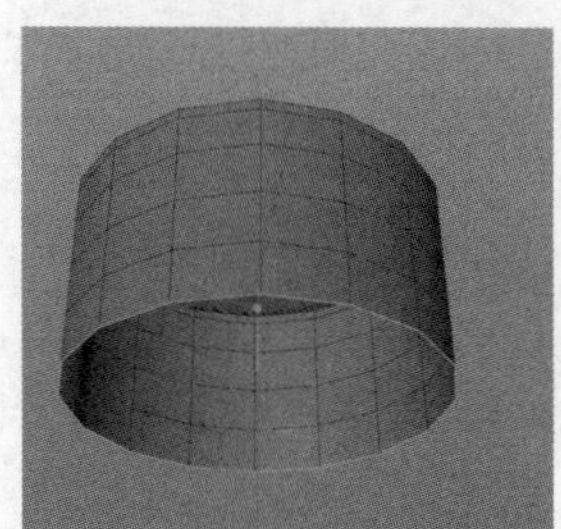

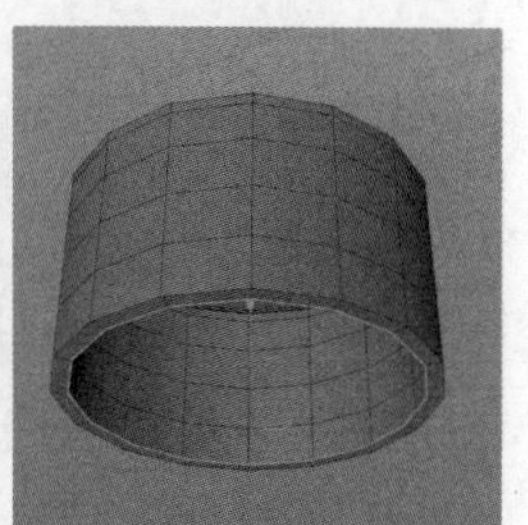

图 9-219

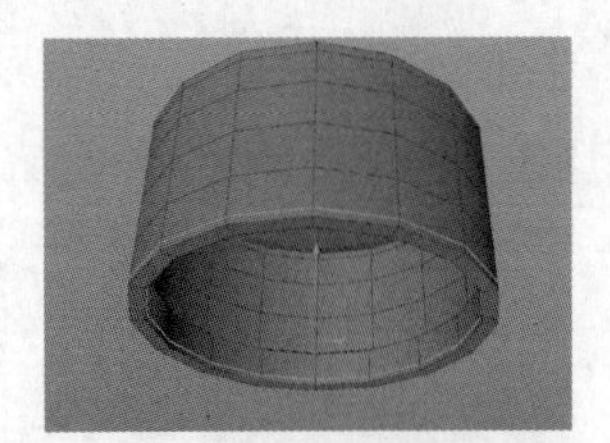

图 9-220

05 选择下方的一圈模型，然后向外挤压，如图9-221所示。

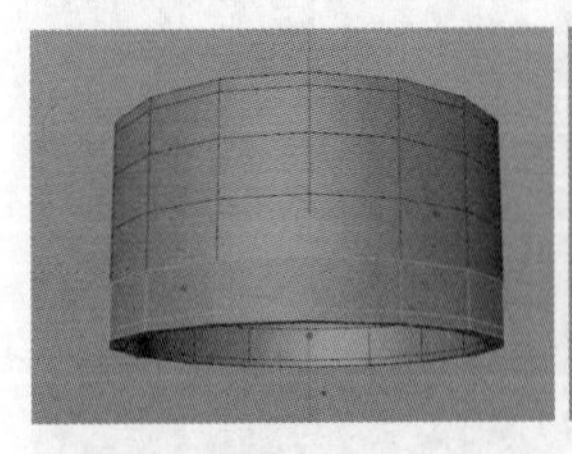
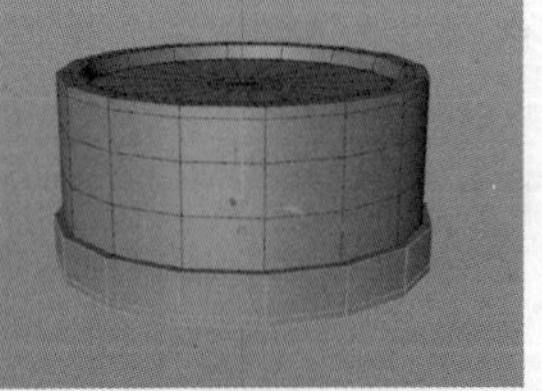

图 9-221

06 使用“胶囊”工具创建一个胶囊模型，参数设置和效果如图9-222所示。

胶囊对象 [胶囊]
基本 坐标 对象
平滑着色(Phong)
对象属性
半径 1.8 cm
高度 34 cm
高度分段 4
封顶分段 4
旋转分段 16
方向 +Y

图 9-222

07 使用“克隆”工具对胶囊模型进行克隆，参数设置和效果如图9-223所示。将胶囊模型和瓶盖组合，如图9-224所示。

克隆对象 [克隆]
基本 坐标 对象 变换 效果器
对象属性
模式 放射
克隆 迭代
重设坐标 ☑
固定纹理 关闭
实例模式 实例
视窗模式 对象
数量 18
半径 49 cm
平面 XZ 对齐 ☑
开始角度 0 °
结束角度 360 °

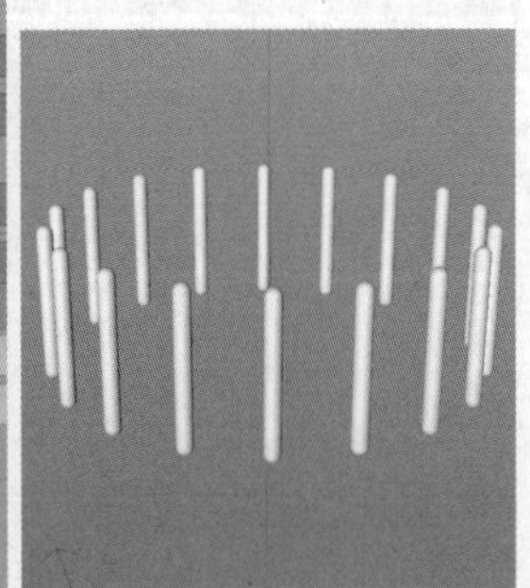

图 9-223

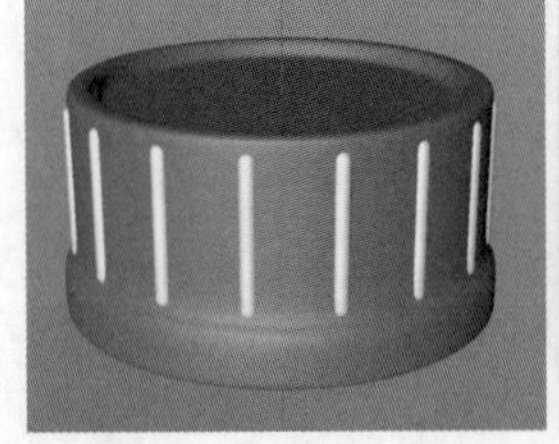
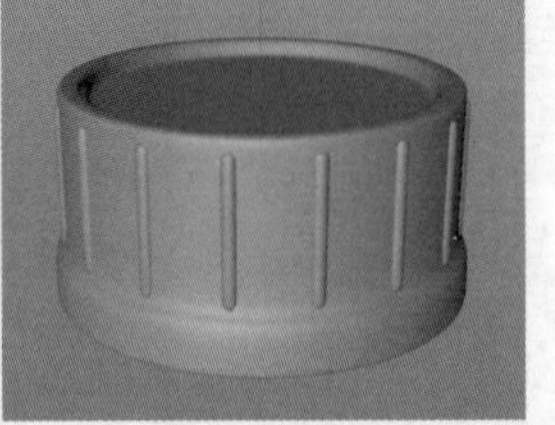

图 9-224

08 使用“管道”工具创建一个管道模型，参数设置和效果如图9-225所示。

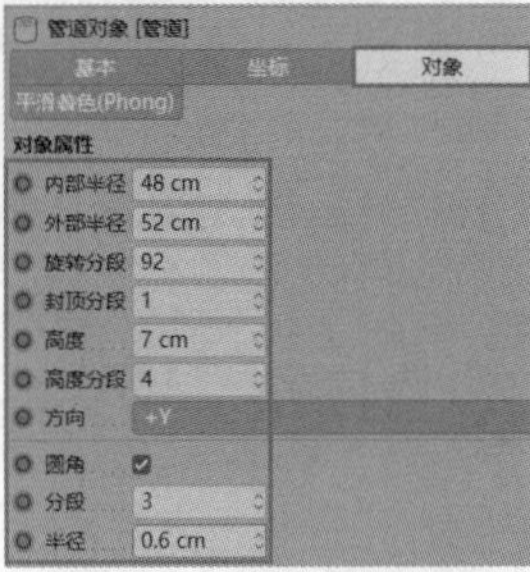

图 9-225

09 将管道模型置于瓶盖的下方，如图9-226所示。制作完成后将其与盒身组合，如图9-227所示。

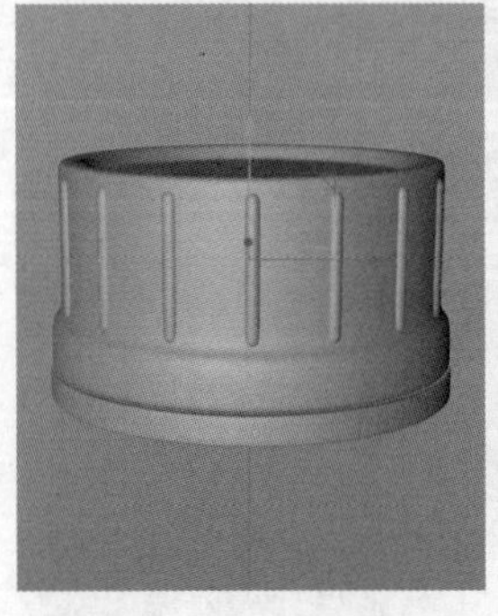

图 9-226

图 9-227

3.拆分UV并导出

01 仅对乳品盒的盒身模型拆分UV即可。切换到UV编辑界面，选择需要拆分的面，如图9-228所示。然后单击“投射”选项卡中的“前沿”按钮，如图9-229所示。

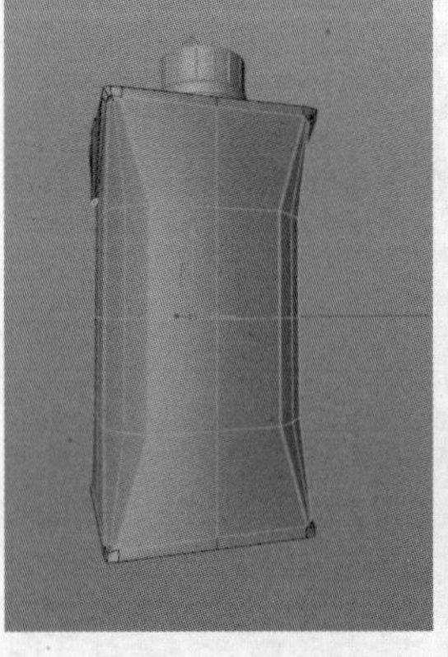

图 9-228

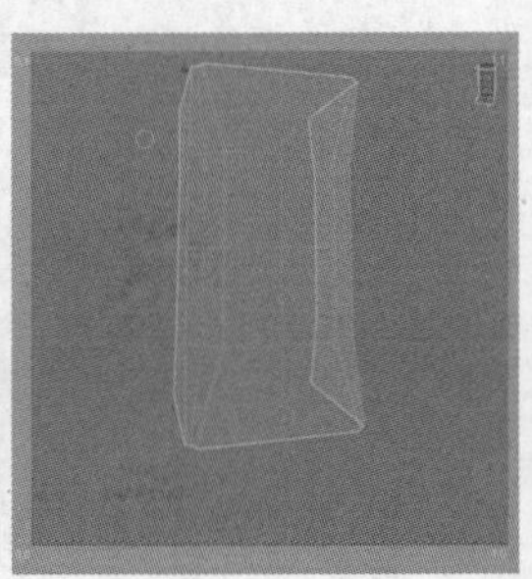

图 9-229

02 在“松弛UV”选项卡中，取消勾选“固定边界点”和“固定相邻边”选项，勾选“沿所选边切割”和“自动重新排列”选项，然后单击“应用”按钮对UV进行松弛，如图9-230所示。调整UV的位置，如图9-231所示。

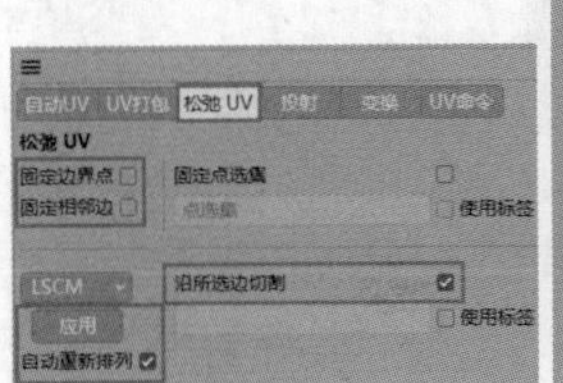
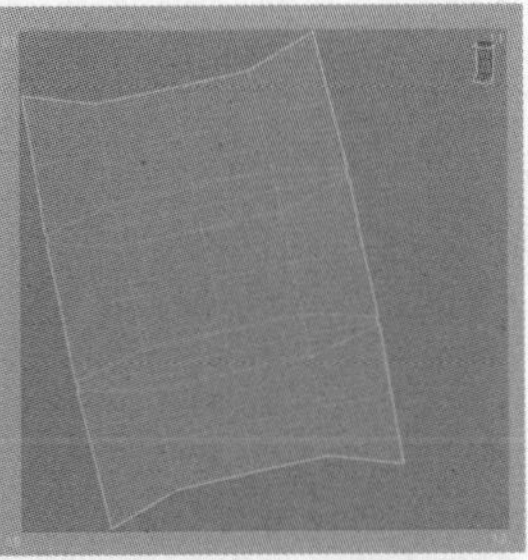

图 9-230

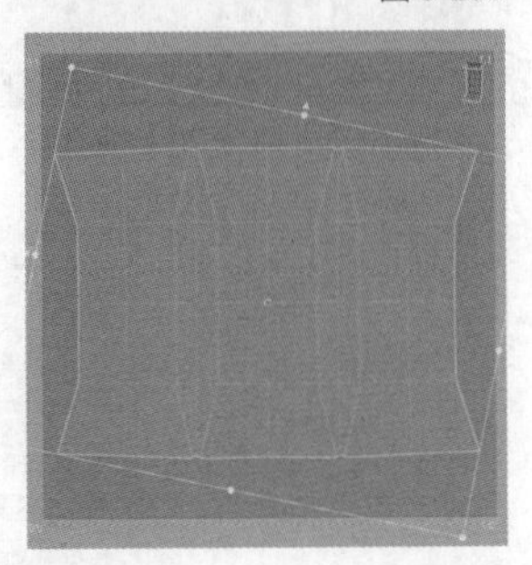

图 9-231

03 执行“文件>新建纹理”菜单命令，在弹出的“新建纹理”面板中，设置“宽度”和“高度”均为4000像素，如图9-232所示。执行“图层>创建UV网格层”菜单命令效果如图9-233所示。执行“文件>另存纹理为”菜单命令，将UV网格层导出为PSD格式文件。

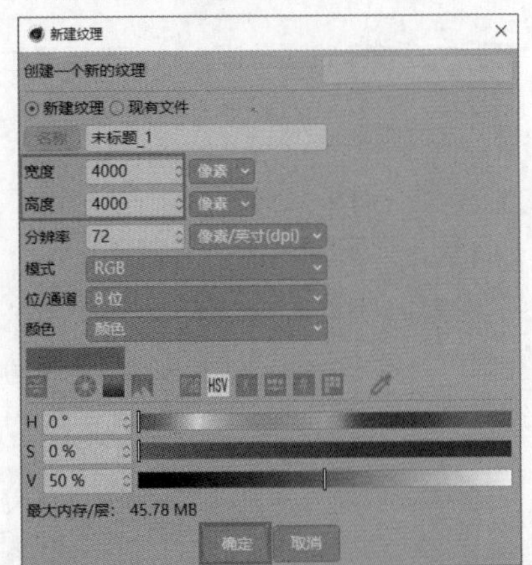

图 9-232

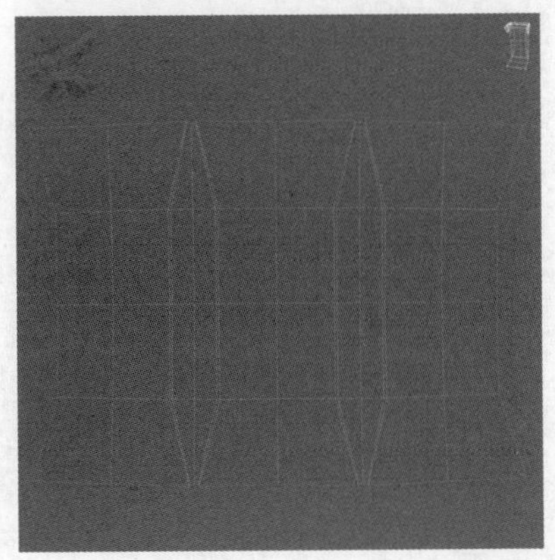

图 9-233

4.制作贴图

01 将导出的文件在Photoshop中打开，然后打开素材文件，如图9-234所示。在网格上对素材进行排版，并添加文字“含量: 200ML”，如图9-235所示。

图 9-234

图 9-235

02 关闭网格所在图层，将文件导出并存储为PNG格式文件，命名为“乳品盒包装”，如图9-236所示。

图 9-236

9.3.2 场景搭建

01 使用“球体”工具创建一个球体模型，然后将其放到乳品盒的右上方，参数设置和效果如图9-237所示。接着创建球体模型，并将其放到乳品盒的左上方，参数设置和效果如图9-238所示。

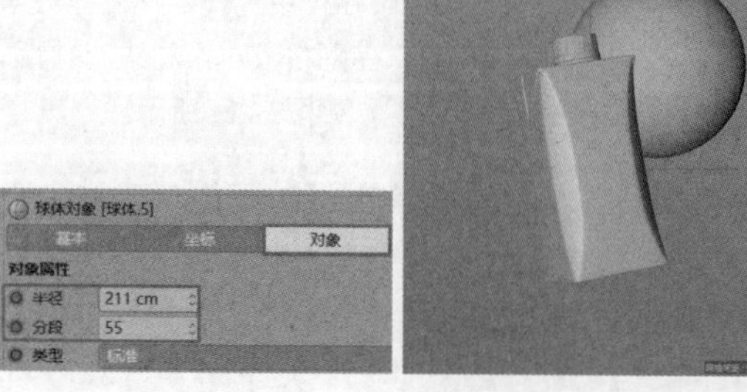

图 9-237

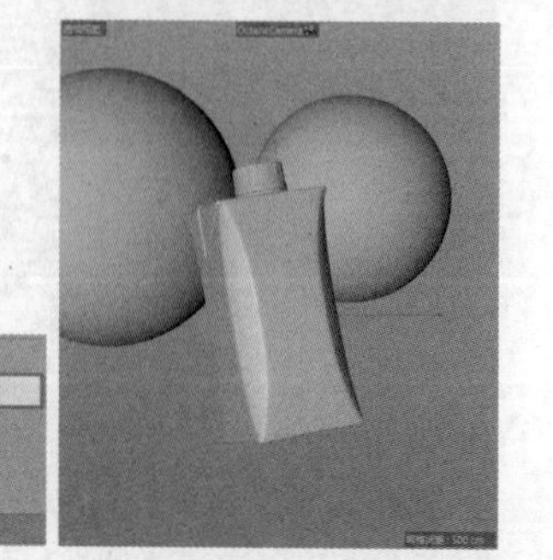

图 9-238

02 创建多个球体模型，并将它们放到乳品盒的四周，球体有大有小，与乳品盒的距离有远有近，如图9-239所示。

图 9-239

03 使用“平面”工具创建一个平面模型作为背景，参数设置和效果如图9-240所示。

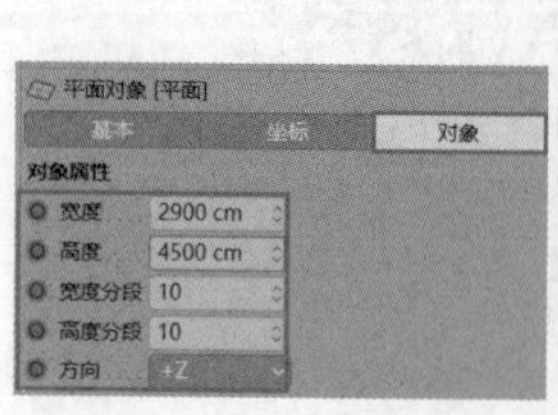

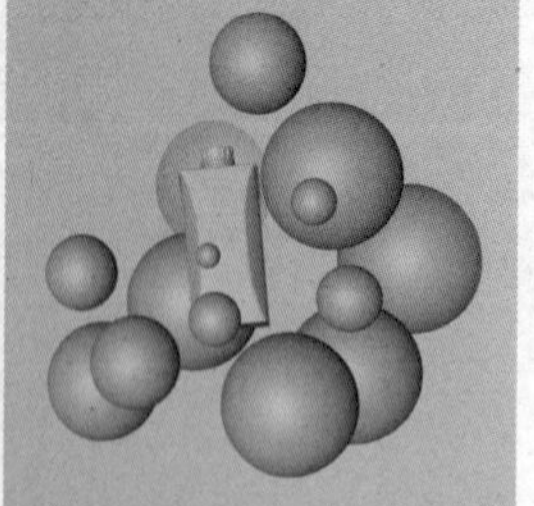

图 9-240

9.3.3 摄像机与灯光创建

01 在“Octane设置”面板中进行初始设置，使用“路径追踪”模式，设置“最大采样”为80，“过滤尺寸”为0.4，“全局光照修剪”为1，如图9-241所示。

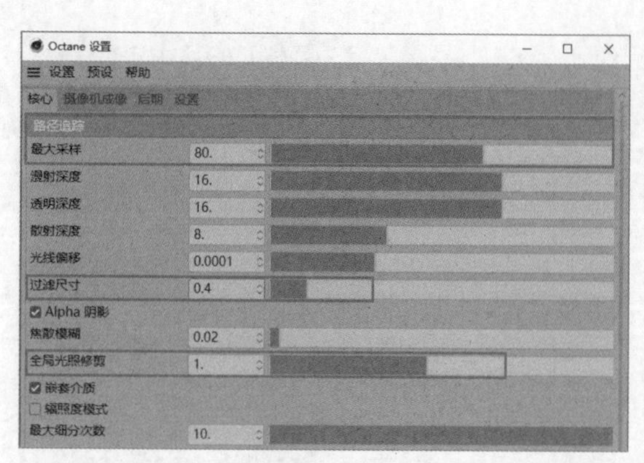

图 9-241

02 执行“对象>Octane摄像机”菜单命令，创建摄像机，参数设置如图9-242所示。

图 9-242

03 在“渲染设置”面板中，选择“输出”选项，然后设置“宽度”为1200像素，“高度”为1800像素，如图9-243所示。将制作好的模型摆放好，并调整摄像机的位置，如图9-244所示。

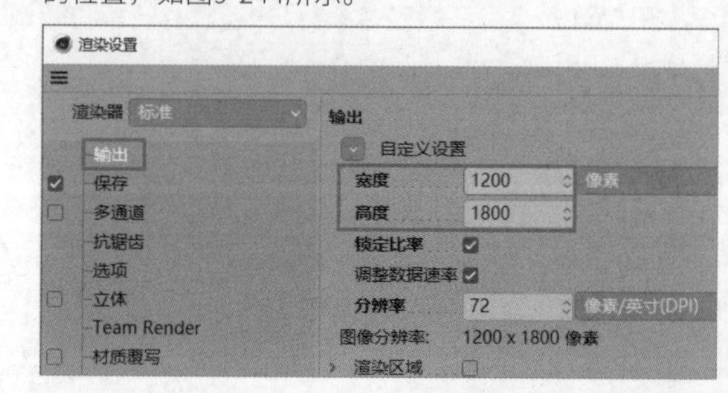

图 9-243

图 9-244

04 执行“对象>Octane纹理环境”菜单命令，创建纹理环境，然后设置“强度”为0.5，如图9-245所示。

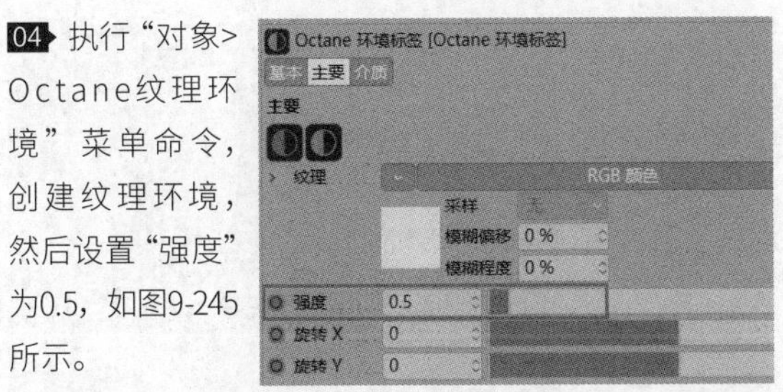

图 9-245

05 执行“对象>灯光>Octane目标区域光”菜单命令，创建目标区域光，灯光的位置与大小如图9-246所示。

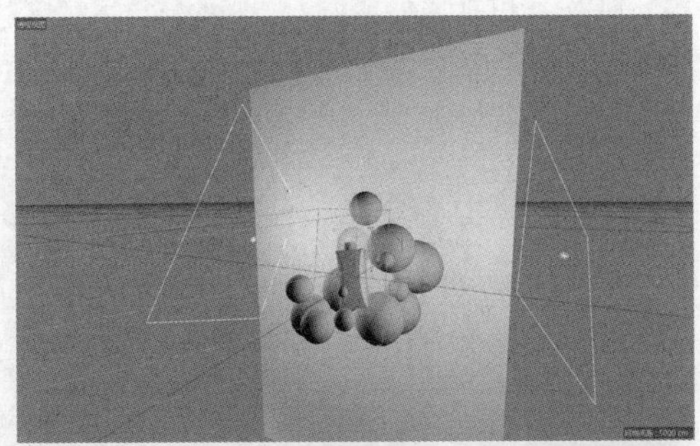

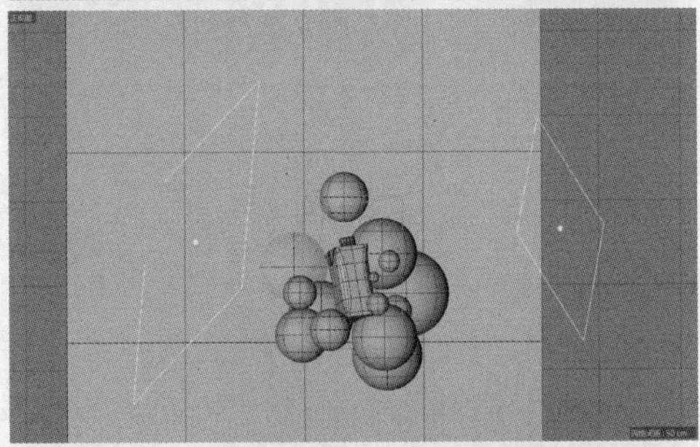

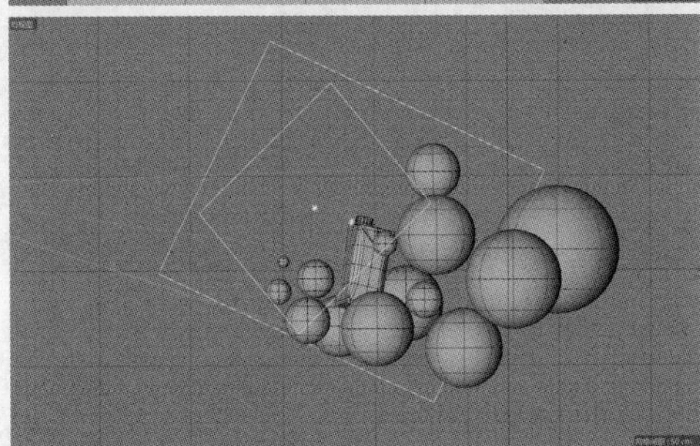

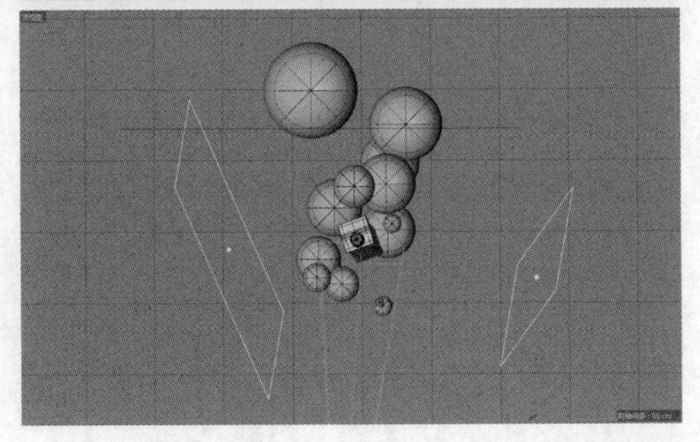

图 9-246

06 设置灯光“类型”为“纹理”，“强度”为280，如图9-247所示。渲染后的效果如图9-248所示。

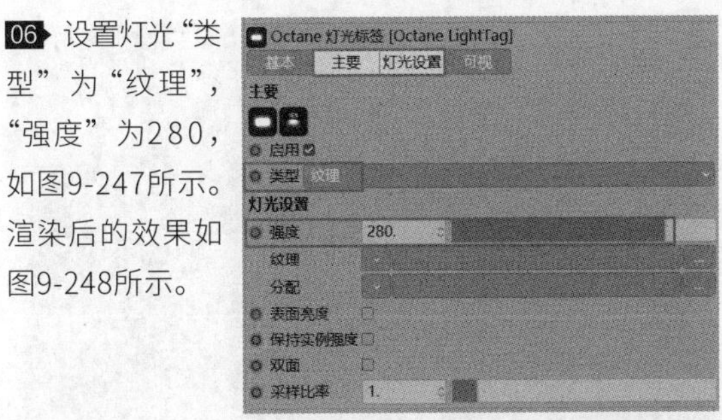

图 9-247

图 9-248

9.3.4 材质制作

01 创建一个合成材质，选择“材质1”选项，然后单击“添加材质”按钮，接着选择“材质2”选项，再单击“添加材质”按钮，如图9-249所示。节点视图如图9-250所示。

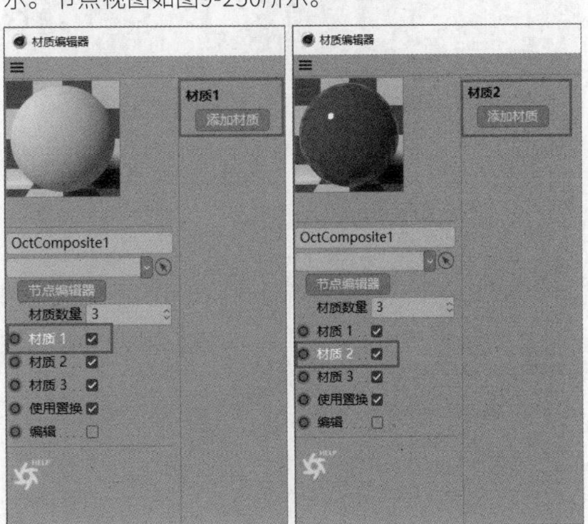

图 9-249

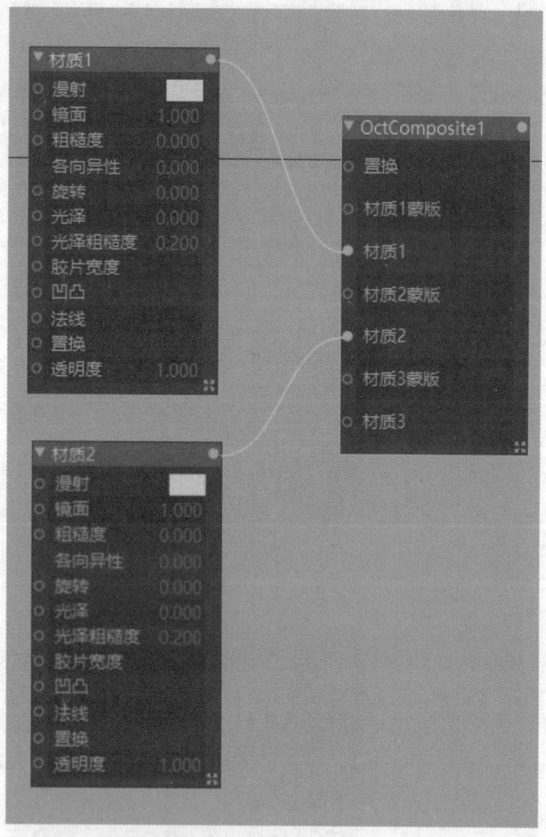

图 9-250

02 创建一个“图像纹理”节点，将其链接“材质2”的“漫射”通道，如图9-251所示。选择“图像纹理”节点，在“文件”选项中导入之前制作的“乳品盒包装.png”文件，如图9-252所示。

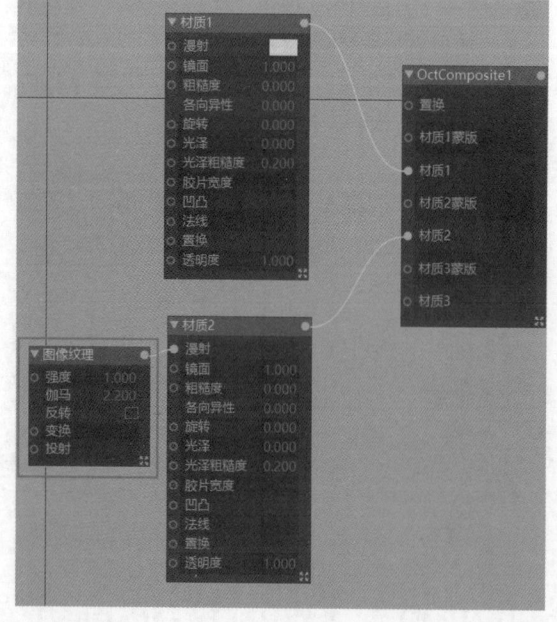

图 9-251

图 9-252

03 创建一个“图像纹理”节点，将其链接“材质2蒙版”通道，如图9-253所示。蒙版的特点是“黑透，白不透”，因此设置“类型”为Alpha，如图9-254所示。

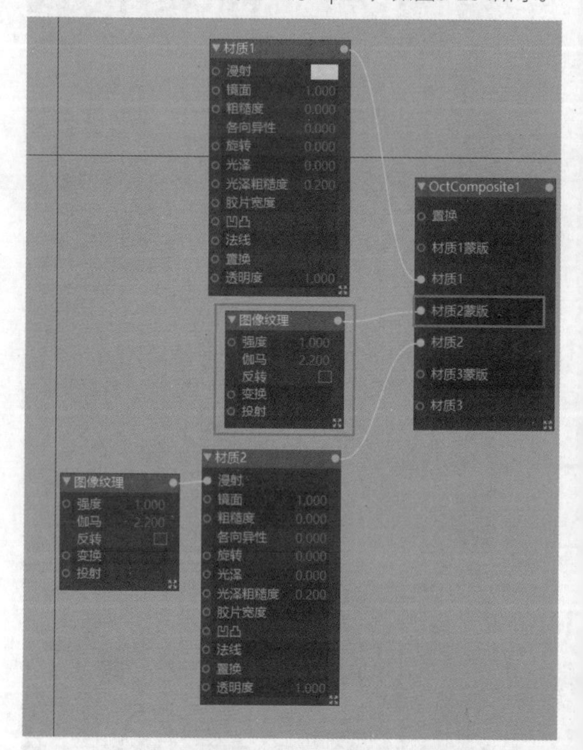

图 9-253

图 9-254

04 创建一个光泽材质，参数设置如图9-255所示。将材质分别赋予模型和背景，如图9-256所示。

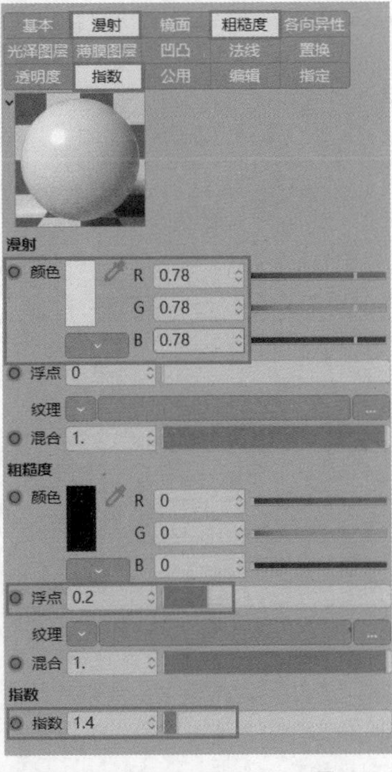

图 9-255

图 9-256

9.3.5 渲染输出

01 在“Octane设置”面板中设置“最大采样”为1500，然后在Octane工具栏中激活“锁定分辨率”工具🔒，并设置比例为1：1，如图9-257所示。

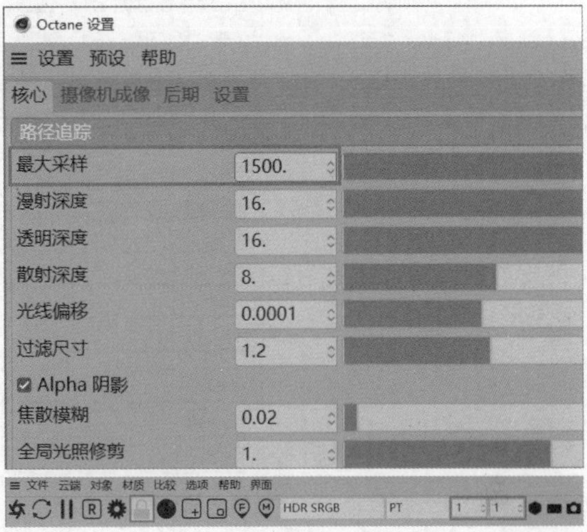

图 9-257

02 渲染完成的效果如图9-258所示。执行“文件>保存图像为”菜单命令，即可输出图像。

图 9-258

9.3.6 后期处理

01 将渲染完成的图片导入Photoshop中，执行“滤镜>Camera Raw滤镜”菜单命令，在“基本”面板和“细节”面板中进行调整，参数设置如图9-259所示。

图 9-259

02 在“色调曲线”面板中进行调整，参数设置如图9-260所示。最终效果如图9-261所示。

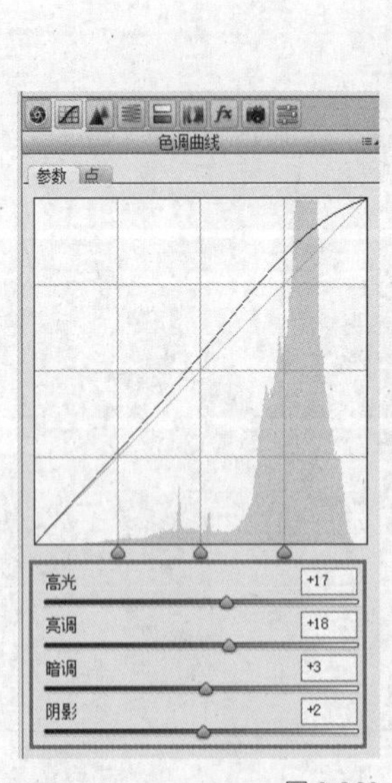

图 9-260

图 9-261

第10章 插画设计

■ 学习目的

本章主要讲解风格插画的设计方法。通过对本章的学习，读者可以创作出风格多变的插画作品，尽情发挥独特的创意和想象力。

■ 主要内容

- 立体插画
- 低多边形插画
- 低多边形写实风插画

10.1 立体插画

◇ 场景位置	场景文件 >CH10>01.c4d
◇ 实例位置	实例文件 >CH10> 立体插画 .c4d
◇ 视频名称	立体插画 .mp4
◇ 学习目标	掌握立体插画的制作方法
◇ 操作重点	挤压的灵活应用

本实例将介绍立体插画的制作方法。立体插画通常简洁清新、色彩明快。模型的制作过程比较简单，但是要注意形状与配色，参考效果如图10-1所示。

图 10-1

10.1.1 模型制作

本实例的模型较简单，需要制作的模型是显示器和键盘，其他模型使用的是已有素材。

1.制作显示器

01 创建一个矩形样条，设置“宽度”为651cm，“高度”为434cm，然后勾选“圆角”选项，设置“半径”为37cm，如图10-2所示。

图 10-2

02 使用“挤压”生成器对样条进行挤压，在“对象”选项卡中设置“偏移”为15cm，在“封盖”选项卡中设置“尺寸”为1.5cm，参数设置和效果如图10-3和图10-4所示。

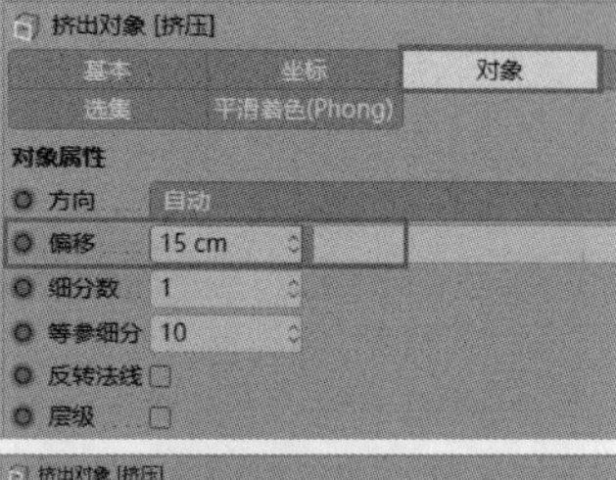

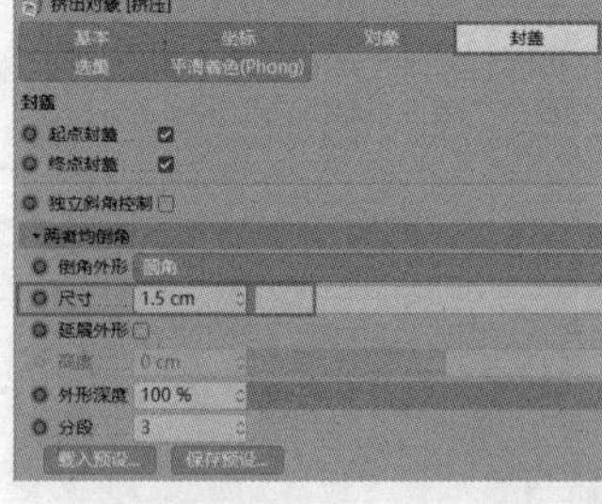

图 10-3

图 10-4

03 创建一个矩形样条，设置“宽度”为640cm，“高度”为424cm，然后勾选“圆角”选项，设置“半径”为35cm，如图10-5所示。

图 10-5

04 使用“挤压”生成器对样条进行挤压，如图10-6和图10-7所示。将两个模型组合，如图10-8所示。

图 10-6

图 10-7

图 10-8

05 创建一个矩形样条，设置“宽度”为618cm，“高度”为394cm，然后勾选“圆角”选项，设置“半径”为35cm，如图10-9所示。

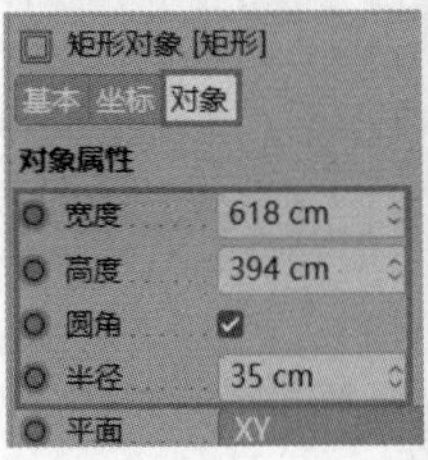

图 10-9

06 使用“挤压”生成器对样条进行挤压，如图10-10和图10-11所示。将完成的模型放到刚制作的模型前方，如图10-12所示。

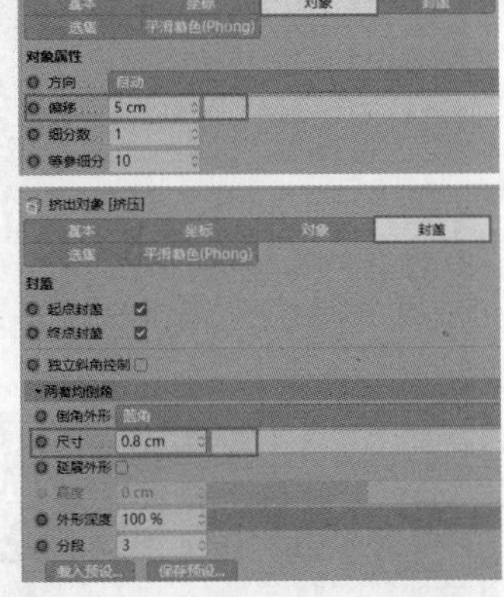

图 10-10

图 10-11

图 10-12

07 用同样的方法创建一个矩形样条，参数设置和效果如图10-13所示。

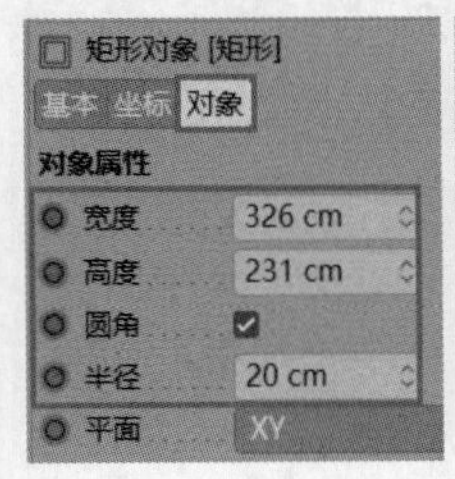

图 10-13

08 使用“挤压”生成器对样条进行挤压，如图10-14和图10-15所示。将制作完成的模型组合，如图10-16所示。

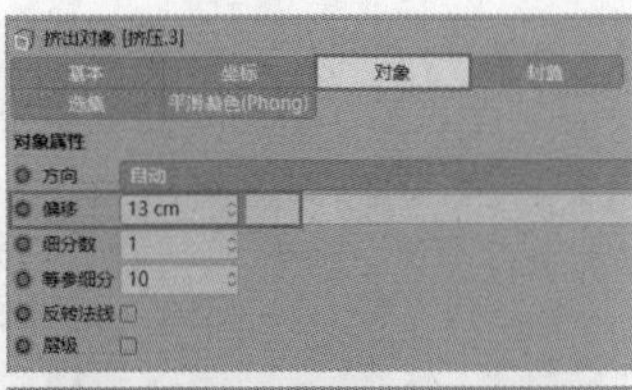

图 10-14

图 10-15

图 10-16

09 重复上面的步骤，制作其他模型并组合，如图10-17所示。

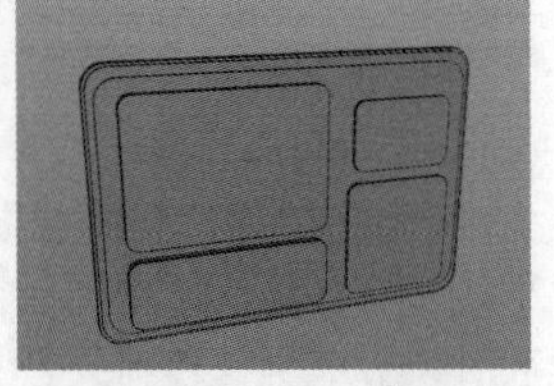

图 10-17

技巧提示 上面讲解的组合方式以及每个模块的大小仅作为参考，读者可根据自身需求灵活设计。

10 创建更小的矩形样条，使用“挤压”生成器进行挤压，然后进行组合，如图10-18至图10-20所示。

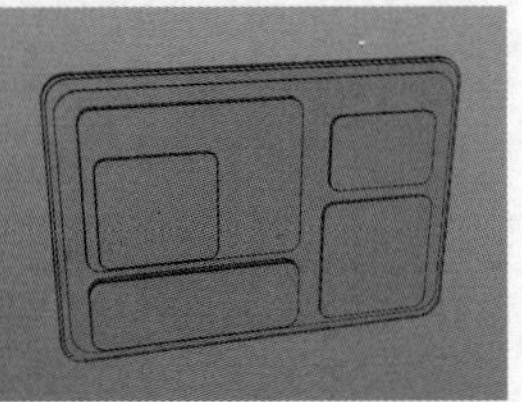

图 10-18

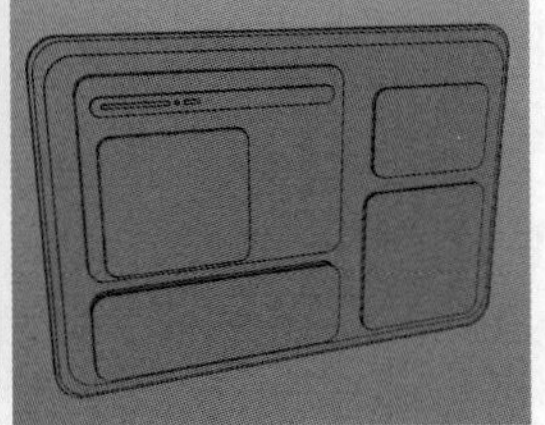

图 10-19

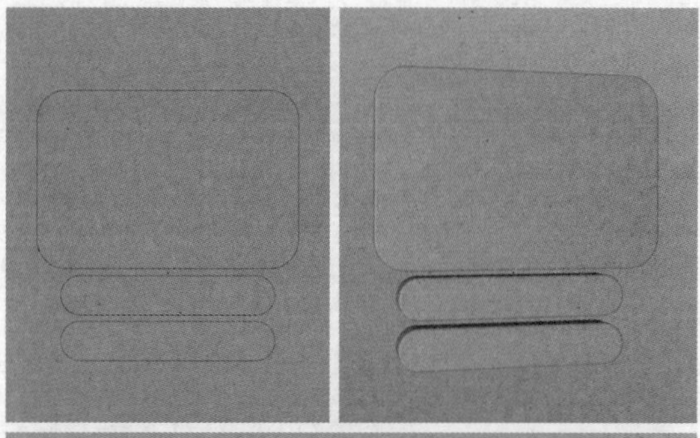

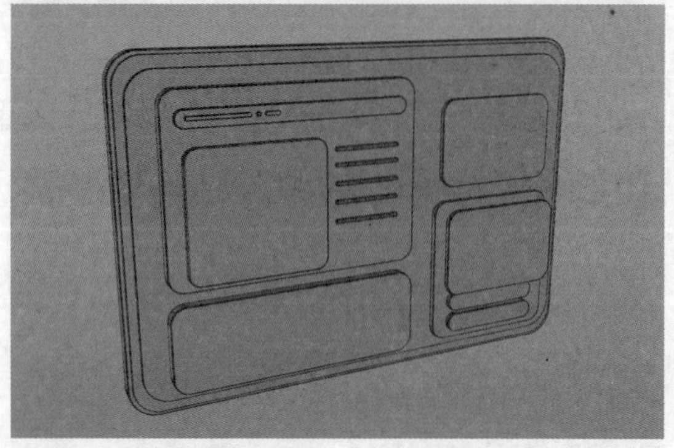

图 10-20

11 创建圆形与三角形样条，然后使用“挤压”生成器进行挤压，如图10-21所示。将制作完成的模型组合，如图10-22所示。

图 10-21

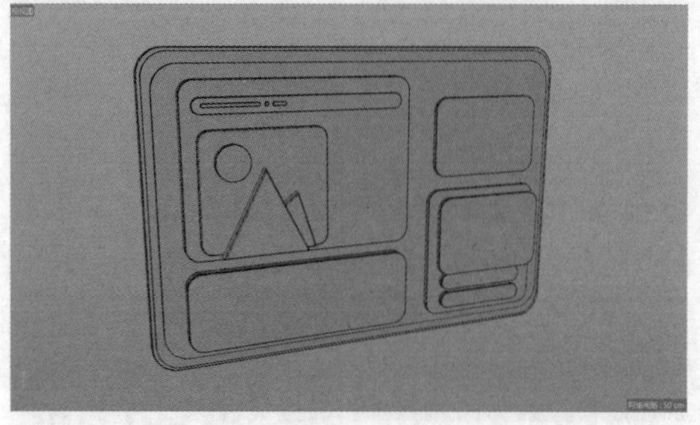

图 10-22

12 创建一个立方体模型，参数设置和摆放位置如图10-23所示。复制5份立方体模型，从上到下依次排列，如图10-24所示。

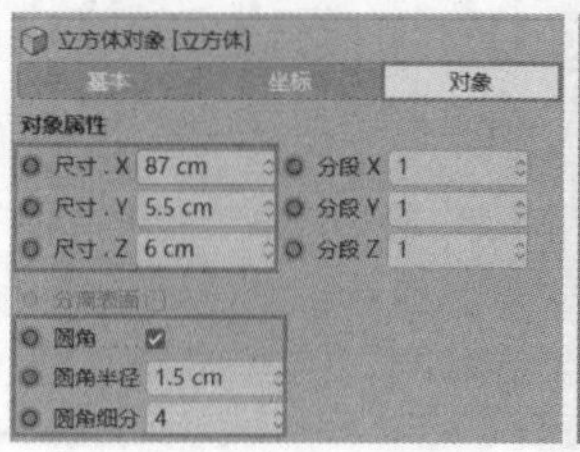

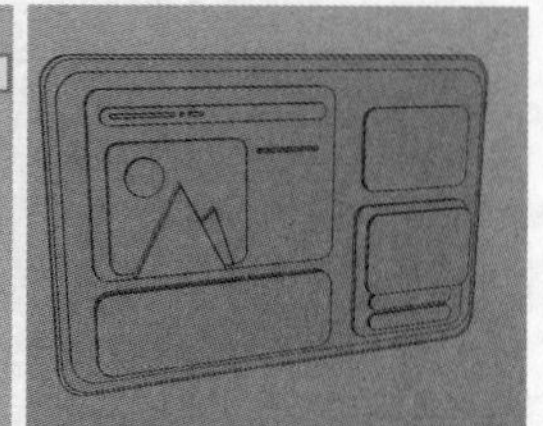

图 10-23

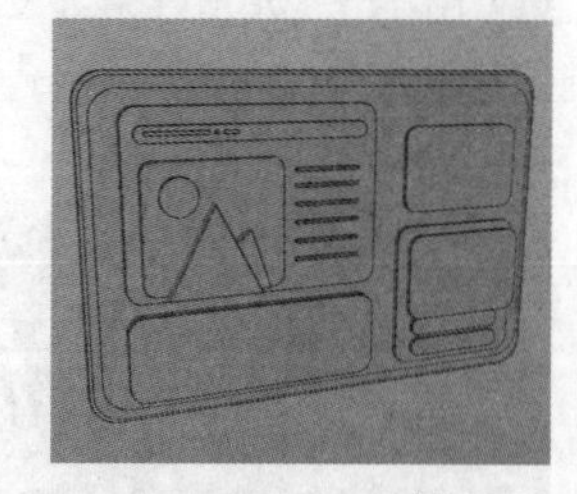

图 10-24

13 创建图10-25所示的样条，三角形样条是使用“多边”工具制作的，设置“半径”为28cm，“侧边”为3，然后勾选“圆角”，设置“半径”为7cm，接着使用“挤压”生成器对样条进行挤压，如图10-26所示。

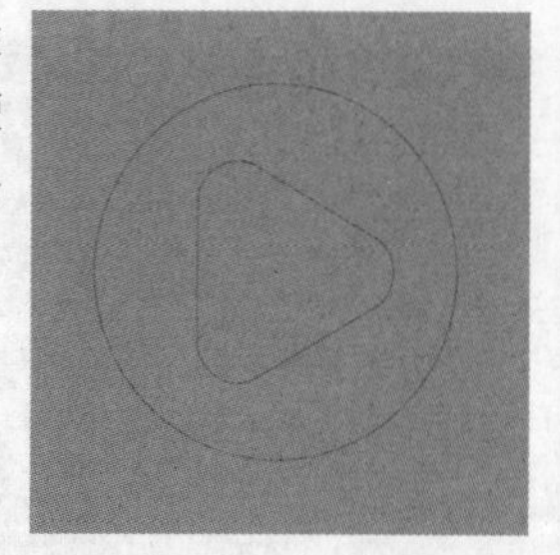

图 10-25

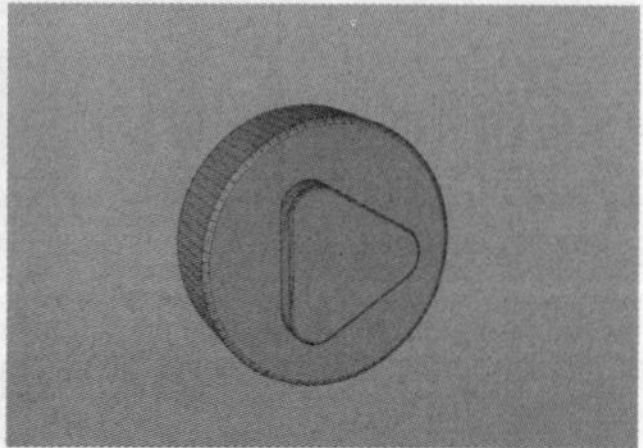

图 10-26

14 将制作完成的模型组合，如图10-27所示。

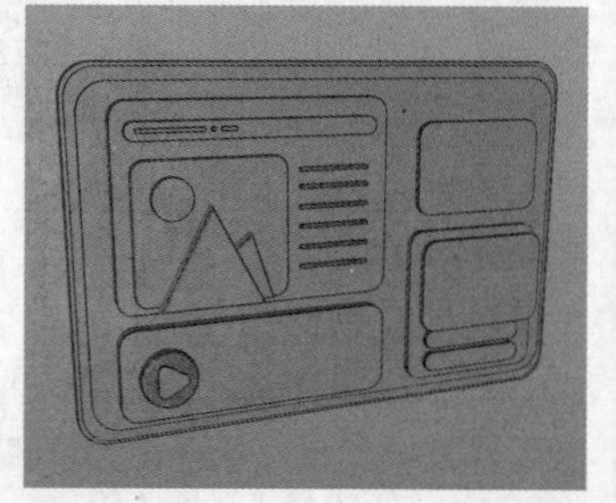

图 10-27

15 使用同样的方法制作出文字与圆角边框组合的样条，挤压生成模型，如图10-28所示。继续创建星形与圆角边框组合的样条，挤压生成模型，如图10-29所示。将制作完成的模型组合，如图10-30所示。

图 10-28

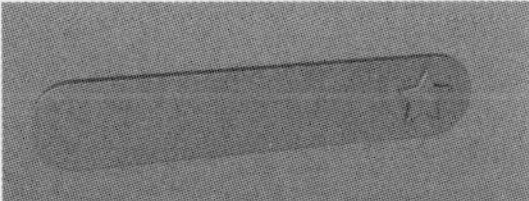

图 10-29

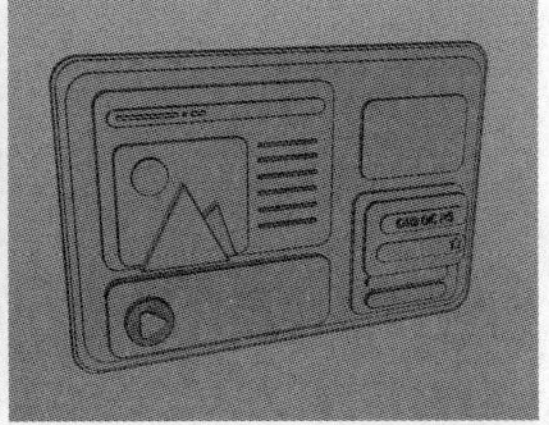

图 10-30

16 使用“胶囊”工具创建一个胶囊模型，参数设置和效果如图10-31所示。使用“克隆”工具对模型进行克隆，参数设置和效果如图10-32所示。

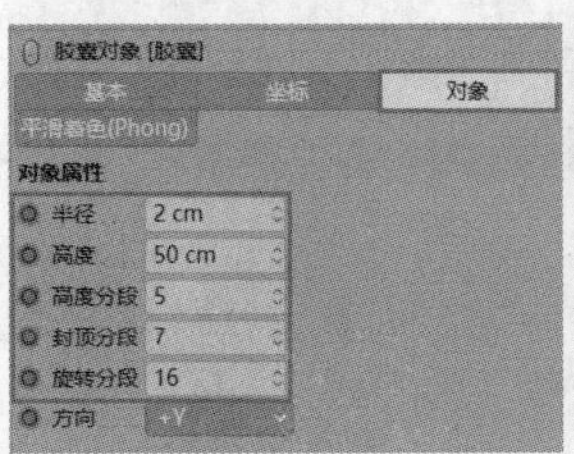

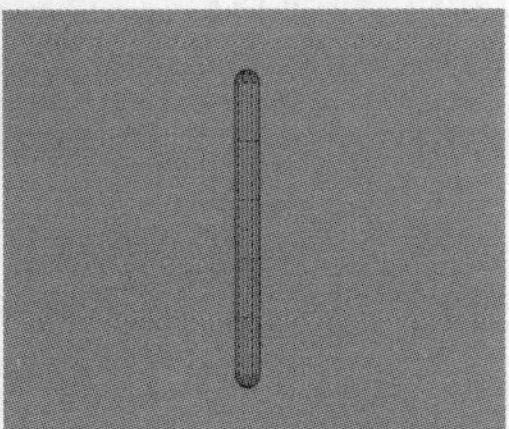

图 10-31

克隆对象 [克隆]
基本 坐标 对象 变换 效果器
对象属性
模式 线性
克隆 迭代
重设坐标 ☑
固定纹理 关闭
实例模式 实例
视窗模式 对象
数量 21
偏移 0
模式 每步
总计 100 %
位置 . X 10 cm　缩放 . X 100 %　旋转 . H 0 °
位置 . Y 0 cm　缩放 . Y 100 %　旋转 . P 0 °
位置 . Z 0 cm　缩放 . Z 100 %　旋转 . B 0 °

图 10-32

17 使用“随机”效果器为克隆的模型加入随机效果，参数设置和效果如图10-33所示。将完成的模型放置到组合模型的左下方，如图10-34所示。

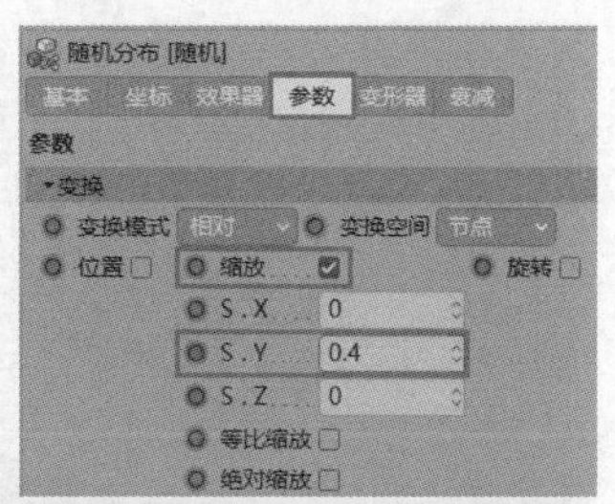

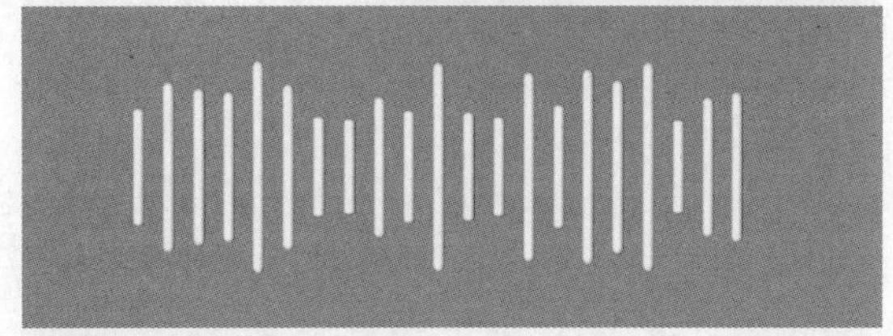

图 10-33

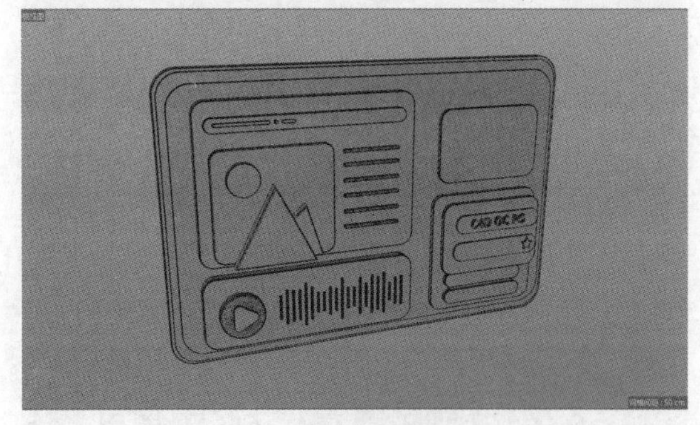

图 10-34

18 切换到右视图，绘制出图10-35所示的样条，当作显示器的支架。再创建一个矩形样条，参数设置和效果如图10-36所示。

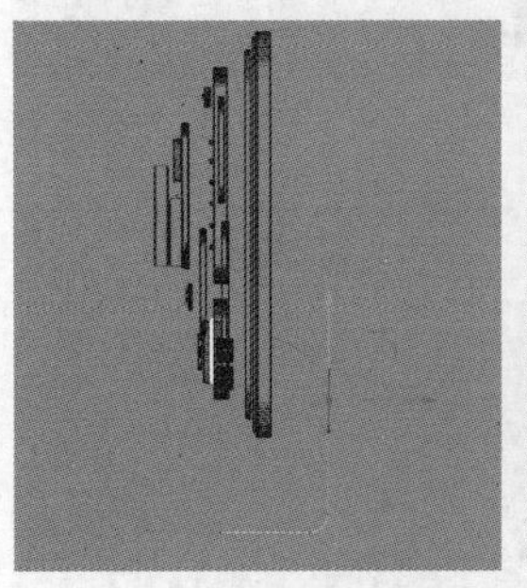
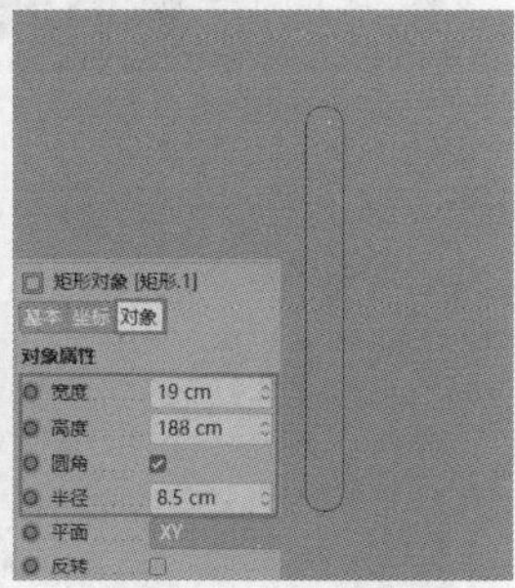

图 10-35　图 10-36

19 为上一步创建的两个样条添加“扫描”生成器，扫描完成的模型如图10-37所示。向下拖曳“缩放”曲线，这样模型的上半部分就缩小了，如图10-38所示。

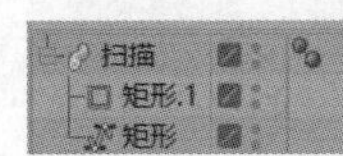

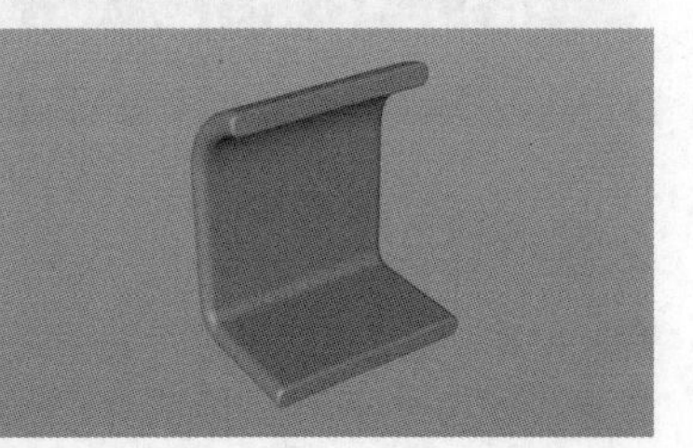

图 10-37

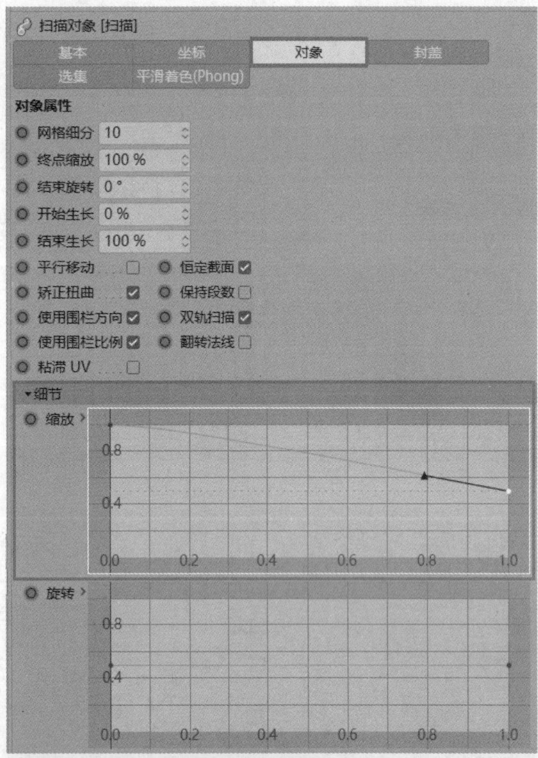

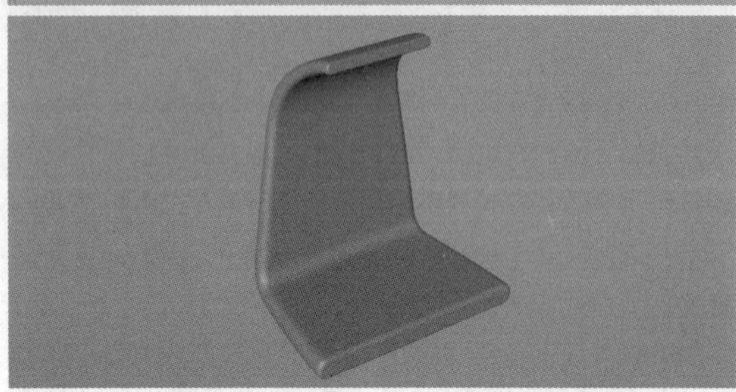

图 10-38

20 将制作完成的支架模型放置到显示器模型的下方，如图10-39所示。

图 10-39

2.制作键盘

01 创建一个立方体模型作为键盘框架，参数设置和效果如图10-40所示。再创建一个立方体模型作为按键，参数设置和效果如图10-41所示。

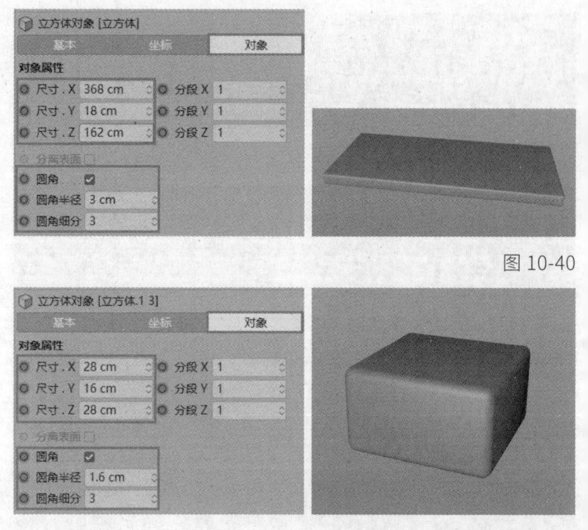

图 10-40

图 10-41

02 为按键模型添加FFD变形器。单击“点”按钮，选择FFD变形器上方的点，对其进行缩放，制作出按钮的效果，如图10-42所示。

图 10-42

03 使用“克隆”工具对按键模型进行克隆，并将其置于键盘框架的上方，参数设置和效果如图10-43所示。复制按键，从上到下依次排列，如图10-44所示。

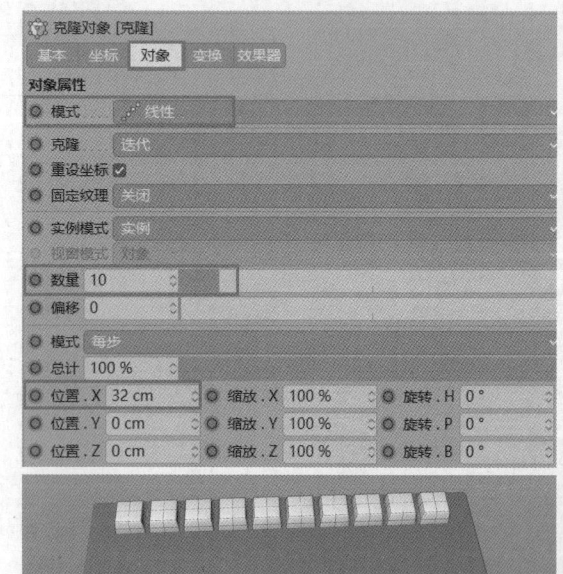

图 10-43

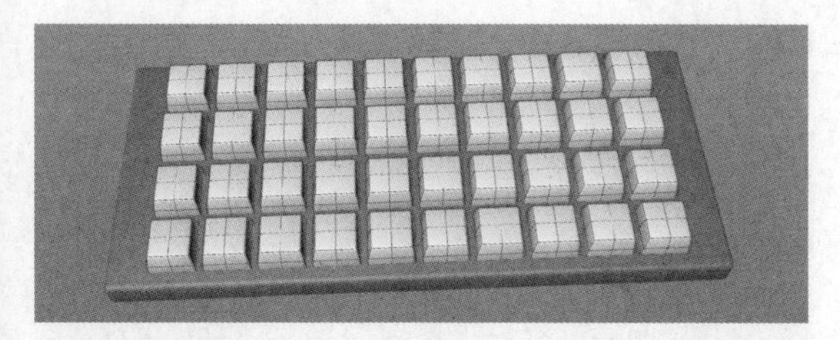

图 10-44

疑难解答 **克隆出来的模型为什么是白色的?**

克隆出的模型默认显示为白色，并不是出错了。如果为模型加入红色材质，渲染后就会显示为红色。显示的颜色也是可以更改的，使用克隆对象“变换”选项卡中的“颜色”即可控制显示的颜色，如图10-45所示。

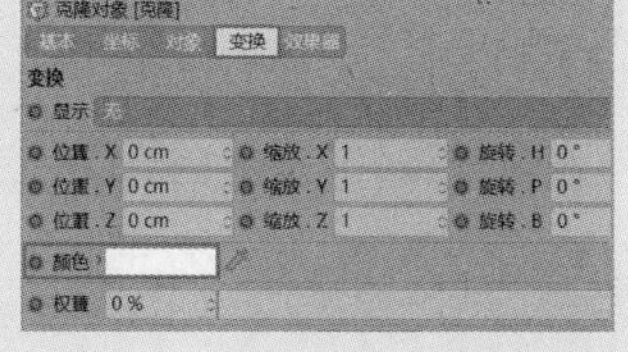

图 10-45

04 目前的按钮是整齐排列的，若想要更多的细节，可以把克隆对象转换为可编辑对象，这个克隆对象就变成了由多个立方体组合而成的模型，这样就可以对单个的立方体模型进行调整了，如图10-46所示。

图 10-46

05 删除Space键两侧的立方体模型，如图10-47所示。将中间的立方体模型拉长，如图10-48所示。

图 10-47

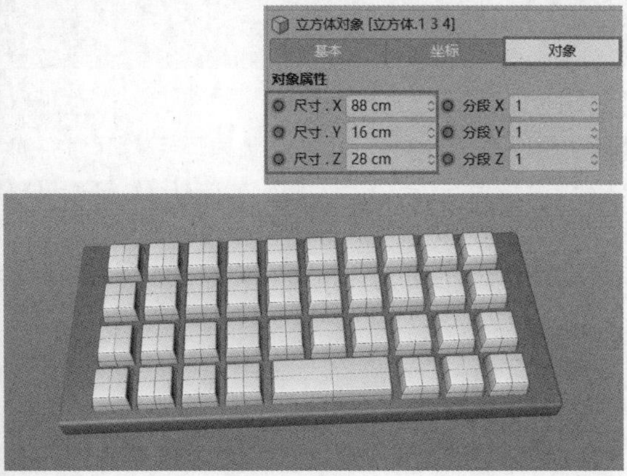

立方体对象 [立方体.134]

基本 坐标 对象

对象属性

尺寸 . X 88 cm　分段 X 1

尺寸 . Y 16 cm　分段 Y 1

尺寸 . Z 28 cm　分段 Z 1

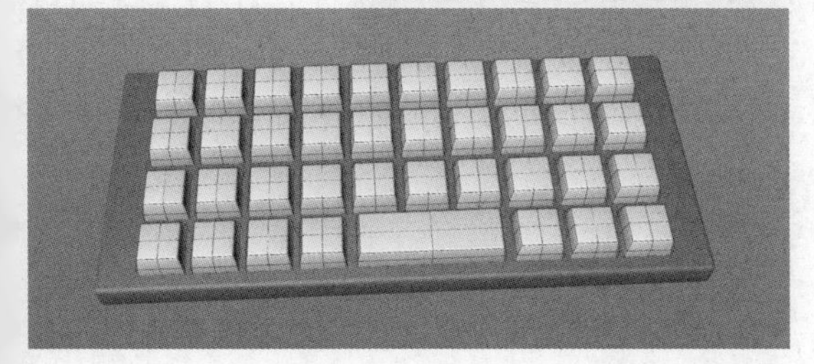

图 10-48

06 多数情况下键盘的按键会相互错开。将第2排按键向右移动半个按键的距离，将第4排按键向左移动半个按键的距离，如图10-49所示。

图 10-49

07 与调整Space键的方法一样，删除第2排和第4排多余的按键，然后调整两侧按键的尺寸，使两侧整齐一些，如图10-50所示。制作完成后，将键盘模型放置到显示器的前方，如图10-51所示。

图 10-50

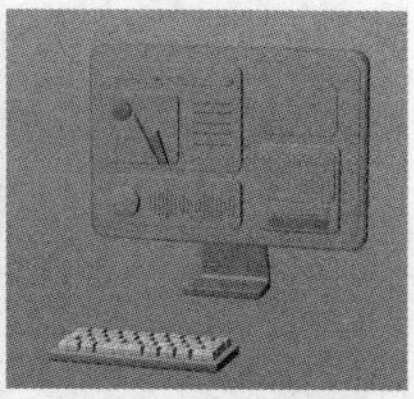

图 10-51

08 导入云朵与热气球的素材模型，并调整大小和位置，如图10-52所示。

图 10-52

10.1.2 摄像机与灯光创建

01 在“Octane设置”面板中进行初始设置，使用“路径追踪”模式，设置“最大采样”为80，“过滤尺寸”为0.4，“全局光照修剪”为1，如图10-53所示。

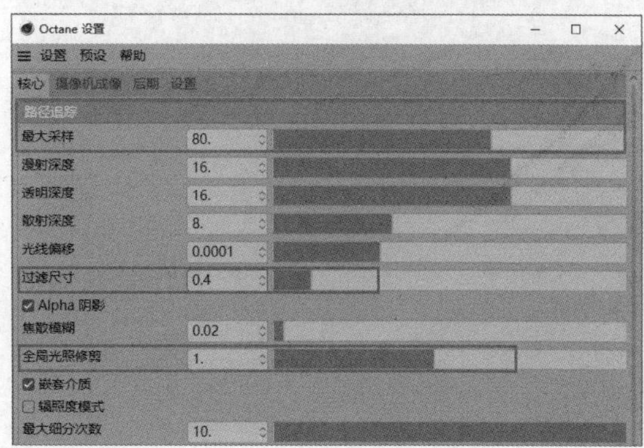

图 10-53

02 执行“对象>Octane摄像机”菜单命令，创建摄像机，参数设置如图10-54所示。

摄像机对象 [OctaneCamera]
基本 坐标 对象
物理 细节 立体
合成 球面 Octane 摄像机标签
对象属性
投射方式 透视视图
焦距 135 电视 (135毫米)
传感器尺寸 (胶片规格) 36 35毫米照片 (36.0毫米)
35毫米等值焦距: 135 mm
视野范围 15.189 °
视野 (垂直) 15.189 °
缩放 1

图 10-54

03 在“渲染设置”面板中，选择“输出”选项，然后设置“宽度”和“高度”均为1600像素，如图10-55所示。将制作好的模型摆放好，并调整摄像机的位置，如图10-56所示。

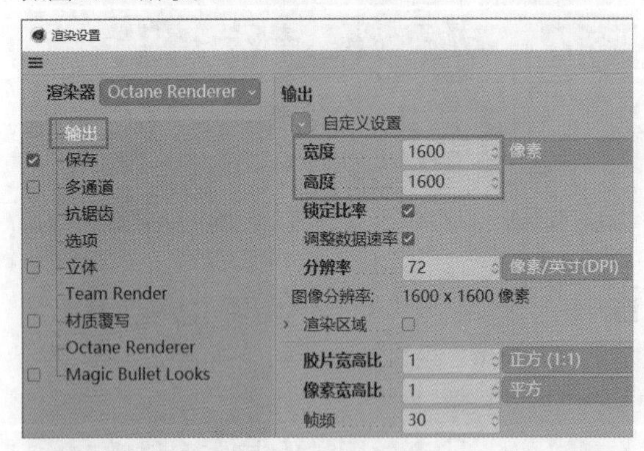

图 10-55

图 10-56

04 执行“对象>灯光>Octane目标区域光”菜单命令，创建目标区域光，灯光的位置与大小如图10-57所示。

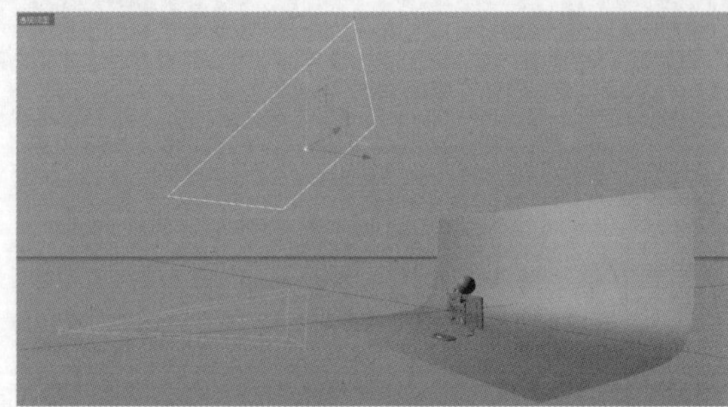

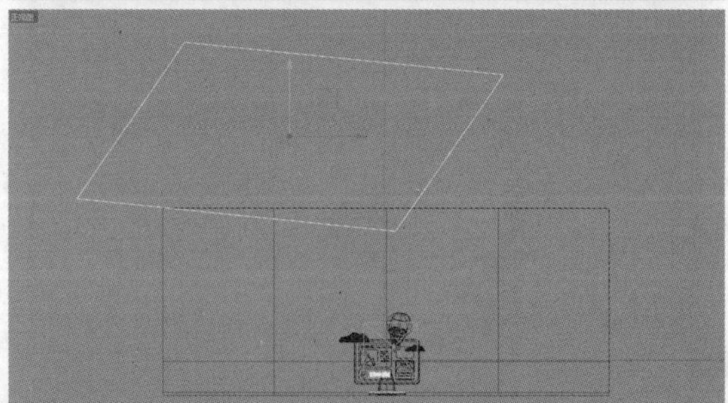

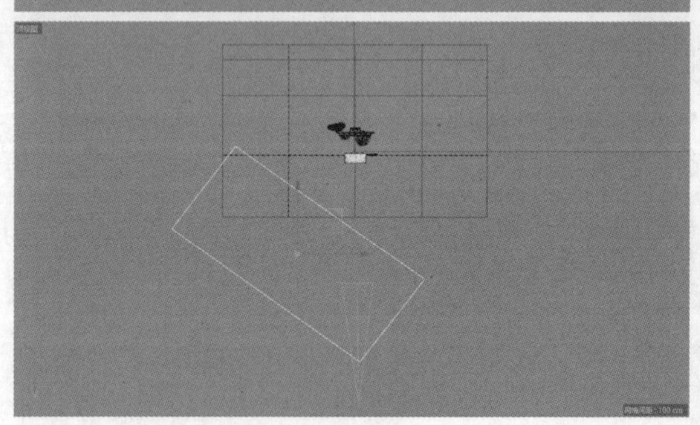

图 10-57

05 设置区域光的“类型”为“纹理”,“强度”为3590左右，并取消勾选“折射可见”选项，如图10-58所示。渲染后的效果如图10-59所示。

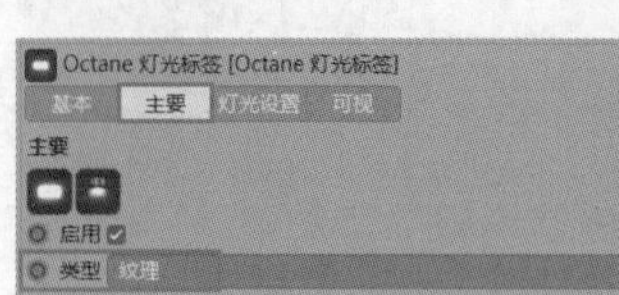

Octane 灯光标签 [Octane LightTag]
基本 主要 灯光设置 可视
灯光设置
强度 3593.813
纹理
分配
表面亮度
保持实例强度
双面
采样比率 1.
漫射可见
折射可见
投射阴影

图 10-58

图 10-59

10.1.3 材质制作

01 创建一个光泽材质，参数设置如图10-60所示。将完成的材质复制一份，然后在“漫射”通道中修改颜色，如图10-61所示。

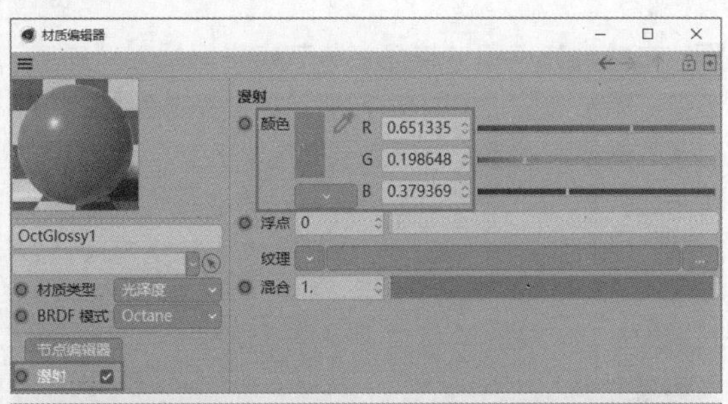

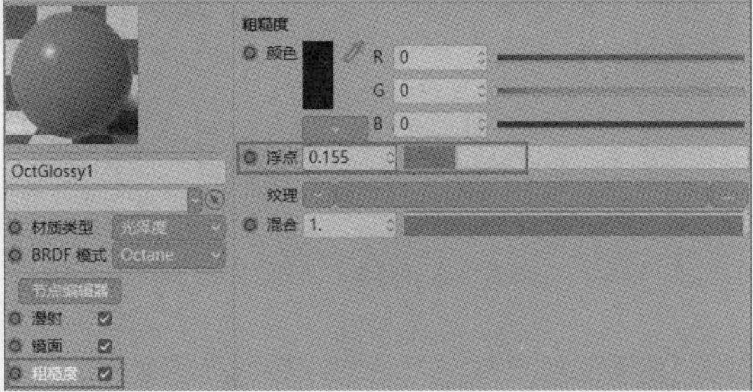

图 10-60

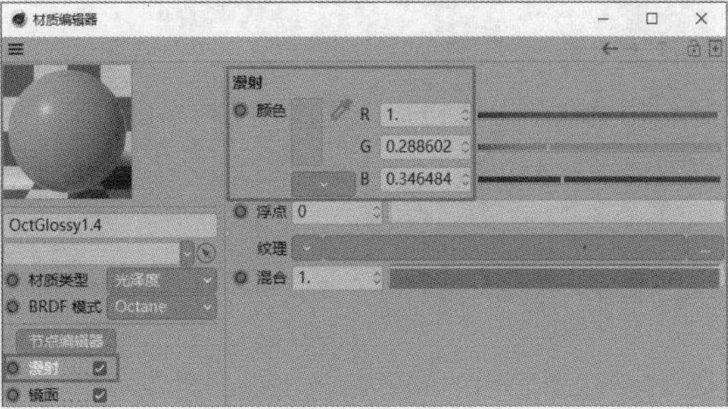

图 10-61

02 将完成的两个材质赋予模型的局部区域，如图10-62所示。

图 10-62

03 复制一份刚制作的材质，修改颜色后将其赋予模型的局部区域，如图10-63所示。

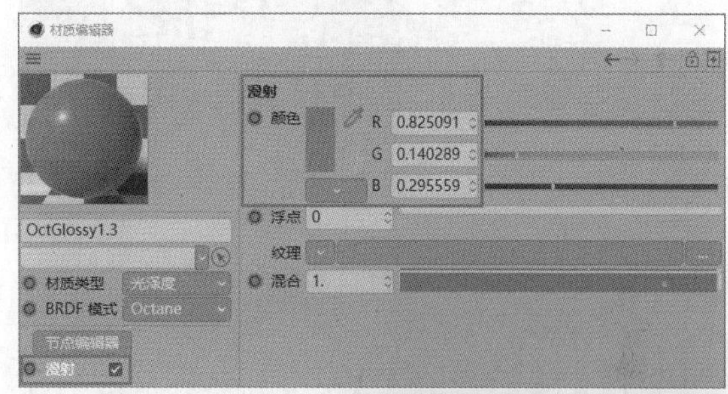

图 10-63

04 用同样的方法创建青色、黄色和蓝色的材质，然后将其赋予模型的局部区域，如图10-64至图10-66所示。

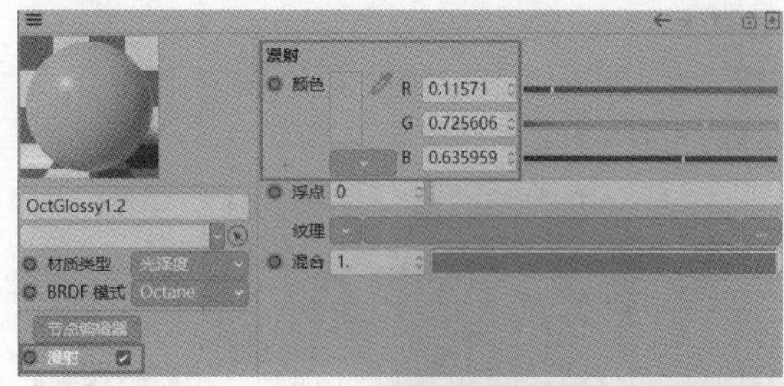

图 10-64

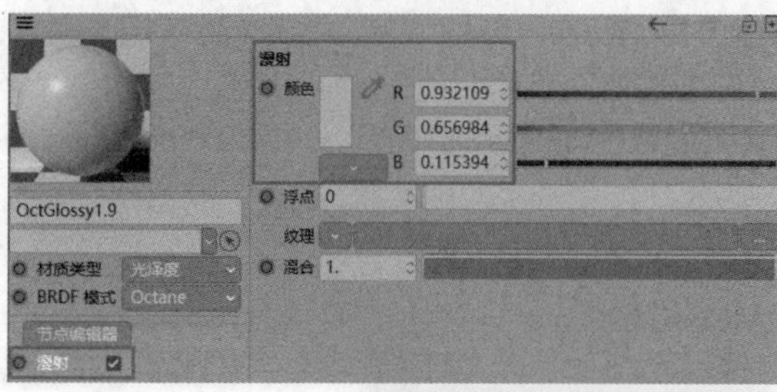

图 10-65

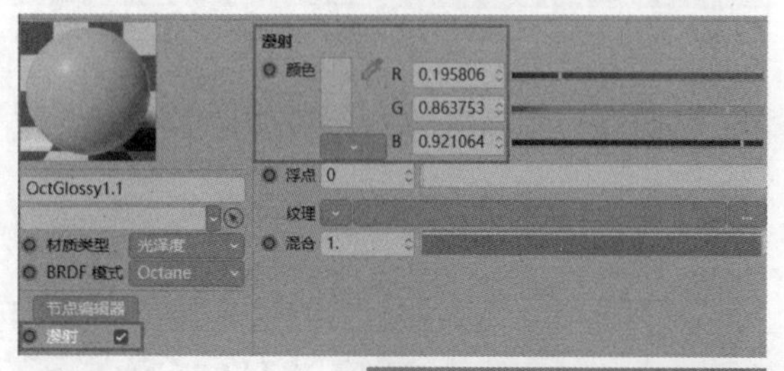

图 10-66

05 创建一个光泽材质，在“漫射”通道中加入“棋盘格”节点，如图10-67所示。

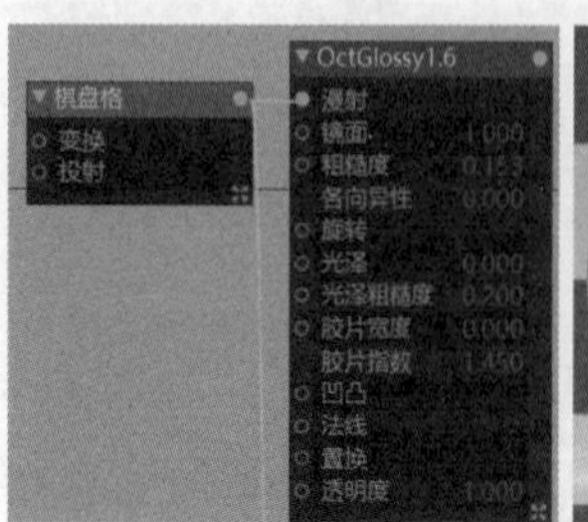

图 10-67

06 单击“UVW变换”按钮 UVW 变换 加入“变换”效果，如图10-68所示。设置“S.X”为7，“S.Y”为0.075，“S.Z”为1，这样材质就有了横条效果，如图10-69所示。

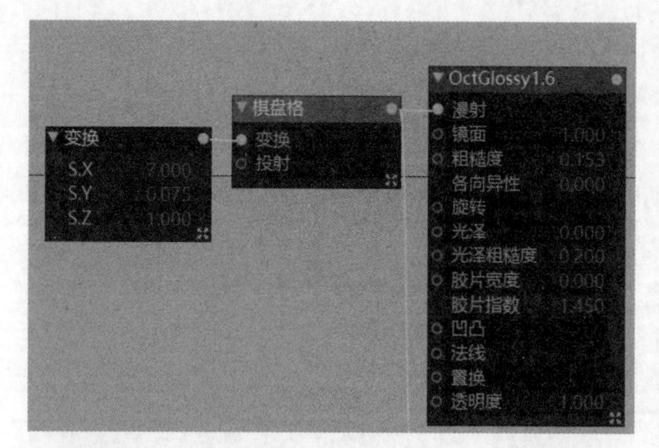

图 10-68

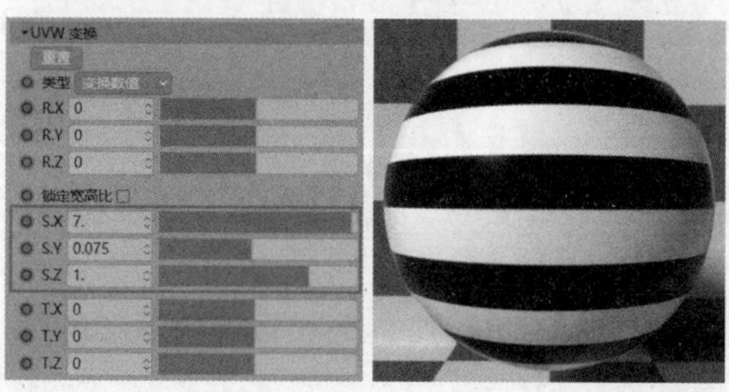

图 10-69

07 在材质节点和“棋盘格”节点之间插入“梯度”节点，用于上色，如图10-70所示。设置颜色为红色到白色的渐变，然后将材质赋予热气球模型，如图10-71所示。

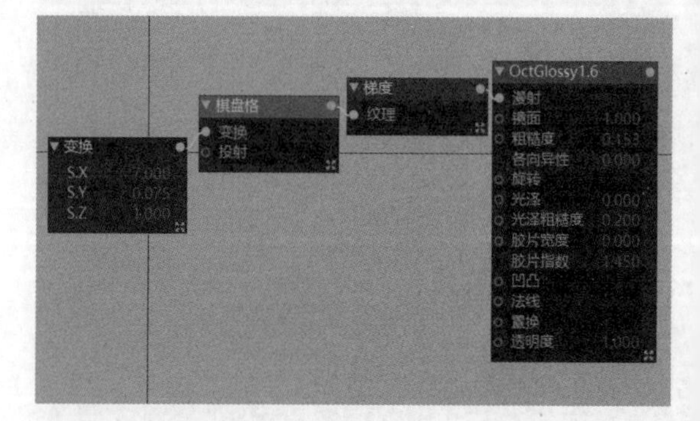

图 10-70

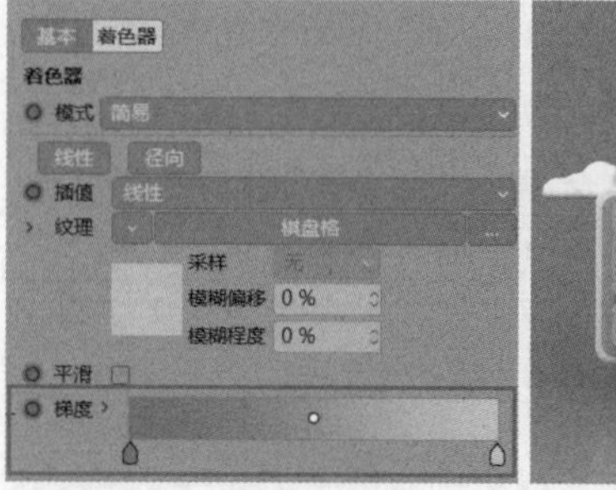

图 10-71

08 将显示器底色的材质赋予键盘的框架模型，如图10-72所示。

图 10-72

10.1.4 渲染输出

01 在“Octane设置”面板中设置“最大采样”为1500，然后在Octane工具栏中激活“锁定分辨率”工具，并设置比例为1：1，如图10-73所示。

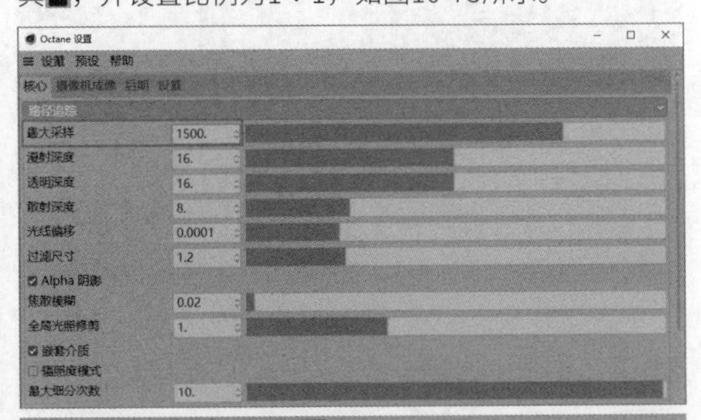

图 10-73

02 渲染完成后，执行“文件>保存图像为”菜单命令，即可输出图像，最终效果如图10-74所示。

图 10-74

10.2 低多边形插画

◇ 场景位置	无
◇ 实例位置	实例文件 >CH10> 低多边形插画 .c4d
◇ 视频名称	低多边形插画 .mp4
◇ 学习目标	掌握低多边形风格插画的制作方法
◇ 操作重点	低多边形建模的基础操作

本实例制作一幅低多边形风格的插画，如图10-75所示，插画中树叶和地面的棱角是比较分明的，属于硬转折的低多边形，而精灵模型是通过常规建模后再转换为低多边形的方法实现的。

图 10-75

技巧提示 低多边形风格也被称为Low Poly风格，字面意思就是模型的边比较少，是使用尽可能少的边和面来制作的。边和面的减少与分明的棱角使得模型的细节变少了，制作时需要注重整体的形态与色调。这类表现形式很适合小清新的卡通风格作品，更适合表现自然景观的插画作品。

10.2.1 模型制作

本实例需要制作树木、地面、石头、精灵等模型，下面先从大树模型开始制作。

1.制作大树

01 使用“样条画笔”工具绘制出树干的模型，如图10-76所示。然后使用“多边”工具创建一个多边形样条，如图10-77所示。

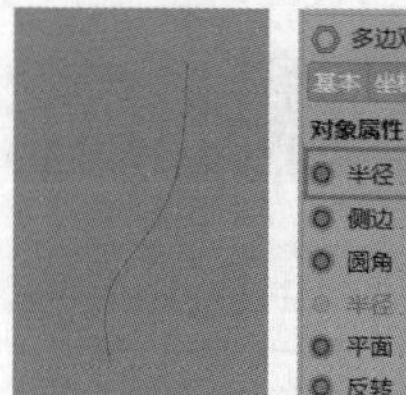

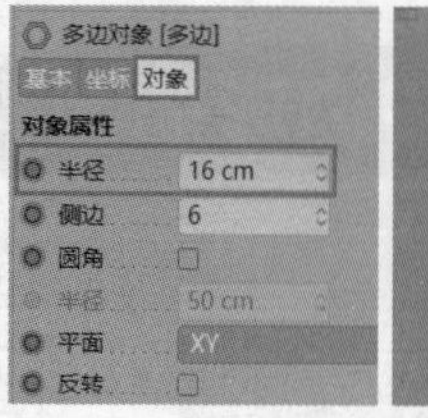

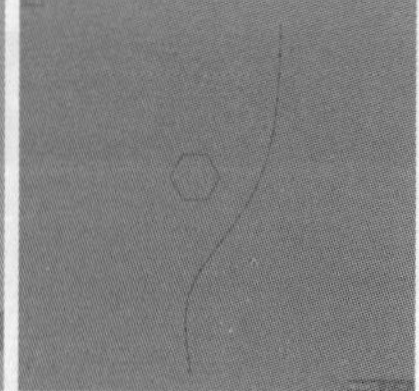

图 10-76　　图 10-77

02 添加“扫描”生成器，将多边形样条作为截面，绘制的样条作为路径，如图10-78所示。

扫描
多边
样条

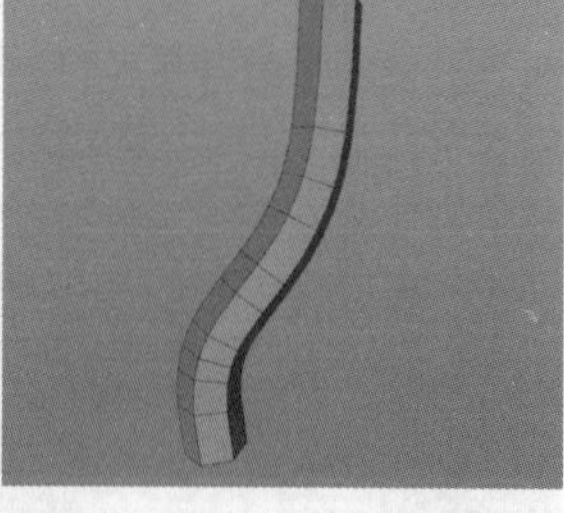

图 10-78

03 可以将模型的布线优化得更均匀。选择路径样条，设置“点插值方式”为“自然”,“数量”为1，如图10-79所示。

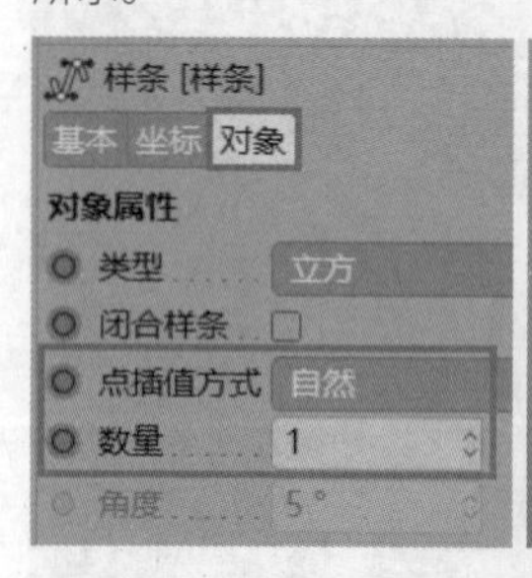

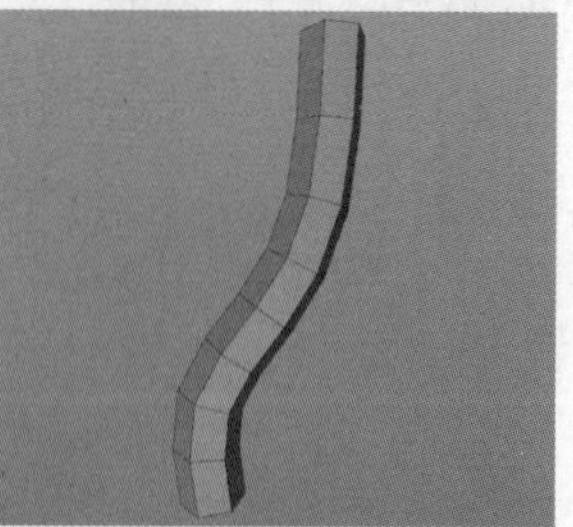

图 10-79

04 在“对象”选项卡中调整“缩放”曲线，这样就可以调整出树干粗、树枝细的形态，如图10-80所示。

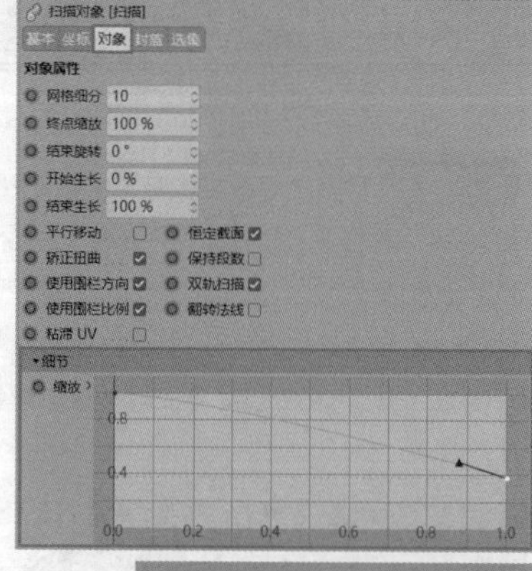

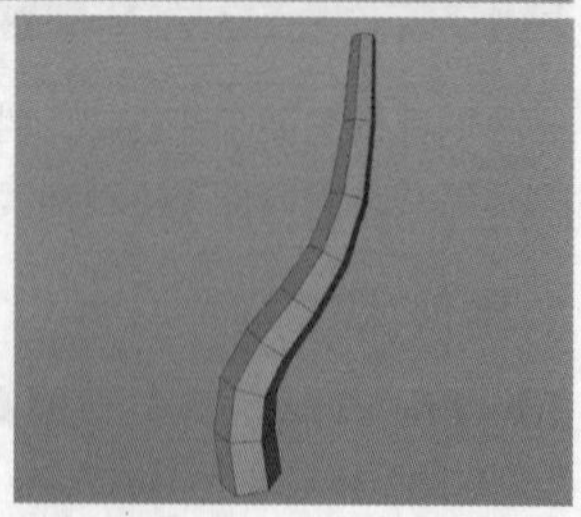

图 10-80

05 用同样的方法制作第2根树干。先使用“样条画笔”工具绘制出树干的模型，如图10-81所示。接着使用“多边”工具创建一个多边形样条，如图10-82所示。

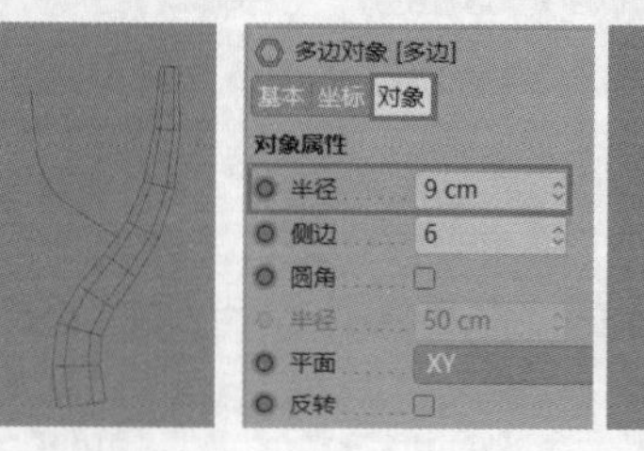

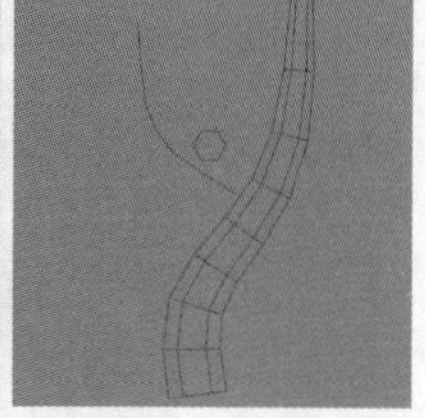

图 10-81　　图 10-82

06 使用“扫描”生成器生成树干模型，如图10-83所示。然后在“对象”选项卡中调整“缩放”曲线，如图10-84所示。

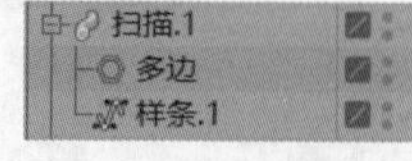

图 10-83

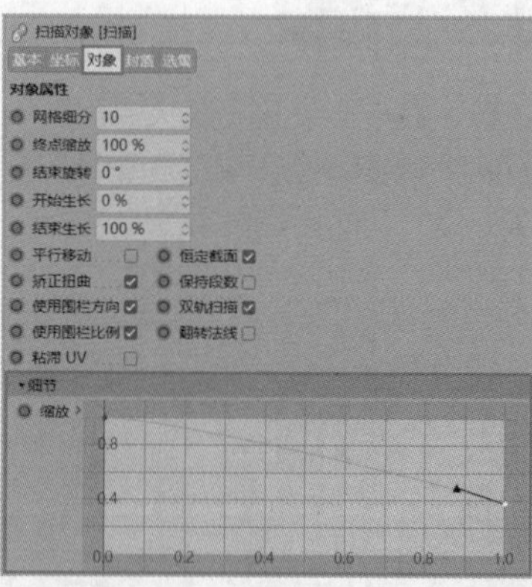

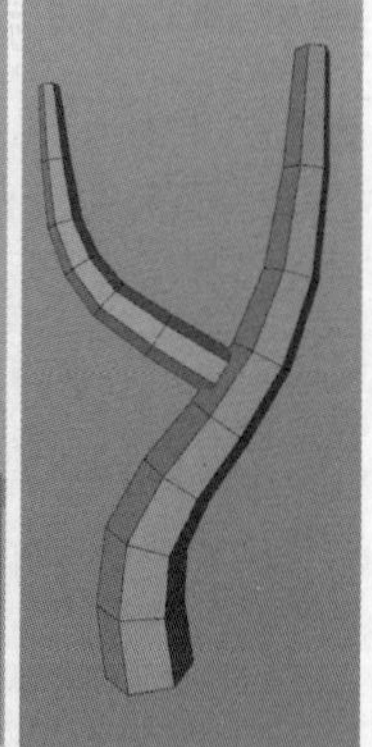

图 10-84

07 剩下的树干的制作方法是一样的，只需要绘制出树干形态即可。先制作出右侧的树干模型，如图10-85所示。然后制作出左侧的树干模型，如图10-86所示。

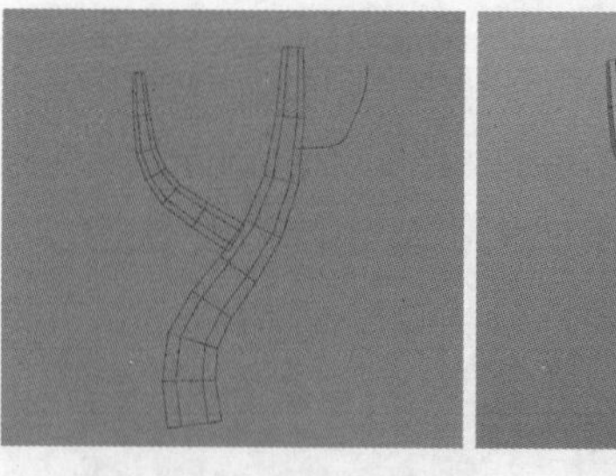

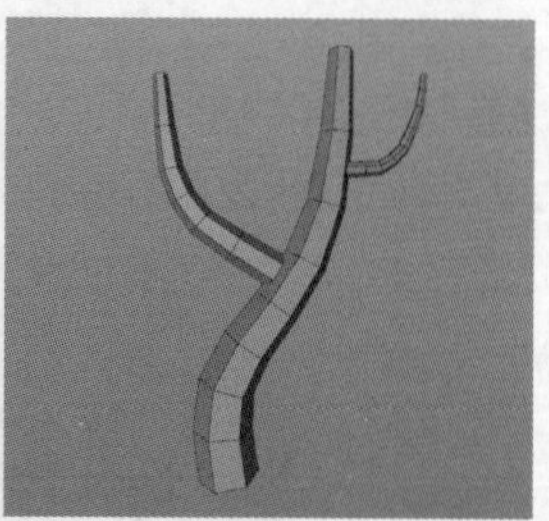

图 10-85

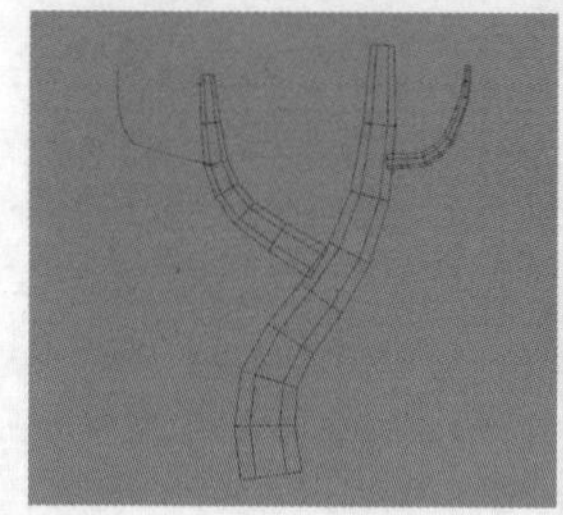

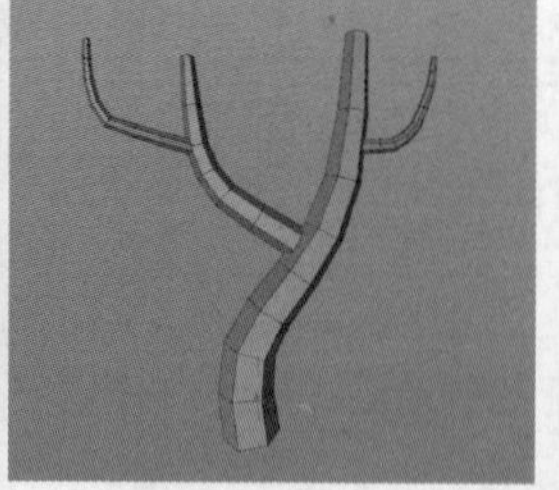

图 10-86

08 绘制出更多的树干，使模型更加完整，如图10-87所示。

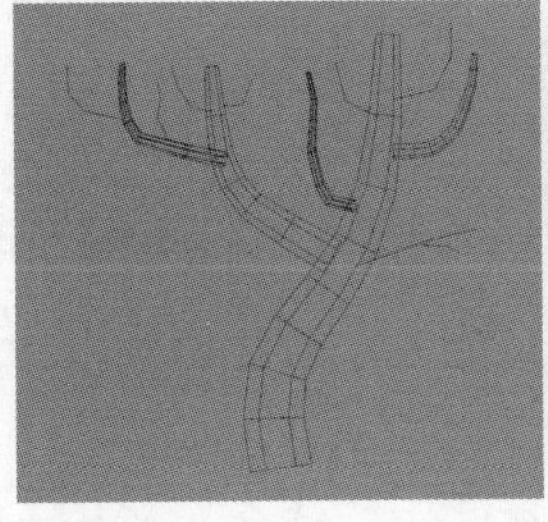

图 10-87

09 使用“球体”工具创建一个球体模型，然后将其放到树干的上方，如图10-88所示。将其转换为可编辑对象，然后单击鼠标右键，在弹出的菜单中选择“笔刷”命令，接着使用“笔刷”工具向右拖曳树叶模型，如图10-89所示。

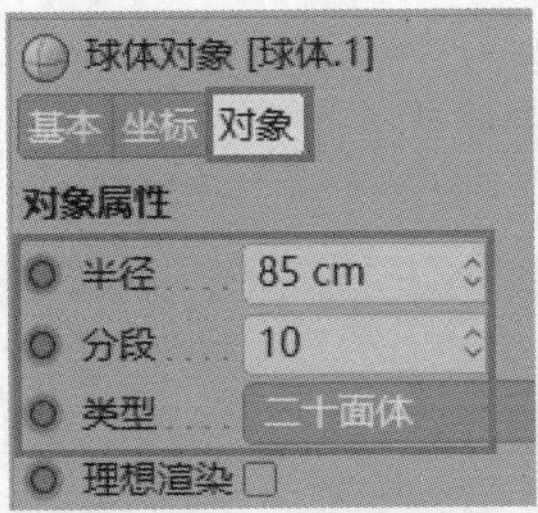

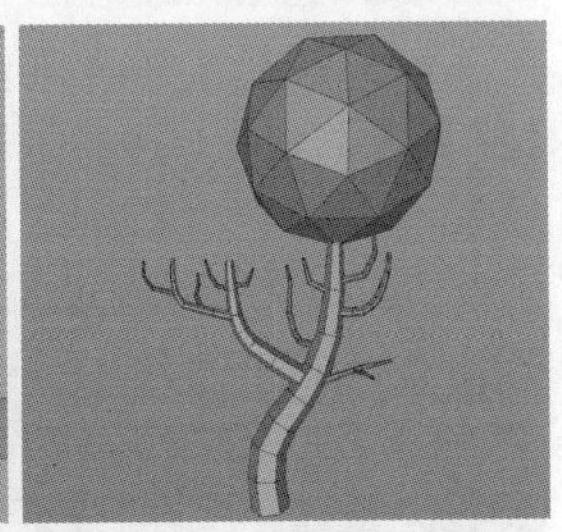

图 10-88

笔刷
选项 衰减
选项
强度 100 %
半径 50 cm
模式 涂抹
更新法线
仅可见
表面
预览

图 10-89

10 使用“笔刷”工具调整模型的形态，使模型有起伏有转折，层次丰富，如图10-90所示。

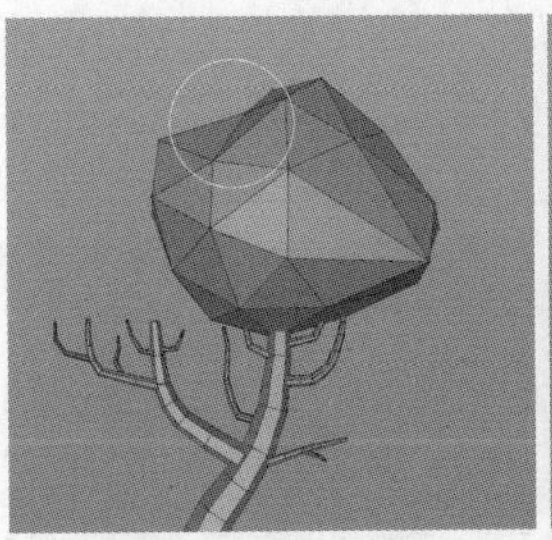
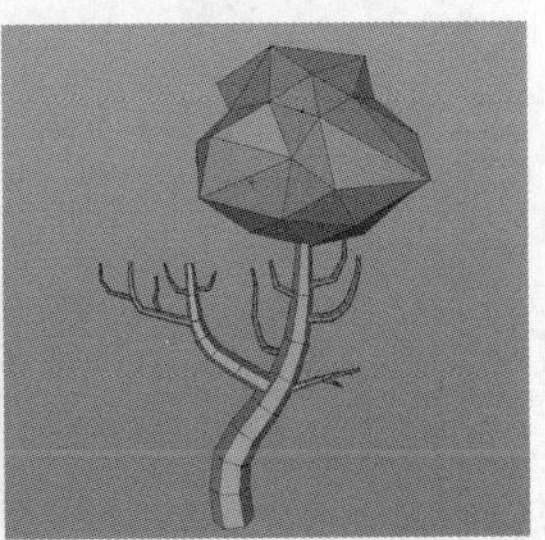

图 10-90

11 复制树叶模型进行旋转，然后将其放置到树干的左侧，如图10-91所示。继续复制模型，并进行旋转，然后将其放置到树干的右侧，如图10-92所示。

图 10-91

图 10-92

12 复制树叶模型，把树干与树叶的空隙处填充满，如图10-93所示。复制出更多的树叶模型，并适当地缩放，让其呈现出丰富的层次，如图10-94所示。

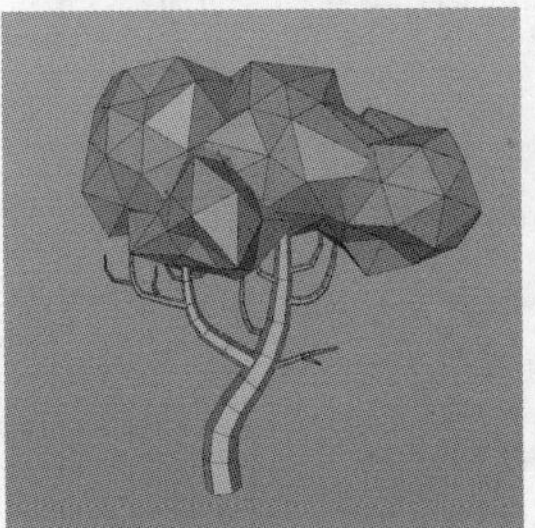

图 10-93

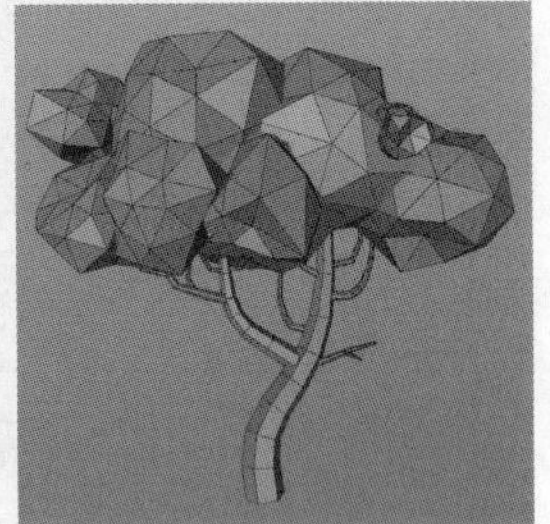

图 10-94

2.制作小树

01 小树模型与大树模型的制作方法是一样的。先绘制小树树干的样条，如图10-95所示。然后制作出小树树干的模型，如图10-96所示。

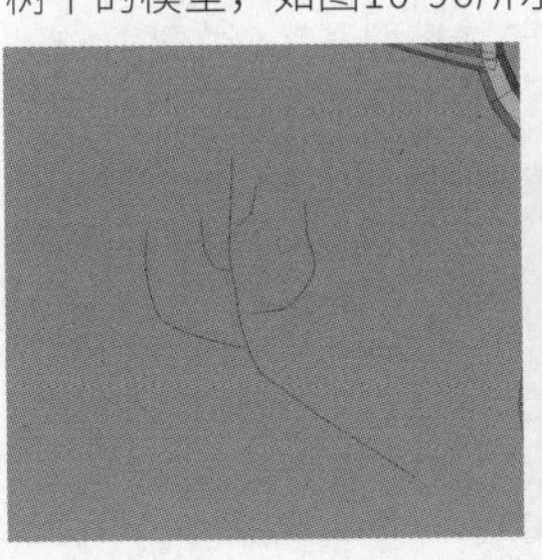

图 10-95

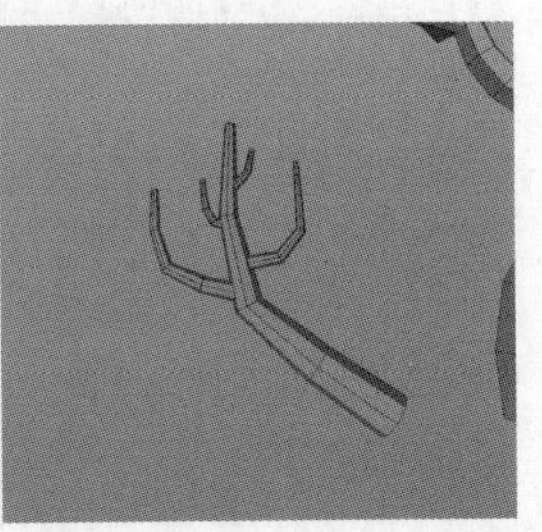

图 10-96

02 用与制作大树树叶同样的方法制作出小树树叶的模型，然后进行组合，如图10-97所示。复制出更多的树叶模型并进行调整，使其错落有致，如图10-98所示。

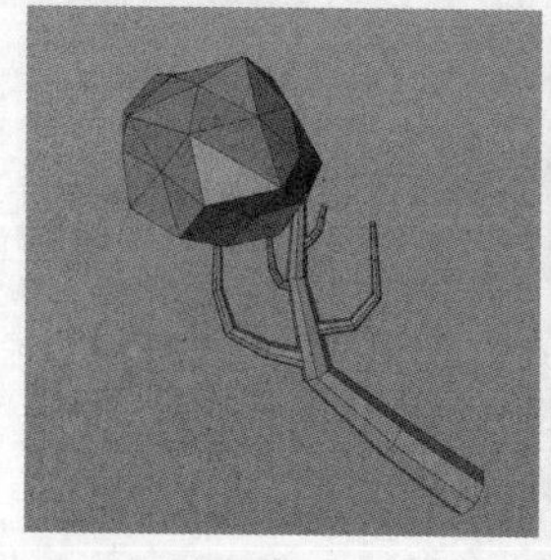
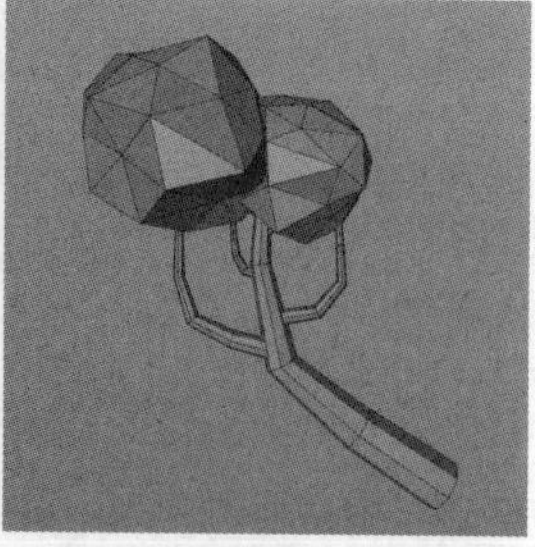

图 10-97

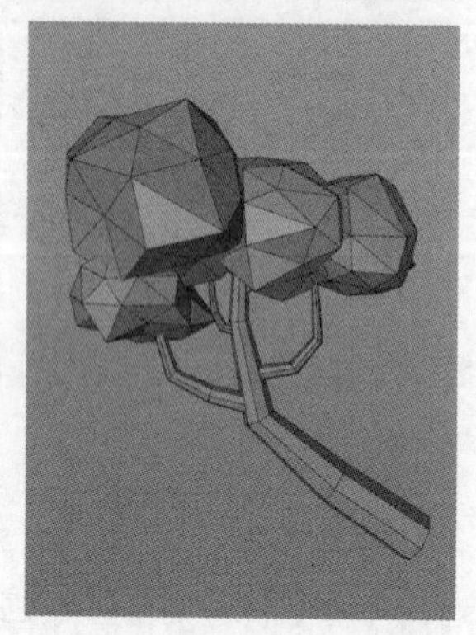

图 10-98

03 复制出更多的树叶模型，并适当地缩放，如图10-99所示。小树模型和大树模型的比例参考图10-100。

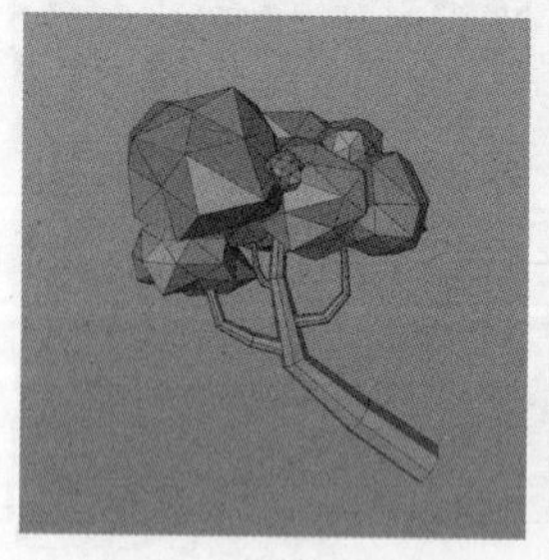

图 10-99　　图 10-100

3.制作地面

01 使用“球体”工具创建一个球体模型，参数设置和效果如图10-101所示。将模型转换为可编辑对象，然后单击“点”按钮，接着将模型压扁，如图10-102所示。

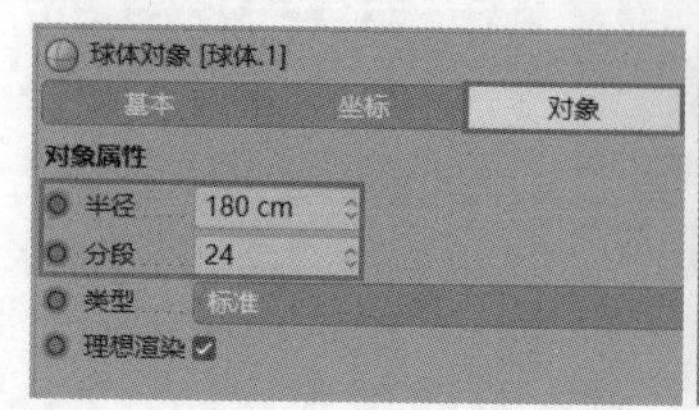

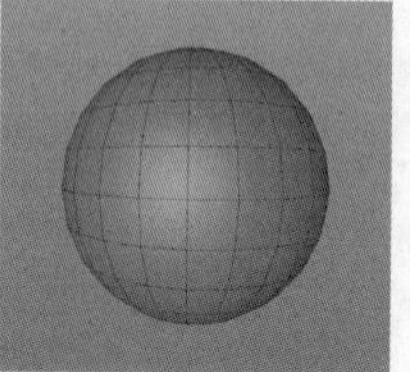

图 10-101

图 10-102

02 删除模型的“平滑着色”标签，模型就变得棱角分明了，如图10-103所示。然后使用“笔刷”工具将模型调整成地面的形状，如图10-104所示。

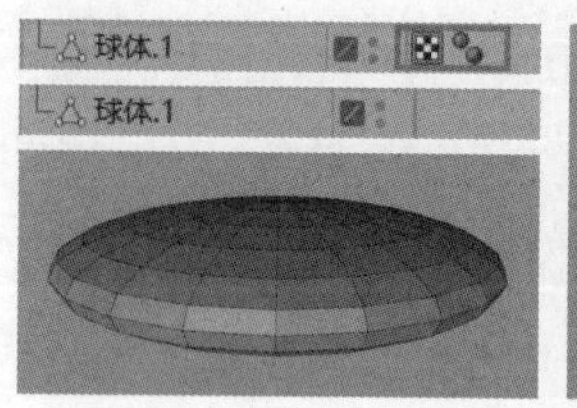

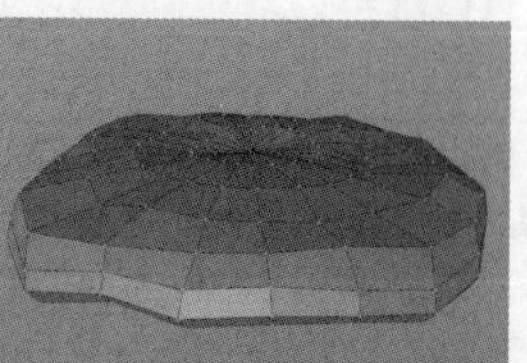

图 10-103　　图 10-104

03 将地面模型与两棵树的模型组合，如图10-105所示。

图 10-105

4.制作石头

01 使用“球体”工具创建一个球体模型，然后进行复制，组合成类似于石头的形态，如图10-106所示。

图 10-106

02 为模型添加“体积生成”生成器，然后在“对象”选项卡中进行调整，如图10-107所示。

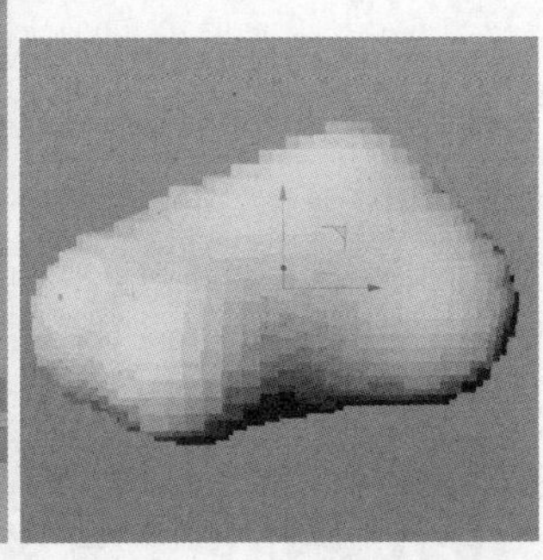

图 10-107

03 添加“体积网格”生成器，把体素模型转换为网格模型，如图10-108所示。在“对象”选项卡中设置“自适应”为52%，模型的布线变少了，如图10-109所示。

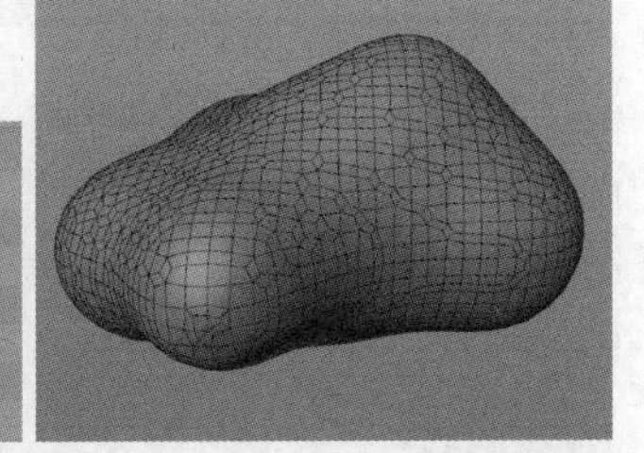

图 10-108

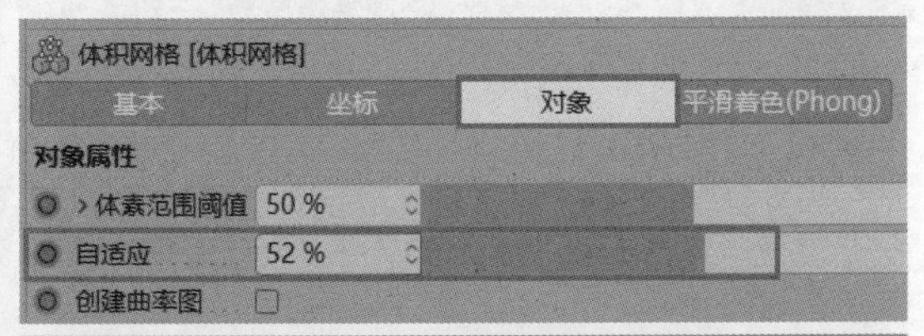

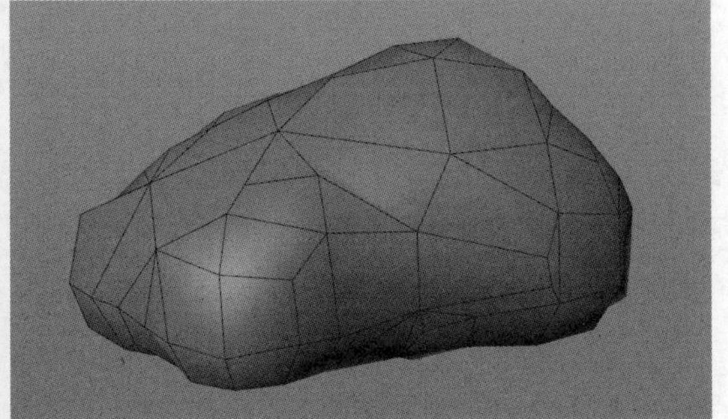

图 10-109

04 删除模型的“平滑着色”标签，使模型变得棱角分明，如图10-110所示。

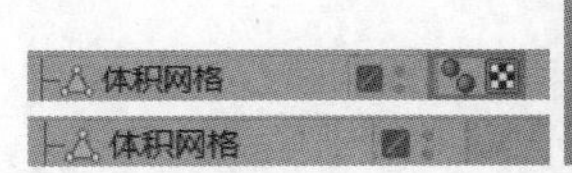

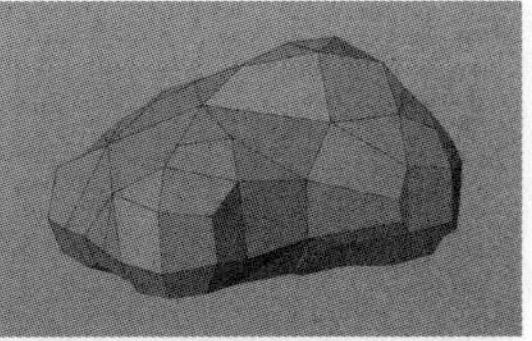

图 10-110

05 复制出两个石头模型，然后使用“笔刷”工具调整出不同的石头形态，如图10-111所示。将制作完成的石头模型随机摆放在地面上，如图10-112所示。

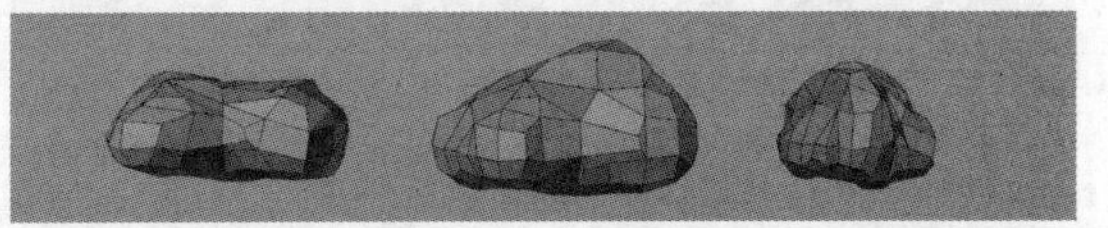

图 10-111

图 10-112

5.制作植物

01 使用“胶囊”工具创建一个胶囊模型，参数设置如图10-113所示。添加“减面”生成器，然后将“胶囊”对象置于“减面”对象的子层级中，如图10-114所示。

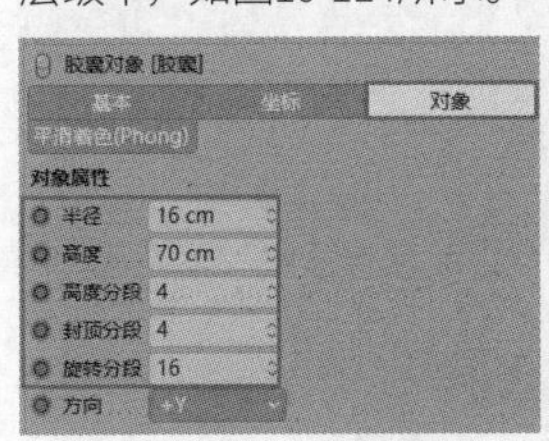

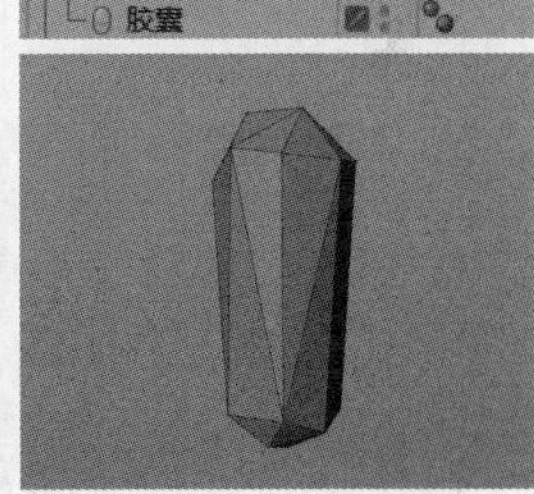

图 10-113　　图 10-114

02 模型的布线略少。将模型转换为可编辑对象，然后使用“线性切割”工具添加布线，如图10-115所示。

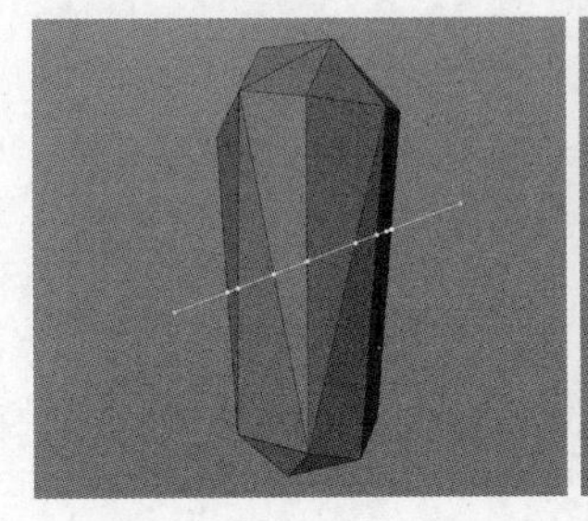

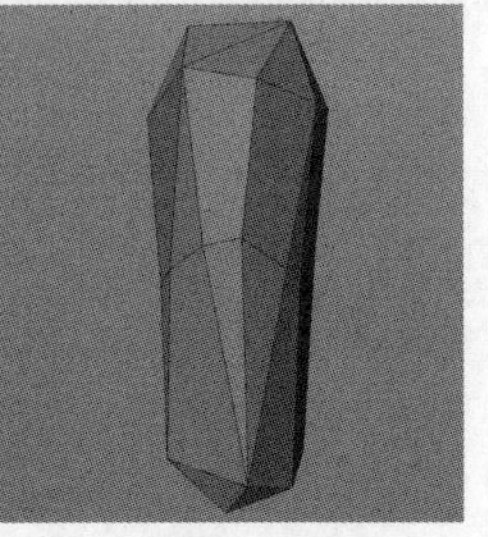

图 10-115

03 复制多个模型，组成有大有小的植物模型，如图10-116所示。将制作完成的植物模型随机摆放在地面上，如图10-117所示。

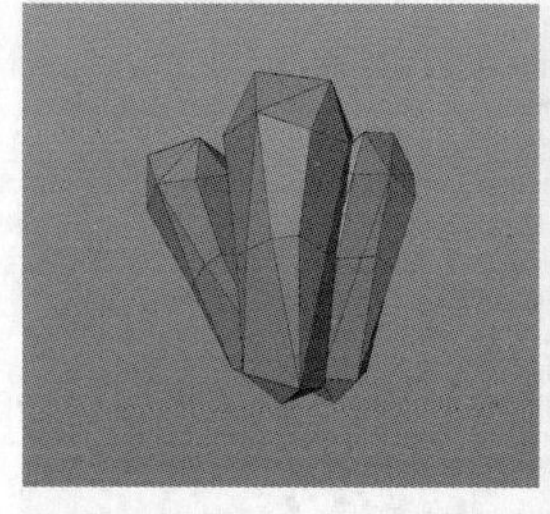
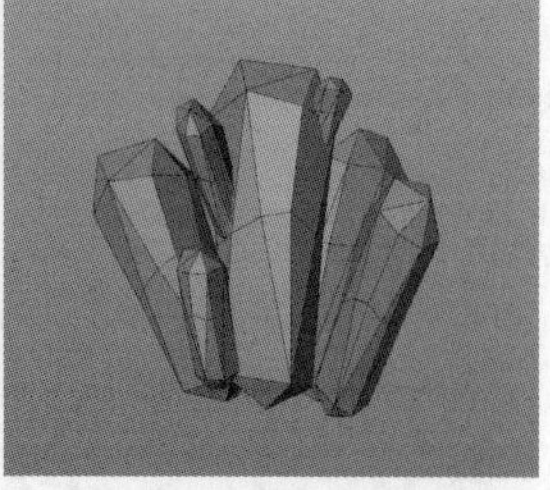

图 10-116

图 10-117

04 使用“球体”工具创建一个球体模型，参数设置和效果如图10-118所示。使用“圆柱体”工具创建一个圆柱体模型，然后将其放到球体模型的下方，如图10-119所示。

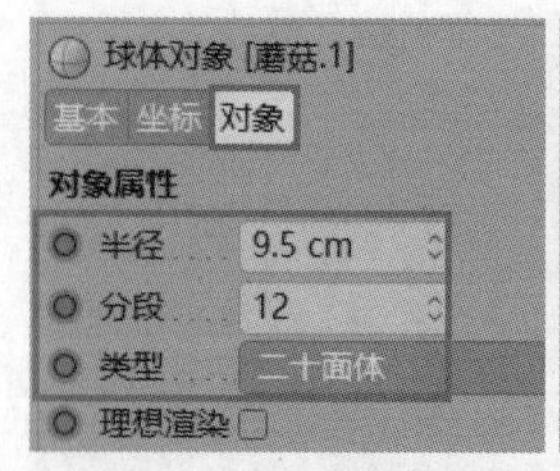

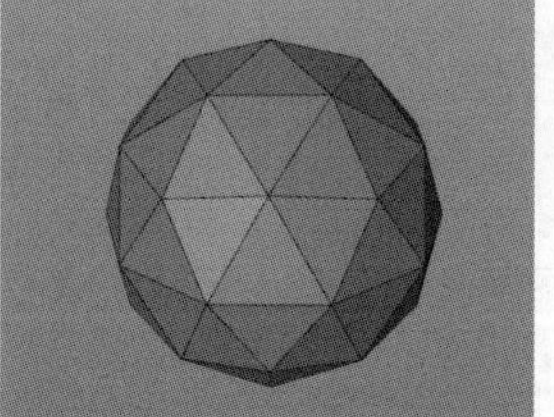

图 10-118

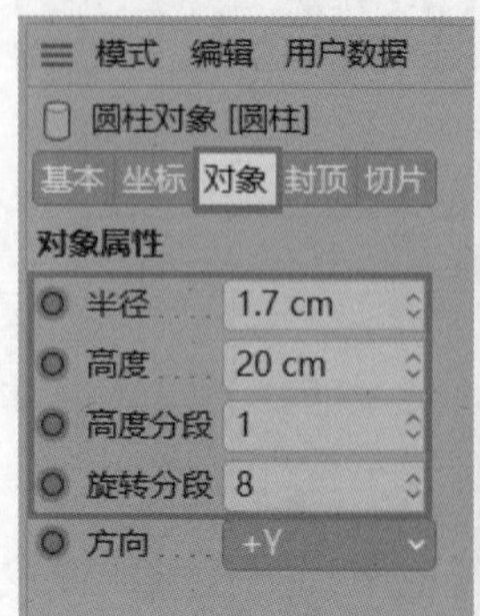

图 10-119

05 复制多个模型，并调整出不同的大小与角度，模拟出植物生长的形态，如图10-120所示。将制作完成的植物模型摆放在地面上，如图10-121所示。

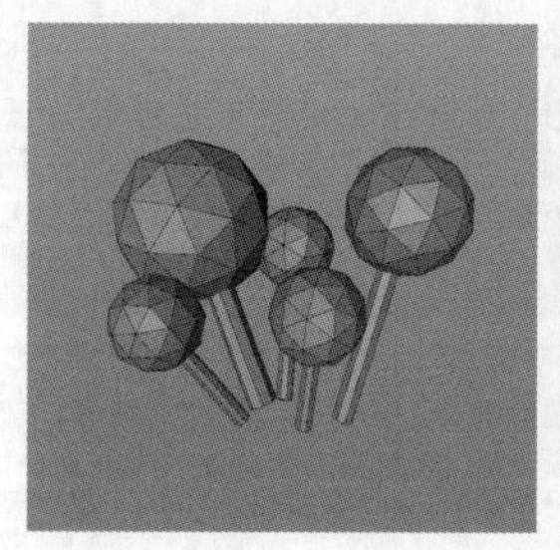

图 10-120

图 10-121

6.制作精灵

01 使用“胶囊”工具创建一个胶囊模型，作为精灵的身体，参数设置和效果如图10-122所示。再创建一个胶囊模型作为精灵的耳朵，然后将其与身体模型组合，如图10-123所示。

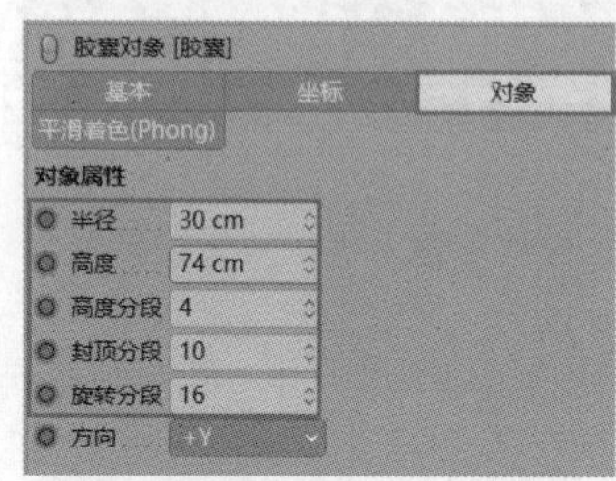

图 10-122

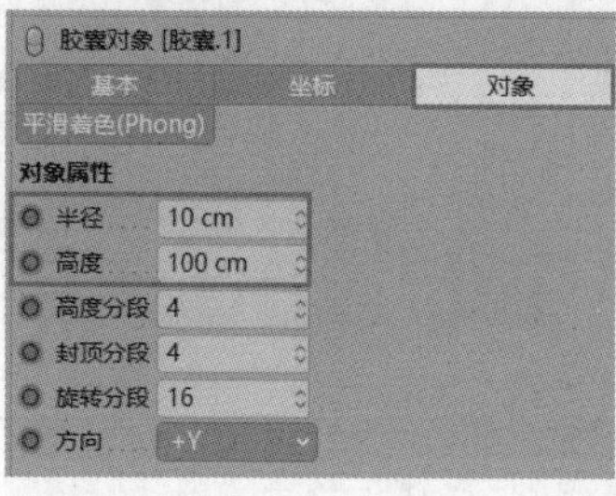

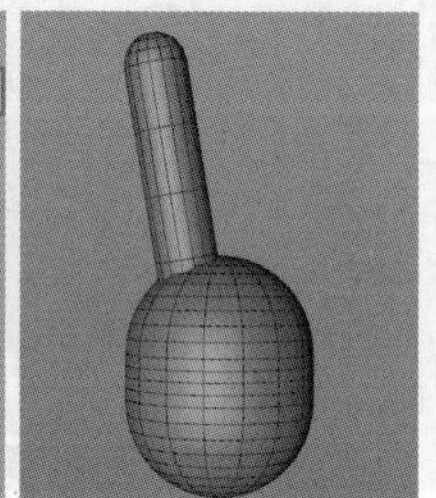

图 10-123

02 复制胶囊模型，制作另一只耳朵，如图10-124所示。继续复制胶囊模型，然后将其缩小，作为精灵的四肢，如图10-125所示。

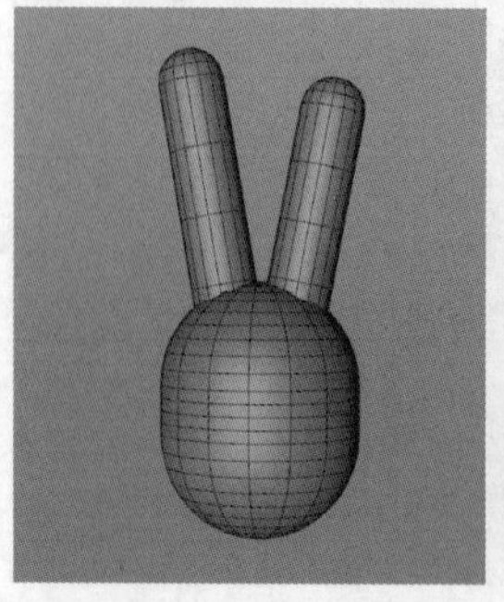

图 10-124

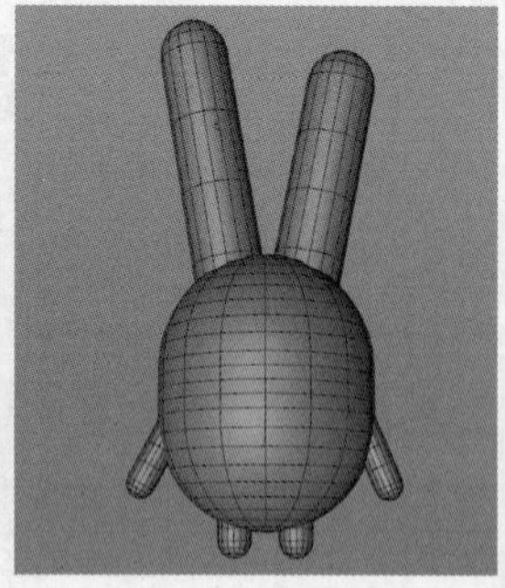

图 10-125

03 为模型添加“体积生成”生成器，然后在“对象”选项卡中设置“体素尺寸”为2cm，如图10-126所示。

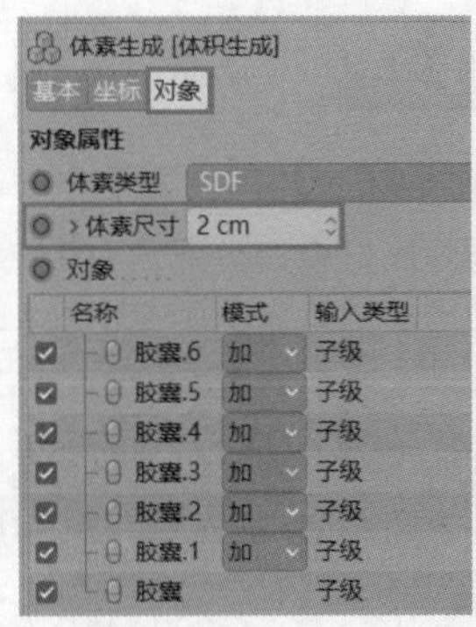

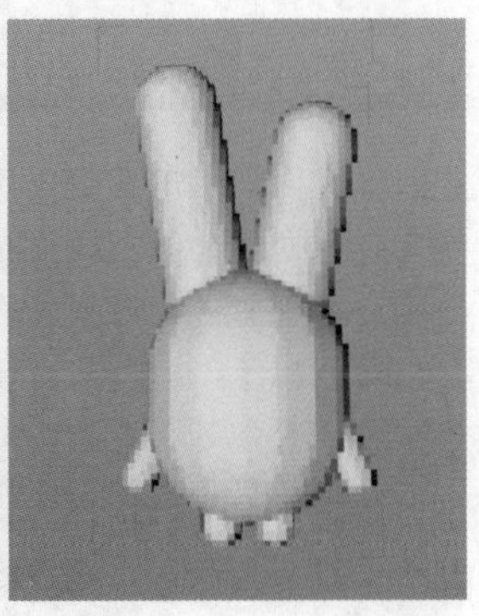

图 10-126

04 添加“体积网格”生成器，把体素模型转换为网格模型，如图10-127所示。

体积网格 [体积网格]
基本 坐标 对象 平滑着色(Phong)
对象属性
体素范围阈值 50 %
自适应 58.7 %

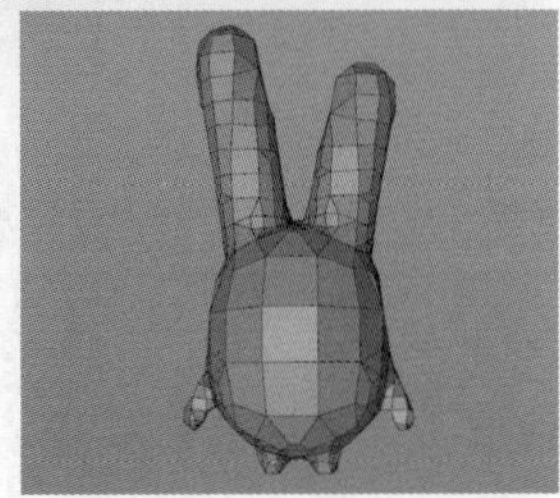

图 10-127

05 使用“球体”工具创建两个球体模型，作为精灵的眼睛，如图10-128所示。制作完成后，将精灵模型放到场景中，如图10-129所示。

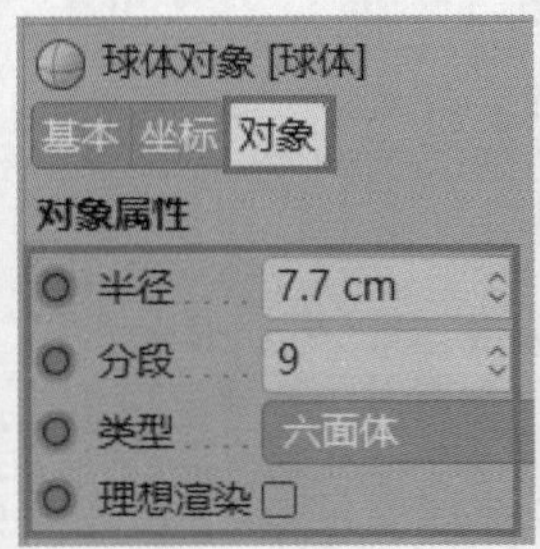

图 10-128

图 10-129

7.制作草地

01 使用“立方体”工具创建一个立方体模型，参数设置与效果如图10-130所示。

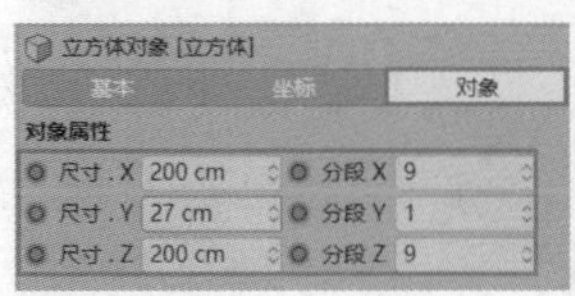

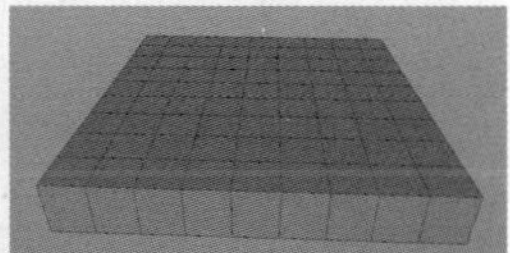

图 10-130

02 调整草地模型，使其有更多的细节，如图10-131所示。制作完成后，将其置于地面的上方，如图10-132所示。

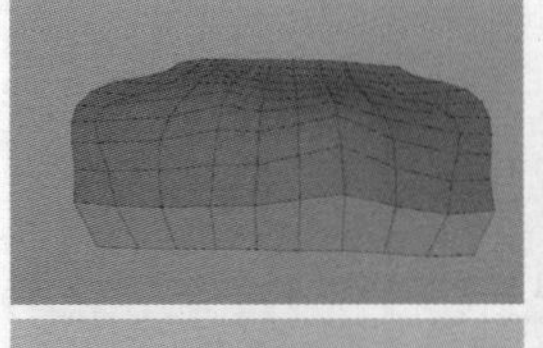

图 10-131　　图 10-132

10.2.2 摄像机与灯光创建

01 在“Octane设置”面板中进行初始设置，使用“路径追踪”模式，设置“最大采样”为80，“过滤尺寸”为0.4，“全局光照修剪”为2，如图10-133所示。

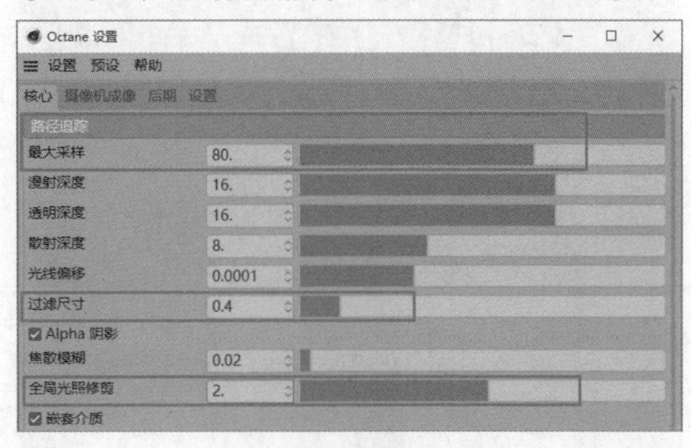

图 10-133

02 执行“对象>Octane摄像机”菜单命令，创建摄像机，参数设置如图10-134所示。

摄像机对象 [摄像机]
基本 坐标 对象 物理 细节 立体 合成 球面
对象属性
投射方式 透视视图
焦距 55 自定义 (毫米)
传感器尺寸 (胶片规格) 36 35毫米照片 (36.0毫米)
35毫米等值焦距: 55 mm
视野范围 36.244 °
视野 (垂直) 42.34 °

图 10-134

03 在“渲染设置”面板中，选择“输出”选项，然后设置“宽度”为1600像素，“高度”为1900像素，如图10-135所示。将制作好的模型摆放好，并调整摄像机的位置，如图10-136所示。

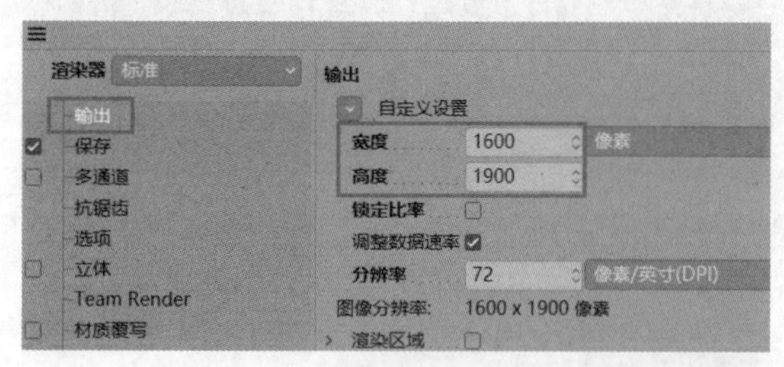

图 10-135

图 10-136

04 执行“对象>灯光>Octane日光”菜单命令，创建日光，灯光的位置参考图10-137。渲染后的效果如图10-138所示。

灯光对象 [OctaneDayLight]

基本	坐标	常规	细节
可见	投影	光度	焦散
噪波	镜头光晕	工程	Octane 日光标签
太阳			

坐标

P.X 0 cm	S.X 1	R.H -40°
P.Y 0 cm	S.Y 1	R.P -21°
P.Z 0 cm	S.Z 1	R.B 0°
		顺序 HPB

图 10-137

图 10-138

10.2.3 材质制作

01 本实例使用的都是Octane漫射材质。先来制作树叶的材质，树叶主要用的橙黄色调。创建一个漫射材质，将其赋予树叶模型的局部，参数设置和效果如图10-139所示。

图 10-139

02 创建一个漫射材质，将其赋予树叶和地面植物模型的局部，参数设置和效果如图10-140所示。

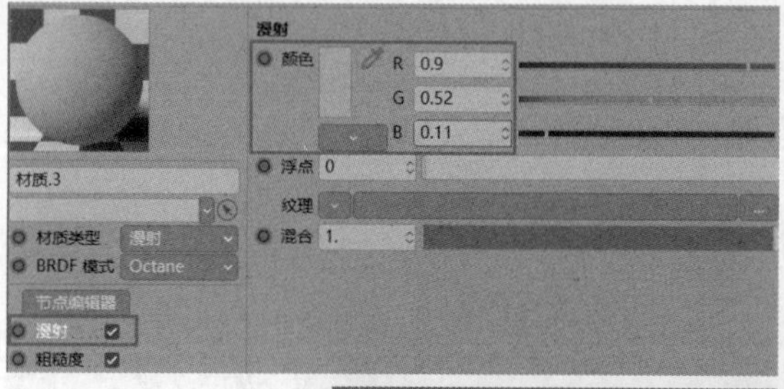

图 10-140

03 创建一个漫射材质，将其赋予树干，参数设置和效果如图10-141所示。

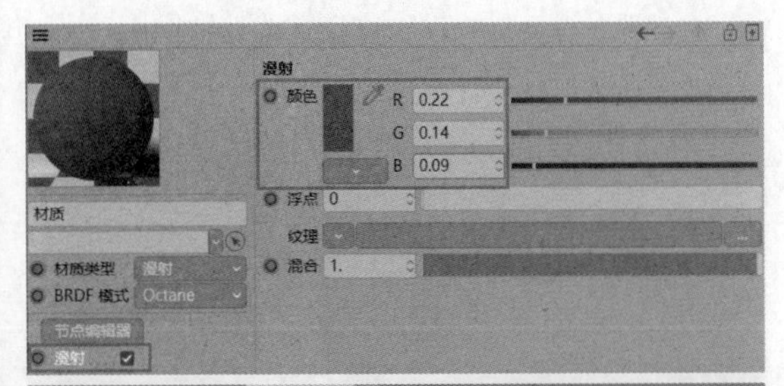

图 10-141

04 创建一个漫射材质，将其赋予地面植物模型的局部，参数设置和效果如图10-142所示。

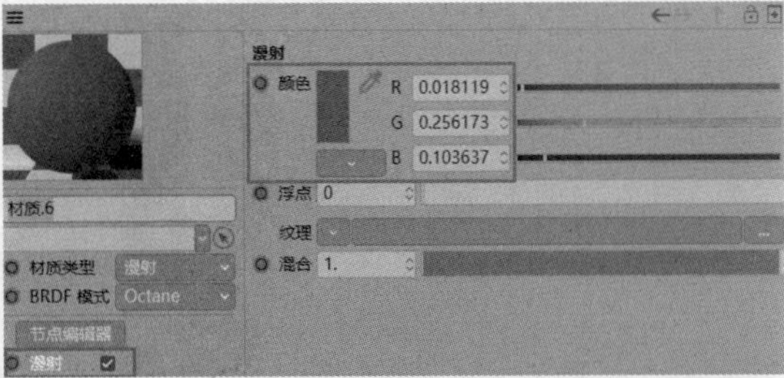

图 10-142

05 创建一个漫射材质，将其赋予树叶和地面模型，参数设置和效果如图10-143所示。

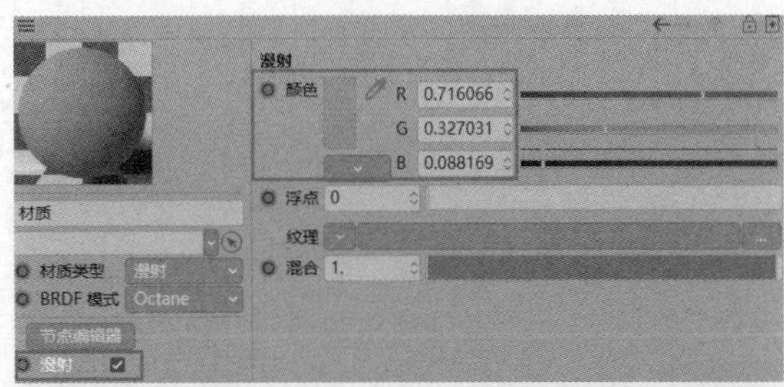

图 10-143

06 创建一个漫射材质，将其赋予精灵模型，参数设置和效果如图10-144所示。

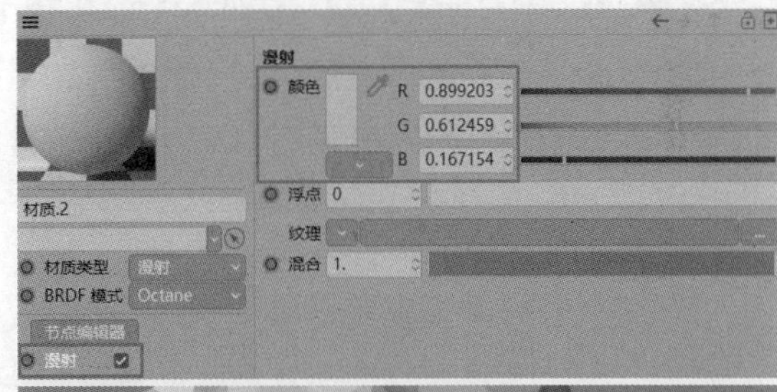

图 10-144

07 创建一个漫射材质，将其赋予树叶和地面植物模型的局部，参数设置和效果如图10-145所示。

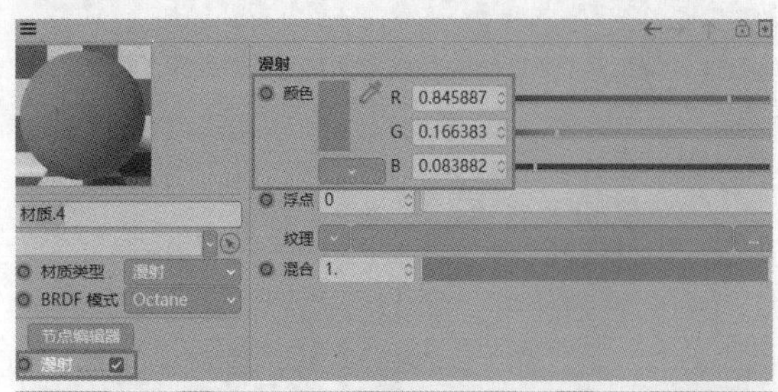

图 10-145

08 创建一个漫射材质，将其赋予地面植物模型的局部，参数设置和效果如图10-146所示。

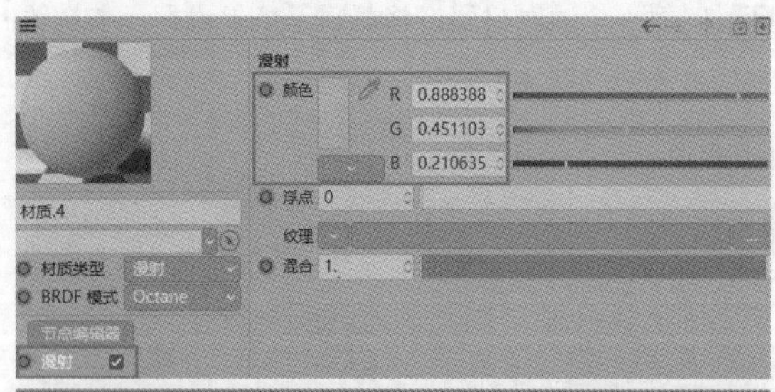

图 10-146

09 创建一个漫射材质，将其赋予精灵的眼睛，参数设置和效果如图10-147所示。

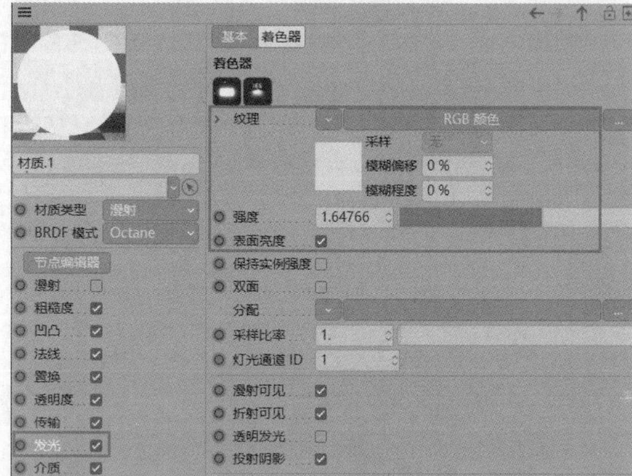

图 10-147

10 创建一个漫射材质，将其赋予背景，参数设置和效果如图10-148所示。

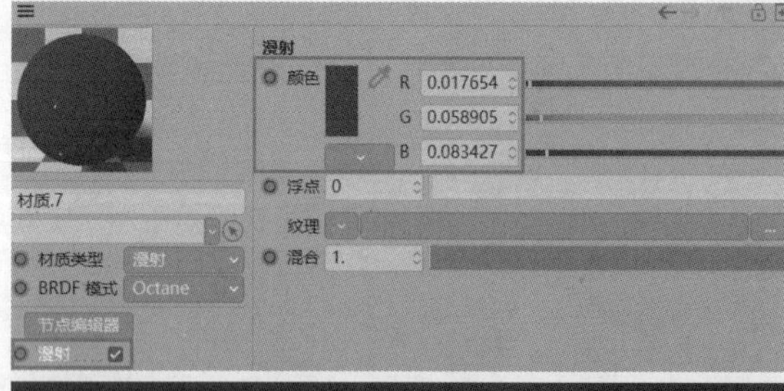

图 10-148

10.2.4 渲染输出

01 在“Octane设置”面板中设置“最大采样”为1200，“全局光照修剪”为1，然后在Octane工具栏中激活“锁定分辨率”工具，并设置比例为1：1，如图10-149所示。

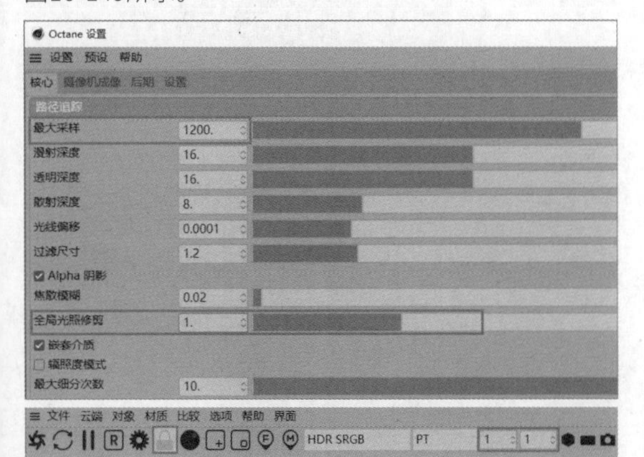

图 10-149

02 渲染完成后，执行“文件>保存图像为”菜单命令，即可输出图像，最终效果如图10-150所示。

图 10-150

10.3 低多边形写实风插画

◇ 场景位置	场景文件 >CH10>02-1.c4d~02-5.c4d
◇ 实例位置	实例文件 >CH10> 低多边形写实风插画 .c4d
◇ 视频名称	低多边形写实风插画 .mp4
◇ 学习目标	掌握低多边形写实风插画的制作方法
◇ 操作重点	低多边形建模的基础操作

本实例制作低多边形写实风插画，参考效果如图10-151所示。该类插画在内容表现上比较真实，看上去像是实景照片。因为场景中人物与景观的模型的比例与现实世界相同，材质的颜色与光影等都是根据真实场景美化而来的。制作时需参考生活中场景的比例与色彩，直接“临摹”照片也是不错的选择。

图 10-151

10.3.1 模型制作

本实例的模型进行了低多边形风格化处理，在保持模型大致形态不变的同时，在细节上进行随机的低边化处理。

1.制作角色

01 打开本书资源文件“场景文件>CH10>02-1.c4d”，选择脚部控制器并向上拖曳，这样角色就有了抬腿的动作，如图10-152所示。用同样的方法调整另一条腿，使角色处于坐姿状态，如图10-153所示。

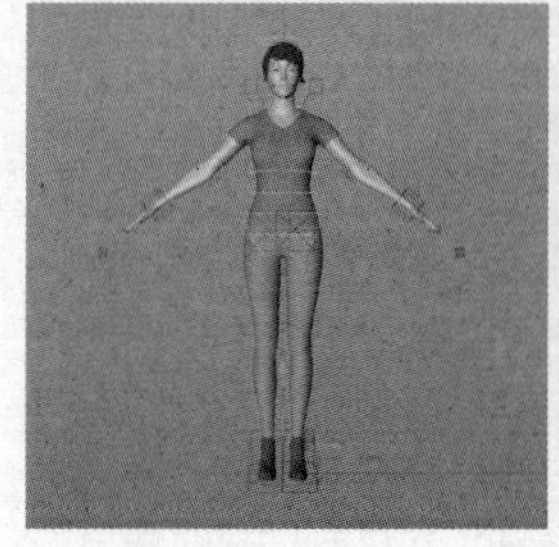
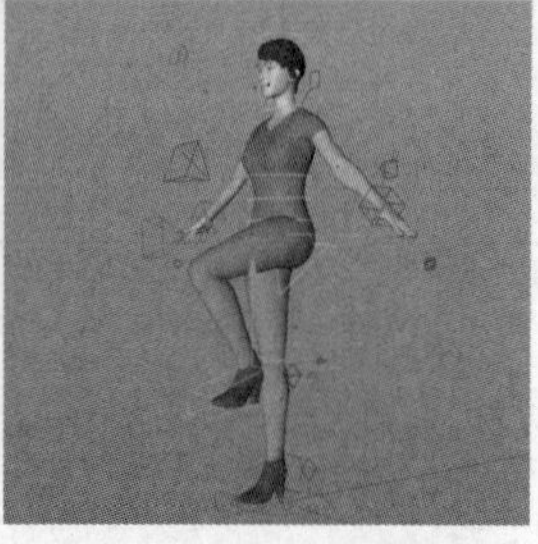

图 10-152

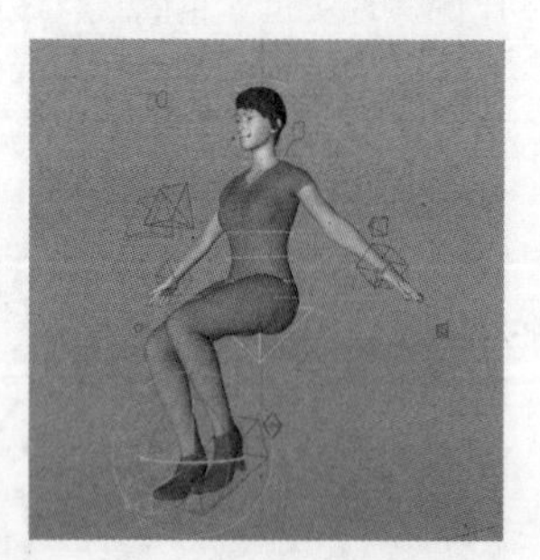

图 10-153

技巧提示 配套的素材文件中的人物是Cinema 4D自带的人物角色，素材文件中的颜色除了方便观察外，不起任何作用，也不是最终使用的材质。

02 向内拖曳手臂控制器，使手臂呈弯曲状，如图10-154所示。用同样的方法调整另一只手臂，如图10-155所示。

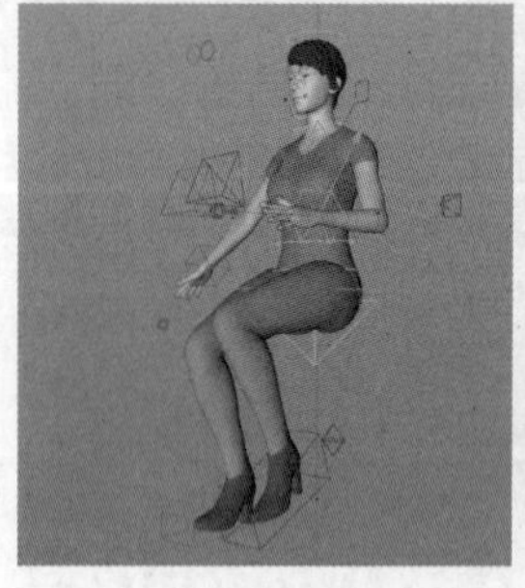

图 10-154

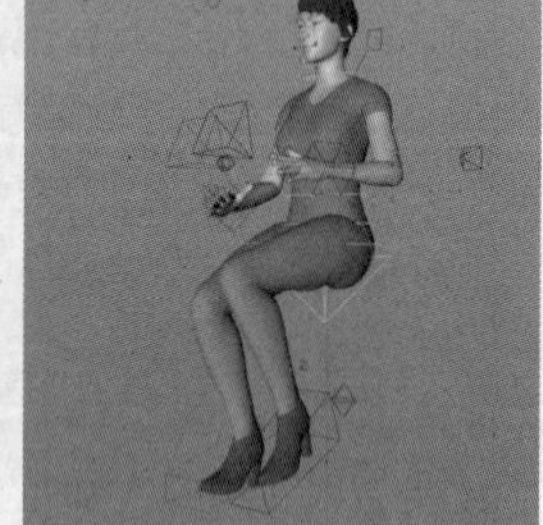

图 10-155

03 再次调整四肢的状态，使其更加自然，如图10-156所示。操作完成后，执行“文件>导出>Wavefront OBJ”菜单命令，导出OBJ格式文件。

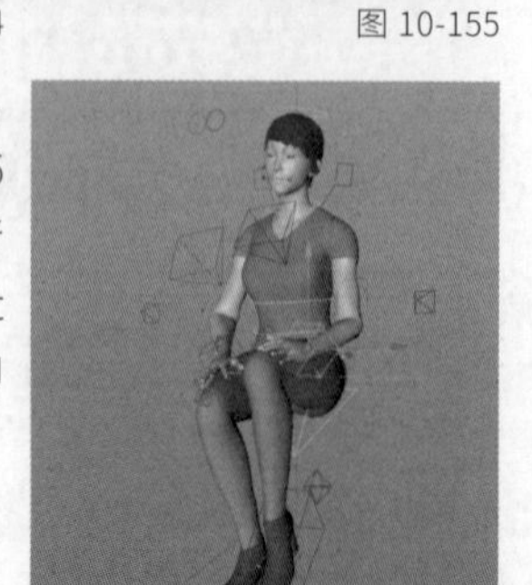

图 10-156

04 将导出的OBJ格式文件拖曳至Cinema 4D中，在弹出的“OBJ导入”面板中单击“确定”按钮，如图10-157所示。导入的文件包含了角色的组件，删除图10-158所示框出区域的内容。

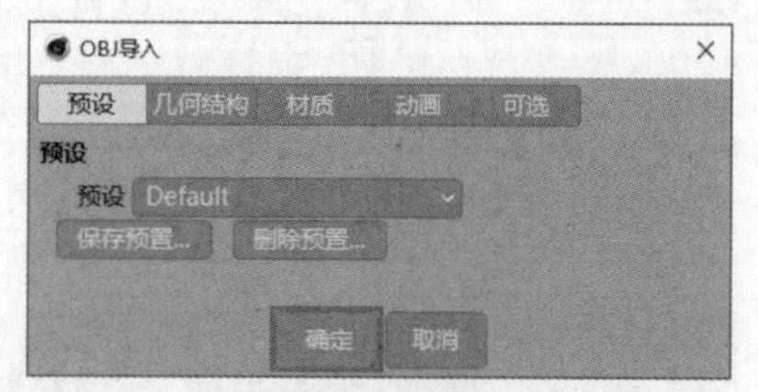

图 10-157

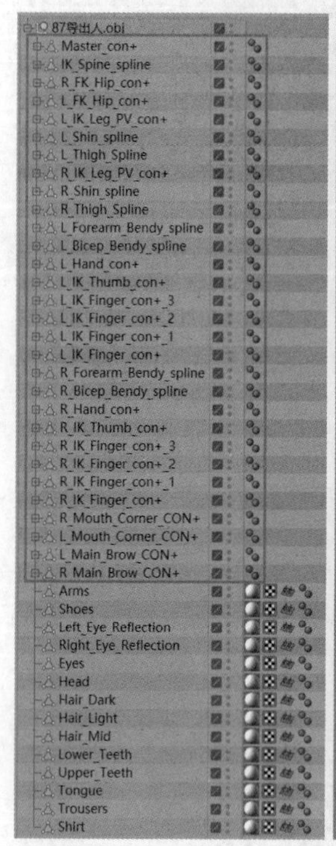

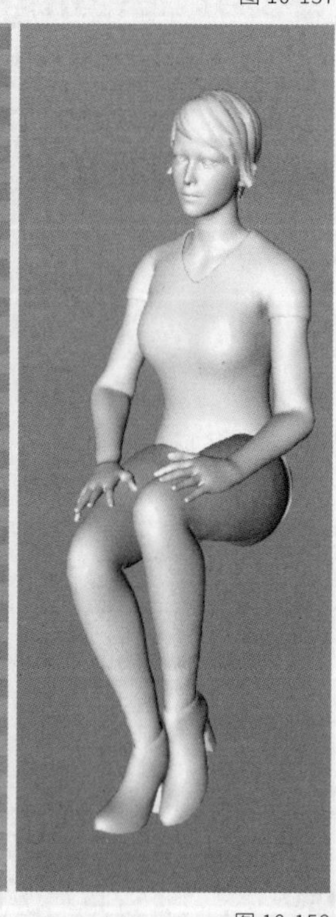

图 10-158

05 选择模型所有的标签，并将其全部删除，如图10-159所示。

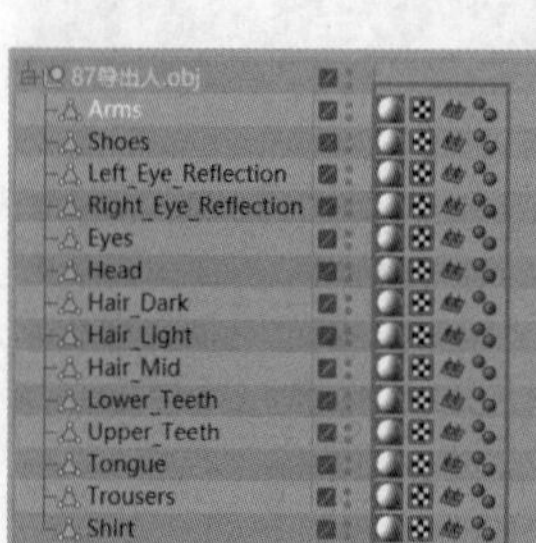

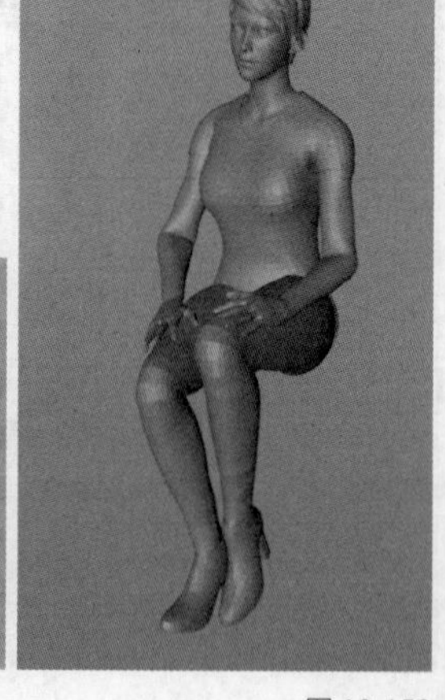

图 10-159

06 选择衣服模型，为其添加“减面”生成器，衣服就变成了低多边形，如图10-160所示。接下来分别为头部和手臂添加“减面”生成器，如图10-161和图10-162所示。

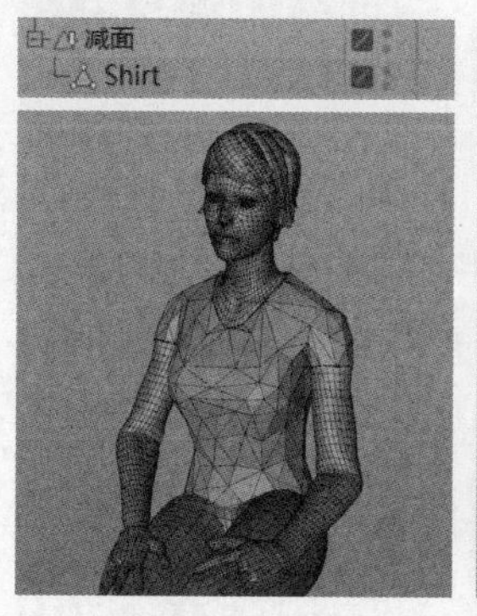

图 10-160

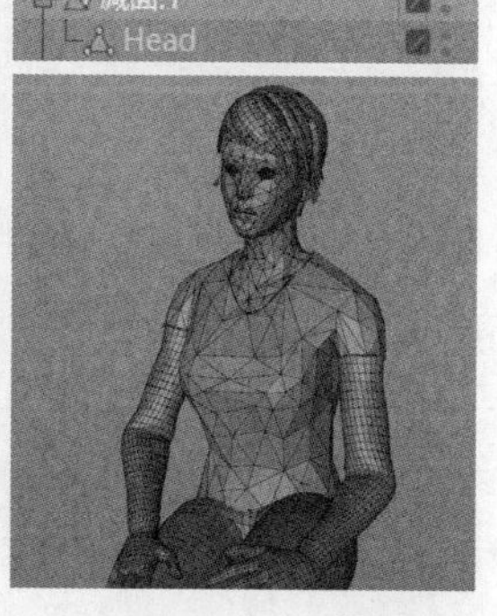

图 10-161

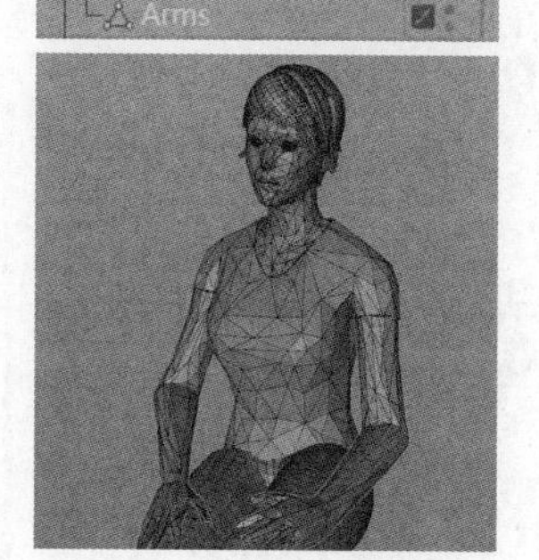

图 10-162

07 用同样的方法为角色的各个部位分别添加“减面”生成器，如图10-163所示。

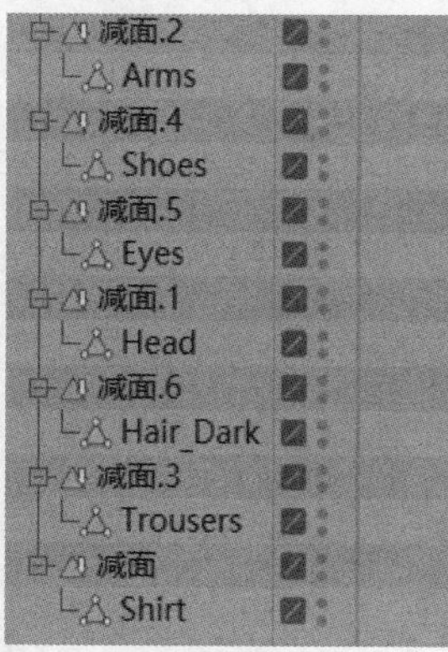

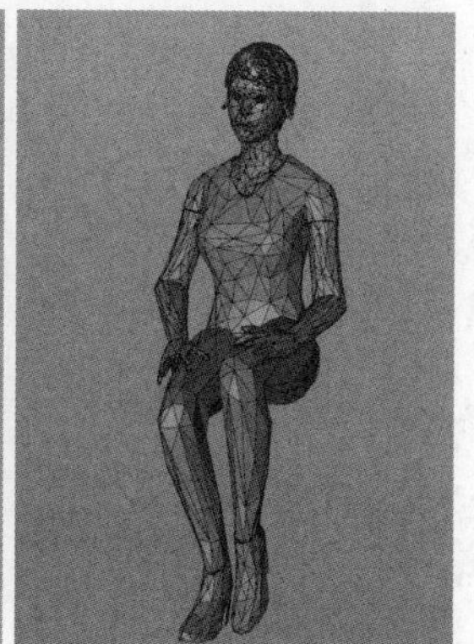

图 10-163

08 使用“线性切割”工具在模型的脸部绘制出眉毛，如图10-164所示。这样角色模型就制作完成了，如图10-165所示。

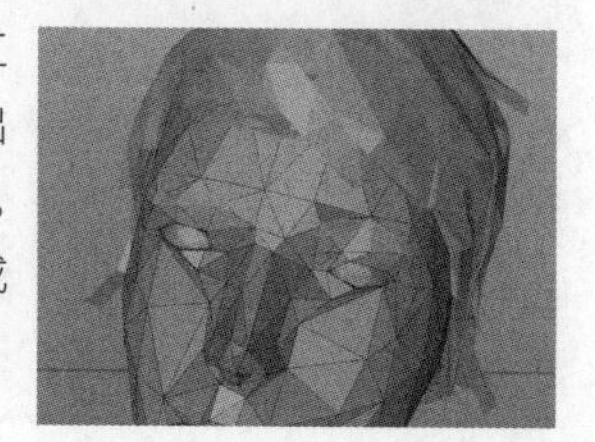

图 10-164

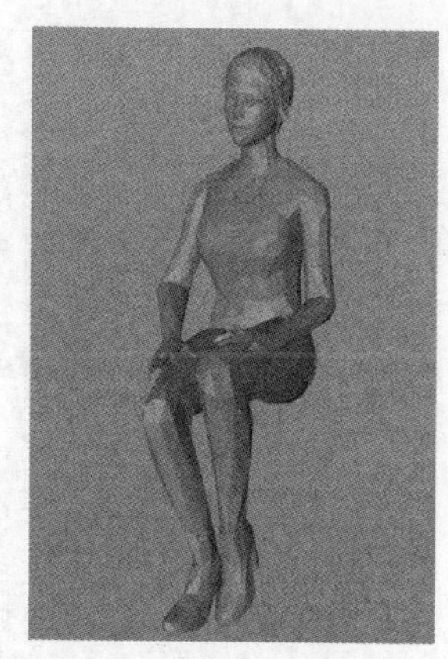

图 10-165

2.制作帽子

01 使用“圆柱体”工具创建一个圆柱体模型，作为帽子，参数设置和效果如图10-166所示。

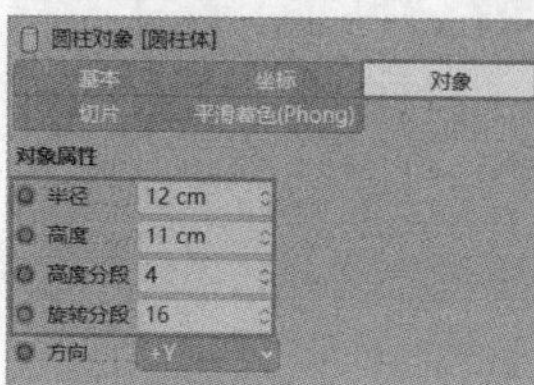

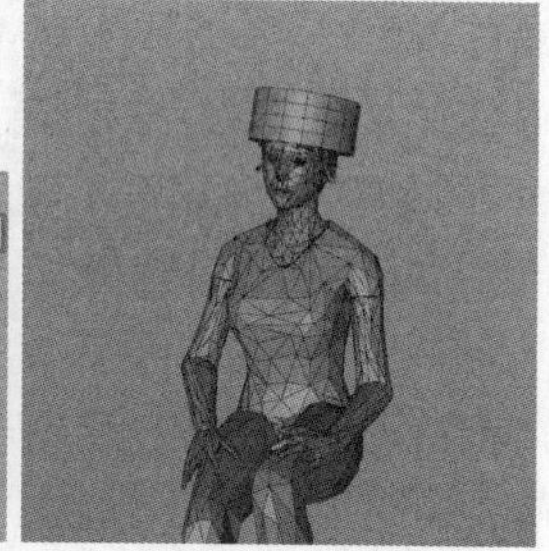

图 10-166

02 将圆柱体模型转换为可编辑对象，然后选择帽子模型的上表面，并将其缩小，如图10-167所示。选择更多的面，然后将其缩小，如图10-168所示。

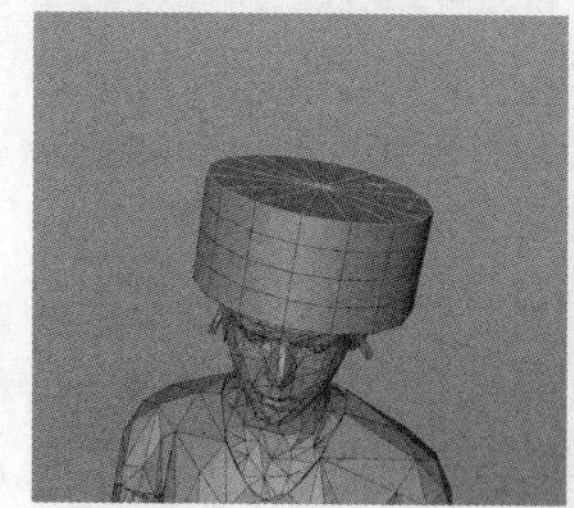
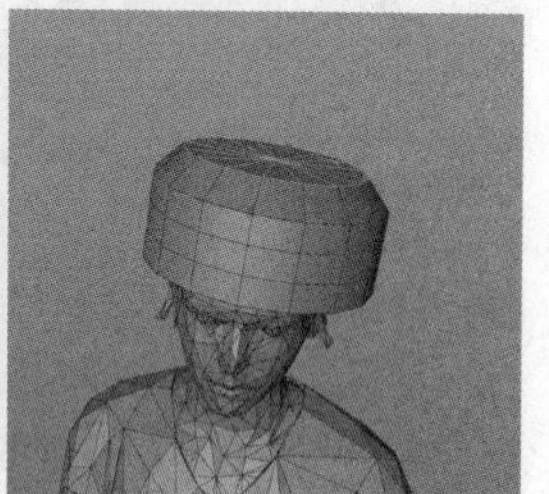

图 10-167

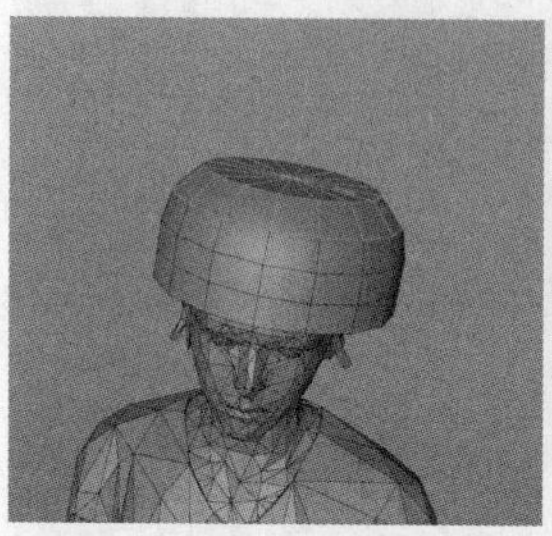
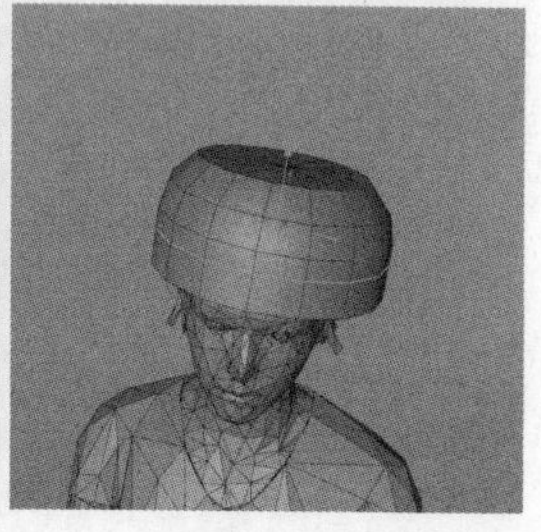

图 10-168

03 选择帽子下方的一圈面，然后向外挤压生成帽檐，如图10-169所示。继续向外挤压，并将其压扁一些，如图10-170所示。

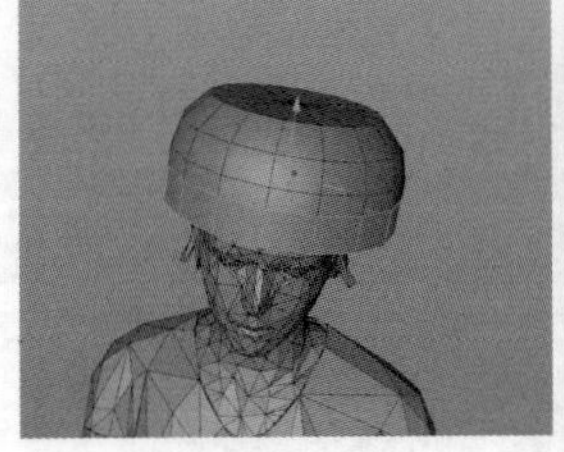

图 10-169

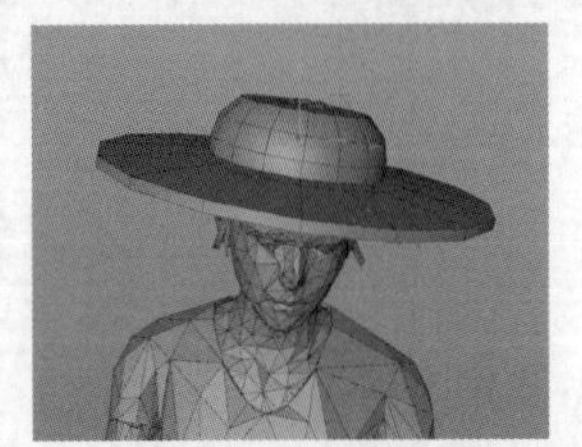

图 10-170

04 使用“笔刷”工具调整帽子的形态，使其有更多的细节，如图10-171所示。调整后为其添加“减面”生成器，参数设置和效果如图10-172所示。

图 10-171

图 10-172

05 制作帽子上的飘带，使其更加生动。复制帽子模型，然后选择帽子中间的一圈面，接着将其反选，如图10-173所示。删除反选的模型，如图10-174所示。

图 10-173

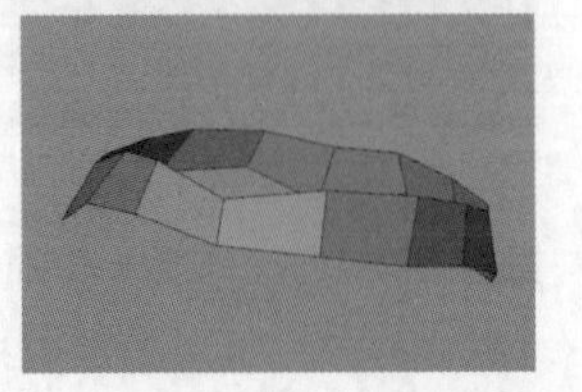

图 10-174

06 选择所有的面，向外挤压出厚度，然后将其与帽子组合，如图10-175所示。

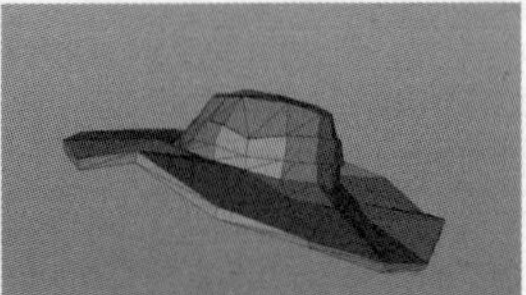

图 10-175

07 选择其中一个面，向右挤压出飘带状的模型，如图10-176所示。将帽子与角色模型组合，如图10-177所示。

图 10-176

图 10-177

3.制作椅子

01 使用“样条画笔”工具绘制出椅子模型，如图10-178所示。使用“挤压”生成器对样条进行挤压，如图10-179所示。

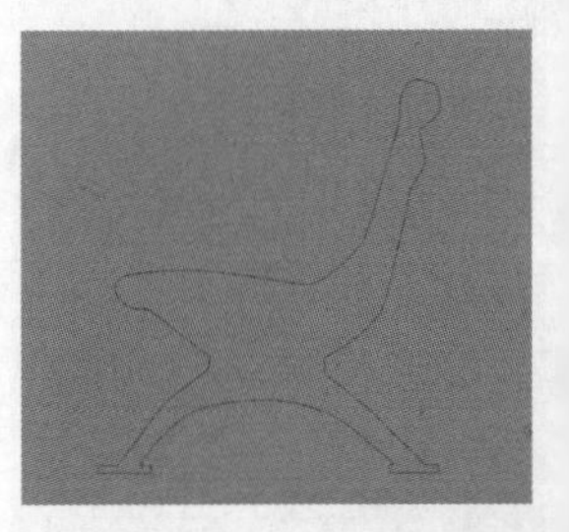

图 10-178

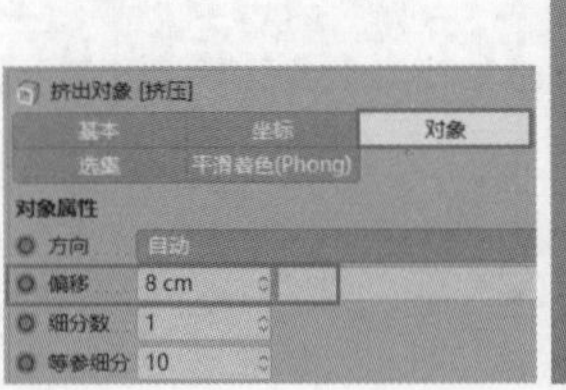

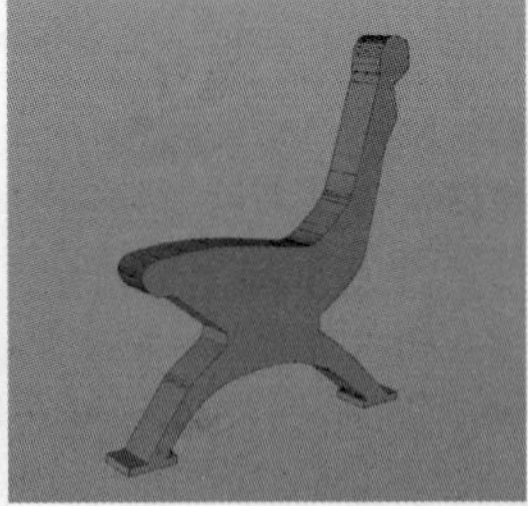

图 10-179

02 为制作出的模型添加“减面”生成器，如图10-180所示。添加后的效果如图10-181所示。

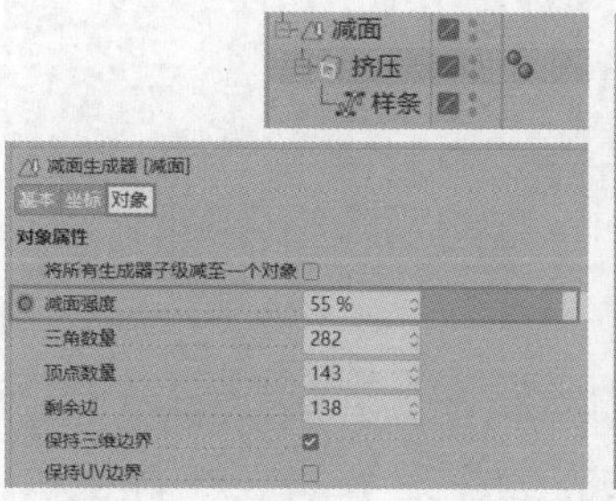

图 10-180

图 10-181

03 复制模型，然后将这两模型作为椅子的支架，如图10-182所示。

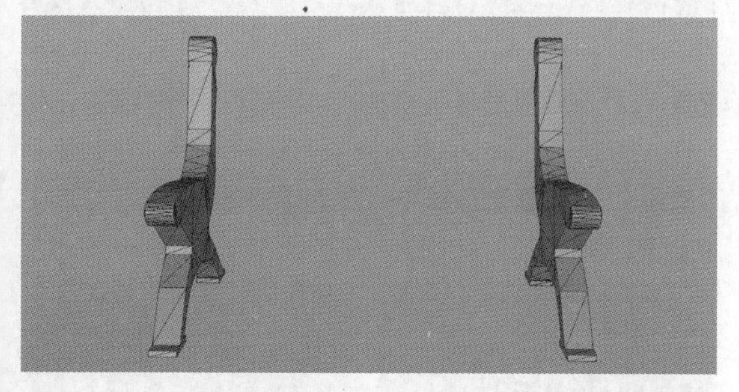

图 10-182

04 创建一个立方体模型，然后将其与椅子支架模型组合，如图10-183所示。将立方体模型转换为可编辑对象，然后使用“笔刷”工具调整点的位置，使其随机分布，如图10-184所示。这样更容易做出插画的效果。

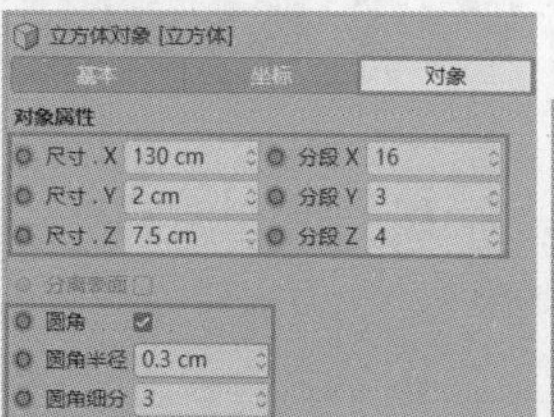

图 10-183

图 10-184

05 为制作出的模型添加“减面”生成器，如图10-185所示。用同样的方法制作椅子上的其他木条，如图10-186所示。

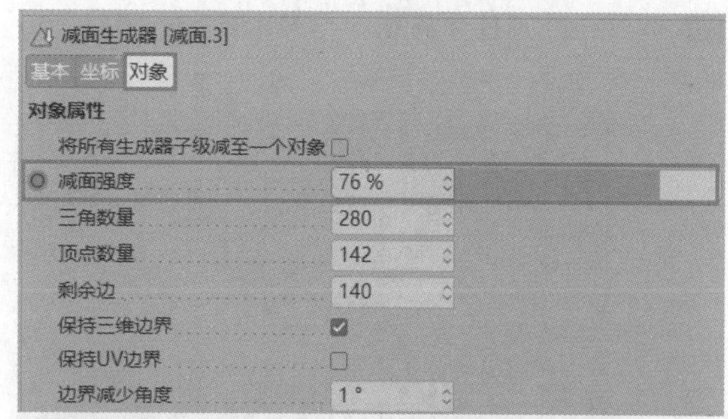

图 10-185

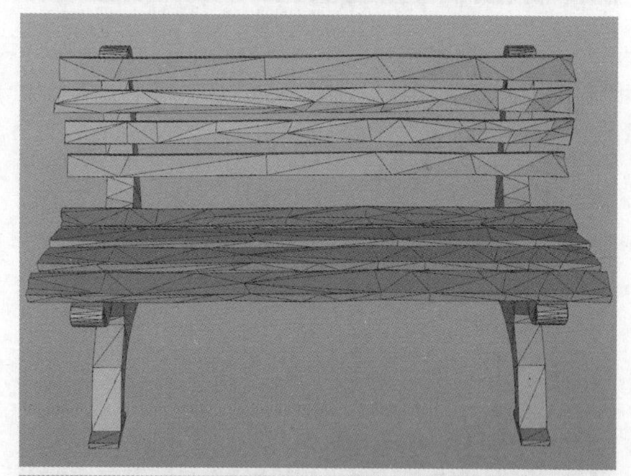

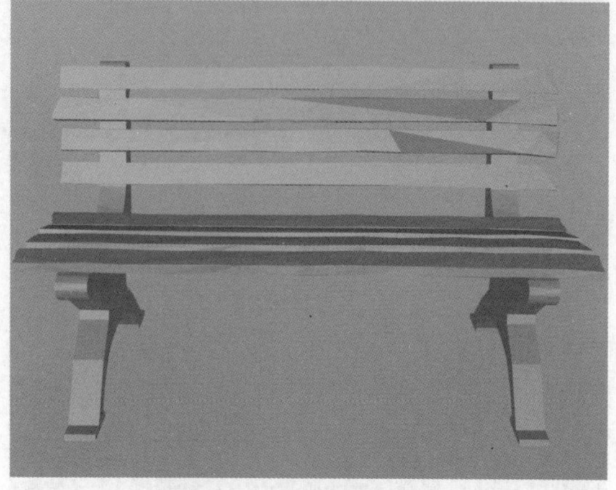

图 10-186

06 创建一个圆柱体模型，作为木条上的螺钉，如图10-187所示。

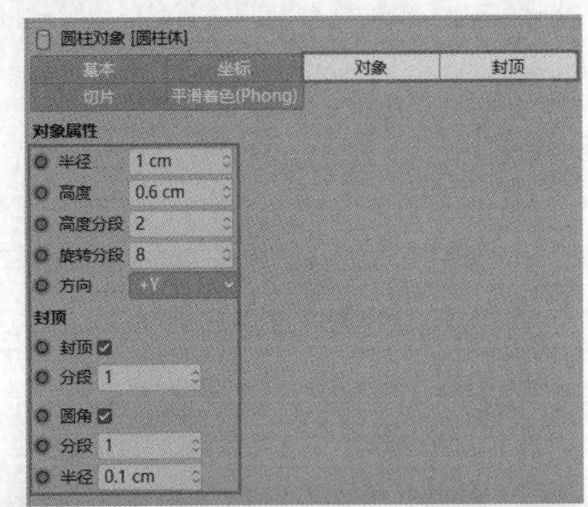

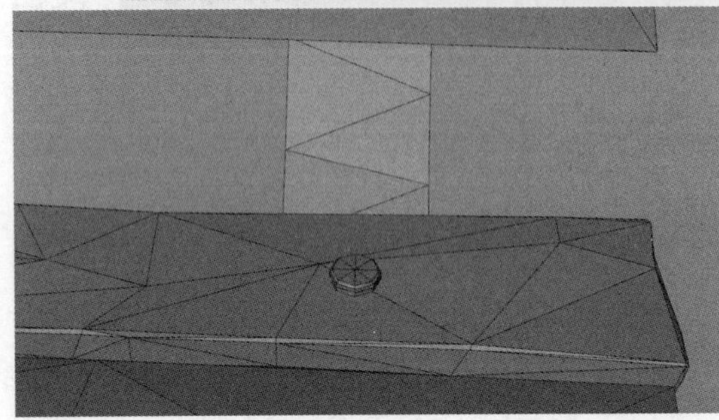

图 10-187

07 复制出多个螺钉，分别放到木条与椅子支架的交叠处，如图10-188所示。

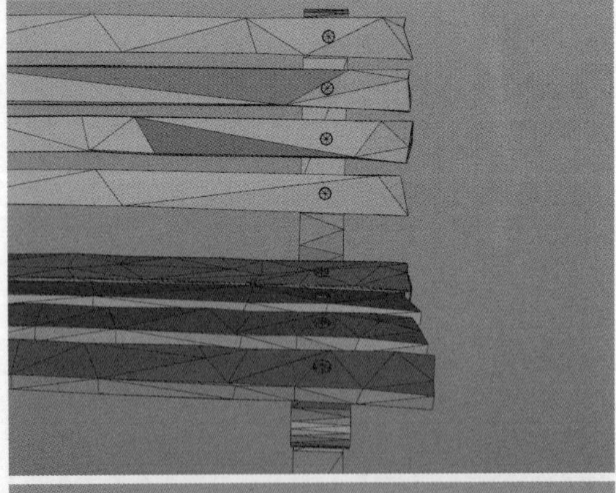

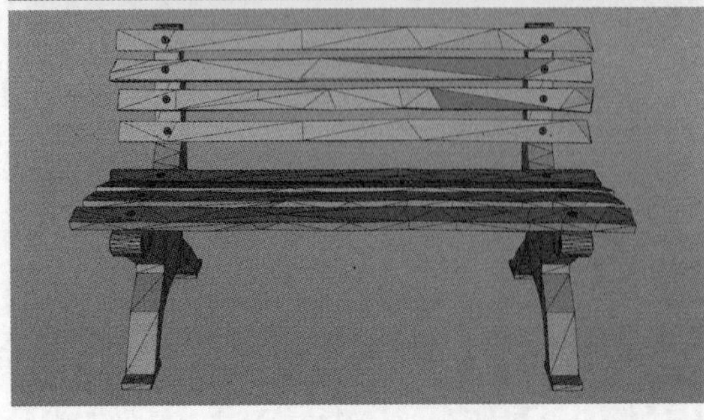

图 10-188

4.制作盆景

01 创建一个球体模型，参数设置如图10-189所示。为其添加FFD变形器，参数设置和效果如图10-190所示。

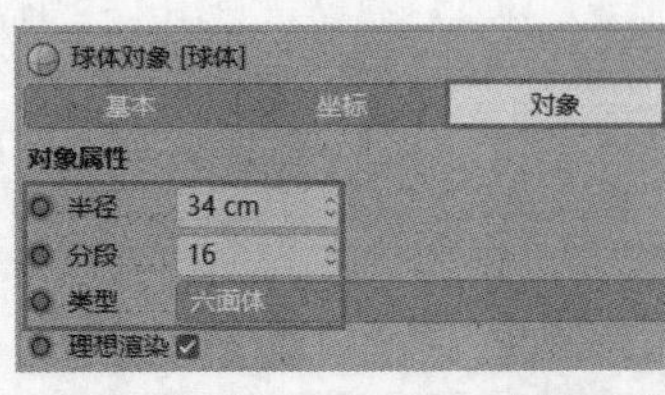

图 10-189

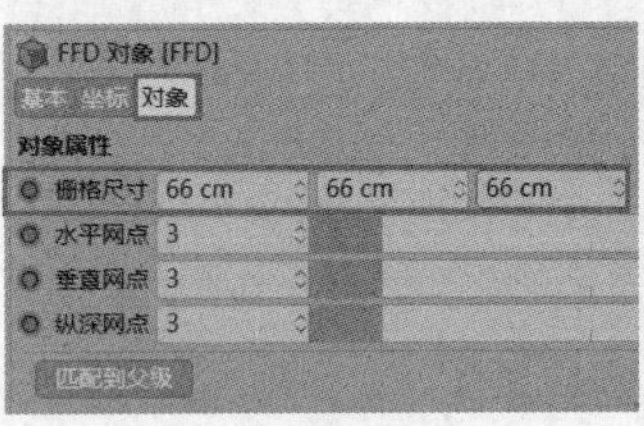

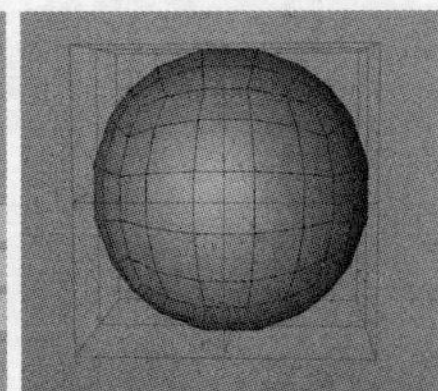

图 10-190

02 选择FFD变形器上方的点，将其拉长并缩放，如图10-191所示。将模型转换为可编辑对象，然后使用“笔刷”工具调整模型点的位置，使其具有盆景中树叶的大体形态，如图10-192所示。

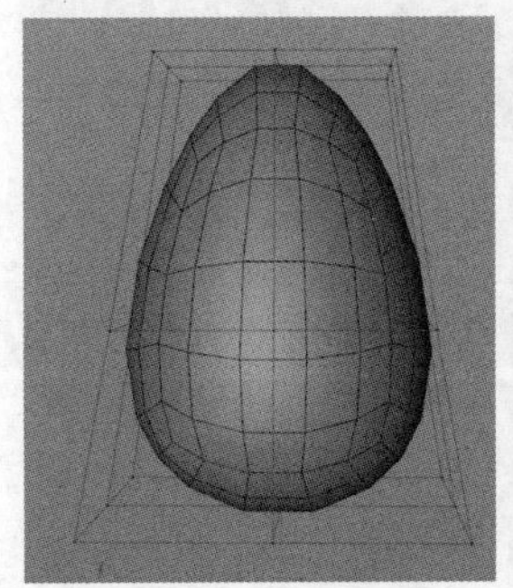

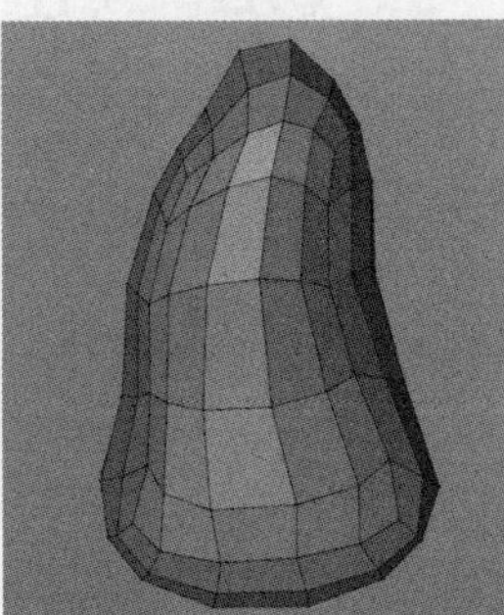

图 10-191　图 10-192

03 为模型添加“减面”生成器，如图10-193所示。创建一个圆柱体模型，置于树叶的下方，如图10-194所示。

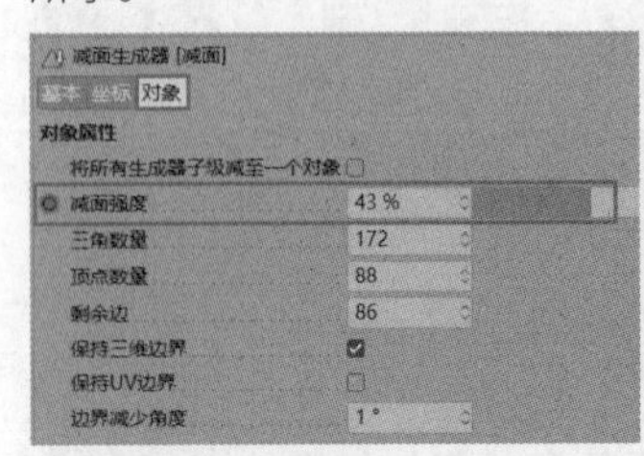

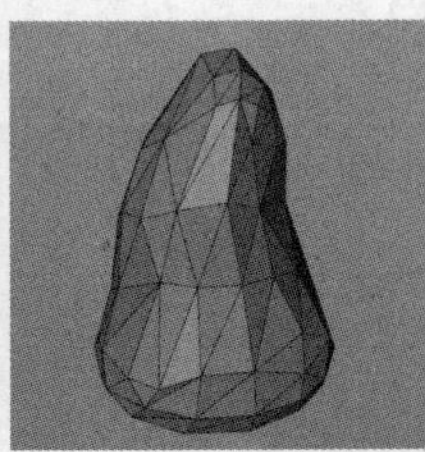

图 10-193

圆柱对象 [圆柱体]
基本　坐标　对象
切片　平滑着色(Phong)
对象属性
半径 5 cm
高度 66 cm
高度分段 4
旋转分段 8
方向 +Y

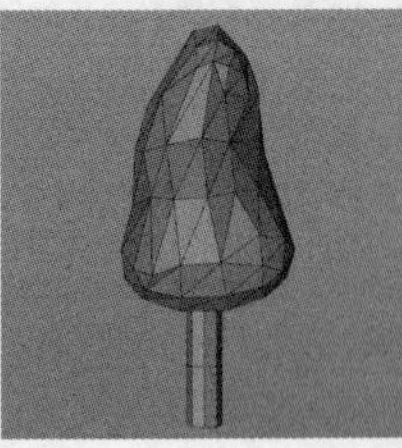

图 10-194

04 创建一个立方体模型，参数设置和效果如图10-195所示。将其转换为可编辑对象，然后调整点的位置，使其随机分布，如图10-196所示。

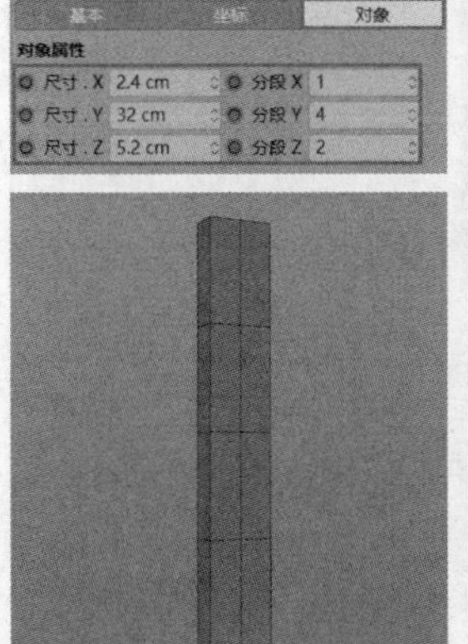

图 10-195

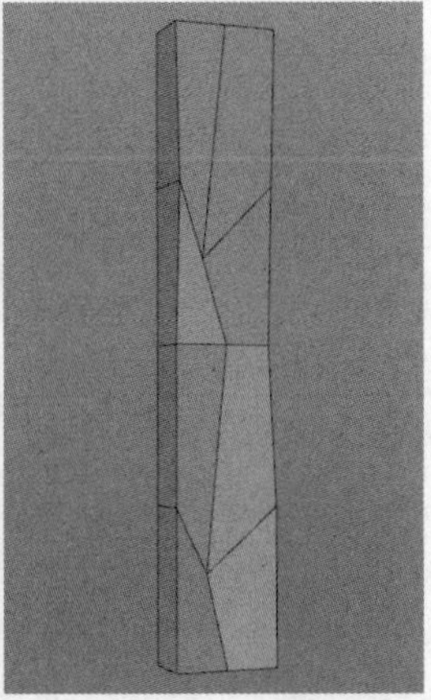

图 10-196

05 制作出多个木条模型，排列成一排，然后制作两个横向的木条模型，并进行组合，如图10-197所示。用同样的方法制作箱子的其他3个面，并组合为箱子，如图10-198所示。

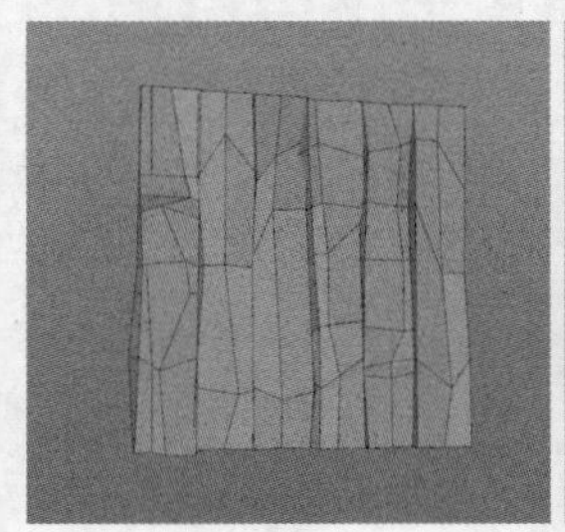

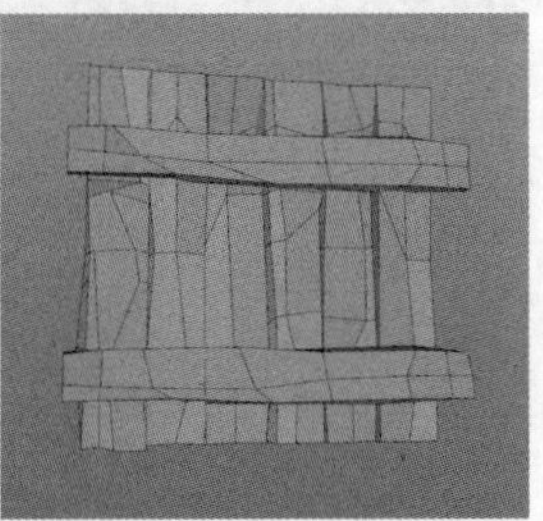

图 10-197

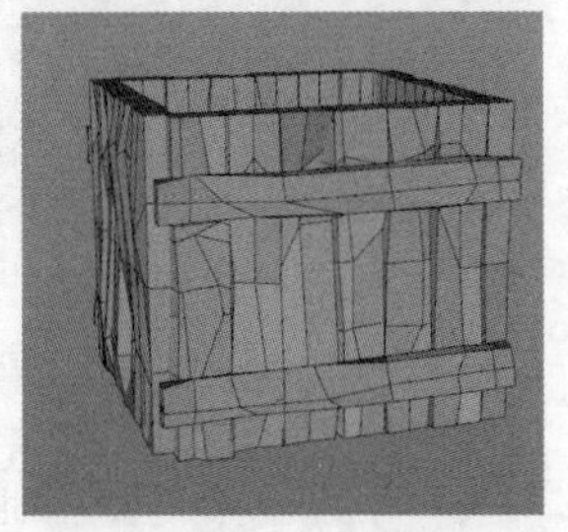

图 10-198

06 将箱子与植物模型组合，形成盆景，如图10-199所示。将盆景、角色和椅子进行组合，如图10-200所示。

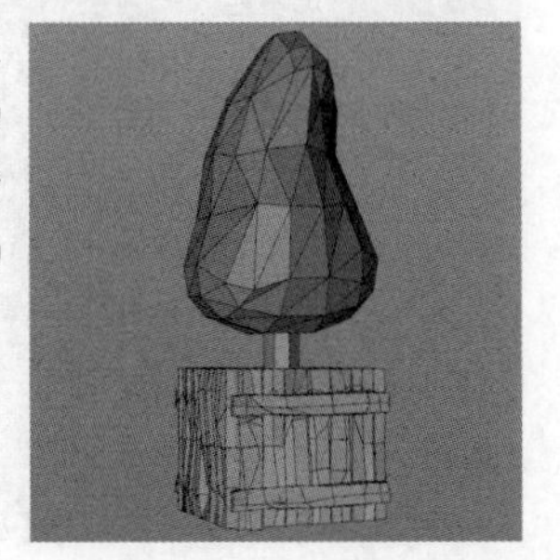

图 10-199

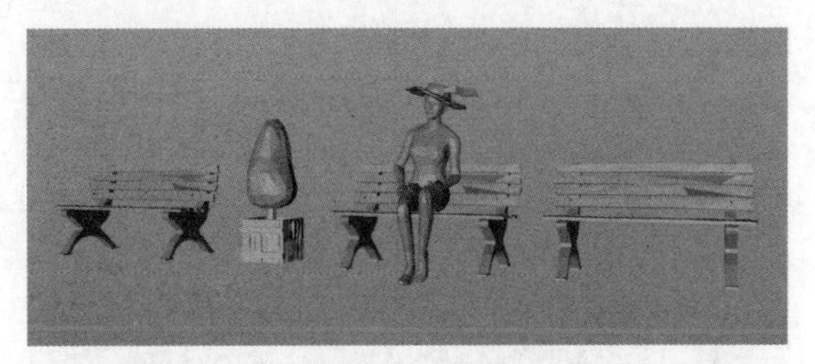

图 10-200

5.制作矮墙

01 创建一个立方体模型，参数设置和效果如图10-201所示。将其转换为可编辑对象，然后使用“笔刷”工具进行调整，如图10-202所示。

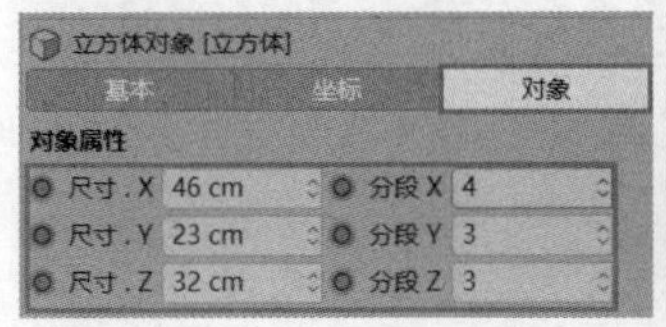

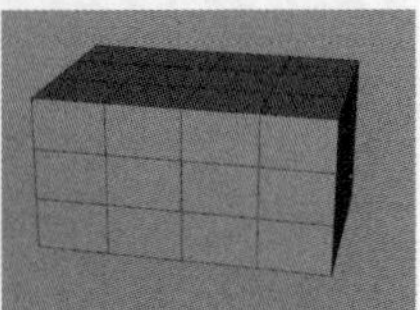

图 10-201

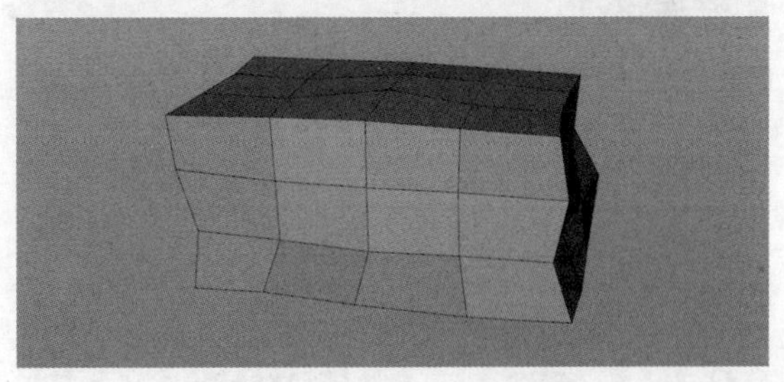

图 10-202

02 为制作出的模型添加“减面”生成器，如图10-203所示。用同样的方法制作出多个模型，然后将其排列成一排，如图10-204所示。

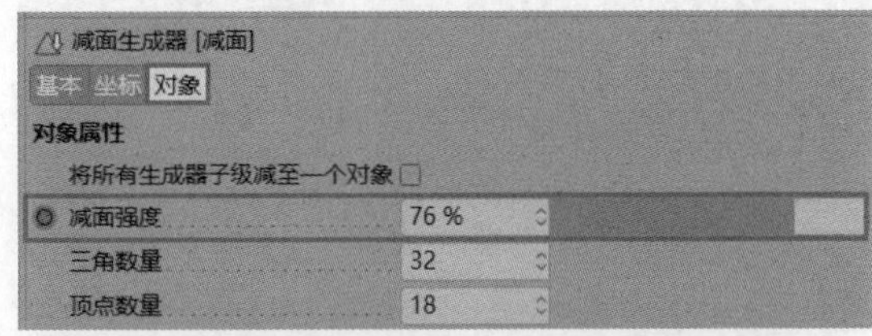

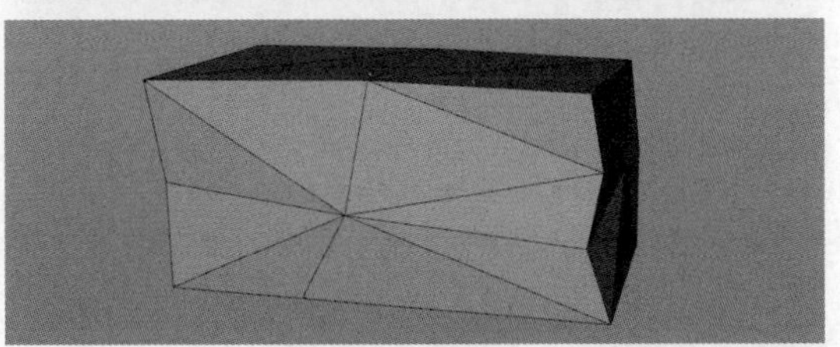

图 10-203

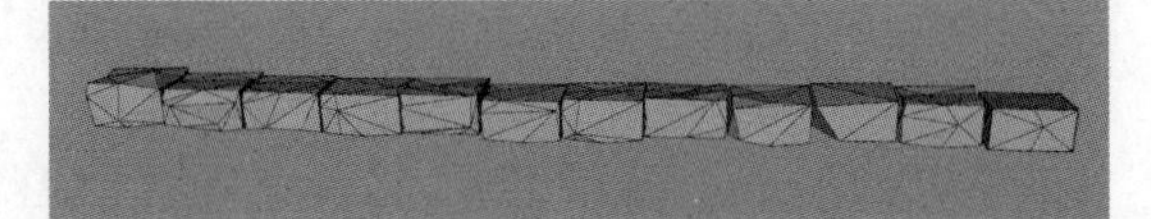

图 10-204

03 用同样的方法制作出多排砖块并进行组合，将中间两排砖块稍微压扁，组合后的效果如图10-205所示。将矮墙置于角色模型的后方，如图10-206所示。

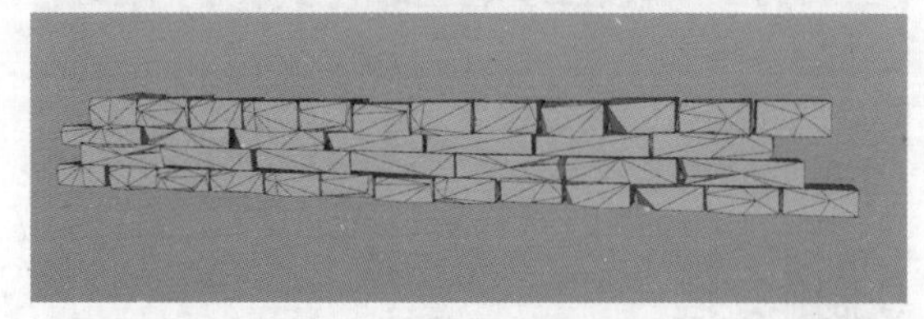

图 10-205

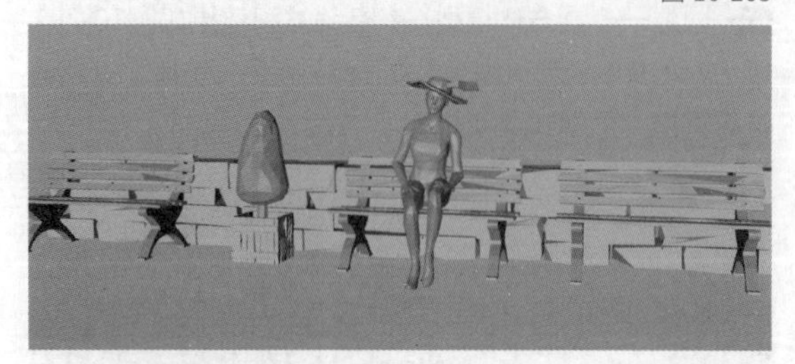

图 10-206

6.制作路灯

01 创建一个立方体模型，参数设置和效果如图10-207所示。将其转换为可编辑对象，然后将底部缩小一些，如图10-208所示。

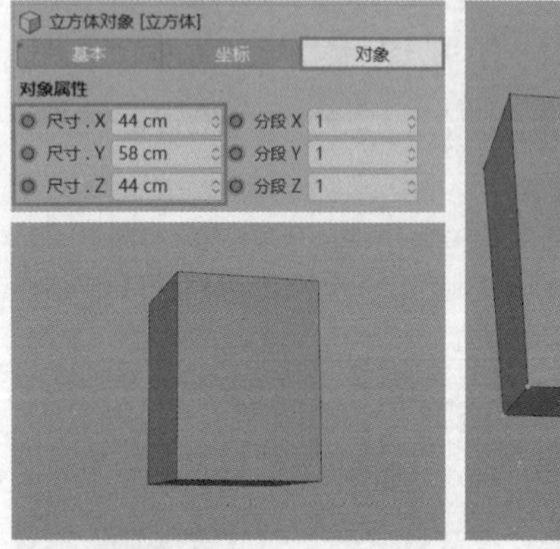

图 10-207　图 10-208

02 选择模型的顶面并向上挤压，继续向上挤压并缩小，如图10-209所示。向内收缩出新的面，然后多次向上挤压，如图10-210所示。

图 10-209

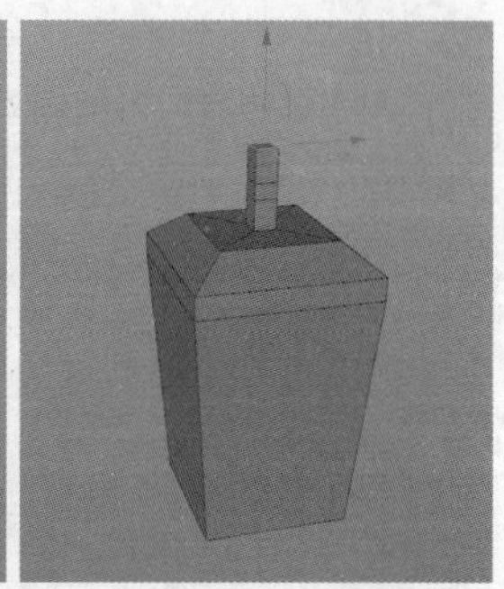

图 10-210

03 选择模型上方中间的边，然后将其放大，如图10-211所示。用同样的方法挤压模型的底部，如图10-212所示。

图 10-211

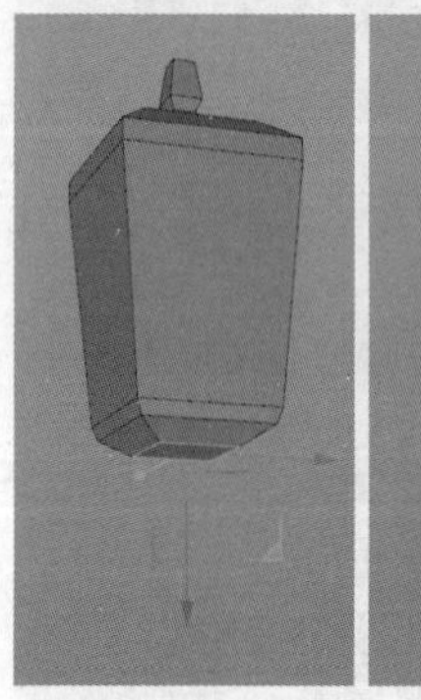
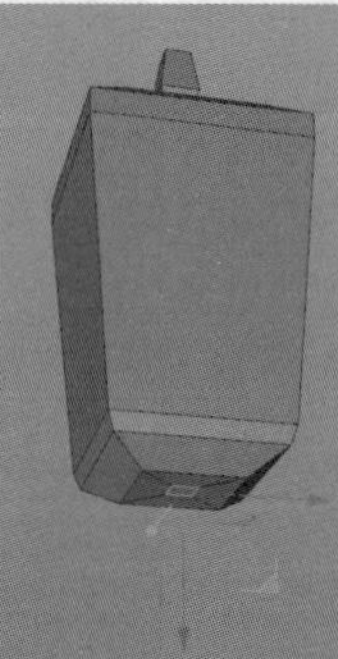
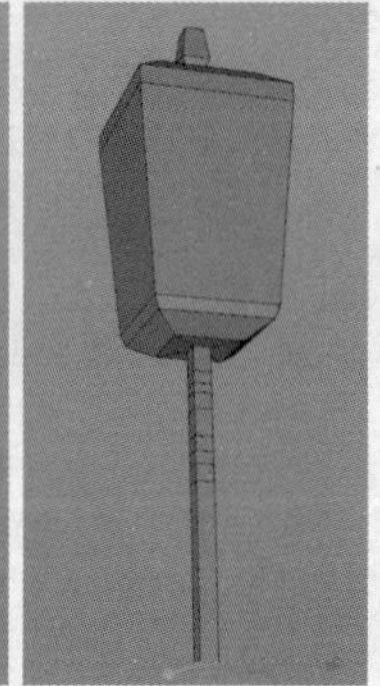

图 10-212

04 分别选择两圈灯柱的面，然后对其进行缩放，如图10-213所示。将模型的底部挤压得长一些，并适当加入一些线，使其弯曲，如图10-214所示。

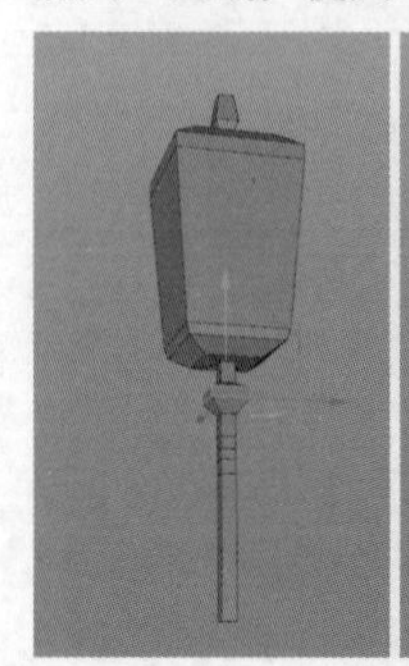
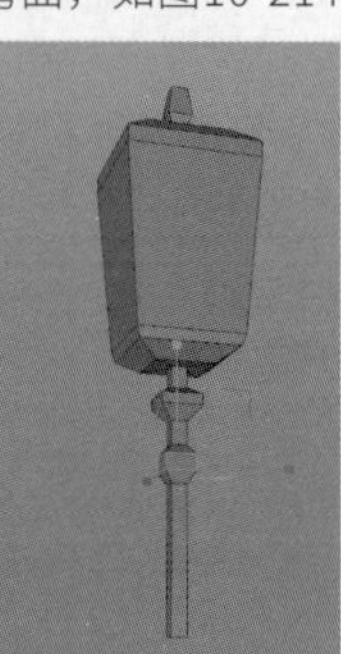
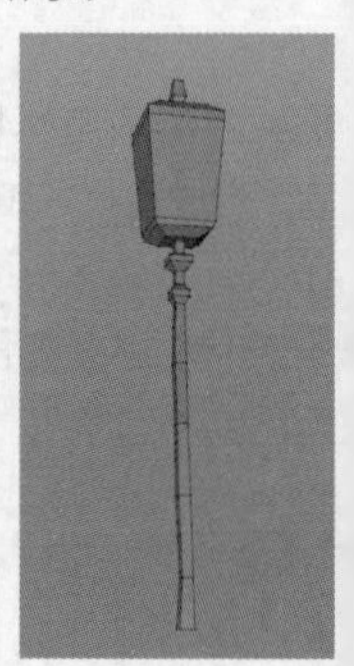

图 10-213　图 10-214

05 选择灯的4个面，然后进行内部挤压，如图10-215所示。

图 10-215

06 为模型添加“减面”生成器，参数设置和效果如图10-216所示。复制多个路灯模型，然后放置到矮墙的后面，如图10-217所示。

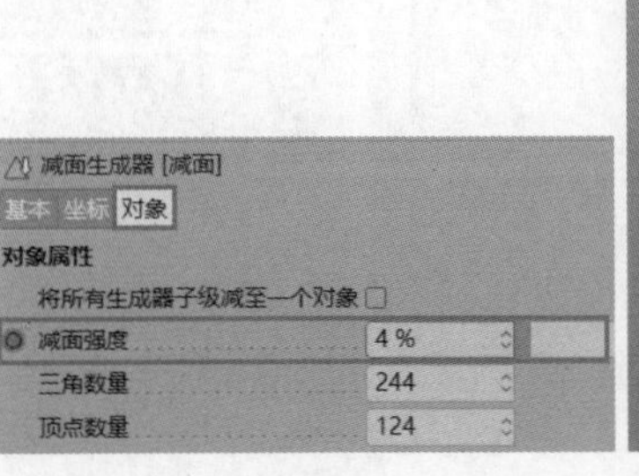

图 10-216

图 10-217

技巧提示 路灯模型的大小是一样的。因为距离不同，所以在视图窗口中会呈现出不同的大小，距离近的显得大，距离远的显得小。

7.制作建筑

01 打开本书资源文件“场景文件>CH10>02-2.c4d和02-3.c4d”，可以看到楼房与铁塔模型，它们都带有颜色材质，如图10-218所示。

图 10-218

02 将这两个模型放置到图10-219所示的位置。

图 10-219

技巧提示 视图窗口中的铁塔与楼房模型并不大，摆放时没有将其缩小，只是将距离调整得比较远。左侧比较小的就是角色与椅子模型，中间是楼房模型，右侧是铁塔模型，如图10-220所示。右视图和正视图的场景模型比例与距离参考图10-221。

图 10-220

图 10-221

8.制作樱花树

01 打开本书资源文件“场景文件>CH10>02-4.c4d”，可以看到樱花树模型，如图10-222所示。复制出多棵樱花树并将其置于场景中，樱花树模型的位置如图10-223和图10-224所示。

图 10-222

图 10-223

图 10-224

02 打开本书资源文件“场景文件>CH10>02-5.c4d”，如图10-225所示。导入小树的素材模型，可随意摆放，如图10-226所示。

图 10-225

图 10-226

技术专题：创建树木模型的方法

本实例使用的树木模型为素材。此外，树木模型还可以通过插件Forester进行制作。安装插件后，执行“拓展>Forester>森林树木生成器”菜单命令，如图10-227所示，可以创建树木模型，如图10-228所示。

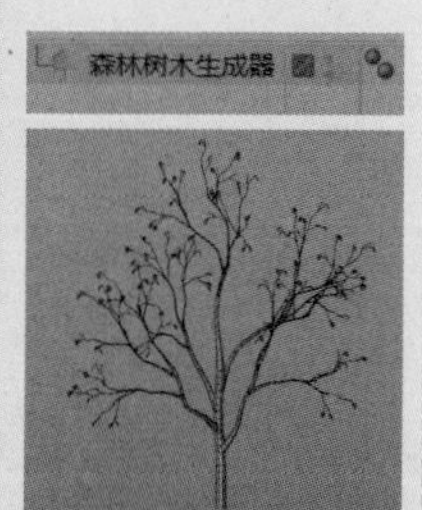

图 10-227　图 10-228

“树木预设库”选项卡中有不同类型的树木，如图10-229所示。选择APPLE TREE选项，即可生成对应树木，如图10-230所示。可以看到，模型的树叶比较少（为了快速显示便减少了树叶的模型）。

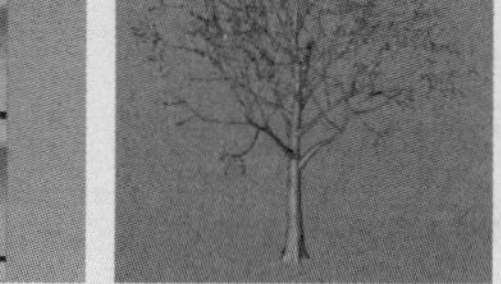

图 10-229　图 10-230

"树木参数"选项卡中的"编辑器级别"选项控制的就是显示的树叶的数量。勾选"使用渲染级别"，设置"编辑器级别"与"渲染级别"均为4，这样就可以显示出完整的树叶，如图10-231所示。将模型转换为可编辑对象，即可将其作为树木的素材。

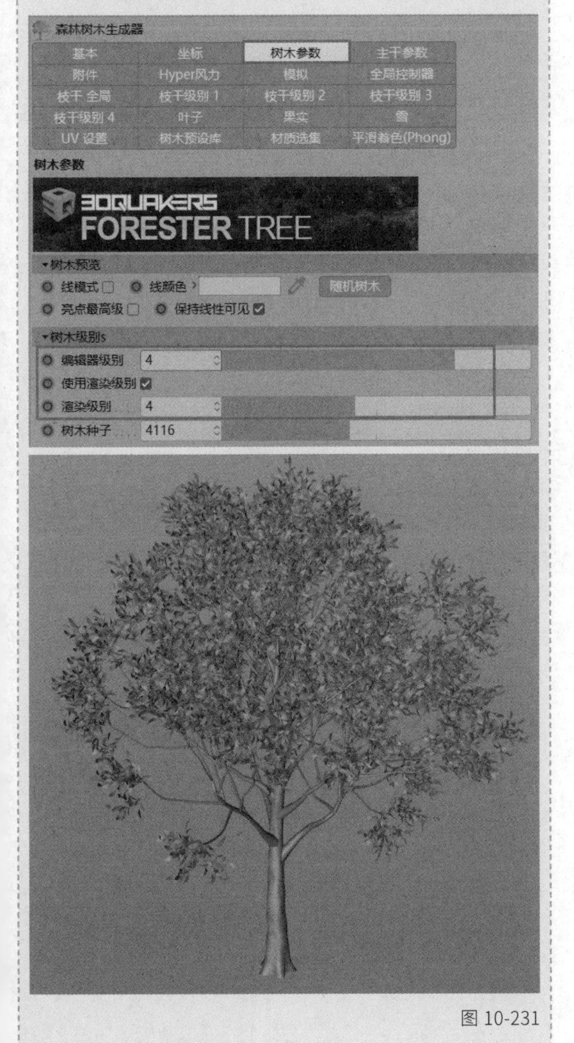

图 10-231

9.制作飞花与落叶

01 使用"平面"工具创建一个平面模型，参数设置和效果如图10-232所示。将其转换为可编辑对象，然后调整树叶的形态，如图10-233所示。

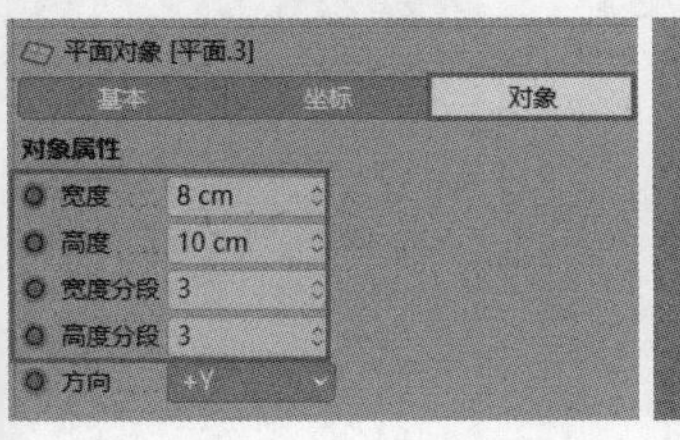

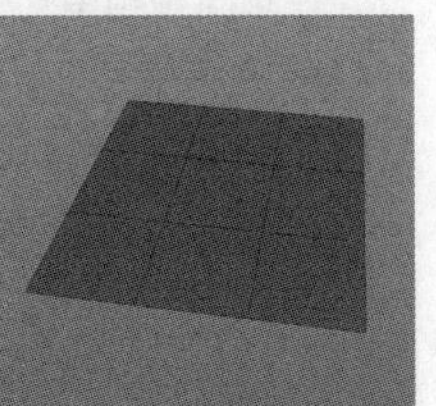

图 10-232

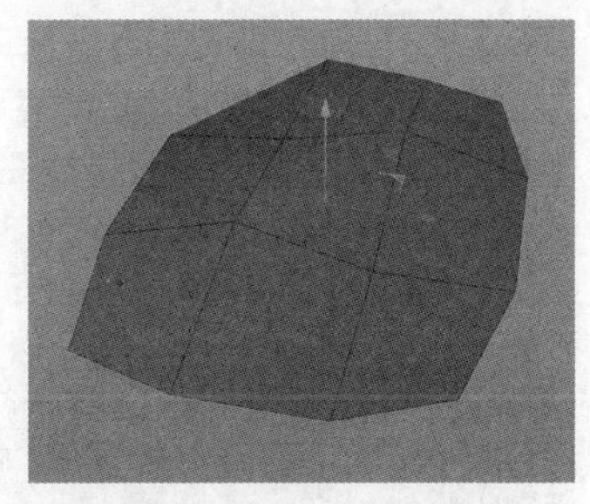

图 10-233

02 用同样的方法制作出多片树叶。如果已经有了一定的操作基础，部分材质是可以在建模完成时就确定的。图10-234至图10-236所示为3种树叶的组合，读者可自行确定树叶的大小和颜色。

图 10-234

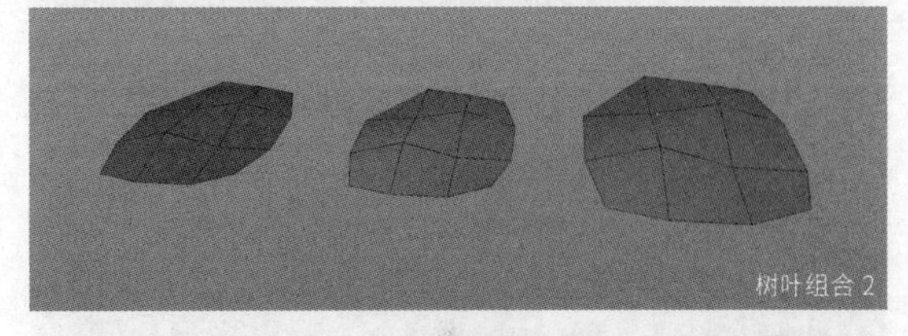

图 10-235

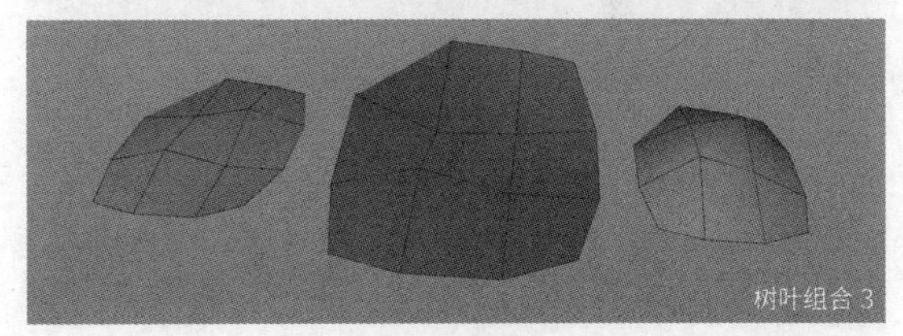

图 10-236

03 创建一个平面模型作为地面，参数设置和效果如图10-237所示。

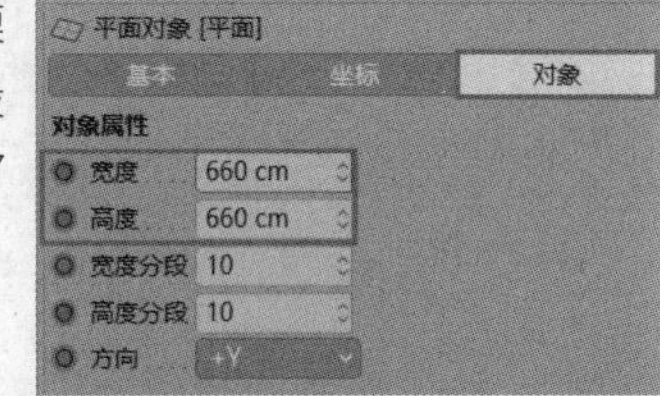

图 10-237

04 创建“克隆”生成器，把“树叶组合3”模型加入“克隆”对象的子层级中，然后添加“随机”效果器，如图10-238所示。参数设置如图10-239所示。这样树叶就随机地分布到了地面，制作出了落叶模型，如图10-240所示。

图 10-238

图 10-239

图 10-240

05 用同样的方法把“树叶组合1”模型也做成地面的落叶模型，如图10-241所示。

图 10-241

06 下面制作一些被风吹动的树叶和花瓣。同样使用“克隆”生成器把“树叶组合2”模型加入“克隆”对象的子层级中，然后添加“随机”效果器，参数设置如图10-242所示。制作完成后，将其加入场景中，如图10-243所示。

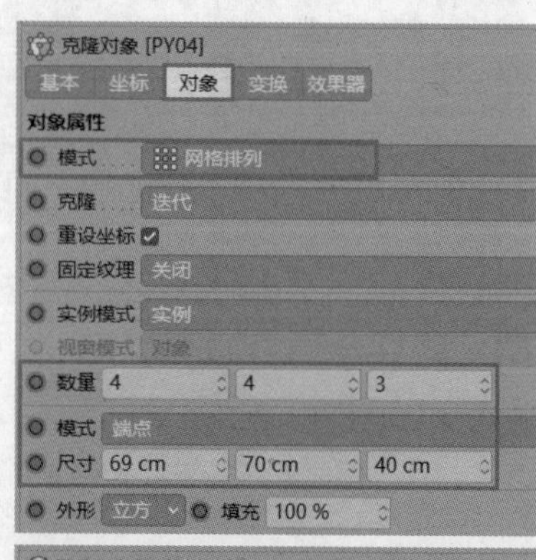

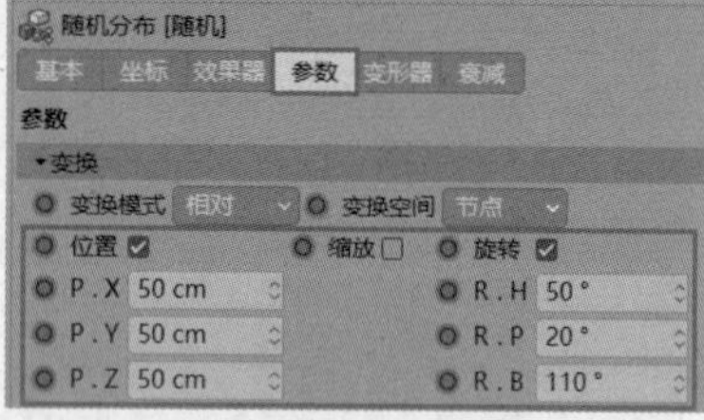

图 10-242

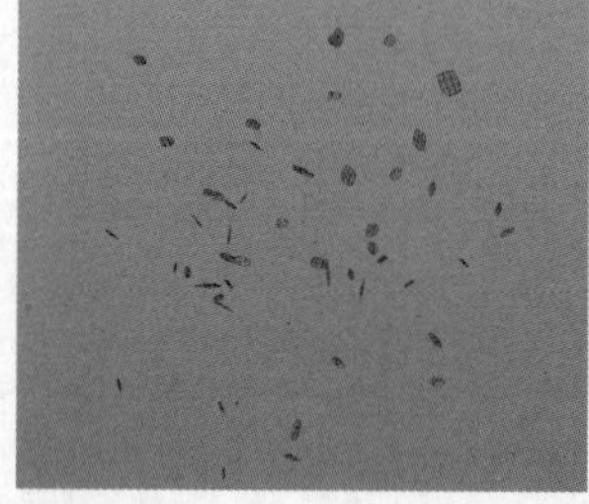

图 10-243

07 制作一些落叶模型，然后一片一片地将其加入场景中，如图10-244所示。为便于查看，此处将模型设置为红色。一片一片地调整可以更加精确地控制模型的位置，让画面构图更加饱满。

图 10-244

10.3.2 摄像机与灯光创建

01 在“Octane设置”面板中进行初始设置，使用“路径追踪”模式，设置“最大采样”为80，“过滤尺寸”为0.4，“全局光照修剪”为2，如图10-245所示。

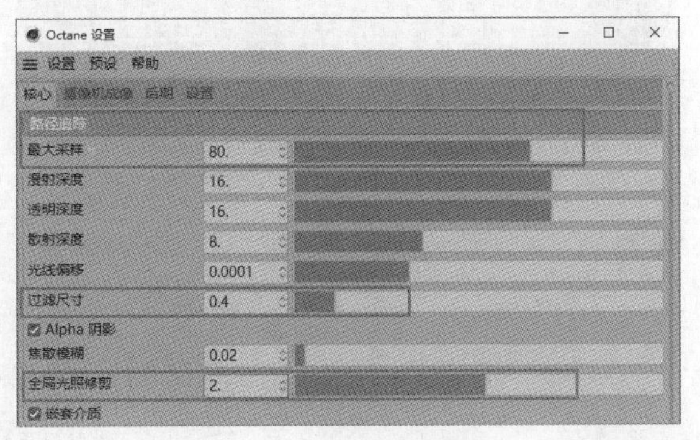

图 10-245

02 执行“对象> Octane摄像机”菜单命令，创建摄像机，参数设置如图10-246所示。

图 10-246

03 在“渲染设置”面板中，选择“输出”选项，然后设置“宽度”为1280像素，“高度”为1800像素，如图10-247所示。将制作好的模型摆放好，并调整摄像机的位置，如图10-248所示。

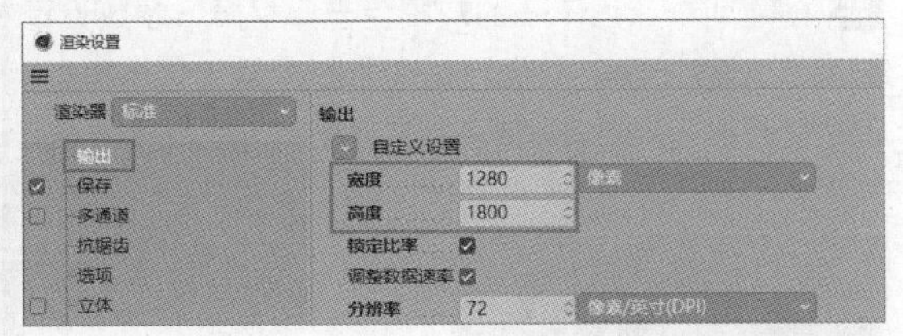

图 10-247

图 10-248

04 执行“对象>灯光>Octane日光”菜单命令，创建日光，灯光的位置和参数设置如图10-249所示。渲染后的效果如图10-250所示。

图 10-249

图 10-250

05 选择“Octane摄像机”标签，按照图10-251所示进行参数设置。这样，画面就有了景深效果，焦点角色的位置变得清晰了，前景与远景都有了模糊效果，如图10-252所示。

图 10-251

图 10-252

10.3.3 材质制作

01 之前导入的建筑模型与落叶模型是有颜色材质的，直接使用即可，如图10-253所示。

图 10-253

02 创建一个光泽材质，然后将其赋予地面，如图10-254所示。

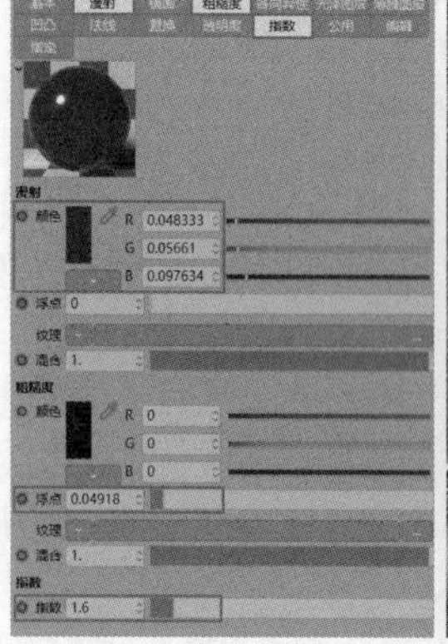

图 10-254

03 创建一个灰色光泽材质和一个米黄色光泽材质，参数设置如图10-255所示，然后分别赋予椅子模型和盆景下方的箱子模型，如图10-256所示。

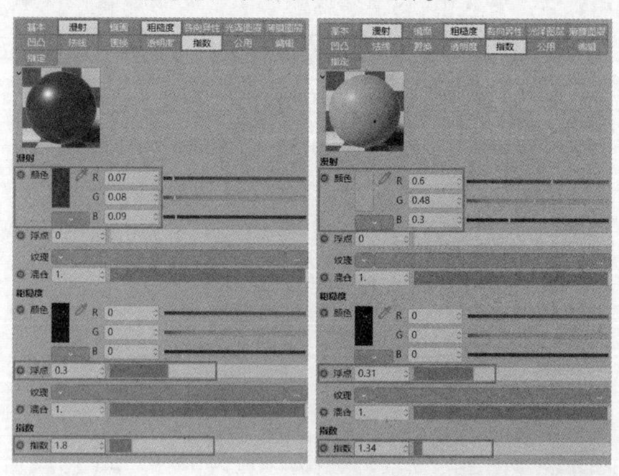

图 10-255

图 10-256

04 创建两个深浅不一的灰褐色光泽材质，参数设置如图10-257所示，然后将这两个材质赋予矮墙模型，颜色随机排列，使墙体颜色富有变化即可，如图10-258所示。

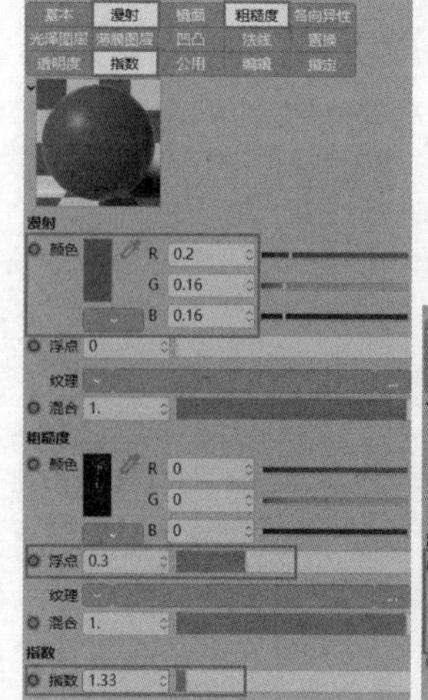

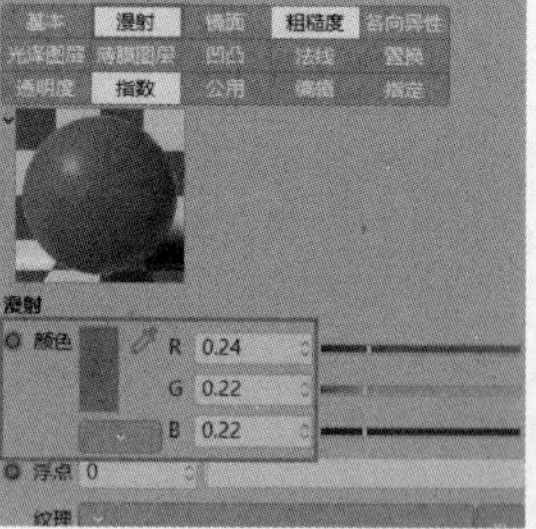

图 10-257

图 10-258

05 创建一个光泽材质，并添加深粉色到浅粉色的渐变颜色，如图10-259所示。然后在“纹理”通道中加入“图像纹理”节点，并导入花瓣素材图片，如图10-260所示。将材质赋予树叶模型，如图10-261所示。

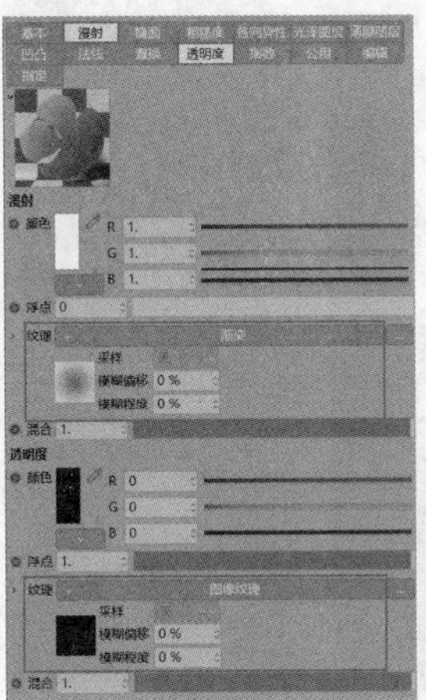

图 10-259

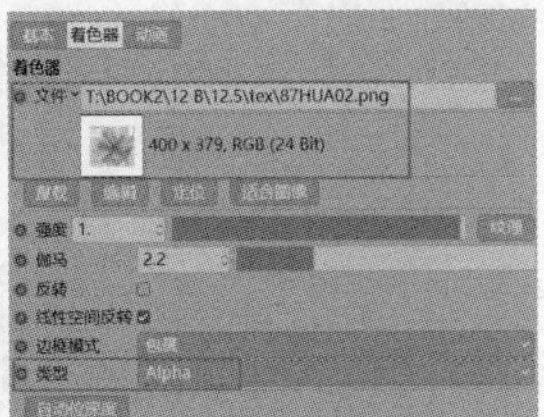

图 10-260

图 10-261

06 创建一个光泽材质，然后将其赋予树干模型，如图10-262所示。

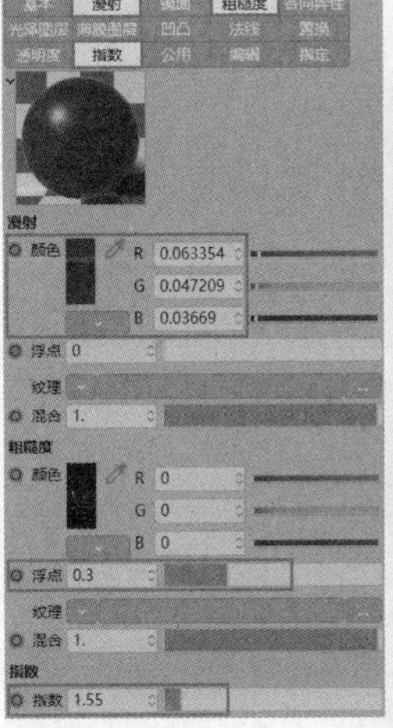

图 10-262

07 创建一个光泽材质，然后将其赋予盆景中的植物模型，如图10-263所示。

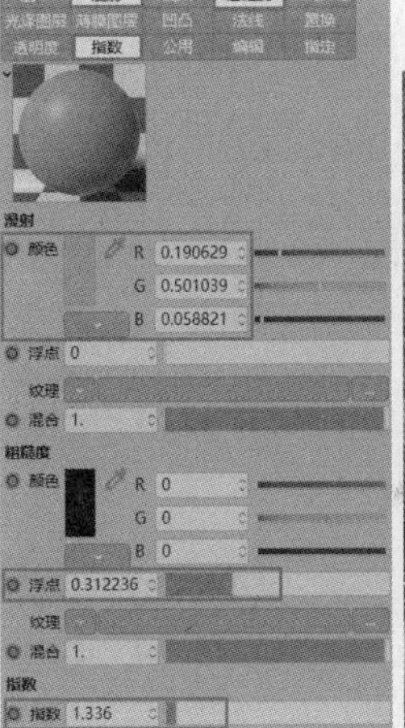

图 10-263

08 创建多个不同颜色的光泽材质，参数设置如图10-264至图10-267所示。然后将其赋予角色的各个部位，如图10-268所示。

衣服材质

图 10-264

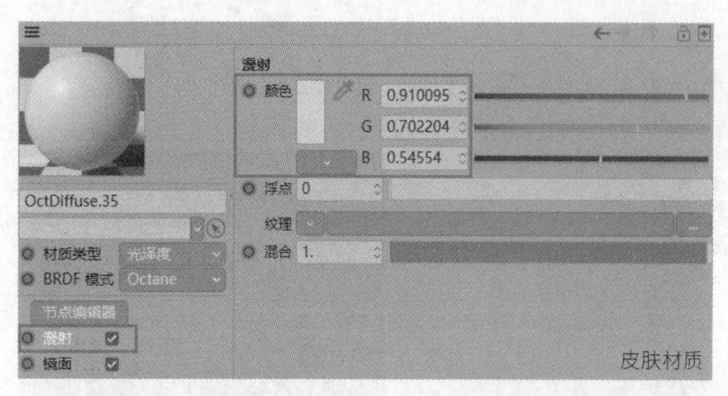

图 10-265

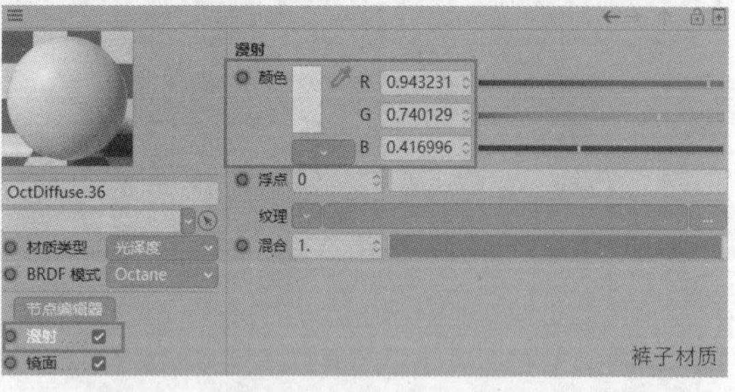

图 10-266

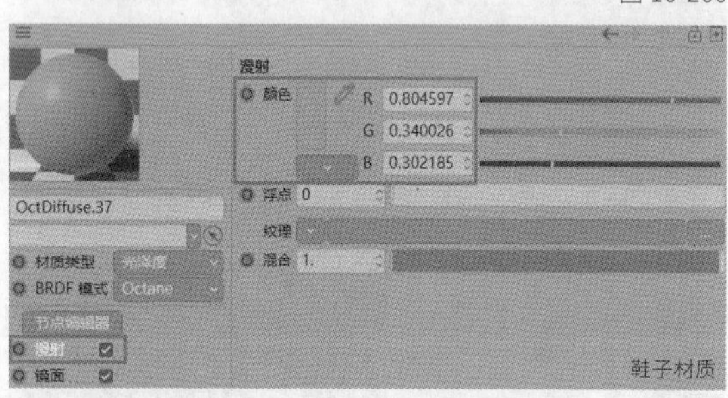

图 10-267

图 10-268

09 创建多个不同颜色的光泽材质，参数设置如图10-269至图10-271所示。然后将其赋予角色头部的各个部位和帽子模型，如图10-272所示。

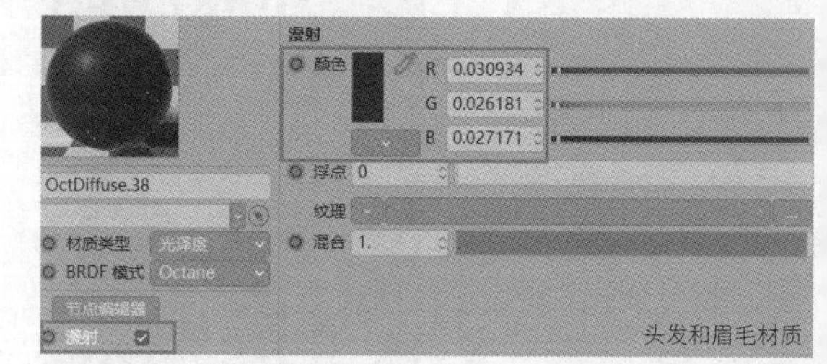

图 10-269

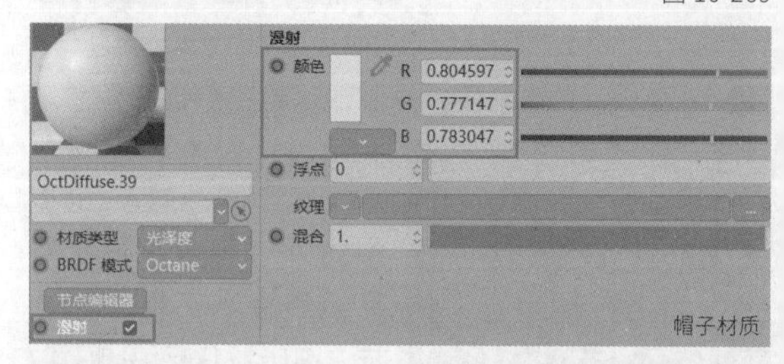

图 10-270

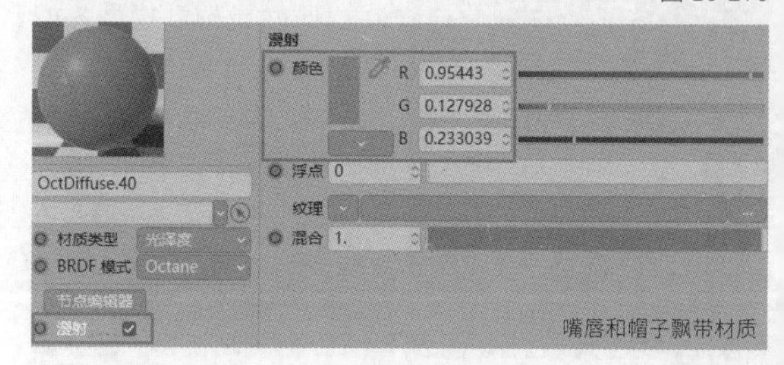

图 10-271

图 10-272

10 删除前景天空中的深色叶片，最终效果如图10-273所示。

图 10-273

10.3.4 渲染输出

01 在“Octane设置”面板中设置“最大采样”为1500,“全局光照修剪”为1，然后在Octane工具栏中激活“锁定分辨率”工具，并设置比例为1：1，如图10-274所示。

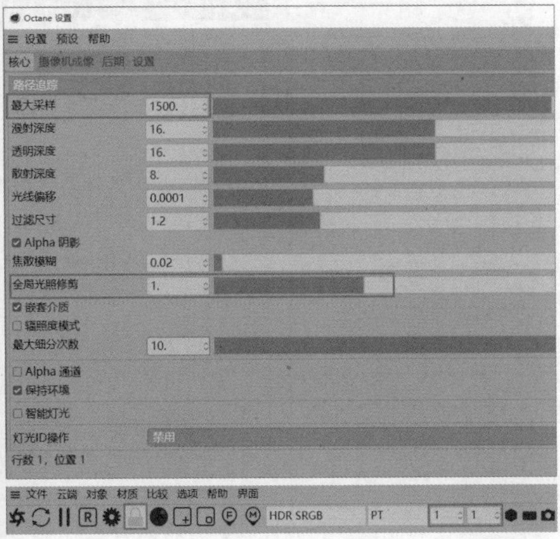

Octane 设置
设置 预设 帮助
核心 摄像机成像 后期 设置
路径追踪
最大采样 1500.
漫射深度 16.
透明深度 16.
散射深度 8.
光线偏移 0.0001
过滤尺寸 1.2
Alpha 阴影
焦散模糊 0.02
全局光照修剪 1.
嵌套介质
辐照度模式
最大细分次数 10.
Alpha 通道
保持环境
智能灯光
灯光ID操作 禁用
行数 1，位置 1
文件 云端 对象 材质 比较 选项 帮助 界面
HDR SRGB PT 1 1

图 10-274

02 渲染完成后，执行“文件>保存图像为”菜单命令，即可输出图像，如图10-275所示。

图 10-275

10.3.5 后期处理

01 在Photoshop中打开输出的图像，然后使用“多边形套索工具”绘制出阳光照射的选区，如图10-276所示。接着新建图层，并将其填充为偏白的黄色，如图10-277所示。

图 10-276

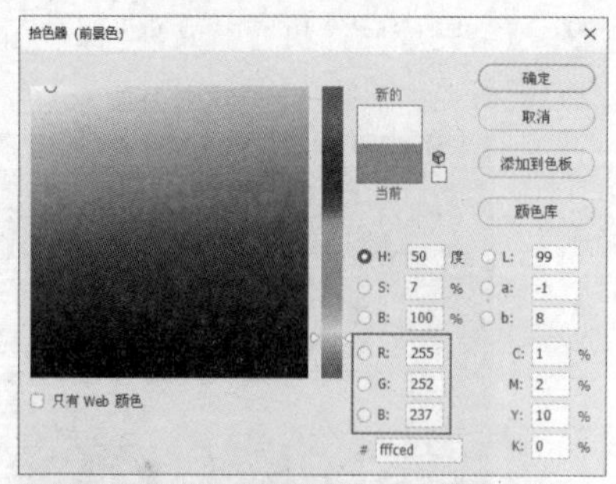

图 10-277

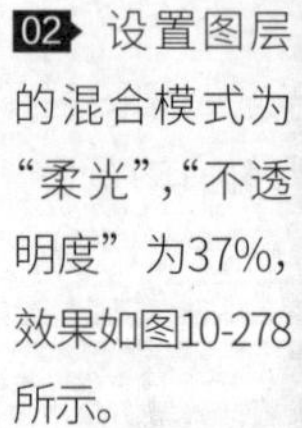

02 设置图层的混合模式为“柔光”，“不透明度”为37%，效果如图10-278所示。

图 10-278

03 执行“滤镜>Camera Raw滤镜”菜单命令，在“基本”面板中进行调整，参数设置如图10-279所示。

04 在“细节”和“色调曲线”面板中进行调整，参数设置如图10-280所示。

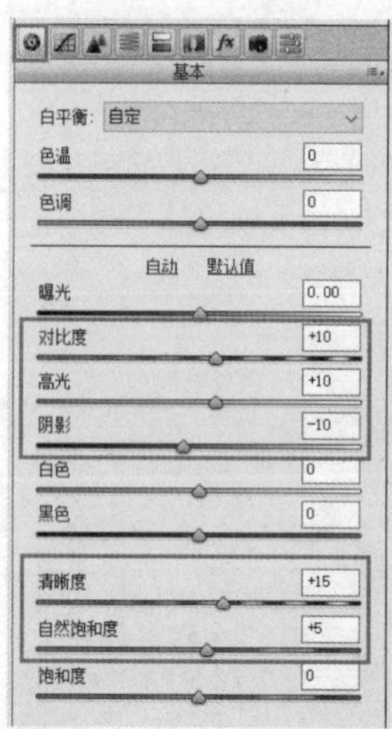

图 10-279

图 10-280

05 在“HSL/灰度”面板中进行调整，参数设置如图10-281所示。最终效果如图10-282所示。

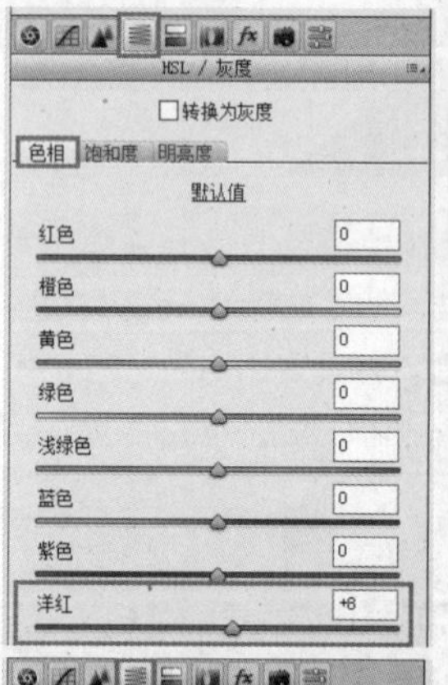

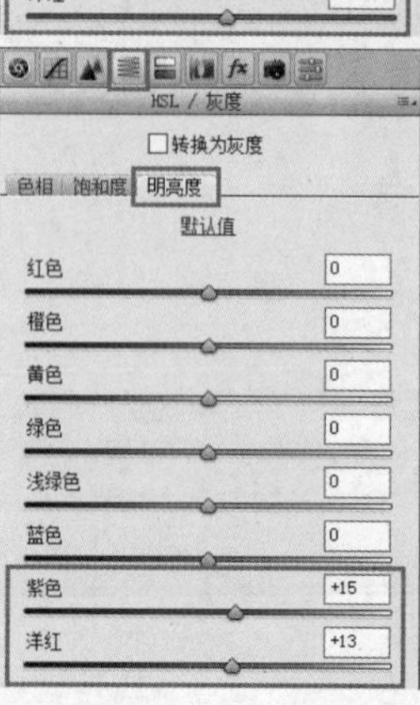

图 10-281

图 10-282

技巧提示 完成本实例的读者可能会觉得制作的过程比想象中简单，相对容易上手。但又会发现，想要达到好的视觉效果并不容易，可能会出现模型比例不协调、主题不突出、配色不和谐、画面缺少美感等问题。因此，读者可以尝试“临摹”一些摄影作品或插画作品，通过长期练习积累经验。

第 11 章 卡通角色与场景设计

■ 学习目的

本章主要讲解卡通角色与场景设计的基本步骤和技巧。通过对本章的学习，读者可以创作出生动形象的卡通角色和丰富有趣的场景，为故事叙述、动画制作或插画设计提供有力支持。

■ 主要内容

· 卡通角色建模　· 角色表情制作　· 角色服装建模　· 卡通角色渲染　· 卡通场景渲染

11.1 大耳朵兔

◇ 场景位置	无
◇ 实例位置	实例文件 >CH11> 大耳朵兔 .c4d
◇ 视频名称	大耳朵兔 .mp4
◇ 学习目标	掌握卡通角色的制作方法
◇ 操作重点	体积建模的基础操作

制作卡通角色通常使用体积建模、组合建模或多边形建模等方式。本实例将使用体积建模制作萌萌的卡通角色，如图11-1所示。

图 11-1

技巧提示 体积建模是一种相对较新的建模方式，建模时不用考虑点线面，而是把模型以体素的形式进行加减运算，操作十分简单。新手也可以通过体积建模完成一些复杂造型的模型。体素模型需要渲染，最终还要转换为网格模型，且布线较多，相对来说会占用更多的内存。大量体素模型可能会造成计算机卡顿。

第2章已介绍过体积建模的方法，即完成的模型都需要加入“SDF平滑”滤镜，这类建模方式很适合制作圆润的模型，如本实例萌萌的角色，不适合制作具有硬转折的模型，如一些机械结构模型。

11.1.1 模型制作

本实例的模型制作包括制作卡通角色的身体、耳朵、眼睛、腮红、嘴巴部分。

1.制作身体和耳朵

01 使用“球体”工具创建一个球体模型，参数设置和效果如图11-2所示。

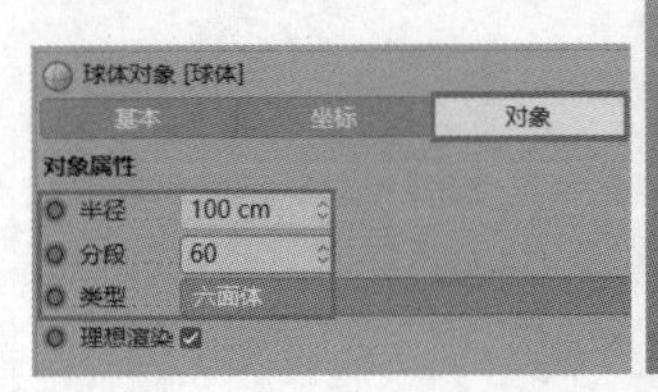

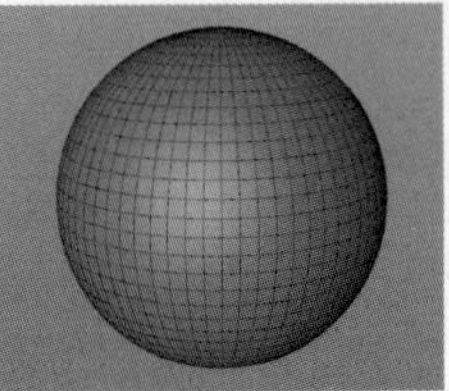

图 11-2

02 为球体模型添加FFD变形器，参数设置和效果如图11-3所示。

FFD 对象 [FFD]

基本	坐标	对象

对象属性

栅格尺寸	205 cm	205 cm	205 cm
水平网点	3		
垂直网点	5		
纵深网点	3		

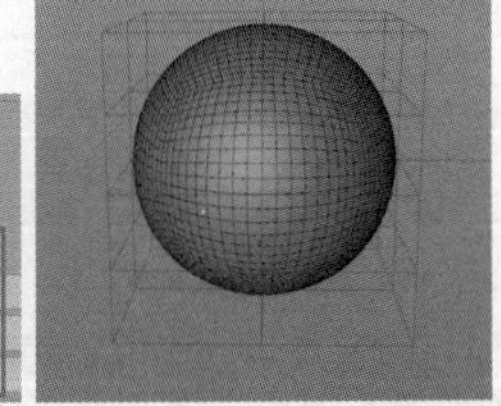

图 11-3

03 切换到正视图，选择FFD变形器下方的两排点，然后向下拖曳，接着向下调整FFD变形器倒数第2排的点，使球体模型的底部更方，如图11-4所示。

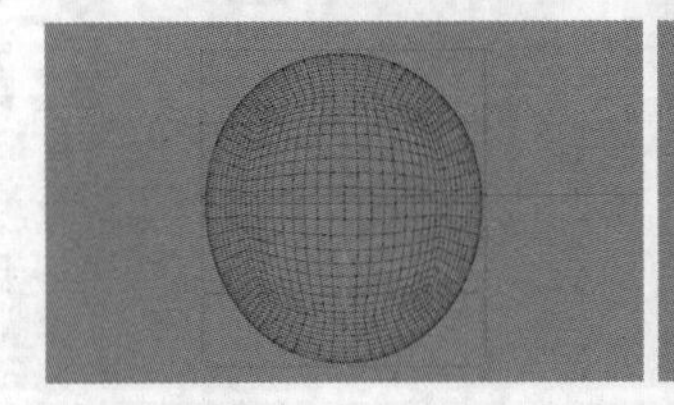

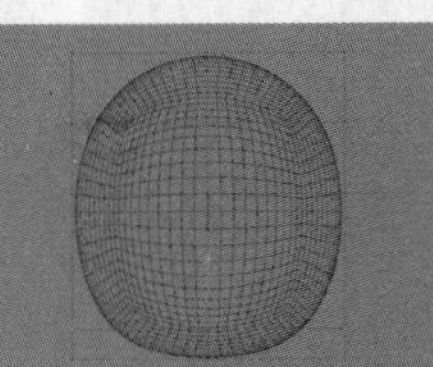

图 11-4

04 在透视视图中缩放FFD变形器的顶部，缩放后的效果如图11-5所示。完成后，复制模型，然后将其缩小并拉长，如图11-6所示。

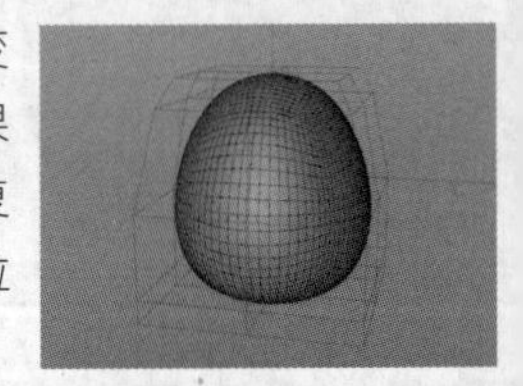

图 11-5

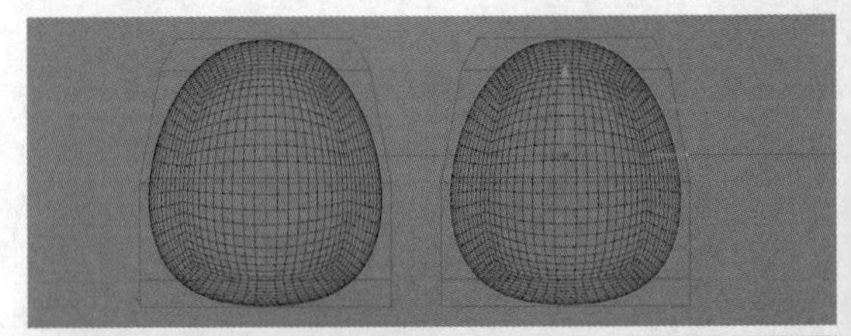

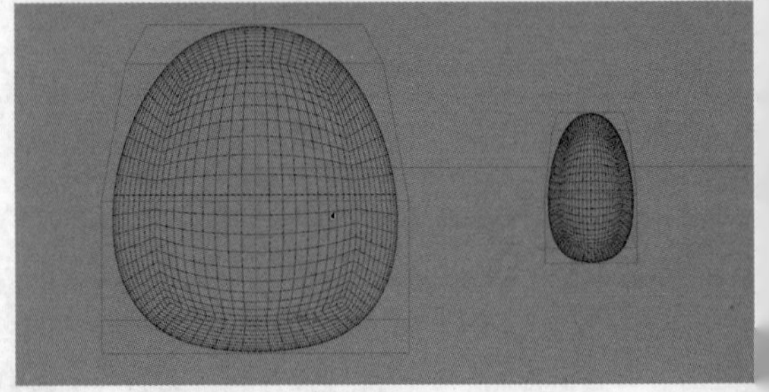

图 11-6

05 把小模型置于大模型的左上方。较大的模型就是卡通角色的身体，较小的模型就是卡通角色的耳朵，如图11-7所示。

图 11-7

图 11-12

06 为小模型添加“对称”生成器，生成另一只耳朵，如图11-8所示。

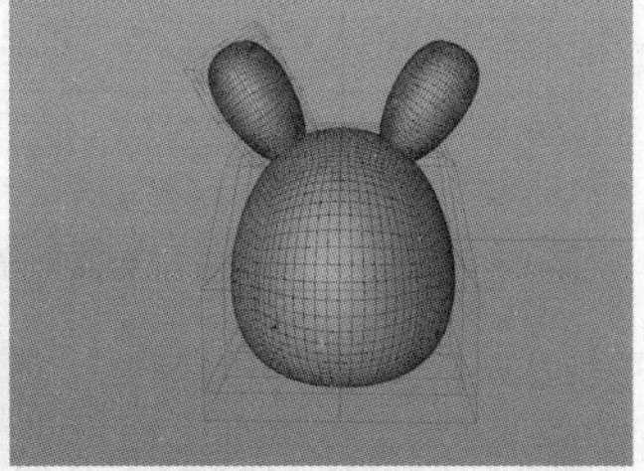

图 11-8

疑难解答 **如何关闭FFD网格？**

在“对象”面板中单击FFD变形器后面的圆点，该圆点会变为红色，这样可以关闭FFD网格，使其不在视图窗口中显示，如图11-9所示。

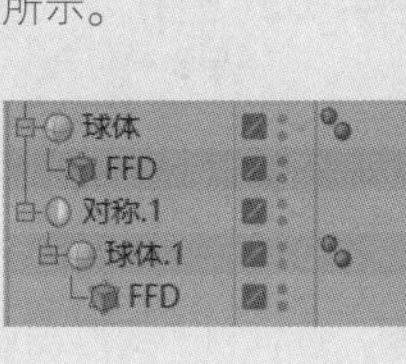

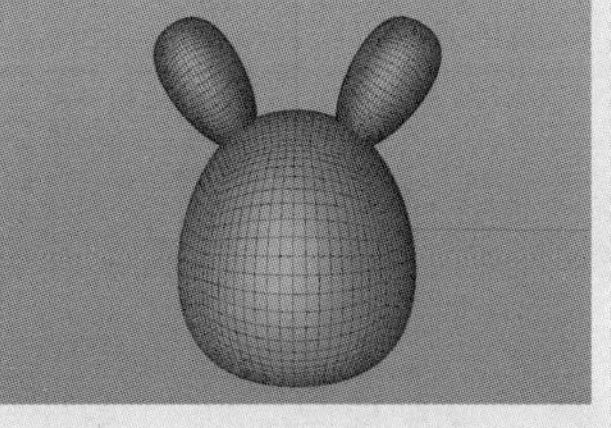

图 11-9

07 复制耳朵模型，将其置于身体的下方作为卡通角色的脚，如图11-10所示。接着将其缩小到合适的大小，如图11-11所示。

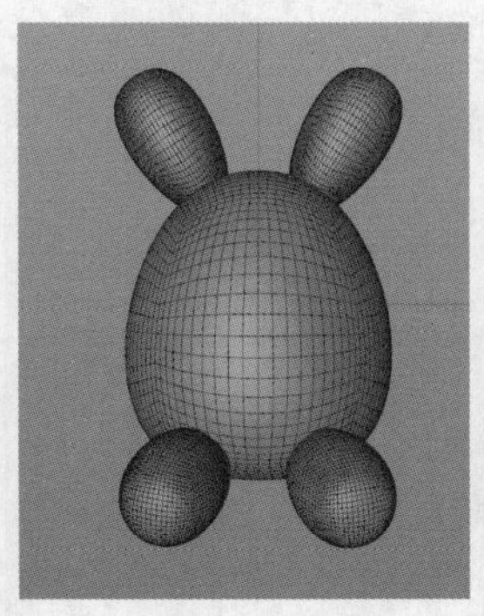

图 11-10

图 11-11

技巧提示 卡通角色的耳朵和四肢没有固定的大小，读者可以根据自己的喜好设计。

08 复制脚模型，制作出卡通模型的手，并调整到合适的位置，如图11-12所示。

09 添加“体积生成”生成器，将制作的所有球体对象都置于“体积生成”对象的子层级中，此时模型就变成了体素模型，如图11-13所示。

图 11-13

10 在“对象”选项卡中，设置“体素尺寸”为3cm，体素模型的精度更高了，但是模型整体不够平滑，如图11-14所示。

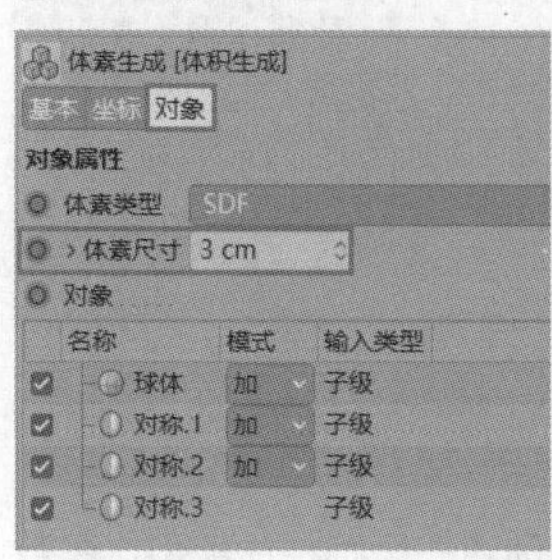

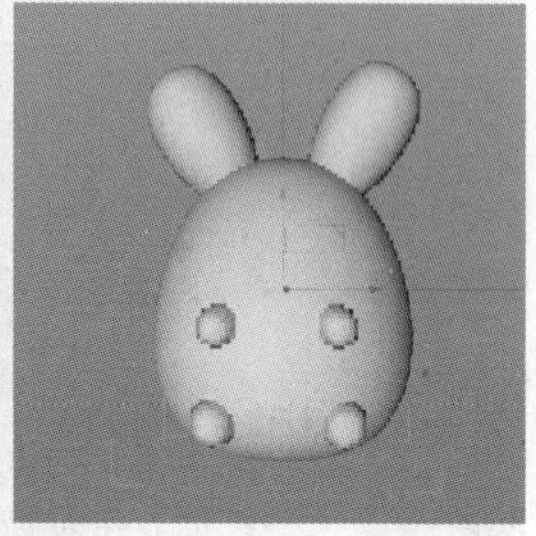

图 11-14

11 单击“SDF平滑”按钮，加入平滑后的四肢显得不够清晰，如图11-15所示。这是模型精度不够造成的，可以调小“体素尺寸”以增加模型细节，如图11-16所示。这样既可以保证模型的清晰度，又可使其过渡平滑。

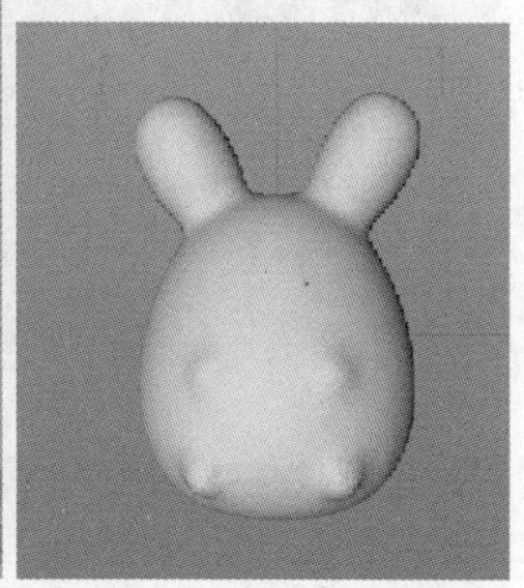

图 11-15

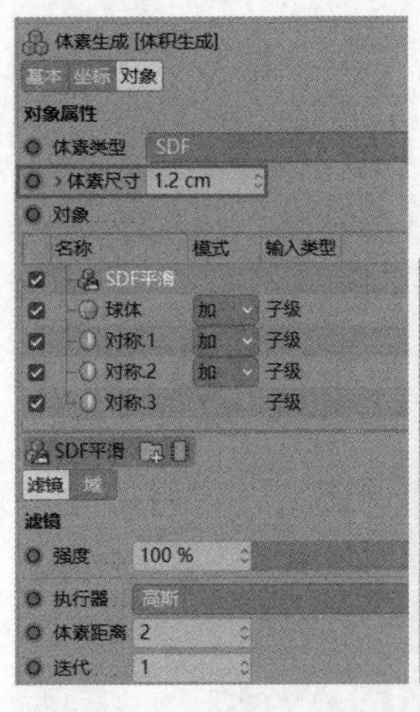

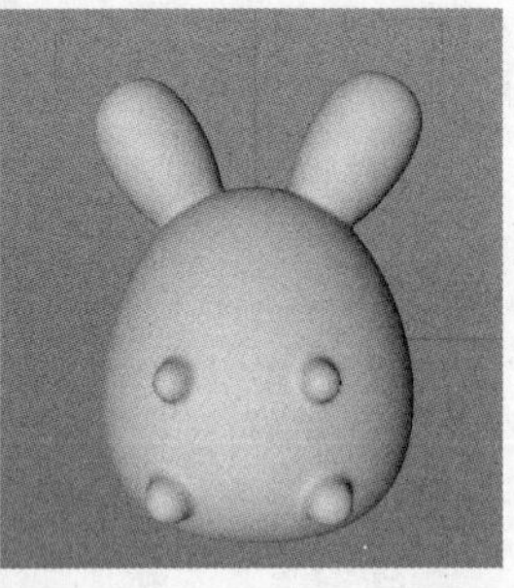

图 11-16

12 添加“体积网格”生成器，将“体积生成”对象置于“体积网格”对象的子层级中，这样体素模型就有了网格布线，便可以进行渲染了，如图11-17所示。

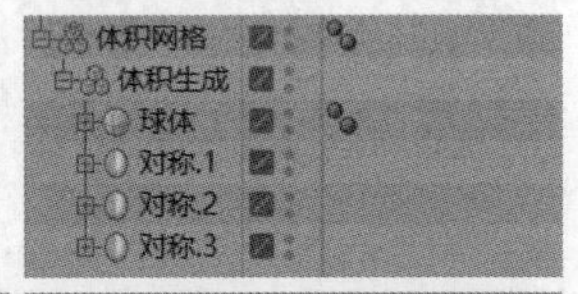

图 11-17

2.制作眼睛与腮红

01 使用“圆柱体”工具创建一个圆柱体模型，参数设置如图11-18所示。效果如图11-19所示。

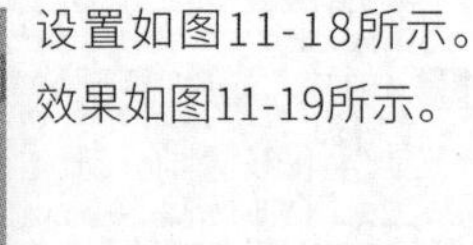

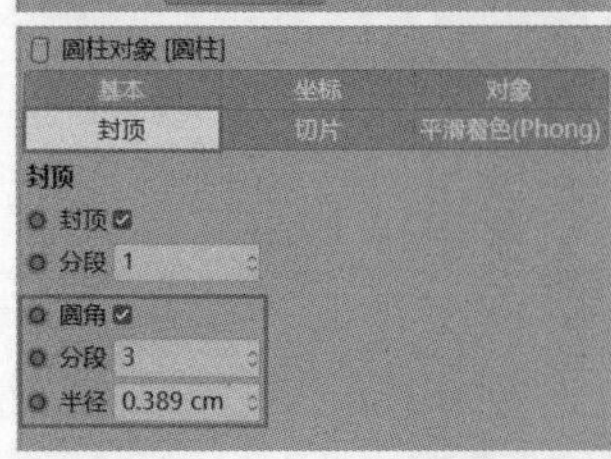

图 11-18　　图 11-19

02 将圆柱体模型拖曳至卡通角色右眼的位置，如图11-20所示。为其添加“对称”生成器，制作左眼模型，如图11-21所示。

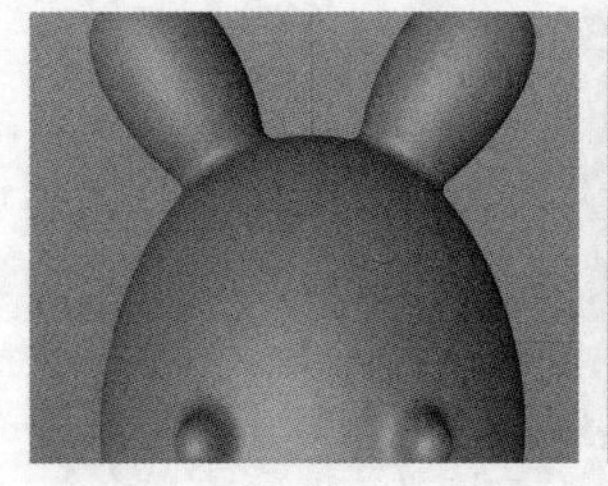

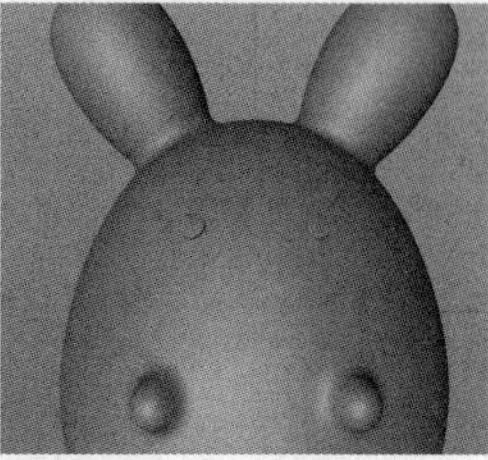

图 11-20　　图 11-21

03 使用“圆柱体”工具创建一个圆柱体模型，参数设置和效果如图11-22所示。将其置于卡通角色的脸部作为腮红，如图11-23所示。可以发现，这个圆柱体模型与脸部不够贴合。

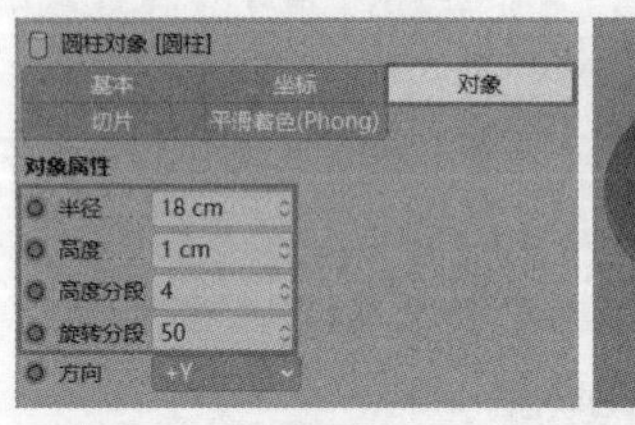

图 11-22

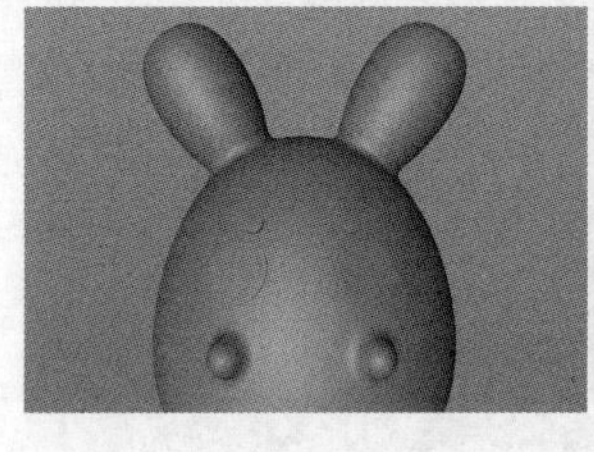

图 11-23

04 为腮红模型添加FFD变形器，选择FFD变形器四周的点，然后向脸部拖曳，使腮红模型与脸部贴合，参数设置和效果如图11-24所示。

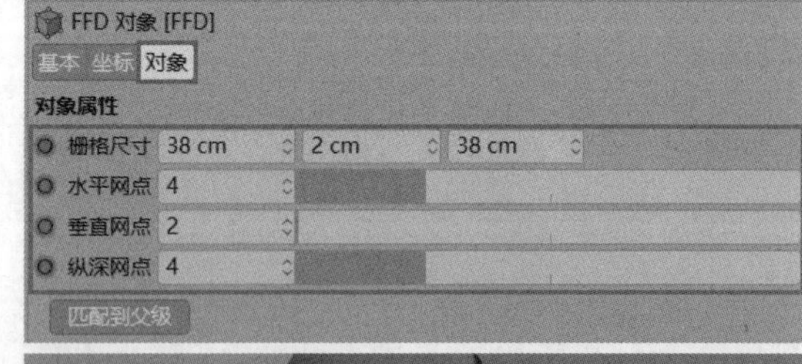

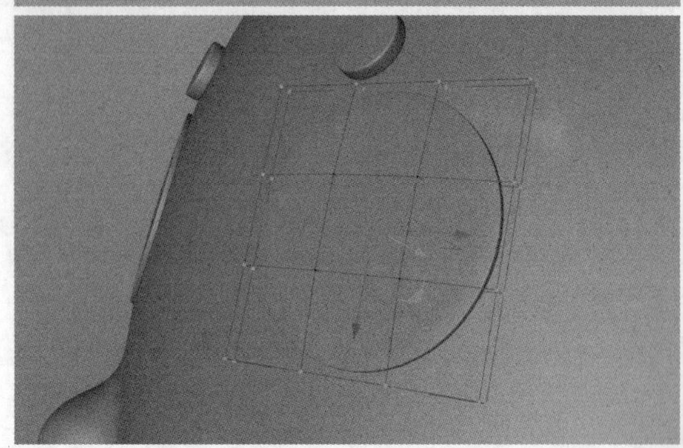

图 11-24

3.制作嘴巴

01 使用“矩形”工具创建一个矩形样条，参数设置如图11-25所示。为其添加“挤压”生成器，如图11-26所示。

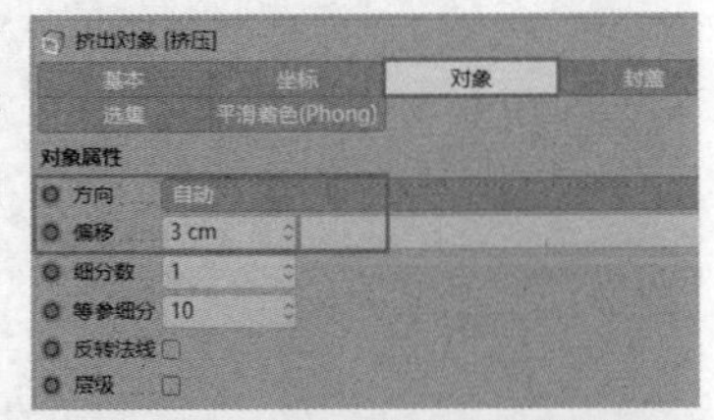

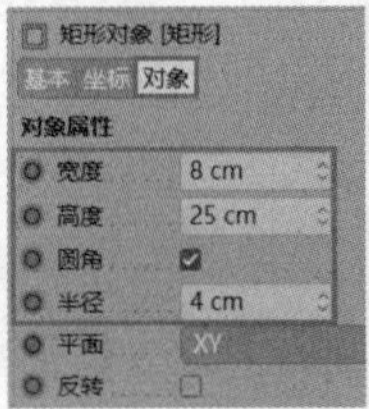

图 11-25

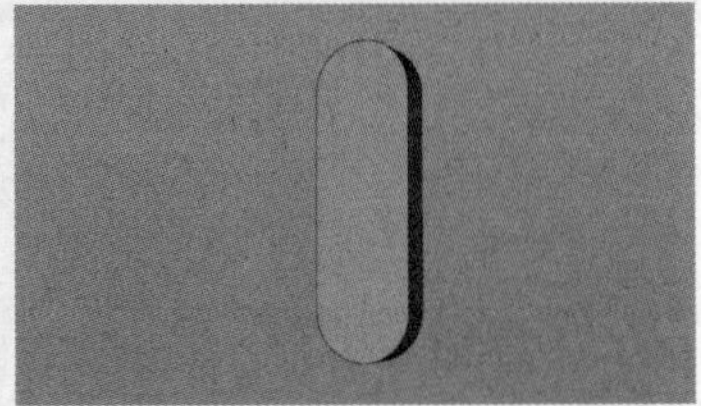

图 11-26

02 将上一步制作的模型复制两份，然后按照图11-27所示的结构进行组合。操作完成后，为其添加“体积生成”生成器，如图11-28和图11-29所示。

图 11-27

图 11-28

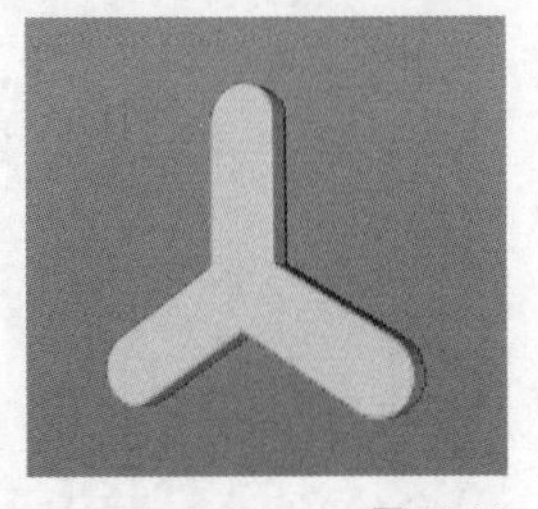

图 11-29

03 在“对象”选项卡中，单击下方的“SDF平滑”按钮 SDF平滑，模型整体会变得更加平滑，如图11-30所示。

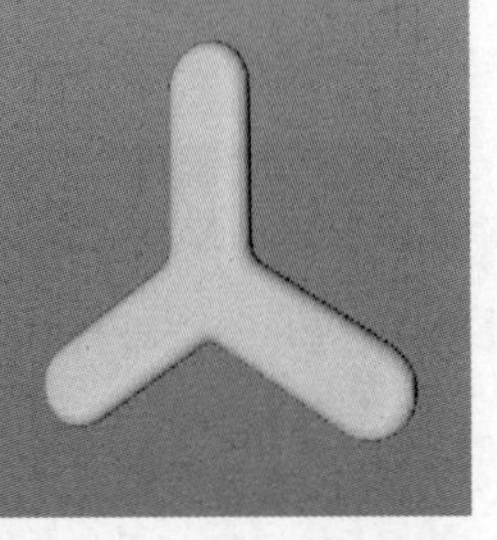

图 11-30

04 添加“体积网格”生成器，将“体积生成”对象置于“体积网格”对象的子层级中，如图11-31所示。将制作完成的嘴巴模型和脸部组合，如图11-32所示。

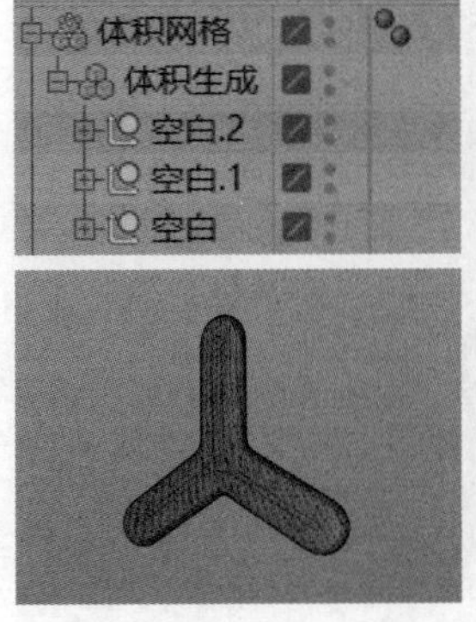

图 11-31

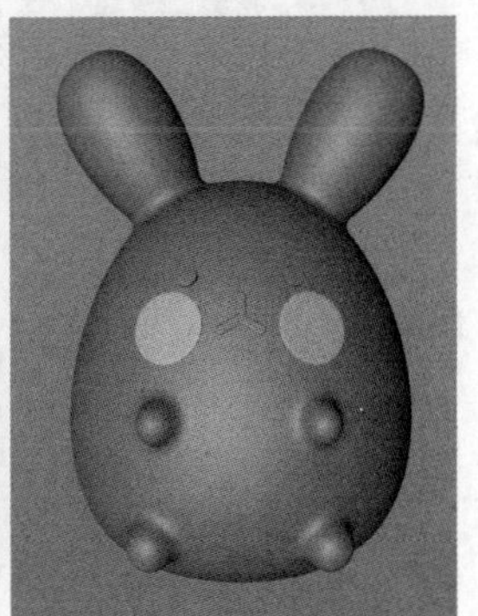

图 11-32

4.制作背景

01 使用“平面”工具创建一个平面模型，然后将其放置到角色模型的下方，如图11-33所示。

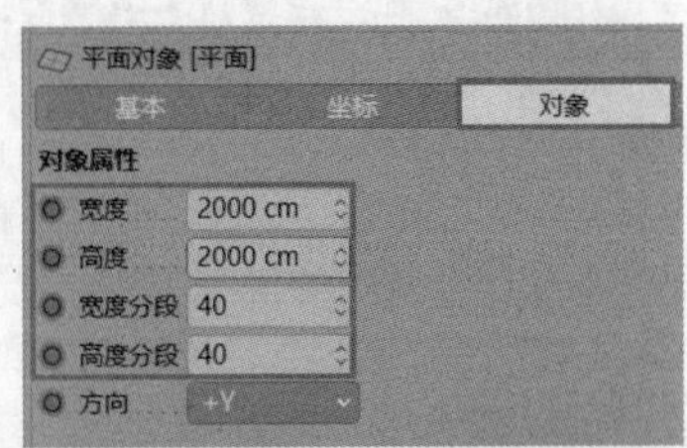

图 11-33

技巧提示 本实例渲染时使用的是纯色地面，即角色站在地面上，地面上除了角色的阴影外，其他地方都是纯色。将平面模型变形为一个弯曲的L形模型，弯曲处要尽量平滑，才能形成光滑的颜色过渡。

02 为平面模型添加FFD变形器，参数设置和效果如图11-34所示。

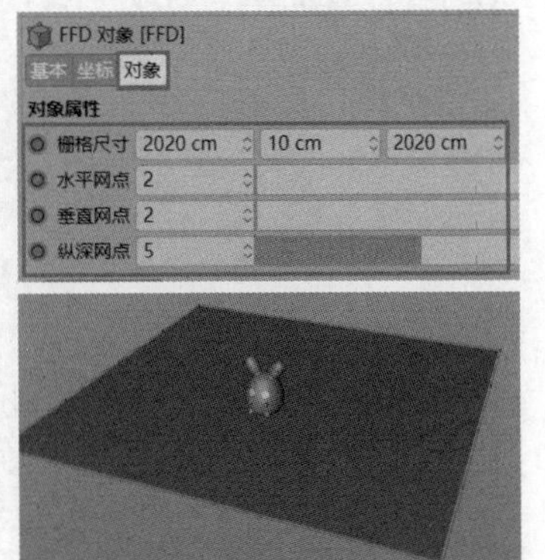

图 11-34

03 选择FFD变形器右侧的一排点，然后将其向上拖曳，如图11-35所示。

图 11-35

04 目前角色与地面稍有穿插，选择FFD变形器中间的点，然后将其向右拖曳，如图11-36所示。

图 11-36

11.1.2 摄像机与灯光创建

01 在“Octane设置”面板中进行初始设置，使用“路径追踪”模式，设置“最大采样”为80，“过滤尺寸”为0.4，“全局光照修剪”为1，如图11-37所示。

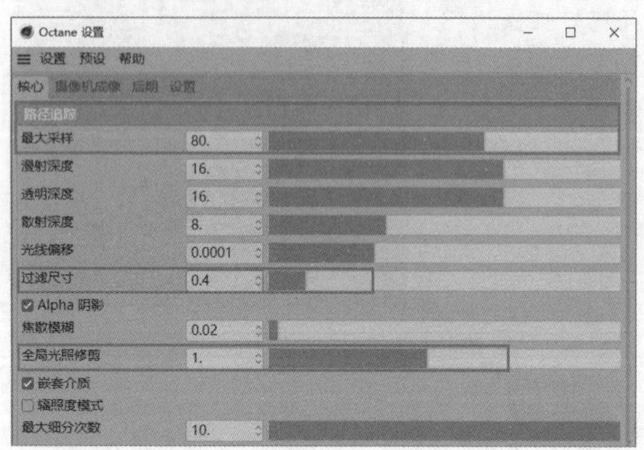

图 11-37

02 执行“对象>Octane摄像机”菜单命令，创建摄像机，参数设置如图11-38所示。在“渲染设置”面板中，选择“输出”选项，然后设置“宽度”和“高度”均为1400像素，如图11-39所示。

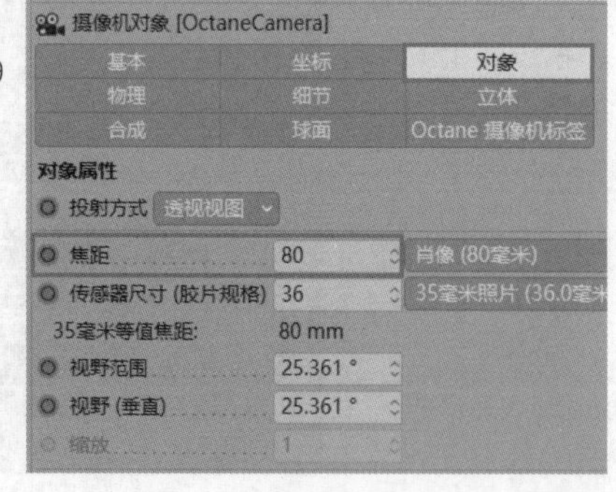

图 11-38

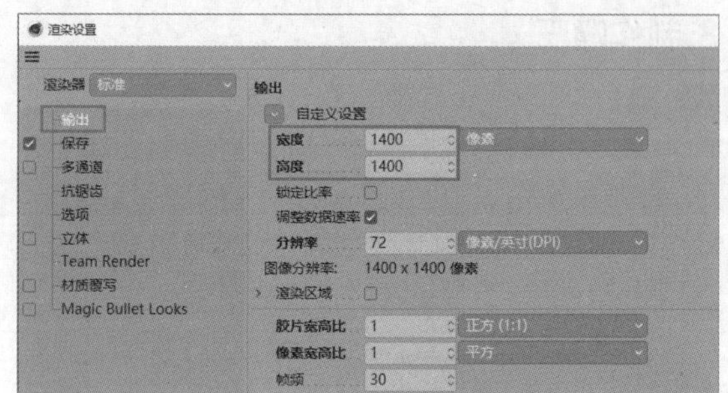

图 11-39

03 执行“对象>灯光>Octane区域光”菜单命令，创建两盏区域光并置于角色模型的两侧，如图11-40所示。设置灯光的“类型”和“强度”，如图11-41所示。

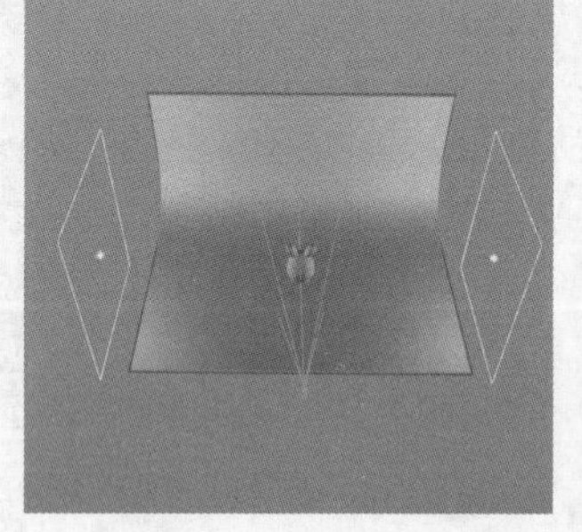

图 11-40

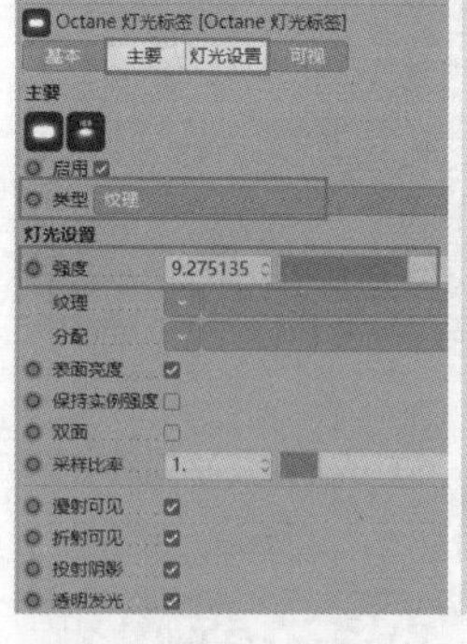

图 11-41

11.1.3 材质制作

01 创建一个光泽材质，参数设置如图11-42所示。然后按照图11-43所示的节点视图进行调整。在“梯度”节点中设置渐变颜色，读者也可以根据自己的喜好进行调整，将材质赋予卡通角色的身体，如图11-44所示。

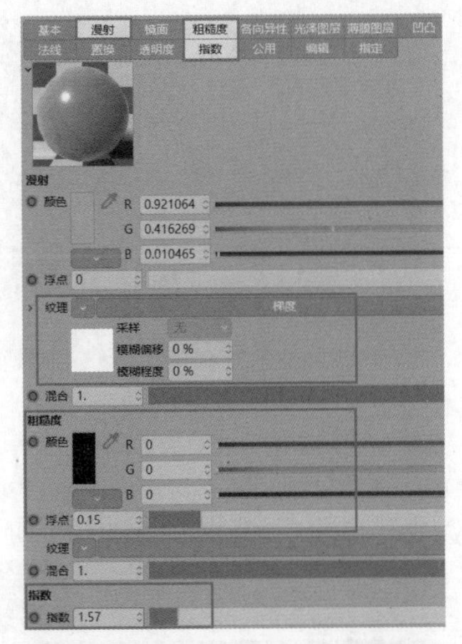

图 11-42

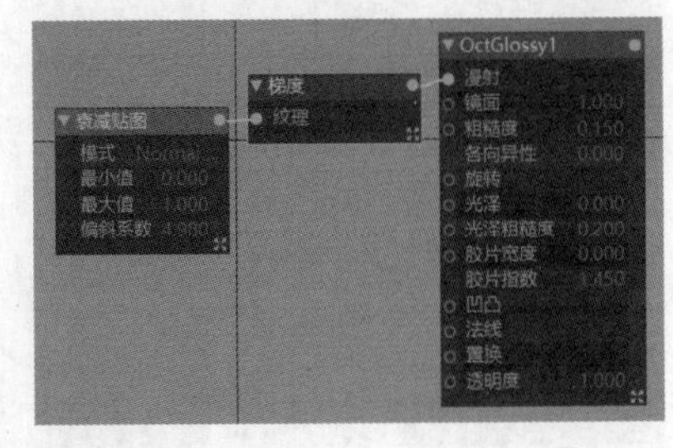

图 11-43

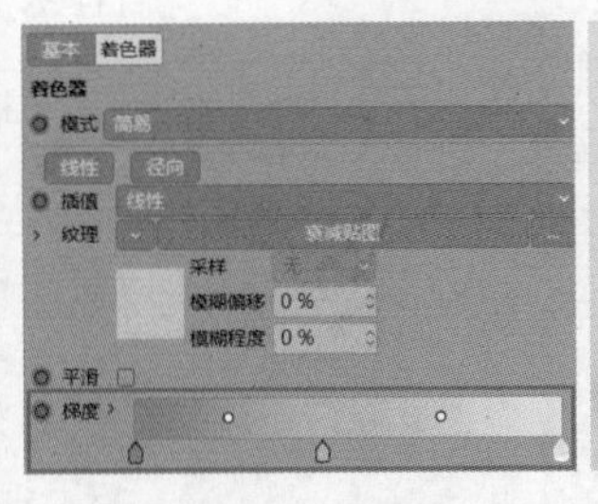

图 11-44

02 创建一个光泽材质，然后将材质赋予眼睛与嘴巴，参数设置和效果如图11-45所示。

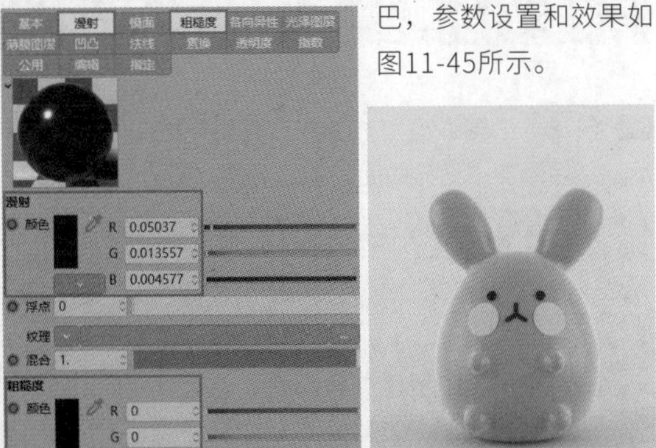

图 11-45

技巧提示 在选择颜色时，一般使用拖曳的方式进行调整，书中的数值仅供参考，读者可以自行调整。

03 创建一个光泽材质，然后将材质赋予腮红，参数设置和效果如图11-46所示。

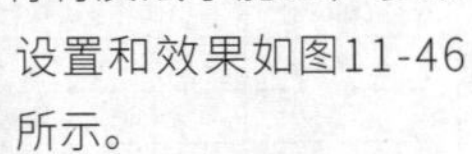

图 11-46

11.1.4 渲染输出

01 在"Octane设置"面板中设置"最大采样"为1500，然后在Octane工具栏中激活"锁定分辨率"工具🔒，并设置比例为1∶1，如图11-47所示。

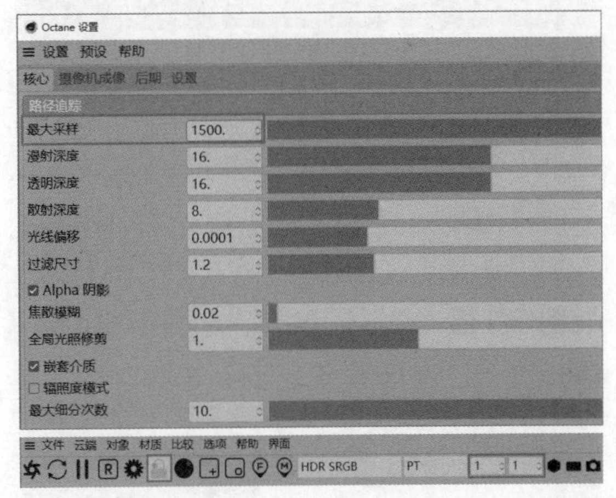

图 11-47

02 渲染完成后，执行"文件>保存图像为"菜单命令，即可输出图像，最终效果如图11-48所示。

图 11-48

11.2 宇航员

◇ 场景位置	无
◇ 实例位置	实例文件 >CH11> 宇航员 .c4d
◇ 视频名称	宇航员 .mp4
◇ 学习目标	掌握卡通角色的制作方法
◇ 操作重点	多边形建模的基础操作

本实例将使用多边形建模制作一个卡通宇航员，如图11-49所示。多边形建模灵活，可以制作出高精度的模型。

图 11-49

11.2.1 模型制作

本实例先制作模型的头盔和耳机，然后制作角色的各个部位。

1.制作头盔

01 创建一个球体模型，参数设置和效果如图11-50所示。将模型转换为可编辑对象，然后选择下方中间的面，将其向上拖曳，使头盔的底部更平，如图11-51所示。

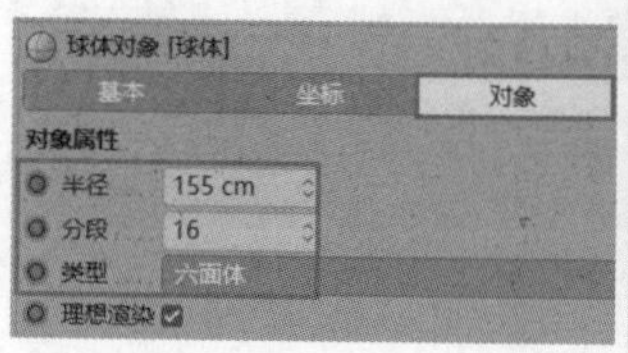

图 11-50

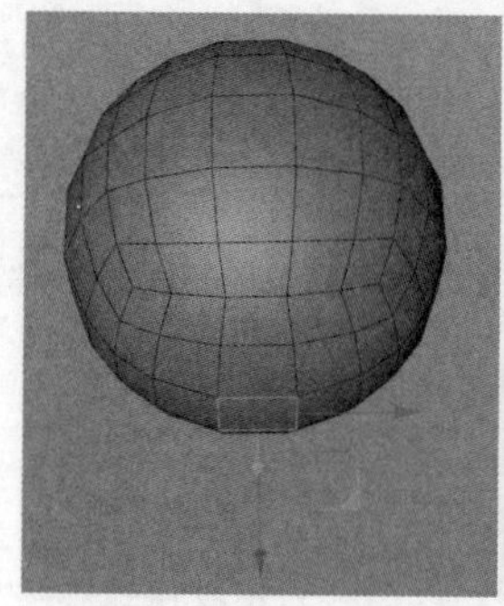

图 11-51

02 使用“缩放”工具在x轴方向上把头盔拉长一些，如图11-52所示。选择头盔前方的面，然后选择“分裂”命令，分裂出一个新的模型，如图11-53所示。

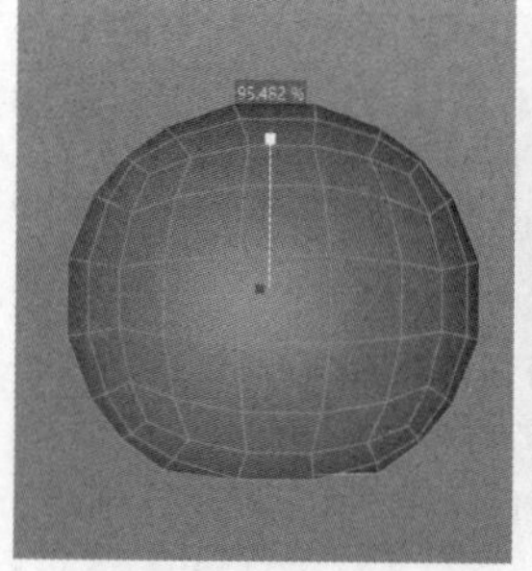

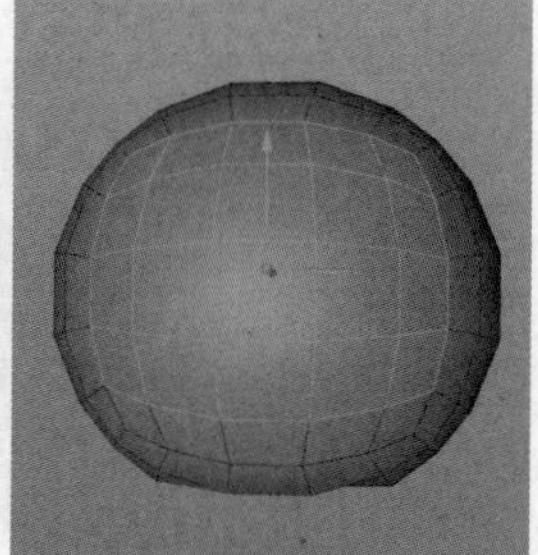

图 11-52　　图 11-53

03 对分裂出的模型进行挤压，如图11-54所示。然后添加“细分曲面”生成器，如图11-55所示。

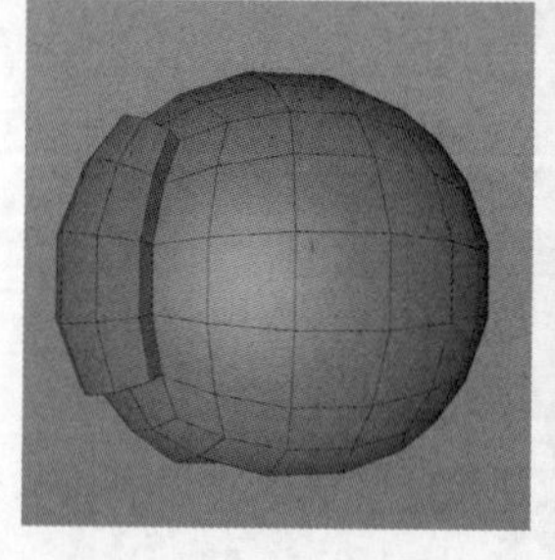

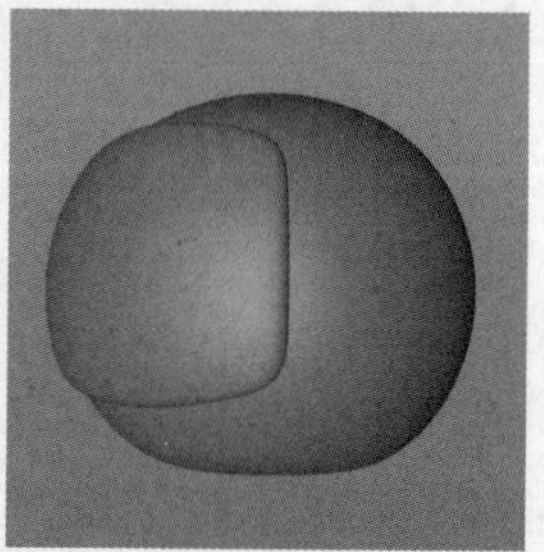

图 11-54　　图 11-55

04 创建一个管道模型，参数设置和效果如图11-56所示。然后添加“细分曲面”生成器，如图11-57所示。

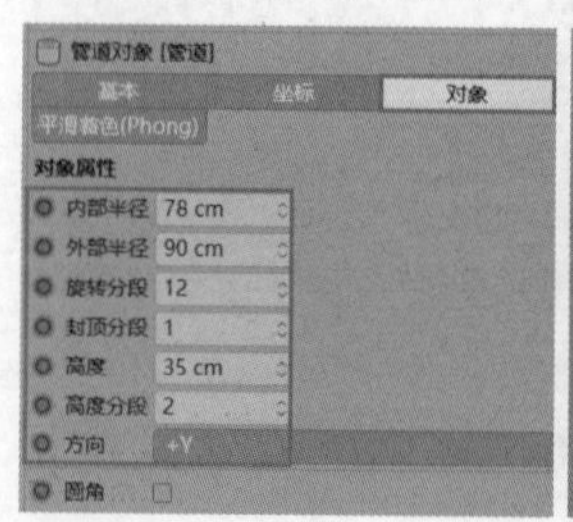

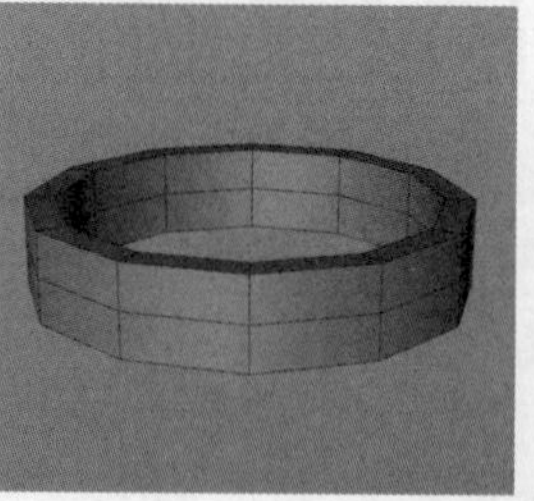

图 11-56

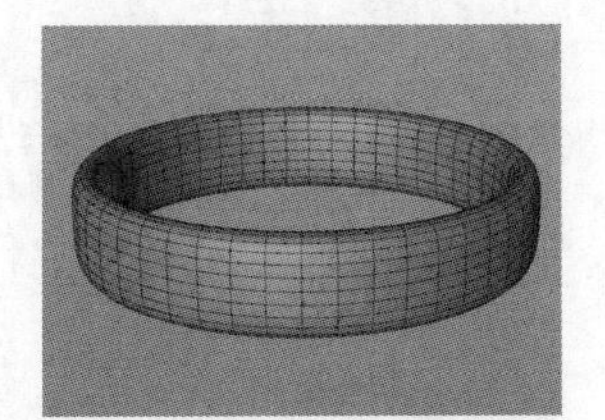

图 11-57

05 将管道模型和头盔模型组合，如图11-58所示。

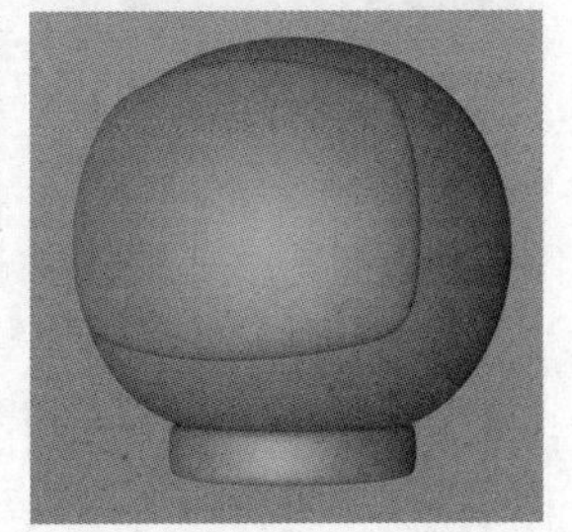

图 11-58

2.制作耳机

01 创建一个圆弧样条，参数设置和效果如图11-59所示。然后创建一个矩形样条，参数设置和效果如图11-60所示。

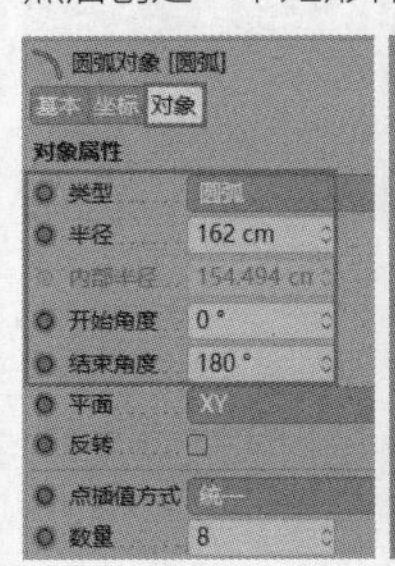

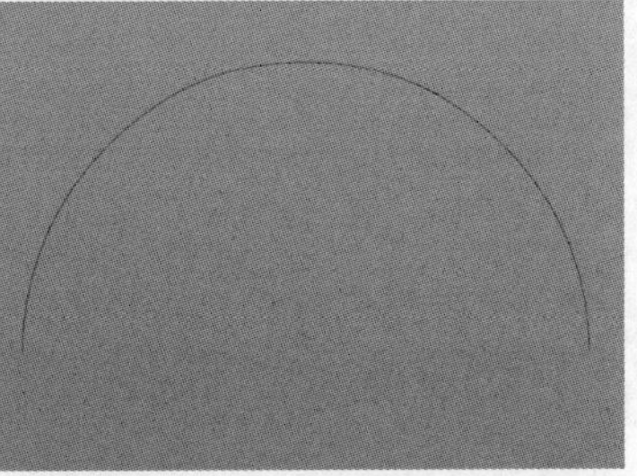

图 11-59

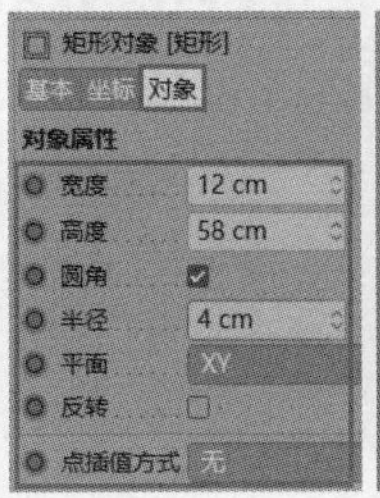

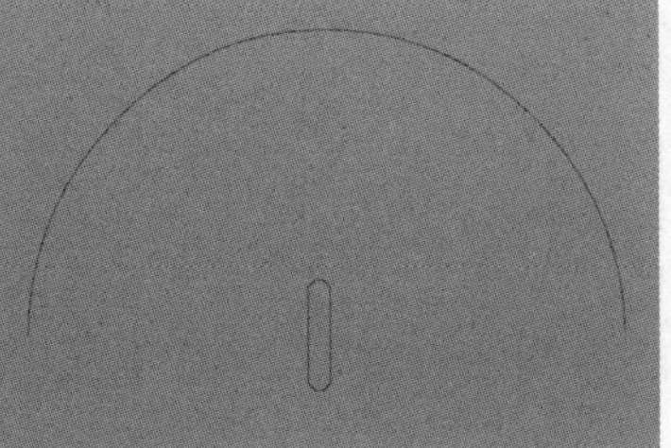

图 11-60

02 添加“扫描”生成器，扫描完成后的效果如图11-61所示。然后添加“细分曲面”生成器，如图11-62所示。

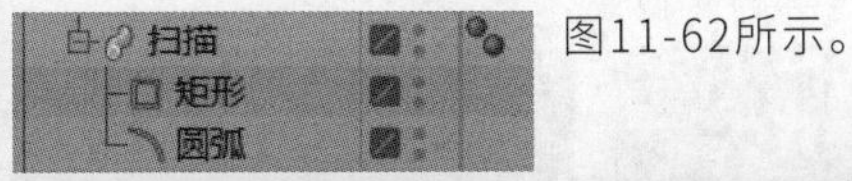

图 11-61

图 11-62

03 创建一个圆柱体模型，参数设置和效果如图11-63所示。将其转换为可编辑对象，然后调整模型中的两条边，使其靠近模型的边缘，形成“卡边”，如图11-64所示。

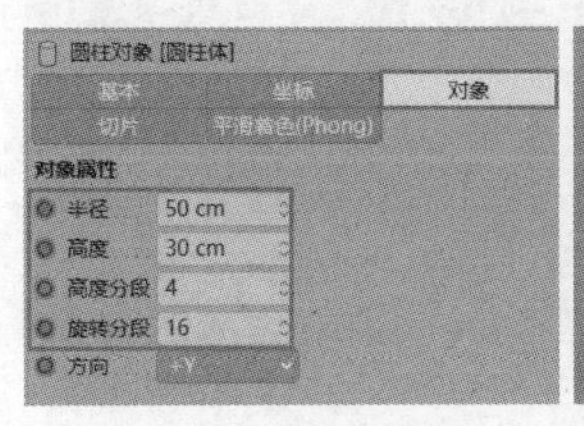

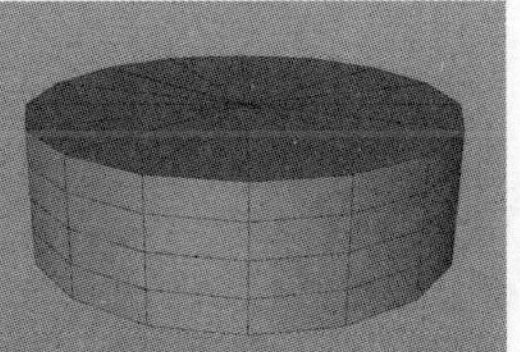

图 11-63

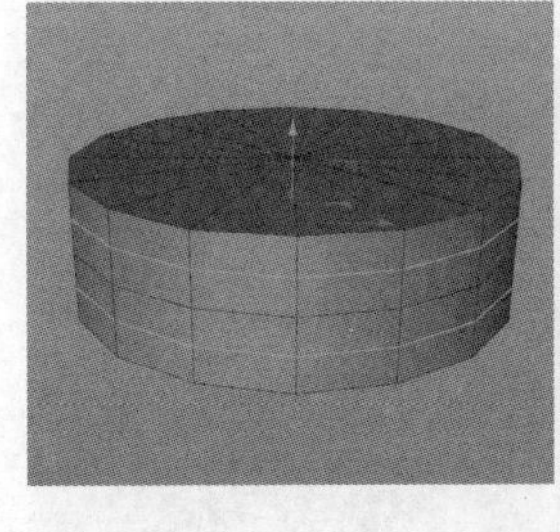

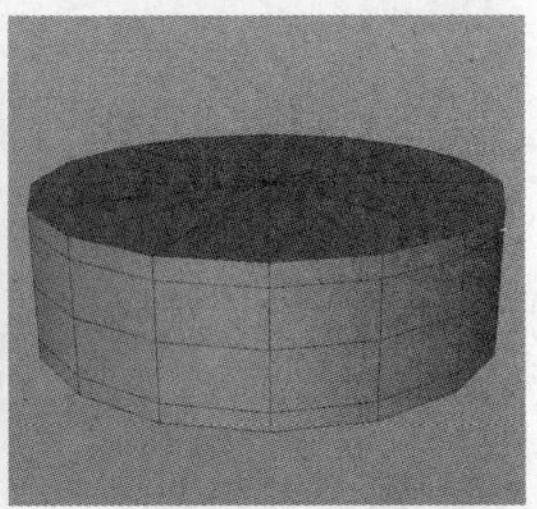

图 11-64

04 单击鼠标右键，在弹出的菜单中选择“循环/路径切割”命令，在模型的顶面和底面切割出新的边，如图11-65所示。操作完成后，添加“细分曲面”生成器，如图11-66所示。

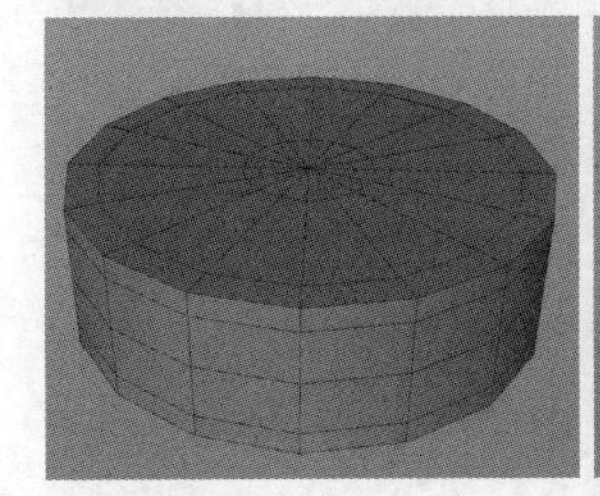

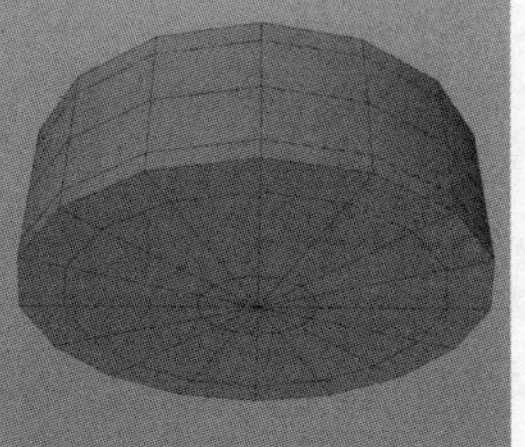

图 11-65

图 11-66

05 复制模型，然后将其缩小并放置到原模型的上方，如图11-67所示。制作完成后将整体复制，然后与耳机框架进行组合，如图11-68所示。为头盔加入耳机模型，如图11-69所示。

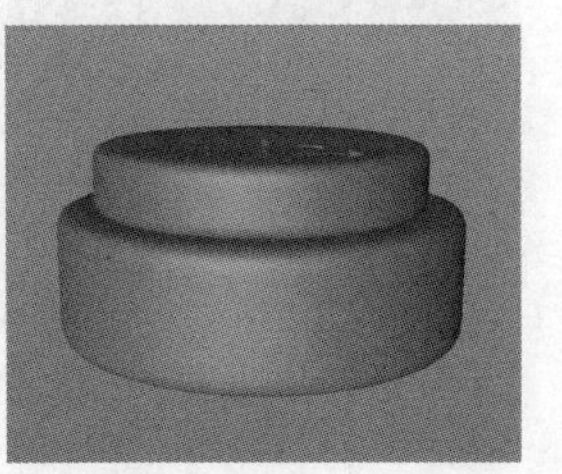

图 11-67

图11-68

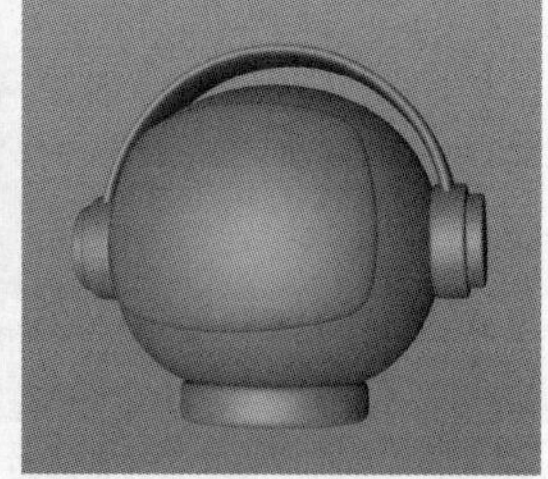
图11-69

3.制作上衣

01 创建一个立方体模型，参数设置和效果如图11-70所示。删除模型底部的面，如图11-71所示。然后添加“细分曲面”生成器，如图11-72所示。

立方体对象 [立方体]
基本 坐标 对象
对象属性

尺寸 . X	200 cm	分段 X	2
尺寸 . Y	220 cm	分段 Y	2
尺寸 . Z	150 cm	分段 Z	1

图11-70

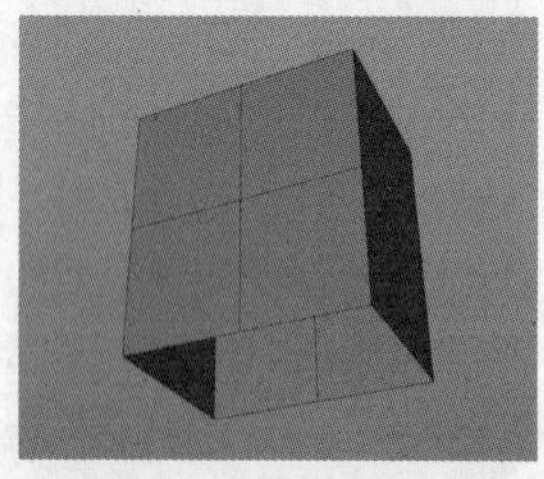
图11-71

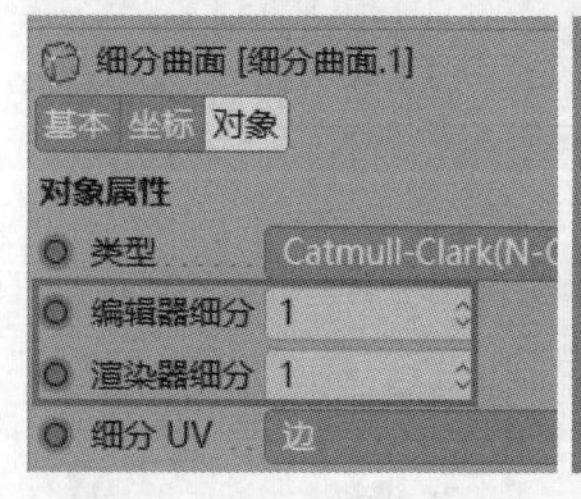

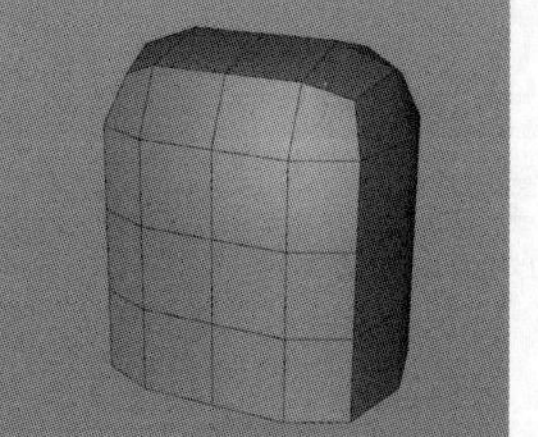
图11-72

02 将模型转换为可编辑对象，选择中间的一条线，如图11-73所示。在z轴方向进行放大，让模型的中间微微凸起，如图11-74所示。

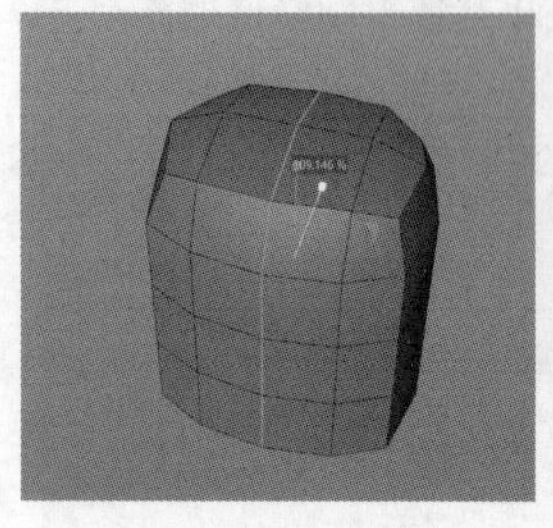
图11-73

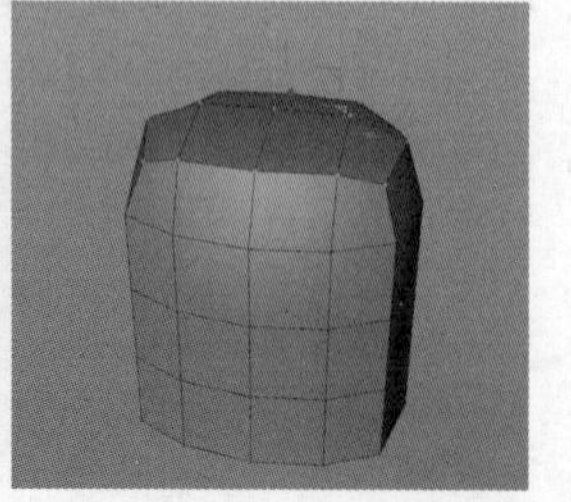
图11-74

03 选择模型上方的点，然后向内收缩，让顶部小一些，如图11-75所示。选择模型中间两条线，然后将其稍微放大，让模型中间大一些，如图11-76所示。

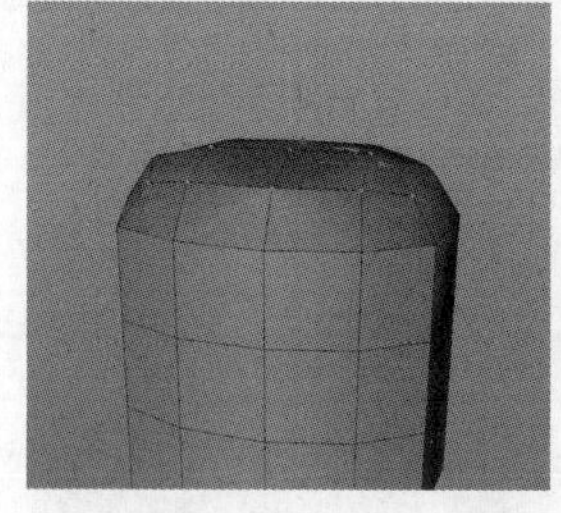
图11-75

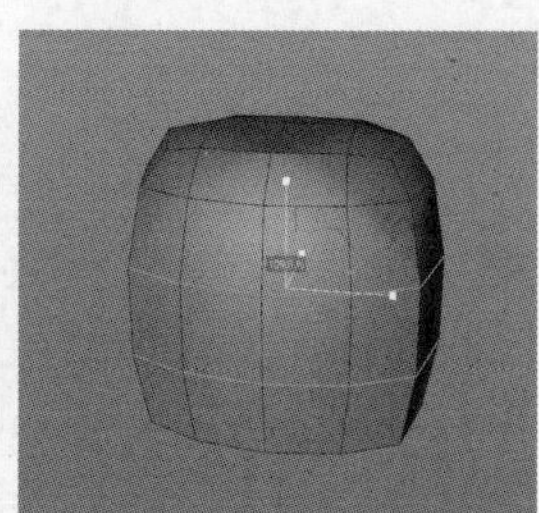
图11-76

04 选择模型右侧的4个面，如图11-77所示。单击鼠标右键，在弹出的菜单中选择“内部挤压”命令，进行内部挤压，如图11-78所示。

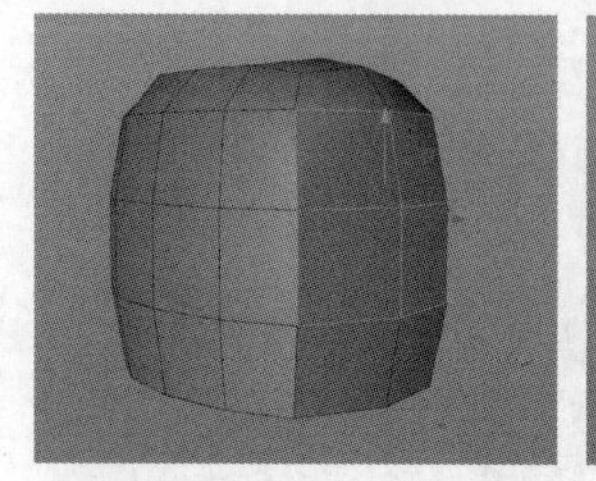
图11-77

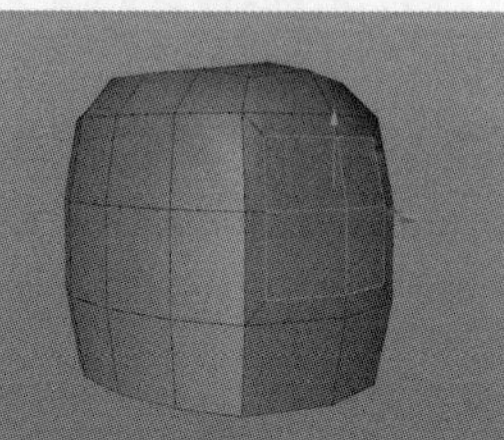
图11-78

05 单击鼠标右键，在弹出的菜单中选择“滑动”命令，滑动四周的点，调整为八边形，如图11-79所示。选择八边形的面，挤压出衣服袖子的模型，如图11-80所示。

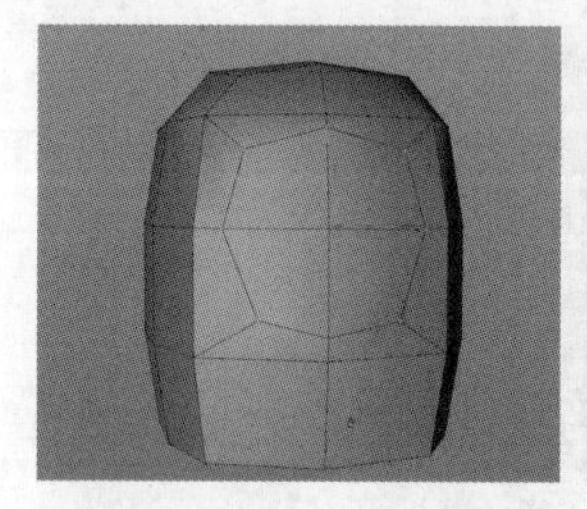
图11-79

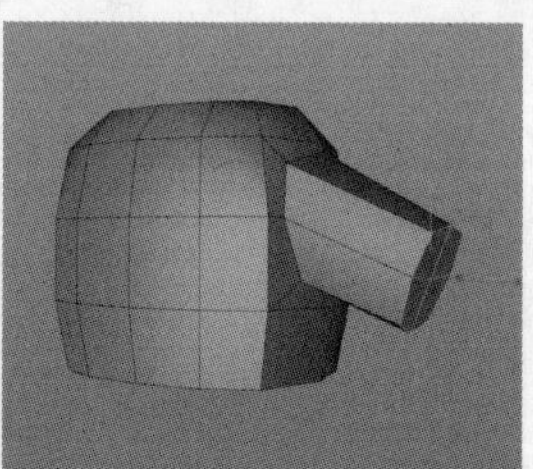
图11-80

06 删除模型袖口的面，并删除左侧的模型，如图11-81所示。然后添加“对称”生成器，生成对称的上衣模型，如图11-82所示。

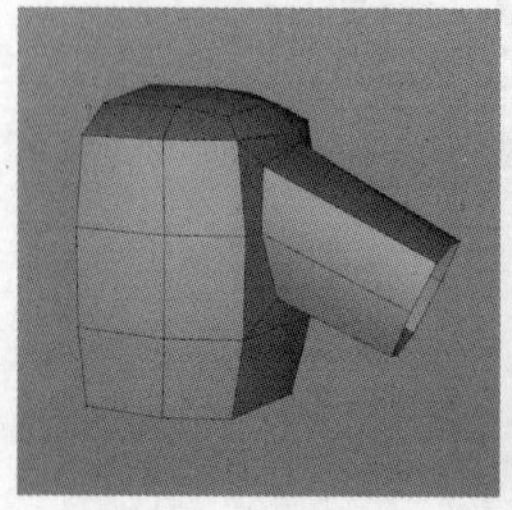
图11-81

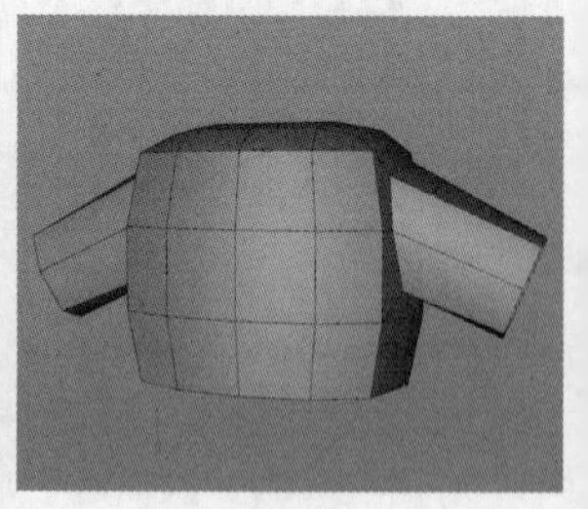
图11-82

07 单击鼠标右键，在弹出的菜单中选择“循环/路径切割”命令，在袖子的中间加入一条线，如图11-83所示。接着添加“细分曲面”生成器，如图11-84所示。

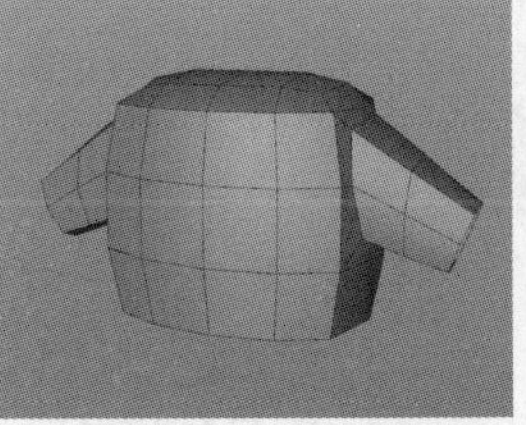

图 11-83

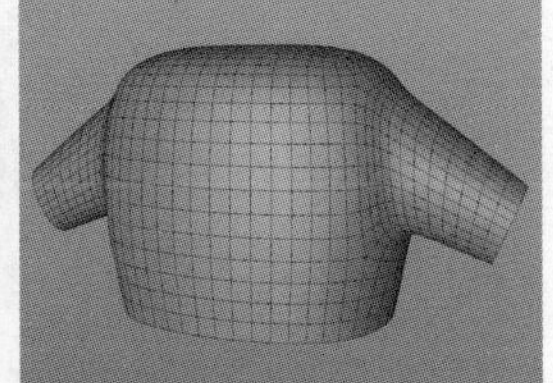

图 11-84

08 将上衣模型与头部模型组合，如图11-85所示。

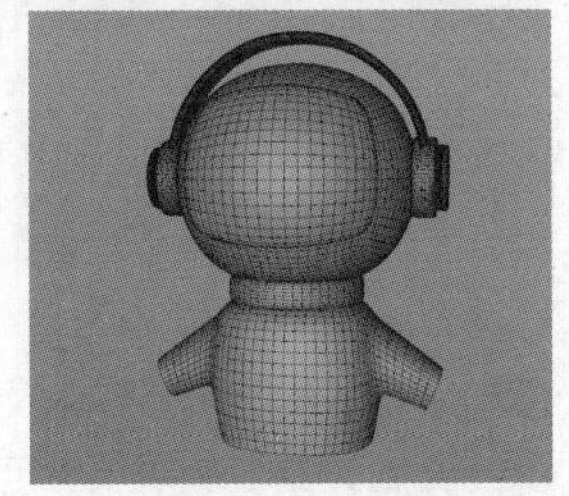

图 11-85

4.制作手部

01 创建一个球体模型，参数设置和效果如图11-86所示。将模型转换为可编辑对象，然后选择左侧的点，将其缩小一些并向左拖曳，如图11-87所示。

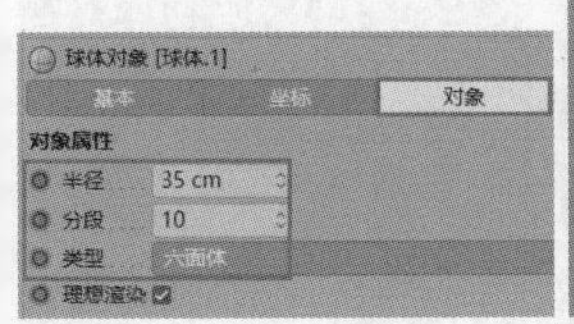

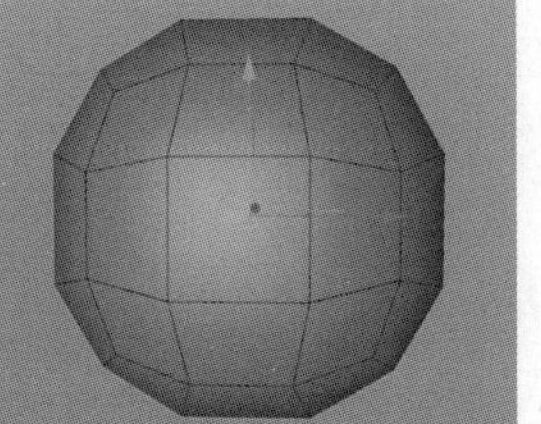

图 11-86

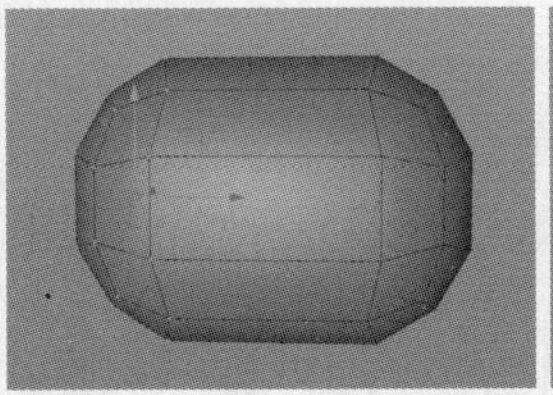

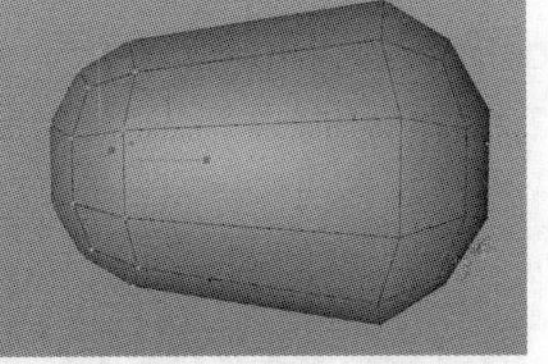

图 11-87

02 在y轴方向上缩放模型，将其压扁一些，如图11-88所示。添加“细分曲面”生成器，效果如图11-89所示。

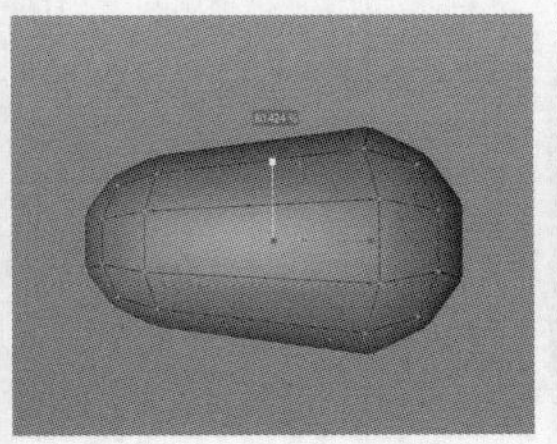

图 11-88

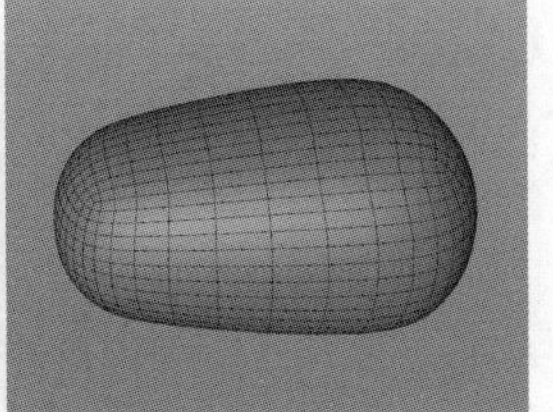

图 11-89

03 创建一个管道模型，参数设置和效果如图11-90所示。在y轴方向上缩放模型，将其压扁一些，并添加“细分曲面”生成器，如图11-91所示。

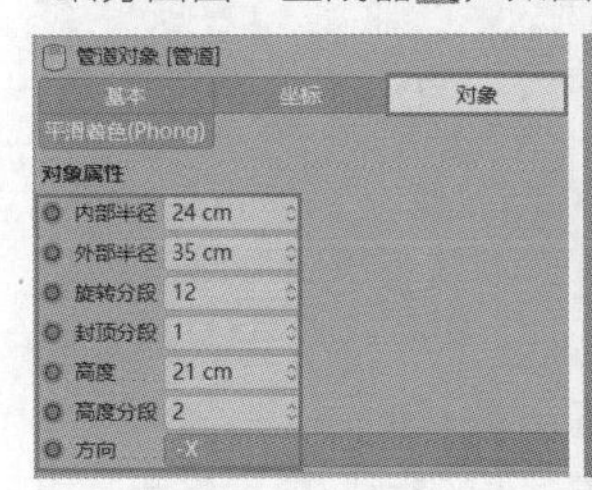

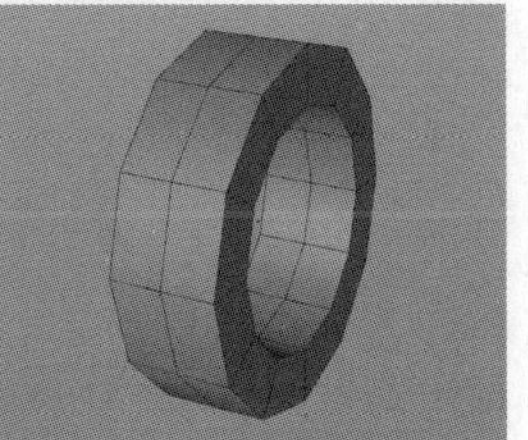

图 11-90

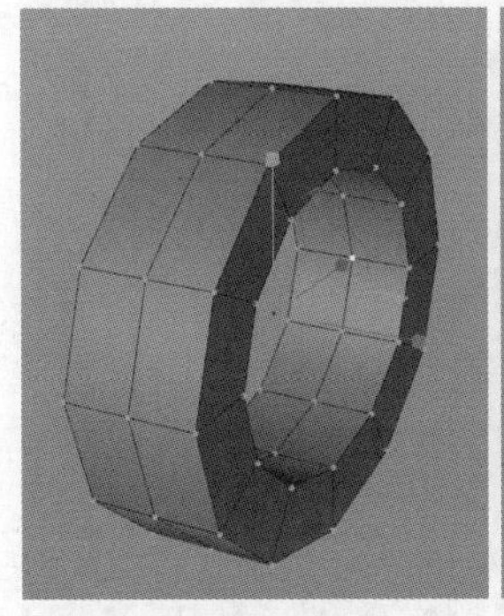

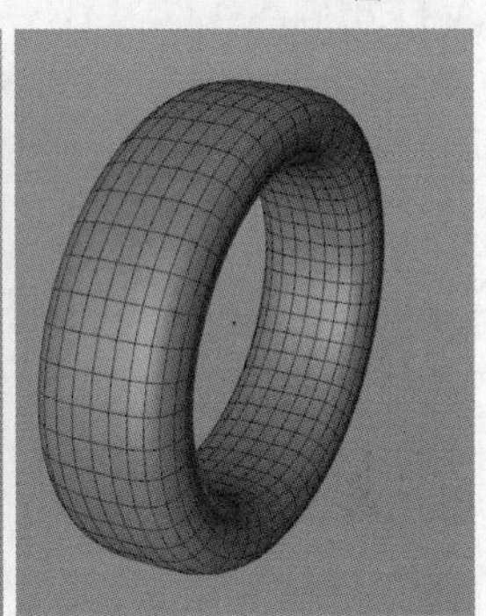

图 11-91

04 制作完成后，将两个模型组合为手部，如图11-92所示。然后将其加入整体模型中，如图11-93所示。

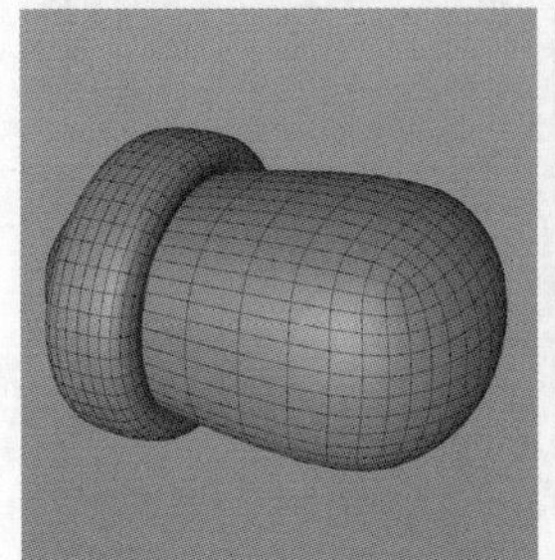

图 11-92

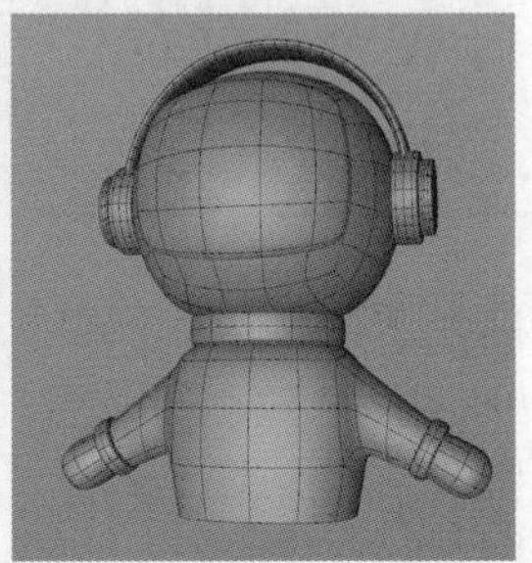

图 11-93

5.制作裤子

01 创建一个立方体模型，参数设置和效果如图11-94所示。然后删除模型的顶面，如图11-95所示。

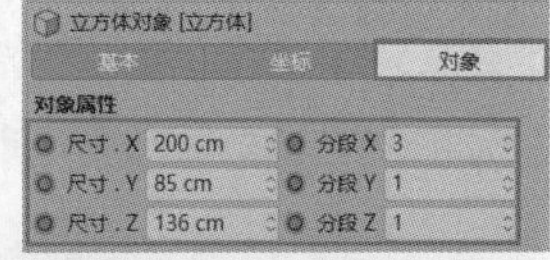

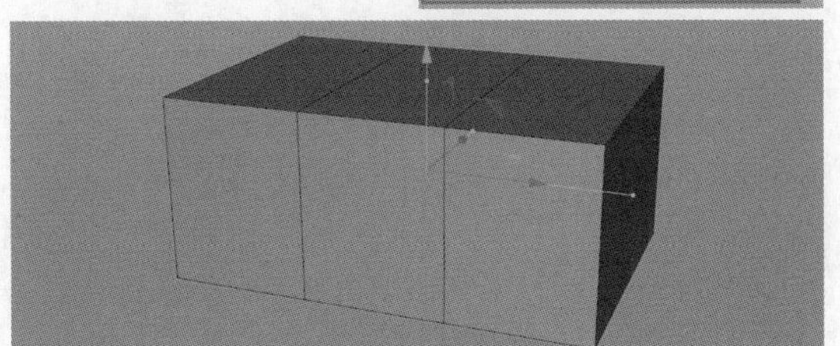

图 11-94

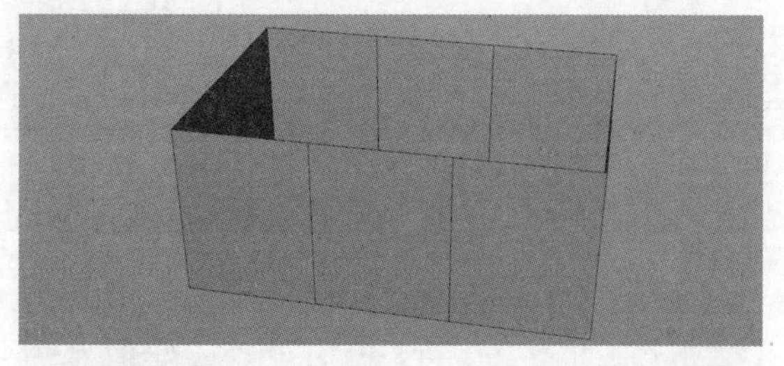

图 11-95

02 选择模型底部中间的面，在x轴方向上向内收缩，如图11-96所示。然后选择两侧的面，向下挤压，如图11-97所示。

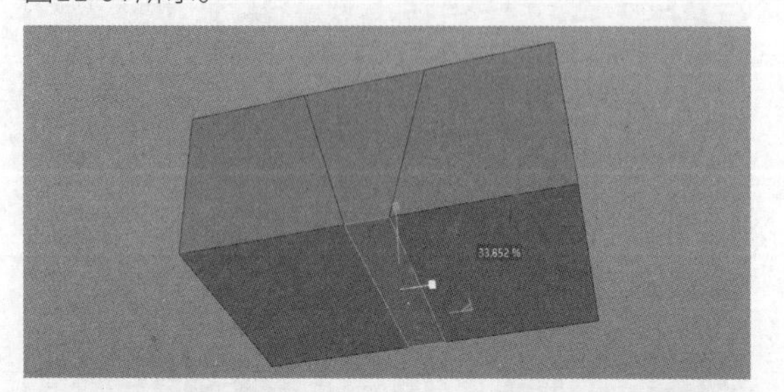

图 11-96

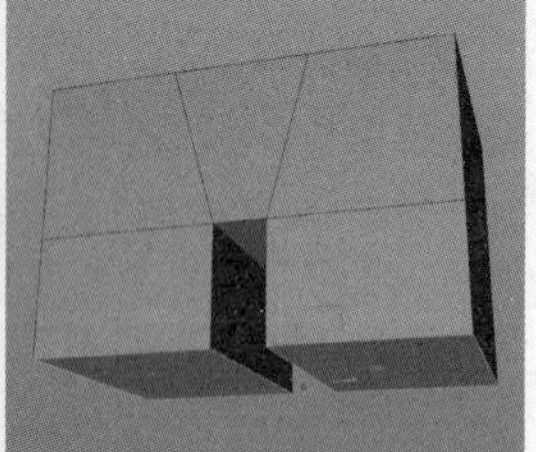

图 11-97

03 删除模型底部的面，做成镂空的裤腿模型，然后把右侧裤腿模型缩小一些，如图11-98所示。接着添加“细分曲面”生成器，如图11-99所示。

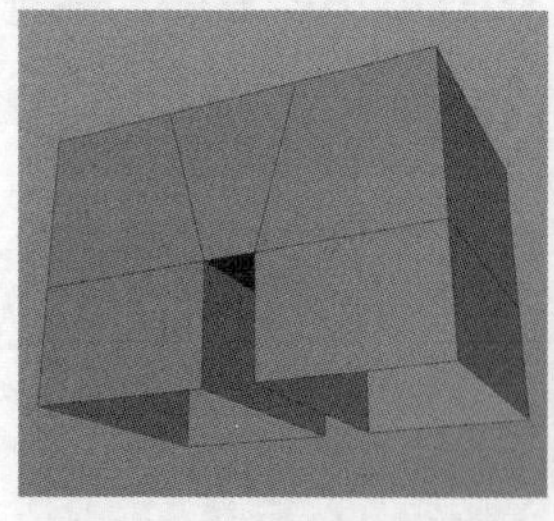

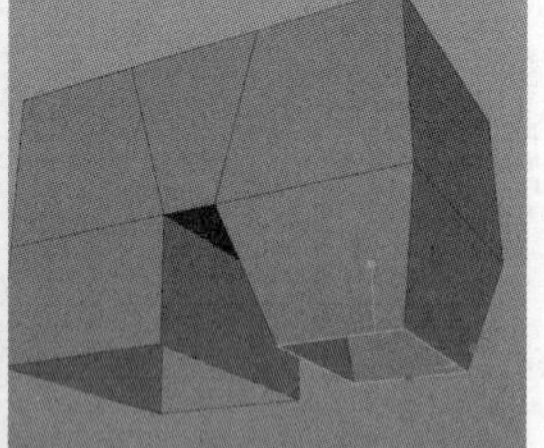

图 11-98

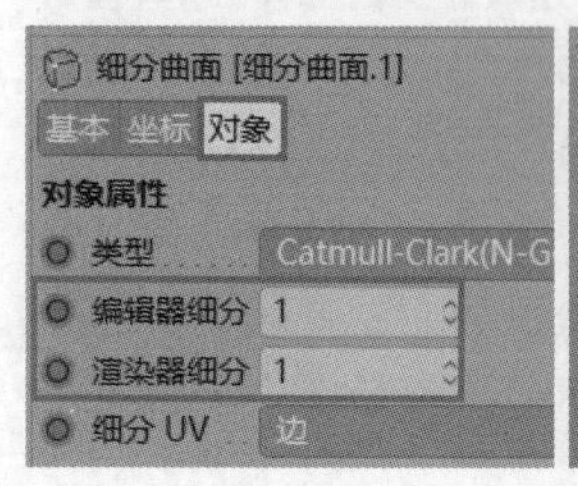

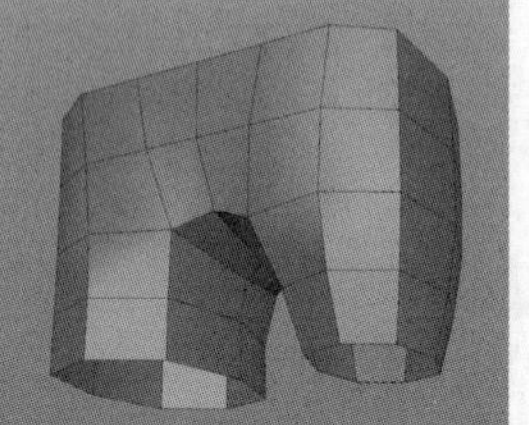

图 11-99

04 将模型转换为可编辑对象，然后删除左侧的模型，如图11-100所示。接着添加“对称”生成器，生成对称的裤子模型，再添加“细分曲面”生成器，如图11-101所示。

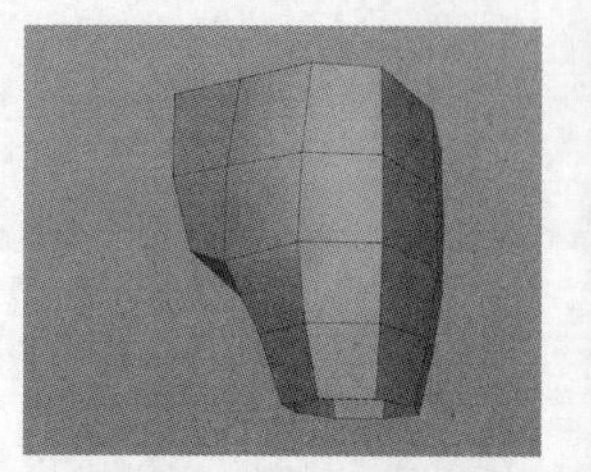

图 11-100

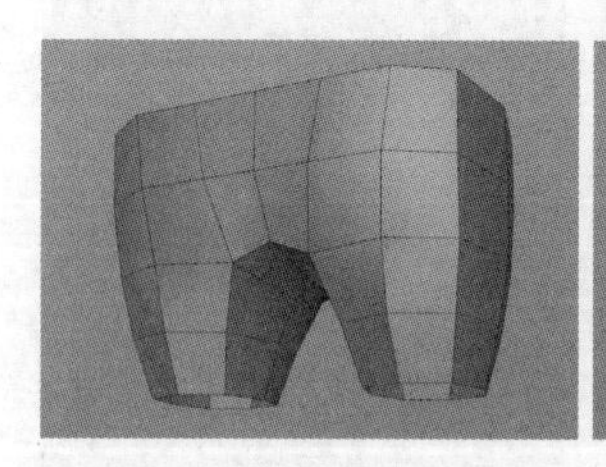

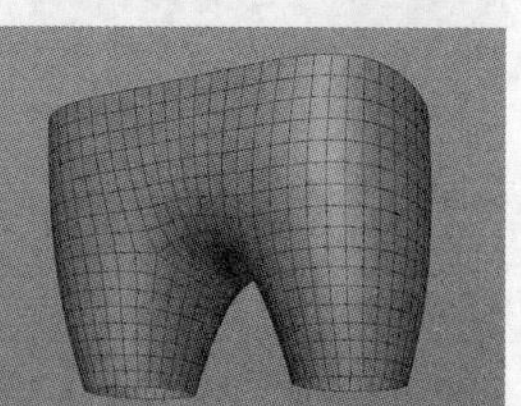

图 11-101

05 将裤子模型加到整体模型的下方，如图11-102所示。复制头盔与衣服模型连接处的管道模型，然后将其放置到衣服与裤子的连接处，并调整到合适的大小，如图11-103所示。

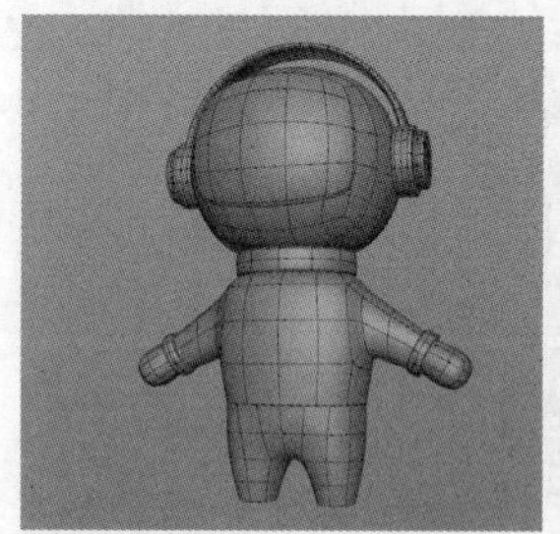

图 11-102

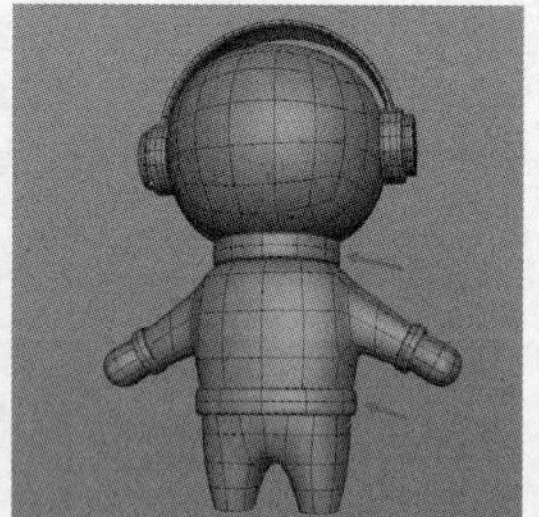

图 11-103

6.制作鞋子

01 创建一个圆柱体模型，参数设置和效果如图11-104所示。然后选择模型左侧的8个面，并向左挤压，如图11-105所示。

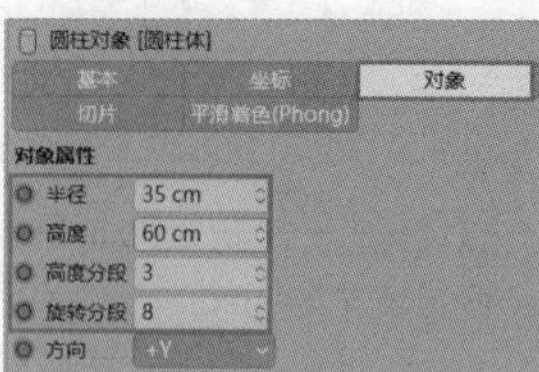

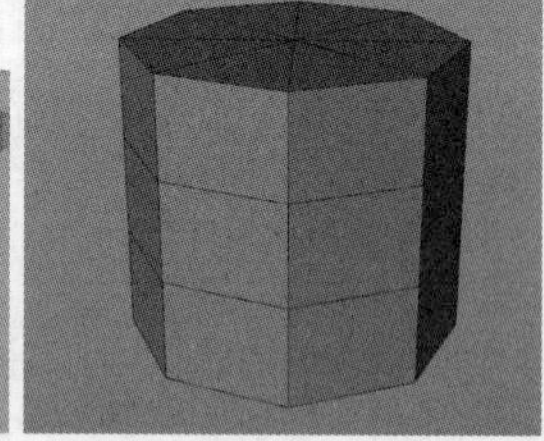

图 11-104

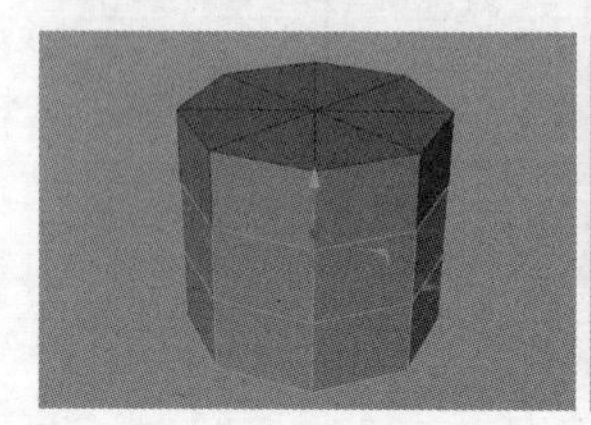

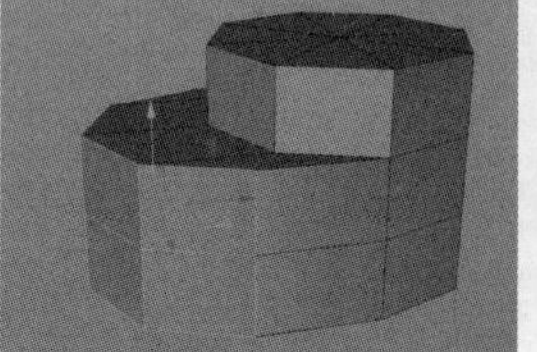

图 11-105

02 向左挤压出鞋子的长度，如图11-106所示。选择鞋面中间的线，然后向下拖曳做出鞋底，如图11-107所示。

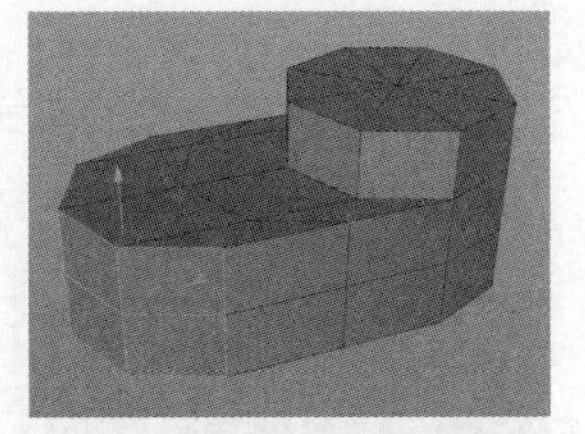

图 11-106

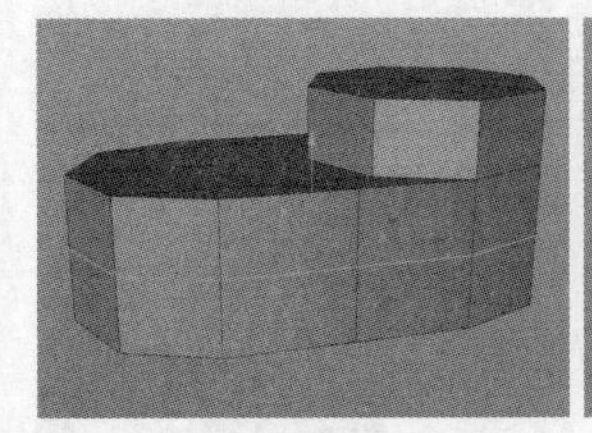

图 11-107

03 选择鞋面两侧的点，然后向下拖曳，如图11-108所示。选择鞋面中间的点，然后向上拖曳，并将鞋子前端的点略向下拖曳，如图11-109所示。

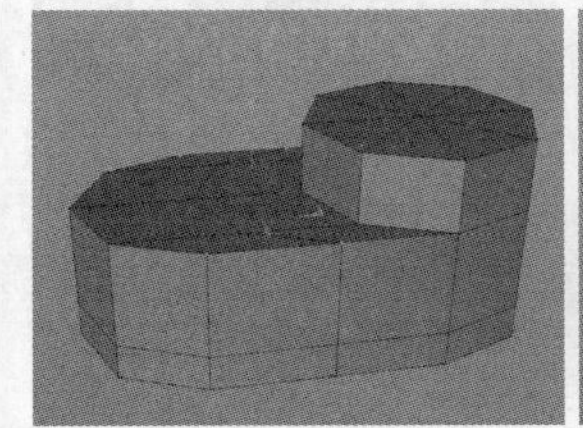

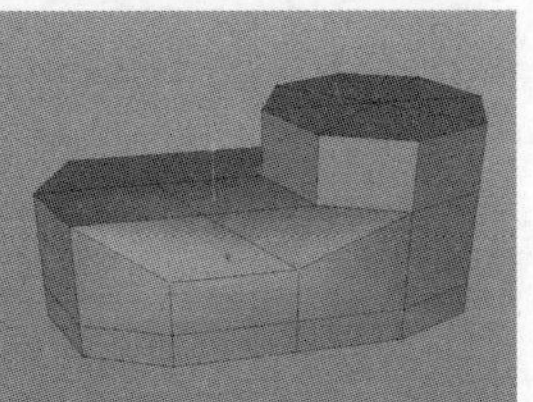

图 11-108

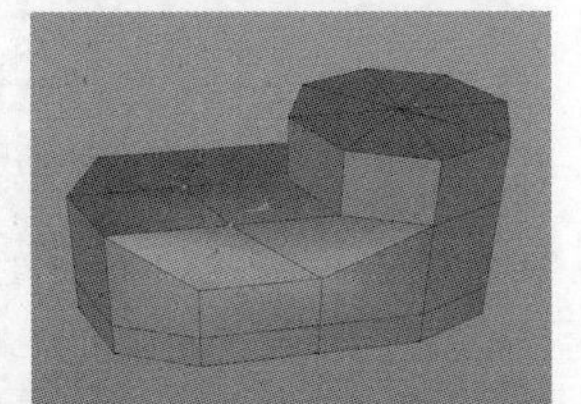

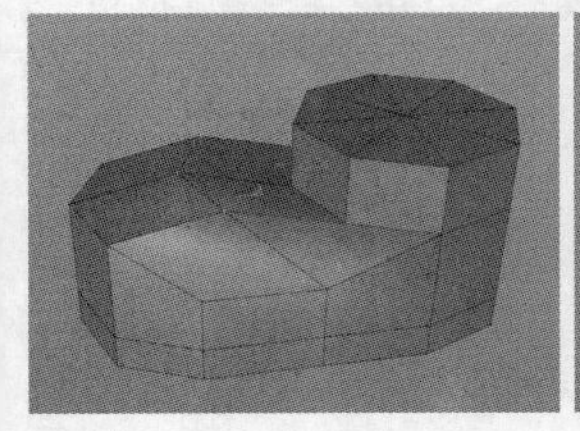

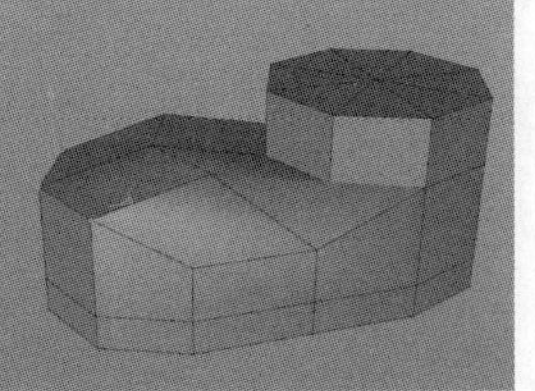

图 11-109

04 选择整圈的鞋底模型，然后向外挤压出一定的厚度，如图11-110所示。

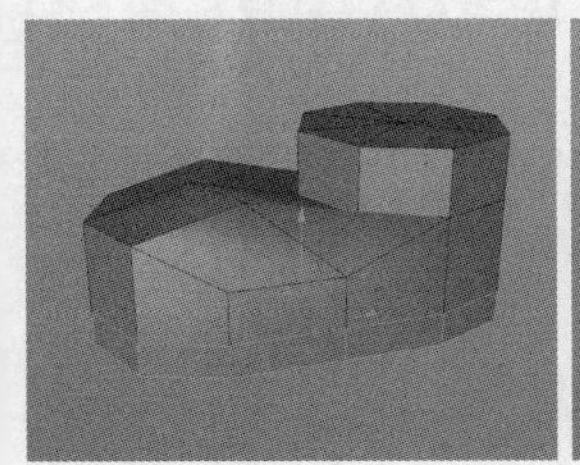

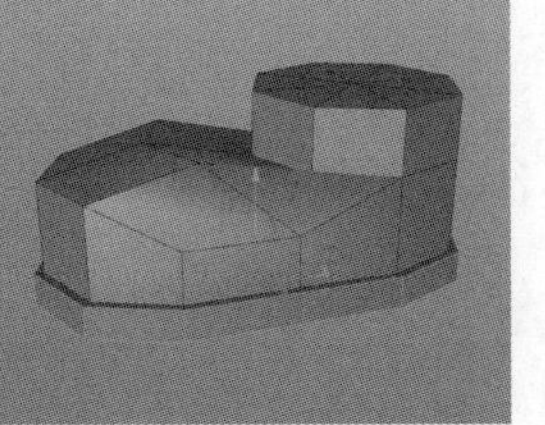

图 11-110

05 删除鞋子的顶面和鞋子后侧中间的点，如图11-111所示。然后为鞋底添加“卡边”，如图11-112所示。制作完成后添加“细分曲面”生成器，如图11-113所示。

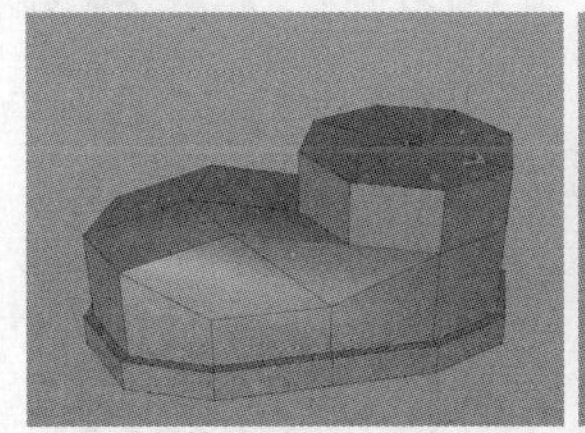

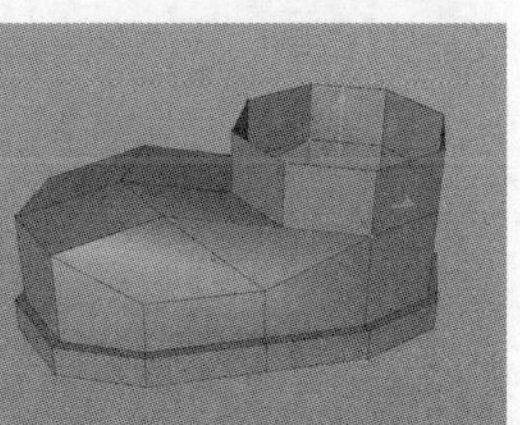

图 11-111

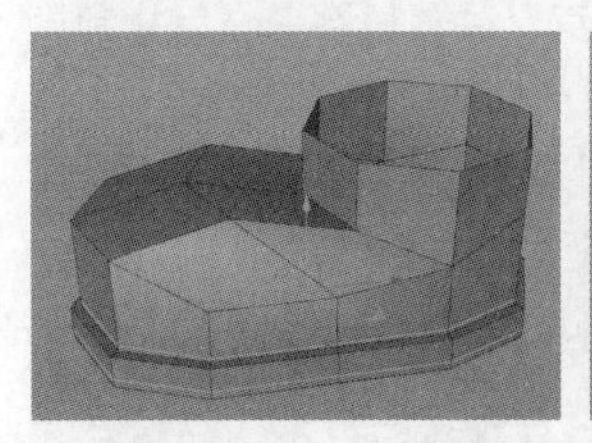

图 11-112

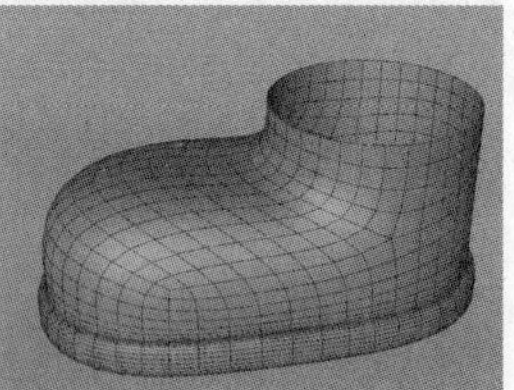

图 11-113

06 将鞋子模型与整体模型进行组合，如图11-114所示。然后在鞋子与裤子的连接处加上管道模型，如图11-115所示。

图 11-114

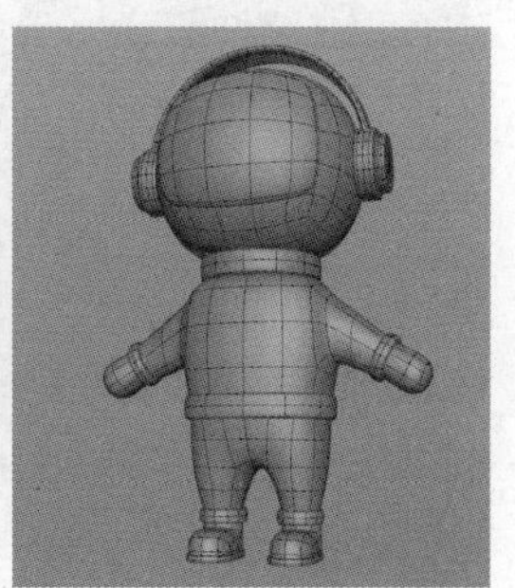

图 11-115

7.添加细节

01 绘制出头盔与身体模型连接处的管道模型的样条，如图11-116所示。创建一个圆环样条，参数设置如图11-117所示。

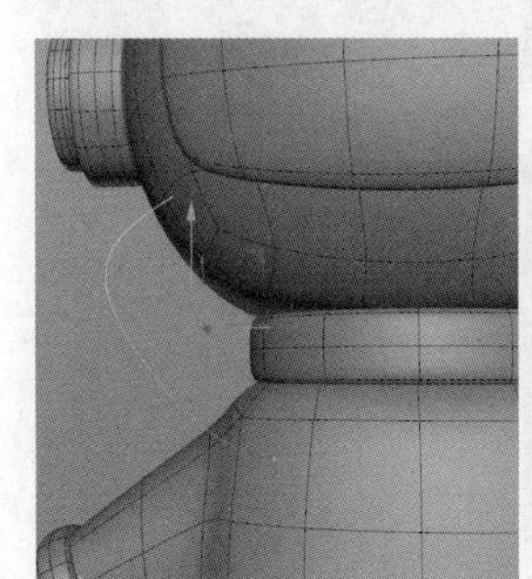

图 11-116

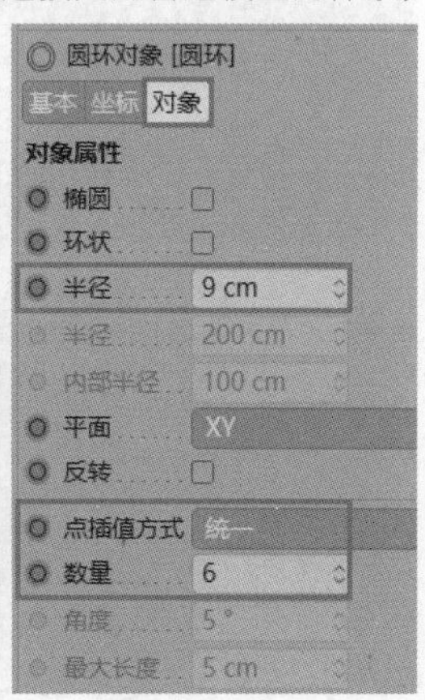

图 11-117

02 添加“扫描”生成器，将圆环样条作为截面，绘制的样条作为路径，如图11-118所示。

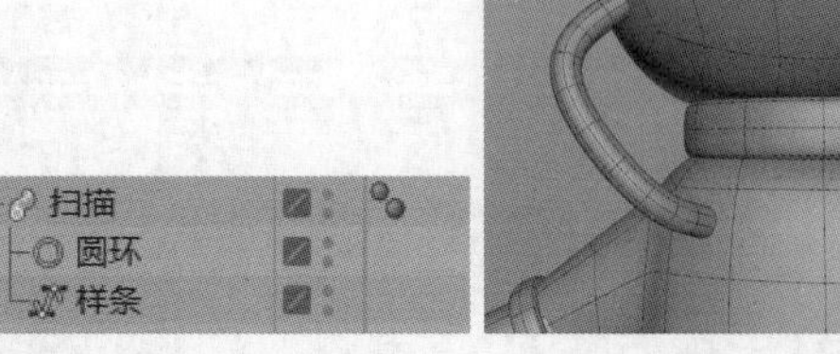

图 11-118

03 创建一个管道模型，参数设置和效果如图11-119所示。为其添加“细分曲面”生成器，然后复制模型，并将其置于管道的端口，如图11-120所示。

管道对象 [管道]
基本 坐标 对象
平滑着色(Phong)
对象属性
内部半径 9 cm
外部半径 19 cm
旋转分段 16
封顶分段 1
高度 10 cm
高度分段 2
方向 +Y

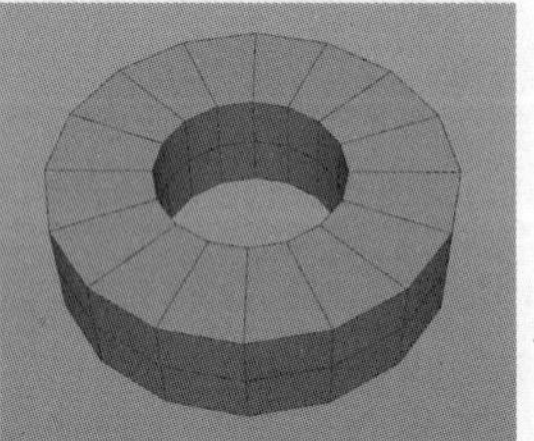

图 11-119

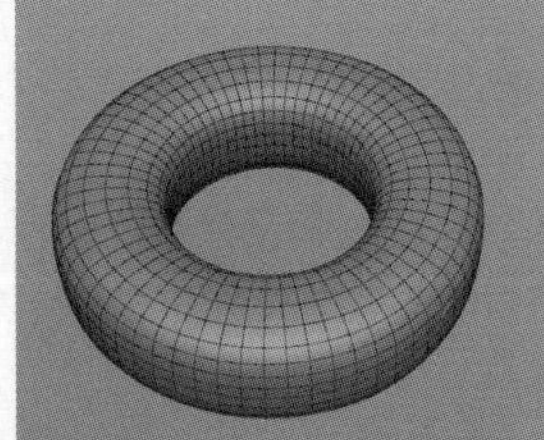
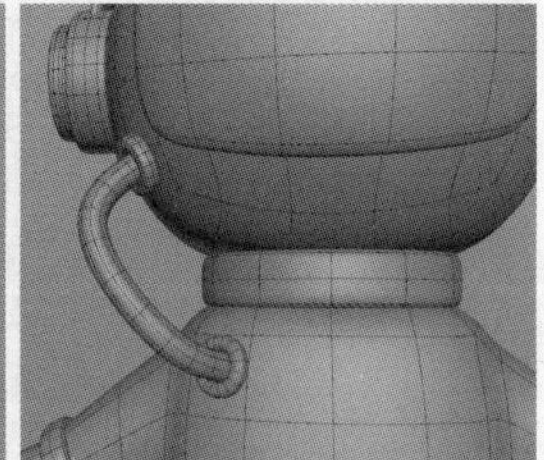

图 11-120

04 复制衣服模型，然后选择衣服胸口处的面，如图11-121所示。反选模型，然后将反选的部分删除，如图11-122所示。

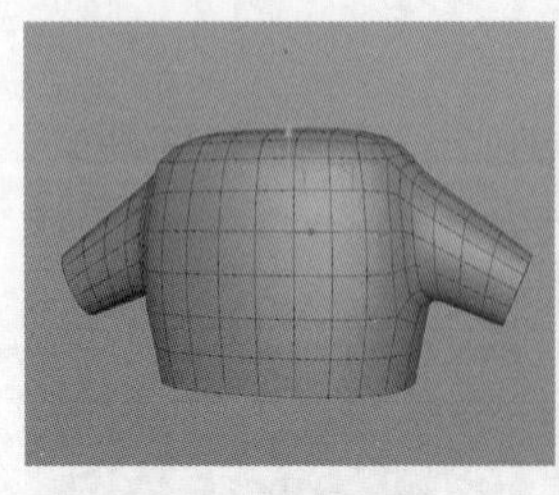
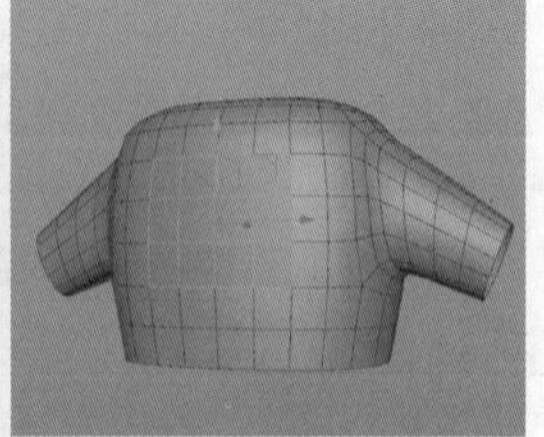

图 11-121

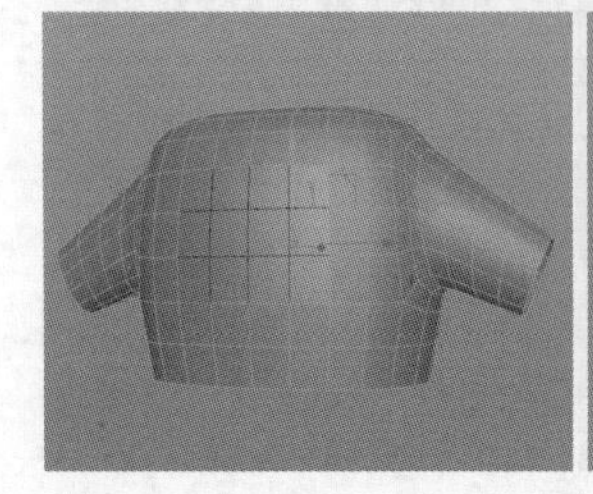
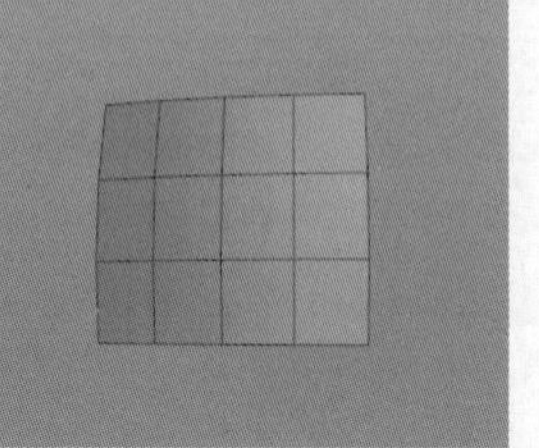

图 11-122

05 将这个面挤压出厚度，然后为其添加“细分曲面”生成器，如图11-123所示。接着将其与角色模型组合，如图11-124所示。

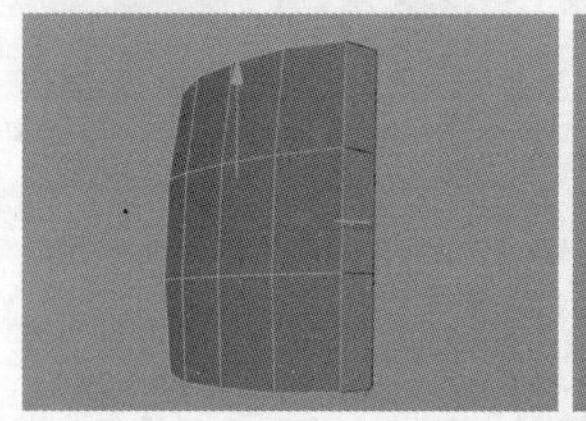
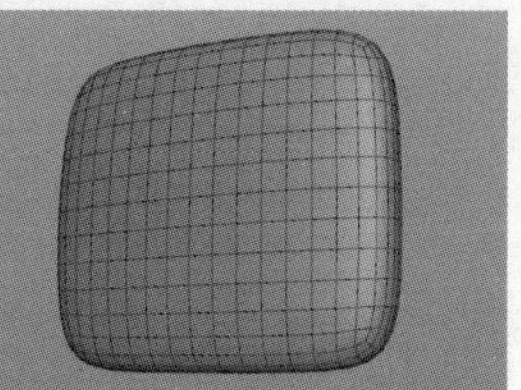

图 11-123

图 11-124

11.2.2 摄像机与灯光创建

01 在“Octane设置”面板中进行初始设置，使用“路径追踪”模式，设置“最大采样”为80，“过滤尺寸”为0.4，“全局光照修剪”为1，如图11-125所示。

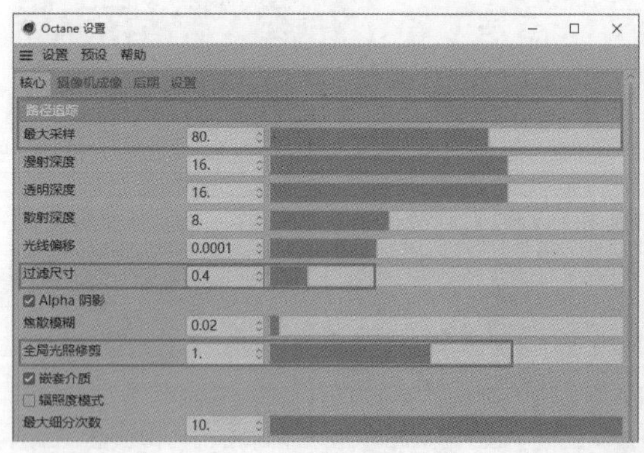

图 11-125

02 执行“对象>Octane摄像机”菜单命令，创建摄像机，参数设置如图11-126所示。在“渲染设置”面板中，选择“输出”选项，然后设置“宽度”和“高度”均为1400像素，如图11-127所示。

摄像机对象 [OctaneCamera]
基本 坐标 对象
物理 细节 立体
合成 球面 Octane 摄像机标签
对象属性
投射方式 透视视图
焦距 80 肖像 (80毫米)
传感器尺寸 (胶片规格) 36 35毫米照片 (36.0毫米)
35毫米等值焦距: 80 mm
视野范围 25.361 °
视野 (垂直) 25.361 °
缩放 1

图 11-126

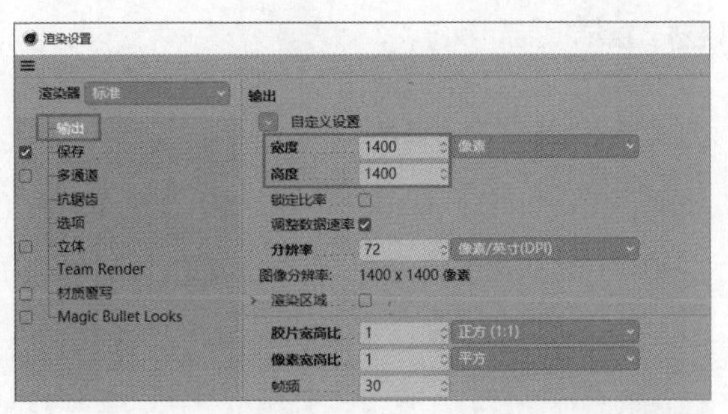

图 11-127

03 将制作好的模型摆放好，并调整摄像机的位置，如图11-128所示。

图 11-128

04 执行“对象>灯光>Octane区域光”菜单命令，创建两盏区域光并置于角色模型的两侧，如图11-129所示。设置灯光的“强度”并勾选“双面”选项，如图11-130所示。

图 11-129

图 11-130

11.2.3 材质制作

01 创建一个光泽材质，然后将其赋予角色服装，如图11-131所示。

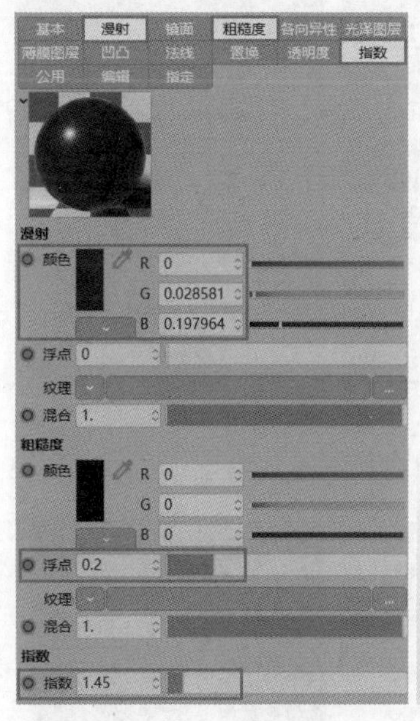

图 11-131

02 创建一个光泽材质，然后将其赋予模型多个连接处和手部模型，如图11-132所示。

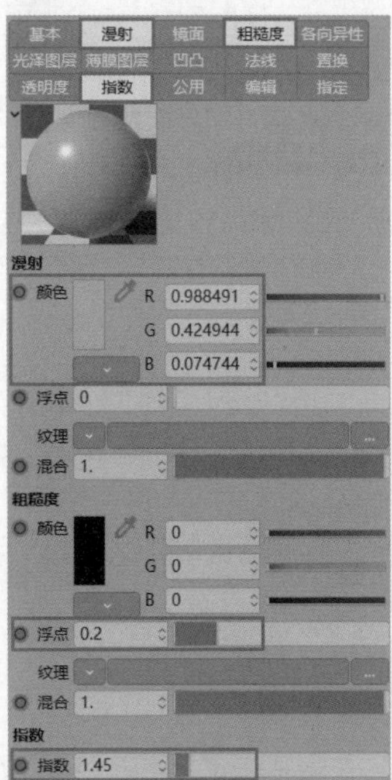

图 11-132

03 创建一个光泽材质，参数设置如图11-133所示。将其赋予模型的耳机和头盔等其他剩余模型，然后再创建一个光泽材质，并将其赋予背景，如图11-134所示。

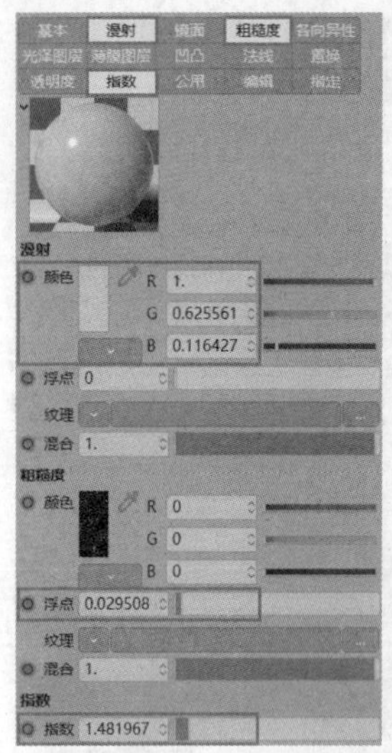

图 11-133

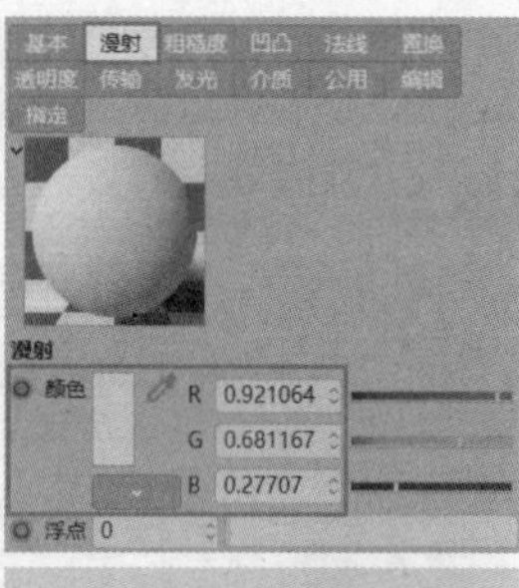

图 11-134

技巧提示 使用不同颜色的材质进行配色，可以得到其他的效果，如图11-135所示。读者可自行修改材质的颜色，制作出不同的模型效果。

图 11-135

11.2.4 渲染输出

01 在“Octane设置”面板中设置“最大采样”为1500，然后在Octane工具栏中激活“锁定分辨率”工具，并设置比例为1：1，如图11-136所示。

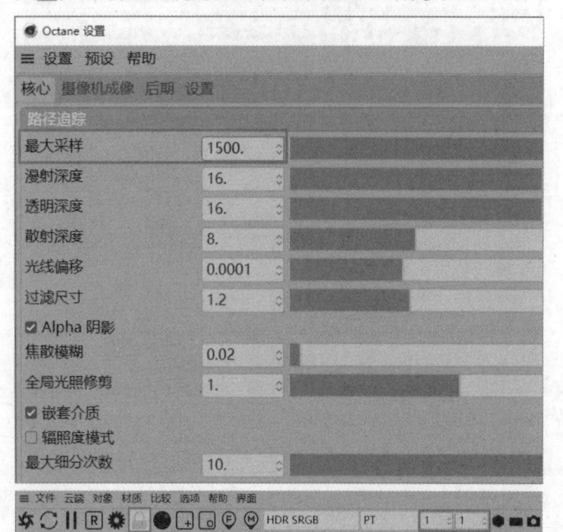

图 11-136

02 渲染完成后，执行“文件>保存图像为”菜单命令，即可输出图像，最终效果如图11-137所示。

图 11-137

技术专题：金属风格材质的制作方法

金属风格的效果是当下比较流行的一种视觉效果，如图11-138所示。下面讲解一下金属风格材质的制作方法。

图 11-138

创建一个光泽材质，然后取消勾选“漫射”通道，设置“浮点”为0.2，“指数”为1，如图11-139所示。将材质赋予整个模型，如图11-140所示。

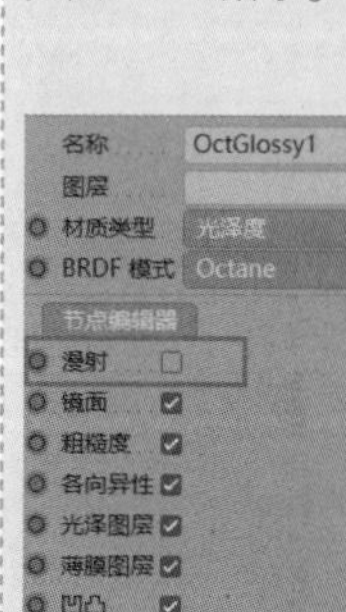

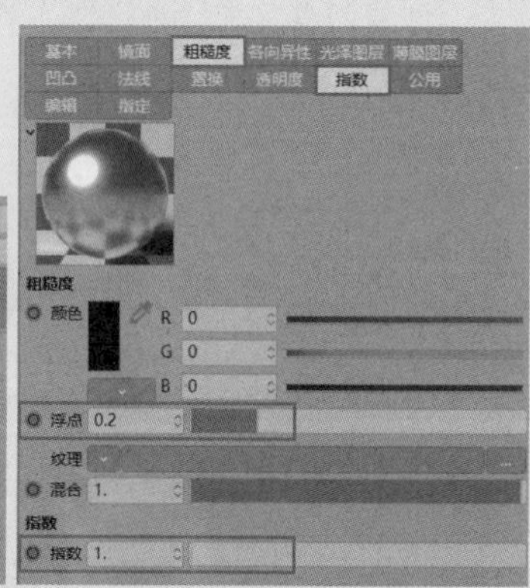

图 11-139

图 11-140

执行“对象>Octane纹理环境”菜单命令，在场景中添加纹理环境，然后设置“纹理”为“渐变”，并加入黑色到白色的渐变颜色，如图11-141所示。此时，环境中有了黑色和白色，金属材质依靠反射呈现效果，如图11-142所示。

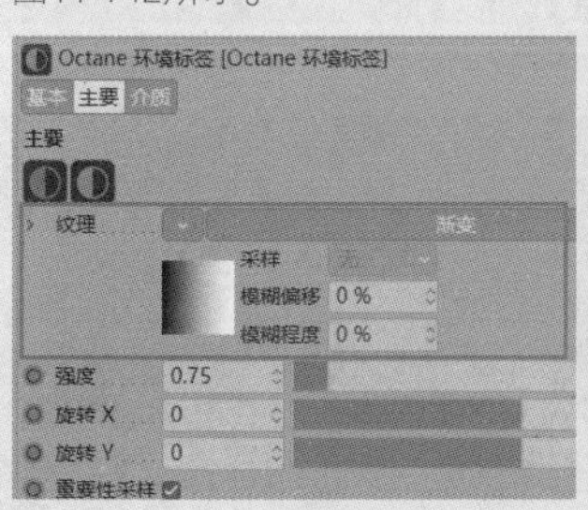

图 11-141

图 11-142

调整渐变颜色，使两侧为黑色，中间为白色，如图11-143所示。

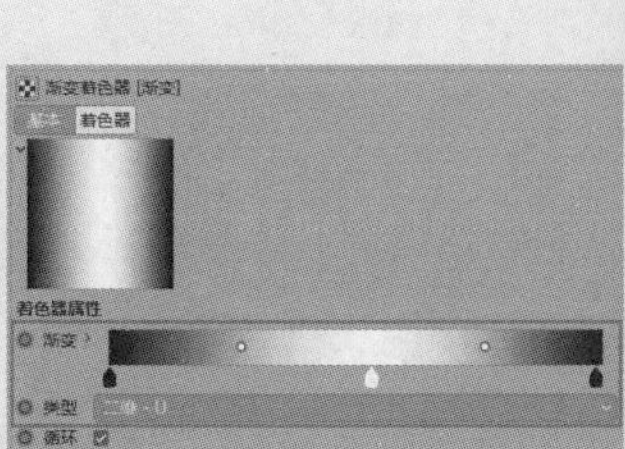

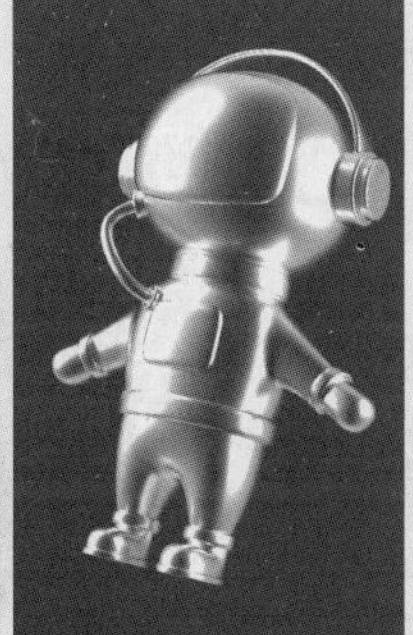

图 11-143

如果需要更多的黑白关系，就需要在环境中制作更多的黑白变化，如图11-144所示。此处的调整非常灵活，读者可自由尝试，并观察视图效果。

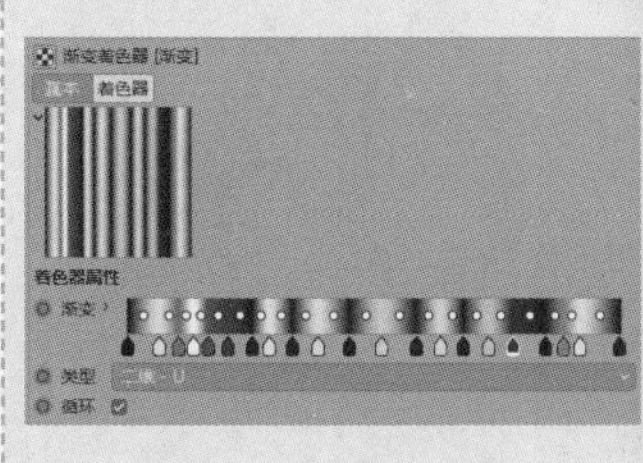

图 11-144

如果环境是多色渐变的，那么金属模型就会受环境色影响而变得多色渐变，如图11-145所示。

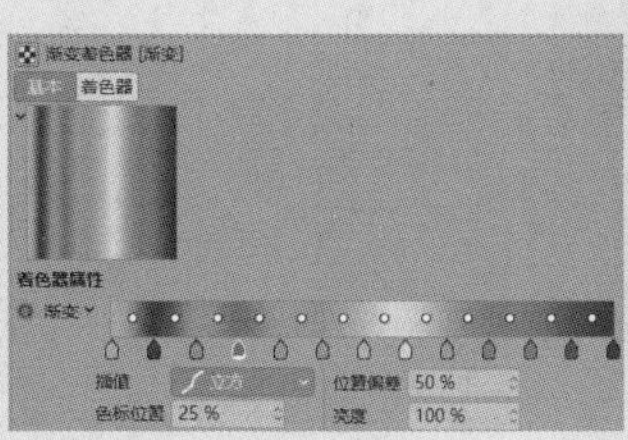

图 11-145

创建一个透明材质，设置“指数”为8，然后将玻璃材质赋予整个模型，模型就有了五彩玻璃的效果，如图11-146所示。

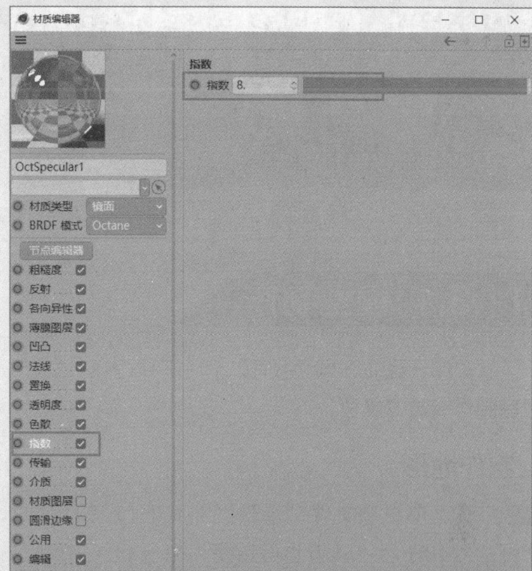

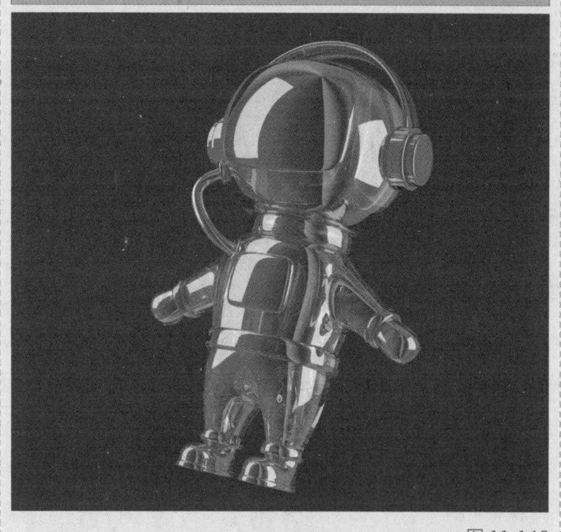

图 11-146

11.3 萌宠聚会

◇ 场景位置	场景文件 >CH11>01.c4d
◇ 实例位置	实例文件 >CH11> 萌宠聚会 .c4d
◇ 视频名称	萌宠聚会 .mp4
◇ 学习目标	掌握卡通角色的制作方法
◇ 操作重点	场景搭建与渲染

本实例将角色和场景组合，参考效果如图11-147所示。这些角色的制作都是十分容易上手的，材质也比较简单。看似简单的角色，搭配合适的场景，同样可以制作出丰富有趣的画面。

图 11-147

11.3.1 模型制作

本实例已经有了角色模型，所以可以先制作地形，然后制作周边的模型。

1.制作地形

01 打开本书资源文件“场景文件>CH11>01.c4d”，如图11-148所示。读者也可以使用自己制作的模型进行后续的操作。

图 11-148

02 创建一个平面模型作为地面，然后将角色模型摆放好，如图11-149所示。

图 11-149

03 将模型转换为可编辑对象，然后选择“笔刷”工具，并设置“半径”为400cm，接着调整地面的形态，模拟出高低起伏的地形，如图11-150和图11-151所示。

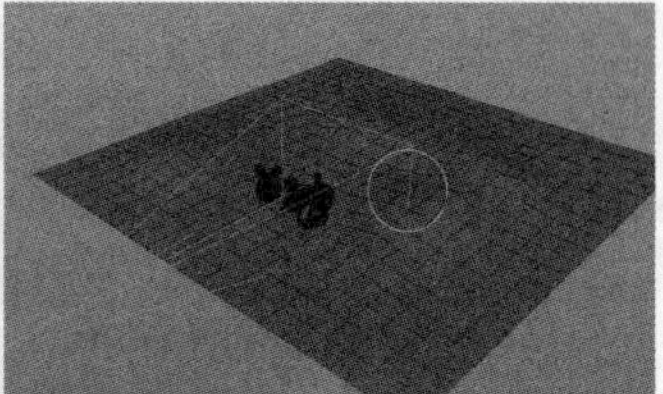

图 11-150

图 11-151

04 为平面模型添加“细分曲面”生成器，效果如图11-152所示。地面可以与角色底部保持一些距离，因为还要制作草地。

图 11-152

2.制作花朵

01 创建一个立方体模型，参数设置和效果如图11-153所示。将模型转换为可编辑对象，然后将模型调整为花瓣形态，如图11-154所示。

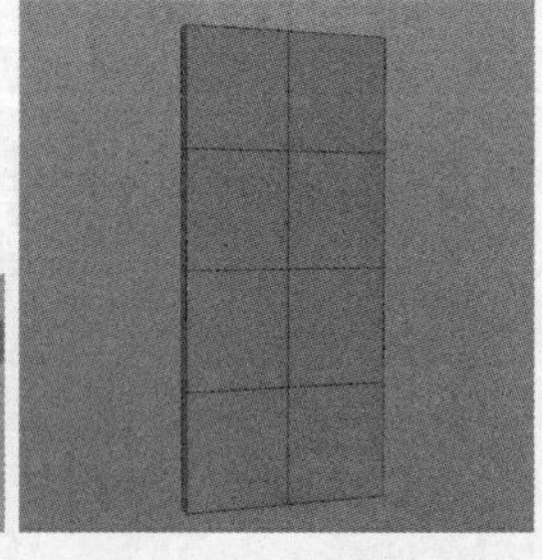

图 11-153

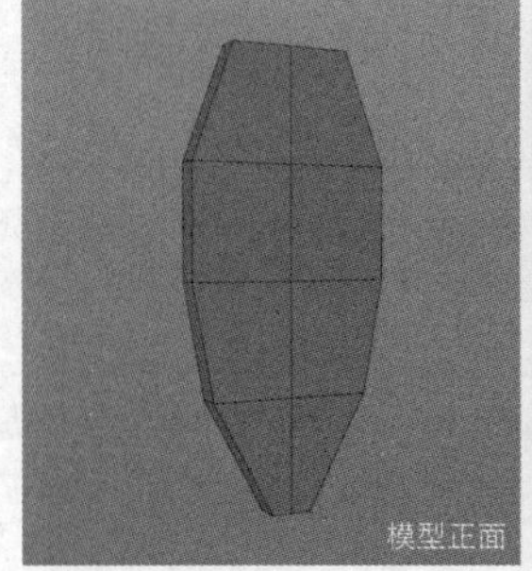

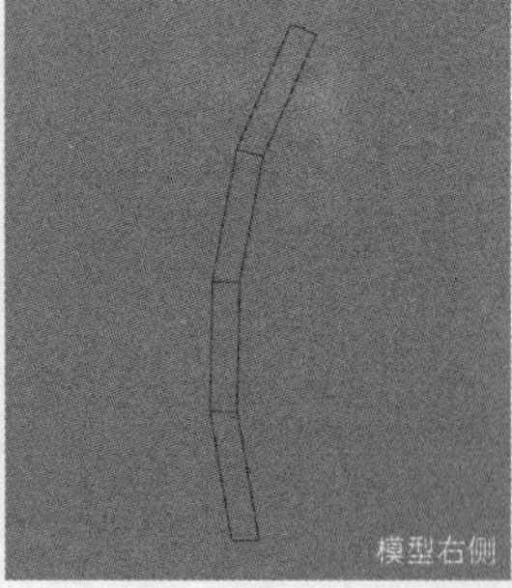

图 11-154

02 为花瓣模型添加“细分曲面”生成器，效果如图11-155所示。

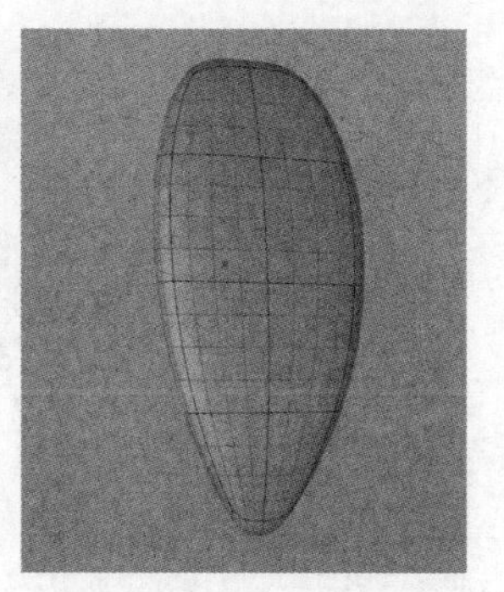

图 11-155

03 创建一个球体模型，参数设置和效果如图11-156所示。然后将花瓣模型和球体模型组合，如图11-157所示。

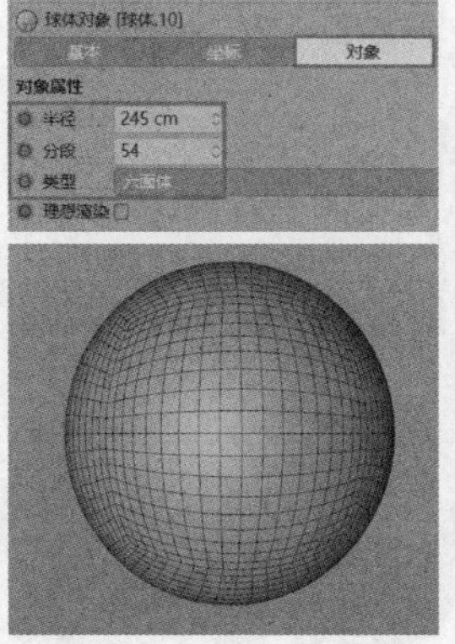

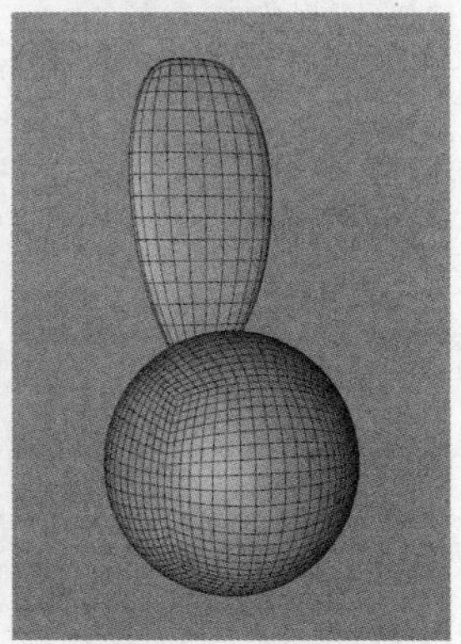

图 11-156　图 11-157

04 复制出多个花瓣模型，组合成花朵模型，如图11-158所示。将花朵模型加入场景中，如图11-159所示。

图 11-158　图 11-159

05 复制花朵模型，然后将其置于场景的左侧。使左侧的花朵小一些，形成一大一小的对比。调整花瓣模型的位置，复制出多个花朵模型，让场景更丰富，如图11-160所示。

图 11-160

3.制作周边植物

01 创建一个球体模型，参数设置和效果如图11-161所示。使用“缩放”工具沿y轴方向拉长模型，如图11-162所示。

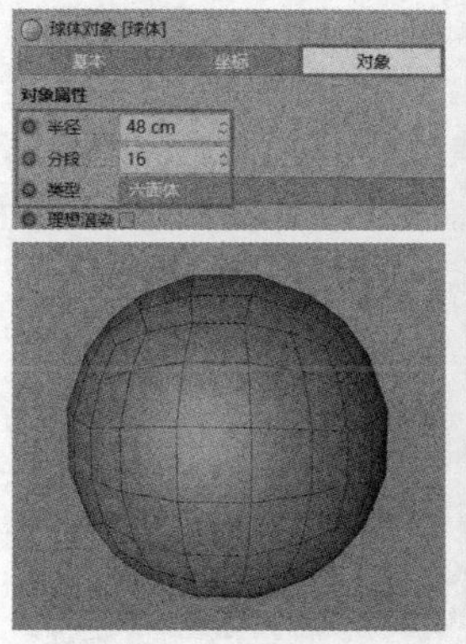

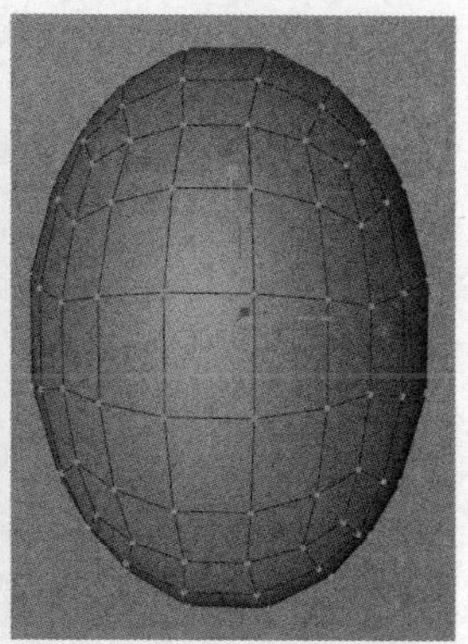

图 11-161　图 11-162

02 创建一个圆柱体模型，参数设置和效果如图11-163所示。将两个模型组合成植物模型，如图11-164所示。复制出多个植物模型，随机地放到场景中，如图11-165所示。

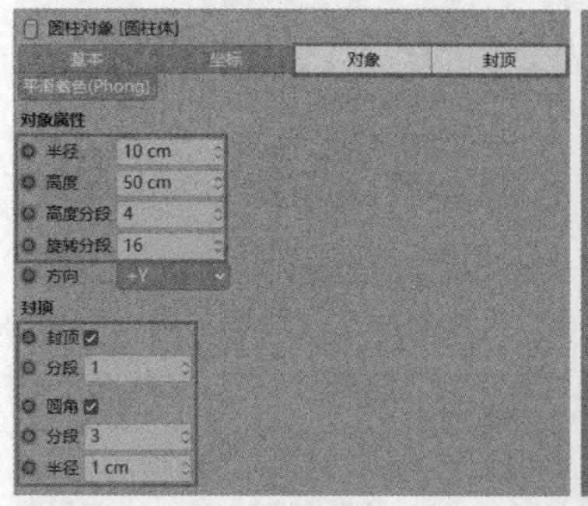

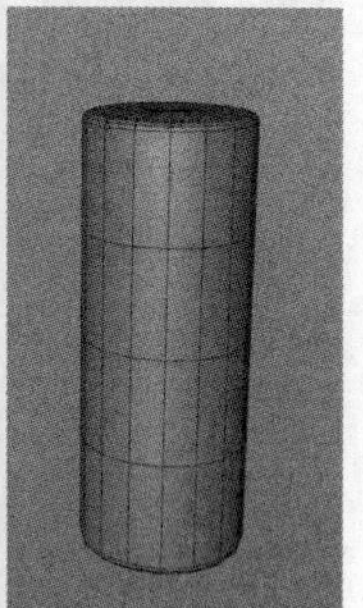

图 11-163

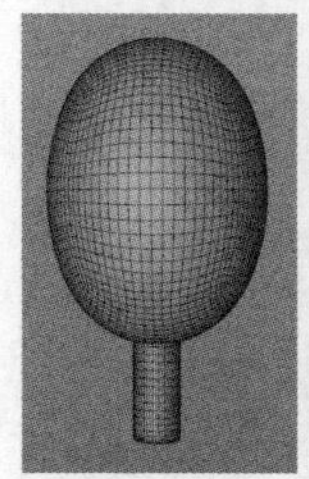

图 11-164　图 11-165

4.制作远景树木

01 复制上一步制作的植物模型，然后将其放大，如图11-166所示。

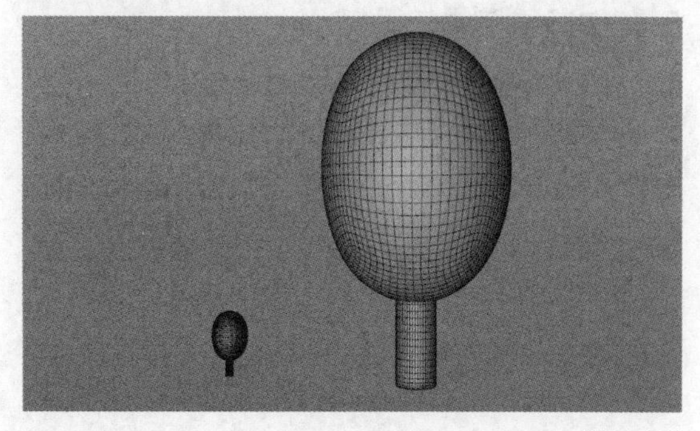

图 11-166

02 为模型添加FFD变形器，然后向下拖曳中间的点，并将顶部缩小一些，如图11-167所示。为其添加“细分曲面”生成器，效果如图11-168所示。

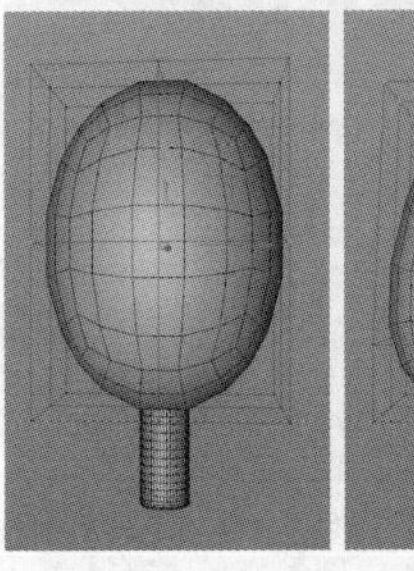
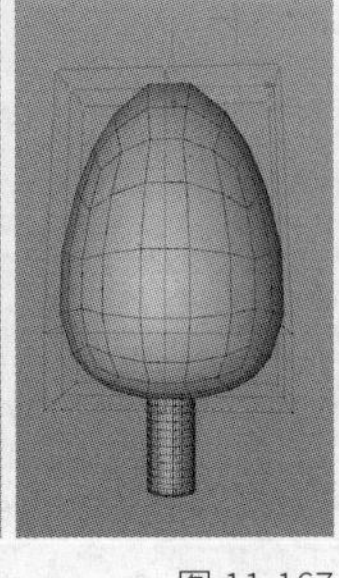
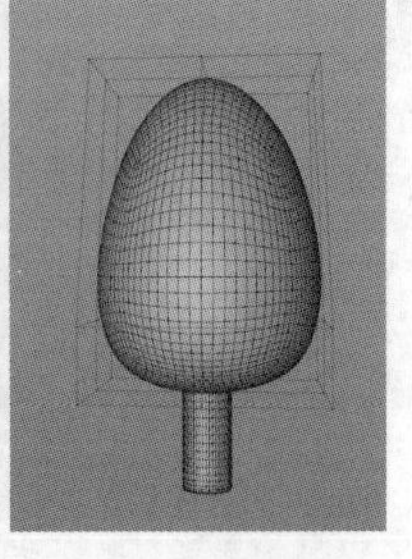

图 11-167　　图 11-168

03 制作完成后，将树木模型复制两个，并放置到场景中较远的地方，如图11-169和图11-170所示。

图 11-169

图 11-170

5.制作近景植物

01 创建一个球体模型，参数设置和效果如图11-171所示。将其转换为可编辑对象，然后选择下方的面，如图11-172所示。

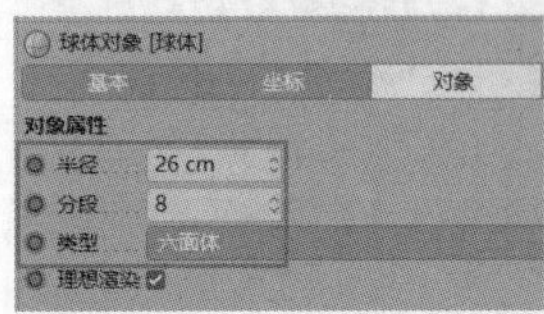

图 11-171

图 11-172

02 使用“内部挤压”工具向内挤压出一个较小的面，如图11-173所示。把这个较小的面向下挤压，如图11-174所示。

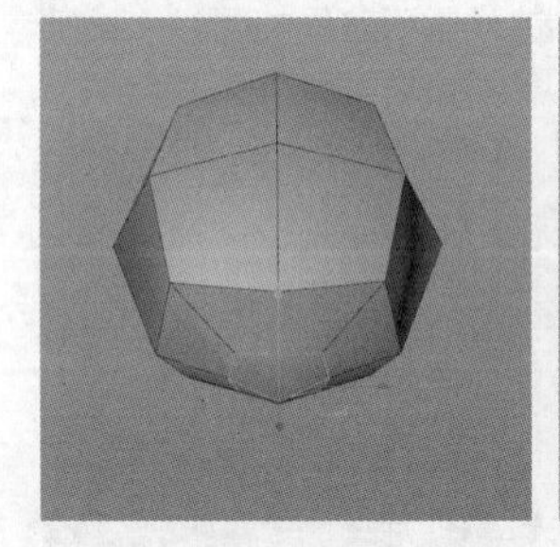
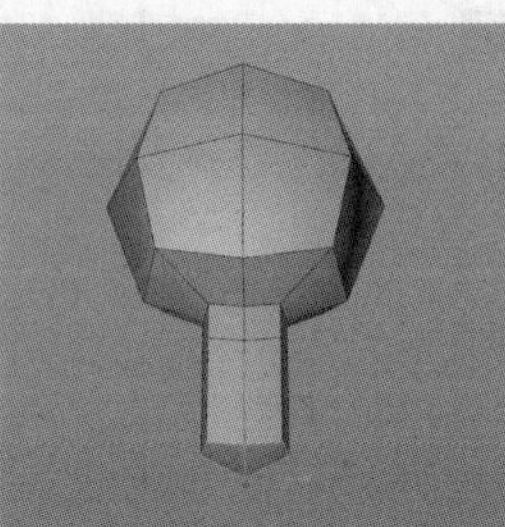

图 11-173　　图 11-174

03 把底部的模型缩放为平整的模型，如图11-175所示。为其添加“细分曲面”生成器，如图11-176所示。

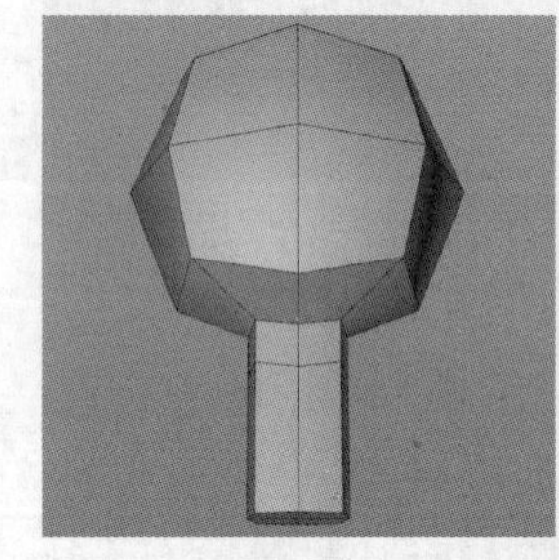
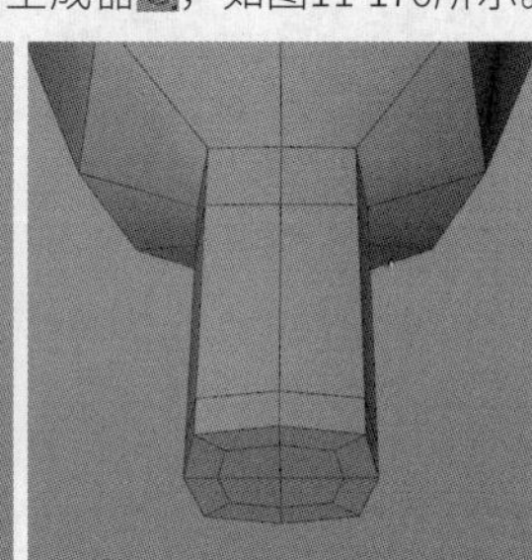

图 11-175

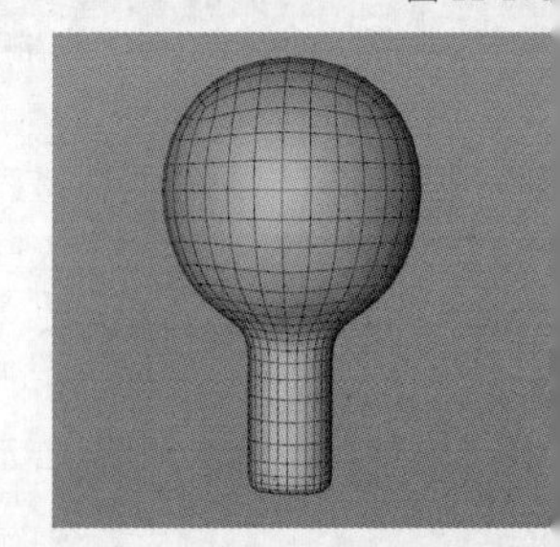

图 11-176

04 近处的植物模型整体比较小，将其复制多个并放置到场景中的不同位置，如图11-177所示。

图 11-177

05 执行“对象>Octane摄像机”菜单命令，创建摄像机，参数设置如图11-178所示。在“渲染设置”面板中，选择“输出”选项，然后设置“宽度”为1440像素，“高度”为810像素，如图11-179所示。

图 11-178

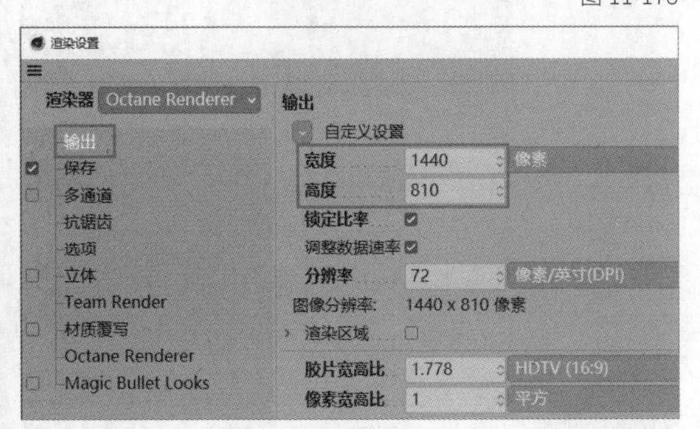

图 11-179

06 在摄像机视图中调整各模型的位置，使角色位于画面的中间位置，如图11-180所示。

图 11-180

6.制作草地

01 创建一个平面模型，参数设置和效果如图11-181所示。将其转换为可编辑对象，然后在正视图中调整模型的点，使其像小草一样呈弯曲的形状，如图11-182所示。

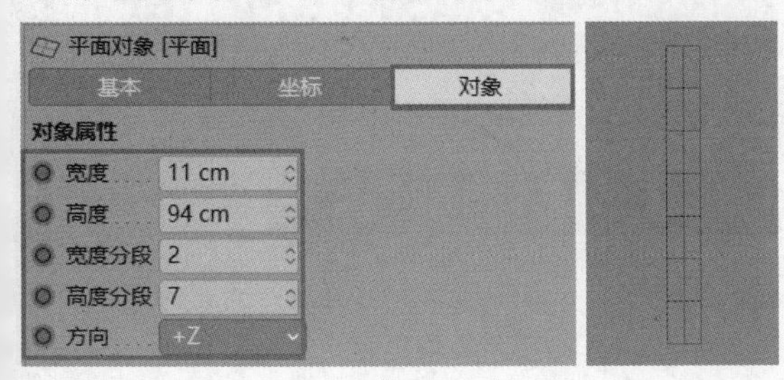

图 11-181

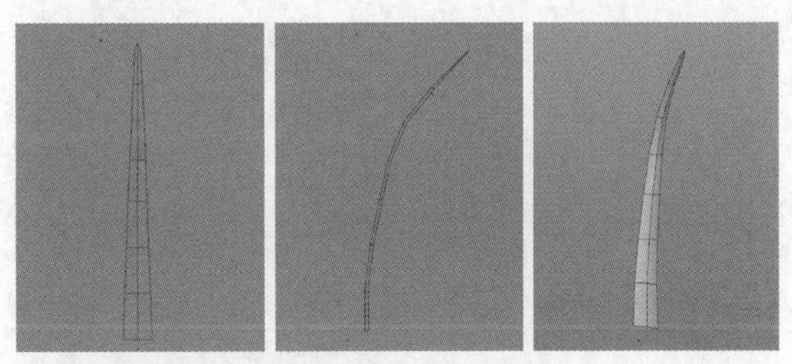

图 11-182

02 添加“克隆”生成器，设置“模式”为“放射”，“数量”为28，“半径”为32cm，如图11-183所示。

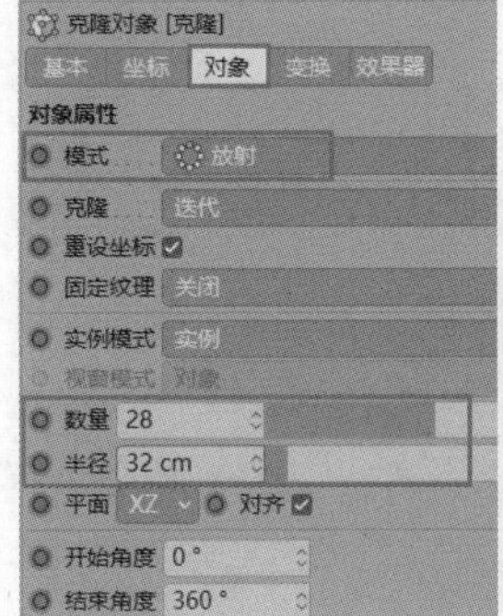

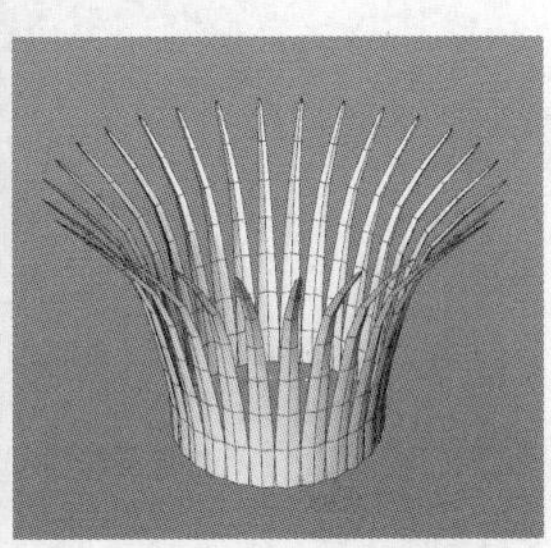

图 11-183

03 添加“随机”效果器，草地变得更加自然了，如图11-184所示。

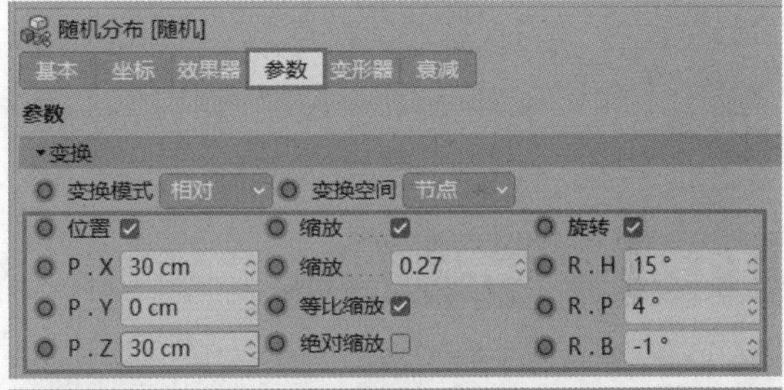

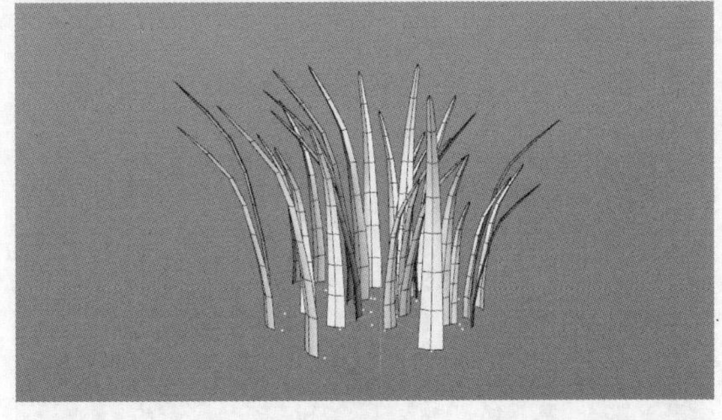

图 11-184

04 执行“对象>Octane分布”菜单命令，然后将草地对象加入“Octane分布”对象的子层级中。可以复制一份草的模型，这样“Octane分布”就有了两份草的样本，会对两份草进行克隆和分布。赋予其不同的材质，可以完成不同颜色的草的效果。在“分配”选项卡中进行设置，如图11-185所示。渲染后的效果如图11-186所示。

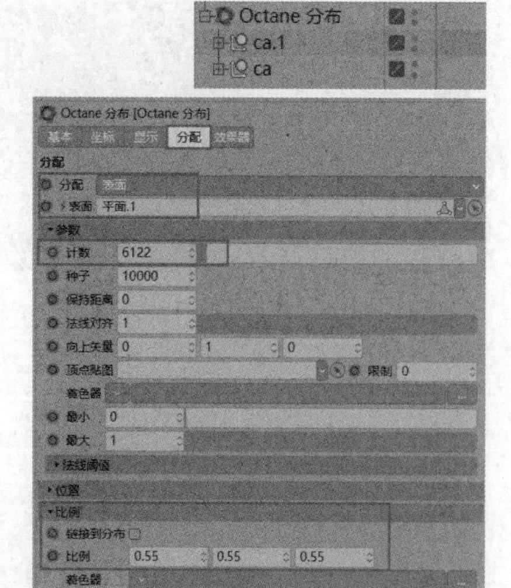

图 11-185

图 11-186

11.3.2 灯光创建

01 在“Octane设置”面板中进行初始设置，使用“路径追踪”模式，设置“最大采样”为80，“过滤尺寸”为0.4，“全局光照修剪”为1，如图11-187所示。

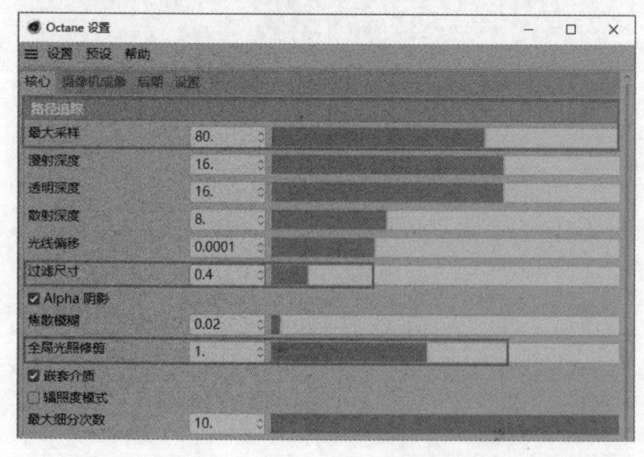

图 11-187

02 执行“对象>灯光>Octane日光”菜单命令，创建日光，如图11-188所示。参数设置如图11-189所示。渲染后的效果如图11-190所示。

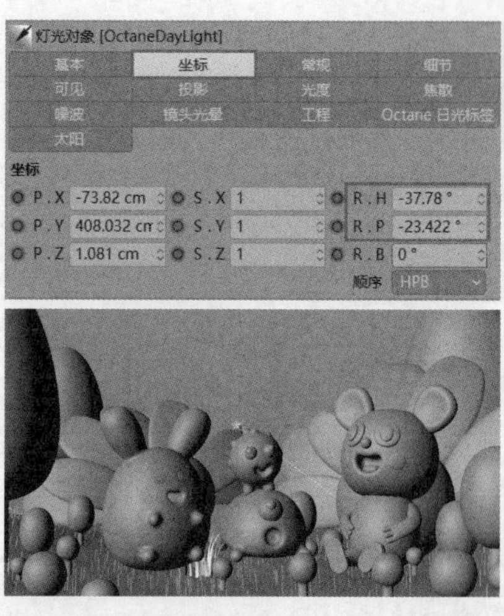

图 11-188

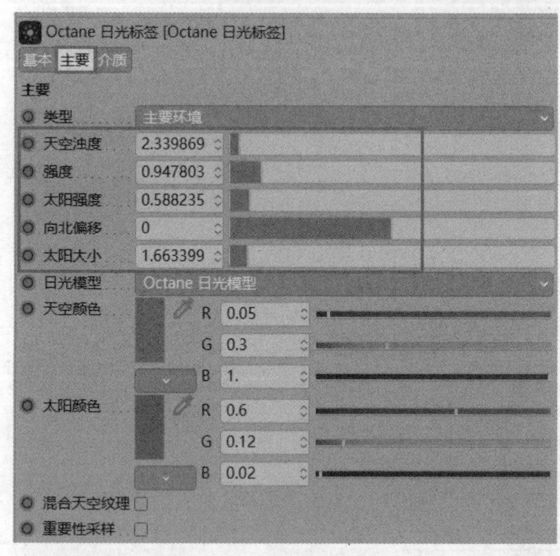

图 11-189

图 11-190

11.3.3 材质制作

01 创建一个光泽材质，然后将其赋予右侧的角色模型，如图11-191所示。再创建一个光泽材质，然后将其赋予左侧的角色模型，如图11-192所示。

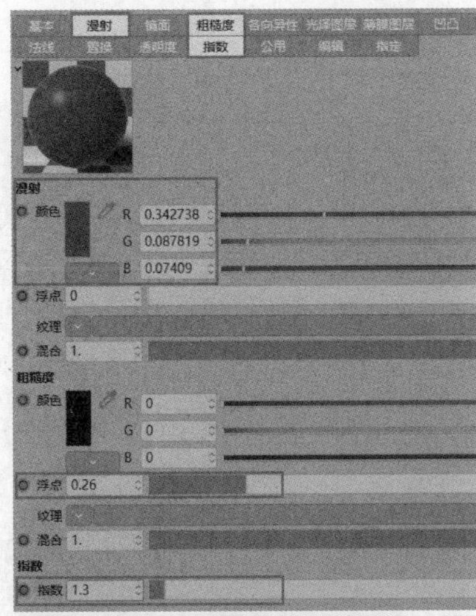

图 11-191

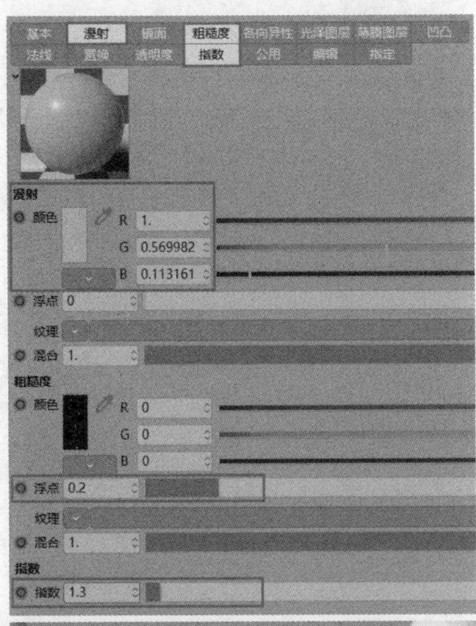

图 11-192

02 创建一个光泽材质，然后将其赋予中间下方的角色模型，如图11-193所示。再创建一个光泽材质，然后将其赋予中间上方的角色模型，如图11-194所示。

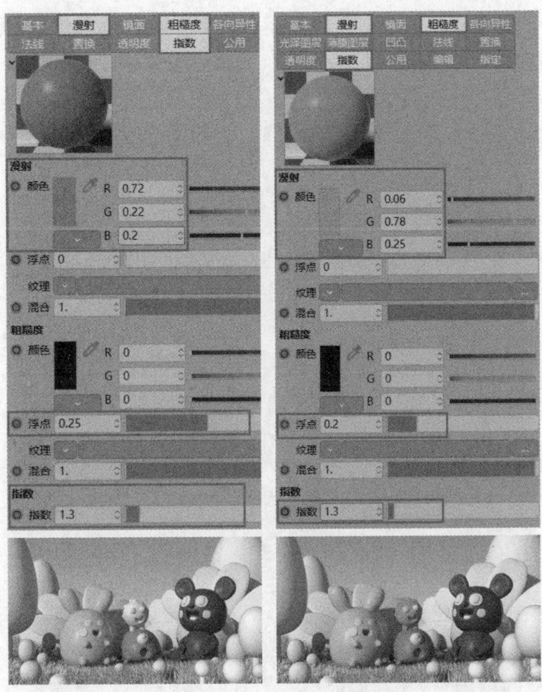

图 11-193　　图 11-194

03 创建一个光泽材质，然后将其赋予一个草模型，如图11-195所示。再创建一个光泽材质，然后将其赋予另一个草模型，如图11-196所示。

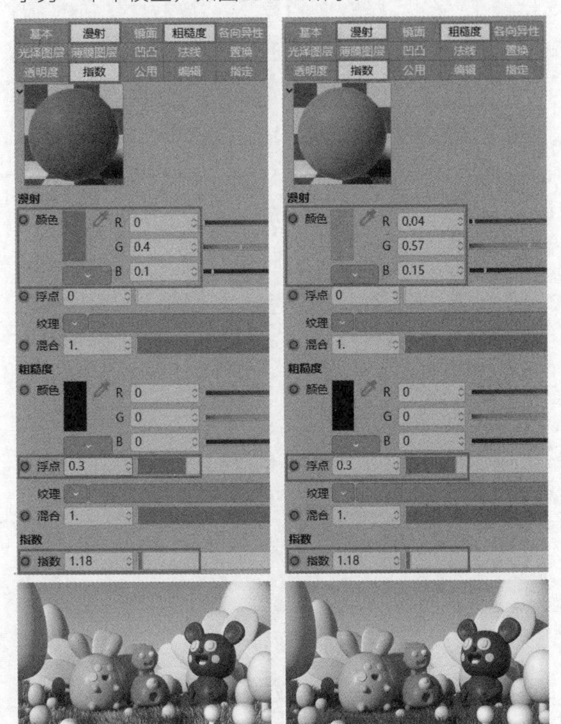

图 11-195　　图 11-196

04 创建3个光泽材质，然后将其赋予多个植物模型，如图11-197至图11-199所示。

05 创建一个漫射材质，然后将其赋予后方的花瓣模型，如图11-200所示。

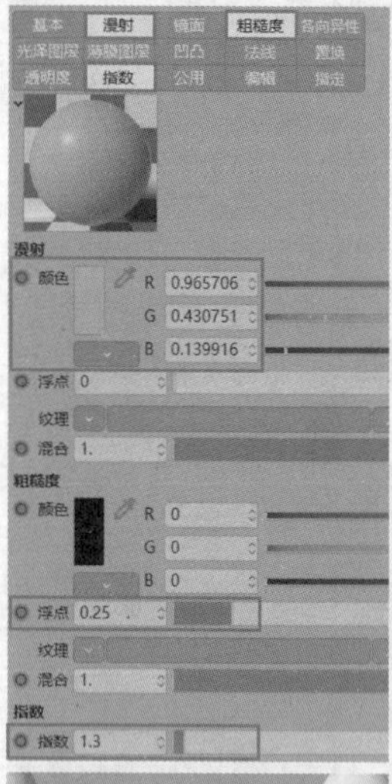

图 11-197

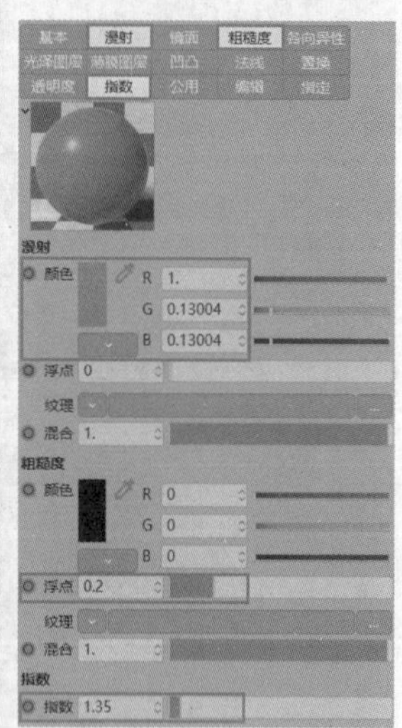

图 11-198

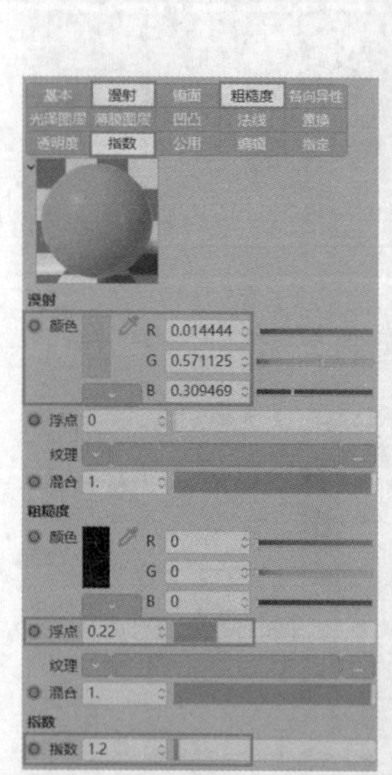

图 11-199

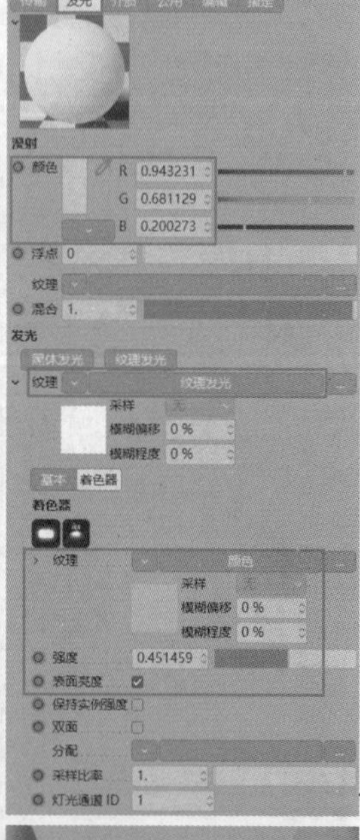

图 11-200

06 创建一个光泽材质，然后将其赋予眼球模型，如图11-201所示。再创建一个光泽材质，然后将其赋予没有材质的模型，如图11-202所示。

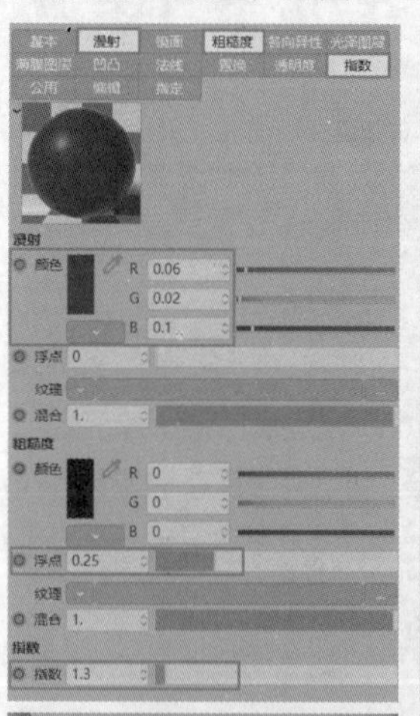

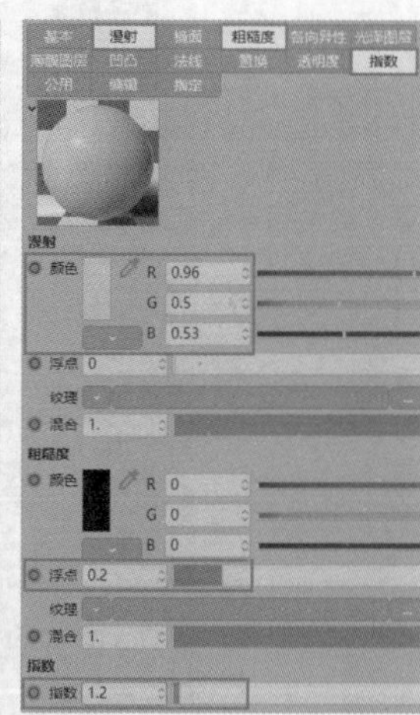

图 11-201　　图 11-202

07 选择“Octane摄像机”标签，在“薄透镜”选项卡中勾选“自动对焦”选项，设置“光圈”为32cm，这样画面就有了景深的效果，如图11-203所示。

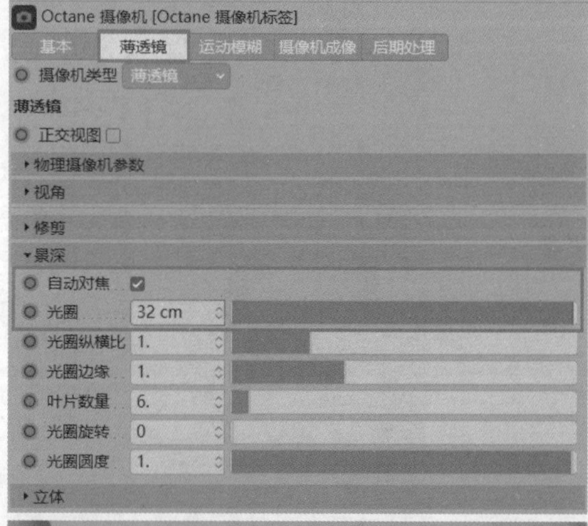

图 11-203

08 为了丰富画面，在场景的后面添加一个大的球体模型作为太阳，如图11-204所示。创建一个漫射材质，然后将其赋予太阳模型，如图11-205所示。

图 11-204

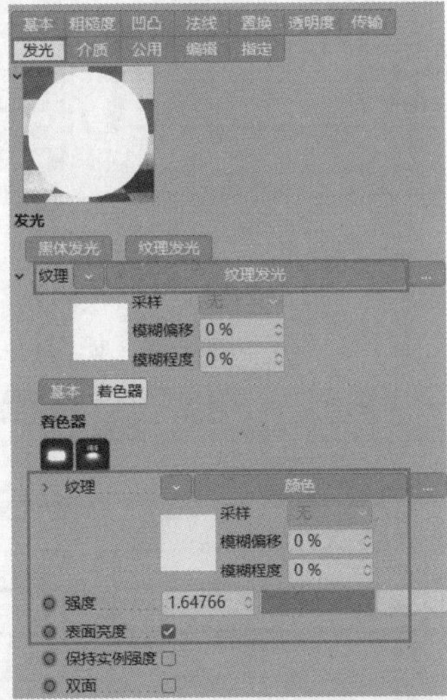

图 11-205

09 为了丰富前景，在场景的前方创建3个大小不一的球体模型，如图11-206所示。把制作好的红色和黄色材质赋予地面的球体模型，如图11-207所示。

图 11-206

图 11-207

10 创建一个平面模型作为背景，位置如图11-208所示。创建一个光泽材质，然后将其赋予背景模型，如图11-209所示。

图 11-208

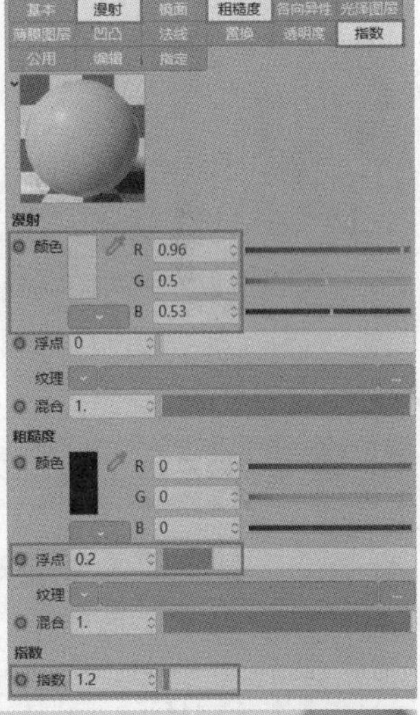

图 11-209

11.3.4 渲染输出

01 在“Octane设置”面板中设置“最大采样”为2000，然后在Octane工具栏中激活“锁定分辨率”工具，并设置比例为1∶1，如图11-210所示。

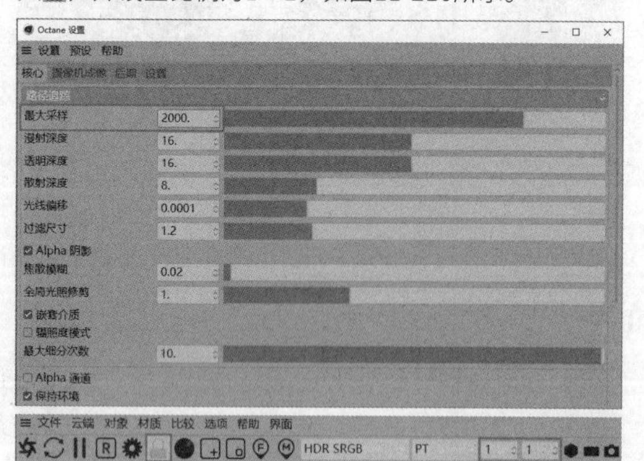

图 11-210

02 渲染完成后，执行“文件>保存图像为”菜单命令，即可输出图像，如图11-211所示。

图 11-211

11.3.5 后期处理

01 将渲染完成的图片导入Photoshop中，执行“滤镜>Camera Raw滤镜”菜单命令，在“基本”面板中进行调整，参数设置如图11-212所示。

图 11-212

02 在“细节”和“色调曲线”面板中进行调整，参数设置如图11-213所示。

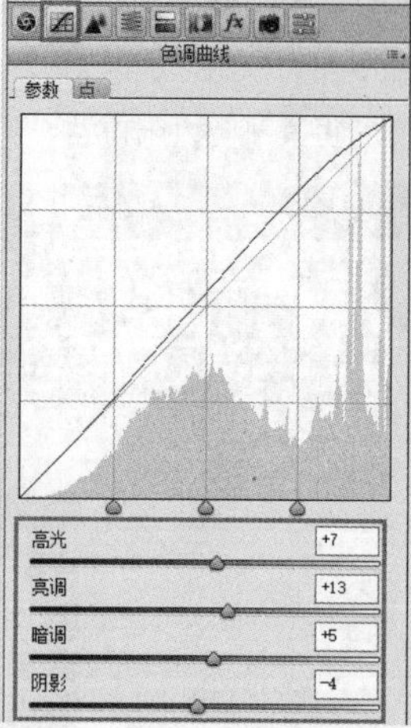

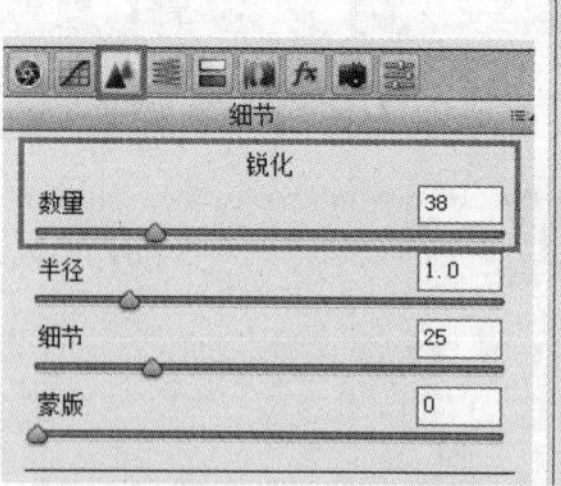

图 11-213

03 在“HSL/灰度”面板中进行调整，参数设置如图11-214所示。最终效果如图11-215所示。

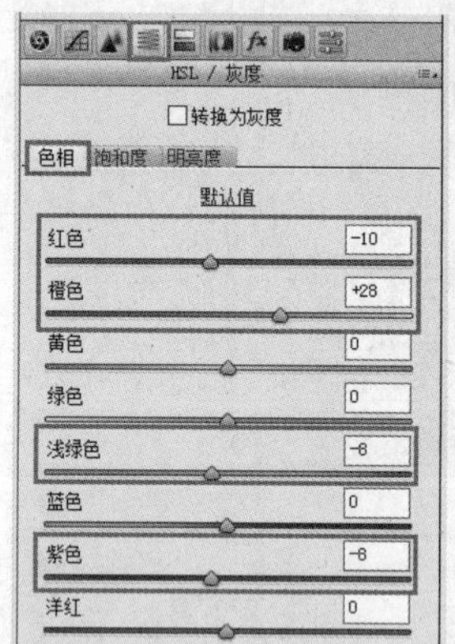

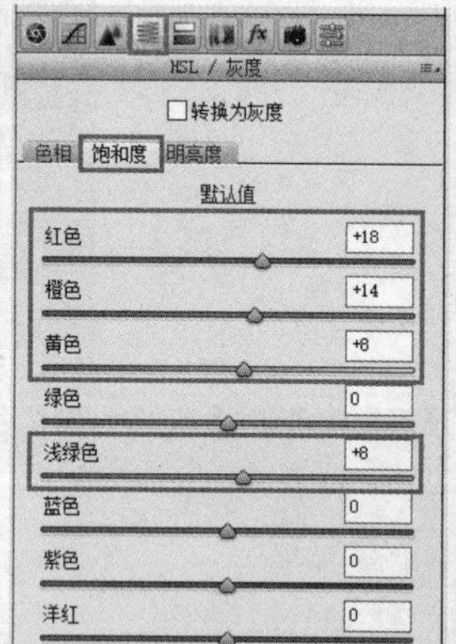

图 11-214

图 11-215

第 12 章 产品渲染表现

■ 学习目的

本章主要讲解产品渲染表现方法。通过对本章的学习，读者可以了解产品的展示视角和光照效果，以制作出真实、细致的产品渲染图像，优化产品展示效果。

■ 主要内容

- 产品的UV贴图
- 产品场景搭建
- 写实风格渲染

12.1 洗手液

◇ 场景位置	场景文件 >CH12>01.c4d
◇ 实例位置	实例文件 >CH12> 洗手液 .c4d
◇ 视频名称	洗手液 .mp4
◇ 学习目标	掌握产品渲染的方法
◇ 操作重点	产品的贴图与渲染表现

本实例主要介绍产品渲染的基础知识，包括UV贴图的制作、灯光材质的制作、渲染输出及后期处理。实例中灯光使用的是HDR光照，这类光照比较均匀、柔和且有整体性，产品的材质为十分常见的塑料材质，效果如图12-1所示。

图 12-1

12.1.1 UV拆分

本实例共有3个产品，两个小瓶是一样的，所以在拆分UV和贴图时，只需制作两种瓶子的贴图。

1.拆分小瓶标签

01 打开本书资源文件“场景文件>CH12>01.c4d”，如图12-2所示。在Cinema 4D界面右上角的“界面”下拉菜单中选择BP-UV Edit选项，进入UV编辑界面，如图12-3所示。

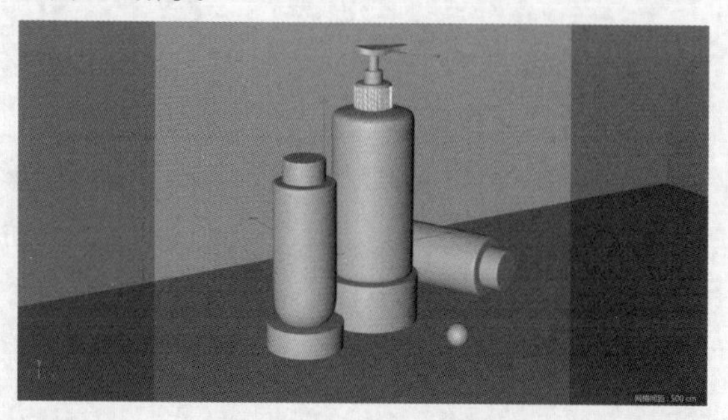

图 12-2

图 12-3

技巧提示 读者也可以使用第3章自己制作的模型进行后续操作。

02 选择左侧的小瓶模型，即BQ对象，如图12-4所示。单击“面”按钮，然后选择BQ对象所有的面，接着单击“投射”选项卡中的“前沿”按钮，如图12-5所示。

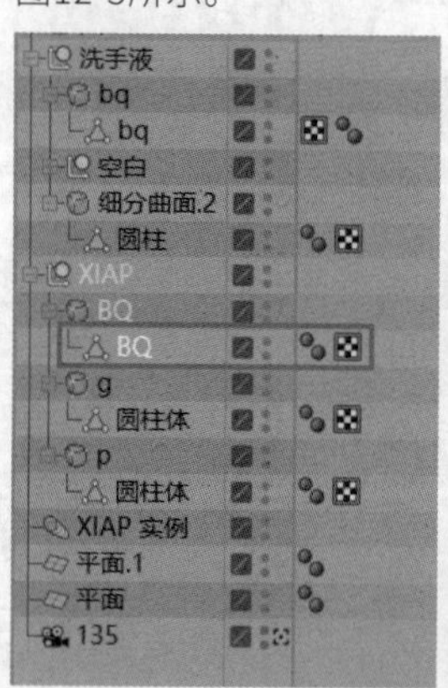

图 12-4

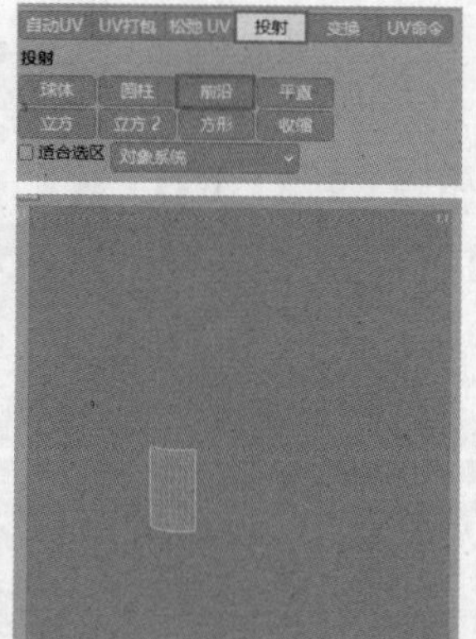

图 12-5

03 在“松弛UV”选项卡中，取消勾选“固定边界点”和“固定相邻边”选项，勾选“沿所选边切割”和“自动重新排列”选项，然后单击“应用”按钮对UV进行松弛，如图12-6所示。

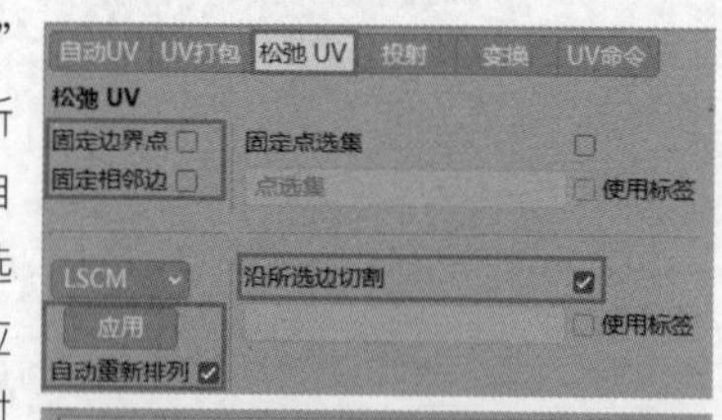

图 12-6

04 使用“UV变换”工具将UV拖曳至图12-7所示的位置。

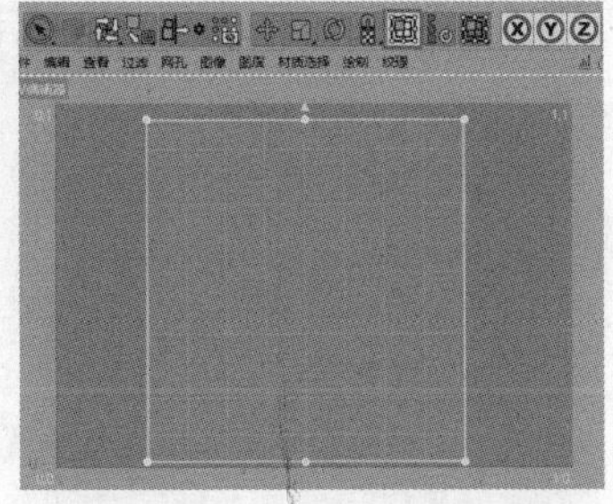

图 12-7

05 执行“文件>新建纹理”菜单命令，在弹出的“新建纹理”面板中，设置“宽度”和“高度”均为3000像素，如图12-8所示。执行“图层>创建UV网格层”菜单命令，完成后就可以导出了。执行“文件>另存纹理为”菜单命令，将UV网格层导出为PSD格式文件。

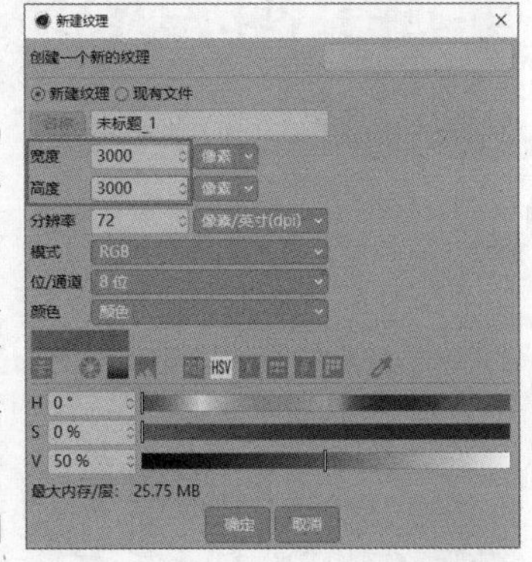

图 12-8

2.制作小瓶贴图

01 将导出的文件在Photoshop中打开。将贴图素材放置到UV贴图的中间位置，如图12-9所示。

02 关闭背景与UV网格所在图层，然后将文件导出并存储为PNG格式文件，如图12-10所示。

图 12-9

图 12-10

03 完成后可以把贴图贴到模型中看一下效果，如图12-11所示。

图 12-11

3.拆分大瓶标签

01 选择中间的瓶子模型，即bq对象，如图12-12所示。单击“面”按钮，然后选择bq对象所有的面，接着单击“投射”选项卡中的“前沿”按钮，如图12-13所示。

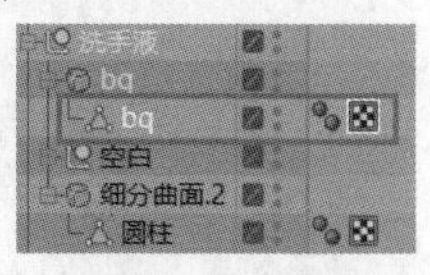

图 12-12

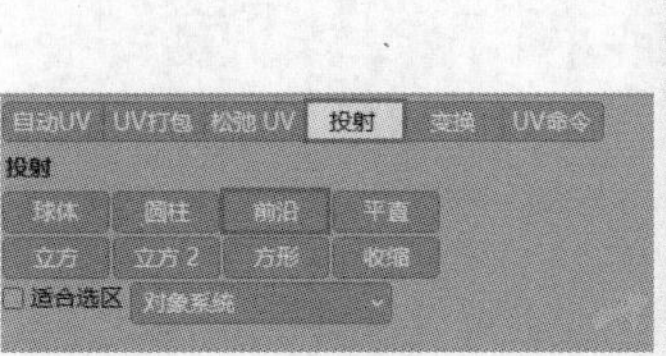

图 12-13

02 在“松弛UV”选项卡中，取消勾选“固定边界点”和“固定相邻边”选项，勾选“沿所选边切割”和“自动重新排列”选项，然后单击“应用”按钮对UV进行松弛。接着使用“UV变换”工具将UV移至中间位置，如图12-14所示。

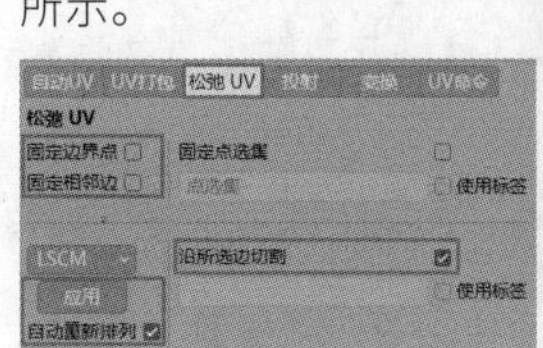

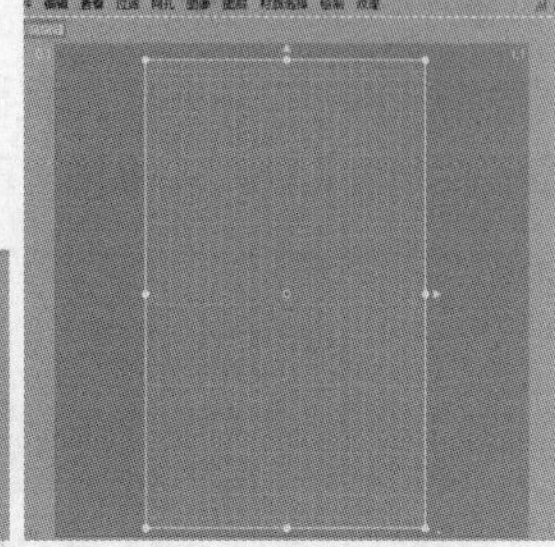

图 12-14

03 执行“文件>新建纹理”菜单命令，在弹出的“新建纹理”面板中，设置“宽度”和“高度”均为3000像素，如图12-15所示。执行“图层>创建UV网格层”菜单命令，完成后就可以导出了。执行“文件>另存纹理为”菜单命令，将UV网格层导出为PSD格式文件。

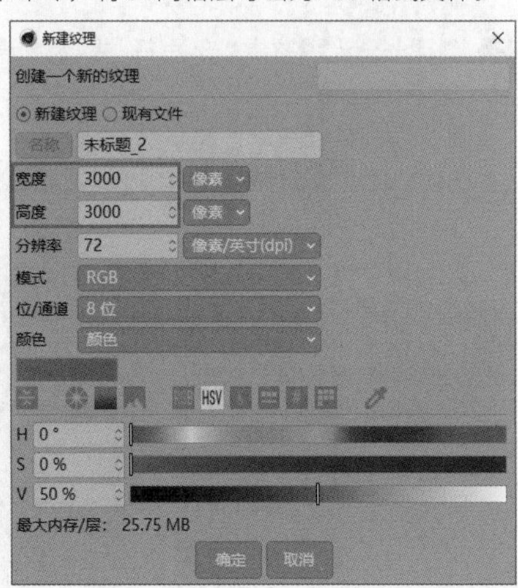

图 12-15

4.制作大瓶贴图

01 将导出的文件在Photoshop中打开。将贴图素材放置到UV贴图的中间位置，如图12-16所示。

02 关闭背景与UV网格所在图层，然后将文件导出并存储为PNG格式文件，完成后可以把贴图贴到模型中看一下效果，如图12-17所示。

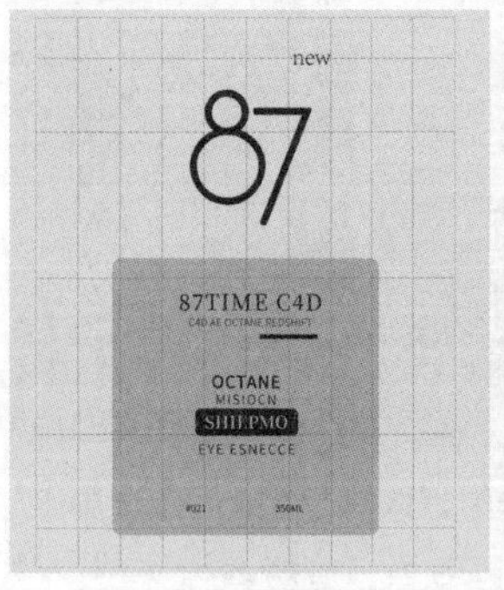

图 12-16

图 12-17

5.制作贴图材质

01 在“Octane设置”面板中进行初始设置，使用“路径追踪”模式，设置“最大采样”为80,“过滤尺寸”为0.2,“全局光照修剪”为1，此时的渲染效果是比较灰的，如图12-18所示。

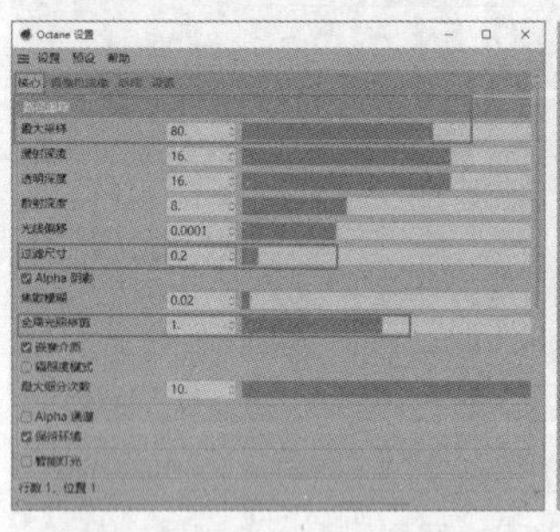

图 12-18

02 创建一个光泽材质，然后将“图像纹理”节点链接“漫射”通道，接着选择“图像纹理”节点，在“文件”选项中导入之前制作的标签贴图，如图12-19所示。将材质赋予中间的大瓶模型，如图12-20所示。

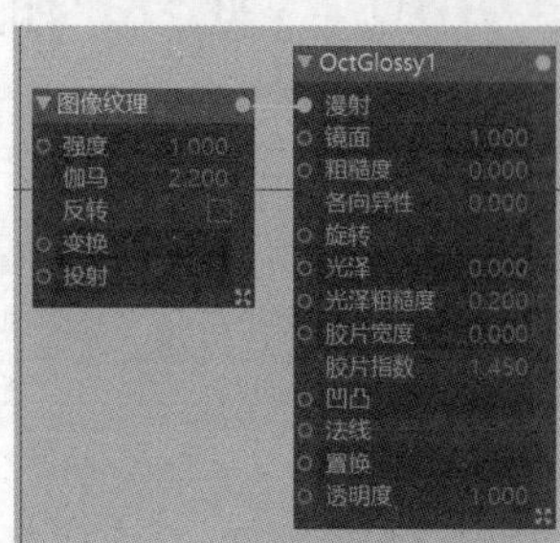

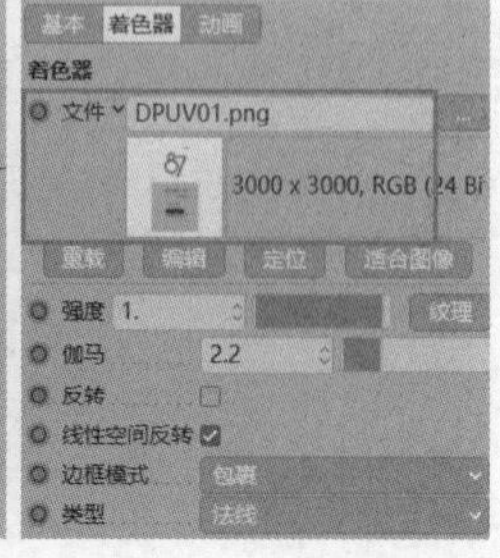

图 12-19

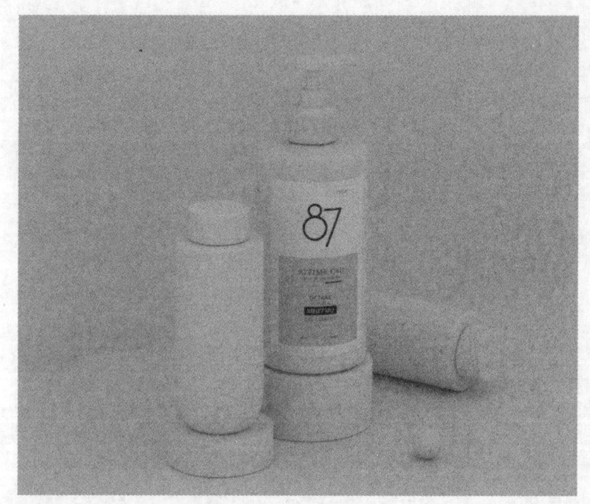

图 12-20

03 创建一个光泽材质，然后将“图像纹理”节点链接“漫射”通道，接着选择“图像纹理”节点，在“文件”选项中导入之前制作的标签贴图，如图12-21所示。将材质赋予两侧的小瓶模型，如图12-22所示。

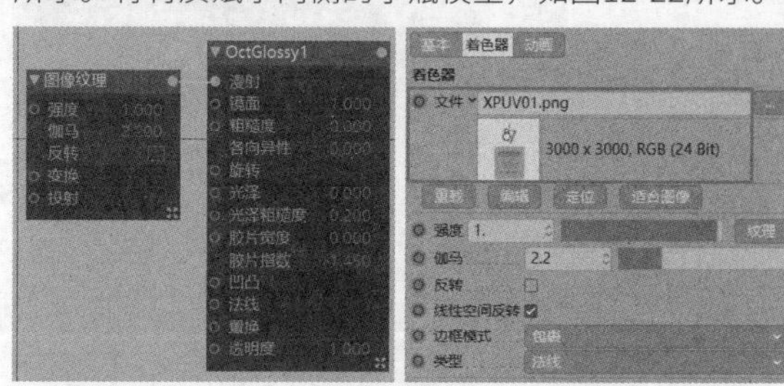

图 12-21

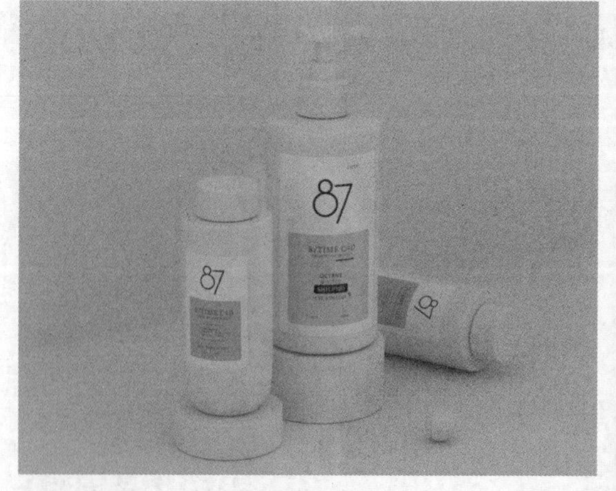

图 12-22

12.1.2 环境创建

01 执行“对象>Octane HDRI纹理环境”菜单命令，在场景中添加HDRI纹理环境，如图12-23所示。单击“图像纹理”按钮 图像纹理 进入其设置区域，在“文件”选项中加载HDR贴图，如图12-24所示。

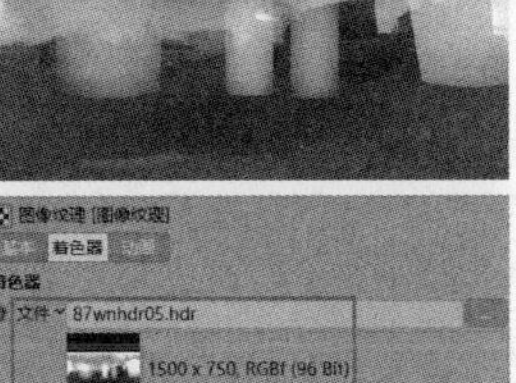

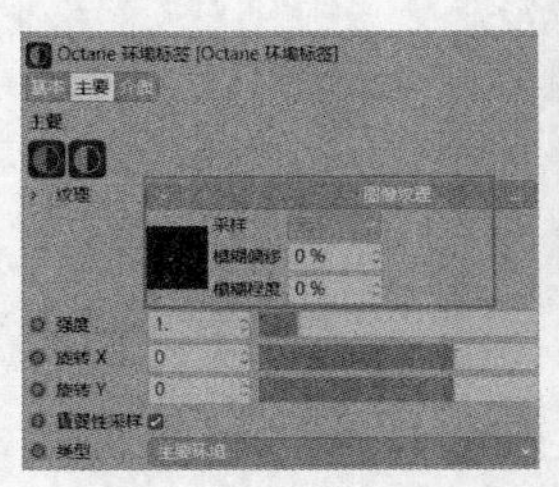

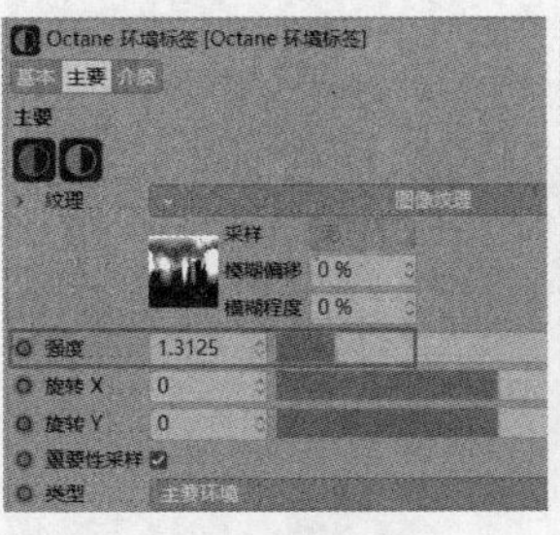

图 12-23

图 12-24

02 在“属性”面板中设置“强度”为1.3125，渲染后的效果如图12-25所示。

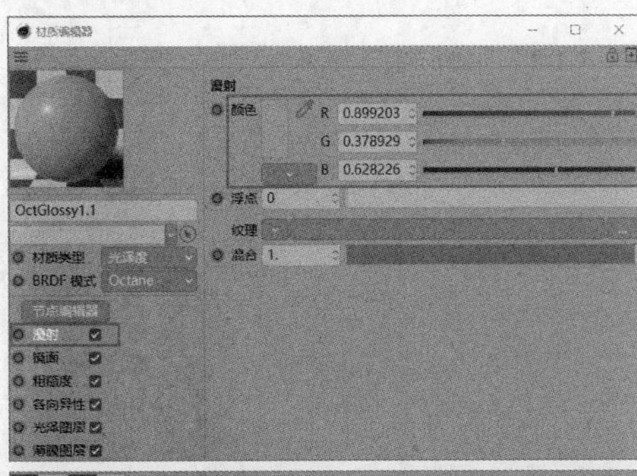

图 12-25

12.1.3 材质与效果制作

01 创建一个光泽材质，参数设置如图12-26所示。将材质赋予背景，如图12-27所示。

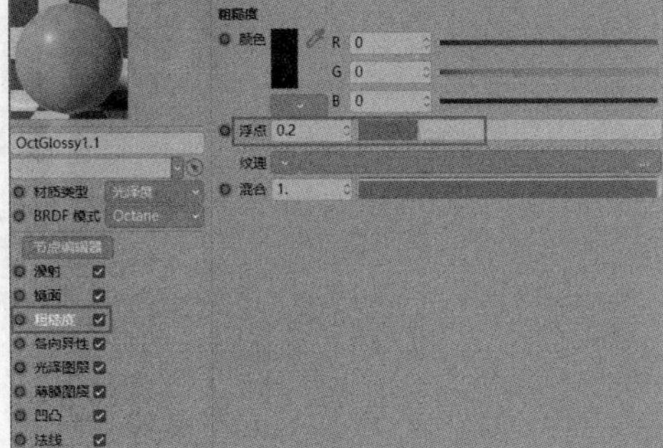

图 12-26

图 12-27

疑难解答 不同材质的粗糙度该如何设置？

粗糙度控制的是反射模糊的效果，数值越小，反射越清晰；数值越大，反射越模糊。在生活中，镜子和手机屏幕的反射就是清晰的，一般设置“粗糙度”通道中的“浮点”为0；木头、鼠标和键盘等多数物体的反射是模糊的，一般设置“粗糙度”通道中的“浮点”为0.02~0.3。

02 创建一个光泽材质，参数设置如图12-28所示。将材质赋予地面，如图12-29所示。

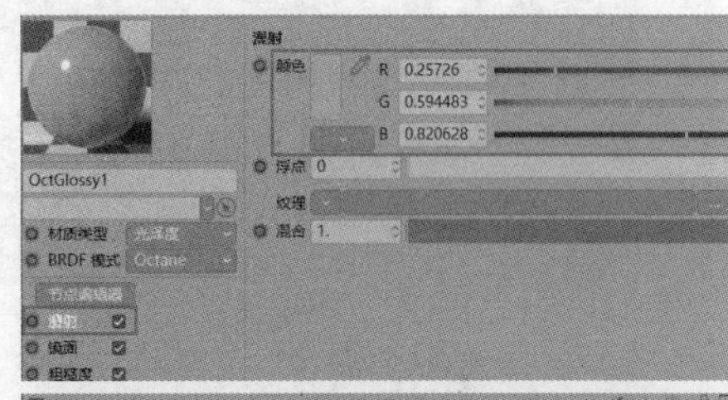

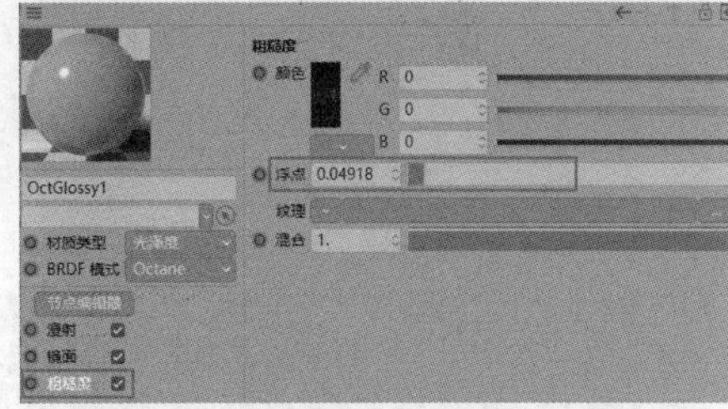

图 12-28

图 12-29

03 用同样的方法创建两个光泽材质，参数设置如图12-30和图12-31所示。将这两个材质赋予底部的圆柱体模型，如图12-32所示。

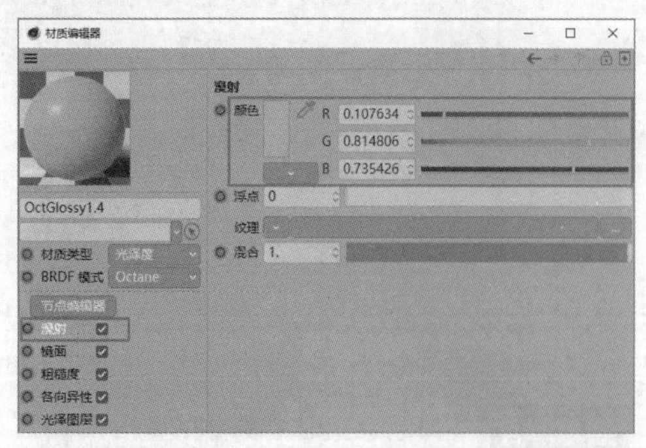

图 12-30

图 12-31

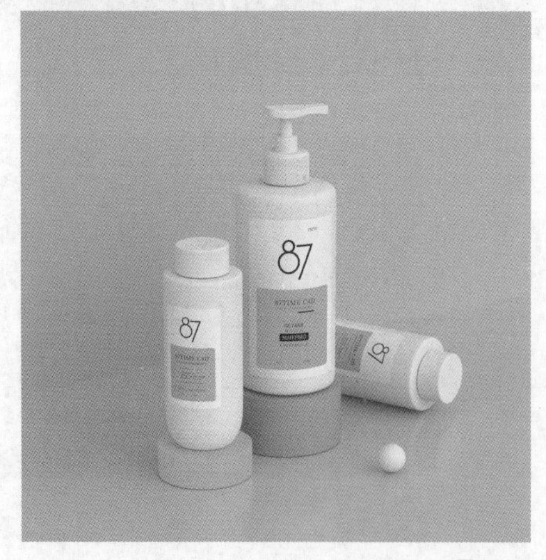

图 12-32

04 创建一个光泽材质，然后按照图12-33所示进行节点链接，在“梯度”节点中调整渐变颜色，如图12-34所示。

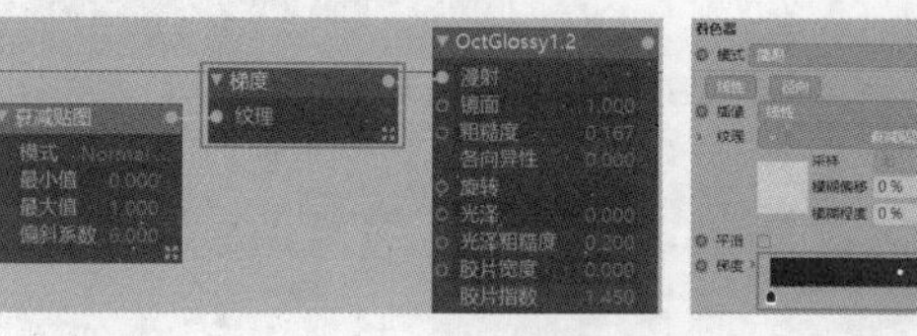

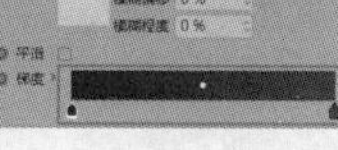

图 12-33　　图 12-34

05 材质的参数设置如图12-35所示。将材质赋予瓶盖模型，如图12-36所示。

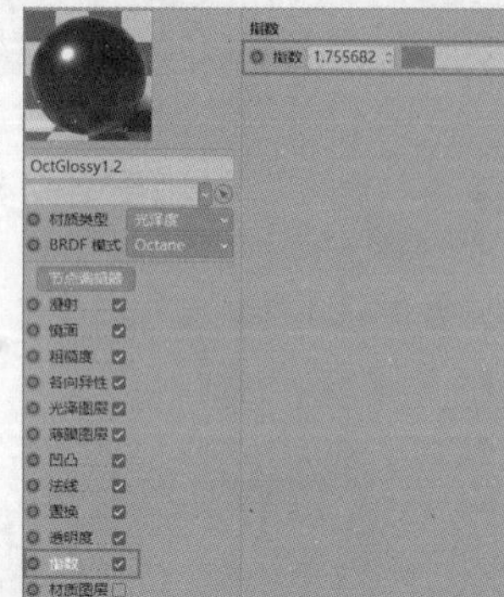

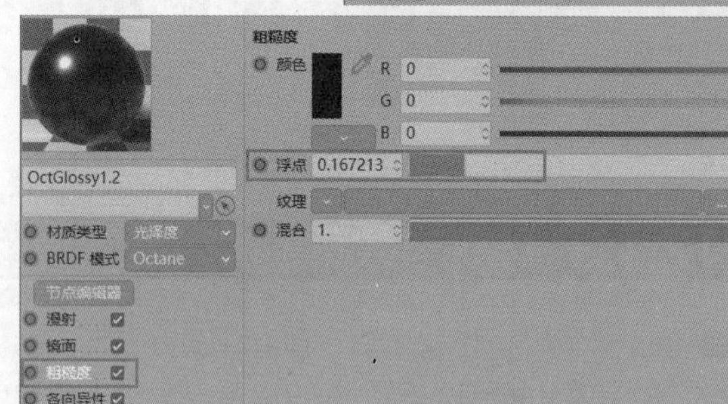

图 12-35

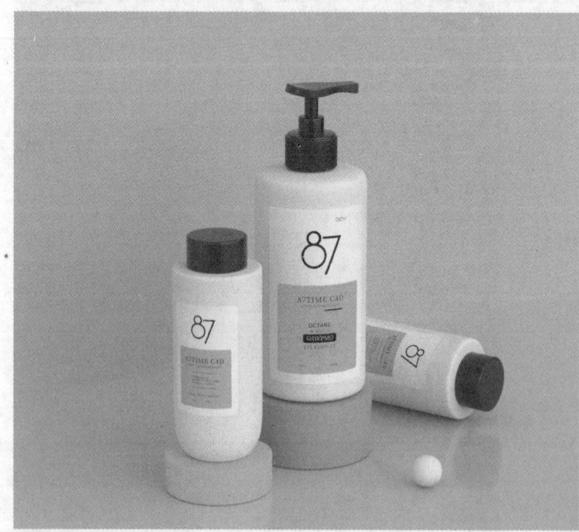

图 12-36

06 创建一个光泽材质，然后按照图12-37所示进行节点链接，在“梯度”节点中调整渐变颜色，如图12-38所示。将材质赋予瓶身模型，如图12-39所示。

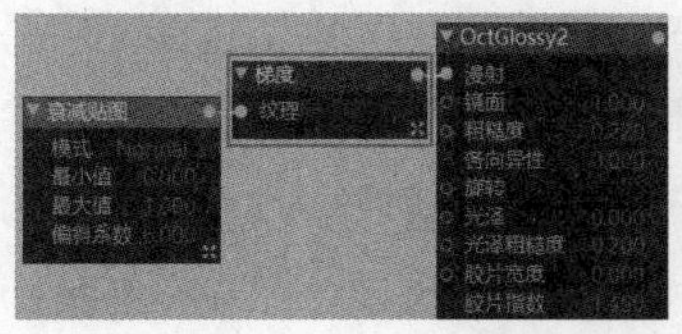
图 12-37

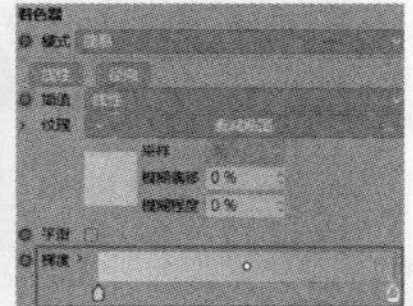
图 12-38

图 12-39

07 目前还缺少反射的细节，创建Octane区域光作为反光板，参数设置和摆放位置如图12-40所示。

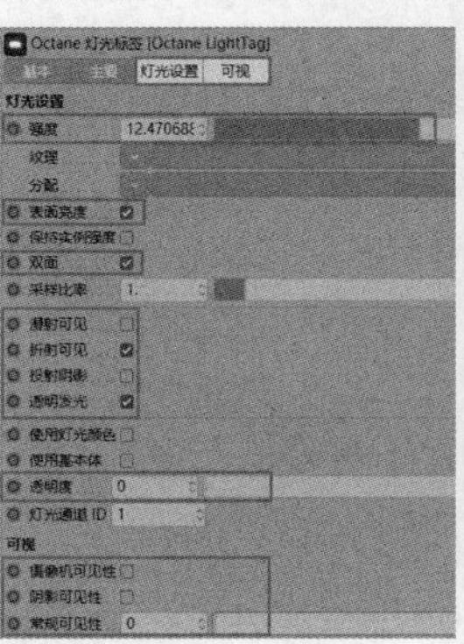

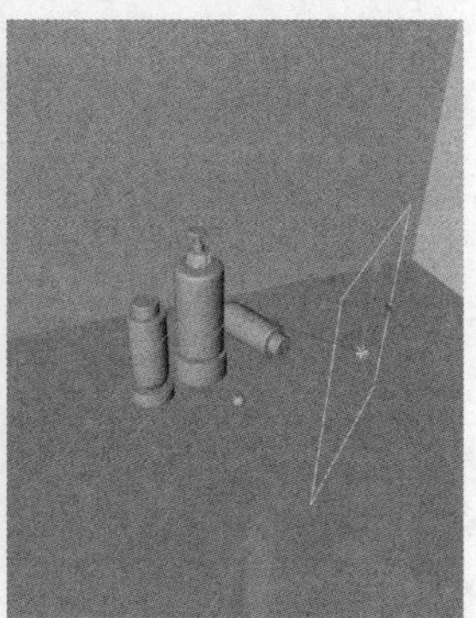
图 12-40

技巧提示 反光板的参数设置大多是一致的，勾选“表面亮度”“双面”“折射可见”“透明发光”选项，然后取消勾选“漫射可见”“投射阴影”“摄像机可见性”“阴影可见性”选项，接着设置“透明度”和“常规可见性”为0，再根据反光板的位置调整“强度”值。

08 复制反光板，然后将其置于模型的左前方，如图12-41所示。可以看出，瓶子模型的两侧有了反射的细节，黑色的地方反射更明显，产品的立体感变得更好了，如图12-42所示。

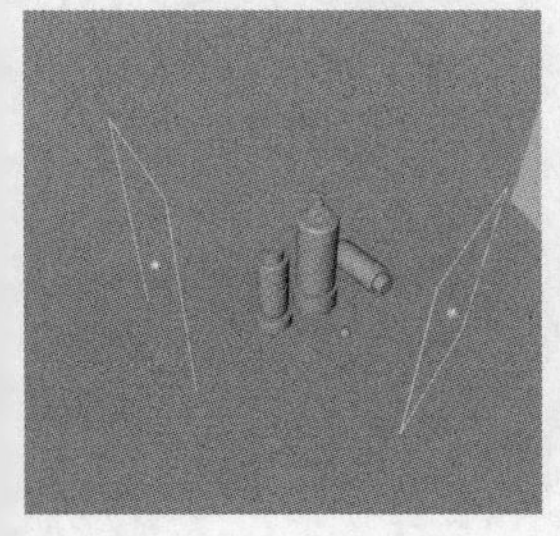
图 12-41

图 12-42

12.1.4 渲染输出

01 在“Octane设置”面板中进行初始设置，使用“路径追踪”模式，设置“最大采样”为1500，然后在Octane工具栏中激活“锁定分辨率”工具🔒，并设置比例为1：1，如图12-43所示。

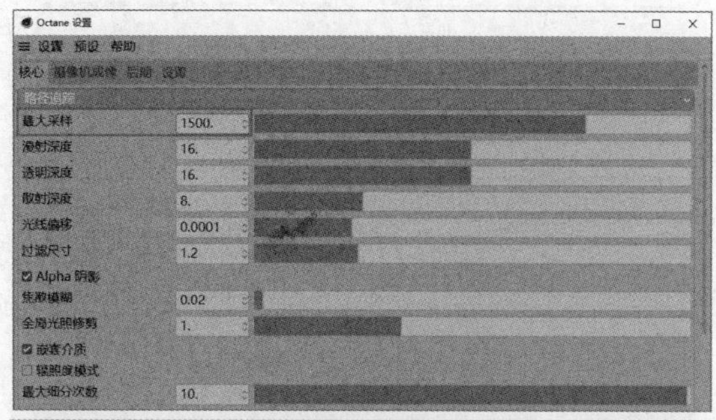

图 12-43

02 在“渲染设置”面板中，选择“输出”选项，然后设置“宽度”和“高度”均为1400像素，如图12-44所示。渲染完成后，执行“文件>保存图像为”菜单命令，即可输出图像，如图12-45所示。

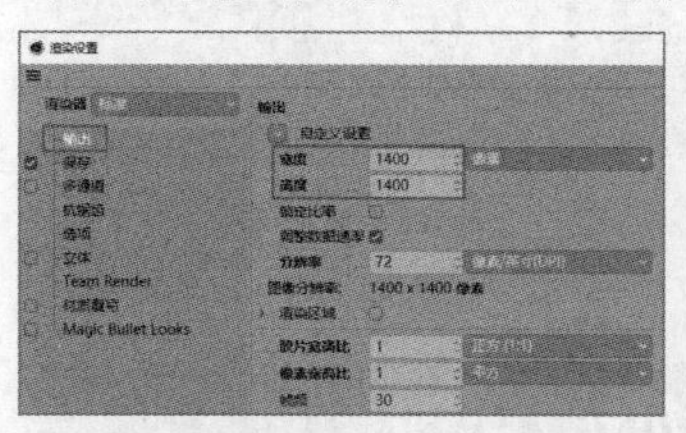
图 12-44

图 12-45

12.1.5 后期处理

01 将渲染完成的图片导入Photoshop中，执行“滤镜>Camera Raw滤镜”菜单命令，在“基本”和“细节”面板中进行参数设置，如图12-46所示。

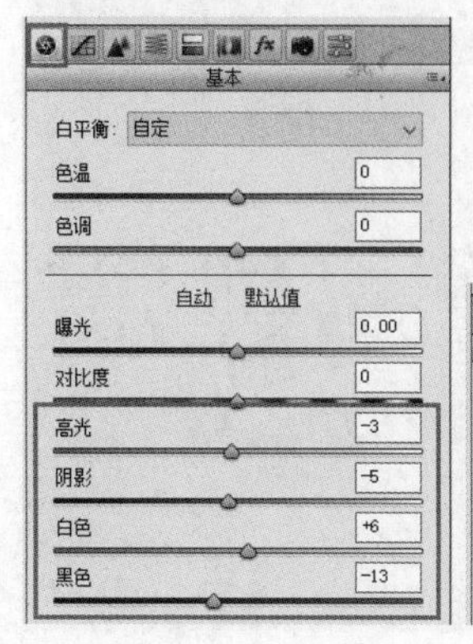

图 12-46

02 在“HSL/灰度”面板中进行调整，参数设置如图12-47所示。最终效果如图12-48所示。

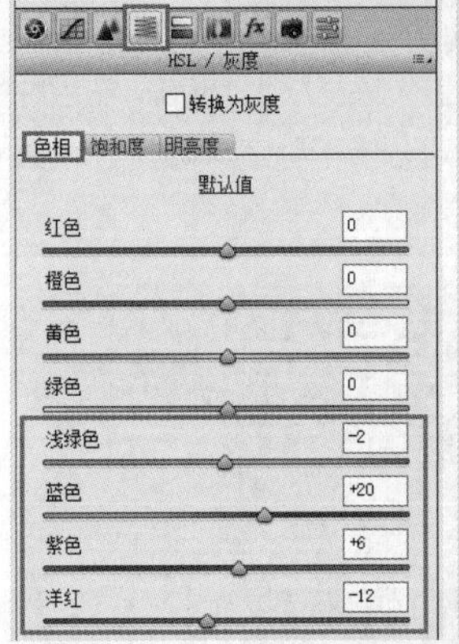

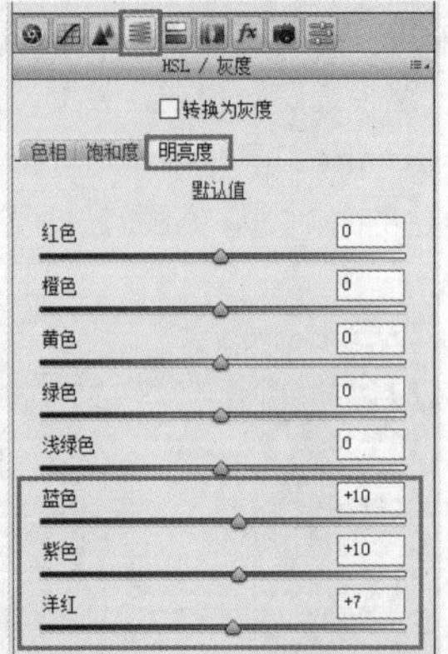

图 12-47

图 12-48

12.2 洗面奶

◇ 场景位置	场景文件 >CH12>02-1.c4d、02-2.c4d
◇ 实例位置	实例文件 >CH12> 洗面奶 .c4d
◇ 视频名称	洗面奶 .mp4
◇ 学习目标	掌握产品渲染的方法
◇ 操作重点	产品的贴图与渲染表现

本实例使用的是目标区域光，目标区域光是自由度非常高的光源，可控制的细节也特别多，效果如图12-49所示。

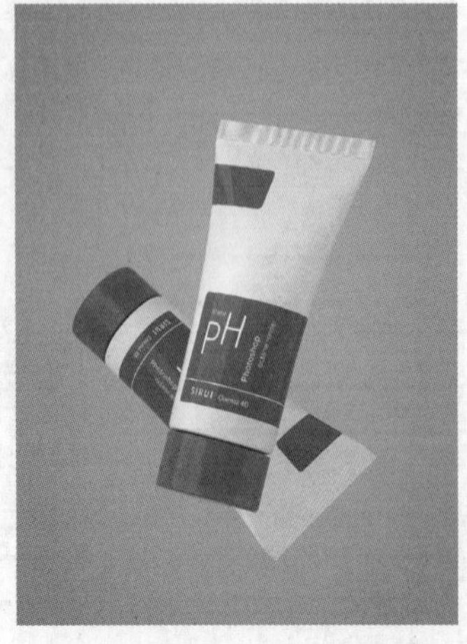

图 12-49

12.2.1 UV拆分

拆分UV时需要选择好瓶身的切线，贴图时需要制作出瓶身尾部的压痕。

1.拆分UV并导出

01 打开本书资源文件“场景文件>CH12>01-1.c4d”，如图12-50所示。在Cinema 4D界面右上角的“界面”下拉菜单中选择BP-UV Edit选项，进入UV编辑界面。选择好切线，如图12-51所示。

图 12-50

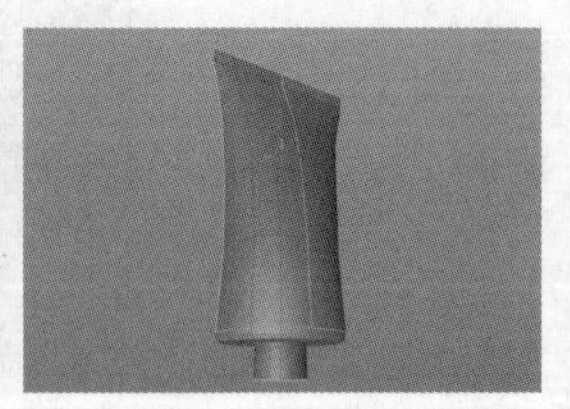

图 12-51

02 选择所有的面，然后单击“投射”选项卡中的“前沿”按钮，效果如图12-52所示。

03 在“松弛UV”选项卡中，取消勾选“固定边界点”和“固定相邻边”选项，勾选“沿所选边切割”和“自动重新排列”选项，然后单击“应用”按钮对UV进行松弛，如图12-53示。

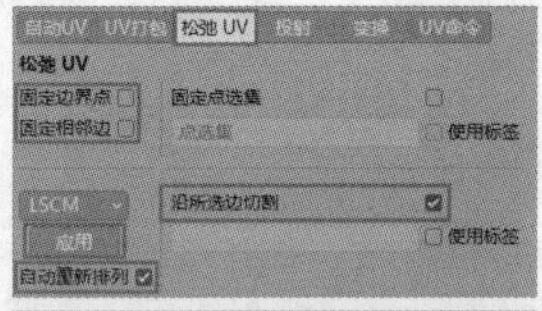

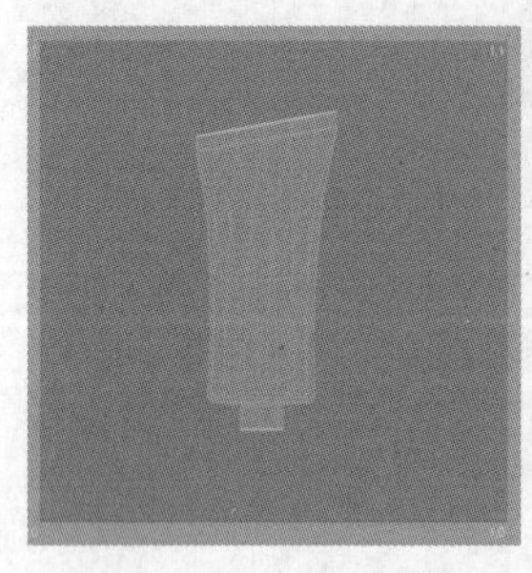

图 12-52

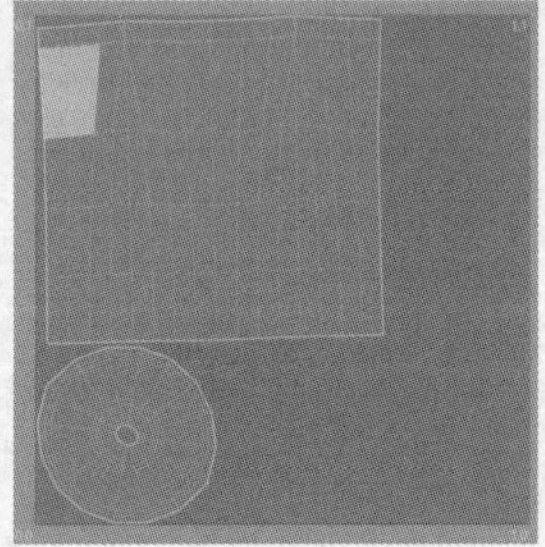

图 12-53

04 底部的模型可以不贴图，可以使用“UV变换”工具将其缩小，并放到界面一边，如图12-54所示。

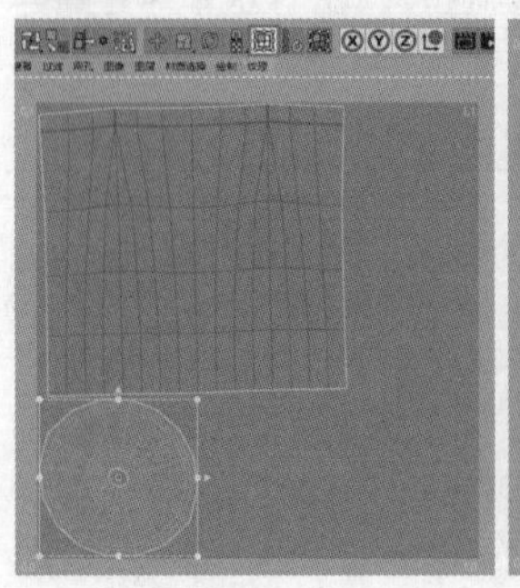
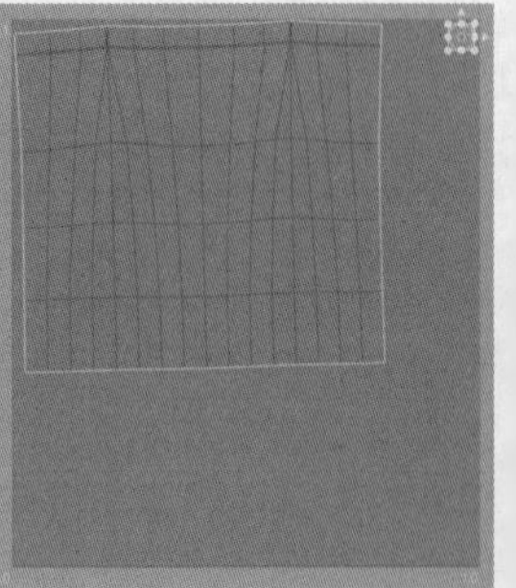

图 12-54

05 使用“UV变换”工具将UV放大，并移至视图窗口中心，如图12-55所示。执行“UV矩形化”命令，把UV变成矩形，这样便于后期贴图，如图12-56所示。

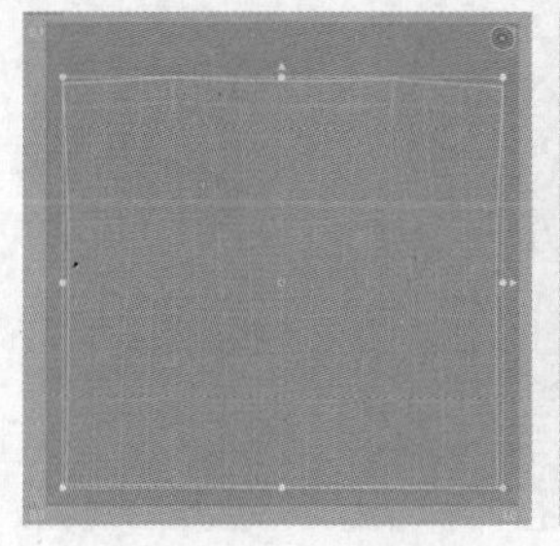

图 12-55

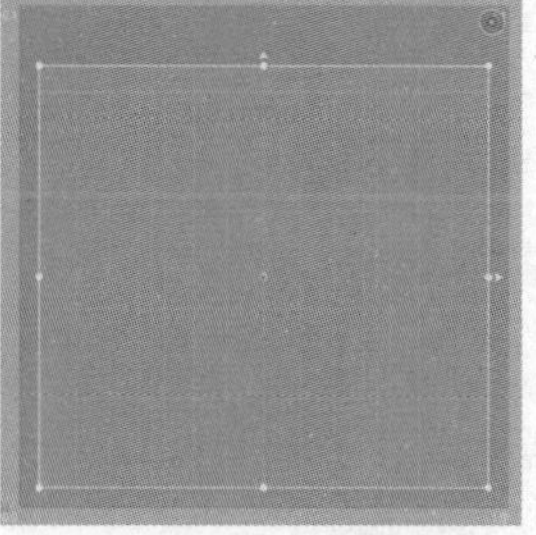

图 12-56

06 执行“文件>新建纹理”菜单命令，在弹出的“新建纹理”面板中，设置“宽度”和“高度”均为3000像素，如图12-57所示。执行“图层>创建UV网格层”菜单命令，然后执行“文件>另存纹理为”菜单命令，将UV网格层导出为PSD格式文件，如图12-58所示。

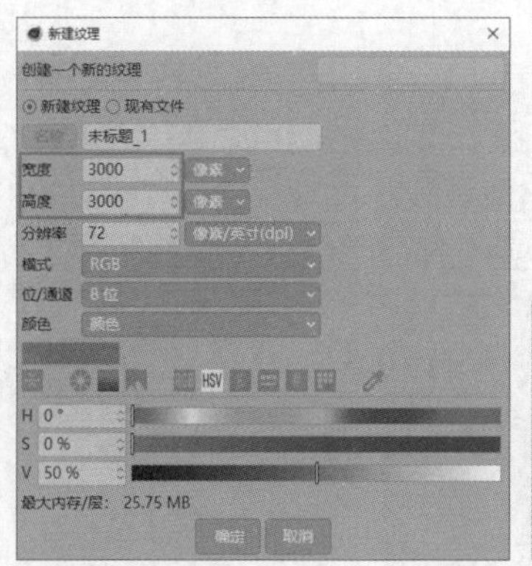

图 12-57

图 12-58

2.制作贴图

01 将导出的文件在Photoshop中打开，然后将贴图置于UV网格中较为合适的位置，如图12-59所示。关闭背景与UV网格所在图层，效果如图12-60所示。然后将文件导出并存储为PNG格式文件。

图 12-59

图 12-60

02 将背景填充为黑色，继续导入贴图，并置于图12-61所示的位置。将黑白条复制3份，依次排列，如图12-62所示。将其全选，然后合并为一个图层。

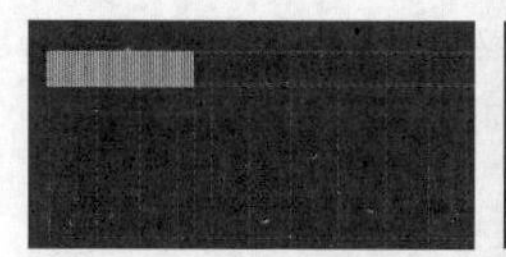

图 12-61

图 12-62

03 执行“滤镜>模糊>高斯模糊”菜单命令，设置“半径”为2像素，效果如图12-63所示。

04 使用“矩形工具”在黑白条下方绘制一个白色的长条，然后执行“滤镜>模糊>高斯模糊”菜单命令，设置“半径”为2像素，效果如图12-64所示。关闭背景与UV网格所在图层，效果如图12-65所示。然后将文件导出并存储为PNG格式文件。

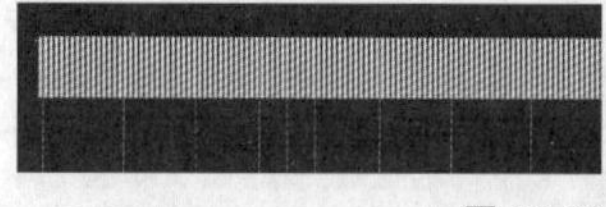

图 12-63

图 12-64

图 12-65

12.2.2 灯光创建

01 按照图12-66所示摆放模型，读者也可以直接打开配套的模型素材。

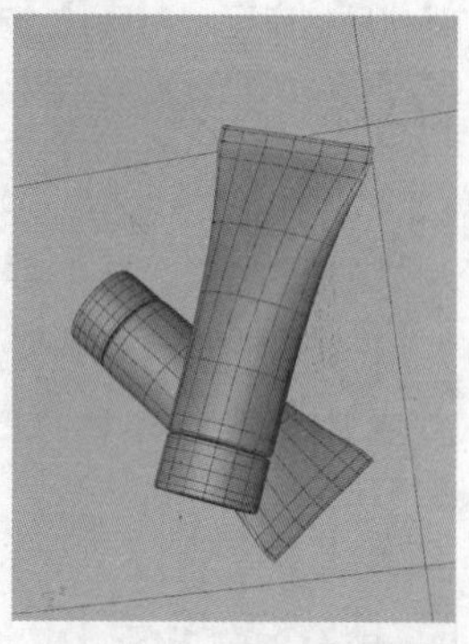

图 12-66

02 执行“对象>灯光>Octane目标区域光”菜单命令，创建目标区域光，灯光的位置与大小如图12-67所示。

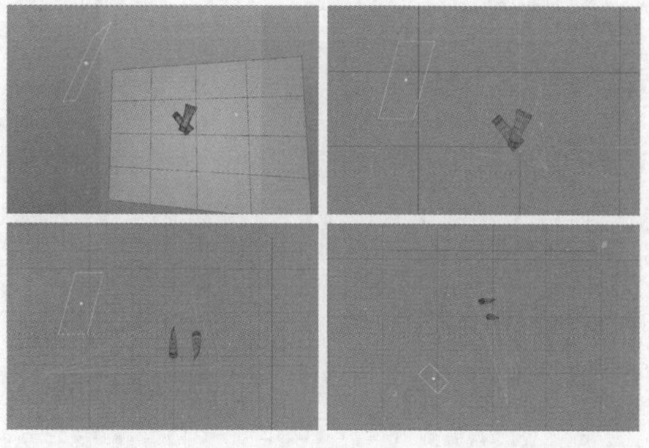

图 12-67

03 设置灯光的“类型”为“纹理”,“强度”为11，并取消勾选“折射可见”选项，如图12-68所示。渲染后的效果如图12-69所示。

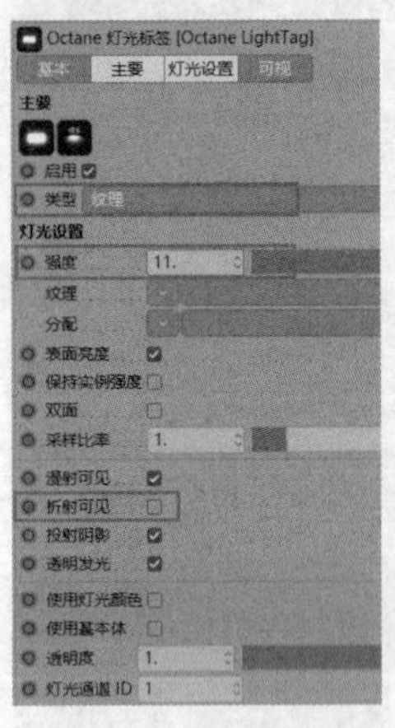

图 12-68

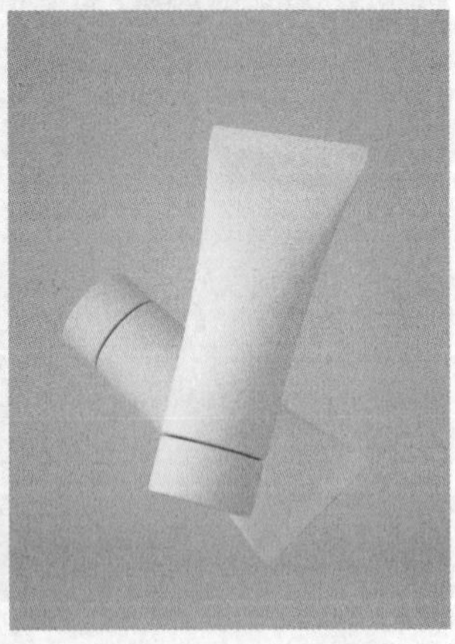

图 12-69

12.2.3 材质与效果制作

01 执行“材质>创建>Octane混合材质”菜单命令，创建一个混合材质。先创建一个光泽材质，可任意设置颜色，这个颜色只是用来观察的，如图12-70所示。将材质拖曳至“材质1”选项中，如图12-71所示。

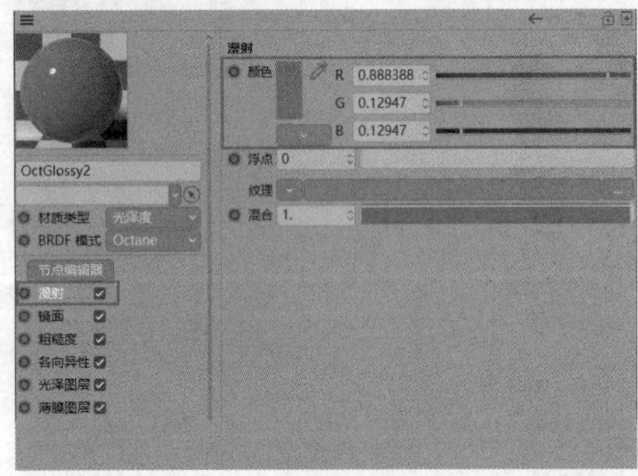

图 12-70

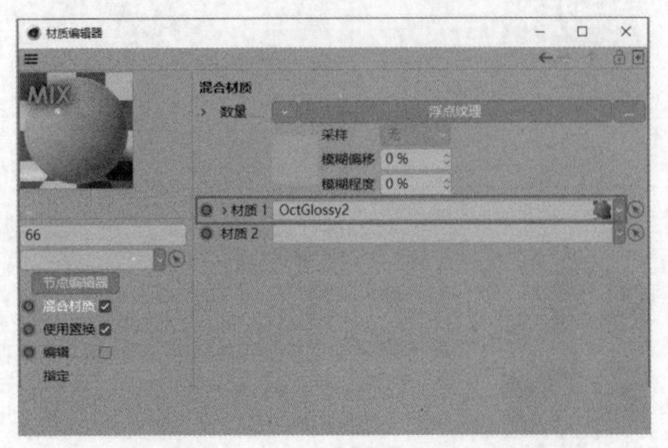

图 12-71

02 选择刚导出的UV图像，然后将其拖曳至节点视图中，会自动生成“图像纹理”节点，将其链接“数量”通道，如图12-72所示。

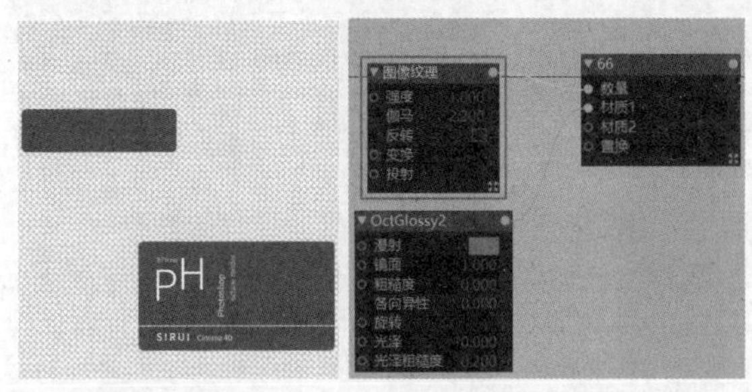

图 12-72

03 选择“图像纹理”节点，设置“类型”为Alpha，这样才能输出图片的Alpha通道信息，如图12-73所示。将混合材质赋予洗面奶模型，红色的地方就是需要贴图的地方，白色的地方使用的就是瓶身材质，如图12-74所示。

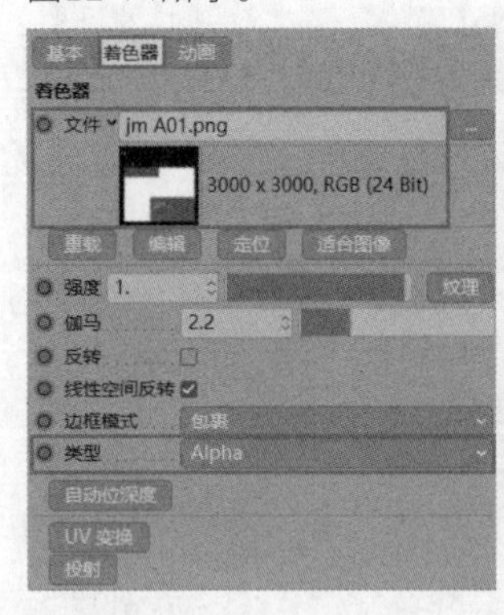

图 12-73

图 12-74

04 选择刚导出的UV图像，然后将其拖曳至节点视图中，再创建一个“图像纹理”节点，将其链接“漫射”通道，如图12-75所示。渲染后的效果如图12-76所示。

图 12-75

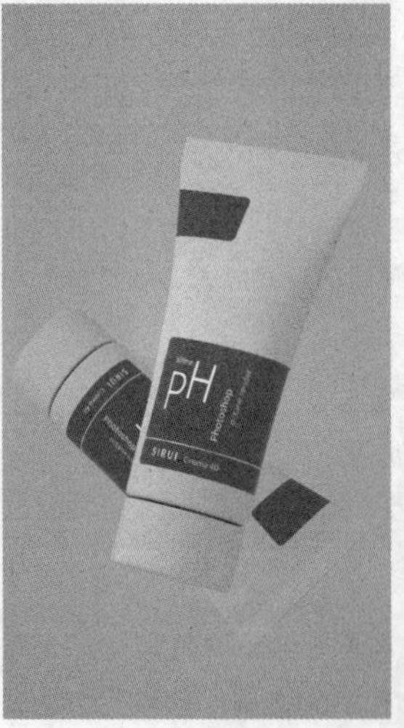

图 12-76

05 创建一个光泽材质，参数设置如图12-77所示。然后将其拖曳至“材质2”选项中，如图12-78所示。渲染后的效果如图12-79所示。

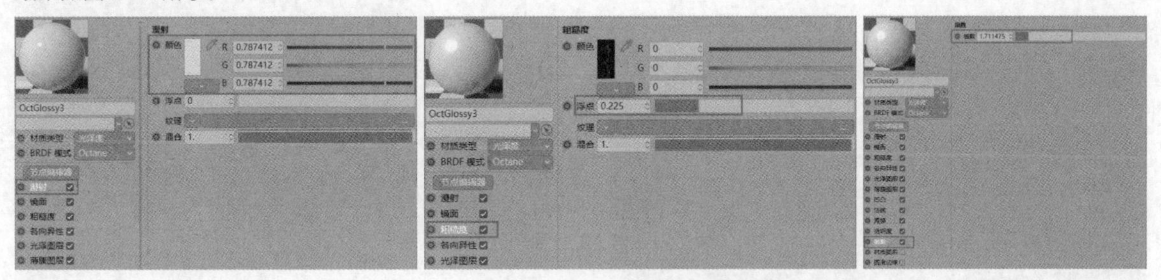

图 12-77

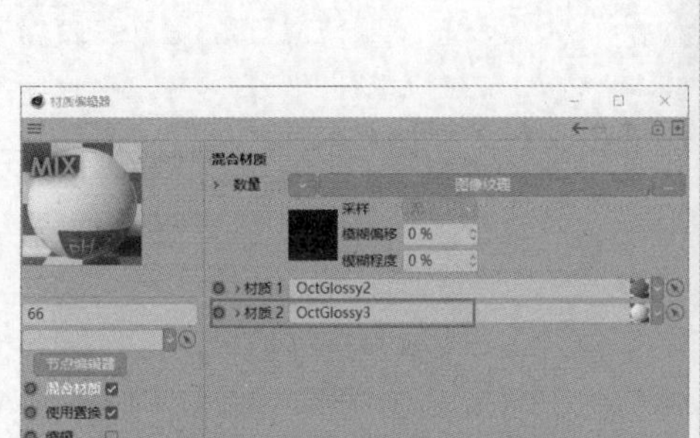

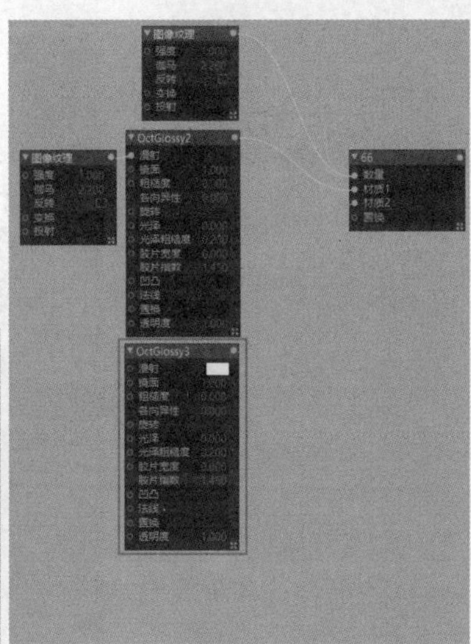

图 12-78

图 12-79

06 选择刚导出的UV纹理图像，如图12-80所示。然后将其拖曳至节点视图中，再创建一个“图像纹理”节点，将其链接“材质1”和“材质2”的“凹凸”通道，如图12-81所示。渲染后的效果如图12-82所示。

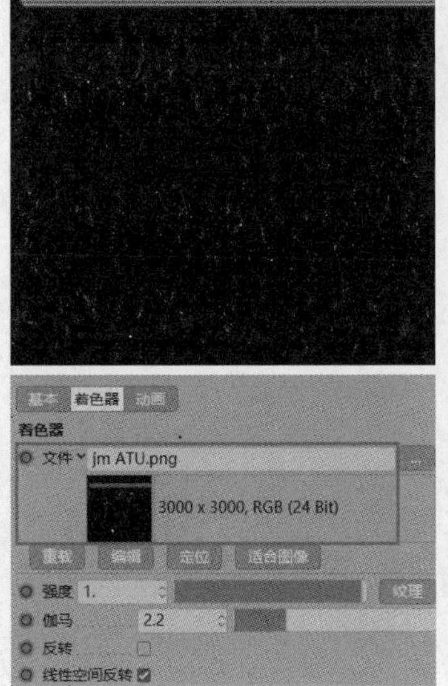

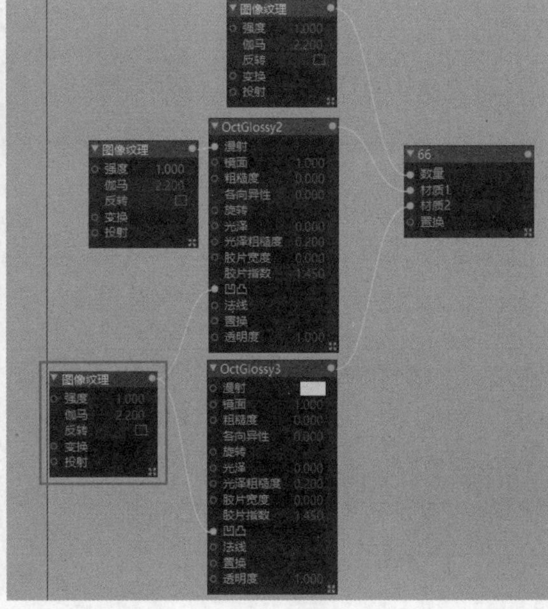

图 12-80

图 12-81

图 12-82

07 创建一个漫射材质，参数设置如图12-83所示。将材质赋予瓶盖模型，如图12-84所示。

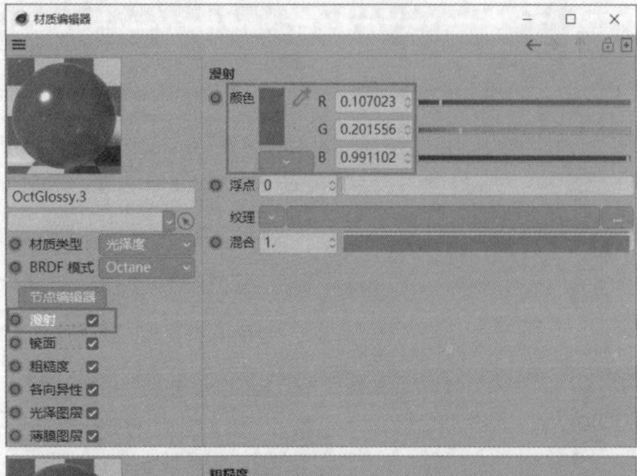

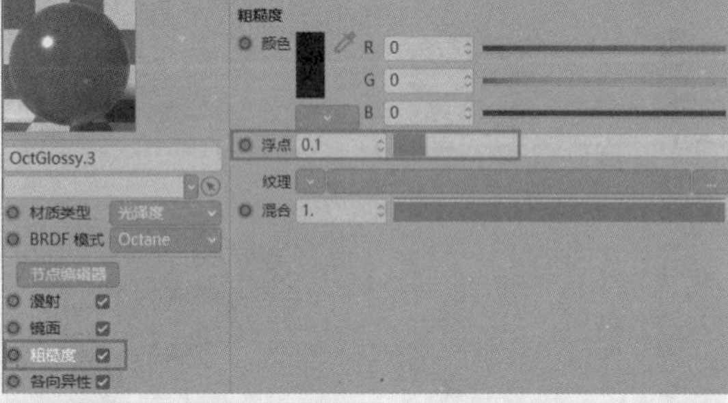

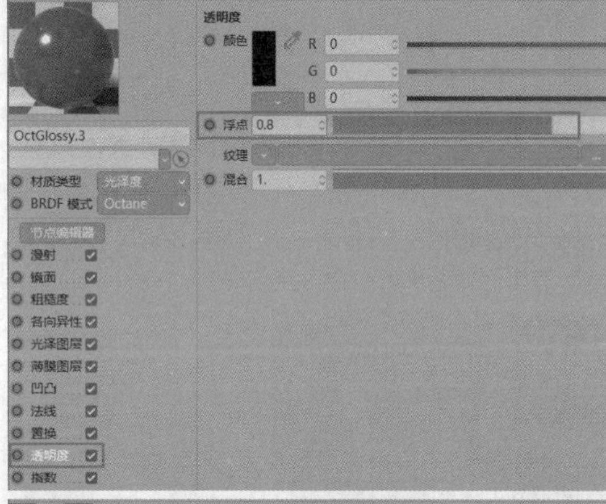

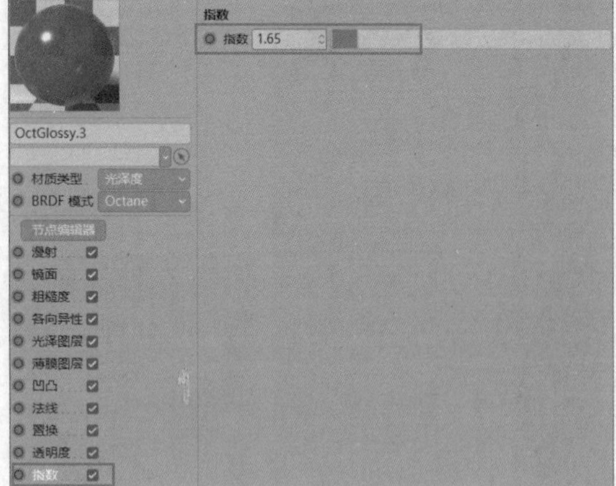

图 12-83

图 12-84

08 创建一个光泽材质，参数设置如图12-85所示。将材质赋予背景，如图12-86所示。

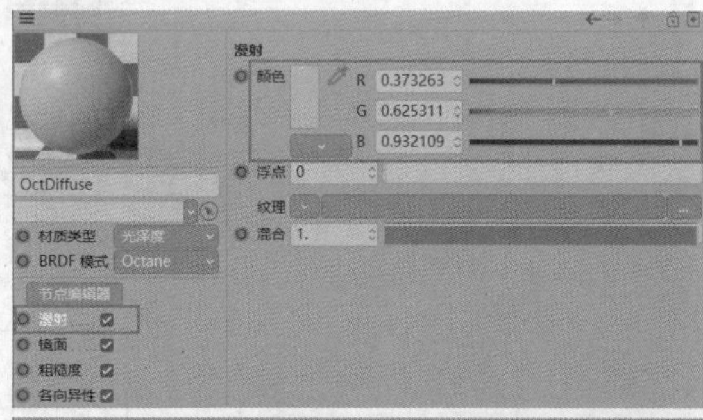

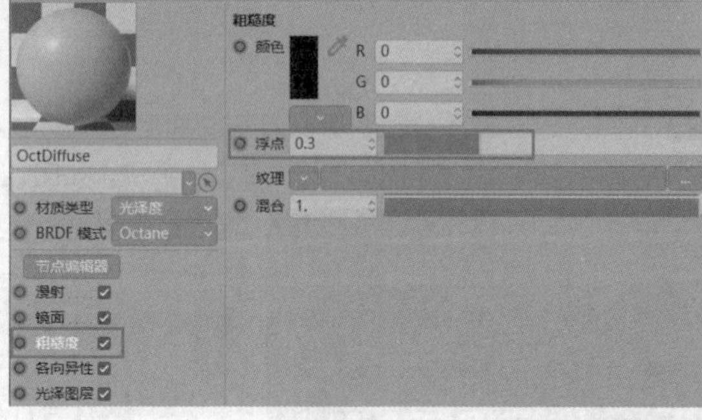

图 12-85

图 12-86

09 目前还缺少反射的细节，创建Octane区域光作为第1块反光板，参数设置和摆放位置如图12-87所示。渲染后的效果如图12-88所示。

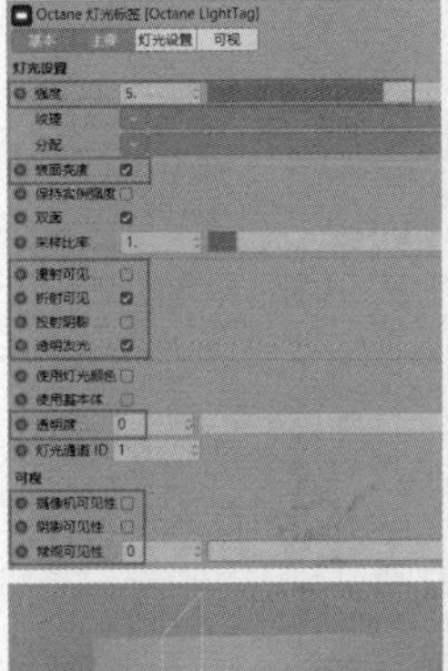

图 12-87　　图 12-88

10 创建Octane区域光作为第2块反光板，参数设置和摆放位置如图12-89所示。渲染后的效果如图12-90所示。

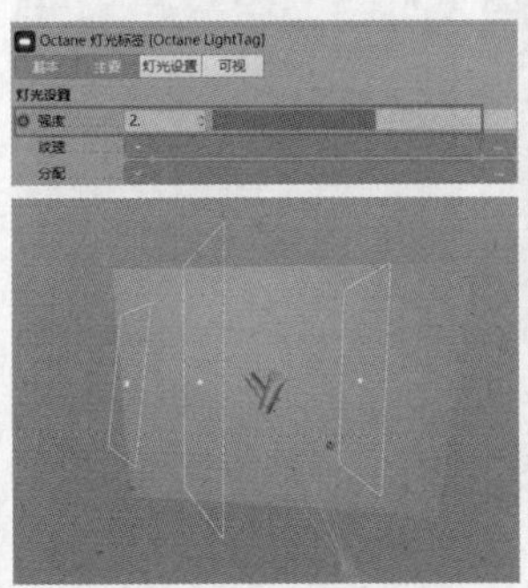

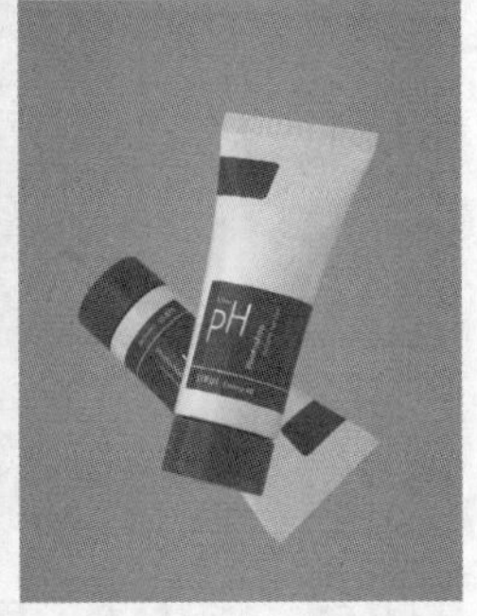

图 12-89　　图 12-90

12.2.4 渲染输出

01 在“Octane设置”面板中进行初始设置，使用“路径追踪”模式，设置“最大采样”为2000，然后在Octane工具栏中激活“锁定分辨率”工具，并设置比例为1∶1，如图12-91所示。

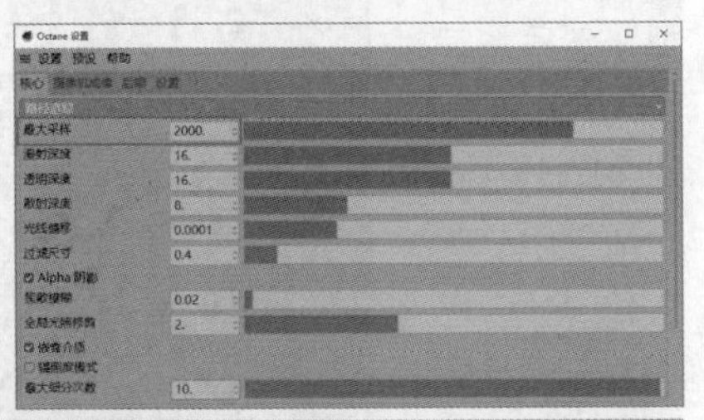

图 12-91

02 在“渲染设置”面板中，选择“输出”选项，然后设置“宽度”为1200像素，“高度”为1600像素，如图12-92所示。渲染完成的效果如图12-93所示。执行“文件>保存图像为”菜单命令，即可输出图像。

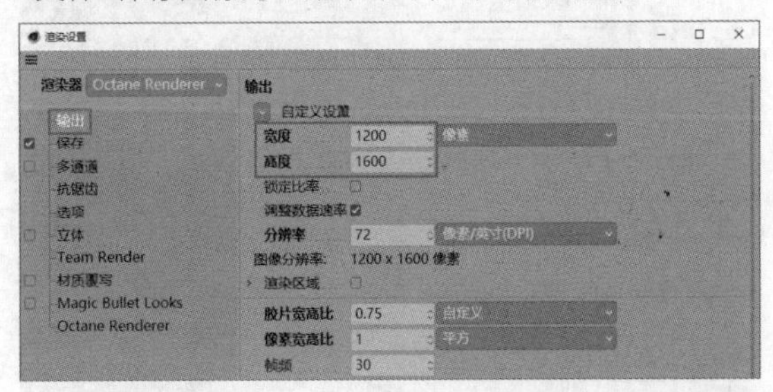

图 12-92

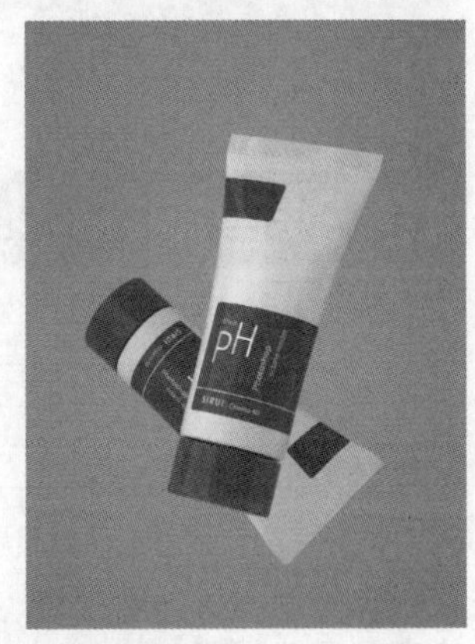

图 12-93

12.2.5 后期处理

01 将渲染完成的图片导入Photoshop中，执行“滤镜>Camera Raw滤镜”菜单命令，在“基本”和“细节”面板中进行调整，参数设置如图12-94所示。

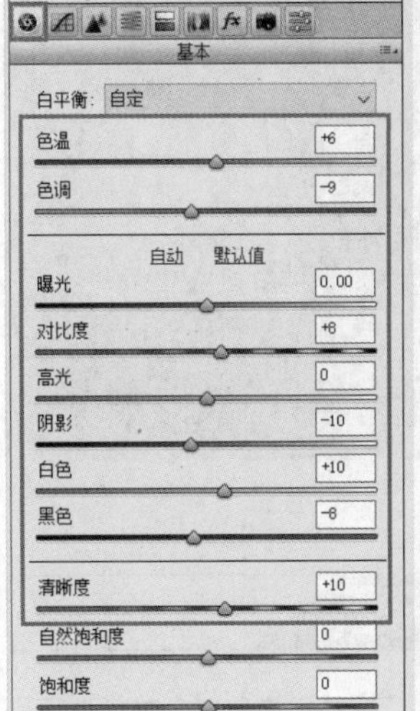

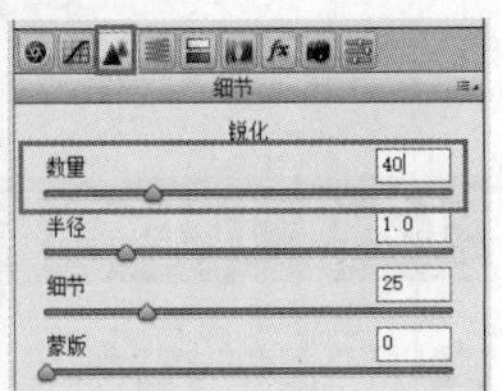

图 12-94

02 在“HSL/灰度”面板中进行调整，参数设置如图12-95所示。最终效果如图12-96所示。

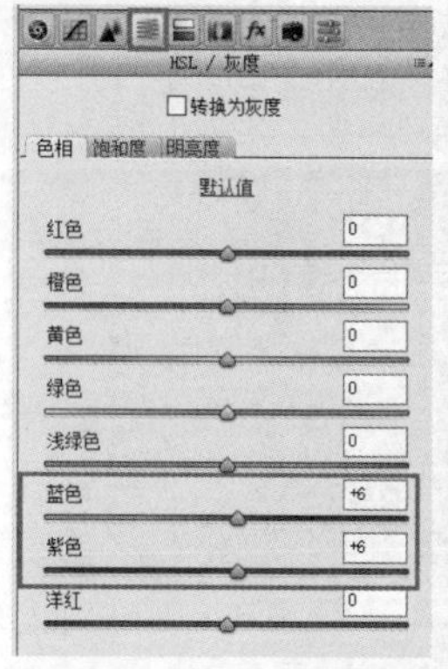

图 12-95

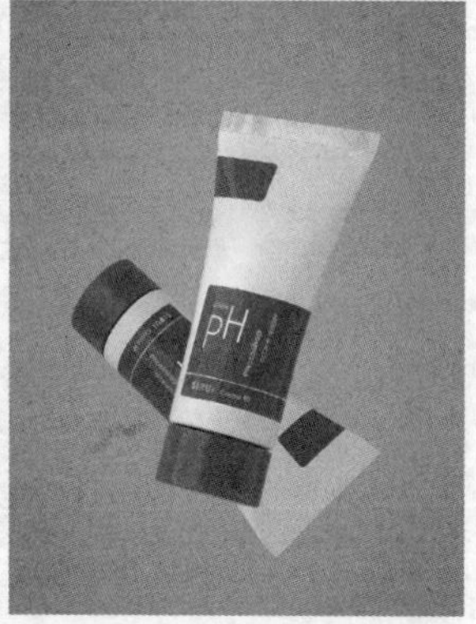

图 12-96

12.3 音响

◇ 场景位置	场景文件 >CH12>03-1.c4d~0.3-4.c4d
◇ 实例位置	实例文件 >CH12> 音响 .c4d
◇ 视频名称	音响 .mp4
◇ 学习目标	掌握产品渲染的方法
◇ 操作重点	表现写实材质

本实例为产品在生活场景中的展示，如图12-97所示。生活场景中的产品展示通常会比较写实，场景多是室内的局部，其中桌子、椅子、植物和沙发等都是常见的搭配元素。

图 12-97

12.3.1 场景搭建

01 打开配套的素材模型，下面要用产品（音响）、椅子、桌子和植物模型来搭建场景，各模型如图12-98所示。

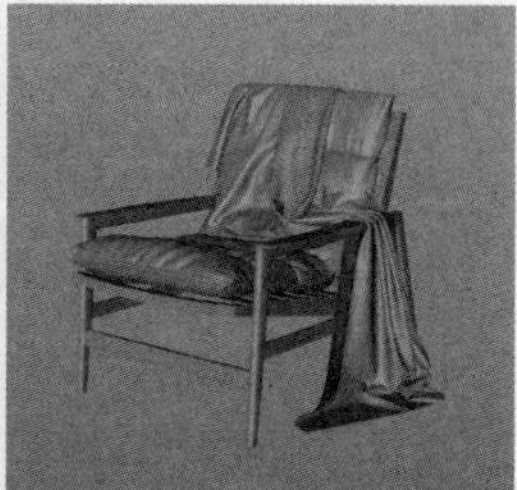

图 12-98

02 把音响放到桌子上，可以偏右一些，居中会显得呆板，然后在左侧放置植物模型，如图12-99所示。将椅子放到桌子的后面，丰富画面，如图12-100所示。

图 12-99

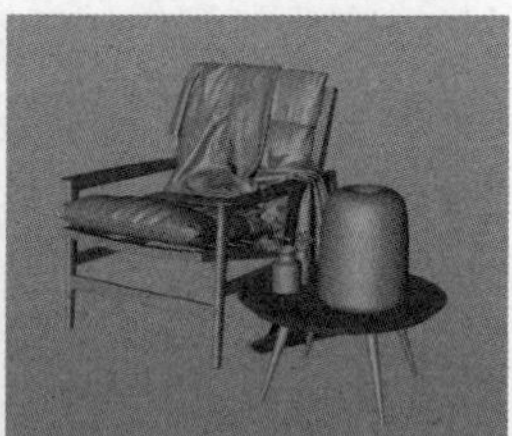

图 12-100

03 创建一个平面模型作为地面，参数设置和位置如图12-101所示。

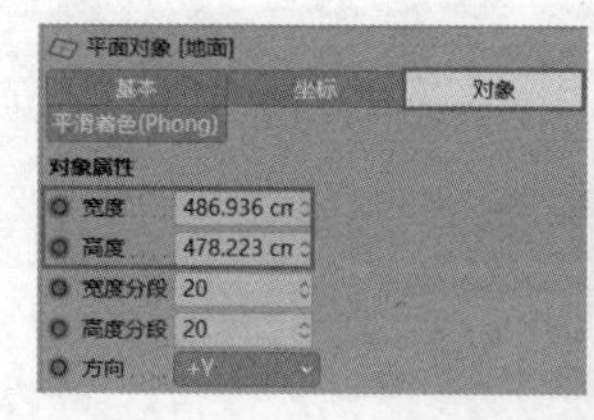

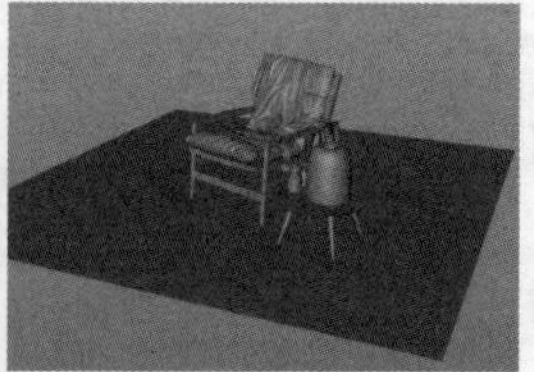

图 12-101

04 复制平面模型，然后将其旋转90°作为墙面，如图12-102所示。

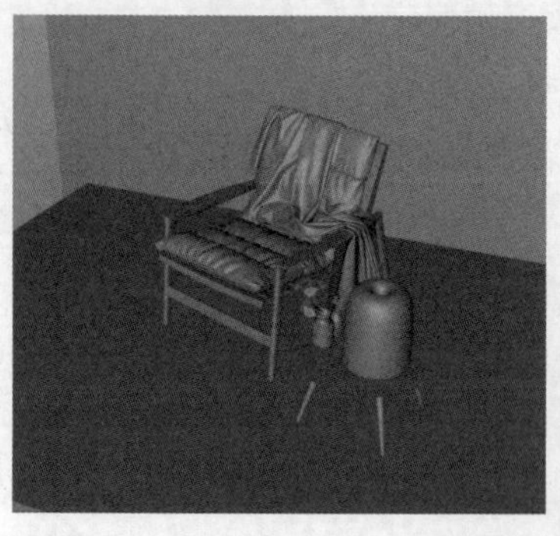

图 12-102

12.3.2 环境与灯光创建

01 在“Octane设置”面板中进行初始设置，使用“路径追踪”模式，设置“最大采样”为80,“过滤尺寸”为0.4,“全局光照修剪”为2，如图12-103所示。

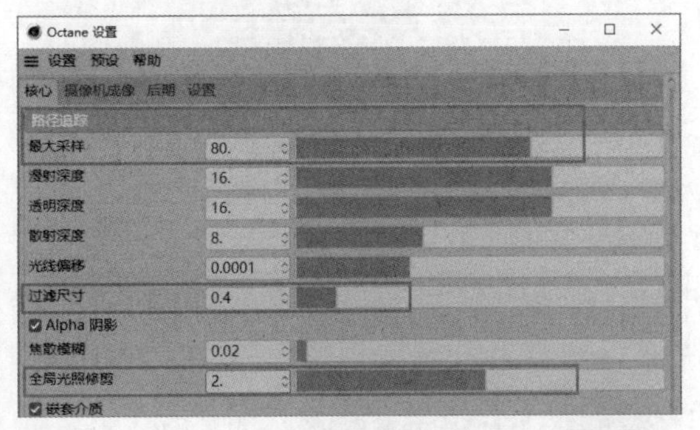

图 12-103

02 执行“对象>Octane摄像机”菜单命令，创建摄像机，参数设置如图12-104所示。在“渲染设置”面板中，选择“输出”选项，然后设置“宽度”为1080像素,“高度”为1920像素，如图12-105所示。

图 12-104

图 12-105

03 将制作好的模型摆放好，并调整摄像机的位置，如图12-106所示。在场景的右侧放置树模型，如图12-107所示。

图 12-106　图 12-107

04 创建目标区域光，灯光的位置与大小如图12-108所示。灯光的参数设置如图12-109所示。渲染后的效果如图12-110所示。

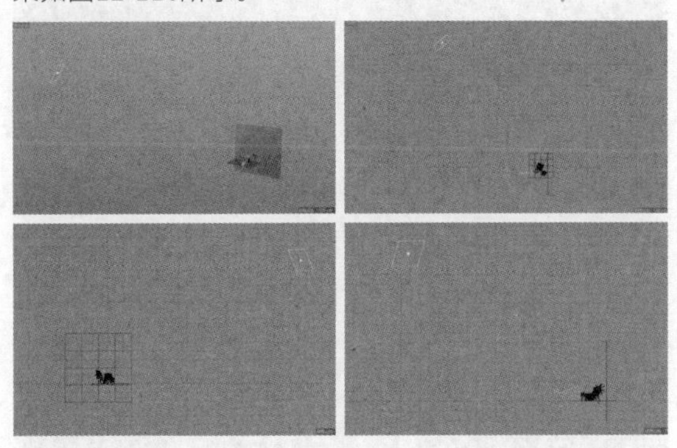

图 12-108

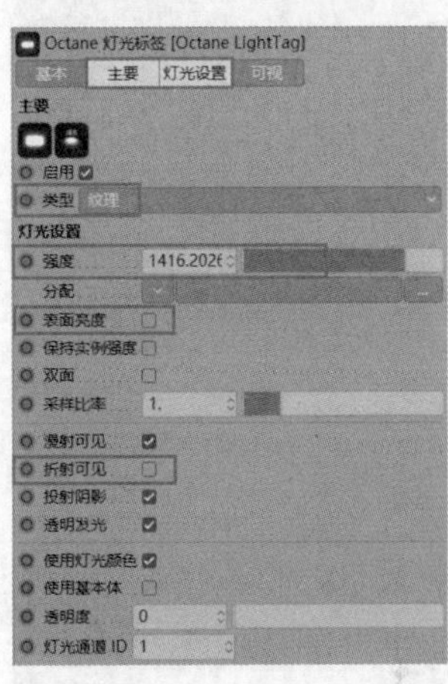

图 12-109　图 12-110

05 在场景中添加HDRI纹理环境，在“文件”选项中加载HDR贴图，如图12-111所示。渲染后的效果如图12-112所示。

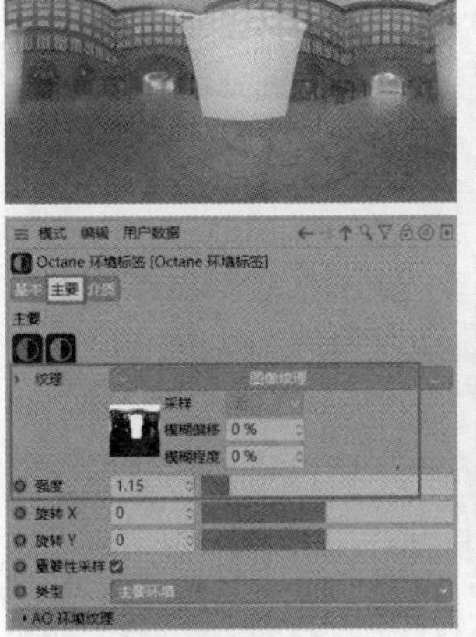

图 12-111　图 12-112

06 创建一个立方体模型，并将其放在椅子模型的左侧，参数设置和摆放位置如图12-113所示。

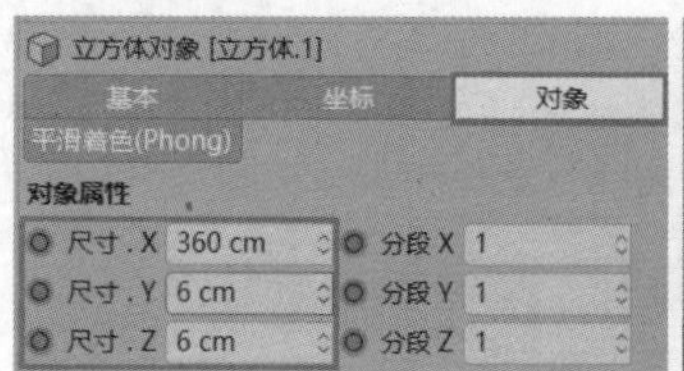

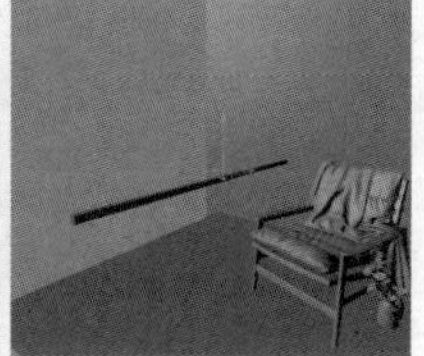

图 12-113

07 添加“克隆”生成器，对立方体模型进行克隆，参数设置和效果如图12-114所示。这个模型会挡住一部分的光线，形成影子，这样画面的光影层次更加丰富了，如图12-115所示。

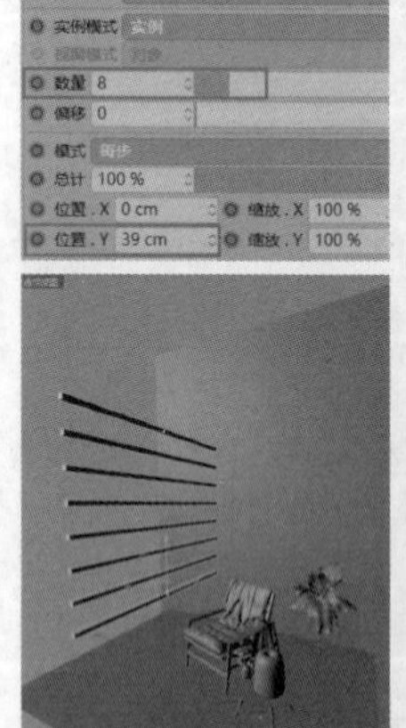

图 12-114

图 12-115

12.3.3 材质与效果制作

01 创建一个光泽材质，然后按照图12-116所示进行节点链接，在“梯度”节点中调整渐变颜色，如图12-117所示。

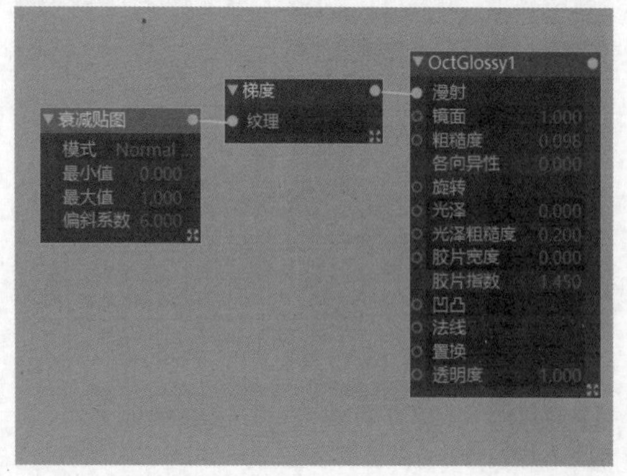

图 12-116

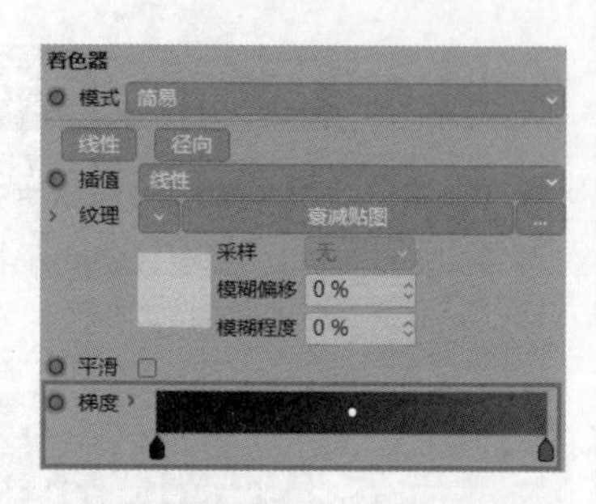

图 12-117

02 设置材质的“粗糙度”和“指数”，然后将材质赋予音响模型的下部，如图12-118所示。

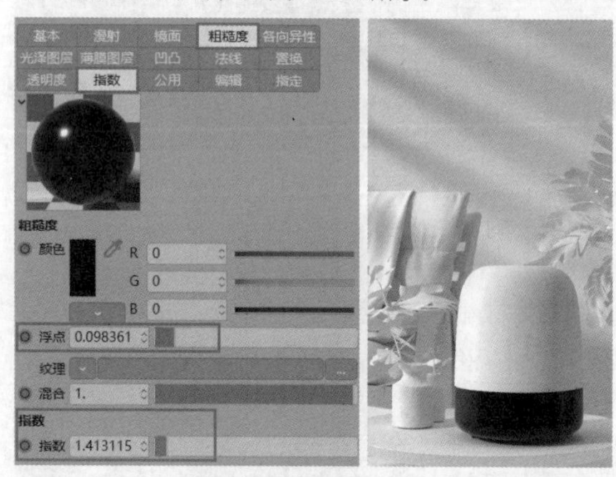

图 12-118

03 创建一个透明材质，然后按照图12-119所示进行节点链接。在“衰减贴图”节点中设置“衰减歪斜因子”为3.666489，在“梯度”节点中调整渐变颜色，如图12-120所示。

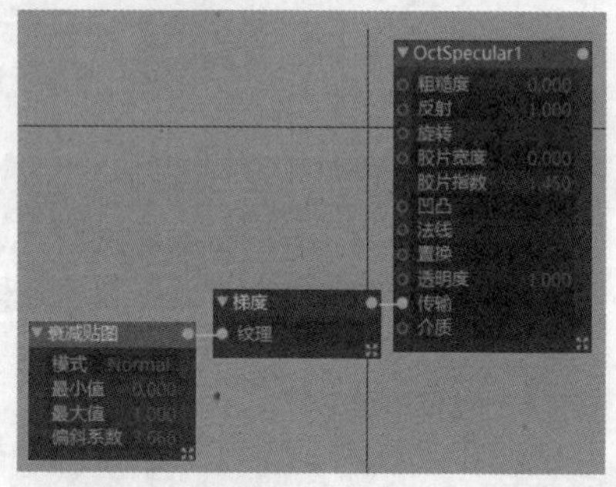

图 12-119

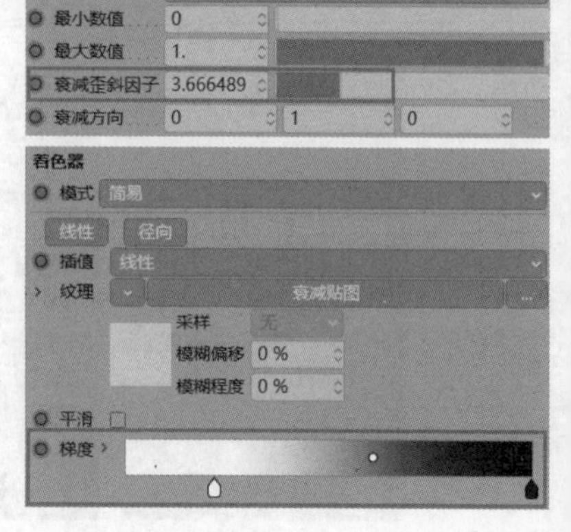

图 12-120

04 选择透明材质，设置“指数”为1.45，并勾选“伪阴影”选项，如图12-121所示。将透明材质赋予音响模型的上部，如图12-122所示。

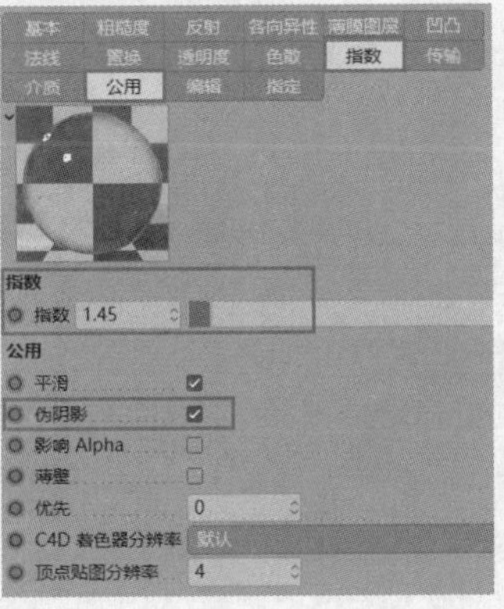

图 12-121　　图 12-122

05 选择木纹材质图像，然后将其拖曳至节点视图中，会自动生成“图像纹理”节点，将其链接“漫射”通道，再创建一个同样的“图像纹理”节点，将其链接“凹凸”通道，如图12-123所示。在“凹凸”通道中设置“强度”为0.1，减小木纹的凹凸起伏的幅度，如图12-124所示。

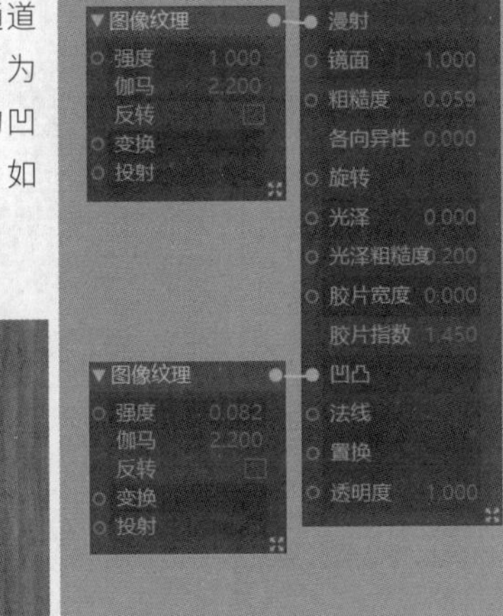

图 12-123

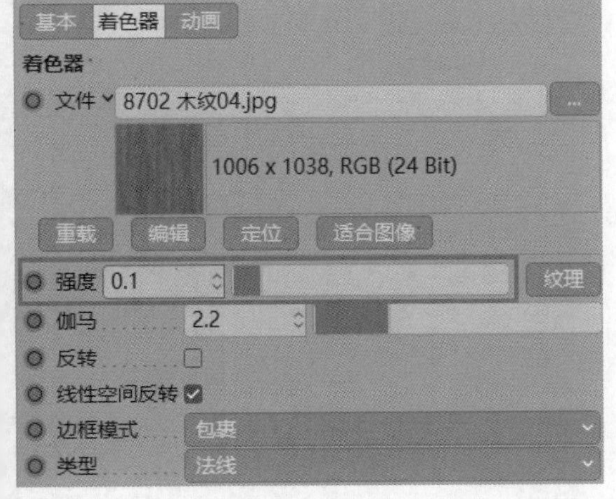

图 12-124

06 调整材质的“粗糙度”和“指数”，并将材质赋予桌子模型，如图12-125所示。

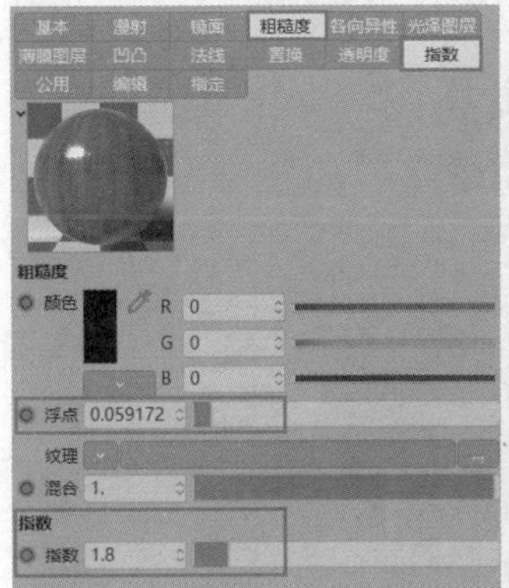

图 12-125

07 椅子的材质也是木纹效果，制作方法与桌子材质是一样的，只需要更改木纹的贴图即可，参数设置和节点的链接如图12-126和图12-127所示。将材质赋予椅子模型，如图12-128所示。

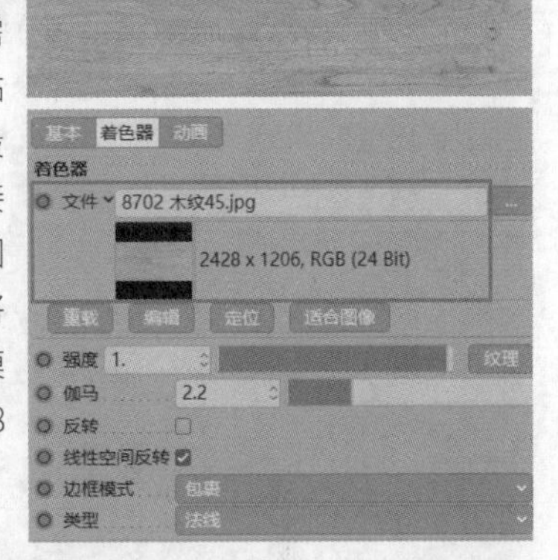

图 12-126

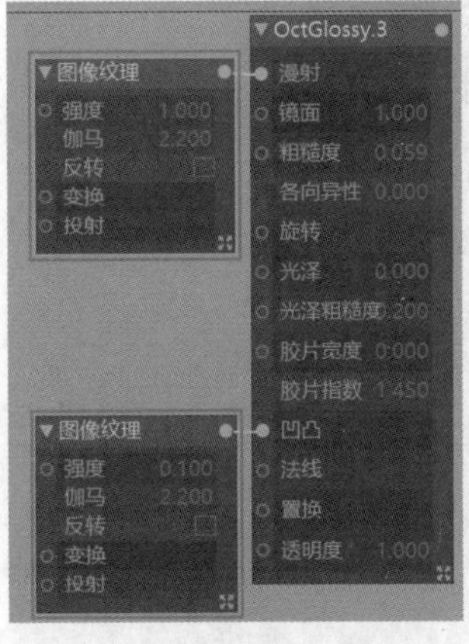

图 12-127　　图 12-128

08 选择织物材质图像，然后将其拖曳至节点视图中，将其链接“漫射”与“凹凸”通道，再创建一个“变换”节点，如图12-129所示。在“变换”节点中缩放图像，参数设置如图12-130所示。

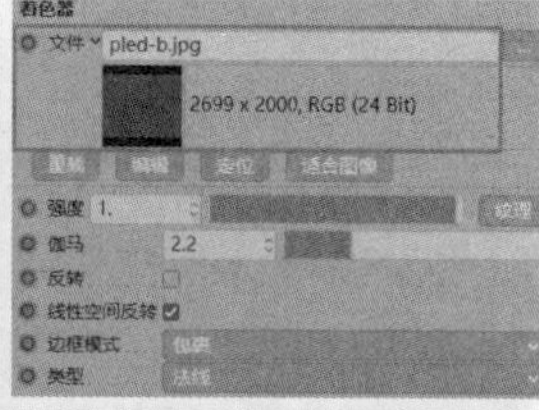

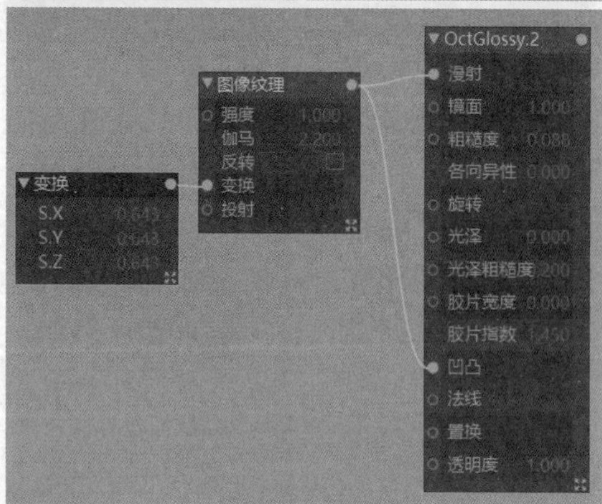

图 12-129

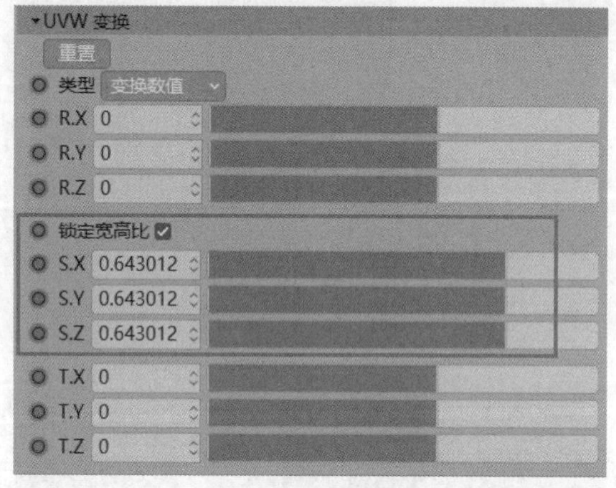

图 12-130

09 调整材质的"粗糙度"和"指数"，并将材质赋予椅子上的垫子模型，如图12-131所示。

图 12-131

10 布料材质的制作方法与垫子材质类似，节点的链接和贴图如图12-132所示。

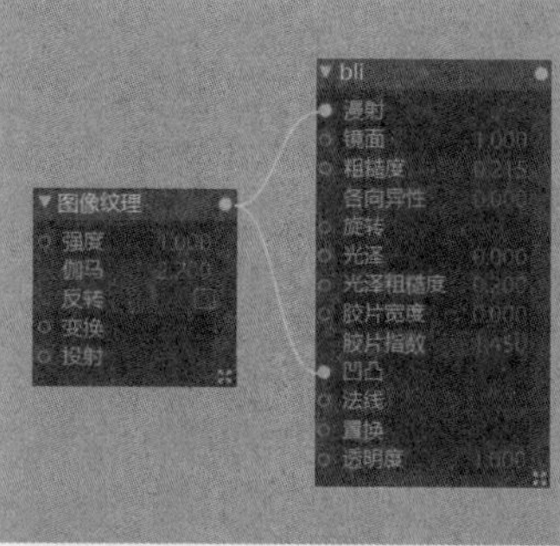

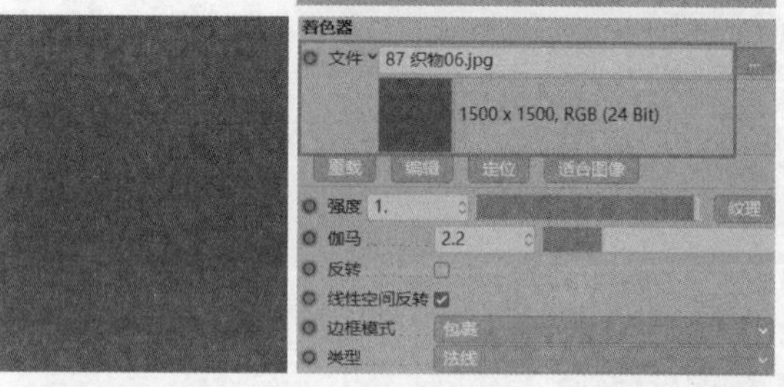

图 12-132

11 树材质的制作方法也是类似的，节点的链接和贴图如图12-133所示。制作完成后，调整一下材质的"粗糙度"，然后分别将布料材质和树材质赋予相应的模型，如图12-134所示。

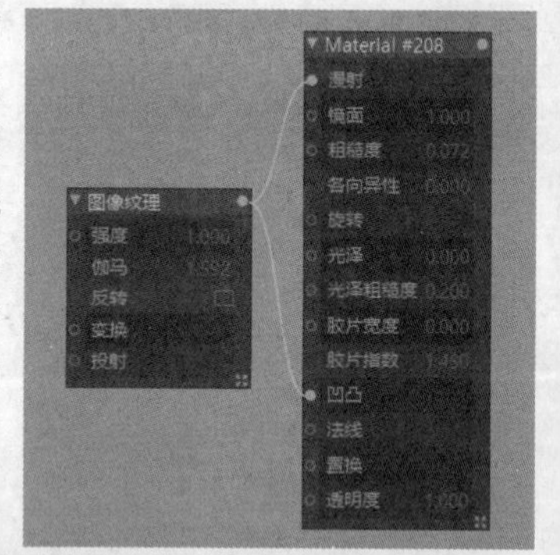

图 12-133

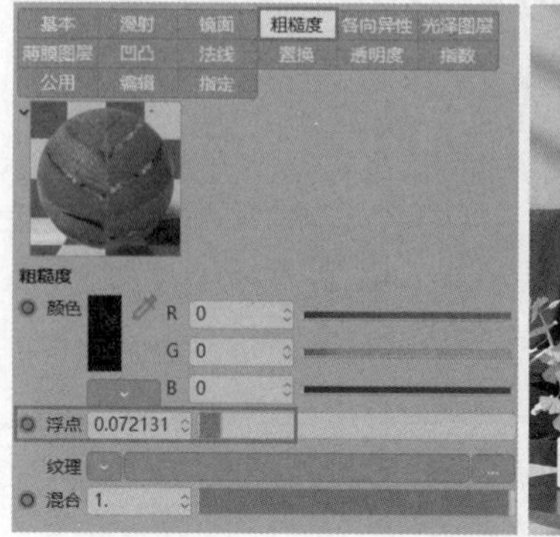

图 12-134

12 银杏叶材质与树材质的制作方法是一样的，节点的链接和贴图如图12-135所示。将材质赋予银杏叶模型，如图12-136所示。

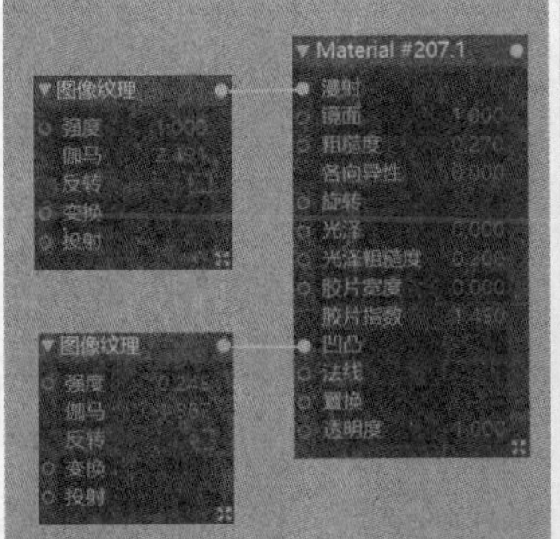

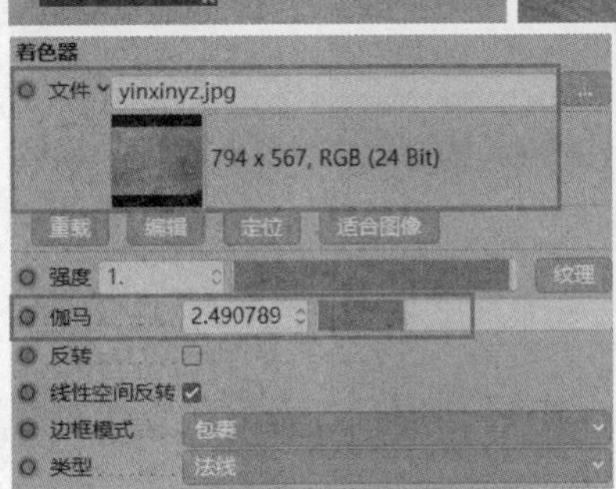
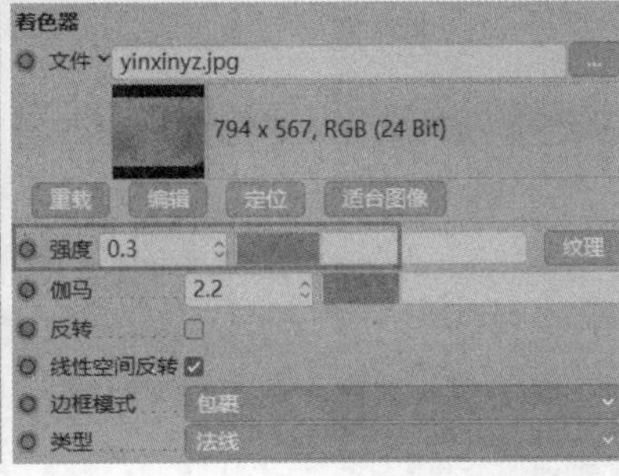

图 12-135

图 12-136

13 在“文件”选项中加载墙面材质图像，如图12-137所示。然后将其拖曳至节点视图中，将其链接“漫射”通道，再创建一个“变换”节点，如图12-138所示。在“变换”节点中缩放图像，参数设置如图12-139所示。

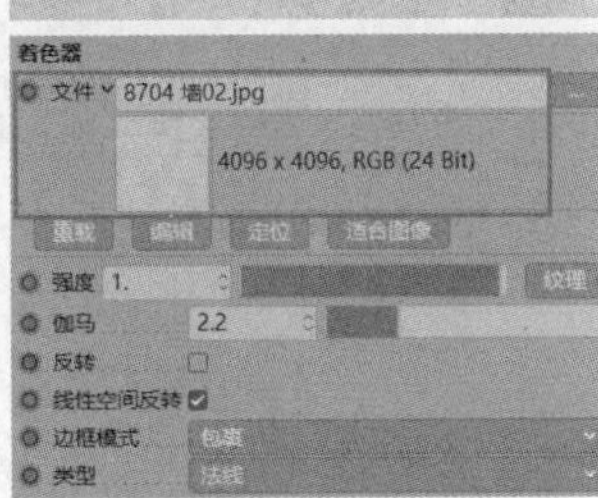

图 12-137

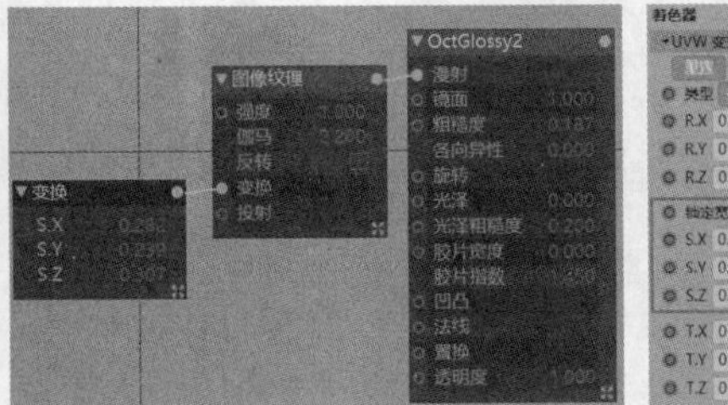

图 12-138

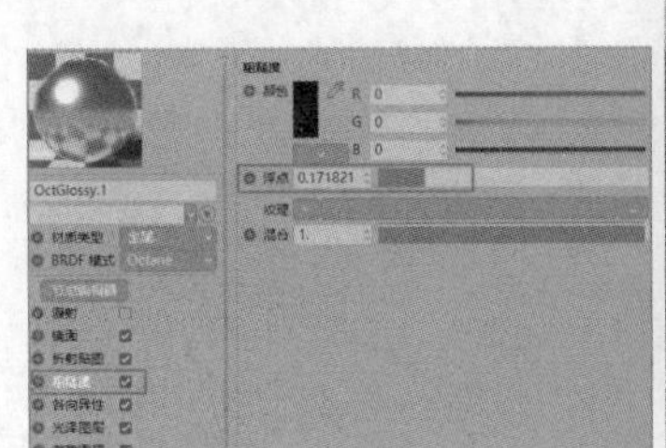

图 12-139

14 调整材质的“粗糙度”，然后将材质赋予墙面，如图12-140所示。

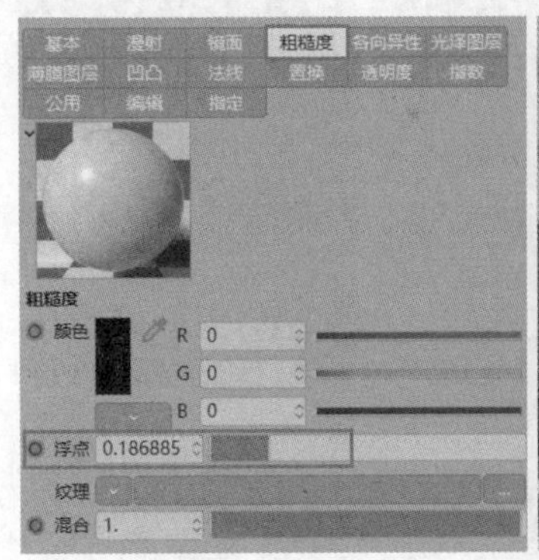

图 12-140

15 创建一个金属材质，然后将其赋予音响的边框与内部波浪条，如图12-141所示。

图 12-141

16 创建一个光泽材质，然后将其赋予音响内部没有材质的部分，如图12-142所示。

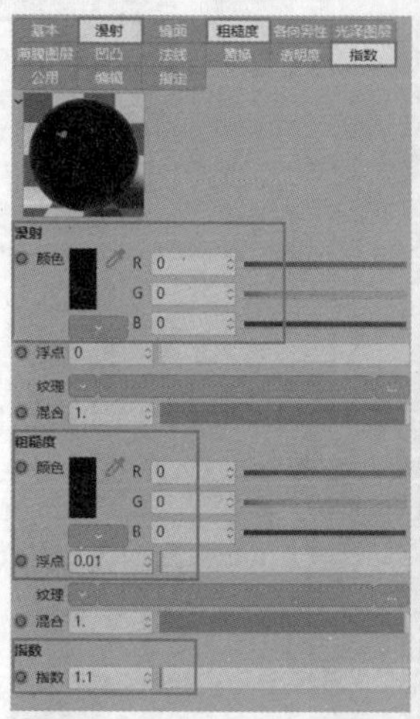

图 12-142

17 复制玻璃材质，然后按照图12-143所示修改参数，将材质赋予花瓶，如图12-144所示。

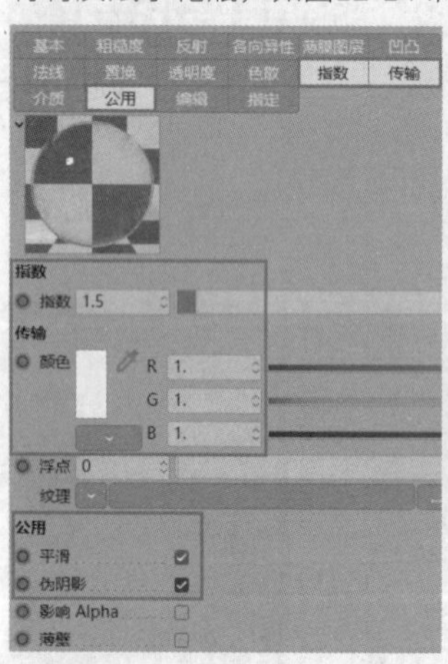

图 12-143

图 12-144

技术专题：制作材质的技巧

光泽材质：特点是有反射，没有发光，使用频率非常高，常用于制作塑料、木头、石头、植物、食物和金属等。使用时调整通道的一般顺序为"漫射—反射强度—粗糙度—凹凸—法线—置换—透明度（Alpha通道）"，通常调整前3个通道后就可实现多种效果。

透明材质：特点是有折射，没有发光，通常用于制作玻璃或水。使用时调整通道的一般顺序为"传输（玻璃颜色）—伪阴影—粗糙度—凹凸—法线—置换—透明度（Alpha通道）"。

金属材质：用于制作金属。使用时调整通道的一般顺序为"粗糙度—镜面（反射色）—粗糙度—凹凸—法线—置换"。如果使用光泽材质制作金属，可以按照"去除漫射—提高反射—粗糙度—镜面（反射色）—粗糙度—凹凸—法线—置换"的顺序调整通道。

18 创建Octane区域光作为反光板，参数设置和摆放位置如图12-145所示。在右侧也加入一块反光板，参数设置和摆放位置如图12-146所示。渲染后的效果如图12-147所示。

Octane 灯光标签 [Octane LightTag]

基本 主要 灯光设置 可视

灯光设置

强度 6.230466

纹理

分配

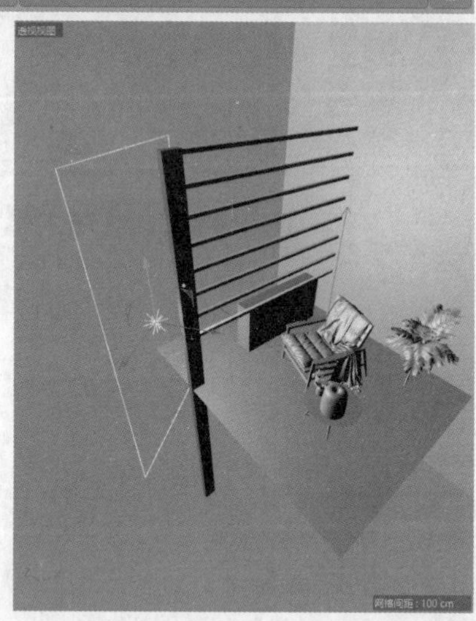

图 12-145

灯光设置

强度 1.879198

纹理

分配

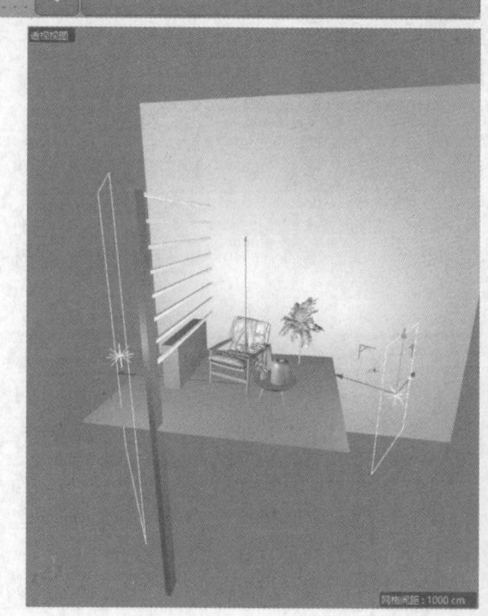

图 12-146

图 12-147

19 创建“空白”对象，并将其放置到音响前方，如图12-148所示。将“空白”对象拖曳至“焦点对象”选项中，然后设置“光圈”为2cm，如图12-149所示。场景不一样，数值也不一样。数值越大，越模糊。这样画面就有了景深效果，如图12-150所示。

图 12-148

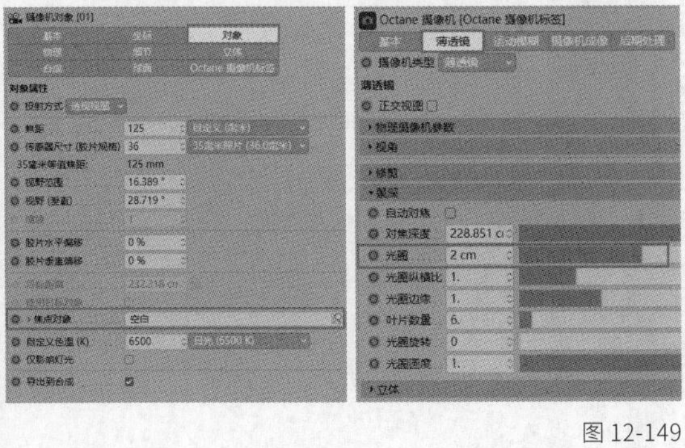

摄像机对象 [01]
对象
对象属性
投射方式
焦距 125
传感器尺寸（胶片规格） 36
35毫米等值焦距 125 mm
视野范围 16.389 °
视野（垂直） 28.719 °
胶片水平偏移 0 %
胶片垂直偏移 0 %
焦点对象 空白
自定义色温（K） 6500
仅影响灯光
导出到合成

Octane 摄像机 [Octane 摄像机标签]
薄透镜
摄像机类型
薄透镜
正交视图
物理摄像机参数
视角
修剪
景深
自动对焦
对焦深度 228.851 c
光圈 2 cm
光圈纵横比 1.
光圈边缘 1.
叶片数量 6.
光圈旋转 0
光圈圆度 1.
立体

图 12-149

图 12-150

12.3.4 渲染输出

01 在“Octane设置”面板中进行初始设置，使用“路径追踪”模式，设置“最大采样”为2000，然后在Octane工具栏中激活“锁定分辨率”工具，并设置比例为1：1，如图12-151所示。

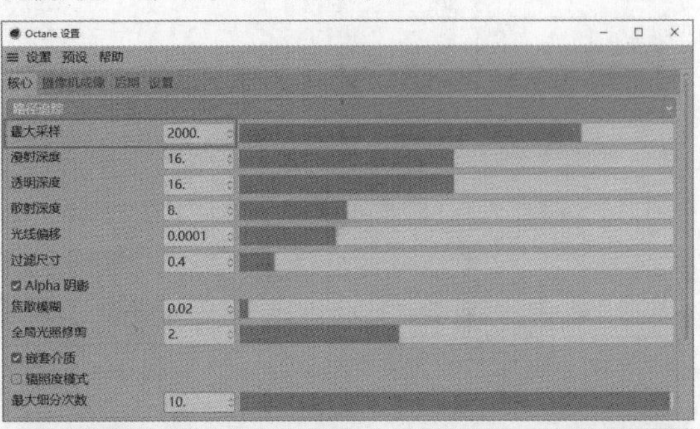

图 12-151

02 渲染完成的效果，如图12-152所示。执行“文件>保存图像为”菜单命令，即可输出图像。

图 12-152

12.3.5 后期处理

01 将渲染完成的图片导入Photoshop中，执行“滤镜>Camera Raw滤镜”菜单命令，在“基本”和“细节”面板中进行调整，参数设置如图12-153所示。

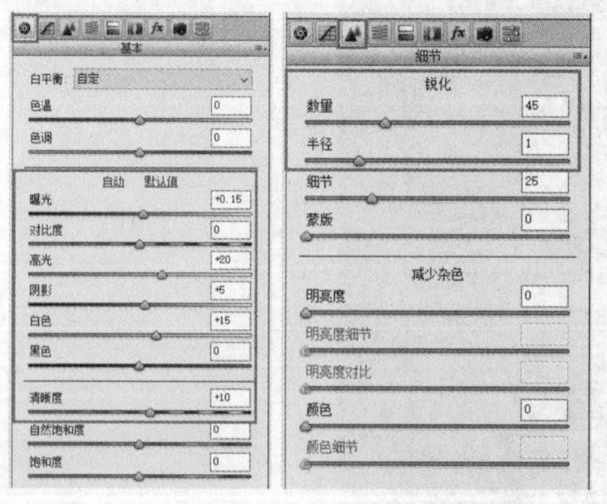

图 12-153

02 在“HSL/灰度”面板中进行调整，参数设置如图12-154所示。效果如图12-155所示。

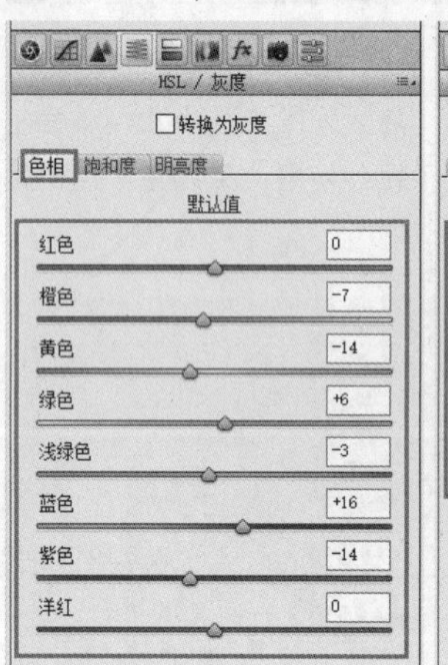

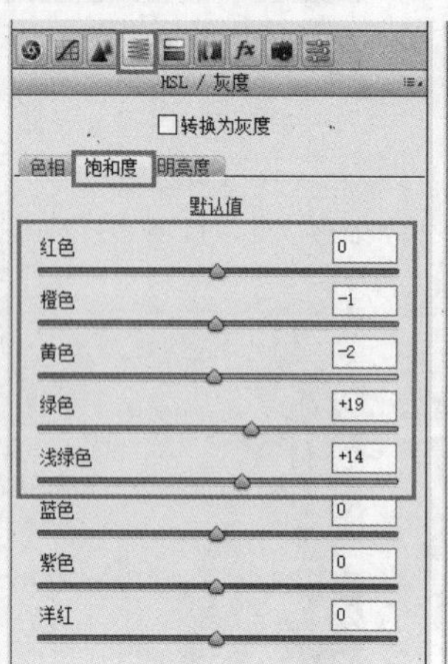

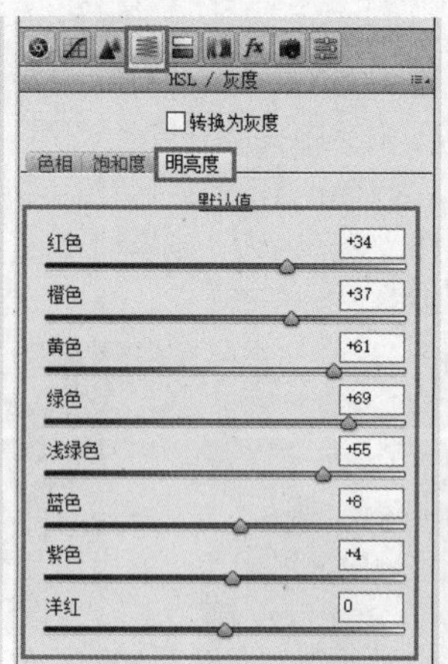

图 12-154

图 12-155

03 使用“文字工具” T.在画面上方添加文字并进行排版，也可加一些装饰性元素，最终效果如图12-156所示。

图 12-156